HISTOIRE

DE

L'ASTRONOMIE MODERNE.

DE L'IMPRIMERIE DE HUZARD-COURCIER,
RUE DU JARDINET-SAINT-ANDRÉ-DES-ARCS, N° 12.

HISTOIRE

DE

L'ASTRONOMIE MODERNE;

PAR M. DELAMBRE,

Chevalier de Saint-Michel, Officier de la Légion-d'Honneur, Secrétaire perpétuel de l'Académie royale des Sciences pour les Mathématiques, Professeur d'Astronomie au Collége royal de France, Membre du Bureau des Longitudes; des Sociétés royales de Londres, d'Upsal, de Copenhague et d'Edimbourg; des Académies de Saint-Pétersbourg, de Berlin, de Stockholm, de Naples et de Philadelphie; de la Société Astronomique de Londres, etc., etc.

TOME PREMIER.

PARIS,
Mme Ve COURCIER, LIBRAIRE POUR LES SCIENCES,
RUE DU JARDINET-SAINT-ANDRÉ-DES-ARCS, N° 12.
1821.

DISCOURS PRÉLIMINAIRE.

Les recherches les plus exactes et les plus scrupuleuses n'ont pu jusqu'ici nous faire découvrir d'autre Astronomie que celle des Grecs. Partout nous retrouvons les idées d'Hipparque et de Ptolémée; leur Astronomie est celle des Arabes, des Persans, des Tartares, des Indiens, des Chinois, et celle des Européens jusqu'à Copernic.

Partout nous voyons la Terre immobile au centre du Monde et de tous les mouvemens planétaires. A force de suppositions invraisemblables, on est parvenu, dans ce système, à sauver à peu près les apparences. On sait calculer à quelques degrés près tous les phénomènes, sans que l'erreur évidente des résultats inspire encore la moindre méfiance sur l'idée fondamentale.

Alphonse regrette de n'avoir pas été appelé au conseil quand Dieu créa le Monde; *il aurait donné de bons avis sur le plan qu'il eût fallu suivre;* mais il ne doute en aucune manière de la vérité du système, car il s'y conforme dans ses tables.

Plus anciennement on nous dit que quelques philosophes ont placé le *feu* au centre du monde; qu'ils ont fait tourner la Terre autour du Soleil en un an, et autour d'elle-même en vingt-quatre heures. D'autres philosophes moins hardis ont laissé au Soleil le mouvement annuel, et se sont bornés à donner à la Terre un mouvement de rotation. Mais il est à remarquer que ces idées ne sont consignées dans aucun livre d'Astronomie, ni dans l'ouvrage d'aucun Géomètre. Ptolémée en fait à peine une légère mention; il convient en passant que le mouvement de la Terre autour de son axe faciliterait quelques explications, mais tout le reste lui paraît trop absurde pour mériter d'être sérieusement combattu. Archimède nous dit qu'Aristarque a *rejeté* l'opinion des astrologues, et qu'il fait tourner la Terre autour du Soleil, dans un cercle dont le rayon est égal à celui que l'on donne ordinairement à la sphère du monde. Quant aux planètes, il n'en fait pas la moindre mention; et s'il adopte hypothétiquement l'idée d'Aristarque, c'est pour nous dire que la grandeur exagérée que cette opinion donne à la sphère des fixes, ne l'empêchera pas d'exprimer, par ses chiffres, le nombre des grains de sable qui rempliraient la concavité de cette sphère immense. Archimède témoigne assez qu'il n'est pas séduit par les assertions d'Aristarque, et quand il construit son planétaire, il se range à l'opinion commune, qui fait de la Terre le centre unique de tous les mouvemens. D'un autre côté, Plutarque nous apprend que l'idée d'Aristarque était une simple hypothèse ou conjecture, qui depuis avait été démontrée par Seleucus (*); mais aucun auteur ne nous a transmis cette démonstration. Sénèque nous dit qu'il importe d'examiner si la Terre est immobile au centre du monde, *ou si le ciel étant immobile, la Terre tourne sur elle-même... Si Dieu fait tourner tout autour de nous, ou s'il nous fait tourner nous-mêmes.* On s'attend que Sénèque va nous détailler les raisons qu'on peut alléguer en faveur de l'une et de l'autre opinion; qu'il va nous dire au moins celle qui lui paraît plus vraisemblable, mais il abandonne brusquement cette question intéressante pour disserter sur la nature des comètes.

Aristote est le seul qui nous explique les motifs d'après lesquels les Pythagoriciens se sont écartés des idées communes; et quoiqu'il soit lui-même d'un sentiment contraire à celui de ces philosophes, il a du moins la bonne foi de nous informer des raisons qu'on lui peut opposer; il est vrai que ces raisons ne sont pas bien décisives. Voici ce qu'il nous apprend, au chap. 13 du liv. 2 du Ciel.

« Il nous reste à dire en quel lieu se trouve la Terre; si elle est un » des corps immobiles, ou si elle est un de ceux qui ont quelque mou- » vement... A cet égard, les opinions sont partagées; la plus répandue » est que la Terre occupe le milieu. Cependant les Pythagoriciens y » placent le feu; ils disent que la Terre est un des astres qui circulent » autour de ce milieu, et que par ses mouvemens elle se donne à elle- » même le jour et la nuit. A l'opposite de notre Terre, ils en imaginent » une autre, qu'ils appellent *Antichthone. Ce ne sont point les phé- » nomènes qui leur servent à établir leurs rapports, ni à rechercher » les causes; ils font au contraire violence aux phénomènes pour les » rapprocher de leurs raisonnemens et de certaines opinions avec » lesquels ils s'efforcent de les faire accorder.* Plusieurs autres sont en- » core d'avis qu'il ne faut pas assigner à la Terre la place du milieu. *Ce » n'est pas non plus sur les phénomènes qu'ils se fondent,* mais sur » certains raisonnemens. Ils pensent que la place d'honneur doit être » assignée au corps le plus honorable; que le feu est plus noble et plus » précieux que la Terre; que les *termes* sont plus honorables que les

(*) Ὁ μὲν ὑποτιθέμενος, ὁ δὲ Σέλευκος καὶ ἀποφαινόμενος. (Questions platoniques, p. 1850, édition de H. Etienne.)

» parties qui sont placées entre ces *termes;* que le bord et le milieu » sont des *termes.* (τὸ δ' ἔσχατον καὶ τὸ μέσον, πέρας). Par ces considérations, ils ne croient pas que la Terre soit au centre de la sphère. C'est » au *feu* que cette place appartient à plus juste titre. A ces raisonnemens » les Pythagoriciens ajoutent : qu'il faut placer d'abord et mettre en » sûreté ce qu'il y a de plus essentiel dans l'univers; que la partie la » plus importante est le milieu, qu'on appelle pour cette raison le *Fort* » *de Jupiter* (Διὸς φυλακὴν). Ce fort est la place qu'occupe le feu.

» Telles sont les opinions sur le lieu de la Terre; il en est de même de » son immobilité ou de son mouvement. Les avis sont également partagés. Ceux qui ne la croient pas au milieu, disent qu'elle tourne autour de ce milieu, ce qui est également vrai de l'*antichthone*, ou de » la *terre opposée.* D'autres pensent qu'il est possible qu'un plus grand » nombre de corps circule ainsi autour du milieu. Ils sont invisibles pour » nous, *parce que la Terre nous les cache.* C'est ce qui fait que les » éclipses de Lune sont plus fréquentes que les éclipses de Soleil, car » chacun de ces corps peut, tout aussi bien que la Terre, couvrir la » Lune de son ombre; *et puisque la Terre n'est pas au centre, qu'elle* » *en est éloignée d'un hémisphère, rien n'empêche que les phénomènes ne soient pour nous exactement ce qu'ils seraient si nous* » *occupions le centre...* Quelques-uns disent que quand même elle serait » au centre, rien n'empêcherait encore qu'elle n'y tournât autour d'un » pôle fixe, comme il est écrit dans le *Timée.* »

Nous remarquerons que dans ce passage, dans cet exposé des rêveries de différentes écoles, Pythagore lui-même n'est pas une seule fois nommé. Au contraire, nous voyons dans Plutarque (Opinions des philosophes) que Pythagore faisait marcher le Soleil dans l'écliptique, et c'est la raison qu'il donnait pour expliquer comment jamais le Soleil ne passait le tropique. Voilà pourquoi, en parlant des auteurs qui attribuaient à Pythagore la première idée du mouvement de la Terre, nous avions dit que *c'était un point assez obscur.* Les raisons des Pythagoriciens n'ont rien de géométrique, elles n'étaient point *fondées sur les phénomènes,* ainsi nous les avions passées sous silence en analysant Aristote et Simplicius.

La question n'est pas de savoir si les anciens n'avaient pas eu une idée vague que le Soleil pouvait être immobile au centre du monde, et si la Terre, par ses mouvemens, ne pouvait pas produire les phénomènes que l'on observe. Nous en avions assez dit pour ne laisser aucun doute sur ce point; nous avions rapporté les opinions d'Aristarque, de Philolaüs, de Nicetas et d'Ecphantus. On verra que Copernic est bien éloigné de s'attribuer la première idée des mouvemens de la Terre; il se fortifie de tous les témoignages qu'il peut recueillir, il a grand soin de citer tous les anciens qui ont conjecturé ce qu'il se propose de démontrer. La seule question est de savoir quels secours Copernic a pu trouver chez les anciens, pour établir plus solidement une idée si paradoxale, quoique déjà si ancienne. Or, il nous paraît impossible de douter que Copernic a été réduit à tirer tout de son propre fond.

Les Grecs étaient grands métaphysiciens et grands discoureurs. Ils aimaient la dispute et l'argumentation. Leurs sectes étaient divisées sur tous les points. Il suffisait qu'une école professât une doctrine, pour que l'école voisine embrassât l'opinion contraire. Thalès disait que l'eau était le principe de tout; Anaximène prétendait que c'était l'air. Les plus anciens d'entre les philosophes avaient dit sans doute que la Terre était immobile au centre du monde; que le Soleil, par ses divers mouvemens, nous donnait le jour, la nuit et les saisons. Ils s'étaient contentés d'expliquer par quel mécanisme tous les phénomènes observés pouvaient s'opérer. Quelques Pythagoriciens, pour se distinguer, placèrent le Soleil au centre et lancèrent la Terre dans l'écliptique; nous venons de voir leurs raisons. Ils prétendaient que le Soleil était le plus noble de tous les corps. On pouvait leur opposer que l'homme est l'être le plus important, que tout a été créé pour lui, qu'il convient d'assurer la stabilité de sa demeure, et que c'est aux astres à tourner autour de lui pour le chauffer et l'éclairer. Ces raisons, sans être meilleures au fond, avaient du moins un plus grand air de vraisemblance. Mais quels motifs peut-on supposer aux Grecs pour rejeter le témoignage de leurs sens et affirmer l'immobilité du Soleil? Avaient-ils observé un seul phénomène dont on ne pût rendre raison dans l'hypothèse de la Terre immobile? Quand les astronomes eurent observé les stations et les rétrogradations des planètes, Apollonius avait donné les théorèmes nécessaires pour expliquer et calculer ces apparences singulières. Le mouvement du Soleil dans l'écliptique expliquait d'une manière bien simple la succession et le retour des saisons. La conversion du ciel en vingt-quatre heures expliquait tout aussi naturellement le jour et la nuit. Les Pythagoriciens eux-mêmes ne disaient-ils pas que les phénomènes se comprennent également bien, soit qu'on place la Terre au centre, ou qu'on la fasse mouvoir le long de l'écliptique? Comment Séleucus aurait-il pu démontrer ce qu'Aristarque s'était contenté de conjecturer? Malgré les progrès immenses de l'Astronomie, les modernes ont-ils pu assigner une preuve directe du mouvement diurne de la Terre, avant le voyage de Richer à Cayenne, et la nécessité où il se trouva de raccourcir son pendule? Ont-ils pu trouver une démonstration positive et directe du mouvement annuel de la Terre, avant que Roëmer eût mesuré la vitesse de la lumière, et avant que Bradley eût observé et calculé les phénomènes de l'aberration? Avant ces découvertes, avant celle de la pesanteur universelle, les plus déterminés Coperniciens n'étaient-ils pas réduits à de simples probabilités? Ne se bornaient-ils pas à faire valoir la simplicité du système de Copernic, qu'ils comparaient à la complication absurde du système de Ptolémée? Les anciens, à plus forte raison, et surtout lorsqu'ils n'avaient encore que des idées très confuses des mouvemens des planètes, se seraient trouvés dans le même embarras que les modernes. Ils n'auraient pu donner en preuve que la simplicité de l'idée Pythagoricienne. Mais cette simplicité même, l'ont-ils soupçonnée? En voit-on chez les anciens la plus simple mention? Puisqu'ils n'ont fait que si peu d'attention à cette idée (qui ne se trouve que chez Cicéron et Vitruve), que le Soleil était le centre des mouvemens de Mercure et de Vénus, et qu'ils n'ont pas su étendre cette notion aux autres planètes, comment se persuader qu'ils aient pu rendre toutes les orbites, et même celle de la Terre, concentriques au Soleil, pour y trouver une explication plus simple des stations et des rétrogradations? Enfin quand j'accorderais, malgré le silence universel de tous les auteurs, et contre ma conviction intime, que les anciens ont eu ces idées, il est du moins incontestable qu'il n'en restait aucun vestige. Copernic a été obligé de les imaginer de nouveau. Son système lui appartient en propre; ce système n'est, pour nous, ni celui de Philolaüs, ni celui d'Aristarque, dont les écrits ne nous sont point parvenus; il est celui de Copernic, qui a mérité d'y attacher son nom, par le soin qu'il a pris d'en expliquer toutes les parties, d'en faire sortir tous les phénomènes que l'on observe, d'y trouver la cause des mouvemens de précession remarqués depuis 1800 ans, sans que jamais on eût tenté de leur assigner d'autre cause que l'existence hypothétique d'une huitième sphère, qui faisait sa révolution en 36,000 ans autour des pôles de l'écliptique, et qu'il fallait en outre faire tourner en vingt-quatre heures autour des pôles de l'équateur, pour rendre raison des mouvemens diurnes.

C'est donc par Copernic que le mouvement de la Terre a été réellement introduit dans l'Astronomie, et non pas seulement dans les disputes de l'école; c'est lui qui a démontré comment la révolution de la Terre autour du Soleil expliquait la succession des saisons et la précession des équinoxes; c'est lui qui nous a fait voir avec quelle simplicité les mouvemens inégaux, dans des orbites concentriques au Soleil, donnaient naissance aux phénomènes des rétrogradations. C'est lui qui a posé l'Astronomie sur une base nouvelle, et qui, par ce changement important, a ouvert la route à toutes les recherches subséquentes. C'est à l'enthousiasme que cette vérité nouvelle excita chez Képler, que nous avons dû la figure véritable des orbites planétaires et les lois des mouvemens. L'idée du mouvement de la Terre n'avait rien produit chez les anciens, parce que jamais elle n'avait été prise sérieusement en considération par leurs astronomes; c'est son adoption qui est l'époque de l'Astronomie moderne.

Mais si Copernic eut la gloire d'être le fondateur de cette Astronomie, celle de s'en montrer le législateur était réservée à un génie plus inquiet et plus hardi. On dirait qu'effrayé du pas qu'il avait osé faire, Copernic n'eut pas le courage de mettre lui-même la dernière main à son ouvrage. Pour conjurer l'orage qu'il redoutait, il s'attacha uniquement à s'assurer le suffrage des astronomes, en leur prouvant que rien n'était changé pour eux, qu'ils n'avaient rien à oublier ni rien à apprendre; que toutes leurs méthodes subsistaient, et même devenaient un peu plus faciles. Il retarda autant qu'il lui fut possible la publication de son livre, et mourut, dit-on, le jour même où il en reçut le premier exemplaire.

Jetez les yeux sur la figure qui représente le système de Copernic, en vous bornant d'abord aux considérations les plus générales; rien ne paraîtra plus simple et plus naturel. Vous y verrez six orbites circulaires dont le Soleil est le centre commun. La Terre, en parcourant son orbite, présente successivement, aux rayons directs du Soleil, chacun des parallèles de sa zone torride, qui tous ont successivement le Soleil à leur zénit; voilà les saisons expliquées. La succession des jours et des nuits s'entendra plus facilement encore par la révolution autour de l'axe en vingt-quatre heures.

Ce que nous disons de la Terre aura lieu également pour Mercure, Vénus, Mars, Jupiter et Saturne, pour les cinq planètes qui étaient alors inconnues, et pour toutes celles qu'on pourra découvrir par la suite. Chacune de ces planètes aura le même droit que la nôtre de se croire immobile au centre du monde, et de transporter au Soleil le cercle qu'elle décrit elle-même autour de cet astre, dans un temps plus ou moins long. Le mouvement que chacune attribuera au Soleil sera différent, mais également simple; au lieu que si la Terre est immobile au centre du monde, que le Soleil décrive réellement l'écliptique, et que la Terre soit le centre commun, chacune des planètes décrira une courbe différente, qui aura ses nœuds et ses points d'intersection; le mouvement qu'elle attribuera au Soleil aura la même complication; enfin, le système ancien ne convient qu'à la Terre seule, et il présente des bizarreries inexplicables; celui de Copernic est universel : il convient également à toutes les planètes; tous les mouvemens ont les mêmes lois et la même simplicité.

Par cet arrangement, Copernic supprime tout d'un coup les épicycles que Ptolemée était forcé de donner aux planètes; les stations et les rétrogradations de chacune d'elles, vues des cinq autres, deviennent des corollaires mathématiques de leurs différens rayons et de leurs mouvemens inégaux. Toutes les parties du système sont liées, les rapports mutuels sont déterminés, toutes les distances sont ramenées à une même échelle; au lieu que dans l'ancien système, tout était incohérent et vague. On pouvait à son gré éloigner ou rapprocher chacune des planètes, sans s'imposer d'autre loi que de ne point intervertir l'ordre des distances, en mettant plus près du centre commun la planète dont la révolution zodiacale est la plus longue; à cela près tout était arbitraire.

Ces avantages du système de Copernic étaient déjà de la plus grande importance. Jamais les anciens n'en ont eu le moindre soupçon, ou s'ils les ont connus, il est bien incroyable qu'aucun d'eux n'en ait parlé. Comment concevoir que les Pythagoriciens eussent négligé de les faire valoir, à l'appui de leurs raisons métaphysiques, du lieu le plus honorable et de la partie la plus précieuse? Ces raisons mathématiques auraient-elles manqué d'obtenir l'assentiment d'Archimède, d'Hipparque, de Ptolémée et de tous les géomètres de la Grèce. Pour faire triompher le nouveau système, des préjugés les plus invétérés, que fallait-il, sinon l'exposer dans tous ses détails et avec tous ses avantages. Voilà ce qui était impossible avant Ptolémée; voilà ce que n'ont pu faire, ni Aristarque, ni Philolaus, ni Séleucus, puisqu'ils n'avaient point de tables des mouvemens planétaires; voilà l'obligation que nous avons à Copernic.

Telle est la partie brillante de son système; le reste laissait beaucoup à désirer. L'auteur pose pour axiome, à l'exemple des anciens, que tous les mouvemens sont circulaires et uniformes. Dans le fait, on n'observe que des mouvemens continuellement variables. Pour en sauver les inégalités, Copernic est contraint de donner à chacun de ses cercles des centres différens. Toutes les planètes tournent autour de centres vides. Le Soleil est toujours dans l'intérieur de toutes les orbites, il n'est plus le centre d'aucune; il n'a d'autre office que de distribuer la lumière; il devient comme étranger à tous les mouvemens. Pour donner à ses tables moins d'inexactitude, Copernic, qui a supprimé les épicycles de Ptolémée, se voit forcé d'en créer de nouveaux. Il conserve à ses excentriques les inclinaisons et les librations de Ptolémée; ses calculs des longitudes géocentriques ont toutes les longueurs et les défauts des calculs anciens; ses latitudes ne sont ni plus commodes à calculer, ni moins fautives. S'il obtient sur Ptolémée quelques avantages importans dans sa théorie lunaire, en ce qui concerne les distances, les diamètres et les parallaxes, toutes ces améliorations sont dues à son adresse, à sa sagacité, et nullement à son système, qui a conservé presque toutes les absurdités et les embarras de l'ancienne théorie.

Copernic a fait un pas important, et sans lequel tout progrès ultérieur était impossible; mais si l'esprit de réforme se fût borné à ce qu'avait osé Copernic, il faut l'avouer, l'Astronomie pratique eût gagné peu de chose au changement de système. Pour aller plus loin, il manquait au fondateur de l'Astronomie moderne une suite considérable d'observations plus précises et plus sûres, il lui manquait le goût et l'aptitude pour les longs calculs. Mais la vie de l'homme est si courte, et ses forces sont si bornées! Tycho fit ces observations, qui manquaient à Copernic. L'Astronome danois, en mourant, laissa Képler en possession de tout ce qui était nécessaire pour compléter la révolution commencée. Mais il faut dire aussi qu'il fallait que cet héritage tombât en des mains capables de le faire valoir. Longomontanus avait pu lire Copernic aussi bien que Képler, il avait une connaissance aussi entière de ces observations, auxquelles il avait si long-temps coopéré; il avait tous les mêmes secours, excepté le génie des recherches; et pour bien sentir ce que la science doit à Képler, il faut comparer l'*Astronomie danoise* à la *Théorie de Mars* et aux *Tables Rudolphines*.

Plutarque nous apprend qu'un philosophe disait que les Grecs auraient dû mettre en jugement, pour cause d'impiété, celui qui avait osé déplacer le sanctuaire de Vesta, en donnant à la Terre un double mouvement dans l'écliptique et autour de son axe. Voilà ce que Copernic redoutait pour lui-même, et ce qui lui fit différer pendant 36 ans la publication de son livre. Tycho, soit qu'il partageât réellement les scrupules des théologiens de son tems, soit qu'il ambitionnât la gloire de créer un système, Tycho se donna le mérite facile de concilier et de fondre en une seule les deux hypothèses contraires. Comme Copernic, il fit tourner toutes les planètes autour du Soleil; il fit, pour Mars, Jupiter et Saturne, ce qu'au tems de Cicéron l'on avait fait pour Mercure et Vénus. Par respect pour les préjugés du tems, il rendit à la Terre son immobilité, et la donna pour centre aux mouvemens du Soleil et de la Lune. Plus d'une fois il promit qu'il démontrerait les *absurdités* du Système de Copernic, dans un grand ouvrage, dont à sa mort on ne trouva pas une seule page. Son système, sans avoir jamais joui d'aucune estime réelle, fut adopté en apparence par tous ceux qui craignirent de voir mettre leurs livres à l'*index*, et par tous ceux qui, tenant à quelque université ou à quelque corps religieux, n'avaient pas la liberté de manifester leur véritable opinion.

Les titres réels de Tycho à la reconnaissance des astronomes sont principalement ses observations. Né riche et d'une des premières familles du Danemarck, il consacra à l'Astronomie tout son tems et sa fortune. Il obtint de la cour la possession de l'île d'Hueen, dans le Sund; il s'y confina, dépensa cent mille écus de son patrimoine pour y construire un observatoire et le meubler d'instrumens. Tout ce qu'on avait imaginé jusqu'alors en ce genre, Tycho le fit exécuter avec plus de soin et dans de plus grandes dimensions; il perfectionna la division de ces instrumens et leurs pinnules; il se procura de grandes armilles, avec lesquelles il pouvait suivre le Soleil de l'orient à l'occident. Il fit la première table de réfractions, et s'il ne l'étendit pas au-delà de 45°, c'est qu'à cette hauteur la réfraction, par sa petitesse, échappait à toutes ses mesures. Les moyens qu'il employa pour déterminer les positions relatives et absolues des étoiles, assurèrent à son nouveau catalogue une immense supériorité sur ceux d'Hipparque et d'Ulugh Beig. Ses tables du Soleil étaient d'une précision si *heureuse* que jamais, si nous devons l'en croire, il n'y trouva d'erreur qui passât un quart de minute. Mais il est permis d'en douter, d'après un passage décisif de Longomontanus, et quand on voit Cassini, cent ans plus tard, ne pouvoir éviter des erreurs d'une minute. Il ajouta de nouveaux perfectionnemens à la théorie lunaire de Copernic. Il reconnut, dans les longitudes de notre satellite, une équation considérable, qu'il nomma *variation*, et dans les latitudes, une équation analogue à celle qui est connue sous le nom d'*évection;* il en détermina assez exactement la quantité; il entrevit la quatrième équation de la longitude, mais sans en pouvoir fixer assez précisément ni la loi ni la quantité; il laissa à ses successeurs une série régulière d'observations de toutes les planètes; il les avait amassées dans l'intention de composer de nouvelles tables et de prouver l'excellence de son système, et Képler en fit un usage bien plus heureux pour établir à jamais le système de Copernic. Comme observateur, Tycho s'éleva fort au-dessus de tous ceux qui l'avaient précédé. A ce titre, joignez ses recherches théoriques sur la Lune et les comètes, et son nom vous paraîtra digne d'être placé à la suite de ceux d'Hipparque, Ptolémée et Copernic. Il avait fait tout ce qu'on pouvait se promettre de lui, lorsqu'une persécution, dont les causes ne sont pas bien connues, le priva des faveurs de la Cour, le força de s'expatrier et de se réfugier à Prague, où il mourut bientôt après. Lalande à voué à *l'infamie* et à *l'exécration de tous les âges* le ministre Walchendorp, qu'il cite comme le principal auteur de cette persécution. Tycho, dans le récit qu'il nous en a laissé, dans les vers où il a exhalé ses plaintes, ne nomme aucun de ses ennemis. Leurs fureurs odieuses ont, contre leur intention, produit un effet qui, sans les excuser, a tourné au profit de la science. Si Tycho fût resté dans son île, jamais Képler ne se fût rendu à ses invitations; nous n'aurions certainement pas la *Théorie de Mars*, et nous ignorerions peut-être encore le véritable système du Monde.

Les astronomes, et Copernic lui-même, s'inquiétaient fort peu des causes physiques; il leur suffisait de pouvoir imaginer une hypothèse qui pût servir de fondement à leurs calculs, et leurs prétentions n'étaient rien moins qu'exagérées. Copernic disait à Rhéticus, que si jamais il parvenait à représenter à dix minutes près les mouvemens célestes, il se croirait aussi heureux que l'avait été Pythagore, en trouvant le carré de l'hypoténuse. Képler ne voulut rien admettre sans en connaître la cause, et c'est uniquement pour faire disparaître une erreur de huit minutes qu'il fut conduit à changer toute l'Astronomie. Il commença par se demander pourquoi les planètes étaient au nombre de six et pas davantage, et quelle raison avait déterminé les rapports qu'il remarquait entre les distances, du moins dans le système de Copernic, car, dans le système ancien, ces rapports sont indéterminés. Pour satisfaire à ces idées d'ordre et de proportion, il crut qu'il manquait une planète entre Mars et Jupiter, et une autre entre Mercure et Vénus. Il crut voir ensuite que les six planètes connues laissaient entre elles cinq intervalles qui s'expliquaient par les cinq corps réguliers qu'on peut inscrire dans une même sphère. Il chercha les rapports qui lient ces distances aux révolutions. Il essaya tous les rapports en nombres entiers et fractionnaires; il travailla dix-sept ans sans réussir et sans se décourager. Il trouva enfin que ce rapport est la puissance $\frac{3}{2}$, ou que les carrés des tems sont comme les cubes des distances. Il n'en put donner la démonstration mathématique, qui dépendait d'un principe qu'il eut le malheur de méconnaître; mais il montra par le fait que ce rapport est le même pour toutes les planètes. Ce rapport s'est vérifié sur les cinq planètes qu'on a découvertes depuis; il s'est trouvé également vrai pour les quatre Lunes de Jupiter et les satellites plus nombreux de Saturne. C'est l'un des trois principes connus sous le nom de *Lois de Képler*.

Le second est que les orbites des planètes sont des ellipses et non des cercles, comme on l'avait toujours supposé jusqu'à lui. Les mouvemens étaient donc essentiellement inégaux, et il réfuta, par le fait, cet axiome ancien, consacré par Copernic, que tous les mouvemens étaient uniformes et circulaires. Il démontra sa seconde loi par des recherches extrêmement ingénieuses, dont aucun astronome ne lui avait donné l'exemple. Mais le mouvement uniforme, qu'on avait placé d'abord sur la circonférence d'un excentrique, et puis autour d'un centre qui n'était ni celui des distances constantes, ni celui du zodiaque, était le premier fondement de tout calcul astronomique. En acquérant la connaissance de la véritable figure des orbites, on perdait tout moyen de les calculer. Il fallait retrouver quelque part cette uniformité qui n'existait plus ni dans les excentriques ni aux centres des équans. Il la plaça dans les aires décrites par les rayons vecteurs; il fit croître ces aires proportionnellement aux tems. Il sentit long-tems la nécessité et l'exactitude de cette loi, sans pouvoir se la démontrer autrement que par le fait. Il fait sentir lui-même le vice des démonstrations qu'il imagine successivement, et qu'il remplace enfin par la démonstration véritable, reproduite depuis par Newton avec plus de rigueur et généralement adoptée aujourd'hui. Le calcul des mouvemens elliptiques n'est donc plus impossible; il offre cependant encore de grandes difficultés : Képler les aplanit. Il renferma tout ce calcul dans trois formules élégantes et simples, qui suffiraient aux besoins de l'Astronomie pratique. On a depuis donné à ces formules quelques développemens utiles pour la Physique céleste, mais elles seront les fondemens immuables de tout ce qu'on pourra jamais faire, comme de tout ce qu'on a fait en ce genre.

Par ces brillantes découvertes, le Soleil est enfin mis à la place que Copernic aurait voulu lui assigner, et dont il avait été contraint de le repousser lui-même. Le Soleil ne pouvait être au centre commun des orbites circulaires, mais il peut occuper un foyer commun à toutes les ellipses planétaires. C'est à ce foyer qu'il faut rapporter tous les mouvemens, et c'est de ce point qu'il faut compter les distances. Les plans de toutes ces ellipses s'entrecoupent au centre du Soleil, toutes les lignes des nœuds passent par ce même centre. Par des moyens ingénieux et nouveaux, Képler détermine les inclinaisons des différentes orbites avec l'écliptique et le problème qui donne la position apparente d'une planète pour un instant quelconque; ce problème, calculé tous les jours par tous les astronomes, depuis Ptolémée jusqu'à Tycho, est pour la première fois résolu exactement par Képler, qui sur ce point ne put jamais se faire comprendre, ni de Tycho ni de Longomontanus.

C'est en cherchant à ramener tous les mouvemens à des causes physiques, que Képler a été conduit à ces lois fondamentales, dont jamais aucun astronome ni aucun géomètre n'avait soupçonné l'existence. En plaçant le Soleil au centre de l'univers, il sentit qu'il devait en faire la source et la règle principale de tous les mouvemens. Il lui donna une masse capable d'attirer et de mouvoir toutes les planètes. Il osa dire que le Soleil tournait sur lui-même en moins de trois mois, long-tems avant que Galilée eût observé cette rotation, dont il réduisit la durée apparente à celle d'un mois lunaire. Képler vit que la pesanteur universelle devait être la loi de la nature; il établit les axiomes fondamentaux de la Physique céleste. Par une distraction, ou plutôt par une préoccupation difficile à concevoir, il crut que l'attraction devait décroître en raison de la simple distance; quoiqu'il eût solidement établi que l'intensité de la lumière diminuait en raison des surfaces sur lesquelles elle se distribue, c'est-à-dire en raison du carré de la distance. Boulliaud lui reprocha cette distraction, quarante ans avant que Newton eût rien écrit sur ce sujet. Au lieu de rectifier Képler, Boulliaud se prévalut de cette erreur palpable, pour rejeter toutes ses idées, qui n'ont été dignement et généralement appréciées que depuis qu'elles ont été démontrées par Newton. La loi des carrés aurait pu guider le législateur de l'Astronomie, dans quelques discussions où il s'est laissé aller à des suppositions qui ne sont pas d'une Physique assez exacte; mais dans l'état où était alors la science analytique, cette loi ne l'eût pas conduit bien loin. Ces taches n'empêchent pas que le livre sur Mars ne soit le code des astronomes et des géomètres.

Képler, le premier, porta l'exactitude dans tous les calculs astronomiques. La forme de ses tables est celle que nous suivons encore aujourd'hui pour les mouvemens elliptiques de toutes les planètes; seulement on y a joint les perturbations que la Géométrie de Képler était hors d'état de calculer, et dont Newton lui-même n'a pu qu'entrevoir les principales et les plus faciles à déterminer.

Képler apprit aux astronomes à tirer parti des éclipses de Soleil, négligées universellement jusqu'alors, soit à cause du peu de certitude des observations, soit à cause de la longueur des calculs. Il donna le premier exemple d'une différence des méridiens, calculée d'après une éclipse de Soleil. Cette même méthode s'étend aux éclipses d'étoiles, et elle est à juste titre regardée comme la meilleure qu'on puisse avoir pour déterminer les longitudes géographiques et pour améliorer les tables. Il enseigna les moyens de connaître les lieux qui verront successivement commencer et finir ces éclipses, et ceux qui la verront centrale. Il apprit à calculer, pour chacun de ces lieux, la partie du Soleil qui sera éclipsée et celle qui restera visible. Pour diminuer la longueur de ces calculs préparatoires, il imagina de considérer les éclipses de Soleil comme des éclipses de Terre. Il posa les premiers principes de la projection orthographique appliquée à ces éclipses. Cette dernière méthode jouit long-tems d'une faveur qu'elle a perdue, depuis qu'un examen plus attentif a prouvé que ce second moyen, excellent pour simplifier le travail des annonces dans une éphéméride, est tout-à-la-fois moins exact et plus long que le premier, quand il s'agit du calcul rigoureux d'une éclipse observée.

Képler écrivit sur l'Optique, et donna la première idée de la lunette à deux verres convexes, qu'on a substituée avec tant d'avantage à la lunette de Galilée. Prompt à saisir toutes les idées heureuses de ses contemporains, il s'attacha à démontrer avec plus de détails l'invention nouvelle des logarithmes. La table qu'il en donna était à la fois table de logarithmes pour les nombres, les sinus et les tangentes. Elle était table de logarithmes logistiques pour la division du degré en 3,600″, et pour la division du jour, soit en 24 heures, suivant l'usage des modernes, soit en parties sexagésimales, suivant l'usage des anciens. Il lui donna depuis une forme plus appropriée à l'usage de ses tables Rudolphines, pour les calculs courans et pour ceux des éphémérides; mais il avoue que pour d'autres usages il conviendra de recourir à celles de Neper, d'Ursinus ou de Briggs.

Le premier il attira l'attention des astronomes sur les passages de Mercure et de Vénus, dont il fit sentir en partie les avantages. Il calcula des éphémérides, qu'il sut rendre plus intéressantes encore par les dissertations astronomiques qu'il y insérait. Nous n'avons rien dit encore de ses tables de réfractions, plus complètes et plus exactes que celles de Tycho, et qu'on trouvera bien remarquables, si l'on considère les erreurs des observations qu'il était forcé de prendre pour base, et l'ignorance où l'on était encore du théorème fondamental de cette doctrine.

Long-tems les astronomes avaient dédaigné les comètes, qu'ils considéraient comme des vapeurs fortuitement amassées, qui se dissipaient de même pour ne reparaître jamais. Regiomontanus ne s'était guère occupé que de leur parallaxe, dont la petitesse prouvait, contre le sentiment d'Aristote, qu'elles se mouvaient bien au-dessus de la sphère de la Lune. Apian en avait fait quelques observations grossières, desquelles il avait conclu qu'elles décrivaient un grand cercle autour de la Terre. Tycho et Mæstlin, en suivant cette idée, avaient déterminé des orbites circulaires qui enfermaient la Terre, à laquelle elles étaient médiocrement excentriques. De leurs mouvemens, Tycho avait tiré cette conséquence importante, que les sphères des planètes n'étaient nullement solides, comme le voulait Aristote, puisque les comètes les traversaient librement en tous sens. Képler ne crut pas aux orbites circulaires, puisque les comètes ne venaient pas se remontrer dans le tems qui serait résulté du mouvement uniforme qu'on leur supposait dans leur excentrique. Il préféra les orbites rectilignes. Il calcula les cordes des arcs décrits par la Terre dans l'intervalle des observations; les longitudes observées de la comète lui donnaient les angles que les distances de la comète à la Terre formaient avec les cordes calculées; il en conclut, par la Trigonométrie, les points et les angles d'intersections de toutes les lignes sur lesquelles la comète avait été vue de la Terre; il ne restait qu'à couper toutes ces directions par une ligne droite dont les segmens fussent proportionnels aux tems que la comète avait employés à les décrire. Le problème était indéterminé, mais il offrait des limites. Képler les détermina, et il en conclut les limites des parallaxes et des distances. Il en résultait que les comètes étaient bien plus loin de nous que la Lune. Il vit que le mouvement uniforme, sur la trajection rectiligne, ne pouvait pas toujours représenter les observations; il fut forcé de le ralentir vers la fin de l'apparition. Préoccupé de la fausse idée que les comètes ne revenaient pas, il s'obstina à supposer l'orbite rectiligne; il n'eut pas l'idée si simple de leur faire décrire des ellipses autour du Soleil. Il crut que ce serait perdre son temps que de calculer scrupuleusement la marche de ces astres passagers, qui se dissipaient si promptement. En adoptant l'idée d'Apian, que la queue s'étendait toujours dans une direction opposée au Soleil, il crut que cette queue était formée par les rayons solaires, qui, en traversant le corps de la comète, entraînaient continuellement les parties les plus subtiles, en sorte que la comète finissait par se réduire à rien, parce que les parties qui formaient la queue se détachaient successivement à mesure qu'elle avançait. D'après ces idées, on conçoit l'espèce d'indifférence qu'il a témoignée, et le peu de soin qu'il a pris pour approfondir cette théorie; mais dans sa manière de calculer toutes les circonstances de l'apparition, on remarque pourtant deux choses nouvelles, et qui n'ont pas été inutiles aux modernes. La première est la manière dont il calcule les triangles qui ont pour base les cordes décrites par la Terre. La seconde est cette ligne droite divisée proportionnellement au tems. Une trajection rectiligne ainsi divisée a beaucoup de ressemblance avec la corde d'une orbite parabolique, entre deux observations extrêmes, que par approximation on se permet de diviser d'après le tems pour y trouver le lieu de la comète dans l'observation intermédiaire; ainsi la théorie incomplète et inexacte de Képler a fourni du moins les deux points fondamentaux de quelques approximations modernes.

Il est peu de vies aussi remplies que celle de Képler; il en est peu qui aient été signalées par des découvertes aussi importantes et aussi inattendues. Né sans fortune, Képler n'eût, pour faire subsister sa femme et ses enfans, que le produit incertain de ses ouvrages et sa pension de mathématicien de l'empereur, pension mal payée, par le malheur des tems, et qui exigeait de sa part des sollicitations continuelles et des déplacemens dont le dernier lui coûta la vie. De nos jours, un prince, ami des sciences (Charles d'Alberg, alors prince primat), lui fit dresser un petit temple en marbre. On y voit son buste et l'ellipse de Mars, monument plus impérissable que les marbres et que l'airain.

Nous venons de voir le système de Copernic rectifié et complété par des améliorations dont les astronomes furent long-tems à sentir tout le prix. Presque à la même époque, ce système prenait faveur en Italie, par des découvertes qui, pour être senties, n'exigeaient guère que des yeux.

La lunette avait été trouvée en Hollande, soit par un simple hasard, soit, comme il est plus probable, par les soins et la curiosité d'un amateur nommé Métius, dont le plaisir était de rassembler des lentilles de toute espèce, et de les combiner ensemble pour en varier les effets. Galilée en reçut la nouvelle : il chercha à deviner la composition de la lunette batave, et dès le lendemain il en avait une qui grossissait trois fois. Il continua ses essais, et parvint à amplifier trente fois environ le diamètre des objets. Il reconnut les phases de Vénus parfaitement semblables à celles de la Lune; il en conclut que Vénus tournait autour du Soleil. Copernic, dit-on, avait annoncé que ces phases étaient une conséquence nécessaire de son système, ajoutant que si elles étaient invisibles, il ne fallait l'attribuer qu'à la petitesse du diamètre et à la vivacité de la lumière, qui empêchaient de bien distinguer la figure. En suivant Jupiter avec attention, il aperçut quatre Lunes qui faisaient autour de cette grosse planète des révolutions bien plus rapides que celles de notre Lune. Il y trouva autant de preuves que notre Lune peut tourner autour de la Terre et l'accompagner dans sa révolution autour du Soleil. Il découvrit, sur le disque de cet astre, des taches dont le mouvement lui fit conclure que le Soleil devait tourner autour de lui-même en 27 jours à peu près; il entrevit même l'anneau de Saturne, mais sa lunette était trop faible pour lui en faire distinguer la forme, et cette découverte ne fut complétée que long-tems après, par Huygens. Chacune de ses découvertes détruisait une des objections qu'on avait faites à Copernic. Elles étendirent sa considération personnelle, et lui suscitèrent des envieux et des détracteurs; les uns voulurent s'attribuer la gloire d'avoir aperçu les premiers les phénomènes qu'il annonçait; d'autres voulurent les nier. Les quatre nouvelles planètes qu'il avait vues circulant autour de Jupiter, et qui portaient à 11 au lieu de 7 le nombre total des planètes, parurent en opposition avec les propriétés du nombre septenaire. Les sept chandeliers d'or de l'apocalypse étaient réputés désigner les sept planètes, aussi bien que les sept églises. Cette découverte parut donc contraire aux saintes écritures; mais cette objection était trop ridicule, et ne fut pas la source des chagrins de Galilée. En défendant le système de Copernic, il ménageait peu Aristote et ses sectateurs, qui en conçurent un profond ressentiment. La réputation de Galilée, son titre de professeur et de premier mathématicien, firent craindre aux péripatéticiens et aux théologiens que la doctrine nouvelle ne fît trop de progrès, et ne vînt à renverser les autels d'Aristote. Ils se liguèrent contre lui, cherchèrent à lui nuire, soit auprès du grand-duc, soit à la cour de Rome.

Nous voyons, par les mémoires et les lettres inédites de Galilée, publiées à Modène en 1818, par M. Venturi, que Castelli, élève de Galilée, dans une conversation où le provéditeur de l'université de Pise lui conseillait de ne jamais parler du mouvement de la Terre, se crut obligé d'assurer positivement que le même conseil lui avait été donné depuis long-tems par Galilée, qui lui-même, depuis vingt-quatre ans qu'il professait, n'avait jamais traité ce point dans ses leçons publiques. Les péripatéticiens regardaient comme une hérésie l'idée de Copernic, et s'il faut croire que Galilée ne l'avait jamais soutenue comme professeur, il existe plus d'une preuve qu'il ne faisait pas mystère de son opinion. Nous trouvons dans le recueil cité un mémoire adressé à la mère du grand-duc. Il y prouve que le nouveau système n'est en rien contraire à l'Ecriture; il s'y attache particulièrement à expliquer à sa manière le fameux passage de Josué : *Sol ne movearis.* Son explication est d'une subtilité assez remarquable.

Ce passage ne peut s'expliquer dans le système de Ptolémée, qui ne donne réellement au Soleil qu'un mouvement qui lui soit propre, celui d'un degré par jour vers l'orient. Or, la cessation de ce mouvement accourcirait le jour au lieu de l'allonger. Il en est de même du mouvement propre de la Lune. L'Ecriture ajoute que le Soleil s'arrêta *au milieu du ciel* (et ne s'avança plus vers le couchant jusqu'à la fin du jour). Galilée supprime ces derniers mots, et soutient que les précédens ne peuvent s'entendre du méridien; car lorsque Josué donna son ordre au Soleil, cet astre devait être près de se coucher. On le voit par tout ce que Josué avait déjà fait dans la journée. S'il eût été midi, il serait resté sept heures, qui auraient suffi pour achever la défaite des ennemis. Par ces mots, *au milieu du ciel,* il faut donc entendre le centre de la sphère céleste, où Copernic place le Soleil, qui n'a d'autre mouvement que celui de rotation. A l'ordre de Josué cette rotation s'arrêta, et par suite suspendit tous les mouvemens célestes. Il raisonnait ici d'après une idée de Képler. Ainsi, selon Galilée, ce passage prouve que le Soleil occupe le centre de la sphère. Quant au passage non moins fameux : *In sole posuit tabernaculum suum; et ipse tanquam sponsus procedens e thalamo suo exultavit ut Gigas ad currendam viam. Nec est qui se abscondat a calore ejus.* Ce passage n'indique en aucune manière le mouvement du Soleil. Le Soleil est le réceptacle d'une matière extrêmement subtile et douée d'une vitesse prodigieuse, qui a été créée antérieurement au Soleil, qui n'a point sa source dans le Soleil; où elle a été placée quelques jours seulement après sa création, et qui en sort comme un époux de son lit nuptial. Le Soleil est ce lit nuptial, et la lumière ce géant qui s'élance pour parcourir tout le ciel et porter partout la chaleur et la vie.

Ces explications, qui n'étaient guère que des subtilités, ne satisfirent pas les ennemis de Galilée, qui y virent au contraire plus d'une chose sentant l'hérésie. Galilée, apprenant que ses ennemis s'agitaient à Rome, obtint du grand-duc la permission d'y faire un voyage pour y disputer avec les péripatéticiens et les confondre. Suivant ses lettres, il y fut reçu avec beaucoup de distinction; il y soutint sa doctrine dans de nombreuses conférences où il triompha des opposans. Il en eut entre autres une assez longue avec le dominicain *Caccini*, qui l'avait attaqué dans un sermon prêché à Florence, et dans lequel il avait pris pour texte : *Viri Gallilœi quid statis adspicientes in cœlum.* Ce dominicain, qu'il nous dépeint comme un homme faux et dangereux, lui fit toutes sortes de soumissions, et témoigna même du regret de son incartade. Nous verrons plus loin une preuve irrécusable de la duplicité de Caccini.

Galilée avait, dans le tems, porté sa plainte au général de l'ordre, Luigi Maraffi, qui, dans une lettre du 10 janvier 1615, lui témoigne son regret de ce qu'un frère de son ordre lui ait donné de justes sujets de plaintes. Il ajoute que *c'est pour lui-même une chose assez fâcheuse, que d'avoir sa part dans toutes les bêtises* (bestialità) *que peuvent faire et* QUE FONT *trente ou quarante mille religieux.*

Galilée nous dit encore qu'il a obtenu une audience du pape, qui l'a traité avec beaucoup de considération et de bonté. Mais, d'un autre côté, l'ambassadeur de Toscane à Rome écrit au grand-duc qu'il ne sait ce que Galilée est venu faire en ce pays, dont l'air ne lui vaut rien, et qu'il devrait quitter au plus tôt; qu'il y dispute avec une humeur et un acharnement qui pourra lui susciter des affaires fâcheuses; qu'il a été décidé par le pape et son conseil, que la doctrine de Copernic n'est pas conforme à la foi; que les livres de cet auteur et de ses sectateurs seront suspendus jusqu'à ce qu'ils aient été corrigés, et qu'on supprimera totalement celui du carme Foscarini, qui a entrepris de prouver que les passages de l'Ecriture ne doivent pas s'entendre dans le sens littéral qu'ils semblent présenter. Il paraît que c'était là le point d'achoppement, ou plutôt le prétexte qu'on mettait en avant. On aurait passé à Galilée de parler en mathématicien de l'excellence de la nouvelle hypothèse; mais on soutenait qu'il devait abandonner aux théologiens l'interprétation de l'Ecriture.

En effet, le Saint-Office rendit le décret annoncé par l'ambassadeur : Galilée n'y était pas nommé; le cardinal Bellarmin avait même consenti à lui donner une attestation de laquelle il résultait qu'*il n'avait été forcé à aucune abjuration, et qu'il avait bien moins encore été condamné à des pénitences salutaires*, mais que seulement on lui avait *signifié* la sentence du Saint-Office.

En conséquence du rapport fait par l'ambassadeur, le grand-duc fit écrire à Galilée : « qu'il avait pu apprendre par sa propre expérience quel » était l'esprit persécuteur des moines; que leurs altesses craignaient » qu'un plus long séjour à Rome ne lui causât quelques désagrémens ; » que puisque jusqu'alors il en était sorti avec honneur, *il ne fallait » plus picoter le chien qui dormait;* qu'il était invité à revenir au plus » tôt; que les moines étaient tout puissans, et qu'il courait sur lui des » bruits assez déplaisans. »

Ce que peu de personnes ont remarqué, quoique le fait soit attesté par la première ligne de la sentence qui condamne Galilée, c'est que, dès le commencement de 1615, près d'un an avant l'injonction qui imposait à Galilée le silence le plus absolu sur le système de Copernic, *sous peine d'être jeté dans les prisons* (*conjecerere in carcerem*), l'inquisition instruisait déjà contre Galilée. *Nous possédons* une longue déposition du moine Caccini, de ce fougueux prédicateur qui avait insulté à Galilée en chaire, à Florence même. Cet acte fait partie des pièces du procès de Galilée; il est du 20 mars 1615; le corps de l'acte est en latin; les réponses du déposant aux interpellations qui lui sont faites sont en italien. Nous avons également en notre possession une lettre du dominicain Lorini, datée de février 1615, et qui dénonce à l'inquisition une lettre écrite le 21 décembre 1613, par Galilée à Benedetto Castelli, son élève, son ami et son suppléant en la chaire de Pise, et dans laquelle il donnait quelques développemens nouveaux à son explication du passage de Josué. On n'avait que des copies de cette lettre, et on aurait voulu avoir la lettre écrite et signée par Galilée. L'archevêque de Pise et l'inquisiteur Lélio se liguèrent, employèrent toute leur *adresse* et les *témoignages d'amitié* les plus perfides, pour tirer cet original des mains, soit de Castelli, soit de Galilée lui-même, à qui Castelli disait l'avoir renvoyé. Probablement ils ne purent y réussir, puisque tous leurs efforts se bornèrent alors à des dénonciations et à des procédures secrètes à Rome. Toutes ces menées avaient donc précédé le voyage de Rome, où Galilée eut des succès si brillans, et qui pourtant se terminèrent par cette défense de croire et d'enseigner en *aucune manière* la doctrine du mouvement de la terre. La lettre qui avait donné lieu à tant d'intrigues est aussi l'une des pièces du procès; elle est entièrement conforme à la copie qu'en a donnée M. Venturi, page 203 et suivantes de son recueil. Il y a toute apparence que jamais on n'a pu se procurer l'original, puisque la sentence ne parle que d'un *exemplaire d'une lettre qu'on disait écrite par lui à l'un de ses disciples*. V. page 665. Les pièces originales déjà citées nous fournissent des détails curieux sur l'impression des dialogues. « En 1630, Galilée » porta à Rome, au P. maître du sacré palais, son livre manuscrit pour » le faire imprimer, et selon le rapport (fol. 46), il fut, par ordre de » lui (Nicolas Riccardi), revu par son collègue, *dont le certificat ne » paraît pas*. On voit au contraire, dans le même rapport, que le père » maître du sacré palais voulait, pour sa plus grande sûreté, examiner » lui-même le livre; sur quoi, pour abréger le temps, il convint avec » l'auteur que pendant qu'on imprimerait, il ferait voir ce livre feuille à » feuille; et afin que cela pût s'arranger avec l'imprimeur, il lui donna » l'*imprimatur* pour Rome. L'auteur alla ensuite à Florence, d'où il » pressa le maître du sacré palais de lui accorder la permission d'imprimer à Florence. Elle lui fut refusée. L'affaire fut renvoyée ensuite à » l'inquisiteur de Florence, et le maître du sacré palais s'étant défait de » cette cause, laissa à cet inquisiteur la charge d'accorder ou de refuser » la permission, lui mandant aussitôt tout ce qu'il avait à observer pendant qu'on imprimerait. L'inquisiteur répondit qu'il avait confié la » correction au père Stéfani, conseiller du Saint-Office, avec la copie de » la préface ou du commencement de l'ouvrage, et de ce que l'auteur » doit dire à la fin du livre même (folio 48). Après cela, le maître du » sacré palais dit qu'il ne sait autre chose, sinon qu'il a vu le livre imprimé à Florence, et publié avec l'*imprimatur* de l'inquisiteur et avec » l'*imprimatur* de Rome.... Il examina le livre, et trouva que Galilée » avait outrepassé les ordres et l'injonction qui lui avait été faite. En » conséquence, le 23 septembre 1632, sa sainteté donna ordre d'écrire à » l'inquisiteur de Florence, pour qu'il enjoignît à Galilée de se rendre à » Rome (folio 52).... Arrivé et constitué au Saint-Office le 12 avril 1633, » il dit (folio 69) qu'il croit avoir été appelé à Rome pour un livre composé par lui en dialogues, dans lequel il traite des deux plus grands » systèmes, livre imprimé à Florence en 1632, lequel il a reconnu et dit » avoir composé dix ou douze ans en çà, et dont il s'est occupé pendant » sept ou huit ans, mais non pas continuellement. Dit que l'an 1616 il

» était déjà venu à Rome pour apprendre ce qu'il convenait de soutenir » concernant l'opinion de Copernic, desquelles matières il s'est entre- » tenu plusieurs fois avec les seigneurs cardinaux du Saint-Office, et en » particulier avec les SS. Bellarmino, Aracœli, de Saint-Eusèbe, Bonzi » et Ascoli, et que finalement il fut, par la congrégation de l'*index*, dé- » claré que la susdite opinion de Copernic, absolument prise, était con- » traire à la sainte Ecriture, et ne pouvait se soutenir et se défendre que » par supposition. Cette déclaration lui fut notifiée par le cardinal Bel- » larmin... Il avoue l'injonction; mais se fondant sur le certificat du car- » dinal Bellarmin (certificat qu'il produit), dans lequel les paroles *quovis* » *modo docere* ne sont pas énoncées, il dit qu'il ne les avait pas retenues; » que pour imprimer son livre il vint à Rome; qu'il le présenta au maître » du S. P., qui le fit revoir et lui accorda la permission de l'imprimer à » Rome. Contraint de s'en aller, il demanda par lettre la permission de » l'imprimer à Florence; mais lui ayant été répondu qu'on voulait de » nouveau revoir l'original, et n'étant pas possible de l'envoyer à Rome » sans danger, à cause de la contagion, il le remit à l'inquisiteur, lequel » le fit revoir par le père Stefani, après quoi on lui accorda la permission » de l'imprimer, en observant ce qui avait été prescrit par le maître du » S. P., que si en demandant ladite permission il ne dit pas au maître du » S. P. l'injonction susdite, c'est qu'il estima n'être pas nécessaire de la » dire, n'ayant pas, dans son livre, adopté et défendu l'opinion de la » stabilité du Soleil et du mouvement de la Terre, avant d'avoir montré » le contraire et le faible des raisons données par Copernic. »

Après ce discours, Galilée fut conduit dans le logement du *magnifique Charles Sincere*, procureur fiscal du Saint-Office, qu'on lui avait donné pour prison; et dix-huit jours après, c'est-à-dire le 30 avril, il demanda d'être entendu et dit (folio 75 des pièces originales):

« Ayant fait réflexion aux demandes qui m'ont été faites par rapport » à l'ordre à moi donné de ne soutenir, défendre ni enseigner *quovis* » *modo* la susdite opinion, pour le présent condamnée, je pensai à relire » mon livre, *que je n'avais pas revu depuis trois ans*, afin d'observer » si, contre mes intentions, les plus pures du monde, il ne serait pas » sorti de ma plume des choses d'où l'on pût arguer tache de désobéis- » sance, et autres objets qui donnassent lieu de m'imputer le dessein de » contrevenir aux ordres de la sainte Eglise; et l'ayant minutieusement » examiné, m'y attachant, à cause du long *non usage*, comme à un » écrit nouveau et d'un autre auteur, je confesse librement qu'il m'a

» paru en plusieurs endroits tellement étendu, que le lecteur, qui ne me » connaît pas bien, aurait eu sujet d'en inférer que les argumens avancés » comme du parti *faux*, et que *j'ai eu intention de réfuter*, ont été » énoncés de telle manière, que leur force engagerait plutôt à les adopter » qu'elle ne laisserait un libre choix. Deux surtout en particulier, l'un des » *taches solaires*, *l'autre du flux et reflux de la mer*, entrent dans les » oreilles du lecteur avec des attributs de force et de vigueur extraordi- » naire, plus qu'il ne paraissait convenir à l'auteur, qui les tient pour » non concluans, et qui voudrait les réfuter, comme en effet dans *mon* » *intérieur et avec vérité*, je les ai estimés et les estime encore comme » *non concluans et susceptibles de réfutation;* et pour m'excuser moi- » même envers moi-même d'avoir donné dans une erreur aussi éloignée » de ma propre intention, je ne m'en tiens pas uniquement à dire que » dans l'exposé des argumens de la partie adverse, quand on a la volonté » de le réfuter, on doit, surtout en écrivant en dialogue, s'attacher à la » forme la plus exacte, et non les pallier au désavantage de l'adversaire. » Non content, dis-je, d'une telle excuse, j'ai recours à celle de la com- » plaisance naturelle que chacun a pour ses propres subtilités, et l'envie » de se montrer plus fin que le commun des hommes, en trouvant, pour » les propositions fausses, d'ingénieux et de spécieux discours de pro- » babilité. En conséquence, quoique je sois comme Cicéron, *avidior* » *gloriæ quam satis sit*, si j'avais maintenant à déduire les mêmes rai- » sons, il n'y a point de doute, je les énerverais en telle sorte qu'elles » n'auraient plus l'apparence de la force dont *elles sont essentiellement* » *et réellement privées*. Mon erreur donc a été, je l'avoue, une vaine » ambition, une pure ignorance et une inadvertance. Pour plus grande » preuve que je n'ai point tenu et ne tiens point pour vraie l'opinion » susdite du mouvement de la Terre et de la stabilité du Soleil, je suis » prêt à en faire une plus grande démonstration. Si on me l'accorde, l'oc- » casion est favorable, attendu que, dans le livre publié, les interlocu- » teurs sont d'accord de se retrouver ensemble après un certain tems, » pour discourir sur divers problèmes physiques réservés et simplement » annoncés dans leurs conférences; et comme je dois y ajouter une ou » deux journées, je promets de reprendre les argumens déjà donnés en » faveur de ladite opinion *fausse et condamnée*, et de les réfuter de la » manière la plus efficace que Dieu m'inspirera.

» Pour sa défense, il présente le certificat du C. Bellarmin, aux fins » de montrer qu'on n'y trouve point les paroles de l'injonction, *quovis*

» *modo docere;* et il assure que dans le cours de quatorze ou seize ans, » il a perdu entièrement la mémoire, *n'ayant point eu occasion d'y* » *penser* (Folio 79 — 83). Pour qu'on l'excuse, s'il a enfreint l'injonction » qui lui a été faite, puisque ne se rappelant pas les mots *quovis modo* » *docere*, il croyait que le décret de la congrégation de l'*index* suffisait, » étant ce décret publié et en tout conforme aux expressions qui sont » dans ce certificat; savoir, que ladite opinion n'a point dû être adoptée » ni défendue, d'autant plus que pour l'impression, lui Galilée a observé » tout ce à quoi son décret l'obligeait. Il le rapporte, non pour se discul- » per d'erreur, mais parce qu'il ne lui impute ni ruse ni méchanceté, et » seulement une vaine ambition. Met humblement en considération son » âge caduc de soixante-dix ans, accompagné d'infirmités dignes de » pitié, d'affliction d'esprit pendant dix mois, les incommodités souffertes » dans le voyage, les calomnies de ses rivaux, auxquels ont été soumis » son honneur et sa réputation. »

Il faut en effet bien se pénétrer de ces dernières lignes, pour lui passer tout ce qu'on voit dans le reste de faiblesse et de manque absolu de sincérité. Il a dit, dans une lettre à l'un de ses disciples, que sa défense a fait hausser les épaules à ses juges, et on le conçoit; ce qu'on a peine à concevoir, c'est qu'il ait pu croire tant de force à ses deux argumens des taches du Soleil et du flux et reflux de la mer; il avait raison plus qu'il ne pensait, en assurant qu'ils sont *peu concluans et susceptibles de réfutation.* Pour plus *grande preuve* qu'il n'avait pas eu réellement l'intention de faire croire au système de Copernic, et qu'il n'avait eu d'autre ambition que celle de se montrer plus *subtil que le commun des hommes*, enfin que tout son tort était un *vain amour de gloire*, il aurait pu dire qu'il n'avait produit, en faveur de cette hypothèse, que des argumens tirés de son propre fond ou de ses découvertes, lesquelles, comme les phases de Vénus, les taches du Soleil, les quatre Lunes de Jupiter et les trois corps de Saturne, ne prouvaient absolument rien pour le mouvement de la Terre (puisqu'elles s'accommoderaient également bien au système de Tycho), et qu'il s'était bien donné de garde de dire un seul mot des lois de Képler et de tant d'autres preuves publiées déjà par cet astronome, et bien plus faites pour entrer *avec une force et une vigueur extraordinaires dans les oreilles* et dans l'esprit *du lecteur;* mais sa situation ne le rend que trop excusable, s'il dissimule et offre même de réfuter plus amplement une opinion qu'il avait embrassée bien long-tems avant la première de ses découvertes, et qu'il n'a jamais véritablement *abjurée.*

Dans une lettre à Képler, qui venait de lui envoyer son Prodrome, on voit que, dès 1597, et long-tems auparavant, Galilée était copernicien décidé, qu'il avait beaucoup écrit sur ce sujet, mais qu'il n'avait osé rien publier; *il craignait le sort de leur maître commun, Copernic, qui, en s'acquérant une renommée immortelle dans l'esprit d'un petit nombre de lecteurs intelligens, s'est rendu ridicule aux yeux des sots, qui partout composent le grand nombre.* Il serait plus hardi, s'il pouvait compter sur beaucoup de lecteurs tels que Képler. Celui-ci, dans sa réponse, lui conseille de prendre plus de confiance; la force de la vérité est telle, qu'il doit compter sur les suffrages de tous les mathématiciens de l'Europe. Cependant, s'il trouve quelque danger à publier sa dissertation en Italie, il peut espérer plus de facilité en Allemagne. En effet, dans son Prodrome, Képler avait hautement plaidé la cause de Copernic, toute sa vie a été employée à fortifier de nouveaux argumens la nouvelle doctrine, et l'on n'a rien qui puisse donner le moindre soupçon qu'il ait été inquiété pour avoir librement expliqué sa pensée.

Seulement on voit, par une lettre adressée par lui à tous les libraires étrangers, août 1619, qu'il avait craint que si ses livres venaient à être prohibés en Italie, comme ceux de Copernic et de Foscarini, cette interdiction n'en restreignît le débit, et ne devînt nuisible à ses intérêts pécuniaires. Il déclare qu'il a écrit avec la liberté germanique; mais qu'il est chrétien, fils de l'Evangile, et qu'il a toujours embrassé et approuvé la doctrine catholique autant qu'il a été en lui. (*Quantum ad hanc usque meam ætatem capere potui.*) L'opinion copernicienne avait été librement professée pendant près de 80 ans. Vieux disciple de Copernic, dont depuis 26 ans il est déclaré partisan, il apprend cette nouvelle, mais il espère que cette censure n'a pas été portée pour interdire toute dispute sur des choses purement naturelles. Jusqu'ici Copernic n'a pas été suffisamment entendu; il se flatte qu'on ordonnera la révision de la cause, qu'on pèsera les nouvelles raisons qu'il expose dans son livre des *Harmoniques*, et que les juges, mieux instruits, réformeront la première sentence. En attendant, il conseille aux libraires de ne point rendre trop publique la vente de son livre, et de n'en céder les exemplaires qu'aux plus habiles théologiens, aux plus célèbres d'entre les philosophes, aux mathématiciens les plus exercés, enfin aux métaphysiciens les plus profonds, auxquels il n'a pas d'autre moyen de les faire parvenir.

On verra dans notre Histoire quelle fut la conduite de Galilée après le décret de 1616. Nous y donnons tous les détails de ce procès scandaleux, et toutes les pièces authentiques publiées par Riccioli. Nous ajouterons ici, d'après le recueil déjà cité de M. Venturi, que Benoît XIV a fait disparaître ce décret de l'*index;* c'est-à-dire, en d'autres termes, qu'il l'a annulé. Mais quand nous avons écrit l'article Galilée dans notre Histoire, le livre de M. Venturi n'avait point encore paru. Ce livre même nous a fait naître l'idée de chercher et de consulter tous ceux qui avaient lu les pièces originales du procès, pendant qu'elles étaient à Paris. Nous avons obtenu les renseignemens curieux qu'on vient de lire. Ces pièces formeraient un volume de 200 pages environ, sans la traduction française, qu'on avait dessein d'y joindre. Dans la dénonciation de Lorini, dont nous avons fait ci-dessus une simple mention, on lit qu'un des griefs du bon père était le chagrin de voir *attaquer la philosophie d'Aristote, dont la théologie scolastique fait tant d'usage.* Il demande que, dans le cas où il y aurait lieu à *correction*, on puisse apporter les remèdes nécessaires pour que *parvus error in principio non sit magnus in fine.* On voit dans ces pièces que, le 19 mars 1615, le saint Père ordonna qu'on fît venir *Caccini*, qu'on le fixât à Rome avec le titre de maître et bachelier du couvent de Sainte-Marie de la Minerve, pour entendre plus commodément les dépositions et les renseignemens qu'il pourrait fournir. Voyez au reste, pour de plus grands détails, le volume publié par M. Venturi, et la suite qu'il promettait et qui vient de paraître sous le titre : *Memorie e Lettere di Galileo, parte seconda. Modena*, 1821, in-4°. Voyez aussi, dans le Mercure de France, février et mars 1785, deux écrits de Mallet-Dupan et Ferri, l'un contre et l'autre pour Galilée. Mais ces deux auteurs ne connaissaient aucune des pièces originales du procès; ils ont dû se tromper assez souvent. Par exemple, Mallet assure que Galilée avait toute permission de traiter la question du mouvement de la Terre en astronome et en physicien, pourvu qu'il n'y fît point intervenir la Bible. Il paraît que Mallet n'avait pas lu les dialogues où Galilée ne parle qu'en physicien et en astronome, et où il n'est nullement question de l'Ecriture ni des interprétations qu'on peut donner à quelques passages pour les concilier avec le système de Copernic.

Tiraboschi a imprimé que si Galilée eût été moins chaud et moins imprudent, jamais il n'eût été tourmenté pour ses opinions. Et, dans le fait, que lui importait de convertir des moines ignorans ou des partisans entêtés de l'ancienne philosophie? Ne lui suffisait-il pas d'avoir donné aux astronomes les preuves les plus plausibles de l'opinion qu'il soutenait; et que pouvait faire pour l'Astronomie l'opinion du vulgaire? Tel était le sentiment du célèbre frère Paolo, et voici ce qu'il écrivait à l'occasion de ce voyage à Rome, dont on vient de lire l'histoire.

« J'apprends que Galilée se transporte à Rome, où il est invité par » plusieurs cardinaux pour y démontrer ses nouvelles découvertes dans » le ciel. Je crains bien que, dans cette circonstance, il ne développe les » raisons qui le portent à préférer la doctrine du chanoine Copernic ; ce » qui ne plaira nullement aux Jésuites ni aux autres moines. Ils ont changé » en question théologique ce qui n'était qu'une question de Physique et » d'Astronomie; et je prévois, avec un grand déplaisir, que pour vivre » en paix et sans le nom d'hérétique et d'excommunié, il se verra con- » traint à abjurer sur ce point ses véritables sentimens. Il viendra ce- » pendant un jour, et j'en suis presque certain, où les hommes, éclairés » par de meilleures études, déploreront l'infortune de Galilée et l'injustice » faite à un si grand homme; mais, en attendant, il faudra qu'il la » souffre, et il ne pourra s'en plaindre qu'en secret... L'hypothèse coper- » nicienne, loin d'être contraire à la parole de Dieu révélée dans les » saintes Ecritures, fait honneur bien plutôt à la toute-puissance et à la » sagesse infinie du Créateur. »

Voilà certainement ce qui a été écrit de plus sage à l'occasion de cette dispute. Il y a loin de ce jugement et de ce passage vraiment prophétique du moine Sarpi, à l'opinion d'un archevêque de Pise, qui conseillait à Castelli *pour son bien*, et *s'il voulait éviter sa ruine*, d'abandonner le système de Copernic, parce que cette opinion, *outre qu'elle est une sottise*, est périlleuse, scandaleuse, téméraire, hérétique, et contraire à l'Ecriture. L'abbé Maurolyc avait prononcé que Copernic méritait d'être *fustigé* plutôt que repris plus sévèrement. Cette opinion, d'un homme qui avait la réputation d'un habile mathématicien, celle de quelques envieux, à qui l'on était obligé de supposer quelques connaissances, ont été aussi nuisibles à Galilée que celle de ses adversaires les plus fougueux. Si tous les professeurs de Mathématiques avaient montré plus d'union et moins de mollesse, les théologiens, qui les consultèrent pour la forme, auraient été retenus; ils auraient mis *un frein à leur zèle sauvage*, et ils ne se seraient pas déshonorés par des excès si ridicules.

Les travaux qui ont acquis à Galilée la réputation du premier physicien de l'Italie ne sont pas de notre sujet, mais nous ne pouvons passer sous silence ses expériences sur la chute des corps et les oscillations du pendule. Quoique sa lunette et surtout son pendule ne fussent pas encore les instrumens qui, entre les mains de Picard et d'Huygens, ont changé la face de l'Astronomie, on ne peut nier qu'il ne puisse prétendre une part quelconque à l'honneur de ces inventions, si éminemment utiles pour les observations astronomiques. On regrette seulement qu'il ait un peu exagéré les obligations qu'on pouvait lui avoir. Dans une lettre qu'il écrivait le 12 mai 1612, il se flatte que Képler apprendra avec un grand plaisir qu'il a finalement déterminé les périodes des satellites, qu'il en a dressé des tables exactes, et qu'il en peut *calculer les constitutions passées et futures, sans erreur d'une seconde.*

Dans la même lettre, on voit que La Galla traitait de fous les philosophes qui croient aux excentriques et aux épicycles. Il consent à être mis au nombre de ces fous; « ce ne sont pas des chimères que ces mouvemens; non-seulement il y a beaucoup de mouvemens dans des excentriques et dans des épicycles, *mais il n'y en a pas d'autres;* et cependant il y avait déjà trois ans que Képler lui avait envoyé sa *Théorie de Mars.*

Cette opinion exagérée du mérite de ses inventions se montre encore dans la proposition faite au roi d'Espagne pour le problème des longitudes. Après avoir parlé de la rareté et de l'incertitude des éclipses de Lune, on assure en son nom qu'il est parvenu à découvrir des choses totalement inconnues aux siècles passés, *qui équivalent à plus de mille éclipses tous les ans, qu'on peut observer avec la plus grande précision, et qu'on peut calculer par des tables d'une exactitude exquise.* (Après 200 ans de travaux, combien nous sommes loin encore d'en pouvoir dire autant!)

« On consacrera cette découverte au roi d'Espagne, en réclamant
» toutefois pour l'inventeur les avantages auxquels il a un droit incontes-
» table. Il montrera la manière de faire les observations et les calculs; on
» demande que le roi d'Espagne fasse tous les frais nécessaires, soit pour
» la multitude de personnes qui devront être employées après avoir été
» préalablement instruites, soit pour les académies qu'il conviendra d'é-
» tablir, soit enfin pour les vaisseaux qui serviront aux expériences
» toutes choses qu'on ne peut attendre que d'un grand monarque. »

Dans le même recueil de M. Venturi, on voit, par deux lettres de Sagredo, en 1613 et 1615, que Galilée, dès 1603, avait imaginé une espèce de thermomètre. Son invention aurait ainsi précédé de 17 ans celle de Drebbel. On suppose, avec quelque vraisemblance, qu'il en avait puisé l'idée dans l'ouvrage de Héron, mécanicien d'Alexandrie.

La première édition des œuvres réunies de Galilée, est de Bologne, 1656, deux vol. in-4°. C'est celle que nous possédons. Cette édition, quoique moins complète que les suivantes, est cependant très estimée: *è di Crusca*, dit M. Venturi.

La seconde a paru à Florence en 1718; elle est en 3 vol. in-4°; on y trouve la vie de Galilée, par Salvini et Viviani.

La troisième est de Padoue, 1744, en 4 vol. in-4°. Le dernier contient les dialogues *sur les deux plus grands systèmes du monde*, qui paraissent enfin avec les autorisations convenables. *Che ora esce finalmente alla luce colle debite licenze.* Ce dernier ouvrage avait été exclu des éditions précédentes.

La quatrième a paru en 1811 à Milan, en 13 vol. in-8°. Les 12 premiers sont la copie des quatre volumes de Padoue; la treizième ne contient rien qui soit de notre plan.

Le nouveau volume publié par M. Venturi est destiné à servir de supplément aux éditions de Florence et de Padoue. Il nous annonce une nouvelle vie de Galilée, en un fort volume in-4°, imprimé à Lausanne (Florence) en 1793, et qui vient enfin de paraître. Elle est de M. Nelli. *Voyez* la nouvelle Préface de M. Venturi.

Cet âge, déjà si fertile en inventions nouvelles, dont on n'avait eu jusqu'alors aucun pressentiment, fut encore illustré par une découverte désirée depuis long-tems, et qui ne pouvait plus guère échapper aux astronomes, puisque journellement ils en sentaient la nécessité. Tous les calculs trigonométriques se font par des multiplications et des divisions de sinus et de tangentes. Tous ces nombres ont dix figures, ou au moins sept. Sept figures multipliées par sept autres en donnent 13 ou 14 au produit. Ce produit doit encore assez souvent être divisé par un nombre de sept figures. On conçoit tous les dégoûts inséparables d'aussi longues opérations qui se présentent à chaque pas; on conçoit les erreurs qu'il était si facile de commettre et si pénible de rectifier. Ces considérations avaient fait imaginer aux Grecs la division sexagésimale du rayon. Par là, si les opérations n'étaient pas abrégées, elles étaient au moins rendues plus faciles, en ce que jamais on n'opérait que sur des nombres de deux figures, dont le plus fort ne passait pas 59. Cette méthode avait ses inconvéniens particuliers, qui heureusement la firent abandonner. On en revint à la division décimale du rayon, et l'on trouva dans les formules trigonométriques un moyen de changer les multiplications en additions ou en soustractions. Ce moyen fut, pour cette raison, appelé la *prostaphérèse*. Il restait encore à remplacer les divisions; on en vint à bout, en combinant les sécantes et les cosécantes avec les sinus et les cosinus. Rigoureusement parlant, le problème était résolu; il n'y avait pas d'expression trigonométrique si compliquée, que la Table de Rhéticus, par exemple, ne pût calculer par une suite d'additions et de soustractions; mais ce moyen était souvent fastidieux par toutes les préparations qu'il exigeait. On n'avait, à la vérité, qu'un petit nombre de règles, qui revenaient toujours les mêmes, mais qu'il fallait combiner de diverses manières, en sorte que, le plus souvent, on en revenait aux multiplications et aux divisions, que l'on ordonnait de manière à supprimer de fait tout ce qui devait être finalement négligé. Archimède avait autrefois tiré un parti fort ingénieux de deux progressions, l'une géométrique et l'autre arithmétique, qui, suivant la notation moderne, se réuniront en une seule, en écrivant :

$$\div\!\!\div\ 10^0 : 10^1 : 10^2 : 10^3 : 10^4 : \text{etc. à l'infini, ce qui équivaut à}$$
$$1 : 10 : 100 : 1000 : 10000 : \text{etc.}$$

Il avait vu que $10^2 \times 10^3 = 100 \times 1000 = 10000 = 10^5$; il aurait pu ajouter que $\frac{10^6}{10^4} = \frac{1000000}{10000} = 100 = 10^2$; qu'ainsi la multiplication était changée en une simple addition, et la division en une simple soustraction. La première de ces remarques suffisait à son but; il négligea l'autre. Il n'avait à faire que la première des deux opérations que nous venons d'indiquer; il lui suffisait du théorème.......... $10^m \times 10^n = 10^{(m+n)}$; il ne donna que cette seule règle; il aurait pu donner la seconde $\frac{10^m}{10^n} = 10^{(m-n)}$.

Il n'appliqua même sa remarque qu'à la seule progression dont la raison est 10 et le premier terme est l'unité. Il fallait généraliser le principe, imaginer une progression $\div\!\!\div\ e^0 : e^1 : e^2 : e^3 : e^4 : e^5$, etc., dont la raison fût telle, que chaque terme différât si peu du précédent et du suivant, que la suite des nombres naturels 1, 2, 3, 4, etc., pût s'y trouver tout entière, ou du moins, si la chose était impossible, que cette série offrît toujours un nombre assez approchant d'un nombre donné quelconque, pour que la différence pût être négligée sans aucun inconvénient; il fallait calculer une table dans laquelle, à côté de chacun des nombres naturels, on trouvât le nombre qui marque son rang dans la série, ou, si l'on veut, son exposant. L'addition des exposans de deux facteurs quelconques donnait alors l'exposant du produit, et cet exposant étant cherché dans la table, on trouvait à côté le nombre naturel auquel il appartenait, et par conséquent le produit demandé.

Pour en donner un exemple très simple, si nous avons à multiplier 2 par 3, nous savons que le produit doit être 6.

Prenons dans la table l'exposant de 2 ou....	0,3010300	$= m$
celui de 3 ou....	0,4771212	$= n$
la somme sera l'exposant de 2.3 = 6.........	0,7781512	$= m + n.$

Cherchons cet exposant dans la table, nous trouverons qu'il répond au nombre 6. Le nom d'exposant n'était point encore connu. Néper imagina celui de *logarithme*, λόγων ἄριθμος, *nombre des raisons*, ou nombre qui exprime combien de fois la raison de la progression se trouve employée pour arriver du premier terme aux nombres 2, 3, 6, etc.; les deux expressions sont donc synonymes. La moderne est plus concise; celle de Néper, plus claire et plus développée. Ce que nous avons dit de 2 et 3 s'applique de même aux deux nombres quelconques x et y; la somme de leurs logarithmes est le logarithme de xy; la différence de ces mêmes logarithmes sera le logarithme de $\left(\frac{x}{y}\right)$.

L'*Encyclopédie méthodique* dit que le mot logarithme est formé des deux mots grecs λόγος et ἄριθμος, ce qui est vrai, et qu'il signifie discours sur les nombres; ce qui est assez ridicule. Mais l'auteur n'avait lu ni Néper ni Képler, et il ignorait sans doute que, chez les géomètres grecs, le mot λόγος signifie *raison* ou *rapport*.

Le moyen que nous venons d'exposer, le plus simple de tous en théorie, présentait d'assez grandes difficultés dans l'exécution; on parvint cependant à les éluder sans beaucoup de peine. Choisissons le rapport $x = \frac{10000}{10000}$; les deux premiers nombres de la série géométrique seront 1 et 1,0001; ils auront pour logarithmes 0 et 1. En continuant la progression géométrique, on aura 1,00020001, dont le log. sera 2; le suivant sera 1,000300030001, dont le log. sera 3 et ainsi de suite. Les nombres de la progression géométrique iront toujours en augmentant de $\frac{1}{10000}$, et les logarithmes iront en augmentant d'une unité; tel était le système de Byrge, qui paraîtrait avoir été le premier inventeur; mais il différa, nous dit-on, de publier sa découverte, et fut prévenu par Néper, qui s'y prit d'une manière un peu moins naturelle.

L'usage continuel des sinus avait fait sentir la nécessité d'un moyen qui facilitât les calculs; c'est aux sinus que Néper s'attacha spécialement. Le sinus total est 10000000. Il lui donna le log. 0; le sinus le plus approchant du rayon était 9999999; il lui donna le log. 1; les log. 2, 3, etc., furent donnés aux termes suivans de la progression géométrique, dont la raison est $\frac{9999999}{10000000}$. On voit qu'il ne fallait que du tems, de l'attention et de la patience pour trouver ainsi tous les termes de la progression géométrique, qui avaient pour logarithmes les nombres 0, 1, 2, 3, 4 de la progression arithmétique. Le travail toutefois était encore assez pénible. On trouva des moyens pour l'abréger considérablement; et Néper, en 1614, publia la table la plus ancienne qui soit connue. Il passe généralement pour le premier inventeur. Il est certainement le premier qui ait mis les astronomes en possession de cette découverte; et les titres de Byrge ne sont ni aussi clairs ni aussi certains.

Néper sentit lui-même qu'il n'avait pas mis toute la précision possible dans la construction de sa table. Il engagea les calculateurs à la recommencer avec plus de soin. Ursinus entreprit ce travail, et donna des tables à huit chiffres pour tout le quart de cercle de 10 en 10″, au lieu que Néper ne les avait données que pour les minutes.

Néper reconnut encore qu'on aurait des tables plus commodes pour la pratique, si l'on donnait les log. 0, 1, 2, 3 aux puissances successives de 10; mais les logarithmes, au lieu d'être des nombres entiers comme dans le premier système, devenaient presque tous fractionnaires; et, pour les déterminer, le travail était énorme. Néper se contenta d'en donner un essai, et mourut peu de tems après.

La même idée était venue à Briggs, professeur de Mathématiques à Oxford, qui fit exprès le voyage d'Ecosse pour en conférer avec Néper. De retour à Oxford, il s'y appliqua avec tant de courage et de constance, qu'en 1618, il publia dans ce nouveau système une table à huit chiffres pour tous les nombres, depuis 1 jusqu'à 1000. Reprenant ensuite ce même travail sur un plan plus vaste, il donna les logarithmes à 14 décimales pour tous les nombres, depuis 1 jusqu'à 20000, et depuis 90000 jusqu'à 100000. Tous les autres s'en pouvaient déduire avec facilité. Cette table, malgré son étendue, était insuffisante pour les astronomes; il en fallait une pareille pour les sinus et les tangentes. Briggs y travailla avec le même zèle, mais elle ne parut qu'après sa mort.

Pour donner une idée de ce travail immense, il suffira de dire que chacun des nombres premiers dont on veut déterminer le logarithme n'exige pas moins de 50 extractions consécutives de racines carrées et quelquefois davantage. Aussi voyons-nous dans la Logarithmotechnie de Speidell, que Briggs n'avait pas moins de huit calculateurs, qui employèrent une année entière aux extractions jugées indispensables. Pour sa table des sinus, avant d'en trouver les logarithmes, il eut besoin d'en calculer avec la même précision les nombres naturels. Ces deux ouvrages composent le monument le plus vaste qui ait long-tems existé en ce genre; il a été la source où l'on a puisé constamment, pour nous donner les tables diverses qu'on réimprime continuellement sous diverses formes et avec plus ou moins d'étendue. Ce monument n'a été surpassé que par les grandes Tables du Cadastre, calculées sous la direction de M. de Prony; mais ces tables n'existent encore qu'en manuscrit.

Les astronomes étaient en possession de tables qui suffisaient à tous leurs calculs, lorsque Mercator, reprenant le problème en géomètre, parvint à une formule qui aurait bien diminué le travail, si elle ne fût pas venue si tard. Cette formule, suivant une notation plus moderne, est

$$\log(n+dn) = \log n + \frac{dn}{n} - \frac{1}{2}\left(\frac{dn}{n}\right)^2 + \frac{1}{3}\left(\frac{dn}{n}\right)^3 - \text{etc.},$$

d'où Wallis tira tout aussitôt la suivante, qui n'exigeait qu'un changement de signe,

$$\log(n-dn) = \log n - \frac{dn}{n} - \frac{1}{2}\left(\frac{dn}{n}\right)^2 - \frac{1}{3}\left(\frac{dn}{n}\right)^3 - \text{etc.}$$

De ces formules générales, les géomètres qui sont venus depuis on su tirer des formules plus convergentes, qui diminueraient encore la besogne. D'intrépides calculateurs les ont employées pour nous donner des logarithmes à 20, 48 et jusqu'à 61 décimales. Mais ces tables, heureusement, sont inutiles aux astronomes.

Dans le même ouvrage, qui contient la formule fondamentale dont toutes les autres ne sont que des corollaires, Mercator indiqua le premier une relation singulièrement curieuse entre les logarithmes et les espaces hyperboliques renfermés entre la courbe et ses asymptotes, mais cette théorie, si remarquable et si belle, est encore étrangère à l'Astronomie. L'auteur même déclare que la nature des logarithmes ne dépend nullement de la Géométrie; il y remarque seulement *une douce affinité très digne d'être contemplée.* Plus loin il ajoute que *ceux-là se trompent grandement, qui croient que l'hyperbole facilite en rien la recherche des logarithmes, il serait bien plus vrai de dire que ce sont les logarithmes qui mènent à la quadrature de l'hyperbole.*

A la suite des grands hommes dont nous venons de parler, et qui remplissent presqu'en entier notre premier volume, nous avons placé quelques-uns de leurs contemporains, de leurs disciples ou de leurs commentateurs. Ainsi, après Copernic, on voit paraître Rhéticus, qui, le premier, écrivit en faveur du nouveau système; et Reinhold, qui refit avec un peu moins d'inexactitude les tables de Copernic. Après Tycho, nous donnons une notice sur Longomontanus, son élève et son assistant pendant plus de douze années, et une autre sur Ursus Dithmarsus, esprit bizarre et détracteur acharné de Tycho. Nous n'avons mis personne après Képler, dont les brillantes découvertes ont été négligées si long-tems. Mais, à la suite de Galilée, nous montrons Scheiner et Marius, qui ont prétendu s'approprier ou partager la gloire de ses découvertes; Tardes et Malapertius, qui ont travaillé sur les taches du Soleil, auxquelles ils avaient donné les noms d'astres de *Bourbon* et d'astres d'*Autriche.*

La réformation grégorienne du calendrier a suivi de 40 ans environ la mort de Copernic; mais elle est un fait historique qui ne se lie à rien bien précisément, et dont la place la plus naturelle nous a paru devoir être en avant d'un ouvrage où nous allons exposer l'origine et les progrès d'une Astronomie nouvelle. Depuis long-tems cette réformation était demandée de toutes parts; on s'en occupait depuis plus d'un siècle, puisque Regiomontanus était mort en 1476, à Rome, où il avait été appelé pour y travailler. D'ailleurs, le nouveau calendrier ne suppose aucun système astronomique, ni même aucune table ni de la Lune ni du Soleil. L'année adoptée par les réformateurs n'est guère plus précise que celle d'Hipparque; tout est fondé sur des périodes imparfaites, ou des artifices de calculs et des idées qui remontent aux Grecs d'Alexandrie ou plus haut encore, telles que les épactes et le nombre d'or de Méton. L'explication de ce calendrier aurait interrompu notre marche sans aucune nécessité, sans aucun avantage, et nous en avons fait un livre séparé. Nous avons exposé sans partialité les conditions arbitraires et gênantes de problème, et l'inutile complication qui en est résultée. Mais en conservant le système qu'on avait choisi sans aucune raison vraiment importante, nous avons applaudi bien sincèrement à l'adresse qu'on a mise à éluder les difficultés, et pour atténuer les inconvéniens qu'il était impossible de faire entièrement disparaître.

Pour faciliter l'intelligence de cette vaste conception, pour en aplanir la pratique et l'application, nous avons tout réduit en formules qui donneront tous les articles du calendrier; les lettres dominicales, le nombre d'or, les épactes, le jour pascal, et, par suite, toutes les autres fêtes mobiles, avec toute la facilité que comportent ces différens problèmes, et avec une généralité et une sûreté qui dureront autant que le calendrier même. Nous avions donné nos idées principales, soit dans notre Astronomie, soit dans la Connaissance des Tems; elles ont été critiquées en Italie par un professeur d'Astronomie que nous avions autrefois connu à Paris, et qui nous a même envoyé son livre. Les raisons qu'il nous a opposées, et par lesquelles il s'efforce de prouver la *simplicité* et la *nécessité* du système adopté, ne nous ont nullement convaincu; mais elles nous ont paru mériter une réponse. Peut-être l'avons-nous faite trop longue, quoiqu'elle le soit beaucoup moins que la critique à laquelle nous étions forcé de répliquer. Mais le lecteur y trouvera du moins cet avantage, qu'en regard de nos formules il aura celles de notre adversaire, appliquées aux mêmes exemples, en sorte qu'il aura le choix entre les deux méthodes diverses. La réformation grégorienne fut adoptée avec soumission dans tous les pays d'obédience; elle fut vivement et long-tems critiquée dans les pays protestans; et comme, en fait de mesure, le mérite principal est et sera toujours l'uniformité, il en est résulté, pendant près de deux siècles, des embarras plus fréquens et plus incommodes que les prétendus inconvéniens auxquels on voulait remédier. Au reste, c'est un sujet qui nous paraît épuisé, et sur lequel nous ne reviendrons plus.

Seconde partie. En parlant de Rhéticus, dans notre premier volume, nous ne l'avions considéré que comme disciple et partisan très zélé de Copernic. Il a des droits bien plus réels à l'estime et à la reconnaissance de tous les calculateurs. Le premier il osa concevoir l'idée d'une table des sinus, des tangentes et des sécantes en nombres naturels à dix décimales, pour tout le quart de cercle, de dix en dix secondes. Il exécuta heureusement cette entreprise; il avait même calculé tous les sinus à 15 décimales. Ce travail prodigieux l'occupa toute sa vie; il y manquait encore quelques tangentes et quelques sécantes, lorsque la mort le surprit. Son disciple Othon les ajouta, et publia le tout sous le titre d'*Opus Palatinum de Triangulis*. Les tables étaient précédées de

700 pages d'explications, que peu de personnes sans doute ont eu le courage de lire, et que personne ne lira plus désormais. Nous en avons eu la patience, et l'auteur ne donnant aucun théorème, nous avons eu à examiner les 283 exemples numériques qu'il a calculés sur le même triangle. Nous y avons trouvé la preuve que Rhéticus possédait les six théorèmes des triangles rectangles. Quatre seulement étaient connus des Grecs; le cinquième avait été trouvé par Géber; le sixième est la propriété incontestable de Rhéticus, et Viete le trouva aussi quelques années plus tard, mais avant la publication de l'*Opus Palatinum*. Nous avons acquis la certitude que Rhéticus n'en connaissait pas un de plus, et ce septième est sans doute impossible, puisqu'il n'a pu résulter de tant de combinaisons différentes auxquelles Rhéticus s'était livré.

Ce serait donc rendre un véritable service à l'ouvrage que de le délivrer de cette superfétation de 700 pages inintelligibles, qui le rendent si incommode. Nous en avons extrait la substance, nous avons donné l'esprit des méthodes, et notre extrait ne remplit pas trois pages.

Les sinus à 15 décimales ont été retrouvés après la mort de Rhéticus et celle d'Othon, et ils ont été attribués à Pitiscus, qui n'a eu d'autre mérite que de les publier et de s'en servir pour corriger les tangentes et les sécantes de ses derniers degrés, qui se trouvèrent défectueuses, probablement parce qu'elles n'avaient pas été calculées par Rhéticus lui-même, mais par son élève, lequel paraît d'ailleurs n'avoir été qu'un calculateur très médiocre.

Ces Tables de Rhéticus doivent être considérées comme un ouvrage fondamental, puisqu'elles ont servi à Vlacq pour calculer ses grandes Tables logarithmiques à dix décimales, dont Gardiner et Callet n'ont donné que des abrégés; c'est donc à Rhéticus que l'on a la première obligation de toutes les tables trigonométriques usitées aujourd'hui, et qu'on a multipliées sous tant de formes différentes; nous avons dû considérer cet auteur comme un homme du premier ordre en son genre, et montrer à sa suite tous ses éditeurs, abréviateurs ou commentateurs, tels que Pitiscus, Clavius, Adrien Romain, Torporley et même Lansberg, dont les tables estimées de Képler n'ont paru que 15 ans après l'*Opus Palatinum*, et l'année même où Pitiscus venait de faire imprimer ses corrections pour les six derniers degrés. Lansberge était d'ailleurs un astronome laborieux, à qui l'on a justement reproché de s'être trop vanté lui-même, ce qui était un petit mal, et le tort plus réel d'avoir falsifié des observations pour les faire mieux cadrer avec ses tables, dont il voulait établir la supériorité sur toutes celles qui avaient paru jusqu'alors.

Snellius, qui vient ensuite, ne fut pas un simple éditeur ; on lui doit quelques théorèmes curieux de Trigonométrie, et le théorème célèbre de la réfraction, attribué long-tems après à Descartes, qui l'a peut-être aussi trouvé de lui-même. Enfin Snellius est le premier auteur, non d'une mesure exacte d'un degré du méridien, mais d'une mesure exécutée sur les principes que l'on suit encore aujourd'hui. Pour donner une longueur suffisante au livre qui porte son nom, nous lui avons adjoint Vernier, qu'on peut aussi considérer comme le bienfaiteur de l'Astronomie, à cause de l'invention si commode, si simple et si ingénieuse qui porte son nom, et qu'inutilement on a voulu lui disputer.

Briggs, à plus d'un titre, aurait mérité un article à part, comme l'un des deux inventeurs, et comme le véritable créateur du système de logarithmes qui a remplacé celui de Néper. Il est encore auteur de tables trigonométriques de tout genre, qui sont l'un des monumens les plus vastes que l'on connaisse de la patience et de l'industrie humaines. Ses sinus, tant naturels que logarithmiques à 14 décimales; ses logarithmes de 30,000 nombres, auraient eu la préférence sur tout ce qui a été imaginé en ce genre, si une division du degré en 100 parties, au lieu de 60 ou 360, n'eût empêché les calculateurs de leur accorder cette préférence. Un centième de degré vaut 36″ : on a donc réellement dans ce recueil beaucoup moins de sinus et de tangentes que dans ceux de Rhéticus ou de Vlacq; mais si ces tables ont moins servi aux usages ordinaires, elles offrent au moins les vérifications les plus précieuses pour toutes les autres tables publiées avec lesquelles elles se rencontrent au moins de 3 en 3 minutes, et les moyens les plus sûrs pour étendre, par une interpolation facile, ces nombres de 14 décimales, ou aux millièmes de degré, ce qui suffirait à tous les besoins de l'Astronomie, ou à toute autre division du quart de cercle, comme la division centésimale, qui n'a pu encore s'établir généralement, même en France, par les embarras inséparables de tout changement dans des méthodes devenues très usuelles. Briggs a eu le mérite d'entrevoir au moins la loi qu'observent les différences de tous les degrés des sinus; il a eu celui de trouver des méthodes d'interpolation dont il a tiré grand parti, mais dont il a soigneusement caché l'origine. M. Le Gendre s'est assuré de l'exactitude de ses méthodes; il les a démontrées par des moyens certainement inconnus à l'auteur; il a regretté que Briggs n'eût pas indiqué les fondemens de ses méthodes. Nous avions d'abord désespéré de deviner la voie suivie par l'auteur, lorsqu'une réflexion très simple nous a mis sur la voie. Après avoir abandonné cette recherche, nous y avons été ramené dans la suite; nous avons démontré ces formules par une opération simplement arithmétique, et d'une grande facilité. Nous avons refait, par nos propres règles, toutes les interpolations données pour exemple, et nous nous sommes assuré que les sinus naturels, donnés par l'auteur avec 19 décimales, pourraient s'étendre à tout le quart de cercle par une interpolation aisée, qui donnerait toujours 18 décimales exactes, et souvent 19. Tant de décimales à la vérité sont inutiles le plus souvent; mais, dans des circonstances extraordinaires, sans se donner la peine de calculer la table entière, on pourrait se procurer à 18 décimales un sinus quelconque que l'on voudrait avoir avec cette précision.

Le livre IX, qui porte les noms de Métius, de Boulliaud et de Seth-Ward, ne nous offrira aucune remarque bien importante. Métius n'est connu que par son rapport du diamètre à la circonférence, mais Boulliaud, dont les idées sont assez extraordinaires, a joui de trop de réputation dans son tems pour qu'il nous fût permis de le passer sous silence. Nous en dirons autant de Seth-Ward. Leur hypothèse elliptique simple était un pas rétrograde, on a eu grande raison de l'abandonner; mais elle fait partie de l'histoire de l'esprit humain. Bayer, dont la notice termine ce livre, nous fournit une chose qui n'était pas difficile à imaginer, et qui est restée comme le rapport de Métius. C'est l'idée qu'eut Bayer de désigner chaque lettre d'une constellation par une lettre grecque, romaine ou latine. Cette attention si facile a immortalisé le nom de Bayer. Il faut avouer que c'est devenir célèbre à bien peu de frais. Schyrle, dont il est aussi fait mention dans ce livre, a le premier fait exécuter la lunette astronomique à deux verres convexes, imaginée par Képler; et cette innovation a eu en Astronomie des suites de la plus grande importance, qu'il était impossible de deviner.

Le livre X ne parle que de Descartes, et nous craignons bien qu'on ne nous accuse d'une excessive sévérité pour un grand homme dont la gloire est regardée comme une propriété nationale qui mérite tous nos respects. Nous prions nos lecteurs de se souvenir que nous écrivons une histoire, et non des éloges. Un panégyriste peut amplifier ce qu'il trouve de grand et de beau dans son héros, et glisser adroitement sur ce qu'il faut dissimuler. L'historien ne doit aux morts que la vérité. Ce n'est pas notre faute si Descartes, *en Astronomie*, n'a produit que des chimères;

si, rejetant toute observation, tout calcul, toute démonstration et toute Géométrie, il s'est uniquement livré à ses réflexions solitaires, et s'est perdu dans un monde qui n'a jamais existé que dans son imagination. Ce n'est pas notre faute si, en méditant ses écrits, sa conduite et les circonstances de sa vie, il nous a paru impossible de rejeter cette idée affligeante, que ce puissant génie était atteint de cette maladie, dans laquelle une idée fixe, qu'on n'abandonne jamais, fait qu'on déraisonne sur tout ce qui tient ou qu'on rattache à cette idée. De grands hommes ont été atteints de cette maladie. Pascal, qui voyait toujours à côté de lui le précipice où il avait manqué périr, avait en outre quelques idées noires et non moins chimériques, qui sont la base uniforme de ses *Pensées*. J. J. Rousseau croyait tout l'univers ligué contre lui. Ces travers d'imagination ne les ont pas empêché d'être des écrivains du premier ordre, des dialecticiens forts et subtils, et des modèles de style en des genres très différens. Descartes avait, comme eux, sa chimère, sa *Science admirable*, qui lui fit parcourir toute l'Allemagne à la poursuite des Roses-Croix, qui annonçaient quelque chose qui ressemblait à sa science. Nous accorderons à Descartes tout ce qu'on voudra *en Géométrie; mais en Astronomie* nous ne verrons en lui qu'un esprit très dangereux, dont les visions se sont opposées long-tems à l'établissement des saines doctrines; et dont les succès trop long-tems soutenus peuvent égarer des esprits d'un ordre moins élevé. Dans les systèmes enfantés au mépris des connaissances positives, par les imaginations les plus déréglées, a-t-on jamais vu rien de plus impossible, de plus bizarre et de plus inutile que ces tourbillons absorbés les uns par les autres, quand les astres qui sont au centre viennent à s'encroûter; rien de si chimérique que la matière subtile, rien de si ridicule que la matière canelée; et cependant quelle vogue n'ont pas eu de pareilles visions? Quel auteur de système ne se croira pas assez dédommagé de ses peines, s'il peut obtenir que ses rêveries soient préconisées pendant cent ans, dussent-elles à la fin éprouver le sort de celles de Descartes? La gloire de Descartes n'a-t-elle pas enflammé l'imagination de tous ces faiseurs de systèmes que nous voyons éclore chaque année? N'avons-nous pas vu un docteur allemand envoyer à la classe des Sciences mathématiques un Mémoire dans lequel, à l'aide de quelques principes métaphysiques, il créait une Chimie tout entière, et qui ressemblait à la Chimie réelle, comme le monde de Descartes ressemble au monde que nous connaissons depuis que le culte de Descartes est aboli. Voilà les réflexions qui nous ont fait une loi de la sévérité que nous avons montrée; mais cette sévérité a-t-elle surpassé celle de Pascal et celle de Gassendi, à l'apparition du livre des *Principes?* Et la preuve que loin d'avoir été dominé par des impressions défavorables, nous avons recherché avec un soin tout particulier ce qui pouvait être loué sans blesser la vérité, c'est que nous avons fait valoir en l'honneur de Descartes une chose dont avant nous personne n'avait parlé; une idée qui devait conduire un géomètre à la découverte de l'aberration, dont elle renferme toutes les règles. C'est ce principe, énoncé formellement par Descartes, qu'en vertu du mouvement de la lumière, jamais un astre ne nous paraîtrait occuper le lieu où il est réellement, mais celui qu'il occupait à l'instant où il nous a envoyé le rayon de lumière qui nous le fait apercevoir. Mais ce corollaire mathématique d'un fait qui est contraire à son système, il le présente comme une objection. Il avait décidé que la transmission de la lumière devait être instantanée, et il s'attache à prouver que nous voyons le Soleil et les planètes dans les lieux où elles sont en effet. Il invoque le témoignage de tous les astronomes; aujourd'hui tous les astronomes déposent contre lui en faveur du principe qu'il a reconnu le premier, et qu'il a rejeté. N'avons-nous pas dit que ce peu de lignes de Descartes avaient pu guider Bradley, et que probablement et presque certainement elles avaient guidé Roëmer? Est-ce montrer de la partialité contre un grand homme, que de tenter de l'associer à la découverte la plus brillante du dernier siècle? *Voyez* tome V, pages 203 et 204.

Morin, qui vient après Descartes, est une espèce de fou, tout préoccupé des visions de l'Astrologie judiciaire, qui s'est rendu ridicule par des prédictions impudemment annoncées comme certaines, et démenties tout aussitôt par les évènemens. Sa réputation équivoque a pu prévenir défavorablement ses juges dans le débat sur les longitudes. Mais les torts les plus graves ne furent pas du côté de Morin; il avait eu le bonheur de s'assurer le premier qu'on pouvait voir des étoiles en plein jour, et pour tirer le parti le plus brillant de sa remarque, il ne lui manqua que de savoir appliquer les lunettes aux instrumens qui servent à la mesure des angles. Il fit quelques pas vers cette application, et il abandonna ses recherches pour achever son grand traité d'*Astrologie*. Mais la collection de ses œuvres, à ce traité près, nous prouve qu'il n'était point un savant si méprisable.

Riccioli, qui lui succède, est un esprit plus sage, mais qui n'eut pas en toute sa vie une idée qui lui appartînt, ou qui méritât le moindre examen. Il est recommandable par son érudition, mais dépourvu de goût et de critique. Son Almageste, qu'on pourrait nommer l'*Astronomie monacale*, présente au moins cette singularité, qui en rend parfois la lecture moins fastidieuse, c'est que, chargé par ses supérieurs (il était jésuite) de combattre le système de Copernic, il ne tarit pas sur les louanges de l'auteur avec lequel il est obligé de se mesurer; qu'il le vante avec autant ou plus d'enthousiasme que ne pourrait le faire le copernicien le plus décidé; qu'il exagère même les avantages de ce système, et que, pour le réfuter, il n'y oppose que les argumens les plus insignifians et les explications les plus misérables.

Gassendi, chanoine et prévôt de Digne, professeur royal d'Astronomie, homme d'esprit, homme du monde, sans manquer à aucune des bienséances de son état, laisse voir tout aussi évidemment qu'il est partisan de Copernic. Il ne l'attaque jamais, le défend en toute occasion, et toujours en protestant qu'il souscrit à tout ce que l'Église a décidé, *s'il est vrai pourtant que l'Église ait décidé quelque chose;* et remarquons que Riccioli lui-même convient que l'*Église* n'a rien décidé sur le fond de la question, c'est-à-dire sur le mouvement ou la stabilité de la terre. Gassendi laisse entrevoir un esprit libre de préjugés; mais jamais il ne s'explique qu'avec la plus grande réserve. Il n'en faut pas davantage pour expliquer ses succès dans le monde. Quand on le lit, on est un peu étonné de la réputation qu'il a laissée. Observateur assez assidu de tous les phénomènes, il n'est cité en Astronomie que pour son observation du passage de Mercure, qu'il vit le premier sur le Soleil, et qu'il vit seul.

Mouton, bien moins généralement connu, nous a fourni un chapitre beaucoup plus intéressant, moins par ses observations des diamètres, ou son projet de mesure universelle, prise dans la nature, que par une méthode toute nouvelle d'interpolation. Il faut avouer qu'elle était restée fort imparfaite entre ses mains; mais le principe en est simple et fécond, et il nous a été facile d'en tirer une méthode générale qui peut suffire, et bien au-delà, dans tous les besoins de l'Astronomie. Réduite en formules et en tables qui dispensent de recourir à ces formules, elle nous a fourni des moyens aisés pour refaire avec plus de précision toutes les interpolations faites par Briggs et celles qu'il convient n'avoir pu faire. Ramené par ce succès à nous occuper de nouveau du géomètre anglais, nous avons vu disparaître tout-à-coup la difficulté qui avait paru insurmontable; nous avons retrouvé la voie qui avait conduit Briggs à ces formules curieuses, dont il avait soigneusement caché les démonstrations. Nous avons donc deux méthodes également sûres d'interpolation : celle de Briggs paraît d'abord plus facile ; mais elle exige des attentions plus minutieuses, et, de l'aveu de l'auteur, elle ne réussit que dans les cas où la dernière différence est d'un ordre impair ; celle que nous devons à Mouton est plus uniforme, plus générale, et nous la préférons.

Mouton nous fournit des moyens précieux pour abréger la construction des tables astronomiques et les calculs des éphémérides. Hévélius, qui vient après lui, fut l'un des plus grands observateurs que nous connaissions. Ses instrumens surpassent ceux de Tycho, et sont d'un usage plus commode ; ses observations sont et plus nombreuses et plus précises. Il sut en tirer un catalogue d'étoiles plus exact et plus étendu. Il est connu par une description de la Lune, la plus complète qui existe ; il eut des idées assez justes de la libration de la Lune, qu'il a observée plus assidûment que personne, et dont il a donné une explication presque entière ; il a fait des recherches immenses sur les comètes, et il leur assigne pour orbites des sections coniques et surtout des paraboles ; il ne dit pas que le Soleil en occupe le foyer, mais il démontre que l'orbite rectiligne ou circulaire est insuffisante pour satisfaire à toutes les observations d'une même comète. Il fut au nombre des savans étrangers qui ont reçu les bienfaits de Louis XIV. Un incendie affreux détruisit en son absence son observatoire, ses instrumens, ses manuscrits et l'édition presque entière du second volume de sa *Machine céleste*, où il avait consigné toutes ses observations ; il n'en resta qu'une cinquantaine d'exemplaires, dont il avait disposé en faveur de quelques amis et de plusieurs savans. Dans sa vieillesse, il recommença tous ses calculs, refit ses tables du Soleil et prépara l'édition du *Firmamentum Sobescianum*, qui ne parut qu'après sa mort. Il a combattu l'application des lunettes aux instrumens pour la mesure des angles. Sans la rejeter définitivement, il se borne à proposer ses doutes, fondés sur le nombre d'attentions indispensables pour se prémunir contre les illusions optiques. Il a peine surtout à se persuader que cette invention nouvelle puisse assurer aux observations une précision soixante fois plus grande, et en ce point il a pleinement raison. Les distances observées avec ses pinnules, comparées à celles que Flamsteed avait mesurées avec un sextant à lunettes, prouvent que les erreurs de ses pinnules ne sont pas aussi fortes, ni la précision due aux lunettes aussi considérable qu'on l'assurait. L'avantage de Flamsteed n'est ordinairement que de quelques secondes, et nous sommes bien loin encore de répondre d'une seconde dans nos observations les plus soignées.

Horrockes, qui lui succède, aurait pu se montrer le digne successeur de Képler, dont il est admirateur passionné; mais il mourut à 23 ans. Sa théorie de la Lune n'a pas été inutile à Newton; il a développé et rectifié les idées de Tycho sur l'équation annuelle de la Lune; il a adopté et proposé avec plus de confiance les idées de Képler, dont il a réuni les deux équations, qui dépendaient du même argument, et il en a formé, sans rien changer aux nombres de Képler, une équation qui n'est en excès que de quelques secondes sur l'équation moderne. Le premier il a eu la satisfaction d'observer un passage de Vénus sur le disque du Soleil, en 1639.

Nous glissons plus rapidement sur Roberval, premier auteur d'une explication presque complète de l'anneau de Saturne; sur Wing et Streete, auteurs de tables qui ont joui d'une certaine réputation; sur Levera, qui eut la prétention d'être le réformateur de l'Astronomie; et sur de Billy et Tacquet, qui n'ont été que des professeurs; sur Duhamel, premier historien de l'Académie des Sciences; et Lubinietscky, dont l'énorme volume ne nous a fourni qu'une anecdote curieuse. Nous nous arrêterons un peu plus sur Mercator, dont nous avons déjà parlé au sujet des logarithmes, et dont les *Institutions astronomiques* nous offrent la première explication claire et complète de tous les phénomènes de la libration de la Lune, explication que Mercator dit avoir reçue de Newton. Il est encore auteur d'une méthode pour trouver, dans l'hypothèse elliptique simple, l'apogée et l'excentricité d'une planète, et enfin d'une solution approximative du problème de Képler, par la *Section divine.* Cette méthode imparfaite n'a jamais joui d'une grande faveur, mais elle est assez curieuse pour mériter sa place dans l'histoire de l'Astronomie. Greenwood, qui vient ensuite, est auteur d'une tentative à peu près de même genre, pour corriger l'hypothèse elliptique de Boulliaud et de Sethward.

Galilée avait fait la première lunette astronomique; il avait aperçu les satellites de Jupiter; il avait eu la première idée du pendule, et il avait conçu l'espoir que ces découvertes conduiraient à la solution exacte du problème des longitudes. Huygens, comme Galilée, dut sa première réputation à ses lunettes : il surpassa tout ce qu'on avait fait avant lui; il découvrit un des satellites et l'anneau de Saturne; il appliqua le pendule aux horloges; il inventa le ressort spiral, et, avec plus de fondement encore que Galilée, il se flatta qu'il avait donné tout ce qui était nécessaire pour bien déterminer les longitudes. Ses essais n'eurent cependant pas encore tout le succès qu'il en attendait; mais il ouvrit la route, et si l'on a pu de nos jours atteindre le but, c'est à ses inventions qu'on en est redevable. Ce but était celui de toutes ses recherches; il ne fit aucune attention au service bien plus important qu'il rendait à l'Astronomie, en lui fournissant un moyen plus précis pour observer les ascensions droites. Mais pour tirer ce parti de son invention, il eût fallu qu'il y joignît ou la lunette méridienne de Roëmer ou tout au moins le mural de Picard. Mais son horloge à pendule n'en est pas moins une de ces découvertes mères à qui l'on doit en grande partie des progrès dont l'auteur lui-même n'avait pas une idée bien complète. Ses théorèmes sur l'horloge oscillatoire lui assurent un rang distingué parmi les géomètres: Newton le citait comme un modèle, sans doute parce qu'il ne faisait de l'Algèbre que l'usage le plus sobre, et qu'il s'éloignait des idées de Descartes pour se rapprocher de celles des anciens. Ses théorèmes sur les forces centrales, ses recherches sur les probabilités, ses fractions continues, lui ont mérité les éloges des plus grands analystes; il paraît avoir démontré le premier que la Terre est un sphéroïde aplati. S'il ne trouva pas la cause de cet aplatissement, il le prouva du moins par l'expérience, en combinant la direction des graves, perpendiculaire à la surface, avec la force centrifuge qui devrait écarter le pendule de la perpendiculaire. Quoiqu'il n'ait pu se résoudre à admettre la gravitation universelle et réciproque de toutes les particules de la matière, parce qu'elle renversait, comme il le dit lui-même, son explication de la pesanteur, il sut louer avec une noble franchise le rival heureux dont il ne rejetait que les idées, qu'il trouvait trop incompatibles avec ses propres systèmes.

Morin s'était assuré le premier que les lunettes faisaient voir les étoiles en plein jour; mais, pour les observer, il eût fallu se donner des points fixes dans le champ de la lunette. Il ne put y réussir, et son heureuse expérience était complètement oubliée. On avait trouvé ces points fixes, en partageant le champ de la lunette en petits espaces égaux et carrés, formés par des fils qui se croisaient au foyer. Huygens plaça parallèlement à ces fils de petites lames de différentes largeur, que l'on pouvait substituer les unes aux autres, jusqu'à ce qu'on eût trouvé celle qui couvrait exactement le diamètre d'une planète. Auzout avait donné le premier réticule; Gascoyne l'avait trouvé plus anciennement, mais il en avait fait mystère. Huygens suggéra la première idée du micromètre; mais le premier micromètre fut celui de Picard, qui sut mesurer le chemin du curseur d'Auzout, en sorte qu'en enfermant une planète entre ce curseur et l'un des fils immobiles, on avait la mesure du diamètre avec bien plus de certitude que par la petite lame qui le couvrait entièrement. Ces progrès étaient grands; ils n'étaient encore qu'une amélioration des idées non publiées de Gascoyne. Il restait à faire un pas plus important : l'application de la lunette à la mesure des angles. Il fallait déterminer exactement la situation de l'axe optique, et le rendre bien parallèle au plan de l'instrument. Picard y parvint, en donnant aux lunettes qu'il appliquait à ses instrumens la forme de la lunette d'épreuve, dont il est le premier inventeur. Ce n'était pas assez que l'axe optique fût parallèle au plan de l'instrument, il fallait ou le rendre parallèle au rayon mené du centre au zéro de la division, ou du moins il fallait trouver l'angle que faisait l'axe optique avec ce rayon, quand la lunette était placée sur le zéro de la division. Picard donna, pour trouver cet angle, le moyen dont on se sert encore aujourd'hui; il donna même le moyen de rendre cet angle nul, ou de le diminuer à volonté, quand on ne préfère pas d'en tenir compte dans le calcul des observations, car le plus souvent cet angle est d'un petit nombre de secondes. Avec ces moyens tout nouveaux, Picard forma des quarts de cercle et des secteurs avec lesquels il mesura le premier degré qui méritât quelque confiance. Ce degré fournit à Newton l'une des données indispensables pour les calculs de la force qui retient la Lune dans son orbite, et qui ont conduit ce grand géomètre à la première preuve directe qu'on eût de la gravitation universelle supposée par Képler dans sa Physique céleste.

Alterius sic
Altera poscit opem res et conjurat amice.

Picard est le premier auteur de la méthode des hauteurs correspondantes et de la correction du midi. Il ne lui manquait plus rien pour établir le système d'Astronomie pratique qu'il avait exposé à l'Académie dès l'an 1669. On lui fit attendre dix ans le quart de cercle mural, qu'il demandait avec des instances continuelles; il n'eut pas le plaisir de le placer lui-même dans le méridien, il était mourant quand enfin l'instrument fut terminé. En attendant, il avait essayé de faire tourner une lunette dans le plan du méridien. Cette idée fut réalisée par son élève Roëmer, et perfectionnée par les modernes. Elle a fourni l'un des deux instrumens fondamentaux de l'Astronomie. Roëmer construisit donc la première lunette méridienne; il la plaça dans son observatoire de campagne; il en fit un usage assez heureux pour déterminer les ascensions droites au moins relatives des étoiles. Il n'a rien imprimé, et ses manuscrits ont péri dans l'incendie de l'observatoire de Copenhague, où ils avaient été transportés après sa mort. Nous n'avons guère de lui que son ouvrage *des Trois Jours, Triduum astronomicum,* dans lequel on trouve les passages d'un assez grand nombre d'étoiles observées à sa *lunette* ou *roue astronomique*. On peut d'autant mieux le juger d'après cet opuscule, que de toutes ses œuvres c'était celle qu'il prisait le plus, et qu'il en avait multiplié les copies, dont plusieurs ont été conservées, et ont pu être comparées à l'original, qui était heureusement entre les mains de son élève Horrebow. Roëmer est surtout célèbre par les preuves qu'il donna du mouvement de la lumière et de la vitesse de ce mouvement, qu'il soutint constamment, du moins pendant son séjour en France, malgré l'opposition non moins constante de D. Cassini; mais de retour à Copenhague, il parut oublier entièrement cette découverte importante, de laquelle il ne tira aucune connaissance utile, ni aucune amélioration pour les calculs astronomiques. Il semble qu'il aurait du montrer moins d'indifférence, et s'attacher surtout à développer l'idée heureuse de Descartes sur l'aberration des planètes, qui était une conséquence mathématique de la transmission non instantanée de la lumière. Si Roëmer n'eût été rappelé à Copenhague, d'où Picard l'avait amené à Paris, en 1670, il eût été appelé à la succession de Picard, il eût contribué mieux que personne à établir en France le véritable système de l'Astronomie pratique, proposé depuis si long-temps par son maître et son bienfaiteur. Il quitta la France peu de mois avant la mort de Picard, et fut remplacé à l'observatoire par La Hire, qui chercha bien à suivre le plan de ses deux devanciers. Mais il s'occupait de choses trop différentes: il était à lui seul une académie tout entière, suivant l'expression de Fontenelle; mais il n'était qu'un astronome du second ordre. Pendant trente ans il observa des hauteurs et des passages à son quart de cercle, dont il ne connaissait assez bien ni les déviations ni les autres erreurs. Il n'en tira qu'un catalogue de 64 étoiles, où l'on remarque des erreurs qui ne peuvent avoir été produites ni par l'aberration ni par la nutation, qui étaient encore inconnues. En sorte que, ni pour le nombre, ni même pour la précision, ce catalogue ne peut entrer en comparaison avec celui que Flamsteed composait dans le même tems. Ses tables astronomiques ont joui de quelque réputation, quoiqu'il ne les eût pas assujéties à l'eflipse de Képler, et que toutes ses équations du centre fussent en partie empiriques. Il eût le mérite d'appliquer le calcul trigonométrique à la projection de Képler pour les éclipses sujettes à une parallaxe, et il trouva un théorème qu'on peut qualifier de fondamental pour cette théorie. Ses observations de la Lune, réduites et calculées par La Caille avec des précautions plus scrupuleuses, sont ce que nous connaissons de mieux à cette époque (1683 — 1685). Elles sont les plus anciennes que l'on puisse employer à déterminer l'accélération du mouvement de la Lune. Les travaux astronomiques de Roëmer et de La Hire sont un appendice naturelle de ceux de Picard, et, pour ne pas les en séparer, nous nous sommes un peu écarté de l'ordre chronologique, qui, après Picard, appelait Cassini. Mais il nous a paru que, malgré sa grande et juste célébrité, le premier des Cassini n'eût jamais, en ce qui concerne la véritable Astronomie, ni des idées aussi saines ni des plans aussi bien raisonnés. Au lieu de s'appliquer à perfectionner les instrumens et les observations, il imagina son gnomon de Bologne, qui n'était qu'un pas rétrograde, quoiqu'il ait été loué outre mesure. A son arrivée en France, il témoigna le regret que l'observatoire n'eût pas été construit de manière à former un vaste cadran solaire. Il aurait voulu en faire un instrument de même genre que son gnomon, et seulement un peu plus complet. Il traita l'Astronomie comme les Grecs traitaient la Philosophie; il la regardait comme une science purement conjecturale, ou celui qui voulait se distinguer et devenir chef de secte devait avoir des opinions à lui. Toute sa vie il persista dans le mauvais système qu'il s'était formé pour les comètes, d'après les idées de Képler et de Tycho. Jamais il n'eut l'air de faire la moindre attention aux découvertes de Newton. Il crut entrevoir que la Terre était un sphéroïde allongé, et ne réussit que trop à accréditer cette opinion, qui est certainement un des dogmes de son école. Il voulut changer l'ellipse de Képler. Par ces idées et quelques autres, il paraîtrait avoir retardé plutôt qu'accéléré les progrès de l'Astronomie; mais dans quelques autres parties, moins importantes à la vérité, il s'est acquis une gloire plus solide, et il n'a mérité que des éloges. Le premier il a donné une théorie ingénieuse et déjà fort approchée des réfractions; il détermina fort passablement la parallaxe du Soleil; il donna les premières tables des satellites de Jupiter; elles laissaient beaucoup à désirer sans doute, mais celles du premier satellite furent certainement très utiles à la Géographie. Long-temps il en fit mystère, et ne publia que des éphémérides; ce mystère même fut peut-être une des causes qui le firent appeler en France. Nous ne parlons pas de ses autres tables, qui n'ont paru que long-temps après sa mort, avec diverses corrections qu'il nous est impossible de juger, et que ses successeurs ont estimées nécessaires. Le premier il découvrit la rotation de Vénus, celle de Mars et celle de Jupiter. Il découvrit quatre des satellites de Saturne, et à cet égard il se montra un digne et brillant successeur de Galilée. Nous avons taché de l'apprécier avec une impartialité que plus d'un lecteur trouvera sans doute un peu sévère. Mais tel est le devoir impérieux de l'historien. Au reste, aucune de nos critiques ne pourra diminuer une réputation si bien établie par des découvertes incontestables. Cette impartialité sévère et historique se trouve également dans les notices que nous avons consacrées à quelques-uns des plus célèbres bienfaiteurs de la science, quand nous avons été forcés de combattre leurs idées ou leurs prétentions. Elle se trouve dans les notices de Ptolémée, de Copernic, de Képler, de Galilée et de Descartes. On la trouvera pareillement dans les articles des grands hommes, que l'abondance des matières nous a forcé à renvoyer au troisième volume de notre histoire. Ce volume est tout prêt, ou du moins il n'y manque que quelques notices courtes et faciles d'auteurs très modernes; il aura pour titre *l'Astronomie du dix-huitième siècle ;* nous le commencerons par Newton, Flamsteed et Halley, qui paraîtraient appartenir au siècle précédent; mais les découvertes de Newton n'ont porté leur fruit que long-temps après la première apparition du livre des Principes : c'est le dix-huitième siècle qui a vu paraître la Cométographie de Halley et l'Histoire céleste de Flamsteed. Notre histoire sera terminée par l'examen de tous les ouvrages qui ont pour objet la grandeur et la figure de la Terre, et ce dernier livre sera le seul où pourront être compris quelques auteurs encore vivans. Ainsi notre Histoire de l'Astronomie n'aura pas moins de six volumes. On trouvera sans doute que c'est beaucoup pour une seule science, et c'est ce qui nous avait fait balancer sur le titre que nous devions donner à notre ouvrage. Nous aurions pu lui donner celui de *Bibliothèque*, à l'exemple de Photius ou de Fabricius. Nous l'avons rédigé principalement pour les astronomes et pour les mathématiciens en général. Nous avons désiré qu'il contînt le tableau complet des différens âges de l'Astronomie; qu'il fût un répertoire où l'on trouvât toutes les idées, toutes les méthodes, tous les théorèmes qui ont servi successivement aux calculs des phénomènes. Quant aux lecteurs qui n'ont que peu ou point de connaissances mathématiques, l'Histoire de l'Astronomie est renfermée pour eux dans nos discours préliminaires et dans les parties des notices particulières où ils n'apercevront ni calculs ni démonstrations. Aux six volumes de notre Histoire, on pourra joindre les trois volumes de notre Astronomie, où nous avons tâché de renfermer toutes les méthodes dont on se sert aujourd'hui. Il est vrai qu'après la lecture de l'Histoire on pourrait trouver quelques retranchemens à faire dans le Traité. Nous pourrons même, si nous en avons le tems et les moyens, exécuter ces changemens et quelques autres, dont l'objet sera d'en mieux coordonner les parties à celles de l'Histoire, sans que le Traité cesse d'être un ouvrage complet en son genre.

NOTE.

Pendant que cette feuille s'imprimait, nous avons eu l'occasion de compulser tous les anciens registres de l'Académie, en ce qui concerne Huygens, Picard, Cassini et Richer, et pour savoir l'époque précise où l'Académie a connu l'accourcissement du pendule à Cayenne. Il est résulté de ces recherches que Richer assistait rarement aux séances; que plusieurs fois on fut obligé de lui écrire pour qu'il envoyât la relation de son voyage; que son manuscrit a été long-tems entre les mains de Cassini, qui même fut chargé d'en composer la préface. On n'en voit aucune en tête du voyage : il est à croire que Cassini, en donnant plus de développement à ses idées, au lieu de cette préface, aura composé le livre qu'il publia cinq ans après pour commenter ce voyage. On voit dans les registres que Cassini et Picard avaient été chargés de revoir la rédaction de Richer; que le livre ne fut imprimé que plus de cinq ans après le retour de l'auteur; enfin, que pas une seule fois ces registres ne font la moindre mention de l'accourcissement du pendule. Il est donc *possible* qu'Huygens n'en ait eu connaissance que par la publication du livre en 1679. Huygens demeurait encore en France. Sans doute il dut en recevoir ou s'en procurer un exemplaire. Ce fut alors seulement qu'il put faire à son discours, sur la cause de la gravité, une première addition qui contenait ses idées d'aplatissement. Il n'en pouvait être question en 1669, quand il lut à l'Académie son discours, qui est, comme il le dit, consigné dans les registres. Ainsi, quand dans la préface de ce discours imprimé, Huygens dit : *Maxima pars hujus libelli scripta est cum Lutetiæ degerem.... ad eum usque locum ubi de alteratione quæ pendulis accidit à motu Terræ*, etc. Il nous paraît prouvé que ce fut après son départ de Paris, vers 1682 ou 1683, qu'Huygens a parlé de l'aplatissement de la Terre, et qu'ensuite c'est après la lecture du livre de Newton qu'il composa l'*Additamentum* de la page 116 du tome II de ses œuvres, publiées à Amsterdam en 1728. Si la partie qui concerne l'aplatissement eût été écrite à Paris, il eût dit : *Ad eam usque partem cui titulus* ADDITAMENTUM.

ADDITIONS ET CORRECTIONS

Pour l'Astronomie du moyen âge et pour les deux volumes de l'Astronomie moderne, c'est-à-dire pour les tomes III, IV et V de cette Histoire.

Tome III, page xiv, ligne 8. Ils n'ont pu trouver que l'année sidérale, *lisez* ils n'ont pu trouver ni l'année tropique ni l'année sidérale, mais une année continuellement variable et surtout fort incertaine, par l'impossibilité d'observer exactement un phénomène aussi fugitif qu'un lever héliaque ; leur période sothiaque, etc.

Page xlj, ligne 8, *lisez* n'a été trouvé que par Rhéticus et par Viète

xlvij, 12, on ignore par qui fut complétée, *lisez* elle fut complétée par Rhéticus; Maurolycus ne l'avait calculée que pour les degrés. La même remarque s'applique à la page 441, dernière ligne.

Page lxvij, ligne 27, c'est ce qu'avait supposé M. M., *lisez* c'est ce que me paraissait avoir supposé M. Marcoz, car il trouve tantôt un jour de plus, tantôt un jour de moins que Ptolémée. Il a réclamé contre ce soupçon, et assuré que toujours les Grecs avaient dat[illegible] tems civil. Telle est aussi notre opinion.

1[illegible]gnes plus bas, *effacez* les mots (qui est celui de M. M.)

Pa[illegible]xviij, lignes 2, 6 et 8, *effacez* suivant M. M.

16, le système de M. M., *lisez* le système que nous prêtions à M. M. paraiss[illegible]ourtant le plus naturel; nous regardions Ptolémée, etc.

Page 6, ligne 24, Hispala, *lisez* Hispalis. La même faute se trouve pages 63 et 434.

25, 9 en remont., 12° 37′ 20″, *lisez* 13° 37′ 20″

69, 7 en remont., longueur des cartes, *lisez* longueur des ombres

139, milieu de la page, *un minimum*, *ajoutez* Proclus avait dit que la latitude de la Lune allait quelquefois jusqu'à 5° 30′; les Persans, au contraire, ne la faisaient que de 4° 30′.

Page 164, ligne 20, que Tycho a, *lisez* que les modernes ont

178, 1, lisez *altitudinis*

192, 5 en remont., *ajoutez* voyez l'article intercalations, tom. IV, p. 73.

213, 9 en remont., *lisez* 0,054535

320, 12, cherchez les trois angles, *lisez* cherchez les trois angles au pôle

323, 18, 1433, *lisez* 1497

344, 15, *lisez* Théophile

347, 12, *lisez* ἑλιγκτικα

383, 3 en remont., *lisez* 25 août

384, 10 en remont., 400 pas, *lisez* 400 coudées

7 en remont., peut, *lisez* paraît

A l'article Fernel, ajoutez la note suivante :

Fernel nous dit que le pied = 4 palmes = 4.4 doigts = 16 doigts ; donc un doigt = $\frac{1}{16}$ de pied. Le pas simple = 10 palmes = 10.4 doigts = 40 doigts = $\frac{40}{16}$ du pied = $\frac{5}{2}$ de pied.

Le diamètre de sa roue était de 6 pieds 6 pouces et un peu plus = $6^p \frac{6}{16}$ = 6^p,375 et un peu plus. La circonférence sera donc 20,02765 et un peu plus. Fernel, en nombre rond, 20 pieds ou 5 pas géométriques. Il multiplie le nombre des roues 17024 par 4, et trouve 68096 pas. Nous aurons 68190,15 et un peu plus, ou 340950,8 pieds, dont le sixième nous donnera 5682513 pour ce degré.

Mais la toise de Fernel a été accourcie de 5 lignes en 1668 (Mém. de l'Acad., 1714); de 864 lignes elle a été réduite à 859 : multiplions notre nombre par $\frac{864}{859}$, le degré de Fernel sera de 57155',73.

De plus, la toise de Picard était de $\frac{1}{1000}$ plus petite que la toise de l'Académie ; ainsi le degré sera définitivement de 57099'. La Caille l'a trouvé de 57074 ; la différence ne sera donc que de 25 toises, ce qui est encore un hazard assez heureux. Je l'ai trouvé de 57061 (Base du Syst. mét., tome III, p. 162) ; l'erreur serait de 38.

Lalande adopte les 20 pieds de Fernel, qui donnent 56746',65, qui multipliées par $\frac{864}{859}$, deviendront 57076,9 ; il s'est donc trompé à l'avantage de Fernel. La différence est peu importante ; et quoique le but de son mémoire soit de prouver la bonté de ce degré, il donne d'assez fortes raisons pour penser que Fernel n'a rien mesuré, et que le tout est une fable. Comment un homme qui se trompait de 13' sur sa latitude aurait-il pu mesurer un degré ? Voyez d'ailleurs ce que je dis de ses déclinaisons et de ses réticences.

Fernel nous dit encore que, du palais du Roi à l'église de Saint-Denis, il compta 5950 pas, dont 5 font 6 pas géométriques : or, le pas géométrique est de 5 pieds, 6 pas géométriques font 30 pieds ; 30 pieds feront donc 5 pas ; le pas vaut donc 6 pieds, ce qui paraît exagéré.

Du palais du Roi à l'église de Saint-Denis, le chemin est à peu près en ligne droite, si, par le palais du roi (*a palatio Regis*) on entend le palais de justice, le chemin va presque du midi au nord.

Or, suivant la description géométrique de la France,

	Dist. à la mérid.	A la perpendiculaire.
Église de Saint-Denis	858'	5670
Sainte chapelle du palais	321	1085
Les différences sont	537	4585
La porte du palais est plus près de Saint-Denis de	»	20
	537	4565

D'où l'hypoténuse ou la distance en ligne droite sera de 4596',475, et le pas de 4^p,6351. Il faudrait en retrancher environ 2 millièmes pour les changemens faits à la toise ; mais ne retranchons rien en considération des détours de la route, qui ont dû faire trouver un nombre trop grand de pas.

Supposons maintenant qu'il soit parti du Louvre, où François Ier demeurait en 1531, et peut-être plus anciennement. Suivant Piganiol, François Ier, dès 1528, y avait commencé un nouveau bâtiment, qui ne fut achevé qu'en 1548 par Henri II. Supposons donc, contre toute vraisemblance, que Fernel soit parti du Louvre, nous aurons,

Eglise de Saint-Denis.............	858...........	5670
Louvre........................	113...........	1357
	745...........	4313

Hypoténuse 4376',8 = 25261; ce nombre, divisé par 5950, nombre de pas, donnera 4^p,413 pour le pas de Fernel. Mais comme il n'a pu suivre cette hypoténuse, supposons qu'il ait été du Louvre perpendiculairement à la rue Saint-Denis, il aura décrit les deux côtés du triangle, dont la somme est de 5058 et le pas se trouvera de 5^p,1005.

Tout cela est évidemment fort incertain; le pas aura été de 4,4; 4,6, ou 5^p,1 ou de 6 pieds, comme il le dit lui-même; mais ce pas n'entre pour rien dans son degré, qui ne dépend que des tours de sa roue; il ne parle que des hauts et des bas de la route, et nullement du chemin qu'il suppose en ligne droite; ce qui est bien peu probable, quoique Paris et Amiens soient à fort peu près sous le même méridien. Aujourd'hui cette route passe par Saint-Denis, Luzarche, Chantilli, Creil, Clermont, Saint-Just, qui s'écartent plus ou moins de ce méridien. Breteuil en est plus près; et, dans ce tems-là, on entrait à Amiens par la porte de Paris, qui est aujourd'hui fermée; mais Fernel n'avait pas besoin d'entrer à Amiens pour avoir un degré, et il nous laisse ignorer l'endroit où il s'est arrêté.

D'où il faut conclure que Fernel a été plus heureux qu'habile, et que son opération ne mérite pas d'être discutée sérieusement. Elle ne mérite pas plus de confiance que celle d'Eratosthène.

Page 401, ligne 4 en rem., dénominateur, *lisez* $2 \sin \frac{1}{2} (P' + P) \cos H \cos D$

[illegible], 12, encore davantage, *lisez* encore, quoique moins rapidement

[illegible], 9, tang φ, *lisez* $\text{tang}^2 \frac{1}{2} \varphi$; et ligne 3, $\text{tang} \frac{1}{2} \varphi$, *lisez* $\text{tang}^2 \frac{1}{2} \varphi$

476, 1, mêmes; *lisez* mêmes,

528, 3 et 4 en remont., *effacez* $\left(\frac{a \sin A}{\sin A'}\right) x$ et la ligne suivante tout entière, comme inexacte et inutile.

Page 621, ligne 16, finissant au coucher, *ajoutez* ou selon d'autres, une demi-heure après le coucher.

Tome IV, ou tome I de l'Astronomie moderne.

Page 5, ligne 6 en remontant, Lilio Giraldi, *effacez* Giraldi

Calandrelli conteste même la première idée de ces épactes à Lilio, et l'attribue à Giovanni Tolosani. Peu nous importe au reste. Lilio eut du moins le mérite de la présenter et de la faire adopter.

Page 7, ligne 6, pour A', *lisez* pour A

10, 1801, *lisez* 1800

29, 7 en remont., fig. O, pl. 1, la figure avait été omise; on la trouvera à la planche dernière du tome V ou II.

Page 57, ligne 9, en remont., *effacez* Giraldi

Page 75, ligne 3 en remont., $\frac{\ }{33}$, *lisez* $\frac{8}{33}$

83, 20, une sextile commune qui précéderait la sextile retardée, *lisez* la première des quatre années communes qui doivent précéder la sextile retardée.

Page 83, ligne 26, Schah-Koldgi, *lisez* d'ailleurs Schah-Koldgi

84, 14 en remont., au même jour du mois, *lisez* 8 jours plus tard que la précédente.

Page 85, ligne 17, Zepernic, *lisez* Kopernik. Zepernic était sans doute une faute de copie dans le livre de Lalande.

Page 88, ligne 22, ces philosophes, *lisez* ces philosophes. » Mettez aussi des guillemets à la fin du paragraphe.

Page 92, ligne 11, Soleil. Elles, *lisez* Soleil, elles

103, ligne 4 en remontant, diamètre AB; *lisez* diamètre AB,

5 en remontant, centre D, *lisez* centre D;

109, 12 et 13, CDE, *lisez* DCE

124, 2, 87° 51': au lieu de ce nombre copié de Copernic, *lisez* 88° 29', comme il est en deux endroits, page 126.

Page 127, ligne 12, avancée, *lisez* avancé

133, 4 en remont., $=$FH, *ajoutez* fig. 24.

142, 3, ville de Prusse près des confins de la Pologne, *ajoutez :* (M. Sniadecki, auteur d'un éloge de Copernic, assure que Thorn était une ville de Pologne; que Copernic a fait ses études à Cracovie, et qu'il a toujours vécu sous les rois Jagellons. D'autres savans ne se rendent pas à ces raisons. Il est assez naturel que la Pologne réclame l'honneur d'avoir donné le jour à un homme aussi éminemment distingué que Copernic; mais, pour nous, peu nous importe, Copernic appartient au monde entier.)

Page 147, ligne 23, commence à faire, *lisez* commence par faire.

153, 8 en remont., ZV, *lisez* ZE; et ligne 6, en remont., sin ZV, *lisez* ZV

a

Page 158, ligne 22, par la parallaxe, *lisez* pour la parallaxe

159, 3, en remontant, 247", *lisez* 147"; puis 31", *lisez* 18",

173, 3 en remont., microscope, *lisez* micromètre

177, 9, lisez *Hassiacæ*

201, 12, PK'G, *lisez* PK'G'

217, 4, Appian, *lisez* Apian

24, BE la latitude, *lisez* BE autre latitude

235, 11, réfraction, *ajoutez* en déclinaison; et puis à cette hauteur *ajoutez* de 30°.

Page 250, ligne 16, diamètres; *lisez* diamètre;

259, 3, 24 ans plus tard, *lisez* 70 ou 72 ans

267, 21, SKT', *lisez* SKT

278, 4, équation, *lisez* obliquité

282, 5 en remont., par l'intervalle, *lisez* pour l'intervalle

284, 5, *lisez* phœnomenôn.

291, 19, *lisez* $\frac{2\sin^2 A}{\cos A}$, et ligne 20, $AC = CD = 2\cos A + \frac{2\sin^2 A}{\cos A}$

Page 297, ligne 18, lisez *Scommaticam*

301, 9 en remont., *lisez* KV = NG

302, 2, CF, *lisez* KF

305, 12 en remont., lisez *Fundamentum*

359, 5 en remont., lisez *saluti*

7 en remont., lisez *amavi, dum*

365, 8, CAE, *lisez* complément de AE

367, dist. Z. 50°, *lisez* | 0'.59'' | 1'.0'' | 1'.8'' |

368, 17, 15000, *lisez* 1500; puis 20000, *lisez* 2000

379, 17, l'ait, *lisez* l'eût

409, La méthode de fausse position employée ici pour la première fois par Képler, est celle dont on se sert encore aujourd'hui pour corriger l'orbite d'une comète.

Page 420, ligne 10 en remont., Saturne, *lisez* Mars

423, 5, lisez *pars tertia*

431, 6, TBK, *lisez* TBH

440, 23, *lisez* nous abrégeons;

445, 10 en remont., *nostra*, lisez *nostras*

452, 6 en remont., en A, *lisez* en H

457, 5, *lisez* NM $= 1 + \sin \varepsilon \cos x =$ KT

462, 3 en remont., KMN, *lisez* KNM

474, 12, *sciliter*, lisez *scilicet*

476, 4, 68, *lisez* 76

486, 15, le C'', *lisez* LC''

508, 8, $f = n^5$, *lisez* $f = an^5$

536, 1 en remont., *lisez* 0.00000.00000.00000.1

544, 13, trigonométrique, *lisez* Trigonométrie

551, 1 en rem., *lisez* $-\mathrm{K}\left(\frac{1}{2n^2} + \frac{1}{4n^4} + \frac{1}{6n^6} + \text{etc.}\right)$

558, 11, à satisfaire, *lisez* de satisfaire

559, 21, Heptacosias, *effacez* la virgule.

585, 5, ne démontre rien, *ajoutez* : mais il avait promis de tout démontrer dans son Hipparque.

Page 592, ligne 11 en remont., *ajoutez* : voyez tome suivant l'article de Cassini.

598, 22, plus sensible, *ajoutez* : il faut convenir cependant que sa démonstration n'est bien exacte que dans quelques cas particuliers, et que ses raisonnemens sont longs et passablement obscurs.

La loi des aires était implicitement comprise dans les mouvemens uniformes des homocentriques. Les aires y avaient la même égalité que les arcs décrits et les angles traversés; ces trois égalités formaient un théorème unique, qui pouvait s'exprimer de trois manières différentes. L'égalité des mouvemens n'existe dans aucun des corps célestes. C'est une conception géométrique, indispensable si l'on veut avoir une Astronomie, et passer d'un mouvement uniforme, que l'on sait calculer en tout tems à un mouvement inégal, qui ne donnerait aucune prise au calcul.

Les anciens, pour satisfaire aux apparences, avaient supposé le mouvement uniforme dans un cercle excentrique, qui offrait l'égalité des arcs, celle des angles, et conséquemment celle des aires circulaires. Ces suppositions parurent insuffisantes ; Ptolémée fut obligé de partager en deux moitiés égales l'excentricité qu'on avait donnée d'abord à l'excentrique. Cet ancien excentrique prit le nom d'équant; les arcs, les angles et les aires y étaient toujours en proportion des tems; mais la planète ne décrivait plus la circonférence de ce cercle; elle se mouvait d'un mouvement inégal sur la circonférence d'un nouvel excentrique, dont le rayon était le même que celui de l'équant, et dont le centre était au point de bissection de l'excentricité. Les distances de la planète au point de bissection étaient constantes; le mouvement sur la circonférence de ce cercle était assujéti à une équation dont le sinus était $-e \sin z$; z étant le mouvement angulaire au centre de l'équant. Alpétrage reproche amèrement à Ptolémée cette bissection, qu'il croit inutile. Copernic lui reprocha l'inégalité $e \sin z$; mais on n'eut aucun égard à ces objections. La bissection parut nécessaire; on la regarda comme suffisamment démontrée.

Képler s'aperçut que la bissection était encore insuffisante; il renonça aux distances constantes; il sentit la nécessité d'une projection qui changeait l'ancien excentrique en une ellipse, et qui supprimait l'équant.

Des trois quantités égales qu'on avait dans le système de l'homocentrique et dans celui de l'équant, il vit l'impossibilité de conserver les deux premières, c'est-à-dire celle des arcs et celle des angles; il fallut donc s'en tenir à la dernière, c'est-à-dire à celle des aires.

Dans l'équant, comme dans l'excentrique ancien, les aires égales avaient leur sommet au point autour duquel se faisait le mouvement égal. Dans l'ellipse, il n'y a point de mouvement angulaire uniforme; c'est dans le Soleil que réside la force qui courbe et qui règle les mouvemens des planètes; le Soleil est au foyer de l'ellipse; le foyer devait donc être le sommet des aires égales. Ce parti était le seul qu'il y eût à prendre. Képler s'assura qu'il s'accordait avec les observations; il en fit une des lois des mouvemens planétaires. Il aurait bien voulu en donner une démonstration directe et générale; il n'en trouva pas qui le satisfît pleinement. Les astronomes qui avaient admis sans réclamation la bissection de Ptolémée, auraient pu adopter de même la loi des aires pour sa conformité avec les observations. Képler était plus difficile : il voulait des causes physiques et des démonstrations mathématiques. Newton trouva la cause physique qui liait et démontrait les trois lois de Képler, mais il ne put que supposer cette cause première, et ne la démontra que par son accord constant avec les phénomènes. Les différentes démonstrations de Képler étaient beaucoup moins nettes et moins satisfaisantes; il en montra lui-même les défauts ou les incertitudes.

Pour établir sa loi des aires, Képler fit ce raisonnement, qui s'applique également à l'excentrique ancien et à son ellipse. Le rayon vecteur, qui a son origine au foyer de l'ellipse, centre des mouvemens apparens, parcourt successivement la surface entière de la courbe, en même tems que la planète en décrit la périphérie. Si nous voulons les aires égales, il faut que l'angle du secteur ou le mouvement angulaire vrai soit petit, quand les deux rayons vecteurs sont grands; à mesure que ces rayons diminuent, l'angle s'ouvre, et le mouvement devient plus rapide; on entrevoit une compensation. Elle sera parfaite, si les secteurs sont égaux pour les tems égaux. On aura $r^2dv = a^2dz$ dans l'excentrique; on aura $r^2dc = abdz$ dans l'ellipse. Cette dernière valeur donne $dc = \frac{abdz}{r^2}$; c'est la formule qui nous sert à calculer les mouvemens horaires vrais des planètes. Dans cette supposition, qui partage la courbe en secteurs proportionnels aux tems, tous les *du* d'une révolution forment 360°; tous les rayons vecteurs formeront la surface entière de l'ellipse. Képler se fait à lui-même quelques objections sur cette dernière proposition ; mais ces objections se présenteraient de même s'il s'agissait d'un cercle dont tous les secteurs auraient leur sommet au centre ; on pourrait les opposer au théorème d'Archimède, sur la surface du cercle égal au rayon multiplié par la demi-circonférence, c'est-à-dire au rayon pris autant de fois qu'il y a de points dans la demi-périphérie. Pour l'ellipse, la proposition serait peu sûre, si l'on se contentait de diviser la périphérie en secteurs diurnes ; elle deviendra successivement moins inexacte pour les secteurs d'une heure, d'une minute, d'une seconde, etc., parce que l'inégalité des deux rayons consécutifs deviendra moindre, à proportion que l'arc approchera plus d'une ligne droite, et que l'angle différera moins de son sinus. On approchera d'autant plus de la vérité, à mesure que les divisions seront plus petites ; l'erreur est inappréciable, si les secteurs sont infiniment petits. La démonstration de Newton ne suppose-t-elle pas que les arcs elliptiques sont assez petits pour être des lignes droites, qu'il prend pour les diagonales de ses parallélogrammes. Képler a donc pu supposer que l'aire de l'ellipse était la somme de tous ses rayons vecteurs ; il a divisé cette aire en secteurs proportionnels aux tems ; il en a déduit toutes les règles des mouvemens elliptiques, impossibles à calculer hors de cette supposition. Cette loi des aires est vérifiée par son accord constant avec les phénomènes ; elle sera, comme l'attraction, une supposition indispensable, et dont il sera toujours impossible de donner *à priori* une démonstration vraiment satisfaisante. On dira, de la démonstration de Newton, ce que Képler disait de la sienne : *Il faudra s'en contenter, tant qu'on n'en aura pas une meilleure.* Supprimez la loi des aires, et tâchez de démontrer la formule $z = x + e \sin x$, qui sert à trouver l'anomalie excentrique par l'anomalie moyenne, et par suite l'anomalie vraie et le rayon vecteur. Il faut donc tout admettre ou tout rejeter, et renoncer à l'Astronomie planétaire.

Page 600, ligne 4 en remont., *ajoutez* voyez tome suivant, l'article de Cassini.
607, 7 en remont., *ὦσκις*, *lisez ὥσπις*
609, 8 en remont., *lisez* immiscerier
612, 13 en remont., *lisez* Scheiner
624, 16, ιC, *lisez* *t*C
648, 1, *lisez* l'anti-Tycho
651, 3 et 4 en remontant, *lisez* Salviato
655, 16, *lisez* fig. 88.
667, 5, *delle due massime sisteme*. Je copie fidèlement Riccioli ; on lit ailleurs : *Delli due massimi sistemi del mondo.*

Page 668, ligne 14. Nous avons jugé qu'il était nécessaire *d'en venir à un examen rigoureux de ta personne.* On a prétendu trouver dans ces mots une preuve que Galilée avait été mis à la torture ; on a dit que l'expression ci-dessus est consacrée par l'usage du Saint-Office, et qu'elle indique *la question.* Mais nous aimons à croire que cette interprétation est forcée, ou tout au moins très douteuse. Elle ne s'accorde nullement avec les égards dont Galilée a été l'objet pendant tout le cours du procès. L'un des commissaires va le prendre dans sa voiture pour le mener au tribunal; on lui donne pour prison l'appartement du procureur fiscal; on lui conserve son domestique; il a la liberté de recevoir des visites. On le renvoie ensuite au palais de l'ambassadeur, jusqu'au jour où il doit entendre son arrêt. Nous avons deux relations du procès, l'une par le domestique, qui n'a pas un instant quitté Galilée; l'autre de Galilée lui-même. On peut dire que Galilée a dissimulé cet opprobre par amour-propre : la chose est possible; mais dans tous les écrits publiés par M. Venturi, on ne voit rien de semblable; tout ce qu'on y voit de plus terrible, c'est que, pour prononcer son abjuration, on l'avait revêtu d'un lambeau de chemise, *d'un strascio di camicia che facea compassione*. Mais cette anecdote est tirée d'une note manuscrite et anonyme, consignée dans un volume de la bibliothèque Magliabecchi. Nous aimons mieux nous en rapporter à ces autres paroles de la sentence, *pour que cette transgression de ta part ne reste pas tout-à-fait impunie*. Pourrait-on dire qu'elle eût été tout-à-fait impunie, si Galilée eût souffert le tourment de la question? Il reste assez de choses révoltantes dans ce procès, et il ne faut noircir personne sans preuve, pas même l'inquisition.

Page 682, ligne 3, *ajoutez* : Il faut dire cependant que Scheiner est cité par M. Venturi en tête des Jésuites qui intriguaient contre Galilée.

Page 684, ligne 10, son père, *lisez* son frère; puis, ligne 16, *effacez* mathematicien
695, 20, *et orbis*, *effacez* la virgule.
699, 15, *lisez* Hodierna
703, 16, *lisez* né à Rapalo
711, 4, planètes, *lisez* planches
712, 1, *lisez* l'astrolabe

Tome V, ou tome II de l'Histoire de l'Astronomie moderne.

Page 11, ligne 2 en remontant, 1er angle, *lisez* cot 1er angle
16, 5, second âge, *lisez* moyen âge
23, 3 en remont., *lisez* 7,8,9...*n* ;
40, 5, *lisez* $DL = DF$; $\frac{1}{2} DL = \frac{1}{2} DF$
40, 6, DLE, *lisez* DLF
44, 22, après Thalès, *ajoutez* : l'éclipse de Thalès n'a pu être observée à Alexandrie, qui n'a été fondée que long-tems après.

Page 60, ligne 3 en remont., en prenant Æ = X, *ajoutez* : théorème neuf et remarquable.

Page 80, ligne 5 en remont., 3°, *lisez* 30°
95, 11 en remont., par les détours, *lisez* pour les détours
98, 7 en remont., H est la Haie, *ajoutez* fig. 24
99, 8 en remont., dernier angle, *lisez* premier
146, 8, emprute, *lisez* emprunte
156, 9 en remont., *lisez* digamma
165, 7 en remont., BT*d*, *lisez* *b*TD
213, 11 en remont., centrifuge, *ajoutez* : Képler avait employé le mot solifuge.

Page 218, ligne 2, du plagiat, *lisez* de plagiat
225, 6 en remont., *lisez* que vous savez
246, 21, *lisez* point orient
275, 21, *lisez* Bithynien
292, 3, *lisez* c'étaient
3, *ajoutez* que Képler avait ébauché ce calcul et proclamé le principe.

Page 301, ligne 9, *lisez* du monde. Au total
303, 10 en remont., *lisez* $\frac{1}{5}\sin^5 \omega - \frac{1}{7}\sin^7 \omega$
321, 8, *lisez* au degré mesuré
21, à Calais, *lisez* à Abbeville
322, 6, pour l'horizon, *lisez* par l'horizon
323, 8 en remont., suit, *lisez* sait
334, 12, *di movimento*, lisez *movimento*
366, 9 en remont., *lisez* 900 *u*
383, 2, *lisez* $d'' = \frac{\Delta''}{5^2}$
390, 6, l'inexactitude, *lisez* l'exactitude
391, 8 en remont., $\frac{1}{n}$ *lisez* $\frac{n}{1}$
407, tableau, ligne 9, *lisez* 59049
424, 8, *lisez* en se bornant
425, 4, *lisez* qui changent l'erreur, en une erreur de signe contraire,
436, 6, *lisez* deux verres plans
443, 7, alors, *lisez* plus
445, 6 en remont., *lisez* diminuent
448, 1, *lisez* il en cite pour exemple une tache
463, 21, tiers, *lisez* huitièmes ;
472, 2, à Paris, *lisez* a paru
489, 9 en remont., *lisez* de même que sur nos cartes
496, 12 en remont., *lisez* il ne trouva pas ces observations mieux représentées.

Page 499, ligne 8, *lisez* d'attention, mieux il observe
502, 10 en remont., elle fuit, *lisez* elle suit
503, 1 en remont., *lisez* les plaçaient
516, 7 en remont., *lisez* 1579
520, 12, cot, *lisez* tang
534, 3, qui est celle (deux fois), *lisez* (deux fois) par celle
535, 9 en remont., lisez *demonstretur*
536, 1, *lisez* Laurent Langrenus
11, *lisez* Pézénas
557, 5 en remont., *lisez* $\frac{1}{667.44}$
558, 13, *lisez* 5′ 54″
3 en remont. Voici ce qu'Huygens écrivait en 1669 :

Ceci a besoin d'une explication, parce que les expressions d'Huygens sont équivoques. Dans la préface de son discours, il nous dit : *Maxima pars hujus libelli scripta est cum Lutetiæ degerem ac descripta in commentariis Academiæ regiæ Scientiarum* AD EUM USQUE LOCUM *ubi loquor de alteratione quæ pendulis accidit a motu terræ. Usque* signifie-t-il que ce qu'il dit des pendules est compris dans ce qu'il a écrit à Paris ; je l'avais ainsi compris en voyant que tout se suivait dans son discours, à l'exception de l'endroit où il parle de Newton ; endroit qui se trouve séparé de ce qui précède par le titre *Additamentum*. Huygens n'ayant quitté Paris qu'en 1681, Richer étant revenu en 1674, et ayant publié son livre en 1679, il était très possible que le passage qui concerne les pendules eût été écrit à Paris ; Huygens nous dit qu'il l'a ajouté à son discours, *post plures annos*, et, depuis 1669 jusqu'à 1681, il y a 12 ans. Pour lever le doute, j'ai consulté les registres de l'Académie, où il dit que son discours a été transcrit ; et, en effet, dans le registre de 1669, j'ai retrouvé le discours sur la gravité en entier, excepté ce qui concerne l'expérience de Richer et l'aplatissement, dont on n'y voit pas un seul mot. Voilà ce qu'incontestablement il a écrit à Paris. Pour le reste, nous n'avons que le témoignage d'Huygens. Par les expressions de la préface, rapprochées de celles de l'*Additamentum*, il aurait trouvé l'aplatissement de la Terre avant d'avoir lu Newton. Quand Richer, à son retour, eut rendu compte de ses expériences, c'est-à-dire en 1674 ou 1675, ou tout au plus tard en 1679 ou 1680, il a dû connaître l'accourcissement du pendule et en chercher l'explication dans le mouvement de la Terre. Il n'est nullement probable qu'il ait quitté Paris sans avoir lu le livre de Richer, publié depuis deux ans. Il a dû dès-lors faire à son discours une première addition, dont la date précise nous est inconnue ; et ensuite, après avoir lu le livre de Newton, il a fait à ce même discours une addition nouvelle, qu'il a soigneusement séparée par le titre *Additamentum* en gros caractères.

Ce qui avait contribué à mon erreur, si c'en est une, c'est que le secrétaire perpétuel Mairan, gardien comme je le suis aujourd'hui, des registres de l'Académie, s'était exprimé en ces termes dans les Mém. de 1742, partie historique : « Après l'observation de » M. Richer, M. Huygens ne manqua pas d'ajouter la plupart des inductions qu'on en » tire pour la figure de la terre non sphérique. » Il ajoute, qu'avant le voyage de Richer, Picard avait proposé de vérifier, en différens climats, si le pendule était toujours de la même longueur ; mais il est possible que Picard ne songeât qu'à la dilatation des métaux qui doit faire retarder les horloges dans les pays où la température est constamment plus élevée qu'à Paris. C'était même dès-lors une idée qui n'était pas neuve. Mais personne encore n'avait parlé d'aplatissement, et je n'ai vu nulle part ce mot dans nos anciens registres. Il est vrai que de 1669 à 1679 on ne trouve que des extraits fort secs et aucun Mémoire. Mairan a-t-il eu d'autres registres plus complets? C'est ce que je n'ai pu vérifier. Huygens nous assure qu'il a trouvé l'aplatissement avant d'avoir lu Newton, et nous aimons à le croire sur sa parole. Il est fâcheux pourtant que rien ne nous prouve la vérité de son assertion. Il est singulier qu'il ait tant tardé à publier une idée si neuve et si belle. Il semble que son discours sur la gravité n'a été rendu public qu'en 1728. Voyez la préface que Sgravesande a mise en tête du volume. Dans ce qu'il avait imprimé en 1724, à Leyde, il manquait deux traités, l'un de la lumière et l'autre de la gravité, aussi bien que les œuvres posthumes. C'est en les donnant au public qu'il composa la préface que nous citons. Nous terminerons cette remarque par les deux dernières lignes de la préface d'Huygens : *Reliquum post plures annos addidi, ac demum additionem scripsi, eâ occasione quam in principio indicatam reperias.*

Remarquons enfin que, dans les anciens registres de l'Académie, on lit partout Hugens, comme dans les imprimés latins on voit partout Hugenius.

Au 3 avril 1667, je trouve dans les registres que *l'expérience de pendule est conforme aux idées des Coperniciens;* c'est-à-dire qu'elle semble prouver le mouvement de rotation de la terre. Il n'est aucune mention ni d'Huyghens, ni d'aplatissement. Déjà depuis le 9 janvier 1675, il était question d'imprimer le voyage de Richer; Picard et Cassini étaient chargés de mettre le manuscrit en ordre : au 7 avril 1678 on voit qu'il est prêt à être imprimé ; il le fut en 1679. On ne voit pas comment il a fallu tant de temps pour mettre en ordre une relation aussi sèche, et qui paraît une simple copie du journal. Cassini, dans les remarques qu'il fit imprimer cinq ans plus tard, ne parle ni de mouvement ni de la figure de la terre; il ne s'occupe que de ses tables du soleil, de ses réfractions et de la parallaxe. Huygens est le seul qui ait paru mettre quelque importance à l'observation du pendule, et il a été bien lent à publier les conséquences remarquables qu'il avait à en tirer.

Page 575, ligne 10 en remont., ou sa roue, *lisez* ou sa route

581, 2 en remont., *lisez* composé

585, 9 en remont., 0,0011482, *lisez* 0,0088518

603, 4 en remont., *ajoutez* (fig. 63)

621, 1, *lisez* Louville

1 en remont., *ajoutez :* Il a été prouvé depuis que Lemonnier se trompait. En général, les vérifications qu'on peut faire d'un vieux quart de cercle sont peu propres à faire juger bien sûrement de l'erreur qu'il aurait pu avoir 70 ans auparavant.

Page 659, ligne 3, des denses, *lisez* plus denses

689, 3 en remont., bien neuve, *ajoutez :* Picard l'avait faite long-tems auparavant.

Page 702, ligne 6, *ajoutez* (fig. 72

707, 12, *lisez* de la sécante

709, 7 en remont., Marins, *lisez* Marius

618, 8 en remont., *lisez* éclipses

724, 10 en remont., les fractions, *lisez* les réfractions

727, 2 en remont., *ajoutez :* Pour nous assurer avec plus de soin de ce que nous devons penser de cette prétention de Cassini, nous avons compulsé les registres manuscrits de l'Académie royale des Sciences, et voici ce que nous avons trouvé p. 126.

« Le 31 juillet 1669, M. Picard, qu'on avait prié d'aller à Mareuil avec M. Cassini, pour vérifier le travail de ceux qui font des cartes géographiques des environs de Paris, a lu un mémoire contenant la relation de *son voyage* en ces termes :

« Ensuite de la résolution prise à l'assemblée d'aller à Mareuil, pour y vérifier la position des principaux points qui doivent servir comme de fondement à la carte des environs de Paris, nous nous y sommes, MM. Cassini, Richer et moi, transportés, et nous avons trouvé le lieu autant commode à notre dessein qu'on le pouvait souhaiter; et quoique le temps ne fût pas fort favorable, nous n'avons pas laissé de prendre au juste les angles de position de divers lieux à la ronde assez éloignés, comme de la Tour de Montjay, de Dammartin, de Saint-Christofle près Senlis, de Clairmont, de l'abbaye de Resson près Beauvais, du Mont-Valérien, de Mont-Martre, de la Tour de Montlhéry, et de celle de Notre-Dame, qui se trouvent en droite ligne avec cette dernière, et presque à moyenne distance. Nous observâmes aussi que Clairmont et Mareuil étaient exactement dans la méridienne de l'aimant, laquelle, prolongée, allait passer par une maison qui est au-dessus de Noisy-le-Sec; ce qui s'accorde exactement *avec d'autres observations que j'ai faites dans la plaine de Long-Boyau* et au Mont-Valérien, *par lesquelles j'avais déjà préjugé ce qui s'est trouvé en effet à l'égard* de Clairmont et de Mareuil. Le mauvais tems ne permit pas d'en faire davantage, et l'on peut dire à la louange de celui qui a déjà pris les mêmes angles, qu'il avait autant approché de la vérité que la petitesse de l'instrument dont il se servait le pouvait permettre. Mais comme l'erreur de quelques minutes qui, sur un petit instrument, n'est pas sensible, est néanmoins considérable sur de grandes distances, il serait à souhaiter, pour l'entière justesse, qu'une semblable vérification fût continuée à divers endroits, jusqu'à parfaire le châssis entier de la carte, pendant que ceux qui y travaillent n'auraient soin que de remplir chaque triangle en particulier, sans s'attacher à la liaison du total, qui leur sera comme impossible, s'ils veulent être fidèles. Outre que, par ce moyen, on aurait une carte, la plus exacte qui ait encore été faite, on tirerait cet avantage de pouvoir déterminer la grandeur de la Terre avec plus de certitude que tous ceux qui y ont travaillé jusqu'ici, tant à cause de la grande commodité des lieux, que par la facilité qu'on a maintenant de bien prendre les angles des lieux les plus éloignés, par l'aide des lunettes d'approche jointes à un grand instrument bien gradué, tel que celui dont on se servait, lequel donne assez distinctement jusqu'au tiers de minute, et se peut vérifier à tout moment d'une façon très aisée. *Nous fîmes, dès l'année passée, quelques avances pour ce même dessein de la mesure de la Terre. Nous prîmes au juste quelques grands triangles, et nous mesurâmes exactement une longueur de chemin de près de 6000ᵗ, droit et situé selon la ligne méridienne avec deux extrémités assez remarquables pour être vues de divers lieux éloignés, et si bien placées que, par peu de triangles, on pourra continuer cette base jusqu'à plus de* 60,000 *toises*, dont on sera presqu'autant assuré que si on les avait actuellement mesurées. Après avoir ainsi déterminé une longueur sur terre, il en faudrait trouver le rapport avec le ciel, par la différence des hauteurs de pôle des deux extremités seulement, ou plutôt par les différences des hauteurs méridiennes d'une même étoile proche du zénit. Pour cet effet, on pourrait préparer un instrument de 9 à 10 pieds de rayon, avec un bout de limbe de 8 ou 10 degrés de sa circonférence, et qui, par conséquent, serait très facile à transporter. On pourrait ainsi déterminer sur terre la grandeur d'un grand degré, laquelle on exprimerait par toises à l'ordinaire, ou par pas géométriques. Mais pour en donner une mesure qui demeurât à la postérité, *je voudrais me servir* de la longueur qui est nécessaire pour un pendule à secondes de tems, déterminant combien de fois cette longueur serait contenue dans un grand degré sur terre, et conséquemment à la circonférence et au diamètre, de sorte que la mesure de la grandeur de la Terre, premièrement trouvée par la différence de hauteur de pôle et par rapport au ciel, serait attachée au mouvement journalier, comme à un original commode et exposé à toutes les nations. »

On voit, par ce rapport, copié fidèlement et en entier, qu'ici Picard était le principal commissaire ; que l'adjonction de Cassini n'était qu'une politesse faite à un étranger célèbre qui arrivait à Paris et à l'Académie ; que Picard prit des angles qui s'accordèrent avec des opérations qu'il avait déjà faites ; que, dès l'année précédente, et lorsque Cassini était encore en Italie, il avait formé le projet de mesurer son degré, et qu'il en avait commencé l'exécution ; que déjà il avait observé de grands triangles, et mesuré la base de Juvisy, parallèlement à la méridienne ; qu'il avait le quart de cercle qu'il avait fait construire pour cette opération, et qu'il avait songé à se procurer son secteur de 9 à 10 pieds ; qu'il avait le pendule dont il voulait faire une mesure universelle, et qu'enfin son plan était dès-lors entièrement arrêté. Cassini était arrivé à Paris dans les derniers jours de février 1669, et n'avait pas plus de droits que Richer à s'attribuer l'honneur de cette fameuse mesure.

Du Hamel, dans l'Histoire de l'Académie, page 100, se borne à ce peu de mots : *His observationibus, tum in vastinensi agro factis, interfuit D. Cassinus, qui recens ex Italia advenerat.* Plusieurs membres de l'Académie des Sciences sont ainsi venus assister à mes opérations auprès de Melun, et aucun n'a eu l'idée de s'approprier ni l'idée, ni la direction de l'entreprise.

Page 732, ligne 8, 0,0269, *lisez* 0,0169

765, Dans cette même Histoire de l'Académie on voit, page 56, qu'en septembre 1669, Cassini avait donné la construction de son prétendu problème de Képler. On y lit : *Illud cum Ptolemæo statuit superiorum planetarum motus ad tres circulos æquales referri, ad concentricum, excentricum et tertium qui æquans dici solet. Sed hoc systema planetis inferioribus æque ac superioribus aptari posse contendit... Postquam vero plures et eximias figuræ ellipticæ cum iis circulis collatæ proprietates demonstravit, ex iis geometricâ et directâ methodo determinat cum elliptici, tum circularis planetarum motûs hypotheses.... Ductis lineis rectis citra ullius circuli opem.*

Le passage est rédigé de manière qu'on pourra l'interpréter comme on voudra, et y trouver ou la solution du problème de Seth-Ward ou celle du problème de Képler. Plus loin, à la page 97, on voit que Cassini fit une réponse à l'article des Transactions philosophiques. Nous n'avons pu nous procurer ni cette réponse, ni les démonstrations de Cassini, si ce n'est celles qui ont été publiées en 1740.

Page 784, ligne 15 en remont., planches, *lisez* planètes

791, 15 en remont., *lisez* de commencement et de fin.

Un journaliste m'a reproché ces additions et quelques lignes insérées dans la Table des Matières, pour réparer des omissions involontaires. J'avais prévu l'objection, et j'en sens la valeur. Ma réponse sera courte. J'ai commencé cette Histoire à l'âge de 63 ans, j'en ai 72 aujourd'hui ; je n'ai pas cru qu'il fallût attendre que le manuscrit fût entièrement achevé pour commencer une impression qui devait exiger de huit à neuf années de vie et de santé. Je me suis ménagé le moyen de répondre aux objections qui me seraient faites.

TABLE DES MATIÈRES

CONTENUES DANS CET OUVRAGE.

Nota. La lettre *a* indique le premier volume, *b* le second; le chiffre indique la page.

C

H

I

K

deux également, *a*.436. La route de la Terre est *ovale*, *a*.437. Critique fort juste du système de Copernic; force qui réside dans le Soleil, *a*.438. Il donne une loi inexacte de cette force; le Soleil tourne sur son axe, en moins de trois mois, *a*. 439. La vertu émanée du Soleil devrait suivre la loi inverse des carrés des distances; mauvaises raisons qu'il oppose à ce principe aujourd'hui démontré, *a*.440. Les planètes ont des forces motrices particulières qui se combinent avec l'action du Soleil, *a*.440. Timidité ou réserve excessive de Copernic, *a*.442. Premier pas vers la loi des aires et le mouvement elliptique, *a*.444. Embarras qu'il éprouve pour diviser son ovale en raison des tems. *Si la route de la planète était elliptique, la difficulté serait moins grande.* Il se flattait cependant d'y avoir réussi; il reconnaît son erreur; il s'écrie avec amertume que toute sa théorie s'en est allée en fumée; il s'aperçoit que la route est *elliptique* et non *ovale*; il adopte avec transport une idée qu'il avait rejetée avec une espèce d'obstination; Lalande et Bailly n'ont rien vu de tout cela; ils se sont persuadés qu'*ovale* et *ellipse* étaient la même chose, *a*.455. Képler n'est pas content de sa démonstration de la loi des aires, de laquelle cependant il ne doute en aucune manière. Formules remarquables du rayon vecteur, de la relation entre l'anomalie moyenne et l'anomalie excentrique, entre l'anomalie vraie et l'anomalie excentrique, *a*.461. Formules moins importantes, *a*.462. Problème qu'il propose aux géomètres, en annonçant qu'il le croit insoluble pour une raison qu'il indique, *a*.466. Réflexions de Képler sur les théories et les observations de Ptolémée, *a*.469. *Dissertatio cum nuncio sidereo*, *a*.469. Réflexions sur les lunettes, *a*.470; sur les taches de la Lune, *a* 471. Jupiter doit tourner sur son axe en moins de 24^h, *a*.472. Il croit voir Mercure sur le Soleil, *a*.473. Dioptrique; il y donne l'idée de la lunette à deux verres convexes, mais il ne la fait pas exécuter, *a*.479; la première fut faite par le capucin Schyrle de Rheita; phases de Vénus, *a*.474. Méthode pour les comètes, *a*.475; il suppose l'orbite rectiligne, par la raison que les comètes ne reviennent point; il avait mal pris son tems, cette comète était celle de Halley, *a*.488; autant il y a de comètes, autant il trouve d'argumens en faveur de Copernic contre Ptolémée, *a*.490. *Chilias logarithmorum*, *a*.506. Il annonce des démonstrations plus rigoureuses que celles de Néper, *a*.507. Ses théorèmes logarithmiques, *a*.509; ils sont au fond les mêmes que ceux de Néper, *a*.511. Construction de sa table, *a*.517; usage de cette table, *a*.523; *noble exemple* de cet usage pour trouver la loi des révolutions et des distances, *a*.529. Table de Képler, étendue par son gendre Bartschius, *a*.530. Tables Rudolphines, *a*.557. *Heptacosias logarithmorum*, *a*.557. Prostaphérèse de l'orbe, *a*.567. Table de l'équation du centre, *a*.572. Stations, *a*.573. Première idée de l'hypothèse elliptique simple, *a*.574. Inégalités mensuelles de la Lune, *a*.575 et 586. Particule hors part, *a*.577. Règle pour la parallaxe, *a*.579. Méthode pour les éclipses, *a*.580. Lignes des phases par le nonagésisme, *a*.581, 585, 586. Idée singulière sur les équinoxes de Ptolémée, *a*.588. Différence des méridiens par les éclipses de Soleil; méthode adoptée généralement aujourd'hui et long-tems négligée, *a*.589. Jugement sur les tables Rudolphines, *a*.589. *Sportula genethliacis missa*, *a*.589. Passages de Vénus spécialement recommandés, *a*.590. Lettre de Terrentius, *a*. 591, *b*.690, 691. Hipparque de Képler, *a*.592. Méthode graphique pour les éclipses, *a*.592. (Cassini s'est attribué cette découverte, ainsi que plusieurs autres). *Epitome Astronomiæ Copernicanæ*, *a*.592. Règle mnémonique des levers et des couchers, *a*.595.

S

U

V

W

Z

FIN DE LA TABLE DES MATIÈRES.

HISTOIRE

DE

L'ASTRONOMIE MODERNE.

LIVRE PREMIER.

RÉFORMATION DU CALENDRIER.

Nous avons vu (*) avec quelles instances et par quelles raisons Gauricus tâchait d'obtenir du pape la correction du Calendrier, qu'il croyait urgente et indispensable; non qu'elle intéressât en rien ni les sciences, ni l'ordre public. Les nations qui n'ont point encore adopté la réformation grégorienne, n'en éprouvent d'autre inconvénient que celui de compter quelques jours de moins que les autres peuples de l'Europe. Les astronomes s'accommodaient fort bien du Calendrier égyptien, qui ne donnait à chaque année que 365 jours sans aucune fraction et sans aucune intercalation. Peu leur importait que le commencement de l'année fût vague, et parcourût successivement le cercle entier. Quand J. César eût forcé tous les peuples soumis à son empire, d'adopter le Calendrier que Sosigène lui avait composé, les astronomes d'Alexandrie n'en conservèrent pas moins leurs tables et leur année de 365 jours; seulement ils avaient à faire un calcul préliminaire pour réduire une date julienne en une date qui lui correspondît dans le Calendrier égyptien. Quand, en des tems plus modernes, on composa les Tables pour les années juliennes, les

(*) Astronomie du moyen âge, page 435.

intercalations y apportèrent quelques embarras jusqu'alors inconnus; mais la simplicité et l'uniformité de ces intercalations allégeaient du moins ces inconvéniens, qui n'étaient pas bien graves en eux-mêmes. Ils furent augmentés considérablement par la réformation grégorienne, qui supprimant trois intercalations en quatre siècles, compliquait la règle, et rendait ainsi les Tables moins simples et moins commodes. C'était donc par des raisons étrangères à la science, que quelques astronomes sollicitaient un changement qui aurait dû bien plutôt les contrarier. Il était pourtant réclamé de toutes parts, pour des motifs qui ont aujourd'hui beaucoup perdu de leur importance. L'Église avait le droit (et Clavius en convient lui-même, page 59) de rendre immobile la fête de Pâques; elle pouvait la fixer au 1er ou au 2e dimanche d'avril; elle pouvait abandonner totalement l'année luni-solaire qui règle les fêtes mobiles, et s'en tenir au cours du Soleil qui règle les saisons. Il est fort à regretter qu'elle n'ait pas pris un parti si simple et si raisonnable. Par un respect exagéré pour d'anciens usages établis dans des tems d'ignorance, on s'est jeté dans des difficultés inextricables, qui proviennent de ce qu'on a voulu concilier et combiner des périodes qui n'ont aucune commune mesure. Malgré tous les soins qu'on a pris, les peines que l'on s'est données, les avis qu'on a demandés à toutes les académies et à toutes les universités, nombre de savans réunis à Rome, par un travail de plus de dix ans, n'ont pu enfanter qu'un système ingénieux et plein d'adresse, il faut en convenir, mais excessivement compliqué, qui, pour être bien compris, exige l'attention la plus soutenue, qui n'approche du but qu'on s'était proposé, que dans certaines limites dont il a bien fallu se contenter, qui enfin a excité de nombreuses réclamations, qu'on voit se renouveler toutes les fois que le Calendrier manque trop essentiellement et trop ouvertement aux conditions qu'on s'était volontairement imposées.

Le Concile de Nicée, en donnant des règles pour la célébration de la Pâque, avait supposé que l'équinoxe resterait invariablement fixé au 21 mars, où il se trouvait en l'an 325. On ignorait communément que l'année julienne était trop longue de 11′ et quelques secondes; cependant, avant la réformation julienne, Hipparque avait déjà prouvé que l'erreur de cette année était d'un jour sur trois cents ans. Dans le fait, l'erreur était presque double, mais les pères du Concile n'avaient lu ni Hipparque, ni Ptolémée. On peut même soupçonner qu'ils n'ont pas mis à leur décision toute l'importance qu'on y a depuis attachée, car il n'existe véritablement aucun décret, aucun acte de ce Concile. Leur règle pour la célébration de la Pâque ne se trouvait que dans une lettre que les pères avaient adressée à l'église d'Alexandrie. Cette lettre même n'existe plus, on n'en connaît les dispositions que d'après le témoignage de quelques auteurs qui en rapportent l'esprit sans en citer les propres expressions. Suivant ces auteurs, la Lune pascale était celle dont le 14ᵉ jour coïncidait avec l'équinoxe du printems, ou bien le suivait de plus près; et le jour de Pâques était le premier dimanche après le 14 de la Lune pascale.

On continua donc de se régler sur le 21 mars; mais l'équinoxe s'en était éloigné; il était arrivé au 11 mars; il aurait parcouru successivement février, janvier et tous les mois de l'année; Pâques, au lieu de suivre de près l'équinoxe du printems, aurait passé par l'un et l'autre solstice : pour l'exécution de la règle, il fallut ramener l'équinoxe au 21 et l'y maintenir en tous tems.

Le problème était assez compliqué; on y ajouta des conditions très inutiles, pour ne rien dire de plus; on ne voulait pas risquer de se rencontrer avec les Juifs, qui se réglaient sur le 14ᵉ de la Lune; on ne craignait pas moins de se rencontrer avec des hérétiques qu'on avait nommés *Quatordecimans,* parce qu'ils célébraient la Pâque le 14. On ne voulait employer que les mouvemens moyens, on ne voulait pas recourir aux Tables astronomiques; on fonda le système sur la révolution synodique moyenne de la Lune et la période de 19 ans; mais cette période est inexacte, elle exigeait des équations, et l'on ne voulait que des nombres entiers et assez petits pour être retenus facilement; par toutes ces considérations, on fut obligé de se relâcher souvent de la précision à laquelle il était possible d'atteindre.

Notre intention n'est pas de prolonger la critique d'un Calendrier adopté presque universellement dans l'Europe et dans ses colonies; nous voulons en donner une idée suffisante pour la pratique. Il offre des problèmes usuels que nous renfermerons dans des formules qui dispenseront des Tables qu'on a souvent reproduites, et qui n'en sont pas moins ignorées du plus grand nombre, ou qu'on a rarement sous la main à l'instant où l'on voudrait s'en servir.

Pâques doit être un dimanche, il doit suivre l'équinoxe et le 14ᵉ de la Lune moyenne; on voit donc qu'il a fallu concilier trois périodes incommensurables, l'année tropique, le mois lunaire et la semaine ou la période de sept jours. Cette dernière période n'a aucun rapport avec les mouvemens célestes, et c'est à cet isolément qu'elle doit son inaltérable uniformité.

Ceux qui n'adoptent pas les récits de Moïse, sont assez embarrassés pour assigner à la semaine une origine un peu probable. Quelques auteurs pensent qu'elle est née en Égypte; on la retrouve chez les Indiens; partout elle paraît tenir à quelque idée superstitieuse, car elle divise fort inexactement le mois lunaire, dont le quart est de $7^j 9^h 11'$; 52 semaines ne font que 364^j, l'erreur est de $1^j \frac{1}{4}$ environ au bout de l'année, elle est de plus de 9^h à chaque quartier, d'un jour et demi sur le mois lunaire.

Le problème du jour de Pâques, en tant qu'il dépend de la pleine Lune, a beaucoup d'analogie avec celui par lequel on cherche l'instant de la conjonction pour les jours d'éclipse.

Pour faciliter ce calcul, les Grecs avaient imaginé des nombres qu'ils appelaient *épactes* ou *jours additionnels;* voici quelle en est la formation:

L'année solaire moyenne surpasse 12 mois lunaires, de $10^j 15^h 11' 26''$. Pour plus de commodité, exprimons les heures en fractions décimales de jour.

L'excès de l'année solaire sur 12 mois lunaires sera de..	10^j 63295
Le mois lunaire exprimé de même est..............	29, 53006.

Supposons que la nouvelle Lune soit tombée au commencement de janvier; après 12 mois lunaires, il s'en faudra de 10^j,633 que l'année ne soit finie; et quand elle le sera, la nouvelle Lune sera passée depuis 10^j,633; c'est ce qu'on appelle l'*âge* de la Lune à la fin de l'année; c'est l'*épacte*.

Au bout de deux ans, l'épacte sera double ou de.......	21^j 26590
Au bout de trois ans, elle sera triple ou de............	31,89885
Le mois lunaire étant de............................	29,53006
De ces 32 jours ou de cette triple épacte, on fait un 13e mois ou mois intercalaire; alors l'épacte, pour 3 ans, se réduit à	2,36879
pour 4 ans, elle sera...	13,00174
pour 5 ans.........	23,63469
pour 6 ans.........	34,26764
en rejetant un mois...	4,73758

et ainsi de suite. Ainsi, quand on avait l'épacte d'une année ou l'âge de la Lune à la fin de l'année précédente, on en concluait les épactes de toutes les années suivantes par de simples additions, sauf à rejeter tous les mois entiers à mesure qu'ils s'y trouvaient.

Du mois lunaire..................................	29^j 53006
retranchez une épacte donnée quelconque..............	4,73758
le reste indiquera l'instant de la nouvelle Lune suivante.....	24,79248.

Car à la nouvelle Lune, l'âge de la Lune est 0 ou 29,53006; ainsi, le complément de l'épacte à 29,53 est le tems qui doit s'écouler jusqu'à la nouvelle Lune.

A cette Lune nouvelle, ajoutez un demi-mois, ou.....	14,76503
vous aurez le tems de la pleine Lune moyenne...........	39,55751
ou.....	9,55751

si le mois est de 30 jours.

Connaissant ainsi une nouvelle Lune, on en pourrait conclure toutes celles de l'année, en ajoutant un mois entier, ou en le retranchant quand la chose est possible; on aurait la nouvelle Lune en ajoutant un demi-mois.

Ce moyen pouvait donc donner la Lune pascale, celle dont le 14ᵉ jour arrivait le 21 mars ou le suivait de quelques jours. Ce procédé n'eût donné que les Lunes moyennes, mais on n'en demandait pas d'autres; en tout cas, on eût trouvé des moyens pour changer les Lunes moyennes en Lunes vraies.

On trouva ce moyen trop difficile, et l'on en choisit un beaucoup moins exact et bien plus compliqué. *Voyez* tome II, page 628.

On supposa l'année de..................	365 jours, les mois lunaires alternativement de 30 et de 29 jours, en
sorte que 12 mois valaient................	354
L'épacte fut donc de.....................	11 au lieu de 10ʲ,63
L'épacte de 2 ans.......................	22
L'épacte de 3 ans.......................	3 en rejetant 30 jours
Celle de 4 ans..........................	14.

En continuant de même, c'est-à-dire en ajoutant toujours 11, et rejetant 30 dès qu'il se présentait, on eut la suite d'épactes 11, 22, 3, 14, 25, 6, 17, 28, 9, 20, 1, 12, 23, 4, 15, 26, 7, 18, 29, 10, 21, 2, 13, 24, 5, 16, 27, 8, 19, et 30 ou 0; comme en Astronomie 0 et 360° sont la même chose, de ces 30 jours rejetés on faisait une Lune intercalaire.

L'épacte d'une année étant connue, il s'agit de trouver le jour de la nouvelle Lune.

Luigi Lilio Giraldi imagina l'expédient ingénieux et simple que voici (*voyez* le Calendrier perpétuel ci-après). Il écrivit en un tableau les jours des 12 mois de l'année avec la suite des épactes, mais en ordre inverse. Supposons que l'épacte soit 11, il restera 19 jours jusqu'à la nouvelle

Lune, en supposant 30 jours pour le mois; comptez ces 19 jours du 1er janv. au 19, vous arriverez au dernier jour du mois lunaire, où vous trouverez l'épacte 12 : le jour suivant sera le 1er de la Lune suivante, il aura l'épacte 11 qui est celle de l'année; ainsi, l'épacte 11 indiquera les nouvelles Lunes de l'année toute entière. Il en serait de même de toute autre épacte; l'épacte qui sera l'âge de la Lune au commencement de l'année, indiquera les jours de chaque mois où la Lune sera nouvelle; allez 13 jours plus loin, vous aurez la pleine Lune, qui est le $14^e = 1 + 13$.

Voilà qui serait exact et commode, si les mois lunaires étaient tous de 30 jours; mais on les suppose alternativement de 30 et de 29.

Il faut donc que la seconde lunaison n'ait que 29 jours; pour atteindre ce but, on a redoublé les épactes à deux jours consécutifs du mois de février; après 27, on a mis 25 et 26; à la ligne suivante, on a mis 25 et 24, après quoi 22, 21, etc.; les 30 épactes du second mois n'occupent donc que 29 lignes; l'épacte 11 ou toute autre reviendra donc au bout de 29 jours; la nouvelle Lune suivra la précédente de 29 jours. Ainsi, en omettant un jour sur le second mois, les 12 fois 30 épactes qui feraient 360 jours, n'en feront que 354 ou 12 mois lunaires.

On conçoit facilement cet artifice, mais on sent que tout cela ne peut être qu'approximatif. En effet, les épactes sont trop fortes et les mois trop faibles, puisqu'on les suppose de $29^j 12^h$, en sorte qu'à chaque mois on néglige $44' 3''$. Mais il ne s'agit ni des minutes ni même des heures, on n'a calculé qu'en jours entiers; il suffirait donc qu'on ne se trompât jamais d'un jour, mais même un jour d'erreur a paru n'être pas d'une grande importance; l'erreur de l'épacte sera du moins la même pour toute l'année, et n'empêchera pas de trouver le premier jour de la Lune; mais ce sera la Lune du Calendrier et non celle du ciel. Il s'agit maintenant de trouver cette épacte.

On savait depuis long-tems que 235 lunaisons formaient à très peu près 19 années; qu'après 19 années, les nouvelles Lunes devaient revenir au même jour de l'année, et qu'ainsi les épactes devaient revenir les mêmes au bout de 19 années; il suffisait donc d'avoir les épactes qui conviennent aux 19 années de cette période, qui est celle de Méton, plus connue sous le nom de *nombre d'or* : l'épacte dépendra donc du nombre d'or.

Si l'on connaît le nombre d'or N d'une année quelconque A, celui de l'année suivante ou de l'an (A + 1) sera (N + 1). Mais N ne peut surpasser 19; on rejetera donc 19 toutes les fois qu'il se rencontrera, comme on rejette 30 pour les épactes, 7 pour les jours de la semaine, et 12 signes pour le cercle entier.

Soit $A' = (A + x)$, N' le nombre d'or de cette année; on aura.... $N' = \left(\frac{N+x}{19}\right)_r$, c'est-à-dire qu'il faudra prendre pour nombre d'or le reste de la division de $\left(\frac{N+x}{19}\right)$; si le reste est o, N' sera o ou 19; or, $x = (A' - A)$; donc $N' = \left(\frac{N + A' - A}{19}\right)_r$. Prenez pour A' l'année ou $N = 19 = 0$, vous aurez $N' = \left(\frac{A' - A}{19}\right)_r$; $A' - A$ sera le nombre d'années écoulées depuis l'époque d'où l'on sera parti; or, le nombre d'or était 19 l'année qui a précédée notre ère; ainsi, pour 1800, $A' - A = 1801$; il faudra donc ajouter l'unité au nombre qui exprime l'année courante et diviser par 19; ainsi, en 1801 on aura

$$N' = \left(\frac{1801}{19}\right)_r = \left(\frac{1710 + 91}{19}\right)_r = \left(\frac{90.19 + 4.19 + 15}{19}\right)_r = \frac{15}{19}$$
$$= 15, \text{ en rejetant } 19;$$

ce qui s'exprime en général par la formule

$$N = \left(\frac{A+1}{19}\right)_r \ldots\ldots\ldots\ldots\ldots\ldots \quad (1),$$

A étant ici l'année pour laquelle on cherche le nombre d'or : cette règle est sans exception.

C'est un autre fait qu'à la réforme

$$\begin{array}{lll}
\text{en } 1582 & N = 6 & \text{et l'épacte } \varepsilon = 26, \\
1583 & N = 7 & \varepsilon = 7 = 37 - 30 = 26 + 11 - 30, \\
1584 & N = 8 & \varepsilon = 18 = 7 + 11, \\
1585 & N = 9 & \varepsilon = 29 = 18 + 11, \\
1586 & N = 10 & \varepsilon = 10 = 29 + 11 - 30, \text{ etc.},
\end{array}$$

en ajoutant toujours 1 au nombre d'or et 11 à l'épacte; ainsi,

$$\varepsilon = 26 + 11(N - 6) = 26 + 11N - 66 = 11N - 40.$$

ou plutôt $$\varepsilon = \left(\frac{11N - 40}{30}\right)_r = \left(\frac{11N - 10}{30}\right)_r;$$

car il faut partout supprimer le nombre 30.

Nous aurons donc, au commencement du Calendrier,

$$\epsilon = \left(\frac{11N-10}{30}\right)_r = \left(\frac{10N+N-10}{30}\right)_r = \left(\frac{N+10(N-1)}{30}\right)_r \ldots\ldots (2);$$

ainsi, pour 1586, $\epsilon = \left(\frac{10+10.9}{30}\right)_r = \left(\frac{10+90}{30}\right)_r = 10$;

pour 1600, $\epsilon = \left(\frac{5+40}{30}\right)_r = 15$: telle est l'épacte en 1600......(3).

Dans ces premières années les erreurs de nos suppositions sont insensibles, mais cela ne pouvait durer long-tems.

L'année solaire moyenne est de $365^j\,5^h\,48'\,48'' = 365^j\,5^h\,48',8 = 365^j\,5^h\,8133333 = 365^j,242222 = 365,25 - 0,0077777 = 365\frac{1}{4} - \frac{0,007}{9} = 365\frac{1}{4} - \frac{7}{900} = 365\frac{1}{4} - \frac{28}{3600}$.

L'année julienne faisait de ce quart un jour intercalaire tous les quatre ans, mais c'était trop ; l'erreur était de $\frac{28}{3600}$ ou de 28 jours en 3600 ans ; la réformation grégorienne a supprimé trois bissextiles tous les 400 ans, c'est-à-dire 27 en 3600 ans.

L'année grégorienne est $365\frac{1}{4} - \frac{27}{3600} = 365\frac{1}{4} - \frac{3}{400}$; il reste à retrancher $\frac{1}{3600}$.

Ainsi, pour corriger l'erreur de ce Calendrier, il suffirait de rendre commune l'année 3600 et tous ses multiples. C'est ce que j'avais proposé aux auteurs du Calendrier qu'on voulait, malgré nous, établir en France en 1793.

Les auteurs du Calendrier grégorien supposaient l'année $365^j\,5^h\,49'\,16''$ $= 365,2425462 = 365,25 - 0,0074538 = 365\frac{1}{4} - \frac{7,4538}{1000} = 365\frac{1}{4} - \frac{29,8152}{4000} = 365\frac{1}{4} - \frac{2,98152}{400}$, ils supposèrent $365\frac{1}{4} - \frac{3}{400}$, et ils supprimèrent 3 bissextiles en 400 ans : l'approximation leur parut suffisante pour bien des siècles.

L'épacte 11 suppose l'année de 365 jours ; le jour ajouté tous les quatre ans, ajoutait un jour à l'âge de la Lune au bout de la quatrième année ; or, ces jours ajoutés ont été compris dans le calcul des erreurs du cycle, on a tenu compte de l'erreur qu'ils introduiraient ; mais en supprimant trois bissextiles en 400 ans, à partir de 1600, on est obligé de diminuer l'épacte de 3 pour 400 ans ou de $\frac{3}{4}$ pour 100 ans : l'épacte deviendra

$$\epsilon = \left(\frac{[N+10(N-1)]}{30}\right)_r - \frac{3}{4}(S-16) = \left(\frac{N+10(N-1)}{30}\right)_r - (S-16) + \left(\frac{S-16}{4}\right)_e \ldots\ldots\ldots (4).$$

S étant le nombre de siècles écoulés depuis le commencement de l'ère, et 16 le nombre déjà écoulé en 1600; $\left(\frac{S-16}{4}\right)_e$ est le quotient en nombre entier de $\left(\frac{S-16}{4}\right)$, en négligeant le reste de la division.

Telle serait donc l'épacte du Calendrier grégorien, si les calculs n'avaient rien négligé de plus; mais l'erreur du cycle de 19 ans était d'environ $1^h\,27'\,32''\,43'''$, qui feront $23^h\,59'\,52''\,49'''$ au bout de $312\frac{1}{2}$ ans: on a supposé un jour; on a donc laissé subsister une erreur de $7''\,11'''$.

L'erreur 1 jour en $312^a\frac{1}{2}$ ou $\frac{625^a}{2}$ ou $\frac{2500^a}{8}$ ou $\frac{25^s}{8}$, en comptant par siècle au lieu de compter par année, sera la quantité dont la Lune anticipera, ou dont il faudra augmenter l'épacte.

Pour éviter les fractions, on ajoute un jour à l'épacte tous les 300 ans sept fois de suite, à la 8ᵉ on ajoute un jour au bout de 400, ce qui fait 8 jours en 2500 ans.

$$\left.\begin{array}{l}\text{Soit } F=\left(\frac{S-17}{25}\right)_e, \text{ j'ai trouvé que}\\ \varepsilon=\left(\frac{N+10(N-1)}{30}\right)_r-(S-16)+\left(\frac{S-16}{4}\right)_e+\left(\frac{S-15-F}{3}\right)_e\end{array}\right\}\ldots(5);$$

et le dernier terme donnera une correction un peu trop forte, puisqu'on a supposé 24^h au lieu de $23^h\,59'\,52''\,49'''$; l'épacte sera donc un peu trop forte.

F sera o tant que $\left(\frac{S-17}{25}\right)_e$ ne formera pas une unité, ou que l'on n'aura pas $S-17=25$, ou $S=42$; ainsi, jusqu'à l'année 4200 on peut faire

$$\varepsilon=\left(\frac{N+10(N-1)}{30}\right)_r-(S-16)+\left(\frac{S-16}{4}\right)_e+\left(\frac{S-15}{3}\right)_e\ldots\ldots(6),$$

c'est-à-dire, supposer que l'addition est d'un jour en 300 ans.

Ces expressions, comme celles de N, sont établies sur des faits qui sont les constantes arbitraires du problème. Les auteurs les ont mises en tables; nous avons trouvé plus conforme aux connaissances actuelles de les mettre en formules.

On voit, par ces expressions, que les trois derniers termes de l'épacte ne changent qu'avec la valeur de S, et qu'elles sont les mêmes pour tout un siècle.

Pâques dépend de l'épacte, et du dimanche ou de la lettre dominicale.

On appelle ainsi l'une des sept lettres A, B, C, D, E, F et G qu'on trouve dans le Calendrier à côté de chaque jour. Si l'année commence par un dimanche, A sera la lettre dominicale, B indiquera le lundi, C le mardi, et ainsi des autres.

Si B est la lettre dominicale, A indiquera le samedi, C le lundi et ainsi des autres successivement. Ces lettres reviennent en cercle, et peuvent s'exprimer par les chiffres 1, 2, 3, 4, 5, 6 et 7 ou 0. L'année commune étant de $365 = 52.7 + 1$, le dernier jour a la lettre A comme le premier. L'année commune finit par le même jour qu'elle a commencé; si elle a commencé le dimanche, elle finira le dimanche; la suivante commencera par un lundi.

Soit L la lettre dominicale d'un année quelconque.

C'est un fait que la première année de notre ère commençait par un samedi; le 2 était un dimanche, la lettre dominicale L était 2; l'année a fini comme elle avait commencé, par un samedi; l'an 2 a commencé par un dimanche; la lettre qui était $L=B=2$ en l'an 1, est devenue $L=1$ en l'an 2; ainsi la lettre d'une année quelconque étant L, celle de l'année suivante $= L - 1$ .... (7).

Après un nombre A d'années la lettre serait $(L-A)$; mais il arrivera presque toujours que $A > L$; pour rendre la soustraction possible, on ajoute $7n$ ou un multiple de 7.

Ainsi $L' = (7n + L - A) = (7n + 2 - A)$, car nous avons dit qu'en l'an 1, on avait $L = 2$.

Donc $L' = 7n - (A - 2)$, A étant compté après l'an 1.

Mais, puisque la lettre était 2 en l'an 1, elle était 3 en l'an 0; ainsi pour compter A postérieurement à l'an 0, c'est-à-dire pour faire A=année courante, on aura

$$L = 7n - (A - 3) = 7n + 3 - A = 7n - (A + 4) \dots \quad (8).$$

Mais, quand l'année est de 366^j, la lettre de l'année suivante diminue de 2 au lieu de 1; dans le Calendrier julien, il y avait une bissextile tous les quatre ans; l'expression pour ce Calendrier devint donc

$$L = 7n + 3 - A - \left(\frac{A}{4}\right)_e \dots\dots\dots\dots \quad (9).$$

Le Calendrier grégorien a retranché 3 jours en 400 ans; l'expression pour ce calendrier sera

$$L = 7n + 3 - A - \left(\frac{A}{4}\right)_e + (S - 16) - \left(\frac{S-16}{4}\right)_e.$$

Ce n'est pas tout; à la réformation on a retranché 10 jours :

$$L = 7n + 3 + 10 - A - \left(\frac{A}{4}\right)_e + (S - 16) - \left(\frac{S-16}{4}\right)_e$$
$$= 7n + 13 - A - \left(\frac{A}{4}\right)_e + (S - 16) - \left(\frac{S-16}{4}\right)_e$$
$$= 7n + 6 - A - \left(\frac{A}{4}\right)_e + (S - 16) - \left(\frac{S-16}{4}\right)_e$$
$$= 7n + 7 - 1 - \text{etc.}$$
$$= 7n - (A + 1) - \left(\frac{A}{4}\right)_e + (S - 16) - \left(\frac{S-16}{4}\right)_e \ldots (10).$$

Soit $R = (A + 1) + \left(\frac{A}{4}\right)_e - (S - 16) + \left(\frac{S-16}{4}\right)_e \ldots\ldots$ (11),

et l'on aura $L = 7n - R = 7 - \left(\frac{R}{7}\right)_r$, en rejetant les 7 et faisant $n = 1 \ldots$ (12).

En 1582, année de la réformation, pour supprimer les 10 jours, on a compté le 15 octobre le lendemain du 4. On a donc compté le 15 octobre, tandis que les peuples qui n'avaient point adopté la correction, comptaient le 5. C'est ce qu'on appelle le *vieux style;* en 1700, nous avons supprimé une bissextile qu'ils ont conservée ; la différence des styles est devenue 11 jours, au lieu de 10; elle a été de 12 en 1800, pour une raison semblable; elle sera de 13 en 1900 et même en 2000, parce que les deux Calendriers font bissextile l'an 2000; elle sera de 14 en 2100, et ainsi de suite.

La différence des styles a pour expression $10 + (S - 16) - \left(\frac{S-16}{4}\right)_e$.

L'expression $L = 7n + 3 - A - \left(\frac{A}{4}\right)_e$, qui avait lieu avant la réformation, et qui est celle du Calendrier julien, s'étendrait aux années antérieures à notre ère, en changeant tous les signes, et deviendrait

$$L = A + \left(\frac{4}{A}\right)_e - 3 - 7n = A + \left(\frac{A}{4}\right)_e + 4 - 7n; \ldots\ldots (13).$$

Car les astronomes qui trouvent le Calendrier julien beaucoup plus commode pour leurs tables, le prolongent indéfiniment dans les tems antérieurs, suivant la série —0B, —1, —2, —3, —4B —5, etc. A la vérité il n'y avait pas de dimanche alors, mais la formule (13) peut être utile pour comparer notre période de 7 jours à celle des Orientaux. Dans les années bissextiles cette formule donne la lettre pour les jours qui précèdent l'intercalation. La formule (12) la donne pour le reste de l'année. *Voyez* page 13 ci-après.

Nous ne parlons pas d'une petite irrégularité du Calendrier grégorien. Nous avons dit que l'épacte d'une année se trouvait en ajoutant 11 à l'épacte de l'année précédente. C'est 12 qu'il faut ajouter, quand N=19, parce que la dernière lune intercalaire du cycle est de 29 jours seulement, au lieu que les autres intercalaires sont de 30.

Quand je lus pour la première fois le grand Traité du Calendrier grégorien par Clavius, il y a 36 ans, j'en fis l'examen le plus détaillé, je recommençai tous les calculs; en corrigeant quelques erreurs légères, en donnant à l'année solaire et aux mois lunaires des valeurs plus exactes, je trouvai le calendrier meilleur que ses propres auteurs ne le supposaient. J'ai perdu toutes mes notes; il n'en reste que la partie adoptée par Lalande pour la troisième édition de son *Astronomie* (tome II, p. 229 et suiv.).

Clavius supposait le mois lunaire $29^j\,12^h\,44'\,3''\,10'''\,48^{iv}$.	
235 lunaisons faisaient donc une somme de	$6939^j\,16^h\,32'\,27''\,18'''$
Mais 19 années juliennes de $365^j\frac{1}{4}$ font......	6939.18
La différence que Clavius, chap. VIII, fait de $1'''$ plus faible est donc de....................	1.27.32.42.

Clavius arrive à ce résultat par une autre voie qui nous donnera une idée de toutes les combinaisons qu'on a été obligé de faire, et de tous les artifices employés pour corriger l'erreur des suppositions fondamentales.

235 lunaisons de $29^j\frac{1}{2}$ font une somme de...	$6932^j\,12^h$
235 lunaisons astronomiques font celle de..	6939.16.32' 27'' 18'''
La différence est de......................	7. 4.32.27.18.

Dans les quatre années bissextiles d'un cycle de 19 ans, les quatre jours intercalés s'ajoutent aux lunaisons de février, qui par là deviennent des mois de 30 jours, s'ils n'en avaient que 29, et de 31, s'ils en avaient déjà 30. Une lunaison de 31 jours est une chose monstrueuse en Astronomie; mais c'était un inconvénient inévitable, et il ne pouvait être aperçu que par le plus petit nombre. Ces quatre jours ajoutés réduisaient l'erreur à $3^j\,4^h\,32'\,27''\,18'''$.

Toutes les lunes intercalaires sont de 30 jours au lieu d'être alternativement de 30 et 29; on gagnait par là trois jours et l'erreur n'était plus que $4^h\,32'\,27''\,18'''$.

Mais la dernière lune du cycle de 19 ans n'est que de 29^j au lieu d'être de 29½; on perdait par là 12^h, et l'erreur montait à 16^h 32$'$ 27$''$ 18$'''$

Mais d'un autre côté, on négligeait les 18^h des 19 années solaires.................................... 18

Et l'on a, comme ci-dessus, pour l'erreur de la période...................................... 1.27.32.42,

que l'on corrige ensuite par l'équation lunaire qu'on applique à l'épacte tous les 312 ans, ou plus exactement qu'on applique 8 fois en 2500 ans.

Clavius ne trouve pas encore cette explication assez claire; il en ajoute une seconde, qu'il nous paraît inutile de rapporter. Nous avons voulu simplement exposer les embarras du système et l'adresse avec laquelle on les a levés en grande partie.

L'année bissextile a un jour de plus que les années communes. Ce jour intercalé change nécessairement la lettre dominicale. Ce jour n'est pas dans le Calendrier perpétuel, où février n'a que 28 jours. Il n'a donc pas de lettre dominicale.

Supposons que le 28 février soit un dimanche, la lettre du 28 février est C; ce sera la lettre dominicale. Le jour intercalaire 29 février sera lundi; le premier de mars sera mardi, mais ce jour est marqué de la lettre D. Donc, à partir de ce jour, D indiquera le mardi, C marquera le lundi, au lieu du dimanche; B marquera le dimanche, au lieu du samedi qu'il indiquait d'abord. La lettre B sera donc la dominicale après l'intercalation, si elle était C avant l'intercalation. En général, par l'effet de l'intercalation, la lettre L deviendra (L — 1). L'année bissextile aura deux lettres. L'une sera L qui servira jusqu'à l'intercalation, et l'autre (L — 1), qui servira le reste de l'année.

Voilà ce qu'il y avait de plus simple, aussi n'est-ce pas ce qu'on a fait.

Le parti le plus naturel était de mettre le jour intercalaire à la fin de l'année; mais décembre avait déjà 31 jours, février n'en avait que 28. On a donc choisi février; mais au lieu de placer le jour extraordinaire après le 28, on l'a mis après le 24. A l'ordinaire, le 24 février avec sa lettre F était appelé *sexto calendas;* car on a soigneusement conservé, dans le Calendrier ecclésiastique, cette manière surannée et barbare d'exprimer les quantièmes des mois (*). Ce jour était la fête de S. Mathias. On écrivit ainsi les derniers jours de février.

(*) Je sais que les *femmes savantes* trouvent au contraire barbare et ridicule l'usage

24	F	sexto calendas	S. Mathias.
25	G.F	bissexto calendas	S. Mathias.
26	A.G	quinto calendas	....
27	B.A	quarto calendas	....
28	C.B	tertio calendas	....
29	C	pridiè calendas	....

ainsi on remit S. Mathias du 24 au 25; le 25 s'appelle *bissexto*, d'où nous est venu le nom d'*année bissextile*. Dans l'usage civil, le jour intercalaire est le 29 février; on ne s'inquiète guère s'il a ou n'a pas de lettre dominicale. En général, depuis que les almanachs sont si fort multipliés, les lettres dominicales, le nombre d'or, les épactes, tout cela est tombé dans une désuétude presque absolue. Le public prend les mois tels qu'on les lui donne, et s'embarrasse fort peu si Pâques suit exactement la pleine lune et l'équinoxe. La seule chose qu'il remarque, c'est que si Pâques arrive le 22 mars, le carnaval est bien court; mais en ce cas, pour s'en dédommager, on danse pendant le carême; et si la chose était à refaire, il est problable qu'on changerait ce point fort peu important de discipline, et qu'on fixerait Pâques à l'un des premiers dimanches d'avril, c'est-à-dire du 5 au 12, ce qui tiendrait le milieu entre les deux limites pascales actuelles.

Le cycle de Méton n'a que 19 années. Nous avons déjà dit qu'après le nombre 19, on ajoute 12, au lieu de 11, pour avoir l'épacte de l'année suivante. Cette irrégularité apparente provient de ce que la dernière lune intercalaire du cycle n'a pu être que de 29 jours, au lieu que toutes les autres sont de 30 jours. Les équations, soit solaires, soit lunaires, qu'on est forcé d'appliquer à l'épacte, font que ce cycle par la suite des siècles, peut avoir successivement 30 suites différentes d'épactes, c'est-à-dire des suites qui commencent par une épacte différente, en sorte qu'il n'en est aucune qui ne puisse répondre à son tour à la première année du cycle. La table qui réunit ces différentes suites, s'appelle la *Table étendue des épactes*. Nos formules la rendent absolument inutile, mais nous devons en parler au moins historiquement. *Voyez* Table III.

---

de compter les jours du mois depuis 1 jusqu'à 30 et 31, et qu'elles ordonnent à leur notaire *de dater par les mots d'ides et de calendes*; quelques personnes ne sont pas éloignées de penser comme Philaminte et Bélise, mais elles sont en petit nombre.

L'argument qu'on voit en tête est le nombre d'or, compté depuis 3 jusqu'à 2.

L'argument vertical à gauche est une suite de lettres qui ne servent que d'indices, ce sont des espèces de numéros qui n'étaient pas d'une nécessité indispensable, puisque chaque ligne horizontale pouvait être indiquée par celle des 30 épactes par laquelle elle commence. Ainsi la ligne P pouvait s'appeler la ligne 30 ou 0; la ligne N aurait été la ligne 29, et ainsi des autres. On voit que d'une ligne horizontale à la suivante, toutes les épactes diminuent d'une unité.

L'équation solaire de l'épacte ne change jamais que d'une unité à la fois, dont il faut diminuer l'épacte, alors on descend d'une ligne dans la table. Cette équation est nommée *métemptose, saut* ou *chute en arrière.* L'équation lunaire s'appelle *proemptose, saut* ou *chute en avant,* parce qu'elle fait augmenter l'épacte. On voit par la formule le sens dans lequel agissent ces équations; on y voit encore qu'elles restent les mêmes pour tout un siècle.

L'embarras seulement est de savoir quand il faut monter ou descendre; c'est ce qu'on apprend par deux tables dont on voit un échantillon ci-après, Table II. Les années de la colonne ☉ sont celles où l'on descend d'une ligne; les années de la colonne ☾ sont celles où l'on remonte d'une ligne dans la Table étendue. Quand la même année se rencontre dans les deux colonnes, les équations se compensent; on ne monte ni ne descend. La colonne ☾ a pour différence 300 sept fois de suite, et 400 à la huitième. La période commence à 1700, ou à 17 siècles; de là le nombre constant 17 de l'expression de F (formule 5).

Il reste à trouver la ligne qui convient à une année donnée, après quoi il ne restera aucune difficulté.

La première ligne marquée P Table III (j'aurais dit la ligne 0) fut attribuée au 6ᵉ siècle; on choisit cette époque postérieure au tems du Concile, parce qu'on voulut que les nouvelles lunes fussent en retard sur les Lunes astronomiques moyennes, qui arrivent moitié du tems avant les nouvelles Lunes vraies, sur lesquelles les Juifs se réglaient; on a voulu que les nouvelles Lunes du Calendrier ne pussent devancer les vraies que très rarement, et qu'elles les suivissent presque toujours. La ligne P est donc *supposée* avoir servi depuis l'an 500 jusqu'à l'an 800.

Alors l'équation lunaire força de chercher des épactes plus fortes d'un jour; on descendit donc à la dernière ligne marquée *a* et qui commence par 1. 300 ans après, c'est-à-dire en 1100, autre équation lunaire qui força de remonter à la ligne *b* ou 2. En 1400, on remonta pour la même raison à la ligne *c* ou 3.

Jusqu'ici il n'y a point d'équation solaire, parce qu'il n'y eut pas de bissextile retranchée, et qu'elles se suivaient régulièrement de 4 en 4 ans.

En 1582, on retrancha 10 jours; il fallut descendre de 10 lignes dans la table. Or 3 — 10 ou 33 — 10 = 23; on arriva à la ligne qui commence par 23, c'est-à-dire à la ligne D; on voit que les lettres indices sont tout au moins inutiles; l'opération par chiffres est plus facile; on n'a pas de lignes à compter.

En 1700, on descendit d'une ligne pour l'équation solaire; on a été de 23 à 22 ou de D à C. Il aurait dû y avoir une équation lunaire en 1700. On trouva plus exact cette fois de la remettre à 1800, et alors commença la période de 2500 qui nous a donné la formule F (5).

L'équation lunaire était détruite par l'équation solaire; C ou la ligne 22 servit donc en 1800, elle servira tout le siècle; mais, en 1900, on descendra en B ou 21 pour l'équation solaire, et ainsi de suite, en observant toujours les mêmes règles.

En allant ainsi jusqu'à l'an 301700 et au-delà, Lilius et Clavius ont trouvé que les lignes d'épactes reviendraient dans le même ordre, dans une période de 300000 ans, et ainsi à l'infini, si l'on pouvait compter sur l'exactitude des moyens mouvemens des Tables Pruténiques employées dans ces recherches.

Après avoir suffisamment expliqué la construction et l'usage de ces tables, voyons comment nous pourrons les rendre inutiles.

Conditions du problème et conséquences qui en découlent.

Pâques est toujours un dimanche........................ (α).
Ce dimanche doit suivre le 14ᵉ jour de la Lune............ (β).
Le 14ᵉ jour de la Lune pascale ne peut arriver plutôt que le 21 mars. (γ),
parce qu'on suppose l'équinoxe invariablement fixé au 21 mars... (δ);
d'où il suit que Pâques ne saurait arriver plutôt que le 22 mars... (ϵ).
Pour que Pâques soit le 22 mars, il faut que le 22 soit un dimanc. (ζ);
il faut donc que la lettre dominicale soit D=4............... (η).

En ce cas, ce dimanche 22 est le 15ᵉ de la Lune. Pour remonter au premier jour de la Lune pascale, il faut rétrograder de 14 jours, 22 — 14 = 8; ainsi dans ce cas, la nouvelle Lune pascale arrive le 8 mars, jour où la lettre est encore 4 ou D; car 14 jours de plus ou de moins ne changent rien à la lettre dominicale.

Dans ce cas encore l'épacte est 23 (*voyez* Table I)........ (θ);
ainsi Pâques arrivera le 22 mars toutes les fois que la lettre dominicale D=4 se rencontrera avec l'épacte 23..................... (ι).

Mais si le 14e, au lieu d'arriver le 21 ou plus tard, arrivait le 20, alors cette Lune ne serait pas la Lune pascale ; on prendrait la suivante. On ajouterait 29 jours au 20 mars, ce qui donnerait le 49 mars, ou le 18 avril.

On ajoute 29 et non pas 30, parce que cette lunaison ne peut avoir que 29 jours, à cause du redoublement d'épactes qu'on rencontre au 4 et au 5 avril.

Le 14e de la Lune tombant sur le 18, Pâques ne peut être au plutôt que le 19, si le 19 est un dimanche, c'est-à-dire si la lettre dominicale est D=4 (Table I).

Si le 19 est un lundi, Pâques arrivera 6 jours plus tard, c'est-à-dire le 25; car la plus grande distance entre deux lettres différentes=6=7—1, puisqu'il n'y a que 7 jours dans la semaine.................. ($\varkappa$).

Pâques arrivera, le plus tard possible, au 25 avril=19+6... (λ).

Le 25 avril a pour lettre C=3, C—D=3—4=—1=6.

Règle générale, Pâques ne peut arriver plutôt que le 22 mars,
ni plus tard que le 25 avril. (μ).

Dans le 1er cas, la lettre est D=4, l'épacte ε=23...D+ε=27
Dans le 2e cas, la lettre est C=3, l'épacte est 24...C+ε=27 } (ν).

22—15= 7 la nouvelle Lune pascale suivra toujours le 7 mars,
19—15= 4 la nouvelle Lune pascale précédera toujours le 5 avril, la Lune pascale commencera toujours après le 7 mars et avant le 5 avril.. (ξ).

Soit P le premier jour pascal, c'est-à-dire celui qui sera Pâques, quand il sera un dimanche,
π le vrai jour de Pâques, L la lettre de l'ann., λ la lettre qui répond à P,

$$\pi = P + (L - \lambda) \qquad (o)$$

Telle est l'équation du problème. On connaît toujours L, dès que l'année est donnée, il reste à trouver P et sa lettre λ.

Supposons que Pâques arrive le 22 mars; nous aurons P=22 et ε=23. Dans ce cas, $P+\varepsilon=45$ ou $P=45-\varepsilon$................... (ρ).

On connaît ε dès que l'année est donnée; on connaîtra donc P, car cette formule est générale. En effet par la disposition des épactes en sens inverse dans le Calendrier, si P devient $(22+x)$, ε deviendra $(23-x)$, $(22+x)+(23-x)=22+23=45$.

Il ne pourrait y avoir d'incertitude que par rapport aux épactes doubles des 4 et 5 avril; mais réunissez 25′ à 26 et 24 à 25, puisqu'il est évident que ces différentes épactes deux à deux, indiquent un même jour. Calculez pour 26, quand vous avez 25′, et pour 25, quand vous avez 24, il ne restera aucune difficulté.

Pour avoir λ ou la lettre dominicale qui répond à P, supposons de même $P = 22$; alors

$$\lambda = D = 4,$$
$$\lambda + \varepsilon = 4 + 23 = 27 \quad \text{et} \quad \lambda = 27 - \varepsilon;$$

cette règle n'est pas moins générale que la première, car λ croît comme P, et ε décroît de la même quantité, $(\lambda + \varepsilon)$ deviendra $\lambda + x + \varepsilon - x = 27$ et $\lambda = 27 - \varepsilon$. . . . . (σ).
On aura donc λ, on aura donc $\pi = P + (L - \lambda)$.

On sait que P ne saurait être moindre que 22; la formule $45 - \varepsilon$ a donc pour *minimum* 22, qui donne $\varepsilon = 23$. Si $\varepsilon = 24$, $P - \varepsilon = 21$. Pour corriger cette quantité, on ajoutera 30 à la constante 45 qui deviendra 75; on ajoutera de même 30 à la constante 27, car λ est la lettre de P; donc si l'on ajoute 30 à P, il faut les ajouter de même à λ; de cette manière, jamais on n'aura de reste négatif. Ainsi, toutes les fois que $\varepsilon > 23$, les formules

$$\left.\begin{matrix} 45 - \varepsilon \\ 27 - \varepsilon \end{matrix}\right\} \text{ se changeront en } \left\{\begin{matrix} 75 - \varepsilon \\ 57 - \varepsilon \end{matrix}\right\} \ldots\ldots \quad (\tau).$$

Pour essayer l'exactitude de ces formules, considérons que π dépend essentiellement de ε et de L; ε peut avoir 30 valeurs différentes, ou même 31, en comptant pour deux les épactes 25 et 25′ qui sont indiquées par des caractères différens.

L peut avoir 7 valeurs différentes; les combinaisons de ε et de λ sont donc au nombre de 217. Calculez ces 217 suppositions, et vous formerez une table de tous les jours où Pâques peut arriver.

Cette table se trouve dans Clavius, p. 38 de l'édition de Rome, ou p. 53 du tome V des œuvres de l'auteur. J'ai fait les 217 calculs, et partout je me suis trouvé d'accord avec la table de Clavius, sauf quelques fautes d'impression qui sautent aux yeux. Cette Table a pour titre *Table pascale*. On la trouvera ci-après, telle que le calcul me l'a donnee, en suivant les formules et les règles ci-dessus établies (*voyez* après la Table I).

Donnons quelques exemples, et prenons au hasard l'an 4900 qui rendra nécessaires tous les termes de nos formules.

$$A=4900,\ S=49,\ S-16=33,\ S-15=34,\ S-17=32,$$
$$F=\left(\frac{S-17}{25}\right)_e=\left(\frac{32}{25}\right)_e=1.\quad S-15-F=S-16=33,$$
$$\left(\frac{S-15-F}{3}\right)_e=\left(\frac{33}{3}\right)_e=11,\quad \left(\frac{S-16}{4}\right)_e=\left(\frac{33}{4}\right)_e=8.$$

Ces premiers calculs serviront pour toutes les années, depuis 4900 jusqu'à 5000.

$$\begin{array}{rl} A+1 = & 4901 \\ \left(\frac{A}{4}\right)_e = & 1225 \\ -(S-16) = & -33 \\ +\left(\frac{S-16}{4}\right)_e = & +\ 8 \\ \text{somme} = & 6101 \\ \text{ôtez les } 7,\ R = & 4 \\ & 7 \\ \text{lettre dominicale} = 7-R=L= & 3 \end{array}$$

$$\left.\begin{array}{r} -33 \\ +\ 8 \end{array}\right\} -25=b$$

$$\begin{array}{rl} A+1 = & 4901 \mid 19 \\ & 38 \quad\ \ 257 \\ & 110 \\ & 95 \\ & 151 \\ & 133 \\ \text{nombre d'or} = N = & 18 \end{array}$$

$$\begin{array}{rrr} N = & 18 & \\ 10\,(N-1) = & 17 & \\ & 188 & \\ \text{ôtez les } 30 & +\ 8 & \text{ou } 38 \\ b \text{ ci-dessus} & -\ 25 & -\ 25 \\ \left(\frac{S-15}{3}\right)_e & +\ 11 & +\ 11 \\ \text{épacte} = \varepsilon = & -\ 6 & \varepsilon = 24 \\ \text{ou } \varepsilon = & +\ 24 & \end{array}$$

$$\begin{array}{rrcr}
 & 57 & \ldots\ldots\ldots\ldots & 75 \\
\epsilon - & \underline{24} & \ldots\ldots\ldots\ldots & \underline{24} \\
 & 53 & & 51 = \mathrm{P} \\
\lambda = & 5 & (\mathrm{L}-\lambda) = & \underline{5} \\
\mathrm{L} = & \underline{3} & & 56 \\
(\mathrm{L}-\lambda) - & 2 & & - \underline{31} \\
\text{ou} + & 5 & & \\
 & & \text{Pâques} = & 25 \text{ avril.}
\end{array}$$

$$\begin{array}{rrr}
 & 57 & 75 \\
\text{soit } \epsilon' = & \underline{25} & \underline{25} \\
 & 32 & 50\ \mathrm{P} \\
\lambda = & 4 & \underline{6} = (\mathrm{L}-\lambda) \\
\mathrm{L} = & \underline{3} & 56 \text{ mars} \\
\mathrm{L}-\lambda = & -1 & \underline{31} \\
\text{ou} = & 6 & \pi = 25 \text{ avril.}
\end{array}$$

Le premier calcul, qui est sans exception, donne.. L = 3.
Le second, qui est aussi général, donne........... N = 18.
Le troisième, tout aussi certain, donne le 1er terme de ϵ = + 8.
Le second terme est la somme des deux derniers de L = − 25.
Le troisième, qui dépend de F, donne ici........ + 11.

Le résultat négatif −6 nous dit qu'il faut ajouter 30 pour avoir l'épacte positive 24, ou qu'au lieu de retrancher 6 fois 30 = 180 de 188, il ne fallait retrancher que 5 fois 30 = 150; il serait resté 38. Il était visible d'ailleurs que le reste 8 devait être trop petit, puisqu'il était moindre que la somme des corrections −25 + 11 = −14 calculée d'avance, ainsi au reste 8 il fallait ajouter 30.

Cette épacte surpassant 23, les constantes seront 57 et 75, qui nous donneront $\lambda = 5$ et $\mathrm{P} = 51$, $(\mathrm{L}-\lambda) = (3-5) = -2 = +5$.

$\mathrm{P} + (\mathrm{L}-\lambda) = 56$, d'où il faut retrancher 31, et l'on a enfin Pâques le 25 avril.

Mais nous avons dit qu'au lieu de 24 on pouvait employer 25; le calcul, dans cette supposition, donne λ et P plus faibles d'une unité; mais il en résulte que $(\mathrm{L}-\lambda)$ est plus fort de la même unité; ainsi le résultat doit être le même pour le jour de Pâques.

Le calcul de L, de N et de ϵ n'offre donc jamais la moindre incertitude ni la moindre difficulté. Nous l'avons présenté dans sa plus grande complication. Pour examiner tous les cas différens qui peuvent se rencontrer, le plus court est de prendre pour données la lettre dominicale et l'épacte qui sont toujours certaines. Ces données suffisent pour calculer la Table pascale dans les 217 combinaisons que fournissent ces diverses quantités prises deux à deux.

A l'imitation de Clavius, je prends les lettres dominicales dans l'ordre suivant: 4, 5, 6, 7, 1, 2, 3, et je commence par l'épacte 23. Voici le calcul.

$$\begin{array}{rrlr} & 27\ldots\ldots\ldots\ldots & & 45 \\ -\epsilon = - & 23\ldots\ldots\ldots\ldots & & 23 \\ \hline \lambda = & 4 & & 22 = P \\ L = & 4 & L-\lambda = & 0 \\ \hline & & \pi = & 22 \text{ mars.} \end{array}$$

C'est la limite inférieure, et c'est ce qui aura décidé le choix de Clavius. Les autres calculs seraient tout semblables, nous n'en donnerons que les résultats, pour qu'on soit en état d'en saisir mieux la marche et l'ensemble. Nous n'y comprendrons pas $\epsilon=23$ qui fait avec $L=4$ une combinaison de laquelle résulte une valeur unique pour π.

Tous ces résultats réunis en un seul tableau remplissent la page 22. Remarquons ici en passant que dans le Calendrier grégorien on ne voit revenir les lettres dominicales dans le même ordre qu'au bout de 400 ans, au lieu que dans le Calendrier julien, elles revenaient tous les 28 ans. Pour avoir les lettres dominicales de toutes les années qui ont précédé notre ère, il suffirait de les calculer pour toutes les années depuis o jusqu'à — 28; mais il est plus simple de recourir à la formule (13); ainsi pour l'an — 6857 on aurait

$$\begin{array}{rr} & A = 6857 \\ & \left(\frac{A}{4}\right)_e = 1714 \\ \text{constante} & 4 \\ \hline \text{somme}\ldots & 8575 \end{array}$$

ôtez tous les 7, $L = \quad 0 = 7 = G$;

l'année — 6857 a commencé et fini par un lundi, puisque le septième jour était un dimanche.

L = D = 4.

s.	λ.	L—λ.	π.
22	5	6	29 m.
21	6	5	29
20	0	4	29
19	1	3	29
18	2	2	29
17	3	1	29
16	4	0	5 av.
15	5	6	5
14	6	5	5
13	0	4	5
12	1	3	5
11	2	2	5
10	3	1	5
9	4	0	5
8	5	6	12 av.
7	6	5	12
6	0	4	12
5	1	3	12
4	2	2	12
3	3	1	12
2	4	0	12
1	5	6	19 av.
0	6	5	19
29	0	4	19
28	1	3	19
27	2	2	19
26	3	1	19
25′	4	0	19
25	4	0	19
24	5	6	26 av.

26 sort des limites; il faut en revenir à 19 : ainsi il faudra changer 24 en 25. 25′ pourra se changer en 26 sans aucun inconvénient.

L = E = 5.

	λ.	L—λ.	π.
23	4	1	23 m.
22	5	0	23
21	6	6	30 m.
20	0	5	30
19	1	4	30
18	2	3	30
17	3	2	30
16	4	1	30
15	5	0	30
14	6	6	6 av.
13	0	5	6
12	1	4	6
11	2	3	6
10	3	2	6
9	4	1	6
8	5	0	6
7	6	6	13 av.
6	0	5	13
5	1	4	13
4	2	3	13
3	3	2	13
2	4	1	13
1	5	0	13
0	6	6	20 av.
29	0	5	20
28	1	4	20
27	2	3	20
26	3	2	20
25′	4	1	20
25	4	1	20
24	5	0	20 av.

On peut encore ici changer 24 en 25 et 25′ en 26, sans le moindre inconvénient.

L = F = 6.

s.	λ.	L—λ.	π.
23	4	2	24 m.
22	5	1	24
21	6	0	24
20	0	6	31 m.
19	1	5	31
18	2	4	31
17	3	3	31
16	4	2	31
15	5	1	31
14	6	0	31
13	0	6	7 av.
12	1	5	7
11	2	4	7
10	3	3	7
9	4	2	7
8	5	1	7
7	6	0	7
6	0	6	14 av.
5	1	5	14
4	2	4	14
3	3	3	14
2	4	2	14
1	5	1	14
0	6	0	14
29	0	6	21 av.
28	1	5	21
27	2	4	21
26	3	3	21
25′	4	2	21
25	4	2	21
24	5	1	21

Même remarque.

L = G = 7.

s.	λ.	L—λ.	π.
23	4	3	25 m.
22	5	2	25
21	6	1	25
20	0	0	25
19	1	6	1 av.
18	2	5	1
17	3	4	1
16	4	3	1
15	5	2	1
14	6	1	1
13	0	0	1
12	1	6	8 av.
11	2	5	8
10	3	4	8
9	4	3	8
8	5	2	8
7	6	1	8
6	0	0	8
5	1	6	15 av.
4	2	5	15
3	3	4	15
2	4	3	15
1	5	2	15
0	6	1	15
29	0	0	15
28	1	6	22 av.
27	2	5	22
26	3	4	22
25′	4	3	22
25	4	3	22
24	5	2	22

Même remarque.

L = A = 1.

s.	λ.	L—λ.	π.
23	4	4	26 m.
22	5	3	26
21	6	2	26
20	0	1	26
19	1	0	26
18	2	6	2 av.
17	3	5	2
16	4	4	2
15	5	3	2
14	6	2	2
13	0	1	2
12	1	0	2
11	2	6	9 av.
10	3	5	9
9	4	4	9
8	5	3	9
7	6	2	9
6	0	1	9
5	1	0	9
4	2	6	16 av.
3	3	5	16
2	4	4	16
1	5	3	16
0	6	2	16
29	0	1	16
28	1	0	16
27	2	6	23 av.
26	3	5	23
25′	4	4	23
25	4	4	23
24	5	3	23

Même remarque.

L = B = 2.

s.	λ.	L—λ.	π.
23	4	5	27 m.
22	5	4	27
21	6	3	27
20	0	2	27
19	1	1	27
18	2	0	27
17	3	6	3 av.
16	4	5	3
15	5	4	3
14	6	3	3
13	0	2	3
12	1	1	3
11	2	0	3
10	3	6	10 av.
9	4	5	10
8	5	4	10
7	6	3	10
6	0	2	10
5	1	1	10
4	2	0	10
3	3	6	17 av.
2	4	5	17
1	5	4	17
0	6	3	17
29	0	2	17
28	1	1	17
27	2	0	17
26	3	6	24 av.
25′	4	5	24
25	4	5	24
24	5	4	24

Même remarque.

L = C = 3.

s.	λ.	L—λ.	λ.
23	4	6	28 m.
22	5	5	28
21	6	4	28
20	0	3	28
19	1	2	28
18	2	1	28
17	3	0	28
16	4	6	4 av.
15	5	5	4
14	6	4	4
13	0	3	4
12	1	2	4
11	2	1	4
10	3	0	4
9	4	6	11 av.
8	5	5	11
7	6	4	11
6	0	3	11
5	1	2	11
4	2	1	11
3	3	0	11
2	4	6	18 av.
1	5	5	18
0	6	4	18
29	0	3	18
28	1	2	18
27	2	1	18
26	3	0	18
25′	4	6	18
25	4	6	25 av.
24	5	5	25

25′ peut encore se changer en 26′ et 24 en 25.

25′ et 26 indiquent le même jour dans le Calendrier perpétuel, Table I. 24 et 25 sont encore un même jour. Donc si la nouvelle Lune est indiquée par 25′ ou par 26, Pâques arrivera le même jour, si la lettre dominicale est la même; il en est de même tout-à-fait pour 24 et 25; on peut donc toujours employer 26 au lieu de 25′ et 25 au lieu de 24. Par là on évite que Pâques tombe le 26 avril, si la lettre est D et l'épacte 24, et qu'il tombe le 25 avril, si l'épacte est 25′ et la lettre C = 3.

Il reste donc seulement à déterminer les années où l'épacte est 25′, qu'il faudra changer en 26, ce qui n'est au reste indispensable que dans un cas unique. Or on n'a 25′ qu'avec un nombre d'or qui passe 11.

Avec la lettre D 25′ peut se changer en 26,
24 peut et doit se changer en 25.

E 25′ peut se changer en 26,
24 peut se changer en 25.

F 25′ peut se changer en 26,
24 peut se changer en 25.

G 25′ peut se changer en 26,
24 peut se changer en 25.

A 25′ peut se changer en 26,
24 peut se changer en 25.

B 25′ peut se changer en 26,
24 peut se changer en 25.

C 25′ peut et doit se changer en 26,
24 peut se changer en 25.

Ainsi 25′ *peut* toujours se changer en 26 et le *doit*, si la lettre est C.

24 *peut* toujours se changer en 25 et le *doit*, si la lettre est D.

On ne risque donc rien d'établir la règle que 25′ se changera en 26, et 24 en 25.

Or on a 25′, quand $N > 11$. (*Voyez* Table III, et Clavius chap. X.)

Par ce moyen, on élude toujours les inconvéniens qui naissent du doublement de l'épacte.

On a placé le redoublement à la limite, pour que l'inconvénient se montrât plus rarement.

Si $\epsilon = 25'$, la nouvelle Lune arrive le 4 avril, lettre C.
le 14° arrivera en ajoutant 13, le 17 avril = 1 + 13, lettre B.

Si donc la lettre est C, Pâques doit être le 18; si la lettre était B, il serait le 24; si A, le 23; si G, le 22; si F, le 21; si E, le 20; si D, le 19.

Si $\varepsilon = 25$, la nouvelle Lune sera le 5, le 14e sera le 18, lettre C; si donc L = C, Pâques sera le 25, puisque le dimanche de Pâques doit suivre le 14e; si la lettre est B, Pâques sera le 24; si A, le 23; si G, le 22; si F, le 21; si E, le 20; si D, le 19.

Si $\varepsilon = 24$, la nouvelle Lune arrive le 5 avril, et vous aurez toutes les mêmes conséquences.

Pâques arrive le 22 mars.

	Intervalles.
En 1761	$57 = 19.3$
1818	$467 = 19.24 + 11$
2285	$68 = 19.3 + 11$
2353	$84 = 19.5 - 11$
2437	$68 = 19.3 + 11$
2505	$467 = 19.24 + 11$
2972	$57 = 19.3$
3029	$372 = 19.19 + 11$
3401	$95 = 19.5$
3496	$68 = 19.3 + 11$
3564	$84 = 19.5 - 11$
3648	$68 = 19.3 + 11$
3716	
etc.	

Pâques arrive le 25 avril.

	Intervalles.
En 1886	$57 = 19.3$
1943	$95 = 19.5$
2038	$152 = 19.8$
2190	$68 = 19.3 + 11$
2258	$68 = 19.3 + 11$
2326	$84 = 19.5 - 11$
2410	$163 = 19.8 + 11$
2573	$57 = 19.3$
2630	$152 = 19.8$
2782	$95 = 19.5$
2877	$68 = 19.3 + 11$
2945	$57 = 19.3$
3002	
etc.	

On voit que le retour à chacune des deux limites dépend à peu près des mêmes périodes, et elles sont toutes de la forme $19p$ ou $19.p \pm 11$. On n'en trouve pas d'autres dans la grande table de Clavius; les longues périodes de 372, 467 et $448 = 19.23 + 11$ paraissent particulières à la limite du 22 mars. Cette dernière a lieu de 3860 à 4308; de 4308 à 5000 Pâques ne se trouve plus une seule fois le 22 mars.

Du reste on n'aperçoit aucune loi régulière dans la succession de ces périodes.

RÉSUMÉ.

Calendrier grégorien réduit à un petit nombre de formules.

Soit A l'année pour laquelle on calcule;

S le nombre de siècles de A, ou le nombre A dont on a effacé les deux derniers chiffres;

L la lettre dominicale. Dans les années bissextiles, on a les deux lettres (L + 1) puis L;

$R = (A+1) + \left(\frac{A}{4}\right)_e - (S-16) + \left(\frac{S-16}{4}\right)_e = (A+1) + \left(\frac{A}{4}\right)_e - b;$

en faisant $b = (S-16) - \left(\frac{S-16}{4}\right)_e$,

la différence des styles sera $10 + b$;

$L = 7 - \left(\frac{R}{7}\right)_r$, L est toujours au moins $= 1$;

$N =$ nombre d'or $= \left(\frac{A+1}{19}\right)_r$, N ne peut être o;

$F = \left(\frac{S-17}{25}\right)_r$, F sera o jusqu'à l'an 4199 inclusivement;

$\epsilon = \left(\frac{N+(N-1)\,10}{30}\right)_r - b + c$, en faisant $c = \left(\frac{S-15-F}{3}\right)_e$;

$P = 45 - \epsilon$, $\lambda = \left(\frac{27-\epsilon}{7}\right)_r$.

Si $\epsilon > 23$, les constantes 45 et 27 se changeront en 75 et 57, en y ajoutant 30, $\pi =$ Pâques $= P + (L - \lambda)$ de mars.

$(L - \lambda)$ peut être o, mais jamais négatif. Si $\lambda > L$, on mettra $(7 + L - \lambda) = (L' - \lambda)$.

L'épacte 24 se changera toujours en $24 + 1 = \epsilon'$, pour le calcul de P, λ et π.

L'épacte 25 se changera en $25 + 1 = 26$, toutes les fois que l'on aura $N > 11$. Exemple :

$$
\begin{array}{rcl@{\qquad}l}
A & = & 1818 & S = 18 \\
A + 1 & = & 1819 & S - 16 = 2 \\
\left(\frac{A}{4}\right)_e & = & 454 & \left(\frac{S-16}{4}\right)_e = 0 \\
-\,b & = & -\,2 & b = 2 \\
 & & 2271 & \\
\text{moins les } 7,\ R & = & 3 & \\
 & & 7 & \\
7 - R & = & 4 = D = L & \\
\text{différ. des styles} & & 10 + b = 12. &
\end{array}
$$

$$S - 17 = 1$$

$$\left(\frac{S-17}{25}\right)_e = F = 0$$

$$S - 15 - F = 3$$

$$\left(\frac{S-15-F}{3}\right)_e = \left(\frac{3}{3}\right)_e = 1 = c$$

$$N=\left(\frac{1819}{19}\right)_r=\left(\frac{1900-81}{19}\right)_r=-\left(\frac{81}{19}\right)_r=-5=+14$$

$N=14$ $\varepsilon=23 \ldots\ldots\ldots 23$

$(N-1)10 \quad =130$ constantes... $27 \ldots\ldots\ldots 45$

$\overline{144}$ $\qquad \overline{4}$ $\qquad P=\overline{22}$

moins les 30 $\quad 24$ moins les 7, $\lambda=4$ } $L-\lambda=0$

$-b+c \quad -1$ $\quad L=\underline{4}$ } $\quad \pi=\overline{22}$ mars, 1re limit.

$\varepsilon=\overline{23}$

Le calcul n'est ni long ni embarrassant.

$A=\underline{1886}$ $\quad S-16=2$ $\quad F=0$

$A+1=1887$ $\quad \left(\frac{S-16}{4}\right)_e=0$ $\quad \left(\frac{S-15}{3}\right)_e=\left(\frac{3}{3}\right)_e=1=c$

$\left(\frac{A}{4}\right)_e=471$ $\quad \overline{b=2}$ différ. des styles $10+b=12$

$-b=\underline{-2}$

$R=2356$ $\quad (A+1)=\left(\frac{1887}{19}\right)_r$ $\quad \varepsilon=25 \ldots\ldots\ldots 25$

$57 \qquad 75$

$\left(\frac{R}{7}\right)_r=\quad 4$ $\quad =\left(\frac{1900-13}{19}\right)_r$ $\quad \overline{32} \qquad P=50$

7 $\quad =-13=+6=N<11$ $\quad \lambda=4$ $\quad L'-\lambda=\underline{6}$

$L=\overline{\quad 3}=C$ $\quad (N-1)10=\underline{50}$ $\quad L=3$ $\quad 56$

56 $\quad 7+L-\lambda=6$ $\quad \underline{31}$

moins les 30 $\quad \overline{26}$ $\qquad$ Pâques$=\overline{25}$ avril, dernière limite.

$-b \quad -2$

$+c \quad +\underline{1}$

$\varepsilon=\overline{25}>23$

L'épacte surpassant 23, les constantes seront 57 et 75.

$A=\underline{1954}$ $\quad S-16=3$ $\quad F=0$

$(A+1)=1955$ $\quad \left(\frac{S-16}{4}\right)_e=\quad 0$ $\quad \left(\frac{S-15}{3}\right)_e=\left(\frac{4}{3}\right)_e=1=c$

$\left(\frac{A}{4}\right)_e=488$ $\quad b=\overline{3}$ $\quad$ diff. des st. $=13$

$-b=-3$ $\quad \left(\frac{A+1}{19}\right)_r=\left(\frac{1955}{19}\right)_r$ $\quad \varepsilon'=26 \qquad 26$

$\overline{2440}$ $\quad N=17>11$ $\quad \underline{57} \qquad \underline{75}$

$\left(\frac{R}{7}\right)_r \quad 4$ $\quad (N-1)10 \quad \underline{160}$ $\quad 31 \qquad P=49$

7 $\quad \overline{177}$ $\quad \left(\frac{31}{7}\right)_r=\lambda=3$ } $L-\lambda=0$

$L=\overline{\quad 3}$ moins les 30 $\quad 27$ $\quad L=3$ } $\quad -\underline{31}$

$-b-3$ $\qquad \pi=18$ avr.

$+c \quad \underline{11}$

$\varepsilon=\overline{25}$

$N>11$ donc........ $\varepsilon'=26$.

$$A = 1943 \qquad S-16 = 3 \qquad F = 0$$

$$(A+1) = 1944 \qquad \left(\frac{S-16}{4}\right)_e = 0 \qquad \left(\frac{S-15}{3}\right)_r = \left(\frac{4}{3}\right)_e = 1 = c$$

$$\left(\frac{A}{4}\right)_e = 485 \qquad b = 3 \qquad \text{diff. des styles} = 10 + b = 13$$

$$-b = -3 \qquad \left(\frac{A+1}{19}\right)_r = \left(\frac{1944}{19}\right)_r \qquad 25 \ldots\ldots\ldots 25$$

$$R = 2426 \qquad N = 6 < 11 \qquad 57 \qquad 75$$

$$\left(\frac{R}{7}\right)_r = 4 \qquad (N-1)10 = 50 \qquad 32 \qquad P = 50$$

$$7 \qquad 56 \qquad \left(\frac{32}{7}\right)_r = \lambda = 4 \qquad L' - \lambda = 6$$

$$L = 3 \qquad \text{moins } 30 \quad 26 \qquad L+7 \quad L' = 10 \qquad 56$$

$$\text{dif. des st.} = 13 \qquad -b- \quad 3 \qquad L' - \lambda \quad 6 \qquad -31$$

$$+c+ \quad 1 \qquad \pi = 25 \text{ avril.}$$

$$\varepsilon = 24$$

$$\varepsilon + 1 = \varepsilon' = 25, \text{ règle générale pour } 24.$$

Comme $N < 11$, le changement de 24 en 25 n'étant pas nécessaire, on aurait eu

$$24 \qquad 24$$

$$57 \qquad 75$$

$$33 \qquad 51$$

$$\left(\frac{33}{7}\right)_r = \lambda \ldots\ldots \quad 5 \quad L' - \lambda \quad 5$$

$$L' = 7 + L = 10 \qquad 56$$

$$5 \qquad -31$$

$$\pi = 25 \text{ avril.}$$

Ainsi nous avons des formules générales et infaillibles pour L, pour N, pour ε, enfin pour π; le jour de Pâques étant déterminé, toutes les fêtes mobiles seront aussi déterminées, puisqu'elles sont toujours à mêmes distances de Pâques.

Les six dimanches qui précéderont celui de Pâques seront les dimanches du Carême, le mercredi précédent sera le jour des Cendres ; le septième dimanche avant Pâques s'appelle *Septuagésime*, les suivans sont *Sexagésime*, *Quinquagésime*, les quatre de *Carême*, la *Passion*, les *Rameaux*, *Pâques*; 39 jours après Pâques, est l'*Ascension;* 49 après Pâques, ou le 7ᵉ dimanche, est la *Pentecôte;* le 8ᵉ, la *Trinité;* le jeudi d'après la Trinité, est la *Fête-Dieu*. Les quatre dimanches qui précèdent Noël, ou le 25 décembre, sont les dimanche d'*Avent*. Vous avez ainsi toutes les fêtes mobiles. Toutes ces règles sont perpétuelles; elles ne donnent que des résultats fictifs, mais convenus, qui ne sont presque jamais en harmonie ni avec les Lunes moyennes, ni avec les Lunes vraies; l'erreur peut aller à deux ou trois jours; on ne s'en aperçoit qu'en consultant l'almanach qui donne les syzygies vraies. L'inconvénient est absolument nul. Avec le tems, les erreurs deviendront un peu plus fortes, et Clavius convient que vers l'an 8100, l'écart pourra paraître assez sensible pour nécessiter une nouvelle réformation; mais le plus simple alors sera de suivre le calendrier civil, et de placer Pâques d'une manière fixe à l'un des premiers dimanches d'avril. L'avantage le plus réel de ce calendrier a été de terminer les querelles trop fréquentes qu'excitait alors la célébration de la Pâque, parmi les chrétiens, qui se battaient pour des chimères. On les a calmés, en leur donnant des règles invariables, que depuis ce tems ils suivent en aveugles. La réformation n'a pas corrigé toutes les erreurs, c'était la chose impossible. Elle a corrigé les plus choquantes, et elle a rétabli la paix. Si Pâques est encore mal déterminé quelquefois, c'est une chose qui n'a d'autre importance que celle qu'un zèle peu éclairé peut y attacher; une décision inconsidérée d'un Concile avait produit le mal; une décision plus réfléchie a fait cesser le scandale: c'est à peu près tout ce qu'on pouvait désirer. A la vérité, il était possible de trouver un moyen plus simple; on n'a pas fait la règle la meilleure qui fût possible; on a donné aux chrétiens d'alors, comme plus anciennement aux Athéniens, la meilleure qu'ils fussent en état de souffrir.

Il est encore des chrétiens qui n'ont point adopté la réformation grégorienne, et qui continuent de suivre le Calendrier julien. Pour eux, le calcul est plus simple, et se réduit aux formules suivantes :

$$N=\left(\frac{A+1}{19}\right)_r \text{ comme pour nous, } L=7n+3-A-\left(\frac{A}{4}\right)_r$$

$$=7n-(A-3)-\left(\frac{A}{4}\right)_e,$$

$$M=\left(\frac{18+19N}{30}\right)_r=\left(\frac{19-1+19N}{30}\right)_r=\left(\frac{19(N+1)-1}{30}\right)_r;$$

M doit surpasser 21; s'il se trouve plus petit, ajoutez 30;
M ne doit passurpasser 51; s'il le surpasse, ôtez-en 30;

$$\lambda = \left(\frac{M-18}{7}\right)_r;$$

$\Pi = M + (L - \lambda)$, $L - \lambda$ doit être positif ou o; s'il est négatif, ajoutez 7.

Soit $A = 326$, c'est l'année qui a suivi le Concile de Nicée,

$$\left(\frac{326+1}{19}\right)_r = \left(\frac{327}{19}\right)_r = 4 = N,\ \left(\frac{19(N+1)-1}{30}\right)_r = \left(\frac{19.5-1}{30}\right)_r = \left(\frac{94}{30}\right)_r = 4,\ M = 34,$$

$$L = 7n - (A-3) - \left(\frac{A}{4}\right)_r = 7n - 323 - 81 = 7n - 404 = 7n - 5 = 7 - 5 = 2,$$

$$\lambda = \left(\frac{34-18}{7}\right)_r = \left(\frac{16}{7}\right)_r = 2,\ L - \lambda = 2 - 2 = 0,$$

$\Pi = 34 + 0 = 3$ avril. 251ᵉ de la période.

On vérifierait ainsi la table que Clavius a donnée, p. 66 et 67, des Pâques de l'ancien calendrier.

Dans ce calendrier, les bissextiles revenaient de 4 en 4 ans; au bout de 4 ans, la lettre L était $L - 5$, à cause des deux lettres de la bissextile; $L - 5$ équivaut à $(L + 2)$; au bout de 7 fois quatre ans, ou 28 ans, la lettre était $(L - 5.7)$ ou $(L + 2.7)$, et ces deux expressions se réduisent à L; cet intervalle de 28 ans s'appelait *cycle solaire*, parce qu'il ramenait la lettre dominicale, celle qui marquait le jour du *Soleil* ou le dimanche. Le cycle solaire servait donc alors à trouver la lettre dominicale.

Ce cycle avait commencé en l'an 19 de notre ère, ou, ce qui revient au même, en l'an -9; ainsi l'année du cycle solaire se trouvait en faisant $\left(\frac{A+9}{28}\right)_r$; le quotient donnait les cycles écoulés, le reste était l'année courante du cycle.

Ainsi, en 1560, on avait $\left(\frac{1569}{28}\right)_r = 1$. Les lettres dominicales étaient G et F, parce que l'année était bissextile; l'année commençait par un lundi, puisque le 1ᵉʳ de janvier était toujours marqué A qui vient après G. C'est ce qu'on voit dans la figure O, pl. 1, qui est le cycle solaire.

Ce cycle est fait pour 1540, qui était la neuvième du cycle; les lettres étaient D, C, l'année commençait par un jeudi, puisque le dimanche n'arrivait que le 4.

Dans le cercle extérieur, inscrivez les années 1540, 41, 42, etc., jusqu'à 1567.

Dans le cercle suivant, mettez par ordre les 28 nombres 9, 10, 11, etc... 8.

Plus bas, après D.C de 1540, mettez les lettres B, A, G, etc., en ordre rétrograde, et donnez-en deux à chaque année de 4 en 4, enfin dans le cercle le plus petit, placez les caractères des planètes qui donnent leur nom au 1er jour de janvier. Ces symboles se suivent dans l'ordre des jours de la semaine ☉, ☾, ♂, ☿, ♃, ♀, ♄; mais il y a une interruption et un symbole omis après chaque bissextile.

Cette figure ne pouvait servir que pour 28 ans; mais après 1567 et au-dessus de 1540, on pouvait mettre dans un cercle plus grand.... $1568 = 1640 + 28$. On aurait eu un autre cycle de 28, au-dessus duquel on aurait pu en mettre d'autres en nombre arbitraire.

Le nombre d'or connu, on avait l'épacte $\left(\frac{11N}{30}\right)_r$, ce qui fournit cette petite table,

N.	ε.	N.	ε.
1	11	11	1
2	22	12	12
3	3	13	23
4	14	14	4
5	25	15	15
6	6	16	26
7	17	17	7
8	28	18	18
9	9	19	29
10	20		

qui donne les épactes pour toutes les années du cycle lunaire ou nombre d'or. Le cycle solaire 28 multiplié par le cycle lunaire 19, formait une période de 532 années qui ramenait dans le même ordre les lettres dominicales, les nombres d'or, les épactes et la fête de Pâques. Il suffisait donc d'une table des fêtes mobiles pendant 532 années consécutives. Cette période finissait par les années 75, 607, 1139, 1671, 2203, 2735, etc.; ainsi, pour avoir l'année de ce cycle, on faisait

$$x = \left(\frac{A-75}{532}\right)_r = \left(\frac{A+457}{532}\right)_r,$$

on trouve cette table dans le *Recueil des Tables de Berlin*, tome I, p. 70.

La formule ci-dessus rend cette table inutile.

On savait même éliminer les épactes du Calendrier julien perpétuel;

elles y étaient remplacées par les nombres d'or qui marquaient la place de la nouvelle Lune. *Voyez* ci-après le Calendrier julien perpétuel, Table IV.

On y avait mis 3 au 1er janvier, pour avoir 1 au 23 mars, qui était alors le jour de l'équinoxe. 3 servant à indiquer la nouvelle Lune, l'épacte devait être 3 en effet $\left(\frac{11N}{30}\right)_r = \left(\frac{11.3}{30}\right)_r = \left(\frac{33}{30}\right)_r = 3$.

Le nombre 3 se retrouve ensuite plus avant de 30 et 29 alternativement; en sorte qu'on le voit au 21 décembre, qui est le 355 de l'année, ou $(1 + 354)^{eme} = 1 + 12$ mois lunaires. Il reste 10 jours; la nouvelle Lune sera le 20 janvier qui sera marqué 4, parce que d'une année à l'autre, N augmente de l'unité. $20 + 354 = 374 = 365 + 9$. Le 9 janvier sera donc la nouvelle Lune de l'année suivante; elle sera marquée 5.

$9 + 354 = 363$; 5 se retrouvera donc au 29 décembre.

$9 + 384 = 393 = 365 + 28$, le 28 janvier sera donc marqué 6; ....

$28 + 354 = 382 = 365 + 17$, le 17 janvier sera marqué 7.

$17+354=371=365+6$, le 6 janvier sera marqué 8.

$6+384=390=365+25$, le 25 janvier sera marqué 9.

$25+354=379=365+14$, le 14 janvier sera marqué du nombre d'or 10.

$14+354=368=365+3$, le 3 janvier sera marqué 11.

$3+384=387=365+22$, le 22 janvier sera marqué 12.

$22+354=376=365+11$, le 11 janvier sera marqué 13.

$11+384=395=365+30$, le 30 janvier sera marqué 14.

$30+354=384=365+19$, le 19 janvier sera marqué 15.

$19+354=373=365+8$, le 8 janvier sera marqué 16.

$8+384=392=365+27$, le 27 sera marqué 17.

$27+354=381=365+16$, le 16 sera marqué 18.

$16+354=370=365+5$, le 5 sera marqué 19.

$5+384=389=365+24$, le 24 serait donc marqué 1; mais après 19, l'épacte augmente de 12; la lunaison n'est que de 29 jours; il fallait ajouter un jour de moins, et ce sera le 23 qui aura le nombre d'or 1.

$23+354=377=365+12$, le 12 janvier sera marqué 2.

$12+354=366=365+1$, le 1 janvier se retrouve donc marqué 3 comme en commençant. Les 19 nombres d'or se trouvent donc tous placés en janvier. On les trouve successivement en descendant de 19 ou remontant de 11 suivant les cas.

Les 19 nombres étant ainsi disséminés dans le mois de janvier, se trouveront aussi disséminés dans les autres mois; ils seront en mars aux mêmes jours qu'en janvier; ils changeront de quelques places dans les mois suivans, parce que deux mois consécutifs formeront toujours 61 ou 62 jours au lieu de 59.

Cet arrangement, qui était l'ouvrage de l'église d'Alexandrie, avait aussi son mérite, et il n'avait pas l'inconvénient des épactes redoublées de Lilius; mais il n'était plus possible depuis que l'expression de l'épacte ne se bornait plus au terme $\left(\frac{11N}{30}\right)_r$.

L'idée pouvait appartenir à Sosigène; car un vieux Calendrier romain, rapporté par Blondel, p. 65 de son *Histoire du Calendrier*, présente un arrangement tout pareil, à l'exception que le 1er janvier, le nombre d'or est 1, ce qui donne la correspondance suivante :

Jours de janvier

1.3. 5.6. 8.9.11.13.14.16.17.19.20.22.24.25.27.28.30.31.

Nombres d'or.

1.9.17.6.14.3.11.19. 8.16. 5.13. 2.10.18. 7.15. 4.12. 1.

Pline nous dit que Sosigène avait long-tems travaillé, et qu'il s'était plus d'une fois corrigé. Il avait éludé une des difficultés, en prenant une année de $365^j\frac{1}{4}$; il ne restait donc qu'à introduire le cycle de 19 ans, et voilà probablement ce qui lui a causé tant d'embarras et pris tant de tems.

Ainsi c'est encore un grec qui serait l'auteur du calendrier qui a régi l'Église jusqu'à la réformation, et les préjugés du tems avaient rendu son travail plus difficile, moins cependant de beaucoup que celui de Lilio.

On sent bien que le calendrier de Sosigène n'avait pas de lettres dominicales; il avait des lettres de deux espèces.

1°. Des lettres nundinales A, B, C, D, E, F, G, H, au nombre de huit, qui revenaient en cercle, qui indiquaient les jours de marché.

2°. D'autres lettres diverses qui indiquaient les jours fastes, néfastes ou mixtes, et ceux où l'on pouvait tenir les comices.

On trouve aussi dans ce calendrier des annonces astronomiques.

Janvier. 3 Coucher du Cancer.
5 Lever de la Lyre et Coucher du soir de l'Aigle.
10 Milieu de l'hiver.
17 Soleil dans le Verseau.
23 Coucher de la Lyre.
30 Coucher de la Fidicule.

Février. 3 Coucher de la Lyre et du milieu du Lion.
4 Coucher du Dauphin.
5 Lever du Verseau.
9 Commencement du printems.
11 Lever d'Arcturus ou de l'Arcture.
14 Lever du Corbeau, de la Coupe et du Serpent.
16 Le Soleil au signe des Poissons.
24 Lieu du Bissexte.
25 Lever du soir d'Arcturus.
Mars. 3 Coucher du second des Poissons.
5 Coucher d'Arcturus, lever de la Vendangeuse, lever de l'Ecrevisse.
6 Lever de Pégase.
8 Lever de la Couronne.
9 Lever d'Orion et du Poisson septentrional.
12 Ouverture de la mer.
15 Coucher du Scorpion.
17 Coucher du Milan.
18 Le Soleil au signe du Bélier.
21 1er du siècle. Coucher du matin du Cheval.
25 Equinoxe du printems.
Avril. 2 Coucher des Pléiades.
8 Coucher de la Balance et d'Orion.
16 Coucher des Hyades.
19 Soleil dans le Taureau.
25 Milieu du printems.
26 Lever du Chien et des Chevreaux.
29 Coucher du soir du Chien.
Mai. 3 Lever du Centaure et des Hyades.
5 Lever de la Lyre.
6 Coucher du milieu du Scorpion.
7 Lever du matin des Vergilies.
8 Lever de la Chevrette.
11 Coucher d'Orion.
13 Lever des Pléiades. Commencement de l'été.
14 Lever du Taureau.
15 Lever de la Lyre.
19 Le Soleil dans les Gémeaux.

Mai. 23 Lever du Chien.
25 Lever de l'Aigle.
26 Coucher d'Arcturus.
27 Lever des Hyades.
Juin. 1 Lever de l'Aigle.
2 Lever des Hyades.
6 Lever d'Arcturus.
9 Lever du soir du Dauphin.
12 Commencement de la chaleur.
15 Lever des Hyades et d'Orion.
16 Lever du Dauphin entier.
19 Le Soleil dans l'Écrevisse. Lever du Serpentaire.
24 Solstice d'été.
26 Lever de la Ceinture d'Orion.
Juillet. 4 Coucher du matin de la Couronne. Lever des Hyades.
8 Coucher du milieu du Capricorne.
9 Lever du soir de Céphée.
10 Les vents étésiens commencent à souffler.
16 Lever de Procyon.
20 Le Soleil dans le Lion.
25 Coucher du Verseau.
26 Lever de la Canicule.
27 Lever de l'Aigle.
30 Coucher de l'Aigle.
Août. 4 Lever du milieu du Lion.
6 Coucher du milieu de l'Arcture (du Bouvier sans doute).
7 Coucher du milieu du Verseau.
11 Coucher de la Lyre. Commencement de l'automne.
14 Coucher du matin du Dauphin.
20 Coucher de la Lyre. Le Soleil au signe de la Vierge.
22 Lever du matin de la Vendangeuse.
28 Fin des vents étésiens.
31 Lever du soir d'Andromède.
Septemb. 9 Lever de la Chèvre.
10 Lever de la tête de Méduse.
11 Lever du milieu de la Vierge.
12 Lever du milieu du Bouvier.
18 Lever du matin de l'Épi.

Septemb. 19 Le Soleil dans la Balance.
22 Coucher d'Argo et des Poissons.
23 Lever du matin du Centaure.
24 Equinoxe d'automne.
28 Fin du lever de la Vierge.

Octobre. 4 Coucher du matin du Bouvier.
8 Lever de la luisante de la Couronne.
11 Octobre. Commencement de l'hiver.
16 Coucher d'Arcturus.
20 Le Soleil au Scorpion.
23 Coucher du Taureau.
28 Coucher des Vergilies.
31 Coucher d'Arcturus.

Novembre. 2 Coucher du soir d'Arcturus.
3 Lever du matin de la Fidicule.
8 Lever de la claire du Scorpion.
11 Clôture de la mer. Coucher des Vergilies.
18 Le Soleil au Sagittaire.
20 Coucher des cornes du Taureau.
21 Coucher du matin du Lièvre.
24 Les Brumales pendant 30 jours.
25 Coucher de la Canicule.

Décembre. 6 Coucher du milieu du Sagittaire.
7 Lever du matin de l'Aigle.
14 Les Brumales.
15 Lever du matin de l'Ecrevisse entière.
18 Lever du Cygne. Soleil au Capricorne.
23 Coucher de la Chèvre.
25 Brumales. Solstice d'hiver.
27 Lever du matin du Dauphin.
29 Coucher du soir de l'Aigle.
30 Coucher au soir de la Canicule.

Nous ne ferons aucune réflexion sur ces levers et ces couchers, qui ne valaient peut-être pas la peine d'être rapportés ici; mais nous ferons remarquer que les saisons ne commencent ni aux équinoxes ni aux solstices. Ainsi le printems et l'automne commencent 45 jours environ avant les équinoxes, ce qui est conforme à l'ancienne division des saisons. (*Voyez* l'article Isidore, tome I, p. 316). Mais, suivant cette division, l'été devrait commencer 45 jours avant le solstice ou vers le 10 mai, et l'on nous dit que la chaleur commence le 12 juin; l'hiver devrait commencer vers le 11 novembre, on le fait commencer le 11 octobre. Du milieu de l'hiver au commencement du printems, il n'y a qu'un mois; mais tous les éditeurs de ce calendrier conviennent qu'il est défectueux *fœdeque depravatum.*

Puisque nous avons cité Blondel, rapportons après lui une anecdote égyptienne. Les prêtres de Jupiter Hammon découvrirent l'inégalité de la marche du Soleil de la manière suivante : trouvant que la consommation d'huile n'était pas égale dans toutes les années, ils jugèrent qu'il y avait quelque inégalité dans la longueur de l'année. On pourrait croire qu'ils ont reconnu de cette manière que le Soleil était plus long-tems dans les signes septentrionaux que dans les méridionaux. La différence est assez grande pour qu'on l'aperçoive à l'huile que consume une lampe qui brûle perpétuellement. Blondel dit que cette remarque des prêtres d'Egypte a été confirmée par les astronomes qui diffèrent tous dans la longueur qu'ils ont trouvée pour l'année. Une différence de cinq à six minutes entre ces diverses longueurs, ne devait pas faire une diminution bien considérable sur la consommation de 365ʲ et près d'un quart.

La différence entre les Calendriers juliens de Rome et d'Alexandrie occasionna de longues disputes entre les chrétiens *qui auraient passé outre*, dit Blondel, c'est-à-dire qui en seraient venus aux mains, *si l'abbé Denis-le-Petit, romain, n'eût travaillé efficacement à la pacification de ces troubles, ce qu'il fit en persuadant aux chrétiens de l'église d'Occident de recevoir l'usage de ceux d'Alexandrie.* Une chose bonne en elle-même contribua peut-être beaucoup à concilier tous les partis. Il leur proposa de placer l'origine du calendrier au jour de l'Incarnation. Il n'y avait, à cet égard, aucun usage constant, les uns comptant les années de l'ère de Dioclétien, qu'ils nommaient aussi l'ère des martyrs, les autres du jour de la Passion, d'autres, comme les Romains, de la fondation de Rome, d'autres enfin désignant les années par les noms des consuls ou des empereurs. D'après l'idée de Denis, l'année aurait commencé au solstice d'hiver à peu près; mais, pour s'écarter moins de l'usage le plus général, on mit le commencement de l'année au premier janvier, et celui de l'ère à l'année qu'il crut celle de la naissance de J.-C. Car c'est un point de Chronologie sur lequel on n'est pas d'accord; mais cette incertitude n'a aucun inconvénient; il suffit que tous les chrétiens s'accordent à compter de la même année. Dans tout système de numération, c'est l'uniformité qui est le premier avantage à rechercher, et voilà pourquoi nous avions réclamé autant qu'il nous avait été possible, contre l'établissement d'un nouveau calendrier en France, en 1793.

Denis conserva les nombres d'or du Calendrier de Jules César; il mit les sept lettres dominicales à la place des huit lettres nundinales, c'est-à-dire qu'il supprima le 8 qui était H, et conserva les sept autres A, B, C, D, E, F, G, en changeant leur destination. La première année de la nouvelle ère eut donc 3 pour nombre d'or ou cycle lunaire au 1er janvier, et 9 pour le cycle solaire. Denis déterminait Pâques par la période victorienne de 532 ans, dont la première année répond aux années 76, 608, et généralement à celles dont les nombres sont de la forme $76 + n.532$. Car les épactes étant une fonction constante du nombre d'or, on sent que la fête de Pâques a dû éprouver toutes les variétés possibles dans une période de $19 \times 28 = 532$ ans.

Scaliger imagina depuis une période qu'il nomma *julienne*, et qui est de 7980 ans, produit des 3 cycles 19, 28 et 15. Ce dernier s'appelle *cycle des indictions;* mais il n'est plus d'usage. Cette longue période avait son commencement 4714 avant l'ère vulgaire. Avant la réformation, elle aurait pu être de quelque utilité, comme mesure commune, mais il est plus simple encore de se borner, pour les tems anciens, au Calendrier julien, qu'on prolonge à volonté jusqu'à la création du monde et fort au-delà, si on le juge convenable; la simplicité de l'intercalation le rend, pour cet usage, bien préférable au Calendrier grégorien. Pour la période julienne, *voyez* le dernier chapitre de mon *Astronomie*.

Le cycle lunaire ne ramène pas long-tems les nouvelles Lunes aux jours véritables; les Alexandrins, qui avaient un peu plus de connaissances astronomiques, donnaient le nombre d'or 1 au 23 mars, parce que ce jour était alors l'équinoxe du printems; il en résultait que le 1er janvier avait 3 pour nombre d'or; du reste, l'arrangement était le même pour les principes et les usages.

Avec les formules générales que nous avons données ci-dessus, on pourrait former une table pascale pour l'ancien calendrier. Cette table se trouve dans Clavius, p. 37 de l'édition de Rome. Blondel l'a copiée, mais dans sa copie, on trouve deux fois le nombre d'or IX; à la seconde, il faut lire XI.

Avec ces mêmes formules, on vérifierait les 532 nombres de la période pascale du Calendrier julien. Nous avons fait tous ces calculs, pour vérifier nos formules, mais on peut les abréger singulièrement par la petite table ci-jointe.

N.	M.	λ.	N.	M.	λ.
1	37	5	11	47	1
2	26	1	12	36	4
3	45	6	13	25	0
4	34	2	14	44	5
5	23	5	15	33	1
6	42	3	16	22	4
7	31	6	17	41	2
8	50	4	18	30	5
9	39	0	19	49	3
10	28	3			

M ne dépend que de N; il ne peut donc avoir que 19 valeurs qui reviendront en cercle avec le nombre N. On peut donc calculer d'avance tous ces M qui reviendront si souvent. Le premier sera 37, les suivans s'en déduiront en retranchant 11; mais M ne peut être au-dessous de 22; quand il se trouve plus petit, on ajoute 30; on a donc successivement 37, 26, $15+30=45$; 34, 23, $12+30=42$; 31, $20+30=50$; 39, 28, $17+30=47$; 36, 25, $14+30=44$; 33, 22, $11+30=41$; 30 et $19+30=49$.

λ ne dépend que de M, il reviendra donc en cercle avec M

$$\lambda=\left(\frac{M-18}{7}\right)_r=\left(\frac{M-4}{7}\right)_r.$$

La période commençait en l'an 608, le nombre d'or de cette année est 1, il nous faut la lettre dominicale. Mais $R=\left[\frac{A-3+\left(\frac{A}{4}\right)_e}{7}\right]_r$.

$$\begin{array}{rr|lr}
A-3= & 605 & N=1;\ \text{donc}\ M= & 37\\
\left(\frac{A}{4}\right)_e= & 152 & \lambda= & 5\\
 & \overline{757} & L= & 6\\
R= & 1 & L-\lambda=+ & 1\\
L=7-R= & 6 & M+(L-\lambda) & \overline{38}
\end{array}$$

en ôtant 31, on aura Pâques le 7 .... 7 avril, c'est ce que donne la table de Berlin.

En 609, on aura N = 2, car le nombre N augmente chaque année de l'unité;

on aura L = 5, car la lettre dominicale diminue de 1 dans les années communes.

$$N = 2;\ \text{donc}\ M = 26$$
$$\lambda = 1$$
$$L = 5$$
$$L - \lambda = 4$$
$$\Pi = 30\ \text{mars};$$

c'est encore ce que donne la table.

Dans les années bissextiles, L diminue de 2; quand L — λ est négatif, on ajoute 7; avec ces règles bien simples, on reconstruira la table pour une période entière, en allant d'année en année depuis l'année 608, qui est la première, jusqu'à 1139 qui sera la dernière. C'est ainsi que j'ai vérifié la Table de Berlin, sans y trouver d'autres fautes d'impression que les suivantes.

Après 320, au lieu de 381, 382, 383, 384, 385, 386,
lisez 321, 322, 323, 324, 325, 326,
après 496, au lieu de 498, *lisez* 497; après 504...506, *lisez* 505; à l'an 528, 7M, *lisez* 7 avril; à l'an 529, 22A, *lisez* 22 mars; à l'an 498, 19 avril, *lisez* 9 avril.

Pour le Calendrier grégorien, on abrégerait le calcul des formules en faisant

Une Table I des deux termes $-(S-16)+\left(\frac{S-16}{4}\right)_e$ de la formule L(10).

Une Table II des trois termes de correction pour l'épacte.

Une Table III des multiples de 19 pour faciliter le calcul de N.

A la suite de son grand traité du Calendrier grégorien, Clavius a mis un petit traité pour résoudre de tête et à l'aide des doigts les principaux problèmes de ce calendrier. Pour aider la mémoire, quelques préceptes sont mis en vers latins; ainsi pour trouver la lettre du premier jour de chaque mois, il rapporte deux vers techniques où la lettre du premier jour de chaque mois commence le mot affecté à ce mois.

Janv. Fév. Mars. Avril. Mai. Juin.
Astra Dabit Dominus Gratisque Beabit Egenos,
Juillet. Août. Sept. Oct. Nov. Déc.
Gratia Christicolæ Feret Aurea Dona Fideli;

en effet le premier jour de février est le 32e de l'année $\left(\frac{32}{7}\right)_r = 4 = D$.

Le 1er de mars venant 28 jours après le 1er février, la lettre reste D.

Le 1er d'avril venant 31 après le 1er mars, la lettre change de 3 et devient G.

Avril n'a que 30 jours, la lettre ne changera que de 2 et sera B; mai a 31 jours, la lettre augmentée de 3 deviendra E; juin n'a que 30 jours, E + 2 = G sera la 1re de juillet; juillet et août ont chacun 31 jours, les lettres seront G + 3 = C et C + 3 = F; mais septembre n'a que 30 jours, F + 2 = A sera la lettre d'octobre; celui-ci a 31 jours, A + 3 = D sera la première de novembre, et D + 2 = F, celle de décembre.

La lettre du premier jour du mois est celle du 8, du 15, du 22, du 29; on aura donc aisément les lettres de chaque jour, et par conséquent le jour de la semaine, pour tout le mois, si l'on sait quelle est la lettre dominicale.

La même lettre remonte de 3 jours dans le calendrier, quand le mois d'où l'on sort est de 31 jours, et remonte de 2, s'il a 30 jours; elle ne remonte ni ne descend, si le mois d'où l'on sort n'a que 28 jours.

Pour changer une date ordinaire en une date romaine, en nones, ides et calendes, il donne ces vers;

Maius sex nonas, october, julius et mars,
Quatuor at reliqui, dabit idus quilibet octo;

ce qui signifie que le lendemain des calendes s'appelle *sexto nonas*, dans les mois de mars, mai, juillet et octobre, parce que les nones tombent le 7.

Dans les autres, le second jour du mois est *quarto nonas*, parce que nones sont le 5.

Le lendemain de nones se dit toujours *octavo idus*, parce que les ides arrivent toujours huit jours après les nones, et sont le 15 dans les mois où nones sont le 7, et le 13, quand nones sont le 5.

Le lendem. des id. est 19 des cal., quand les id. sont le 13 et le mois de 31,
16. . . . . .13. 28,
18. . . . . .13. 30,
Le lendem. des id. est 17. . . . . .15. . . . . .31.

Les quatre mois où les ides sont le 15, sont tous de 31 jours; ainsi après les ides du 15, le lendemain est toujours le 17 des calendes.

Ce secours n'est pas inutile avec une manière si bizarre de distribuer les jours du mois.

L'indiction se trouvera par la formule $\left(\frac{A+3}{15}\right)_r$; elle est oubliée depuis long-tems.

Nous finirons cet article du calendrier par une méthode bien naturelle pour trouver Pâques. Commençons par le Calendrier julien.

Soit 4 le nombre d'or, et A la lettre dominicale.

Dans ce calendrier, le nombre d'or 4 tombe au 20 mars, ce sera la Lune pascale; avancez de 13 pour avoir le 14ᵉ, ce sera le 33 mars ou le 2 avril; le dimanche suivant, indiqué par la lettre A, sera le 9, ainsi que nous l'avons trouvé ci-dessus, et non 19 comme on le voit dans les Tables de Berlin.

Soit 16 le nombre d'or et D la lettre dominicale.

Le nombre 16 tombe le 8 mars, c'est la nouvelle Lune. Le 14ᵉ sera donc le 21, il est marqué C; le lendemain 22, marqué D, sera le jour de Pâques, et non le 22 avril comme dans les Tables de Berlin.

Dans le Calendrier Grégorien, soit $D = L = 4$ et $\varepsilon = 24$.

L'épacte 24 tombe le 7 mars, ajoutez 13, le 14ᵉ sera le 20; cette Lune ne sera pas pascale; l'épacte 24 tombe encore le 5 avril, le 14 sera donc le 18; lettre $\lambda = C$, Pâques sera le 19 marqué D. C'est ainsi que nous l'avons trouvé, en changeant 24 en 25, car 24 donnait le 26 avril.

Soit $L = C = 3$ et $\varepsilon = 25'$.

Le 25′ en mars tombe le 6, le 14ᵉ serait le 19; il faut aller plus loin.

Le 25′ en avril tombe le 4, le 14ᵉ sera donc le $(4+13) = 17$; $\lambda = B$, C sera la lettre du lendemain 18; 18 sera le jour de Pâques, comme nous l'avons trouvé, en calculant pour le 26; 25 nous aurait donné le 25 avril.

Ainsi nous démontrons les corrections que nous faisons à la Table de Berlin, et la règle que nous avons établie pour les épactes 24 et 25′. Ces règles sont bien simples, elles n'exigent qu'un calendrier perpétuel; mais pour calculer une longue table pascale, elles seraient un peu fastidieuses, et l'on risquerait souvent de se tromper.

TABLE I.

CALENDRIER RÉFORMÉ DE GRÉGOIRE XIII.

Jours	Janvier. E.	λ.	Février. E.	λ.	Mars. E.	λ.	Avril E.	λ.	Mai. E.	λ.	Juin. E.	λ.	Juillet. E.	λ.	Août. E.	λ.	Sept. E.	λ.	Octobr. E.	λ.	Nov. E.	λ.	Déc. E.	λ.
1	0	A	29	D	0	D	29	G	28	B	27	E	26	G	25 24	C	23	F	22	A	21	D	20	F
2	29	B	28	E	29	E	28	A	27	C	25′ 26	F	25′ 25	A	23	D	22	G	21	B	20	E	19	G
3	28	C	27	F	28	F	27	B	26	D	25.24	G	24	B	22	E	21	A	20	C	19	F	18	A
4	27	D	25′ 26	G	27	G	25′ 26	C	25′ 25	E	23	A	23	C	21	F	20	B	19	D	18	G	17	B
5	26	E	25.24	A	26	A	25.24	D	24	F	22	B	22	D	20	G	19	C	18	E	17	A	16	C
6	25′ 25	F	23	B	25′ 25	B	23	E	23	G	21	C	21	E	19	A	18	D	17	F	16	B	15	D
7	24	G	22	C	24	C	22	F	22	A	20	D	20	F	18	B	17	E	16	G	15	C	14	E
8	23	A	21	D	23	D	21	G	21	B	19	E	19	G	17	C	16	F	15	A	14	D	13	F
9	22	B	20	E	22	E	20	A	20	C	18	F	18	A	16	D	15	G	14	B	13	E	12	G
10	21	C	19	F	21	F	19	B	19	D	17	G	17	B	15	E	14	A	13	C	12	F	11	A
11	20	D	18	G	20	G	18	C	18	E	16	A	16	C	14	F	13	B	12	D	11	G	10	B
12	19	E	17	A	19	A	17	D	17	F	15	B	15	D	13	G	12	C	11	E	10	A	9	C
13	18	F	16	B	18	B	16	E	16	G	14	C	14	E	12	A	11	D	10	F	9	B	8	D
14	17	G	15	C	17	C	15	F	15	A	13	D	13	F	11	B	10	E	9	G	8	C	7	E
15	16	A	14	D	16	D	14	G	14	B	12	E	12	G	10	C	9	F	8	A	7	D	6	F
16	15	B	13	E	15	E	13	A	13	C	11	F	11	A	9	D	8	G	7	B	6	E	5	G
17	14	C	12	F	14	F	12	B	12	D	10	G	10	B	8	E	7	A	6	C	5	F	4	A
18	13	D	11	G	13	G	11	C	11	E	9	A	9	C	7	F	6	B	5	D	4	G	3	B
19	12	E	10	A	12	A	10	D	10	F	8	B	8	D	6	G	5	C	4	E	3	A	2	C
20	11	F	9	B	11	B	9	E	9	G	7	C	7	E	5	A	4	D	3	F	2	B	1	D
21	10	G	8	C	10	C	8	F	8	A	6	D	6	F	4	B	3	E	2	G	1	C	0	E
22	9	A	7	D	9	D	7	G	7	B	5	E	5	G	3	C	2	F	1	A	0	D	29	F
23	8	B	6	E	8	E	6	A	6	C	4	F	4	A	2	D	1	G	0	B	29	E	28	G
24	7	C	5	F	7	F	5	B	5	D	3	G	3	B	1	E	0	A	29	C	28	F	27	A
25	6	D	4	G	6	G	4	C	4	E	2	A	2	C	0	F	29	B	28	D	27	G	26	B
26	5	E	3	A	5	A	3	D	3	F	1	B	1	D	29	G	28	C	27	E	25′ 26	A	25′ 25	C
27	4	F	2	B	4	B	2	E	2	G	0	C	0	E	28	A	27	D	26	F	25.24	B	24	D
28	3	G	1	C	3	C	1	F	1	A	29	D	29	F	27	B	25′ 26	E	25′ 25	G	23	C	23	E
29	2	A	.....	..	2	D	0	G	0	B	28	E	28	G	26	C	25.24	F	24	A	22	D	22	F
30	1	B	.....	..	1	E	29	A	29	C	27	F	27	A	25′ 25	D	23	G	23	B	21	E	21	G
31	0	C	.....	..	0	F	.....	..	28	D	.....	..	25′ 26	B	24	E	.....	..	22	C	.....	..	19′ 20	A

Ordinairement on met les épactes en caractères romains, à l'exception de 25′ et 19′ que j'ai distingués par le signe minute. L'épacte 0, qui équivaut à 30, s'exprime ordinairement par un astérisque, distinction inutile.

On a doublé les épactes 25′.26; 25.24 de deux en deux mois, pour que les mois lunaires pussent être alternativement de 30 et 29 jours. De ces chiffres doubles, il n'y en a jamais qu'un seul qui puisse se rencontrer dans une même année, et même dans un même cycle de 19 ans.

L'épacte 25′ sert pour les années où le nombre d'or surpasse 11.

L'épacte 19′ nous sera encore plus inutile que l'épacte 25′.

L'épacte 25′ se trouve sept fois avec l'épacte 25, alors elle n'en font qu'une.

Les épactes 25′ et 26 se trouvent six fois réunies au même jour, de même que 25 et 24, mais jamais elles ne seront toutes deux dans la même année, car dans ces mois elles ne font qu'un seul jour.

En avril les épactes sont 29, 28, 27, 26 et 24, parce qu'on supprime 25,
ou bien 29, 28, 27, 26 et 25 parce qu'on supprime 24.

TABLE PASCALE.

LETTRES.	ÉPACTES.	PAQUES.
D	23	22 mars.
	22.21.20.19.18.17.16	29 mars.
	15.14.13.12.11.10. 9	5 avril.
	8. 7. 6. 5. 4. 3. 2	12 avril.
	1. 0.29.28.27.26.25′ 25.24	19 avril.
E	23.22	23 mars.
	21.20.19.18.17.16.15	30 mars.
	14.13.12.11.10. 9. 8	6 avril.
	7. 6. 5. 4. 3. 2. 1	13 avril.
	0.29.28.27.26.25′ 25.24	20 avril.
F	23.22.21	24 mars.
	20.19.18.17.16.15.14	13 mars.
	13.12.11.10. 9. 8. 7	7 avril.
	6. 5. 4. 3. 2. 1. 0	14 avril.
	29.28.27.26.25′ 25.24	21 avril.
G	23.22.21.20	25 mars.
	19.18.17.16.15.14.13	1 avril.
	12.11.10.9. 8. 7. 6	8 avril.
	5. 4. 3. 2. 1. 0.29	15 avril.
	28.27.26.25′ 25.24	22 avril.
A	23.22.21.20.19	26 mars.
	18.17.16.15.14.13.12	2 avril.
	11.10. 9. 8. 7. 6. 5	9 avril.
	4. 3. 2. 1. 0.29.28	16 avril.
	27.26.25′ 25.24	23 avril.
B	23.22.21.20.19.18	27 mars.
	17.16.15.14.13.12.11	3 avril.
	10. 9. 8. 7. 6. 5. 4	10 avril.
	3. 2. 1. 0.29.28.27	17 avril.
	26.25′ 25.24	24 avril.
C	23.22.21.20.19.18.17	28 mars.
	16.15.14.13.12.11.10	4 avril.
	9. 8. 7. 6. 5. 4. 3	11 avril.
	2. 1. 0.29 28.27.26.25′	18 avril.
	25.24	25 avril.

Quand on aura 25′, ce qui suppose $N > 11$, on le changera en 26 pour faire le calcul de π.

Toutes les fois qu'on aura 24, on pourra le changer en 25 sans inconvénient, mais ce changement n'est nécessaire qu'avec la lettre C.

TABLE II.

ANNÉES où se font les équations. ☉	☾	
1700	1400	
1800	1800	400
1900	2100	300
2100	2400	300
2250	2700	300
2300	3000	300
2500	3300	300
2600	3600	300
2700	3900	300
2900	4300	400
3000	4600	300
3100	4900	300
3300	5200	300
3400	5500	300
3500	5800	300
3700	6100	300
3800	6400	300
3900	6800	400
4100	et ainsi à l'infini, la différence étant sept fois de 300 ans et de 400 à la huitième.	
4200		
4300		
4500		
4600		
4700		
etc.		
Années centenaires communes		

TABLE III.

TABLE ÉTENDUE DES ÉPACTES.

Argument en tête : Nombre d'or.

Indic.	3	4	5	6	7	8	9	10	11	12	13	14	15	16	17	18	19	1	2	
P	0	11	22	3	14	25	6	17	28	9	20	1	12	23	4	15	26	8	19	25
N	29	10	21	2	13	24	5	16	27	8	19	0	11	22	3	14	25′	7	18	24.25′
M	28	9	20	1	12	23	4	15	26	7	18	29	10	21	2	13	24	6	17	24
H	27	8	19	0	11	22	3	14	25	6	17	28	9	20	1	12	23	5	16	25
G	26	7	18	29	10	21	2	13	24	5	16	27	8	19	0	11	22	4	15	24
F	25	6	17	28	9	20	1	12	23	4	15	26	7	18	29	10	21	3	14	25
E	24	5	16	27	8	19	0	11	22	3	14	25′	6	17	28	9	20	2	13	24.25′
D	23	4	15	26	7	18	29	10	21	2	13	24	5	16	27	8	19	1	12	24
C	22	3	14	25	6	17	28	9	20	1	12	23	4	15	26	7	18	0	11	25
B	21	2	13	24	5	16	27	8	19	0	11	22	3	14	25′	6	17	29	10	24.25′
A	20	1	12	23	4	15	26	7	18	29	10	21	2	13	24	5	16	28	9	24
u	19	0	11	22	3	14	25	6	17	28	9	20	1	12	23	4	15	27	8	25
t	18	29	10	21	2	13	24	5	16	27	8	19	0	11	22	3	14	26	7	24
s	17	28	9	20	1	12	23	4	15	26	7	18	29	10	21	2	13	25	6	25
r	16	27	8	19	0	11	22	3	14	25′	6	17	28	9	20	1	12	24	5	24.25′
q	15	26	7	[illegible]	29	10	21	2	13	24	5	16	27	8	19	0	11	23	4	24
p	14	25	6	17	28	9	20	1	12	23	4	15	26	7	18	29	10	22	3	25
n	13	24	5	16	27	8	19	0	11	22	3	14	25′	6	17	28	9	21	2	24.25′
m	12	23	4	15	26	7	18	29	10	21	2	13	24	5	16	27	8	20	1	24
l	11	22	3	14	25	6	17	28	9	20	1	12	23	4	15	26	7	19	0	25
k	10	21	2	13	24	5	16	27	8	19	0	11	22	3	14	25′	6	18	29	24.25
i	9	20	1	12	23	4	15	26	7	18	29	10	21	2	13	24	5	17	28	24
h	8	19	0	11	22	3	14	25	6	17	28	9	20	1	12	23	4	16	27	25
g	7	18	29	10	21	2	13	24	5	16	27	8	19	0	11	22	3	15	26	24
f	6	17	28	9	20	1	12	23	4	15	26	7	18	29	10	21	2	14	25	25
e	5	16	27	8	19	0	11	22	3	14	25′	6	17	28	9	20	1	13	24	24.25
d	4	15	26	7	18	29	10	21	2	13	24	5	16	27	8	19	0	12	23	24
c	3	14	25	6	17	28	9	20	1	12	23	4	15	26	7	18	29	11	22	25
b	2	13	24	5	16	27	8	19	0	11	22	3	14	25′	6	17	28	10	21	24.25
a	1	12	23	4	15	26	7	18	29	10	21	2	13	24	5	16	27	9	20	24

Ordinairement les épactes sont en caractère romain, excepté 25 que j'ai noté 25′ dans toutes les colonnes 12, 13, 14, 15, 16, 17, 18, 19, qui sont entre deux traits doubles. De sorte qu'on aura deux moyens pour les distinguer de l'épacte 25, d'abord le signe ′ qui les accompagne, et ensuite leur position entre deux doubles traits.

24 ou 25 se trouvent séparément dans une même ligne, jamais tous deux ensemble.

25′ ne se trouve dans aucune ligne sans que 24 ne s'y trouve aussi.

TABLE IV.
CALENDRIER JULIEN ECCLÉSIASTIQUE.

Jours.	Janv.		Février		Mars.		Avril.		Mai.		Juin.		Juillet.		Août.		Sept.		Octob.		Nov.		Décemb.	
	L	N	L	N	L	N	L	N	L	N	L	N	L	N	L	N	L	N	L	N	L	N	L	N
1	A	3	D		D	3	G		B	11	E		G	19	C	8	F	16	A	16	D		F	13
2	B		E	11	E		A	11	C		F	19	A	8	D	16	G	5	B	5	E	13	G	
3	C	11	F	19	F	11	B		D	19	G	8	B		E	5	A		C	13	F	2	A	
4	D		G	8	G		C	19	E	8	A	16	C	16	F		B	13	D	2	G		B	10
5	E	19	A		A	19	D	8	F		B	5	D	5	G	13	C	2	E		A	10	C	
6	F	8	B	16	B	8	E	16	G	16	C		E		A	2	D		F	10	B		D	18
7	G		C	5	C		F	5	A	5	D	13	F	13	B		E	10	G		C	18	E	7
8	A	16	D		D	16	G		B		E	2	G	2	C	10	F	18	A	18	D	7	F	
9	B	5	E	13	E	5	A	13	C	13	F		A		D		G		B	7	E		G	15
10	C		F	2	F		B	2	D	2	G	10	B	10	E	18	A	7	C		F	15	A	4
11	D	13	G		G	13	C		E		A		C		F	7	B		D	15	G	4	B	
12	E	2	A	10	A	2	D	10	F	10	B	18	D	18	G		C	15	E	4	A		C	12
13	F		B		B		E		G		C	7	E	7	A	15	D	4	F		B	12	D	1
14	G	10	C	18	C	10	F	18	A	18	D		F		B	4	E		G	12	C	1	E	
15	A		D	7	D		G	7	B	7	E	15	G	15	C		F	12	A	1	D		F	9
16	B	18	E		E	18	A		C		F	4	A	4	D	12	G	1	B		E	9	G	
17	C	7	F	15	F	7	B	15	D	15	G		B		E	1	A		C	9	F		A	17
18	D		G	4	G		C	4	E	4	A	12	C	12	F		B	9	D		G	17	B	6
19	E	15	A		A	15	D		F		B	1	D	1	G	9	C		E	17	A	6	C	
20	F	4	B	12	B	4	E	12	G	12	C		E		A		D	17	F	6	B		D	14
21	G		C	1	C		F	1	A	1	D	9	F	9	B	17	E	6	G		C	14	E	3
22	A	12	D		D	12	G		B		E		G		C	6	F		A	14	D	3	F	
23	B	1	E	9	E	1	A	9	C	9	F	17	A	17	D		G	14	B	3	E		G	11
24	C		F		F		B		D		G	6	B	6	E	14	A	3	C		F	11	A	
25	D	9	G	17	G	9	C	17	E	17	A		C		F	3	B		D	11	G	19	B	19
26	E		A	6	A		D	6	F	6	B	14	D	14	G		C	11	E		A		C	8
27	F	17	B		B	17	E		G		C	3	E	3	A	11	D	19	F	19	B	8	D	
28	G	6	C	14	C	6	F	14	A	14	D		F		B		E		G	8	C		E	16
29	A				D		G	3	B	3	E	11	G	11	C	19	F	8	A		D	16	F	5
30	B	14			E	14	A		C		F		A		D	8	G		B	16	E	5	G	
31	C	3			F	3			D	11			B	19	E				C	5			A	13

Ce traité de la réformation du Calendrier était achevé depuis plus de trois ans, et près d'être livré à l'impression, lorsque j'ai reçu d'Italie, de la part de l'auteur, un ouvrage intitulé :

Formole analitiche pel calcolo della Pasqua e correzione di quello di Gauss, con critiche osservazioni sù quanto ha scritto del Calendario il Delambre, di Lodovico Ciccolini. Roma, 1817.

L'auteur, en sa qualité d'ecclésiastique et d'italien, se montre partisan très décidé du Calendrier grégorien. « Nombre d'auteurs fameux, nous » dit-il, s'étaient occupés d'une réforme devenue nécessaire, et ils n'avaient » pu réussir. Cette gloire était réservée à Grégoire XIII (c'est-à-dire » sans doute à ses mathématiciens), Dans ces derniers tems, le pro- » blème a été traité d'une manière tout-à-fait neuve, par les astronomes » et les géomètres. Gauss, le premier, a donné une formule très élé- » gante, pour la détermination de la Pâque. Delambre, de 1813 à 1816, » a écrit trois fois sur le Calendrier. »

Ces trois fois n'en font véritablement que deux; car mon *Abrégé d'Astronomie* n'est qu'un extrait de mon Traité en trois volumes, dont l'impression, commencée un an plutôt, n'a pu être finie qu'un an après celle de l'Abrégé, qui m'avait été demandé. J'ignorais alors une partie des formules de Gauss; je me suis réformé et complété dans la *Connaissance des Tems* pour 1817, imprimée en 1815, et immédiatement après dans le Traité qu'on vient de lire, et que ne connaît pas encore M. Ciccolini.

Malgré l'estime qu'il professe pour les deux auteurs qu'il vient de citer, il a remarqué, dès 1813, que les formules de Gauss ne sont pas aussi générales que l'avait cru leur auteur, et qu'elles cesseront d'être justes en l'an 4200. Nous avons fait et imprimé la même remarque. Il trouve, de plus, qu'en certains points elles ne sont nullement conformes à la doctrine du Calendrier grégorien. « Ce que Delambre a écrit avait » besoin de correction. »

Les corrections qui étaient nécessaires, nous les avons données nous-même; quant aux autres reproches que nous fait M. C., et qui pourraient bien n'avoir d'autre fondement que des préjugés d'état ou de nation, nous les discuterons ci-après.

Delambre n'a guère fait que traduire algébriquement les règles du Calendrier grégorien, dit M. C.; *j'ai su les réduire en formules parfaitement analytiques.* Ces nouvelles règles sont donc la partie essentielle de son ouvrage, et c'est par elles que nous devons commencer notre extrait.

L'auteur débute par adopter la notation *très commode et très utile* que j'ai imaginée pour exprimer le reste ou le quotient en nombre entier d'une division; il a même cherché à étendre l'idée et à lui donner quelques développemens nouveaux.

Soit $\frac{A}{B}=\frac{nB+b}{B}=n+\frac{b}{B}=\left(\frac{A}{B}\right)+\frac{b}{B}$; on voit que n étant un nombre entier, $\left(\frac{A}{B}\right)_e$ sera un nombre entier, $\frac{b}{B}$ une fraction, puisque $b<B$, et que $b=\left(\frac{A}{B}\right)_r$. On voit encore que $\left(\frac{A}{B}\right)_r=\left(\frac{A+nB}{B}\right)_r$; car $\left(\frac{nB}{B}\right)$ ne donne aucun reste. Tout cela est de la dernière évidence, et j'ai eu plus d'une occasion d'en faire usage.

M. C. ajoute que $\left(\frac{A}{B}\right)_r\pm\left(\frac{A'}{B}\right)_r=\left(\frac{A\pm A'}{B}\right)_r$; il serait sans doute plus exact de dire que $\left(\frac{\left(\frac{A}{B}\right)_r\pm\left(\frac{A'}{B}\right)_r}{B}\right)_r=\left(\frac{A\pm A'}{B}\right)_r$; car il serait très possible qu'on eût $\left(\frac{A}{B}\right)_r+\left(\frac{A'}{B}\right)_r>B$; par exemple,

$$\left(\frac{37}{19}\right)_r+\left(\frac{35}{19}\right)_r=18+16=34,\text{ au lieu que }\left(\frac{A+A'}{B}\right)_r=\left(\frac{72}{19}\right)=15=34-19;$$

mais

$$\left(\frac{37}{19}\right)_r-\left(\frac{35}{19}\right)_r=18-16=2=\left(\frac{A-A'}{B}\right)_r=\left(\frac{37-35}{19}\right)_r=\left(\frac{2}{19}\right)_r=2.$$

M. C. suppose sans doute qu'après l'opération, on rejette B autant de fois qu'il se trouve dans le résultat définitif; et c'est en effet la règle que je suis en toute occasion.

Soit $a=\left(\frac{A}{19}\right)_r$, $a+1=N$ sera le nombre d'or. M. C. aurait pu en conclure $N=\left(\frac{A+1}{B}\right)_r$; car $\left(\frac{A}{B}\right)_r=\left(\frac{nB+a}{B}\right)_r=a$, par la supposition; donc $\left(\frac{A+1}{B}\right)_r=\left(\frac{nB+a+1}{B}\right)_r=a+1=N$. C'est l'expression à laquelle je suis arrivé directement, et que M. C. finit par adopter, p. 134.

Pour la lettre dominicale, dans le Calendrier julien, il fait

$$\left(\frac{A}{4}\right)_r=b,\quad\left(\frac{A}{7}\right)_r=c,\quad\text{et enfin }L=\left(\frac{3+2b+4c}{7}\right)_r.$$

Soit $A = 1579$, $\left(\frac{A}{4}\right)_r = \left(\frac{1579}{4}\right)_r = 3 = b$, $\left(\frac{A}{7}\right)_r = \left(\frac{1579}{7}\right)_r = 4 = c$.

$$L = \left(\frac{3 + 2.3 + 4.4}{7}\right)_r = \left(\frac{25}{7}\right)_r = 4;$$

ordonnons l'opération

$A =$	1579	constante...	3
ôtez les 4, $b =$	3	$+ 2b =$	6
ôtez les 7, $c =$	4	$+ 4c =$	16
			25
		ôtez les 7.....	$4 = L.$

Voici maintenant l'opération, suivant ma formule p. 19.

		ou, si l'on veut,	
$-(A-3)$......	$-$ 1576	$-(A+4)$......	$-$ 1583
$-\left(\frac{A}{B}\right)_c$........	$-$ 394	$-\left(\frac{A}{B}\right)_c$........	$-$ 394
	$-$ 1970		$-$ 1977
ôtez les 7.....	$-$ 3		$-$ 3
	$+$ 7		7
$L =$	4	$L =$	4

(A+4) ne donne pas plus de peine à écrire que **A**; prendre le quart de **A** est plus court que d'en bannir tous les 4 pour avoir b; ôter tous les 7 de la somme n'est pas plus long que de les ôter de **A**; faire l'addition de mes deux premières lignes n'est pas plus long que de former $2b + 4c$.

Mon addition est un peu plus longue que celle de $3+2b+4c$; mais ôter tous les 7 de la somme 25, est au moins aussi long que de faire $7-3=4$.

Ainsi mon opération est un peu plus courte, et elle tient moins de place, elle se range mieux sur le papier. Il faut avouer, au reste, que la différence n'est pas grande; elle sera plus sensible pour le Calendrier grégorien.

Soit de même $\left(\frac{A}{4}\right)_r = b$, $\left(\frac{A}{7}\right)_r = c$; et de plus, $\left(\frac{S}{4}\right)_r = b'$, $\left(\frac{S}{7}\right)_r = c'$; S est la partie séculaire du nombre A. Alors $L' = \left(\frac{1+2(b+b')+4c+6c'}{7}\right)_r$: C'est donc au moyen de cinq formules qu'on détermine L'. Soit A=4203,

					1
$A =$	4203	$S =$	42	$+ 2(b+b')$....	10
ôtez les 4, $b =$	3.....	$b' =$	2	$4c$....	12
les 7, $c =$	3.....	$c' =$	0	$6c'$....	0
					23
				ôtez les 7....	2=L=B

Voici maintenant mon opération.

$$
\begin{array}{lr}
-(A+1) = - & 4204 \\
-\left(\frac{A}{4}\right)_r \ldots = - & 1050 \\
+(S-16)\ldots + & 26 \\
-\frac{1}{4}\ldots\ldots\ldots - & 6 \\
\hline
- & 5234 \\
\text{ôtez les } 7\ldots - & 5 \\
+ & 7 \\
\hline
L = B = + & 2.
\end{array}
$$

Il me semble encore que mon opération est plus ramassée, et qu'elle tient moins de place sur le papier.

J'aurais épargné au lecteur ces comparaisons minutieuses, si M. C. ne rejetait mes formules comme trop prolixes. Il trouve les siennes plus analytiques, parce qu'il a multiplié les symboles, ce qui ne va jamais sans un peu d'obscurité. $2(b+b')+4c+6c'$ sont moins clairs que $(A+1)$, $\left(\frac{A}{4}\right)_c$, $(S-16)$ et $\frac{1}{4}(S-16)_c$. Voilà quatre symboles introduits sans nécessité, sans parler des trois coefficiens 2, 4 et 6.

Autre exemple.

$$
\begin{array}{llr}
 & & \text{constante}\ldots\ldots\ 1 \\
A = 4706 & S = 47 & 2(b+b')\ldots\ldots\ 10 \\
b = 2 & b' = 3 & 4c\ldots\ldots\ 8 \\
c = 2 & c' = 5 & 6c'\ldots\ldots\ 30 \\
 & & \overline{49}
\end{array}
$$

ôtez tous les 7 $L = 0 = 7 = G.$

$$
\begin{array}{rr}
-(A+1) - & 4707 \\
\frac{1}{4}A - & 1176 \\
S-16 + & 31 \\
\frac{1}{4} - & 7 \\
\hline
- & 5859 \\
- & 0 \\
 & 7 \\
\hline
L = & 7 = G.
\end{array}
$$

Il me semble toujours que ma méthode est plus simple et plus facile à retenir ; mais ce dont il est impossible de ne pas convenir, c'est que les deux méthodes sont également sûres, et que les raisons de préférence, à celles de la clarté près, sont assez légères. M. C. fait huit opérations pour avoir L, je n'en fais que sept.

Pour l'épacte E, M. C. donne la formule

$$E = \left(\frac{11\,N - 3}{30}\right)_r,$$

et l'on croirait que cette épacte est en effet celle du Calendrier julien. Dans le fait, ce nombre est tiré du Calendrier grégorien ; c'est une épacte fictive dont personne jamais n'a parlé, un nombre subsidiaire qui servira pour calculer le jour de Pâques dans le Calendrier julien. L'épacte julienne, telle qu'on la trouve dans l'*Art de vérifier les Dates*, se trouverait par la formule $E = \left(\frac{11\,A + \left(\frac{A-1}{19}\right)_e}{30}\right)_r$.

Ainsi pour	1451	1450	19
	1451	133	76
11.A.....	15961	120	
$\left(\frac{A-1}{19}\right)_e =$	76	114	
	16037	$6 + 2 = 8 = N$;	
ôtez 30.....	$17 = E$,		

au lieu que $\left(\frac{11N-3}{30}\right)_r$ forcerait d'abord à chercher $N = 8$, puis..... $11N - 3 = 88 - 3 = 85$, d'où retirez les 30, il restera $E = 25$.

L'Art de vérifier les Dates donne $N = 8$ et $E = 17$, dont la somme, par hasard, forme ici l'épacte fictive 25 de M. C. Mais soit

$A =$	1579	$A - 1 =$ 1578	19		$11N = 33$
	1579	152	83		$-\ 3$
11A...	17369	58			30
$\left(\frac{A-1}{19}\right)_e$	83	$1 + 2 = 3 = N$			ôtez les 30, $0 = E = 30$
	17452				
$E =$	22.				

$$E + N = 22 + 3 = 25, \text{ et non pas } 30.$$

L'Art de vérifier les Dates donne $N = 3$ et $E = 22$.

Notre formule est donc bonne; personne, que je sache, n'a donné le moyen de trouver l'épacte de ce Calendrier ; c'est qu'elle est inutile. Nous avons vu (page 30) qu'on était parvenu à éliminer cette épacte, pour s'en tenir au nombre N.

Nous avons encore vu que le Calendrier julien n'a que 19 épactes ; de plus, c'est un fait que les épactes des 20 premières années sont

11, 22, 3, 14, 25, 6, 17, 28, 9, 20, 1, 12, 23, 4, 15, 26, 7, 18, 29, et 11,

qui se forment en ajoutant continuellement 11, excepté à la 20e, qu'on forme en ajoutant 12, pour la raison que nous avons donnée.

Les épactes

2, 5, 8, 10, 13, 16, 19, 21, 24, 27, et 30

sont omises en vertu de l'arrangement qu'on a suivi ; ce sont ces considérations qui m'ont fourni la formule ci-dessus, que son inutilité m'avait fait supprimer.

Pour l'épacte du Calendrier grégorien, M. C. donne la formule

$$E' = \left(\frac{11N - \left(\frac{3.S-5}{4}\right)_e + (8.S-112)_e}{30}\right)_r.$$

Soit $A = 2285$,

$$\left(\frac{2285}{19}\right)_r = 6 = N \qquad S = 22 \qquad 8.S = 176$$

$$\begin{array}{rlrlrl}
 & 60 & 3S = & 66 & & -\ 112 \\
11N = & \overline{66} & & -\ \ 5 & 8.S-112 = & \overline{64} \\
 & -\ 15 & (3S-5) = & \overline{61} & \left(\frac{1}{25}\right)_e & 2 \\
 & +\ \ 2 & -\left(\frac{1}{4}\right)_e = & -\ 15 & & \\
 & \overline{53} & & & &
\end{array}$$

ôtez 30, $23 = E'$.

Voilà l'opération, ordonnée de la manière la plus avantageuse.

Voici la mienne, dans toute sa complication.

$$\left(\frac{2286}{19}\right)_r = 6 = N, \ -(S-16) = -6, \ S-17 = 5, \ S-15 = 7$$

$$\begin{array}{rlrlrl}
10.(N-1) & +\ 50 & +\frac{1}{4} = & +\ 1 & \left(\frac{1}{25}\right)_e = 0 & \left(\frac{1}{3}\right)_e = 2 \\
b = & -\ \ 5 & b = & \overline{-\ 5} & & \\
c = & +\ \ 2 & & & & \\
 & \overline{53} & & & & \\
E' = & 23. & & & &
\end{array}$$

Je n'y vois aucun désavantage ; mais elle obtiendra la préférence, si l'on songe que les termes $(S-16)$, $\left(\frac{S-16}{4}\right)_e \left(\frac{S-15}{3}\right)_e$ sont connus par le calcul de la lettre L ; il n'en est pas de même des expressions algébriques $\left(\frac{3S-5}{4}\right)_e$ et $\left(\frac{8.S-112}{25}\right)_e$, qui d'ailleurs n'ont pas la même clarté que celles qui sont données plus directement par le Calendrier grégorien.

Au reste, selon ma manière de voir, l'épacte n'est bonne qu'à calculer le jour de Pâques; il en est de même du nombre d'or; il n'y a que la lettre dominicale qui puisse par elle-même avoir une utilité, encore assez médiocre; c'est le calcul de Pâques qu'il faut comparer dans les deux méthodes, puisque c'est le problème que nous nous sommes tous deux proposé.

Auparavant, voyons quelques autres formules de M. C. pour l'épacte grégorienne. En exécutant les divisions qui ne sont qu'indiquées dans la formule ci-dessus, il trouve

$$E' = \left(\frac{11N-(0.75.S-1.25)_e}{30}\right)_r.$$

la transformation paraît peu heureuse, puisqu'elle ne fait qu'alonger l'opération numérique.

Autre formule.

$$E' = \left(\frac{11N-(0.43.S+0.25b'+3.44)_e}{30}\right)_r.$$

Cette nouvelle transformation, dont la démonstration est assez longue, me semble encore moins heureuse, en ce qu'elle force à chercher b', dont la précédente se passait. M. C. en tire, par une transformation facile,

$$E' = -\left(\frac{(19N+0.43.S+0.25b'+3.44)_e}{30}\right)_r;$$

mais la formule est encore plus longue à évaluer, à cause de 19N substitué à 11N.

Je préfère ma formule à toutes celles de M. C. ; elle est plus facile à évaluer, elle dérive plus naturellement des principes du Calendrier grégorien. Ce dont M. C. me fait un reproche, me paraît une raison de préférence.

Pour calculer Pâques avec ces formules, M. Ciccolini se sert de la table du Calendrier perpétuel, dont il est obligé d'avoir au moins deux mois, mars et avril. Pour se dispenser de cette table, il fait

$$\varepsilon = 30 - E', \quad d = \left(\frac{23+\varepsilon}{30}\right)_r, \quad e = \left(\frac{3+L+6d}{7}\right)_r,$$

et Pâques $= (22+d+e)$ de mars, ou $(d+e-9)$ d'avril;

ce qui se rapproche beaucoup des formules de M. Gauss et se trouve sujet aux mêmes exceptions.

Pour exemple, choisissons l'année 2285 (c'est une de celles où Pâques est dans la limite inférieure), et ordonnons les deux opérations de la manière la plus commode et la plus courte, en commençant par celle de M. C.

$$\left(\frac{2285+1}{19}\right)_r = 6 = \mathrm{N},\quad \left(\frac{\mathrm{A}}{4}\right)_r = 1 = b,\quad \left(\frac{\mathrm{S}}{4}\right)_r = \left(\frac{22}{4}\right)_r = 2 = b',$$

$$\left(\frac{\mathrm{A}}{7}\right)_r = 3 = c,\quad \left(\frac{\mathrm{S}}{7}\right)_r = 1 = c'.$$

$b+b' = 3$
$2(b+b') = 6$
$4c = 12$
$6c' = 6$
constante $= 1$
$\overline{25}$
ôtez les 7... $4 = \mathrm{L}$
constante $+\ 3$
$\overline{7}$
ôtez les 7... $0 = e$

$11\mathrm{N} = 66$
$-\ 15$
$+\ 2$
$\overline{53}$
ôtez les 7, $23 = \mathrm{E}'$
30
$\epsilon = \overline{7} = 30 - \mathrm{E}'$
$+\ 23$
$\overline{30}$
ôtez 30
$d = \overline{0}$

$3\mathrm{S} = 66$
$-\ 5$
$\overline{61}$
$\frac{1}{4} = 15$

$8.\mathrm{S} = 176$
$-\ 112$
$\overline{64}$
$\frac{1}{25}\ \ 2$

constante 22
$+\ d\ \ 0$
$+\ e\ \ 0$
Pâques, $\overline{22}$ mars.

Suivant nous.

$+\ (\mathrm{S}-16) = +\ 6$
$-\ \frac{1}{4}\ \ -\ 1$
$b = +\ \overline{5}$
$+\ (\mathrm{A}+1) = +\ \overline{2286}$
$+\ \frac{1}{4} = +\ 571$
$-\ b = -\ 5$
$+\ \overline{2852}$
ôtez les 7... $+\ 3$
ôtez de 7... 7
$\mathrm{L} = \overline{4}$
$\lambda = 4$
$\mathrm{L} - \lambda = \overline{0}$

$-\left(\frac{\mathrm{S}-17}{25}\right) = -\ \frac{5}{25}$; car $\mathrm{F} = 0$.
$\frac{1}{25} = 0,$
$\left(\frac{\mathrm{S}-15}{3}\right)_e = \left(\frac{7}{3}\right)_e = 2 = c,$
$\left(\frac{2286}{19}\right)_r = 6 = \mathrm{N}$
$50 = (\mathrm{N}-1)10$
$-\ 5 = -\ b$
$+\ 2 = c$
$\overline{53}$
ôtez 30... $23 = \epsilon = 23$
constantes... 27 $\quad 45$
$\lambda = \overline{4}\quad \mathrm{P} = \overline{22}$
$\mathrm{L} - \ = 0$
Pâques $= \overline{22}$ mars.

Ma méthode ne sera jamais plus longue qu'elle n'est ici, puisque j'ai calculé $\left(\frac{S-17}{25}\right)_e$, que je savais être nul, et qui le sera jusqu'en l'an 4199; celle de M. C. ne sera jamais plus courte, puisque d et e se trouvent ici o. J'avoue ne pas concevoir les motifs qui font que M. C. donne si hautement la préférence à ses formules.

Prenons un exemple dans l'autre limite.

Soit $A = 1943$,

$$\left(\frac{1944}{19}\right)_r = 6 = N, \quad \left(\frac{1943}{4}\right)_r = 3 = b, \quad \left(\frac{19}{4}\right)_r = 3 = b',$$

$$\left(\frac{1943}{7}\right)_r = 4 = c, \quad \left(\frac{19}{7}\right)_r = 5 = c'.$$

$$\begin{array}{rr}
b+b' = & 6 \\
\hline
2(b+b') = & 12 \\
4c = & 16 \\
6c' = & 30 \\
\text{const.}\ldots = & 1 \\
\hline
 & 59 \\
\text{ôtez les } 7\ldots & 3 = L \\
6d & 174 \\
\text{const.}\ldots & 3 \\
\hline
 & 180 \\
\text{ôtez les } 7\ldots & 5 = e
\end{array}
\qquad
\begin{array}{rr}
11N = & 66 \\
-\left(\frac{1}{4}\right)_e & -\ 13 \\
+\ \frac{1}{25} & +\ 1 \\
\hline
 & 54 \\
\text{ôtez } 30, & 24 = E' \\
 & 30 \\
\hline
30-E' = & 6 = \varepsilon' \\
 & +\ 23 \\
\hline
 & 29 \\
\text{ôtez } 30, & 29 = d.
\end{array}
\qquad
\begin{array}{rrrr}
3.S = & 57 & 8.S = & 152 \\
- & 5 & - & 112 \\
\hline
 & 52 & & 40 \\
\left(\frac{1}{4}\right)_e & 13 & \left(\frac{1}{25}\right)_e & 1 \\
d & 29 & & \\
e\ + & 5 & & \\
\text{const.}\ - & 9 & & \\
\hline
\text{Pâques,} & 25 & \text{avril.} &
\end{array}$$

Suivant nous,

$$+(19-16) = +3, \quad F = 0, \quad (19-15) = 4$$
$$-\tfrac{1}{4} \quad 0 \qquad\qquad \tfrac{1}{3} = 1 = c$$
$$b = +3 \qquad \left(\frac{A+1}{19}\right)_r = 6 = N < 11.$$

$$\begin{array}{rr}
+(A+1) = & +\ 1944 \\
 & +\ 485 \\
 & -\ 3 \\
\hline
 & +\ 2426 \\
\text{ôtez les } 7,\ R = + & 4 \\
7 - R = & 3
\end{array}
\qquad
\begin{array}{rr}
(N-1).10 = & 50 \\
\text{ôtez } 30\ldots & 26 \\
-\ b\ - & 3 \\
c\ + & 1 \\
\hline
\varepsilon = & 24 \ldots\ldots\ldots\ 24
\end{array}$$

$$\begin{array}{rrlrrr}
 & & & 57 & & 75 \\
L = & 3 & & \overline{33} & P = & \overline{51} \\
\lambda = & \underline{5} & \text{ôtez les 7, } \lambda = & 5 & (L'-\lambda) = & \underline{5} \\
L-\lambda = & -2 & & & & 56 \\
L'-\lambda = & 5 & & & & \underline{31} \\
 & & & & & 25 \text{ avril.}
\end{array}$$

On aurait pu changer $24 = \varepsilon$ en $25 = \varepsilon + 1 = \varepsilon'$; on aurait eu

$$\begin{array}{rrrr}
 & 24 \ldots\ldots\ldots\ldots & & 25 \\
 & \underline{57} & & \underline{75} \\
 & 32 & & 50 \\
\lambda & 4 & L-\lambda & \underline{6} \\
L = & \underline{3} & & 56 \\
L-\lambda = & -1 & & \underline{31} \\
= & 6 & & 25 \text{ avril.}
\end{array}$$

Ce changement de 24 en 25 est toujours sans inconvéniens, quelquefois nécessaire; on peut en faire une règle générale.

$$\begin{array}{lll}
A = 1886 & & \\
\left(\frac{1887}{19}\right)_r = & \left(\frac{1886}{4}\right)_r = 2 = b & \left(\frac{18}{4}\right)_r = 2 = b' \\
\left(\frac{1900-13}{19}\right)_r = 6 = N & \left(\frac{1886}{7}\right)_r = 3 = c & \left(\frac{18}{7}\right)_r = 4 = c'
\end{array}$$

$$\begin{array}{rrrrrr}
(b+b') = & \underline{4} & 11N = & 66 & 3.S = 54 & 8.S = 144 \\
2(b+b') = & 8 & & & -\ \underline{5} & \underline{112} \\
4c = & 12 & & -12 & 49 & 32 \\
6c' = & 24 & & +\ \underline{1} & \left(\frac{1}{4}\right)_e\ 12 & \left(\frac{1}{25}\right)_e\ 1 \\
\text{const.} \ldots\ldots = & \underline{1} & & 55 & & \\
 & 45 & \text{ôtez les 30,} & 25 = E' & 6d = & 168 \\
\text{ôtez les 7... } L = & 3 & & 30 & L & 3 \\
 & & \varepsilon' = & \underline{5} & \text{const.}\ldots & \underline{5} \\
 & & & \underline{23} & & \underline{174} \\
 & & & 28 & \text{ôtez les 7...} & 6 = e \\
 & & \text{ôtez les 30,} & 28 = d & & 28 = d \\
 & & & & & -\ 9 \\
 & & & & \text{Pâques,} & 25 \text{ avril.}
\end{array}$$

1

$18 - 16 = 2, \quad F = 0, \quad 18 - 15 = 3$

$\left(\frac{1}{4}\right) = 0 \qquad \left(\frac{1}{3}\right)_e = 1 = c$

$b = 2$

$(A + 1) = 1887 \qquad \left(\frac{1887}{19}\right)_r = \left(\frac{1900-13}{19}\right)_r = 6 = \overline{N} < 11$

$\frac{1}{4} = 471$

$- c = - 2$

$\overline{2356}$

ôtez les 7... 4

de... 7

reste $L = \overline{3}$

$\lambda = 4$

$L - \lambda = - 1$

$L' - \lambda = 6$

$(N-1)10 = 50$

ôtez 30... $\overline{26}$

$- b = - 2$

$+ c = 1$

$\varepsilon = \overline{25}$ 25

$57 \qquad 75$

$\overline{32} \qquad \overline{50}$

$\lambda = 4 \qquad L'-\lambda \ 6$

$\overline{56}$

31

Pâques, $\overline{25}$ avril.

Suivant M. C.

$A = 1954 \qquad \left(\frac{1954}{4}\right)_r = 2 = b \qquad \left(\frac{19}{4}\right)_r = 3 = b'$

$\left(\frac{1955}{19}\right)_r = 17 = N \qquad \left(\frac{1954}{7}\right)_r = 1 = c \qquad \left(\frac{19}{7}\right)_r = 5 = c'$

$b + b' = 5$

$2(b+b') = 10$

$4c = 4$

$6c' = 30$

const..... $= 1$

$\overline{45}$

ôtez les 7... $3 = L$

$N = 17$

$10N = 170$

$11N = \overline{187}$

$- 13$

$+ 1$

$\overline{175}$

ôtez 30... $25 = E$

30

$\overline{5} = \varepsilon'$

23

$\overline{28} = d$

$3.S = 57 \qquad 8.S_{,} = 152$

$- 5 \qquad - 112$

$\overline{52} \qquad \overline{40}$

$\left.\frac{1}{4}\right)_e \ 13 \qquad \left.\frac{1}{25}\right)_e \ 1$

$6d = 168$

$L = 3$

3

$\overline{174}$

ôtez les 7... $e = \overline{6}$

$d = 28$

$c = - 9$

Pâques, $\overline{25}$ avril.

Mais $N > 11$; donc $- 7$

Pâques corrigé..... $\overline{18}$ avril.

$19 - 16 = 3,\quad F = 0,\quad 19 - 15 = 4$

$\left(\frac{1}{4}\right)_e = 0 \qquad \left(\frac{1}{3}\right)_e = 1 = c$

$b = 3$

$A + 1 =$	1955	$\left(\frac{1955}{19}\right)_r =$	17 $= N > 11$	
$\left(\frac{A}{4}\right)_e =$	488	$(N-1).10 =$	160	
$- b =$	$- 3$		177	
	2440	ôtez 30...	27	
ôtez les 7...	4	$- b -$	3	
de...	7	$+ c$	1	
reste $L =$	3	$\epsilon =$	25 or $N > 11$	
$\lambda =$	3	donc $\epsilon' =$	26......	26
$L - \lambda =$	0		57	75
			31	49
		ôtez les 7... $\lambda =$	3	$L - \lambda =$ 0
				49
				31

et j'ai directement Pâques...... 18 avril.

Dans tous les cas, notre formule est toujours la plus courte et la plus naturelle. Mais quoi qu'on dise ou quoi qu'on fasse, l'opération n'aura jamais assez de simplicité, et toujours on regrettera qu'on n'ait pas fixé Pâques au premier ou au second dimanche d'avril.

M. C. avoue, p. 105, que je connais parfaitement le but et l'esprit du Calendrier; il s'étonne, en conséquence, du mépris que j'ai témoigné en plusieurs endroits. Je puis répéter que je n'ai nul mépris, que j'ai une estime véritable pour cette conception. J'admire Lilio Giraldi, mais je ne puis m'empêcher de penser qu'on lui a imposé une besogne bien inutile et bien désagréable.

Après avoir employé 37 pages à l'exposition et à la démonstration de ses formules, l'auteur passe à l'examen de la méthode de M. Gauss. Il lui reproche l'erreur indiquée ci-dessus, une exception trop étendue et qui aurait besoin d'être restreinte, enfin l'inutilité de son Arithmétique transcendante, puisque tout peut se démontrer par l'Arithmétique ordinaire. Il donne des moyens de correction que nous omettrons, puisque nous avons omis la méthode elle-même comme plus longue et plus embarrassante que la nôtre (voyez *Conn. des Tems* de 1817).

De toute cette critique, nous conclurons que le problème, sans être bien difficile, exigeait une foule d'attentions assez incommodes; et puisque nous nous permettons de regarder comme assez futiles les raisons qui ont fait adopter un calendrier si compliqué, nous dirons toujours qu'il est à regretter que Pâques soit resté mobile. Une autre preuve de la complication du Calendrier grégorien, c'est qu'il faut à M. Ciccolini 49 pages et trois longues tables pour démontrer et corriger les erreurs de M. Gauss. Il passe ensuite à mon *Abrégé d'Astronomie.*

« La fin que je me suis proposée, dit-il en commençant, a été prin-
» cipalement de corriger quelques passages défectueux, et d'en éclaircir
» quelques-uns qui en avaient besoin, afin que le public puisse tirer
» plus de profit des écrits *di si celebre autore.* » Cette déclaration est très obligeante, et en reconnaissance nous avions d'abord copié toutes les critiques de M. Ciccolini; mais comme nous avons refondu notre méthode, il nous paraît inutile de rapporter ici des corrections que nous avons ou déjà faites, ou rendu inutiles.

« Je n'ai pas cru devoir passer sous silence le peu d'importance, et
» je dirais presque le mépris qu'il manifeste en plusieurs endroits pour
» le Calendrier grégorien. »

J'ai dit fort clairement et en plusieurs endroits que le Calendrier grégorien est une composition fort ingénieuse; qu'on n'y a laissé que les défauts qui étaient inévitables; que les erreurs qu'on peut y remarquer sont les plus rares qu'il fût possible, et qu'elles n'ont aucun inconvénient réel. Ce témoignage prouve, ce me semble, que je suis loin d'avoir aucun mépris pour ce calendrier; je l'admire, et l'admirerais bien davantage, si je le trouvais nécessaire. Mais j'ai dit et je ne puis encore m'empêcher de penser, que rien ne forçait les auteurs à s'imposer des conditions si gênantes et si arbitraires; qu'il était bien plus simple d'abandonner entièrement la Lune, de s'en tenir à une année purement solaire, et de fixer irrévocablement la Pâque à l'un des premiers dimanches d'avril; et puisque l'Église en avait le droit, ainsi que le dit formellement Clavius, j'ai pu regretter qu'elle n'eût pas pris un parti si simple et si commode. La Résurrection avait suivi de près l'équinoxe; il était tout simple que la fête annuelle destinée à la célébrer fût attachée à l'équinoxe; jusqu'ici rien que de très raisonnable et de très facile. La Résurrection avait suivi la pleine Lune, voilà qui devient plus indifférent, puisque les pleines Lunes retardent chaque année de onze jours plus ou moins. Cette pleine Lune avait été accompagnée d'une éclipse de *Soleil* qui avait été *totale pour toute la Terre pendant trois heures.* Voilà des circonstances qui jamais ne se reproduiront; c'était une raison très forte pour ne faire aucune attention à la Lune. On s'est bien permis d'abandonner la Lune vraie pour la Lune moyenne, et même de s'écarter des mouvemens moyens pour s'astreindre à des périodes inexactes desquelles résulte une nécessité indispensable de manquer réellement à la condition essentielle, et qui font qu'assez souvent la Pâque n'est célébrée que 35 jours après l'équinoxe.

Pag. 640 de mon Abrégé, en donnant la définition et l'étymologie du mot *bissextile*, j'ai dit qu'il fallait donner une idée de la manière bizarre et même un peu barbare dont les Romains se servaient pour compter les jours du mois. Sur cela, M. C. nous dit que je parle en cet endroit comme s'il n'y avait pas d'autre raison pour se mettre au fait de cet ancien calendrier, ce qui ne causera pas peu de surprise aux personnes instruites. Je puis dire à M. C. qu'il ne m'a pas compris. Parmi les lecteurs de mon dernier chapitre, j'ai cru qu'il pourrait se trouver des personnes qui ignorassent absolument cette étymologie, c'est pour elles que je l'ai donnée et nullement pour les personnes instruites. Mais ces personnes mêmes peuvent sans un inconvénient bien grave, ignorer, par exemple, à quel jour précisément tombaient les ides ou les nones de tel mois. Cette connaissance est assez inutile à ceux qui lisent Ovide ou Cicéron; elle peut être nécessaire dans quelque chancellerie et à quelques antiquaires. Quant au Calendrier grégorien, je ne sais pas ce qui se passe à Rome, mais je puis certifier qu'à Paris, j'ai vu nombre de personnes très instruites qui n'avaient qu'une idée très vague d'un calendrier; que jamais elles n'avaient été tentées d'étudier; j'oserai même dire que jamais je n'ai rencontré un moine, un ecclésiastique, un curé qui en sût le premier mot. Ils prennent la Pâque telle qu'on la leur donne; si on l'eût fixée à l'un des dimanches d'avril, ils l'auraient prise de même et sans la moindre réclamation. Peut-être même n'y a-t-il en France que ceux qui ont écrit sur le calendrier qui y comprennent quelque chose; et ceux qui lisent les traités où l'on en donne l'explication, se bornent à y prendre les définitions de la lettre dominicale, de l'épacte et du nombre d'or, et quelques-uns des usages les plus communs, sans en étudier la composition, ni s'embarrasser des peines qu'elle a données, ni des erreurs auxquelles elle peut donner lieu; voilà ce dont je crois être certain. Du reste, ceux qui ont du tems à perdre, pourront étudier le gros volume de Clavius; ils pourront trouver cette lecture curieuse, sur-tout s'ils y ajoutent les remarques et les commentaires de M. Ciccolini; mais alors ils penseront comme moi qu'on s'est donné bien de la peine pour bien peu de chose.

Pag. 643, j'ai dit qu'il n'y a rien de plus simple que le calendrier réglé sur l'année solaire, et rien de plus inutilement compliqué que le Calendrier ecclésiastique, qui a voulu accorder la semaine, le mois lunaire et la révolution tropique du Soleil. M. C. répond qu'il ne voit pas comment on peut dire que le Calendrier ecclésiastique est compliqué, puisqu'on vient de voir qu'on peut en donner une expression complète en un petit nombre de formules analytiques, faciles à calculer. Il est aisé de répliquer, 1°. que les auteurs du calendrier ne connaissaient aucune de ces formules, et qu'ils n'étaient pas en état de les imaginer. 2°. Nous rappellerons que ci-dessus M. C. trouve une de mes formules trop prolixe, en ce qu'elle n'est qu'une traduction algébrique des règles du calendrier. Si la formule est prolixe, si celle de M. C. est encore plus longue à calculer que la nôtre, comment se fait-il que les règles du calendrier qui supposent en outre plusieurs tables d'une construction peu facile, n'offrent aucune complication. 3°. Il a fallu trouver ces formules; avant d'en obtenir de générales, on s'est trompé plusieurs fois; M. C. emploie 86 pages et plusieurs tables à démontrer ces formules et ces erreurs; ce n'est pas là ce qu'on peut appeler de la simplicité, sur-tout quand on pouvait dire Pâques sera le premier dimanche d'avril.

Pag. 645, je disais ligne 17 : nous supprimons comme peu utiles *et* trop compliquées les règles qui servent à trouver le cycle solaire, le nombre d'or, l'indiction et l'épacte.

L'auteur convient que la règle pour les épactes peut paraître un peu compliquée, quoique ses formules montrent le contraire; mais pour celles des trois cycles, *ils n'en conviendront certainement pas*, ni nous non plus. Pour faire droit à sa remarque, nous dirons qu'il y a faute d'impression, et qu'au lieu de lire *et*, il faut lire *ou*, en sorte que j'ai supprimé les règles des cycles comme peu utiles, et celle des épactes comme trop compliquées. Il promet de discuter l'utilité des premières; nous examinerons ses raisons.

On lit encore à la même page : La Lune pascale peut différer d'un jour ou deux de la Lune vraie et même de la Lune moyenne astronomique; de là de nombreuses réclamations qui se renouvellent toutes les fois que les imperfections des épactes font retarder d'un mois la fête de Pâques.

M. C. répond que Clavius a montré que ces retards sont inévitables (voilà pourquoi l'on a eu tort, dans le principe, en réglant Pâques sur des cycles imparfaits); mais qu'ils sont moins fréquens que dans aucun autre système; qu'aucun cycle n'est à l'abri de ces inconvéniens, puisqu'il n'y en a aucun qui réponde aux mouvemens célestes. Ce sont précisément ces aveux de Clavius qui m'ont fait conclure que l'entreprise était peu réfléchie, quoiqu'on ait mis ensuite une grande adresse dans l'exécution. C'est parce que la fête de Pâques était souvent mal déterminée, qu'on a cru la réformation nécessaire; il fallait donc un moyen qui rendît l'erreur impossible; il fallait donc abandonner la Lune.

« Quant aux réclamations dont on parle, elles n'embarrassent en aucune manière les personnes qui ont une pleine connaissance du calendrier. »

Je crois bien qu'elles n'en sont nullement embarrassées, puisqu'elles connaissent parfaitement ces irrégularités qu'on n'a pu corriger; elles y sont résignées, et nous partageons cette résignation.

Pag. 647. Mais, comme les épactes n'ont plus aujourd'hui d'autre usage que de déterminer la fête de Pâques, qui règle toutes les autres fêtes mobiles, je disais, nous remplacerons cette doctrine surannée par une formule de M. Gauss.

Nous étions donc en cela tout-à-fait sans intérêt personnel, puisque nous parlions d'une formule qui nous était étrangère. Mais nous étant aperçus depuis que cette formule cessait d'être exacte à commencer à l'an 4200, nous avons cherché nous-même d'autres solutions du problème, sans y mettre pourtant d'autre intérêt que celui de la curiosité; car qui nous répond que le calendrier subsiste encore pendant 2400 ans. Le critique nous demande ce que nous ferons des formules pour les lettres dominicales. Je répondrai que nous les garderons, puisqu'il n'était question dans la phrase que de la table étendue des épactes et des tables de *métemptose* et de *proemptose*. Je n'appelle pas *surannée* une doctrine utile quelque ancienne qu'elle puisse être, mais une doctrine que son inutilité a fait tomber en désuétude. Le théorème du carré de l'hypoténuse n'est pas suranné, quoique de beaucoup plus ancien que les épactes grégoriennes. La doctrine de ces épactes est surannée, car personne aujourd'hui n'en fait usage. Aujourd'hui le public prend tous les articles du calendrier dans les almanachs, et ceux qui font ces annuaires, les prennent tous dans la longue table que Clavius a calculée pour 3401 ans, depuis 1600 jusqu'à 5000. Nos formules mêmes n'auraient d'autre utilité que de donner des moyens pour vérifier la table, et corriger quelques fautes d'impression qu'on y rencontre comme partout ailleurs.

Pag. 648. Je disais que la période julienne n'a plus aucune utilité, depuis la réformation grégorienne. Le critique objecte que la réforme n'empêche pas l'usage de cette période qui ne dépend que de trois cycles qui ont continué leurs cours depuis la réformation. Il ne fait pas attention que le cycle solaire a été rejeté comme inutile par les auteurs du Calendrier grégorien, que Clavius l'a omis dans sa grande table, et que l'indiction non plus que le cycle solaire, ne font pas véritablement partie de ce calendrier. M. C. dit encore que l'on peut toujours rapporter une année grégorienne à une année julienne. Je conviens de tout cela; mais la période julienne n'en est pas moins abandonnée; il serait difficile de citer un auteur qui en fasse maintenant usage. Il demande si je la croyais utile avant la réformation; je lui dirai pas beaucoup plus. Pendant un siècle ou deux, on s'en servit comme d'une mesure générale et uniforme; mais le Calendrier julien, prolongé indéfiniment à tous les siècles antérieurs à notre époque, suivant l'idée des astronomes qui ont introduit une année o, est une mesure bien plus simple et bien plus commode. Cette période ne nous fournit guère qu'un problème plus curieux que véritablement utile. Plusieurs auteurs en ont donné la solution. J'en ai donné une moi-même, sans y attacher plus d'importance. M. C. emploie la solution rapportée par Lalande.

Au chap. XXXVIII de mon Astronomie, tome III, p. 689, j'ai dit: Les Grecs divisaient les mois en décades, usage qui était plus commode que celui de la semaine, et que cependant on a vainement tenté de renouveler de nos jours dans le calendrier français. L'auteur en induit que j'ai eu regret à la suppression de ce calendrier.

Je puis assurer qu'il a mal saisi mon intention. Ce calendrier, à l'établissement duquel nous nous sommes opposés de toutes nos forces, n'a paru incommode à personne autant qu'à moi. *Voyez* ce que j'ai mis dans la *Connaiss. des Tems* de l'an VII, et en tête de mes Tables du Soleil; *voyez* enfin, dans la *Connaiss. des Tems* de l'an 1808, les motifs que j'ai fournis à l'orateur du Gouvernement, pour demander le rétablissement du Calendrier grégorien. Notre obstination à nous servir de ce calendrier, a fait supprimer, en l'an IX, les *Additions* à la Connaissance des tems. Jamais en Astronomie nous n'en avons employé d'autre; mais, dans nos écrits, nous avons été forcés de traduire nos annonces en style nouveau, pour ne pas voir supprimer nos ouvrages. Voilà des faits plus certains que toutes les inductions possibles.

Pag. 691. Je disais: Les deux jours qu'on a mis de moins en février, pour des raisons qui ont aujourd'hui perdu toute leur importance, ont nécessité un arrangement bizarre et difficile à retenir. Ce mois, chez les payens, était destiné à des lustrations. Numa n'ajouta rien à février *ne Deum inferum religio immutaretur,* dit Macrobe. Le critique trouve-t-il que cette raison soit fort intéressante pour nous? trouve-t-il un grand avantage à ce mois de 28 jours qui a nécessité deux mois de 31 de plus? trouve-t-il bien commode l'intercalation placée entre le 24 et le 25 février? Tous les modernes ne supposent-ils pas tacitement que l'intercalation est au 29? Tous les habitans de la campagne, nous dit-il, savent que ce mois n'a que 28 jours. Auraient-ils appris plus difficilement qu'il eût été de 30 jours, dans les années communes, et de 31 dans les bissextiles? savent-ils imperturbablement quels sont les mois de 31 jours? ne pouvait-on les placer d'une manière plus régulière et plus facile à retenir? Cette disposition, qui borne à 28 les jours de février, est bien connue, nous dit-il, malgré sa bizarrerie; il ne nous dit pas en quoi il peut être avantageux qu'un calendrier ait une bizarrerie.

Pag. 695, j'ai dit: Quelques savans avaient été consultés sur la forme à donner à cette année qu'on voulait établir, malgré leurs réclamations; en leur demandant des avis, on posait des bases dont il ne leur était pas permis de s'écarter. En citant ce passage, M. C. le trouve peu d'accord avec ce qu'on lit page suivante:

« Nous aurions pu trouver un autre rapporteur; mais celui auquel nous nous adressâmes n'osa proposer aucune réforme, de peur qu'on ne supprimât tout à fait ce calendrier, au lieu de le corriger. » Je ne vois pas où est l'opposition. Un membre du comité d'instruction publique n'osa proposer le changement demandé par une commission de savans. Je n'ai pas dit que la commission toute entière rejetât le nouveau calendrier; je n'ai parlé que de quelques membres de l'Académie des Sciences, entre lesquels je puis citer Borda, Lalande et moi, qui étions les principaux opposans. C'est à moi et à moi seul que M. G. a dit que si l'on demandait à la Convention une forme d'intercalation plus régulière, il était à craindre que le calendrier ne fût supprimé tout-à-fait; je n'avais aucun droit de consentir à cette suppression totale au nom d'une Commission très nombreuse, qu'il était difficile de rassembler, et qui comptait au nombre de ses membres des partisans fanatiques de ce calendrier.

M. C. voit dans mes articles 27—33 du même chapitre une certaine hésitation sur la forme qu'il convenait de donner au calendrier, dans l'hypothèse où il serait conservé. Je demandais qu'on supprimât la sextile tous les 3600 ans, ou si l'on aimait mieux tous les 4000 ans, ce qui serait encore plus commode et presque aussi exact. Je voulais qu'on plaçât l'intercalation au dernier des jours épagomènes pour la commodité du public, et pour celle des Tables astronomiques; il n'y a dans ces idées aucune hésitation, aucune incertitude.

Pag. 703, ligne 28, je disais du cycle solaire, qu'il s'accordait fort bien avec l'année julienne, et qu'on s'en servait autrefois pour déterminer la Lune pascale.

Le critique répond qu'en 1200 ans, l'équinoxe était en erreur de 10 jours; ce n'était donc pas un jour en cent ans. Nul homme n'aurait assez vécu pour y voir un déplacement sensible. Les Tables astronomiques eussent été plus simples. Ce qui fait que nous ne nous entendons pas, c'est que je parle en astronome et à des élèves astronomes, et que le critique parle en ecclésiastique qui veut soutenir un arrangement que tout le monde abandonne. Je n'ai traité le problème de Pâques que comme une question numérique curieuse par ses embarras mêmes. M. C. considère la célébration de la Pâque à tel jour de l'année plutôt qu'à tel autre, comme une affaire d'État. Les Égyptiens avaient une année de 365^j, dont le commencement était bien plus vague que celui de l'année julienne. En 1460 ans, leurs fêtes avaient parcouru toutes les saisons, et ils regardaient cela comme un avantage. Ils tenaient opiniâtrement à un usage qui, dans l'origine, n'était fondé que sur l'ignorance où l'on était sur la vraie longueur de l'année. Les pères du Concile de Nicée ignoraient que l'année était de 11' environ plus courte que $365^j\frac{1}{4}$; de là leur décret pour la Pâque que défend M. C. parce qu'il le trouve établi, et auquel il s'opposerait, j'en suis sûr, s'il s'agissait de l'établir.

Je crois la Lune fort utile à l'Astronomie, à la Navigation, à la Géographie, mais fort nuisible au Calendrier.

Parmi les raisons qui ont déterminé l'Église pour régler Pâques, d'après le 14ᵉ jour de la Lune du premier mois, et que j'ai rapportées d'après Clavius, le critique me reproche de n'avoir pas cité les raisons plus solides exposées par Eusèbe et Ambroise, que je n'ai pas lus, et par Bede, que j'ai lu long-tems après pour mon *Histoire de l'Astronomie*. Mais quant à Bede, tout ce qu'il en cite, il me semble que je l'avais lu dans Clavius, et que j'y avais copié les expressions de *chose indécente, illicite et sentant le manichéisme*. Après avoir relu en entier ce passage, je n'en suis pas plus ébranlé. M. C. suppose que je suis tenté de me plaindre de ce que la fête de Pâques est restée mobile. Je puis assurer que la chose m'est absolument indifférente; je serais plus disposé à m'en réjouir, puisque la réformation grégorienne m'a procuré le plaisir de voir les formules de M. C., sa démonstration et ses corrections pour les formules de Gauss, et la satisfaction de voir, quoiqu'il en dise, que mes formules soutiennent au moins la comparaison avec les siennes.

J'avais dit, d'après Clavius, que le calendrier ne serait plus aussi exact après l'an 8100. Ce malheur ne me paraissait ni assez grand, ni assez prochain pour que je cherchasse à le prévenir. En examinant la chose plus attentivement, M. C. y trouve une nouvelle raison d'admirer le Calendrier grégorien. L'*erreur* n'ira pas en grossissant, pour devenir très sensible en 8100; elle naîtra en un jour, et se corrigera aussitôt en un seul jour; et cette heureuse compensation aura lieu d'elle-même tous les 14000 ans. Il suffira de passer d'une ligne à une autre dans la table étendue des épactes; il suffira d'augmenter d'une unité la constante d'une formule, pour la rendre aussi juste qu'elle l'est maintenant. Pour moi, qui trouve déjà le problème trop compliqué, je dirai avec Clavius *cura hæc posteris relinquenda*. Au lieu d'admirer en cela l'excellence du calendrier, j'y vois seulement une règle de plus, et cette règle ne peut être établie pour le moment, puisqu'elle dépendra des erreurs qu'on reconnaîtra dans les mouvemens supposés du Soleil et de la Lune.

M. C. termine ses observations par cette phrase : Les formules de Delambre, pour le calcul de Pâques, nous paraissent peu utiles; celles de la lettre dominicale et celle de l'épacte sont trop compliquées, et les autres demandent quelque attention au changement des signes dans les valeurs de ϵ et de λ. Quant à ces changemens de signes, on n'en voit plus aucun dans les exemples que nous avons donnés; et si les formules de ϵ et de L lui paraissent trop compliquées, que penserons-nous des siennes, dont l'évaluation numérique est encore plus longue, même lorsqu'on s'en tient à celle de ses formules qu'il préfère à toutes les autres.

Dans un appendice sur les fêtes mobiles, il donne les équations suivantes, qui résultent évidemment des faits que nous avons rapportés.

Soit π le jour de Pâques;

Septuagésime $= \pi - 63$,
Cendres. . . . $= \pi - 46$,
Rogations. . . $= \pi + 36$,

Ascension... $= \pi + 39$,
Pentecôte... $= \pi + 49$,
Trinité..... $= \pi + 56$,
Fête-Dieu... $= \pi + 60$.

La dernière de ces formules nous servira à démontrer une remarque communiquée à Lalande par Louis XV.

π étant le jour de Pâques, $(\pi - 1)$ sera le Samedi-Saint et l'on aura Fête-Dieu$=(\pi-1)+61=(\pi-1)+(30+31)=(\pi-1)+$deux mois; car ou Pâques tombe en mars, et les deux mois suivans sont avril et mai$=(30+31)$, ou Pâques tombe en avril, et les deux mois suivans seront mai et juin$=(31+30)=61$. Ainsi, quel que soit le quantième de Pâques, celui de la Fête-Dieu sera toujours le même que celui du Samedi-Saint, deux mois juste après.

Pour la Septuagésime et les Cendres, il faut avoir égard de plus à l'intercalation; mais Septuagésime$=\pi-$neuf semaines ne peut nous tromper, car la Septuagésime est toujours un dimanche; les Cendres sont un mercredi, ce qui prévient l'erreur; les règles que nous avons données paraissent aussi simples et aussi sûres.

M. C. donne ensuite des règles en faveur de ceux qui ont chaque jour à dire leur bréviaire; nous nous permettrons de les omettre; il explique l'usage des épactes pour trouver l'âge de la Lune. Il avoue les erreurs de ces méthodes, et il prévient son lecteur qu'il sera peu satisfait de ces pratiques, qui ne laissent pas que d'être utiles en quelques circonstances.

En parlant du cycle solaire, il convient enfin qu'il est inutile dans le Calendrier grégorien; il oublie qu'il nous a reproché d'avoir dit la même chose avant lui.

Il ne dit rien de neuf sur le nombre d'or; il convient que le cycle des indictions n'a aucun rapport au calendrier, et cependant il est extrêmement surpris que quelques modernes l'aient jugé tout-à-fait inutile.

Il parle d'un autre cycle lunaire qui commence trois ans après celui du nombre d'or. Il peut, comme plusieurs autres, servir *à la vérification des dates,* et nous renverrons au livre qui porte ce titre. Il remarque en passant qu'on distingue trois sortes d'épactes.

La première a pour formule $\left(\frac{11(N-1)}{30}\right)_r$; la seconde, dont la formule est $\left(\frac{11N-3}{30}\right)_r$, donne les 19 épactes du Calendrier grégorien, prises aux jours de l'année où étaient placés les nombres d'or de l'ancien calendrier qui servait au tems du Concile de Nicée. Ces épactes en douze lieux, diffèrent des lieux occupés par le nombre d'or; mais elles s'accordent pour les Lunes pascales, ce qui suffit à M. C. La troisième espèce est celle du Calendrier grégorien; on peut dire que ce sont les seules qui soient aujourd'hui généralement connues.

Selon lui $\left(\frac{A+9}{28}\right)_r$ est le cycle solaire; mais il nous avertit qu'on aurait mieux fait d'en mettre l'origine en l'an $457 = 532 - 75$; alors on aurait le cycle dont nous avons parlé, et qui ramène les Pâqu[illegible] Calendrier julien.

$\left(\frac{A+1}{19}\right)_r$ est le cycle lunaire, $\left(\frac{A+3}{15}\right)_r$ l'indiction, $\left(\frac{A+1}{532}\right)_r$ le grand cycle pascal de Denis-le-Petit. La formule usuelle serait $\left(\frac{A+457}{532}\right)_r$.

Nous avons dit que la réformation grégorienne avait trouvé bien des contradicteurs; pour ne citer que les plus célèbres, nous pourrions parler ici de Scaliger et de Viète. Clavius les a tous deux réfutés fort longuement; nous renverrons à son *Traité du Calendrier*, où l'on trouvera les objections et les réponses. Mais nous avons promis (tom. III, p. 483) de parler du Calendrier de Viète. Il partageait l'opinion de tous ses contemporains sur la nécessité d'une réformation; mais il crut voir qu'elle n'avait pas été bien exécutée par les *Sosigènes* de Grégoire XIII. Déjà dans le XXe chapitre de ses *réponses diverses*, il avait promis de dénoncer les erreurs commises, et d'en indiquer le remède. Ce fut l'objet de l'ouvrage qu'il intitula :

Francisci Vietæ Relatio Kalendarii verè Gregoriani ad ecclesiasticos doctores, exhibita Pontifici maximo Clementi VIII, anno Christi 1600 *jubilæo.*

Il s'y propose de démontrer que le Calendrier réformé n'est pas vraiment *grégorien ;* qu'il n'est pas même celui de Lilio. Il lui semble que dans son mécontentement contre les réformateurs qui ont gâté son ouvrage, Lilio s'écrie :

πολλῶν ἰατρῶν εἴσοδός μ' ἀπώλεσεν ;

le grand nombre de médecins m'a tué.

Il enseigne ensuite la construction d'un Calendrier qu'il dit perpétuel et vraiment grégorien. Il prend pour point de départ le 8 mars, premier terme pascal. Pour éviter les inconvéniens du doublement des épactes, il a imaginé d'omettre une de ses 30 épactes six fois dans une année. Il serait trop long d'exposer en entier son nouveau système; il en était si content, il doutait si peu du succès, qu'il fit imprimer ce calendrier dans le même format que celui de Grégoire XIII, et précédé de la Bulle du pontife. Clavius, qu'il avait personnellement attaqué dans cet écrit, défendit son ouvrage, et se défendit lui-même, mais avec modération, et en rendant toute justice au mérite de son adversaire.

Viète fait neuf objections ou neuf critiques du Calendrier de Clavius; il lui reproche des lunaisons de 31 jours. Il est vrai qu'il s'en trouve quatre en [illegible] ans, dans le Calendrier grégorien ; mais Clavius démontre à Viète qu'elles seraient bien plus fréquentes dans celui qu'il propose. Dans le premier du moins elles n'arrivent jamais que par l'effet des intercalations, au lieu qu'elles ont lieu sans aucune cause étrangère dans le système de Viète, à qui Clavius reproche avec bien plus de raison des lunaisons de 28 et même de 27 jours. Les autres reproches sont encore plus mal fondés, et Clavius paraît les rétorquer avec le même avantage. Au reste, c'est ce que nous n'avons pas pris la peine d'examiner bien sérieusement. Le Calendrier grégorien, bon ou mauvais, est resté; celui de Viète paraît encore moins simple et moins commode, sans être même aussi bon. Ce ne sont pas ses erreurs inévitables que nous reprochons au Calendrier de Grégoire; elles n'ont à nos yeux aucune importance. C'est sa complication si parfaitement inutile, et nous en avons indiqué l'unique remède; c'est ce qui nous dispense d'entrer ici dans de plus longs détails.

Les limites pascales étant le 22 mars et le 25 avril, qui équivaut au 56 mars, le jour de Pâques peut occuper dans le calendrier 35 places différentes. L'année d'ailleurs peut être commune ou bissextile, la plupart des fêtes mobiles suivent l'intercalation, mais quelques-unes aussi la précèdent. Il en résulte que le Calendrier ecclésiastique peut avoir 70 formes différentes; il est vrai qu'on peut les réduire à 35, en donnant double colonne aux mois de janvier et de février.

Ces 35 calendriers sont imprimés à la suite l'un de l'autre dans le Traité de Clavius et dans l'Art de vérifier les Dates. M. l'abbé Tittel vient de les reproduire sous une forme abrégée dans l'ouvrage intitulé :

Methodus technica brevis, perfacilis ac perpetua construendi Calendarium ecclesiasticum, stylo tam novo quam vetere, pro cunctis christianis Europæ populis, data que chronologico-ecclesiastica omnis ævi examinandi atque determinandi. Autore Paulo Tittel. Goettinguæ, 1816.

L'auteur ne pense pas que le Calendrier ecclésiastique soit aussi simple que le prétend M. C.; il se plaint au contraire de ce qu'il n'existe encore aucun ouvrage qui donne des moyens assez commodes pour le calculer. Les uns sont trop volumineux, les autres insuffisans, et aucun n'offre la généralité qui serait à désirer.

La table des fêtes mobiles de M. T. emplit 8 pages de 35 lignes, toutes marquées de leur numéro qu'il appelle nombre *festival*. Soit F ce nombre, nous aurons $\pi - 21 = F$; π étant le jour de Pâques, compté en jours du mois de mars jusqu'à 56. Le problème qui enseigne à trouver F pour une année quelconque, est donc le même que celui qui fait trouver π.

Dans le Calendrier julien, M. T. le trouve par une table qui dépend de la période de 532 ans, ou par une table plus courte, mais à deux entrées, dont les deux argumens ont une grande ressemblance avec la lettre dominicale et le nombre d'or.

Pour le Calendrier grégorien, il cherche d'abord une équation solaire par la formule

$$\odot = S - \left(\frac{S}{4}\right)_e = \left(\frac{3(S+1)}{4}\right)_e,$$

au lieu de S, il met la lettre K.

La seconde expression paraîtra sans doute plus algébrique à M. C., parce qu'elle n'est composée que d'un seul terme; mais, dans le fait, l'évaluation numérique en est plus longue : prouvons que du moins les deux formules sont identiques.

Soit $$K = 4n + x, \quad K - n = 3n + x,$$

x ne peut être que 0, 1, 2 ou 3; toujours $x < 4$, $\left(\frac{x}{4}\right)_e = 0$,

$$\left(\frac{3(K+1)}{4}\right)_e = \left(\frac{3K+3}{4}\right)_e = \left(\frac{12n+3x+3}{4}\right)_e = 3n + \left(\frac{4x-x+3}{4}\right)_e$$
$$= 3n + x + \left(\frac{3-x}{4}\right)_e = 3n + x = K - n = K - \left(\frac{K}{4}\right)_e;$$

cette expression est générale pour le dénominateur 4.

Soit $K = (S - 16)$ nous aurons

$$b = (S - 16) - \left(\frac{S-16}{4}\right)_e = \left(\frac{3(S-16+1)}{4}\right)_e = \left(\frac{3(S-15)}{4}\right)_e.$$

Nous aurions donc pu réduire à un terme unique notre valeur de b (p. 19) qui nous sert pour la lettre dominicale et pour l'épacte. Ainsi

(p. 19)

$$S=49,\ (S-15)=34,\ 3(S-15)=102,\ \left(\frac{102}{4}\right)_e=25=b.$$

Nous préférons l'autre manière qui se déduit plus immédiatement des principes du calendrier.

L'équation solaire de M. Tittel est

$$S-\left(\frac{S}{4}\right)_e=B;$$

la nôtre est

$$(S-16)-\left(\frac{S-16}{4}\right)_e=b.$$

Nous aurons

$$B-b=S-\left(\frac{S}{4}\right)_e-(S-16)+\left(\frac{S-16}{4}\right)_e=16-\left[\left(\frac{S}{4}\right)_e-\left(\frac{S-16}{4}\right)_e\right]$$

$$=16-\left(\frac{16}{4}\right)_e=16-4=12=\text{constante};$$

en effet, pour 4900,

$$S=49,\ \left(\frac{S}{4}\right)_e=\left(\frac{49}{4}\right)_e=12,\ S-\left(\frac{S}{4}\right)_e=49-12=37=B$$

ci-dessus par notre formule........................ $25=b$

l'équation solaire de M. Tittel surpasse donc la nôtre de la constante.. $12=B-b$

Pour son équation lunaire, il fait

$$\mathbb{C}=\left(\frac{8.S+13}{25}\right)_e+2;$$

on peut écrire

$$\mathbb{C}=\left(\frac{8.S+50+13}{25}\right)_e=\left(\frac{8.S+63}{25}\right)_e=(0.32\,S+2.52)_e;$$

notre formule est

$$\mathbb{C}'=\left(\frac{S-15-\left(\frac{S-17}{25}\right)_e}{3}\right)_e,$$

$$\mathbb{C}'+7=\left(\frac{S+21-15-\left(\frac{S-17}{25}\right)_e}{3}\right)_e=\left(\frac{S+6-(0.045-0.68)_e}{3}\right),$$

$$\mathbb{C}'+7=\left(\frac{0.96.S+6+0.68}{3}\right)_e=(0.32.S+2,2267)_e.$$

Ces deux expressions ne différant que dans les dixièmes, peuvent passer pour identiques, puisque l'on ne doit en prendre que les entiers.

Nos équations lunaires diffèrent donc de.................. 7

Nos équations solaires diffèrent de........................ 12

Nos équations luni-solaires = (☉ — ☾) différeront donc de... 5.

L'auteur donne une seconde expression de ☾, mais elle est plus compliquée et sujette à exception.

Pour avoir son nombre F, il donne une première méthode qui lui appartient, et une seconde qu'il a tirée des formules de M. Gauss. Elles sont toutes deux sujettes aux mêmes exceptions.

M. T. se propose ensuite ce problème : La différence des styles étant donnée, trouver à quel siècle elle appartient. Nous avons prouvé ci-dessus la formule

$$d = 10 + (S - 16) - \left(\frac{S-16}{4}\right)_e, \text{ d'où } d - 10 = (S-16) - \left(\frac{S-16}{4}\right)_e,$$
$$4d - 40 = 4S - 64 - S + 16 = 3.S - 48, \quad 4d = 3S - 8,$$
$$3.S = 4d + 8 = 4(d+2);$$

ainsi $S = \frac{4(d+2)}{3}$; c'est la règle que M. T. donne, comme toutes les autres, sans démonstration. Si l'on demande, par exemple, en quel siècle d sera de 365 ou d'une année entière,

$$d + 2 = 367, \quad 4(d+2) = 1468,$$

dont le tiers $= S = 489$;

ainsi l'année julienne 48900 commencera le même jour que l'année grégorienne 48901 ; en effet

$$\begin{array}{rr} S - 16 = & 473 \\ -\frac{1}{4} = & -118 \\ \hline & 355 \\ + & 10 \\ \hline d = & 365. \end{array}$$

Les autres problèmes que l'auteur se propose sont résolus ci-dessus par nos formules, ou ne sont pas de notre sujet.

Dans l'article suivant, M. T. nous apprend comment la réformation grégorienne fut accueillie par les divers états de l'Europe.

A Rome, elle a commencé le $\frac{5}{15}$ octobre 1582, selon le décret.

Dans la France proprement dite, le $\frac{10}{20}$ décembre de la même année.

En Alsace, le $\frac{18 \text{ février}}{1 \text{ mars}}$ 1682.

En Allemagne, l'empereur Rodolphe II fit long-tems de vains efforts pour la faire adopter. Les états de l'empire avaient été choqués du ton impératif que le pape avait pris dans sa Bulle; à force de sollicitations, il parvint à la faire agréer par les états catholiques, en 1584. Les protestans conservèrent le Calendrier julien. Cependant le $\frac{19 \text{ février}}{1 \text{ mars}}$ 1600, ils embrassèrent la réforme pour éviter l'inconvénient des doubles dates; pour ce qui regarde les fêtes mobiles, ils se firent un troisième style qu'ils appellèrent *corrigé*. De là de nouveaux embarras qui ne cessèrent qu'en 1774, par l'influence du roi de Prusse, Frédéric II.

L'exemple des protestans fut suivi en tout par la Suède, le Danemarck et l'Helvétie entière, à la réserve de quelques villages qui, en 1811, cédèrent à la force armée, aux menaces et aux amendes.

La Hongrie adopta le nouveau calendrier en 1588, en témoignant authentiquement ses regrets pour les anciens usages, et déclarant formellement qu'elle ne cédait que par déférence pour son roi.

La Pologne l'avait reçu en 1586, malgré une sédition que ce changement avait occasionnée à Riga.

L'Angleterre l'adopta pour les actes civils seulement, le $\frac{3}{14}$ septembre 1752; mais pour les fêtes mobiles, elle se créa un style particulier. M. Tittel en donne les formules, qui sont sujettes aux mêmes exceptions que celles de MM. Gauss et Ciccolini. Au reste, il nous avertit, en finissant, que pendant les XVIIIe et XIXe siècles, il n'y a aucune différence entre les deux styles pour le nombre festival.

La réformation grégorienne n'eut donc pas tout le succès qu'on parut s'en promettre. Elle n'offrait réellement qu'un point qui eût quelque avantage, l'intercalation qui fixait aux mêmes jours de l'année le commencement des diverses saisons. Ce point, s'il eût été le seul, aurait probablement obtenu l'assentiment général. On devait laisser à chaque église le soin d'arranger ses fêtes comme il lui conviendrait, et garder sur ce sujet un silence prudent. On peut soupçonner que le but principal de la cour de Rome était d'exercer sa suprématie à la faveur d'un changement qui, dans la réalité, présentait quelques avantages. Ce fut du moins l'intention qu'on lui prêta, et c'est ce qui fit naître tant de résistances.

Calendrier universel des catholiques et des protestans, avec des tables indicatives, pour y trouver toutes les années de l'ère chrétienne, depuis 1 *jusqu'à l'an* 2200, *et une introduction chronologique à l'Histoire du Calendrier, par Jean Henry Voigt. Weimar*, 1809, 1 vol. in-8°.

Ce volume se compose de 35 calendriers séparés et numérotés, et précédés d'une table où l'on trouve pour chacune des 2200 premières années de l'ère chrétienne, l'indication du calendrier qui lui convient. Ce sont 35 almanachs complets, en français et en allemand, avec les fêtes mobiles et immobiles, et les noms des saints. Cet arrangement commode rend inutiles, pour un long tems, toutes les règles et toutes les formules, aussi l'auteur n'en donne aucune; cependant son discours préliminaire est une exposition claire et suffisante des principaux articles du calendrier, entremêlée de remarques historiques fort intéressantes.

Des diverses intercalations.

L'intercalation est un article fondamental pour tout calendrier qui veut donner un commencement fixe à l'année et à ses diverses saisons. Les Égyptiens s'en passaient fort bien cependant, mais leur année était vague, ce qui était fort indifférent pour leurs astronomes.

La plus simple de toutes les intercalations est sans contredit celle du Calendrier julien. Elle supposait l'année de $365\frac{1}{4}$ jours, c'est-à-dire trop longue de 11 minutes et quelques secondes qui, en cent ans, pouvaient produire de 42 à 43 heures dont le commencement de l'année retardait ou les équinoxes avançaient. Ce mouvement est si lent, que dans le cours de la plus longue vie, il était impossible à tout autre qu'à un astronome d'en avoir le moindre soupçon. On serait donc bien fondé à regretter qu'un arrangement aussi simple n'ait pas subsisté. Nous avons dit et apprécié les raisons qui ont déterminé l'Église latine à une réformation que la grecque n'a point encore adoptée.

L'année peut être supposée de 365,242222; si l'on réduit en fraction continue le retard moyen de l'équinoxe pour une année de 365 jours, on aura pour approximations successives les fractions $\frac{1}{4}$, $\frac{7}{29}$, $\frac{8}{33}$, $\frac{31}{128}$, $\frac{39}{161}$, et enfin $\frac{109}{450}$ valeur exacte.

La première donne un jour intercalaire tous les quatre ans, c'est beaucoup trop.

La seconde donne sept jours intercalaires en 29 ans, c'est un peu moins que la première qui en donnerait sept en 28 ans. L'intercalation se ferait six fois de suite de quatre en quatre ans, la septième se ferait ensuite au bout de cinq ans.

La troisième $\frac{8}{33}$ donnerait huit bissextiles en 33 ans, la huitième n'aurait lieu qu'au bout de 5 ans.

La quatrième $\frac{31}{128}$ serait bien incommode, $\frac{31}{128} = \frac{3.8+7}{3.33+29}$; la règle d'intercalation serait complexe; ce sont réellement quatre périodes, trois de $\frac{8}{33}$ et une de $\frac{7}{29}$.

La cinquième $\frac{39}{161} = \frac{31+8}{128+33} = \frac{4.8+7}{4.33+29}$, est composée de quatre périodes de $\frac{8}{33}$ et d'une de $\frac{7}{29}$.

La sixième $\frac{109}{450} = \frac{872}{3600}$, ne donne que 872 intercalations en 3600, au lieu de 900 qui résultaient du Calendrier julien, ou de 873 qu'on trouve dans le Calendrier grégorien. Ce dernier fait donc une intercalation de trop; il suffira pour le rendre exact, de supprimer la bissextile dans l'an 3600 et dans tous ses multiples. La règle générale sera de supprimer la bissextile dans toutes les années séculaires dont le nombre S n'est pas divisible par 4, et dans celles où ce nombre est divisible par 36.

Nous supposons ici l'année composée de $365^j\, 5^h\, 48'\, 48'' = 365{,}2422222$
ce serait trop peu que de la supposer de $365.5.48.42 = 365{,}242152$
ce serait trop que de la supposer de.... $365.5.48.54 = 365{,}242292$.

Soit F la fraction de jour et $n = \frac{1}{F}$; faites la table des 10 multiples de n, et vous verrez d'un coup-d'œil les différentes manières dont on peut intercaler, et le degré d'approximation de ces manières.

Numérateurs.	$5^h\,48'\,42''$.	$5^h\,48'\,48''$.	$5^h\,48'\,54''$.
	n.	n.	n.
1	4,12967	4,12844	4,12796
2	8,25934	8,25688	8,25592
3	12,38901	12,38532	12,38388
4	16,51868	16,51376	26,51184
5	20,64835	20,64220	20,63980
6	24,77802	24,77064	24,76776
7	28,90769	28,89908	28,89572
8	33,03736	33,02752	33,02368
9	37,16703	37,15596	37,15164
10	41,29670	41,28440	41,27960
31	128,01977	127,98164	127,96676
39	161,05713	161,00916	160,99044
70	289,07690	288,99084	288,95720
109	450,13403	450,00000	449,94764

Il suffit de jeter les yeux sur cette table pour apercevoir les périodes $\frac{1}{4}$, $\frac{7}{29}$, $\frac{8}{33}$, $\frac{31}{128}$, $\frac{39}{161}$, $\frac{70}{289}$, $\frac{109}{450}$; les deux premières sont simples; les suivantes sont composées.

On voit en même tems, par les décimales, quelle serait l'erreur de la période; ainsi l'on aurait

pour $\frac{70}{289}$ les trois erreurs $+\ 0{,}07690,\ -\ 0{,}00916\ -\ 0{,}04280$
pour $\frac{109}{450}$ $\qquad +\ 0{,}13403,\quad 0{,}00000\ -\ 0{,}05236.$

La vraie longueur de l'année est certainement entre les limites que nous avons posées; ainsi de toutes manières les périodes $\frac{8}{33}$, $\frac{31}{128}$, $\frac{39}{161}$, $\frac{70}{289}$, $\frac{109}{450}$, auront une exactitude suffisante pour la pratique. La plus commode est sans contredit la dernière, qui n'exige qu'une modification insensible à l'intercalation grégorienne.

En effet

$$\frac{109}{450}=\frac{8.109}{8.450}=\frac{872}{3600}=\frac{900-28}{3600}=\frac{900-27-1}{3600}=\frac{1}{4}-\frac{3}{400}-\frac{1}{3600},$$

les deux premiers termes donnent l'intercalation grégorienne; le troisième nous fait voir qu'il suffirait de rendre communes l'année 3600 et tous ses multiples, pour faire accorder notre calendrier civil avec la fraction $5^h 48' 48''$. Mais cette fraction n'est pas encore bien sûre; on pourrait provisoirement écrire $\frac{1}{3600+x}$, laissant aux siècles futurs à déterminer x. Mais soit $x=400$, la formule d'intercalation deviendra

$$\frac{1}{4}-\frac{3}{400}-\frac{1}{4000}=\frac{1000-30-1}{4000}=\frac{969}{4000}=0{,}24225=5^h 48' 50''4;$$

cette valeur s'accorde un peu mieux avec les nouvelles tables du Soleil; la correction serait encore plus facile, puisque ce seraient les années multiples de 4000 qui deviendraient communes; la correction ne troublerait en rien l'ordre reçu, puisque la première suppression n'arriverait que dans 2180 ans. Nous ne craindrions qu'une seule difficulté, celle de faire adopter simultanément, par tous les états chrétiens, une correction si facile et si légère, à laquelle pourtant ils auraient eu bien du tems pour se disposer.

On a souvent parlé d'une intercalation persane dont on a vanté l'exactitude. Montucla dit qu'elle était celle que donne la fraction [illegible]/33. Il l'attribue, j'ignore sur quelle autorité, au sultan Mélic-Schah, ou plutôt à l'astronome Omar Cheyam qui nous était parfaitement inconnu.

Mais, dans notre extrait de l'Ayeen-Akbery, tome III, page 232, il est parlé de l'ère de Mullik Ashah, qu'on nomme aussi *ère jilaléenne. Avant ce tems, ils suivaient l'ère persane; mais ayant négligé les intercalations, le commencement de l'année était déplacé. Par l'ordre du sultan Jilaleddeen Mullik Shah Siljukee, les efforts d'Omar Kheyam et d'autres savans, formèrent cette ère, et firent commencer l'année au point d'Ariès. D'abord les ans et les mois étaient naturels, maintenant le mois est artificiel et de* 30 *jours, et à la fin d'iffendiar, ils ajoutent cinq ou six jours.* Ce passage confirme et explique ce que nous avons tiré de Chrysococca, en qui nous avouerons que notre confiance n'était pas grande. Le préambule de Chrysococca ressemble trop à la Préface où Montesquieu nous dit gravement qu'il a trouvé chez un évêque grec le manuscrit ancien de son Temple de Gnide; nous étions fort tentés de croire que Chrysococca n'avait imaginé sa fable que pour donner quelque crédit au *Traité superficiel d'Astronomie* qu'il avait composé d'après les écrits des Grecs et une connaissance vague du calendrier des Persans.

Quoi qu'il en soit, dans notre extrait de Chrysococca (tome III, p. 192), nous avons donné fidèlement, d'après le texte grec, tout ce qui concerne ce calendrier. Il n'y est nullement question de l'intercalation de huit jours en trente-trois ans. Il y est dit simplement que l'année *kapisa* est de 366 jours, et qu'au bout de 120 ans, ces jours *furtifs* forment un mois de 30 jours, ce qui paraît fort bizarre à Montucla, qui ajoute que ce calendrier a pour époque le 14e du mois de mars 1079, et que l'intercalation $\frac{8}{33}$ est celle dont les Persans font usage depuis ce tems. Chrysococca nous dit encore que Mélixa ordonna que l'année commencerait à l'entrée du Soleil dans le Bélier, de sorte que de mois en mois le Soleil devait passer dans un nouveau signe, ce qui ne paraît guère compatible avec des mois de 30 jours, tels que ceux des Persans.

Scaliger nous dit que dans cette forme d'année, la bissextile n'a lieu quelquefois qu'à la cinquième année, et Bouillaud trouve cette conjecture très-vraisemblable. En effet, cette année qui commençait à l'équinoxe du printems, devait avoir une grande ressemblance avec l'année française qu'on faisait commencer à l'équinoxe d'automne. Dans l'une comme dans l'autre, les intercalations ne pouvaient être que très-irrégulières. Ainsi pour les 524 premières années de notre calendrier éphémère, j'avais trouvé que les intercalations devaient être retardées d'un an, selon des périodes de

33, 29; 33, 33, 29; 33, 29; 33, 33, 29; 33, 29; 33, 33, 29, etc.
(*Connaiss. des Tems* de l'an VII, 1798—1799.)

Ces périodes ont un rapport évident avec les fractions $\frac{7}{29}$ et $\frac{8}{33}$, dont l'une surpasse la valeur véritable et l'autre en est surpassée. Si donc les Persans commençaient leur année à l'équinoxe, les intercalations devaient venir le plus souvent de quatre en quatre ans, mais quelquefois aussi au bout de cinq ans. Pétau, dans son chapitre de l'année persane (tome I, p. 658), ne nous dit rien de cette manière d'intercaler. Nous ignorons si la conjecture de Scaliger était, comme la nôtre, uniquement fondée sur un calcul mathématique.

Schah-Cholgius, dans le livre que nous avons extrait, tome III, p. 196, ne nous donne, sur ce point, aucun éclaircissement; dans la seconde partie de ses *Tables universelles*, chap. II, intitulé *Ère nouvelle*, nommée aussi *Ère de Méliki*, on lit le passage suivant :

« Les savans qui vivaient dans le tems du sultan Mélik-Shah, fixèrent une ère correspondante au règne du sultan Djeladed-dyn et dont les mois ont conservé les noms des mois persans; mais ils rétablirent ces mois dans leurs anciennes limites, et les nommèrent *mois djelaléens*. Or, la première année de cette époque est un jour remarquable, il commence au moment où le Soleil entre dans le point de l'équinoxe du printems, c'est-à-dire le premier jour du printems vrai. »

A ce passage, M. Langlès ajoute (Voyage de Chardin, édit. de 1811, tome II, p. 252) : « Les savans dont parle Chah-Kholdgy étaient au nombre de huit, et l'époque qu'ils fixèrent répond au 14 mars 1069 (9 ramadhan 471); ils décrétèrent que l'équinoxe serait invariablement fixé au jour qui répond au 14 de notre mois de mars, et qu'outre les cinq épagomènes, chaque quatrième année, *six ou sept fois de suite*, on en ajouterait un sixième. Après, l'intercalation n'aurait plus lieu qu'une fois tous les cinq ans. »

Ici M. Langlès paraît copier Wolf, dont il cite le cours de Mathématiques. En effet, au tome IV, p. 100, Wolf nous assure que l'intercalation des Persans consiste à placer la bissextile *six ou sept fois* de suite, de quatre en quatre ans, et à différer ensuite jusqu'à la cinquième année. *Sexies vel septies quadriennio, deindè semel quinto demum.* Cette explication est encore équivoque. Wolf a-t-il voulu dire qu'après avoir intercalé six fois de suite, de quatre en quatre ans, on attendait cinq ans pour placer la septième bissextile; et qu'ensuite après avoir intercalé sept fois de suite, de quatre en quatre ans, on attendait cinq ans pour la huitième intercalation. En ce cas, l'intercalation persane serait exprimée par la formule $\frac{7+8}{29+33}=\frac{15}{62}$, formule assez inexacte, puisque les deux périodes partielles sont

$$7:28{,}89908 \text{ dont l'erreur est } -0{,}10092,$$
et $$8:33{,}02752 \text{ dont l'erreur est } +0{,}02752,$$
d'où $$7+8 = 15:61{,}92660 \text{ dont l'erreur est } -0{,}07340,$$

plus forte que celle de $\frac{8}{33}$, et plus faible que celle de $\frac{7}{29}$.

Il se pourrait aussi que Wolf, ne sachant pas au juste quelle règle suivaient les Persans, ait conjecturé d'après Scaliger et Bouillaud, qu'ils intercalaient suivant l'une des deux formules $\frac{7}{29}$ ou $\frac{8}{33}$; cette dernière interprétation paraît plus naturelle, et Wolf aurait eu raison de dire que six ou sept fois de suite la bissextile était placée à la quatrième année, après quoi on attendait la cinquième, d'où l'on tire les conclusions suivantes :

Les textes anciens, grecs ou orientaux, ne nous apprennent rien, les auteurs modernes ne nous offrent que des conjectures qu'ils n'appuient d'aucune autorité. Le fait est que nous ignorons encore quelle était réellement l'intercalation persane; que la nôtre est infiniment plus commode, et qu'il ne tient qu'à nous de la rendre plus exacte qu'aucune des trois manières que nous pourrions attribuer aux Persans.

Il y a toute apparence que Wolf et Montucla se sont trop pressés d'exalter les anciens à nos dépens. Scaliger et Bouillaud avaient remarqué que l'entrée du Soleil au Bélier déterminant le commencement de l'année, l'intercalation ne pouvait être uniforme, et que quelquefois elle devait être remise à la cinquième année. Wolf avait indiqué les périodes $\frac{7}{29}$ et $\frac{8}{33}$ sans dire si c'était l'une ou l'autre, ou les deux réunies; Montucla se décida pour la plus exacte; il crut avoir fait une découverte, et la vanta outre mesure. Il ne songeait pas que le mérite d'une intercalation ne réside pas dans la propriété de ramener le commencement de l'année bien précisément à la même longitude du Soleil, ce qui d'ailleurs est impossible, mais dans la facilité qu'elle offre pour reconnaître promptement si une année quelconque est commune ou bissextile, et combien d'intercalations ont eu ou auront lieu dans un intervalle donné. Or, à tous ces égards, notre intercalation mérite la préférence; tout y dépend du nombre 4, au lieu que par l'intercalation de Montucla, les bissextiles seront tantôt paires et tantôt impaires. Voici les premières.

0, 4, 12, 16, 20, 24, 28; 33, 37, 41, 45, 49, 53, 57, 61; 66, 70, 74, 78, 82, 86, 90, 94, 99, etc.

il est vrai qu'il suffirait de connaître les bissextiles retardées qui forment la progression arithmétique 0, 33, 66, 99, 132, 165, 198, 231, etc.; les autres se placeraient dans les intervalles de 4 en 4 ans; malgré cette remarque, on sent tous les inconvéniens d'un pareil système. C'est pour le public et pour les chronologistes que l'on fait les intercalations, les astronomes n'en ont aucun besoin, ils s'en passeraient volontiers; leurs tables et leurs périodes n'en seraient que plus uniformes et plus commodes. Ajoutez que la période de Montucla ne satisfait point à la condition principale du Calendrier persan, laquelle est que l'année commence par le jour où le Soleil entre dans le signe du Bélier; cette condition exige une règle d'intercalation complexe, du même genre que celle du calendrier français. Il est vrai que d'après le passage extrait ci-dessus des Tables universelles de Chah-Koldgius, on pourrait penser que l'instant de l'équinoxe vrai n'a réglé que le premier jour de l'ère. Alors la période $\frac{8}{33}$ serait admissible, mais elle resterait avec tous ses autres inconvéniens.

Quelle que fût la règle qui déterminait le premier jour de l'année, l'erreur ne pouvait jamais être d'un jour entier, mais la période de 33 ans pouvait commencer à l'une des quatre premières années de l'ère, ce qui aurait dépendu de l'heure du premier équinoxe. Ainsi, dans notre année française, c'était la 3e qui s'était trouvée bissextile; il se pourrait que dans l'ère de Melik-Chah ç'eût été l'une des quatre premières; pour décider ce point, il faudrait avoir la collection des éphémérides persanes composées à cette époque.

L'erreur d'un jour à peu près sur le commencement de l'année est inévitable, quand on ne veut point de fraction de jours; elle est donc commune à tous les calendriers.

La règle de Montucla ne fera que sept intercalations en 32 ans, la fraction négligée en exigerait 7,75; l'erreur sera donc de $\frac{3}{4}$ de jours. Mais en 33 ans, on aura huit bissextiles, il n'en faudrait que 7,9933; l'erreur sera presque insensible, et elle aura changé de signe. Elle s'accroîtra cependant à chaque période; elle sera d'un jour entier en l'an 4950. L'erreur de l'intercalation grégorienne sera d'un jour à la 3600[e] année, suivant notre première supposition; suivant les dernières tables, l'erreur d'un jour n'aura lieu qu'au bout de 4000 ans; la différence en elle-même est bien peu importante et la correction est bien plus facile dans le Calendrier grégorien. L'avantage reste donc à ce calendrier.

Cassini a imprimé dans le tome X des *Mémoires de l'Académie*, que dans chaque période de 400 années grégoriennes, les équinoxes éprouvaient une *variation* de plus de deux jours. Il proposait deux manières pour fixer invariablement l'équinoxe au même jour de l'année, sans que jamais la *variation* fût d'un jour entier. Il n'a pas donné les élémens de son calcul, dont le résultat nous paraît exagéré. La plus grande irrégularité de l'année grégorienne, doit se rencontrer dans les sept années communes qui se suivent autour des années centenaires communes. En 96 ans, on a fait 24 bissextiles au lieu de 23, 25; on est en avance de $\frac{3}{4}$ de jour; en 103 ans, on n'aura fait encore que 24 bissextiles au lieu de 24,95; on sera en arrière de 0,95. Or, $0{,}95 + 0{,}75 = 1{,}7$ La variation n'ira donc pas à un jour trois quarts, l'erreur réelle ne sera même pas d'un jour entier. Mais qu'importe au public que l'erreur soit d'un jour sur l'équinoxe, ou même que la *variation* soit de deux jours. Pour diminuer cette variation, Cassini proposait deux moyens. Le premier était d'intercaler huit fois en 33 ans, depuis l'an 0 jusqu'à l'an 396. Là il plaçait une interruption pour recommencer une nouvelle période de 400 à 796 et ainsi de suite. Il proposait encore de ne point interrompre à l'an 400, mais d'attendre à l'an 1118, et tout cela par respect pour la décision du Concile de Nicée. Il pensait donc que la période $\frac{8}{33}$ avait besoin de correction, et cette correction même ajoutait à la complication de la méthode. Il donne toutes ces idées comme de lui seul, sans faire aucune mention des Persans, à qui, sans Montucla, personne aujourd'hui ne songerait sans doute.

Puisque nous avons été conduits à citer Chardin, profitons de l'occasion pour tracer, d'après ce voyageur, le tableau de l'Astronomie moderne des Persans.

Chardin, dans son *Voyage de Perse,* nous dit que les Persans n'apprennent guère l'Astronomie que pour l'amour de l'Astrologie, en quoi ils nous semblent les dignes successeurs des Chaldéens. Le chef des astrologues jouit d'un traitement de 100,000 livres; le second astrologue en a 50,000. En l'an 1230, le sultan Reven-el-Davel fit calculer, par le président de son Observatoire Abou-Hanivé, des Tables qu'on disait fort exactes. Ces tables ne sont pas embarrassées de prostaphérèses, comme le sont les nôtres. On ne tient compte ni de l'obliquité, ni de la précession des équinoxes, ni de cent autres anomalies, qui accablent de travail un étudiant. Leurs principaux instrumens sont l'astrolabe et le bâton de Jacob. Cet échantillon du savoir persan doit nous suffire. S'ils ont rencontré en effet une intercalation assez juste, nous pensons, comme

Montucla, que ce ne peut être que par hasard. Il y a grande apparence qu'il en est de cette intercalation comme de la période chaldéenne du retour des éclipses, et qu'elle est le fruit d'une imagination moderne qui, d'après les connaissances actuelles, se sera permis d'interpréter quelque passage obscur d'un auteur ancien. Scaliger hasarde une conjecture, Bouillaud la trouve fort vraisemblable, Montucla la regarde comme un fait. Rien de plus facile à trouver que les fractions $\frac{7}{29}$ et $\frac{8}{33}$. Montucla choisit la dernière comme la plus exacte ; il la donne aux Persans et à l'astronome Omar Cheyam, sans nous dire où il a pris ce nom ; au reste, M. Sédillot nous a promis de faire des recherches sur cet astronome peu connu, et sur l'année qu'on lui attribue.

Note de M. Sédillot sur l'intercalation gélaléenne.

(Cette note nous est remise par l'auteur à l'instant où cette feuille allait être tirée ; elle lève tous nos doutes, confirme nos conjectures, nous donne des faits positifs qu'il était impossible de deviner, et renverse le système accrédité par Montucla sans aucune preuve.)

« On sait que l'ère gélaléenne, ainsi nommée de Gélal-Eddin Malek-Schah, date de la réformation du Calendrier persan, faite par ce prince quelque tems après son avènement à l'empire. L'époque astronomique de cette ère est le midi qui précède immédiatement l'entrée du Soleil dans Ariès, ou le passage du Soleil à l'équinoxe en l'an 1079 de notre ère ; le jour suivant est le premier de l'ère et de l'an 1 de Gélal-Eddin. Les années du calendrier sont solaires vraies ; les mois devaient l'être aussi. Telle fut du moins l'intention du réformateur, mais le plus grand nombre des astronomes s'y refusa ; la disposition de leurs tables était contrariée. On conserva donc les mois de 30 jours de l'ère d'Yezdegerd, à laquelle celle-ci devait succéder. On continua d'ajouter cinq jours épagomènes à la fin de chaque année commune ; on en ajouta un sixième aux années sextiles qui paraissaient pour la première fois dans le Calendrier des Persans. Les sextiles n'auraient pu avoir de place fixe, on les soumit à une règle invariable, sans suppression aucune, en aucun tems.

» La même question s'est représentée de nos jours, lorsqu'on essaya d'introduire en France le calendrier des équinoxes vrais. On vit qu'il y aurait nécessairement des sextiles retardées ; que les retards auraient des périodes de 29 et de 33 ans ; mais on n'a pas cherché à rendre leur succession régulière ; on ne le pouvait pas, si l'on voulait respecter la condition fondamentale, laquelle était que le premier jour de l'année fût celui où le Soleil traverserait l'équateur (condition dont les Persans se sont affranchis, ou du moins qu'ils ont restreinte à la première année de l'ère). Avec le commencement de l'année, lié invariablement à l'équinoxe vrai, plusieurs équinoxes devaient être impossibles à bien déterminer ; jamais on n'aurait pu savoir à quel jour avait dû commencer l'année. Cette difficulté aurait eu lieu toutes les fois que l'équinoxe serait arrivé trop près de minuit ; c'était là le véritable défaut du calendrier français.

» C'est aussi celui que les astronomes gélaléens avaient à pallier; et sans s'écarter sensiblement des équinoxes vrais, ils y sont parvenus, par une combinaison savante des deux périodes $\frac{7}{29}$ et $\frac{8}{33}$. Je dis savante, parce qu'elle a aussi pour objet de poser deux limites extrêmement rapprochées, entre lesquelles se trouve compris le retard annuel de l'année persane; de montrer quel était ce retard, ou si l'on veut, quel on le supposait, et par là de conserver à perpétuité la longueur de l'année déterminée, ou adoptée par les auteurs du nouveau calendrier.

» En effet, on voit d'abord que le retard annuel sera constamment plus petit que celui de la période $\frac{8}{33} = 5^h 49' 5'',45$, limite en plus de toute combinaison des deux périodes, et plus grand que $5^h 47' 35'',17$, retard de la période $\frac{7}{29}$.

» En prenant la combinaison la plus simple, celle qui fait alterner ces deux périodes, ils avaient pour retard moyen $5^h 48' 23'',2$, retard de la période $\frac{15}{62} = \frac{7+8}{29+33}$.

» En ajoutant une seconde période de $\frac{8}{33}$, on aura $\frac{7+2.8}{29+2.33} = \frac{23}{95} = 5^h 48' 37'',90$, plus considérable que le précédent et plus rapproché de celui de $\frac{8}{33}$; mais ils le trouvèrent encore trop petit. En prenant $\frac{31}{128} = \frac{7+3.8}{29+3.33} = 5^h 48' 44'',47$, ils se rapprochèrent encore davantage; enfin ils choisirent $\frac{7+4.8}{29+4.33} = \frac{39}{161}$, qui suppose une année de $365^j 5^h 48' 49'',1875$, comprise entre les valeurs que donnent les périodes de $\frac{31}{128}$ et $\frac{8}{33}$. L'année de La Caille est de $365^j 5^h 48' 49''$,
celle des premières tables de M. D. est de 365.5.48.49,4,
l'année hypothétique des Persans tenait donc assez exactement le milieu entre ces deux années modernes. La différence des mouvemens séculaires n'était guère que de 1'' en plus ou en moins.

» Avec cette période, ils se tiennent pour assurés de ne pas (trop) s'écarter des équinoxes vrais, et ils n'en ont point d'incertains. Ils en marquent plusieurs à midi juste, comme on le voit dans une table de Nassir-Eddin Thoussy. C'est l'auteur des Tables ilkhaniennes. Il a joint au court chapitre qu'il consacre à l'ère de Malek-Schah trois tableaux indiquant, 1°. les féries initiales des 299 premières années; 2°. la série des sextiles jusqu'à l'an 295; 3°. la table dont je viens de parler, qui marque jusqu'à l'an 300 la correspondance des années gélaléennes avec celles d'Yezdegerd.

» La première sextile est celle de l'an 2; c'est une sextile retardée. La première période de $\frac{7}{29}$ commence avec l'an 3, et finit à l'an 32, qui commence la première période de $\frac{8}{33}$, et ainsi de suite jusques et y compris 163 avec lequel se terminent la quatrième période de $\frac{8}{33}$ et la première période composée de $\frac{39}{161}$. La seconde commence à l'an 164; la troisième commencerait à l'an 325, mais la table ne va pas jusque-là » (la table n'offre donc pas deux périodes entières de $\frac{39}{161}$).

» Il fallait s'assurer que la sextile de l'an 2 est effectivement une sextile retardée. Nassir-Eddin ne le dit pas; il paraît même qu'il n'avait pas une idée bien nette de la période et du mode d'intercalation. Cela peut paraître singulier; mais il dit, dans le texte qui précède les tables, que *l'intercalation, après avoir eu lieu 7 ou 8 fois à la quatrième année, tombe une fois à la cinquième.* Il annonce donc les périodes $\frac{8}{33}$ et $\frac{9}{37}$, erreur inhérente aux Tables ilkhaniennes. Cothob-Eddin, auteur arabe cité par Golius dans ses notes sur Alfragan, et qui paraît avoir copié Nassir-Eddin, l'a reproduite. Golius a bâti sur ce fonds, en faisant alterner $\frac{8}{33}$ et $\frac{9}{37}$. On retrouve la même erreur dans l'exemplaire des mêmes tables que possède la Bibliothèque du Roi, et qui est de la main d'Asyleddin, fils de Nassir. Elle est en outre relevée par un commentateur d'Olug-Beg, Mériem Tchéléby, fils de Cadizadeh Roumi, astronome de ce prince.

» Olug-Beg, au lieu de *7 ou 8 fois*, avait dit 6 *et* 7 *fois*, ce qui est plus vrai, mais ce qui ne donne pas non plus la période; aussi Greaves ne l'a-t-il pas connue. Mériem s'attache à démontrer que Nassir-Edin est dans l'erreur. Il fait un calcul fort simple pour éclaircir la question, et ce calcul repose sur cette supposition qu'*en* 1440 *ans, il y a* 349 *sextiles*. Or $\frac{349}{1440}=\frac{8.39+37}{8.161+152}$. Complétons la dernière partie à laquelle il manque 9 années, dont deux sextiles, l'une commune et l'autre retardée; nous aurons $\frac{9.39}{9.161}=\frac{351}{1449}=\frac{9(7+4.8)}{9(29+4.33)}$. Ainsi nul doute que la première sextile de l'ère, celle de l'an 2, ne soit une sextile retardée, et que la période ne soit $\frac{7+4.8}{29+4.33}$.

» Nouvelle confirmation. Dans le calendrier de Chardin, l'an 588 est sextile, c'est la 25ᵉ de la 4ᵉ période; les tables seront aisées à construire; nous les donnerons dans la *Chronologie des Orientaux*.

» Olug-Beg dit aussi que quelques-uns font commencer l'ère gélaléenne trois ans plus tôt, c'est-à-dire en 1076. Il n'en voit pas la raison; c'est probablement pour que la première de l'ère soit une sextile commune qui précède la sextile retardée, ce qui leverait toute équivoque.

» On a cru jusqu'à présent que les astronomes gélaléens n'avaient employé que la période $\frac{8}{33}$. Weidler le dit dans son *Histoire de l'Astronomie*; il fait l'année gélaléenne $365^j\,5^h\,48'\,53''$, je ne vois pas pourquoi. Montucla la rétablit d'après la période. Bailly la suppose de $365^j\,5^h\,48'\,48''$. Il cite Schah-Kholgi, mais on ne la trouve pas dans ce qu'il y a d'imprimé de cet auteur. Schah-Kholgi est de l'école de Nassir-Eddin. On retrouve encore la même période $\frac{8}{33}$ dans l'Art de vérifier les Dates, et ailleurs. C'est à Omar Khéyam que l'on en fait honneur; il faut lui adjoindre Abderraman Hâzéni, selon Mériem, et Haziri, selon Golius, d'après Nedhameddin. Ils ont été beaucoup plus loin; et en déterminant la longueur de l'année moyenne avec une si grande précision, ils ont fait preuve d'une grande capacité. Il serait curieux de connaître les élémens de leur détermination.

» La commission formée par Gélal-Eddin était composée de huit astronomes; les autres ne sont pas nommés. Omar était de la Bactriane. Je n'ai pu, jusqu'à présent, recueillir d'autres détails. » Ce 13 janvier 1819.

Remarques sur cette note.

Nous avions rapporté que les Persans, dans leur intercalation, employaient les périodes $\frac{7}{29}$ et $\frac{8}{33}$, mais rien ne nous apprenait suivant quel mode ils combinaient ces périodes. Ils avaient choisi l'une des combinaisons les plus composées, mais aussi l'une des plus exactes. Mais il faut avouer qu'elle n'était guère commode pour l'usage. Il paraît qu'elle n'était pas même bien généralement connue, puisque Nassir-Eddin a pu s'y tromper. C'est ce qui excuse Montucla et les auteurs modernes qui ont simplifié le mode, en se bornant à $\frac{8}{33}$. Leur plus grand tort est d'avoir donné comme certaine une idée fort hasardée, et dont ils ne pouvaient apporter la moindre preuve.

La dernière sextile d'une période composée tombait en l'an....	2	S.R.
ajoutez trois périodes de 161, ou....	483	
vous arriverez à une sextile retardée....	485	S.R.
Après ces trois grandes périodes, faites 7 bissextiles en....	29	ans,
vous arriverez à une sextile retardée....	514	S.R.
Faites ensuite 16 intercalations en deux fois 33, ou....	66	ans,
vous arriverez à la 23e sextile de cette période....	580	S.R.
la 24e sera en l'an....	584	S.C.
la 25e sera en l'an....	588	S.C.

Le calcul de M. Sédillot est donc vérifié; il en résulte que l'almanach de Chardin est d'accord avec les textes originaux, et que l'an 2 étant sextile ainsi que l'an 588, la période d'intercalation était complexe ou $\frac{7+4.8}{29+4.33}=\frac{39}{161}$. Nous en avons indiqué de plus exactes encore, qui auraient l'avantage d'être incomparablement plus faciles et plus simples.

Nous avons dit, pag. 81 et ailleurs, que la période de 18 ans qui ramène les éclipses, n'avait été donnée aux Chaldéens que d'après une conjecture de Halley. Epigènes nous a appris que les Chaldéens écrivaient leurs observations sur autant de briques ou de tuiles, *coctilibus laterculis*. Il faut avouer que de pareils registres sont peu commodes pour les calculs et les recherches astronomiques. Il faudrait supposer que l'on rangeait ces briques, comme les livres d'une bibliothèque, à la suite les unes des autres, jusqu'à ce qu'une éclipse fût revenue au même jour du mois, et qu'alors la brique sur laquelle on la consignait était superposée à sa correspondante. Ce moyen aurait été infaillible pour reconnaître la période; mais ce moyen si facile à imaginer, quand on a l'idée qu'une période peut exister, peut fort bien ne pas venir à l'esprit de ceux qui n'ont aucun soupçon de ces retours. Dans la disposition habituelle où nous sommes d'accorder aux anciens tout ce qui n'est pas absolument impossible, nous avons plusieurs fois imaginé des moyens dont ils auraient pu se servir, et dont probablement ils ne se sont jamais avisés. Mais, pour recourir à ces interprétations, il faut au moins des faits ou des traditions auxquelles on puisse les appliquer. Or, je ne connais aucun témoignage qui attribue aux Chaldéens la période de 18 ans

Voyez Pline, livre VII, chap. LVI, et un fort bon Mémoire de M. Larcher, tom. IV des *Mém. de la Classe de littér. ancienne*, p. 463, 477 et 478. On y trouvera démontré de plus tout ce que nous avons dit de l'anecdote de Callisthène, rapportée par le *seul* Simplicius sur la foi du *seul* Porphyre.

LIVRE II.

Copernic.

Nicolai Copernici Taurinensis, de Revolutionibus Orbium cœlestium, libri VI. Norimbergæ, apud Jo. Petreium, 1543, *in-folio.*

Après tant de siècles qui ne nous ont montré aucun auteur vraiment original, et n'ont produit que des commentateurs des théories anciennes, ou tout au plus quelques astronomes qui, comme Albategni, Ebn Jounis, Aboul-Wéfa et Régiomontan, ont au moins eu le mérite d'avoir fait quelques bonnes observations, ou perfectionné les méthodes de calculs, nous rencontrons enfin un génie plus hardi qui vient renverser ces vieux systèmes reçus avec un respect superstitieux, et transmis comme articles de foi à des professeurs qui n'ayant d'autre ambition que de les rendre un peu moins obscurs, n'osaient élever le moindre doute sur ce qui venait des anciennes écoles.

Le livre des révolutions qui a changé la face de la science, a paru pour la première fois à Nuremberg en 1543, peu de jours avant la mort de l'auteur, dont le véritable nom était, dit-t-on, Zepernic; il était fils d'un paysan serf de Thorn. La première édition est à la Bibliothèque de l'Institut, et j'ai pu la comparer à celle de 1566 et à celle de 1617, qui est la meilleure et la plus correcte des trois. Celle de 1566 paraît calquée presque entièrement sur l'édition originale. La plus grande différence est qu'on en a supprimé un assez long errata, imprimé après coup, à ce qu'il paraît, au verso d'un second titre. Quoique sortie des mêmes presses, la seconde n'est pas aussi belle, et elle n'est pas plus correcte. On y retrouve toutes les fautes de l'ancienne, avec quelques inexactitudes nouvelles; mais elles ont disparu de la troisième, qui est augmentée de quelques notes de l'éditeur J. Muller.

Je commence par l'ouvrage même où nous pourrons mieux voir les opinions de l'auteur, réservant pour la fin l'Epître dédicatoire et la Préface, où Copernic s'est cru obligé à quelques ménagemens sans lesquels son livre n'aurait pu paraître, quoiqu'il fût annoncé et vivement désiré depuis long-tems. Il est vrai que ces circonstances mêmes auraient pu rendre les censeurs encore plus attentifs et plus difficiles. Nous allons extraire les raisonnemens de Copernic auxquels nous intercalerons par fois quelques objections et quelques réponses.

« *Le monde est sphérique, parce que la sphère est de toutes les figures, la plus parfaite*, et qu'elle n'a besoin de rien qui la maintienne; qu'elle forme un tout, et qu'elle jouit de la plus grande capacité. Le Soleil et la Lune sont des sphères, la sphère est la forme qu'affectent tous les corps, ce qui se voit par les gouttes d'eau; ainsi l'on ne peut douter que telle ne soit la figure de tous les corps célestes. »

Pour les corps célestes à la bonne heure; mais il ne s'ensuit pas nécessairement que le monde entier soit sphérique. Placés sur la Terre que tout nous porte d'abord à croire immobile, nous ne voyons les astres que sur les rayons d'une sphère indéfinie dont nous nous faisons le centre; nous pouvons déterminer les angles que font entre eux ces différens rayons, mais nous ne pouvons assigner sur ces rayons la place occupée par le corps observé. Plus la distance en sera grande, et moins nous pourrons la juger. Les corps éloignés sont vus par nous, comme s'ils étaient dans la surface d'une sphère immense; voilà tout ce que nous pouvons assurer. Ce premier chapitre, qui est fort court, se ressent encore un peu de l'école grecque et de ses préjugés.

La Terre est aussi sphérique. Il en donne les mêmes raisons que Ptolémée, et ces raisons sont bonnes. « Un objet remarquable, placé au sommet d'un mât, et vu du rivage, paraîtra descendre à mesure que le vaisseau s'éloignera; il disparaîtra le dernier, mais il finira par disparaître après les autres parties du vaisseau. Les eaux cherchent les lieux les plus bas; elles n'entrent dans les terres qu'à la faveur des creux ou des ouvertures qu'elles y trouvent, la Terre s'élève au-dessus des mers. »

« *La Terre et l'eau forment un seul globe.* La Terre est un globe à la surface duquel quelques cavités sont remplies d'eau. Le continent n'est qu'une grande île. Les Péripatéticiens disaient l'eau dix fois plus grande que la Terre. (Ils en donnaient d'assez mauvaises raisons. Celles que leur oppose Copernic ne sont pas à l'abri de toute chicanne.) Les voyages des modernes prouvent qu'il y a des *antipodes* ou antichthones. Telle est l'Amérique relativement à l'Inde. La Terre occupe le fond des mers; l'eau est en petite proportion, si on la compare à la Terre. La sphéricité de la Terre est prouvée par les éclipses de Lune. »

Le mouvement des corps célestes est égal, circulaire, perpétuel, ou composé de mouvemens circulaires. On voit encore ici quelques restes d'anciens préjugés.

« On observe divers mouvemens. Le plus remarquable est le mouvement diurne. Il est la mesure de tous les autres. Il nous sert à mesurer le tems. Le Soleil, la Lune, les planètes ont des mouvemens qui se font dans un sens opposé. Le Soleil nous a donné les années, la Lune les mois; ces mouvemens ne s'opérant pas tous autour des mêmes pôles, le Soleil et la Lune vont tantôt plus vite, et tantôt plus lentement. Les autres planètes sont successivement directes, stationnaires et rétrogrades; elles s'approchent et s'éloignent de la Terre; mais *on doit avouer que ces mouvemens sont ou circulaires ou composés de circulaires.* »

On répondrait à Copernic que l'on conçoit très bien que les premiers astronomes aient tenté de tout ramener au cercle et au mouvement uniforme, quoique le mouvement circulaire soit lui-même une combinaison de deux mouvemens; cette combinaison est même un cas unique parmi une infinité d'autres; le mouvement elliptique n'est pas plus difficile à expliquer, et il y a l'infini à parier contre un que tout mouvement est elliptique plutôt que circulaire; mais on ne s'était pas encore élevé à ces considérations; on s'est dispensé de toute explication, en disant que le mouvement circulaire était naturel aux corps célestes, comme le mouvement en ligne droite aux corps pesans. Jusqu'ici Copernic ne se montre pas au-dessus de son siècle.

« Les mouvemens inégaux sont assujétis à certaines périodes, ce qui » serait impossible, s'ils n'étaient circulaires. Le cercle *seul* peut ra- » mener ce qui est arrivé déjà. Un corps céleste est simple, et ne peut » se mouvoir inégalement dans un seul orbe. »

Copernic ne démontre aucune de ces assertions, et il y aurait sans doute éprouvé quelque embarras. « Une inégalité de mouvement ne » pourrait venir que d'une inconstance ou d'une altération dans le corps » mu, ou d'une cause étrangère. » Cette énumération est incomplète, on y oublie, ou du moins on y méconnaît le cas précisément qui a lieu dans la nature. Le mouvement inégal qu'on oberve, résulte de deux mouvemens combinés qui se surpassent et sont surpassés tour-à-tour. Ces alternatives sont produites par une cause étrangère inconnue à Copernic. Il en revient à dire que la Terre n'est pas tout-à-fait au centre des mouvemens et que cette excentricité est la cause des inégalités apparentes.

« *La Terre a-t-elle un mouvement circulaire ? Quel est le lieu de la Terre ?* La Terre est un globe, de cette forme résulte-t-il un mouvement ? Quelle est la position de la Terre dans l'univers ? Voilà ce qu'il faut éclaircir, si l'on veut se rendre raison des mouvemens. Presque tous les auteurs s'accordent à supposer la Terre immobile, l'opinion contraire leur paraît même ridicule. Cependant, si l'on examine attentivement la question, on verra qu'elle n'est rien moins que résolue. Tout changement observé vient ou du mouvement de l'objet, ou de celui de l'observateur, ou du mouvement relatif de l'un à l'autre ; car, si les deux mouvemens étaient égaux, on n'aurait aucun moyen de les apercevoir. C'est de dessus la Terre que nous observons le ciel; si la Terre a un mouvement, le ciel nous paraîtra se mouvoir en un sens contraire. Tout le ciel paraît transporté d'orient en occident en 24 heures; laissez le ciel en repos, et donnez ce mouvement à la Terre, mais d'occident en orient, vous aurez toutes les mêmes apparences. »

Le raisonnement est de la plus grande justesse; il a dû être fait par les anciens qui les premiers ont attribué ce mouvement à la Terre; on en voit le germe dans Euclide, tome I, p. 60. « Le ciel est le contenant, la Terre le contenu; on ne voit pas pourquoi on attribuerait ce mouvement au premier plutôt qu'à l'autre. Copernic cite Héraclide, Ecphantus et le syracusain Nicetas qui, au rapport de Cicéron, fait tourner la Terre au centre du monde. Ces philosophes n'attribuaient à la Terre que le mouvement autour de son axe; ils admettaient qu'elle occupait le centre du monde. Mais c'est un point qui n'est pas moins douteux que celui de l'immobilité parfaite; on peut le nier, on peut dire que la distance de la Terre au centre est comparable aux distances du Soleil et des planètes, quoique nulle sensiblement en comparaison de la sphère des étoiles. Alors on aura une explication plausible des inégalités observées. Puisque les planètes s'approchent ou s'éloignent de la Terre, il en résulte déjà qu'elle n'est pas le centre de leurs mouvemens. Le changement de distance vient-il du mouvement des planètes seules ? n'est-il pas en partie produit par le mouvement de la Terre ? Il ne faudrait donc pas s'étonner si l'on avançait qu'outre le mouvement de révolution autour d'elle-même, la Terre a un second mouvement; que la Terre tourne, et qu'elle est elle-même une planète. C'était l'opinion du pythagoricien Philolaüs, mathématicien tellement distingué, que Platon, pour le voir, fit exprès le voyage d'Italie.

» On a voulu démontrer géométriquement que la Terre est au centre, et n'est qu'un point par rapport au ciel; qu'elle est au centre, qu'elle y reste immobile; on a dit que les objets voisins du centre devaient avoir un mouvement très lent. » Jusqu'ici Copernic ne fait que rappeler une question anciennement débattue, qu'il veut soumettre à un nouvel examen.

« *De l'immensité du ciel en comparaison de la Terre.* Les horizons de la Terre partagent le ciel en deux parties égales; donc le volume de la Terre est un point, et ce point n'est pas sensiblement éloigné du centre. Si vous observez le Cancer à l'orient, vous verrez le Capricorne à l'occident; les deux rayons sont une même droite, cette droite est le diamètre de l'écliptique. »

Cet argument n'est pas nouveau, il ne signifie rien sans la contre-épreuve; et si le Capricorne étant venu à l'orient au bout de 12^h, on ne voit aussi le Cancer à l'occident; il suppose une observation qu'il est impossible de faire exactement; il ne prouve donc rien. Mais supposons le fait; Copernic remarque avec raison qu'on n'en peut tirer d'autre conséquence, sinon que la Terre est un point par rapport à la sphère des fixes; mais il ne s'ensuit pas que ce point soit le centre de cette sphère. « Si cette sphère est immense, comment concevoir qu'elle tourne en 24 heures? N'est-il pas plus naturel d'attribuer ce mouvement à la Terre et à la Terre seule; car, si elle tournait avec le ciel d'un mouvement commun, mais seulement un peu plus lent, en raison de ses moindres dimensions, nous ne verrions aucun changement dans le spectacle du ciel; les étoiles et le Soleil seraient toujours, pour un même observateur, à la même distance angulaire du méridien. Il est donc naturel de penser que la Terre tourne autour de son axe, et que la sphère céleste est immobile. »

« *Raisons qui ont pu faire croire aux anciens que la Terre était immobile au centre du monde.* » La Terre est très grave, c'est-à-dire très pesante; elle est le centre des graves qui se dirigent vers son centre. La Terre étant sphérique, toutes les normales se dirigent vers ce centre. Le centre de la Terre est celui des graves; ce centre doit être immobile. Ici il rapporte les raisonnemens d'Aristote et de Ptolémée, pour les réfuter dans le chapitre suivant.

« *Solution des difficultés précédentes.* Les choses qui sont naturelles, ont des effets tout opposés à ceux de ce qui est violent et contre nature. Ptolémée n'a donc aucune raison de craindre que le mouvement de la Terre ne dissipe et ne disperse tout ce qui est à la surface de la Terre. »

Ce raisonnement est encore un peu à la grecque; la phrase qui suit est beaucoup meilleure.

« Mais, si la sphère des étoiles tournait en 24^h, cette dispersion ne serait-elle pas plus à craindre, le mouvement étant infiniment plus considérable ? Ce mouvement si rapide serait-il nécessaire pour empêcher les étoiles de tomber sur la Terre ? En ce cas, le ciel n'aurait pas de bornes; plus le rayon augmenterait, plus le mouvement serait rapide; le rayon et le mouvement croîtraient ensemble et à l'infini. Or, ce qui est infini ne peut ni passer, ni se mouvoir; donc le ciel sera immobile. »

Copernic paie ici Aristote en sa propre monnaie; mais ensuite il abandonne aux disputes des physiologues la question du monde fini ou infini. « Ce qui est incontestable, c'est la sphéricité de la Terre; le mouvement convient à cette forme, pourquoi hésiterions-nous à l'admettre sans nous inquiéter de ce que nous ne pouvons savoir ? Admettons donc la révolution diurne de la Terre. Il cite à l'appui de son assertion le vers *Provehimur portu terræque urbesque recedunt.* Ceux qui sont sur un vaisseau, attribuent leur mouvement aux objets extérieurs, c'est ce qui nous arrive; quand la Terre tourne, tout le ciel nous paraît tourner. Les nuages et tout ce qui est porté dans l'air, participe au mouvement de la Terre; ce mouvement est commun à toute l'atmosphère, ou du moins à la partie la plus voisine qui, par l'effet du contact, doit être entraînée sans que rien s'y oppose. Quant à la partie supérieure, elle pourrait être destituée de mouvement. Cependant les comètes participent au mouvement diurne. »

Il pouvait ajouter que si elles sont dans l'atmosphère, comme Aristote le voulait, elles devaient tourner avec nous en 24 heures; et si c'est la Terre qui tourne, on peut les placer bien au-delà de cette atmosphère. Or on pouvait prouver par les méthodes de Regiomontanus, que les comètes ne sont pas des corps sublunaires, et qu'elles rentrent dans la classe des planètes. « Les choses qui tombent ou qui montent, ont donc un mouvement composé du droit et du circulaire. Par le mouvement circulaire et commun, elles paraîtraient en repos. A ce mouvement vient se joindre un mouvement en ligne droite qui les approche ou les éloigne du centre; ainsi les graves tombent, et les *ignés* s'élèvent; la flamme est une fumée ardente. Le mouvement droit ne peut arriver qu'aux choses *qui ne sont point à leur place*, qu'à celles qui sont imparfaites et séparées de leur tout. »

Après quelques développemens métaphysiques, l'auteur conclut que la mobilité de la Terre est plus probable que son repos.

« *Peut-on attribuer plusieurs mouvemens à la Terre ? quel est son lieu ?*

On ne peut représenter les mouvemens par des homocentriques. S'il existe plusieurs centres, on peut douter que le centre du monde soit celui de la Terre et de la gravité terrestre. La *gravité n'est qu'une tendance naturelle donnée par le Créateur à toutes les parties qui les portent à se réunir et former des globes*. Il est croyable que c'est cette force qui a donné au Soleil, à la Lune et aux autres planètes une forme sphérique, ce qui ne les empêche pas d'accomplir leurs révolutions diverses. Si donc la Terre a un mouvement autour d'un centre, ce mouvement sera semblable à celui que nous apercevons dans d'autres corps; nous aurons un circuit annuel. Le mouvement du Soleil sera remplacé par le mouvement de la Terre. Le Soleil étant devenu immobile, les levers et les couchers des astres, toutes les circonstances observées, auront lieu de même; les stations et les rétrogradations tiendront au mouvement de la Terre, le Soleil sera au centre du monde; c'est ce qu'exige l'ordre selon lequel tout se succède, c'est ce que nous enseigne l'harmonie du monde, c'est ce qu'on sera forcé d'admettre, si l'on y veut faire une attention sérieuse.»

Chapitre excellent, mais qui a besoin encore de bien des développemens. Les anciens philosophes qui ont placé le Soleil au centre du monde, ont dû faire ou entrevoir au moins une partie de ces raisonnemens; mais ils ne nous ont rien transmis, peut-être même n'ont-ils rien écrit; et il est remarquable que parmi tant de subtilités, tant de questions oiseuses, tant d'opinions extravagantes qui nous sont parvenues, il ne soit pas dit un mot des raisonnemens qui ont pu conduire à faire mouvoir la Terre, et que Ptolémée lui-même en voulant démontrer son immobilité, ne nous ait donné absolument aucune lumière sur un point aussi important. Ainsi malgré quelques assertions ou plutôt quelques conjectures dénuées de preuves, qu'on attribue à quelques anciens, nous pouvons croire que Copernic est le premier qui ait médité sérieusement sur ce point fondamental du système du monde, ou que si d'autres ont commencé, nul n'a pu réussir à exposer ses motifs d'une manière un peu plausible; car, s'ils l'eussent fait, il serait étonnant qu'il n'en fût demeuré aucun vestige. Archimède nous dit qu'Aristarque a écrit contre les astrologues, pour leur prouver que la Terre se meut; mais Archimède ne paraît pas bien convaincu de la bonté de ce système. Tome I, p. 102.

« *De l'ordre des orbes célestes*. Personne ne révoque en doute que le ciel des étoiles ne soit le plus élevé. Les anciens philosophes ont rangé les planètes d'après la longueur de leurs révolutions, par la raison que le *mouvement étant le même pour toutes*, les objets éloignés doivent paraître se mouvoir plus lentement. Ils ont cru que la Lune était la plus voisine de toutes les planètes, parce qu'elle fait sa révolution en moins de tems qu'aucune autre; que Saturne devait être plus éloigné que toutes les autres, puisqu'il emploie plus de tems à parcourir une orbite plus grande. Au-dessous, ils ont placé Jupiter et ensuite Mars. Les sentimens ont été partagés sur Vénus et Mercure. Les uns, comme le Timée de Platon, les placent au-dessus du Soleil, les autres, comme Ptolémée, croient qu'elles sont au-dessous. Alpétrage place Vénus au-dessus et Mercure au-dessous. Les platoniciens ont pensé que les planètes qui ne s'éloignent pas beaucoup du Soleil, devraient avoir des phases comme la Lune, si elles étaient au-dessous du Soleil. Elles devraient produire des éclipses; or c'est ce qu'on n'a jamais observé; donc, disaient-ils, ces planètes sont supérieures au Soleil. »

« Ceux qui placent Vénus et Mercure au-dessous se fondent sur l'intervalle qu'il y aurait entre le Soleil et la Lune. La plus grande distance de la Lune à la Terre est de $64\frac{1}{6}$ diamètres de la Terre; ils en trouvent 1160 dans la plus petite distance du Soleil; il y en aurait donc 1096 de la Lune au Soleil; dans cet intervalle, ils ont cru devoir placer Vénus et Mercure. Ils ont donné 177 de ces parties à l'orbe de Mercure, 910 à celle de Vénus; en sorte qu'aucun de ces orbes ne s'entrecoupe. De plus ils donnent à ces deux planètes une lumière propre, ou bien ils supposent que pénétrées de la lumière solaire, elles sont brillantes en toute position; d'ailleurs les éclipses solaires qu'elles pourraient produire, seraient très rares, à cause de leurs latitudes. Vénus et sur-tout Mercure ont un diamètre si petit, qu'elles ne pourraient jamais cacher plus qu'un centième du disque solaire, comme le veut Albategni, qui estime que le diamètre de Vénus n'est qu'un dixième de celui du Soleil (il n'en est guère qu'un trentième). Ces planètes ne formeraient donc que des taches imperceptibles. Averroès, dans son *Commentaire sur l'Almageste*, dit qu'il a vu des points noirs sur le Soleil au tems des conjonctions de ces planètes; voilà pourquoi on a mis ces planètes au-dessous. Copernic trouve ces raisons très faibles. Ptolémée faisait la distance périgée de la Lune de 38 demi-diamètres de la Terre. De meilleures observations ont prouvé qu'elle était de plus de 52, comme on le verra plus loin; et dans cet espace, nous ne connaissons rien que de l'air, ou si l'on veut un élément igné. De plus, la digression de Vénus étant de 45° plus ou moins, le diamètre de son orbe doit être de plus de six fois la distance périgée de Vénus, ainsi qu'il sera démontré en son lieu. De toutes manières, on aura donc de grands espaces vides. Ptolémée dit encore qu'il convient que le Soleil tienne le milieu entre les planètes qui s'en écartent de toutes les manières, c'est-à-dire de 0° à 360°, et celles dont les digressions sont bornées; cette raison paraîtra bien faible, si l'on pense que la Lune n'est nullement bornée dans sa digression. Quelles raisons pourra-t-on assigner des digressions de Vénus et de Mercure ? Il faut donc que la Terre ne soit pas le centre des orbes. Comment prouvera-t-on que Saturne est plus éloigné que Jupiter. En conséquence il se range à l'opinion de Martianus Capella et à celle de quelques autres latins qui disent que Vénus et Mercure tournent autour du Soleil; alors les digressions seront nécessairement déterminées par le rayon de leur orbite. Ces planètes n'entourent pas la Terre. Ainsi l'orbe de Mercure sera renfermé dans l'orbe de Vénus. Qui nous empêche de rapporter au même centre Saturne, Jupiter et Mars? il nous suffira de donner des rayons convenables à leurs orbes, qui embrasseront celui de la Terre. Ces planètes en opposition sont évidemment plus voisines de la Terre qu'en toute autre position, et sur-tout que dans leurs conjonctions, ce qui indique assez que le Soleil est leur centre, comme celui de Mercure et de Vénus; entre ces planètes et Mars, nous placerons l'orbite de la Terre et autour de la Terre l'orbite de la Lune qui ne peut se séparer de la Terre. *Nous ne rougirons donc pas de déclarer que cette orbite de la Lune et le centre de la Terre tournent en un an autour du Soleil dans cette grande orbite dont le Soleil est le centre. Le Soleil sera immobile et toutes les apparences seront expliquées par le mouvement de la Terre. Le rayon de cette orbite, quelque grand qu'il soit, n'est pourtant rien encore en comparaison de celui des fixes; ce qu'on nous accordera d'autant plus aisément, que cet intervalle est partagé en une infinité d'orbes particuliers, par ceux mêmes qui ont voulu retenir la Terre au centre. La nature ne fait rien de superflu, rien d'inutile, et sait tirer de nombreux effets d'une cause unique. Tout cela paraîtra difficile et presque incroyable; mais avec l'aide de Dieu, nous le rendrons plus clair que le Soleil, du moins pour ceux qui ne sont pas étrangers aux Mathématiques. Ainsi partant de ce principe, le plus convenable de tous, que les orbes augmentent en grandeur, quand les révolutions sont plus longues, l'ordre des sphères, à commencer par le haut, sera tel qu'il suit :*

» La première de toutes les sphères, celle qui embrasse toutes les autres, est celle des fixes; elle est immobile, et c'est à elle qu'on rapporte tous les mouvemens et les positions de tous les astres. Les astronomes lui supposent un mouvement, mais nous montrerons que ce mouvement même appartient à la Terre. Au-dessous est la sphère de Saturne dont la révolution est de 30 ans; après lui Jupiter qui fait le tour du ciel en 12 ans; Mars qui fait le sien en deux ans, puis la Terre dont le tour est d'un an; Vénus qui fait le sien en neuf mois; enfin Mercure dont la révolution n'est que de 88 jours. »

Au milieu réside le Soleil, pour qu'il puisse tout éclairer. La Terre est de plus éclairée par la Lune qui tourne autour d'elle. Cet ordre présente une symétrie admirable, une relation de mouvemens et de grandeurs; Copernic aurait pu ajouter une simplicité qu'on ne trouve dans aucune autre hypothèse, et que personne jamais n'a contestée.

Il explique pourquoi les arcs de rétrogradation sont plus grands dans Jupiter que dans Saturne, et plus petits que dans Mars, et même pourquoi ils sont plus grands dans Vénus que dans Mercure. Il rend raison de la proximité des planètes supérieures dans les oppositions. C'est alors que Mars paraît égaler Jupiter, dont il ne se distingue que par la couleur, tandis que vers ses conjonctions, on a peine à le distinguer parmi les étoiles de seconde grandeur. Tous ces phénomènes dépendent du mouvement de la Terre. On ne voit rien de semblable dans les fixes, à cause de leur extrême distance, pour laquelle le mouvement de la Terre s'évanouit. La scintillation des étoiles fixes indique assez qu'il reste un assez grand espace entre Saturne et les fixes; c'est ce qui les distingue des planètes, « *car il dit qu'il existe une différence sensible entre les corps mus et les corps immobiles.* »

A l'exception de cette dernière phrase, ce chapitre surpasse tout ce qu'on avait écrit sur le système du monde; il assure à son auteur une gloire immortelle. Mais que des réflexions qui paraissent si naturelles et si simples n'aient jamais été faites ou rassemblées, c'est ce qui serait plus étonnant même que la découverte de Copernic, si l'on ne connaissait l'empire des préjugés. Avant Copernic, on avait fait tourner Vénus et Mercure autour du Soleil; pourquoi jamais aucun astronome, aucun philosophe n'a-t-il étendu cette idée aux trois planètes supérieures? où était la difficulté? Mais Hipparque ayant tout à créer, les positions des fixes, l'inégalité du Soleil et celles de la Lune, la Trigonométrie, les projections, la théorie des éclipses, celle de la précession, a été trop constamment occupé de ces détails indispensables, pour songer à l'ensemble pour lequel il n'avait pas de données suffisantes, puisque la théorie des planètes était encore dans son enfance. Ptolémée serait moins excusable, puisqu'il a traité expressément cette grande question, d'une manière à la vérité peu digne du sujet, et qui doit choquer également, et par ce qu'il avance et par ce qu'il supprime. Mais ses travaux pour la Lune et pour les planètes, et sa grande syntaxe mathématique, sont des titres qui empêchent qu'on ne le juge trop sévèrement sur le système qu'il a embrassé et si faiblement défendu. Les hypothèses de ces deux grands astronomes ont été embrassées avec respect par leurs successeurs, qui les ont trouvées suffisantes et ne se sont occupés qu'à refaire quelques-uns de leurs calculs ou quelques-unes de leurs observations, se persuadant trop légèrement qu'il n'y avait plus rien à refaire à l'ensemble, mais seulement quelques détails à perfectionner.

« *Démonstration du triple mouvement de la Terre.* Ce triple mouvement, dit Copernic, est nécessaire pour expliquer toutes les apparences. Le premier est le mouvement diurne qui se fait d'occident en orient sur l'axe de la Terre et selon l'équateur. Le second est le mouvement annuel par lequel la Terre décrit l'écliptique de l'occident à l'orient, selon l'ordre des signes, entre les orbites de Vénus et de Mars, ce qui produit l'apparence d'un mouvement semblable dans le Soleil. Il faut supposer que l'équateur et son axe ont sur le plan de l'écliptique une inclinaison *convertible.* Sans cette *convertibilité,* on n'aurait encore que le mouvement du centre, et l'on n'expliquerait ni les saisons, ni la longueur variable des jours et des nuits. Le Soleil paraîtrait toujours avoir la même déclinaison; le mouvement en déclinaison est donc produit par une révolution annuelle, mais en sens contraire ou contre l'ordre des signes. Par la combinaison de ces mouvemens égaux et opposés, il arrive que l'axe reste toujours parallèle à lui-même, comme s'il était immobile. Par là, le Soleil paraissant parcourir l'écliptique, paraît avoir successivement toutes les déclinaisons possibles. »

C'est donc pour arriver à ce parallélisme, ou pour le conserver, que Copernic a cru devoir recourir à ce mouvement égal et opposé qui détruit l'effet qu'il attribue si gratuitement au premier, de déranger le parallélisme. La Terre se mouvant dans un espace libre et non résistant, quelle pourrait être la cause qui ferait incliner l'axe? Il doit donc conserver toujours la même position; mais en tournant parallèlement à lui-même autour du Soleil, cet axe fait successivement, avec le rayon vecteur de la Terre, tous les angles possibles entre $(90°-\omega)$ et $(90°+\omega)$, ω étant la plus grande déclinaison du Soleil; ce second mouvement est donc inutile et imaginaire. Képler est le premier auteur de cette remarque importante, qui simplifie encore l'idée de Copernic.

L'auteur veut ensuite rendre sensible aux yeux le changement de déclinaison; il le fait de deux manières, l'une assez obscure, et qui exigerait une figure en relief; la seconde est beaucoup plus claire, et on la retrouve dans plusieurs traités modernes. Il revient ensuite à son second mouvement, qu'il suppose conique, autour d'un axe perpendiculaire au plan de l'écliptique.

Il paraît que Copernic, en se déterminant à faire tourner la Terre T, en un an, autour du Soleil, avait cru qu'une conséquence naturelle de ce mouvement serait, que l'axe TP serait toujours incliné de la même manière vers le Soleil, et que l'angle PTS (fig. 1) entre l'axe et le rayon vecteur devait être constant, comme si l'axe prolongé devait toujours couper au point O l'axe SO de l'écliptique; mais alors l'équateur EQ aurait toujours été incliné de la même façon vers le Soleil, et la déclinaison du Soleil, qui est l'angle QTS, eût été constante; or au bout de six mois l'axe, au lieu d'être en $T'p'$ avait pris la position $T'P'$, l'équateur EQ avait la situation renversée *eq*. Pour exprimer ce changement prétendu, qui n'était qu'un parallélisme conservé, il imagina que le pôle avait décrit le demi-cercle *pb*P, base du cône droit, dont l'axe serait la droite TC perpendiculaire au plan de l'écliptique, et parallèle à SO, axe de l'écliptique. Par ce moyen, l'axe $T'p'$ se retrouvait dans une situation parallèle à TP, et le parallélisme s'était maintenu dans l'intervalle, par la combinaison de ces deux mouvemens contraires.

Ce second mouvement n'était nécessaire que dans la supposition que l'axe TPO devait décrire autour du Soleil la surface conique TOT' autour de l'axe SO. Pour le retirer de cette surface, il imagina le mouvement du pôle sur le cercle P*bpa*, ou de l'axe TP sur la surface conique PT*p*, mouvement qui devait produire dans les distances polaires PTS du Soleil un changement dont le *maximum* était $PTp = PTC + CTp = 2CTP = 2QTS =$ la double obliquité de l'écliptique.

Képler est le premier qui fit la remarque importante que ce second mouvement n'était pas réel, et qu'on peut, qu'on doit même supposer que l'axe reste toujours parallèle à lui-même, ce qui ajoute encore à la simplicité du système.

Dans l'idée de Képler, comme dans celle de Copernic, quand la Terre a fait une révolution entière autour de l'écliptique, et qu'elle est revenue à la même étoile, le Soleil reviendrait à la même déclinaison, l'année tropique et l'année sidérale auraient même durée ; mais l'année tropique est plus courte de 20′ environ que l'année sidérale, le Soleil revient à la même déclinaison en moins de tems qu'à la même étoile. Pour expliquer cette différence, Copernic a vu qu'il suffisait d'augmenter de 50″ par an le mouvement du pôle sur la base du cône; par là, le retour à la même déclinaison précédait de 20′ le retour à la même étoile; le pôle, au lieu d'être revenu en P, était déjà en p''. Pour passer de l'idée de Copernic à celle de Képler, il suffit de retrancher 360° du mouvement que Copernic donnait au pôle, il ne restera que les 50″, qui expliqueront la précession des équinoxes, et il est à remarquer qu'il n'est aucune raison qui puisse expliquer le mouvement de 360° 0′ 50″ de Copernic, au lieu que la théorie de la pesanteur explique et calcule le mouvement annuel de 50″, qui est une conséquence de l'aplatissement de la Terre. Quoique Copernic ait commis une légère inadvertance dans son explication, comme le résultat est le même, on ne doit pas lui savoir moins de gré d'une explication si heureuse de la précession et de l'immobilité des étoiles.

Copernic ne s'explique pas encore sur ce dernier point pour le moment, il ne parle que de l'espérance qu'il a que sa solution sera goûtée.

De la grandeur des cordes du cercle. On ne peut faire aucun calcul sans la Trigonométrie; il en pose les fondemens, et pour cela il rassemble les théorèmes épars dans Ptolémée. Les anciens avait partagé le diamètre en 120 parties, les modernes l'ont divisé en 1200.000, les autres en 2.000.000, ou même autrement, depuis que l'Arithmétique *indienne* est devenue d'un usage général; et comme cette Arithmétique est de beaucoup plus commode que l'autre, il fait le diamètre de 200.000. Il démontre les divers théorèmes de Ptolémée, mais il prend la moitié des cordes, qu'il ne nomme pourtant pas des sinus. Sa Table ne va que de 10 en 10′, comme celle de Gauric; il ne parle pas de tangentes; sa Trigonométrie rectiligne n'offre rien de nouveau. Pour la Trigonométrie sphérique, il commence par démontrer le théorème des quatre sinus; il démontre, par les triangles complémentaires, les quatre théorèmes des triangles rectangles.

Il fait voir que tout triangle dont on connaît deux côtés et un angle, peut se changer en un triangle dont on connaîtra deux angles et un côté.

Si deux angles sont donnés avec le côté compris, vous le changerez en un autre où vous aurez deux côtés et un angle.

L'idée de ces triangles complémentaires est tirée du cinquième livre de Regiomontanus, où nous l'avons suffisamment expliquée. Du reste, il est évident que Copernic n'avait aucune idée des tangentes, employées déjà depuis près de 500 ans par les Arabes.

La proposition 13 nous fournit une démonstration de la formule fondamentale de la Trigonométrie sphérique. Soit ABC (fig. 2) un triangle sphérique quelconque, D le centre de la sphère, DA, DC, DB les trois rayons ou les trois arêtes de la pyramide. Sur le rayon AD menez la perpendiculaire CF, vous aurez CF = sin AC, FD = cos AC; au point F élevez dans le plan ABD la perpendiculaire FG, qui coupera le rayon BD en G, vous aurez FG = FD tang ADB = cos AC tang AB, GD = cos AC séc AB. Menez GC, vous aurez

$$\begin{aligned}\overline{GC}^2 &= \overline{CD}^2 + \overline{GD}^2 - 2CD.GD.\cos BDC\\ &= 1 + \cos^2 AC\,\text{séc}^2 AB - 2\cos AC\,\text{séc} AB\,\cos BC.\end{aligned}$$

Par la construction, CF et GF sont perpendiculaires à l'arête DA, leur angle est celui des plans AB, AC;

$$\begin{aligned}\cos BAC = \cos GFC &= \frac{\overline{FC}^2 + \overline{FG}^2 - \overline{CG}^2}{2FC.FG}\\ &= \frac{\overline{FC}^2 + \overline{FG}^2 - 1 - \cos^2 AC\,\text{séc}^2 AB + 2\cos AC\,\text{séc} AB \cos BC}{2FC.FG}\\ &= \frac{\sin^2 AC + \cos^2 AC\,\text{tang}^2 AB - 1 - \cos^2 AC\,\text{séc}^2 AB + 2\cos AC\,\text{séc} AB \cos BC}{2FC.FG}\\ &= \frac{\sin^2 AC + \cos^2 AC\,\text{tang}^2 AB - 1 - \cos^2 AC - \cos^2 AC\,\text{tang}^2 AB + 2\cos AC\,\text{séc} AB\cos BC}{2\sin AC\cos AC\,\text{tang} AB}\\ &= \frac{2\cos AC\,\text{séc} AB\cos BC - 2\cos^2 AC}{2\sin AC\sin AB\frac{\cos AC}{\cos AB}} = \frac{\cos BC - \cos AC\cos AB}{\sin AC\sin AB},\end{aligned}$$

ce qui est la formule d'Albategnius.

Copernic cherche FD = cos AC, FG = $\frac{\cos AC \sin AB}{\cos AB}$, GC par la formule ci-dessus; alors il a les trois côtés du triangle rectiligne GFC, qui lui donne l'angle GFC = BAC, angle cherché.

Cet angle connu, on a les deux autres par la règle des quatre sinus. Le procédé est long; il nous faut aujourd'hui moins de calcul pour avoir l'angle A, qu'il n'en fallait à Copernic pour résoudre son triangle GDC; nous épargnons le triangle FDG, c'est-à-dire au moins la moitié du travail.

La proposition 15 n'est pas moins remarquable ; il s'agit de trouver les côtés par les trois angles. Développons la démonstration de Copernic.

Soit (fig. 3) le triangle ABC, dont les trois côtés sont connus. De l'angle A abaissez la perpendiculaire HAE indéfiniment prolongée. Du pôle B décrivez l'arc de grand cercle IFE, BE=90°, E est le pôle de BC, car BIE=90° et IHE = 90°. Prolongez BA en F, alors AFE = 90°. Du pôle C décrivez l'arc de grand cercle KGE. AGE=90°, GE = 90° — GK = 90° — C ; FE = 90°—FI = 90°—B, FA=90°—AB, AG=90°—AC, CEH = CH,

$$\begin{array}{llll} \sin AE & : \sin AFE & :: \sin FE & : \sin FAE, \\ \sin AGE & : \sin AE & :: \sin GAE & : \sin GE \\ \hline 1 & : 1 & :: \sin FE . \sin GAE : & \sin GE \sin FAE, \end{array}$$

$\sin FE : \sin GE :: \sin FAE : \sin GAE$, ou $\cos B : \cos C :: \sin BAH : \sin CAH$...(A),

$\sin FE + \sin GE : \sin FE - \sin GE :: \sin FAE + \sin GAE : \sin FAE - \sin GAE$,

$\tang \frac{1}{2}(FE+GE) : \tang \frac{1}{2}(FE-GE) :: \tang \frac{1}{2}(FAE+GAE) : \tang \frac{1}{2}(FAE-GAE)$,

$$\tang \tfrac{1}{2}(90°-B+90°-C) : \tang \tfrac{1}{2}(90°-B-90°+C)$$

$$:: \tang \tfrac{1}{2}(BAH+CAH) : \tang \tfrac{1}{2}(BAH-CAH),$$

$$\tang\left(90° - \frac{C+B}{2}\right) : \tang\left(\frac{C-B}{2}\right) :: \tang \tfrac{1}{2}(BAC) : \tang \tfrac{1}{2}(BAH-CAH)$$

$$= \tang \tfrac{1}{2} A \tang \tfrac{1}{2}(C-B) \tang \tfrac{1}{2}(C+B).$$

C'est la formule que j'ai donnée (X. 148 de mon *Astronomie*). Nous avons trouvé une formule analogue pour les trois côtés, par une construction de Régiomontan.

La solution de Copernic est plus longue, parce qu'il n'a pas les tangentes ; mais connaissant, par la formule (A), les angles verticaux BAH = FAE, CAH = GAE, FE étant le complément de l'angle B, on en conclura FA = 90° — AB ; de même dans le triangle AGE, on aura GE par C, et l'angle opposé GAE ; on aura AG = 90° — AC.

Cette espèce de triangle complémentaire tombée en désuétude, n'en est pas moins curieuse à connaître. La construction de Copernic devait mener à l'idée du triangle supplémentaire ; il ne restait plus qu'à décrire un troisième arc du pôle A. C'est ce que fit Snellius, ainsi que nous le trouverons à son article.

Copernic termine ici son premier livre et son petit traité de Trigonométrie ; pour le compléter, il nous dit qu'il faudrait donner un volume. Il est à croire que son but, en le composant, a été de donner ces derniers théorèmes et leurs constructions dont il paraît l'inventeur; mais le premier était bien moins commode que celui d'Albategni, l'autre est moins fréquemment utile, mais il est d'une simplicité élégante.

Le livre second traite du mouvement diurne et des cercles de la sphère. Comme plusieurs astronomes de son tems, il a trouvé que l'obliquité de l'écliptique n'était que de 23° 28′ 24″; d'où il conclut que cet angle est variable. Il veut prouver qu'il n'a jamais été au-dessus de 23° 52′, et qu'il ne sera jamais au-dessous de 23° 28′. On voit qu'il est toujours dangereux de hazarder des prédictions, à moins qu'elles ne soient mathématiquement et physiquement démontrées. Son *Astronomie sphérique* est un mélange de celles de Ptolémée et d'Albategnius. En parlant des heures temporaires, il dit qu'elles sont tombées en désuétude, mais il ne fixe pas l'époque de ce changement, produit sans doute par l'invention des horloges à roue qui ne peuvent donner que les heures égales.

En parlant des couchers des étoiles et des planètes, il nous dit que l'arc d'abaissement du Soleil est de 12° pour les étoiles de première grandeur, de 11° pour Saturne, 10° pour Jupiter, 11° pour Mars, 5° pour Vénus et 10° pour Mercure.

Au livre *de la construction d'un catalogue d'étoiles*, il nous apprend que le géomètre Ménélaüs avait déterminé la plupart des étoiles par les conjonctions de la Lune. Ce moyen ne pouvait servir que pour les étoiles zodiacales, et même il n'était pas d'une grande précision. En parlant de Ptolémée, auquel dans tout ce livre il a fait des emprunts fréquens, il dit que d'autres ont cru que la précession était indéfinie, mais inégale. Autre chose digne de remarque, l'obliquité n'est plus la même qu'au tems de Ptolémée; c'est ce qui a fait imaginer une neuvième et une dixième sphère. On commençait déjà à parler d'une onzième, mais le mouvement de la Terre rend cette complication inutile. C'est alors que Copernic détaille ce qui doit résulter du mouvement qu'il attribue à l'axe.

Copernic pense qu'on devrait dire que l'équateur est incliné à l'écliptique, et non l'écliptique à l'équateur, parce que le cercle de l'écliptique est plus considérable que celui de l'équateur, dans la raison du mouvement annuel au mouvement diurne; en raisonnant ainsi, il supposait la Terre beaucoup plus voisine du Soleil qu'elle n'est réellement, et l'écliptique surpasse en grandeur l'équateur terrestre beaucoup plus qu'il ne pensait; mais ce n'est pas cette considération qui a dû déterminer les observateurs; l'équateur est un terme fixe auquel ils ont comparé le Soleil; ils ont vu que le Soleil était tantôt 23° $\frac{1}{2}$ au-dessus et tantôt 23° $\frac{1}{2}$

au-dessous de l'équateur. La hauteur de l'équateur est constante; ils ont dû dire que l'écliptique ou la route du Soleil était inclinée à l'équateur, et ils ne changeront pas leur manière de s'exprimer.

La rétrogradation des équinoxes est si peu de chose, le mouvement apparent des étoiles est si lent, la période en est si longue, que ce mouvement a dû rester long-tems inconnu. Copernic rapporte les observations de Timocharis, d'Hipparque, de Ménélaüs, de Ptolémée, d'Albategni. Lui-même, en 1525, à Frueberg, observa que la hauteur méridienne de l'Épi, était de 27° presque. La latitude de cette ville est de 54° 29'; la hauteur de l'équateur est donc de 35° 31'
il conclut la déclinaison de l'Épi de........ 8.40
la hauteur de l'étoile était donc............ 26.51 : il dit en gros près de 27°.

De cette observation, il conclut la longitude de l'étoile par la déclinaison observée et la latitude prise dans le catalogue d'étoiles. Il démontre son calcul par la projection orthographique (fig. 4).

Soit AC l'équateur, $AM = CN = 8° 40'$; MN le parallèle de l'étoile, DB l'écliptique, FG son axe, LH le parallèle à l'écliptique, O le lieu de l'étoile;

$$PQ = \sin AM = \sin D,\ EI = \sin \text{latit.} = \sin\lambda,\ OI = HI \sin \text{longit.} = \cos\lambda \sin L;$$

$$\sin\lambda = EI = Ea - AI = QE \,\text{tang}\, Q - OI \,\text{tang}\, Q = \frac{PQ \,\text{tang}\, Q}{\sin Q} - OI \,\text{tang}\, Q$$

$$= \frac{\sin D \,\text{tang}\, \omega}{\sin \omega} - \cos\lambda \sin L \,\text{tang}\, \omega = \frac{\sin D}{\cos \omega} - \frac{\cos\lambda \sin L \sin \omega}{\cos \omega};$$

$$\sin\lambda \cos\omega = \sin D - \cos\lambda \sin\omega \sin L,$$

$$\cos\lambda \sin\omega \sin L = \sin D - \sin\lambda \cos\omega,\quad \sin L = \frac{\sin D - \sin\lambda \cos\omega}{\cos\lambda \sin\omega}.$$

Cette formule est précisément celle que donne le triangle sphérique entre l'étoile et les deux pôles; c'est la formule fondamentale de la Trigonométrie; car vous avez $\sin D = \sin\lambda \cos\omega + \cos\lambda \sin\omega \sin L$, ou mettant les côtés pour leurs complémens $\cos C'' = \cos C' \cos C + \sin C' \sin C \sin L$; mettez pour $\sin L$ son complément $\cos A''$ qui est l'angle intérieur, et vous aurez $\cos C'' = \cos C \cos C' + \sin C \sin C' \cos A''$.

Voilà donc encore une manière de démontrer ce théorème fondamental qui se retrouve partout; c'est la seconde que nous fournit Copernic, qui n'a jamais vu que c'était une formule générale.

Au reste, nous avons changé la démonstration de Copernic dont la figure est mal faite, et renferme des lignes inutiles.

La longitude de l'étoile était donc de $6^s\ 17°\ 21'$ par son calcul que j'ai vérifié. Dix ans auparavant, il avait trouvé la déclinaison $8°\ 36'$, et la longitude $6^s\ 7°\ 14'$; $7'$ de précession en dix ans ne fournissent que $42''$ par an; $4'$ de précession en déclinaison ne donneraient que $24''$; on pouvait bien se douter que ces observations n'étaient pas de la dernière précision, et dix ans d'intervalle ne suffisent pas pour en atténuer les inexactitudes. Suivant Ptolémée, la déclinaison n'était que de $0°\ 30'$, d'où résulte la longitude $26°\ 40'$. Copernic en conclut que de Timocharis à Hipparque, la longitude a augmenté d'un degré en cent ans, autant d'Hipparque à Ptolémée; mais nous avons vu à l'article de Ptolémée ce qu'on doit penser de toutes ces déterminations.

De Ménélaüs à Albategni, en 782 ans, la précession est de $11°\ 55'$, ce qui ne fait que 66 ans pour un degré. De Ptolémée à Albategni, 1° en 65 ans; mais, par les observations de Copernic, on aurait 1° en 71 ans. Ainsi la précession aurait été plus lente de Timocharis à Ptolémée, plus rapide de Ptolémée à Albategni, plus rapide entre Albategnius et Copernic, que du tems de Ptolémée.

Il trouve des inégalités pareilles pour l'obliquité. Ératosthène la fait de $23°\ 51'\ 20''$, en quoi il a été suivi par Ptolémée; Albategni de $23°\ 35'$; Arzachel, 190 ans après, de $23°\ 34'$; 230 ans plus tard, le juif Prophatius trouvait $23°\ 32'$. Au lieu de voir dans ces inégalités la grossièreté et l'incertitude des observations, Copernic aime mieux admettre des inégalités au moins singulières; après avoir renversé le système des anciens, il n'ose même suspecter leurs observations.

« *Hypothèse pour expliquer ces inégalités*. On n'en peut, dit Copernic, trouver de meilleure que la déflexion de l'axe de la Terre et des pôles du cercle équinoxial. L'écliptique est immobile ainsi que le prouve la constance des latitudes. Le mouvement de l'axe et celui du centre de la Terre diffèrent entre eux, et cette différence n'est pas toujours la même. Les solstices doivent rétrograder d'une manière inégale; il en est de même pour le mouvement en déclinaison qui change inégalement l'obliquité de l'écliptique ou plutôt de l'équateur. Il faut donc concevoir deux mouvemens *réciproques* des pôles qui ressemblent à une *libration*, ou un balancement; car les cercles et les pôles ont une relation nécessaire. Un de ces mouvemens change l'inclinaison de l'un des cercles porté en dessus ou en dessous autour de l'angle de section. Un autre mouvement augmente ou diminue la précession, par la raison que le déplacement s'est fait transversalement, d'un côté ou d'un autre. Nous appelons ces mouvemens des librations, parce qu'à l'exemple des corps suspendus, ils se meuvent toujours par le même chemin, entre deux termes fixes, avec plus de vitesse vers le milieu, plus lentement vers les extrémités, comme on le voit par les latitudes des planètes. Ils diffèrent encore pour la durée des révolutions, puisque l'inégalité des équinoxes se restitue deux fois, pendant que celle des déclinaisons se restitue une fois seulement. Dans tout mouvement apparent et inégal, il faut concevoir un mouvement moyen qui sert à calculer l'inégalité. De même ici nous supposerons des pôles moyens et un équateur moyen, des sections équinoxiales moyennes et des points moyens de conversion. Par l'effet de ces deux librations, les pôles de la Terre décrivent des espèces de couronnes contournées; tout ceci se concevra mieux par une figure. »

Il est fâcheux que Copernic, après avoir découvert et établi par des raisonnemens clairs et sains le véritable système du monde, se donne ici la torture pour expliquer des phénomènes imaginaires, et gâter ainsi la belle simplicité de son hypothèse.

Soit E (fig. 5) le pôle de l'écliptique, F celui de l'équateur, quand l'obliquité est la plus grande; G ce même pôle, quand elle est la plus petite; *i* le pôle moyen.

Concevons maintenant deux mouvemens du pôle terrestre, l'un qui produit des oscillations continuelles de F en G et de G en F, c'est le mouvement de déclinaison; l'autre se fait perpendiculairement à FG, comme de K en *m*, tantôt selon l'ordre des signes et tantôt contre cet ordre; c'est ce dernier mouvement qui est double du précédent, et qui se restitue deux fois, tandis que l'autre ne se restitue qu'une seule; nous supprimons dans la figure les cercles décrits autours de F, de C, de *i* et E, qui ne servent guère qu'à embrouiller l'explication.

Le mouvement de F en G diminue l'obliquité; de G en F, il l'augmente.

Le mouvement dans le sens *i*K fait rétrograder l'équinoxe; le mouvement K*im* le fait avancer. Pour faire concevoir généralement ce mécanisme et les effets qu'il produit, soit (fig. 6) le cercle AGB; sur un rayon quelconque DFG comme diamètre, décrivez le cercle GHD qui coupera en H le diamètre AB; menez GH qui sera toujours perpendiculaire au diamètre AB. Le centre F du cercle tourne autour du centre D, quand il est sur le diamètre AB; le point G apogée de ce cercle est en A; pendant le tems que le rayon DF a traversé l'angle ADF, imaginez que le point G ait décrit l'arc $GH = GFH = FHD + FDH = 2FDH$; par ce mouvement angulaire GFH, double du mouvement angulaire ADF, le point G ne quittera pas le diamètre ; quand ADF sera de 90°, GFH sera de 180° ; le point G qui aura fait 180°, sera en D ; dès que ADG surpassera 90°, GFH surpassera 180° ; le point G continuera de descendre de D en B, où il arrivera quand ADF sera 180° ; alors GFH sera de 360 ; il sera de nouveau sur le prolongement de DF ; ainsi une révolution de G sur son cercle, amène le point G de A en B le long du diamètre ; une autre révolution le fera remonter de B en A. Le mouvement angulaire du point G sera double du mouvement angulaire de F ; il sera rétrograde, et celui de F sera direct. Le mouvement AH produira la variation d'obliquité ; le mouvement latéral GH produira le mouvement alternatif des points équinoxiaux ; la période d'obliquité est de 3434 ans ; la période d'anomalie des équinoxes ou de l'angle GFH, n'est que de 1717 ans.

Cet arrangement est ingénieux, mais assez inutile ; le petit cercle GHD ne sert à rien ; il donne $GH = 2FG \sin \frac{1}{2} GFH = DG \sin GDH$, c'est-à-dire la même chose que le cercle AGB,

$$DH = 2FD \sin \tfrac{1}{2} HFD = DG \sin \tfrac{1}{2}(180° - GFH) = DG \sin(90° - \tfrac{1}{2} GFH) = DG \cos GDH,$$

$$AH = DG(1 - \cos GDH) = 2DG \sin^2 \tfrac{1}{2} GDH ;$$

le mouvement sur le diamètre AB dépend donc de $\frac{1}{2}$GDH ; le mouvement GH des équinoxes dépend de GDH ; le premier aura donc une période double du second. Au reste, nous verrons que Copernic lui-même ne fait aucun usage du cercle intérieur ; il a voulu seulement résoudre généralement un problème de Mécanique céleste.

Par les observations faites à différentes époques, il trouve que la précession moyenne est de 23° 57′ en 25817 ans ; que dans ce tems les révolutions d'anomalie sont au nombre de 15 et $\frac{18}{60}$; la révolution d'obliquité est presque le double.

D'Aristarque à Ptolémée, en 400 ans, elle n'a pas diminué ; elle était donc alors près du *maximum* où les variations sont insensibles. Ainsi le *maximum* doit différer peu de 23° 51′ 20″ que trouvait Aristarque ; il veut dire apparemment Ératosthène. En conséquence, il suppose que la plus grande obliquité est de 23° 52′ ; du tems de Copernic, l'obliquité était près du *minimum* ; il avait trouvé de son tems 23° 28′ 24″ ; il en conclut que le *minimum* diffère peu de 23° 28′ ; Albategni avait trouvé 23° 35′ ; Arzachel 190 ans après, ne trouvait plus que 34′, et 230 ans plus tard, le juif Prophatius trouvait 32′ ; de tout cela, il conclut que le mouvement annuel de l'anomalie est de 6′ 17″ 33‴ 9^{iv} ; je trouve que...,

$\frac{360°}{3434} = 6' \, 17'' \, 24''' \, 9^{iv}$. Il trouve le mouvement annuel de précession $50'' \, 12''' \, 5^{iv}$, ce qui est assez exact. C'est à fort peu près ce que nous trouvons par la comparaison des observations modernes à celles de différentes époques; il est donc évident que la précession est sensiblement uniforme, et que le peu d'accord des anciennes observations tient au vice des observations mêmes. Copernic prend pour données certaines les calculs ou inexacts ou infidèles de Ptolémée; il veut tout représenter, sans faire la part des erreurs; il établit son système sur ces fondemens précaires; il juge que l'obliquité ne peut plus diminuer; mais son obliquité était trop faible pour le tems, puisqu'il trouve, à quelques secondes près, ce que Mayer, Bradley et Lacaille trouvèrent 200 ans après lui. Ainsi toute cette combinaison d'épicycles portés sur d'autres épicycles tombe d'elle-même, et l'on est fâché de la trouver dans un ouvrage où l'ordre véritable du monde est exposé si clairement et appuyé d'aussi bonnes raisons. Il a osé renverser leur système général, et il montre un respect aveugle pour leurs moindres observations.

Copernic donne ensuite des tables pour faciliter le calcul de ses hypothèses; elles sont pour les années égyptiennes et pour les soixantaines d'années et de jours.

Il cherche quelle est la plus grande différence entre la précession moyenne et apparente. Soit ABC (fig. 7) l'écliptique, B l'équinoxe moyen, EF le colure des équinoxes, $BI = BK = 50'$, $IK = BI + BK = 1° 40'$, $IG = HK$ deux positions de l'équateur apparent, toujours perpendiculaire au colure; l'angle $B = 90° - \text{obliq. moyenne} = 90° - 23°40' = 66°20'$, on aura $BG = 20' \, 4''$, Copernic dit 20'. Des arcs aussi petits peuvent être traités comme des lignes droites.

Soit AC (fig. 8) un arc de l'écliptique, B l'équinoxe moyen, DB un arc du colure. Sur le cercle ADC, prenez un arc de $45° 17' = DE$, FB en sera le sinus, EF le cosinus. Soit $BF = 50'$, on demande le rayon BA, $BA = \frac{50'}{\sin 45° 17'} = 1° 10' 21''$; ce sera la plus grande différence entre l'équinoxe vrai et l'équinoxe apparent; c'est ce que trouve Copernic, sans nous dire pourquoi cet arc de 45° 17'; mais soit E le pôle de l'écliptique (fig. 9), GD le rayon du cercle décrit autour du pôle D; EG un arc de grand cercle tangent au petit cercle $\frac{GD}{\sin ED} = \frac{GD}{\sin \omega}$ serait la plus grande différence; supposez $GD = 28'$, et vous aurez l'angle $E = 1° 10'$ comme le veut Copernic; l'angle D sera 88° 56', dont la moitié 44° 28', complément de $45^\circ 32'$; ce sera le lieu de la plus grande équation $1^\circ 10'$. On en peut faire une table. Copernic donne cette table; elle paraît calculée sur la formule $70' \sin D$; il y a joint une table de parties sexagésimales proportionnelles, à la manière de Ptolémée. $60'$ sont le rayon ou l'unité qui répond à la plus grande variation d'obliquité, c'est-à-dire à $25'$. Ce nombre, multiplié par la fraction sexagésimale, donnera la correction d'obliquité.

Il semblerait, par ce qui précède, que la plus grande variation serait de $24' = 23^\circ 52' - 23^\circ 28'$. D'après la théorie expliquée ci-dessus, la prostaphérèse des équinoxes serait $\frac{50' \sin D}{\sin \omega}$ et la correct. d'obliquité $50' \cos D$, ou $50' - 1^\circ 40' \sin^2 \frac{1}{2} D$; la différence entre la plus grande et la plus petite, serait $1^\circ 40'$, comme l'oscillation entière de l'équinoxe. Copernic la réduit au quart, pour satisfaire aux observations; il y a donc de l'incohérence dans ses suppositions; il donne à GD rayon du petit cercle, une valeur pour les équinoxes et une autre pour l'obliquité.

Il a supposé que l'argument D de ses équations était o, la première année d'Antonin; il cherche quel a été, dans cette supposition, le lieu de l'équinoxe au tems de Timocharis, de Ptolémée et d'Albategni. Par la comparaison avec les observations, il trouve quelques minutes de différence, et il indique la correction qu'il faudrait faire à l'époque pour tout concilier à peu près. Il fait des calculs pareils pour comparer son hypothèse aux différentes obliquités rapportées ci-dessus. Puisque ses équations sont empiriques, il était plus court de dire que l'équinoxe avait besoin d'une correction $\left(\frac{50'}{\sin \omega}\right) \sin D = 70 \sin D$, et l'obliquité moyenne $23^\circ 40'$ une équation $12' \cos D$ qui lui donnait $23^\circ 40' \pm 12'$ pour les deux limites. Au lieu d'un cercle, il fallait employer une ellipse dont les demi-axes fussent $50'$ et $12'$, et son hypothèse se calculait comme nous calculons aujourd'hui la nutation.

Copernic, dans cet exposé qu'il fait de sa doctrine, suit un peu l'exemple de Ptolémée; il cherche d'abord une combinaison de mouvemens circulaires qui satisfassent à peu près aux phénomènes; il règne quelque obscurité dans ses explications; pour être sûr qu'on l'a bien compris, il n'est pas inutile de faire pour lui ce que nous avons fait pour Ptolémée. Réduisons ses tables en formules, car ses tables doivent contenir sa théorie usuelle.

Il réduit les années juliennes en années égyptiennes, en soixantaines d'années et de jours; par ce moyen, il trouve le mouvement d'anomalie;

il l'ajoute à l'époque $6^s\,45'$ pour la première olympiade, ou 28 ans avant Nabonassar; arrangement singulier et bien incommode, si l'on avait à faire aujourd'hui ces calculs, qui heureusement reposent sur une hypothèse chimérique. Cette opération lui donne l'anomalie simple avec laquelle il prend les sexagésimales proportionnelles de sa table. Il double l'anomalie pour avoir la prostaphérèse, qui est additive dans la seconde moitié de l'argument et soustractive dans la première.

Le changement d'obliquité influe sur les déclinaisons; il les corrige par une partie proportionnelle, ainsi que les ascensions droites et les angles de l'écliptique avec le méridien.

Dans l'exemple qu'il calcule, il trouve

anomalie simple ou angle $D = 166°\,40'$ sexag. prop. $1'$,
l'anomalie double sera donc $333.20'$ prostaph. $+32'$

par sa table; je trouve plus exactement $32' - \frac{4'}{6} = 31'\,20''$; la formule $-70' \sin 333°\,20' = +31'25''$; sa table a donc toute l'exactitude possible, puisqu'il ne la donne qu'en minutes.

Soit donnée la longitude moyenne; vous aurez la précession apparente que vous appliquerez à la longitude moyenne de l'étoile pour avoir sa longitude actuelle. Jusqu'ici tout est clair, l'équation est $-70' \sin .2$ anom.

L'équat. de l'obliquité (supposée la plus petite) est $(\frac{24}{60})\,60' \cos^2 \frac{1}{2}$ anom.; la dernière colonne de la table donnera donc une quantité qui, multipliée par la fraction sexagésimale $(\frac{24}{60})$ de la table, formera la correction d'obliquité; multipliée par les nombres qu'on trouve à côté des déclinaisons, des ascensions droites et des angles de l'écliptique, elle donnera les corrections de tous ces arcs ou ces angles calculés pour une obliquité $23°\,28'$ qui est la plus petite.

Tels sont les préceptes de l'auteur; ses tables sont démontrées quant à la forme, les constantes sont tirées de l'observation; c'est ce qu'on fait encore aujourd'hui le plus souvent. Nous avons comparé sa théorie à celle de la nutation, mais il faudrait mettre le grand axe de l'ellipse dans le colure des équinoxes, et le petit dans celui des solstices; c'est le contraire de ce qu'on fait pour la nutation.

« D'après cette théorie, l'année qui se termine par le retour au même équinoxe, est nécessairement inégale; c'est ce qu'on trouve en effet par les anciennes observations. Calippe et Archimède, qui faisaient commencer l'année au solstice d'été, comme les Athéniens, la supposaient de $365\frac{1}{4}$ jours. Ptolémée se défiant des solstices, s'attacha de préférence aux équinoxes observés en grand nombre par Hipparque à Rhodes. Il diminua l'année d'une petite quantité. (Cette diminution qui est de $\frac{1}{300}$ de jour, est d'Hipparque, suivant le témoignage de Ptolémée lui-même; et d'ailleurs, puisque Ptolémée a conservé les mouvemens du Soleil d'Hipparque, il n'est pas possible qu'il ait fait l'année différente.) Albategni la réduisit à $365^j 5^h 46' 24''$. Copernic observa l'équinoxe à Frueberg, le 18 des calendes d'octobre de 1515. Entre l'observation d'Albategni et la sienne, il compte 633 années égyptiennes $153^j 6^h 45'$, au lieu de $168^j 6^h$; entre son observation est celle de Ptolémée, 1376 ans 322^j et une demi-heure. L'intervalle entre Albategni et Copernic donne un jour pour 128 ans; entre Ptolémée et Copernic, un jour pour 125 ans; ainsi partout on voit une inégalité dans l'année, ou plutôt Copernic montre toujours le même respect et la même foi implicite pour toutes les observations. Il a fait usage aussi de l'équinoxe observé en l'an 1616, $4^h \frac{1}{3}$ après minuit, le 5 des ides de mars. L'intervalle est de 1366 années égyptiennes, $322^j 16^h \frac{1}{3}$; on voit encore que les distances des équinoxes ne sont pas les mêmes au printems et en automne. De ces raisons et de plusieurs autres, Copernic conclut que c'est par rapport aux fixes qu'il faut déterminer la véritable longueur de l'année, suivant l'idée de Thébith ben Chora. On trouve ainsi $365^j 15' 23''$ ou $365^j 6^h 9' 12''$; au lieu de $12''$, je trouve $11'',5$, l'année sidérale de Copernic était donc bien déterminée.

« On voit donc, reprend-il, qu'il faut se servir des étoiles; l'erreur qu'on peut craindre dans cette méthode, est moindre que celle qu'on risquerait dans l'autre, d'autant plus que le Soleil lui-même est sujet à une *double inégalité*. La seconde n'a été aperçue qu'au bout d'un fort long tems; la première est annuelle. Ainsi, même en comparant le Soleil à l'étoile, il faut choisir deux époques où cette inégalité soit la même; il faut éviter la différence des deux équations, ou en tenir compte dans le calcul, si l'on veut avoir un résultat exact. La connaissance de l'équation dépend elle-même de celle du mouvement annuel.

» Il y a donc quatre causes d'inégalité dans l'année tropique. La première est l'inégalité de la précession (celle-ci n'a pas lieu, ou du moins elle est très peu de chose); la deuxième est l'équation annuelle du Soleil; la troisième est celle qui change l'équation annuelle (et c'est celle qu'il désigne sous le nom de *seconde inégalité*); la quatrième est celle qui change les apsides du Soleil, ainsi que nous le montrerons ci-dessous. »

De ces quatre causes, Ptolémée ne connaissait que la première; mais pour déterminer l'équation annuelle, il suffit de connaître à peu près la longueur de l'année qu'on peut supposer de $365^j \frac{1}{4}$; mais par avance, il donne les mouvemens moyens qu'il a trouvés sans rien négliger.

Thébith donnait à l'année une seconde de moins seulement que n'a trouvé Copernic, qui donne ici $365^j 15' 24'' 10'''$, ou $6^h 19' 40''$ (c'était $12''$ tout à l'heure); il en déduit le mouvement en 365^j de....... $5^{ss} 59° 44' 49'' 7''' 4^{iv}$, ou $11^s 29° 44' 49'' 7''' 4^{iv}$; mais à ce mouvement, si nous ajoutons le mouvement moyen de précession, nous aurons $11^s 19° 45' 20'' 19''' 9^{iv}$; ce dernier mouvement s'appelle *composé*, c'est le seul dont on fasse usage aujourd'hui.

Soit le Soleil en C (fig. 10); la Terre en D verra le Soleil répondre à un point A dans la sphère des fixes; que la Terre soit transportée en E, elle verra le Soleil en B, éloigné du point A de l'angle AEB; le mouvement apparent du Soleil sera donc AEB=ACB—CAE=CDE—CAE $=\text{CDE}-\left(\frac{\text{CE}}{\text{AE}}\right)\sin \text{CDE}$; mais$\left(\frac{\text{CE}}{\text{AE}}\right)$ est une quantité insensible; donc le mouvement apparent du Soleil doit nous sembler égal au mouvement réel de la Terre. Voilà ce qui aurait lieu en effet si la Terre se mouvait autour du centre du Soleil; mais *le centre des mouvemens est hors du Soleil*, il en résulte une inégalité que Copernic calcule par un excentrique ou par un épicycle comme les anciens, à la réserve que c'est la Terre qu'il fait mouvoir sur l'excentrique ou l'épicycle. Les deux hypothèses donnent les mêmes résultats, a dit Ptolémée; il n'est pas aisé de décider laquelle a lieu véritablement dans le ciel. Nous savons aujourd'hui que ce n'est ni l'une ni l'autre; et Képler, en plaçant le Soleil au véritable centre, a rendu inutiles les considérations que nous venons d'analyser; le mouvement apparent du Soleil est véritablement........ ACB=DCE, puisque l'angle CAE est réellement insensible.

Copernic expose ensuite la manière dont Hipparque et Ptolémée ont déterminé l'excentricité et le lieu de l'apside. Hipparque et Ptolémée la plaçaient en 65° 30′, et faisaient l'excentricité $\frac{1}{24}$. Ils croyaient ces quantités invariables, mais elles ont varié toutes deux, car Albategni trouvait l'excentricité $\frac{10}{347}$ et l'apogée en 82° 17′; Arzachel trouvait aussi $\frac{10}{347}$, mais il mettait l'apogée en 77° 50′; Copernic de son côté, en 1515, trouvait l'excentricité $\frac{1}{30}$ et l'apogée en 96° 4′.

Soit (fig. 11) A la Terre qui voit en B le Soleil F au printems, B la Terre qui à l'automne voit en A le Soleil F, C le milieu du Scorpion; menez AB et CD qui se coupent au centre du Soleil, menez aussi la corde AC. Car Copernic, au lieu d'observer les solstices, observait le milieu des signes du Taureau, du Lion, du Scorpion et du Verseau, c'est-à-dire apparemment les jours où le Soleil avait 45, 135, 225 et 315° de longitude. Il ne dit pas comment il a fait ces observations dont l'idée n'était pas nouvelle; il nous est impossible de juger quelle en pouvait être la précision.

De l'équinoxe d'automne au milieu du Scorpion.........	45° 16';	mouv. moyen	44° 37' = BC
De cet équinoxe à celui du printems..................	178.53;	mouv. moyen	176.19 = BA
			131.42 = CA.

Tels sont les mouvemens moyens, et par conséquent les arcs de cercle décrits par la Terre; mais de 6^s à 7^s 15°, le mouvement apparent du Soleil a été de 45°, au lieu de 44° 37', et d'un équinoxe à l'autre, il a été de 180° au lieu de 176° 19'.

D'où l'on voit déjà une inégalité de 3° 41', dont la moitié 1° 50' 30'', annonce une équation du centre qui est au moins de 1° 50' 30'' et qui peut être plus considérable.

Vu du Soleil, l'arc BC soutend donc un angle de 45°, c'est BFC; donc CFA = 135°,

$$CFB = 45° = BAC + DCA = 22° 18' 30'' + DCA;$$

donc

$$DCA = 45° - 22° 18' 30'' = 22° 41' 30'' \text{ et } AD = 2DCA = 45° 23';$$

AC =	131° 42'.........		131° 42'
BC =	44.37	AD =	45.23
BA =	176.19	CD =	177. 5;

ces deux arcs étant moindres que la demi-circonférence, le centre du cercle est dans l'angle BFD. Soit E ce centre, abaissez la perpendic. EK.

Vous connaissez AC et sa corde $= 2 \sin \frac{1}{2} AC = 2 \sin 65° 51'$; vous avez les trois angles

$$\sin F : \sin A :: CA : CF = \frac{CA \sin A}{\sin F} = \frac{2 \sin 65, 51 . \sin 22° 18' 30''}{\sin 135°} = 0{,}979677.$$

$$CK = \tfrac{1}{2} CD = \sin \tfrac{1}{2} CGD = \sin 88° 32' 30'' = 0{,}999416$$

$$CF = \ldots\ldots\ldots\ldots \quad 0{,}979677$$

$$FK = 0{,}019739$$

$$EK = \cos \tfrac{1}{2} CGD = \cos 88° 32' 30'' = 0{,}02545$$

$$\frac{EK}{FK} = \text{tang LFD} = \frac{0{,}025450}{0{,}019739} = \text{tang } 51^\circ 50' 21''$$

$$\text{DFA} = \ldots\ldots\ldots\ldots\ 45.\ 0.\ 0$$

$$\text{LFA} = \ldots\ldots\ldots\ldots\ 96.50.21$$

$$EF = \frac{FK}{\cos \text{LFD}} = \frac{EK}{\sin \text{LFD}} = 0{,}032367 \times 60' = 1^s 56' 31'' 27 = \sin 1^\circ 51' 17'';$$

Copernic, par ses tables moins étendues que les nôtres, trouve

$$\begin{aligned} CF &= 0{,}97967 \\ FK &= 0{,}02000 \\ EK &= 0{,}02534 \\ LFA &= 96^\circ \tfrac{2}{3} \\ EF &= 1^\circ 56' \\ &= \sin 1^\circ 51'. \end{aligned}$$

A quelques modifications près, c'est la méthode d'Hipparque; mais il paraît que les observations sont un peu plus précises; et en effet, quelle précision pouvait-on attendre de l'observation du solstice?

Hipparque et Ptolémée faisaient l'équation	2° 24′
Albategni et Arzachel..................	1.59
Copernic trouve....................	1.51;

il en conclut une diminution d'excentricité qui force de changer la table de l'équation, mais il ne dit qu'un mot de la manière de la calculer.

Il passe à la recherche des moyens mouvemens. Il y emploie un équinoxe d'Hipparque, celui de l'an 32e de la 3e période de Calippe, et un autre observé à Frueberg sur le même méridien que Cracovie, l'an 1515 le 18 des calendes d'octobre. Il corrige ces observations de l'équation du centre; l'intervalle est de 1672 années égyptiennes 37j 18′ 45″; le moyen mouvement 1660 cercles entiers 336° 15′ presque, d'où résulte le mouvement qu'il a mis dans ses tables.

Il donne ses époques pour le méridien de Cracovie et pour différentes ères.

		Copernic donne, en y faisant entrer la précession,
Par les observations d'Hipparque......	5s 28° 20′	
D'Alexand. à Hipparque, 176 ans 362j 27′ moyen mouvement..............	10.12.43	
Epoque d'Alexandre........	7.15.37	7.16.38
D'Alexandre à César, 278 ans 118j....	1.16.27	
Époque de César...........	9. 2. 4	9. 8.59

De César à J.-C., 45 ans 12j..........	0s 0° 27′	Copernic.
Époque de J.-C............	9. 2.31	9. 8. 2
Epoque de la 1re olympiade..	3. 6.16	3. 0.59

Au reste, les nombres ne sont pas ce qu'il y a de curieux ou d'important dans le livre de Copernic, et ses tables n'ont pas joui d'une grande réputation. Il est singulier qu'il n'ait pas mis ses époques en tête de ses tables et au bas de la première page, où il y a tant de vide; il est singulier qu'on ne trouve dans tout l'ouvrage aucun exemple de calcul.

Ptolémée supposait les apsides immobiles; d'autres ont cru qu'elles suivaient le mouvement de la 8e sphère, c'est-à-dire celui des étoiles. Arzachel a cru ce mouvement inégal; il se fondait sur ce qu'Albategni avait trouvé 17° de mouvement en 740, tandis que lui-même trouvait une rétrogradation de 4° en 193 ans. Pour cette raison, il donnait au centre du monde un mouvement dans un petit cercle selon lequel l'apogée avançait ou rétrogradait. Belle invention ! s'écrie Copernic, mais qu'on n'a point admise, parce qu'elle ne s'accordait pas avec les autres observations qui n'indiquaient pas cette alternative de mouvemens directs et rétrogrades. On a donc soupçonné quelque erreur dans les observations (on peut dire que ce soupçon est bien tardif). Rien n'est plus difficile, ajoute Copernic, que la connaissance du lieu de l'apogée solaire, parce que des quantités assez grandes se concluent de quantités presque insensibles. En effet, vers l'apogée et vers le périgée, un degré produit à peine 2′ sur l'équation du centre, et vers les *moyennes apsides*, 5° ou 6° font à peine une minute.

« Pour placer l'apogée du Soleil en 96°½, nous n'avons pas voulu nous en rapporter uniquement aux instrumens *horoscopes*, et nous avons voulu nous appuyer aussi des éclipses de Soleil et de Lune, parce que ces phénomènes sont propres à rendre l'erreur sensible. Ce que nous avons pu en tirer de plus vraisemblable, c'est que le mouvement est toujours direct, mais qu'il est inégal; car d'Hipparque à Ptolémée, l'apogée a été stationnaire; depuis il a toujours eu un mouvement direct, sauf la différence entre Albategni et Arzachel. »

Mais la station entre Hipparque et Ptolémée s'explique tout naturellement, si Ptolémée n'a fait que copier les calculs d'Hipparque et n'a point observé; quant aux deux astronomes arabes, ils ont pu se tromper tous deux d'une certaine quantité, de sens contraires, qui expliquerait la rétrogradation apparente. On expliquerait de même la station de l'obliquité. Ératosthène fit une observation encore un peu grossière avec un instrument qui ne donnait tout au plus que les dixaines de minutes. 200 ans après, quand l'obliquité n'avait pas diminué de 2′, Hipparque répète l'observation avec un instrument qui n'est pas meilleur, et trouve sensiblement la même chose. Comme on n'avait aucune raison de soupçonner une diminution annuelle, il ne change rien à la détermination de son prédécesseur. Ptolémée l'adopte à son tour sans l'avoir vérifiée, ou si l'on veut, après l'avoir observée avec l'instrument d'Ératosthène. Si on l'en croit, ses observations s'accordaient à 5′ près.

Depuis le tems d'Eratosthène, l'obliquité avait diminué de 3′, c'est à peu près la moitié de l'écart qu'il remarquait entre ses observations. Il n'avait pas de raison suffisante pour préférer sa détermination à une détermination célèbre, et il la sanctionna par un nouveau suffrage. Mais ce qui fait croire qu'il ne l'a point observée réellement, c'est que l'obliquité d'Eratosthène, trop grande déjà pour son tems, l'était devenue davantage pour le tems de Ptolémée, et qu'il serait bien étrange que trois astronomes successivement se fussent trompés et toujours dans le même sens, et d'une manière croissante. Ainsi l'hypothèse bâtie par Copernic sur deux suppositions également erronées, tombe d'elle-même, ce qui ne nous dispense pas de montrer comment il sauvait les erreurs de ces observations si imparfaites qu'il adoptait sans discussion.

Du mouvement qu'il donnait au centre de révolution annuelle sur un petit cercle, il suit que l'équation du centre est variable, et qu'elle a besoin d'une correction de même genre que celle de l'obliquité; voici comme il construit ce problème.

Soit (fig. 12) AB le diamètre de l'écliptique, C le centre, D le lieu du Soleil, CD l'excentricité; autour de C comme centre, imaginez un petit cercle décrit du rayon CF moindre que l'excentricité, et que le centre de la révolution annuelle décrive d'un mouvement rétrograde et très lent la circonférence du petit cercle. Quand ce centre sera en E, l'excentricité sera DE, et par conséquent la plus grande; quand il sera sur F, elle sera DF ou la plus petite. L'apside aura donc un mouvement alternatif autour de la moyenne DA. Soit, par exemple, le centre en G; du point G décrivez un cercle du rayon $GK = CA$, l'apside sera sur la droite DK; DG sera moindre que DE, ce sera l'excentricité. Copernic prouve ensuite qu'il obtiendrait les mêmes effets par un épicycle. Il est inutile de le suivre dans cette nouvelle exposition, où il place un petit épicycle sur l'épicycle qui mesure l'équation moyenne. Il passe au calcul de la seconde équation solaire. Ce calcul serait pour nous des plus simples. Menez CG (fig. 12), abaissez la perpendiculaire Ga;

$$\text{tang ADG} = \frac{Ga}{Da} = \frac{Ga}{DC + Ca} = \frac{CG \sin EG}{DC + CG \cos EG} = \frac{\left(\frac{CG}{DC}\right) \sin EG}{1 + \left(\frac{CG}{DC}\right) \cos EG};$$

et

$$ADG = \left(\frac{CG}{DC}\right) \frac{\sin EG}{\sin 1''} - \left(\frac{CG}{DC}\right)^2 \frac{\sin 2EG}{\sin 2''} + \left(\frac{CG}{DC}\right)^3 \frac{\sin 3EG}{\sin 3''} - \text{etc.},$$

$$DG = \frac{Da}{\cos ADG} = \frac{DC + CG \cos EG}{\cos ADG};$$

il ne resterait plus qu'à déterminer la plus grande et la plus petite excentricité; la demi-somme serait l'excentricité moyenne, la demi-différence serait le rayon du petit cercle. L'intervalle entre la plus grande et la plus petite, ferait connaître la demi-révolution et le mouvement moyen EG.

Copernic trouve la plus grande ou DE	=	417
la plus petite ou DF	=	321
Somme	=	738
Différence	=	96
Excentricité moyenne 369	=	DC,
Rayon du petit cercle 48	=	CG.

$\frac{CG}{DC} = \frac{48}{369} = \sin 7°28'27'',5$; Copernic dit 7°28'; c'est selon lui la plus grande équation de l'apogée. De son tems, G était en g et $gF = 14°21'$, $Eg = 165°39'$ en 1515.

EG était zéro, 64 ans avant J.-C. Le mouvement est de 165°39' en 1580 ans, ou 6' 17'' 26''' par an. L'équation calculée par notre série, serait

$$7°27'10'',1 \sin A - 29'5'',1 \sin 2A + 2'31'',34 \sin 3A - 14''765 \sin 4A.$$

Il fait le mouvement moyen de l'apogée de 24'' 20''' 14^{iv} par an; c'est plus que le double de celui qu'il a véritablement.

Le mouvement annuel simple étant de	359° 44' 49'' 7''' 4^{iv},
et le mouvement de l'apogée...........	24.20.14,
il restera pour le mouvement d'anomalie..	359.44.24.46.50,
à l'époque de J.-C. l'anomalie était......	211.14.

La composition de ses tables ressemble beaucoup à celle de Ptolémée. On y voit de 3 en 3° de l'argument, l'équation de l'apogée, et la prostaphérèse pour la plus petite excentricité; à la suite de la première, les sexagésimales proportionnelles qui serviront à corriger la prostaphérèse, et à la suite de la seconde, l'excès qu'il faudra multiplier par la fraction sexagésimale.

Pour trouver par ces tables le lieu vrai du Soleil, cherchez le vrai lieu de l'équinoxe, son antécession et l'anomalie simple; puis le moyen mouvement du centre de la Terre, que vous nommerez *mouvement du Soleil,* si vous voulez.

Avec l'anomalie première et simple, vous trouverez la prostaphérèse d'anomalie et les minutes proportionnelles que vous mettrez à part. La prostaphérèse d'anomalie est additive dans la première moitié de l'argument, soustractive dans la seconde.

Avec l'anomalie ainsi corrigée, prenez la prostaphérèse de l'orbe annuel et l'excès qui se trouve sur la même ligne dans la dernière colonne. Multipliez cet excès par les minutes proportionnelles réservées ci-dessus; le produit sera la correction toujours additive de la prostaphérèse de l'orbe annuel. Cette prostaphérèse ainsi augmentée, se retranche dans la première moitié de l'argument, et s'ajoute dans la seconde.

Vous aurez ainsi le lieu du Soleil compté de la première étoile du Bélier; vous y ajouterez la vraie précession de l'équinoxe, et vous aurez la longitude apparente du Soleil, soit que vous supposiez le mouvement de cet astre, soit que vous adoptiez celui de la Terre. Sans rien préjuger ici ni pour l'un ni pour l'autre de ces systèmes, il annonce qu'il reviendra sur cette question, en parlant des planètes.

En lui-même ce chapitre est fort clair; on regrettait seulement de n'y pas trouver un type de calcul, d'autant plus nécessaire que les élémens du calcul sont disséminés dans l'ouvrage, et qu'on ne sait où les prendre. Mais l'éditeur Muller a rempli cette lacune, en calculant le lieu du Soleil pour l'équinoxe de 1515, observé par Copernic.

Pour l'équation du tems, la doctrine de Copernic est la même que celle de Ptolémée, modifiée seulement par une attention de plus que demandaient les divers mouvemens de l'apogée, et qu'il est inutile de détailler, puisque la théorie est aujourd'hui simplifiée.

Au livre IV, qui traite des mouvemens de la Lune, il annonce qu'il va tâcher d'améliorer la théorie que nous tenons des anciens. Il commence par l'exposition des idées de Ptolémée; mais au chapitre second, il en démontre l'insuffisance.

Sa première objection est que le mouvement est inégal sur l'excentrique; la seconde porte sur la correction de l'anomalie. Après ces raisons assez futiles, il arrive à la véritable objection, c'est que les parallaxes tirées de cette hypothèse, ne s'accordent nullement avec celles qu'on observe, et que les diamètres ne sont pas mieux représentés. En finissant, il nous dit que Ménélaüs et Timocharis, dans leurs observations d'étoiles, n'avaient jamais employé le diamètre de la Lune que pour un demi-degré. Il propose donc une autre hypothèse.

Soit AB (fig. 13) le diamètre de l'épicycle, C son centre, D celui de la Terre; autour de A décrivez un épicycle plus petit, tout cela dans le plan de l'orbite lunaire; que C se meuve suivant l'ordre des signes et A contre cet ordre; que la Lune aille de F, suivant l'ordre des signes, suivant cette règle; que quand DC sera dirigé au Soleil moyen, la Lune soit en E, et qu'elle soit en F dans les quadratures, ces suppositions satisferont aux phénomènes. La Lune en un mois fera deux fois le tour du petit épicycle. Dans les syzygies, le rayon paraît en CE, et dans les quadratures, il paraît en CF; ainsi l'équation aura différentes valeurs. Le centre C de l'épicycle étant toujours dans l'homocentrique, ne donnera pas des parallaxes si différentes. On pourrait arriver au même but par un excentrique.

« Il faut commencer par la recherche des mouvemens moyens, mais on trouve un obstacle dans les parallaxes; on ne peut donc se servir de l'astrolabe; mais on trouve une ressource dans les éclipses de Lune. Il rapporte les recherches d'Hipparque, desquelles il résulte que le mouvement de longitude, multiplié par $(\frac{269}{251})$, donne le mouvement d'anomalie. Ptolémée avait fait un petit changement au mouvement d'Hipparque, Copernic y trouve encore à changer.

Il fait le mouvement relatif annuel......	$129^\circ\,37'\,22''\,36'''\,25^{iv}$
le mouvement d'anomalie........	88.43. 9. 7.15
de latitude.........	148.42.45.17.21
on a, suivant les dernières tables de Mayer,	129.37.24.42
	88.43.14.42
	148.42.48.

Il détermine la première inégalité dans les syzygies, suivant la méthode d'Hipparque; il compare les trois observations de Ptolémée avec trois des siennes.

La première éclipse de Copernic est celle du 6 octobre 1511. Commencement, $1^h \frac{1}{8}$ avant minuit; fin à $2^h \frac{1}{3}$; milieu à $1^h \frac{1}{2} \frac{1}{12}$, ou $1^h 35'$ matin du 7. L'éclipse fut totale, le Soleil était en $6^s 22° 25'$, et par son mouvement moyen en $6^s 24° 13'$.

La deuxième est du 5 septembre 1522. Elle fut encore totale. Commencement, $\frac{2}{5}$ d'heure égale avant minuit; milieu, $1^h \frac{1}{3}$ après minuit. Le Soleil était en $5^s 22° \frac{1}{5}$ et le lieu moyen $5^s 23° 29'$.

La troisième est du 26 août 1523, 3^h moins $\frac{1}{5}$ après minuit; le milieu $4^h \frac{1}{2} - \frac{1}{12}$, ou $4^h 25'$. Le Soleil était en $5^s 11° 21'$, et le lieu moyen $5^s 13° 2'$.

De ces éclipses, il déduit l'excentricité $8604 = \sin 4° 56'$, ce qui diffère peu de ce qu'avaient trouvé Hipparque et Ptolémée.

	☉—☾	anomal.
Époque des olympiades ☉—☾ =	39° 44′	anomal. = 46° 20′,
Alexandre....................	320.44	85.41,
César........................	350.39	17.58,
J.-C.........................	219.58	207.07.

Dans les quadratures, l'équation est plus forte de $2° \frac{2}{3}$, c'est-à-dire que l'on a trouvé $CE = 1334$ (fig. 14); or, $CF = 860$; donc $EF = 474$, $FG = 237 = GE$, $CG = CS = 1097$, $\frac{SM}{SC} = \frac{237}{1097} = \sin 12° 28' 36''$; le complément $77° 31' 24''$, dont le supplément est $102° 28' 36''$; c'est la plus grande équation ou le plus grand écart de la Lune, par rapport à l'apside de son épicycle; elle a lieu à $77° \frac{1}{2}$ et à $282° \frac{1}{2}$ dans sa table.

Ptolémée faisait la plus grande correction $13° 8'$.

Pour prouver que ces suppositions représentent les observations, Copernic en choisit une d'Hipparque déjà calculée par Ptolémée. Le Soleil moyen était en $3^s 12° 3'$, le Soleil vrai en $3^s 10° 40'$; la Lune vraie en $4^s 28° 37'$, la Lune moyenne en $45° 5'$ de sa révolution mensuelle, et suivant les tables, elle était à 333° d'anomalie sur son épicycle. Cela posé, soit la Lune en G (fig. 15). Dans le triangle CEG, nous avons $EG = 237$, $CE = 1097$; $ABE = 333°$, donne le lieu du centre de l'épicycle.

$$GEC = 90° 10' = 2(☾ - ☉),$$

$$\text{tang } ECG = \frac{\left(\frac{GE}{EC}\right) \sin GEC}{1 - \left(\frac{GE}{EC}\right) \cos GEC} = \text{tang } 12° 11' 1'',$$

$$CG = \left[1 - \left(\frac{GE}{EC}\right) \cos GEC\right] \frac{CE}{\cos ECG} = 1123;$$

Copernic, par la Trigonométrie de son tems, trouve $ECG = 12° 12'$ et $CG = 1123$.

ACE = 333°
ECG = 12.11′ 1″
ACG = 345.11.11
ou 14.48.59;

alors avec CG, CD et l'angle ACG, nous trouverons

l'équation lunaire.....	1° 29′
☾ — ☉	45. 5
(☾ — ☉) corrigé	46.34
☾ moyenne	102.03
☾ vraie =	148.37.

Le Soleil vrai était en................	3ˢ 10° 40′
La ☾............................	4.28.37
Distance angulaire vraie..............	1.17.57.

C'est-à-dire 9′ de moins que suivant l'observation d'Hipparque; mais Copernic remarque que la réduction à l'écliptique était de 7′; ainsi l'erreur n'est plus que de 2′.

Il faut avouer que pour la clarté et la simplicité, cette méthode l'emporte de beaucoup sur celle de Ptolémée, sans compter qu'elle donne des distances et des parallaxes considérablement moins inexactes. Du reste, la table de la correction de l'anomalie diffère très peu de celle de Ptolémée. L'équation du centre est plus petite seulement de 5′; en sorte que les longitudes doivent être à très peu près les mêmes dans les deux hypothèses.

Les latitudes ne différeront pas davantage. Sa méthode, pour les déterminer est encore celle d'Hipparque et de Ptolémée. Parmi les éclipses qu'il compare, il s'en trouve une qu'il avait observée lui-même, le 4 des nones de juin 1509, le Soleil étant en 2ˢ 21°; milieu $11^h \frac{3}{5}$. L'éclipse a été de huit doigts : il y trouve la confirmation des déterminations précédentes.

On peut remarquer que ses éclipses sont indiquées en demies, tiers et douzièmes d'heure; voilà huit doigts qui sont $\frac{2}{3}$ du diamètre. C'est à peu près la même précision que les Grecs pour les doigts, c'est un peu plus pour les tems.

On en trouve encore une autre dans le chapitre suivant, qui fut observée par Copernic, à Rome, en l'an 1500, après les nones de novembre, 2^h avant minuit, le Soleil était en $7^s 23^\circ 11'$; l'éclipse fut de dix doigts dans la partie boréale; il en conclut l'anomalie ou l'argument de latitude.

Ère des olympiades.......	$49^\circ\ 0'$
Alexandre.......	136.57
César...........	206.53
J.-C............	129.45.*

A l'article des parallaxes, il décrit l'instrument de Ptolémée, rapporte ses observations et les parallaxes qui s'en déduisent; mais il les trouve fort inexactes, et pour le prouver, il cite deux observations faites par lui-même.

En 1522, le 5 des calendes d'octobre, à $5^h \frac{2}{3}$ du soir, le Soleil étant près de se coucher, il trouva dans le méridien la distance zénitale de la Lune $82^\circ 50'$; la hauteur du pôle était $54^\circ 19'$, d'où il déduit $50'$ de parallaxe. La réfraction passait $7'$, mais il ne la connaissait pas. Suivant Ptolémée la parallaxe serait de $77'$.

L'an 1524, le 7 des ides d'août, 6^h après midi, la distance zénitale était de $81^\circ 55'$, la parallaxe 1°, tandis que suivant Ptolémée, elle serait de $98'$.

Par la première observation,

$$\frac{\sin 50}{\sin 82^\circ 50} = \sin 50' 24'' = \text{parallaxe horizontale};$$

par la seconde observation,

$$\frac{\sin 1^\circ}{\sin 81^\circ 55} = \sin 1^\circ 0' 36'' = \text{parallaxe horizontale}.$$

Soit maintenant ACB (fig. 16) l'épicycle de la Lune, D le centre, E le centre de la Terre; menez EDA, A sera l'apogée, B le périgée; ABC est de $242^\circ 10'$ par les tables; FKG le sur-épicycle;.......... $FGK = 194^\circ 12' = 2(☾ - ☉)$; menez DK et calculez GDK que vous trouverez de $2^\circ 30'$; en effet, soit $DE = 1$, $KDE = 59^\circ 40'$

$$DEK = 7.\ 0$$
$$DKE = 113.20$$
$$\text{Somme} = 180.\ 0.$$

$$DK = \frac{DE \sin DEK}{\sin DKE} = 0{,}132724, \quad \text{la constante } DC = 0{,}1097,$$

$$FCK = 360 - FGK = 165^\circ 48', \; DC = \frac{DK \sin CKD}{\sin FCK} = 0{,}10972;$$

$$CK = \frac{DK \sin CDK}{\sin FCK} = 0{,}02360,\ DG = DC + CK = 0{,}13332,$$

$$DF = DC - CK = 0{,}08612,\ EK = \frac{DE \sin KDE}{\sin DKE} = 0{,}93998.$$

L'édition de 1566 fait DEK = 12°, au lieu que la véritable valeur est 7°. Cette faute était rectifiée dans l'*errata* de la première édition; mais en supprimant l'*errata*, on n'avait pas eu le soin d'en profiter pour corriger les fautes. Cette valeur de 12° est impossible; mais avant d'en faire la réflexion, j'avais fait le calcul avec la fausse valeur qui m'avait donné une parallaxe trop forte. J'ai retrouvé la véritable valeur dans la troisième édition, et elle me donne EK = 0,93998; c'est la valeur que lui assigne Copernic, sans nous dire de quelle manière il l'a calculée. Mais ce jour-là la parallaxe observée était 1°. Copernic la prend pour la parallaxe horizontale; cette dernière parallaxe était réellement de 1° 0′ 36″; elle était plus grande que dans la distance moyenne, puisque EK est une fraction de l'unité. J'en multiplie le sinus par EK, et je trouve la parallaxe moyenne 56′ 58″, ce qui approche beaucoup de celle que l'on connaît aujourd'hui.

Je divise le sinus de 56′ 58″ par (1 — DG) = 0,86668, et j'ai le sinus de 65′ 44″; c'est la plus grande parallaxe possible dans cette hypothèse.

Je divise ce même sinus par (1 + DG) = 1,13332, et j'ai le sinus de 50′ 16″, qui est la plus petite parallaxe. Elle est un peu trop faible, la plus forte est un peu trop grande; mais ces erreurs sont incomparablement moindres que celles de Ptolémée.

Pour les diamètres de l'ombre, de la Lune et du Soleil, il expose la théorie d'Hipparque; il fait seulement quelques changemens légers aux nombres, et il en conclut que les éclipses de Soleil ne peuvent être totales, à moins que la Lune ne soit éloignée de 62 demi-diamètres de la Terre; il cherche ensuite les volumes des trois corps.

Les diamètres varient avec les distances comme les parallaxes; les parallaxes extrêmes pour le Soleil sont 2′ 53″ et 3′ 7″; le diamètre apogée du Soleil 31′ 48″; le diamètre périgée est 33′ 54″; ces quantités sont beaucoup trop fortes, et sur-tout la parallaxe qui est celle d'Hipparque.

Les parallaxes de la Lune, 50′ 18″ en quadrature, 51′ 24″ en conjonction ou en opposition, 62′ 21″, et 65′ 45″ dans le périgée; le diamètre de la Terre est à celui de la Lune comme 7 à 2.

Les diamètres de la Lune seront donc 28′ 45″, 30′ 0″, 35′ 38″ et 37′ 33″. Suivant Ptolémée, ce dernier serait 1°.

Le diamètre de l'ombre est à celui de la Lune comme 403 à 150; le plus petit sera 80′ 36″; le plus grand 95′ 44″; la différence la plus grande 14′ 8″.

Il y a une erreur d'une minute sur l'un de ces trois nombres. Mulerius met en marge qu'il faut lire 15′ 8″; l'excentricité de la Terre doit produire sur les diamètres de l'ombre une légère différence; Copernic, après l'avoir évaluée, finit par la négliger, à l'exemple des anciens.

D'après ces recherches, il construit ses tables des parallaxes et des demi-diamètres suivant la méthode de Ptolémée, et calcule comme lui les parallaxes de longitude et de latitude.

Pour confirmer ses hypothèses de parallaxes, il rapporte une occultation d'Aldébaran observée par lui à Bologne, le 7 des ides de mars après le coucher du Soleil, en l'an 1496. L'étoile parut toucher le bord austral de la Lune, et disparut entre les cornes à la cinquième heure de la nuit; elle était alors plus voisine de la corne australe de $\frac{1}{3}$ du diamètre lunaire. Cette observation ressemble beaucoup à celles des Grecs.

Il donne ensuite les préceptes pour trouver les conjonctions et oppositions moyennes et vraies, et reconnaître celles qui sont écliptiques; et pour trouver la quantité de l'éclipse en doigts, soit du diamètre, soit de la surface; le tout à la manière de Ptolémée.

Les services qu'il a rendus à la théorie de la Lune sont donc premièrement une combinaison plus simple et plus facile, pour calculer la double inégalité de la Lune et ensuite la correction importante qu'il fait aux distances, aux parallaxes et aux diamètres. Il est très singulier que Ptolémée n'ait point aperçu que sa théorie était si prodigieusement erronée en ce point. On peut encore concevoir qu'il se soit dissimulé l'erreur des parallaxes qu'on ne détermine que par le calcul des observations; mais pour les diamètres, il suffit d'avoir des yeux pour s'apercevoir qu'ils ne sont jamais d'un degré.

Dans le cinquième livre, il donne la théorie des planètes autour du Soleil. Dans l'énumération qu'il fait de leurs noms et les étymologies qu'il en donne, on remarque celle de Saturne qu'on appelait φαίνων, *quasi lucentem vel apparentem, latet enim minimè cæteris, citiusque emergit occultatus à Sole,* parce qu'il est moins long-tems caché qu'aucun autre, et qu'il se dégage plutôt des rayons du Soleil, ce qui ne peut venir que de la lenteur de son mouvement, et par conséquent de la grandeur du mouvement relatif de la Terre. On peut comparer cette étymologie à celle que nous tenons d'Achille Tatius, tome I, p. 217.

On remarque deux inégalités dans les planètes; la première est produite par le mouvement de la Terre, l'autre est propre à chaque planète. Il appelle la première, mouvement de commutation; elle produit les stations et les rétrogradations, non que la planète rétrograde en effet, car elle est toujours directe, mais par la parallaxe annuelle qui est différente, suivant la grandeur des orbes.

Pour les planètes supérieures, cette parallaxe ou commutation est nulle dans les oppositions. Les planètes inférieures nous sont cachées dans leurs conjonctions, elles ne deviennent visibles qu'en vertu de leur élongation. Ainsi jamais on ne les observe, quand la commutation est nulle. Tout cela était vrai alors, avant l'invention des lunettes.

Chaque planète a donc son mouvement de commutation qui est son mouvement relatif; mais les retours de commutation ou à la commutation nulle sont inégaux. Il en résulte que les planètes ont une inégalité particulière qui dépend d'une apside que les anciens ont crue fixe. Ptolémée avoue qu'il a reçu d'Hipparque les mouvemens moyens et les restitutions des planètes; mais il les exprimait en années tropiques, ce que Copernic trouve trop peu exact à cause du mouvement inégal qu'il attribue aux points équinoxiaux. Il trouve donc plus convenable de mesurer ces révolutions par rapport aux étoiles. Cette raison de préférence n'existe plus depuis qu'il est reconnu que le mouvement de précession n'a pas cette grande inégalité que lui donnait Copernic.

Après avoir exposé brièvement la doctrine des anciens, il explique comment, dans son système, il conçoit tous ces mouvemens. Il commence par Vénus, qu'il fait circuler autour du Soleil autour d'un point qui a la même longitude que le Soleil *moyen*. Mais les digressions sont inégales; au lieu d'en conclure que les orbites ne sont pas circulaires, il veut, comme les anciens, qu'elles soient excentriques; c'est la même chose pour les planètes supérieures. C'est la planète supérieure qu'il considère comme immobile, en donnant à la Terre le mouvement relatif. Il en résulte une démonstration claire de la seconde inégalité, des stations et des rétrogradations; rien de plus satisfaisant, quand on se borne à des considérations générales.

Pour rendre raison des inégalités, il explique une construction qui lui paraît suffisante pour toutes les planètes, excepté Mercure dont il traitera séparément.

Soit AB (fig. 17) l'excentrique de la planète autour du centre C; ACB le demi-diamètre dirigé au lieu moyen du Soleil, et la ligne des apsides de la planète; D le centre de la Terre; A l'apside supérieure. Avec le rayon AF $=\frac{1}{3}$ de l'excentricité CD, décrivez l'épicycle EF, F sera le périgée de la planète. Que le centre de l'épicycle se meuve suivant l'ordre des signes, le long de l'excentrique; que la planète, dans la partie supérieure de son épicycle, se meuve de même selon l'ordre des signes, elle se mouvra contre cet ordre, quand elle sera dans la partie inférieure. Que ces mouvemens forment des angles égaux, il arrivera que la planète étant périgée en F, quand l'épicycle est apogée en A, elle deviendra apogée en L, quand l'épicycle sera périgée en B, quand l'un et l'autre auront eu un mouvement de 180°. Dans les quadratures moyennes, l'un et l'autre seront dans les apsides moyennes, puisque les deux mouvemens seront tous deux de 90° et le diamètre de l'épicycle sera perpendiculaire au diamètre AB. Dans toutes les positions intermédiaires, l'angle entre les deux diamètres sera oblique.

De la composition de ces mouvemens il résultera que la planète décrira un cercle, du moins sensiblement comme dans le système ancien.

Soit CM $=\frac{1}{3}$CD et menez IM qui coupera le rayon CG en un point Q, AG $=$ HI, HGI $= 90° =$ ACG. Les triangles IQG, QCM seront égaux et semblables, car GI $=$ CM; donc IM $=$ IQ $+$ QM $>$ GC, MF $=$ CA; donc le cercle décrit du centre M et du rayon MF par les points FGL est égal au cercle AB, et il coupera la ligne IM; la planète ira donc de F en I, en décrivant un quart de cercle à fort peu près. Autour du point D, décrivez l'orbe annuel NO de la Terre; menez IDR et que PDS soit parallèle à GC. IDR sera la ligne du vrai mouvement de la planète, GC celle du moyen mouvement; l'apogée vrai de la Terre sera en R, et l'apogée moyen en S; RDS $=$ IDP $=$ différence entre le mouvement vrai et le mouvement moyen $=$ACG$-$CDI$=$CxD.

On pourrait arriver au même résultat par un homocentrique en D qui porterait un épicycle surmonté d'un autre épicycle; on donnerait aux deux épicycles des mouvemens égaux et opposés, et la planète aurait sur son épicycle un mouvement double; mais le tout serait moins simple et moins facile. Il commence par appliquer cette théorie à trois oppositions de Saturne.

Soit (fig. 18) ABC l'excentrique autour du centre D et sur le diamètre FDG; E le centre de la Terre, A le centre de l'épicycle à la première opposition, B à la seconde, et C à la troisième.

Soit le rayon de l'épicycle AN $=$ BO $=$ CP $=\frac{1}{3}$DE.

Menez DA, DB, DC qui couperont les épicycles en K, en L et en M.

Prenez les arcs NK=AF, LO=BF, MP=BC; joignez EN, EO, EP. Les tables donnent AB=75° 39′, BC=87° 51′. L'observation a donné NEO=68° 23′, OEP=34° 34′. (Il y a quelqu'erreur dans ces nombres.)

On veut déterminer DE et la longitude du point F. Mais on rencontre ici la même difficulté que dans la méthode de Ptolémée. On connaît les angles NEO, OEP par les observations et les angles ADB, BDC, tirés des tables des moyens mouvemens. Ces angles n'ont pas le même centre; il n'y a donc pas de solution directe. Ptolémée a su éviter la difficulté d'une manière adroite, mais un peu longue; nous l'avons abrégée dans nos commentaires. Copernic annonce qu'il va imiter le calcul de Ptolémée, et en général on voit qu'après avoir établi directement l'extrême probabilité de son système, il veut montrer que toutes les connaissances acquises s'y appliquent d'elles-mêmes, et qu'on en obtient les mêmes résultats avec plus de facilité; que quelquefois même les théories y reçoivent des améliorations sensibles. N'ayant ni le tems, ni les données nécessaires pour créer une Astronomie entièrement nouvelle, il transporte au moins dans son hypothèse tout ce qu'il trouve de bon et d'utile chez les anciens.

Tracez l'orbite de la Terre SRT qui coupera en R la droite EP; menez le diamètre ST parallèle à CD de la dernière longitude moyenne. SED=CDF à cause du parallélisme; donc SER est la prostaphérèse ou la différence entre le moyen mouvement et le mouvement vrai, ou bien SER = CDF — PED = 5° 16′ = 180° — TER = 180° — distance vraie à l'opposition moyenne; car SET est la ligne des conjonctions moyennes. Ceci aurait besoin de quelques développemens. Les mouvemens de Saturne, suivant Ptolémée, s'accordaient mal avec ce qu'on observait du tems de Copernic; en conséquence, il prend trois observations faites par lui-même.

La première est de 1514, le 3 des nones de mai, $1^h \frac{1}{5}$ avant minuit, Saturne était en .... 205° 24′

La deuxième de 1520, le 3 des ides de juillet à midi, Saturne était en 263.25

La troisième de 1527, le 6 des ides d'octobre après minuit en avant de la corne du Bélier de 7′ 0. 7

Au lieu de 263.25, Mulerius nous avertit qu'il faut lire 273° 25′.

Le premier intervalle est de six années égyptiennes 70′ 23′, dans lesquels le mouvement apparent est de .... 58° 1′

Mulérius nous avertit qu'il faut lire 68. 1

Le deuxième intervalle est de 7 ans 89ʲ46′, et le mouvement apparent.................................. 86° 42′

Le mouvem. moyen dans le premier intervalle est de. 75.39 = AB
dans le deuxième est de........ 88.29 = BC.

Pour résoudre le problème avec ces données, Copernic, à l'exemple de Ptolémée, suppose que la planète se meuve dans un simple excentrique.

Supposons donc (fig. 19) que ABC soit cet excentrique, et les trois points A, B, C, ceux des trois oppositions, et D le centre de la Terre; menez DA, DB, DC; continuez l'une de ces trois lignes DC, par exemple, jusqu'au point opposé du cercle; joignez EA, EB et même AB.

BDC = 86° 42′; donc BDE = 93° 18′; Copernic double ces angles pour que les trois angles du triangle fassent 360°, ce qui était bien inutile avec des Tables de sinus; c'est apparemment pour suivre plus exactement la marche de Ptolémée. C'est ce que nous nous garderons bien d'imiter.

BED appuyé sur l'arc BC = 88° 29′ sera donc de 44° 14′ 30″.

BDE	=	93° 18′ 0″
BED	=	44.14.30
DBE	=	42.27.30
		180. 0. 0
BDC	=	86.42. 0
BDA	=	68. 1. 0
ADC	=	154.43. 0
ADE	=	25.17. 0
AED	=	82. 4. 0
DAE	=	72.39. 0
		180. 0. 0;

au lieu de calculer les côtés, comme Copernic, pour le rayon du cercle circonscrit à ce triangle, nous ferons

$$\sin B : DE :: \sin D : BE = \left(\frac{\sin D}{\sin B}\right) DE :: \sin E : BD = \left(\frac{\sin E}{\sin B}\right) DE,$$
$$BE = 1,47891\ DE,$$
$$BD = 1,03353\ DE.$$

Le triangle AEB nous donne

$$\overline{AB}^2 = \overline{BE}^2 + \overline{AE}^2 - 2BE.AE\cos AEB = \overline{BE}^2 + \overline{AE}^2 - 2BE.AE\cos\tfrac{1}{2}AB$$
$$= \overline{DE}^2(2,187165 + 0,200215 - 1,045404) = 1,341976.\overline{DE}^2,$$
$$AB = 1,158437\ DE = 2\sin\tfrac{1}{2}AB = 2\sin AEB,$$

et

$$DE = \frac{2 \sin AEB}{1,158437} = 1,058756,$$

$$BE = 1,47891\, DE = 1,565803 = 2 \sin \tfrac{1}{2} BGAE,$$

$$\sin \tfrac{1}{2} BGAE = 0,7829015 = \sin\ 51^\circ 31'\ 7'',$$

arc BE = arc BGAE = 103. 2.14 Copernic, 103°7',
AB = 75.39. 0

AE = 27.23.14
BC = 88.29

arc CBE = BC + BE = 191.31.14
CHE = 168.28.46
CL = ½ CHE = 84.14.23.

Du centre F abaissez sur la corde CE la perpendiculaire FKL qui les partagera en deux également; vous aurez

$$CK = KE = \sin 84^\circ 14' 23'' = 0,99496;$$

mais vous avez trouvé ci-dessus DE = 1,058756

DE — KE = DK = 0,063796;

$$\frac{DK}{FK} = \frac{0,063796}{\cos 84^\circ 14' 23''} = \text{tang}\, HFL = 32^\circ 26' 13''\quad \text{Copernic},\quad 32^\circ 45'$$

CHL = CL = 84.14.23. . . . . 84.13

CH = 51.48.10. . . . . 51.28

troisième dist. à l'apogée = CG = 128.11.50. . . . . 128.32

CB = 88.29

deuxième distance. . . . . = BG = 39.42.50. . . . . 40. 3

BA = 75.39. 0

première distance. . . . . . AG = 35.56.10

ou 324. 3.50

$$FD = \frac{FK}{HFL} = \frac{\cos 84^\circ 14' 23''}{\cos 32.26.13} = 0,11891 \ldots\ldots\ldots\ldots\ldots\ldots \quad 0,1200.$$

Le calcul trigonométrique est un peu plus simple et plus précis que celui de Copernic, mais le fonds de la méthode est le même; c'est la solution de Ptolémée. Pour le reste du calcul qu'il est inutile de refaire, adoptons les nombres de Copernic, quoique nous différions de quelques minutes sur plusieurs angles.

Soit donc sur le cercle ABC (*fig.* 18) AF = 35° 36′, FB = 40° 3′, FBC = 128° 52′, DE = 900, AN = BO = CP = 300 = ¼ ES; avec ces quantités, si nous voulons faire le calcul des angles, nous ne les trouverons pas d'accord avec les observations. Copernic, par des essais qu'il supprime pour abréger, a trouvé qu'il fallait faire AF=38°50′, FB=36°49′, FBC = 125° 18′, DE = 854, AN = BO = CP = 285, ce qui se rapproche beaucoup de Ptolémée; remarquez que DE + AN = 1139, au lieu de 1189 que nous avions trouvé, et de 1200 qui résultaient du calcul de Copernic. Nous ne le suivrons pas dans les calculs qu'il fait pour prouver que ces élémens s'accordent avec les observations. Une fausse hypothèse circulaire appliquée à des observations très médiocrement bonnes, ne peut nous offrir rien d'intéressant; il nous suffira de dire que l'apogée qui était fixe, suivant Ptolémée, se trouvait par ces nouveaux calculs s'être avancée de 13°58′ en 1392 années égyptiennes et 75^j 48′. Ce mouvement est trop considérable, pour qu'on puisse l'attribuer aux erreurs des observations et à l'incertitude des calculs. Ce mouvement est donc prouvé, quoique la quantité soit beaucoup trop forte.

Copernic ajoute encore que les distances du lieu moyen du Soleil au lieu moyen de Saturne, étaient de 205.49 Époque de J.-C.
35.21 de César.
148. 1 époque d'Alexandre.
134.54 1re olympiade.

Il passe ensuite aux parallaxes annuelles. Comme la grandeur de la Terre produit des parallaxes dans les lieux de la Lune, ainsi la grandeur de l'orbe que décrit la Terre, doit produire, dans les mouvemens des cinq planètes, des parallaxes que la grandeur du rayon qui les cause doit rendre beaucoup plus sensibles. Pour déterminer ces parallaxes, il faut connaître les distances; il suffit pour cela d'une observation.

Copernic observa Saturne, le 6 des calendes de mars, 5^h après minuit, en 1514. Saturne parut en ligne droite des étoiles 2 et 3 du front du Scorpion. La longitude de ces deux étoiles était de 209°; c'est aussi la longitude de Saturne.

Cette observation est tout-à-fait dans le genre de celles de Timocharis. Voilà deux étoiles et une planète qui ont même longitude exprimée en degrés sans fraction.

Soit (fig. 20) BC le diamètre de l'excentrique, D le centre, B l'apogée C le périgée, E le centre des mouvemens de la Terre. Menez AD et AE, F le lieu de Saturne sur son épicycle; ainsi DAF = ADB; par le point E menez HI parallèle au plan de l'épicycle, ou plus simplement menez HEIA, en sorte que relativement à la planète, l'apogée de l'orbe soit en H et le périgée en I. Prenez HL = 116° 31′, suivant le calcul de l'*anomalie de commutation*. Joignez FE, EL, FKEM, ADB = 41°10′, ADE = 180° — ADB = 138° 50′. DE = 0,0854. (Copernic dit 854, il n'emploie jamais les fractions décimales qui n'étaient pas encore en usage de son tems; il suppose AD = 10000; nous le prendrons pour unité. On peut même remarquer qu'il n'emploie les chiffres arabes que dans ses tables et dans ses calculs, et que dans le texte, il donne les dates et les arcs en chiffres romains, ce qui prouve que les chiffres arabes n'étaient pas encore d'un usage général.)

Dans le triangle ADE, vous aurez les deux côtés AE = 1, DE = 0,0854 et l'angle compris; vous trouverez AE = 1,0667, DEA = 38°9′, DAE = 3°1′, EAF = 44° 11′ = DAE + DAE.

Alors dans le triangle EAF, vous aurez AE = 1,0667, AF = 0,0285, EAF = 44° 11′; vous aurez FKE = 1,0465, AEF = 1° 5′,........ DxE = DAE + AEF = 4° 6′, pour l'inégalité totale que Copernic a divisée en deux parties inégales. On voit que DxE est la différence des angles BDA et BEF rapportés aux centres D et E; mais la Terre est sur la circonférence en L.

Si la Terre était en K ou en M, elle verrait comme en E Saturne à

la distance..............................	4° 6′ de l'apog. B
le lieu de l'apogée est....................	199. 10
la longit. de Saturne vu du centre E serait donc	203. 16
mais du point L, il a été vu en...........	209
la différ. ou la parallaxe annuelle est l'angle EFL =	5. 44
or, nous avons dit que HL................	116. 31
ôtons-en HEM = HM = AEF............ =	4. 6
il restera ML =	112. 25
dont le supplément LIK =	67. 35
est la mesure de l'angle LEK = LEF; nous avons donc.........................LEF =	67. 35
EFL =	5. 44
donc FLE =	106. 41;

nous avons le côté EF = 1,0465; nous aurons EL = 0,1090 = EK.
mais ED = 0,0854
donc DO = EO — ED = EL — ED = 0,0236;

donc le cercle KILM devrait enfermer le centre D de l'excentrique, ainsi qu'on le voit fig. 17, et l'on ne voit pas pourquoi, dans la figure du chap. V et dans celle du chap. IX, Copernic a fait le rayon du cercle décrit par la Terre plus petit que l'excentricité ED (fig. 18);

$$AD=DB=1,\ BDE=1,0854,\ BDE-AF=1,0854-0,0285=1,0569,$$
$$BC=2,0000,$$
$$EC=0,9146,\quad EC+AF=0,9146+0,0285=0,9431,$$

ainsi la plus grande distance de Saturne à la Terre, sera 1,0569, la plus petite 0,9431, la moyenne 1,0000; le rayon E de l'orbe de la Terre 0,1090, et la distance de Saturne exprimée en partie de ce rayon, sera $\frac{1}{0,1090} = 0,917431$ un peu trop petite; mais Copernic ne songe pas à réduire les distances à une mesure commune qui en montre plus clairement les rapports, ce qui est un des avantages les plus précieux de son système.

L'idée de partager l'équation de la planète en deux parties, l'une dépendant de l'excentrique, et l'autre d'un petit épicycle, peut paraître d'abord assez bizarre, mais elle sauve le troisième centre ou l'équant. Chez Ptolémée, l'excentricité était partagée en deux; Copernic donne à l'excentricité les trois quarts de la valeur qu'elle a chez Ptolémée; le quart restant est le rayon de l'épicycle. Il fait définitivement..... $0,0864 + 0,0288 = 0,1152 = \sin 6^\circ 37'$; c'est, selon sa théorie, la plus grande équation de Saturne.

La plus grande parallaxe est de 8° 39′ ou 9° 42′.

La théorie de Jupiter est toute semblable; Copernic y emploie encore trois de ses observations.

L'an 1520, la veille des calendes de mai,
11^h après minuit, Jupiter était en........ 200° 28′ de la sphère des fixes;
L'an 1526, le 4e des calendes de décem.,
5^h après minuit, Jupiter était en........ 48.34;
L'an 1529, le jour des calendes de févr.,
19^h après minuit, Jupiter était en........ 113.44;
excentricité, 0,0687; épicycle, 0,0229; total, $0,0916 = \sin 5^\circ 15' \frac{1}{2}$; époque de J.-C., 98° 16′; parallaxes annuelles, les plus grandes, 10° 35′ et 11° 35′; rapport des distances $\frac{1916}{10000}$.

Renversons ce rapport, nous aurons la dist. de ♃ $= \frac{10000}{1916} = 5,21918$, plus exacte que celle de Saturne; mouvement de l'apogée un degré en 300 ans.

Copernic suit encore la même méthode pour Mars. Après trois observations de Ptolémée, il en calcule trois qu'il a observées.

1512, nones de juin, 1^h après minuit, mars en 235° 33';

1518, veille des ides de décemb., 8^h après midi, 63. 2;

1523, 8 des calendes de mars, 7^h avant midi.. 133.20;

il trouve que l'apogée a eu un mouvement de $10^\circ \frac{5}{6}$ ou 10° 50', en 1380 ans environ; il lui semble aussi que l'excentricité a diminué, car il ne croit pas qu'il y ait erreur ni de la part de Ptolémée ni de la sienne. Enfin, en 1523, le 8 des calendes de mars, 7^h avant midi, la longitude moyenne de Mars était 136° 16'; l'anomalie de *commutation* 177° 4'; l'apside supérieure de l'excentrique en 119° 40'; époq. de J.-C. 238°22'=anom. de commutation.

L'an 1512, calendes de janvier, Mars était en conjonction avec la Serre australe, car à 6^h du matin, il était éloigné de l'étoile de $\frac{1}{4}$ de degré vers l'orient solstitial; d'où il résulte que la conjonction était déjà passée de $\frac{1}{8}$ de degré. La différence de latitude était de $\frac{1}{5}$. La longitude de l'étoile était de 191° 20'; sa latitude 0° 40' boréale. Mars était en 191° 28' avec une latitude boréale de 0° 51'.

On croirait lire une observation des Grecs. Il ne dit pas comment il a mesuré cette distance de 15' et la direction à l'orient solstitial. Il trouve l'excentricité 0,1460, le rayon de l'épicycle 0,0500; la parallaxe était ce jour-là de 35° 9'.

Rapport des dist. $\frac{6580}{10000}$, ou en le renversant, dist. Mars$=\frac{1}{0,658}=1,51976$; il est d'autant plus singulier qu'il ne la donne pas en parties de la distance moyenne de la Terre, que le titre de son chapitre XIX est *quantus sit orbis Martis in partibus quarum orbis Terræ annuus fuerit una*. Au reste, il ne restait à faire qu'un calcul bien simple.

Il suit encore la même marche pour Vénus; il adapte son système aux données de Ptolémée, pour prouver que les mouvemens de la planète s'expliquent tout aussi bien dans son hypothèse que dans celle des anciens. Il a cru sans doute avoir besoin de cette précaution sans laquelle il pouvait craindre que ses idées ne fussent rejetées sans examen.

Mulérius, dans son commentaire, rectifie quelques passages de l'Almageste, relatifs à Vénus. Selon lui, l'observation est de l'an 140, 30 juillet au matin, le texte grec dit 142; car l'an 1 d'Antonin commence au 20 juillet 137, l'an 4 a commencé le 19 juillet 140; le texte grec met 14e au lieu de 4e d'Antonin. Il ajoute que Copernic sommeillait sans doute en transcrivant la seconde observation de Théon qu'il rapporte à l'an 4 d'Adrien et 119 de J.-C.; c'était la 12ᵉ d'Adrien et l'an 127.

Enfin la troisième observation de Théon est de l'an 129 de J.-C., le 13 des calendes de juin et non le 12 des calendes.

La dernière de Ptolémée est de la 21ᵉ d'Adrien, 2 tybi au soir, an 136 de J.-C., 18 novembre au soir; ainsi, au lieu du 5 des calendes de janvier, *lisez* 14 calendes de décembre.

Pour expliquer l'inégalité des digressions, il fait tourner le centre de l'orbite de Vénus dans un petit cercle, de manière que quand la Terre sera dans la ligne des apsides, le centre de l'orbite sera en haut du petit cercle; dans l'apside moyenne ou dans les quadratures, le centre sera au bas du petit cercle, en sorte que le centre de l'orbite fera deux révolutions pendant que la Terre en fera une seule. Il ne trouve plus que 350, au lieu de 416 pour l'excentricité. C'est encore par les observations anciennes qu'il détermine les mouvemens. Il suppose alors l'excentricité 312 et le rayon 104. Il compare ces observations à celle qu'il a faite l'an 1529, le 4 des ides de mars, une heure après le coucher du Soleil, c'est-à-dire au commencement de la 8ᵉ heure depuis midi. La Lune commença à cacher Vénus, par sa partie obscure, à égale distance de l'une et l'autre corne. L'occultation dura une heure. La planète sortit par le milieu de la partie éclairée et convexe vers le couchant, ainsi la conjonction a eu lieu vers le milieu de la 8ᵉ heure.

La planète était à 91° 19′ du périgée vrai de son orbite; l'anomalie de commutation 90° 31′, cet angle étant compté de l'apside supérieure de l'orbe. Elle était en 252° 5′ au tems de Timocharis, le mouvement est de 1115 cercles, 198° 26′; en 1800 années égyptiennes 236° 40′; d'où résulte le mouvement annuel $7^s\,15^\circ\,1'\,45''\,3'''\,40^{iv}$, et le mouvement diurne 36° 59′ 38″, époque de J.-C. 126° 45′.

La théorie de Mercure est un peu moins simple, parce que la grande excentricité de cette orbite que méconnaissait Copernic, l'empêchait d'être aussi facilement ramenée à l'hypothèse circulaire; il est donc forcé d'imaginer une autre hypothèse; et, comme dans la précession des équinoxes, il y combine les mouvemens circulaires de manière à produire un mouvement rectiligne. Il fait parcourir à Mercure un petit épicycle dont le centre se meut sur un excentrique, dont le centre est lui-même mobile sur la circonférence d'un autre petit cercle dont le centre est au haut de l'excentricité.

Soit AB (fig. 21) l'orbe de la Terre autour du centre C, CD l'excentricité; autour du point D décrivez un petit cercle; CF sera l'excentricité la plus forte, CE la plus faible, CD la moyenne. Autour de F, décrivez l'orbite HI de Mercure; autour de l'apside supérieure I, tracez l'épicycle LR que parcourt la planète.

Copernic dit du cercle HI : *orbis excentri eccentrus existens eccentrepicyclus.*

Placez Mercure en K à la plus petite distance, c'est-à-dire à la distance FK; tel est l'état des choses à l'origine des mouvemens. Imaginez que F fasse deux révolutions pendant que la Terre en fait une, et qu'il aille dans le même sens que la Terre; que Mercure en fasse de même, non pas sur la circonférence, mais le long du diamètre LK, de L en K et de K en L alternativement.

Il suit de là que si la Terre est en A ou en B, le centre de l'orbite de Mercure sera en F avec la plus grande excentricité; si la Terre est dans les quadratures, le centre F sera en E, Mercure sera en K; ainsi la révolution du point K et celle du point F, seront égales et commensurables à la révolution annuelle de la Terre. Le rayon FI de l'épicycle tournera du mouvement propre de la planète, et décrira, par son extrémité, le cercle IH, uniformément en 88 jours; mais par son mouvement relatif, ou par l'excès de son mouvement sur celui de la Terre, ou, ce qui est la même chose, par son mouvement d'*anomalie de commutation,* il reviendra en conjonction au bout de 116 jours. On voit donc que Mercure ne décrit pas toujours le même cercle; que son excentrique change au moins de place par le mouvement du centre F; enfin que le rayon vecteur de la planète est variable, puisqu'il a pour limites les valeurs FK et FL.

Il faut avouer que des suppositions si arbitraires et si compliquées, font grand tort au système de Copernic, et qu'on aurait gagné peu de chose à faire tourner la Terre, si l'on n'eût heureusement substitué les ellipses au cercle, et placé le Soleil au foyer commun de toutes ces ellipses. Remarqnez que le soleil vrai n'a pas de place dans ce système.

Soit AB (fig. 22) la ligne des apsides de Mercure, A l'apogée, B le périgée, C le centre; du point D comme centre, décrivez l'épicycle de Mercure; menez les tangentes AE, BF, et les rayons DE, DF aux points de contingence. On voit que dans ces deux positions contraires, les élongations ne sauraient être les mêmes; elles diffèrent entre elles et sont encore autres dans les quadratures.

La Terre étant en E dans la quadrature (fig. 23), Mercure en H, comparé au Soleil moyen C, aura l'élongation CEH; mais si Mercure est en G sur l'autre tangente à l'excentrique, la digression paraîtra CEG, CEF sera la demi-différence de ces deux digressions; HEF = FEG la demi-somme. Ces angles sont donnés par les observations; on est convenu de désigner par le nom de *digressions* les tems où la planète est vue sur la tangente à l'orbite.

On aura

CE=1, FE=sécCEF, FH=sécCEFsinFEH, FC=tangCEF=0,0254

FE=1,0014	CD=	0,0948
FH=0,3953	FD=	0,0424
0,3763	FI=	0,0212
0,3573	CF + FI = CFI=	0,0736.

Il reste à expliquer pourquoi l'angle ACE étant de 60°, les digressions de Mercure sont plus grandes que dans le périgée.

Soit BCE = 60° (fig. 24), BIF = 120° = 2BCE; nous venons de trouver CI=0,0736, EC=1; nous trouverons EI=0,9655 et CEI = 3° 47′, presque = ACE — AIE; donc

AIE =	120° — 3° 47′ =	116° 13′	IF =	0,0212
AIF =	=	60	EI =	0,9655
FIE =		56.13	FEI =	1° 4′
			CEI =	3.47
			CEF =	2.43; Copernic dit 44′;

c'est la distance angulaire du centre de l'orbite de Mercure au centre du Soleil; EF sera de 0,9540, la digression sera d'un côté CEH et de l'autre CEG; mais pour les calculer, il faut connaître le rayon variable FG = FH.

Soit (fig. 25) le petit cercle KML dont l'épicycle parcourt le diamètre. Prenez KM = 120°.

KC + CN = 0,0190 + 0,0095 = 0,0285

la plus petite distance = 0,3573

somme = 0,3858 = FG = FH,

$$\sin FEG = \frac{FG}{FE} = \frac{0{,}3858}{0{,}9540} = 23^\circ\, 52'$$

CEF = 2.43

CEG = 26.35

$$CEG = 26^\circ 35'; \quad CEH = 21^\circ\ 9'$$

$$CEG + CEH = 47.44$$

mais au périgée on a seulement 46.46

$$\text{différence} = 0.58.$$

On voit qu'il cherche partout à montrer que son hypothèse conduit aux mêmes résultats que celle de Ptolémée. C'est une autre manière de calculer et de représenter les phénomènes; mais ici on ne voit pas qu'il y ait un avantage marqué dans cette combinaison d'épicycles, de mouvemens circulaires et rectilignes.

Copernic n'avait jamais pu voir Mercure à cause des brouillards de la Vistule; et pour prouver l'accord de sa théorie avec le ciel, dans des tems plus rapprochés, il a été contraint de recourir à des observations de Waltherus et de Schoner, qu'il a calculées de même.

L'an 1491, le 5 des ides de septembre, 5^h après minuit, Mercure observé à l'astrolabe et comparé à Aldébaran, était en $5^s\ 13^\circ\ 30'$, avec une latitude boréale de $1^\circ \frac{1}{2} \cdot \frac{1}{3} = 1^\circ\ 50'$.

L'an 1504, le 5 des ides de janvier, 6^h après minuit, le 10e degré du Scorpion étant au méridien, Schoner, à Nuremberg, vit Mercure en $7^s\ 3^\circ \frac{1}{3}$, avec une latitude boréale de $45'$.

L'an 1504, le 15 des calendes d'avril, le même astronome trouva Mercure en $0^s\ 26^\circ \frac{1}{10}$, avec une latitude de 3° presque; $3^s\ 25^\circ$ étaient au méridien, c'est-à-dire à $7^h \frac{1}{2}$ après midi.

Pour calculer ces observations, il croit pouvoir supposer quelques-uns des élémens établis par Ptolémée, à la réserve du lieu de l'apside qui a pu varier, comme il l'a prouvé pour les autres planètes. Il l'a trouvé en $211^\circ \frac{1}{2}$, avec un mouvement d'un degré en 63 ans, supposé que le mouvement soit uniforme; l'anomalie à l'époque de J.-C. $46^\circ\ 24'$.

Avant de quitter Mercure, il expose une manière *non moins croyable que la première* d'expliquer l'*accès* et le *recès* de l'intersection de l'épicycle sur la ligne des apsides. Il y suppose trois révolutions égales entre elles; il donne à tout le système un mouvement de $2^\circ 7'$, suivant l'ordre des signes, qui l'éloigne de l'apogée de Mercure; il imagine une libration du centre le long du diamètre, et une libration de la planète sur la même ligne. Rien n'est moins clair; il n'entre pas dans assez de détails pour se faire comprendre; il annonce que cette hypothèse ne sera pas inutile pour les latitudes.

Le chapitre XXXIV donne les préceptes pour le calcul de la longitude vraie. Mulérius y ajoute des notes et des exemples.

Pour trouver le lieu d'une planète quelconque, cherchez d'abord la précession par les préceptes du chapitre XII, livre III. Par ceux du chapitre XIV, trouvez le mouvement simple du Soleil.

Cherchez les mouvemens de commutation par les tables du livre V, le lieu de l'apogée et son mouvement chapitre I du livre V. Cela fait, retranchez l'anomalie du lieu moyen du Soleil, le reste sera le mouvement compté de la première étoile d'Ariès. Vous en retrancherez le lieu de l'apogée, qui est la distance de cet apogée à la première étoile ; le reste sera l'anomalie de l'excentrique.

Avec cette anomalie, vous cherchez l'équation de cet excentrique et les minutes proportionnelles. Pour exemple, il prend l'une des observations rapportées ci-dessus.

Mouvement ⊙..................	$5^s\ 9^\circ\ 16'$
Anomalie de commutation de ♃	1.51.16
Moyen mouvement sidéral........	3.18. 0
Lieu de l'apogée................	2.39. 0
Anomalie de l'excentrique........	0.39. 0
Equation.........................	— 3.11
	0.35.49.

Avec l'anomalie 39°, la table donne équation	$+\ 3'\ 11''$	
Minutes proportionnelles..................		$5'\ 40''$
Anomalie de commutation..................	1°51.16	
Anomalie égalée..........................	1.54.27	
Cette anomalie donne....................	10.15	
	— 1	
Partie proportionnelle $63' \times 5'\ 40''$..........	+ 6	
Otez de $1^\circ\ 54'\ 27''$..........................	— 10.20	
Il reste pour la distance vraie de ♃ au ⊙ moyen	1.44. 7	
Mouvement moyen ⊙.....................	5. 9.16	
Distance de Jupiter à la première du Bélier...	3.25. 9	
Précession................................	27.20	
Longitude vraie de Jupiter..................	3.52.29.	

Ce calcul du lieu géocentrique est plus simple que le calcul moderne, mais c'est aux dépens de l'exactitude. Même en supposant les hypothèses parfaites, le calcul ne serait qu'approximatif.

Autre exemple pour Vénus.

Cherchez le lieu de Vénus dans le zodiaque pour l'an 1630, calendes d'avril.

Mouvement moyen ☉....	5″51° 13′ 28″...........		5″51° 13′
Anomalie de commutation	1.14.29. 0	apog. ♀	0.48.20
Equation du centre.......	— 1.40...12′8″		5. 2.53
Anomalie égalée.........	1.12.49		+ 1.40
	5.51.13		5. 4.33
Equation................	+ 1.40	Cet argument ne sert que pour les rétrogradations.	
Parallaxe...............	+29.22		
Longitude vraie.........	0.22.15		
Précession..............	28.16		
Longitude vraie.........	0.50.31		

On voit que Copernic emploie les doubles signes ou soixantaines de degrés.

Pour les rétrogradations, il suit la marche d'Apollonius. Ce chapitre est très court.

Le livre VI traite des latitudes, que l'auteur se flatte d'expliquer dans son système avec plus de facilité peut-être que dans le système du mouvement du Soleil.

Ptolémée plaçait les limites de la latitude de Saturne et de Jupiter au commencement de la Balance; celles de Mars vers la fin du Cancer. Copernic trouve pour Saturne $7^s\,7°$, pour Jupiter $6^s\,27°$, pour Mars $4^s\,27°$. Ces limites ont changé aussi bien que les apogées.

Soit ABC (fig. 26) l'orbe de la Terre autour du centre E, FGKL l'orbe de la planète inclinée de l'angle OGF; F la limite boréale, K la limite australe, L le nœud ascendant, G le nœud descendant; GBEDL la section commune des deux plans. Ces termes n'ont d'autre mouvement que celui des apsides. La planète se meut sur le cercle oblique LOG; concevez en outre que par un mouvement de libration, la planète s'approche et s'éloigne alternativement, il en résultera des variations dans la latitude.

Supposons d'abord que la planète soit à sa limite boréale en O et la Terre au point le plus voisin A; sa latitude surpassera l'angle OGF; le mouvement d'accès et recès sera commensurable au mouvement de commutation. Si la Terre est en B, sa latitude sera proportionnelle à l'inclinaison OGF. Si la Terre est en C, sa latitude sera moindre que OGF, moindre sur-tout que si la Terre était en A. Dans tout le demi-cercle CDA, la latitude boréale sera croissante; dans l'autre demi-cercle, ce sera la latitude australe. Si la planète est acronyque ou en conjonction dans l'un de ses nœuds, la latitude sera nulle. Telle est en général l'hypothèse pour les planètes supérieures. Ce n'est pas tout-à-fait la même chose pour Vénus et pour Mercure, parce que les sections communes des orbes sont placées dans les périgées et les apogées, et que leurs plus grandes inclinaisons sont variables, et qu'elles ont un mouvement de libration comme les supérieures, et que de plus elles ont une seconde libration différente de la première. Ces deux librations sont en rapport avec le mouvement de la Terre, mais non de la même manière. La première libration s'accomplit deux fois dans une seule révolution de la Terre, par rapport à leurs apsides. Cette ligne des apsides est leur axe permanent, en sorte que si la ligne du moyen mouvement du Soleil est dans le périgée ou l'apogée, l'angle de la section est le plus grand, et qu'il est le plus petit dans les longitudes moyennes, c'est-à-dire dans les quadratures.

La seconde libration qui modifie la première, en diffère en ce qu'elle a un axe mobile; en sorte que si la terre est dans la longitude moyenne de Vénus ou de Mercure, la planète est dans l'axe, c'est-à-dire dans la section commune de cette libration, et qu'elle s'en écarte le plus, quand l'apogée ou le périgée regarde la Terre. Vénus alors est boréale et Mercure austral, tandis que par la première et simple inclinaison, ces planètes devraient être sans latitude. L'autre inclinaison est alors la plus grande et suivant une ligne perpendiculaire au diamètre de l'excentrique, qu'elle coupe à angles droits, suivant la ligne de plus grande élévation et de plus grand abaissement. Mais si la Terre est dans l'une ou l'autre quadrature, alors l'axe de cette libration se confondra avec la ligne de moyen mouvement du Soleil. Cette seconde partie de la latitude sera additive à la latitude boréale de Vénus, soustractive de la latitude australe.

Tout cela est imité ou copié de Ptolémée, et Copernic n'en parle que d'un manière générale. Il en donne pourtant deux exemples, l'un pour une planète supérieure, l'autre pour une planète inférieure; mais ces exemples ne nous apprendraient rien de plus que ceux de Ptolémée que nous avons mis en formules. Nous nous abstiendrons donc de ces détails désormais bien inutiles, puisque nous avons des méthodes plus exactes, plus complètes et cependant plus aisées à comprendre et à calculer, et qui nous donnent une précision dont Copernic et ses prédécesseurs n'avaient aucune idée; car ils sentaient eux-mêmes que tout cet échafaudage était fort imparfait; ils y négligeaient sciemment des erreurs qu'ils n'auraient pas su corriger.

Copernic parle ensuite d'une troisième partie de la latitude pour Vénus et pour Mercure. Soit p la perpendiculaire menée du centre de Vénus sur le plan de l'écliptique, D la distance de la Terre au pied de cette perpendiculaire. La tangente de la latitude sera $\frac{p}{D}$. Pour Vénus, la plus grande est de 15′, la plus petite de 6′, et la moyenne de $10\frac{1}{2}$; elle peut se représenter par la formule $\frac{10' 30''}{1 + a \cos A}$.

Pour Mercure, elle est de 33′ dans la plus grande distance, de 70′ dans la plus petite, la formule est $\frac{51' 30''}{1 + a \cos A}$; mais comme on n'observait alors ces planètes que vers les digressions, ces équations perdent beaucoup de leur importance. Il leur donne le nom de *déviation*.

Les tables qui viennent ensuite ne donnent que les *maxima* pour les différentes valeurs de l'argument avec les minutes proportionnelles.

Le chapitre dernier contient les préceptes pour l'usage des tables, et Muler y ajoute des exemples. L'anomalie de l'excentrique sert à prendre les minutes proportionnelles, mais les latitudes se prennent avec l'anomalie de commutation.

Ces anomalies ont besoin d'être corrigées d'une constante qui est l'arc entre la limite et l'apogée.

Muler ajoute un relevé de toutes les observations rapportées et employées par Copernic. Il les rapporte toutes à la période julienne, et il corrige plusieurs fautes soit du texte de Copernic, soit des ouvrages qu'il a consultés.

Enfin il donne les époques pour le commencement de la période julienne, mais personne aujourd'hui ne sera tenté de faire usage de ces observations nécessairement fort imparfaites.

A la suite de l'ouvrage de Copernic, on trouve dans l'édition de 1566, une lettre datée de 1540, d'Achille Gassarus, qui envoie à son ami George Vogelin le livre des Révolutions, et qui le lui recommande comme une production admirable. *Et undequaque ad stuporem usque* παραδοξώτατον.

On voit après un extrait de l'ouvrage par G. Joachim Rheticus, l'auteur des grandes Tables trigonométriques, et qui était disciple de Copernic. Il s'attache à expliquer les hypothèses de son maître sur la précession et le mouvement du Soleil. Il déclare que les nouvelles tables seront *perpétuelles*, au lieu que celles de Ptolémée, d'Alphonse et d'Arzachel ne pouvaient servir au plus que pour 200 ans.

Regnum itaque in Astronomiâ doctissimo viro D. præceptori meo Deus sine fine dedit, quod dominus ad Astronomicæ veritatis restaurationem gubernare tueri et augeri dignetur, amen. En effet, le règne de Copernic sera éternel, mais non pour les raisons qu'allègue Rheticus; et ces tables qu'il vante avec un enthousiasme bien excusable, n'ont eu qu'une existence très passagère. Il loue avec plus de réserve, et cependant avec bien plus de raison, les améliorations faites à la théorie lunaire, en ce qui concerne les distances et les parallaxes. Il vient enfin à l'objet le plus important, le centre des mouvemens placé dans le Soleil. Rheticus rappelle que ce sont les diamètres apparens de Mars et les différences énormes entre ses distances à la Terre qui ont conduit Copernic à l'idée et à la preuve du véritable système. Nous verrons plus loin que c'est de même à l'occasion de Mars que Képler a trouvé ses fameuses lois qui ont enfin mis le Soleil véritablement au centre du monde. Il reproche aux anciens de n'avoir pas songé à l'ordre et à l'arrangement général, et de s'être bornés à expliquer isolément les mouvemens de chaque planète en particulier. A la fin de cette *narration première*, qui en annonce une seconde, il cite le mot d'un ancien :

Δεῖ δ' ἐλευθέριον εἶναι τῇ γνώμῃ τὸν μέλλοντα φιλοσοφεῖν.

Celui qui veut philosopher doit commencer par avoir l'esprit libre de tout préjugé.

J'ignore si la seconde narration a jamais paru; mais si elle ressemblait à la première, elle aurait infailliblement perdu tout l'intérêt qu'elle pouvait avoir dans le tems où le livre de Copernic a paru pour la première fois, et où il devait exciter tant de curiosité et de controverses.

L'auteur avait prévu l'effet que devait produire un livre attendu depuis long-tems, connu déjà de plusieurs personnes, dont quelques exemplaires paraissent avoir été distribués d'avance, si l'on en juge par la lettre de Gassarus, écrite plus de deux ans avant la publication, que l'auteur paraît avoir retardée autant qu'il put, dans la crainte que son repos ne fût troublé. Il avait multiplié les précautions. En tête du livre, il avait mis un avis au lecteur sur les *hypothèses* qu'il hasardait; il y montre qu'en proposant une idée nouvelle, il ne peut encourir aucun reproche. La tâche imposée à l'astronome, est d'observer exactement les mouvemens célestes, de chercher les causes qui peuvent produire ces mouvemens, d'imaginer les hypothèses les plus propres à les bien représenter; et puisqu'*il est impossible d'arriver aux véritables causes*, il doit être permis de supposer celles qui se trouveront les plus propres à faciliter les calculs. *Il n'est en effet aucun besoin que les hypothèses soient vraies ni même vraisemblables*, il suffit qu'elles se prêtent au calcul. A moins d'être tout-à-fait étranger aux règles de la Géométrie et de l'Optique, peut-on trouver quelque ombre de vraisemblance dans l'épicycle de Vénus? qui ne voit qu'en admettant la grandeur des digressions, on serait obligé d'admettre que le diamètre périgée doit être plus que quadruple, et le disque plus de 16 fois plus grand que dans l'apogée? et cependant l'expérience de tous les siècles dément cette conséquence nécessaire.

L'expérience de tous les siècles était en erreur, Copernic atténuait la conséquence, la variation du diamètre est plus grande encore qu'il ne disait, et elle ne fait plus une objection.

« Il y a, dans la doctrine astronomique, d'autres absurdités que je n'ai pas l'intention de discuter pour le présent. Ce serait un soin bien superflu; *il est assez reconnu que l'Astronomie ignore entièrement les causes des mouvemens inégaux*, et si elle en propose qui sont de son invention, c'est uniquement dans la vue de donner une base quelconque à ses calculs. Entre plusieurs explications qui conduisent aux mêmes conséquences, telles que celle de l'excentrique et de l'épicycle, il choisit celle qui lui paraît la plus facile à comprendre. C'est la révélation seule qui pourrait faire connaître les véritables causes; que le défaut de vraisemblance ne nous empêche donc pas d'ajouter à tant d'hypothèses invraisemblables, un hypothèse nouvelle qui n'est pas plus absurde; admettons-la bien plutôt, si elle est belle, facile, et donne lieu à un grand nombre d'observations nouvelles. »

Ce que Copernic dit ici pour obtenir qu'on veuille bien ne pas réprouver le vrai système, Ptolémée le disait autrefois pour excuser les invraisemblances du système ancien.

A la suite de cet avis, Copernic plaçait une lettre qui lui avait été adressée sept ans auparavant (1536), par le cardinal Nicolas Schonberg, qui le félicite et de sa science et sur-tout de l'idée qu'il avait eue de placer le Soleil au centre du monde, de faire tourner la Terre, et de rendre immobile la sphère des étoiles. Le cardinal l'encourage à publier le livre qui contient ses travaux et ses tables; en attendant, il sollicite la faveur d'en faire tirer une copie à ses frais.

Le suffrage du cardinal ne lui paraissant pas encore une sûreté suffisante, Copernic dédia son ouvrage au souverain pontife Paul III. On voit, dans son Epître, que prévoyant la rumeur qu'allait exciter son idée de combattre une doctrine reçue depuis tant de siècles, il avait hésité long-tems à publier ses démonstrations, et pesé s'il ne valait pas mieux suivre l'exemple des Pythagoriciens et de quelques autres philosophes qui n'avaient rien voulu écrire, se contentant de faire à leurs amis ou à leurs disciples la confidence de leurs idées et des mystères de leur doctrine. Ce n'est pas qu'ils refusassent, par un sentiment de jalousie, de communiquer au monde leurs découvertes; ils craignaient bien plutôt de les exposer au mépris des ignorans. Ces raisons l'avaient donc presque décidé à supprimer son livre; mais les sollicitations du cardinal Capuan Schonberg, celles d'un de ses amis Tidemannus Gisius, évêque de Culm, la chaleur avec laquelle ce dernier l'exhortait à publier enfin un ouvrage qu'il tenait renfermé depuis trente-six ans, les prières d'un grand nombre de savans qui lui représentaient que plus son idée semblait d'abord paradoxale, plus il y aurait pour lui de gloire à l'établir par des raisonnemens solides et incontestables; tant de suffrages si flatteurs le déterminèrent enfin, et l'on obtint de lui qu'il ne s'opposerait plus à l'impression dont ses amis se chargeaient de prendre le soin.

Il rend compte ensuite des raisons qui lui ont prouvé la nécessité de chercher une hypothèse nouvelle, ou plutôt à reproduire, avec plus de développemens une idée déjà fort ancienne. Il lui parut que le mouvement de la Terre facilitait l'explication des phénomènes; que dans ce système, le monde formait un tout dont les parties étaient si bien liées entre elles qu'on n'en pouvait déplacer une seule sans introduire le désordre et la confusion. Il ne doute pas qu'on ne se range à son avis, si l'on veut bien peser ses raisons; enfin, pour montrer qu'il ne redoute ni d'être examiné, ni d'être jugé, c'est au souverain pontife qu'il dédie son ouvrage, comme au protecteur des lettres et des sciences.

Si quelques hommes légers et ignorans veulent abuser contre lui de quelques passages de l'Écriture dont ils détourneront le sens, il méprisera leurs attaques. Il rappelle que Lactance, écrivain célèbre d'ailleurs, mais entièrement étranger aux Mathématiques, s'était moqué de ceux qui donnaient à la Terre la forme d'un globe; il s'attend donc à éprouver de pareilles critiques; mais les livres d'Astronomie ne sont faits que pour les mathématiciens. Il espère enfin que ses recherches astronomiques pourront n'être pas inutiles à la reformation du calendrier à laquelle on songeait à Rome, depuis le pontificat de Léon X et le Concile de Latran.

Copernic était né à Thorn, ville de Prusse, près des confins de la Pologne, le 19 janvier 1472, suivant Junctinus; d'autres disent le 19 février 1473, quatre ans avant la mort de Regiomontanus. Nous avons vu qu'il avait fait plusieurs observations à Bologne, vers 1497, et à Rome, vers l'an 1500; il y professa les Mathématiques avec beaucoup de succès. Revenu dans son pays, il se fixa à Fruenburg, petite ville de Prusse à l'embouchure de la Vistule. Il y passa toute sa vie à observer les astres et à méditer sur le système du monde. Il y mourut âgé de 70 ans, dans le tems où son livre commençait à paraître.

Reinhold.

Erasme Reinhold, qui réforma les tables de Copernic, était né à Salfeld, ville de Thuringe, le 21 octobre 1511. Il donna, en 1542, son édition des Théoriques de Purbach. En 1549, il donna la traduction du premier livre de la Syntaxe mathématique, et promit une édition des Commentaires de Théon. Une mort prématurée l'empêcha de tenir cette promesse. La première édition de ses Tables pruténiques est de 1551. Elles ont été réimprimées en 1571 et 1585; il y travailla sept années. En 1554, on fit paraître le premier livre de ses Tables de directions avec le *canon fécond,* c'est-à-dire la Table des tangentes pour toutes les minutes de quart de cercle, la Table des climats et des ombres. Le privilége imprimé en tête de ses Tables pruténiques, à la date du 24 juillet 1549, fait mention de plusieurs ouvrages ou déjà publiés, et qu'il se proposait d'augmenter, ou qu'il avait encore à publier, tels que des Ephémérides, des Tables de levers et de couchers d'étoiles pour diverses époques et divers climats. Un Calendrier astronomique, une introduction sphérique, des *hypotyposes des orbes célestes* dont voici le titre entier : *Hypotyposes orbium cœlestium quas vulgo vocant theoriças Planetarum congruentes cum tabulis astronomicis suprà dictis.* Nous avons, sous le même titre, un volume in-8°, publié par Dasypodius, en 1568, sans nom d'auteur; mais l'éditeur croit qu'il doit être de Reinhold. Au lieu des mots *astronomicis suprà dictis,* on y lit *Alphonsinis et Copernici seu etiam Tabulis prutenicis in usum scholarum publicatæ.*

Dans ce privilége, réimprimé en 1571, mais non en 1585, on trouve encore mentionné un commentaire sur le livre des Révolutions de Copernic, un commentaire sur la Géographie de Ptolémée, et d'autres ouvrages qui ont moins de rapport à l'Astronomie.

Reinhold fit aussi quelques observations; mais il n'avait qu'un quart de cercle de bois, et Tycho passant à Wittemberg en 1575, s'étonna qu'un astronome aussi célèbre n'eût pas été fourni de meilleurs instrumens. Il mourut le 19 février 1553.

Son fils avait des connaissances astronomiques, mais le défaut de fortune le fit médecin; il montra à Tycho un exemplaire des Tables pruténiques, calculées de 10 en 10′.

Les Tables pruténiques sont ainsi nommées, parce que l'auteur a voulu donner cette marque de reconnaissance à son bienfaiteur Albert, marquis de Brandebourg, duc de Prusse.

Les tables anciennes ne représentaient plus assez exactement les phénomènes; il en fallait d'autres. Copernic a montré la plus grande sagacité dans la recherche du système général; mais il redoutait les calculs. Reinhold a composé ses tables sur les observations de Copernic, comparées à celles d'Hipparque et de Ptolémée. Il en avait exposé les fondemens dans ses commentaires sur le livre de Copernic; il croit qu'on pourra déterminer avec plus de précision les mouvemens moyens, mais il se persuade qu'il n'y a plus rien à faire pour les équations.

Ses tables commencent par un traité du calcul astronomique sexagésimal, qu'il appelle *schématistique* ou *figuré*. Il emploie les hexacostades ou sexagènes de plusieurs ordres, et les sexagésimales proprement dites ou hexacostes. Il donne des exemples d'addition, de soustraction, de multiplication, de division et d'extraction; pour faciliter ces opérations, il donne des règles sur la nature des produits et des quotiens et des tables. En parlant de l'extraction, il remarque que si le nombre des ordres sexagésimaux est impair, il faut marquer l'ordre suivant par un zéro. Ainsi, pour tirer la racine de 15′, il faut chercher celle de 15′,0″.

Ce traité préliminaire est assez succinct, et quand je l'aurais connu, il ne m'aurait en rien aidé pour mon Arithmétique des Grecs.

Il explique ensuite fort exactement l'équation du tems, suivant les principes de Ptolémée. Il donne deux tables d'équation du tems, composées pour les années 1 et 1586. Il avertit qu'il y a trois causes qui font que les tables composées ne sont pas long-tems exactes. Le mouvement de l'apogée, le changement d'excentricité et l'inégalité de précession. Cette dernière n'était sensible que dans les systèmes de Thébith et de Copernic.

Pour plus de simplicité, Régiomontan avait proposé d'ajouter partout la plus grande équation additive, afin de rendre l'équation toujours soustractive; mais, pour contre-balancer l'erreur, il ajoutait à toutes les époques le mouvement pour le tems ajouté à l'équation. Reinhold remarque de plus que pour connaître le lieu vrai du Soleil qui sert d'argument à la table, il faudrait d'abord connaître l'équation que l'on cherche; mais il répond que l'erreur ne sera pas grande, et il a raison; mais il pouvait ajouter que la table composée sert à corriger suffisamment le tems donné et le lieu du Soleil pour que l'erreur disparaisse totalement.

Ptolémée et Théon connaissaient toute cette doctrine, qu'ils avaient suivie dans les Tables manuelles. *Voyez* tom. II, p. 622.

Il donne des tables pour convertir les siècles, les années, les mois et les jours du Calendrier julien en sexagènes et sexagésimales des années égyptiennes; et réciproquement d'autres tables pour convertir les heures et les minutes en sexagésimales de jour. Il y ajouta les intervalles des époques les plus célèbres, telles que celles des olympiades, de Nabonassar, d'Alexandre, de Jules César et de J.-C.

		Années égyptien.			Années juliennes.		
Ainsi il compte des olympiades	à la 1re de Nabonassar	27	247^j	0^h	27	241^j	0^h
	à la mort d'Alexandre	451	247	0	451	135	0
	à Jules César.......	730	0	12	729	183	12
	à J.-C.............	775	12	12	774	184	12

Il donne encore des tables pour trouver le jour de la semaine, les époques et les moyens mouvemens pour les années juliennes et égyptiennes.

Il fait la précession moyenne $50'' 12''' 5^{iv} 8^{v}$; pour les corrections de cette précession et de l'obliquité, il suit les préceptes de Copernic; comme lui il dispose son catalogue d'étoiles pour la première d'Ariès; il fait l'excentricité du Soleil de 0,0417 et 0,03219, variation totale 0,00951; il enseigne à trouver les mouvemens horaire et diurne par la table de l'équation du centre.

Par la comparaison des observations de Ptolémée et de Copernic, il trouve l'année de $365^j 5^h 55' 58''$; c'est celle qui a servi à la réformation grégorienne. Les astronomes sont revenus un peu tard de leur prédilection pour Ptolémée et de la préférence qu'ils lui accordaient sur Hipparque.

Il montre à calculer les tems des équinoxes et des solstices; à trouver, au bout d'un certain tems, quel jour le Soleil se retrouvera en un point donné de l'écliptique, ce qui est utile dans l'*Astrologie*.

Dans ses Tables de la Lune, il fait la correction d'anomalie 12° 26′ 57″, l'équation de l'épicycle 4° 56′ 19″, l'évection 2° 44′ 37″, la latitude de la Lune 5°; tout cela comme Copernic.

Sa Table des parallaxes est de la même forme que celle de Ptolémée.

Prostaphérèse de l'excentrique.		Parallaxe de l'orbe.	Excès.
♄	6° 30′ 30″	5° 55′ 33″	
♃	5.13 59	10.30. 9	
♂	11. 5.59	36.54.18	
♀	2. 0.17	45.10.19	2.25.31
☿	3. 0.28	19. 3. 6	5. 9.41

Il donne une table des époques et des mouvemens moyens des syzygies depuis le déluge, la conversion des syzygies moyennes en syzygies vraies.

Rien de neuf d'ailleurs dans sa manière de calculer les éclipses, ses tables seulement sont plus étendues.

Inclinaisons des planètes.

♄	3° 2′ B	♀	1° 3′ B	2.30 B	0.14
	2.58 A		6.22 A	2.30 A	
♃	2. 4 B	☿	1.46 A	2.15 A	1.1.10
	1.59 A		4. 5 B	2.15 B	
♂	4.30 B				
	6.50 A				

tout cela suivant Copernic.

L'ouvrage finit par une table des intervalles des principaux évènemens historiques et une table des occultations et émersions des cinq planètes. Cet ouvrage pouvait être bien fait et utile pour le tems. Les tables fondées sur les observations de Ptolémée et de Copernic ne pouvaient être d'une grande précision. Il n'a rien changé aux théories, il n'a songé qu'à perfectionner les nombres. Il donne le calcul des planètes comme Ptolémée d'abord, et puis comme Copernic. Bailly en conclut qu'il n'était pas bien décidé entre les deux systèmes. Cette conclusion me paraît hasardée; il en résulte seulement que le système ancien ayant encore les partisans les plus nombreux, il voulait contenter tout le monde. Reinhold ne dit pas un mot qui donne à penser qu'il y ait différens systèmes. Il ne parle ni du mouvement de la Terre, ni de celui du Soleil. Ses tables ressemblent aux nôtres qui donnent encore *les mouvemens du Soleil*, et cependant nous sommes tous coperniciéns. Il est à croire que celui qui a fait un commentaire sur le livre des révolutions, qui a pris la peine de refaire tous les calculs et les tables de Copernic, devait avoir un sentiment de préférence pour un système qu'il avait sans doute étudié plus que personne.

Nous sommes fortement tentés de lui attribuer les Hypotyposes publiées sans nom d'auteur par Dasypodius. On y retrouve des passages entiers de son Commentaire sur Purbach ; voyons si l'extrait de cet ouvrage nous fournira quelque preuve plus certaine encore.

Quel qu'en puisse être l'auteur, il offre une exposition claire, méthodique, très détaillée et peut-être un peu prolixe des doctrines accréditées ; il commence comme pourrait faire un partisan décidé des anciens : *insistemus vestigiis Ptolemæi et veterum aliorum, omissis recentibus Copernici hypothesibus, quas aristarchum samium et quosdam alios veteres sequutus suo quodam consilio usurpavit.* Il donne ensuite des excentriques, des homocentriques et des épicycles, la théorie la plus circonstanciée que je connaisse; il adopte les quantités de Copernic pour la plus grande et la plus petite obliquité, pour l'excentricité du Soleil et ses variations, enfin pour toute la théorie du Soleil, à la réserve du mouvement de la Terre.

Pour la Lune, après avoir exposé les hypothèses de Ptolémée, il donne les moyens de les changer en celles de Copernic. Pour la durée de l'année et la manière de la déterminer, il suit encore les principes de Copernic, sans dire un mot de ce que Reinhold a fait sur ce point. Il pense donc que la durée de l'année tropique est variable, et pour l'an 1559, il la fait de $365^j 5^h 55' 17''$; il paraît que le livre fut composé vers 1559, et Reinhold était mort en 1553. Plusieurs fois l'auteur cite les Tables pruténiques. Pour les planètes, il expose de même tour à tour les idées de Ptolémée et de Copernic. Il répète la remarque faite par Reinhold dans ses commentaires sur Purbach, que chez Ptolémée, l'orbite de la Lune est lenticulaire et celle de Mercure ovale.

Pour la latitude, il semble préférer Copernic à Ptolémée. Arrivé aux stations, il ne dit pas un mot de l'avantage du système qui fait mouvoir la Terre ; d'un autre côté, jamais il ne lui échappe un mot en faveur de Ptolémée, en sorte que véritablement on pourrait douter de ses véritables sentimens, à moins que cette affectation même à ne jamais comparer les deux systèmes, à laisser même en quelque manière ignorer à ses lecteurs qu'il en existe deux, ne paraisse une preuve de son inclination pour le système nouveau, et d'une préférence qu'il a cru ne devoir pas exprimer dans un ouvrage destiné à l'usage des écoles.

Ephemerides Jo. Baptistæ Carelli Placentini, ad annos 18 ab anno 1563, usque ad annum 1580, una cum isagogico tractatu Astrologiæ studiosis valdè necessario cum Pontif. max. ac senatus Veneti gratiâ et privilegio.

Ce titre nous annonce peu de chose à extraire, car le Traité astrologique ne contient rien de mathématique, mais simplement les rêveries des *juges;* des préceptes pour les tems où l'on peut prendre médecine, se faire saigner, planter et bâtir; pour construire un thème de nativité, et prédire le sort du nouveau né. On y trouve en ce genre une grande variété de types et d'exemples, une table fort étendue des maisons, une autre du mouvement horaire des planètes. Ce qui distingue ces éphémérides, toutes semblables d'ailleurs à toutes les autres, c'est qu'on y trouve le thème de l'année dressé pour le jour de l'équinoxe, où l'auteur a inséré des prédictions du genre de celles qui ont immortalisé Mathieu Lansberg.

Cosmographia in quatuor libros distributa summo ordine mirâque facilitate ac brevitate ad magnam Ptolemæi mathematicam constructionem ad universamque Astrologiam instituens, Francisco Barocio, patricio Veneto autore. Venetiis, 1598.

La première édition est de 1570. L'auteur commence à faire 84 reproches à Sacrobosco; mais les erreurs qu'il réfute ne sont pas dangereuses, et le livre ne méritait pas qu'on le critiquât avec tant de soin. Il rejette le mouvement de la Terre, et prend parti pour Ptolémée contre Copernic. Il prétend avoir observé l'obliquité 23° 27′ 0″ en 1586. Voilà tout ce que nous pouvons tirer de cette Cosmographie où nous n'avons aperçu que ce qui se rencontre partout.

D. Francisci Maurolyci, abbatis Messanensis, opuscula mathematica. Nunc primum in lucem edita. Venetiis, 1575. On y trouve *De sphærâ liber unus.* On y lit cette phrase étrange : *Toleratur et Nicolaus Copernicus, qui Solem fixum ac Terram in gyrum circum verti posuit et scuticâ potius aut flagello quam reprehensione dignus est.* C'est ainsi que le bon abbé déclare sa tolérance et la permission de lire tous les ouvrages écrits sur le sujet qu'il veut traiter à son tour.

LIVRE III.

Tycho-Brahé.

COPERNIC avait découvert et démontré le véritable système du monde; simplifié et perfectionné à quelques égards les hypothèses des mouvemens célestes. Ses élèves et ses successeurs avaient travaillé à faciliter les calculs par la construction des grandes Tables trigonométriques. Mais l'art d'observer n'avait réellement fait aucun progrès depuis les Arabes; de bonnes observations devenaient indispensables pour les progrès ultérieurs de l'Astronomie. Tycho, à cet égard, se montra supérieur à tout ce qui l'avait précédé. Il mérita que son nom fût placé avec ceux d'Hipparque, de Ptolémée, de Copernic, au premier rang des vrais auteurs de la science; il fournit des matériaux précieux à Képler qui perfectionna le système de Copernic, et reconnut les lois qu'enfin Newton démontra.

Tycho était de l'une des plus anciennes familles de Danemarck; il naquit le 13 décembre 1546, dans la terre de Knudstorp en Scanie; son père n'avait aucune envie de lui faire apprendre le latin; un oncle maternel le plaça dans une école à l'insu de ses parens, à l'âge de sept ans, et sept années plus tard, l'envoya à Leipsic, pour étudier la jurisprudence et la philosophie scholastique. Il y puisa quelques notions d'Astronomie, dans les Ephémérides de Stadius. Il se procura quelques autres livres et un globe gros comme le *poing;* au moyen d'un compas dont il tenait la charnière près de son œil, il observait les distances des planètes aux étoiles, et reconnut, s'il faut l'en croire, des erreurs sensibles dans les Ephémérides; il apprit à se servir des Tables de Reinhold, et s'assura que Stadius avait été trop négligent dans ses calculs. Pour ces observations et ces calculs, il était obligé de se cacher de son gouverneur qui, d'après les idées des parens de Tycho, contrariait de tout son pouvoir le goût que le jeune homme montrait pour les Mathématiques et pour l'Astronomie. Enfin ses parens cédèrent, il eut la permission de suivre son penchant; il étudia aussi la Chimie, à laquelle il travailla toute sa vie, dans laquelle il dit avoir fait des découvertes qu'il ne publiera jamais, parce qu'il serait trop aisé d'en abuser. Il visita les différentes villes d'Allemagne où il pouvait espérer de trouver des amateurs de l'Astronomie, ou des mécaniciens distingués. Il y fit construire quelques instrumens. Une querelle qu'il eut durant ces voyages, contribua beaucoup sans doute au parti qu'il prit de s'ensevelir dans la retraite, pour se livrer tout entier à l'étude des astres. La dispute fut suivie d'un duel nocturne dans lequel son adversaire lui abattit le bout du nez. Tycho ne parle pas de cet accident; mais tous ses portraits semblent déposer en faveur de l'anecdote; on y remarque au nez quelque chose d'extraordinaire dans la forme, et une espèce de suture ou de bande gommée qui servait à retenir le nez postiche qu'il s'était fait, les uns disent de cire, et les autres d'un amalgame d'or et d'argent. Il obtint du roi Frédéric II l'île d'Hueen, dans le détroit du Sund. Ce monarque y ajouta une pension, un fief situé en Norwège, et diverses autres grâces qui le mirent en état de construire le château d'Uranibourg, auquel il donna la forme la plus favorable à ses observations astronomiques et à ses expériences de Chimie. Ce château, dont il nous a laissé le plan et la description, lui couta cent mille écus danois, outre tout ce qu'il avait reçu du roi. Il y passa 25 ans; mais à la mort de son protecteur, le ministre Walckendorf et quelques courtisans, lui suscitèrent des persécutions qui le forcèrent à chercher un asyle en Bohême, où il transporta ses instrumens et où il mourut peu de tems après, c'est-à-dire le 14 octobre 1601, dans sa cinquante-cinquième année. Nous trouverons, dans ses divers écrits, les circonstances les plus remarquables de sa vie et ses découvertes; nous avons déjà donné l'histoire de sa mort, écrite par un de ses amis et de ses élèves (tome III, p. 335).

Ses ouvrages imprimés ont pour titre :

De novâ stellâ, anni 1572, écrit qu'il a reproduit dans ses Progymnasmes; la première édition est de 1573.

De Mundi ætherei recentioribus phænomenis, 1588.

Tychonis Brahæ, apologetica responsio ad cujusdam peripatetici in Scotiâ dubia, sibi de parallaxi Cometarum opposita, 1591.

Tychonis Brahæ, Dani, Epistolarum astronomicarum libri, 1596 : ces livres ont été réimprimés en 1601.

Astronomiæ instauratæ mechanica, 1578 : réimprimé en 1602.

Progymnasmata, 1603, et réimprimé en 1610.

Tychonis Brahæ, de disciplinis mathematicis oratio, in quâ simul astrologia defenditur et ab objectionibus dissentientium vindicatur. Hamburgi, 1621.

Traduction du livre sur la Comète, avec la partie astrologique, supprimée dans les Progymnasmes, 1632.

Tychonis Brahæ, opera omnia, 1648 : les lettres n'y sont pas comprises.

Collectanea Historiæ cœlestis, 1657.

Historia cœlestis, 1666 et 1667.

D'après cette liste, on voit que nous devons commencer par les progymnasmes. En voici le titre :

Tychonis Brahæ, Dani, Astronomiæ instauratæ Progymnasmata. L'impression avait été commencée à Uranibourg, et fut terminée à Prague long-tems après. Cette édition posthume est dédiée à l'empereur Rodolphe II.

Dans l'Epître dédicatoire, les héritiers de Tycho, en parlant des persécutions suscitées à leur père, et de la suppression de la pension qu'il recevait de la cour pour ses travaux, rappellent que les Tables alphonsines avaient coûté quatre cent mille ducats; ils approuvent cette dépense; mais ces Tables qu'on avait construites comme on avait pu, sur les anciennes observations, ont été trouvées bien imparfaites, et ne peuvent se comparer au livre de Tycho, qu'il ne faut pas juger d'après un titre trop modeste. L'immortel Copernic n'a pu faire beaucoup mieux qu'Alphonse; il n'avait ni observatoire, ni instrumens. Tycho en construisit de nouveaux pour lesquels il dépensa plus de 100000 thalers.

Ils invitent l'empereur à faire achever et publier les Tables Rudolphines.

Avant de passer aux phénomènes nouvellement observés, Tycho juge nécessaire de donner plus exactement les élémens du Soleil, sans lesquels on ne peut déterminer sûrement les lieux des planètes, ni même ceux des étoiles. *Copernic*, nous dit-il, *a pensé qu'on devait faire du Soleil le centre des mouvemens célestes; son hypothèse est fort ingénieuse, mais elle n'est pas conforme à la vérité; nous laisserons donc la Terre immobile au centre du monde, et nous ferons tourner le Soleil autour d'elle.* Il ne dit rien en ce moment des planètes, et il nous promet de donner par la suite des preuves solides de son opinion.

Nous sommes fâché d'avoir à commencer, par cette prétention étrange, l'extrait des œuvres de Tycho; mais, dans l'état où la science était alors, l'erreur de Tycho était assez indifférente pour la théorie du Soleil.

Pour déterminer le mouvement moyen, il commence par rapporter dix équinoxes, cinq de printems et cinq d'automne; il en déduit une année de $365^j 5^h 49'$ à très peu près, et le mouv. diurne $0°59'8''19'''43^{iv}40^v$. Ces observations, par leur nombre et sur-tout par leur accord, sont bien préférables à tout ce qu'on avait fait avant lui. Il ajoute que pour ces équinoxes, il s'est servi de cinq ou six espèces d'instrumens, travaillés avec soin, et qui, par leur grandeur, leur matière, leur solidité, leurs divisions et leurs pinnules, lui permettaient de répondre de $\frac{1}{3}$, $\frac{1}{4}$ et même de $\frac{1}{6}$ de minute. Il y a sans doute quelque chose à rabattre de l'idée qu'il s'était faite et qu'il veut donner de l'exactitude de ses observations. On en peut dire autant, proportion gardée, de la plupart des observateurs qui l'ont suivi; il en sera probablement de même de presque tous ceux qui viendront; mais on ne peut nier qu'on ne voie dans ses observations un progrès très marqué et des erreurs peu sensibles pour le tems.

Il a tenu compte de la parallaxe du Soleil, il ne nous dit pas encore la quantité de cette parallaxe; il a de même tenu compte de la réfraction, qui n'est pas encore nulle à 34° de hauteur (c'est celle de l'équateur à Uranibourg); c'est par les étoiles circompolaires, et par la polaire principalement, qu'il a fixé la hauteur du pôle *qui, dans le climat qu'il habite, n'est sujette à aucune réfraction*. Cette réfraction, à 56° de hauteur, n'est pas en effet de 40″; mais on voit déjà qu'on ne peut compter à une minute près sur ces hauteurs. Ce qui prouve cependant qu'il approchait de la perfection plus qu'aucun de ses prédécesseurs, c'est qu'il remarquait une différence entre la hauteur de l'équateur, déduite des deux solstices, et la distance du pôle au zénit. Cette différence allait quelquefois à 4′; elle lui avait rendu ses instrumens suspects; cependant leur accord, les soins qu'il avait apportés à les multiplier, à les comparer et à les vérifier, lui firent penser que ce devait être un effet des réfractions, sensibles sur-tout au solstice d'hiver. Il fit construire un instrument armillaire de 10 pieds de diamètre, dont l'axe était parallèle à l'axe du monde, et qui lui permettait de suivre le Soleil dans toute sa révolution diurne. Il s'assura qu'à 11° de hauteur, ce qui est à peu près celle du Soleil en hiver, la réfraction était de près de 9′, dont la moitié affectait la hauteur de l'équateur; car en été à 57° de hauteur, la réfraction doit être *nulle* ou *insensible*. Il reconnut que, près de l'horizon, la réfraction était d'un demi-degré à fort peu près; qu'elle accélérait le lever du Soleil de 4 à 5′, et que cette accélération n'était pas constante, même quand le ciel est le plus serein et l'air le plus pur. D'après ces remarques, aussi neuves qu'importantes, la hauteur du pôle, comparée aux hauteurs d'été, lui donne l'obliquité de 23° 31′ $\frac{1}{2}$. En négligeant ces attentions, la comparaison des deux solstices lui aurait fait trouver l'obliquité telle à peu près qu'elle avait paru à Copernic, à Régiomontan et Walthérus, qui négligeaient la réfraction et la parallaxe.

Ptolémée avait donné une idée juste de la réfraction, mais il n'en avait pas déterminé la quantité. Son Traité d'Optique était totalement oublié. Alhazen et Vitellon avaient montré que la réfraction ne doit cesser entièrement qu'au zénit. Ou Tycho n'avait pas lu ces auteurs, ou plutôt il ne les avait pas crus; car il les cite en plusieurs circonstances. Ils avaient dit que la réfraction empêche les astres de décrire exactement leur parallèle; ils avaient indiqué pour la Lune un moyen analogue à celui que Tycho vient de suivre pour le Soleil. Il ne cite pas leur autorité à l'appui de ce qu'il avait observé; il est possible qu'il n'eût fait aucune attention à ce qu'ils avaient écrit; il s'ensuivrait qu'il n'a dû qu'à lui-même sa découverte et l'idée imparfaite des effets de la réfraction.

Si l'instant du solstice pouvait se déterminer avec la même précision que celui de l'équinoxe, on pourrait avoir quelque confiance au moyen employé par Hipparque et Albategni, pour trouver l'apogée et l'excentricité. Nous avons vu, en recommençant le calcul d'Hipparque, que l'erreur du solstice était plus que suffisante pour expliquer les 25′ dont Hipparque a fait l'excentricité trop forte. Forcé d'abandonner les solstices, Tycho, à l'exemple de Copernic, observa le Soleil à quarante-cinq degrés des points cardinaux; de l'équinoxe de printems à celui d'automne, il trouvait $186^j\, 18^h \frac{1}{2}$; de 0° à 45°, il trouvait $46^j\, 2^h 55'$; de 135° à 180°, $46^j\, 9^h 40'$; il n'en faut pas davantage pour la solution du problème.

Soit E la Terre (fig. 27), THLO l'excentrique du Soleil, Z le centre, H l'apogée et O le périgée, ZE l'excentricité; menez LET ligne des équinoxes, LHT surpasse un demi-cercle; voilà pourquoi l'intervalle entre les deux équinoxes, surpasse la moitié de l'année. Soit Q le point de 45°, menez QEP et PT; PR perpendiculaire sur LT, ZQ puis ZV perpendiculaire sur PQ; HEQ distance de l'apogée à 45°.

Les $46^j\, 2^h 55'$ de ♈ au point Q, donnent ♈Q........ =	45° 27′ 34″
THL pour $186^j\, 18^h 30'$ sera de....................	184. 5.24
le supplément LOT sera de......................	175.54.36
on a de plus TEQ..........................	45. 0. 0
QPT = ½ ♈Q....................	22.43.47
PET = ...	135. 0. 0
PTE = 45° − ½ ♈Q................	22.16.13
les trois ensemble font et doivent faire............	180. 0. 0
ou bien QET = EPT + ETP,	
ETP = QET − EPT = 45° − 22° 43′ 47″..... =	22.16.13
l'arc PL = 2ETP..........................	44.32.26

$POT = LOT - PL = 175° 54' 36'' - 44° 32' 26'' = 131° 22' 10''$

$POQ = POT + ♈Q = 131.22.10 + 45.27.34 = 176.49.44$

$PE : PR :: 1 : \sin E$, $PR = PE \sin E = TP \sin T$, $\frac{1}{2} POQ = 88.24.52$

$EP = \frac{TP \sin T}{\sin E} = \frac{2 \sin 65° 41' 5'' \sin 22° 16' 13''}{\sin 45°}$ | 2 0,3010300

C. sin 45°. 0,1505150

$EP = 0,9768262$ | sin 65.41. 5. . 9,9596582

sin 22.16.13. . 9,5786119

EP = 0,9768262. . 9,9898151

$\text{Corde } PT = 2 \sin 65° 41' 5'' = 2 \sin \frac{1}{2} POT$

$= 2 \times 0,9112935$ | corde $PQ = 2 . \sin 88° 24' 52''$

$= 1,8225870$ | $= 2 \times 0,9996171$

Tycho dit 1,8225868 | $= 1,9992342$

Tycho dit 1,9992342.

$PER = QET = 45°$; $\sin 45° = 0,7071068$

$\sin LTP = \sin 22.16.13 = 0,3789763$

Tycho dit 0,3789761.

$QV = PV = \frac{1}{2}$ corde $PQ = 0,9996171$

$EP = 0,9768262$

$EV = 0,0227909$ Tycho dit 0,0227961

$QV + EV = QE = 1,0224080$ et $ZV = 0,0276591$

$\frac{1}{2} POQ = QZV = 88° 24' 52''$

$ZQV = 1.35. 8.$

$\sin ZQV = 0,0276696$ . . . . 8,4420034 EV. . . . 8,3577615

C. EV = 0,027909. . . . . 1,6422385 C. cos ZEV 0,1966965

$\tang ZEV = 50° 31' 21''$ 0,0842419 ZE. . . . 8,5544580

$QE♈ = 45$ ZE = 0,035847

apogée = 95.31.21 Tycho trouve 95° 30'; peu importe.

Mais il a tort de dire que L♈ coupait HO à angles droits, ce qui supposerait l'apogée au solstice même, au lieu qu'il se trouve 5° $\frac{1}{2}$ plus loin.

Il fait le calcul suivant pour trouver ZV; il dit :

$POQ = 176° 49' 44''$, le supplément sera donc $3° 10' 16'' = 2ZQV$, $ZQV = 1° 35' 8''$, sinus ZV $\sin 1° 35' 8'' = 0,02766963$ 8,4420034

C. sin ZEV 0,1124534

$ZE = \sin 2° 3' 15'' = 0,03584732$ 8,5544568

60' 3,5563025

129' 05 2,1107593

ZE en sexagésimales = 2° 9' 3''.

Tycho fait $ZE = 2^s 9' 2''$; on remarque dans son calcul un mélange de toutes les méthodes : des cordes, des sinus, des arcs doublés à la manière de Ptolémée, une tangente *tirée de la Table féconde*. Cette tangente est 1,2134138 qui, dans nos tables, répond à $50° 30' 27''$. Tycho néglige les $27''$; il fait un calcul tout pareil par l'entrée en $4^s 15°$; il

trouve l'angle.........	$1^s\ 9° 33'$	
il le retranche de......	4.15	
et l'apogée se trouve en	5. 5.27,	
l'excentricité est	0,0358838	ou $2° 9' 1''$;

les observations de 1584 à 1588 lui ont donné à fort peu près les mêmes choses, et celles de 1583 n'y ont apporté que de légères différences.

Apogée $= 95° 44'$, exc. $=$ 0,0359194, ou $2° 9' 18''$,
et 95.48, et 0,035921 2.9.21;

il rejette ces différences sur les attentions moins scrupuleuses qu'il avait apportées en 1583. Sa manière de calculer l'équation du centre est celle des anciens; il fait l'excentricité 0,03584, et la plus grande équation $2° 3' \frac{1}{4}$ beaucoup trop forte. Copernic la faisait trop faible, puisqu'il la réduisait à $1° 51'$; Albategni avait mieux réussi, puisqu'il la faisait $1° 59'$. Ces variations, en montrant que les observations s'étaient perfectionnées, prouvent qu'il y avait encore bien de l'incertitude, et l'on ne doit plus s'étonner de l'erreur d'Hipparque. C'est toujours au fond la même méthode; il n'est nul besoin de recourir à l'équation annuelle de la Lune, pour expliquer l'équation d'Hipparque et celle des Indiens.

Pour l'obliquité de l'écliptique, il ne sait comment concilier Hipparque, Ptolémée, Albategni, Copernic et Régiomontan. Voici comme il explique le résultat de Copernic. Suivant ce *grand astronome*, l'obliquité serait de $23° 28'$, trop faible de $3' \frac{1}{2}$. Il était à croire que cette erreur venait d'une erreur pareille dans la hauteur du pôle à Thorn; il y envoya un de ses élèves avec un de ses meilleurs instrumens. Celui-ci trouva en effet $2' \frac{3}{4}$ à ajouter à la latitude; ainsi toutes les déclinaisons étaient fautives de 3′ environ. Les longitudes du Soleil devaient l'être de 13′ à peu près; il n'est donc pas étonnant que Copernic se soit trompé sur les élémens du Soleil. Tycho remarque de plus que Copernic avait tenu compte de la parallaxe du Soleil, ce qui avait encore contribué à l'erreur; car la parallaxe compensait la réfraction ignorée de Copernic. Quant à Tycho, il employait l'une et l'autre. Il faisait la parallaxe moyenne de 3′. Il est vrai qu'il faisait en général les réfractions trop fortes, ce qui opérait une espèce de compensation.

Mais il n'en est pas moins probable que ses élémens du Soleil en auront été sensiblement affectés.

Il trouve la longueur de l'année d'Hipparque à Ptolémée 365^j 5^h 55′ 12″
de Ptolémée à Albategnius 365.5.46.20
d'Albategnius à lui-même.... 365.5.49.29
de Ptolémée à lui.......... 365.5.47.52.

Ces différences lui font croire que l'année est inégale, et qu'il ne faut pas la déterminer par rapport aux points équinoxiaux. Copernic avait eu la même idée.

Pour trouver l'année sidérale, il compare ses propres observations à celles de Ptolémée qu'il juge *préférables à celles d'Hipparque*. C'est une prévention dont il semble que Tycho aurait dû se défendre, à l'exemple d'Albategni; car il est visible que de Ptolémée à Albategnius, comme de Ptolémée à Tycho, l'année est trop courte; en abandonnant Ptolémée, il aurait eu des résultats moins inexats par Hipparque et Albategnius. En conséquence de ce choix singulier, il fait le mouvement sidéral diurne du Soleil 0° 59′ 8″ 11‴ 27^{iv} 14^v 26^{vi} 54^{vii} plus fort de 5^{iv} que celui de Copernic, et l'année sidérale 365° 6^h 9′ 26″ 43‴ 30^{iv}; c'est-à-dire de 13′ 16″ 30‴ moindre que celle de Copernic, et de 14″ 43‴ 30^{iv} plus grande que celle de Thébith.

Pour déterminer l'année tropique, il emploie les observations de Waltherus. Il commence par chercher la hauteur du pôle à Nuremberg, par les observations de cet astronome. Il la trouve de 49° 24′ $\frac{1}{4}$, et l'obliquité 23° 28′ $\frac{1}{2}$; mais en y faisant entrer sa parallaxe, il ne trouve plus que 23° 27′ $\frac{1}{2}$ et la hauteur du pôle 49° 22′ $\frac{1}{4}$, déterminations fausses, puisqu'il a négligé la réfraction. Par les observations faites à Cassel, il trouve 23° 31′ $\frac{1}{2}$, ce qui s'accorde fort bien avec ce qu'il a trouvé lui-même. Corrigeant d'après cela les observations de Waltherus, c'est-à-dire en tenant compte de la réfraction, il trouve 23° 31′; il en conclut que du tems de Waltherus au sien, l'obliquité a augmenté d'une demi-minute. Conclusion fausse, pourrions-nous dire aujourd'hui, puisque l'obliquité est décroissante; mais Tycho lui-même n'a jamais pu compter sur cette augmentation prétendue qui résultait de ses comparaisons.

Il applique ensuite ces corrections aux observations que Waltherus avait faites avec sa règle parallactique, et il trouve l'excentr. 0,0358407 et 0,0358437; l'apogée 94° 15′ et 94° 19′; la durée de l'année tropique 365^j 5^h 48′ 45″, quantité trop faible de 4 à 5″; le mouvement annuel de l'apogée 45″, trop faible de 15 à 16″; le mouvement du Soleil en 365^j, 11^s 29° 45′ 41″; nos Tables donnent 40″,4, enfin la plus grande équation 2° 3′ 15″.

Il ajoute à ses Tables le mouvement vrai diurne pour tous les degrés d'anomalie.

Il recommande à ceux qui voudront vérifier ses Tables et sa théorie, de se munir de grands et nombreux instrumens tels que les siens, et de mettre, dans toutes les opérations, tous les soins nécessaires pour des recherches aussi délicates.

Il compare ensuite ses Tables avec des observations choisies parmi celles de Régiomontan, de Waltherus et du landgrave; et parmi les siennes, en différens points de l'orbite solaire. Elles s'y accordent à quelques secondes près. Les Tables d'Alphonse sont plusieurs fois en erreur de 15′, celles de Copernic de 9 à 10′. Il y a sans doute un peu de bonheur dans cet accord si nouveau, à moins que ces observations ne soient précisément celles sur lequelles il avait établi ses Tables.

Il donne ensuite sa Table de réfractions que nous allons comparer à nos Tables.

Hauteur.	Réfractions.	Réfractions modernes.	Réfractions de Tycho corrigées de la parallaxe.	Hauteur.	Réfractions.	Réfractions modernes.	Réfractions de Tycho corrigées de la parallaxe.
0	34′ 0″	33′ 46″	31′ 0″	24	2′ 50″	2′ 10″	0′ 5″
1	26. 0	24.21	23. 0	25	2.30	2. 4	— 0.15
2	20. 0	18.22	17. 0	26	2.15	1.59	— 0.28
3	17. 0	14.28	14. 0	27	2. 0	1.54	— 0.41
4	15.30	11.48	12.31	28	1.45	1.49	— 0.54
5	14.3[illegible]	9.54	11.31	29	1.35	1.45	— 0.62
6	13.30	8.30	10.31	30	1.25	1.41	— 0.71
7	12.45	7.25	9.47	31	1.15	1.37	— 1.19
8	11.15	6.34	9.17	32	1. 5	1.33	1.27
9	10.30	5.54	7.33	33	0.55	1.30	1.35
10	10. 0	5.20	7. 3	34	0.45	1.26	1.44
11	9.30	4.52	6.34	35	0.35	1.23	1.52
12	9. 0	4.28	6. 4	36	0.30	1.20	— 1.55
13	8.30	4. 7	5.35	37	0.25	1.17	1.58
14	8. 0	3.50	5. 6	38	0.20	1.14	2. 1
15	7.30	3.34	4.36	39	0.15	1.12	2. 4
16	7. 0	3.21	4. 7	40	0.10	1. 9	— 2. 9
17	6.30	3. 8	3.38	41	0. 9	1. 7	— 2. 7
18	5.45	2 58	2.54	42	0. 8	1. 5	2. 6
19	5. 5	2.48	2.10	43	0. 7	1. 2	2. 5
20	4.30	2.39	1.40	44	0. 6	1. 0	2. 3
21	4. 0	2.31	1.11	45	0. 5	0.58	1.58
22	3.30	2.23	0.42				
23	3.10	2.16	0.24				

Cette Table est courte, nous dit Tycho, mais elle est le fruit de nombreuses observations, et nous le croyons aisément. Mais il serait difficile de se persuader que toutes ces réfractions soient tirées d'observations directes. Quoiqu'elles ne suivent pas une marche fort régulière, il est probable que les irrégularités seraient encore plus grandes. Un assez grand nombre de ces réfractions est sans doute interpolé et même sans beaucoup de précaution. L'hypothèse antique de trois minutes de parallaxe a dû tout altérer; on voit même qu'en retranchant les parallaxes qui l'ont viciée, il reste encore des erreurs fréquentes de 2'. Qu'on juge comme ses déclinaisons pouvaient être exactes, et quelles devaient être ses longitudes !

Dans les comparaisons de ses Tables au Soleil, on ne voit cependant que des différences d'un très petit nombre de secondes; il s'ensuit qu'il a été bien servi par le hasard, ou qu'il a choisi pour ces comparaisons les observations qu'il avait d'avance éprouvées. Au reste, il ne donne ces réfractions que pour le Soleil, et voilà pourquoi nous en avons retranché les parallaxes. Mais, comme les réfractions sont variables, il avoue qu'on pourra quelquefois les trouver en erreur d'une demi-minute, peut-être même d'une minute entière, sur-tout si la hauteur est au-dessous de 20°.

Il entreprend de prouver que les réfractions ne viennent pas de la différente densité des milieux que traverse la lumière; *car les réfractions ne devraient cesser qu'au zénit, ce qui n'est pas conforme à l'expérience.* Il attribue donc les réfractions principalement aux vapeurs de l'atmosphère. Ce n'est pas qu'il nie absolument l'effet des différens milieux, mais il ne croit pas que cette différence soit à beaucoup près si forte que l'ont pensé les auteurs qui ont écrit sur l'Optique; il avait plus d'une fois disputé sur ce point avec Rothman, mathématicien du landgrave.

Après cette dissertation, qui n'est pas le meilleur chapitre de son livre, il passe au moyen d'observer les réfractions.

D'abord il se servit d'un grand quart de cercle vertical et azimutal, avec lequel il suivait le Soleil, depuis son lever jusqu'au méridien et de là jusqu'à l'horizon, sur-tout dans les jours solstitiaux, où la déclinaison varie peu. Alors il calcule la hauteur par l'azimut, la hauteur du pôle et la déclinaison. La hauteur calculée est moindre que la hauteur observée. La différence est la réfraction pour la hauteur observée. Toutes ces réfractions sont affectées de l'erreur qu'il commettait sur la parallaxe, et trop fortes de $(2' 51'')$ cos haut. observée, c'est-à-dire à fort peu près de la parallaxe de hauteur.

Ensuite il se servit d'une machine parallactique dont il élevait une armille jusqu'à la hauteur méridienne, et suivant le Soleil jusqu'au coucher, il voyait de combien la réfraction dérangeait le Soleil de son parallèle. Ici il connaissait les trois côtés d'un triangle sphérique, le complément de la déclinaison donnée par l'armille, celui de la hauteur du pôle et celui de la hauteur vraie; car il observait en même tems la hauteur apparente avec un quart de cercle. Il calculait l'angle parallactique apparent; alors, dans le triangle parallactique, il avait les deux distances polaires, l'une vraie, l'autre apparente, et l'un des angles opposés; il calculait le 3ᵉ côté qui était la réfraction moins la parallaxe. Cette méthode n'a jamais été imitée, que je sache, et ne le sera probablement jamais, au lieu que la précédente a été suivie avec succès par M. Piazzi.

Ou bien encore l'écart du parallèle est la réfraction de déclinaison; on la divise par l'angle parallactique, et l'on a la réfraction de hauteur.

Le changement rapide des réfractions, dans les premiers degrés de hauteur, ajoute à la conviction où il est que les réfractions sont produites par les vapeurs, et c'est ce qui accélère le lever du Soleil et retarde son coucher.

Connaissant la réfraction de hauteur, on en conclut la réfraction en déclinaison et la réfraction en ascension droite par le cosinus et le sinus de l'angle parallactique; on en déduirait les réfractions de longitude et de latitude par les mêmes moyens que l'on emploie par la parallaxe.

Pour le calcul des parallaxes du Soleil en différentes saisons, il donne la Table des rayons vecteurs, dans laquelle il suppose, avec Copernic, que le rayon de l'excentrique est de 1142 demi-diamètres de la Terre.

Après avoir calculé les déclinaisons de tous les points de l'écliptique, il en déduit les ascensions droites comme les Grecs. Il paraît ignorer la formule tang Æ = cos ω tang ☉; il paraît oublier la *Table féconde*. Il avertit que ces déclinaisons et ces ascensions droites changent avec l'obliquité.

Il s'étonne que Copernic n'ait jamais pu voir Mercure, tandis que dans son île et dans une sphère un peu plus oblique, il l'a fréquemment observé le soir et le matin, et n'a jamais été un an sans le voir. Copernic en accusait les brouillards de la Vistule. Peut-être aussi Copernic n'ayant pas les instrumens propres à l'observer, ne se sera pas souvent donné la peine de le chercher.

Pour la commodité des astrologues, il calcule des tables pour déterminer l'entrée du Soleil dans les 12 signes, parce qu'elle ne revient pas tous les ans au même jour. Alphonse et Copernic avaient traité ce point avec trop de négligence.

Il finit ces recherches sur le Soleil par une table de l'équation des jours dont il ne donne pas la construction. L'équation est presque toujours soustractive; elle n'est additive que depuis $9^s\,20°$ jusqu'à 12^s où elle est o, ce qui paraît assez étrange. D'après les élémens adoptés par Tycho, la formule serait

$$-8'13''\sin(\odot-\text{apog.})-9'56'',23\sin 2\odot+12'',928\sin 4\odot-0'',3726\sin 6\odot.$$

Je me suis servi de cette formule pour calculer la Table suivante, pour la comparer à celle de Tycho.

Il est évident, 1°. que Tycho a retranché à chaque terme un nombre entre 7 et 8'; 2°. qu'on ne peut juger à 30″ près la constante retranchée; 3°. que les équations de Tycho ne sont pas toujours données selon la minute la plus voisine; 4°. par un milieu entre les 180 équations, la constante sera $-7'\,36''$.

Mais d'où vient cette constante qui n'empêche pas une partie de la table d'être additive ? Qui l'empêchait de retrancher 8′ de plus pour rendre la table uniforme ?

Quand Tycho s'était servi de cette équation pour changer le tems vrai en tems moyen, il avait donc retranché $7'\,36''$ de trop ou $\frac{1}{8}$ d'heure; le tems ainsi corrigé était trop faible de $\frac{1}{8}$ d'heure. Il devait donc donner à ses époques en plus le mouvement pour $\frac{1}{8}$ d'heure; le mouvement horaire du Soleil est 247″, dont le huitième est 31″. Il ne parle nulle part de cette correction des époques; serait-ce une correction qu'il aurait voulu faire à ses tables après coup pour les faire mieux accorder avec les observations ?

⊙	Équat.	Tych.	Différ.	⊙	Équat.	Tych.	Différ.	⊙	Équat.	Tycho.	Diff.	⊙	Équat.	Tych.	Diff
0	+8′.13″	+0½	+7′.43″	90	+0′.47″	−7	−7′.47″	180	−8′.13″	−16	+7′.47″	270	−0′.47″	−8½	−7′.4
2	7.33	0	7.33	92	1.10	−6	7.10	182	8.52	16½	7 38	272	+0.13	7	7.
4	6.52	−1	7.52	94	1.32	6	7.32	184	9.32	17	7.28	274	+1. 8	6	7.
6	6.14	1	7.14	96	1.54	5½	7.24	186	10.11	18	7.49	276	2. 3	5	7.
8	5.35	2	7.35	98	2.15	5	7.15	188	10.50	18	7.10	278	2,59	4	6.5
10	4 55	3	7.51	100	2.37	5	7.37	190	11.27	19	7.33	280	5.54	3½	7.
12	4.17	3	7.17	102	2.57	4	6.57	192	12. 2	20	7.58	282	4.49	2½	7.
14	3.18	4	7.18	104	3.16	4	7.16	194	12.36	20	7.24	284	5.42	2	7.4
16	3. 0	5	8. 0	106	3.34	3½	7. 4	196	13. 8	21	7.52	286	6.36	−1	7.
18	2.23	5	7.23	108	3.52	3	6.52	198	13.39	21	7.21	288	7.25	0	7.
20	1.46	6	7.46	110	4. 8	3	7. 8	200	14. 7	22	7.53	290	8 13	+1	7.
22	+1.11	6	7.11	112	4.22	3	7.22	202	14.33	22	7.27	292	9. 1	2	7.
24	0.37	7	7.33	114	4.35	2½	7. 5	204	14 58	23	8. 2	294	9.47	3	6.4
26	+0. 5	7½	7.35	116	4.44	2	6.44	206	15.19	23	7.41	296	10.30	3	7.
28	−0.26	8	7.34	118	4.53	2	6.53	208	15.38	23	7.22	298	11.11	4	7.
30	−0.57	8½	7.33	120	5. 1	2	7. 1	210	15.54	24	8. 6	300	11.50	5	6.5
32	−1.25	9	7.35	122	5. 5	2	7. 5	212	16. 6	24	7.54	302	12.24	5	7.
34	1.51	9½	7.39	124	5. 8	2	7. 8	214	16.16	24	7.44	304	12.57	5	7.5
36	2.15	10	7.45	126	5. 9	2	7. 9	216	16.24	24	7.36	306	13,29	6	7.
38	2.36	10	7.24	128	5. 8	2	7. 8	218	16 27	24½	8. 3	308	13.56	6½	7.
40	2.56	11	8. 4	130	5. 3	2	7. 3	220	16.28	24	7.32	310	14.21	7	7.
42	3.14	11	7.46	132	4.57	2	6.59	222	16.27	24	7.33	312	14.43	7	7.4
44	3.28	11	7.32	134	4.48	3	7.48	224	16.20	24	7.40	314	15. 0	7½	7.
46	3.41	11	7.19	136	4.37	3	7.37	226	16.11	24	7.49	316	15.14	8	7.
48	3.52	11½	7.38	138	4.22	3	7.22	228	15.59	24	8. 1	318	15.28	8	7.
50	3.59	12	8. 1	140	4. 6	3	7. 6	230	15.42	23½	7.48	320	15.36	8	7.
52	4. 6	12	7.54	142	3.48	4	7.48	232	15.22	23	7.38	322	15.41	8	7.4
54	4. 8	12	7.52	144	3.25	4	7.25	234	15. 1	23	7.59	324	15.44	8	7.4
56	4. 7	12	7.53	146	2.56	5	7.56	236	14.34	22	7.26	326	15.44	8	7.4
58	4. 5	12	7.55	148	2.37	5	7.37	238	14. 2	22	7.58	328	15.39	8	7.
60	4. 1	12	7.59	150	2. 6	6	8. 6	240	13.34	21	7.26	330	15.29	7½	7.
62	3.54	12	8.05	152	1.34	6	7.34	242	12.59	21	8. 1	332	15.16	7	8
64	3.44	11	7.16	154	1. 2	7	7. 2	244	12.19	20	7.41	334	15.21	7	8.
66	3.33	11	7.27	156	+0.27	7	7.27	246	11.38	19½	7.52	336	15.45	7	8.4
68	3.18	11	7.42	158	−0.11	8	7.49	248	10.54	19	8. 6	338	14.26	6½	7.
70	3. 2	11	7.58	160	−0.49	9	8.11	250	10. 7	18	7.53	340	13.56	6	7
72	2.46	10	7.14	162	1.29	9	7.31	252	9.19	17	7.41	342	13.36	6	7.
74	2.27	10	7.33	164	2.11	10	7.49	254	8.28	16	7.32	344	13. 6	5	8.
76	2. 7	10	7.53	166	2.55	11	8. 5	256	7.35	15	7.25	346	12.35	5	7.
78	1.44	9	7.16	168	3.38	11½	7.52	258	6.40	14	7.20	348	12. 3	4	8.
80	1.20	9	7.40	170	4.23	12	7.37	260	5.43	13½	7.47	350	11.27	4	7.
82	0.56	9½	8.34	172	5. 8	13	7.52	262	4.48	12½	7.42	352	10.50	3	7.
84	0.31	8	7.29	174	5.54	13½	7.36	264	3.47	11½	7.43	354	10.13	2½	7.
86	0. 5	8	7.55	176	6.39	14	7.21	266	2.48	10½	7.42	356	9.32	2	7.
88	+0.21	7	7.21	178	7.25	15	7.35	268	1.48	9½	7.42	358	8.52	1	7.
90	+0.47	7	7.47	180	8.13	16	7.47	270	−0.47	8½	7.43	360	8.13	0½	7.

Cette équation du tems ne lui servait que pour le Soleil; pour la Lune, il avait supprimé la partie qui dépend de l'équation du centre, pour ne conserver que celle qui vient de la réduction à l'écliptique. Par une autre singularité, il a fait dépendre cette table de l'ascension droite du Soleil. La formule en ce cas est :

$$-9' 56'',23 \sin 2Æ - 12'',926 \sin 4Æ - 0'',3736 \sin 4Æ.$$

J'ai pris dans la Table de Tycho les ascensions droites des points de l'écliptique, et j'ai trouvé les quantités suivantes que j'ai comparées avec celles de Tycho, de 5 en 5° seulement, ce qui était plus que suffisant pour vérifier sa table. On voit qu'elle est rigoureusement calculée et plus exacte de beaucoup que sa Table pour le Soleil.

☉.	Æ.	Formule. —	Tycho. —		☉.	Æ.	Formule. —	Tycho. —	
0°	0° 0′ 0″	0′ 0″	0′ 0″	180°	50°	47°32′ 12″	9′ 51″	9′ 51″	130°
5	4.35.11	1.39	1.39	175	55	52.37.55	9.28	9.28	125
10	9.11. 2	3.16	3.16	170	60	57.48. 7	8.47	8.47	120
15	13.48. 9	4.47	4.47	165	65	63. 2.32	7.50	7.50	115
20	18.27.17	6.10	6.11	160	70	68.20.54	6.36	6.36	110
25	23. 8.58	7.24	7.24	155	75	73.42.23	5. 9	5.10	105
30	27.53.43	8.25	8.25	150	80	79. 6.48	3.33	3.33	100
35	33.42. 3	9.12	9.12	145	85	84.32.55	1.48	1.48	95
40	37.24.23	9.42	9.42	140	90	90. 0. 0	0. 0	0. 0	90
45	42.31. 3	9.56	9.56	135					
		+	+	☉			+	+	☉

La Table conserve le signe dans les deux autres quarts où elle est d'abord soustractive et ensuite additive.

Il est donc avéré que Tycho employait pour la Lune une équation du tems incomplète; il faisait le tems moyen trop fort de 8′ 13″ sin anomal. vraie. Pendant ces 8′ 13″, le mouvement de la Lune était de 4′ 30″,6; c'était donner à la Lune une équation de + 4′ 30″ sin anom. vraie ☉; l'équation annuelle de la Lune dans les tables modernes est de... + 11′ 9″ sin anom. vr. ☉ à fort peu près.

Tycho a donc senti la nécessité de cette équation; mais il n'en connaissait ni la théorie, ni la vraie quantité, et c'est une chose assez bizarre que la manière indirecte dont il l'a fait entrer dans son calcul. Si cette équation était la seule, on concevrait plus aisément le parti pris par Tycho; voyons ce qu'il fera pour les deux autres.

Restitution du mouvement de la Lune. (Appendice.)

Tycho avait reconnu que les hypothèses de Ptolémée et de Copernic ne représentaient exactement ni les longitudes ni les latitudes de la Lune. Il y avait remarqué un grand nombre d'inégalités, de manière que dans les éclipses les erreurs allaient souvent à une heure, sans parler de la grandeur de l'éclipse.

Les erreurs étaient encore plus grandes en d'autres circonstances. En attendant un traité plus complet, il va donner les principaux résultats auxquels il est parvenu.

Il rapporte d'abord 30 éclipses observées par lui, 21 de Lune et 9 de Soleil.

Voici les conclusions qu'il en a tirées.

Mouvemens diurnes.

(☾—☉).	$0^s\,12^\circ\,11'\,26''\,41'''\,32^{iv}\ 0^v\,27^{vi}\,13^{vii}\ 0^{viii}\,40^{ix}\,35^x$
Anomalie	0.13. 3.53.56.20.41.41.51. 25. 15.32
Arg. latit.	0.13.13.45.39.31.33. 1.58. 12. 49.56

Mouvemens annuels.		Époque 1er janvier [illegible].	
Long. ☾	$4^s\ 9^\circ\,37'\,22''\,39'''\,43^{iv}$	Longitude	$7^s\ 6^\circ\,14'\,57''$
Anomalie	2.28.43. 7.45.54	Anomalie	7. 4.22.56
Arg. latit.	4.28.42.45.26.56	Arg. latit.	7.16.50.42

Nous faisons aujourd'hui le mouvement annuel $4^s\,9^\circ\,23'\,4'',9$, c'est-à-dire plus faible de $14'\,18''$.

Hypothèse de la Lune.

A la Terre centre du monde (fig. 28), B centre d'un petit cercle passant par la Terre A, dans lequel le centre de l'excentrique FRPQ se meut de manière qu'à chaque syzygie, le centre soit en A et qu'il aille dans le sens ADCE avec un mouvement = 2(☾—☉). Dans cette expression ☉ est la longitude vraie du Soleil et non la longitude moyenne.

Dans toutes les quadratures, le centre est en C.

Sur l'épicycle GLION faites mouvoir un second épicycle LKMN, en sorte que dans l'apogée le centre soit en G; qu'il en descende suivant GLH; qu'au périgée il soit en I, d'où il remonte suivant ONG, de manière qu'après une révolution d'anomalie, c'est-à-dire en $27^j\,13^h\,18'\,35''$, il se retrouve en G; alors la Lune se trouvera en K. Le mouvement de la Lune sur le petit cercle est double du précédent, et il se fait en sens contraire. Sa période est de $13^j\,18^h\,39^\circ\,17'\,30''$.

Ces cercles ne suffisent pas encore à cause d'une inégalité très sensible, sur-tout dans les octans, quand la distance (☾ — ☉) = 45°. Tycho fait mouvoir le centre autour du centre mobile F, non dans la circonférence, mais dans le diamètre du petit cercle et sur la ligne AG, d'un mouvement de libration du même genre que celui que Copernic avait imaginé. Ce mouvement forme une prostaphérèse additive, depuis la conjonction ou l'opposition jusqu'à la quadrature, et soustractive depuis les quadratures jusqu'aux syzygies, et qui corrige la distance (☾—☉). Ce mouvement est commensurable à 2(☾—☉), et produit une *variation* de 40′ 30″ (on l'a réduite à 36′ 6″), additive dans le 4ᵉ et le 1ᵉʳ octant, soustractive dans les deux autres.

Tout cela se réduit à dire qu'outre les équations reçues, il faut donner à la Lune une équation + 40′ 30″ sin 2(☾—☉). Du reste, Tycho reconnaît qu'on peut représenter ces divers mouvemens par d'autres combinaisons de cercles.

Soit AF = 100000, FG = 5800, GM = 2900, BA = 2174; quant au diamètre du dernier petit cercle, il n'est pas nécessaire de le déterminer autrement que par l'angle 40′ 30″ qu'il soutend.

Dans cette hypothèse, l'équation du centre est de 4° 58′ ½ très peu différente de celle d'Hipparque et de Ptolémée. Dans les quadratures, elles devient 7° 28′, moindre de 12′ que celle de Ptolémée qui avait été conservée par Alphonse et Copernic.

« Une longue expérience a fait voir que les mouvemens égaux de la » Lune, n'obéissent pas à l'équation des jours que produit le Soleil, » sinon en ce qu'ils dépendent toujours du mouvement vrai dans lequel » cette différence est comme absorbée. »

D'après ces considérations, qui méritaient d'être plus développées, Tycho a construit la Table d'équation du tems que nous avons vérifiée ci-dessus. Comme l'équation annuelle, elle dépend du mouvement anomalistique vrai du Soleil. On pouvait en faire une équation à part; mais, dans les idées de Tycho, il aurait fallu un petit cercle de plus; il en trouvait sans doute déjà trop dans son hypothèse, et c'est la raison sans doute qui lui a fait prendre ce détour.

Après avoir donné ses tables, il enseigne à se passer de celles des prostaphérèses et à calculer trigonométriquement les équations de la Lune.

On voit déjà que l'effet des deux épicycles réunis en un, donnerait une inégalité de 4° 59′ 30″; que le 3ᵉ, dont le rayon est 0,02174, donne une équation de $1^\circ 14' 44'',5$, dont le double serait $2^\circ 29' 29''$; ainsi l'on voit à peu près l'équivalent des inégalités de Ptolémée, distribuées d'une manière un peu différente, d'après quelques idées de Copernic.

Soit DEF (fig. 29) = anomal. ☾ $= A = 1^s 15^\circ 37' 39'' =$ GH.
NT = NHT = 2A = 3. 1.15.18,
GH = DF, mais GH est rétrograde et DF est direct;
T ainsi déterminé, sera le lieu de la Lune.

Menez FT; dans le triangle THF nous avons FH=0,058, HT=0,029 et l'angle compris NHT = 2A.

$$\text{tang}B=\text{tang}TFH=\frac{HT\sin H}{FH+HT\cos H}=\frac{\left(\frac{HT}{FH}\right)\sin H}{1+\left(\frac{HT}{FH}\right)\cos H}=\frac{0,5\sin 2A}{1-0,5\cos 2A}\ldots\ldots(1)$$

$$FT=\rho=\frac{0,058(1-0,5\cos 2A)}{\cos B}\ldots\ldots(2)$$

dans le triangle TFC, l'angle TFC=180°—TFG=180°—(TFH+HFG) =180°—(B+A)=180°—(A+B),

$$\text{tang}\, C = \text{tang}\, TCF = \frac{\rho \sin (A+B)}{1+\rho\cos(A+B)}\ldots\ldots(3)$$

$$CT = \rho' = \frac{1+\rho\cos(A+B)}{\cos C}\ldots\ldots(4)$$

$$☾ - C = ☾'\ldots\ldots(5)$$

$$A - C = A'\ldots\ldots(6)$$

$$☾' - ⊙' = ☾ \text{ égalée} - ⊙ \text{ vrai}\ldots\ldots(7)$$

$$E = 0,04348 \sin(☾' - ⊙');\ A'' = A' - (☾' - ⊙' + 3^s)\ldots(8)$$

$$\text{tang}\, ATC = \text{tang}\, D = \frac{\left(\frac{E}{\rho'}\right)\sin A''}{1+\left(\frac{E}{\rho'}\right)\cos A''}\ldots\ldots(9)$$

$$\rho'' = AT = \frac{\rho'\left(1+\frac{E}{\rho'}\cos A''\right)}{\cos D}\ldots\ldots(10)$$

$$☾' - D = ☾''\ldots\ldots(11)$$

$$V = 40'30'' \sin 2(☾' - ⊙')\ldots\ldots(12)$$

$$☾'' - V = ☾''' = \text{longitude dans l'orbite}\ldots\ldots(13)$$

$$☾''' - \text{réduct.} = ☾^{\text{IV}} = \text{longit. vraie ☾ sur l'écliptique}\ldots\ldots(14)$$

En voici le calcul :

o.5............ 9,6989700.......................... 9,6989700
— cos 2A...... + 8,3385599 sin 2A 9,9998967
+ 0,010902...... 8,0375299 c. 1,010902 9,9952910
1 0,058 8,7634280 tang B = 26° 18′ 43″(1) 9,6941577
1,010902 0,0047090 A = 45° 37′ 39″
c.cos B 0,0475009 B = 26.18.43
ρ = 0,065409 8,8156379(2) A + B = 71.56.22
TCF = 108. 3.38.

ρ.............. 8,8156379.................... 8,8156379
cos (A + B).... 9,4913925 9,9780569
0,020278.. 8,3070304 c. 1,02078 9,9912815
1,020278.. 0,0087185 tang C = 3° 29′ 16″ 8,7849763 (3)
c. cos C........ 0,0008052 A = 45.37.39 = DCF
ρ′ = 1,02217 (4) 0,0095237 A′ = 42. 8.23 = DCT... (6)
☾ moyenne = 3ˢ 1° 3′ 34″
0,04348... 8,6382895 — C = — 3.29.19
sin (☾′—☉′)... 9,9624472 ☾′ = 2.27.34.18
E. 0,039878.. 8,6007367 (8) ☉′ = 5. 4. 5.12
c.ρ′........... 9,9904763 (☾′—☉′) = 9.23.29. 6
$\left(\frac{E}{\rho'}\right)$........... 8,5912130 3. 0. 0. 0
☾′—☉′ + 3ˢ = 0.23.29. 6
40′ 30″.... 3,3856063 A′ = 1.12. 8.23
sin 2(☾′—☉′)... 9,8639153 A″ = ECT = 0.18.39.17
V = — 0.29′ 36″ 3,2495216 = DCT — DCE = ACT′.
180° — A″ = TCA = 161.20.43.

$\left(\frac{E}{\rho'}\right)$........... 8,5912130.................... 8,5912130
cos A″......... 9,9765624 sin A″ 9,5049659
0,036964.. 8,5677754 c. 1,036964 9,9842363
1,036964.. 0,0157637 tang D = 0° 41′ 22″ 8,0804152
ρ′............. 0,0095237 ☾′ = 87.34.18
c.cos D....... 0,0000314 ☾″ = 86.52.56
ρ″ = AT...... 0,0253188 V = 29.36
☾‴ = 86.33.20
réduction — 1. 9
☾ⁱᵛ = 86.22.11.

La solution n'est pas courte, mais elle est uniforme et se borne au calcul de trois triangles rectilignes et à celui de la réduction à l'écliptique.

Rien ne serait plus simple que la formation des tables par les formules (1) et (2); pour les formules (3) et (4), il faudrait les réduire en séries, ce qui serait facile; mais rien n'empêche de calculer directement les quatre formules et de ne mettre en tables que les quantités C et ρ', puisque B et ρ ne sont que des quantités subsidiaires dont on ne fait aucun usage dans la suite; c'est le parti que paraît avoir pris Tycho. En effet, dans notre exemple, avec l'anomalie $1^s\,15^\circ 37' 39'' = 1^s\,15^\circ 37',65$ $= 1^s\,15^\circ,635$, la table donne pour $1^s\,15^\circ$........ $3^\circ\,26'\,59''$

et $219''$ de différence pour 1°....................	2.11,4
	6,57
	1,095
Prostaphérèse de l'épicycle soustractive.........	3.29.18,065
Le calcul direct nous a donné................	3.29.16
Distance du centre........................	1,02236
avec — 30 de différence 0,6................	— 18,0
0,03...............	— 0,9
0,005..............	015
$\rho' =$	1,02217
Calcul direct.....	1,02217
Pour $7^s\,17^\circ$ de double distance, la table donne	0,0398745
Le calcul direct..........................	0,039878.

Quant à la variation, elle a la forme de l'équation moderne; il aurait pu donner aussi la même forme à l'équation annuelle, et la faire de $4'30''$ sin anom. vr. ☉.

Tycho avait donc préparé les voies à Képler, qui aura senti la nécessité de laisser à l'équation du tems les deux parties dont elle se compose, et aura donné la forme naturelle à l'équation qui dépend de l'anomalie du Soleil. Mais Képler avait encore bien des doutes.

Voilà donc l'hypothèse de Tycho réduite en formules, pour ce qui concerne la longitude de la Lune. Copernic avait déjà heureusement simplifié l'hypothèse de Ptolémée; il avait conservé ce qu'elle avait de bon, et rectifié les distances et les parallaxes.

Tycho, en refondant de nouveau l'hypothèse, a trouvé moyen de la renfermer dans des tables aussi simples qu'il était possible, et de plus, il a eu le mérite d'y ajouter la variation, que seulement il faisait trop forte de 4′; et l'équation annuelle, qu'il a déguisée, est réduite à 4′ ½ au lieu de 11′.

Latitude de la Lune.

Tous les astronomes avaient cru que l'inclinaison de l'orbite lunaire était constamment de 5°, et Tycho reproche à Copernic d'avoir en cela, comme en beaucoup d'autres choses, suivi Ptolémée avec trop de confiance. Mais Copernic avait peu observé; il n'avait que des instrumens excessivement médiocres et en petit nombre, Tycho nous l'apprend lui-même. Toute la vie de Copernic avait été employée en méditations sur le mouvement de la Terre et en efforts pour montrer que toutes les observations anciennes, toutes les inégalités qu'on avait pu découvrir, étaient aussi bien représentées dans son système que dans l'ancienne hypothèse. Cette réflexion suffit pour disculper Copernic, qui d'ailleurs a su tirer un parti fort satisfaisant du petit nombre d'observations qu'il avait pu faire, pour améliorer la théorie de la Lune en un point très important; c'est-à-dire dans les distances qui règlent les diamètres et les parallaxes. Tycho lui-même convient qu'il a profité des idées de Copernic, et c'est ce qu'il a fait notamment dans l'exposition du mécanisme qui produit la variation. Il a fait lui-même deux remarques heureuses, dont la première sur-tout ne suppose qu'un certain nombre de bonnes observations; c'est la variation de 8′ en plus ou en moins dans les plus grandes latitudes et l'équation du nœud. Nous avons vu qu'un arabe plus ancien qu'Ebn Jounis avait remarqué des inégalités sensibles dans les plus grandes latitudes, et qu'Ebn Jounis n'avait su tirer aucun parti de cette remarque importante.

En renversant l'hypothèse de Ptolémée, Copernic dut sentir qu'il allait faire liguer contre lui tous les astronomes qui croiraient l'Astronomie détruite jusqu'en ses fondemens; outre les préjugés des théologiens, il vit qu'il aurait à combattre tous les mathématiciens qui seuls étaient en état de l'entendre. Il se hâta donc de leur montrer qu'ils n'avaient aucun intérêt à prendre parti contre lui, puisque la partie mathématique restait intacte, et même recevait des améliorations sensibles. Il s'attacha donc à raffermir et consolider les fondemens de la science des anciens. Il n'eut ni le tems ni les moyens de corriger les détails; il fallait pour cela les moyens et tout le loisir d'un observateur habile, riche et zélé comme Tycho; cela ne suffisait pas encore; il fallait que ce grand observateur eût pour successeur un homme de génie, pourvu d'une patience opiniâtre, tel que Képler; ces trois grands hommes étaient nécessaires pour fonder l'Astronomie moderne, et ils n'ont fait que préparer les voies à Newton, qui lui-même a laissé beaucoup à faire à ses dignes successeurs.

Ne reprochons à aucun d'eux de n'avoir pas fait ce qui était au-dessus des forces d'un seul homme; louons-les bien plutôt de ce qu'ils ont su découvrir par leurs méditations, leur assiduité et leur génie.

Louons Tycho d'avoir remarqué que dans les syzygies, l'inclinaison était de 4° 58′ 30″, peu différente de celle d'Hipparque qui avait principalement observé des syzygies; au lieu que dans les quadratures, elle pouvait aller à 5° 17′ 30″. Ptolémée avait combiné des quadratures; c'est à lui qu'on pourrait reprocher de n'avoir point aperçu cette augmentation de 19′, qui dépendait d'un argument analogue à celui de l'évection. Mais il était observateur médiocre, et le plaisir qu'a dû lui causer la découverte de l'évection, a pu l'occuper assez pour détourner ses yeux du phénomène pareil que lui auraient présenté les latitudes, s'il les eût considérées avec la même attention; et qui sait d'ailleurs si une inégalité d'un tiers de degré était assez sensible à ses observations, pour fixer son attention?

Hipparque n'avait remarqué que la plus petite équation du centre et la plus petite inclinaison. Des recherches d'Hipparque et de Ptolémée réunies, on aurait pu tirer une équation du centre de 6° 20′ et une évection de 1° 20′ seulement. Des recherches d'Hipparque et de Tycho, il résultait une inclinaison de 5° 8′ et une inégalité de 8′ ½ en plus et en moins.

L'inégalité du nœud ne pouvait pas davantage être aperçue par Hipparque ni Ptolémée, puisqu'elle est insensible dans les syzygies, et que, dans aucune circonstance, elle ne peut produire au plus que 10′ sur la latitude. En elle-même elle est de 1° 45′ environ. Ce n'est pas notre inégalité du nœud que les tables modernes font de 9′ sin anomal. moy. ☉. Tycho, pour la reconnaître, a pu chercher quelle était la longitude, quand la latitude se trouvait nulle.

Pour expliquer ces inégalités, Tycho fait tourner le pôle de l'orbite lunaire autour de son lieu moyen, dans un petit cercle avec un mouvement double de celui d'élongation, c'est-à-dire égal au mouvement de l'argument de variation; en sorte que dans les quadratures, l'inclinaison se trouve augmentée de l'arc de distance du petit cercle à son pôle. Ce mouvement du pôle produit la rétrogradation du nœud; mais cette rétrogradation se change en un mouvement direct à la quadrature suivante, où l'inclinaison se trouve autant diminuée qu'elle avait été augmentée à la quadrature précédente. Ainsi le nœud recule et avance alternativement; quand il rétrograde la latitude augmente, elle diminue quand il est direct.

La remarque est bien de Tycho, mais l'explication qu'il en donne est calquée sur celle que Copernic avait imaginée pour la précession des équinoxes.

Tycho, dans ses tables, fait donc l'inclinaison de $4^\circ 58' 30''$; c'est la plus petite; il la corrige ensuite par une équation de $19'$ dont le calcul n'est pas très simple.

Sa table des latitudes est calculée sur la formule

$$\sin\lambda = \sin 4^\circ 58' 30'' \sin \text{arg. latit.};$$

avant d'entrer dans cette table, il corrige la distance vraie au nœud. Cette correction est $+1^\circ 46' \sin 2(☾' - ☉')$, et la table a pour argument $(☾' - ☉')$.

La distance polaire du petit cercle étant de $9' 30''$, et l'inclinaison moyenne $5^\circ 8'$, on aurait $9' 30'' \cot 5^\circ 8' = 1^\circ 45' 45''$, ce qui s'accorde assez bien.

L'argument de latitude étant ainsi augmenté, la table donne la latitude par une formule qui équivaut à

$$\begin{aligned}\sin\lambda &= \sin 4^\circ 58' 30'' \sin(A + 1^\circ 46' \sin 2D) = \sin 4^\circ 58' 30'' \sin A \cos(1^\circ 46' \sin 2D)\\ &+ \sin 4^\circ 58' 30'' \cos A \sin(1^\circ 46' \sin 2D) = \sin 4^\circ 58' 30'' \sin A\\ &- \sin 4^\circ 58' 30'' \sin A \,.\, 2\sin^2 \tfrac{1}{2}(1^\circ 46' \sin 2D) + \sin 4^\circ 58' 30'' \sin 1^\circ 46' \cos A \sin 2D\\ &= \sin 4^\circ 58' 30'' \sin A - \sin 4^\circ 58' 30'' \sin A \,.\, 2\sin^2 53' \sin^2 2D\\ &+ \sin 4^\circ 58' 30'' \sin 1^\circ 46' \sin 2D \cos A\\ &= \sin 4^\circ 58' 30'' \sin A + \sin 9' 11'' \cos A \sin 2D - \sin 9'' \sin A \sin^2 2D.\end{aligned}$$

Cette correction du nœud ne peut guère produire que $9'$ sur la latitude vers le nœud et rien vers les limites. Cette correction est la plus grande dans les octans qui se rencontrent près du nœud.

Il reste donc $+9' 11'' \cos A \sin 2D$ à ajouter à la formule........ $\sin\lambda = \sin 4^\circ 58' 30'' \sin A$.

Voyons maintenant quel est l'effet du changement d'inclinaison.

$$\sin\lambda = \sin I \sin A\,,\quad d\lambda \cos\lambda = dI \cos I \sin A\,,$$

$$\begin{aligned}d\lambda &= \frac{dI \cos I \sin A}{\cos\lambda} = \frac{dI \cot I \sin I \sin A}{\cos\lambda} = \frac{dI \cot I \sin\lambda}{\cos\lambda} = dI \cot I \tang\lambda\\ &= dI \cot I \tang I \sin A' = dI \sin A'.\end{aligned}$$

A' est l'argument de latitude réduit à l'écliptique. On pourrait faire $d\lambda = dI \sin A$, en négligeant le rapport $\frac{\cos I}{\cos \lambda}$ qui diffère peu de l'unité, ou en négligeant la réduction de l'orbite à l'écliptique, laquelle n'est jamais de 7'. Ce serait donc $19' \sin A$, suivant l'idée de Tycho qui en effet donne à côté de chaque latitude la correction $19' \sin A$.

Cette correction suppose $\sin 2(☾'-⊙') = 1$, c'est-à-dire le pôle à sa plus grande distance du pôle de l'écliptique; elle a donc besoin d'être multipliée par un facteur dépendant de la distance $2(☾'-⊙')$. Ce facteur se trouve à côté de la prostaphérèse du nœud, et se prend avec la distance $(☾'-⊙')$.

Le *maximum* de ce facteur est à 3^s, c'est-à-dire qu'il répond à... $(☾'-⊙') = 3^s$, ou $2(☾'-⊙') = 180°$; or, dans ce cas, la première correction est nulle, puisqu'elle dépend de $\sin 2(☾'-⊙')$.

Voyons maintenant l'explication de Tycho.

Soit EB (*fig.* 30) l'inclinaison la plus petite $= 4° 58' 30''$, EC la plus grande $= 5° 17' 30''$, le pôle va de B en F, en C, en G. Supposons qu'il soit en F dans le premier quart,

$$\text{tang E} = \frac{\sin BDF}{\sin ED \cot DF - \cos ED \cos BDF} = \frac{\text{tang DF} \sin BDF}{\sin ED - \text{tang DF} \cos ED \cos BDF}$$
$$= \frac{\text{tang DC coséc ED} \sin BDF}{1 - \text{tang DF} \cot ED \cos BDF}$$
$$= \text{tang } 9' 30'' \text{ coséc } 5° 8' \sin 2(☾'-⊙')$$
$$+ \text{tang}^2 9' 30'' \text{ coséc ED} \cot ED \sin BDF \cos BDF + \text{etc.},$$
$$F = 1° 46' 10'',6 \sin 2(☾'-⊙') + 98'' \sin 4(☾'-⊙').$$

Tycho, qui n'a pas fait le calcul si rigoureusement, se borne au 1er terme

$$\cos EF = \cos EDF \sin ED \sin DF + \cos ED \cos DF,$$
$$\cos EF = \cos EDF \sin ED \sin DF + \cos ED - 2 \cos ED \sin^2 \tfrac{1}{2} DF,$$
$$\cos EF - \cos ED = \sin DF \sin ED \cos EDF - 2 \cos ED \sin^2 \tfrac{1}{2} DF,$$
$$2 \sin \tfrac{1}{2}(ED - EF) \sin \tfrac{1}{2}(ED + EF) = \sin DF \sin ED \cos EDF - 2 \cos ED \sin^2 \tfrac{1}{2} DF$$
$$2 \sin \tfrac{1}{2}(ED - EF) = \frac{\sin DF \sin ED}{\sin \frac{1}{2}(ED + EF)} \cos EDF - \frac{2 \sin^2 \frac{1}{2} DF \cos ED}{\sin \frac{1}{2}(ED + EF)}$$
$$= \frac{2 \sin \frac{1}{2} ED \cos \frac{1}{2} ED \sin DF \cos EDF}{\sin \frac{1}{2}(ED + EF)} - \frac{2 \sin^2 \frac{1}{2} DF \cos ED}{\sin \frac{1}{2}(ED + EF)}$$
$$= \frac{2 \sin \frac{1}{2} ED \cos \frac{1}{2} ED \sin DF \cos EDF - 2 \sin^2 \frac{1}{2} DF \cos ED}{\sin \frac{1}{2} ED \cos \frac{1}{2} EF + \cos \frac{1}{2} ED \sin \frac{1}{2} EF}$$
$$= \frac{2 \cos \frac{1}{2} ED \sin DF \cos EDF - \frac{2 \sin^2 \frac{1}{2} DF}{\sin \frac{1}{2} ED} \cos ED}{\cos \frac{1}{2} EF + \cot \frac{1}{2} ED \sin \frac{1}{2} EF};$$

$$(ED - EF) = \sin FD \cos EDF - 35'',068$$
$$= 9'30'' \cos 2(\text{☾}' - \odot') - 35'',068;$$

sans erreur sensible.

L'inclinaison devient donc $[I - 9'30'' \cos 2(\text{☾}' - \odot') + 35'',1]$.

La constante $35'',1$ s'ajoute à l'inclinaison I et l'inclinaison $(I + 35'')$ se détermine par les observations.

L'argument de latitude devient $\left(A + \frac{9'\frac{1}{2}\sin 2D}{\sin I}\right)$,

$$\sin\lambda = \sin(I - a\cos 2D)\sin\left(A + \frac{a\sin 2D}{\sin I}\right)$$
$$= [\sin I\cos(a\cos 2D) - \cos I\sin a\cos 2D]\left(\sin A\cos\frac{a.\sin 2D}{\sin I} + \cos A\frac{\sin a\sin 2D}{\sin I}\right)$$
$$= \sin I\sin A + \sin a\sin 2D\cos A - \sin a\cos 2D\sin A$$
$$= \sin I\sin A + \sin a\sin(2D - A),$$

en négligeant les cosinus qui diffèrent peu du rayon, ou les prenant tous pour l'unité.

Pour savoir ce qu'on néglige, il faut faire le calcul plus rigoureusement.

$$\cos EF = \cos ED \cos FD + \sin ED \sin FD \cos EDF$$
$$= \cos ED \cos FD + \sin ED \sin FD - 2 \sin ED \sin FD \sin^2 \tfrac{1}{2} EDF$$
$$= \cos(ED - FD) - 2 \sin FD \sin ED \sin^2(\text{☾}' - \odot')$$
$$= \cos EB - \sin 1'42'' \sin^2(\text{☾}' - \odot'),$$
$$\cos EB - \cos EF = \sin 1'42'' \sin^2(\text{☾}' - \odot'),$$
$$2\sin\tfrac{1}{2}(EF - EB)\sin\tfrac{1}{2}(EF + EB) = \sin 1'42'' \sin^2(\text{☾}' - \odot'),$$
$$2\sin\tfrac{1}{2}x\sin(EB + \tfrac{1}{2}x) = 2\sin\tfrac{1}{2}x\cos\tfrac{1}{2}x\sin EB + 2\sin^2\tfrac{1}{2}x\cos EB$$
$$= \sin 1'42'' \sin^2(\text{☾}' - \odot'),$$
$$2\sin\tfrac{1}{2}x\cos\tfrac{1}{2}x + 2\sin^2\tfrac{1}{2}x\cot EB = \frac{\sin^2 102''\sin^2 D}{\sin EB} = 2b,$$
$$\tfrac{1}{2}x = b - ab^2 + 2(\tfrac{1}{3} + a^2)b^3 - (3a + 5a^3)b^4 + \text{etc.}$$
$$= 588'',09\sin^2 D - 19'',262\sin^4 D + 1'',2633\sin^6 D$$
$$x = 1176'',18\sin^2 D - 38'',524\sin^4 D + 2'',5266\sin^6 D$$
$$= 19'36'',18\sin^2 D - 38''524\sin^4 D + 2'',5266\sin^6 D$$

expression commode et dont l'erreur ne va pas à $0'',1$.

Ainsi

l'inclin. égalée $= 4°58'30'' + 19'36'',18\sin^2 D - 38''524\sin^4 D + 2'',5266\sin^6 D$.

Dans les quadratures, $\sin^2 D = 1$, la somme des coefficiens se réduit à $5° 17' 30'',182$.

Dans les syzygies $\sin D = 0$, l'inclinaison se réduit à $4° 58' 30''$.

Le triangle FDE donne

$$\tang a'' = \frac{\sin a'}{\cot c'' \sin c - \cos c \cos a'} = \frac{\tang c'' \sin a'}{\sin c - \tang c'' \cos c \cos a'} = \frac{\frac{\sin a'}{\sin c}\tang c''}{1 - \tang c'' \cot c \cos a'}$$

$$= \left(\frac{\tang c''}{\sin c}\right) \sin a' + \left(\frac{\tang c''}{\sin c}\right)(\tang c'' \cot c) \sin a' \cos a'$$

$$+ \left(\frac{\tang c''}{\sin c}\right)(\tang c'' \cot c)^2 \sin a' \cos^2 a' + \text{etc.}$$

$$= \left(\frac{\tang c''}{\sin c}\right) \sin a' + \tfrac{1}{2}\left(\frac{\tang^2 c'' \cot c}{\sin c}\right) \sin 2a'$$

$$+ \tfrac{1}{2}\left(\frac{\tang^3 c'' \cot^2 c}{\sin c}\right) \sin 2a' \cos a' + \text{etc.},$$

$$\tang E = \left(\frac{\tang FD}{\sin ED}\right)\sin 2(☾' - ☉') + \tfrac{1}{2}\left(\frac{\tang^2 FD \cot ED}{\sin ED}\right)\sin 4(☾' - ☉')$$

$$+ \tfrac{1}{2}\left(\frac{\tang^3 FD \cot ED}{\sin ED}\right)\sin 4(☾' - ☉')\cos 2(☾' - ☉');$$

mettez les valeurs numériques des coefficiens, et vous souvenant qu'en général

$$A = \tang A - \tfrac{1}{3}\tang^3 A + \tfrac{1}{5}\tang^5 A - \text{etc.},$$

après les substitutions et les réductions, vous aurez (L+E) argument corrigé de latitude

$$L + E = L + 1^\circ 46' 10'',5 \sin 2(☾' - ☉') + 97'',961 \sin 4(☾' - ☉')$$
$$+ 2'',01384 \sin 6(☾' - ☉') + 0'',0234 \sin 8(☾' - ☉'),$$

expression dans laquelle on peut négliger les deux derniers termes dont l'influence sera nulle sur les latitudes, et nommant I' l'inclinaison $(I+x)$, $L' = (L+E)$ l'argument corrigé

$$\sin \lambda = \sin I' \sin L',$$

expression qu'il faudra développer pour avoir les termes à ajouter à la latitude $\sin \lambda = \sin I \sin L$.

Voilà ce qu'il faudrait faire dans le système de Tycho, qui n'y regardait pas de si près; mais Mayer a dû chercher plus d'exactitude; il supposait l'inclinaison moyenne $ED = 5^\circ 8'$; dans cette supposition, calculant de nouveau les termes des formules ci-dessus, et changeant les puissances des sinus en cosinus des arcs multiples, après les substitutions et les réductions, je suis arrivé enfin à ce procédé :

Faites $\sin \lambda' = \sin 5^\circ 7' 59'',2 \sin L$, et vous aurez la latitude vraie λ par la formule suivante :

$$\lambda = \lambda' + 9' 30'' \sin[2(☾' - ☉') - L] + 2'',2 \sin[4(☾' - ☉') + L]$$
$$- 2'',2 \sin[4(☾' - ☉') - L];$$

il paraîtrait donc que Mayer n'aurait négligé que ces deux derniers termes assez peu importans, qui peuvent l'être encore moins en ce que le terme 9′ 20″ est réduit à 8′ 28″ environ.

Tycho aurait donc pu, comme Mayer, négliger les termes insensibles, et il aurait eu pour correction de la latitude moyenne le terme

$$d\lambda = \left(\frac{9' 30''}{\cos\lambda}\right) \sin [2(☾' - ☉') - \text{argum. latitude}],$$

ou même

$$9' 30'' \sin [2(☾' - ☉') - \text{argum. latitude.}]$$

Lalande a démontré d'une manière approximative la correction de Mayer; il a tout simplement négligé les termes du second ordre.

Tycho calculait la plus petite latitude, et sa correction doit être à peu près double

$$Bu = \sin \text{v. } 2(☾' - ☉') = 2\text{FD} \sin^2 (☾' - ☉') = 19' \sin^2 (☾' - ☉');$$

il fait

$$\sin \lambda = \sin \text{I} \sin \text{L};$$

d'où

$$d\lambda = \left(\frac{d\text{I} \cos \text{I}}{\cos\lambda}\right) \sin \text{L} = \frac{19' \sin^2 (☾' - ☉') \sin \text{L}}{\cos\lambda} = 19' \sin \text{L} \frac{\sin^2 (☾' - ☉')}{\cos\lambda};$$

on trouve avec L, le terme 19′ sin L, et ce terme est toujours exact à 4″ près.

Les minutes proportionnelles paraissent calculées sur la formule $60 \sin^2 (☾' - ☉')$; elles sont exactes, le plus souvent à quelques secondes près, et jamais l'erreur n'est d'une demi-minute.

Quant à la réduction à l'écliptique, que Tycho le premier a fait entrer dans les tables, elle a pour expression $\text{tang}^2 \tfrac{1}{2}\text{I} \frac{\sin 2\text{L}}{\sin 1''} - \text{tang}^4 \tfrac{1}{2}\text{I} \frac{\sin 4\text{L}}{\sin 2''}$.

L'inclinaison 5° 8′ donnerait 6′ 45″ sin 2L; l'inclinaison 4° 58′ 30″ ne donnerait que 6′ 27″; Tycho met 7′.

Il reproche avec raison à ses prédécesseurs de n'avoir pas mis assez d'attention à la détermination des parallaxes et des diamètres qui dépendent des distances. Il reconnaît que Copernic avait tenté de corriger Ptolémée, mais sa correction n'était pas assez forte. Aujourd'hui nous pourrions adresser à Tycho le même reproche; mais il faut considérer que sans microscope, il était bien difficile de mesurer le diamètre, et qu'avec des instrumens qui ne donnaient sûrement pas la minute, il était bien impossible de ne pas se tromper sur les parallaxes.

La table de Tycho donne pour parallaxes extrêmes 66′6″ et 48′43″; il avoue lui-même qu'il ne peut répondre de 2′, il aurait pu dire 4′. Il ajoute que s'il y a erreur, elle doit être en excès; mais l'excès est dans la variation de la parallaxe, car sa parallaxe moyenne 57′24″ n'est guère en excès que de 24″.

On voit ensuite une Table de réfraction particulière pour la Lune; à l'horizon, elle donne 33′ au lieu de 34′; ce n'était pas trop la peine de faire une nouvelle table.

Tycho donne ensuite des préceptes et des tables pour le calcul des éclipses. Je n'y ai vu rien de remarquable. Les demi-diamètres extrêmes du Soleil, sont de 15′ et 16′, ceux de la Lune 18′ et 14′24″.

Le chapitre second traite des étoiles. On voit à regret que Tycho, pour faire sentir l'importance d'un bon catalogue d'étoiles, leur attribue des effets propres, et la vertu de stimuler les forces des planètes qu'il considère comme des mères imprégnées et fécondées par les étoiles, et versant continuellement leurs *fœtus* sur la Terre, qui est le centre de l'univers. C'est bien le cas de s'écrier avec Lucrèce:

O curas hominum, et quantum est in rebus inane.

Ou avec Voltaire :

O vanité de l'homme! ô faiblesse! ô misère!

Il passe en revue tous les auteurs qui se sont occupés des étoiles, comme Timocharis, Hipparque, Ptolémée, Albategnius, Alphonse, enfin Copernic, *dont on peut dire que plus que tout autre, il a bien mérité de l'Astronomie.*

On ne peut guère avoir confiance aux anciens catalogues, soit à cause des fautes de copies, soit à raison de l'imperfection des instrumens. Tycho parle de ces anciens catalogues à peu près comme nous avons fait nous-même, quoiqu'il n'eût pas toutes les preuves que nous avons données de notre opinion. Il parle des instrumens qu'il a imaginés et principalement de ses armilles, pour les ascensions droites et les déclinaisons. Les trois principaux de ces instrumens marquaient les minutes. Il a simplifié les anciennes armilles zodiacales, en les réduisant à quatre cercles avec lesquels elles donnent plus de précision qu'on n'en pouvait espérer des anciennes; il a grande raison; mais les anciennes épargnaient les calculs trigonométriques, et c'est ce qui les avait fait imaginer.

Au lieu d'armilles, les Arabes se sont servis quelquefois du *torquetum* composé de plans circulaires. Le *torquetum* était moins dispendieux, voilà tout ce qu'on peut dire à son avantage. Tycho témoigne faire assez peu de cas des règles parallactiques de Ptolémée; elles auraient dû être de métal. Si elles sont grandes, elles seront incommodes, et pourront se déformer; si elles sont petites, les points de division ne seront pas assez multipli[illegible]

La manière ancienne d'observer était peu juste, et fort sujette à erreur; nous en avons dit les raisons. La critique qu'il en fait est fondée sur les mêmes remarques que nous avons faites sur Ptolémée.

Jérôme Cardan, dans son livre de *la Restitution des tems et des mouvemens célestes*, avait renouvelé l'idée de vérifier la position des étoiles par les éclipses de Lune et de Soleil. Il crut cette méthode préférable à toute autre, en ce que la Lune totalement éclipsée, permettait de voir même les plus petites étoiles avec lesquelles elle se trouvait en contact ou à peu près; mais l'expérience a montré quel fond on pouvait faire sur ces promesses. Il crut avoir fixé la position de la brillante de la Balance, au moyen de Vénus, et il s'en était ensuite servi pour déterminer toutes les autres. Tycho trouve ridicule l'idée d'employer une planète dont on ne connaît pas bien les mouvemens à déterminer la position d'une étoile. C'est, dit-il, demander la vérité à un muet ignorant, et chercher le certain par l'incertain. On ne s'étonnera donc pas qu'il se soit trompé d'un degré et deux tiers, tant sur la longitude, que sur la latitude, et que tout son catalogue soit plus fautif que ceux d'Alphonse et de Copernic. Il faut pardonner cette tentative peu réfléchie à un homme qui, comme géomètre, a fait preuve de sagacité, mais qui n'était que peu ou point astronome.

Copernic et Werner eurent l'idée de déterminer les longitudes et les ascensions droites par les latitudes et les déclinaisons; mais ils étaient forcés de prendre les latitudes dans les anciens catalogues, et ne connaissant pas bien la hauteur du pôle, ils se trompaient sur leurs déclinaisons.

Il est un autre moyen employé par quelques modernes, et notamment par le landgrave de Hesse-Cassel. Tycho en a fait usage comme ce prince. C'est d'y employer le tems où une étoile est au méridien ou dans un azimut connu, avec la hauteur de la même étoile. Alors on n'a plus qu'un triangle à résoudre; mais il faut de plus connaître parfaitement le lieu du Soleil. La difficulté est de connaître le tems, sur lequel il ne faudrait pas se tromper d'une seconde. Il n'est pas beaucoup plus aisé de connaître exactement le lieu du Soleil. Il vaut donc mieux y employer le tems des équinoxes, où les variations en déclinaisons sont le plus sensibles. Malgré tous les soins du landgrave et ceux que s'est donnés Tycho, ils n'ont pu ni l'un ni l'autre se procurer aucune horloge à laquelle ils pussent accorder leur confiance. Tycho en avait trois ou quatre, et l'on conçoit de reste qu'il n'en fut pas extrêmement content.

Avec quelque soin et quelque adresse que ces machines soient composées, on sent qu'elles doivent varier sans cesse par les changemens de l'air et des vents, dont on ne peut suffisamment les garantir, même dans des étuves; que leur marche d'abord régulière en apparence, ne tarde guère à se déranger; que les roues et les dents ne peuvent être d'une extrême régularité, et que l'égalité même de leurs restitutions diurnes ne prouve pas encore une distribution égale du tems dans les différens intervalles; le poids n'agit pas de même dans le haut et dans le bas de sa course; le poids du fil s'y ajoute, quelque mince que vous le supposiez, et les moindres différences deviennent importantes, puisque 4″ valent une minute de degré.

Ces causes d'erreurs detaillées par Tycho ont heureusement disparu dans la construction des horloges modernes.

Tycho avait tenté un moyen physico-chimique de mesurer le tems par l'écoulement du mercure bien purifié et revivifié, qu'il laissait échapper par un petit orifice, en conservant toujours la même hauteur dans le vase conique qui renfermait le métal. Le poids du mercure écoulé devait donner le tems et l'ascension droite de l'étoile. Il employa le plomb purifié et réduit par la calcination en poudre très-subtile, mais *pour confesser la vérité, le rusé Mercure qui est en possession de se moquer également des astronomes et des chimistes, s'est ri de mes efforts, et Saturne, non moins trompeur, quoique d'ailleurs ami du travail, n'a pas mieux secondé celui que je m'étais imposé.*

Tycho, par ces expressions recherchées et figurées, nous fait assez entendre combien il trouvait de difficulté dans cette recherche fondamentale du lieu des étoiles; combien il restait encore à désirer dans tout ce qu'on avait fait avant lui, et dans tout ce qu'il avait essayé lui-même.

Dans cet embarras et ces incertitudes, une idée lumineuse et inespérée se présenta à son esprit, et il saisit promptement l'occasion qui s'offrait.

Au printems de 1582, par un air très pur, Vénus fut visible une grande partie de la journée; on pouvait l'observer avant le passage au méridien, et en mesurer la distance au Soleil. On pouvait comparer Vénus au Soleil d'une part et de l'autre aux étoiles, et vérifier les unes par les autres.

Vénus n'a qu'un petit diamètre, son mouvement est beaucoup plus lent que celui de la Lune; il est plus facile à connaître, la parallaxe est beaucoup moindre; renonçant donc à *Saturne* et à *Mercure*, c'est-à-dire au plomb et au vif-argent, il porta toute son attention sur Vénus. Nous venons de voir que Cardan avait déterminé le lieu d'une étoile au moyen de Vénus, l'idée n'était donc pas nouvelle; Tycho la trouve ridicule chez Cardan, qui ne connaissait assez bien ni les mouvemens de Vénus, ni ceux du Soleil. Walthérus avait employé déjà ce moyen. Voyez *Observationes Hasiacœ*, etc., année 1489, p. 35.

Lorsque Vénus avait une hauteur assez considérable pour ne pas craindre les réfractions, il en prenait la distance au Soleil avec un sextant qui lui donnait les minutes et même quelques fractions. Ce sextant avait une alidade fixe au moyen de laquelle un observateur visait à Vénus, à travers les pinnules; un second observateur regardait l'ombre du Soleil sur une alidade mobile. Outre la distance réciproque, on mesurait aussi les deux hauteurs et quelquefois les azimuts; on ne négligeait ni les déclinaisons aux armilles équatoriales, ni les hauteurs méridiennes qu'on mesurait au quart de cercle.

La nuit, dès que le Soleil était plongé sous l'horizon, et permettait de voir les étoiles, on se hâtait de les comparer à Vénus; on prenait de nouveau, et toujours avec le même soin, des distances, des hauteurs, des azimuts, des déclinaisons et des hauteurs méridiennes; on tenait compte des petits mouvemens, on avait ainsi les ascensions droites et les déclinaisons, et enfin les longitudes et les latitudes. C'est ainsi que Tycho détermina quelques étoiles brillantes, en prit les distances réciproques, et les rapporta toutes à la luisante du Bélier qu'il crut avec raison préférable à la petite étoile voisine dont Copernic s'était servi.

Tant de moyens combinés composent une méthode véritablement belle et dont Tycho a raison de se féliciter. Si l'on fait mieux aujourd'hui avec moins de peine, on le doit aux lunettes, aux microscopes, aux verniers et aux pendules. Ce procédé de Tycho tient à peu près le milieu entre ceux des Grecs et ceux des modernes.

Tycho fit cette année plus de cent observations de cette espèce. Il en choisit trois pour en expliquer le calcul et en démontrer la précision. Pour vérifier le tout, il comparait encore les observations de Vénus orientale à celles où la planète était de l'autre côté du Soleil, afin que les erreurs pussent se compenser et se reconnaître. On avait soin que les circonstances fussent d'ailleurs aussi ressemblantes qu'il était possible, afin que les effets des réfractions et des parallaxes pussent s'éluder plus sûrement. Sept années furent employées à ces recherches; Tycho en donne les détails, au moins pour les principales étoiles, et nous en rapporterons les résultats.

On y voit des parallaxes d'environ 3', pour Vénus comme pour le Soleil; les deux déclinaisons, avec la distance mesurée, donnent les trois côtés d'un triangle dont l'angle au pôle est la différence d'ascension droite; un triangle analogue donne la différence d'ascension droite entre Vénus et l'Étoile.

La différence entre la plus grande et la plus petite de quinze de ces déterminations, est de 40''.

Tycho pense que loin de conserver le moindre doute, on doit plutôt s'étonner qu'on ait pu arriver à ce degré de précision. Nous n'avons pas refait ces calculs, mais nous en avons vérifié de tout semblables, quand nous travaillions aux Tables de Saturne et de Jupiter, et nous devons dire qu'entre les différens résultats, nous trouvions fréquemment des écarts de 2 à 3'; et, qu'en rendant toute justice aux soins et à l'adresse de Tycho, à la supériorité de ses instrumens et de ses méthodes, sur tout ce qu'on avait avant lui, nous nous sommes cru obligé à ne faire absolument aucun usage de ses observations.

Asc. dr. de α♈, 1585.
26° 0' 44''
32
50
20
38
18
32
42
37
27
29
14
4
28
39
26° 0' 30''
milieu »

Cette ascension droite, déterminée avec tant de soin, sert à trouver celle de Pollux; de Pollux il va au Vautour, et du Vautour à l'étoile du Bélier, et les quatre angles font une somme de 359° 59' 58"; elle devait être de 360°. Tycho paraît persuadé que cet accord prouve la bonté des opérations; il ne prouve qu'une compensation nécessaire d'erreurs.

Comment croire que des distances données simplement en minutes, calculées au moyen de tant d'élémens défectueux, puissent produire une somme exacte à 2 ou 3" près, si les erreurs ne s'étaient compensées ?

Après avoir fait le tour du ciel avec quatre étoiles, il le fait avec six; l'erreur n'est que de 9"; puis il en prend huit, et la différence n'est plus que de — 4".

α♈		
...	34° 37' 1/4	44° 58' 0"
Aile de Pégase		
...	47.49. 2/3	48.25. 0
Aigle		
...	97.50	96.45. 9
α♍		
...	54. 2	49.19.20
α♌		
...	54.33. 3/4	57. 4.10
Talon des ♊		
...	58.22	63.28.30
♈		
Somme des distances...	347° 14' 40"	360° 0' 9"

α♈		
...	35° 32' 1/2	37° 3' 15"
α♉		
...	45. 6	46.53.53
β♊		
...	36.59. 1/2	36.34.47
α♌		
...	54. 2	49.19.20
α♍		
...	42.33. 1/2	42.19.20
Ophiuchus		
...	55.17. 1/3	54.26.21
Aigle		
...	47.49. 2/3	48.25. 0
Pégase		
...	43.37. 1/2	44.58. 0
α♈		
...	359° 56' 44"	359° 59' 56"
	3.16	4

Tycho croit pouvoir s'en tenir à ces preuves; il en supprime nombre d'autres aussi satisfaisantes. Mais malgré cet accord constant, il est clair que chacun de ces angles doit avoir une erreur plus ou moins forte, et quand on supposerait parfaitement exactes toutes les différences d'ascensions droites, il pourrait encore rester quelques scrupules sur les ascensions droites absolues; mais il faut avouer que c'était un beau travail, et qu'il était impossible alors de faire mieux.

Pour passer des ascensions droites et des déclinaisons, aux longitudes et aux latitudes, Tycho se sert du triangle obliquangle, entre l'étoile et les deux pôles, et il assure que cette méthode est plus courte qu'aucune de celles qu'on employait avant lui.

Il se propose ensuite d'examiner et de juger la méthode de Copernic, et de partir comme lui de la latitude de l'Épi; mais au lieu de l'emprunter des anciens catalogues, comme Copernic et Werner, il cherche à la vérifier de nouveau par une étoile voisine de l'écliptique, et qui diffère peu de l'Épi, en longitude.

Soit P (fig. 31) le pôle de l'écliptique DEF, A la luisante du Bélier, B le pied des Gémeaux, C l'étoile du Dragon; nous aurons la longitude et la latitude du point A et du point B.

AC = 84° 20′ ½, BC = 90° 37′, AB = 58° 21′ ½.

PA = 80° 2′ 57″	AC = 84° 20′ 30″	PB = 90° 52′ 57″
BP = 90.52.57	BC = 90.37. 0	BC = 90.37. 0
APB = 57.38.10	AB = 58.21.48	CBP = 5.13.54
BA = 58.21.48	CBA = 82.57.51	PC = 5.14.17
observé 58.21.33	PBA = 77.43.57	BPC = 87. 7.30
PBA = 77.43.57	CBP = 5.13.54	FC = 84.45.43

Longitude de l'étoile C... 5ˢ 26° 38′ 50″
Par une autre combinaison... 5.26.38.26
et FC = 84° 45′ 6″
Par une troisième... 5.26.39.10
FC = 84.46. 0

An 1585, complet....	Longitude.	Latitude.
α ♈...	1ˢ 1° 53′	9° 57′ B
α ♉...	2. 4. 0	5.31 A
Pied ♊...	2.29.31 ⅓	0.53 A
β ♊...	3.17.30 ½	6.38 B
α ♌...	4.24. 4 ⅔	0.26 ½ B
α ♍...	6.18. 3	1.59 A
main d'Ophiucus...	7.26.31	17.20 B
Aigle...	9.25.56	29.21 ½ B
1re aile de Pégase...	11.17.44	19.26 B.

Tycho suppose, en conséquence, pour l'étoile du Dragon, longitude 5ˢ 26° 38′ 50″, latitude 84° 45′ 53″.

Parmi les étoiles employées, il en est dont l'ascension est voisine de 90°, et dont la déclinaison varie peu, en sorte qu'on n'avait pas besoin de connaître parfaitement la latitude, ni d'être trop scrupuleux sur la longitude.

Pour vérifier enfin la latitude de l'Épi, il en mesure plusieurs fois la distance à l'étoile C du Dragon, qu'il trouve de 87° 6′½, dans des circonstances très favorables. La distance de la même étoile au cœur du Lion était de 85° 9′; la distance entre l'Épi et le cœur du Lion était 54° 2′.

Il trouve en conséquence la latitude... 1.59. 0
Par Pollux il trouve................ 1.58.57
Il s'arrête au nombre rond........... 1.59. 0.

Il s'agit d'en déduire la longitude en faisant entrer dans le calcul la déclinaison 8° 56′ 20″, mesurée avec trois instrumens divers, et beaucoup d'accord. Il suppose la hauteur du pôle 55° 54′ 45″. On connaît les distances de l'étoile aux pôles de l'écliptique et de l'équateur, et la distance des deux pôles $= \omega$, c'est-à-dire les trois côtés du triangle; on en conclura l'angle au pôle de l'écliptique, ou la différence de longitude entre l'étoile et l'équinoxe voisin.

Tycho trouve, par un premier calcul, 18° 3′ 25″, et par un autre calcul 18° 3′ 10″.

Cette solution est bien simple; les trois côtés nous donnent les trois angles.

Tycho avoue lui-même que, dans les diverses déterminations de la même étoile, il trouvait quelquefois 1 ou 2′ de différence, tantôt dans un sens et tantôt dans un autre, parce que toutes les méthodes ne sont pas également sûres; il aurait pu ajouter, et toutes les observations ne sont pas également bonnes.

Il recommence ensuite, par sa méthode, le calcul des observations de Copernic, et il trouve 7 et 10′ de moins sur sa longitude.

Il refait de même quelques calculs de Werner; il trouve 1′ de plus ou de moins; mais il soupçonne que Werner a supposé des déclinaisons propres à faire retrouver les longitudes des anciens : ce qui expliquerait pourquoi Nonius n'a pu accorder les observations de Copernic et celles de Werner. Il s'étonne qu'un homme grave ait pris une pareille licence, que tout astronome devrait scrupuleusement s'interdire.

Les longitudes de Werner sont en erreur de 24′, 16 et 57′, d'après les nouveaux calculs de Tycho; ces longitudes sont celles de Régulus, de l'Épi, et de l'australe de la Balance, que cet auteur a prises pour fondement, dans son Traité du mouvement de la huitième Sphère.

Pour passer ensuite de ses huit étoiles à toutes les autres, Tycho prenait les distances de chaque étoile, qu'il voulait déterminer, à deux autres déjà connues; il en mesurait la déclinaison, et tirait le reste de la Trigonométrie. Il avait soin que l'étoile à déterminer se trouvât entre les deux autres; il avait donc deux déterminations de l'ascension droite, et jugeait de leur bonté par leur accord; il en prenait le milieu quand elles différaient peu, et vérifiait enfin la différence d'ascension droite par les armilles équatoriales.

Pour abréger le calcul des longitudes et des latitudes, il avait fait rédiger, avec beaucoup de travail et de dépense, des tables subsidiaires, qu'il se propose de publier un jour.

Afin que l'on soit en état de juger de la précision à laquelle il a pu parvenir, il rapporte quelques-unes de ces comparaisons. Jamais la différence ne va tout-à-fait à une minute.

Il donne ainsi les lieux de vingt-une étoiles zodiacales tant par rapport à l'équateur que par rapport à l'écliptique.

Il va maintenant prouver que les latitudes des étoiles varient par une suite du changement d'obliquité. C'est une remarque bien simple : il paraît qu'elle n'avait encore été faite par personne. Ce changement doit être considérable vers les tropiques, et presque nul vers les équinoxes; et c'est en effet ce qui résulte des observations.

Pour le prouver, il calcule les déclinaisons observées par Timocharis, Hipparque et Ptolémée; il prend pour bonnes les longitudes, qu'il n'est pas besoin de connaître avec la dernière précision; il en déduit la latitude, qu'il compare à celles de son tems; il admet que les distances réciproques des étoiles sont invariables, et c'est ce que nous avons aussi supposé pour mettre à l'épreuve les positions transmises par Ptolémée.

Il rapporte les alignemens d'Hipparque et de Ptolémée; il assure qu'il les a vérifiés, mais il avertit que pour les vérifications il faut que les étoiles soient assez élevées sur l'horizon, sans quoi les réfractions pourraient les déranger.

Par ces calculs, il trouve de l'incohérence dans le catalogue de Ptolémée, ou dans les observations qu'il a copiées. La latitude d'Aldébaran paraît fort incertaine :

Suivant Timocharis elle serait de $5° 56' \frac{1}{4}$;
Hipparque............ 5.33;
Ptolémée.............. $5.\ 7\frac{3}{4}$.

Il s'étonne que Copernic ait voulu prouver par cette étoile la bonté de ses parallaxes; il est vrai qu'à l'exemple de Ptolémée, il faisait une erreur à peu près égale sur la latitude de la Lune, et qu'ainsi l'occultation observée par Copernic a pu avoir lieu sans que les parallaxes fussent telles qu'il le prétend; au reste, ces parallaxes étaient assez bonnes, et il espère le prouver ailleurs.

Il reproche à Copernic de n'avoir pas tenu compte de la *réfraction qui est plus grande pour la Lune que pour l'étoile;* ce qui d'abord n'est rien moins que sûr, et ce qui d'ailleurs ne fait rien pour une occultation.

Tycho a lui-même observé plusieurs occultations d'Aldébaran sans pouvoir en déduire la latitude supposée par Copernic.

Il passe ensuite à la description de ses armilles équatoriales. Il suffit de regarder la figure qu'il en donne. Il en décrit brièvement d'autres qui avaient cinq coudées de diamètre.

Dans une recherche sur la précession annuelle, malgré sa prédilection pour Ptolémée, qui lui fournirait 53″ $\frac{3}{4}$, il pense qu'il est plus sûr de s'en rapporter à Hipparque, qui, de toute manière, tient le milieu entre Timocharis et Ptolémée. Par accommodement, il s'arrête à une précession de 51″, qui est encore trop forte. Copernic avait mieux rencontré; mais il avait voulu tout accorder, et il avait été réduit à adopter une hypothèse d'oscillation dans les points équinoxiaux, laquelle, selon Tycho, n'a aucun fondement, ainsi qu'il espère le prouver dans son grand ouvrage. Il attribue les différences aux erreurs des observations; il pense que celles des modernes ne sont guère meilleures, et il cite celles de Régiomontan, de Waltherus et de Werner.

A ces recherches succèdent ses Tables de précession et son Catalogue d'étoiles, un peu moins étendu que celui de Ptolémée, mais bien plus précis, dont les positions doivent, en général, être sûres, à 2 ou 3′ près, pour leur époque, qui est l'an 1600. On n'y voit que des minutes et des demies, preuve que Tycho ne comptait nullement sur les secondes, que, dans le fait, ses instrumens ne pouvaient lui donner.

On peut remarquer que par sa précession de 51″ par an, toutes ses longitudes pour 1600 doivent être déjà trop fortes de 15″. Il lègue ce catalogue à la postérité en ces termes :

En igitur habes exoptatissima et grata, uti spero, posteritas, stellarum fixarum, omnium prope modum, quæ in nostro climate conspiciuntur, accuratissimam restitutionem præsertim quo ad præcipuas et notatu digniores, quotquot hactenus instrumentis nostris. Intra proxime elapsum decennium, vel eo amplius, plurimarun noctiun vigiliis, indefesso calculi labore, et impensis omni æstimatione majoribus, tandem exantlatam atque in publicum usum concinnatam, tibi que harum cupidæ, liberali, amplo et perenni munere, consecratam; quæ tot jam sæculis, indè ab antiquo illo Hipparcho, elapsis huc usque annis circiter 1700, *ac nemine, quod scitur, justâ ratione ad præstitutum scopum antea elaborata est. Ptolemæus enim Hipparchi successor, solum modo promotionem fixarum, tempori inter se et Hipparchum elapso competenter singulis adjecit, reservatis aliàs in omnibus Hipparchicis commensurationibus.*

Il convient donc que Ptolémée n'a fait qu'ajouter la précession, qu'il a jugée convenable à toutes les étoiles d'Hipparque, pour former son catalogue. Cet aveu paraît peu d'accord avec la préférence qu'il donnait aux observations de Ptolémée; il aurait dû ne faire aucun usage de ces observations pour la précession, et son résultat n'en eût été que meilleur. Il ajoute, et nous l'avons déjà remarqué, que les catalogues d'Albategni et de Copernic avaient été rédigées de même par la simple addition du mouvement de précession; il fait remarquer que le catalogue d'Hipparque ne donne que les $\frac{1}{6}$ de degré : il ajoute même qu'il serait bien à souhaiter que cette précision fût réelle. Hipparque l'a-t-il cru suffisante, ou ses instrumens étaient-ils de trop petites dimensions? C'est ce qu'on ne sait pas, dit Tycho (nous croyons, nous, n'avoir plus de doute à cet égard); mais il est bien certain que cette précision est aujourd'hui bien insuffisante. Copernic avait déjà fait la même réflexion et les mêmes plaintes. Il espère donc qu'on lui saura gré d'un catalogue où tout est exact *dans la minute. In ipso minuto.*

Il avertit que le catalogue du landgrave fait les longitudes plus fortes de 6′ environ; il croit que cette différence vient de ce que le landgrave a employé le tems, moyen trop incertain (il a cessé de l'être. Il semble, au reste, que les irrégularités de la pendule et les erreurs sur le tems des passages n'auraient pas dû opérer toujours dans le même sens. Si l'erreur est constante, elle tient probablement à une autre cause). Il l'attribue aussi à *l'usage que le landgrave a fait de Vénus le soir, lorsque la réfraction augmente la longitude.* (Le landgrave a donc aussi employé Vénus. Il resterait à savoir qui des deux a eu le premier cette idée, qui même est plus ancienne; il est sûr au moins que Tycho l'a employée avec plus de discernement). Il eût infailliblement découvert l'erreur s'il eût répété les observations le matin. Tycho donne ensuite les ascensions droites des étoiles principales pour 1600 et 1700.

Il crut voir, par ses observations, que la réfraction des étoiles pouvait différer de la réfraction solaire (il aurait dû soupçonner qu'il faisait la parallaxe du Soleil beaucoup trop forte); il en donne la table. A 20° de hauteur la réfraction lui paraît déjà nulle.

Un mathématicien du Landgrave pensait que les réfractions à Cassel, étaient moitié de celles de Tycho; mais Tycho croit que c'est une erreur.

Il détermine, par les méthodes précédemment exposées, la position de toutes les étoiles de Cassiopée, pour en venir à l'étoile de 1572, à l'occasion de laquelle il avait entrepris tant de recherches.

Cette première partie est terminée par un discours en vers adressé aux amateurs de l'Astronomie.

Quid mussare juvat? Manus est adhibenda labori,
Ut tandem abstrusi pateant mysteria cœli.

La nouvelle étoile, qui avait été l'objet primitif, quoique le moins important de l'ouvrage, fut aperçue pour la première fois par Tycho, le 11 novembre 1572; elle était près du zénit, elle brillait d'une lumière rayonnante. Frappé d'étonnement il resta quelque tems à la contempler; il la voyait auprès des étoiles de Cassiopée, en une place où il était bien sûr de n'avoir jamais rien aperçu d'aussi éclatant; il ne pouvait en croire ses yeux, il interrogeait ses compagnons et les passans, pour s'assurer que ce n'était pas une illusion. Il courut à ses instrumens pour en mesurer les distances aux étoiles voisines; il en nota la couleur, la grandeur et la forme. L'étoile dura toute l'année suivante, et cessa d'être vue au mois de mars 1574. Elle demeura immobile au même point du ciel, conservant toujours les mêmes distances aux étoiles de Cassiopée; elle paraissait ronde comme tous les corps célestes; elle n'avait ni queue ni chevelure; elle ressemblait en tout aux étoiles les plus brillantes, et ne s'en distinguait que par une scintillation plus forte : elle surpassait en éclat Sirius, la Lyre et Jupiter même, qui alors était acronyque et périgée; enfin, elle était presque pareille à Vénus, lorsqu'elle est dans ses moindres distances. Elle parut ainsi dès le premier jour, et conserva toute cette lumière pendant tout le mois de novembre. Ceux qui avaient une bonne vue l'apercevaient de jour et à midi même, ce qui n'est accordé qu'à Vénus; quelquefois la nuit on la distinguait à travers des nuages qui cachaient entièrement les autres étoiles. Pendant le mois de décembre elle ressemblait davantage à Jupiter; en janvier, elle était un peu moindre, et seulement un peu plus belle que les étoiles de première grandeur; en février et mars, elle leur était égale; en avril et mai, de seconde grandeur, décroissant continuellement; pendant juin et juillet, elle n'était plus qu'une étoile de troisième grandeur, et ressemblait aux premières de Cassiopée; en septembre, elle devint de quatrième grandeur; en octobre et novembre, elle ne différait guère de la onzième de Cassiopée, dont elle était fort voisine; à la fin de l'année et pendant le mois de janvier 1574, elle surpassait à peine les étoiles de cinquième grandeur; en février elle ressemblait à celles de sixième; en mars, elle devint si petite qu'on cessa de la voir.

Sa couleur éprouva des variations comme sa grandeur. Quand elle avait l'éclat de Vénus ou de Jupiter, elle brillait d'une lumière blanche et agréable, qui devint ensuite jaunissante; elle prit la couleur de Mars ou d'Aldébaran, et de l'épaule d'Orion; ensuite elle fut d'un blanc livide comme Saturne, et le garda jusqu'à la fin, où elle était fort affaiblie, conservant toujours une scintillation proportionnée au peu de lumière qui lui restait.

Ces apparences sont celles qu'elle présentait dans les jours sereins; les nuages ou les vapeurs purent quelquefois les modifier, mais dans des circonstances passagères.

Elle fut aperçue par des ignorans ou des particuliers, beaucoup plutôt que par les savans ou les philosophes, qui daignent rarement regarder le ciel. Elle donna occasion de parler de l'étoile aperçue par Hipparque.

Tycho s'efforce de prouver que c'était véritablement une étoile et non une comète, quoique Pline, le seul qui en ait fait mention, semble lui donner un mouvement. Si l'historiette de Pline n'est pas un conte, n'est-il pas singulier que l'étoile ne se trouve pas dans le catalogue d'Hipparque ou de Ptolémée? Pourquoi Ptolémée n'en dit-il pas un mot dans le chapitre où il parle de l'immobilité des étoiles?

Cardan voulait que l'étoile de 1572 fût celle qui s'était montrée aux Mages, et qui les avait conduits à Bethléem. Tycho prend la peine de démontrer qu'il eût fallu pour cela qu'elle eût été dans la région inférieure de l'atmosphère.

Théodore de Bèze prétend que c'était en effet l'étoile des Mages, et que comme sa première apparition avait signalé le premier avènement de J.-C., la seconde annonçait de même le second. Tycho serait plus tenté de la comparer à l'étoile qui, selon le témoignage de Josephe, parut pendant un an au-dessus de Jérusalem, dont elle annonçait la prise. Il trouve dans Leovitius la mention d'une étoile pareille qui, en 1264, avait paru près de Cassiopée. L'intervalle serait de 308 ans; elle aurait dû reparaître en 1780, et l'on n'a rien vu.

Lorsque cette étoile apparut, Tycho venait de faire terminer un instrument propre à prendre les distances; il était composé de deux alidades garnies de leurs pinnules. Ces alidades pouvaient s'ouvrir et se fermer comme un compas, et elles étaient terminées par un arc divisé; un autre arc les traversait vers le milieu de leur longueur (comme nos compas à quart de cercle); une vis de pression servait à arrêter l'instrument à une ouverture donnée; une vis qu'on tournait avec une manivelle, écartait les deux branches ou les rapprochait. L'observateur pouvait tourner cette vis sans changer de place, en continuant d'observer. Les règles étaient de quatre coudées de long, larges de trois doigts et épaisses de deux; elles étaient de noyer, parce que ce bois éprouve moins de variations; l'arc était de cuivre, et les degrés divisés en minutes. Tycho n'avait pas encore eu l'idée des transversales, ni celle de fendre longitudinalement les pinnules.

L'œil ne pouvait se mettre exactement au centre du mouvement. Cette excentricité faisait que l'angle donné par l'instrument, était plus grand que celui qui avait son sommet dans l'œil. Il en résultait une équation.

Soit e l'excentricité, R le rayon ou la règle, $\left(\frac{e}{R}\right)\frac{\sin O}{\sin 1''} = O - c$ et l'angle vrai $= O - \left(\frac{e}{R}\right)\frac{\sin O}{\sin 1''} = O - c$.

Tycho avait estimé l'excentricité plus petite qu'elle n'était, parce qu'appuyant l'os de la joue contre le sommet de l'instrument, l'œil restait réellement un peu en arrière. Tycho reconnut depuis cette source d'erreurs qui lui avait donné des arcs trop grands, parce que sa correction était trop faible.

Il rapporte ensuite les distances des étoiles de Cassiopée entre elles et leurs distances à l'étoile nouvelle.

Le mouvement diurne qui faisait monter ou descendre ces étoiles, devait rendre les distances un peu variables, par le changement de la réfraction, ou par celui de la parallaxe. Quand une distance était prise et l'instrument bien arrêté à cette ouverture par la vis de pression de l'arc intérieur, si l'on attendait quelques heures, et qu'on dirigeât l'instrument aux deux mêmes étoiles, on voyait clairement que la distance n'avait pas changé; l'étoile n'avait donc aucune parallaxe sensible. (Si le changement eût été un peu considérable, il eût servi à déterminer la parallaxe.)

A défaut de quart de cercle pour les hauteurs méridiennes, l'instrument se plaçait dans le plan du méridien, et l'on observait la hauteur au passage sous le pôle. Un fil-à-plomb assurait la verticalité du plan et l'horizontalité de l'axe des règles.

Hauteur observée	27° 45′	....	27° 45′
Hauteur du pôle	55.58	haut. équat.	34. 2
Distance polaire..	28.13	déclinaison	61.47
Déclinaison.....	61.47.		

La précession, dans le cours des observations, n'a pu être que d'une vingtaine de secondes, et ne pouvait guère se remarquer, d'autant plus que les autres étoiles avaient aussi la leur, et que la différence n'était pas grande.

Un des amis de Tycho, Hainzelius, celui même pour qui il avait fait construire un grand quart de cercle, lui envoya soigneusement les hauteurs qu'il observait aux deux passages. Le rayon de ce cercle avait quatorze coudées. Ces hauteurs étaient.................. 76° 34′ 5

et............................	20. 9.5
somme.........................	96.44.0
moitié = haut. du pôle.............	48.22
plus grande hauteur, moins hauteur du pôle, ou dist. pol.	28.12.5
déclinaison........................	61.47.5.

A cette occasion, Tycho rapporte des différences d'ascension droite, observées par les tems des passages au méridien.

Il calcule ensuite la position de la comète par ses distances à trois étoiles connues.

Soit E (fig. 32) le pôle de l'écliptique FHGI, A, B, D les trois étoiles, C la comète.

On connaît

FA = 51.14.30; donc EA	= 38.45.30	AC =	5° 19′
GB = 48.46. 0 EB	= 41.14. 0	BC =	5. 2
AEB	= 8.52. 0	BA =	6.12.30
il en conclut......... BA	= 6.12.30	d'où BAC =	51. 9. 2
l'observation donnait.. BA	= 6.12. 0	EAB =	110. 1.47
		CAE =	58.52.45

	CE =	36° 15′ 9″
90° — CE = CH =		53.44.51
AEC =		7.42.34
longitude A =		29.11.30
longitude du centr. =		1. 6.54. 4
d'autres observat. donnaient CH =	53.45. 5 et longit.	36.54. 4
	53.44.50	53.39
	44.51	53.40
milieu des trois..........	53.44.55	36.53.44.

Par sept combinaisons différentes,

Longitude.	Latitude.
36.53.64	53.45.51
39	65
40	50
56	59
76	67
63	40
60	70
36.53.57	53.45.57

et en nombres ronds, longitude 36° 54′, latitude 53° 45′,
ascension droite 0.26.24, déclin. 61.46.45,
observée 61.47.

Tycho regarde cette détermination comme exacte à la demi-minute; il va prouver que l'étoile est au-delà de toutes les planètes.

1re *Preuve*. La forme, la lumière, la scintillation continuelle, l'immobilité, le mouvement diurne tel que celui des fixes, la durée de plus d'un an.

2e *Preuve*. Défaut de parallaxe. La distance polaire se trouve la même par les passages supérieurs et inférieurs. Le calcul des parallaxes prouve que les distances de l'étoile aux étoiles de Cassiopée, aurait dû varier d'un degré, si l'étoile eût été à la même distance que la Lune; qu'elle eût dû varier de 2′ 52″ à la distance du Soleil. Il se trompe ici de beaucoup, elles n'auraient guère pu varier que de 9″.

A la distance de Saturne, la variation eût été de 16″; il se trompe encore elle n'eût pas été de 1″.

Mais en admettant avec Copernic que la Terre tourne autour du Soleil, l'étoile à la distance de Saturne aurait eu une parallaxe annuelle de plusieurs degrés en plus et en moins. Cet argument serait le plus solide pour la distance de l'étoile; mais Tycho, qui la mentionne, est obligé de la rejetter. Ici il parle de son système en ces termes :

Restat propria cœlestium circuituum ordinatio, quâ planetas in limpidissimo æthere, per se nullis solidis orbibus fulcitos, circum Solem omnes unanimiter convolvi statuimus, ita ut illum semper in meditullio suarum revolutionum, tanquam regem et ducem observent, solummodo luminaribus atque altissimâ octavâ sphœrâ Terram pro centro respicientibus; quem ad modum hæc sequenti libro, suo loco, generali indicatione paulo fusius declarantur.

Il promet de prouver en son lieu que toutes les planètes tournent autour du Soleil, tandis que le Soleil lui-même, la Lune et les étoiles tournent autour du centre de la Terre. Il reviendra en effet sur ce sujet, mais en peu de mots, et ses argumens ne seront pas bien convaincans.

Il s'efforce assez inutilement de prouver que, dans ce système, l'étoile aurait eu une parallaxe sinon annuelle, au moins diurne; mais ses raisonnemens sont sans force.

Il allègue encore la précession qui était la même que celle de toutes les étoiles; mais cette raison est moins bonne encore que les autres, puisque la précession, qui n'est qu'une rétrogradation des points équinoxiaux, est la même pour tous les astres sans exception. Tycho croyait-il au mouvement en longitude et à l'immobilité des points équinoxiaux ?

3ᵉ *Preuve.* Pendant tout le cours de l'apparition, les hauteurs n'ont pas changé, non plus que celles des étoiles de Cassiopée. Les distances ont été les mêmes; donc point de parallaxe. La comparaison des deux hauteurs au méridien, donne la hauteur du pôle; donc point de parallaxe non plus qu'aux étoiles.

4ᵉ *Preuve.* Les observations de différens pays s'accordent entre elles; donc point de parallaxe au moins sensible.

A cette occasion, il rapporte six observations qu'il a faites de la parallaxe de la Lune, pour prouver qu'elles sont telles que les a trouvées Copernic. De ces six observations, trois sont au méridien, trois au nonagésime; elles n'offrent rien de remarquable.

Pour déterminer le diamètre et le volume de l'étoile, ce qui est assez difficile, puisqu'elle n'a aucune parallaxe, Tycho commence par rappeler les recherches de ses prédécesseurs sur les distances et les volumes des planètes.

Ptolémée faisait le Soleil 168 $\frac{3}{4}$ fois gros comme la Terre. La Lune $\frac{1}{39}$: le rapport 17:5 était celui des diamètres de la Terre et de la Lune ; en sorte que le Soleil était 6540 fois à peu près gros comme la Lune.

Albategnius et Alfragan disent à peu près les mêmes choses.

Copernic faisait le Soleil 162 fois gros comme la Terre. La proportion étant de 327:1, il croyait la Terre 43 fois grosse comme la Lune. La proportion étant de 7:2, le Soleil était 7000 fois gros comme la Lune.

Ni Ptolémée ni Copernic ne calculèrent les planètes ni les étoiles.

Albategnius et *ensuite* Alfragan l'essayèrent, mais en suivant les principes de Ptolémée, et plaçant les fixes immédiatement au-dessus de Saturne. *Voyez* les articles de ces deux auteurs, tome III.

« Une considération qu'ils négligeaient tous deux, c'est qu'il n'est nullement probable que toutes les étoiles soient à la même distance de la Terre, et qu'elles pourraient très bien être beaucoup plus éloignées les unes que les autres. On ne sait donc pas quelle est l'étendue ou la grandeur du ciel ; il se peut que de fort petites étoiles soient égales aux plus brillantes, et qu'elles soient bien plus éloignées ; et quand elles seraient toutes dans une même surface sphérique, il ne s'ensuivrait pas que toutes les étoiles censées de première grandeur, fussent parfaitement égales. Sirius et la Lyre paraissent surpasser Aldébaran, et Aldébaran paraît plus grand que Régulus et l'Épi. »

Tycho s'est long-tems occupé de la mesure du diamètre du Soleil, avec un canal de 32 pieds de long, tant dans les solstices que dans les équinoxes et plusieurs points intermédiaires.

Dans l'apogée, il n'a jamais trouvé plus de 30′ pour le diamètre ; il s'en manquait toujours quelques secondes ; on le croit aujourd'hui de 31′30″.

Au périgée, il surpassait 32′ de quelques secondes ; on trouve aujourd'hui 32′35″ ; aux équinoxes il est de 32′.

Copernic trouvait 31′40″, 34′ presque et 32$\frac{3}{4}$; Tycho n'en tient pas compte.

Tous deux faisaient la variation de 2′, presque double de ce qu'elle est réellement. On peut soupçonner que leur manière fausse d'envisager l'excentricité influait un peu sur leurs mesures.

Tycho supposera donc 31′ pour la moyenne distance ; c'est 1′ de moins qu'il ne fallait. Il n'est pas tout-à-fait vrai de dire avec Lagrange et Lalande que plus les instrumens se perfectionnent, plus on voit diminuer l'objet mesuré. Au reste Lagrange était loin de regarder sa remarque comme une chose démontrée ; il la donnait seulement comme une raison de croire que le mètre provisoire serait trouvé trop grand, et sa conjecture s'est réalisée.

Tycho faisait la moyenne distance 1150 par un milieu entre Ptolémée et Copernic; il promet de donner la preuve de cette assertion, qui paraît moins fondée sur des mesures précises que sur quelques idées platoniciennes ou pythagoriciennes sur les nombres.

C'est une chose singulièrement remarquable que cette constance de Ptolémée, Copernic et Tycho à supposer au Soleil une parallaxe de 3′, et à n'élever aucun doute sur un point aussi douteux. A cet égard on ne voit aucun progrès sensible depuis Aristarque. Hipparque est le seul qui eut quelques doutes; il chercha quelle supposition de parallaxe s'accorderait mieux avec les éclipses. Il vit que la parallaxe du Soleil restait indéterminée, qu'on pouvait également la supposer 3′ ou nulle. Pour nulle absolument, il n'y avait aucune probabilité; mais il aurait pu en conclure que 3′ étaient beaucoup trop; il ne changea rien, parce qu'il n'aurait pu donner aucune preuve réelle de l'opinion qu'il aurait préférée.

Que Ptolémée ne changeât rien à la parallaxe d'Hipparque, on le conçoit. Copernic avait-il peur de donner des armes à ses adversaires, en éloignant trop le Soleil, ce qui aurait agrandi l'orbite de la Terre et la distance des étoiles? Mais Tycho, par cette raison même, aurait dû augmenter la distance du Soleil, en diminuant la parallaxe. Comment n'a-t-il jamais soupçonné qu'elle fût trop forte? comment n'a-t-il pas aperçu l'erreur de 3′ qu'il commettait au solstice d'hiver, dans la réduction des hauteurs observées du Soleil? comment les réfractions du Soleil qu'il était obligé de faire plus fortes que celles des étoiles, ne lui ont-elles pas ouvert les yeux? C'est ce qui doit paraître étrange, si l'on ne connaissait la force d'une erreur enracinée depuis si long-tems. Celle de la parallaxe avait duré sans la moindre réclamation depuis Hipparque jusqu'à Copernic; et Tycho, malgré la supériorité de ses instrumens, n'avait encore rien de bien sûr à opposer au préjugé. Aussi n'est-ce pas de n'avoir fait aucun changement que nous pourrions l'accuser, mais de n'avoir pas au moins douté; ce serait aussi de n'avoir pas cherché à s'éclaircir.

De sa supposition, il résultait que le Soleil ne serait que 180 fois grand comme la Terre, ou peut-être un peu moindre.

En supposant pour la distance de la Lune 60 demi-diamètres de la Terre et le diamètre 33′, la raison des diamètres sera $\frac{43}{49}$, et si le diamètre de la Terre est de 1720 milles, celui de la Lune en aura 495. On voit qu'à cet égard Tycho n'est pas plus avancé que ses prédécesseurs.

Il donne à Mercure un diamètre de $2'\frac{1}{6}$ dans les digressions. Le rapport de ce diamètre à celui de la Terre, est $\frac{3}{8}$. La Terre sera 19 fois grosse comme Mercure.

Il donne à Vénus un diamètre de $3'\frac{1}{4}$; le rapport sera $\frac{6}{11}$; la Terre $6\frac{1}{6}$ de fois grosse comme Vénus.

A Mars $1'\frac{2}{3}$, la distance sera 1745 demi-diamètres; le rapport des demi-diamètres $\frac{25\frac{2}{3}}{60}$; la Terre sera 13 fois grosse comme Mars.

A Jupiter $2'\frac{3}{4}$, dans ses moyennes distances qui sont de 3990 demi-diamètres; le rapport sera $\frac{12}{5}$, et Jupiter gros 14 fois comme la Terre.

Le diamètre de Saturne est de $1'50''$ à la distance 10550 demi-diamètres; le rapport $\frac{31}{11}$, et Saturne 22 fois gros comme la Terre.

C'est ici qu'il explique plus particulièrement son système.

La Terre est le centre des mouvemens du Soleil et de la Lune.

Le Soleil est le centre des mouvemens des cinq autres planètes.

Il nous renvoie ici à son livre sur la Comète.

La sphère des étoiles enveloppe de près l'orbe de Saturne.

L'orbe de Saturne est concentrique au Soleil. Il porte un premier épicycle, surmonté d'un second. Saturne se meut sur ce second épicycle d'un mouvement double de celui du centre de ce sur-épicycle. Le centre du premier épicycle a le même mouvement que Saturne. Le premier épicycle va suivant l'ordre des signes, le centre du second marche en sens contraire sur le premier.

Il en conclut que la plus grande distance de Saturne à la Terre, est de 12300 demi-diamètres de la Terre. Telle doit être au moins la distance de la nouvelle étoile à la Terre. Il la suppose de 13000, pour laisser un petit espace entre la région de Saturne et celle de l'étoile, *pro ut conducens est.* Il serait mieux, ajoute-t-il, d'ajouter encore 1000 demi-diamètres, pour ne pas supposer toutes les étoiles à la même distance. Copernic suppose un bien plus grand intervalle entre Saturne et les fixes. *Cet espace serait vide d'étoiles et de planètes, il n'aurait aucun usage qui tombe sous les sens, ce qu'il serait absurde de croire.*

Donnant donc 14000 demi-diamètres à la distance des étoiles, on pourra les mesurer toutes.

Par un terme moyen entre toutes les étoiles de première grandeur, il leur donne un diamètre de 2'. Ces étoiles seraient donc 68 fois grosses comme la Terre. Rien n'empêche de supposer cent fois pour les plus brillantes, comme Sirius et la Lyre. Pour les moindres, on pourrait supposer 45.

Les étoiles de seconde grandeur ont 1′ $\frac{1}{2}$; elles seront 28$\frac{1}{2}$ fois grosses comme la Terre.

Les étoiles de troisième grandeur ont 1′ $\frac{1}{12}$; elles auront 2 $\frac{1}{5}$ fois le diamètre de la Terre, et seront 11 fois grosses comme elle.

Les étoiles de quatrième grandeur ont 45″ de diamètre; elles seront 4 $\frac{1}{2}$ fois grosses comme la Terre.

Les étoiles de cinquième ont 30″ de diamètre; elles seront 1 $\frac{1}{18}$ comme la Terre.

Les étoiles de sixième ont 20″; leur diamètre sera $\frac{2}{5}$; la Terre sera trois fois grosse comme ces étoiles.

La nouvelle étoile était un peu moins grande que Vénus et un peu plus grande que Jupiter. Le diamètre de Vénus est de 3′ $\frac{1}{4}$ dans la moyenne distance, de 4′ et plus quand elle est plus voisine, et de près de 5′ quand elle est encore plus voisine. La nouvelle étoile sera entre 3 et 4′. Il suppose 3 $\frac{1}{2}$, persuadé que d'autres la feront plus grande, parce qu'ils supposent faussement que le diamètre de Vénus peut aller jusqu'à 7 ou 8′; l'étoile était donc 361 fois au moins grosse comme la Terre, du moins au tems de son apparition.

Nous avons extrait ce chapitre, parce qu'il est de Tycho. Cette raison peut-être aurait dû nous engager à le supprimer; mais il est historique; il est à croire que Tycho lui-même n'y attachait aucune importance, et qu'il ne l'avait écrit que pour le vulgaire des lecteurs, et pour satisfaire à la curiosité publique. On y voit quelles fausses idées on avait de la grosseur des planètes, avant l'invention des lunettes. Vénus sur le Soleil n'a pas plus de 59″ ou 1′ de diamètre. Tycho, qui ne l'avait jamais vue si près, lui donne 5′; mais on voit que de son tems on allait jusqu'à 7 ou 8. Comment pourrait-on imaginer que Vénus avait le quart du diamètre du Soleil?

Au reste, Tycho ne pense pas que ce soit la trop grande distance qui ait fait disparaître l'étoile. *Il faudrait donner au ciel une étendue trop considérable, et ce serait tomber dans le même inconvénient que Copernic. Il faut une proportion en tout; le Créateur aime l'ordre et non la confusion et l'ataxie.*

Telles sont les idées de Tycho sur la nouvelle étoile; il va examiner celles des autres. Il commence par le landgrave, qui mérite à tous égards cette préférence.

Tycho calcule avec soin toutes ses observations. Les déclinaisons sont à peu près constantes et les mêmes qu'il a trouvées. Il trouve des différences de 2° sur l'ascension droite, ce qui vient évidemment de la marche de l'horloge. Elle avait donc des irrégularités de 4′ en plus ou en moins dans l'intervalle des observations.

Par un milieu la longitude sera	36° 58′	et la latit.	53° 41′
Tycho.....	36.54		53.55
Différence..	4		14

Thaddæus Hagecius ab Hayck Bohemus a composé un livre sur cette étoile. Tycho en donne un extrait; nous n'y prendrons que ce qui pourrait être nouveau. Hagecius soutient par exemple que les étoiles peuvent se former au-dessus de l'orbite de la Lune. Tycho professe la même doctrine.

L'ouvrage que Mæstlinus a composé sur l'étoile, est un des moins importans, si l'on ne compte que les pages, nous dit Tycho; mais il est le plus solide de tous, si l'on considère les raisonnemens et les observations; quoique à défaut d'instrumens l'auteur n'ait employé d'autre méthode que celle des alignemens, il a cependant approché de la vérité beaucoup plus que d'autres qui ont usé d'instrumens, lesquels au reste n'étaient peut-être pas bien bons. Après cet éloge, Tycho tâche d'infirmer ou de réfuter tout ce qui sent un peu le Copernicien. Nous verrons plus loin que Mæstlinus avait adopté le nouveau système, et l'avait enseigné à Képler.

Il calcule le lieu de l'étoile par les alignemens de Mæstlinus, et il trouve longit. 37° 3′, latit. 53° 39′, asc. dr. 0° 43′, déclin. 61° 46′.

Cornelius Gemma, fils de *Gemma Frisius*, qui avait aussi pris des alignemens, mais moins bien, trouvait

longit. 36° $\frac{1}{2}$, latitude, 52.40.

Franciscus Vallesius Covarrubianus prétendit que l'étoile n'était pas nouvelle, mais qu'elle était fort petite, et qu'elle avait reçu cet éclat passager par l'interposition d'une partie plus dense de quelque orbe céleste.

Tycho rend ensuite un compte particulier de l'écrit qu'il avait composé sur ce sujet. Il l'avait lu à quelques amis qui lui conseillaient de le rendre public; il avait encore le préjugé qu'il ne convenait pas à un homme de sa condition de rien faire imprimer. Pierre *Oxonius*, grand maître de la Cour, combattit ses scrupules, et lui dit que s'il ne voulait pas y mettre son nom, il pouvait le déguiser par quelque anagramme. Tycho fut ébranlé, et bientôt après décidé par une lettre de son ami *Pratensis* auquel il fit passer son manuscrit. Pratensis le livra aussitôt à l'imprimeur à Copenhague.

Il avait, dans cet opuscule, énoncé l'opinion que les mouvemens des comètes n'étaient assujétis à aucune loi. Il modifie cette assertion dont il n'avait aucune preuve, et qui n'était qu'un préjugé. Il est possible que leurs mouvemens ne soient pas aussi réguliers que ceux des planètes aussi anciennes que le monde, mais ils ne sont pas un pur effet du hasard; on y remarque une certaine régularité; c'est par degrés que leurs mouvemens s'accélèrent et se retardent. *Le plus souvent elles décrivent un grand arc dont elles ne s'écartent pas d'une manière trop sensible.* C'est ce qu'il dit avoir reconnu depuis par ses observations, et il en conclut qu'il n'est pas impossible de les soumettre au calcul; c'est ce qu'il promet de faire voir par la suite.

Dans ses premières recherches, il avait négligé l'excentricité de son œil. Au reste, les erreurs n'étaient pas très fortes, puisqu'il plaçait l'étoile en 37° 1′ avec une latitude de 53° 56′.

Pour vérifier ses calculs, il s'était servi d'un globe de médiocre grandeur, et de cette manière, il avait trouvé la longitude de 37° et la latitude de 54°.

Il avait inséré dans ce traité quelques idées astrologiques qu'il supprime, quoiqu'il ne paraisse pas bien guéri de son goût pour cette science prétendue.

Dans le chapitre IX, il discute les opinions de ceux qui donnaient à l'étoile une parallaxe sensible. Le landgrave en avait supposé une de 3′, et dans sa lettre à Peucer, il rappelle l'idée de Frascator qui prétendait que certaines étoiles, en s'approchant du centre du monde, paraissaient plus lumineuses, et disparaissaient ensuite quand elles s'étaient assez éloignées pour n'être plus visibles. Il cite Cornelius Agrippa qui, dans son livre de la *Vanité des Sciences*, rapportait que, d'après une tradition indienne, quelques mathématiciens croyaient à sept planètes, dont deux n'avaient pas encore été reconnues, et qui, diamétralement opposées, faisaient le tour du ciel en 144 ans contre l'ordre des signes. On les aperçoit de tems en tems, après quoi elles disparaissent. Nous avons parlé de ces planètes dans le chapitre de l'Astronomie des Indiens et dans le chapitre de Ricius.

Wolfgang Schullerus avait avancé que jamais on n'avait vu de comètes à plus de neuf demi-diamètres de la Terre; Tycho croit que cette erreur vient originairement de Régiomontan. Dans le même article, il remarque que les gnomons ne donnent que la hauteur du bord supérieur du Soleil; cette remarque avait été faite par Ebn-Jounis. Il parle de son instrument parallactique tout de cuivre, muni d'un cercle horizontal de 20 pieds de diamètre, et qui devrait donner les angles aussi bien qu'une table de sinus à cinq décimales; cependant il ajoute qu'il ne s'y fie pas à 1 ou 2′ près. Il se montre partout ennemi déclaré de la doctrine d'Aristote et du despotisme qu'on exerçait en son nom dans les écoles. D'un autre côté, il ne permet pas qu'on révoque en doute le témoignage de Proclus, qui disait qu'une comète avait été observée à la même distance de la Terre que Jupiter. Il ne peut se persuader qu'un mathématicien aussi distingué ait avancé, sans preuve, une assertion semblable; on ne voit pas trop comment Proclus était un si grand mathématicien. Nous ne connaissons pas de comète qui ait été visible à cette distance; nous ne comprenons pas trop comment les anciens auraient constaté un éloignement aussi considérable, et nous n'aurons pas la même confiance au témoignage de Proclus.

Apian le fils dit avoir vu l'étoile, le 10 novembre. Il croit qu'elle peut avoir été vue vers le commencement du mois ou même le 20 octobre, mais il n'en apporte aucune preuve solide. Il dit que jamais on ne voit de comète qu'après une éclipse ou une grande conjonction de planètes supérieures, ce qu'attestent Ptolémée, Albumasar et beaucoup d'autres. Or, le 25 juin, il y avait eu une éclipse de Lune, et le 7 août une grand conjonction de Jupiter et de Mars, dans la maison de Mars; il ajoute beaucoup de circonstances astrologiques. Le Soleil est arrivé le 20 octobre au lieu de cette conjonction. Ces causes ont produit l'étoile, et c'est le 20 octobre qu'elle a pu paraître, à la conjonction du Soleil avec Saturne. Les mêmes causes ont produit le grand froid qu'on ressentit alors.

Joannes Anglus écrit en plusieurs lieux que selon les astrologues, la conjonction de Jupiter et de Saturne produit une étoile sans queue (*ad modum Lunæ*), et que cette étoile n'est pas dans la région élémentaire, mais parmi les étoiles fixes. On ne peut rien prédire des effets des comètes qu'après leur disparition (il eût encore été plus exact de dire et qu'après les évènemens). Tycho réfute ces idées qui feraient produire des étoiles nouvelles presque tous les ans, et ferait disparaître tout le merveilleux. Il se plaint que *par des prétentions si souvent dé-*

menties, on jette un ridicule sur l'art de l'Astrologie, qui par lui-même ne doit point être regardé comme improbable, c'est-à-dire qui manque de preuves, ou qu'on doive désapprouver.

Tycho nie que l'étoile ait été une comète sans queue, telle qu'on en voit quelquefois; sa raison est qu'elles ne paraissent sans queue que quand elles sont en opposition, et que *la queue frappée par les rayons du Soleil doit être poussée derrière la comète qui doit ainsi paraître ronde.* Tycho adopte donc ici l'idée d'Apian que la queue des comètes est toujours opposée au Soleil, idée qu'il a voulu combattre dans une autre circonstance. On sait aujourd'hui que les comètes sont quelquefois sans queue, sans être pour cela en opposition; alors elles n'ont pas encore passé par leur périhélie.

Diggeseus avait aussi fait un traité sur l'étoile. Il croyait y trouver une preuve du mouvement de la Terre; mais, pour cela, il eût fallu que, demeurant en effet immobile, elle eût paru avoir un mouvement tantôt direct et tantôt rétrograde, effet de la parallaxe annuelle. Mais elle n'a pas eu ce mouvement; donc ici rien ne dépose en faveur de Copernic.

L'immobilité de l'étoile ne prouve pas non plus celle de la Terre; elle prouve seulement que l'étoile était bien par-delà l'orbe de Saturne, bien au-delà de l'orbe d'Uranus, dont la distance au Soleil est double de celle de Saturne, et dont la parallaxe annuelle est de 4°.

Ici Tycho ne fait pas difficulté d'avouer que le mouvement de la Terre débarrasse l'Astronomie de ces épicycles que les anciens donnaient à toutes les planètes, et qu'il satisfait beaucoup mieux et à moins de frais à toutes les apparences; mais, comme on trouve les mêmes avantages dans sa nouvelle hypothèse, Tycho se prévaut de ce qu'il n'a pas besoin de donner *à une masse inerte, opaque et paresseuse comme la Terre, un triple mouvement contre toute vérité physique et contre le témoignage exprès des écritures.* Tycho montre partout un esprit religieux, on peut même dire superstitieux.

Il paraît croire à l'impossibilité de déterminer la parallaxe d'un astre qui a un mouvement propre. C'est apparemment pour cela qu'il n'a jamais cherché à vérifier la parallaxe de 3′ qu'il donnait au Soleil. Il oublie que la Lune a aussi un mouvement propre; il promet cependant des recherches de ce genre sur Mars acronyque.

Diggeseus avait résolu un problème de parallaxe; Tycho présente cette méthode avec quelques modifications; nous allons aussi la modifier.

On a observé en A′ et B′ (fig. 33); dans un vertical connu, un astre sujet à parallaxe ; cet astre était véritablement en A et en B, PA = PB. On connaît le triangle ZPA' et le triangle ZPB'. On connaît ZPx, A'Px, ZPB' et xPB' tout entiers, A'PB' de même.

$Ax = xB$ en vertu du triangle isoscèle;

mais $$Ax = AA' + A'x = xB = xB' - BB';$$
donc $$AA' + BB' = xB' - A'x;$$

on a donc la somme des deux parallaxes BB' + AA'.

Or

$$BB' = \varpi \sin ZB',\ AA' = \varpi \sin ZA',\ BB' + AA' = \varpi(\sin ZB' + \sin ZA'),$$

et

$$\varpi = \frac{BB' + AA'}{\sin ZB' + \sin ZA'}.$$

Tycho s'arrête à cette expression qui cesserait d'être exacte si la parallaxe était plus grande que celle de la Lune. En ce cas on aurait

$$\sin BB' : \sin AA' :: \sin ZB' : \sin ZA',$$

ou

$$\sin BB' + \sin AA' : \sin BB' - \sin AA' :: \sin ZB' + \sin ZA' : \sin ZB' - \sin ZA',$$

ou

$$\tan g\tfrac{1}{2}(BB' + AA') : \tan g\tfrac{1}{2}(BB' - AA') :: \tan g\tfrac{1}{2}(ZB' + ZA') : \tan g\tfrac{1}{2}(ZB' - ZA'),$$
$$\tan g\tfrac{1}{2}(BB' - AA') = \tan g\tfrac{1}{2}(BB' + AA')\tan g\tfrac{1}{2}(ZB' - ZA')\cot\tfrac{1}{2}(ZB' + ZA');$$

on aura donc la somme et la différence, et par conséquent les deux parallaxes

$$xB' = ZB' - Zx,\ A'x = Zx - ZA',$$
$$BB' + AA' = ZB' - Zx - Zx + ZA' = ZB' + ZA' - 2Zx,$$

et

$$\tan g\, Zx = \tan g\, PZ \cos Z;$$

cette simple formule donne tout ce qu'il faut joindre aux observations, pour la solution du problème. BB' et AA' étant connus, on aura deux manières pour trouver PA = PB.

Ce problème est plus curieux qu'utile; il ne va qu'à un astre circompolaire; il pouvait s'appliquer à l'étoile de 1572 qui ne se couchait pas. Mais elle n'avait pas de parallaxe, et elle n'avait pas de mouvement en déclinaison, et elle pouvait s'observer deux fois dans le même vertical.

Ce problème était originairement d'Hagecius. Diggeseus et Tycho le résolvent chacun à sa manière, ainsi que le problème suivant :

Ayant deux hauteurs de l'astre avec ses distances à une étoile connue, dans deux verticaux qui font des angles égaux de part et d'autre avec le méridien, trouver la somme des deux parallaxes.

On a (fig. 34) ZA distance zénitale de l'astre, AE distance apparente à l'étoile, mesurée dans le vertical; on a de même de l'autre côté ZA′ et A′E′; enfin l'on a................ $PZA=PZA'$

la dist. véritable aE est diminuée de la parallax. $AE=aE-aA$

la dist. véritab. $a'E'$ est augmentée de la paralla. $A'E'=a'E'+a'A'$

différ. des dist. observées $=A'E'-AE=\overline{a'E'-aE+a'A'+aA}$

somme des deux parallaxes $=a'E'+aA$, car $a'E'=aE$,

d'où l'on déduira la parallaxe........ $\varpi=\frac{A'E'-AE}{\sin ZA'+\sin ZA}$.

Le triangle aPE est le même que $a'PE'$, $Px=Px'$; PZ est commun; $\sin Z=\frac{\sin Px}{\sin PZ}=\frac{\sin Px'}{\sin PZ}$; les deux azimuts Z sont donc égaux. Pa doit être plus petit que PZ, il en est de même de PE; il faut donc que les deux astres soient circompolaires. Si $Pa>PZ$, le zénit sera entre a et E; l'angle aPa' est le mouvement de la sphère entre les deux observations. Il faut que la nuit soit plus longue que le tems mesuré par aPa; les observations se feraient l'une au commencement, l'autre à la fin de la nuit. Ou bien il faut que le jour soit plus court que $360°-aPa'$; alors l'une des observations se ferait avant le lever du Soleil, l'autre après le coucher. Mais si une partie de l'angle aPa' appartient au jour et l'autre à la nuit, l'une des observations peut être impossible; c'est ce qui arrivera le plus souvent, ainsi le problème n'est guère que de simple curiosité.

Tycho rapporte ensuite un troisième problème de Diggeseus, et le présente sous une nouvelle forme (*novo habitu*); nous lui donnerons nous-même une forme bien plus générale (fig. 35).

On a observé le lieu apparent K de la comète dans le vertical ZIKH, où se trouvaient en même tems deux étoiles connues I et H.

On connaît tout dans le triangle PIH; et si l'on a observé seulement ZK et ZH, ZI, on a les arcs ZI, ZK, ZH, IK, KH et IH. Cela est plus commode que d'observer IK et KH.

Le triangle PIH donne les angles PIZ, PZI et ZPI. Il n'y a ni difficulté, ni ambiguité; tout est connu de ce côté du méridien, même le triangle ZPK; il n'y a d'inconnue que IG.

Quelques heures après la sphère aura tourné, le triangle HPI ayant passé au méridien, je suppose, aura pris la situation H'PI'; la comète vraie sera toujours en G, mais la parallaxe la portera en K' au-dessous de l'arc I'H'; on aura $I'K' + K'H' > I'H'$.

Si l'on a mesuré les deux distances I'K' et K'H', on connaîtra le triangle I'K'H' tout entier, ainsi que les triangles PI'K' et PH'K'; mais le point G reste encore indéterminé; il faut une donnée de plus.

Supposons qu'on ait aussi mesuré ZK', alors on connaît les trois côtés du triangle PZK', on aura l'angle $PK'Z = PK'G$; on aura donc

$$G'K'H = I'K'H' - I'K'P - PK'G;$$

avec cet angle, la base H'K' et l'angle K'H'G, on aura

$$G'K' = \varpi \sin ZK';$$

on aura aussi H'G'; donc $G'I' = GI$; on aura

$$KG = IK - GI = \varpi \sin ZK;$$

on aura donc

$$\varpi = \frac{G'K'}{\sin ZK'} = \frac{GK}{\sin ZK},$$

c'est-à-dire chacune des deux parallaxes de hauteur, et deux manières de connaître la parallaxe horizontale.

Supposons qu'on ait PZK', avec cet angle, le côté opposé PK' et PZ, on aura ZK', PK'Z, et le reste comme ci-dessus.

Supposez qu'on ait l'intervalle des observations, on aura l'angle HPH', l'angle ZPH', ZPI', ZPK', PK' et ZK', et le reste comme ci-dessus.

Enfin supposez $PZK' = PZK$ (c'est la supposition de Diggeseus).

Le calcul vous a donné PZK, donc PZK', et vous retomberez dans notre seconde supposition; mais la supposition de l'auteur n'est qu'un cas très particulier de la nôtre, et il arriverait le plus souvent que GK' serait une quantité trop petite pour donner aucune précision, au lieu que par notre solution, on pourra toujours attendre que la comète soit assez basse pour que G'K' soit la plus grande possible.

Si les étoiles sont circompolaires, on pourra quelquefois, dans le cours d'une même révolution, les observer deux fois dans un même vertical, mais dans une situation renversée. La parallaxe qui éloignait la comète de l'étoile I, pour la rapprocher de H, fera tout le contraire; vous aurez deux parallaxes plus inégales, et ce serait le cas le plus favorable, s'il n'était pas trop rare.

Il est aisé de voir que ce problème est plus curieux qu'utile; Tycho et l'auteur même en font la remarque. Tycho suppose, dans les deux observations, les distances de la comète aux deux étoiles, les trois hauteurs apparentes, et il trouve la parallaxe par sept triangles. Il est bien difficile de faire aux deux mêmes instans des observations si diverses et en aussi grand nombre. Il vaut mieux réduire ces observations au nombre strictement nécessaire, et l'on n'aura même que six triangles à résoudre, PIH, PIZ, I'K'H', PI'K', PZK' et K'H'G', et le calcul de la parallaxe horizontale pour l'une ou l'autre des parallaxes de hauteur.

Quand on aura reconnu que la comète est en effet sur l'arc de distance de deux étoiles connues, on pourra varier la solution de la manière suivante (fig. 36).

Que la comète ait été observée en I dans le vertical AI, tandis qu'elle était en G; qu'on ait mesuré AI, IH et IF; on connaîtra tout le triangle IHF; si l'on a de plus AH et AF, on aura AHF, AHI, AFH et AFI, AIF; il n'en faut pas davantage pour avoir GI.

Il suffit de mesurer au même instant IH, IF, AI, AK et AF.

Au lieu de cela, supposons que sous un autre méridien PE, dans un lieu dont le zénit soit E, on mesure de même EK, KF et KH; on aura le triangle HKF tout entier, ainsi que HEF, HEK, EFK; on aura de même KG.

Ainsi, dès qu'on saura que G est vraiment sur HF, on aura la parallaxe de hauteur par toutes les observations pareilles que l'on pourra faire à toute heure et en tout lieu. Mais la supposition est à peu près chimérique. Il faut qu'en suivant attentivement l'astre inconnu, on l'ait vu dans un même vertical avec deux étoiles connues. Il faut que l'astre n'ait aucun mouvement, et pour bien faire, il faudrait cinq observateurs qui s'entendissent parfaitement. Si vous les supposez dans deux lieux différens, il faudrait qu'ils se concertassent pour faire l'observation au même instant.

Ces moyens étaient suffisans pour démontrer que l'étoile n'avait aucune parallaxe sensible; mais ils étaient inutiles, puisque l'étoile pouvait s'observer au-dessus et au-dessous du pôle; ils ne pouvaient, dans aucun cas, promettre aucune précision, et probablement ils n'ont jamais été employés sérieusement.

Diggeseus recommande le rayon astronomique; jugez, d'après cela, comme il devait réussir avec ses méthodes compliquées. Il tient compte de l'excentricité de l'œil; il divise ce rayon par des transversales; il prétend que ce moyen était connu en Angleterre avant lui. Tycho assure qu'il a trouvé des transversales sur un instrument d'Homélius, qui est en sa possession depuis plus de 28 ans. Homélius était-il l'inventeur de cette idée? l'avait-il reçue d'un autre? Tycho, sans rien décider, dit seulement que l'idée en est utile autant qu'ingénieuse, et qu'il l'a appliquée aux quarts de cercle. Pour les arcs, cette division ne peut être parfaitement exacte sans des attentions dont Tycho ne parle pas; mais pour des arcs de 10′ qu'on veut sous-diviser simplement en minutes, elle est suffisamment exacte et bien préférable à l'invention incommode de Nonius.

Quant au rayon astronomique, voici ce que Tycho dit avoir appris par son expérience; de quelque dimension qu'il soit, avec quelque finesse qu'il soit divisé, quelque soin que l'on prenne pour corriger l'excentricité, qu'il y ait un trou rond ou une ouverture longue et étroite, qu'il soit concave et de métal en entier, quadrilatère ou trilatère, qu'il ait un appui pour être dirigé plus commodément aux diverses étoiles, qu'on y ajoute tous les mouvemens qu'on voudra, jamais il ne donnera la minute exactement, sur-tout si la distance est grande : Tycho le prouve par les observations de Diggeseus.

Pour découvrir si un astre a une parallaxe, dit cet auteur, ayez une règle de cinq à six pieds de long, dressez-la verticalement, et vous plaçant derrière à une certaine distance, faites que l'étoile soit coupée en deux par la règle, et voyez en même tems si elle coupe également deux étoiles. C'est ce que vous ne trouverez pas tout de suite; mais les astres changent de vertical, et quand vous verrez les trois objets dans le même vertical, remarquez bien quelles sont les deux étoiles. Au bout de quelque tems, la situation du ciel aura changé; dirigez votre règle aux deux étoiles; si l'astre se trouve encore avec elles dans la même droite, l'astre n'a point de parallaxe. S'il en a une, il paraîtra plus bas que la règle. Faites cette double observation à 6^h de distance, si vous pouvez, et vous aurez résolu la question de la parallaxe.

Diggeseus a trouvé de cette manière que l'étoile était constamment dans un arc de grand cercle qui joint l'étoile du genou de Cassiopée et celle qui est au côté droit de Céphée sur la ceinture et même encore sur l'arc qui passe par l'étoile de la cuisse de Cassiopée et celle de l'épaule gauche de Céphée. Il en conclut que l'étoile n'avait pas 2′ de parallaxe.

Diggeseus ne propose ce moyen que pour ceux qui n'ont aucune idée des Mathématiques, et alors on ne peut lui faire aucune objection. L'idée est simple, et l'exécution n'en est pas difficile.

Tycho propose de substituer un fil-à-plomb à la règle, pour la première observation, et un fil simplement tendu pour la seconde. Mais de toute manière Diggeseus s'est trop avancé, quand il a dit que de pareilles observations feraient apercevoir une parallaxe de 2'.

Rothman, mathématicien du landgrave, trouvait une différence de 1' ou 2' sur la hauteur du pôle en été et en hiver. Il pouvait y avoir 40'' par l'effet de l'aberration qui était inconnue. Ainsi Rothman paraîtrait avoir précédé Picard; mais Picard, avec une lunette, ne trouvait que 40'', au lieu que Rothman en trouvait trois fois autant; le reste venait des erreurs de l'observation et des variations de la réfraction. Tycho prétend que quand l'air est pur, il n'apercevait aucune différence avec des instrumens divisés, non-seulement en minutes, mais même en fractions de minute; malgré toutes ces divisions, on voit qu'il n'apercevait pas une minute qui peut résulter, en diverses circonstances, des effets de l'aberration, de la nutation et de la réfraction.

La parallaxe annuelle des planètes ne prouve rien pour le mouvement que Copernic attribue à la Terre, parce qu'elle peut s'expliquer autrement. *S'il eût trouvé une parallaxe aux étoiles, ce serait autre chose*, dit Tycho; *mais il n'a pu se tirer d'embarras qu'en mettant entre Saturne et les fixes un intervalle en comparaison duquel le diamètre de l'orbite terrestre devient insensible. Chose incroyable et dont il démontrera les conséquences absurdes.* Il n'a point donné ces démonstrations.

La même année, 1573, J. Dee publia un opuscule qu'il appelle *Noyau des Parallaxes*. Tycho trouve ses démonstrations si exactes, qu'il serait inutile de les commenter; voyez l'*Astron. du moyen âge*, p. 366. Dee pensait, comme le landgrave, que l'étoile n'était pas restée toujours à la même distance de la Terre, et que telle était la cause de sa disparition. Tycho n'est pas de cet avis, parce qu'il faudrait que l'étoile se fût éloignée suivant une ligne droite, et *ce mouvement n'est pas naturel aux corps célestes;* et pour qu'elle disparût ainsi, il aurait fallu que sa distance augmentât d'une manière tout-à-fait invraisemblable. Tycho rappelle encore qu'elle a toujours suivi le mouvement diurne comme les étoiles, et qu'on n'a aucune raison pour lui attribuer des qualités différentes.

Elius Camerarius, professeur à Francfort, trouva l'étoile en 37° de longitude, avec une latitude de 54°, ce qui ne diffère guère de la position qui lui est assignée par Tycho. Il pensait que cette étoile avait paru décroître, parce que sa distance avait augmenté. Il est difficile de démontrer cette assertion; l'opinion contraire n'est pas beaucoup plus certaine. Ne se fiant pas aux catalogues d'étoiles, pour déterminer la position de l'étoile, il se servit de deux horloges *assez justes*, qui avaient deux aiguilles, l'une pour les heures et l'autre pour les minutes. Il les réglait sur le passage du Soleil au méridien. Il trouva de cette manière l'ascension droite $0^\circ 50' = AB$ (fig. 37); il en conclut l'arc AC de l'écliptique, la déclinaison BC de cet arc, l'angle C, d'où il tire DE,

$$DO = 90^\circ - DE,\ PC = 90^\circ - BC,\ P = BL = 90^\circ - AB,$$

$\sin DO : \sin P :: \sin DP : \sin O = \cos \text{long.} = \frac{\cos D \cos Æ}{\cos \lambda}$, formule bien connue;

Tycho trouve avec raison que cette méthode n'est pas la plus expéditive qu'on puisse employer.

Erasme Reinhold, fils de l'auteur des Tables Pruténiques, observa aussi notre étoile; mais il paraît qu'il n'avait établi ses calculs que sur les observations du landgrave, et son écrit ne mérite pas un plus long extrait.

Dans le chapitre X, Tycho réfute ceux qui plaçaient l'étoile au-dessous de la Lune.

Cyprianus Leovitius à Leoniciâ Bohemus. Il croyait l'étoile produite par Mars et Jupiter. Il se trompa d'un degré sur la longitude et de 4 sur la latitude. C'était un bon calculateur d'Ephémérides, un astrologue moins ignorant que beaucoup d'autres, mais un astronome assez médiocre. Pour être un bon astrologue, dit Tycho, il faut d'abord être véridique, avoir des yeux d'Argus et une sagacité merveilleuse. On risque, sans cela, de faire qu'on attribue à l'art les erreurs de l'artiste. Au reste, aucune des prédictions hasardées par Léovitius ne s'était encore vérifiée au bout de 28 ans. Léovitius a pu se convaincre qu'il eût mieux fait

D'imiter de Tycho le silence prudent.

Nous voyons à cette occasion que Bodin, dans son livre de l'Administration de la République, avait vivement reproché au grand Copernic le triple mouvement qu'il donne à la Terre, et dont cet auteur ne se faisait pas une idée bien juste.

Nous ne dirons rien de l'opuscule du théologien Chytræus, sinon que ce théologien aimait l'Astronomie et en recommandait l'étude à ses élèves.

Guillaume Postel n'a écrit que quelques pages sur l'étoile; Cornelius Gemma a fait quelques additions à cet opuscule. On y voit qu'Adam avait laissé des rituels de magie; que Cham, fils de Noé, les avait dérobés de l'arche, et les avait donnés à son fils aîné Cus, duquel sont provenus les Cassiopes ou Æthiopiens, ce qui fit que les Æthiopiens précédèrent tous les peuples dans l'exercice de la magie et de l'Astronomie. Tycho trouve cela fort peu vraisemblable, mais il admettrait volontiers que la couleur des Æthiopiens est un effet de la malédiction de Noé sur Cham et sa postérité; il se montre également complaisant pour quelques autres visions de Postel, qui ne sont pas de notre sujet.

Il traite beaucoup plus sévèrement Annibal Raimond de Vérone, qui prétendait que l'étoile n'était autre que la onzième de Cassiopée. Il ne nie pas que les étoiles ne paraissent quelquefois plus petites qu'à l'ordinaire; mais c'est un effet passager dont la cause est dans les variations de l'atmosphère.

Il dit qu'il n'est pas bien rare de voir scintiller Mars. Nous passerons sous silence les rêveries de Frangipanus qui sont à peu près du même genre. Nous ne dirons rien non plus d'un certain Raisacherus, ni d'un anonyme allemand, et nous passerons avec Tycho, sans nous arrêter autant que lui à ceux qui croyaient que l'étoile était une comète. Dans le premier article, qui est celui de Nolthius, on trouve un calcul de la parallaxe de la comète par l'angle horaire, l'angle azimutal, la hauteur du pôle avec la hauteur observée de la comète. Cette solution est de Régiomontan; mais l'observation était peu concluante, parce que l'étoile était trop élevée; et la parallaxe de 39′ qui en résultait en indiquerait une de 2° 42′ pour la moindre hauteur à laquelle l'étoile pouvait descendre.

Nolthius trouvait à l'étoile un diamètre de 10′; Tycho le réduit à 4; Buschius n'avait pas été plus adroit. De ses raisonnemens, il suivrait que l'étoile aurait eu un diamètre de 44′.

Après ce commentaire, beaucoup trop long, sur les écrits qui avaient paru à l'occasion de son étoile, Tycho récapitule tout son ouvrage.

Son opinion est que l'étoile était de même nature que les autres, de la même matière, mais non *concentrée* au même degré, c'est ce qui a fait qu'elle a duré si peu. La matière du ciel, quoique extrêmement rare, au point d'être diaphane, a pu se condenser en un globe, et briller, sinon de sa propre lumière, au moins de celle qu'elle empruntait du Soleil, et cela d'autant plus facilement, qu'elle s'est formée près de la voie lactée qui est elle-même composée de la même matière que les étoiles. *On voit même dans la voie lactée un vide dans la place qu'elle occupait. Ce vide est d'un demi-disque de la Lune; on peut le distinguer dans les belles nuits d'hiver.* Il ne se souvient pas de l'avoir observé avant l'apparition de l'étoile. Aristote avait pensé que la voie lactée pouvait contribuer à la formation des comètes; mais il rabaissait la voie lactée au-dessous de la Lune. Quant aux idées astrologico-religieuses qui terminent l'ouvrage, nous en ferons grâce à nos lecteurs.

Dans un appendice des éditeurs, on voit que l'ouvrage a été composé de l'an 1582 à l'an 1592; qu'on y a intercalé diverses additions qui interrompent l'ordre des pages. Mais ce qui est plus digne de remarque, c'est qu'après avoir déterminé l'excentricité du Soleil, 0,036, à présent, par quelques observations de Mars et par les rayons vecteurs peut-être, il ne trouvait plus que 0,018, c'est-à-dire moitié moins. Il ne sentit pas l'importance de cette remarque.

Le second volume a pour titre : *De mundi ætherei recentioribus phænomenis.* L'impression en avait été commencée et faite pour la plus grande partie à Uranibourg; elle fut achevée à Prague en 1610. L'Epître dédicatoire est signée François Gausneb Tengnagel, qui parle de Tycho comme de son beau-père. Un avertissement qui vient ensuite paraît du même auteur, et rend compte des divers travaux qui ont empêché Tycho de publier plutôt son ouvrage. L'auteur lui-même raconte dans sa Préface comment il découvrit la comète de 1577. Cette comète se montra vers le 10 novembre; elle avait une longue chevelure, elle était dans la partie occidentale du ciel; le corps était rond, brillant, d'une lumière blanche, mais un peu livide; la queue se dirigeait vers l'orient, et elle était parsemée de rayons rouges d'autant plus denses, qu'ils étaient plus voisins de la tête. Cette queue était un peu courbée, et sa concavité était tournée vers l'horizon. Tycho l'aperçut le treize, un peu avant le coucher du Soleil, comme il s'acheminait vers un étang, pour y prendre quelques poissons pour son souper. La lumière du jour ne permettait pas d'abord de distinguer la queue; elle se montra bientôt après le coucher du Soleil; il était évident que c'était une comète. Elle était un peu au-dessus des étoiles de la tête du Sagittaire, et la queue s'étendait jusque vers les cornes du Capricorne. Du Sagittaire, elle se dirigea rapidement vers Antinoüs, et en peu de jours, elle passa près de la main droite; après avoir rasé la queue du Dauphin, elle avait laissé au nord la tête de Pégase, où elle disparut le 26 janvier 1578.

Ce qui intéressait le plus Tycho, c'était l'occasion de chercher si la comète était inférieure ou supérieure à la région de la Lune, en quoi elle présentait plus de difficulté que l'étoile de 1572, à cause du mouvement propre de la comète. Il se servit de trois instrumens qui pouvaient donner les minutes, un rayon astronomique, un sextant, instrument qu'il avait inventé pour mesurer des distances, et qui remplace avantageusement le rayon astronomique, enfin un quart de cercle azimutal.

Le 13, la tête parut avoir un diamètre de 7′, la queue était de 22°; elle pouvait être un peu plus longue, mais l'extrémité se distinguait difficilement; elle était courbée en arc et plus large vers l'extrémité que vers le milieu.

Le chapitre premier renferme les observations de tout genre, et dans le nombre on remarque quelques alignemens.

Dans le second, il fait le calcul des lieux des étoiles auxquelles la comète a été comparée.

Pour changer les ascensions droites et les déclinaisons en longitudes et en latitudes, il suit la méthode d'Albategni, en prenant dans les tables le point correspondant de l'écliptique, sa déclinaison et son angle. Du reste, il ne dit pas quelles formules il emploie, ni s'il emploie la tangente pour l'arc de l'écliptique, mais il est à croire qu'il calculait cet arc comme les Grecs faisaient pour l'ascension droite, car il dit qu'il suit les règles de Régiomontan.

Il trouve ainsi les longitudes et les latitudes des douze étoiles dont il avait besoin; il les met en regard avec celles d'Alphonse et de Copernic.

Dans une note qui suit ce chapitre, on voit qu'il a recommencé ces calculs après avoir changé ses instrumens et la manière d'observer; on voit qu'il avait des horloges qui marquaient les secondes et dont il se servait parfois pour les ascensions droites. De tout cela, il est résulté quelques corrections pour ses douze étoiles. Il y a cinq de ces corrections qui vont à 6′, une à 3′, les autres sont moindres.

Au reste, il nous avertit qu'il n'a pas jugé à propos de recommencer le calcul des lieux de la comète qu'il avait établis d'après ses premières longitudes. On voit dans ce chapitre sa méthode pour les parallaxes, qui est au fond la même que celle de Ptolémée.

A la page 42, on trouve un calcul d'alignemens. P (fig. 38) est le pôle de l'écliptique, A le bout de l'aile du Cygne, B le milieu de l'aile, C la luisante de l'Aigle, D la comète.

$$BPA = 5°\,24',\ BA = 6°\,44',\ BAP = 31°\,35';$$

dans le triangle PAE, on a

$$PAE = PAB = 31^\circ 35', \ EA = \tfrac{1}{2} BA = 3^\circ 22', \ PE = 43^\circ 28',$$
$$BPE = 2^\circ 50', \ \text{longit. } E = 10^s 24^\circ 10',$$

d'où

$$CPE = 27^\circ 56', \ PEC = 118^\circ 3';$$

enfin dans le triangle PED,

$$DC + CE = DE = 54^\circ 44', \ PE = 43^\circ 28', \ DP = 81^\circ 5',$$

et

$$DF = 8^\circ 55', \ DPE = 46^\circ 50',$$

et la longitude de la comète $9^s 7^\circ 20'$.

Cette méthode n'offre rien de particulier. Le lieu déterminé de cette manière différait de celui qui provenait des distances observées à l'ordinaire, de 5′ en longitude, et de 4′ en latitude.

On voit, dans l'exemple suivant, le lieu de la comète déterminé par sa distance au bord de la Lune, ce qui nécessite le calcul des parallaxes.

A la pag. 52, on trouve le lieu de la comète calculé par l'intersection des deux diagonales d'un quadrilatère formé par 4 étoiles connues. J'ai donné des formules générales pour ces alignemens, *Astron.*, tom. I.

Le chapitre IV donne les ascensions droites et les déclinaisons par les longitudes et les latitudes. C'est toujours la méthode arabe qui emploie le triangle de l'écliptique.

Dans le chapitre V, il cherche à déterminer la route de la comète. Il prend deux latitudes et l'arc de l'écliptique qui les sépare. On peut employer à ces calculs les formules que j'ai données pour trouver la position de l'écliptique par deux déclinaisons, et la différence d'ascension droite. Il trouve le nœud en $8^s 20^\circ 52'$ et l'inclinaison $29^\circ 13'$. Il cherche les mêmes choses par diverses combinaisons binaires d'observations; nous allons rassembler les divers résultats.

	$8^s 20^\circ 52'$	$29^\circ 13'$
	20.52	29.16
	20.51	29.13
	20.51	29.13
	20.57	29. 3
	21. 3	29.15
	20.58	29.13
il suppose	8.20.55	29.15
le milieu serait	8.20.55	29.12′3.

Il cherche de même le nœud et l'inclinaison sur l'équateur; il trouve

299° 46′	33° 47′
52......	47
51......	45½
50......	45
48......	45
47½.....	44
52	48
299.50......	33.45.

D'après ces élémens, il calcule les lieux de la comète pour tous les jours, depuis son apparition jusqu'au jour où il n'a plus été possible de la voir; c'est-à-dire du 9 novembre au 26 janvier. Le mouvement diurne a été successivement de......... 6° 2′

5.29

4.49;

il a fini par se réduire à 17′ et 16′. Il ne dit pas comment il règle cette inégalité; c'est sans doute par une interpolation entre les lieux réellement observés.

On voit qu'en ce cas, le calcul de l'orbite d'une comète était la chose la plus aisée; mais de cette manière, on était loin d'avoir les élémens véritables, et la comète aurait pu reparaître bien des fois avant qu'on en soupçonnât l'identité. On n'a qu'à comparer l'inclinaison et le nœud de cette orbite, on y trouvera 44° de différence sur l'une et plusieurs signes pour le nœud. D'un autre côté, les premiers essais que l'on tenterait aujourd'hui feraient évanouir une difficulté que Tycho regarde comme extrême; c'est la question de savoir si elle a une parallaxe. Il dit, à la vérité, qu'il suffisait de prendre la distance de la comète à une même étoile dans deux positions différentes, pour s'assurer que la parallaxe était insensible.

Tycho entreprend donc de prouver que la comète n'avait que peu ou point de parallaxe, et qu'ainsi elle ne pouvait être sublunaire comme le voulait Aristote.

Sa première preuve c'est que, dans toute son apparition, la comète a paru décrire une courbe très peu différente d'un grand cercle, ainsi qu'on l'a vu par les calculs précédens; et c'est ce qui n'a pas lieu pour les planètes et sur-tout pour les deux inférieures.

Jamais la vitesse de la comète n'a été la moitié de la vitesse diurne de la Lune; donc elle était plus éloignée. Cela serait bon si la comète tournait autour de la Terre; mais pourquoi, dans son système, ne tournerait-elle pas autour du Soleil comme les planètes?

Seconde preuve. Les distances de la comète aux étoiles fixes n'ont éprouvé aucun variation par le mouvement diurne. Par exemple à $5^h \frac{1}{2}$, la distance à la bouche de Pégase était de 21° 8′, à $8^h 35'$, la distance était de 20° 56′; les 12′ dont elle avait avancé, étaient dues uniquement au mouvement propre de la comète. Tout au plus pourrait-on accorder 3′ de parallaxe, et cette parallaxe serait bien plus considérable, si la comète n'était pas supérieure à la Lune.

Tycho donne avec le plus grand détail la parallaxe de distance à l'étoile de Pégase, et il en conclut que la comète devait être placée entre les sphères de la Lune et du Soleil, à une distance de la Terre où les parallaxes sont si petites, qu'il est impossible de les déterminer exactement pour un astre qu'on ne peut observer ni au méridien ni auprès de l'horizon.

La troisième preuve se tire des distances observées en des lieux différens où la parallaxe ne pouvait être la même, et aurait dû affecter inégalement les distances.

Soit A Uraniburg (fig. 39) et B Prague. Tycho avait observé la distance DAC de la comète à l'Aigle $= 17° 50' \frac{1}{2}$; Hagecius à Prague $D'BC = 17° 52'$. Si l'on tient compte de la différence des méridiens, et qu'on réduise les deux observations au même instant, ces distances déjà presque égales, le deviendront tout-à-fait. Mais, à cause de la distance de l'étoile, les lignes AD, A′D′ sont parallèles, puisque les étoiles n'ont point de parallaxe diurne. Or, $D'A'C = AA'B = A'BC + A'CB$; les distances devraient donc différer de l'angle en C, parallaxe relative. $AB = 10060$, en supposant 100.000 pour le demi-diamètre de la Terre. Soit $BC = 5000.000$ de ces mêmes parties, c'est-à-dire supposant que la comète se trouve un peu au-dessous de la Lune; nous aurons .... $BCA =$ parallaxe $= 6' 35''$; mais cet angle a paru nul; donc la comète est fort loin au-dessus de la sphère de la Lune.

Il arrive à la même conclusion par une autre comparaison du même genre. Il prouve encore la même chose par les hauteurs de la comète observées en différens azimuts. Ces preuves, devenues aujourd'hui tout-à-fait superflues, n'auraient absolument aucun intérêt pour nous, si elles ne nous donnaient des lumières sur les méthodes de calcul alors en usage.

Le premier azimut avec la hauteur correspondante et la hauteur du pôle, font connaître la déclinaison. On sait de combien cette déclinaison doit varier dans l'intervalle; ainsi, pour la seconde observation, on a l'azimut observé, la déclinaison et la hauteur du pôle; on calcule la hauteur pour le second azimut, on la compare à la hauteur observée; si on la trouve la même, il n'y a point de parallaxe; la comète n'est donc pas aussi près de nous que la Lune, car pour la Lune, en pareille circonstance, on aurait 9′ de variation dans la parallaxe de hauteur. Tycho multiplie les exemples, mais c'est toujours la même marche.

Pour dernière preuve, il cherche la parallaxe à la manière de Régiomontan. Cet astronome avait remarqué que les comètes décrivaient à très peu près des arcs de grand cercle; tout dévoué qu'il était à la doctrine d'Aristote, dont on ne pouvait alors s'écarter sans crime et sans scandale, il sentit le besoin d'examiner le problème, et il composa son livre de la comète, dont nous avons déjà parlé brièvement. Des quatre méthodes données par Régiomontan, une seule peut s'appliquer à la comète de 1577, c'est celle de son problème 2. Soit BAZS le méridien (fig. 40), Z le zénit, P le pôle, ZO la distance zénitale observée de la comète, qui était quelque part en G, BZO l'azimut observé, ONQ le parallèle du lieu apparent O, GLA le parallèle vrai, L le lieu vrai dans la seconde observation, ZM la distance zénitale observée, BZK l'azimut correspondant observé. PL = PG; soit l'angle LPN = GPO; les deux triangles seront parfaitement égaux, PNL = POG, NL = GO. Le tems écoulé doit donner GPL = NPO. Joignez LN et MN; LM et GO seront les deux parallaxes, en négligeant le mouvement diurne de la comète en déclinaison et en ascension droite, dont il ne serait pourtant pas impossible de tenir compte. C'est ce qu'entreprend Tycho; il réduit les azimuts à l'hypothèse d'un mouvement nul, en calculant de combien le mouvement propre fait varier l'azimut. C'est un calcul trigonométrique que nous ferions plus exactement par nos formules différentielles, car le mouvement d'ascension droite n'était pas de 3′, et celui de déclinaison n'était pas de 2′. Dans l'intervalle il trouve qu'il suffit d'ajouter $5'\frac{1}{2}$ à l'azimut BZO, et que le changement de hauteur est insensible.

Voici les observations :

Le 13 déc., à $7^h\ 7'\ 15''$ haut. 28°56′, ampl. 19° 45′ de l'ouest au sud;
à 9.8. 0 haut. 12.12, ampl. 6.20 de l'ouest au nord.

On voit que la comète descendait vers l'horizon occidental, et qu'elle avait une déclinaison boréale. La figure représente donc la partie occidentale du ciel

$ZM = 61^\circ\ 4'$, $MZS = 90^\circ + 19^\circ 45' = 109^\circ 45'$, $PZ = 34^\circ 7'$,
$ZO = 77.48$, $OZS = 90 - 6.20 = 83.40$
Tycho ajoute 3.30

$$OZS = 90 - 6.23.30 = 83^\circ 36' 30''.$$

Vous connaissez (fig. 40),

$$PZ = 34^\circ 7',\ ZO = 77^\circ 48' 0''\ \text{ et }\ OZS = 83^\circ 36' 30'',$$

vous en déduirez $PO = PN$ et les angles ZPO et $ZOP = GOP$.

Le tems écoulé donne GPL. Soit $OPN = GPL$, ou

$$OPG + GPN = GPN + NPL,\ \text{ d'où }\ OPG = NPL.$$

Les triangles OPG, NPL ont deux côtés et l'angle compris égal, ils seront parfaitement égaux; ainsi $OG = LN$; ce sera la plus grande des deux parallaxes. $POG = PNL$ = angle parallactique apparent aigu.

$PGO = PNL$ = angle parallactique obtus dans l'observation O.

$ZPN = ZPO - OPN$; l'angle ZPN est donc connu, ainsi que PZ et $PN = PO$; vous connaîtrez donc ZN, PZN et PNZ.

$PNL - PNZ = ZNL$; vous aurez ZN et ZNL,

$LZN = 180^\circ - PZN - AZM = 180^\circ - PZN - (90^\circ - \text{ampl. obs.})$
$= 90^\circ + \text{amplit. observ.} - PZN.$

Or, PZN est connu par ce qui précède; vous aurez donc LZN, ZNL et ZN; vous en conclurez ZLN et $ML = 180^\circ - ZLN$; vous en conclurez aussi ZL.

Vous avez ZM par observation, vous aurez $LM = ZM - ZL$; ce sera l'autre parallaxe. Or,

$$\sin LM = \sin \varpi \sin ZM,\quad \text{et}\quad \sin LN = \sin \varpi \sin ZO\,;$$

donc

$$\sin \varpi = \frac{\sin LM}{\sin ZM} = \frac{\sin LN}{\sin ZO},$$ et le problème serait résolu.

Ce moyen ne promet pas une précision bien grande, mais il est curieux et la construction en est ingénieuse. On peut en varier le calcul, en commençant par l'observation M; on peut calculer d'abord les deux triangles PZM et PZO, dans chacun desquels on a les deux côtés et l'angle compris. On aura donc PM et PO; et si ces deux distances polaires sont égales, il en résultera que la parallaxe est nulle aussi bien que le mouvement en déclinaison, ou bien que la variation de la parallaxe a compensé le mouvement en déclinaison. Si les deux distances ne diffèrent que du mouvement connu, la parallaxe sera nulle ; ce moyen est le plus court, le plus exact et le plus naturel.

Ainsi

ZM=	61° 4′	MZS=109° 45′			
ZP=	34. 7	½Z= 54.52.30			
C′+C=	95.11				
C′—C=	26.57	cot½Z	9,8472418		9,8472418
½(C′+C)=	47.35.30.......	C.cos	0,1710771.....	C.sin	0,1317335
½(C′—C)=	13.28.30.......	cos	9,9878770.....	sin	9,3673952
		tang. *a*	0,0061959	tang. *b*	9,3463705
tang*a*....	45.24.31.3				
tang*b*....	12.31. 1.8	C.sinZPM	0,0719313	C.sinZMP	0,2651599
ZPM=	57.55.33.1	sinZM	9,9420990	sinZP	9,7488698
ZMP=	32.53.29.5	sinZ	9,9736709		9,9735709
sinPM=	76.25.42.0..........		9,9877012..........		9,9877006

de même

ZO=	77.48. 0	OZP= 83° 40′ 0″			
ZP=	34. 7	½Z= 41.50.0			
C′+C=	111.55. 0				
C′—C=	43.41. 0	cot½Z	0,0481039		0,0481039
½(C′+C)=	55.57.30......	C.cos	0,2519705.....	C.sin	0,0816390
½(C′—C)=	21.50.30......	cos	9,9676488.....	sin	9,5705931
tang*a*...	61.38.14.6	tang *a*	0,2677232	tang *b*	9,7003360
tang*b*...	26.38.14				
ZPO=	88.16.28.6	C.sinZPO	0,0001970	C.sinZOP	0,2414069
ZOP=	35. 0. 0.6	sinZO	9,9900794	sinZP	9,7488698
		sinZ	9,9973414		9,9973414
sinPO=	76.22.59...........		9,9876178..........		9,9876181
PM=	76.25.42				

PM—PO= 2.43

ôtez.......... 1.21 = mouvement en déclinaison,

reste.......... 1.22

pour l'effet de la parallaxe, ou la différence des deux parallaxes ; la parallaxe aurait donc grandi PM plus que PO, ce qui n'est pas naturel, puisque ZO est de 16° 44′ plus grand que ZM.

La parallaxe de déclinaison est $\varpi \sin ZO \cos ZOP$ et $\varpi \sin ZM \cos ZMP$,

sin ZO......	9,9900794	sin ZM......	9,9420990
cos ZOP.....	9,9133636	cos ZMP.....	9,9241230
0,8007 ϖ....	9,9034430	0,7349 ϖ....	9,8662220
0,7349 ϖ			

0,0658 ϖ = différence des deux parallaxe = — 82″

donc $\varpi = -\dfrac{82''}{0{,}0658}$ 82 1,91381

C. 0,0658 1,18177

ϖ = — 20′ 46″ 3,09558.

L'effet serait donc en sens contraire de la parallaxe; ainsi on doit rejeter sur l'incertitude des observations, la différence 1′ 22″ dont il est visible que Tycho ne pouvait répondre. On peut encore y reconnaître l'effet des réfractions, qui ont dû diminuer les distances polaires de 58″ tang ZO cos ZOP et de 58″ tang ZM cos ZMP.

58″........	1,76343		1,76343	50″....	1,69897
tang ZO....	0,66513	tang ZM....	0,25744		1,18177
cos ZOP...	9,91336	cos ZMP...	9,92412	760″,13...	2,88074
219″,8.....	2,34192	88″,1.....	1,94499		
88.1					

131.7 = 2′11″,7, au lieu de 1′ 22″, différence 50″,

nous aurons............	PO = 76.22.59	} = 76.26.39	
réfraction..............	+ 3.40		
	PM = 76.25.42	} = 76.25.49	
réfraction...............	1.28		
mouvement propre......	— 1.21		
PO sera plus grand de....................			50″.

Mais PO était augmenté de la différence des parallaxes; cet excès est de 50″ qui supposent une parallaxe horizontale de 13′. La distance de la comète serait donc plus de quatre fois la distance de la Lune, ou $\frac{1}{90}$ de la distance du Soleil; ce qui ne serait pas impossible; mais avec de pareilles observations, il est évident qu'on ne peut compter sur une minute.

Nous avons trouvé..............	ZPO	$= 88° 16' 28'' 6$
	ZPM	$= 57.55.33,1$
variation de l'angle horaire..........		$= 30.20.55,5$
mouvement de la sphère............		$= 30.16.47$
mouvement propre................		2.30
		$30.19.17$
excès de la variation...............		$1.38.$

On ne peut l'attribuer à la différence des parallaxes d'ascension droite qui ne serait que de 8'', dont il faudrait diminuer ZPO. La différence se réduirait à 90'' qui supposerait une parallaxe horizontale de 17' au lieu de 13'; mais les différences de 50'' et de 90'' se conçoivent facilement, si l'on songe à l'erreur possible des distances au zénit, à l'erreur sûrement plus grande des azimuts, enfin à celles de l'horloge qui a donné l'intervalle des observations. Peut-on répondre à une minute près du tems où chacune de ces observations a été faite. Une minute d'erreur sur l'intervalle, changerait de 15' la variation de l'angle horaire.

Aussi Tycho se garde-t-il bien de chercher la parallaxe horizontale; il calcule les triangles ZPO, ZPN; il trouve ZN $=61°4'$ comme par l'observation, et il en conclut qu'il n'y a point de parallaxe. On peut lui objecter qu'il suppose LPN$=$GPO; le calcul prouve que les angles ne diffèrent que de 8'' pour la réfraction; mais ils diffèrent de $0,0878\varpi$, ce qui ferait environ $1'\frac{1}{3}$ de différence; on ne peut donc lui passer toutes ses suppositions; on voit d'ailleurs que l'intervalle des observations n'est pas assez grand et que la différence des hauteurs est trop petite; il en calcule d'autres qui ne sont pas plus concluantes; il trouve des différences en sens contraire de la parallaxe. Il avoue que les réfractions ont pu nuire à l'exactitude, et conclut que cette méthode de Régiomontan n'est bonne tout au plus qu'à reconnaître l'existence d'une parallaxe qui serait très forte. Il aurait pu ajouter qu'elle est prolixe et fatigante; qu'elle suppose le mouvement de la comète insensible dans l'intervalle des observations. La méthode que nous avons suivie n'a pas ces inconvéniens.

Il suffirait de calculer les deux formules

$$\cos PO = \cos OZP \cos H \cos h' + \sin H \sin h',$$
$$\cos PM = \cos MZP \cos H \cos h + \sin H \sin h,$$

pour s'assurer que PO et PM ne diffèrent que de quantités insensibles, et ne prouvent aucune parallaxe. On a attaqué Tycho sur ces calculs et sur la conclusion; il est certain que les calculs ne sont rien moins que rigoureux, mais ils suffisent pour prouver que la comète était beaucoup plus éloignée de nous que la Lune, et il ne prétendait pas autre chose.

Queue de la comète. Fracastor et Appian avaient remarqué les premiers que la queue des comètes était toujours du côté opposé au Soleil, en sorte que la queue, la comète et le Soleil sont toujours dans un même plan. Fracastor l'avait prouvé par les trois comètes qu'il avait observées, Apian par les cinq qu'il avait calculées de 1531 à 1539. Gemma Frisius dit avoir reconnu la même chose, par les huit comètes qu'il avait vues; son fils Cornelius en dit autant de la comète de 1556. Jérôme Cardan avance la même opinion, et il en donne pour raison que la queue n'est rien autre chose qu'une pénétration de la lumière solaire à travers la tête (ou l'atmosphère) de la comète, qui n'est pas assez dense pour la réfléchir comme fait la Lune. Il tâche de démontrer son explication par une chandelle opposée au Soleil, et dont la lumière solaire traverse la flamme. Tycho nous dit que cette expérience ne lui a pas réussi; et, comme en Astronomie, il ne faut croire personne sur parole, malgré l'opinion universellement reçue, il a voulu voir par lui-même, et il a cru remarquer que l'axe de la queue, prolongé par-delà la comète, n'allait pas rencontrer le Soleil, mais Vénus. C'est ce qu'il entreprend de démontrer, et il nous avertit que quand la queue était longue et sensiblement recourbée vers l'extrémité, il n'en a considéré que la partie droite, la plus voisine de la tête.

Soit (fig. 41) CB la queue de la comète, CF sa latitude, BE la latitude de la queue, ☉CG le grand cercle qui passerait par le Soleil et la comète; la queue aurait dû être CG, elle était CB dans le plan BC♀D qui passait par Vénus.

Les latitudes BE et CF avec la différence FE de longitude, donneront l'arc EFD de l'écliptique et l'angle D. Prenez au point K la longitude et la latitu de KH de Vénus, vous trouverez que D, H, C, B seront dans un même plan. Au lieu que si vous prenez IF, élongation de la comète, vous en conclurez un angle I très différent de D, et la queue CB fera un angle très sensible avec l'arc GCI.

Tycho fait douze calculs de ce genre; il n'y emploie que des sinus, et nous avertit seulement qu'on pourrait les abréger par la Table féconde. Il en tire cette conclusion, que la queue était dans la partie opposée à Vénus. Il pense donc qu'Apian et ses imitateurs ont pu se tromper. Il ne dit rien de Fracastor plus ancien qu'Apian, et dont peut-être il n'avait pas lu l'ouvrage. Gemma Frisius ne dit pas que les queues soient *exactement*, mais *presque* à l'opposite du Soleil. Les observations d'Apian ne sont pas assez précises, pour démontrer son assertion; son instrument très médiocre a pu le tromper; mais si son opinion n'est pas parfaitement exacte, celle d'Aristote l'est beaucoup moins encore; car suivant ses idées, la queue comme plus légère devrait tendre à s'éloigner de la Terre; elle serait sur le prolongement de la ligne menée du centre des graves, c'est-à-dire de la Terre à la comète; c'est ce que supposait Régiomontan. Voyez *Astr. du moyen âge*, p. 343.

Tycho ne laisse passer aucune occasion d'attaquer Aristote et ses sectateurs aveugles; nous verrons plus loin la guerre constante que leur ont fait Galilée et Képler; ainsi Descartes n'est pas le premier qui ait tenté d'ébranler le trône d'Aristote; il n'a pas été l'adversaire le plus redoutable ou le plus opiniâtre du philosophe grec.

Quant à la courbure apparente de la queue, elle vient, selon Tycho, de ce que des objets qui sont plans paraissent courbes quand ils sont un peu étendus, à cause de l'inégale longueur des rayons visuels menés à toutes les parties de l'objet. Il s'appuie du témoignage de Vitellion et d'Alhazen; il aurait pu y joindre Euclide et Ptolémée. Remarquons, en passant, qu'il avait lu Alhazen et Vitellion, et qu'il aurait dû y puiser des idées plus saines sur la réfraction.

Dans le chapitre VIII, il cherche entre les orbites de quelle planète il faut placer celle de la comète. Pour trouver la réponse à cette question, il croit devoir exposer ici son système, que d'abord il avait réservé pour un autre ouvrage.

Le vieux système de Ptolémée lui paraît trop compliqué d'épicycles; il pêche contre les principes, en ce qu'il place le centre des mouvemens égaux autour d'un point qui n'est pas le centre propre. Considérant, d'un autre côté, que l'idée de Copernic, conforme à celle d'Aristarque, fait à la vérité disparaître cette complication et ces absurdités; qu'elle n'a rien de contraire aux principes mathématiques, mais qu'elle donne à une masse grossière, paresseuse et inhabile au mouvement, telle que la Terre, un triple mouvement, et qu'en cela *elle est contraire, non-seulement aux principes de la Physique, mais à l'autorité des écritures; qu'elle laisse entre Saturne et les fixes un espace invraisemblable et tout-à-fait vide de corps célestes; qu'enfin il résultait de cette supposition des conséquences absurdes*, Tycho s'attacha à chercher une hypothèse *qui satisfît aux principes mathématiques et physiques*, *sans encourir les censures théologiques.* Il pensa *que la Terre n'a aucun mouvement annuel; qu'elle est au centre de l'univers; qu'elle est le centre du Soleil, de la Lune et de la sphère des fixes;* que *les autres planètes tournent autour du Soleil, Mars, Jupiter et Saturne, aussi bien que Vénus et Mercure;* mais les planètes inférieures n'enferment pas la Terre, qui est enfermée par les orbites de Mars, Jupiter et Saturne. On voit par là comment le mouvement du Soleil se trouve mêlé dans les théories de toutes les planètes; il a sur ce point grande raison; mais l'explication est encore bien plus simple et plus naturelle dans le système de Copernic, et ce système n'a pas l'absurdité physique de faire tourner autour de la Terre des masses plus considérables, comme le Soleil, accompagné de Jupiter, de Saturne, de toutes les planètes et de tous leurs satellites. Tycho ne dit pas quelles sont ces absurdités qu'il trouve dans le système de Copernic, et pour les détails de son hypothèse, il nous renvoie encore au grand traité qu'il n'a jamais composé.

Il pense que les espaces célestes sont libres de toutes parts, qu'il n'y a aucune sphère solide, en sorte que tous les corps célestes quelconques peuvent circuler sans obstacle.

Il place la comète comme une planète inférieure pour la Terre, supérieure pour Vénus, en sorte que ses digressions peuvent aller à 60°, ce qui suppose un rayon 0,866; mais il la fait mouvoir sur cette orbite en sens contraire de Vénus et de Mercure, en sorte qu'elle serait directe dans ses conjonctions inférieures.

Il suivrait de cet arrangement, que la révolution de la comète autour du Soleil ne devrait pas être d'un an, et que sa révolution synodique serait de $\frac{365\frac{1}{4}}{1-0,866^{\frac{3}{2}}} = 1517^j = 4$ ans 56 jours, ou 4 ans et 2 mois.

Tycho ne se doutait pas de cette loi, découverte depuis par Képler, ni par conséquent de cette révolution qui aurait dû ramener sa comète tous les quatre ans; mais l'analogie lui disait que la révolution propre devait être entre celles de Vénus et de la Terre.

Autre singularité. Il donne à la comète un mouvement inégal sur son orbite, plus lent quand elle était à proximité de la Terre, et qui avait été en s'accélérant vers le commencement, et en se ralentissant vers la fin.

Cette inégalité, quoiqu'elle ne soit que de 5′ par jour, lui fait cependant quelque peine. Il imaginerait bien un moyen de l'expliquer, en faisant tourner le centre de ses mouvemens dans un épicycle; mais ce n'est pas la peine pour une apparition aussi courte. D'ailleurs *il n'est pas vraisemblable que des corps qui n'ont qu'une existence passagère aient des mouvemens aussi bien réglés que les planètes.*

L'orbite de la comète est inclinée de $29°\frac{1}{4}$; j'en conclurai que la réduction de l'écliptique à l'orbite, en prenant pour argument la distance au nœud sur l'écliptique, sera

$$3°\,54'\,5''\sin 2A + 7'\,58'',2\sin 4A + 21'',7\sin 6A + \text{etc.}$$

Le lieu du nœud est en	$8^s 20° 55'$
L'apogée du Soleil et de la comète, en	3. 5.45
Le périgée, en	9. 5.45
Distance du nœud au périgée	14.50.

La même distance sur l'orbite sera donc de 16° 53′ 7″.

Pour réduire le lieu sur l'écliptique en argument de latitude, on en retranchera 14° 50′; mais sur l'orbite on retranchera 16° 53′.

HMF (fig. 42) est l'excentrique de la comète, B le centre de ce cercle, A la Terre, AB = 0,036 = excentricité du Soleil, BD = 1, H le périgée de l'excentrique et du Soleil, D le centre de l'orbite de la comète et du Soleil. Ce centre se meut du simple mouvement du Soleil. La première chose est de chercher le rayon de cette orbite; en examinant les observations, Tycho reconnut que la plus grande distance angulaire au lieu moyen du Soleil était arrivée le 2 décembre, et qu'elle avait été de 59° 55′, après quoi elle avait été en diminuant jusqu'à la fin de l'apparition.

Le lieu moyen du Soleil était alors en	$8^s 21° 10'$
mais le lieu du nœud est	8.20.55
la distance au nœud était donc	0. 0.15
et sur l'orbite	0. 0.17
mais sur l'orbite l'arc entre le nœud et le périgée est	0.16.53
d'où l'on conclut HD = HBD =	0.16.36.

C'est l'anomalie de l'excentrique le jour de l'observation. L'équation ADB étant calculée, nous aurons DAH = 0° 19′ $\frac{2}{3}$; si nous y ajoutons l'élongation dans l'orbite 60° 12′, nous aurons 60° 31′ $\frac{2}{3}$ = distance entre le lieu vrai du Soleil et de la comète.

De cet angle et de la distance AD = 0,9655, l'angle Q étant droit, nous en conclurons le rayon DQ = 0,8405.

Cherchons maintenant le lieu de la comète pour le 13, 6ʰ après midi.

Le Soleil moyen était en		8ˢ 2° 27′
Nœud		8. 0.55
Distance au nœud		0.18.28
Distance dans l'orbite		0.20.57
Constante		0.16.53
Distance du centre de l'orbite au périgée		0.37.50
Équation		— 1.18
BDK (Table des mouvemens moyens)		9.32
ADK		0. 8.14
DAK		40.40
DAL		— 1.18
Distance au lieu moyen du Soleil = LAK	=	39.22
Distance au nœud dans l'orbite ci-dessus	=	20.57
Distance au nœud sur l'orbite	=	18.25
Distance sur l'écliptique	=	16.12
Nœud	=	8.20.55
Longitude	=	9. 7. 7.

Sin latitude = sin 18° 25′ sin 29° 15′ = sin 8° 52′ 48″.

Voici la marche du calcul.

Il cherche le lieu moyen du Soleil; il le compare au lieu du nœud sur l'écliptique; il réduit cette distance à l'orbite de la comète.

Cette distance peut être plus grande ou plus petite que la distance du périhélie au nœud, qui est de 16° 53′; elle peut être additive ou soustractive.

Tout cela se rapporte au Soleil moyen; il cherche l'équation du centre et la distance à la Terre.

Avec cette distance, qui est celle du centre de l'épicycle à la Terre, le rayon de l'épicycle et le mouvement presque égal, dont il a fait une Table, et qui est l'angle compris entre les deux côtés connus, il calcule l'angle à la Terre. La commutation était comptée du Soleil moyen; il y applique l'équation du centre : elle est ici soustractive, parce que le lieu du Soleil moyen est moins avancé que le périgée.

Il trouve l'élongation; elle est aussi relative au Soleil moyen; il y applique l'équation du centre, avec le même signe que ci-dessus; il y ajoute la distance du Soleil moyen au nœud, qui lui donne l'argument de latitude; il le réduit à l'écliptique, il y ajoute le lieu du nœud, il a la longitude géocentrique et il calcule la latitude par l'inclinaison et l'argument de latitude.

Tout cela est plus long et plus incommode qu'un calcul géocentrique de Vénus par nos Tables.

Il est extrêmement singulier que la planète tournant autour du Soleil, et dans un plan incliné, décrive un arc de grand cercle quand elle est vue de la Terre.

Tycho cherche ensuite la grosseur de la comète, d'après son diamètre de 7′, et la distance pour le même instant. Il trouve le diamètre de 368 milles, dont le demi-diamètre de la Terre aurait 860.

Le diamètre de la comète est $\frac{1}{4 \cdot \frac{2}{3}} = \frac{3}{14}$ de celui de la Terre; le volume $\frac{1}{100,67}$.

Il mesure aussi la queue, dans l'hypothèse qu'elle est sur le prolongement de la distance à Vénus; il lui trouve 96 demi-diamètres de la Terre.

La comète de 1582 lui a paru avoir la queue dirigée de même; il ne conçoit pas trop quelle peut en être la raison. La direction devrait plutôt dépendre du Soleil; existerait-il quelques raisons optiques encore inconnues, qui feraient que la queue ne paraîtrait pas se diriger comme elle le fait réellement? Cette raison ne serait-elle pas, qu'il se faisait une très fausse idée de l'inclinaison de l'orbite, et qu'il calculait mal la direction. En supposant Vénus, le Soleil, la comète et la Terre dans un même plan, nous ne pourrions juger si la queue est CQ, qui se dirige à Vénus (fig. 43), ou CQ′, qui se dirige au Soleil; mais si la comète est fort inclinée à l'écliptique, comme en 1577, la queue CQ′ s'élèvera fort au-dessus de CQ, si la comète est boréale, et sera fort au-dessous, si elle est australe. Ainsi les calculs de Tycho reposant sur une fausse donnée, ne signifient absolument rien; il ne peut juger de la vraie direction; au reste, il annonce qu'il ne tient nullement à son idée.

Les distances de la comète à la Terre, sur-tout au tems de l'apparition, auraient dû donner une parallaxe sensible, mais elle était compensée à peu près par la réfraction, quand la comète était peu élevée sur l'horizon. Ce raisonnement de Tycho n'est pas très juste. Près de l'horizon, les parallaxes sont presque constantes et la réfraction varie très rapidement. La compensation ne pourrait avoir lieu qu'à une seule distance zénitale; à quelques degrés au-dessus ou au-dessous, la différence pouvait être sensible.

D'après la Table des mouvemens de la comète donnée par Tycho, la révolution synodique ne serait que de 263 jours; Tycho ne fait aucune attention à cette conséquence; il suppose apparemment que la comète se sera dissipée auparavant.

Opinions des autres astronomes.

Le landgrave avait observé chaque jour un certain nombre d'azimuts et de hauteurs. Ces observations, où le tems entre nécessairement, ne s'accordent pas toujours parfaitement entre elles, ni avec celles de Tycho; mais elles suffisent pour prouver que la parallaxe est insensible. Tycho la calcule encore par la méthode de Regiomontanus.

Mæstlinus avait trouvé la longueur de la queue un peu différente; mais cela dépend beaucoup de l'état de l'atmosphère.

Le curé de l'île d'Huenne avait vu la comète le 12 novembre; sur la mer de Norwège, on l'avait même aperçue un peu plutôt. Mæstlinus croit qu'elle a paru le 12 et disparu le 10 janvier. A Constantinople, elle avait été vue le 10; il est possible qu'elle ait été vue le 9 à Lyon et le 8 à Venise. Mæstlinus ne lui trouvait aucune parallaxe.

Tycho fait, à la page 255, des réflexions fort judicieuses sur la méthode des alignemens et sur les erreurs des meilleurs instrumens, qui ne conservent pas long-tems leur exactitude primitive.

Il commence par le tableau des longitudes et des latitudes des étoiles employées par Mæstlinus; il y fait voir des erreurs de 7 à 114′ et de +4 à −117′ pour la latitude. Mæstlinus mettait en $8^s\ 21°$ le nœud du grand cercle, et faisait l'inclinaison de 28° 58′, ce qui est un hasard assez remarquable. A l'imitation de Copernic, Mæstlinus se servait d'un cercle incliné pour rendre raison des latitudes de Vénus. C'est dans le plan de ce cercle qu'il fait mouvoir la comète; Tycho trouve l'idée fort ingénieuse, mais elle ne représente pas toutes les observations. Un mouvement de libration ajouté à ce cercle ne remédiait pas encore à tout, et d'ailleurs Tycho nie l'existence des orbes solides, que paraît admettre Mæstlinus.

Il ne croit pas beaucoup plus aux mouvemens de libration, si ingénieusement imaginés par Copernic, parce qu'ils lui paraissent invraisemblables. Quant à l'hypothèse de Mæstlinus, quoiqu'elle ne soit pas plus vraie que celle de Tycho, elle mérite d'être connue.

Soit (fig. 44) ABCI le grand orbe annuel de la Terre, D le Soleil, qui en occupe le centre, ELG l'orbite de la comète, dont le centre est H et qui enveloppe l'orbe de Vénus, qu'il ne surpasse guère en grandeur. Ce centre H est aussi le centre des mouvemens égaux de Vénus, dans l'hypothèse de Copernic, en sorte que DH = 0,0246, le rayon de l'orbite terrestre étant pris pour unité. Le mouvement de la Terre se fait dans le sens AICB, selon l'ordre des signes; celui de la comète, selon EOG contre cet ordre. Sur le diamètre ADHC, G est l'apogée, E le périgée de la comète; c'est aussi la ligne des apsides de Vénus.

Que la Terre soit en B, BDI marquera en I le lieu moyen du Soleil. Par le point H menez LHK parallèle à BDI, qui indiquera en L l'apogée moyen de commutation de la comète, et le périgée en K; menez BHN, qui marquera l'apogée apparent, et en M le périgée. Que la comète soit en F, menez BF et HF. Le mouvement de la comète sur son orbe n'est pas simple, mais il a un mouvement alternatif ou de libration réglé par le petit cercle RPTQ. Ce cercle est représenté par un ovale sur la figure, pour faire comprendre qu'il n'est pas dans le plan de l'orbite de la comète, mais qu'il lui est perpendiculaire; en sorte qu'étant rond et vu obliquement, il doit paraître ovale. La libration s'opère sur le diamètre de ce petit cercle, ou sur l'arc PQ de l'orbite, qui, vu sa petitesse, ne diffère pas sensiblement d'une ligne droite. Ce mouvement se restitue deux fois pendant une révolution synodique de la comète comparée à la Terre. La comète est en O dans les conjonctions et dans les oppositions avec le Soleil. Menez donc la ligne des centres HOR; quand cette ligne se confondra avec LHK, la comète sera en R; quand l'angle OHK sera de 45°, la libration portera la comète au point Q; quand il sera de 90°, la comète sera en T et répondra encore au point O. Le reste s'entend sans peine.

D'après cette combinaison, tirée de Copernic, quand la libration fait paraître la comète au point Q, la commutation moyenne est diminuée d'autant, au lieu qu'à l'autre extrémité elle est augmentée de la même quantité. Le rayon de la Terre étant = 1, celui de la comète sera 0,842, DH = 0,0246, OP = $\frac{7^\circ\,15'}{360} = \frac{7^\circ{,}25}{360} = \frac{29}{1440}$ de l'orbite ELG. Le mouvement moyen de la commutation est de 1° 21′ 17″ par jour (celui de Vénus est de 37′ 16″, ainsi l'on voit que la comète, quoique plus éloignée du Soleil que Vénus, va cependant plus vite); l'époque de commutation est le 24 novembre 6^h du soir, en 206° 33′. On en déduit toutes les autres.

Cette hypothèse a bien des traits de ressemblance avec celle de Tycho; elles ont les mêmes défauts. Mæstlin prend la peine d'expliquer l'inégalité du mouvement, que Tycho s'est contenté d'établir empiriquement, d'après les observations, ce qui lui donnait plus beau jeu pour représenter les phénomènes, et pour avoir tous ses avantages sur Mæstlin. Tycho choisit pour exemple son observation du 26 janvier, 14 jours après celui où Mæstlin avait cessé d'apercevoir la comète. C'est un excellent moyen pour éprouver l'hypothèse; mais si quelqu'un avait vu la comète 14 jours après Tycho, probablement son orbite aurait cessé d'approcher autant des observations, parce qu'elle n'aurait pas été modifiée d'après ces mêmes observations. Son calcul prouvera donc contre Mæstlinus, et ne signifiera rien en faveur de sa propre hypothèse.

L'angle BHK = DBH est l'équation de Vénus; mais réduite à l'orbite inclinée de la comète, il sert à trouver FHB, BH, HBF, BF et DBF, la distance au nœud qu'on réduit à l'écliptique, et l'on a l'argument de latitude réduit, d'où l'on conclut la longitude. Tycho trouve ainsi 3° 13′ de plus que par l'observation.

Malgré ces erreurs, Tycho donne de grands éloges à cette méthode, qui aurait pu mieux réussir si elle eût été fondée sur des observations plus nombreuses et plus précises, et enfin sur des positions d'étoiles plus exactes que celles des tables Pruténiques, dont l'auteur s'était servi.

Le reste de l'ouvrage de Mæstlinus est astrologique, et Tycho s'en interdit l'examen, *non qu'il regarde cette science comme trompeuse, quand on sait se renfermer dans certaines bornes;* il pense seulement que l'ignorance et la charlatanerie de ses sectateurs ont dû la discréditer injustement; il apporte en sa faveur un argument singulier. *Le Soleil et la Lune suffisaient pour nos usages, avec les étoiles; il était fort inutile d'y joindre les planètes, dont la marche est si belle et assujétie à des lois si curieuses à connaître, si ces planètes n'avaient une utilité propre et directe, qui est l'objet de l'Astrologie.* C'est donc pour ne pas faire un trop gros volume, qu'il laisse de côté la partie astrologique, d'autant plus que si des milliers d'années ne nous ont pas encore parfaitement éclairés sur les vertus des planètes, il est tout simple que nous soyons encore plus ignorans sur celles des comètes, qui se montrent à nous si peu de tems.

Remarquez que Tycho ne manque pas une occasion de disculper l'Astrologie, sans nous donner une seule fois une idée, même légère, de ses règles et de ses principes.

Remarquez enfin que Mæstlinus n'a pas songé au peu de tems que son hypothèse donnait à la révolution de la comète, qui aurait dû reparaître tous les ans.

Cornelius Gemma, de Louvain, a fait un traité sur la même comète, qu'il place au-dessus de la Lune; il y parle de deux *chasmes* ou *trous* dans le ciel, observés en Belgique en 1575, sur lesquels il disserte longuement. Il rapporte que, le 3 décembre, la tête de la comète eut l'air de s'ouvrir, et qu'il en sortit trois dards, l'un qui se dirigea du côté de l'Italie, le second vers le rivage d'Hercule, et le troisième vers l'occident. Tycho, qui ne vit pas la comète ce jour-là, n'a rien à dire sur cette observation; mais il ne pense pas que ce puisse être là la cause de la diminution de la comète, car cette diminution a été progressive.

Plusieurs mathématiciens de son tems annonçaient que la plus petite excentricité du Soleil, qui devait avoir lieu bientôt, serait accompagnée de grandes catastrophes. Tycho assure que *l'excentricité est croissante*, et que Copernic s'est trompé en cela, comme sur plusieurs points de la théorie solaire. On pensait que cette diminution d'excentricité était un signe de vieillesse qui pouvait annoncer une dissolution prochaine. Tycho remarque avec raison qu'il n'en résulterait aucune diminution dans l'orbite réelle, et qu'on regagnerait d'un côté ce qu'on perdrait de l'autre; il aurait pu ajouter, suivant les idées des anciens, qu'il n'en résulterait qu'une diminution d'inégalité, et par conséquent un pas vers la perfection.

Le chapitre X et dernier doit être le moins intéressant de tous; il est destiné à réfuter ceux qui plaçaient la comète au-dessous de la Lune. Leur idée est suffisamment réfutée par les hypothèses qu'on avait été forcé d'imaginer pour représenter les observations, et qui plaçaient la comète à une distance de la Terre seulement un peu moindre que celle de Vénus.

Ce Thadée Hagecius, l'ami de Tycho, et que nous avons vu figurer honorablement dans l'histoire de l'étoile de 1572, fut moins heureux ou moins soigneux dans ses recherches sur la comète. Il rapporte que les premiers jours elle ressemblait à Jupiter ou Vénus; qu'elle était d'une lumière brillante et agréable (*eleganti et venusto*). Tycho en convient, et il en tire un argument contre Hagecius, qui la croyait sublunaire.

Ici l'on pourrait, n'en déplaise à Tycho, trouver un reste de péripatétisme; car, pourquoi la comète serait-elle moins belle si elle était plus près de la Terre. A cette occasion, Tycho déclare qu'il croit les comètes *filles des planètes*, et qu'ainsi elles doivent participer de leur nature; j'aimerais mieux qu'il en eût fait des sœurs: mais il les croyait nouvellement formées et d'une durée passagère.

Hagecius observait avec un rayon astronomique; il portait ses observations sur un globe, il prenait les longitudes et les latitudes des étoiles dans des catalogues inexacts. Tycho recommence ses calculs sur des élémens plus sûrs; il lui fait voir qu'il a pris quelquefois une étoile pour une autre, ce qui explique un mouvement de 12° en longitude et de 6 en latitude, qui en résultait en deux jours pour la comète, et enfin la parallaxe de 5°, que lui attribuait Hagecius, à qui il prouve que ses observations ne donnent aucune parallaxe sensible.

Sans connaître la parallaxe, on peut calculer du moins si elle approche ou éloigne la comète d'une étoile. On peut donc voir facilement si les observations indiquent une parallaxe, et si cette parallaxe est considérable; on pourra même en déterminer à peu près la quantité.

Supposons, comme Tycho, qu'on ait observé la hauteur et l'azimut d'une comète, d'abord lorsqu'elle était vers l'horizon, et ensuite à la plus grande hauteur que les circonstances aient permises, et que dans ces deux instans on ait pris la distance de la comète à une même étoile, ou plus simplement, que l'on ait mesuré la distance EC de la comète C à l'étoile E, avec les distances zénitales $ZC = N$, $ZE = n$ (fig. 45).

Soit $EC = D$; on aura

$$\cos D = \cos Z \sin n \sin N + \cos n \cos N;$$

cette formule donnerait Z, mieux même que l'observation.

Soit $EO = (D - x) =$ distance vraie;

$$\cos(D-x) = \cos Z \sin n \sin ZO + \cos n \cos ZO = \cos Z \sin n \sin(N-p) + \cos n \cos(N-p),$$

p étant la parallaxe de hauteur $= OC$;

$$\cos(D-x) = \cos Z \sin n \sin N \cos p - \cos Z \sin n \cos N \sin p + \cos n \cos N \cos p + \cos n \sin N \sin p,$$

d'où

$$\cos(D-x) - \cos D = \cos Z \sin n \sin N(\cos p - 1) + \cos n \cos N(\cos p - 1) + \sin p(\sin N \cos n - \cos N \sin n \cos Z),$$

$$2\sin\tfrac{1}{2}(D-D+x)\sin\tfrac{1}{2}(D+D-x)=\sin p(\sin N\cos n-\cos N\sin n\cos Z)$$
$$-2\sin^2\tfrac{1}{2}p(\cos n\cos N+\sin n\sin\cos Z),$$
$$2\sin\tfrac{1}{2}x\sin(D-\tfrac{1}{2}x)=\sin p(\sin N\cos n-\cos N\sin n\cos Z)$$
$$-2\sin^2\tfrac{1}{2}p\cos D,$$
$$2\sin\tfrac{1}{2}x\cos\tfrac{1}{2}x\sin D-2\sin^2\tfrac{1}{2}x\cos D=\sin p(\sin N\cos n-\cos N\sin n\cos Z)$$
$$-2\sin^2\tfrac{1}{2}p\cos D,$$
$$\sin x-2\sin^2\tfrac{1}{2}x\cot D=\sin p\left(\frac{\sin N\cos n-\cos N\sin n\cos Z}{\sin D}\right)-2\sin^2\tfrac{1}{2}p\cot D,$$
$$\sin x+2\cos D(\sin^2\tfrac{1}{2}p-\sin^2\tfrac{1}{2}x)=\sin\varpi\sin N\left(\frac{\sin N\cos n-\cos N\sin n\cos Z}{\sin D}\right)=a\sin\varpi;$$

une seconde observation plus près du zénit donnerait

$$\sin x'+2\cot D'(\sin^2\tfrac{1}{2}p'-\sin^2\tfrac{1}{2}x')=a'\sin\varpi,$$

et

$$(\sin x-\sin x')+2\cot D(\sin^2\tfrac{1}{2}p-\sin^2\tfrac{1}{2}x)-2\cot D'(\sin^2\tfrac{1}{2}p'-\sin^2\tfrac{1}{2}x')$$
$$=(a-a')\sin\varpi,$$

et

$$\sin\varpi=\frac{2\sin\frac{1}{2}(x-x')\cos\frac{1}{2}(x+x')+2\cot D(\sin^2\frac{1}{2}p-\sin^2\frac{1}{2}x)-2\cot D'(\sin^2\frac{1}{2}p'-\sin^2\frac{1}{2}x')}{(a-a')}.$$

Soit la distance vraie $=\delta=D-x=D'-x'$, d'où $(D-D')=(x-x')$. Cette équation aura lieu si le mouvement de la comète est insensible; mais si la comète a un mouvement, on saura calculer de combien ce mouvement rapproche ou éloigne la comète de l'étoile. Dans ce cas,

$$\delta=(D-x)=D'-m-x',\quad\text{et}\quad(D-D'+m)=(x-x'),$$

et

$$\sin\varpi=\frac{2\sin\frac{1}{2}(D-D'+m)\cos\frac{1}{2}(x+x')+2\cot D(\sin^2\frac{1}{2}p-\sin^2\frac{1}{2}x)-2\cot D'(\sin^2\frac{1}{2}p'-\sin^2\frac{1}{2}x')}{(a-a')}.$$

$\frac{1}{2}(x+x')$ sera toujours un petit arc et son cosinus peu différent du rayon; les petits termes, peu différens l'un de l'autre, se détruisent en grande partie; on aura donc une valeur très approchée en faisant $\sin\varpi=\frac{2\sin\frac{1}{2}(D-D'+m)}{(a-a')}$; avec cette valeur approchée, on calculera $\sin p=\sin\varpi\sin N$ et $\sin p'=\sin\varpi\sin N'$, on pourra calculer x et x'; on aura $\sin^2\frac{1}{2}p-\sin^2\frac{1}{2}x=\sin\frac{1}{2}(p-x)\sin\frac{1}{2}(p+x)$, et la valeur beaucoup plus exacte de $\sin\varpi$, et cette exactitude dépendra de celle avec laquelle on aura mesuré les deux distances D et D'; quelques erreurs sur les distances zénitales seraient moins fâcheuses.

Ce moyen serait moins défectueux que celui de Régiomontan, et dans ce dernier, au lieu de faire le calcul direct de la parallaxe, on ferait deux ou trois suppositions pour la parallaxe; on en conclurait OG et OPG (fig. 40), GPZ, GPL et ZPL = GPZ — GPL, la distance ZL et l'azimut PZL, la parallaxe LM, la distance ZM, que l'on comparerait à la seconde observation; on comparerait de même l'azimut PZL. La marche des erreurs indiquerait la supposition de parallaxe qui s'accorderait le mieux avec les observations.

Jamais comète connue n'a eu un degré de parallaxe, pas même 10', et le problème est à présent sans objet.

A la page 364, Tycho revient encore à ses idées astrologiques, et soutient que les comètes doivent avoir quelque vertu, quelque influence, car la nature ne fait rien en vain. Il raisonne toujours dans la supposition que tous les corps célestes ont été créés pour l'homme uniquement, et que ce qui n'exercerait sur lui aucune influence serait parfaitement inutile; mais si ces influences sont pernicieuses, ne vaudrait-il pas mieux que la nature eût fait quelque chose en vain ?

Disons, en l'honneur d'Hagecius, qu'à l'occasion de la comète de 1582, il a rectifié les erreurs qu'il avait commises sur celle de 1577, et qu'il a reconnu qu'elle était bien au-dessus de la Lune.

Après Hagecius, Tycho va combattre un autre de ses amis, Barthélemi Scultetus. Celui-ci avait passablement déterminé les nœuds et l'inclinaison du grand cercle décrit par la comète. Hagecius l'avait fait de même; il paraît que c'était une méthode connue et qui n'appartient point à Tycho.

Tycho ne croit pas qu'un corps *embrasé comme la comète, et qui n'a qu'une existence passagère,* puisse suivre un grand cercle bien exactement. Il ne peut le suivre d'un mouvement régulier, à moins qu'il ne soit bien au-dessus de la région élémentaire. Il montre que les erreurs de Scultetus ont été bien près de 3° sur la longitude, et de près de 20' sur la latitude; enfin qu'il s'est trompé dans ses observations et ses calculs.

Scultetus croyait que la queue de la comète n'était pas au-dessus de la comète, comme elle devrait l'être en raison de sa légèreté, suivant les principes d'Aristote, mais qu'elle était couchée sur l'orbite même dont elle couvrait un arc. Tycho lui reproche la forme qu'il donne à cette queue, qui ne devrait pas être conoïdale, mais terminée en pointe comme la flamme d'une bougie, qui s'élève toujours au-dessus du corps qui brûle. Scultetus donnait 54′ de diamètre à cette comète, comme à la Lune apogée.

Pour discuter les observations de Scultetus, Tycho se sert encore de la méthode de Régiomontan, tout en convenant de l'extrême difficulté qu'on éprouve pour mesurer, à quelques minutes près, une hauteur ou un azimut. Il compare, pour la rareté, un bon instrument au phénix de l'Arabie; mais il n'en est pas moins certain que Nolthius avait tort de supposer 5 ou 6° de parallaxe. Tycho discute, par une méthode assez longue, deux observations d'azimut et de hauteur; on pourrait faire le calcul d'une manière plus simple (fig. 46).

On a mesuré les distances zénitales ZC et ZK de la comète, et la différence d'azimut KZC; on pourra donc calculer CK, mouvement apparent de la comète; avec CK et les deux distances polaires PC, PK, on aura l'angle horaire. Si cet angle se trouve $P = \frac{t}{24^h}(360° + S - m)$, S et m étant les mouvemens diurnes d'ascension droite et s'il n'y a pas de différence, il n'y a pas de parallaxe; s'il y en a une, elle sera la différence des parallaxes d'ascension droite $(\Pi - \Pi')$.

Or,

$$(\Pi - \Pi') = 2\left(\frac{\sin\varpi \cos H}{\cos D}\right)\frac{\sin\frac{1}{2}(P-P')\cos\frac{1}{2}(P+P')}{\sin 1''} + 2\left(\frac{\sin\varpi\cos H}{\cos D}\right)^2 \frac{\sin(P-P')\cos(P+P')}{\sin 2''};$$

on avait

$$P - P' = 15°51'42'', \quad \text{et} \quad (P+P') = 82°18'40'', \quad D = 10°\,58',$$

d'où résulte, en supposant une parallaxe de 1°,

$$(\Pi - \Pi') = 7'\,53''.$$

Une différence de 8′ sur l'angle CPK supposerait donc une parallaxe de 1° : 5 ou 6° de parallaxe supposent donc qu'on aurait eu 40 ou 48′ de différence sur l'angle, ce qui est impossible.

La différence d'azimut doit être plus exacte que les azimuts absolus, car on est indépendant de la direction de la méridienne; l'angle en Z est donc à peu près exact; quelques minutes d'erreur sur les distances zénitales ne changeront guère ni le côté CK, ni l'angle CPK au pôle. On ne doit donc pas craindre que cet angle soit en erreur de 8′; on ne peut donc être exposé à augmenter la parallaxe que d'un degré. Il était donc impossible que Scultetus trouvât 6°, quand Tycho ne trouvait rien de sensible. Tycho observe d'ailleurs qu'une parallaxe de 6° aurait, en certaines circonstances, donné à la comète un mouvement rétrograde, ce qui ne peut nullement s'accorder avec les observations d'Uranibourg. Le mouvement propre n'était que de 2′ ¼ pour une heure, et le changement de parallaxe eût été plus que triple.

La comète de 1585 était au-dessus du Soleil, et Rothman la mettait à la distance de Saturne.

La comète de 1580 a toujours été contre l'ordre des signes. Tycho se demande s'il faut la supposer par-delà la 8e sphère ; il suppose donc, comme les autres, que c'est la 8e sphère qui donne le mouvement diurne à toutes les planètes. Comment pouvait-on encore admettre de pareilles absurdités, quand on avait l'avantage de venir après Copernic, et que l'on niait formellement les cieux solides?

Celle de 1556 a décrit en un jour plus de 15° d'un grand cercle; celle de 1475, observée par Régiomontau, a fait jusqu'à 40° dans un jour. Tycho promet de prouver que cette rapidité de mouvement n'empêche pas qu'on ne place la comète fort au-dessus de la Lune.

Nous bornerons ici la revue des auteurs dont Tycho discute les observations et les calculs ou les assertions. Peut-être en les réfutant si longuement, leur a-t-il fait trop d'honneur, et peut-être a-t-il trop compté sur le courage de ses lecteurs.

En terminant, il décrit les deux instrumens dont il s'est servi pour la comète; c'est d'abord un sextant à pied et en compas; il était divisé en minutes. Le quart de cercle était de cuivre et divisé de 10 en 10′. Six transversales servaient à distinguer les minutes; ces transversales n'étaient pas des lignes pleines, elles étaient de onze points détachés, dont l'intervalle répondait à une minute. Ce même quart de cercle avait la division de Nonius; mais après avoir donné beaucoup d'éloges à cette invention de l'astronome portugais, et quoiqu'il dise l'avoir perfectionnée, il y trouve *plus laboris quam fructûs,* et déclare ne plus s'en servir depuis long-tems. L'alidade était un peu plus longue que le quart de cercle. La lame objective était percée d'un trou rond; l'autre, ou l'oculaire, avait quatre fentes disposées en parallélogramme; deux de ces fentes étaient parallèles au plan de l'instrument. En observant, on visait toujours par les deux fentes opposées; deux de ces fentes servaient pour les hauteurs, les deux autres pour les azimuts; car l'axe du quart de cercle tournait au centre d'un cercle azimutal. Un artiste célèbre qui vit cette nouvelle forme de pinnules chez Tycho, avec sa division par transversales, en fut émerveillé et se trouva bien payé de son voyage. Il communiqua ces inventions au landgrave, qui les imita. Deux fils-à-plomb assuraient la position du quart de cercle dans les deux sens. Deux alidades qui se coupaient à angles droits tournaient avec l'axe et marquaient les azimuts.

Tycho abandonna ces instrumens par la suite. Le quart de cercle était trop petit; le sextant ne s'amenait pas assez facilement dans le plan des deux étoiles. Il en a imaginé, depuis, de plus commodes. Parmi ses instrumens, qui sont au nombre de vingt, il en avait quatre de 4 à 5 coudées, qui donnaient les fractions de minute, et trois qui donnaient en même tems les azimuts, d'une manière plus commode. Il fit aussi construire quatre sextans pour les distances, et qui avaient 4 coudées; il en promet la description.

Ici se termine le second livre, et le volume, qui porte pour titre : *Tychonis Opera omnia.* Francfort, 1648. L'édition de 1610 offre, de plus, sa correspondance astronomique, avec le portait de l'auteur. On remarque au nez une espèce d'emplâtre agglutinatif qui paraît déposer en faveur de l'anecdote du duel nocturne. Ce Recueil est dédié au landgrave Maurice, fils de l'astronome. Tycho raconte qu'il avait été visiter l'ancien landgrave, pour comparer ses instrumens portatifs avec ceux que le prince avait placés en plein air, sur une tour. Le landgrave perdit alors sa fille; Tycho le quitta, et traversant l'Allemagne, il entra en Italie, pour se trouver au couronnement de Rodolphe, dans l'espérance d'y rencontrer des hommes distingués en tout genre. Il y fit connaissance avec plusieurs savans, avec lesquels il eut de fréquens entretiens. De retour dans sa patrie, il apprit que le landgrave s'était informé de lui et désirait le revoir, et qu'il avait fait solliciter en sa faveur le roi de Danemarck; il projetait même un voyage à Uranibourg, quand la mort du roi dérangea ce projet; mais il s'établit un commerce de lettres entre ces deux astronomes illustres. Ces lettres commencent le Recueil.

Dans la Préface qui est à la tête, il expose combien il faut de tems pour bien traiter les théories du Soleil, de la Lune et des planètes; il pense que pour rassembler toutes les observations nécessaires, il ne faut pas moins de 20 ans, sans compter ce qu'il faut ajouter pour les calculs, les hypothèses et les tables, ce qui fait au moins 30 ans. C'est le tems qu'il a consacré à l'Astronomie; mais il confesse que ses observations des dix premières années sont moins précises que les suivantes.

Il n'avait eu ni le tems ni les moyens de faire construire tous ses instrumens.

On voit dans la première lettre que le landgrave, sur les idées qui lui avaient été communiquées par Wittichius, avait fait des améliorations à ses instrumens, et que si auparavant il pouvait répondre de 2', il peut maintenant apercevoir $\frac{1}{2}$ ou $\frac{1}{4}$'. Il avait un quart de cercle et un sextant de deux coudées; trois astronomes pour les observations, les calculs et la vérification des étoiles. Son mathématicien Rothman annonce à Tycho une petite comète; dans sa réponse, Tycho lui dit qu'il a observé la comète avec soin (celle de 1581), et qu'il a imaginé un sextant qui exige deux observateurs, les deux alidades sont mobiles et se croisent au centre.

La comète décrivait un arc de grand cercle qui coupait l'équateur en 24° 55' sous un angle de 45° $\frac{1}{2}$ et l'écliptique en 27° 38' sous un angle de 23° 17'. Plus tard, les deux inclinaisons parurent de 44° 50' et 22° 21'; ensuite elles furent de 44° 19' et 21° 34'. Le mouvement allait en diminuant.

Rothman réplique que Wittichius ne leur a point fait de pinnules comme celles qu'il avait vues à Uranibourg, ce qui leur a donné la peine d'en imaginer et d'en faire construire de même genre à peu près. Il mande qu'il trouve les réfractions bien moindres, comme de 15 ou 20' au plus à l'horizon. Il engage Tycho à examiner de nouveau ce point important.

Tycho, dans une lettre au landgrave, dit qu'un globe ne peut jamais donner la même exactitude que le calcul, pour la résolution des triangles sphériques. Il avait lui-même un de ces globes tout de cuivre et bien rond, sur lequel l'équateur et l'écliptique étaient divisés en minutes par des transversales, ainsi que ses instrumens. Cependant il n'aurait pas voulu répondre d'une minute ou 1' $\frac{1}{2}$ dans les opérations qu'il exécutait par ce moyen. Il ne l'employait donc que subsidiairement, car, si la dernière exactitude est comme impossible, on se garantit au moins par là des erreurs considérables. Il explique assez longuement sa méthode, pour déterminer les étoiles, en prenant Vénus pour intermédiaire, et en observant à des hauteurs où les réfractions ne sont plus à craindre. Il se flatte un peu, quand il parle du degré d'exactitude auquel il croit être parvenu par ce moyen. C'est ce que font plus ou moins tous les astronomes. Tycho courait après la minute, et nous courons après la seconde; nous nous flattons comme lui, et nous nous abusons souvent de même. Il avait cherché les parallaxes de Vénus et du Soleil, c'est-à-dire probablement la parallaxe relative de Vénus; et cette parallaxe du Soleil, qu'il a toujours cru de 3', prouverait elle seule que ses observations ont quelquefois des erreurs de cette force. Il tenta la même chose pour Mars acronyque dans la limite boréale; il cherchait à éprouver le système de Copernic, et si en effet ces observations l'ont conduit à rejeter le vrai système, il faut croire qu'elles n'étaient pas assez précises. La parallaxe de Mars n'est guère que de 18"; il était impossible que Tycho pût s'en assurer.

Il explique au landgrave la cause qui fait que toutes ses longitudes sont trop fortes de 5'; le défaut de son fil-à-plomb causait, dans les déclinaisons, des erreurs qui devenaient cinq fois plus fortes sur les longitudes du Soleil, et ces erreurs s'étendaient aux longitudes des étoiles.

On voit ensuite un tableau comparatif des résultats du calcul trigonométrique et de ceux auxquels le landgrave était arrivé par son globe. La différence, quelquefois nulle, est souvent de 1 ou 2', quelquefois 5 ou 6, et une fois 14'.

Dans une lettre à Rothman, il parle de la comète de 1585 à laquelle il trouve tout au plus une minute de parallaxe, dont il ne peut cependant répondre. Il discute les longitudes qui ont servi à déterminer celle de la comète. Il dispute pour 1', *ce qui doit paraître bien risible aux observateurs vulgaires, qui ne comptent pour rien une dixaine de minutes, heureux encore si leurs erreurs se bornaient là, et n'allaient quelquefois aux demi-degrés et aux degrés entiers.* Si l'air est répandu dans tous les espaces célestes, ainsi que le pensait Rothman, il croit au moins qu'il doit être beaucoup moins dense, et qu'il n'y a aucun ciel solide, *ce qui est prouvé par les comètes* qui traversent en tous sens ces prétendus cieux des planètes. Ces vérités sont vulgaires aujourd'hui, mais il faut en savoir gré à ceux qui les ont proclamées et défendues les premiers.

Il ajoute que les planètes ont, par une espèce d'instinct, une science de mouvement qui leur fait observer une règle constante *sans aucun support, sans aucune impulsion ou promoteur,* tout comme la Terre est dans l'air liquide sans autre appui que son centre. Il revient sur ce Wittichius qui était venu chez lui comme pour s'y établir à demeure, à qui il avait montré tous ses instrumens, fait confidence de tous ses projets, et qui, six mois après, lui demanda un congé de quelques semaines, et n'a ni reparu, ni même écrit. Au reste, s'il a été porter ailleurs ses idées, et multiplier les bons instrumens, Tycho s'en réjouira pour le bien de l'Astronomie; mais, s'il donne ces inventions comme siennes, il fera une chose malhonnête, et manquera à la reconnaissance; en se bornant à deux fentes au lieu de quatre dans ses pinnules, il a fait une chose qui doit nuire à l'exactitude.

Il se montre peu satisfait de la division de Nonius, quoiqu'il eût multiplié les cercles et les divisions, et qu'il eût dressé des tables pour épargner les calculs qu'elle exige. Ces tables au reste étaient faciles à construire, et devaient, à la seule inspection, montrer les angles que ne pouvait donner un cercle ainsi divisé.

Avec ses armilles de 10 pieds de rayon, il avait trouvé au Soleil une réfraction qui surpassait une demi-minute; mais, à cette hauteur, la réfraction est au moins de.............................. 1′ 40″,
la parallaxe n'était que de 7″, le Soleil devait paraître élevé de 1.33,
il le trouvait trop élevé de près de 30″; il commettait donc une erreur d'une minute au moins, dans son observation, et une erreur de 1′ 10″ dans sa réfraction. Il supposait la parallaxe 2′ 36″, elle n'était que de 7″; il se trompait de 2′ 29″ dans son calcul. Il a dû souvent commettre des erreurs pareilles.

Pour les étoiles qui n'ont point de parallaxe, il trouvait les réfractions moindres que pour le Soleil, mais doubles de celles de Rothman qu'il engage à de nouvelles recherches. Il semble qu'il aurait dû prendre pour base de ses calculs les réfractions trouvées par les étoiles, et chercher à rectifier ses parallaxes.

Il se persuaderait difficilement que les réfractions ne fussent pas les mêmes pour les différens horizons, et soutient toujours que la réfraction est produite par les vapeurs, et non par la différence des milieux, comme le prétendaient Alhazen et Vitellion. Il n'ignorait donc pas leur explication, puisqu'il la combat en les citant. Il exige un air bien pur et par conséquent peu ou point de vapeurs pour vérifier sa réfraction horizontale; mais s'il n'y a point de vapeurs, la réfraction devrait cesser ou être peu sensible; elle devrait au contraire être très différente, quand l'horizon est chargé de vapeurs; c'est ce qu'il n'a pourtant pas observé.

Il adopte l'idée de Rothman pour les latitudes qui doivent changer avec l'obliquité de l'écliptique. Il avait fait de son côté la même remarque; ainsi c'est l'écliptique qui s'approche de certaines étoiles et s'éloigne de quelques autres. Cependant quelques étoiles de première grandeur, l'Aigle, Aldébaran, Sirius paraissent présenter des faits tout opposés. Pour en trouver la cause, il se livra à de longues recherches, et reconnut que les longitudes et les latitudes de Ptolémée ne donnaient pas pour les distances des étoiles les quantités qu'on observe aujourd'hui; il se vit donc obligé de soupçonner quelques erreurs dans les latitudes ou dans les longitudes. Nous avons lu dans les progymnasmes tous ses raisonnemens à ce sujet.

Dans l'éclipse de ☾ de 1554, il observa le commenc.	à	11^h 12	
			1.56
le milieu...	à	13. 8	
			1.52
la fin......	à	15. 0	

Les deux demi-durées ne sont pas égales, comme on l'a cru jusqu'ici; il a déterminé les instans par les étoiles qui étaient au méridien. Mais comment a-t-il reconnu l'instant du milieu? en est-il sûr à deux minutes près? est-il sûr du commencement et de la fin? Il attribue les quatre minutes de différence entre les demi-durées, au changement de latitude et aux inégalités. Les erreurs des trois observations sont plus que suffisantes pour expliquer tout.

Pour trouver l'heure par la hauteur d'une étoile, il faut qu'elle ne soit pas trop voisine ni du méridien, ni de l'horizon. Pour lui, il détermine les tems par ses armilles équatoriales de dix pieds, en observant le Soleil ou les étoiles. Dans les éclipses totales, il a trouvé que les momens de l'immersion et de l'émersion s'observaient avec plus de précision que ceux du commencement et de la fin. Il faut plusieurs observateurs qui tous aient une bonne vue.

De tous les résultats de ses observations, il ne donne que ceux qui lui paraissent indubitables; quant à ceux qui n'offrent pas la même certitude, il se garde de les publier : *il vaut mieux laisser les choses intactes que de les exposer grossièrement.* On pourrait envisager la chose d'une manière toute opposée. Sans doute une mauvaise observation est plus nuisible qu'utile, mais rien ne force à l'employer; elle peut donner des lumières sur les limites des erreurs possibles et sur le degré de confiance que l'on peut accorder aux observations jugées assez bonnes pour être employées.

Il se croit sûr des mouvemens de Mercure et de Vénus, il a de nombreuses observations des planètes supérieures, et il espère donner pour toutes des tables bien préférables à celles de ses prédécesseurs. *Le grand et incomparable Copernic n'eût rien laissé à désirer à cet égard, s'il eût été pourvu de meilleurs instrumens, car il avait plus que personne toute la science mathématique et toute la sagacité requise; il était même en cela supérieur à Ptolémée, sur-tout pour les hypothèses et les explications. Malgré l'absurdité apparente que présente le mouvement de la Terre, ses hypothèses, avec plus de simplicité, offrent encore un accord bien plus grand. Ce mouvement même n'a pas tous les inconvéniens qu'on lui attribue; Buchanan, qui les a exposés dans son poëme, n'a pas vu qu'en supposant le mouvement de la Terre, la mer et l'air doivent tourner d'un mouvement commun, et qu'ainsi aucune de ses objections à cet égard ne serait admissible.* Il est beau que Tycho réfute lui-même les chicanes qu'on a faites à un système qui n'est pas le sien, et qu'il a voulu changer; on peut soupçonner que, sans un scrupule mal entendu, et le respect pour les décisions des théologiens, il ne se fût pas cru obligé de créer un autre système.

La latitude de Kœnisberg est de 54° 43′ environ, ce qui peut être utile à ceux qui font usage des Tables pruténiques calculées pour ce lieu. Mais, à l'exemple d'Apian, Reinhold supposait 54° 17′, c'est-à-dire 26′ de moins qu'il ne faut.

Le landgrave, dans une lettre du 11 septembre 1587, ne paraît pas être étonné des 5′ dont Tycho prétend que toutes ses longitudes sont trop fortes; il s'autorise de ce que Ptolémée ne pouvait répondre de 10′ dans la lecture de ses observations, sans parler des erreurs qu'on soupçonne à tous les instrumens possibles. Il croit que ces 5′ pourraient venir des mouvemens du Soleil donnés par Tycho, dans son éphéméride, et qui ne s'accordent pas avec les observations de Rothman. Il exprime aussi quelques doutes sur les réfractions de Tycho.

Une lettre de Rothman, octobre 1587, est assez remarquable; on y voit qu'après quelques discussions sur l'obliquité de l'écliptique, il se range à l'avis de Tycho, mais en supposant comme lui une parallaxe trop forte. Ils sont aussi du même avis sur la matière des sphères, qui doit être liquide et perméable en tous sens. Ils diffèrent cependant en ce que Tycho suppose que, dans les régions des planètes, il n'existe plus d'air élémentaire, mais un éther très subtil. Rothman objecte que si la réfraction est produite par la différence de densité, elle doit nécessairement ne s'évanouir qu'au zénit; que si elle est de 3′ à l'horizon, elle sera encore de 1′ 30″ à 45°. Il est bien loin de connaître la loi des réfractions qui nous donne près de 1′ environ à 45° et de 34′ à l'horizon.

Tycho supposait que l'air diminuait continuellement de densité, depuis la Terre jusqu'à la Lune, où il ne différait plus sensiblement de l'éther. Mais il en résulterait, dit Rothman, que la lumière, en traversant l'espace sublunaire, rencontrerait à chaque pas des couches de densité différente, et s'infléchirait continuellement, quelle que fût la hauteur de l'astre ou sa distance au zénit. L'opinion de Rothman est qu'entre la Terre et les fixes, il n'y a que les atmosphères des différentes planètes. Mais ces atmosphères, ou, comme il le dit, l'air qui environne les différentes planètes, il le distingue en air plus épais et qui renferme les exhalaisons, et en air pur où ces exhalaisons ne montent pas. Si les réfractions s'évanouissent vers 30° de hauteur, comme le veut Tycho, en voici la raison : la durée bornée des crépuscules prouve que l'air pur n'est pas en état de réfléchir la lumière; celui qui la réfléchit est mêlé d'exhalaisons. Mais cet air plus grossier ne produit pas de lui-même la réfraction; elle n'est produite qu'en raison du chemin plus long que le rayon doit parcourir dans cet air, quand l'astre est moins élevé sur l'horizon; il suppose que l'air grossier s'élève à la distance du demi-diamètre de la Terre. La lumière qui vient du zénit n'a que ce demi-diamètre à parcourir; le rayon qui vient horizontalement, a un chemin plus long à faire, puisqu'il est au premier comme le sinus de 60° : sin30° :: 1 : tang60°; mais Rothman ne dit pas que si les réfractions sont proportionnelles au chemin dans l'atmosphère, plus l'astre s'élève, plus ce chemin diminue.

La diversité des réfractions pour différens horizons est une des preuves que Rothman allègue en faveur de son hypothèse; on ne voit pas trop d'où cette diversité peut venir.

Rothman pense comme presque tous les astronomes, que Ptolémée n'a fait que transcrire le catalogue d'Hipparque, en ajoutant une constante à toutes les longitudes; il doute même qu'il ait observé les déclinaisons qu'il rapporte. Il les aura déduites de celles de Timocharis et d'Hipparque. Ainsi, pour Régulus, il a vu entre Timocharis et Hipparque une différence de 40'; il en a conclu une de 50' depuis Hipparque jusqu'au tems où il écrivait; c'est-à-dire qu'il a ajouté un quart à la différence observée avant lui. Alors sa déclinaison ne doit plus s'accorder avec les longitudes et les latitudes du catalogue. La latitude et la déclinaison employées par Tycho, pour en déduire la longitude, ne peuvent la donner que fausse. La longitude employée avec la déclinaison, donnera une fausse latitude, et le changement de latitude ne sera plus celui qui dépend de la diminution d'obliquité, et c'est en effet ce qu'a trouvé Tycho. En commentant Ptolémée, nous avions bien vu que ses déclinaisons ne donnaient pas la précession qu'il voulait démontrer; mais nous n'avions élevé aucun doute sur la réalité de ces observations qui, vraies ou fausses, ne me paraissent pas mériter qu'on les calcule.

Je ne vois pas, ajoute Rothman, avec quel instrument il aurait observé ces déclinaisons. Les règles parallactiques ne valaient rien pour les étoiles, parce que l'une des pinnules était percée d'un trou rond et grand au moins comme le disque de la Lune périgée. Il ne les aura pas observées avec les armilles (qui n'avaient point de cercle de déclinaison), puisque la déclinaison de Régulus était alors plus grande que celle qui se lit dans Ptolémée. On peut soupçonner la même chose de Sirius et autres étoiles qui présentent des anomalies du même genre. Il trouve des latitudes fausses dans Ptolémée; il suppose qu'il n'avait pas lui-même une copie bien exacte du catalogue d'Hipparque. Il croit devoir à la postérité l'avis que ce point doit être traité avec plus de soin et de scrupule.

On voit, par cette lettre, que Rothman avait composé un *Organum mathematicum*, où il expliquait le calcul sexagésimal, la doctrine des sinus, celle de la composition des raisons, ou la règle des six quantités, celle des triangles sphériques et plans, dont il paraît s'applaudir, et en outre un traité d'Astronomie où il rendait au Soleil son mouvement, en lui transportant tout ce que Copernic attribue à la Terre. Il éclaircissait le tout par des exemples calculés sur les Tables pruténiques; mais ayant reconnu que ces Tables étaient défectueuses, il n'était pas pressé de publier ce dernier ouvrage, dont tous les calculs étaient à refaire. S'il en faut croire l'auteur, il avait rassemblé dans ces ouvrages beaucoup de choses qu'on ne trouverait pas ailleurs; il y avait aussi des choses neuves sur l'équation du tems.

Dans la lettre suivante, il rectifie ce qu'il avait cité de mémoire sur l'atmosphère de la Terre. Soit le rayon de la Terre $60° 0' 0''$; le rayon de la Terre, augmentée de son atmosphère, sera $60° 48' 50''$. Le chemin horizontal dans l'atmosphère est tangente $9° 23' 4'' = 0,16252$; dans l'hypothèse de Cassini, il est tang $2° 0' 12''$.

D'après ces données, si l'on fait la réfraction $34'$ à l'horizon et proportionnelle à la longueur du chemin, on aura des réfractions qui varieront beaucoup trop lentement près de l'horizon. Il est inutile d'entrer dans de plus grands détails sur une hypothèse qui n'est fondée ni sur la théorie, ni sur les observations.

A la page 94, on voit que Tycho était dans l'idée que les armilles d'Hipparque et de Ptolémée étaient *d'une juste grandeur*, puisqu'elles servaient à observer les équinoxes; mais la preuve est loin d'être concluante. Tycho ne raisonne que d'après des conjectures vagues et dans la supposition tacite que les observations avaient un certain degré de bonté dont elles étaient fort loin.

Il propose au landgrave quelques doutes sur la régularité de ses horloges. Il lui indique les précautions à prendre dans les observations des longitudes d'étoiles comparées à Vénus; il faut observer les mêmes distances à l'orient et à l'occident. Il faut se défier des réfractions qui rendent moins sûre l'observation du Soleil, quand il est austral. Elles ont fait l'erreur de Copernic sur l'apogée du Soleil.

Dans une lettre à Rothman, il refuse d'accorder que l'air s'élève à une grande hauteur au-dessus de la Terre; s'il remplissait les espaces célestes, le mouvement des planètes en serait retardé. Il réfute l'hypothèse de Rothman, parce qu'il est assez inutile de disputer sur la cause unique ou double des réfractions, puisqu'il faut toujours en revenir aux observations pour les déterminer. Il ne songe pas que dans l'impossibilité où l'on est d'observer toutes les réfractions, la connaissance de la cause qui les produit, serait utile pour en trouver la loi et la formule qui servirait à les calculer.

Il trouve 16° 20′ pour l'abaissement crépusculaire.

Dans l'éclipse de Lune de 1588, les Tables pruténiques étaient en excès d'une demi-heure, les Alphonsines de $1^h \frac{1}{3}$, celles de Purbach de 25′. Mæstlinus se trompait d'une heure en moins.

Il attend encore quelques oppositions des trois planètes supérieures, pour en calculer les tables.

Tycho avait pensé que si les espaces célestes étaient remplis d'air, cet air, frappé par les corps célestes qui le traversent, rendrait un son; Rothman le nie.

Rothman dit avoir trouvé l'abaissement crépusculaire du soir de 24°; il rapporte qu'en l'an 1558, le 13 des calendes de septembre, le landgrave observa une comète en 5^s 21° avec 31° de latitude; la queue n'était dans la direction ni du Soleil ni de Vénus.

Il parle d'une machine construite par l'ordre du landgrave, dans laquelle, malgré sa petitesse, on pouvait suivre la marche des planètes. Le diamètre était de 6 pouces; on voyait d'un côté le cours de la Lune avec ses épicycles et ses nœuds; de l'autre, le Soleil et les planètes, leurs mouvemens et leurs centres.

Il défend le système de Copernic contre Tycho; il répond sensément à toutes les objections tirées de l'Écriture sainte. Cependant, quoiqu'il le croie le seul véritable, *il n'est pas d'avis de l'enseigner dans les élémens, puisque les maîtres eux-mêmes ont de la peine à le comprendre.* S'il entend que les phénomènes du mouvement diurne sont plus faciles à expliquer dans l'ancien système, il peut avoir raison, mais pour tout ce qui concerne les révolutions, les mouvemens annuels, il a certes grand tort.

Il regarde comme peine perdue celle qu'on prend à déterminer les élémens d'une comète que l'on ne voit qu'un certain tems, et qui ne reviendra jamais. Ceci a besoin aujourd'hui de quelques modifications. Il est intéressant de déterminer les élémens assez bien pour reconnaître la comète, si elle revient. Il est curieux de s'assurer s'il y a quelque comète dont la route soit vraiment hyperbolique. Quant aux orbites paraboliques, on peut toujours croire qu'elles ne sont telles qu'à peu près. On pourra toujours les regarder comme elliptiques avec un axe très long.

A la page 133, Tycho recommande de nouveau les observations comparées de Vénus orientale et occidentale. Il en détaille un exemple, dans lequel il fait voir que la longitude de α♈, trouvée par Vénus, se trouve exacte par la compensation des erreurs.

Par cette combinaison, Tycho veut éluder les effets de la réfraction et de la parallaxe, et il avait raison, parce qu'il les connaissait mal, et qu'avec les valeurs qu'il leur supposait, il aurait commis des erreurs de plusieurs minutes; et quoique la compensation ne pût être parfaite, il avait au moins autant d'exactitude avec moins de peine. Aujourd'hui que l'on connaît fort bien les réfractions et beaucoup mieux encore les parallaxes, on ferait encore bien d'employer Vénus orientale et occidentale, pour compenser la petite erreur des réfractions; mais il faudrait en tenir compte partout. Les observations bien faites et bien calculées ne devraient différer que de peu de secondes, au lieu de différer de 9′ comme celles de Tycho. Au reste, en refaisant un partie des calculs, il m'a paru qu'il y avait quelque exagération dans les 9′.

A la page 138, dans une lettre de Tycho, on trouve cette idée bizarre, que le ciel est au monde élémentaire comme l'âme est au corps.

Page suivante, on voit pour l'abaissement crépusculaire les valeurs

suivantes........................	17°	au plus,
	16.30	
	16.50	
	16	
milieu..................	16.35.	

Page 142, Bénédict avait dit que la Lune se trouvant entre le Soleil et Vénus, la partie obscure de la Lune recevait quelque lumière de Vénus; il assurait l'avoir remarqué souvent, et fait voir à d'autres. Tycho ne sait trop qu'en croire, quoiqu'il ait fait plusieurs fois la même observation; mais il n'oserait pas en conclure que Vénus puisse produire les queues des comètes. On voit seulement qu'il ne serait pas fâché que d'autres fussent plus hardis. Il soutient contre Rothman que la queue n'est pas un prolongement du corps de la comète, et qu'elle n'est pas de même nature, puisqu'elle est diaphane et laisse voir les étoiles. Aristote avait dit, livre des Météores, chapitre VI, que quelques planètes avaient parfois une chevelure, selon le témoignage des Égytiens, et lui-même en avait vu une à une étoile de la cuisse du Chien.

Tycho avance ensuite avec beaucoup de vraisemblance, que de tous les instrumens imaginés par les anciens, il n'y en a pas un qui soit moins sûr que leur astrolabe. Les Arabes ont tenté de le simplifier. Nous en avons plusieurs fois porté le même jugement, mais il faut convenir que l'avantage d'épargner les calculs trigonométriques devait être pour eux bien séduisant.

Les *torqueta* du landgrave étaient de trop petites dimensions pour qu'on pût en attendre rien de bien précis.

Rothman avait proposé quelques objections contre son système, Tycho y répond, page 148. Il assure n'avoir pas eu l'intention de renverser le système de Copernic, c'est-à-dire de profiter de ses idées en les modifiant; que si Rothman a eu ce projet, il n'en avait lui aucune connaissance. Mais ayant remarqué, par des observations exactes, que Mars acronyque était beaucoup plus voisin de la Terre que suivant les hypothèses de Ptolémée, il a été conduit à rejeter ces hypothèses; que voyant ensuite les comètes en opposition n'avoir aucune parallaxe annuelle, quoique leur distance ne fût pas assez grande pour rendre cette parallaxe insensible, il avait vu que l'hypothèse de Copernic était inadmissible (il aurait pu voir, avec plus de raison, qu'il fallait rejeter l'hypothèse qu'il s'était faite pour ces comètes). Il ne restait donc d'autre moyen, pour satisfaire aux phénomènes, que le système dont il a donné une idée générale. S'il peut démontrer que les systèmes de Ptolémée et de Copernic ne peuvent, en aucune manière, satisfaire à ces phénomènes, il faudra bien tirer la conséquence que son propre système est le seul véritable. L'objection serait forte, mais Tycho ne fait que l'affirmer, sans jamais administrer aucune preuve. C'était cependant une chose importante; mais toujours il renvoie à son grand ouvrage qui n'a jamais paru, et dont on n'a trouvé aucun fragment. Ainsi l'on peut douter que ses preuves fussent si convaincantes. S'il les eût vraiment jugées telles, il n'aurait eu certainement rien de plus pressé que de les publier. Ajoutez que Képler, dépositaire de tous ses manuscrits, de toutes ses observations, qui lui ont servi de base pour ses Tables Rudolphines, n'y a rien vu qui l'ait fait varier dans son attachement à la doctrine de Copernic. Enfin ses observations sont imprimées depuis long-tems; on n'y a rien trouvé qui pût fonder la moindre objection contre ce système qui est universellement reçu.

Rothman lui avait écrit que ce système qu'il s'était fait, et dont il n'avait encore rien publié, était, depuis plusieurs années, représenté dans un planétaire du landgrave. Il expose alors qu'un certain Ursus Dithmarsus, venu chez lui à la suite de Henri Lange, avait vu ce système représenté sur une figure que Tycho possède encore, mais qu'il a rejetée comme inexacte; que cet Ursus n'avait pas aperçu la faute; qu'il n'avait pu la corriger, et qu'il avait ensuite communiqué cette idée au landgrave qui l'avait fait exécuter par l'artiste Byrge qui lui était attaché.

Il dit, pag. 162, qu'il a vu, en 1588, plusieurs de ces trous χάσματα, dont lui avait parlé Rothman; qu'ils étaient trop près de la Terre, pour être éclairés du Soleil.

C'étaient des nuages blanchâtres qui voltigeaient vers le septentrion, et paraissaient éclairer l'ombre de la Terre, tandis qu'à une distance plus grande de la Terre, des nuages épais couvraient l'horizon, en sorte que ces χάσματα paraissaient entre la Terre et les nuages. Il était huit heures du soir en hiver, le Soleil était trop enfoncé sous l'horizon, pour éclairer ces nuages et sur-tout ces χάσματα. Tycho les prend pour des exhalaisons sulfureuses enflammées dans l'air.

Cette longue lettre à son ami Rothman, est pleine d'aigreur. On voit qu'il ne peut lui pardonner quelques doutes élevés contre son système, et une certaine prédilection pour celui de Copernic.

Je vois, lui dit-il, que le triple mouvement de la Terre vous rit beaucoup. Dites-moi, si la Terre tourne autour de son axe, pourquoi une balle de plomb qu'on laisse échapper du haut d'une tour, tombe exactement au pied? *car ce plomb n'accompagne pas l'air, il le traverse violemment.*

Tycho a imprimé lui-même que l'air tournant comme la Terre, tout se passait dans l'atmosphère comme si la Terre était immobile. Plus la balle de plomb a de peine à traverser l'air, plus elle doit être entraînée avec cet air, plus elle doit l'accompagner; avant de tomber, la balle avait reçu du mouvement de la Terre un mouvement que rien n'a détruit, et en vertu duquel elle accompagne la Terre. Tycho a de l'humeur et ne raisonne plus.

Et *quant au mouvement annuel, trouvez-vous la moindre vraisemblance à l'espace considérable qu'il vous force à supposer entre Saturne et les fixes?* L'objection n'était pas nouvelle.

Si l'orbe de la Terre, vu des étoiles, n'a pas plus d'une minute de diamètre, il faudra donc que les étoiles de troisième grandeur, qui ont aussi une minute de diamètre, soient assez grosses pour remplir cet orbe. Que sera-ce des étoiles de première grandeur qui ont 2 et 3′ de diamètre? Mais si la parallaxe annuelle est insensible, voyez quelle sera la grosseur des étoiles! et quelles absurdités vous verrez naître! On répondrait aujourd'hui à Tycho qu'aucune étoile n'a une seconde de diamètre, et que son raisonnement porte à faux.

Si vous retranchez le mouvement annuel, le troisième mouvement tombe de lui-même. Comment l'axe et le centre d'un corps simple peuvent-ils avoir un double mouvement? (comme si l'axe d'une toupie n'avait pas ce double mouvement et même le troisième) *Pesez ces raisons, et vous verrez que l'idée de Copernic ne soutient pas l'examen. Quant à Ptolémée, Copernic l'a réfuté, il ne reste donc que la mienne.*

Tycho se calme un peu en finissant, et prie Rothman de n'attribuer sa vivacité qu'à *l'amour de la science et de la vérité.*

Quelque tems après, Rothman visita Tycho dans son île.

Le 23 février 1590, Tycho annonce à son ami une comète qu'il vient d'apercevoir entre le Poisson boréal et Andromède. La queue est peu dense, elle a 10° de longueur, et se dirige en sens contraire du Soleil; elle va plus vite qu'aucune de celles qu'il a vues. Le mouvement diurne est de 8°, la déclinaison boréale augmente.

Tycho vit cette comète et l'observa soigneusement tous les jours, à l'exception du 27 février et du 5 mars, jusqu'au 6, après quoi elle disparut. Elle parut décrire un grand cercle fort exactement. Le nœud sur l'équateur était en 339° 45′ et l'inclinaison 42°. La tête avait 3′ de diamètre; elle alla toujours en diminuant. Le 2 mars, on ne voyait plus de queue; elle devait être derrière la comète. Elle est sans doute produite par les rayons solaires qui traversent la partie la moins compacte de la tête. La parallaxe n'était pas même d'une minute.

La notice finit par une table des mouvemens de la comète tant sur son cercle qu'en ascension droite et déclinaison, en longitude et latitude.

Rothman, quoique fortement tourmenté par la goutte et par la pierre, répond victorieusement aux objections de Tycho. Copernic avait déjà réfuté celle de la balle de plomb. Il n'est nullement effrayé de la grosseur qui pourrait résulter pour les étoiles, ni de l'espace entre Saturne et les fixes. Plus le monde sera vaste, plus grande sera l'idée qu'il faudra concevoir du Créateur. Parce qu'une chose paraît étrange, il ne s'ensuit nullement qu'elle soit fausse. Quand au triple mouvement, c'était alors la partie obscure du système de Copernic. Mais ces trois mouvemens ne sont pas nécessaires, il suffit de deux, le diurne et l'annuel. L'axe reste toujours parallèle à lui-même; mais le mouvement diurne venant à se combiner avec l'attraction de la Lune et du Soleil sur le sphéroïde terrestre, cette combinaison produit dans l'axe le petit dérangement qui explique le mouvement des fixes; et cette explication de la rétrogradation des équinoxes, quoique ignorée par Copernic, et surchargée par lui d'un mouvement inutile, dans la vue de conserver le parallélisme, est l'une des choses les plus fines et certainement les plus neuves du livre des *Révolutions*.

Rothman avait été lui-même le porteur de sa lettre. Tycho nous assure qu'il a pleinement satisfait de vive voix à tous ses doutes; qu'après l'avoir ébranlé et rendu moins affirmatif, il a fini par le convaincre au point qu'il *lui promit de ne publier aucun de ces raisonnemens*. En faveur de ses lecteurs, Tycho va répondre aux objections de Rothman. Il propose de lancer une bombe à l'orient et une autre à l'occident, et soutient que l'une ira aussi loin que l'autre, ce qui prouvera que la Terre ne tourne pas; qu'un trait lancé de bas en haut, dans un navire, n'y retombera pas. Tycho aurait bien dû faire lui-même cette expérience qui n'est pas difficile, si pourtant l'air est calme, car la moindre haleine de vent pourrait déranger dans sa chute un corps léger; il vaut mieux faire tomber une balle de plomb ou un boulet du haut du mât. A l'objection de la prodigieuse rapidité du mouvement diurne d'une étoile dans l'équateur, il répond que c'est une preuve de la grandeur et de la sagesse du Créateur.

Il ajoute que Rothman n'a trouvé rien à répondre *tant qu'il était à Uranibourg*; qu'il n'a point écrit depuis; qu'on ne sait même où il est, car il n'est pas retourné auprès de son prince.

On pourrait soupçonner que Rothman a feint de se rendre pour ne pas prolonger une dispute importune à son hôte, et qu'il n'a pas été fort empressé de reprendre une correspondance où Tycho montrait trop de chaleur et trop d'orgueil.

On ne retrouve plus qu'une lettre de Rothman, il n'y parle que de sa mauvaise santé et des douleurs horribles qu'il a ressenties. Il commence un peu à respirer, et il se fie en la miséricorde divine. Cette lettre est postérieure de quatre ans au voyage d'Uranibourg.

Tycho nous apprend que Mars acronyque en juin 1591, s'accordait fort bien avec le calcul de Copernic. L'erreur des Tables Alphonsines était de $4^\circ \frac{1}{2}$; mais, vers les équinoxes, les tables de Copernic n'allaient plus si bien. Les erreurs étaient 2 à 3° et dans des sens divers, selon que le demandait l'excentricité solaire. Les Tables d'Alphonse n'allaient pas mieux. Tycho soupçonne une autre inégalité dont il ne voit pas la cause. Il en conclut que son hypothèse pourra seule lever ces difficultés inextricables dans les autres systèmes; il ne prévoyait pas qu'entre les mains de Képler ces inégalités mêmes ruineraient à jamais son hypothèse. Rothman avait avoué qu'il n'avait aucune idée de ces anomalies, sans quoi il n'eût pas hasardé sitôt son sentiment sur le système de Copernic. Il s'étonne que Rothman ne soit pas encore retourné près du landgrave, et il ajoute qu'il lui croit une assez mauvaise tête; mais ces bizarreries sont communes aux personnes d'un mérite extraordinaire; il faut donc les souffrir telles qu'elles sont, puisqu'on ne peut les corriger. Il engage le landgrave à le traiter plus favorablement encore que par le passé; ce qui corrige un peu ce qu'il avait dit dans une autre lettre, p. 197, que Rothman avait donné à entendre, quand il était à Uranibourg, qu'il se garderait bien de raconter à son prince tout ce qu'il voyait, parce qu'il ne serait pas cru, et qu'on le soupçonnerait de vouloir faire valoir Tycho; que les instrumens du landgrave ne pouvaient entrer en comparaison avec ceux de Tycho, ni pour la grandeur, ni pour l'exécution; qu'il ne voulait pas se donner l'air de ravaler les instrumens de Cassel. Tycho ajoute qu'il lui a laissé la liberté de dire ou de supprimer ce qu'il jugerait convenable.

Tycho se laisse ici un peu trop aller au plaisir de se vanter, il ne songe pas assez que le landgrave ne sera pas très flatté de cette confidence, et n'en sera pas mieux disposé pour son mathématicien. Quoi qu'il en soit, il prend le parti d'envoyer lui-même à son altesse le plan de son observatoire et la description de ses instrumens. Voici les articles principaux.

1°. Un demi-cercle de six coudées de diamètre, porté sur un cercle azimutal de fer de quatre coudées de diamètre, lequel est porté sur cinq colonnes.

2°. Un sextant astronomique dont l'arc est recouvert en cuivre, en compas, décrit ci-dessus.

3°. Un quart de cercle tout de cuivre de 2½ coudées de rayon, avec un cercle horizontal de trois coudées de diamètre. Outre la division ordinaire, cet instrument en a deux autres.

4°. Des règles à la manière de Ptolémée, mais en cuivre; les divisions sont celles de la Table des sinus à cinq chiffres.

5°. Un autre instrument dont l'arc n'est que de 30°, pour les distances. Il a quatre coudées de rayon; il a servi principalement pour la nouvelle étoile, mais Tycho n'en fait plus d'usage.

6°. Un quart de cercle avec son horizon, ses alidades et ses vis, qui peut se démonter pour être plus facilement transporté. Le rayon est de 1½ coudées et son cercle azimutal un peu plus grand.

7°. Des armilles zodiacales d'airain fondu, de trois coudées de diamètre; les degrés y sont divisés en minutes par des transversales. Le poids de cet instrument fait qu'il se déforme; on n'en fait plus nul usage.

On voit en outre, près de l'observatoire, une horloge de cuivre qui marque les secondes, dont la roue principale a deux coudées de diamètres et 1200 dents. Tout auprès sont deux horloges plus petites qui marquent aussi les secondes.

Tous ces instrumens sont dans un même observatoire. Le tout est construit de manière qu'on peut observer tout l'hémisphère. Cet observatoire est marqué de la lettre O sur le plan.

8°. Au sud est l'observatoire où se trouve l'armille équatoriale, toute couverte de cuivre; le méridien est en cuivre et de quatre coudées; on peut observer dans toutes les parties du ciel.

Dans l'observatoire correspondant, marqué de la lettre R vers le nord:

9°. Règles parallactiques de 4½ coudées; la base du triangle isoscèle est de 8½ coudées. Les divisions sont des sinus à six chiffres; elles sont toutes couvertes en cuivre; l'horizon tout couvert en cuivre a douze pieds de diamètre. Cet instrument se place à volonté dans un azimut quelconque.

10°. Un demi-sextant divisé en deux fois 15°. Les deux rayons qui se dirigent parallèlement à leur zéro, sont éloignés entre eux d'une coudée. Il peut se mettre dans le plan de deux astres quelconques. Il sert à mesurer les petites distances; il a quatre coudées de rayon, il exige deux observateurs.

11°. Un sextant entier avec lequel un seul observateur peut mesurer des distances.

12°. Un autre sextant bifurqué de quatre coudées de rayon. L'œil se place au centre.

13°. Les règles parallactiques du célèbre Copernic; elles sont de bois, et les divisions sont marquées à l'encre. On dit que Copernic a lui-même divisé ces règles. Jean Hanovius en a fait présent à Tycho. Les côtés sont de quatre coudées. Copernic a imaginé des moyens pour prévenir la dilatation. Cependant les divisions et les ouvertures par lesquelles on observait ne sont pas assez fines. Bien d'autres raisons font qu'on ne s'en sert plus, mais elles sont *très chères à Tycho qui les conserve précieusement en mémoire de leur incomparable auteur.*

Auprès de ces règles, on voit, dans un cadre, trente-quatre vers composés par Tycho le jour même où il reçut ces règles. Ils commencent par ces mots :

Is, qualem non terra virum per sæcula multa
Procreat.
Ille et qui cælo poterat deducere Solem,
Ac prohibere loco, terrasque involvere Olympo,
Et Lunam terris, mundique invertere formam, ...
Ille, inquam, tantos olim Copernicus ausus,
His levibus baculis, facili licet arte paratis,
Aggressus toti leges præscribere Olympo,
Astraque celsa adeo vili subducere ligno
Sustinuit, superûm ingressus penetralia, nulli
Quam prope mortali concessum ab origine mundi est.
Quid non ingenium superat?.....
O tanti monumenta viri! sint lignea quamvis
His tamen invideat fulvum (si nosceret) aurum.

14°. Dans un autre petit observatoire sont d'autres armilles équatoriales de même grandeur que les précédentes, auxquelles elles servent de supplément, parce que le bâtiment ne permet pas de voir tout le ciel d'un même point.

15°. Un grand quart de cercle tout de cuivre, placé dans le plan du méridien contre un mur solide. Au centre est un cylindre dont l'ombre ou les rayons des étoiles sont reçus sur des pinnules mobiles le long du limbe. Les minutes y sont divisées en six parties par des transversales. Le rayon a cinq coudées.

Dans l'espace entre le limbe et les deux rayons extrêmes, est le portrait de Tycho de grandeur naturelle; il est assis penché sur une table, et montrant d'une main l'ouverture par laquelle on voit les astres. A côté, on voit peints ses secrétaires occupés à calculer. On voit aussi quelques instrumens de Chimie; à ses pieds est un de ses chiens de chasse, symbole moins de *noblesse* que de *sagacité* et de *génie.*

16°. Dans le cabinet où les calculateurs travaillent, se trouve aussi la bibliothèque et un grand globe, tout couvert de lames de cuivre, parfaitement rond; chaque degré de l'équateur et de l'écliptique s'y trouve divisé en 60′ par des transversales. Il a six pieds de diamètre; le méridien est d'acier, divisé comme les deux autres cercles. L'horizon de la largeur d'un spithame (espace entre les bouts du pouce et du petit doigt étendus) est de même couvert en cuivre et divisé en minutes; le pied qui le supporte a cinq pieds de hauteur avec cette inscription.

Anno à Christo 1554..... *Cœlo terrigenis qui rationem eam capiunt mechanico opere patefacto, Tycho-Brahe O. F. sibi et posteris F. F.*

Toutes les étoiles observées par Tycho avaient été placées sur ce globe d'après ses observations.

On y voyait encore six ou huit globes, moins grands, célestes et terrestres; toute sorte d'instrumens et d'automates; les portraits d'Hipparque, de Ptolémée, d'Albategnius, de Copernic et du landgrave, enfin un portrait très ressemblant de Buchanam, des vers élégiaques en l'honneur de Ptolémée et de Copernic; nous citerons ces derniers :

Sic robusta adeo fuit ingens turba gigantum
Montibus ut montes imposuisse queat,
Hisque velut gradibus celsum affectavit olympum
Quamvis in præceps fulmine tacta ruit.
Omnibus his unus quanto Copernicus ingens
Robustusque magis, prosperiorque fuit,
Qui totam terram, cunctis cum montibus, astris
Intulit et nullo fulmine læsus abit?
Corporis hi sed enim temeraria bella movebant
Viribus, id poterat displicuisse Jovi;
Is placidus, cœlum penetravit acumine mentis;
Menti, cum mens sit, Jupiter ipse favet.
Tycho-Brahe fecit anno 1584, *die* 2 *octobris.*

Hors du château, à 70 pieds du mur de clôture d'Uranibourg, sur une colline, était un observatoire particulier nommé *Sternburg*, destiné particulièrement aux observations des étoiles.

17°. Dans un souterrain de cet enclos était suspendu à un mur un demi-cercle dont le limbe était recouvert de cuivre et qui servait à prendre les distances de toute grandeur; comme le sextant pour les moindres distances, il avait six coudées de diamètre, et pouvait être amené dans le plan de deux étoiles quelconques. Il pouvait se placer où l'on voulait; mais rarement on le portait dehors. Contre le mur étaient trois horloges à secondes.

Une voûte couvrait ce souterrain. Le système de Tycho y était représenté, et sur l'un des murs était le portrait de Tycho en pied, montrant d'une main la figure de la voûte, et à côté de ses doigts étendus on lisait : *Quid si sic ?*

18°. Dans un autre souterrain plus grand était le grand instrument armillaire tournant autour d'un axe dirigé aux pôles. Un demi-cercle y représentait la partie élevée de l'équateur. Cet instrument servait à mesurer les déclinaisons hors du méridien; il donnait aussi l'heure ou l'angle horaire de tous les astres. L'armille équatoriale avait neuf coudées de diamètres; l'armille des déclinaisons en avait sept.

L'axe était d'acier et creux, de peur que son poids ne le fît fléchir; l'épaisseur était de trois doigts. Deux escaliers de pierre facilitaient à l'astronome les moyens d'observer.

C'est la plus grande machine parallactique ou le plus grand équatorial qui ait jamais été construit.

19°. Un sextant de quatre coudées tournant sur un globe; il était divisé en minutes par des transversales.

20°. Dans un autre souterrain F était un grand carré géométrique en fer dont les côtés montraient les sinus à six chiffres, et dans lequel était inscrit un quart de cercle de cinq coudées de rayon; le limbe était de cuivre et les degrés y étaient divisés de 10 en 10″. Ce carré était attaché à une colonne quadrangulaire de même métal, terminée par deux cônes, pour que l'instrument pût tourner avec facilité. Il était muni de vis servant à lui donner la position verticale. Il avait en outre son cercle azimutal de neuf coudées de diamètre, et tout recouvert en cuivre. Cet instrument était si bien équilibré que deux hommes pouvaient s'y suspendre sans que les mouvemens en parussent gênés ou la position altérée le moins du monde, et l'on pouvait passer facilement entre l'azimutal et le vertical. Des escaliers étaient pratiqués pour la facilité des observations; le toit tournait et s'ouvrait ainsi qu'on pouvait le désirer.

21°. Dans un autre souterrain un autre quart de cercle qui tournait sur une colonne de pierre. Il avait quatre coudées de rayon; les minutes y étaient divisées en quarts, de manière que les hauteurs qu'on y observait différaient de 10″ tout au plus de celles qu'on prenait au quart de cercle précédent. Il était de même accompagné d'un cercle azimutal vérifié par les digressions de la polaire. C'est ainsi qu'il déterminait la direction de la méridienne et le zéro de l'arc. Cet azimutal avait six coudées de diamètre.

22°. Dans le souterrain D est un instrument armillaire plus simple que ceux d'Hipparque et de Ptolémée, mais propre à tous les mêmes usages. Tycho l'appelait ses *armilles zodiacales;* il n'avait que trois cercles, outre un méridien immobile; il donnait les latitudes et les longitudes à la minute; mais il fallait deux observateurs. Le méridien d'acier avait trois coudées de diamètre. Les limbes de tous ces cercles étaient de cuivre; on y lisait les minutes. Chaque armille avait ses pinnules mobiles. Aucun de ces instrumens ne se dérangeait de la position qu'on lui avait donnée (nous en dirions autant des nôtres, s'ils n'étaient munis d'excellentes lunettes qui en manifestent les altérations les plus légères).

23°. Auprès de là se voyait un sextant tout de cuivre, avec ses vis, et que Tycho avait fait construire pour être transporté. Il devait servir à mesurer la hauteur du pôle dans les lieux où l'on jugerait utile de faire cette vérification. Il pouvait se démonter et se renfermer dans sa boite.

24°. Il avait aussi une armille portative de trois coudées, garnie de cuivre, et divisée en minutes. Pour observer on la plaçait sur une colonne à l'extérieur; elle servait à prendre les déclinaisons.

D'autres colonnes recevaient les règles Ptolémaïques.

25°. Enfin un petit quart de cercle d'une coudée de rayon, composé d'une lame assez épaisse de cuivre doré. On pouvait lui donner toutes les positions imaginables, et il était divisé de cinq en cinq minutes. Il avait de plus une division de Nonius. Sur l'autre face on voyait des tables de conversion pour les différens arcs.

26°. Un rayon astronomique de trois coudées, travaillé par Arscenius, petit fils de Gemma Frisius, qui a composé un livre sur cet instrument. Un autre rayon tout composé de lames de cuivre, dont la forme était triangulaire; il était creux à l'intérieur, pour qu'il fût moins lourd; les divisions avaient la précision des sinus à cinq chiffres. Nous avons vu ce que Tycho pensait des rayons astronomiques.

27°. Un anneau astronomique d'une coudée de diamètre; il était de cuivre, soudé d'argent, avec tant de soin, qu'il paraissait coulé d'une seule pièce; mais Tycho n'y avait aucune confiance; il en avait un autre plus petit dont le diamètre était d'un spithame.

28°. Un petit astrolabe de cuivre d'un spithame de diamètre et qui pouvait se monter aux diverses hauteurs du pôle.

Sternburg devait communiquer à Uraniburg par des galeries souterraines qui auraient conduit au laboratoire chimique.

Tycho entretenait jusqu'à huit calculateurs.

Toute cette description se retrouve avec quelques additions dans le livre *Astronomiæ instauratæ Mechanica* 1602. On y voit les figures de tous les instrumens, les plans détaillés des édifices et de l'enclos, enfin le plan général de l'île.

Dans une lettre du 20 janvier 1592, il demande au landgrave des oppositions observées par Mæstlinus, dans les années 1576, 77 et 78 pour Saturne et dans les années 1576 et 78 pour Mars. Il désire aussi une collection d'éclipses. Son horloger venait de mourir, il en demande un autre.

Dans les observations de la comète de 1580, on avait toujours à Cassel 18′ de moins qu'à Uranibourg. Tycho pense que cela venait du fil-à-plomb de Cassel. Les observations d'Hagecius confirment celles de Tycho.

Dans une autre lettre de même date, Tycho demande à Maurice, fils du landgrave, quelques vers; Maurice répondit par une pièce de vingt vers dont voici les derniers.

Quando quidem dudum miratur (Uranie) *pervia cuncta*
Esse tuis fabricis quæ latuere prius,
Hinc tibi scrutanti leges sublimis olympi
Inter honoratum præparat astra locum.

C'est ici qu'est rapportée la lettre de Rothman dont nous avons donné l'extrait ci-dessus. Dans sa réponse, Tycho expose les raisons qui ont retardé la publication de son ouvrage sur les comètes. Il parle des persécutions auxquelles il est en butte; mais il paraît que ces persécutions étaient encore purement littéraires. Il se plaint amèrement et longuement d'un certain médecin écossais qui l'avait assez maltraité à l'occasion de ses opinions sur les comètes.

Comme Rothman s'était montré grand partisan de Copernic, Tycho lui rappelle que Copernic avait trouvé l'excentricité de Mars plus petite que suivant Ptolémée, et que cette remarque l'avait porté à mettre la Terre en mouvement et le Soleil en repos; mais en cela il s'est trompé, si l'on en croit Tycho; l'excentricité de Mars est à peu près celle que lui donne Ptolémée; mais quand on la diminuerait, on ne la rendrait pas plus favorable à l'hypothèse du mouvement de la Terre. Copernic n'a bien déterminé ni l'excentricité de Vénus, ni le lieu de son apogée qui serait maintenant en $2^s\ 17^\circ$ (en 1595), tandis qu'il est réellement vers 3^s.

Le volume finit par une élégie de Tycho sur la mort du landgrave; à la dernière page, on lit :

Uraniburgi, ex officinâ typographicâ authoris, anno D. 1596.

Après ce que nous avons rapporté des instrumens de Tycho, il nous reste peu de chose à extraire de la Mécanique astronomique. On y trouve une Notice historique de la vie et des travaux de Tycho. C'est là que nous avons pris les particularités qu'on a vues au commencement de l'article. On y voit, en outre, que Tycho désirait que quelque prince envoyât un observateur dans l'hémisphère austral, pour compléter la description du ciel. Il souhaitait également qu'on déterminât avec soin les latitudes et les longitudes géographiques; mais pour celles-ci, il ne propose que l'observation des éclipses de Lune.

A la suite d'une lettre de Curtius, vice-chancelier de l'Empire, on trouve un moyen nouveau pour diviser les quarts de cercle, imaginé par ce même Curtius, et dont nous allons faire l'extrait. La lettre est du 24 juin 1590.

Nouvelle division du quart de cercle.

Dans un quart de cercle exactement divisé en ses 90°, décrivez 59 autres quarts de cercles : sur celui de tous qui est le plus voisin du limbe, prenez un arc de 61°, que vous diviserez en 60 parties égales, ou prenez un arc de $30^\circ\frac{1}{2}$, que vous diviserez en 30 parties égales; dans l'un et l'autre cas, chacune de ces parties égales vaudra 1° et 1'. Nous ne nous servirons que de la première de ces parties et nous omettrons toutes les autres, comme si elles n'étaient pas dans le quart de cercle; c'est pourquoi il conviendra de faire ces divisions d'une manière occulte.

De cette première division, comme centre, avec une ouverture égale au rayon du cercle, marquez un second point; l'intervalle entre ces deux points sera de 60°, car le rayon est la corde d'un arc de 60°.

A la suite du second point, prenez sur le même quart de cercle un arc de 28°, c'est-à-dire de 28 parties égales.

Vous aurez ainsi un arc de.....	1° 1′
puis un arc de....	60. 0
puis un arc de....	28
donc, au total.....	89. 1
le reste de l'arc sera donc de....	0.59.

Dans l'arc suivant, prenez un arc de 62°, que vous diviserez en 60 parties égales ; elles vaudront chacune 62′, ou 1° 2′; vous ne prendrez que la première, et vous ne tracerez pas les autres.

A cet arc de.................	1° 2′
ajoutez de même...............	60
et ensuite.....................	28
le total sera....................	89. 2
et le reste du quart de cercle vaudra	0.58
Sur le troisième arc vous prendrez..	1. 3
ajoutez.......................	88
	89. 3
	0.57.

Sur le quatrième arc vous prendrez	1° 4′ +88° =89° 4′	et le reste 0° 56′
sur le cinquième..............	1. 5 +88 =89. 5	et le reste 0.55
sur le cinquante-neuvième.....	1.59 +88 =89.59	et le reste 0. 1.

Les divisions du limbe donneront les degrés entiers ; on les marquera 0.

Celles du second, les degrés + 1′; celles du troisième, les degrés entiers + 2′; on les marquera 1′, 2′, 3′, etc.

Celles du dernier, les degrés + 59′ ; on le marquera 59′.

On aura donc, sur cet instrument, 5400 arcs réellement divisés, c'est-à-dire l'arc entier divisé en minutes.

En observant sur quelle division de quel arc tombe le fil-à-plomb, on aura tout aussitôt la valeur de cet arc en degrés et minutes.

Le jugement de Tycho, sur ce nouveau moyen, est qu'il ne tient pas tout ce qu'il promet d'abord. Il est impossible que tant de divisions différentes soient exécutées avec toute la précision requise. Plus les arcs approcheront du centre, moins les divisions auront d'étendue; il sera difficile de bien distinguer le trait coupé en deux ou couvert par le fil; mais il trouve avec raison que l'invention est ingénieuse.

A la première ligne de cette description, j'ai cru que Curtius avait trouvé ce que nous appelons un *vernier*. Le premier raisonnement est en effet celui qu'a fait Vernier; mais Vernier n'emploie qu'un arc au lieu de 59; cet arc de 61°, il le divise en 60 parties égales; le premier arc donne tout ce que promettent les 59, et il le donne mieux; c'est ce que n'a pas vu Curtius, c'est ce que n'a pas remarqué Tycho.

Maginus exhorte Tycho à s'occuper de Mars, à qui il soupçonne deux inégalités ou une excentricité variable; car l'excentricité de Ptolémée ne convient pas au tems de Copernic, et réciproquement. En louant beaucoup le système de Tycho, il regrette d'y voir les orbites du Soleil et de Mars s'entrecouper; mais si en effet Mars acronyque est plus près de la Terre que le Soleil, cette intersection est inévitable. (Oui, dans le système de Tycho, mais non dans celui de Copernic, dont chaque comparaison nouvelle fera mieux sentir l'avantage.)

Maginus avait dédié à Tycho un ouvrage sur l'extraction de la racine carrée, et lui en avait envoyé un exemplaire, qui, au bout de six ans, n'était pas encore arrivé. Le hasard le fit tomber entre les mains de l'un des calculateurs de Tycho. Maginus pensait qu'en certaines occasions, sa méthode serait d'un usage plus facile et plus prompt que celle des tangentes et des sécantes, apparemment pour trouver l'hypoténuse d'un triangle rectangle dont on aurait les deux autres côtés.

Dans un écrit adressé aux nobles Vénitiens, il les prie d'envoyer un astronome en Égypte pour vérifier la latitude de la capitale de ce pays, *qui s'appelait autrefois Alexandrie, et aujourd'hui le Caire.* Ptolémée doit avoir connu cette latitude, à 1 ou 2′ près. Il serait important de savoir si les hauteurs du pôle sont constantes. Il faudrait pour cela que la bonne opinion que Tycho avait de Ptolémée fût un peu mieux fondée; il offrait ses instrumens pour cette expédition. Sa demande n'eut apparemment aucune suite.

Il donne ensuite les plans plus détaillés de ses édifices, et la carte de son île. Il parle enfin de son alidade, de ses transversales, dont il démontre que les erreurs sont insensibles, puisqu'elles ne passent pas 1″ 7‴.

Il nous reste à donner une idée du plus important des ouvrages de Tycho, car il nous est impossible d'en faire un extrait véritable; c'est le recueil de ses observations. Le titre en est :

Historia cœlestis ex libris commentariis manuscriptis observationum Vicennalium, viri generosi Tychonis-Brahe, Dani.

Ce recueil commence par une Préface de l'éditeur, Barretti. On y trouve une histoire succincte et un peu conjecturale de l'Astronomie; les éclipses observées depuis l'année 721 avant J.-C. jusqu'à l'an — 463. A l'article des Grecs, Barrettus n'ose affirmer si Hipparque a observé les équinoxes à Rhodes ou à Alexandrie; il discute les alignemens de Ptolémée. Ensuite il passe en revue toutes les observations depuis l'an 1 de notre ère; il rapporte l'inscription de Ptolémée, publiée par Bouillaud; et continuant la série des observations jusqu'à l'an 824, il arrive à Albategnius, Azophi, Alfragan, Alfarage, Arzachel et Alpétrage. Il nous dit qu'Alphonse, en 1257, fit de nouvelles tables conformes aux corrections d'Albategnius, et qu'il en rejeta les rêveries maures, arabes et juives, qui défiguraient les premières. Il fait un extrait des Tables de Chrysococca, publiées par Bouillaud.

A l'an 1245, il rapporte que le 25 mai, on aperçut auprès du Capricorne une étoile aussi brillante que Vénus, mais d'une couleur rougeâtre. On crut que ce pouvait être Mars; mais elle diminua peu à peu de lumière vers le 25 juillet. Il rapporte ensuite les observations de Régiomontan, Waltherus et Werner. Il passe à Copernic, au landgrave, à Mæstlinus dont il rapporte une éclipse de Soleil observée dans une chambre obscure, le 25 février 1579. (*Voyez* tom. III, pag. 283).

Après ce catalogue de toutes les observations qu'il a pu recueillir, il arrive à Tycho.

Pour l'histoire de ses premières années, il renvoie à Gassendi en ces termes, qui paraissent confirmer l'anecdote du duel;

Prima juventæ ausa animosque illâ ætate se efferentes, leges apud Gassendum, quæ nos consulto præterimus, ne quibus laudare Braheum toto hoc opere propositum est, necesse sit primas adolescentiæ origines à Constantino Rhinotmeto *repetere.* Ayant à louer Tycho dans tout le cours de cet ouvrage, il ne juge pas convenable de remonter à l'histoire de *Constantin nez coupé.*

On retrouve encore ici la figure et la description des principaux instrumens de Tycho, et la Préface finit par l'histoire des manuscrits. Ils avaient été remis à Képler pour la composition de ses Tables Rudolphines. Après l'impression de ces Tables, Képler gardait les manuscrits jusqu'à ce qu'il fût payé des sommes qui lui étaient dues. Képler mourut deux ans après, et les troubles de l'Allemagne firent qu'on n'eut plus le loisir de s'occuper de cette publication. Enfin l'empereur Frédéric III en donna le soin à Georges Martinizius, chancelier de Bohême.

Les observations sont rangées par année; chaque année est divisée en plusieurs classes, selon les astres et les instrumens.

On lit à la p. 4 que les hauteurs méridiennes, en 1582, sont trop fortes d'une demi-minute environ, parce que l'instrument n'avait pas encore été suffisamment rectifié, comme il l'a été l'année suivante; il n'était pas en tous ses points parfaitement dans le plan du méridien.

Le grand quart de cercle n'était pas parfaitement plan; il a eu besoin de quelques améliorations qui n'ont été achevées qu'en 1584.

A la page 47, on voit que la hauteur de l'équateur déduite des deux solstices, ne s'accordait pas avec la hauteur du pôle.

A la page 274, on voit l'observation qui l'a conduit à trouver l'inégalité de la Lune en latitude. *Voyez* aussi les pages suivantes.

Les observations de 1593 manquent, et l'on n'en peut assigner la cause. L'éditeur conjecture qu'à l'occasion d'une discussion sur Mars périhélie et sa parallaxe, le landgrave et Tycho avaient pu s'envoyer réciproquement les originaux de leurs observations, et que dans le déplacement le cahier de Tycho se sera perdu. Pour remplir la lacune, Barrettus imprime le catalogue du landgrave pour 1593; on y voit les distances et hauteurs méridiennes observées, les ascensions droites, les déclinaisons, les longitudes et les latitudes calculées. On ne sait si ces calculs sont de Rothman ou de Juste Byrge.

Les longitudes de Ptolémée, réduites à l'époque de 1593, sont mises à côté de celles du landgrave.

Les observations sont interrompues au 15 mars, par le départ de Tycho, qui quitta son île pour se retirer en Allemagne; il partit d'Uranibourg le 29 avril, et se rendit d'abord à sa maison de Copenhague, où il fit transporter ses livres, son imprimerie et ses instrumens, à la réserve des quatre plus grands. Ils n'étaient pas aisés à transporter sur des barques; il avait encore pour cela des raisons qu'il dira quelque jour. Pour ne point interrompre trop long-tems ses observations, il voulait placer ses instrumens dans une tour voisine; le grand-maître du palais lui en fit refuser la permission au nom du roi, qui était absent. Tycho emballa donc tous ses instrumens avec le reste de ses effets, et il partit pour l'Allemagne un peu avant le solstice d'été, avec toute sa famille, abandonnant son ingrate patrie, qu'il accuse moins que quelques personnes qui prennent sur elles de décider de la fortune publique.

« La cause principale de ce changement inattendu fut qu'immédiatement après le couronnement du roi, on le priva du fief de Norwège qui principalement fournissait à ses dépenses astronomiques; en vain il avait réitéré ses réclamations auprès du grand-maître de la cour; il s'adressa au chancelier, qui lui répondit qu'on ne pouvait lui rendre son fief, et que le roi n'avait plus les moyens de fournir aux dépenses de son observatoire. On lui ôta donc le traitement que lui avait assigné le feu roi : *taceo nunc quæ circa reprobos istos insulares et Parochum in odium mei evenerunt.* Ces mots signifient-ils : *Je ne dirai pas tout ce qu'ont souffert, ou tout ce qu'ont fait en haine de moi ces méchans insulaires et leur curé.*

« Privé de tous les moyens de travailler à la perfection de l'Astronomie, et voyant que des goûts auxquels je ne croyais pouvoir renoncer sans crime étaient vus de si mauvais œil dans ma patrie, il ne me restait qu'à quitter ce pays et faire en sorte que tant de peines et de dépenses ne fussent pas entièrement perdues. A peine avais-je quitté le Danemarck que le chancelier faisant l'acquisition de ma prébende, la convertit à son propre usage, et m'ôta ainsi toute espérance de rentrer dans cette possession. C'était peut-être là l'objet qu'il s'était proposé. »

» Je demeurai à Rostock pendant trois mois, malgré l'épidémie régnante, afin de donner le tems aux ministres de faire de plus mûres réflexions; mais Henri de Ranzow m'ayant invité à me préserver de la contagion, j'acceptai un asyle dans son château de Wandesburg, à un demi-mille d'Hambourg. Là je passai l'hiver, soit à continuer mes observations, soit à travailler à des ouvrages commencés. J'ai cru devoir placer ici ces éclaircissemens, je dirai le reste en son tems et en son lieu. »

Nous avons traduit fidèlement le récit de Tycho. Ce récit n'est pas parfaitement clair. On voit qu'un ministre a fait supprimer le traitement dont il jouissait et une prébende qui fournissait à ses dépenses. Cela se conçoit, il n'y a rien de bien extraordinaire; mais on ne le forçait pas de quitter son île. S'il n'avait plus le moyen d'y entretenir un grand nombre de calculateurs qui l'aidaient dans toutes ses observations, il pouvait au moins vivre dans son château d'Uranibourg, y continuer ses observations, ou tout au moins ses ouvrages et ses calculs; pourquoi chercher une retraite où il ne pouvait ni transporter, ni placer ses instrumens les plus précieux? *Il tait tout ce que ces méchans insulaires et leur curé ont fait en haine de lui.* Si c'est là véritablement le sens de ses expressions équivoques, il n'était pas aimé de ces habitans (*reprobi insulares*), il avait à s'en plaindre. Tycho paraît en tout tems entêté de sa noblesse et de son mérite; a-t-il traité ces habitans avec trop de hauteur et de dureté? se sont-ils vengés dès qu'ils ont pensé qu'il n'était plus si bien en cour? ont-ils été piller et dévaster la demeure qu'il avait abandonnée? On serait tenté de le croire. Si nous nous en rapportons à Picard qui a visité l'île 24 ans plus tard, ceux à qui ce domaine avait été concédé, prirent les matériaux du château pour en construire un corps de ferme; mais s'il n'était pas en ruine, n'eût-il pas été plus avantageux de le conserver. Avait-on besoin de détruire Uranibourg et Stellebourg pour avoir de quoi construire un corps de ferme? Il y a là sans doute quelque autre chose qu'une intrigue de courtisans, pour s'enrichir des revenus qui avaient été accordés à Tycho; il faut que quelque autre cause lui ait suscité des ennemis de plus d'un genre.

Le récit de Tycho est suivi d'une élégie de 104 vers qui commence par celui-ci :

Dania quid merui, quo te mea patria læsi?

Après un récit de tout ce qu'il a fait pour son pays, il ajoute :

Pro quibus (o Superi) mihi gratia reddita talis
Sex ego cum natis matreque ut exul agam.

On ne voit pas ce que sont devenus les instrumens qu'il n'avait pu emporter; il demande ce qu'on en a pu faire.

Quis quæ pretiosa reliqui
Digeret, expediens usibus apta suis?
Mittitur ille Huenam socio comitatus ab uno
Secreta Uraniæ quem benè nosse putant.

On ne sait quel est cet astronome qu'on envoie à Uranibourg à la suite du nouveau possesseur, et qui fut frappé de stupeur à la vue des instrumens.

Venit et ut vidit spectacula maxima divæ
(Pauca licet remanent) obstupuisse ferunt,
Quid faciat rerum ignarus? Qui talia pandat,
Nec conspecta unquam sint neque nota prias.
Astat inexpertus, fabricarum nomina quærit,
Quærit tractandi (res pudibunda) modum.
Ne tamen ignarus frustra accessisse feratur
Quæ reserare nequit vellicat invidiâ,
Nec mirum, meus hunc quia fortè instruxerat osor,
Qui mihi jam dudum clam parat omne malum.

Il ne nomme pas son ennemi, et la visite dont il parle paraîtrait prouver que le château n'avait encore été ni détruit ni pillé.

Il vante les services qu'il a rendus par ses connaissances en Médecine et en Chimie; il distribuait gratuitement des remèdes qu'il n'avait composés qu'avec beaucoup de travail.

Gratis quippe dabam parta labore gravi.
Nimirum hoc fuerat cur tanta odia invida sensi,
Hinc abitûs nostri manat origo vetus.

Ces bienfaits ont excité l'envie. Telle est la cause ancienne de son exil.

Voilà tout ce qu'on trouve de renseignemens historiques dans ces vers qui laissent bien des doutes.

Les observations de Tycho à Wandesburg commencent au 17 octobre 1597. Il y observa une grande éclipse de Soleil, le 24 février; elle fut de onze doigts environ; ce qui restait du Soleil était d'une couleur pâle et obscure; à peine produisait-elle une ombre sensible. La partie cachée par la Lune était tellement obscure, qu'on n'en pouvait discerner la couleur. La partie éclipsée pouvait se considérer à l'œil; mais, si après l'avoir regardée, on fermait les yeux, on continuait de la voir pendant quelques instans, comme si l'image du Soleil était imprimée dans l'œil. On trouve ensuite les observations détaillées de deux éclipses de Lune vues à Wandesburg.

En 1599, on le voit à Prague observer une éclipse de Soleil, le 22 juillet.

Le 11 septembre, il observait *in arce Benachiâ* en Bohême. Le 11 octobre 1601, il prenait encore des distances; le surlendemain il fut attaqué d'un mal de vessie qui le força de s'aliter. Les médecins de l'empereur le trouvèrent en délire, ils ne purent le soulager; il succomba le 24. On trouve plus de détails dans le recueil de Régiomontan. *Voyez* tome III, p. 336.

Aux observations de Tycho, Barrettus a joint, année par année, les observations que Mæstlinus faisait à Wittemberg, d'après un manuscrit de Schickhard que l'empereur avait fait acheter.

On trouve de même à la fin de chaque année les observations du landgrave à Cassel, et à la fin quelques observations de Schickhard, de Képler, de Longomontanus, de Bouillaud, de Galilée, du landgrave Philippe, et de quelques autres astronomes moins connus. A la page 947, on voit la figure d'une éclipse de Soleil; les cornes, au lieu d'être aigues, avaient la même largeur que la partie de la ligne des centres qui débordait la Lune.

A la page 955, on voit un passage de Mercure observé à Ingolstadt, en novembre 1631, à travers les nuages, qui ne permirent que trois fois de déterminer la position de Mercure; enfin plusieurs éclipses observées par Schickhard.

Augustæ Vindelicorum, anno 1666.

Contemporains et successeurs de Tycho.

Le plus illustre et le plus célèbre est le landgrave de Hesse, Guillaume IV, né le 24 juin 1532, et mort le 25 août 1592. Nous avons parlé de ses observations, tome III, pag. 335, uniquement par occasion, et parce qu'elles se trouvaient réunies dans un même volume avec celles de Régiomontan et de Waltherus. Sa correspondance avec Tycho, celle de Tycho et de Rothman, nous ont appris tout ce que la vie de ce prince peut fournir à l'Histoire de l'Astronomie. Képler, dans son livre de l'étoile du Cygne, lui rend ce témoignage, qu'il a montré un zèle et un soin qui sont fort au-dessus de ce qu'on pouvait attendre d'un prince, et que par ses inventions, il avait stimulé l'émulation de Tycho. Son catalogue a été publié par Flamsteed. Nous verrons plus loin qu'Hévélius paraît le préférer à celui de Tycho.

Werner.

Jean Werner était né à Nuremberg, le 14 février 1468. A l'exemple de Régiomontan, il voulut voir l'Italie, et pour se perfectionner dans l'Astronomie, il se rendit à Rome en 1493; il y fit quelques observations. En 1500, il suivit les mouvemens de la comète du mois d'avril. Il publia quelques livres où il éclaircissait divers points de Géométrie et de Géographie. Nous avons parlé, tome II, p. 530, de ses vains efforts pour restituer un passage inintelligible de la Géographie de Ptolémée. Il a composé un livre des quatre manières de représenter le globe terrestre sur un plan. Il a traité de la construction et des usages des *météoroscopes*. Ses cinq livres des Triangles contiennent un grand nombre de problèmes astronomiques et géographiques. Il composa des traités des Horloges solaires, des Élémens coniques, enfin un livre du *Mouvement de la huitième Sphère*. D'après ses observations de Régulus, de l'Épi et du bassin austral de la Balance, comparées aux positions que les catalogues de Ptolémée et d'Alphonse donnent à ces étoiles, il conclut un mouvement de 1° 10′ en cent ans. Cet ouvrage est si rare, que Tycho le fit inutilement chercher par toute l'Allemagne; Magini le lui envoya d'Italie. Nous n'avons pu le trouver à Paris. Werner trouvait l'obliquité de 23° 28′; il rassemblait les observations météorologiques, et s'efforçait d'en tirer des règles sur les changemens de l'atmosphère. Il fit construire un planétaire pour représenter les théories de Ptolémée. Il mourut en 1528. *Voyez* Weidler, p. 335, et Doppelmayer, *De Mathematicis Norimbergensibus*, p. 31 et suiv.; car nous n'avons pu nous procurer aucun de ces ouvrages. Mais en cherchant celui du *Mouvement de la huitième Sphère* qui devait exciter notre curiosité, puisqu'il avait piqué celle de Tycho, nous avons rencontré un ouvrage qui porte un titre à peu près semblables, et dont nous parlerons plus loin.

Longomontanus.

Christianus Severini Longomontanus, né en 1562 d'un paysan du village de Lönborg, dont il a pris le nom, passa huit années auprès de Tycho, dans l'île de Hueen; il l'aida dans la plupart de ses travaux, et sur-tout pour son catalogue d'étoiles et pour sa théorie de la Lune; il le suivit même en Bohême. A son retour dans sa patrie, en 1603, il fut nommé recteur de l'école de Wibourg, d'où il passa à la chaire de hautes Mathématiques à Copenhague, place qu'il remplit avec distinction jusqu'à sa mort, arrivée en 1647. Son Astronomie danoise fut imprimée pour la première fois en 1622, pour la deuxième en 1630, et une troisième en 1640. Il fit paraître en 1639 une *Introduction au Théâtre astronomique*. Son principal ouvrage est son Astronomie, dont voici le titre :

Astronomia Danica, vigiliis et operâ Christiani S. Longomontani, professoris Mathematum in regiâ Academiâ Hauniensi, elaborata, et in duas partes tributa, quarum prior doctrinam de diurnâ apparente siderum revolutione super sphœrâ armillari veterum instauratâ, duobus libris explicat: posterior theorias de motibus planetarum ad observationes Tychonis-Brahæ et proprias, in triplici formâ redintegratas, itidem duobus libris complectitur. Cum appendice de ascititiis cœli phænomenis, nempe stellis novis et cometis, nunc denuo ab authore locis non nullis emendata et aucta. Amsterdami, apud Joh. et Cornelium Blaeu, 1640.

Dans l'Épître dédicatoire à Christian IV, il rappelle à ce prince que son aïeul Christian III avait cultivé l'Astronomie, et qu'on en voyait la preuve dans les machines (αὐτόματα) et dans les monumens qu'il a laissés; que son père et son prédécesseur, Frédéric II, avait, pendant 21 ans, protégé Tycho, et fait des dépenses vraiment royales pour la fondation d'Uranibourg; il remarque cependant que ce nombre 21 est le troisième multiple du nombre 7, qui influe d'une manière si fatale sur les destinées du genre humain. Longomontanus croyait-il réellement aux qualités des années climatériques, ou bien parlait-il en courtisan qui craignait de faire rougir le roi qui avait souffert que Tycho fût si indignement persécuté? Il parle ensuite du long séjour qu'il a fait auprès de Tycho, de la part qu'il avait prise à ses travaux, de son observatoire qu'il avait dirigé, et enfin des observations qu'il avait recueillies pour en tirer des conséquences utiles à l'Astronomie. Rappelé à l'étude de cette science par ses devoirs de professeur, il fit construire des instrumens, en petit nombre à la vérité, mais qui ne le cédaient en rien à ceux dont il avait fait un long usage. L'épître est datée de 1620.

Dans le premier livre προγνωρισμάτων *Astronomiæ*, ou des connaissances préliminaires, il résout les triangles par le moyen de la prostaphérèse, perfectionnée successivement par Tycho, Vitichius, Clavius et Melchior Soestel, qui lui donna la plus grande généralité. Il ne connaissait probablement pas les ouvrages des Arabes.

$$\sin A \sin B = \tfrac{1}{2}[\cos(B-A) - \cos(B+A)],$$

$$\begin{aligned} \sin C = \frac{\sin A}{\sin B} &= \text{coséc} B \sin A = 10 \sin B' \sin A = \tfrac{10}{2}[\cos(A-B') - \cos(A+B')] \\ &= (a + \sin B'') \sin A = a \sin A + \sin B'' \sin A \\ &= a \sin A + \tfrac{1}{2}[\cos(A-B'') - \cos(A+B'')], \end{aligned}$$

vous ferez $a=1$, ou $=2$, ou $=3$, de manière à réduire coséc B à un nombre fractionnaire que vous ferez $= a + \sin B''$, $a \sin A$ sera facile à calculer.

Au lieu d'employer un de ces deux moyens, Longomontanus en choisit un beaucoup plus détourné et moins commode.

$$\begin{aligned} \text{tang}\, C = \frac{\text{tang}\, B}{\sin A} &= \text{tang}\, B\, \text{coséc}\, A = a \sin A' . b \sin B' = ab \sin A' \sin B' \\ &= \tfrac{1}{2} ab [\cos(B'-A) - \cos(B'+A')]; \end{aligned}$$

faites $a = \frac{1}{10}$, $b = \frac{1}{10}$, $\frac{1}{2}ab = \frac{1}{200}$; si $B < 45°$, vous pourrez faire $b = 1$.

$$\begin{aligned} x = \frac{\text{tang}\, B\, \text{séc}\, C}{\sin A} &= \text{tang}\, B\, \text{séc}\, C\, \text{coséc}\, A = a \sin A' . b \sin B' . c \sin C' \\ &= abc \sin A' \sin B' \sin C'; \end{aligned}$$

il faudra deux opérations. Ce petit traité de prostaphérèse de Longomontanus ne montre pas beaucoup d'adresse; il est en général fort superficiel et peu commode.

Au moyen de la projection orthographique, l'auteur ramène à la prostaphérèse le cas de trois côtés donnés, pour en déduire les angles. La marche est assez simple et paraîtrait adroite, s'il n'y avait bien des méthodes pour arriver plus simplement au même résultat.

Les formules

$$\cos A'' = \cos C'' \text{coséc}\, C\, \text{coséc}\, C' - \cot C \cot C' = \cos C'' \sin A \sin A' - \cos A \cos A',$$
$$\cos C'' = \cos A'' \text{coséc}\, A\, \text{coséc}\, A' + \cot A \cot A' = \cos A'' \sin C \sin C' + \cos C \cos C',$$

se prêtent aux mêmes artifices de calcul; mais tous ces moyens, fort bons au tems où ils ont été imaginés, paraîtraient aujourd'hui d'une longueur insupportable. Il est singulier que Longomontanus ait cru devoir donner un traité si peu complet de Trigonométrie, et sur-tout qu'il ait cherché à prolonger l'usage de la prostaphérèse, lorsque les astronomes étaient en possession des Tables logarithmiques de Néper. On tient à ses vieilles habitudes, on devrait s'en défier un peu plus; et si l'on n'a pas le bon esprit d'y renoncer, il faudrait se garder du moins de les transmettre aux élèves, à qui l'on peut en indiquer de meilleures.

Le second livre des Prognorismes traite de la matière du ciel, de la forme des grands corps, de la force qui les met en mouvement. Nous ne suivrons pas l'auteur dans ses conjectures philosophiques, nous remarquerons seulement qu'il avance, comme un fait démontré par les observations, que les réfractions sont nulles passé 45°. On lui passerait de dire qu'elles lui ont paru insensibles; en effet, elles sont au-dessous d'une minute.

Il n'ose assurer que les planètes soient habitées; mais si elles le sont, il concevra mieux l'existence des quatre lunes de Jupiter. Il cite en passant, ces deux vers d'Ovide, qui m'avaient échappé :

Terra pilæ similis, nullo fulcimine nixa;
Aere subjecto tam grave pendet onus.

Mais il se trompe quand il dit qu'ils sont des Métamorphoses; ils sont du livre VI des fastes, vers 269 et 270; il passe à l'Astronomie sphérique, qu'il divise de même en deux livres. Le premier ne contient que les définitions des cercles de la sphère.

Dans le second, il résout, dans tous les cas possibles, le triangle dont les trois sommets sont aux pôles de l'écliptique et de l'équateur, et au centre d'un astre quelconque. Il traite, en passant, des amplitudes et des différences ascensionnelles, assez longuement des levers et couchers cosmiques, héliaques et acronyques; mais il ne donne aucune formule, aucun moyen qui lui appartienne. Il passe brièvement en revue les instrumens astronomiques les plus connus. Il parle ensuite de la méridienne; pour la tracer, il indique les moyens vulgaires, et il ajoute : *item ex observata digressione circumpolariarum stellarum, maximè autem stellæ polaris ad latera utrinque maximâ in horizontis circulo idem efficitur : quam viam Dn. Tycho-Brahe ut tutissimam omnium, ad accuratam lineæ meridianæ in quadrante azimutali investigationem habendum judicabat.* Ce passage nous apprend l'opinion de Tycho et la pratique qu'il préférait. On pourrait douter cependant que par une latitude si haute que celle d'Uranibourg, l'étoile polaire pût donner avec une grande précision les azimuts des deux digressions; il semble que les hauteurs correspondantes d'étoiles moins élevées, sur-tout vers le sud, répétées un grand nombre de fois et jointes aux azimuts simultanés, auraient donné plus d'exactitude et mériteraient plus de confiance.

A la page 114, il nous dit que Tycho avait fait construire à grands frais un astrolabe armillaire, tel que ceux d'Hipparque et de Ptolémée; mais qu'il avait reconnu que cet instrument ne donnait que des résultats assez incertains, vu la multitude de cercles dont il se compose, la difficulté de leur donner à tous la même perfection, et la difficulté plus grande encore de leur donner la position convenable, et celle de les y maintenir pendant l'observation. Il ne l'employait donc qu'avec défiance; il y renonça même presque entièrement (*et tantum non plane antiquavit*), ainsi qu'à l'astrolabe et au *torquetum*, qui en sont la représentation sur un plan. Il avait déjà dit, en parlant du *torquetum*, que si l'on y joignait l'équateur, le zodiaque et leurs cercles perpendiculaires, on aurait un instrument plus remarquable par son ingénieuse composition que par l'usage qu'on en pourrait faire. *Quum suo se pondere torquetum vehementer torqueat.*

Il expose ensuite divers moyens pour déterminer la parallaxe d'un astre inconnu; il reproduit brièvement les méthodes principales de Digges et de Tycho. Il avertit que la parallaxe de latitude, calculée à la manière de Tycho (qui est celle de Ptolémée), est suffisamment exacte pour une parallaxe médiocre, telle que celle de la Lune; mais que pour une parallaxe plus forte, il conviendrait de calculer trigonométriquement la distance apparente au pôle de l'écliptique. Nous pouvons dire, que jamais jusqu'aujourd'hui l'on n'a eu à calculer de parallaxe qui approchât de celle de la Lune, et que nous avons des formules qui suffiraient à toutes les parallaxes imaginables.

A l'article des réfractions, on voit que Tycho les a déterminées par observation; que Képler a voulu donner des règles numériques pour les calculer, mais que sa théorie n'est pas assez générale, puisque *dans les lieux maritimes, voisins du pôle arctique, l'air, plus épais, produit dans les réfractions des changemens considérables, et qu'on les y observe doubles ou triples de ce qu'elles sont dans la Germanie ultérieure et dans les lieux où l'air est plus pur.* Il ajoute, que dans aucun des lieux où il a habité, même en Norwège, il n'a trouvé aucune réfraction sensible au-dessus de 45° de hauteur : il s'en tient donc à la doctrine de Tycho. Il porte à 20° l'abaissement crépusculaire du Soleil; pour trouver la hauteur des nuages, il emploie une méthode de David, pasteur à Resterhaven en Ost-Frise; elle paraît supposer une donnée à peu près impossible à trouver, c'est-à-dire le point où tomberait la perpendiculaire abaissée des nuages sur le plan de l'horizon, à laquelle on joint la hauteur angulaire des nuages sur l'horizon : la hauteur perpendiculaire des nuages sera le produit de la distance de l'observateur au pied de la perpendiculaire, par la tangente de la hauteur observée.

L'auteur passe aux cadrans horizontaux et verticaux, soit réguliers, soit déclinans; il les calcule par la Trigonométrie sphérique. Sa manière est simple, mais un peu obscure; voici en quoi elle consiste :

Soit EH l'horizon (fig. 47), BD le premier vertical, AF le cercle de 6 heures, GO l'équateur; soit un cercle horaire quelconque ANTF qui coupe en N le premier vertical, en M l'équateur et en T l'horizon; TH sera la mesure de l'angle que fera la ligne de l'angle horaire avec la méridienne horizontale, BN l'angle qu'elle fera avec la méridienne verticale; soit MS la déclinaison du Soleil, TS mesurera l'angle que fera le rayon solaire avec la ligne horaire qui se termine en T; SN sera l'angle du rayon solaire avec la ligne qui se dirige en N : ces angles servent pour les arcs des signes.

Il calcule, comme tous les auteurs, les arcs TH et BN pour toutes les lignes horaires.

Il cherche MT par la formule

$$\tang MT = \sin KM \tang OH = \cos P \cot H,$$
$$\tang MN = \sin KM \tang OB = \cos P \tang H,$$
$$MT + MS = MT \pm D, \quad NS = MN - MS = MN \mp D,$$

selon que la déclinaison est boréale ou australe.

Faites ensuite sin TS : cos D :: longueur de l'axe : longueur de l'ombre comptée du centre sur la ligne horaire, ou ombre $= \frac{\text{axe} \cos D}{\sin (MT \pm D)}$.

Hoc problema peculiare inventum nostrum est, nous dit Longomontanus. Ce qui paraît d'abord lui appartenir, c'est qu'il est le premier qui ait substitué le calcul aux opérations graphiques; c'est déjà quelque chose.

Soit (fig. 48) PZRP′ le méridien, PP′ l'axe du monde, K le centre de la sphère, PSMTP′ un cercle horaire quelconque, qui coupe en T l'horizon OTR, et sur le cercle M le point de l'équateur, et S le lieu du Soleil; $PM = P'M = 90°$, $MS = D =$ déclinaison du Soleil; le rayon KT, prolongé indéfiniment en KxT', sera la projection horizontale du cercle horaire PSP, et par conséquent la ligne horaire du cadran horizontal; K sera la projection du pôle et le centre du cadran; le rayon KR sera la méridienne; $TR = TKR$ sera l'angle au centre du cadran, entre la méridienne et la ligne horaire; KS sera le rayon solaire.

Soit $K\sigma$ la longueur de l'axe, et menez σx parallèle à SK; σx sera le rayon solaire qui, passant par l'extrémité de l'axe, ira tomber en x sur la ligne horaire, Kx sera la longueur de l'ombre sur la ligne horaire KT′. Or, à cause des parallèles

$$K\sigma x = PKS = PS = 90° - MS = 90° - D = \text{angl. du rayon sol. et de l'axe},$$
$$\sigma K x = PKT' = P'KT = P'T = \text{angle de la ligne horaire et l'axe},$$
$$\sigma x K = SKT' = ST = MT + MS = MT + D = 90° - P'T + D,$$
$$\sin \sigma x K : K\sigma :: \sin K\sigma x : Kx = \frac{K\sigma \sin K\sigma x}{\sin \sigma x K} = \frac{\text{axe} . \cos D}{\sin (90° - P'T + D)}$$
$$= \frac{\text{axe} \cos D}{\sin (MT + D)} = \frac{\text{axe} \cos D}{\cos (P'T - D)}$$
$$= \frac{\text{axe} \cos D}{\cos (A' - D)} = \text{ombre};$$

le problème se réduit donc à chercher MT ou son complément $P'T = A'$.

Le triangle PRT, rectangle en R, donnera

$$\tang P'T = \frac{\tang P'R}{\cos TP'R} = \frac{\tang H}{\cos P},$$
$$\cot P'T = \tang MT = \cos P \cot H = \cot A',$$
$$\tang . TR = \sin P'R \tang TP'R = \sin H \tang P$$
$$= \tang TKR = \tang A = \tang . \text{angle au centre du cadran};$$

alors $\cos P'T = \sin MT = \cos TR \cos P'R = \cos A \cos H = \cos A'$.

Les formules $\tang A = \sin H \tang P$, $\tang MT = \cos P \cot H$, ombre $= \frac{\text{axe} \cos D}{\sin(MT + D)}$ sont celles de Longomontanus; il les démontre d'une manière un peu obscure, par deux figures différentes. Par la ligne σx ajoutée à la première de ces figures, nous rendrons la seconde inutile, et la démonstration devient beaucoup plus claire.

Les formules tang A $=$ sin H tang P, cos A' $=$ cos A cot H, ombre $= \frac{\text{axe} \cos D}{\cos(A' - D)}$ sont celles que nous avons tirées de la seconde méthode de Munster. Les formules de l'ombre sont numériquement identiques dans les deux méthodes; elles se tirent du même triangle, mais la construction de Longomontanus est bien plus simple; l'expression cependant paraît différente. Nous faisions ombre $= \frac{\cot H \cos D}{\cos(A' - D)}$, mais c'était en prenant pour unité le rayon vecteur de l'équinoxiale. Cette supposition donne axe $=$ cot H : ainsi, les formules sont identiques. La solution est donc originairement de Munster; mais à une construction très pénible et très obscure, Longomontanus a substitué le calcul de trois analogies extrêmement simples. Les gnomonistes modernes ont reproduit ces trois analogies tirées de Munster; mais en les démontrant par la Trigonométrie plane, ils n'ont obtenu ni la même clarté, ni la même généralité.

Tout ceci appartient au cadran horizontal; pour le cadran vertical, H dans les formules exprimerait la hauteur de l'équateur, et D la déclinaison australe; mais, pour ne rien changer à nos dénominations, nous ferons pour le cadran vertical non déclinant tang A $=$ cos H tang P, tang MT $=$ cot P'T $=$ cos P tang H, ombre $= \frac{\text{axe} \cos D}{\sin(MT - D)} = \frac{\text{axe} \cos D}{\cos(A' + D)}$; c'est ce que nous trouverons directement par la construction suivante.

Soit (fig. 49) PZP' le méridien, ZRN le premier vertical ou le cadran vertical non déclinant, PP' l'axe du monde, K le centre de la sphère et du cadran, PSMP' un cercle horaire quelconque, qui coupe en R le vertical ZRN, M le point de l'équateur, S celui du Soleil, MS $=$ D $=$ déclinaison du Soleil.

PKS $=$ PS $= 90° -$ MS $= 90° -$ D, KS sera le rayon solaire; RKx sera la ligne horaire.

Soit Kσ $=$ axe du cadran; σx parallèle à SK, sera le rayon solaire qui, rasant le sommet σ de l'axe, ira tomber en x sur la ligne horaire, Kx sera l'ombre.

PR$=$PKR$=\sigma$K$x=$angle de l'axe et de la ligne horaire,

$RS = RKS = Kx\sigma = PS - PR = 90° - D - PR =$ angl. du rayon sol. et de l'axe,
$P'S = 90° + D = P'KS = K\sigma x$,

$$\sin x : K\sigma :: \sin \sigma : Kx = \text{ombre} = \frac{K\sigma . \sin \sigma}{\sin x} = \frac{\text{axe} . \cos D}{\sin (90 - PR - D)}$$
$$= \frac{\text{axe} \cos D}{\sin (MR - D)} = \frac{\text{axe} \cos D}{\cos (PR + D)} = \frac{\text{axe} \cos D}{\cos (A' + D)},$$
$$\cot PR = \tang MR = \cos P \tang H = \cot A',$$
$$\tang ZR = \cos H \tang P = \tang A,$$
$$\cos PR = \cos ZR \cos PZ = \cos A \sin H = \cos A';$$

ces changemens sont ceux que nous avons annoncés; et les formules, celles qui se tirent des constructions de Munster.

Si le plan du cadran est un vertical déclinant, PZ sera toujours le complément de la hauteur du pôle; mais l'angle Z sera oblique et le complément de la déclinaison.

Si le cadran est incliné déclinant, PZ ne sera plus le complément de la hauteur du pôle; cet arc, ainsi que l'angle Z, dépendra de la déclinaison et de l'inclinaison. Pour les trouver, voyez le livre de la Gnomonique, tome III, page 550. Ces deux quantités étant déterminées, ainsi que l'angle ZPR, on aura PR et ZR par les formules des obliquangles, après quoi l'ombre se calculera comme ci-dessus. Longomontanus se borne à nous donner cet avertissement, sans entrer dans aucun détail. Notre figure 48 suffit pour tous les cas et quelle que soit la position du plan ZRN. Aucune des constructions données jusqu'à nous ne nous paraît avoir cette généralité, ni cette simplicité.

Nos formules offrent deux méthodes; pour les comparer, nous les appliquerons à l'exemple suivant, pour un cadran horizontal.

Méthode de Longomontanus.			*Autre méthode.*		
sin H	= 48° 50′	9,87668	sin H		9,87768
tang P	= 60.0	0,23856	tang P		0,23856
tang A	= 52.30.50″	0,11524	tang A	= 52°30′50″	0,11624
cot H		9,94171	cos A		9,78431
cos P		9,69897	cos H		9,81839
tang MT	= 23° 36′ 55″	9,64068	cos A′	= 66°23′5″	9,60270
D	= 23.28. 0		D	= 23.28.0	
MT+D	= 47. 4.55		A′−D	= 42.55.5	
MT−D	= 0. 8.55		A′+D	= 89.51.5	

cos D..........	9,96251	cos D........	9,96251
C.sin (MT + D)..........	0,13530	C.cos (A′ — D)........	0,13530
ombre = 1,2526......	0,09781	ombre = 1,2526.....	0,09781
C.sin (MT — D)..........	2,58607	C.cos (A′ + D).........	2,58607
ombre = 353,66......	2,54858.	ombre = 353,66.....	2,54858.

La première opération est absolument la même; dans la seconde, il peut être plus exact et plus commode de calculer MT par sa tangente que A′ par son cosinus; d'ailleurs, la tangente ne suppose que les deux données primitives; le cosinus de A′ suppose de plus l'angle A au centre du cadran; au lieu de cos A′, on pourrait prendre sin MT, et l'on se rapprocherait de la méthode de Longomontanus. La dernière opération est numériquement identique; il peut paraître un peu plus simple d'employer un sinus qu'un cosinus. Ces différences sont légères; cependant on peut dire que les formules de Longomontanus méritent la préférence, il s'en déclare le premier auteur; il se peut qu'il ait trouvé plus court de chercher une méthode nouvelle, que d'étudier et de calculer celles de Munster; il a envisagé le problème sous une face nouvelle, et sa construction, comme nous l'avons modifiée, ne laisse plus rien à désirer.

Puisque l'occasion nous ramène à parler de Gnomonique, ajoutons une remarque que nous aurions pu placer tome III, à l'article de la Hire, page 636.

Soit (fig. 50) trois cercles horaires également espacés quelconques PEP′, PQP′, PVP′, c'est-à-dire tels que EPP′ = VPP′; EQV l'équateur, TRO et *tro* les deux tropiques, ou plus généralement deux parallèles également éloignés de l'équateur. Menez les arcs TQ et Q*o*; je dis que TQ*o* est un seul et même arc, car on a P*o* = 180° — PT, P*t* = 180° — PO, TQ = Q*o*; en effet, cos TQ = cos QE cos ET = cos QV cos V*o*, tang EQT $= \frac{\text{tang ET}}{\text{sin EQ}} = \frac{\text{tang V}o}{\text{sin QV}}$ = tang VQ*o*; donc EQT = VQ*o*; les arcs de grand cercle PT*t*, PR*r*, PO*o*, TQ*o*, OQ*t* seront représentés par des lignes droites; les points T, R, O seront sur l'hyperbole d'été, EQV sur l'équinoxiale, *t*, *r*, *o* sur l'hyperbole d'hiver; le point Q, commun à quatre arcs, sera de même un point unique sur la projection. Si vous avez marqué sur le cadran les points T et Q, il suffira de prolonger la ligne droite, projection de TQ, jusqu'à la ligne horaire de PV*o*, pour avoir le point *o*; et la ligne OQ, pour avoir le point *t*. Ainsi, il suffira d'avoir tracé l'équinoxiale et l'un des deux tropiques, pour avoir autant de points du tropique opposé. Il en est de même de deux parallèles équidistans quelconques : c'est un corollaire du principe démontré à l'article de la Hire.

La théorie des planètes, qui forme la seconde partie de l'*Astronomie Danoise*, est rédigée dans les trois systèmes. L'auteur désigne celui de Ptolémée, par le nom *ancien;* celui de Copernic, par l'épithète *admirable;* enfin, celui de Tycho est le système *nouveau*. Mais malgré cet hommage apparent rendu à Copernic, il se déclare entièrement pour Tycho. Voici comme il annonce ce nouveau système : *Nova mundani systematis hypotyposis à Tychone-Brahe adinventa, quâ tum vetus illa Ptolemaïca redundantia et inconcinnitas, cum etiam recens Copernicæa in motu Terræ physica absurditas excluduntur, omniaque apparentiis cœlestibus aptissimè correspondent.*

Avant de rétablir les mouvemens du Soleil, il examine les observations anciennes pour en prouver les erreurs. Hipparque avait remarqué que la correction de Calippe laissait subsister une erreur d'un jour en 304 ans, ou en 300 ans en nombre rond; il avait diminué l'année de $\frac{1}{300}$ de jour.

« Hipparque, *en voulant courrir deux lièvres à la fois,* c'est-à-dire en voulant trouver un nombre juste de lunaisons en un certain nombre d'années, régler la division du tems par les mouvemens des deux luminaires, et déterminer en même tems la longueur de l'année, quoique cette mesure soit indépendante de la Lune, paraît n'avoir pas cherché la longueur de l'année dans le ciel et par le Soleil même, mais par certaines éclipses. Ptolémée tomba dans la même erreur. »

Il semble que Longomontanus oublie la quantité d'équinoxes comparés par Hipparque et Ptolémée, et que son objection tombe d'elle-même. Il va maintenant accuser d'erreur ces mêmes équinoxes, et en cela sans doute, il a raison; mais comment peut-il espérer de les corriger ? Il remarque d'abord, que les tems ne sont donnés le plus souvent qu'en demies ou quarts de jour : il y en a deux qui sont marqués d'une manière moins vague, l'un à 5 heures et l'autre à 11 heures. Les équinoxes, marqués le matin ou le soir, ont dû être affectés par la réfraction, et cela est vrai; elle avançait l'équinoxe de printems et retardait celui d'automne. En conséquence, il s'arrête aux équinoxes observés à midi; mais il ne sait pas que l'armille était trop élevée de 15′, puisque la latitude était trop faible de cette quantité ; il trouve que les équinoxes donneraient une année de $365^j\,5^h\,24'$, trop faible de 25′ environ.

Que de l'équinoxe d'automne à celui de printems, l'intervalle serait de.. 178ʲ 11ʰ 25′

Que de l'équinoxe de printems à l'équinoxe d'automne, il serait de.. 186.17.59.

Quant aux équinoxes de Ptolémée en particulier, Longomontanus croit comme nous et pour les mêmes raisons, que ce sont des calculs et non des observations; il appuie ce soupçon, de l'observation que Ptolémée nous dit avoir faite de la parallaxe lunaire. Nous avons dit la même chose en commentant Ptolémée, sans avoir encore lu Longomontanus; la chose est évidente pour qui veut y regarder. Ptolémée a supposé une parallaxe trop grande d'un demi-degré, pour trouver celle qui résultait de ses hypothèses; s'il n'a pas tout-à-fait supposé ses observations d'équinoxe, il les a du moins altérées pour les faire cadrer avec sa théorie.

Pour rétablir les vrais intervalles des saisons, il cite un passage de Pline, livre XVIII, chap. XXV : *Cardo temporum quadripartitâ anni distinctione constat, per incrementa lucis. Augetur hæc à brumâ et æquatur noctibus verno æquinoctio diebus*........................ 90^diebus^ 3ʰ

Il intercale.. 92 12

Deindè superat noctes ad solstitium (æstivum scilicet) diebus.. 93 12

Usque ad æquinoctium autumni, et tum æquatâ die procedit ex eo ad brumam.. 89 3

365 6.

Pline a oublié un intervalle; Longomontanus remplit la lacune, de manière à trouver l'année de Sosigène, à qui il attribue ces intervalles. Sosigène vivait à une époque moyenne, à peu près entre celles d'Hipparque et de Ptolémée. Je n'oserais assurer, dit Longomontanus, que Sosigène ait en effet observé, peut-être n'a-t-il fait que copier Eudoxe; s'il a observé, c'est peut-être au gnomon. Je ne prétends donc pas que ces observations puissent avoir la même certitude que celles de Ptolémée ou celles d'Hipparque; *mais il n'y a aucun doute que Sosigène eût remarqué les erreurs d'Hipparque et de ses prédécesseurs.*

Je ne pense pas en ceci comme Longomontanus. Si Sosigène avait remarqué ces erreurs, comment aurait-il assigné à l'année une quantité plus grande encore que celle d'Hipparque? pourquoi n'établit-il pas dès-lors une autre règle d'intercalation? et pourquoi Longomontanus, en intercalant un intervalle, ne le diminue-t-il pas de 11′, pour avoir une durée de $365^j 5^h 49'$ environ? quelle confiance peut-on accorder à des nombres altérés peut-être par Pline ou par ses copistes, et qui ne sont pas, comme le sont ceux d'Hipparque et de Ptolémée, certifiés par un calcul subséquent, qu'on peut refaire pour s'assurer qu'en effet ces nombres sont véritables.

D'après les corrections qu'il fait aux observations, Longomontanus trouve l'année de.......................... $365^j\ 5^h 51' 29'',2$

De l'équinoxe de printems à celui d'automne, il suppose.................................... 186.11.51.30;

à quoi répondent $183° 49' 12''$ de mouvement moyen; il place l'apogée à 24° du solstice, ou en $2^s 6°$. Mais sur quoi se fondait-il pour conserver à très peu près l'apogée d'Hipparque, puisque cet apogée résultait des intervalles établis par Hipparque et changés par Longomontanus? N'est-ce pas disposer le calcul de manière à trouver ce qu'on veut? il a ainsi :

Pour l'excentricité...	0,0364837	Hipparque trouvait....	0,0417
Et pour l'équation....	$2° 5' 26''$	et.........	$2° 23'$.

Les corrections sont très incertaines, rien ne les appuie; les conséquences sont donc fort peu sûres.

Passant à Albategnius, il soupçonne que cet astronome a marqué son équinoxe au moins un demi-jour trop tôt; d'après cette idée, au moins fort hasardée, et la correction non moins arbitraire qu'il fait à un équinoxe de Ptolémée, il trouve $365^j 5^h 47' 28''$; c'est-à-dire $1' 4''$ de plus qu'Albategni, et $1' 24''$ de moins qu'il ne faudrait.

Il pense que l'équation d'Albategni est un peu trop forte, et nous l'avons trouvée plus forte encore, tome III, p. 36 et 86. Il ajoute que l'apogée doit avoir un mouvement uniforme, en dépit de la mauvaise observation d'Arzachel; en quoi sans doute il a raison, malgré toutes les suppositions arbitraires qu'il s'est permises.

Pour les équinoxes de Waltherus, il adopte le calcul qu'en a fait Tycho dans ses Progymnasmes; il refait à sa manière les équinoxes de Copernic, il trouve l'équation $2° 5' \frac{1}{2}$ beaucoup trop forte, l'apogée en $3^s 5° 7' \frac{5}{6}$ et l'obliquité $23° 30' \frac{1}{4}$, ou même $23° 31' 8''$; il conclut enfin, que l'excentricité est constante; il est vrai que la diminution séculaire de cet élément ne pouvait guère s'apercevoir alors, et se perdait dans les nombreuses erreurs des observations.

Pour l'équation du tems, il admet la partie qui dépend de la réduction de l'écliptique à l'équateur; il rejette celle qui dépend du mouvement inégal du Soleil, et ses raisons, comme on s'en doute bien, ne sont pas très bonnes.

Il prétend démontrer l'exactitude des Tables de Tycho, par des calculs d'observations où l'on voit des erreurs qui vont jusqu'à 2′ 50″, et qui, d'un jour à l'autre, varient de 3′ 45″; et voilà ce qu'il appelle des observations *incomparables :* elles l'étaient en effet au tems de l'auteur; les choses ont bien changé. Tycho, dans une recherche semblable, avait fait un choix plus adroit ou plus heureux; *voyez* ci-dessus, page 156.

Il compare ensuite aux Tables de Tycho les observations qu'il a lui-même faites à Copenhague, en 1610; il trouve le mouvement du Soleil un peu plus lent que par les tables, vers l'équinoxe du printems, et un peu plus rapide vers l'équinoxe d'automne; et il soupçonne qu'il faudrait diminuer l'équation d'environ une demi-minute.

Ainsi, pour le tems d'Hipparque et de Ptolémée, il a trouvé	2° 5′ 26″
d'Albategni et d'Arzachel............	2.0. 0
de Walthérus....................	2.2. 0
de Copernic.....................	2.3. 0
de Tycho........................	2.2.48
le milieu serait.........	2.2.39.

Il trouve en conséquence, que l'excentricité est en rapport rationnel, c'est-à-dire $\frac{1}{28}$ du rayon de l'orbe; il remarque même que ce nombre 28 est du second ordre des nombres *parfaits :* il croit ce rapport *divin et inaltérable.*

Pour l'apogée, il donne les quantités suivantes :

	An du monde.	Apogée observé.	Apogée réduit.	Différence
Au tems d'Hipparque....	3810	65° 30′	65° 16′	— 14′
de Ptolémée....	4099		70. 3	
d'Albategni.....	4849	82.16	82.53	+ 37
de Walthérus...	5454	94 15	93.43	— 32
de Copernic....	5492	95. 8	94.23	— 45
de Tycho......	5554	95.30	95.30	0
Mouvement pour...	1744 ans.	30. 0	30.14	

Le mouvement annuel serait donc de 62″,4, ce qui approche beaucoup de la vérité. Il n'a pas été aussi heureux en ce qui concerne l'excentricité, qui n'est ni aussi forte ni aussi invariable qu'il se le persuadait.

Il fait l'année de.................................. 365^j 5^h 49′ 20″
ce qui n'était pas trop mal encore; il l'emploie ensuite de... 365.5.49.30.
Après avoir ainsi restitué ou amélioré la théorie du Soleil, il passe au second de ses travaux, qu'il compare à ceux d'Hercule. *Secundus nunc laborum nostrorum plane Herculeorum, cursus Lunæ;* c'est la théorie de la Lune.

« Il n'y a aucun doute que la dernière restitution de l'hypothèse que j'ai achevée en Bohème, en 1600, chez Tycho, ne s'accorde avec les phénomènes aussi bien qu'on peut le souhaiter. Jamais les prostaphérèses de la Lune n'ont éprouvé de variation. Les anciens n'ont jamais cherché l'excentricité de la Lune que par des éclipses combinées trois à trois, ce qui fait qu'ils ont, mal à propos, rejeté tout équant de cette théorie. Cette combinaison ternaire, plus expéditive que sûre, fut introduite par Ptolémée, et peut-être par ses prédécesseurs. »

Le *peut-être* est de trop. Elle est l'ouvrage d'Hipparque, et pour un début, on ne pouvait rien de plus simple et de plus ingénieux. Il est juste d'ailleurs de songer que faute d'instrumens on ne pouvait alors employer que les éclipses de Lune.

« Elle fut depuis imitée par Copernic; elle pouvait séduire par la facilité qu'elle offre de faire passer un cercle par trois points donnés, mais cette facilité a été nuisible. »

Oui, par la suite, mais très heureuse d'abord en ce qu'elle donnait des facilités précieuses pour calculer les éclipses, seuls phénomènes qu'on pût observer alors, et les seuls auxquels on pouvait attacher de l'importance.

« Elle a empêché de trouver la vraie théorie, ainsi qu'on a pu le voir par les éclipses mêmes, et sur-tout par les autres phénomènes; elle a influé sur les positions des étoiles, que l'on déterminait au moyen de la Lune. »

Longomontanus exagère ici le mal; on ne déterminait pas le lieu de la Lune par cette théorie, on observait directement sa distance angulaire au Soleil; après le coucher du Soleil, on se servait de la Lune pour faire tourner l'instrument, on tenait compte du mouvement de la Lune pendant le tems où elle avait servi à cet usage; dès qu'on apercevait une étoile, on abandonnait la Lune. Supposez une heure d'intervalle, on avait donc à craindre l'erreur du mouvement horaire; le mouvement aurait dû se calculer dans une ellipse dont l'équation eût été de 5°; on le calculait dans une excentrique qui en différait peu; on ne négligeait donc que les petits termes dépendans de l'évection et de la variation : l'erreur n'était donc que de 3' environ, dans les cas les plus défavorables. Cette méthode d'observation ne s'employait que pour quelques étoiles brillantes, et qui se voyaient peu de tems après le coucher du Soleil ; l'erreur pouvait très souvent se réduire à rien. Une belle étoile ainsi déterminée, on n'avait plus aucun besoin de la Lune ; il était bien plus court de la comparer directement aux autres étoiles, que de comparer ces étoiles au Soleil, par l'entremise de la Lune : la parallaxe, pendant un tems si court, n'altérait guère le mouvement. Concluons donc que les erreurs des étoiles venaient d'une autre source, et cette source nous l'avons indiquée ailleurs.

« Cette erreur s'est étendue au Soleil même et à la longueur de l'année. »

Autre exagération. C'est par l'observation des équinoxes et des solstices, qu'on a déterminé l'année tropique ; Hipparque, qui avait encore essayé d'autres moyens, a fini par renoncer à ces voies détournées, et il s'en est tenu aux équinoxes.

« C'est ce qui m'a engagé à refaire cet examen tout entier, et à calculer de nouveau les éclipses anciennes et modernes. »

C'est assurément fort bien fait, mais Longomontanus nous avertit expressément qu'il a négligé l'équation du tems, qui dépend de l'inégalité du Soleil, et il a eu grand tort : 2° d'équation font 8 minutes de tems, pendant lesquelles la Lune avance de 4' environ. Cette erreur, bien volontaire, équivaut seule à toutes celles qu'il reproche avec tant d'exagération à la méthode ancienne.

Il est vrai que Tycho et Képler ont pensé que la Lune exigeait une équation du tems particulière ; il n'ont pu la déterminer bien exactement ; mais Horox, en examinant de nouveau leurs idées, a été conduit à découvrir l'équation qu'on nomme aujourd'hui *annuelle*. On doit les excuser tous deux et Longomontanus lui-même, mais il devrait avoir la même indulgence pour les anciens. Il n'est pas bien sûr qu'à la place d'Hipparque, il eût fait mieux que ce grand astronome ; il est très probable qu'il n'eût pas fait aussi bien. Il est si aisé de trouver des erreurs dans les théories et les observations des anciens ! mais on doit rendre justice à leur génie, à leur sagacité et à leur patience : c'est ce que Longomontanus a trop peu considéré.

Parmi les éclipses qu'il a calculées, on en remarque d'abord trois des Chaldéens ; les erreurs des Tables sont — 6', + 2' et — 15' ; dans les trois éclipses d'Hipparque, les erreurs sont — 5' + 6' et — 6' ; enfin dans les trois de Ptolémée, les erreurs sont + 15′, o′ et — 26′. Il remarque enfin, que les tems sont donnés avec trop peu d'exactitude, et nous sommes entièrement de son avis.

Ptolémée ne donne ni le commencement ni la fin, il ne rapporte que l'instant du milieu. Les éclipses d'Hipparque lui paraissent préférables ; il trouve de l'incertitude dans celles de Ptolémée, qu'il soupçonne d'avoir établi ce milieu conformément à ses hypothèses. Nous sommes fâché de voir reparaître si souvent ce reproche; mais aucun des astronomes qui ont travaillé sur Ptolémée, n'a pu se défendre de ce soupçon et nous l'avons nous-même exprimé plus souvent que nous n'aurions voulu. C'est donc d'après les éclipses d'Hipparque, comparées aux modernes, qu'il détermine les mouvemens moyens; ainsi, plus on examine, plus on conçoit d'estime pour Hipparque et moins on accorde de confiance à Ptolémée.

Les éclipses modernes qu'il calcule s'étendent de 1573 à 1613; les premières sont de Tycho, les dernières sont de Longomontanus ; le nombre total est de 23, les erreurs vont à 5′ $\frac{5}{6}$; il n'a point calculé d'éclipses de Soleil, à cause de l'embarras des parallaxes. Cependant, il nous assure qu'elles ne sont pas moins bien représentées par ses Tables, dans lesquelles il a conservé les élémens de Tycho, et n'a retranché qu'une minute au mouvement relatif de la Lune au Soleil.

Il résulte de ce chapitre, que Longomontanus, qui était à la tête des calculateurs de Tycho, et qui avait la principale direction de son observatoire, a dû l'aider souvent dans ses recherches théoriques, comme dans tout le reste, et qu'il serait injuste de lui refuser la part qu'il réclame dans les travaux de ce grand observateur, à qui il restera toujours la gloire d'avoir tout fondé, tout dirigé, d'avoir imaginé les instrumens et d'en avoir fait lui-même un grand et fréquent usage.

Avec ses Tables ainsi corrigées de la Lune et du Soleil, Longomontanus recommence les calculs qui lui avaient donné les lieux de la Lune, pour les instans des observations d'étoiles, au tems des Grecs, des Arabes et des modernes; et de ces observations il tire, pour la précession, les quantités suivantes :

De Timocharis	à Hipparque....	44″		par an.
De Timocharis	à Ptolémée.....	46		
De Timocharis	à Tycho........	49	10‴	
D'Hipparque	à Tycho.......	49	46	
D'Albategnius	à Tycho.......	48	14	

De Ptolémée à Tycho....... 49″ 37‴ par an.
De Ptolémée à Albategnius... 51 0

D'où il conclut qu'elle est de 49″ 45‴, ou d'un degré en 72 $\frac{1}{3}$ d'an.

Il croit que la plus grande équation a dû être de 23° 53′, en l'an du monde 3600; et la plus petite 23° 31′, en l'an 5400 ou 1434 de notre ère.

En établissant les époques des moyens mouvemens, il remarque, comme une chose qui doit être agréable aux chronologistes, qu'à l'instant de la création, c'est-à-dire 3954 ans avant notre ère, le périgée du Soleil était en 6^s et l'apogée en 0^s; et que l'obliquité de l'écliptique était alors la plus grande possible. Il ne doute pas d'ailleurs que le monde n'ait été créé à l'équinoxe d'automne; l'incertitude lui paraît être tout au plus de six mois; ses Tables commencent par l'équation du tems dépendante de l'obliquité, le *maximum* est de 9′ 56″; son Catalogue d'étoiles est celui de Tycho, auquel il a coopéré. Tycho en avait jeté les fondemens dans ses Progymnasmes; Longomontanus y a employé cinq ans de travail, depuis 1590 (*non solum interfui sed etiam præfui*). Il affirme qu'il y a mis tout le soin possible, qu'il a multiplié et comparé les observations jusqu'à ce qu'il eût obtenu un accord *dans les mêmes minutes à peu près*. Il a diminué d'une minute les longitudes de Tycho, il avait fait la même chose pour les longitudes du Soleil; il suppose que la période d'obliquité est de 3600 ans : la plus grande avait lieu en l'an 3600, un peu avant le commencement de la monarchie des Grecs; la plus petite en l'an 5400, alors elle n'était que de 23° 31′ $\frac{1}{2}$. L'année de la passion étant en l'an 4000 du monde; il en conclut que notre ère a commencé l'an 3964. Quand il y aurait quelque incertitude sur la réalité historique des époques, elles n'en seraient pas moins exactes pour les usages de l'Astronomie, et toutes ses suppositions lui paraissent représenter suffisamment bien les obliquités observées en différens tems. Une des erreurs les plus fortes est celle de Ptolémée; mais il lui reproche d'avoir négligé la parallaxe, avec laquelle il n'aurait guère trouvé que 23° 49′ : on voit par là qu'il supposait une parallaxe beaucoup trop forte.

Quoique partisan de Tycho, il emprunte de Copernic l'explication de la précession et du changement d'obliquité, qu'il attribue à un mouvement de l'axe de la Terre; il fait donc tourner le pôle dans un cercle polaire. Le pôle de l'écliptique décrit autour de son lieu moyen, un autre petit cercle concentrique au premier, et dont le rayon est un arc de 21′ 46″, moitié de la différence entre l'obliquité la plus grande et la plus petite : il en résulte pour chaque étoile des mouvemens de longitude et de latitude faciles à calculer.

Par les observations d'Hipparque et de Ptolémée, corrigées suivant ses idées, et comparées à celles de Tycho, il trouve l'année de 365^j 5^h 48′55″; Tycho trouvait 10″ de moins : la différence 11′5″, erreur de l'année julienne, produit un jour en 130 ans.

Pour la Lune, il fait à Ptolémée des reproches assez graves; il n'a point donné d'équant à cette planète; il a cru pouvoir représenter par un épicycle et un excentrique toutes les inégalités qu'on observe entre les syzygies et les quadratures; il n'a eu aucun égard à l'exactitude des distances et des parallaxes; il a oublié totalement la variation qui est même impossible dans son hypothèse; enfin, il a omis une petite équation, négligée de même par tous ses successeurs.

Copernic n'a corrigé qu'un de ces trois défauts, et il s'en est tenu trop légèrement à trois ou quatre observations, par lesquelles il a voulu prouver l'exactitude de ses Tables. Longomontanus remercie Dieu qui lui a fait trouver une théorie *qui satisfait à tout;* il l'établit de deux manières différentes, l'une équivalente à celle qui se fonde sur les observations de Tycho; et l'autre, qu'il explique en cet endroit pour que le calcul puisse s'achever sans recourir à la Trigonométrie. Au lieu d'un excentrique et d'un épicycle, il y met deux épicycles qui suffisent pour les conjonctions et les oppositions; les autres inégalités lui paraissent émaner du centre de l'épicycle du Soleil.

Il fait tourner la Lune dans un épicycle dont le rayon vu du Soleil est de 2° 30′, la distance du Soleil à la Terre est de 1283 demi-diamètres de la Terre (ce qui donnerait une parallaxe de 2′40″); il soupçonne même que la distance de la Lune au Soleil pourrait bien être dans le rapport du diamètre du cercle à sept fois la circonférence, c'est-à-dire de 1288 demi-diamètre; il réclame ici, comme sa propriété, la Théorie lunaire expliquée par Tycho, au livre Ire de ses Progymnasmes; il calcule trigonométriquement cette hypothèse; l'autre suppose un excentrique; le centre des mouvemens de la Lune ou celui de cet excentrique tourne sur un petit cercle qui a pour rayon environ la moitié de l'excentricité. L'excentrique porte un épicycle sur lequel tourne la Lune; puisque cette nouvelle hypothèse est équivalente à la première, que nous avons exposée d'après Tycho, il est inutile d'entrer dans de plus grands détails.

A l'occasion de la Théorie Tychonicienne des latitudes de la Lune et des inégalités du nœud, il attaque sévèrement Christman, auteur d'un

Traité de la Théorie de la Lune, imprimé en 1611; il s'écarte en cela des exemples qu'il avait reçus de Tycho, qui avait dédaigné de répondre à ses premières attaques, et s'était contenté d'un hiéroglyphe peint sur les murs d'Uraniburg, où l'on voyait la Lune dans son plein, continuant paisiblement son cours, malgré les aboiemens d'un chien, avec cette inscription : *nil moror nugas.* Après une sortie d'une demi-page, Longomontan annonce qu'il n'en dira pas davantage contre un auteur suffisamment réfuté déjà par Origan. Il suppose que dans les syzygies, la parallaxe varie de 54′ 25″ à 57′ 38″, et dans les quadratures de 51′ 57″ à 60′ 4″; ces quantités sont un peu faibles; il est assez naturel qu'on n'arrive près de la vérité qu'après diverses oscillations, autour du point juste : pour les réfractions, il se contente de reproduire les Tables de Tycho.

Dans la théorie des éclipses il assure que, par les observations qu'il a faites en Allemagne, en Norwège et jusqu'à 64° $\frac{1}{3}$ de latitude, il a reconnu des variations singulières dans les diamètres de la Lune. Il dit même que de la pleine à la nouvelle Lune la différence est de $\frac{1}{5}$; il cite en particulier une éclipse de Soleil observée à Berg, en Norwège, le 14 décembre 1601, hauteur du pôle 60° $\frac{1}{2}$, où des pécheurs virent avec admiration la Lune entière sur le Soleil, qui débordait de tout côté de 1 $\frac{1}{2}$ doigt : il fallait donc que le diamètre du Soleil surpassât celui de la Lune de 3 doigts, ou d'un quart de son diamètre, ou de 8′ environ. A la vérité, la Lune était apogée, ce qui est loin de suffire pour rendre raison de cette observation, dans laquelle nous nous croyons en droit de supposer beaucoup d'exagération. Longomontanus attribue cette diminution de diamètre lunaire à l'épaisseur de l'air et aux vapeurs de l'Océan; il ne nous dit pas pour quelle raison les mêmes causes n'avaient pas diminué le diamètre du Soleil. Il parle encore de l'éclipse du 31 juillet 1608, qui était de deux doigts à Wittemberg, tandis qu'à Copenhague, par le tems le plus beau, il n'y eut aucune éclipse; et cependant la différence des parallaxes ne pourrait produire tout-à-fait un doigt sur la grandeur de cette éclipse.

Au contraire, dans les lieux où l'air est plus pur, les éclipses paraissent plus grandes; ainsi, en Bohême, en 1600, Tycho et ses calculateurs attendaient une éclipse de 4 doigts tout au plus; ils l'observèrent de 5 $\frac{1}{2}$; il ajoute que, dans les éclipes de Lune, soit totales, soit partielles, l'ombre paraît moindre dans un air épais et par de hautes latitudes. Pour expliquer ces phénomènes, il rapporte que si le Soleil en mer, se montre derrière une petite île qui ne le couvre pas en entier, c'est une chose étonnante que la manière dont le Soleil se dilate de chacun des deux côtés. *Sin verò dicta insula se non aliter, inter oculos et Solem insinuarit, quam ut extremum saltem marginem solis ab unâ parte occultando lambat, heic Solem se se recolligere et quasi totum in conspectum eximere videbis, duplicem, procul dubio, refractionem admissurum, alterum ob horizontis, alterum insulæ ad latus vicinitatem.* Il semble qu'on aurait pu, en moins de mots, s'expliquer plus clairement, ce qui nous détermine à citer le passage dans les propres termes de l'auteur, sans y joindre aucune réflexion. Il ne croit pas au reste que jamais l'expérience ait montré, même dans l'air le plus épais, une dilatation au-dessus de 6 à 7'. Il faut se souvenir encore, que ces observations ont été faites sans micromètre et même sans lunette, et que toutes ces apparences pourraient être d'une nature semblable à celles des diamètres de la Lune et du Soleil qui, à l'œil nu, paraissent à l'horizon amplifiés d'une manière si étonnante, tandis que mesurés au micromètre, ils ne présentent rien d'extraordinaire.

Il conçoit que les rayons solaires *s'infléchissent en rasant le globe de la Lune;* qu'ils pénètrent dans le cône, qui devrait être tout-à-fait obscur, et diminuent la quantité de l'éclipse. A l'appui de ces raisons, il rapporte que le soir ou le matin, en hiver, par un tems bien serein, la Lune étant très voisine du Soleil, en est si fortement éclairée, que la partie lumineuse paraît être portion d'un cercle plus grand que la partie obscure. Cette apparence de dilatation ne peut être, ni être vue que dans l'air; car si elle tenait au corps de la Lune, alors elle serait la même pour tous les pays de la Terre, il en serait de même des éclipses; il n'imagine pas une troisième explication. Il a remarqué plusieurs fois avec admiration, que le Soleil, près de se coucher, reste tremblant et comme suspendu au-dessus de l'horizon, et qu'après quelques instans de lutte, il se cache en un instant, et reparaît ensuite avec la même hâte. Ces explications sont suivies d'une figure où il représente le Soleil environné d'une couronne qui raccourcit le cône et en diminue le diamètre.

Il entreprend ensuite le calcul du diamètre de l'ombre dans les distances moyennes, et le trouve de 89 ½; d'après ces idées, il donne la table suivante des diamètres pour diverses hauteurs du pôle.

Hauteurs du pôle.	20°	30°	40°	50°	53°	56°	59°	62°	65°	69°	74°
Augmentation des demi-diamètres..	0	10"	30	50	2' 0"	3' 30"	4' 30"	5' 15"	5' 45"	6' 0"	6' 20"
Augmentation hors des éclipses. .	0	6	20	34	1.20	2.20	3. 0	3.30	3.50	4.0	4.12

Les corrections sont soustractives pour le Soleil, additives pour la Lune; cette théorie n'a pas fait fortune. D'après les limites écliptiques, il trouve que le nombre moyen des éclipses est de $4 \frac{1}{11}$ par an; le nombre en un siècle doit être à peu près toujours le même.

Il a remarqué que les taches de la Lune se montraient toujours les mêmes, et dans la même situation respective quand la Lune est au nonagésime; ce qui ne pouvait être vrai qu'en gros et à peu près, car la Lune au nonagésime peut avoir des hauteurs très différentes, des parallaxes de latitude très inégales, le centre de l'hémisphère visible doit changer; il change pour beaucoup d'autres causes, et produit des phénomènes qu'on n'avait pas encore suivis avec assez de soin ni de suite. Il donne un moyen pour trouver l'instant où la Lune est au nonagésime, le calcul n'est pas difficile; mais au nonagésime, la ligne des cornes est dans le vertical, puisqu'elle est toujours à fort peu près dans un cercle de latitude; ainsi, le calcul est à peu près inutile. Il montre ensuite comment le mouvement de la Lune donne la différence des méridiens. Observez la Lune au méridien, concluez sa longitude, calculez cette même longitude par les tables, pour le passage au méridien connu, comparez cette longitude à la longitude observée; la différence multipliée par $\left(\frac{3600''}{\text{mouv. horaire}}\right)$, sera la différence cherchée; ce moyen se présente de lui-même; ce n'est pas celui que propose Longomontanus. Quand la Lune sera au nonagésime, prenez-en la distance à une belle étoile, vous en conclurez la longitude de la Lune; marquez l'heure de l'observation, trouvez à quelle heure du méridien des tables convient cette longitude, vous aurez la différence des méridiens; ce n'est pas encore là tout-à-fait ce qu'il prescrit. Quand la ligne des cornes est dans un vertical, la Lune est au nonagésime; prenez ce moment pour observer la distance de la Lune à une belle étoile, et déterminez l'heure de l'observation, qu'il suppose faite sous le méridien inconnu; de l'observation, vous déduirez la longitude de la Lune; calculez par les tables la longitude de la Lune, pour l'heure à laquelle vous aurez mesuré la distance, vous trouverez une longitude différente, si les deux lieux ne sont pas sous le même méridien: cette différence vous donnera le mouvement de la Lune par l'intervalle des deux méridiens, et par conséquent cet intervalle et la longitude du lieu. Cette méthode suppose, comme on voit, de bonnes tables et une bonne observation; les tables n'existaient pas encore; ensuite, on pourra douter que la verticalité de la ligne des cornes puisse donner assez exactement l'instant du passage au nonagésime. Il faut être deux pour mesurer au même instant la distance de la Lune à une étoile, et la hauteur d'une étoile pour avoir l'heure. Pour l'observation de distance, il propose un rayon astronomique construit de manière à donner la distance dans le plan de l'écliptique; le marteau de ce rayon est terminé aux deux extrémités par deux règles verticales; on place l'une sur la ligne des cornes, alors le marteau est sensiblement parallèle à l'écliptique; la première règle est dans le plan d'un cercle de latitude; on ne peut en dire autant de la seconde; et si la distance de la Lune à l'étoile était un peu forte, l'angle observé ne serait pas bien rigoureusement la différence de longitude. Au reste, on ne doit pas exiger une précision bien grande d'un astronome qui propose un pareil instrument pour une recherche aussi délicate; cependant, l'auteur recommande fortement cette méthode, surtout aux navigateurs.

Dans son livre second, il traite des planètes; il nous apprend que Saturne a été nommé Φαίνων, parce qu'il est moins long-tems caché dans les rayons du Soleil; aujourd'hui, cette dénomination conviendrait mieux à Uranus, dont le mouvement est presque trois fois aussi lent, en sorte que le Soleil doit le dépasser beaucoup plus vite. Saturne est appelé par les Hébreux *Schabthai*, c'est-à-dire *repos*. Mercure est appelé par eux *Schotel* ou le *Scribe* : les Grecs le nomment Ἑρμῆς; ce qui a beaucoup de ressemblance.

Il compare les planètes au Soleil *vrai*, pour en déterminer les oppositions, suivant en cela l'idée que Képler ne put jamais faire adopter à Tycho, et que les astronomes ont long-tems repoussée. Il est juste de tenir compte à Longomontanus de ce qu'il a été l'un des premiers à embrasser la nouvelle doctrine; il donne quinze oppositions de Saturne, comparées aux Tables Pruténiques corrigées; les erreurs ne passent pas $4' \frac{1}{2}$: nous savons aujourd'hui que cet accord ne pouvait long-tems subsister. D'après ces observations, il reforme la théorie de cette planète, dans les trois systèmes différens.

Pour Jupiter, il calcule huit oppositions; l'erreur des tables corrigées monte encore à 5'.

Pour Mars en opposition, les erreurs ne passent jamais $3' \frac{1}{2}$; cependant il s'y montre plus embarrassé : il n'admet pas l'ellipse Képlérienne. *Nos autem gravissimis causis moti Copernicæum illud, quod motus corporum cœlestium sit æqualis et circularis perpetuus vel è circularibus compositus, in astronomiâ maximi facimus et quasi unicè tuemur, nec certè aliter propter tales Martias aut quorumdam anomalias sentire possumus neque debemus, antequam necessitas id imposuerit ut circularia sive simplicia sive ut plurimum complicata et composita, per quæ omnes pene hujusmodi incurvatæ figurationes, tum etiam rectæ plane lineæ describi possunt, officium suum circa omnimodam phænomeneon cœlestium repræsentationem deposuerint.* Ainsi, parce qu'en multipliant les cercles on peut trouver à peu près l'équivalent d'une courbe quelconque, ou même d'une ligne droite, il déclare qu'il ne peut ni ne doit renoncer à cette idée de Copernic, regardée par Tycho comme un axiome, que tous les mouvemens célestes s'accomplissent dans des cercles; il ne croit pas ces cercles *matériels,* mais ils n'en sont pas moins *réels.* Ainsi, la simplicité lui paraît bien moins importante que ce prétendu axiome, que l'on qualifiait ainsi pour se dispenser d'en donner la démonstration, que l'on sentait impossible. On conçoit que Longomontan, après avoir travaillé plus de dix ans sous Tycho, devait avoir quelque peine à renoncer à des théories et à des combinaisons auxquelles il avait tant coopéré; il était donc assez naturel qu'il résistât d'abord, et c'est ce qu'ont fait, long-tems encore, des astronomes qui n'avaient pas d'excuse aussi légitime; qui, venant après Képler, et ne devant avoir aucun préjugé contraire, auraient dû embrasser avec empressement un système beaucoup plus simple; il eût été bien plus sage de le perfectionner dans quelques détails, que de se donner tant de peine à réparer d'anciennes constructions qui tombaient en ruines, et qu'on ne pouvait soutenir quelque tems qu'en ajoutant à leur complication. Ainsi, pour ne pas vouloir de l'ellipse, Longomontanus emploie quatre cercles pour Mars. On sent quelles longueurs ces quatre cercles devaient ajouter au calcul de la latitude, qu'elles rendaient aussi plus incertain.

Il n'a pu encore se convaincre qu'il y ait aucun avantage à rapporter au Soleil vrai les mouvemens de Vénus et de Mercure; il suit donc l'ancienne méthode, et n'a adopté qu'en partie la réforme de Képler. Malgré tous ses soins, les erreurs de Vénus vont à 7', et celles de Mercure à 12'. Ce qu'on vient de lire nous dispensera de tout autre détail sur des hypothèses malheureuses, qui ne peuvent devenir que plus défectueuses encore avec le tems.

L'Ouvrage finit par un traité des astres de passage, tels que les comètes et les étoiles nouvelles. *De adscitiis cœli phænomenis.* On est fâché de voir ses dissertations commencer par des idées peu saines sur les effets des comètes : Ὀυδεὶς κομήτης ὅστις οὐ κακα φέρει. Il traduit ce vers iambique par un hexamètre : *impunè nunquam visus fulgere cometes.* Claudien avait dit : *Et nunquam cœlo spectatum impunè cometen.* Enfin, il croit voir dans les étoiles de 1572 et 1604, des preuves de la fin prochaine du monde.

Képler donnait aux comètes un mouvement rectiligne; Longomontanus lui objecte qu'en bon copernicien il aurait dû admettre le mouvement curviligne et même circulaire, comme le plus naturel aux astres. A tous les raisonnemens ridicules et tout au moins très hasardés des anciens, il en oppose qui ne valent guère mieux; il pense que les astres nouveaux sont formés pour nous exhorter à la pénitence; il ne veut pas croire que la voie lactée soit uniquement composée de petites étoiles, mais qu'elle l'est aussi d'*une certaine matière répandue dans l'espace; cette matière peut donner naissance aux comètes.* C'est une idée reproduite par Herschel; on voit qu'elle n'est pas neuve :

Multa renascentur quæ jam cecidere, cadent que
Quæ nunc sunt in honore.

Il avoue ingénument qu'il n'ose assurer que cela soit ainsi. Tycho reconnaît deux centres des mouvemens célestes, la Terre et le Soleil; il est persuadé que les comètes tournent autour de la Terre; il disserte longuement sur les queues; il veut bien qu'elles se dirigent à l'opposite du Soleil, mais il ne croit pas qu'elles soient produites par la lumière du Soleil, qui traverserait l'atmosphère de la Terre; il affirme que la route apparente de la comète est un grand cercle; ce qui prouve qu'il n'en a pas beaucoup observé.

Après toutes ces vaines dissertations, il passe à la comète de 1607, qu'il aperçut le 18 septembre; elle avait une queue, était grosse comme Jupiter, mais d'une couleur plus ressemblante à celle de Saturne; la queue était dense et de même couleur que le noyau; il en rapporte les observations, et trouve qu'elle n'a pas de parallaxe sensible. De là, il passe à celle de 1618, qu'il désigne par les mots de *stupendum et fatalem.* Cette comète si effrayante, n'était cependant pas plus grande que l'Épi de la Vierge ; sa queue *était de la taille de l'homme le plus grand;* sa couleur, entre celles de Mars et de l'Épi; la queue grandit beaucoup par la suite, car le 30 novembre elle occupait dans le ciel un espace de 104°. La comète venait de traverser le cercle qu'avait décrit la comète de l'année précédente; et c'est à cette circonstance que l'auteur attribue en partie cette queue remarquable; le noyau était alors fort voisin de la Lune, ce qui pourrait bien, selon lui, avoir contribué à la grande queue; mais Longomontanus insiste particulièrement sur un *certain sens occulte*, et sur une certaine antipathie pour l'autre comète.

Le chapitre est terminé par la notice de deux comètes observées en Perse, à Hispahan; le reste est la théorie astrologique de deux comètes et de leurs effets : le tout finissant par des réflexions fort édifiantes, qui prouvent que Longomontanus était bon chrétien encore plus que bon astronome.

« Longomontanus, dit Bailly, *Astronomie moderne*, tome II, page 141, fut un observateur, pour le tems; il sortait de l'école de Tycho (ce n'est pas assez dire, il était son aide principal, le chef des observateurs et des calculateurs que Tycho entretenait en assez grand nombre; il est le seul qui se soit fait un nom); il conserva les opinions de son maître; il avait sans doute une partie de ses observations (ces observations avaient été faites en partie par lui-même, il les avait calculées chez Tycho, il a pu emporter ses notes et ses calculs); il en profita pour composer un grand ouvrage, l'*Astronomie Danoise;* il y conserve toute la vieille forme de l'Astronomie; ce sont les épicycles, le mouvement du centre de l'excentrique, établi par Ptolémée (ceci méritait quelques exceptions; il avait admis l'explication du mouvement de précession, imaginée par Copernic; il rapportait au Soleil vrai les mouvemens des planètes supérieures; il avait fait des corrections importantes aux théories lunaires de Ptolémée et de Copernic). Il n'inventa rien, il n'était pas au niveau de Képler qui élevait son siècle; il donne à la fois les formes de calcul dans les trois systèmes de Ptolémée, de Copernic et de Tycho; ce qui signifie qu'il n'avait pas assez de lumières pour faire un choix : il n'osait produire seule l'opinion de Tycho, il n'osait cependant lui en préférer une autre. »

Ce jugement est sans doute un peu sévère. Longomontanus dit formellement qu'il préfère le système de Tycho; il était si pénétré de respect pour la religion, qu'il pouvait réprouver une opinion si formellement condamnée par les théologiens. Si cette cause l'empêchait d'être copernicien, son respect, sa déférence pour Tycho, ne lui laissaient pas le choix entre les deux systèmes, qui supposent la Terre immobile. Souvenons-nous enfin qu'il donne à l'hypothèse de Copernic le nom d'*admirable*, et qu'il ne donne que celui de *nouvelle* à celle de Tycho; et nous pourrons en conclure avec quelque vraisemblance que, comme plusieurs autres, il était un copernicien déguisé.

« Louons sur-tout Longomontanus, continue Bailly, d'avoir eu le courage d'abandonner Tycho sur l'absurdité de faire tourner tous les jours en 24^h le Soleil, accompagné de toutes les planètes, autour de notre petit globe. » En effet, non-seulement il ose avancer l'idée que la Terre tourne autour de son axe, mais il appuie cette opinion sur les raisons les plus fortes, pages 161 et 220 de son Ouvrage. Il ose même dire qu'on ne peut y opposer que quelques passages mal interprétés de la Sainte-Écriture. Il n'y avait donc plus qu'un pas à faire pour être tout-à-fait copernicien; s'il ne l'a pas fait, il était sans doute de bonne foi; mais peut-être en fut-il détourné par un peu de jalousie contre Képler, qu'il avait vu arriver long-tems après lui chez Tycho, et qui cependant avait été choisi de préférence pour achever les Tables des planètes et recevoir en dépôt toutes les observations; il voulut faire une Astronomie toute danoise; il n'y employa que les observations de Tycho, ses propres observations, les hypothèses de Tycho, corrigées d'après ses réflexions; mais quoiqu'il n'ait voulu presque rien emprunter des idées de Képler, il en parle partout en des termes fort honorables, ce qu'il est juste de remarquer; cette modération fait honneur à son caractère.

Ursus Dithmarsus.

Nicolai Raymari Ursi Dithmarsi, Fundamentum astronomicum, id est nova Doctrina sinuum et triangulorum, eaque absolutissima et perfectissima, ejusque usus in Astronomicâ calculatione et observatione. Argentorati, 1588.

Ce petit ouvrage commence par une Arithmétique sexagésimale et un chapitre de la construction des cordes et des sinus. Ursus détermine par les moyens connus les sinus de 15°, 30°, 45°, 60° et 75°, qu'il nomme *sinus primaires;* il en déduit les autres par les théorèmes connus, au nombre desquels on voit le théorème $\sin A = \sin(60° + A) - \sin(60° - A)$, que je crois de Viète, qui l'a publié en 1579, c'est-à-dire 9 ans avant Dithmarsus; il donne même un grand tableau de la génération de tous ces sinus. Mais après cette méthode, qu'il qualifie de pénible et d'ennuyeuse, il en indique une autre beaucoup plus facile, pour calculer la table *même en nombres;* ces trois mots sont remarquables, et semblent indiquer une autre table qui ne serait pas en nombres naturels; il ajoute qu'elle s'opère par la section ou la division de l'angle droit en raison donnée, en autant de parties qu'on en voudra, et cela *arithmétiquement.*

De la section de l'angle en raison donnée.

La section d'un angle en raison donnée ne peut se faire qu'en deux parties : elle est ou astronomique ou géométrique ; mais par l'Arithmétique, on peut diviser un angle en autant de parties qu'on voudra.

La méthode astronomique divise un angle en deux parties inégales, d'après la raison de leurs sinus.

Soit x l'un des segmens de l'angle A, l'autre sera $(A - x)$; or, l'on veut que $\sin(A - x) = n \sin x$,

$$\sin A \cos x - \cos A \sin x = n \sin x, \quad \sin A \cos x = (n + \cos A) \sin x;$$

nous ferions

$$\tang x = \frac{\sin A}{n + \cos A} = \frac{\frac{1}{n} \sin A}{1 + \frac{1}{n} \cos A} = \frac{m \sin A}{1 + m \cos A};$$

l'auteur, qui n'avait pas de tangentes, faisait

$$\frac{\sin x}{\cos x} = \frac{\sin A}{n + \cos A} \quad \text{et} \quad \frac{\sin^2 x}{1 - \sin^2 x} = \frac{\sin^2 A}{(n + \cos A)^2},$$

$$(n + \cos A)^2 \sin^2 x = \sin^2 A - \sin^2 A \sin^2 x,$$

$$(n + \cos A)^2 \sin^2 x + \sin^2 A \sin^2 x = \sin^2 A,$$

$$\sin^2 x = \frac{\sin^2 A}{(n + \cos A)^2 + \sin^2 A} = \frac{\sin^2 A}{x^2 + 2n \cos A + \cos^2 A + \sin^2 A}$$

$$= \frac{\sin^2 A}{1 + n^2 + 2n \cos A} = \frac{\sin^2 A}{1 + 2n + n^2 - 4n \sin^2 \frac{1}{2} A}$$

$$= \frac{\sin^2 A}{(1 + n)^2 - 4n \sin^2 \frac{1}{2} A} = \frac{4 \sin^2 \frac{1}{2} A \cos^2 \frac{1}{2} A}{(1 + n)^2 - 4n \sin^2 \frac{1}{2} A}$$

$$= \frac{4 \sin^2 \frac{1}{2} A - 4 \sin^4 \frac{1}{2} A}{(1 + n)^2 - 4n \sin^2 \frac{1}{2} A};$$

ce n'est pas ainsi qu'il procède ; il suit la méthode de Ptolémée : voilà donc la méthode astronomique.

Pour la manière géométrique, on ne se sert point de sinus, mais simplement de la raison des côtés. Il n'en dit pas davantage et nous renvoie à la 3e proposition du VIe livre d'Euclide, qui dit que si une droite partage en deux l'angle au sommet d'un triangle, les segmens de la base seront entre eux comme les deux côtés qui comprennent l'angle ; théorème employé par Aristarque ; mais Euclide pourrait bien être un peu plus ancien qu'Aristarque : par ce moyen, on ne partagerait un angle qu'en deux parties égales.

Ce qu'il a dit de la méthode arithmétique serait intéressant, s'il avait daigné s'expliquer un peu plus clairement, voici ses expressions :

« La méthode arithmétique partage un angle en raison donnée, en un nombre quelconque de parties; elle se fait par la recherche des raisons qu'ont entre eux les segmens d'une droite perpendiculaire à l'un des côtés de l'angle; on cherche les raisons des segmens de la perpendiculaire, si l'on veut diviser l'angle en parties égales, par des sécantes. Cette section se fait d'abord dans l'angle droit; et ensuite, au moyen de l'angle droit, dans un angle quelconque aigu ou obtus.»

(On sait aujourd'hui que $\text{tang}\, A' - \text{tang}\, A = \frac{\sin(A'-A)}{\cos A \cos A'}$.
Si l'on fait $A' - A = 1°$ ou $1'$, ou une quantité constante, les sections de la tangente seront $\frac{\sin a}{\cos A \cos (A+a)}$, variables par conséquent; si l'on veut que $\text{tang}\,(A+a) - \text{tang}\, A = \frac{\sin a}{\cos A \cos (A+a)}$ soit une quantité constante, a sera variable; soit

$$m = \text{tang}\,(A+a) - \text{tang}\, A = \frac{\sin a}{\cos A \cos A \cos a - \cos A \sin A \sin a}$$

$$= \frac{\text{tang}\, a}{\cos^2 A - \sin A \cos A\, \text{tang}\, a} = \frac{\text{tang}\, a\,(1+\text{tang}^2 A)}{1 - \text{tang}\, A\, \text{tang}\, a},$$

$$m - m\, \text{tang}\, A\, \text{tang}\, a = \text{tang}\, a + \text{tang}^2 A\, \text{tang}\, a,$$

$$m = \text{tang}\, a + m\, \text{tang}\, A\, \text{tang}\, a + \text{tang}^2 A\, \text{tang}\, a,$$

$$\text{tang}\, a = \frac{m}{1 + m\, \text{tang}\, A + \text{tang}^2 A}$$

$$= \frac{m}{\sec^2 A + m\, \text{tang}\, A} = \frac{m \cos^2 A}{1 + m \sin A \cos A};$$

ainsi pour une augmentation m dans la tangente, on aura

$$\text{tang}\, a = \frac{m \cos^2 A}{1 + m.\frac{1}{2}\sin 2A} = \frac{\frac{1}{2}m(1+\cos 2A)}{1+\frac{1}{2}m \sin 2A};$$

au moyen de ces formules, on aura m par a ou a par m.)

Dithmarsus continue : cette invention est de Byrge, et je l'ai exposée dans la règle suivante : choisissez arbitrairement le nombre de parties dans lesquelles vous voulez diviser l'angle droit; prenez la différence entre la dernière portion et l'avant dernière; cette même différence, ajoutée au nombre précédent le plus voisin, sera la différence entre la pénultième et l'antépénultième, et ainsi de suite jusqu'à ce que vous arriviez au premier des nombres posés.

Vous répéterez la même opération précisément de la même manière, la dernière sera la dernière différence première ou la dernière portion de l'angle partagé; et cette même portion, ajoutée à la différence suivante la plus prochaine, sera la seconde portion, et ainsi de suite jusqu'à la différence la plus basse; et plus vous répéterez l'opération et plus l'angle sera exactement divisé, jusqu'à ce qu'enfin la raison des portions restera presque absolument invariable.

Pour éclaircir cette règle, qui en a grand besoin, il ajoute une figure qu'il dédie à Juste Byrge, son maître; c'est un quart de cercle divisé de 15 en 15°, avec les sinus de ces différens arcs.

A côté de cette figure, il place le tableau suivant :

....		.....		...		.
	......		....		..	
....		.....		...		.
	......		....		..	
....		.....		...		.
	......		....		..	
....		.....		...		.
	......		....		..	
....		.....		...		.
	......		....		..	
....		.....		...		.
	......		....		..	
....		.....		...		.
	......		....		..	
....		.....		...		.
	......		....		..	
....		.....		...		.
	......		....		..	
....		.....		...		.

Ce tableau paraît indiquer des différences de plusieurs ordres, qui vont toujours en diminuant, jusqu'à devenir presque constantes. L'auteur aurait bien dû ajouter un exemple numérique.

Il dit enfin : par cet artifice inappréciable, le canon des sinus sera construit avec une extrême facilité en deux ou trois jours, ou quatre, ou huit au plus; ce qu'on ne ferait par les cordes, avec beaucoup de peine, qu'en plusieurs années. Jusqu'ici, nous n'avons parlé que de la table en nombres, nous nous réservons de traiter de la construction en nombres, soit vulgaires, par l'inscription, soit logistiques, par la section de l'angle; nous parlerons tant de ce que nous avons déjà dit, que de ce qui nous reste à dire; nous en donnerons les causes et les démonstrations dans notre grande et royale Astronomie (à moins que l'argent ne nous manque pour les frais de l'impression); en attendant, nous allons exposer une méthode plus facile à comprendre; elle est fondée sur la quadrature du cercle.

Je ne sais si ces nombres logistiques de Byrge, pour remplacer les nombres naturels, sont ceux dont parle Képler, quand il nous dit que

Byrge avait prévenu Néper. Mais, si la table n'exigeait que quatre jours de travail, Byrge et Dithmarsus ont mérité le reproche de paresse ou d'indifférence, pour ne nous avoir pas mieux fait connaître cette invention si précieuse.

Remarquons que l'impression du livre de Dithmarsus a précédé de 26 ans celle du livre de Néper, qui par conséquent aurait pu profiter de l'idée de Byrge, laquelle en effet a la plus grande analogie avec celle qui sert de fondement au *Mirificus Canon*. (*Voy*. ci-après l'article Néper).

La méthode de quadrature dont il va parler, est de Simon Duchesne de Bourgogne, citoyen de Delft. Dithmarsus la qualifie de découverte divine.

Soit AB le diamètre d'un cercle, BO la tangente à l'extrémité B (fig. 51); soit BC un arc quelconque, la corde BC sera perpendiculaire sur la corde AC; vous aurez

$$\text{corde } BC = 2\sin\tfrac{1}{2}BC = 2\sin A,$$
$$\text{corde } AC = 2\sin(90° - A) = 2\cos A,$$
$$BD = 2\text{tang } A,$$
$$AC = BC \text{ tang } B = 2\sin A, \cot A = 2\cos A,$$
$$CD = 2\sin A \text{ tang } A = \frac{2\sin A}{\cos A},$$
$$AD = AC + CD = AD = \frac{2\sin^2 A}{\cos A} = \frac{2\cos^2 A + 2\sin^2 A}{\cos A} = \frac{2}{\cos A}.$$

Maintenant, soit A tel que

$$AC = BD \text{ ou } 2\cos A = 2\text{tang } A \text{ et } \cos A = \text{tang } A,$$
$$\cos^2 A = \sin A,\ 1 - \sin^2 A = \sin A,\ 1 = \sin^2 A + \sin A,$$
$$1 + \tfrac{1}{4} = \tfrac{5}{4} = \sin^2 A + \sin A + \tfrac{1}{4} = (\sin A + \tfrac{1}{2})^2,$$
$$\left(\frac{5}{4}\right)^{\frac{1}{2}} = \sin A + \tfrac{1}{2},\ \tfrac{1}{2}\sqrt{5} - \tfrac{1}{2} = \sin A$$
$$= \text{corde } 36 = 2.\sin 18°.$$

L'auteur prétend que AB.BD = 2.2tang A = 4tang A est la surface du cercle; mais 4tang A .... = 3,14460,57
et la surface .... = 3,14159,27

erreur de cette quadrature divine .... = 0,00301,30.

$$\text{tang } A = \frac{\sin A}{\cos A} = \frac{\sin A}{\sqrt{\sin A}} = \sqrt{\sin A},\ 4\text{tang } A = 4\sqrt{\sin A} = .$$

L'auteur en donne une longue démonstration qui n'est pas bien claire; mais il ne dit pas quelle est cette tangente BD = AC. Pour l'usage qu'on en peut faire, il renvoye à son Astronomie; il annonce, qu'au moyen de cette invention ingénieuse on pourra se passer de sinus; mais en attendant, il va montrer comment par les sinus, on pourra résoudre tous les triangles possibles; et ce qui est assez bizarre, il commence par les triangles sphériques.

Pour les triangles rectangles, il emploie le théorème de Géber... $\cos A'' = \cos C'' \sin A$; il se sert des deux triangles complémentaires ajoutés successivement à un triangle rectangle donné.

Pour les triangles dans lesquels on connaît les trois côtés, il donne, d'après Juste Byrge, une construction de la formule $\cos A'' = \frac{\cos C'' - \cos C \cos C'}{\sin C \sin C'}$, par la projection orthographique du triangle : cette solution est simple en théorie, le calcul en est long. On a vu dans Albatégnius une solution fort ressemblante.

Pour le cas d'un angle entre deux côtés, tous connus, il y a peu de chose à changer au calcul et rien à la construction. Après ces deux cas, qu'il appelle *ordinaires*, *voyez*, nous dit-il, *voyez amis de la science, pesez et admirez l'habileté de Juste Byrge; comparez cette route facile, aux labyrinthes des autres auteurs; voyez de quelles peines, de quels ennuis nous avons été délivrés par ce grand artiste, et partagez ma reconnaissance.*

Pour les autres cas, il partage le triangle en deux rectangles, en abaissant un arc perpendiculaire, ou bien il prolonge les côtés jusqu'à 90° ou 180°, il prend les supplémens ou les complémens des angles. Quand il abaisse une perpendiculaire, il commence par la calculer ainsi que les segmens, soit de la base, soit de l'angle vertical; quand il prolonge les côtés, il trouve que l'explication serait trop longue, et présente huit figures qui pourront guider le calculateur dans tous les cas possibles. Il passe aux cas ambigus qui admettent deux solutions, à moins que quelque circonstance du problème ne donne l'exclusion à l'une des deux valeurs; pour reconnaître ces circonstances il renvoie à son Astronomie. Il arrive au sixième cas, qui exige une perpendiculaire et les prolongemens de tous les côtés; il commence par exposer d'une manière assez obscure la méthode qui sert à partager un angle en deux parties, quand on connaît le rapport des sinus des deux segmens de l'angle; alors il chante victoire, il s'écrie : *Delie io Pæan et io eiiie Pæan;* puis il procède à la solution qui donne les trois côtés quand on connaît les trois angles. Il n'y avait pas de quoi tant triompher ; sa solution ressemble beaucoup à celle de Copernic; elle est seulement un peu moins claire : comme Copernic, il n'emploie que les sinus.

Pour les triangles rectilignes, on ne voit rien de nouveau; dans le cas des trois côtés donnés, il emploie le théorème

$$\text{différ. des segm. de la base} = \frac{\text{somme des côtés différ. des côtés}}{\text{base}};$$

il se fonde sur deux théorèmes d'Euclide. En effet, il peut se déduire de plusieurs propositions différentes du 2e et du 3e livre, mais il a été employé par Ptolémée dans le calcul des éclipses, et démontré par Théon.

Il donne enfin un petit Traité d'Astronomie assez superficiel, mais toujours un peu obscur; il finit par exposer son système, qui donne à la Terre le mouvement diurne; il laisse le mouvement annuel au Soleil, qui entraîne avec lui toutes les planètes. A la rotation de la Terre près, c'est le système de Tycho qu'il revendique; il prétend l'avoir communiqué à Rothman qui l'a fait connaître à Tycho. Nous avons vu dans les Lettres de Tycho, que quand il eut fait part de ses idées à Rothman, celui-ci répondit que le landgrave possédait depuis long-tems une machine de Byrge, qui représentait un système assez semblable. Dans cette circonstance, comme en beaucoup d'autres, il n'est pas nécessaire qu'il y ait un plagiaire ; l'idée du système de Dithmarsus ou de celui de Tycho, n'était pas bien difficile après Copernic et Ptolémée; ce n'est qu'un mélange de deux hypothèses, et ce système ne valait guère la peine qu'on se le disputât avec chaleur et avec amertume. Tycho nous dit dans ses Lettres, que Dithmarsus avait vu chez lui, dans son île, le système représenté par une figure, tel qu'il l'avait d'abord conçu, avec une faute qu'il a corrigée depuis et que Dithmarsus a conservée. *Voyez* les Lettres de Tycho, page 149; la lettre est de février 1589, après la lecture du livre de Dithmarsus. La visite de Dithmarsus à Tycho est de 1584. Il resterait à savoir l'année où J. Byrge composa le Planétaire; c'est ce qu'Ursus nous dira lui-même.

Ces inculpations de Tycho, les représentations d'Ursus, qui était ou voulait se faire passer pour le premier auteur du système auquel est resté le nom de Tycho, avaient aigri les deux prétendans. Nous avons vu avec quel mépris Tycho traite son compétiteur; nous allons voir comment Ursus s'en vengea, par l'Ouvrage dont voici le titre :

Nicolai Raimari Ursi Dithmarsi, de Astronomicis hypothesibus seu Systemate Mundano, tractatus astronomicus et cosmographicus, scitu cum jucundus tum utilissimus; item astronomicarum hypothesium à se inventarum, oblatarum et editarum, contrà quosdam eas sibi temerario seu potius nefario ausu arrogantes, vendicatio et defensio, è que sacris demonstratio earumdemque usus... cum quibusdam novis subtilissimisque compendiis et artificiis, in planè novâ doctrinâ sinuum et triangulorum, iterum jamque alterâ vice exhibitâ : nec non aliquibus exercititiis mathematicis jucundissimis ad solvendum omnibus ac præsertìm suis Zoïlis et suggillatoribus, ob palmam magisteriumque mathematicum, mathematicique exercitii gratiâ propositis ; ac denique problemata totius processûs Astronomicæ observationis seu rationis observandi τὰ φαινόμενα. Oseæ chap. 13, *ἀπαντήσομαι αὐτοῖς ὡς ἄρκτος. (Occurram eis quasi Ursa raptis catulis.) Pragæ*, 1597, in-4° de 80 pages, dont six de figures.

Ce titre fastueux, que nous avons encore abrégé, nous annonce un ouvrage bien curieux, ou la production d'une tête peu saine. Weidler n'en dit rien autre chose, sinon que Tycho y est indignement déchiré; mais notre curiosité étant vivement excitée par l'annonce d'une nouvelle et très subtile Trigonométrie ; pour le lire et l'extraire, nous nous sommes adressé à M. Halma, traducteur de Ptolémée, qui nous a trouvé cet ouvrage à la Bibliothèque de Sainte-Geneviève, dont il est un des conservateurs.

L'auteur, dans son épître dédicatoire, nous dit que c'est le 1er octobre 1585 qu'il imagina ses hypothèses, un an après sa visite à Tycho ; et que le 1er de mai 1586, il les exposa au landgrave de Hesse, qui en fut si charmé, qu'il donna tout aussitôt l'ordre à son artiste Juste Byrge, helvétien, d'exécuter ce nouveau système en laiton; il en appelle au témoignage de Byrge; il ajoute que Rothman, mathématicien du prince, envieux de sa gloire, se conduisit comme un traître et un iscariote, en communiquant la découverte à Tycho. Nous avons vu dans les Lettres de Tycho, que Rothman, au contraire, lorsque Tycho lui expliqua pour la première fois son sytème, fit la remarque qu'il avait vu chez le landgrave une machine exécutée d'après un système tout semblable; et nous ne voyons pas quel intérêt si grand Rothman pouvait avoir à dépouiller Ursus pour enrichir un tiers. Nous avons vu comment Tycho explique la remarque de Rothman ; il paraît constant que la machine existait à Cassel avant que Tycho eût expliqué son système à Rothman; au reste, Ursus prétend qu'Apollonius de Perge avait eu la même idée, et même qu'elle est suffisamment exposée dans le livre des Révolutions, de Copernic, liv. III, chap. XXV, et liv. V, chap. III et XXXV. Tycho a dû lire Copernic, il ne l'a donc pas entendu, nous dit Ursus, ou bien il a cru que d'autres ne l'entendraient pas; il objecte à Tycho, que toute la sagesse n'est pas renfermée dans sa petite cervelle danoise, et qu'elle n'y est pas entrée *par les larges ouvertures de son nez coupé;* il se répand contre lui en injures, dans une épître dont nous citerons les vers suivans, parce qu'ils contiennent des problèmes qu'il le défie de résoudre.

I. *Zoïle si poteris, tu quæque triangula solvas,*
Perque sinus solos absque operante manu?

Ce premier problème était complètement résolu dans l'ouvrage posthume de Régiomontan; mais il ajoute :

Ut divisio nec neque multiplicatio fiat,
Sit quocumque loco maximus ipse sinus.

On pourrait soupçonner qu'il indique ici les logarithmes, mais nous verrons qu'il ne parle que de sa prostaphérèse.

II. *Zoïle si poteris, notis sinibusve duobus,*
Per divisum omnes invenias reliquos?

Il donnera plus loin la solution de ce second problème.

III. *Noto unove sinu per singula scrupula cunctos,*
Proximè et invenies arte sinus alios.
IV. *Zoïle si poteris, quantum perpendiculi omnis,*
Triquetri invenias, per canonem que trium?
V. *Dic ubi in orbe locus repedat quo corporis umbra,*
Quâ vel in quovis fiat id arte loco?

Ce dernier problème n'est ni difficile ni nouveau.

Il attribue les homocentriques à Eudoxe, et les excentriques aux pythagoriciens; selon lui, Aristarque est le premier auteur du système de Copernic. Je le veux bien, mais personne n'a dit quels développemens Aristarque avait donnés à cette idée, ni de quelles preuves il l'avait appuyée; enfin, on ne voit pas quelle conséquence utile il en a pu tirer. S'il eût aperçu que ce système liait toutes les parties de l'univers, et déterminait les distances des planètes qui sont arbitraires dans l'ancien système; il serait plus que singulier qu'Archimède n'eût pas été frappé de cet avantage singulier, et que Ptolémée eût dédaigné d'en parler. Il reste donc infiniment probable qu'Aristarque et tous ceux qui ont fait mouvoir la Terre, avant Copernic, n'ont eu que des idées vagues, et rien d'arrêté ou qui méritât quelque attention.

Il répète que Copernic a lui-même indiqué le système d'Apollonius, et qu'il l'avait trouvé dans Martianus Capella. Qu'enfin, Hélisæus Roslin a pillé Apollonius ou Tycho et s'est déclaré l'auteur de cette découverte. Tout cela peut être, et plus d'une fois nous avons témoigné notre surprise qu'une chose si facile ait échappé à l'attention de ceux qui avaient tant de répugnance à croire au mouvement de la Terre.

Voici l'un des passages de Copernic, liv. III, chap. xxv.

« Nous n'ignorons pas que si l'on plaçait la Terre immobile au centre » du monde et de la révolution annuelle, et qu'on donnât au Soleil » mobile les deux mouvemens que nous donnons au centre de l'excen- » trique, on aurait les mêmes phénomènes et les mêmes nombres pour » les calculer; il ne resterait à la Terre que le mouvement diurne autour » de son axe; on resterait dans le doute sur le vrai centre du monde, » on ne saurait s'il est dans le Soleil ou hors du Soleil. Nous en dirons » davantage à l'article des planètes. »

On ne voit là ni le système de Tycho, ni celui de Ptolémée tout pur; on ne voit pas quel est le centre des mouvemens planétaires. Ursus ne prouve pas mieux, qu'Apollonius ait eu la même idée que Tycho; voici ce qui regarde Apollonius.

« Ce sujet a été traité par plusieurs mathématiciens, et notamment par » Apollonius; mais ce dernier ne considérait qu'une seule inégalité, et » celle par laquelle les planètes se meuvent relativement au Soleil mobile, » et que nous appelons *commutation*, à cause du mouvement du grand » orbe de la Terre. » Et plus loin, « Pour ces démonstrations, Apol- » lonius pose un petit lemme, dont nous ferons le même usage pour la » Terre mobile. »

Ce mouvement de commutation est le mouvement relatif de la planète sur son épicycle, dans le système de Ptolémée. Je ne puis rien y voir qui suppose l'idée de Tycho, qui fait tourner le Soleil et son cortége de planètes autour de la Terre. Si Apollonius en était le premier auteur, Ursus n'aurait rien inventé non plus que Tycho; mais Ursus, qui se défie de ses droits, veut du moins dépouiller Tycho, par esprit de vengeance. Au reste, l'idée n'était ni assez bonne, ni assez difficile à trouver, pour justifier ni l'aigreur de Tycho, ni les invectives dont les deux contendans se montrent si prodigues. Ursus n'est guère moins irrité contre Rothman, qu'il traite avec une virulence qui suffirait pour ôter toute confiance à ses allégations.

En comparant les trois systèmes, il trouve des absurdités dans tous, et c'est ce qui le détermine à donner à la Terre le mouvement diurne autour de son axe; ce qu'il prétend prouver par les passages mêmes de l'Écriture; et pour prouver ce mouvement et l'immobilité de la sphère étoilée, il cite ce vers de saint Ambroise, qui probablement lui donnait un autre sens :

In terrâ irrequies, in cœlo grata quies est.

En réfutant ce que Tycho avait imprimé contre lui, il assure que jamais il n'a mal parlé de Tycho, si ce n'est peut-être au sujet de son nez coupé. Nous citerons ses propres expressions.

Nisi forte... de amputato ipsius naso jocatus : de quo cum me in mensa quæritabant festivi ac faceti mei socii, pictores, aurifabri, horologiarii et id genus hominum, ego illis indicavi, Tychoni non totum nasum, sed superiorem duntaxat ejus partem esse abscissam; inferiorem vero portionem, ipsas que oras narium instar perspicilli ei esse relictas. Hanc meam seriam quidem et minimè jocosam, multo minus scommatricam (hoc enim Deus avertat) responsionem, salso quodam risu excipiens quidam pictor, ipsumque Tychonem graphice et ad vivum, suisque nativis ac genuinis coloribus depingens, in hujusmodi verba in que hanc sententiam erumpens dicebat : ergo Tycho est naturalis astronomus, adque observationis officium accommodatissimus; habet enim pinnacidia vel dioptrica foramina in ipso naso, itaque neque aliis ullis instrumentis indigebit. Cur itaque demens tot sumptus in alia atque alia instrumenta impendit? cur non potius contentus abit cum nativo ac naturali, ab ipsâ providâ matre naturâ tam benigniter clementerque ei concesso instrumento aptissimo.

Namque supervacuum fieri per plura quod æque,
Tam facilè fieri per breviora potest,

atque hæc ille : alter vero bonus socius aurifaber addebat dicens; si ego essem apud Tychonem, ego vellem ei imponere aureum vel argenteum nasum. Tertius omnium maximè festivus addebat, se aliquando in Saxoniâ audiisse, quando olim Rostochii Tychoni nasus noctu inque tenebris esset amputatus, eum non potuisse inveniri ante matutinum tempus, et tum in nescio quâ tam nobili naso minus conveniente materiâ esse repertum, idque à sue ni fallor. Atque ejusmodi fuerunt mensales nostræ inter nos confabulationes, quos quidem non in ignominiam Tychonis ejusve nasi refero, sed ut sciat ipse nostri dissidii occasionem atque originem, fideliter profero.

Nous ne traduirons pas ce passage, dont Kæstner a déjà réimprimé la majeure partie. Si le témoignage d'Ursus était unique, nous ne pourrions y ajouter une foi bien entière, mais tous les portraits de Tycho déposent en faveur de l'anecdote du nez coupé par le bout, dans un duel nocturne. L'historien de sa vie ne la révoque pas en doute, et un danois l'a insérée dans mon article de Tycho, dans la Biographie universelle. Quand Tycho eut le nez coupé (nous dit Kæstner au tome II de son Histoire de l'Astronomie, page 283), il voulut revoir son thème de nativité; il trouva que la direction de son horoscope vers Mars lui présageait une difformité dans la figure. (Il est probable que Tycho n'avait pas attendu ce moment pour examiner son thème; mais ce pronostic d'une difformité dans la figure, produite par Mars, était une de ces annonces qui ne se comprennent qu'après l'évènement. Tycho, qui nesuivait pas la carrière des armes, devait être bien persuadé qu'il n'avait rien à redouter de Mars.) Il se fit un nez d'une composition d'or et d'argent, qui ressemblait assez à un nez naturel.

Sur son premier ouvrage, on demandait à Ursus quelques explications en ces termes : « Parmi plusieurs passages inextricables, et que je relis souvent, je citerai particulièrement celui de la feuille 8, face B, sur la section de l'angle en raison donnée; il est tellement obscur, que je n'en puis trouver le sens; écrivez-moi, s'il vous plaît, pareillement ce que votre ami a composé et découvert sur je ne sais quelles proportionnelles; je voudrais en connaître la démonstration. Rome, 15 janv. 1593. (Il semble qu'il est ici question des Logarithmes de Byrge.) »

Un autre savant lui écrivait : « Toute la difficulté consiste à chercher quelle partie du cercle est l'arc proposé, ce que je trouve au moyen d'une petite table; mais comment Ursus y parvient-il? c'est ce que je ne puis deviner. Je ne comprends pas davantage la figure de la page 9, de la section de l'angle, suivant l'invention de Byrge. »

Nous verrons plus loin les réponses assez peu satisfaisantes qu'Ursus fait à ces questions.

Il reproche à Tycho l'inexactitude de ses transversales entre des arcs concentriques de divers rayons. Avant d'avoir lu son livre, j'avais fait la même objection, et je m'étais convaincu de son peu d'importance, par le calcul suivant (fig. 52).

On trace sur le limbe deux cercles concentriques AA′ et D′D, qu'on divise de dix en dix minutes; soit donc $AA' = 10' = D'D$; pour avoir les minutes, on mène une ligne transversale AD qu'on divise par des arcs concentriques, tels que a, a', qui ne doivent pas être à des intervalles égaux; CD, CD', Cb' sont des lignes droites.

Soit x l'angle qu'on veut retrancher de $ACA' = 10'$;

$$\sin b : CD :: \sin D : Cb = \frac{CD \sin D}{\sin b} = \frac{CD \sin D}{\sin (D + x)},$$

$$bb' = a'D = (CD - Cb) = CD - \frac{CD \sin D}{\sin (D+x)} = \frac{CD[\sin (D+x) - \sin D]}{\sin (D+x)}$$

$$= \frac{2CD \sin \frac{1}{2} x \cos (D + \frac{1}{2} x)}{\sin (D + \frac{1}{2} x + \frac{1}{2} x)} = \frac{2CD \sin \frac{1}{2} x \cos (D + \frac{1}{2} x)}{\sin (D + \frac{1}{2} x) \cos \frac{1}{2} x + \cos (D + \frac{1}{2} x) \sin \frac{1}{2} x}$$

$$= \frac{2CD \tang \frac{1}{2} x \cot (D + \frac{1}{2} x)}{1 + \tang \frac{1}{2} x \cot (D + \frac{1}{2} x)},$$

$$\tang D = \frac{CA \sin C}{CD - CA \cos C} = \frac{\left(\frac{CA}{CD}\right) \sin C}{1 - \frac{CA}{CD} \cos C} = \frac{m \sin C}{1 - m \cos C}.$$

Soit CA = 24 et CD = 25; au moyen de ces formules j'ai calculé la table suivante; on voit que l'erreur est insensible pour un arc de 10', puisqu'elle ne va pas à $\frac{2''}{3}$.

x	a'D	Differ. commun.	a'A	Differ. égale.	Erreur.
10'	1,0000		0,0000	1,0	0" 00
9	0,9036	0964	0,0964	0,9	0,26
8	0,8065	0971	0,1935	0,8	0,39
7	0,7085	0980	0,2915	0,7	0,51
6	0,6098	0987	0,3902	0,6	0,59
5	0,5101	0997	0,4899	0,5	0,67
4	0,4098	1003	0,5902	0,4	0,59
3	0,3087	1001	0,6913	0,3	0,53
2	0,2066	1021	0,7934	0,2	0,40
1	0,1037	1029	0,8963	0,1	0,22

Ursus assure de plus, que l'invention des transversales est plus ancienne qu'Homélius et que Chansler, car il l'a vue décrite et gravée dans un livre allemand de Christophe *Pulcher*, hongrois, imprimé en 1561, à Lauging sur le Danube, in-4°.

Venons enfin à la construction de la table des sinus.

« On construit la table des sinus, ou arithmétiquement et par les

» nombres seuls, en partageant l'angle droit en autant de parties égales; » c'est l'invention de Juste Byrge, helvétien; ou géométriquement par » l'inscription des polygones au cercle; ou par de simples proportions, » et cette invention est en grande partie de moi.

» La section de l'angle droit, en autant de parties qu'on voudra, se » trouve dans mon *Fondement astronomique*, feuillet 8, à la fin. Mais » elle y est enveloppée dans une double énigme assez obscure; et cela » *in pauculis illis insertis litterulis antiquatis* (*ut vocant typographi*), » *verbis que illis* (*obversum* ƽ); ce cinq renversé représente la moitié » gauche et antérieure de la dernière lettre de l'alphabet grec. Or, on » sait que l'oméga indique une dernière chose, la fin d'une chose quel- » conque : ce demi-oméga est la première énigme; il désigne la moitié » d'une dernière quantité. Voici maintenant la seconde énigme; effacez » ce cinq renversé et mettez à la place la moitié du dernier nombre » posé; suivez alors le précepte de la feuille 8 du *Fondement astrono-* » *mique;* après avoir plusieurs fois répété l'opération, vous trouverez » des choses dignes d'admiration. »

Il aurait pu dire ici, et voilà une troisième énigme; il ajoute :

« Tycho n'est pas digne que je lui apprenne cet artifice; mais j'ai » imaginé depuis une démonstration, ignorée de tous jusqu'aujourd'hui, » bien plus belle que cet artifice même, et que j'avais d'abord eu l'envie » de consigner ici, si ce n'est que j'ai craint que Tycho et Rothman ne » disent que je la leur ai dérobée; j'ai donc imaginé une autre démonstra- » tion, mécanique pour ainsi dire, moins complète à la vérité, et qui » n'est nullement comparable avec ma nouvelle démonstration, fondée » sur une progression arithmétique particulière, et je l'ai communiquée » gratis à quelques-uns de mes disciples; mais comme elle est longue et » compliquée, je ne juge pas à propos de la joindre ici.... Voilà tout » ce que je puis dire de la construction arithmétique de Byrge, pour la » table des sinus; ceux qui voudront en faire l'essai, trouveront facile- » ment qu'elle est très exacte; ce qu'on ne pourra cependant savoir bien » sûrement, qu'en la comparant à une table construite géométriquement. » J'ai dit pourquoi il ne me convient pas de publier ici la démonstration » que j'ai nouvellement imaginée; ainsi, j'en vais exposer une autre qui » est géométrique, qui sera peut-être encore plus agréable au lecteur, » et qui lui semblera digne de son approbation. »

Nous n'avons donc plus aucune espérance de savoir par lui quel était le secret de Byrge. Quand nous aurons analysé Képler, qui est moins mystérieux, nous pourrons revenir, s'il y a lieu, sur les énigmes d'Ursus.

« La seconde manière de construire la table des sinus n'emploie que » la seule règle de trois, ou la proportion géométrique; on est dispensé » du soin ennuyeux d'élever des nombres au carré, on peut ne faire aucun » usage du théorème du carré de l'hypoténuse; on n'emploie que celui » des côtés homologues des triangles semblables (dont on peut dire qu'il » renferme la science mathématique toute entière); elle consiste dans » les procédés suivans, qui sont en grande partie de mon invention. »

Dans tout triangle rectangle KFT, on a (fig. 53)

$$TK + FT : FT :: FT : TK - FT;$$

c'est, quoi qu'il en dise, le théorème de l'hypoténuse.

Soit le quart de cercle ACB; sur le rayon AC décrivez le triangle équilatéral ACD, vous aurez ACD $=$ AD $= 60°$; abaissez la perpendiculaire DM, qui partagera le triangle équilatéral en deux triangles rectangles égaux; on aura donc AM $=$ CM; or,

$$CM = Dx = \sin(90° - 60°) = \sin 30° = \tfrac{1}{2}.$$

Abaissez l'autre perpendiculaire COF, $AO = DO = \frac{1}{2} = \sin 30° = FK$, arc AF $=$ arc FD $= 30°$; prenez MY $=$ FK et menez FY, et sur FY prenez $FT = \frac{1}{2} FK = \frac{1}{4}$ et menez KT,

$$\overline{KT}^2 = \overline{FK}^2 + \overline{FT}^2 = \tfrac{1}{4} + \tfrac{1}{16} = \tfrac{5}{16} \quad \text{et} \quad KT = \tfrac{1}{4}\sqrt{5}.$$

Du centre T et du rayon TF décrivez l'arc FS, vous aurez $TS = \frac{1}{4}$,

$$KS = KT - TS = \tfrac{1}{4}\sqrt{5} - \tfrac{1}{4} = \tfrac{1}{2}\left(\tfrac{1}{2}\sqrt{5} - \tfrac{1}{2}\right)$$
$$= \tfrac{1}{2} \text{ corde décagone} = \tfrac{1}{2} \text{ corde } 36° = \sin 18°.$$

Du centre K et du rayon KS décrivez l'arc SN, vous aurez KS $=$ KN $= \sin 18°$; menez la perpendiculaire NG et abaissez la perpendiculaire GV, ou prenez KV $=$ RG et joignez GV, vous aurez $GV = \sin 18° = \sin AG$; donc AG $= 18°$; donc GF $= 12° =$ GH; donc AH $= 18° - 12° = 6°$; prenez FE $=$ AG $= 18°$; AE $=$ AF $+$ FE $= 30° + 18° = 48°$ et DE $= 12°$; menez CPG, vous aurez

$HP = PF = \sin \frac{1}{2} HF = \sin 12°$, $GV = \sin 18° = EQ = \sin FE$,
$AH = 6°$, $Hu = \sin 6°$, $Cu = \cos 6°$, $PF = \sin 12°$, $CP = \cos 12°$,
$GV = \sin 18°$, $CV = \cos 18°$, $FH = \sin 30° = \frac{1}{2}$,
$CK = \cos 30° = \sin 60° = DM$, $K\varphi = Hu$ et joignez $H\varphi$;

abaissez les perpendiculaires PZ et PR, et $E\varepsilon = QO$.

Menez TX perpendiculaire sur KT, et qui aille rencontrer en X la droite CF prolongé; enfin, menez la corde AE.

Cette construction peut appartenir à Ursus, voyons ce qu'il en saura tirer. Jusqu'ici, il n'a déterminé que $\sin 18° = \frac{1}{4}\sqrt{5} - \frac{1}{4}$; il n'a point de carré à former, mais une racine carrée à extraire; ce qui est moins facile; cette formule est de Ptolémée.

Il fait

$$KF : FT :: FT : FX \quad \text{ou} \quad \tfrac{1}{2} : \tfrac{1}{4} :: \tfrac{1}{4} : FX = \tfrac{1}{4}.\tfrac{1}{4}.\tfrac{2}{1} = \tfrac{2}{16} = \tfrac{1}{8};$$

il pourrait en conclure

$$KX = KF + FX = \tfrac{1}{2} + \tfrac{1}{8} = \tfrac{4}{8} + \tfrac{1}{8} = \tfrac{5}{8};$$

il ne donne pas les valeurs numériques; alors KX : KT :: KT : KF, d'où

$$\overline{KT}^2 = KX.KF = \tfrac{5}{8}.\tfrac{1}{2} = \tfrac{5}{16} \text{ et } KT = \tfrac{1}{4}\sqrt{5};$$

cette construction lui donne l'hypoténuse KT par les deux côtés KF et FT,

$$\overline{KT}^2 = KF.KX = F\left(KF + - \frac{\overline{FT}^2}{KF}\right) = \overline{KF}^2 + \overline{FT}^2.$$

Tel est le moyen qu'il emploie généralement pour trouver l'hypoténuse; mais il n'évite pas l'élévation de FT au carré; il évite celle de KF, qu'il remplace par la multiplication de KF par KX; or, KX est un nombre plus considérable que KF; l'opération est donc moins simple, elle est plus obscure; il la vante comme une de ses découvertes.

$$\begin{aligned} KT - TS = KT - TF = KS = \tfrac{1}{4}\sqrt{5} - \tfrac{1}{4} &= \sin 18° \\ = \tfrac{1}{2}\left(\tfrac{1}{2}\sqrt{5} - \tfrac{1}{2}\right) &= \tfrac{1}{2} \text{ corde de } 36°; \end{aligned}$$

cette formule était dans Ptolémée, ainsi que $\sin 30° = \frac{1}{2}$. Avec ces deux sinus, connus de tout tems, il se propose de trouver tous les autres au moyen de 8 règles.

La première, qu'il appelle *règle du complément,* n'est rien autre chose que $\cos^2 A = 1 - \sin^2 A = (1 + \sin A)(1 - \sin A)$; sous cette forme, l'opération serait moins simple; il ne dit pas celle qu'il préfère.

La seconde est la *règle de l'intersegment,* terme nouveau qu'il ne définit pas. Mais supposez que vous ayez $FK = \sin AF$ et $Hu = \sin AH$; vous en conclurez $CK = \cos AF$ et $Cu = \cos AH$; menez la perpendiculaire $H\varphi$, vous aurez $K\varphi = Hu$, $F\varphi = FK - Hu$; vous aurez donc les deux côtés $F\varphi$

et φH, et par conséquent,

$$\overline{FH}^2 = \overline{F\varphi}^2 + \overline{H\varphi}^2 = (\sin A - \sin B)^2 + (\cos B - \cos A)^2$$
$$= \sin^2 A - 2\sin A \sin B + \sin^2 B + \cos^2 B - 2\cos A \cos B + \cos^2 B$$
$$= 2 - 2(\cos A \cos B + \sin A \sin B) = 2 - 2\cos(A - B)$$
$$= 2[1 - \cos(A - B)] = 2[2\sin^2 \tfrac{1}{2}(A - B)] = 4\sin^2 \tfrac{1}{2}(A - B)$$
$$= 4\sin^2 \tfrac{1}{2} FH = 4\sin^2 FG = 4\sin^2 GH.$$

Au lieu de cette méthode bien connue, il élèverait sur FH au point H, une perpendiculaire qui irait couper φK, et déterminerait FH comme il a déterminé ci-dessus KT; il paraît que l'*intersegment* des arcs A et B est $\frac{1}{2}(A - B)$ ou la demi-différence. Il n'a donc gagné par cette règle que d'obscurcir ce qui était clair et facile, afin de se vanter d'une découverte.

La troisième est la *règle de la moitié;* elle sert à trouver sin $\frac{1}{2}$A par sin A; on fait $\sin \frac{1}{2} A = \left(\frac{1 - \cos A}{2}\right)^{\frac{1}{2}}$. Il nous dit, si vous avez EL = sin AE, vous aurez CL = cos AE; vous élèverez en A sur EA une perpendiculaire qui ira couper EL prolongée; vous en déduirez, comme ci-dessus, AE = 2sin $\frac{1}{2}$ arc AE; c'est toujours la même charlatanerie.

La quatrième est la *règle du double;* elle donne

$$\sin 2A = 2\sin A \cos A = 2\sin A\,(1 - \sin^2 A)^{\frac{1}{2}};$$

il fait

$$CF : \sin AF :: CK = CO : O\Omega \text{ ou } 1 : \sin A :: \cos A : O\Omega = \sin A \cos A = \tfrac{1}{2}\sin 2A;$$

c'est donc la règle ordinaire.

La cinquième est *celle de l'aggrégat.* Connaissant sin A et sin B, et par conséquent cos A et cos B, trouver $\sin(A+B) = \sin A \cos B + \cos A \sin B$; ce n'est pas ainsi qu'il procède.

Si sa manière n'est pas la plus courte elle est du moins nouvelle.

Vous connaissez AO = sin AF et EQ = sin EF; vous aurez donc CO = cos AF et CQ = cos FE. Prenez Oε = EQ et menez Eε; vous aurez

$$A\varepsilon = AO + EQ \quad \text{et} \quad E\varepsilon = OQ = CQ - CO.$$

Les triangles AεE, AOΓ et EQΓ sont semblables,

$$A\varepsilon : E\varepsilon :: AO : O\Gamma :: EQ : Q\Gamma;$$

vous connaissez donc les segmens OΓ et QΓ de la différence OQ des deux cosinus. Dans chacun des triangles AOΓ, EQΓ vous avez les deux côtés, vous aurez les deux hypoténuses par la règle de l'auteur; ou, par le théorème de l'hypoténuse, vous aurez $AE = A\Gamma + \Gamma E = 2\sin\frac{1}{2}AE$, vous aurez $\frac{1}{2}AE$; d'où vous conclurez sin AE, par la règle précédente. On pourrait ici rappeller à Ursus le distique latin qu'il appliquait à Tycho, ci-dessus page 297; il sent apparemment lui-même, que sa méthode est pénible et détournée, car il ajoute les analogies suivantes :

$$CK : FK :: CL : L\odot = \frac{FK}{CK}.CL = \text{tang } AP \cos AE;$$

avec CL et L⊙ vous aurez C⊙, par la règle commune ou par celle de l'auteur.

$$\left.\begin{array}{l} CK : EQ :: CF : E\odot \\ CK : KF :: EQ : Q\odot \\ CL : C\odot :: EQ : E\odot \\ CF : FK :: C\odot : L\odot \end{array}\right\} \text{par les triangles semblables.}$$

La sixième règle est celle du *reste* ou de l'*excès;* c'est la converse de la précédente. Trouvez d'abord L⊙, comme ci-dessus, vous aurez $E\odot = EL - L\odot$, et de là C⊙,

$$CF : CK :: C\odot : CL :: E\odot : EQ = \sin FE = \sin(AE - AF).$$

Au moyen de toutes ces analogies, ou par quelques-unes seulement, ou même par deux uniquement, c'est-à-dire celles du complément de la moitié, vous aurez tous les sinus du quart de cercle de 45′ en 45′. Par ces deux dernières, sa méthode n'aurait rien de nouveau.

La septième règle est celle de l'*intermédiaire.*

Soient les arcs AF et AH, la différence sera FH, et la demi-différence sera GH = GF, CP sera le cosinus de GH = GF,

$$CP : PZ :: CG : GV = \sin AG = \sin(AH + \tfrac{1}{2}\text{ différ. } GH);$$

or,

$$\begin{aligned} PZ = KR = K\varphi + \varphi R = Hu + \tfrac{1}{2}F\varphi &= \sin AH + \tfrac{1}{2}(FK - Hu) \\ &= \sin AH + \tfrac{1}{2}(\sin AF - \sin AH) = \tfrac{1}{2}\sin AF + \tfrac{1}{2}\sin AH \\ &= \tfrac{1}{2}(\sin AF + \sin AH); \end{aligned}$$

ainsi,

$$\begin{aligned} \cos\tfrac{1}{2}(AF - AH) : \tfrac{1}{2}(\sin AF + \sin AH) :: 1 : \sin(AH + \tfrac{1}{2}FH) \\ = \sin[AH + \tfrac{1}{2}(AF - AH)] = \sin(\tfrac{1}{2}AF + \tfrac{1}{2}AH); \end{aligned}$$

donc

$$\sin\tfrac{1}{2}(AF + AH) = \frac{\tfrac{1}{2}(\sin AF + \sin AH)}{\cos\tfrac{1}{2}(AF - AH)},$$

ou généralement

$$\sin \tfrac{1}{2}(A+B) = \frac{\tfrac{1}{2}(\sin A + \sin B)}{\cos \tfrac{1}{2}(A-B)},$$

et $$2\sin \tfrac{1}{2}(A+B)\cos \tfrac{1}{2}(A-B) = \sin A + \sin B,$$

formule bien connue.

La règle est donc démontrée. La plus grande difficulté est d'entendre le langage obscur et entortillé de l'auteur; nos formules éclaircissent tout, et alors on voit que les règles n'ont presque rien de nouveau. Ursus donne ensuite

$$CG : CV :: HP : P\psi;$$

car les deux triangles sont semblables, puisque les trois côtés de l'un sont perpendiculaires sur les trois côtés de l'autre.

CP : PZ :: CG : GV. *Voy.* ci-dessus.

Ainsi, supposons que l'on ait le sinus de 34° 30′ par ceux de 69°, 21°, 42°, 84°, 6°; et celui de 33° 45′ par ceux de 67° 30′, 22° 30′, 45° et 90°, 34° 30′ — 33° 45′ = 45′; la somme sera de 68° 15′, la demi-somme 34° 7′ 30″. Par une simple partie proportionnelle pour 30″, vous aurez sin 34° 8′ = sin 2048′, d'où ceux de 1024′, 512′, 256′, 128′, 64′, 32′, 16′, 8′, 4′, 2′, 1′, 30″, 15″.

Alors vous aurez facilement tous les sinus de minute en minute depuis 0° 0′ jusqu'à 34° 8′ et leurs cosinus, c'est-à-dire les sinus de 90° à 55° 52′. Pour cela, il nous renvoie à la méthode géométrique qu'il a donnée dans son *Fondamentum*, ci-dessus page 288, celle où l'on n'emploie pas les sinus, mais la proposition 3 du livre VI d'Euclide. Il aurait bien dû nous donner un exemple numérique, pour nous démontrer l'avantage de ce dernier moyen. Il nous prescrit ensuite d'employer pour les sinus, depuis 34° 8′ jusqu'à 55° 52′, la formule précédente,

$$\sin \tfrac{1}{2}(A+B) = \frac{\tfrac{1}{2}(\sin A + \sin B)}{\cos \tfrac{1}{2}(A-B)}.$$

Ou bien enfin, il nous propose sa huitième règle, qu'il appelle règle de l'*extrême* ou de l'*équidistant*.

Ayant les sinus de deux arcs comme AG et AH, trouver le sinus de AF qui surpasse autant AG que AG surpasse AH; il fait

$$CG : CV :: FH : F\varphi,$$
$$CG : GV :: FH : H\varphi.$$

Il termine en disant qu'après avoir trouvé par la règle VII, le sinus de 1', on trouvera celui de 2' par la règle *du double*; on en déduira ensuite tous les sinus de minute en minute jusqu'à 90°, en montant; mais pour plus de sûreté, il vaudrait mieux descendre des sinus de 90° et de 89°59' à tous les sinus inférieurs. Il ne s'explique pas davantage; mais nous avons (VII)

$$2\sin\tfrac{1}{2}(A+B)\cos\tfrac{1}{2}(A-B) = \sin A - \sin B;$$

d'où $$2\sin\tfrac{1}{2}(A+B)\cos\tfrac{1}{2}(A-B) - \sin B = \sin A,$$

et $$2\sin\tfrac{1}{2}(A+B)\cos\tfrac{1}{2}(A-B) - \sin A = \sin B.$$

Soit $B = (A - 2')$; la première de ces deux équations devient

$$2\sin\tfrac{1}{2}(A + A - 2')\cos\tfrac{1}{2}(A - A + 2') - \sin(A - 2') = \sin A,$$
$$2\sin\ (A - 1')\cos 1' - \sin(A - 2') = \sin A.$$

En donnant à A toutes les valeurs depuis 3' jusqu'à 90°, nous aurons successivement tous les sinus de minute en minute jusqu'à 90°; $A - 2'$, $A - 1'$ et A sont en progression arithmétique : les deux premiers donneront toujours le troisième.

Commençons au contraire par faire A et $(A - 1')$ très grand; la formule

$$2\sin(A - 1')\cos 1' - \sin A = \sin(A - 2'),$$

nous donnera $\sin(A - 2')$ par $\sin A$, $\sin(A - 1')$, et la constante $\cos 1'$; ainsi,

$$2\sin(89°59')\cos 1' - \sin 90° = \sin 89°58',$$
$$2\sin(89°58')\cos 1' - \sin 89°59' = \sin 89°57',$$
$$2\sin(89°57')\cos 1' - \sin 89°58' = \sin 89°56', \text{ etc.}$$

Au contraire, en remontant des sinus de 1' et de 2' jusqu'à 90°, nous aurons

$$2\sin 1'\cos 1' - \sin 0 = \sin 2',$$
$$2\sin 2'\cos 1' - \sin 1' = \sin 3',$$
$$2\sin 3'\cos 1' - \sin 2' = \sin 4'.$$

Voilà certes ce qu'il y a de meilleur et peut-être la seule bonne chose qu'il y ait dans le livre; mais pour en sentir l'avantage, il n'était pas inutile de traduire ce précepte en langage moderne. On aura plus généralement $2\sin(A - x)\cos x - \sin A = \sin(A - 2x)$; en effet, en développant

$$2\sin A\cos^2 x - 2\cos A\sin x\cos x - \sin A = \sin A\cos 2x - \cos A\sin 2x,$$

$$2\sin A - \sin A - 2\sin A \sin^2 x - 2\cos A \sin x \cos x = \sin A \cos 2x - 2\cos A \sin x \cos x,$$

$$\sin A\,(1 - 2\sin^2 x) = \sin A \cos 2x \quad \text{et} \quad 1 - 2\sin^2 x = \cos 2x\,;$$

au fond, cette formule est celle que j'ai donnée tome III, page 481.

L'auteur passe à la solution des triangles; il les classe, il les résout ensuite, au moyen des seuls sinus, et par la prostaphérèse, pour éviter quelques multiplications. Nous n'avons rien à ajouter sur ces points, après ce que nous avons dit dans l'*Astronomie du moyen âge.*

La marche à suivre dans les observations astronomiques n'est rien qu'une table des chapitres qu'il faudrait faire; il ne les compose pas, par la raison qu'il n'a pas d'argent pour les faire imprimer : il n'en a trouvé apparemment que ce qu'il en fallait pour publier ses invectives contre Tycho et Rothman. Nous avons dit en quoi consiste son Système du monde; il en donne la figure avec celles des autres systèmes dont il a parlé.

Après avoir épuisé ce que cet ouvrage contient de théorie, cherchons-y les notions historiques. Pour repousser l'inculpation de plagiaire, il prétend que dans le sens propre, le plagiat se dit de l'enlèvement des hommes et sur-tout des femmes ou des filles. Mais Tycho a-t-il jamais épousé une femme? et au tems de mon voyage (1584) l'aînée de ses filles n'était pas encore nubile, comment aurai-je pu commettre un plagiat? Si quelques-uns de mes compagnons joyeux ont eu affaire avec la concubine ou la cuisinière (*cum concubinâ aut coquinâ*) de Tycho, c'est ce que je ne sais, ni ne veux dire. On voit que s'il ne le dit pas, il tâche de le faire entendre. (Voy. *Dict. de Furetière,* au mot *Coquin*).

Il prétend au contraire, que la veille de son départ de l'île d'Huenne, on lui avait à lui-même dérobé tous ses papiers. Quel est le voleur? il se contente de le soupçonner. Pourquoi lui aurait-il laissé le dessin ou la figure du système? Si Tycho possède quelques figures de sa main, qu'il les montre; il pourra montrer quelques dessins de l'île, de la maison, mais aucun de l'hypothèse disputée.

Plus loin, il paraîtrait convenir à moitié de l'infidélité qu'il aurait faite à Tycho, en lui dérobant son hypothèse. Voici ses expressions : *Quare itaque homo incautus, seu præposterè, ut aiunt, cautus, quare inquam me se adeunte non abscondit suas (ut vocat) hypotheses? ne proh dolor! furtum illud (philosophicum tamen quodque factum esse constanter nego) contigisset. Quod si licet factum esset quæso omnes vos æquos lectores, quæroque ex vobis, num jure secus vi factum foret? quare vel tantos (ut putat) thesauros non abscondit?...*

Il nie toujours le vol; mais ce serait un vol philosophique, et il prétend qu'il a pu le faire en conscience. Il compare ensuite Tycho à l'Avare de Plaute; il lui dit qu'il a trouvé son *Strophile* (ou Strobile, c'est le nom de l'esclave qui dérobe le trésor d'Euclion); c'est à peu près convenir du fait. Nous ne prendrons aucun parti dans cette question; elle n'est ni assez bien éclaircie, ni assez importante; mais quand on compare les hommes et les écrits, Tycho d'un côté avec Rothman, et de l'autre un Ursus qui gâte lui-même sa cause par des torrens d'injures et de misérables chicannes, on ne peut s'empêcher de pencher fortement vers les premiers; et sans approuver tout-à-fait le ton que prend Tycho envers Ursus, on blâme ce dernier bien davantage d'avoir ainsi passé la mesure et blessé toutes les convenances (*).

Bassantin.

Astronomia Jacobi Bassantini Scoti; opus absolutissimum, in quo, quidquid unquam peritiores Mathematici in cœlis observaverunt, eo ordine, eâque methodo traditur, ut cuivis post hac facile innostescant quæcumque de astris ac planetis, nec non de eorum variis orbibus, motibus, passionibus, etc., dici possunt. Apud Joann. Tornæsium, 1599, Genève, grand in-fol.

Bassantin était un écossais qui, sans avoir appris d'autre langue que la sienne, se fit un nom en Astronomie. C'est lui qui, probablement, est représenté au frontispice, marchant dans une campagne raboteuse; au-dessus de sa tête, on lit cette inscription : *Dieu en son art.* Son Astronomie fut d'abord imprimée en français, non telle qu'il l'avait écrite; car bien qu'il eût passé en France une bonne partie de son tems, jamais il ne put faire accorder en genre l'adjectif avec le subtantif, sans parler de toutes les autres fautes qu'il commettait continuellement; on prit le soin de polir son style. La Bibliographie de Lalande fait mention d'une

(*) Nous avons parlé de l'Histoire céleste de Tycho; on y trouve des omissions et beaucoup de fautes; elles furent relevées par Bartholin, dans l'ouvrage dont voici le titre d'après Kæstner :

Specimen recognitionis nuper editarum observationum astronomicarum nob. viri Tychonis-Brahe, in quo recensentur insignes maxime errores in editione Augustanâ Historiæ cœlestis, ann. 1582, *ex collatione cum autographo sacræ regiæ majestatis Friderici III, Daniæ et Norvegiæ Regis, animadversi ab Erasmo Bartholino, mathematico Regio. Hafniæ*, 1668, in-4°.

Paraphrase sur l'Astrolabe, imprimée en 1555, et d'un Astronomique Discours publié en 1557. A l'année 1599, on voit le titre qu'on vient de lire; et à l'article suivant Lugduni, in-fol., *Jacobi Bassantini Discursus astronomicus latinè versus per J. Tornæsium* (de Tournes). On ne voit pas bien distinctement si ce sont deux ouvrages différens. A l'an 1613, une seconde édition, augmentée de l'Astronomique Discours de Bassantin; en 1617, la Paraphrase de l'Astrolabe fut réimprimée à Paris, in-8°. Il paraît, à la multiplicité des éditions, que l'auteur jouissait d'une certaine réputation qui est aujourd'hui bien diminuée.

Sa Trigonométrie plane et sphérique fait tout par les sinus; il range les planètes comme Ptolémée; dans sa Théorie des Planètes, il paraît avoir profité beaucoup des ouvrages de Purbach et de ses éditeurs. A leur exemple, il adopte la trépidation de Thébith.

Pour trouver les longitudes et les latitudes des planètes, il a imaginé des figures composées de divers cercles tournant les uns dans les autres, et sur lesquels il a tracé des lignes courbes pour les latitudes. Un fil, partant du centre, sert à marquer les longitudes et les latitudes; des figures de même genre donnent les phases de la Lune, les mouvemens horaires, les mouvemens des nœuds; il donne des tables étendues des durées des éclipses de Lune, de Soleil; enfin, des tables et des figures des aspects. Cet ouvrage est tout-à-fait dans le genre de celui d'Apian; mais Apian du moins a quelques idées à lui, telles que celle des queues des comètes, et le moyen qu'il indique pour observer le Soleil.

Schrekenfuchsius, Simus, Leovitius, Origani, etc.

Erasmus Osvaldus Schrekenfuchsius donna en 1551 la collection latine des Œuvres de Ptolémée, la Géographie exceptée; il faut en excepter aussi le Planisphère et l'Analemme, qui n'ont été connus que depuis par les traductions arabes. Il publia les Théoriques de Purbach, auxquelles il joignit quelques tables; un Commentaire sur les Tables de direction, de Purbach et de Régiomontan; un Commentaire très prolixe sur Sacrobosco. On a de lui un ouvrage posthume, publié par son fils, où il compare avec l'année julienne celles des Alexandrins, des Grecs, des Égyptiens, des Perses, des Arabes, des Hébreux et des Romains, avec un Dialogue sur les sept Calendriers; Bâle, 1576. Il mourut en 1579; il ne fut qu'éditeur et commentateur.

Nicolaus Simus publia quinze années d'Éphémérides, de 1554 à 1568, et des Théoriques abrégées des Planètes. Carelli continua les Éphémérides jusqu'à 1577.

Cyprianus Léovitius, dont nous avons parlé à l'article de Tycho, publia les Éphémérides de 1556 à 1606. S'étant aperçu que les Tables d'Alfonse et les calculs de Purbach étaient en erreur de 30′ sur les tems des éclipses, il s'efforça de les corriger, et pour qu'on pût juger jusqu'à quel point il avait réussi, il composa ses Éphémérides.

David Origani en composa de 1595 à 1630 et 1655; il était professeur à Francfort-sur-l'Oder. Magini, qui en avait publié de 1581 à 1620, l'accusa de plagiat, et lui reprocha diverses erreurs; son vrai nom était Tost; il était né en Bohême, en l'an 1558; il mourut en 1629.

Si l'on désire une nomenclature plus complète des auteurs qui ont écrit sur l'Astronomie, sans contribuer en rien à ses progrès, on peut consulter le chapitre XIV de Weidler, et la Bibliographie de Lalande.

Thyard.

Ephemerides octavæ Sphæræ, seu Tabellæ diariæ ortus, occasus et mediationis cœli illustrium stellarum inerrantium, pro universâ Galliâ, et his regionibus quæ polum boreum elevatum habent à 39 *ad* 50 *gradum. Autore, Ponto Tyardeo Bissiano. Lugduni,* 1562. L'auteur, dans sa préface, assure qu'un pareil ouvrage était indispensable aux astrologues et à tous ceux qui se mêlent de *divinations;* il distingue trois espèces de levers et de couchers, les *apotélesmatiques,* les *inapotélesmatiques,* et les *poétiques.* Il cite Hippocrate, qui nous dit que l'hiver commence au coucher (matinal) des Pléiades; que le printems commence à l'équinoxe et finit au lever matinal des Pléiades; l'été commence alors, pour finir au lever d'Arcturus; l'automne commence à ce lever, et finit au coucher matinal des Pléiades.

Il a fait les calculs pour plus de 300 étoiles, et pour l'année 1564; le reste de la préface sert à expliquer l'usage de ces tables, qui n'ont jamais pu servir qu'à des astrologues ignorans, et qui sont depuis long-tems parfaitement inutiles.

Une note manuscrite nous apprend que Pontus de Tyard était noble et de Bourgogne; qu'il a depuis été évêque de Chalons-sur-Saône, et qu'il a laissé à la postérité d'autres ouvrages très savans; il promet, dans sa préface, des éphémérides semblables pour les planètes. Il était né à Bissy, en 1521; il mourut en 1605; il conserva jusqu'à la fin de sa vie la vigueur de son corps et la force de son esprit; il soutenait cette force par le meilleur vin, qu'il buvait toujours sans eau : on a de lui des poésies françaises et des homélies. Ronsard dit qu'il fut l'introducteur des sonnets en France, et qu'il ne fut pas celui de la bonne Poésie. *Dict. Histor.*, Caen, 1783.

Tabulæ Frisicæ lunæ-solares quadruplicibus è fontibus Cl. Ptolemæi, regis Alfonsi, Nic. Copernici et Tychonis - Brahe recens constructæ operâ et studio Nic. Muleri, doct. medici, et Gymnasiarchæ Leowardini. Alcmariæ, 1611.

Le frontispice représente Hipparque tenant une sphère, à ses pieds sont deux volumes; au-dessus on voit Ptolémée avec un gros turban, un livre sous le bras, et ses règles parallactiques; de l'autre côté, le roi Alfonse la couronne en tête, un livre ouvert entre les mains; plus bas, Copernic un livre sous le bras, et tenant de l'autre main la représentation de son système; enfin de l'autre côté, est Tycho tenant un sextant du bras droit; autour on lit ces mots, de Pline : *Consiliorum naturæ participes.*

L'auteur, dans sa préface, conjecture, on ne sait sur quel fondement, que les Tables d'Hipparque s'appelaient *Alexandrines*. Il nous apprend, que Reinhold, après avoir achevé avec succès les Tables pruténiques, avait voulu donner des Tables luni-solaires, mais il n'y fut pas aussi heureux; ce qui fut d'autant plus fâcheux, que de *grands hommes travaillant à la correction du tems, adoptèrent trop facilement les mouvemens que ces tables supposaient.* Muller en ayant reconnu les défauts, s'occupa de construire de nouvelles tables, en suivant religieusement les principes des plus grands astronomes : ces tables sont calculées pour 7000 ans. Il annonce des recherches pour la correction du cycle pascal; il laisse entendre qu'il est peu satisfait de la réformation grégorienne; il rapporte la lettre de saint Ambroise sur la célébration de la Pâque, il y ajoute quelques notes; mais dans cette lettre, on trouve plus de phrases et de citations pieuses, que de notices qui puissent intéresser un mathématicien.

Ces Tables sont destinées principalement au calcul des syzygies et des éclipses; ce sont proprement des tables d'épactes astronomiques.

Ces mêmes Tables sont ensuite disposées selon la période julienne; et comme elles ne doivent servir que pour les éclipses, il n'est nullement question de la seconde inégalité.

Le discours qui suit ces Tables est uniquement consacré à l'usage qu'on en peut faire, et l'auteur lui-même nous avertit qu'un astronome n'y peut rien apprendre.

Dans un Traité assez court sur le Calendrier, il se plaint assez amèrement des défauts de la réformation grégorienne; il propose deux manières de délivrer l'Église d'une erreur si grossière et si honteuse; il conserve l'année julienne, et la méthode pour trouver la Pâque sera la même que l'ancienne méthode de l'Église, qui est la plus simple qu'on puisse imaginer. L'an 1615, qui commence un nouveau cycle lunaire, lui paraît une occasion favorable, mais il craint de parler à des sourds; et en effet, ses avertissemens ont été négligés, et ce problème n'intéresse plus aujourd'hui personne.

Le nom de l'auteur était Nicolaes des Muliers; il signe Nicolaus Mulierius. Il était principal du collége de Leeuwarden; il fut depuis professeur de Mathématiques dans la nouvelle Académie à Groningue, où il publia une édition du Système de Copernic.

Mœstlinus.

Epitome Astronomiæ quæ brevi explicatione omnia tam ad sphæricam, quam ad theoricam ejus partem pertinentia, ex ipsius scientiæ fontibus deducta, perspicue per quœstiones traduntur, conscripta per M. Michaelem Mœstlinum Goeppingensem, Matheseos in Academiâ Tubingensi professorem; jam nunc ab ipso autore diligenter recognita. Tubingæ, 1588.

Mæstlin fut le maître de Képler, et c'est aujourd'hui son plus beau titre de gloire. Son Abrégé n'est en effet que ce qu'il promet, c'est-à-dire une compilation de ce qu'on trouve dans les auteurs qui l'avaient précédé, tels que Purbach, Régiomontan, Copernic et autres. L'épître dédicatoire est de 1582; il existe une autre édition, de 1624, avec des augmentations d'une trentaine de pages, tirées d'Alfragan et d'autres auteurs; en sorte que je n'y ai rien vu qui méritât un extrait. Le livre ne contient guère que des définitions et quelques exemples de calcul. L'auteur soutient encore l'immobilité de la Terre, mais c'est probablement comme professeur et membre d'une université. Nous avons vu en extrayant Tycho, que Mæstlinus a bien l'air d'être au fond un vrai copernicien; Képler le devint par ses leçons, et Galilée par les conversations qu'il eut avec lui. Weidler, page 395.

A la suite de la seconde édition, se trouve un Traité de la Sphère ou des élémens du premier mobile, par Brebelius Budissinus. *Wittebergæ,* 1629.

C'est encore une compilation moins étendue et moins complète que celle de Mæstlinus, et qui ne renferme pas une ligne qui ne se trouve ailleurs.

Nous avons vu quelques observations de Mæstlinus, imprimées à la suite de celles de Tycho. Nous verrons à l'article Képler, les soins que Mæstlinus s'est donnés pour l'impression du premier ouvrage d'un élève dont il avait raison d'être fier.

Juste Byrge.

Nous avons dit de ce savant et de cet artiste à peu près tout ce que l'on en sait. Il était né en Helvétie, en 1552; quoiqu'il n'eût point étudié les langues, il n'en était pas moins un habile mathématicien; il calcula des sinus logarithmiques, même avant Néper, comme Képler nous l'attestera; il fit des observations qui ont été publiées par Snellius. Il avait fait pour le landgrave de Cassel un globe céleste d'argent, sur lequel il avait placé les étoiles d'après ses propres observations. Ce globe fut acheté par l'empereur Rodolphe II, qui donna à l'auteur le titre de son constructeur d'instrumens. Gaspard Doms prétend qu'il fit une horloge à pendule, en 1600, long-tems avant Huygens; mais Weidler soupçonne que le pendule était court, la lentille peu pesante et les oscillations beaucoup plus considérables : au reste, Byrge n'a rien écrit et nous ne pouvons le juger que sur parole. Il mourut en 1633.

LIVRE IV.

Képler.

Jo. *Kepleri, Prodromus Dissertationum continens mysterium cosmographicum de admirabili proportione orbium cœlestium, deque causis cœlorum numeri, magnitudinis, motuumque periodicorum genuinis et propriis; demonstratum per quinque regularia corpora geometrica, libellus primum Tubingæ in lucem datus, anno Christi* 1596, *nunc post annos* 25, *ab eodem authore recognitus et notis notabilissimis partim emendatus, etc.*

C'est ici le premier ouvrage de Képler; Mæstlin, dont il avait été le disciple, se donna beaucoup de peine pour que le livre pût paraître; il fut en effet imprimé en 1596, et inséré au Catalogue de la foire de Francfort, en 1597; mais le nom de l'auteur était défiguré, on avait mis *Repleru*s au lieu de *Keplerus*. Ce fut en cette même année que Tycho quitta le Danemarck et passa en Allemagne avec ses instrumens. Képler lui avait envoyé son ouvrage, Tycho ne le reçut que l'année suivante; il fit une réponse qui eût comblé de joie le jeune auteur, si elle n'eût été suivie tout aussitôt d'*une éclipse de Soleil, qui présageait bien des malheurs*. Dans cette réponse, Tycho lui conseillait cependant de laisser ces spéculations oiseuses, pour examiner les observations qu'il apportait; il regrettait d'ailleurs que Képler eût pris pour base de ses recherches le système de Copernic; il finissait par une invitation de se rendre auprès de lui. Képler ne montra pas d'abord beaucoup d'empressement; il redoutait sans doute de se mettre dans la dépendance d'un astronome dont il était loin de partager les opinions. Tycho renouvela ses instances, et Képler saisit une occasion de lui faire une visite au commencement de l'année 1600; mais il ne se fixa auprès de lui qu'au mois d'octobre suivant. Tycho mourut quelques mois après, et Képler fut chargé d'achever et de publier les Tables qu'on a nommées *Rudolphines*. Il y travailla vingt ans, après quoi il fit son livre des *Harmoniques*, qu'il joignit à la seconde édition du *Prodromus*.

Le but du Prodrome est de prouver que le Créateur, en arrangeant l'univers, a songé aux cinq corps réguliers inscriptibles à la sphère, d'après lesquels il a réglé l'ordre, le nombre et les proportions des cieux et de leurs mouvemens. Du tems qu'il étudiait sous Mæstlin, Képler, dégoûté des difficultés et des absurdités de l'ancien système, accueillit avec transport ce que son maître disait dans ses leçons, des idées de Copernic; à toutes les preuves mathématiques que l'on pouvait donner du nouveau système, Képler voulut ajouter des preuves métaphysiques. Nommé pour succéder à Georges Stadius, son devoir l'attacha plus fortement à ces études, pour lesquelles il conçut un goût qui ne se refroidit jamais.

Képler médita sur le nombre, la quantité et les mouvemens des orbes. De toutes ces méditations, il ne retira d'abord d'autre fruit que de se graver profondément dans la mémoire les distances telles que les avait données Copernic.

Pour satisfaire à ses idées de proportions, il osa soupçonner une planète entre Jupiter et Mars, et une autre entre Vénus et Mercure. *Leur petitesse est peut-être la seule raison qui nous empêche de les voir.* Il en assigna les révolutions périodiques. Cependant, sa nouvelle planète ne lui paraissait pas suffisante encore pour l'intervalle entre Mars et Jupiter.

Au lieu d'une en effet, nous en avons déjà quatre, mais leurs distances au Soleil sont si peu différentes, qu'il est à croire que l'embarras de Képler n'eût fait qu'augmenter, s'il les eût connues toutes. La cause pour laquelle il soupçonnait qu'elles étaient restées si long-tems inconnues était véritable; en effet, ce passage a l'air d'une prédiction; c'est dommage qu'après avoir deviné si juste pour l'intervalle entre Mars et Jupiter, il ait ajouté quelque chose de semblable pour Mercure et Vénus : mais qui sait si quelque planète imperceptible ne circule pas vers le milieu de cet autre intervalle ! Supposez en effet Cérès ou Pallas placée entre Mercure et Vénus, ne serait-elle pas beaucoup plus difficile à découvrir ? l'observation ne serait-elle pas même absolument impossible ? et c'est la raison pour laquelle on n'a fait aucune attention à cette autre idée de Képler, quand on a fait des préparatifs ou du moins des projets pour découvrir la planète qui devait circuler entre Mars et Jupiter.

Képler prit pour rayon et ligne des abscisses la distance du Soleil aux fixes; d'après ce rayon il considère les distances des planètes au Soleil comme les sinus verses d'arcs qui devenaient connus, puisque l'on avait la distance de la planète $r = 2R \sin^2 \frac{1}{2} A$, d'où $\sin^2 \frac{1}{2} A = \frac{r}{2R}$.

Il examina si la force de mouvement des diverses planètes ne serait pas $(R - R \sin A) = 2R \sin^2 (45° - \frac{1}{2} A)$; il perdit un été tout entier à ces recherches; heureusement ce mauvais succès ne put le rebuter. Il avait toujours prié Dieu de le conduire à quelque découverte qui fût une conséquence du système de Copernic, si ce système était aussi vrai qu'il en avait la persuasion. Enfin, le $\frac{9}{19}$ juillet 1595, ayant à montrer à ses élèves la manière dont se succèdent les grandes conjonctions de Jupiter et de Saturne de 8 en 8ˢ, et comme elles passent successivement d'un triangle inscrit dans un autre, il imagina de représenter cette succession par une figure.

Il divisa le cercle en 40 parties égales, de 9° chacune : 27 fois 9° font 243° ou 8ˢ 3°; c'est à peu près la différence qui se rencontre entre les lieux des deux conjonctions consécutives. Avançant donc de 8ˢ 3° ou rétrogradant de 3ˢ 27°, il marqua et joignit par des cordes tous les arcs de la table ci-jointe :

11ˢ 0°	8ˢ 0°	5ˢ 0°	2ˢ 0°
7. 3	4. 3	1. 3	10. 3
3. 6	0. 6	9. 6	6. 6
11. 9	8. 9	5. 9	2. 9
7.12	4.12	1.12	10.12
3.15	0.15	9.15	6.15
11.18	8.18	5.18	2.18
7.21	4.21	1.21	10.21
3.24	0.24	9.24	6.24
11.27	8.27	5.27	2.27
8. 0	5. 0	2. 0	11. 0

Les points d'intersection de toutes ces cordes, formaient presque une figure circulaire; il traça une circonférence qui les touchait toutes.

La corde de 8ˢ 3° est la même que celle de 3ˢ 27° = 117°, elle est égale à 2sin 58° 30'; le rayon du cercle tangent à toutes ces cordes sera

$$\cos 58° 30' = \sin 31° 30' = 0,5225,$$

le rayon étant pris pour unité.

Le rayon du cercle inscrit au triangle équilatéral serait

$$\cos \tfrac{1}{2} (120°) = \cos 60° = \sin 30° = 0,5.$$

Le rayon 0,5225 est au rayon du cercle à peu près dans le rapport de la distance de Jupiter à celle de Saturne. Le triangle est la première et la plus simple des figures régulières qu'on peut inscrire au cercle; il imagina que le triangle inscrit pouvait avoir déterminé le rapport des distances de Jupiter et de Saturne. Suivant cette idée, il essaya de rapporter au carré la distance de Mars; au pentagone, à l'hexagone et à l'eptagone, les distances des autres planètes; mais il n'alla pas bien loin sans reconnaître qu'il s'abusait.

Cette tentative n'ayant point eu de succès, le conduisit à une idée qu'il jugea beaucoup plus heureuse; les figures lui plaisaient *comme des quantités qui sont plus anciennes que les cieux. Car la quantité a été créée le premier jour avec les corps, au lieu que les cieux n'ont été formés que le second jour.* Pour les six cieux de Copernic, il ne faudra que cinq figures; il s'agissait donc de trouver cinq quantités qui eussent des propriétés toutes particulières; mais ces figures ne doivent pas être planes, car quel rapport pourraient-elles avoir avec des *orbes solides?* Il fut ainsi conduit aux cinq corps réguliers inscriptibles à la sphère : on sait qu'il est impossible d'en imaginer un plus grand nombre.

Prenez l'orbe de la Terre pour première mesure, circonscrivez-y le dodécaèdre, autour du dodécaèdre décrivez un cercle, ce sera l'orbite de Mars; à cette orbite circonscrivez le tétraèdre, le cercle qui l'enfermera sera l'orbite de Jupiter; à cette dernière orbite circonscrivez le cube, et le cercle que vous décrirez autour sera l'orbite de Saturne.

A présent, dans l'orbe de la Terre inscrivez l'icosaèdre, il comprendra l'orbite de Vénus; à cette orbite inscrivez l'octaèdre, qui renfermera l'orbe de Mercure; vous aurez la raison du nombre des planètes.

Mais pourquoi commencer par la Terre? c'était la considérer encore comme une planète distinguée de toutes les autres : rien n'empêchait de commencer par Mercure ou par Saturne.

A l'orbe de Mercure circonscrivez l'octaèdre, que vous enfermerez dans l'orbe de Vénus.

Autour de l'orbe de Vénus décrivez l'icosaèdre, que vous enfermerez dans l'orbe de la Terre.

Autour de l'orbe de la Terre décrivez un dodécaèdre, qu'enfermera l'orbe de Mars.

Autour de l'orbe de Mars décrivez un tétraèdre, qu'enfermera l'orbe de Jupiter.

Autour de l'orbe de Jupiter décrivez l'hexaèdre, il sera enfermé par l'orbe de Saturne.

Dans ce nouvel arrangement, il n'avait plus besoin des deux ou trois planètes qu'il avait rêvées; il confesse lui-même, que dans son âme il avait toujours regardé cette supposition comme téméraire; elle approchait cependant bien plus de la vérité que sa nouvelle hypothèse. Au lieu de deux planètes, il y en a au moins cinq, car rien ne nous autorise maintenant à affirmer que nous connaissons toutes celles qui existent; mais cette richesse même l'aurait affligé, parce qu'elle eût dissipé un songe qui le ravissait.

Il ne trouve pas de mots pour exprimer le plaisir que lui cause cette prétendue découverte; il ne regrettait plus le tems perdu; il entreprenait avec ardeur tous les calculs nécessaires; il y passait les jours et les nuits. Il fait vœu, si son idée se trouvait conforme au système de Copernic, de faire imprimer sans délai l'ouvrage où il exposerait cette nouvelle preuve de la sagesse du Créateur; il invite ses lecteurs à examiner ses preuves. *Vous ne trouverez plus ici de planètes inconnues interposées parmi les autres, je n'étais pas trop content de cette audace; au lieu que sans rien faire qu'un peu de violence aux corps connus, je les enchaîne les uns aux autres.* Vous aurez donc de quoi répondre à ce paysan, qui demandait quels liens (quels crocs) retenaient le monde et l'empêchaient de tomber.

Il expose dans son premier chapitre les raisons qui l'ont déterminé à suivre Copernic. L'ancien système pouvait sauver quelques apparences, mais non pas toutes; il ne rend raison ni des distances, ni du nombre, ni du tems, ni de la cause des rétrogradations, ni de celle qui fait que *ces anomalies s'accordent si bien avec le lieu moyen du Soleil.*

Le mouvement annuel de la Terre supprime tout d'un coup onze cercles différens imaginés par les anciens. On pourrait demander à Ptolémée pourquoi les excentriques du Soleil, de Vénus et de Mercure ont des révolutions égales? le mouvement de la Terre répond à cette question. Pourquoi les planètes deviennent rétrogrades et non les luminaires? Copernic répondra que le Soleil est en repos, et que la Lune suit la Terre dans son mouvement annuel. Pourquoi Mars, Saturne et Jupiter sont-ils quelquefois rétrogrades? parce qu'ils vont plus lentement que la Terre; et parce que *nous leur transportons le cercle où se meut la Terre;* la Terre est pour elles une planète inférieure; elle doit pour eux, comme Vénus et Mercure pour nous, rétrograder dans la partie inférieure de son orbite.

On demanderait inutilement à Ptolémée, pourquoi des orbes si grands ont des épicycles si petits, et pourquoi des orbes moindres en ont d'énormes; c'est-à-dire pourquoi les prostaphérèses de Mars sont plus grandes que celles de Jupiter, et celles-ci plus grandes que celles de

Saturne ? pourquoi celles de Mercure ne sont pas plus grandes que celles de Vénus, puisqu'elles augmentent à mesure que les orbes diminuent. Ici la réponse est facile; les anciens prenaient pour des épicycles les orbes réels de Vénus et de Mercure.

Au contraire, plus une planète est éloignée de la Terre, plus l'orbe de la Terre doit lui paraître petit. (On voit que les prostaphérèses sont les parallaxes annuelles et les élongations.)

Les anciens voyaient avec étonnement que les planètes supérieures, en opposition, fussent toujours au périgée de leur épicycle, et qu'elles fussent à l'apogée dans leurs conjonctions : c'est un effet nécessaire dans le système de Copernic. Mars n'est pas dans un épicycle, c'est la Terre qui occasionne cette apparence, par sa position relative dans son orbite.

Voyez avec quelle facilité Copernic explique la précession, et rend inutile cette neuvième sphère des Tables Alphonsines.

Il loue ensuite Copernic d'avoir expliqué si simplement la trépidation, et le changement d'obliquité, qui aurait exigé bien des calculs de la part de Ptolémée; mais cet avantage est chimérique, puisque Copernic expliquait ce qui en partie n'existe pas.

Donnons quelques développemens à ces idées de Képler.

La Terre tourne en un an autour du Soleil; ce mouvement combiné avec les mouvemens des autres planètes, qui ont des révolutions pareilles, mais plus ou moins longues, produit des apparences assez compliquées.

Pour expliquer ces apparences, en prenant pour axiome fondamental que la Terre est immobile, il a fallu transporter à chaque planète en particulier le mouvement de la Terre; c'est ce qu'on a fait sans même s'en douter et par la force des choses.

On a donc donné des épicycles aux planètes et on les a fait tourner dans des cercles, autour du point qu'elles occupent réellement. Le rayon de cet épicycle était celui de l'orbe terrestre transporté dans la région de la planète.

Le rayon de l'orbe terrestre, pris pour unité, étant transporté à Saturne, est vu de la Terre sous un angle dont le sinus est $\frac{1}{10}$ environ; c'est l'angle qu'on nomme aujourd'hui la *parallaxe annuelle.*

Transporté à Jupiter, il devait sous-tendre un angle dont le sinus est de $\frac{1}{5}$ à peu près. Transporté à Mars, il devait sous-tendre un angle dont le sinus est $\frac{1}{1,5} = \frac{2}{3}$.

Ces trois épicycles sont d'autant plus petits, que la distance est plus grande, et réciproquement.

Pour les planètes inférieures, qui tournent autour du Soleil dans des orbes enfermés dans l'orbe de la Terre, c'est au Soleil, centre de leurs mouvemens, qu'on a transporté le mouvement de la Terre. Leur rayon vecteur divisé par la distance du Soleil à la Terre a été de 0,72 et 0,39; il a donné la mesure de leurs élongations.

Les rayons des épicycles ont donc paru 0,1, 0,2, 0,67, 0,72 et 0,39.

On ne jugeait de la grandeur de l'épicycle que par la grandeur de l'angle qu'on nommait leur seconde inégalité.

Un angle ne suffit pas pour juger des distances; on pouvait donner aux côtés une longueur arbitraire; plus l'épicycle aurait été éloigné, plus son rayon aurait été grand; pourvu que l'angle donné par l'observation fût conservé, le reste était arbitraire.

Les fractions $\frac{1}{10}$, $\frac{1}{5}$, $\frac{1}{1,5}$, $\frac{1}{1,43}$, $\frac{1}{2,5}$, ne sont pas facilement comparables, parce qu'elles ont le même numérateur, au lieu d'avoir le même dénominateur; le rayon de la Terre, transporté à des distances différentes et sous-tendant des angles divers, devenait méconnaissable; on avait calculé à l'aveugle, sans savoir au juste ce que l'on faisait, et sans se douter ni pouvoir reconnaître qu'on donnait à la planète un mouvement qui appartenait à la Terre: on n'avait aucune idée du système véritable.

En voyant que Vénus et Mercure avaient le centre du Soleil pour centre de leur épicycle, si l'on avait conçu qu'il en pouvait être de même de Mars, Jupiter et Saturne, on aurait conçu que la seconde inégalité était un même mouvement vu de plus près ou de plus loin; mais cette remarque, toute simple depuis le tems de Copernic, était bien plus difficile au tems d'Hipparque. Aujourd'hui il ne faut pas un grand effort pour concevoir l'ensemble du système; mais on a cru ses yeux, on s'est figuré qu'on était au centre du monde; on a expliqué en gros les phénomènes qu'on observait grossièrement; mais l'explication avait bien des côtés faibles; Copernic en fut mécontent, il en trouva une autre et l'appuya de preuves suffisantes.

Tout est lié dans son système; la Terre étant rangée au nombre des planètes, les rayons de tous les orbes étant exprimés en parties de la même unité, le rayon des orbes inférieurs divisé par la distance du Soleil à la Terre, donnait la mesure des digressions; pour les supérieures, il donnait leur parallaxe annuelle; et en général, le plus petit des deux rayons, divisé par le plus grand, donnait la mesure de la seconde inégalité,

Ces angles ou leurs sinus, qui ne sont que des rapports, donnaient les distances de toutes les planètes en parties de la distance de la Terre au Soleil; tout était donc déterminé, rien n'était plus arbitraire; tout se conclut de la distance de la Terre au Soleil, au lieu que Ptolémée prenant pour unité la distance de la planète au Soleil, l'angle observé lui donnait le rayon de l'épicycle en parties de cette nouvelle distance; ainsi, à chaque calcul, les deux termes du rapport changeaient, et il était difficile que Ptolémée y entrevît une quantité constante.

Chaque planète formait ainsi une sphère indépendante de toutes les autres, et dont le rayon était même indéterminé; le mouvement annuel de la Terre s'y montrait cependant partout, il était le mouvement du Soleil et celui du centre de l'épicycle pour les planètes inférieures; et pour toutes les planètes, le mouvement sur l'épicycle était le mouvement relatif de la planète et du Soleil; on se déguisait les mouvemens véritables, on les avait déplacés sans pouvoir les anéantir, on les avait rendus en quelque sorte méconnaissables; mais l'erreur ne pouvait durer toujours, elle a été découverte par Copernic. Ptolémée avait trouvé une explication compliquée et incomplète; Copernic en a trouvé une qui ne laisse rien à désirer ni du côté de la simplicité, ni du côté de l'exactitude.

A toutes ces raisons, Képler en aurait pu ajouter bien d'autres tirées de ses propres découvertes, qui font du centre du Soleil le foyer commun de tous les mouvemens planétaires, et donnent à ce système une simplicité, une précision, une beauté, qu'il n'avait pas été au pouvoir de Copernic de lui donner alors. Le mouvement que Copernic suppose à l'axe pour conserver le parallélisme, n'est pas un mouvement, *c'est un repos;* mais ce repos n'est pas parfait, et ce qui s'en manque produit la précession.

Voilà quelques-unes des preuves mathématiques de la prééminence du système de Copernic. Képler veut maintenant en donner de métaphysiques; elles ne seront ni aussi claires, ni aussi satisfaisantes.

« Le nombre des corps réguliers est borné, les autres sont en nombre infini; il était donc convenable qu'il y eût deux genres d'étoiles tout-à-fait différentes, les unes en nombre indéfini, c'est-à-dire les étoiles fixes; les autres en très petit nombre et qui se meuvent; ce sont les planètes. Sans chercher pourquoi les unes se meuvent et les autres non, posons que les planètes doivent se mouvoir. Le mouvement produit la rondeur; nous avons des corps *par le nombre et la grandeur;* il nous reste à dire avec Platon, que *Dieu fait toujours de la Géométrie;* et qu'en fabricant tous ces corps, il les a inscrits les uns dans les autres, jusqu'à ce que le nombre des inscriptions possibles fût épuisé; nous ne pouvions donc avoir que 6 orbes. Y a-t-il rien de plus admirable que de penser que tout ce que Copernic a trouvé par les phénomènes, et comme un aveugle qui se sert de son bâton pour reconnaître son chemin, ainsi qu'il le disait lui-même à son disciple et confident Rhéticus, se trouve ensuite démontré *à priori,* et par des raisons tirées de l'idée même de la création? »

C'est d'après les lois de Képler, démontrées par Newton, qu'on peut dire aujourd'hui ce que Képler hasardait si témérairement; et l'on peut être surpris et affligé que ce soit par des raisonnemens de cette espèce que Képler ait été conduit à ses lois admirables.

« La distance de Mars au Soleil n'est pas le tiers de celle de Jupiter. Cherchons le corps qui donne la plus grande différence entre l'inscrit et le circonscrit; ce sera le tétraèdre ou la pyramide : la pyramide sera donc entre Mars et Jupiter. »

Voilà donc l'exclusion donnée à cette planète inconnue et aux quatre autres nouvellement découvertes; aussi quand on s'est mis en devoir de chercher la planète inconnue, ce n'était pas d'après les idées de Képler, c'était d'après une loi presque aussi chimérique, mais au moins bien plus spécieuse. (*Voyez* mon Astronomie, tom. II, p. 550).

« La distance de Jupiter est un peu plus que moitié de celle de Saturne; cette différence convient au cube : un cube sera donc circonscrit à Jupiter et inscrit à Saturne.

» La proportion est presque égale entre Mercure et Vénus; l'octaèdre, qui nous offre ce rapport, sera inscrit à Vénus et circonscrit à Mercure.

» Entre Vénus et la Terre, entre la Terre et Mars les rapports sont presque égaux, comme dans l'icosaèdre et le tétraèdre; et par cette raison, Mars enfermera la Terre au moyen de l'un de ces corps; et par l'autre, la Terre enfermera Vénus.

» Les corps réguliers sont les uns primaires et les autres secondaires.

» Les primaires sont le cube, le tétraèdre et le dodécaèdre; les secondaires sont l'octaèdre et l'icosaèdre. » Képler donne les raisons de cette division.

Il cherche ensuite pourquoi trois planètes sont supérieures à la Terre, qu'il appelle *la somme et l'abrégé du monde et le plus noble des corps mobiles.* Il se défie un peu de la réponse qu'il va faire à cette question oiseuse; car il commence par demander la permission de jouer quelque tems dans un sujet sérieux et de se livrer à l'allégorie.

« Le cube, comme le premier des cinq corps, devait être entre les planètes les plus éloignées, à la place la plus noble. Le cube est le seul qui soit engendré par sa base, tous ses angles sont droits. »

Il prouve par des raisons de même force à peu près, que la pyramide doit être entre Jupiter et Mars; la régularité de la pyramide dépend de ses seuls côtés, comme celle du cube dépend de ses angles.

« Entre Mars et la Terre, nous ne pouvons mettre que le dodécaèdre, la seule qui nous reste des figures primaires; or, cette raison fixe son choix, qui d'abord paraissait un peu incertain. En suivant cette marche, il met l'octaèdre entre la Terre et Vénus; car nous avons plus d'une raison qui placent l'octaèdre avant l'icosaèdre. On peut concevoir l'octaèdre comme dérivé du cube et de la pyramide, qui sont les premiers dans leur ordre; l'icosaèdre vient de la pyramide et du dodécaèdre. »

On croirait en conséquence qu'il va placer l'octaèdre entre la Terre et Vénus; mais il a des raisons qui lui paraissent *plus fortes encore*, pour le placer entre Vénus et Mercure. Il trouve plus beau que la Terre soit touchée par les deux corps qui ont le plus de facettes, et que les deux corps qui sont les premiers, chacun dans leur espèce, forment les sommets de deux espèces de pyramides, dont les bases soient sur la Terre et les sommets dans des positions opposées. Nous n'avons pas la moindre envie de le chicanner là dessus.

Le chapitre IX est plus étrange encore que tout ce qui précède. Nous n'oserions dire ce que nous avons éprouvé en le lisant; mais nous trouvons à la fin cette note de l'auteur : *Ce chapitre n'est rien qu'un jeu astrologique, et ne doit pas être censé faire partie de l'ouvrage.* Cependant, l'auteur demande que l'on compare ses idées à celles du *Tetrabible* de Ptolémée, et se persuade qu'on lui accordera la palme.

Le chapitre X expose des idées pythagoriciennes sur les nombres nobles.

Dans le chapitre XI, on ne voit nul esprit de recherche, mais bien le soin d'entasser de mauvaises raisons, pour appuyer un système dont on sent que les bases sont peu solides. *J'aurais pu omettre ce chapitre, il n'est d'aucune utilité; mais je ne suis pas le premier qui me sois fatigué sur ces inutiles questions : pourquoi le zodiaque a-t-il cette position plutôt que toute autre? pourquoi les planètes vont-elles en ce sens plutôt qu'en sens contraire?*

Il montre ensuite que la division naturelle du zodiaque est en 120 par le carré, le triangle et le décagone; ensuite, trois fois 120 font 360. Il arrive à ce même nombre 120, par les intervalles musicaux $\frac{5}{6}$, $\frac{4}{5}$, $\frac{3}{4}$, $\frac{2}{3}$ $\frac{5}{8}$, $\frac{3}{5}$, $\frac{1}{2}$, qu'il regarde comme les seuls naturels, parce qu'ils sont exprimés par des rapports indubitables. On n'a proprement en Musique que cinq *concordes*, comme cinq *corps* en Géométrie.

Il compare entre eux ces corps et ces consonnances; il assimile la quinte à la pyramide, la quarte au cube, l'octave à l'octaèdre, la sixte mineure au dodécaèdre, il restera la sixte majeure pour l'icosaèdre; mais il convient qu'on peut établir tout autrement les comparaisons.

Digression sur les polyèdres réguliers inscriptibles à la sphère.

Ces polyèdres, qui ont fait perdre à Képler tant de tems et de calculs, avaient attiré l'attention des anciens géomètres. Ils sont décrits par Euclide, qui en a déterminé le nombre, et nous a donné des moyens graphiques pour en trouver les arêtes et les côtés; mais il n'en donne ni les surfaces ni les solidités.

Hypsicle d'Alexandrie, dont nous avons extrait l'*Anaphorique* (tome I, page 246), nous apprend qu'Apollonius avait écrit sur la comparaison de l'icosaèdre et du dodécaèdre, et même qu'il s'y était trompé; mais il avait reconnu et rectifié son erreur dans un ouvrage subséquent. Hypsicle ne nous donne pas l'extrait de ce dernier ouvrage, qui *était alors entre les mains de tous les géomètres*. Ce qu'il ajoute de lui-même à cette théorie, n'est pas d'une extrême importance, et se borne à la surface du dodécaèdre, à celle de l'icosaèdre, et à des rapports entre les solidités des deux corps; mais d'après son maître Isidore, il y ajoute une méthode graphique pour déterminer les inclinaisons réciproques des faces de ces polyèdres. Au total, ce que nous avons de l'ancienne théorie de ces corps est entièrement incomplet; les démonstrations sont d'une prolixité fatigante; les figures, d'une complication qui les rend à peu près inintelligibles. Clavius, dans son Commentaire sur Euclide et Hypsicle, n'est guère plus lumineux, et laisse encore beaucoup à désirer, quoiqu'il ait mis à contribution tous les commentateurs précédens, et notamment Foix de Candalle qui avait ajouté deux livres nouveaux à ceux d'Hypsicle.

Par la Trigonométrie sphérique, un triangle rectangle nous donnera la solution complète du problème, qui consiste à déterminer tous les angles et tous les côtés de ces corps; leurs surfaces et leurs solidités s'en déduiront avec la plus grande facilité. Quoique ces solutions ne soient pas d'un usage bien général, nous sommes étonnés de ne les trouver dans aucun livre de Trigonométrie; c'est ce qui nous a déterminé à les placer ici.

Outre les expressions trigonométriques fournies par le triangle rectangle, et qui sont de beaucoup les plus commodes pour la pratique, nous en donnerons d'autres, qui seront purement géométriques, c'est-à-dire affectées de radicaux, à la manière d'Euclide, et nous en verrons naître les constructions des anciens, et d'autres bien plus completes et plus faciles.

(1) Tous les côtés d'un solide régulier inscrit à la sphère, sont autant de cordes d'arcs de grand cercle; toutes ces cordes sont égales, d'où résulte aussi l'égalité des arcs.

(2) Le problème de l'inscription des corps réguliers se réduit donc à diviser la surface d'une sphère en un nombre donné d'espaces égaux, terminés par des arcs égaux.

(3) Soit m le nombre de ces espaces, c'est-à-dire le nombre des facettes du solide;

a le nombre des angles et des côtés de chaque facette;

n le nombre des angles sphériques qui ont leur sommet au même point de la surface de la sphère, ou le nombre des angles plans qui composent l'angle solide du polyèdre.

(4) On sait que a et m ne peuvent être des nombres moindres que 3; car il faut au moins trois côtés pour clore un espace et trois angles plans pour former un angle solide.

(5) La somme des angles sphériques formés autour d'un même point est toujours de 360°. Soit $G = 2A$ chacun des angles sphériques...... $2A = G = \frac{360°}{m}$ et $A = \frac{180°}{m}$.

(6) Chacune des facettes du polyèdre est plane; à ce plan on peut toujours circonscrire un petit cercle. Soit P le pôle de ce petit cercle, ou le pôle de ABCDE (fig. 54).

Chacun des angles en P aura pour valeur

$$\left(\frac{360°}{a}\right) = \frac{360°}{\text{nombre des côtés de la facette}}.$$

Dans la figure, $a = 5$ et $\frac{360°}{a} = 72°$, parce que la figure est un pentagone; nous verrons que a ne peut surpasser cinq; d'où il résultera que toutes les facettes sont ou des triangles, ou des carrés, ou des pentagones.

(7) Soient AmB, BnC, CqD, etc., les arcs de grand cercle dont les côtés sont les cordes; $AmBnCqDsEtA$ sera l'espace sphérique qui est une aliquote de la surface entière.

(8) Du pôle P menons des arcs de grand cercle PA, PB, PC, etc., à tous les angles de l'espace; l'arc PA partagera en deux angles égaux chaque angle tel que BAE; ainsi, $BAP = \frac{1}{2}BAE = \frac{1}{2}G = A = \left(\frac{180°}{m}\right)$ (*voy*. art. 5).

(9) Les arcs perpendiculaires Pm, Pn, Pq, etc., partageront en deux également chacun des arcs AmB, BnC, etc.; ainsi, $Am = \frac{1}{2}AB$, $Bn = \frac{1}{2}BC$, etc.

(10) Ces mêmes perpendiculaires partageront en deux également les angles au pôle; ainsi,

$$APm = \frac{1}{2}APB = \left(\frac{180°}{a}\right) = mPB,\ BPn, \text{ etc.}$$

(11) Chacun des triangles isoscèles APB, BPC, etc., sera donc partagé en deux triangles sphériques rectangles tels que mPA; nous aurons autour de chaque pôle $2a$ de ces triangles rectangles, tous parfaitement égaux.

(12) Dans chacun de ces triangles, nous connaissons $A = \left(\frac{180°}{m}\right)$, $\frac{1}{2}P = \left(\frac{180°}{a}\right)$.

m et a seront déterminés par le nombre de faces que nous voudrons réunir autour d'un même sommet, et par le nombre des côtés que nous voudrons donner à chaque facette.

Connaissant les trois angles de chaque triangle, nous pourrons calculer les trois côtés.

$$(13) \qquad \cos Am = \frac{\cos APm}{\sin mAP} = \frac{\cos\left(\frac{180°}{a}\right)}{\sin\left(\frac{180°}{m}\right)} = \cos \tfrac{1}{2}AB.$$

(14) Corde $ANB = 2\sin Am$ = arête du polyèdre = côté de la facette $= 2\sin \frac{1}{2}AB$.

Toutes ces arêtes seront égales, leur nombre sera $\frac{1}{2}am$, car chaque arête sera commune à deux facettes contiguës.

(15) $\cos AP = \cot PAm \cot APm = \cot\left(\frac{180°}{m}\right)\cot\left(\frac{180°}{a}\right)$ $= \cos.\text{distance polaire} = \cos d$.

$\sin d = \sin AP$ sera le rayon du petit cercle ABC.

$2\sin \frac{1}{2} d = 2\sin \frac{1}{2} AP$ sera la distance rectiligne de l'extrémité A de chaque arête à son pôle P.

$\cos AP = \cos d = h =$ hauteur du centre de la sphère sur le plan de chaque facette.

h sera la hauteur de chacune des pyramides partielles dont la réunion formera la solidité du polyèdre.

(16) Enfin,

$$\cos mP = \frac{\cos AP}{\cos Am} = \frac{\cot\left(\frac{180^\circ}{m}\right)\cot\left(\frac{180^\circ}{a}\right)\sin\left(\frac{180^\circ}{m}\right)}{\cos\left(\frac{180^\circ}{a}\right)} = \frac{\cos\left(\frac{180^\circ}{m}\right)}{\sin\left(\frac{180^\circ}{a}\right)}.$$

Cet arc mP sera le complément de la demi-inclinaison des deux facettes qui auront une arête commune. Pour le prouver, prenez les arcs $AQ = BQ = AP = PB$; Q sera le pôle de la facette contiguë; PmQ mesurera l'angle au centre de la sphère, entre les droites menées aux pôles P et Q; ces droites seront perpendiculaires aux deux facettes; leur angle sera le supplément de l'angle des deux facettes :

arc $PmQ = 2Pm = 180° - I$, $Pm = 90° - \frac{1}{2} I$, $90 - Pm = \frac{1}{2} I$.

Nous aurons donc par notre triangle sphérique rectangle les inclinaisons, les angles et les côtés du polyèdre. Il reste à calculer les surfaces et les solidités.

Dans le petit cercle circonscrit à chaque facette, imaginons les cordes AB, BC, etc., de chacun de ces arcs. La surface de chaque facette sera divisée en a triangles isoscèles rectilignes, ou en $2a$ triangles rectangles.

$$\text{La surface NPA} = \tfrac{1}{2}\,AN.NP = \tfrac{1}{2}\,AN.AN.\text{tang}\,NAP = \tfrac{1}{2}\,\overline{AN}^2 \cot NPA$$
$$= \tfrac{1}{2}\sin^2 Am \cot\left(\frac{180^\circ}{a}\right);$$

$$\text{la surf. entière de la facette sera} = 2a\ \tfrac{1}{2}\sin^2 Am \cot\left(\frac{180^\circ}{a}\right)$$
$$= a \sin^2 Am \cot\left(\frac{180^\circ}{a}\right);$$

mais nous aurons n facettes égales; la surface totale sera

$$an \sin^2 Am \cot\left(\frac{180^\circ}{a}\right).$$

(18) La solidité sera $= \frac{1}{3}\, han \sin^2 Am \cot\left(\frac{180^\circ}{a}\right)$

$$= \tfrac{1}{3}\, an \cos AP \sin^2 Am \cot\left(\frac{180^\circ}{a}\right) = \tfrac{1}{3}\, an \sin^2 Am \cot^2 \frac{180^\circ}{a} \cot\left(\frac{180^\circ}{m}\right).$$

Le problème est donc entièrement résolu. Les formules ne dépendent que des trois indéterminées n, a, m, dont il nous reste à trouver les valeurs possibles.

(19) Nos espaces sphériques doivent couvrir en entier la surface de la sphère.

Or, C étant la circonférence, D le diamètre et le rayon $= 1$, on aura

$$\text{surface de la sphère} = C.D = 360°.2 = 720°,$$

$$\text{chacun des } n \text{ espaces } E = \frac{720°}{n} = 2aT;$$

car chaque espace E est partagé en $2a$ de triangles rectangles T.

Donc

$$n = \frac{720°}{2aT} = \frac{360°}{aT};$$

mais la surface de chaque triangle $T = (A + A' + A'' - 180°)$,

A, A′ et A″ étant les trois angles.

Et l'un de ces angles est droit; donc

$$T = (A + A' + 90° - 180°) = (A + A' - 90°);$$

donc

$$n = \frac{360°}{a(A + A' - 90°)} = \frac{360°}{a\left(\frac{180°}{m} + \frac{180°}{a} - 90°\right)} = \frac{4}{a\left(\frac{2}{m} + \frac{2}{a} - 1\right)}$$

$$= \frac{4m}{a\left(2 + \frac{2m}{a} - m\right)} = \frac{4m}{2a + 2m - am}.$$

(20)

$$n = \frac{4m}{2a - m(a-2)}.$$

L'équation $n = \frac{4m}{2a - m(a-2)}$ n'exprime qu'une relation entre nos trois indéterminées. Formons pour m et a les suppositions les plus simples, en commençant par les plus petites valeurs possibles $a = 3$ et $m = 3$.

Alors

$$n = \frac{4.3}{2.3 - 3(3-2)} = \frac{12}{6-3} = \frac{12}{3} = 4;$$

ainsi, la plus petite valeur de n est de 4; nous aurons le tétraèdre formé de quatre triangles assemblés trois à trois.

(21) Pour le *tétraèdre*, $n = 4$, $a = 3$, $m = 3$.

Conservons $a = 3$ et soit $m = 4$;

$$n = \frac{4.4}{2.3 - 4(3-2)} = \frac{16}{6-4} = \frac{16}{2} = 8,$$ nous aurons l'*octaèdre*.

(22) Pour l'*octaèdre*, $n=8$, $a=3$, $m=4$; huit triangles assemblés 4 à 4.

Conservons $a=3$, et soit $m=5$;

$$n=\frac{4.5}{2.3-5(3-2)}=\frac{20}{6-5}=\frac{20}{1}=20;$$ nous aurons l'*icosaèdre*.

(23) Pour l'*icosaèdre*, $n=20$, $p=3$, $m=5$; 20 triangles unis 5 à 5.

Conservons $a=3$, et soit $m=6$;

$$n=\frac{4.6}{2.3-6(3-2)}=\frac{24}{6-6}=\frac{24}{0}=\infty.$$

Le polyèdre aurait une infinité de faces, chaque face se réduirait à un point; si l'on fait $m=7$ ou plus grand, le dénominateur serait négatif ainsi que n; ce qui serait absurde.

Il n'y a donc que trois polyèdres à bases triangulaires; le *tétraèdre*, l'*octaèdre* et l'*icosaèdre*. Passons aux faces quadrangulaires; et soit $p=4$, $m=3$;

$$n=\frac{4.3}{2.4-3(4-2)}=\frac{12}{8-6}=\frac{12}{2}=6;$$ nous aurons l'*hexaèdre*.

(24) Pour l'*hexaèdre*, $n=6$, $p=4$ et $m=3$;

soit $m=4=a$, $$n=\frac{4.4}{2.4-4(4-2)}=\frac{16}{8-8}=\frac{16}{0}=\infty;$$

il n'y a donc que l'*hexaèdre* qui ait des facettes carrés, assemblées 3 à 3.

Soit $p=5$, $m=3$;

$$n=\frac{4.3}{2.5-3(5-2)}=\frac{12}{10-9}=\frac{12}{1}=12;$$ nous aurons le *dodécaèdre*.

(25) Pour le *dodécaèdre*, $n=12$, $p=5$, $m=3$; 12 pentagones 3 à 3.

On peut voir qu'il serait bien inutile de pousser les suppositions plus loin; elles ne donneraient que des valeurs négatives et par conséquent impossibles.

(26) Il n'y a donc que cinq corps réguliers inscriptibles à la sphère :

Le *tétraèdre*, l'*hexaèdre*, l'*octaèdre*, le *dodécaèdre* et l'*icosaèdre*.

Nous connaissons a et m pour chacun de ces solides, nous avons tout ce qui est nécessaire pour l'évaluation de nos formules trigonométriques.

Mais si nous considérons que tous les angles de nos polygones sont de 60°, de 90° et de 72°, dont les lignes trigonométriques peuvent s'exprimer par des radicaux, nous pourrons mettre ces radicaux dans nos formules et arriver à des expressions du genre de celles d'Euclide et d'Hypsicle. Nos formules seront en plus grand nombre, et seront toutes susceptibles d'être tracées graphiquement, c'est-à-dire avec la règle et le compas.

Nous n'avons pas d'expression pour l'angle solide; sa mesure naturelle serait la surface sphérique du triangle dont cet angle serait le sommet, au centre de la sphère.

(27) Ainsi, l'angle solide dont la base serait le triangle ABC, aurait pour mesure

$$(A + B + C - 180°) = \text{excès sphérique}.$$

Cette expression est plus curieuse que vraiment utile, et voilà sans doute pourquoi personne n'en a parlé.

(28) Avant d'appliquer nos formules trigonométriques aux divers polyèdres, il est important de remarquer que toutes ces formules sont pour des angles aigus; c'est le cas le plus ordinaire, il n'a même qu'une seule exception, et elle a lieu pour le *tétraèdre*.

Pour le *tétraèdre*, la distance de chaque facette à son pôle, surpasse 90°.

La formule donnerait la distance au pôle le plus voisin; elle serait plus petite que 90°; mais la formule sin $\frac{1}{2}$ AB donnerait AB > 90°; or, dans ce polyèdre, AB est aussi la distance polaire d'une autre face, et toutes ces distances sont égales : ainsi la distance polaire > 90°; mais il est inutile de la calculer, puisqu'on la connaît par AB. Au reste, le remède serait facile; ce serait pour ce cas unique de donner le signe — à cos AP; ou bien tout simplement, de prendre le supplément de AP donné par la formule.

Pour l'inclinaison, il est aisé de prouver qu'elle est moindre que 90°; il n'y a rien à changer à la formule.

Au lieu des lignes trigonométriques, mettons dans nos formules les irrationnelles qui en sont les expressions trigonométriques. Pour être réduites à leurs plus simples expressions, ces substitutions exigeront des réductions, dont nous allons présenter le calcul.

Tétraèdre. $n = 4, \quad a = 3 = m;$

$$\cos Am = \frac{\cos\left(\frac{180°}{a}\right)}{\sin\left(\frac{180°}{m}\right)} = \frac{\cos 60}{\sin 60} = \cot 60 = \text{tang } 30° = \sqrt{\tfrac{1}{3}};$$

d'où $\sin Am = \sqrt{\tfrac{2}{3}}$, $\tang Am = \sqrt{2}$;

$$2\sin Am = \text{corde AB} = \text{arête} = 2\sqrt{\tfrac{2}{3}} = \sqrt{\tfrac{8}{3}};$$

c'est la règle d'Euclide.

$\sin AB = 2\sin Am \cos Am = 2\sqrt{\tfrac{2}{3}}\sqrt{\tfrac{1}{3}} = 2\sqrt{\tfrac{2}{9}} = \sqrt{\tfrac{8}{9}}$, $\cos AB = \sqrt{\tfrac{1}{9}}$, $\tang AB = \sqrt{8}$, séc $AB = 3$;

le triangle donnerait

$$\cos AP = \cot\left(\frac{180°}{a}\right)\cot\left(\frac{180°}{m}\right) = \cot 60 \cot 60 = \tang^2 30' = \tfrac{1}{3},$$

$$2\sin^2 \tfrac{1}{2} AP = 1 - \cos AP = 1 - \tfrac{1}{3} = \tfrac{2}{3},\ \sin^2 \tfrac{1}{2} AP = \tfrac{1}{3},$$

et $\sin \tfrac{1}{2} AP = \sqrt{\tfrac{1}{3}}$, $2\sin\tfrac{1}{2} AP = 2\sqrt{\tfrac{1}{3}} = \sqrt{\tfrac{4}{3}}$, corde $AP = \sqrt{\tfrac{4}{3}}$;

mais nous savons qu'elle est $\sqrt{\tfrac{8}{3}}$ comme corde AP; il fallait donc faire

AP obtus, $\cos AP = -\tfrac{1}{3}$, $1 - \cos AP = 1 + \tfrac{1}{3} = \tfrac{4}{3} = 2\sin^2\tfrac{1}{2} AP$,

$\sin^2 \tfrac{1}{2} AP = \tfrac{2}{3}$, $\sin\tfrac{1}{2} AP = \sqrt{\tfrac{2}{3}}$, et $2\sin\tfrac{1}{2} AP = 2\sqrt{\tfrac{2}{3}} = \sqrt{\tfrac{8}{3}}$,

$\sin AP = (1 - \cos^2 AP)^{\frac{1}{2}} = (1 - \tfrac{1}{9})^{\frac{1}{2}} = \sqrt{\tfrac{8}{9}}$ = rayon du petit cercle,

$AP = AB$,

$$\sin \tfrac{1}{2} I = \cos mP = \frac{\cos\left(\frac{180°}{m}\right)}{\sin\left(\frac{180°}{a}\right)} = \frac{\cos 60°}{\sin 60} = \cot 60° = \tang 30° = \sqrt{\tfrac{1}{3}};$$

$\cos\tfrac{1}{2} I = \sqrt{\tfrac{2}{3}}$, $\cot\tfrac{1}{2} I = \sqrt{2}$, $\sin I = 2\sin\tfrac{1}{2} I \cos\tfrac{1}{2} I = 2\sqrt{\tfrac{1}{3}}\sqrt{\tfrac{2}{3}} = 2\sqrt{\tfrac{2}{9}}$
$= \sqrt{\tfrac{8}{9}}$, $\cos I = \sqrt{\tfrac{1}{9}}$, $\tang I = \sqrt{8}$;

I est un angle aigu; en effet, le côté du polygone est $\sqrt{\tfrac{8}{3}}$,

son apothème $= \sqrt{\tfrac{8}{3}} \sin 60 = \sqrt{\tfrac{8}{3}}\sqrt{\tfrac{3}{4}} = \sqrt{\tfrac{8}{4}} = \sqrt{2}$;

la hauteur totale du tétraèdre $= \tfrac{4}{3} = 1 - \cos AP$;

or,

$$\sin I = \frac{\text{hauteur}}{\text{apothème}} = \frac{\frac{4}{3}}{\sqrt{2}} = \tfrac{4}{3}\sqrt{\tfrac{1}{2}} = \tfrac{1}{3}\sqrt{\tfrac{16}{2}} = \tfrac{1}{3}\sqrt{8} = \sqrt{\tfrac{8}{9}},$$

$$\cos I = \sqrt{\tfrac{1}{9}} = \tfrac{1}{3},\ 1 - \cos I = 2\sin^2\tfrac{1}{2} I = 1 - \tfrac{1}{3} = \tfrac{2}{3},$$

$$\sin^2\tfrac{1}{2} I = \tfrac{1}{3},\ \sin\tfrac{1}{2} I = \sqrt{\tfrac{1}{3}},$$

comme ci-dessus.

Surface facette $= a \sin^2 Am \cot 60 = 3.\tfrac{2}{3}\sqrt{\tfrac{1}{3}} = 2\sqrt{\tfrac{1}{3}} = \sqrt{\tfrac{4}{3}}$,

surface polyèdre $= 4.\text{facette} = 4\sqrt{\tfrac{4}{3}} = \sqrt{\tfrac{64}{3}} = 8\sqrt{\tfrac{1}{3}}$,

solidité $= \tfrac{1}{3} h$ surface polyèdre $= \tfrac{1}{3}.\tfrac{1}{3}\sqrt{\tfrac{64}{3}} = \tfrac{1}{9}\sqrt{\tfrac{64}{3}}$

$$= \sqrt{\tfrac{64}{243}} = \tfrac{8}{9}\sqrt{\tfrac{1}{3}},$$

ou autrement,

$$= \text{base} \times \tfrac{1}{3}\,\text{hauteur totale} = \sqrt{\tfrac{4}{3}\cdot\tfrac{1}{3}\cdot\tfrac{4}{3}} = \sqrt{\tfrac{4\cdot 16}{3\cdot 81}} = \sqrt{\tfrac{64}{243}}.$$

Ainsi, pour la solidité, comme pour l'inclinaison, nous nous sommes procuré des vérifications indépendantes du triangle sphérique, et qui ont confirmé nos formules générales.

Hexaèdre. $n = 6,\ a = 4,\ m = 3;$

$$\cos Am = \frac{\cos\left(\frac{180^\circ}{a}\right)}{\sin\left(\frac{180^\circ}{m}\right)} = \frac{\cos 45}{\sin 60} = \frac{\sqrt{\frac{1}{2}}}{\sqrt{\frac{3}{4}}} = \sqrt{\tfrac{1}{2}\cdot\tfrac{4}{3}} = \sqrt{\tfrac{2}{3}},$$

$$\sin Am = \sqrt{\tfrac{1}{3}},\quad \operatorname{tang} Am = \sqrt{\tfrac{1}{2}},$$

$$\sin AB = 2\sin Am \cos Am = 2\sqrt{\tfrac{1}{3}}\cdot\sqrt{\tfrac{2}{3}} = 2\sqrt{\tfrac{2}{9}} = \sqrt{\tfrac{8}{9}},$$

$$\cos AB = \sqrt{\tfrac{1}{9}} = \tfrac{1}{3},\ \operatorname{tang} AB = \sqrt{8},$$

$$\text{corde } AB = 2\sin Am = 2\sqrt{\tfrac{1}{3}} = \sqrt{\tfrac{4}{3}} = \text{arête};$$

c'est la règle d'Euclide.

$$h = \cos AP = \cot\left(\frac{180^\circ}{a}\right)\cot\left(\frac{180^\circ}{m}\right) = \cot 45^\circ . \cot 60^\circ = \operatorname{tang} 30^\circ = \sqrt{\tfrac{1}{3}},$$

$$\sin AP = \sqrt{\tfrac{2}{3}},\ \operatorname{tang} AP = \sqrt{2},$$

$$\sin AP = \text{rayon} = \sqrt{\tfrac{2}{3}},\ \tfrac{1}{3}h = \tfrac{1}{3}\cos AP = \tfrac{1}{3}\sqrt{\tfrac{1}{3}} = \sqrt{\tfrac{1}{27}},$$

$$\cos mP = \sin\tfrac{1}{2}I = \frac{\cos\left(\frac{180^\circ}{m}\right)}{\sin\left(\frac{180^\circ}{a}\right)} = \frac{\cos 60^\circ}{\sin 45^\circ} = \frac{\sin 30^\circ}{\sin 45^\circ} = \frac{\frac{1}{2}}{\sqrt{\frac{1}{2}}} = \sqrt{\tfrac{1}{2}},$$

$$\cos\tfrac{1}{2}I = \sqrt{\tfrac{1}{2}},\ \cot\tfrac{1}{2}I = 1,\ \tfrac{1}{2}I = 45^\circ,\ I = 90^\circ;$$

ce qu'il était aisé de prévoir.

$$\text{Surface facette} = 4\sin^2 Am \cot 45^\circ = 4\sin^2 Am = 4\cdot\tfrac{1}{3} = \tfrac{4}{3},$$

ou bien

$$\text{carré de l'arête} = \text{surface facette} = \tfrac{4}{3},$$

$$\text{surface du polyèdre} = 6.\tfrac{4}{3} = \tfrac{24}{3} = 8 = \text{solidité}$$

$$= \tfrac{1}{3}h\ \text{surface polyèdre} = \sqrt{\tfrac{1}{27}}.8 = \sqrt{\tfrac{64}{27}}$$

$$= \text{cube de l'arête} = \tfrac{4}{3}\sqrt{\tfrac{4}{3}} = \sqrt{\tfrac{64}{27}}.$$

Ainsi, des formules particulières confirment nos formules générales.

$$2\sin^2\tfrac{1}{2}AP = 1 - \sqrt{\tfrac{1}{3}},\quad \cos\tfrac{1}{2}AP = \sqrt{\tfrac{1}{2}+\tfrac{1}{2}\sqrt{\tfrac{1}{3}}},$$

$$\sin\tfrac{1}{2}AP = \sqrt{\tfrac{1}{2}-\tfrac{1}{2}\sqrt{\tfrac{1}{3}}},\quad \operatorname{tang}\tfrac{1}{2}AP = \sqrt{\frac{\frac{1}{2}-\frac{1}{2}\sqrt{\frac{1}{3}}}{\frac{1}{2}+\frac{1}{2}\sqrt{\frac{1}{3}}}},$$

$$\sin\tfrac{1}{2}\,\text{AP} = \sqrt{\tfrac{1}{2} - \tfrac{1}{2}\sqrt{\tfrac{1}{3}}},$$

$$2\sin\tfrac{1}{2}\,\text{AP} = \sqrt{2 - 2\sqrt{\tfrac{1}{3}}} = \sqrt{\frac{1-\sqrt{\frac{1}{3}}}{1+\sqrt{\frac{1}{3}}}} = \frac{1-\sqrt{\frac{1}{3}}}{\left(1-\frac{1}{3}\right)^{\frac{1}{2}}}$$

$$= \frac{1-\sqrt{\frac{1}{3}}}{\left(\frac{2}{3}\right)^{\frac{1}{2}}} = \sqrt{\tfrac{3}{2}} - \sqrt{\tfrac{2}{2}\cdot\tfrac{1}{3}} = \sqrt{\tfrac{3}{2}} - \sqrt{\tfrac{1}{2}}.$$

Octaèdre. $n = 8,\ a = 3,\ m = 4;$

$$\cos \text{A}m = \frac{\cos\left(\frac{180^\circ}{a}\right)}{\sin\left(\frac{180^\circ}{m}\right)} = \frac{\cos 60^\circ}{\sin 45^\circ} = \frac{\sin 30^\circ}{\sin 45^\circ} = \frac{\frac{1}{2}}{\sqrt{\frac{1}{2}}} = \sqrt{\tfrac{1}{2}},$$

$$\sin^2\text{A}m = \tfrac{1}{2},\ \text{A}m = 45^\circ,\ \text{tang A}m = 1,\ 2\text{A}m = \text{AB} = 90^\circ,$$
$$\text{corde AB} = 2\sin\text{A}m = 2\sqrt{\tfrac{1}{2}} = \sqrt{\tfrac{4}{2}} = \sqrt{2} = \text{arête};$$

c'est la formule d'Euclide.

$$h = \cos\text{AP} = \cot\left(\frac{180^\circ}{a}\right)\cot\left(\frac{180^\circ}{m}\right) = \cot 60^\circ \cot 45^\circ = \text{tang } 30^\circ = \sqrt{\tfrac{1}{3}},$$
$$\sin\text{AP} = \sqrt{\tfrac{2}{3}},\ \text{tang AP} = \sqrt{2},\ \tfrac{1}{3}h = \tfrac{1}{3}\sqrt{\tfrac{1}{3}} = \sqrt{\tfrac{1}{27}},$$

rayon du cercle circonscrit $= \sin\text{AP} = \sqrt{\tfrac{2}{3}}$,

$$1 - \cos\text{AP} = 2\sin^2\tfrac{1}{2}\text{AP} = 1 - \sqrt{\tfrac{1}{3}},\ \sin^2\tfrac{1}{2}\text{AP} = \tfrac{1}{2} - \tfrac{1}{2}\sqrt{\tfrac{1}{3}},$$
$$\sin\tfrac{1}{2}\text{AP} = \sqrt{\tfrac{1}{2} - \tfrac{1}{2}\sqrt{\tfrac{1}{3}}},\ 2\sin\tfrac{1}{2}\text{AP} = 2\sqrt{\tfrac{1}{2} - \tfrac{1}{2}\sqrt{\tfrac{1}{3}}},$$
$$2\sin\tfrac{1}{2}\text{AP} = \sqrt{2 - 2\sqrt{\tfrac{1}{3}}} = \sqrt{2 - \sqrt{\tfrac{4}{3}}},\ \cos\tfrac{1}{2}\text{AP} = \sqrt{\tfrac{1}{2} + \tfrac{1}{2}\sqrt{\tfrac{1}{3}}},$$
$$\text{tang}\tfrac{1}{2}\text{AP} = \sqrt{\frac{\frac{1}{2} - \frac{1}{2}\sqrt{\frac{1}{3}}}{\frac{1}{2} + \frac{1}{2}\sqrt{\frac{1}{3}}}} = \sqrt{\frac{\left(1-\sqrt{\frac{1}{3}}\right)\left(1-\sqrt{\frac{1}{3}}\right)}{\left(1+\sqrt{\frac{1}{3}}\right)\left(1-\sqrt{\frac{1}{3}}\right)}}$$
$$= \frac{1-\sqrt{\frac{1}{3}}}{\sqrt{1-\frac{1}{3}}} = \frac{1-\sqrt{\frac{1}{3}}}{\sqrt{\frac{2}{3}}} = \sqrt{\tfrac{3}{2}} - \sqrt{\tfrac{1}{2}},$$

$$\text{facette} = p\sin^2\text{A}m\cot 60^\circ = 3\cdot\tfrac{1}{2}\cdot\text{tang } 30 = \tfrac{3}{2}\sqrt{\tfrac{1}{3}} = \sqrt{\tfrac{\cdot}{12}}$$
$$= \sqrt{\tfrac{3}{4}} = \sin 60^\circ,$$

$$\text{surf. polyèdre} = 8\sqrt{\tfrac{3}{4}} = \sqrt{\tfrac{64\cdot 3}{4}} = \sqrt{48},$$
$$\text{solidité} = \tfrac{1}{3}h\sqrt{48} = \sqrt{\tfrac{48}{27}} = \sqrt{\tfrac{16}{9}} = \tfrac{4}{3},$$
$$\sin\tfrac{1}{2}\text{I} = \frac{\cos 45}{\sin 60} = \frac{\sqrt{\frac{1}{2}}}{\sqrt{\frac{3}{4}}} = \sqrt{\tfrac{1}{2}}\sqrt{\tfrac{4}{3}} = \sqrt{\tfrac{2}{3}},$$
$$\cos\tfrac{1}{2}\text{I} = \sqrt{\tfrac{1}{3}},\ \cot\tfrac{1}{2}\text{I} = \sqrt{\tfrac{1}{2}},$$
$$\sin\text{I} = 2\sin\tfrac{1}{2}\text{I}\cos\tfrac{1}{2}\text{I} = 2\sqrt{\tfrac{2}{3}\cdot\tfrac{1}{3}} = 2\sqrt{\tfrac{2}{9}} = \sqrt{\tfrac{8}{9}},$$
$$\cos\text{I} = -\sqrt{\tfrac{1}{9}},\ \text{tang I} = -\sqrt{8}.$$

Toutes les expressions de ces trois polyèdres sont très simples, celles des suivans le seront moins; c'est ce qui fait que la théorie des deux derniers est encore bien plus imparfaite chez les anciens. Nos formules trigonométriques au contraire ont partout la même simplicité.

Dodécaèdre. $n = 12,\ a = 5,\ m = 3;$

$$\cos Am = \frac{\cos\left(\frac{180^\circ}{a}\right)}{\sin\left(\frac{180^\circ}{m}\right)} = \frac{\cos 30}{\sin 60} = \frac{\sin 54}{\sin 60} = \frac{\frac{1}{4}+\frac{1}{4}\sqrt{5}}{\sqrt{\frac{3}{4}}} = \frac{1+\sqrt{5}}{4\sqrt{\frac{3}{4}}}$$

$$= \frac{1+\sqrt{5}}{\sqrt{\frac{48}{4}}} = \frac{1+\sqrt{5}}{\sqrt{12}},$$

$$\sin Am = (1-\cos^2 Am)^{\frac{1}{2}} = \left(1-\frac{1+2\sqrt{5}+5}{12}\right)^{\frac{1}{2}}.$$

$$= \left(\frac{12-6-2\sqrt{5}}{12}\right)^{\frac{1}{2}} = \left(\frac{6-2\sqrt{5}}{12}\right)^{\frac{1}{2}} = \left(\frac{1}{2}-\frac{1}{2}\sqrt{5}\right)^{\frac{1}{2}}$$

$$= \sqrt{\frac{1}{2}-\frac{1}{6}\sqrt{5}},$$

$$\cos Am = \sqrt{\frac{1}{2}+\frac{1}{6}\sqrt{5}},$$

$$\text{tang } Am = \sqrt{\frac{\frac{1}{2}-\frac{1}{6}\sqrt{5}}{\frac{1}{2}+\frac{1}{6}\sqrt{5}}} = \sqrt{\frac{1-\frac{1}{3}\sqrt{5}}{1+\frac{1}{3}\sqrt{5}}} = \sqrt{\frac{(1-\frac{1}{3}\sqrt{5})^2}{(1+\frac{1}{3}\sqrt{5})(1-\frac{1}{3}\sqrt{5})}}$$

$$= \frac{1-\frac{1}{3}\sqrt{5}}{\sqrt{1-\frac{5}{9}} = \sqrt{\frac{9-5}{9}} = \sqrt{\frac{4}{9}}} = \frac{2}{3} = \frac{3}{2}-\frac{1}{2}\sqrt{5},$$

$$\text{arête} = \sqrt{2-\frac{2}{3}\sqrt{5}},$$

$$\text{corde } AB = 2\sin Am = 2\sqrt{\frac{1}{2}-\frac{1}{6}\sqrt{5}} = \sqrt{2-\frac{2}{3}\sqrt{5}} = \sqrt{2-\sqrt{\frac{4\cdot 5}{9}}}$$

$$= \sqrt{2-\sqrt{\frac{20}{9}}},$$

$$\sin AB = 2\sqrt{(\frac{1}{2}+\frac{1}{6}\sqrt{5})(1-\frac{1}{6}\sqrt{5})} = 2\sqrt{\frac{1}{4}-\frac{5}{36}} = 2\sqrt{\frac{9-5}{36}}$$

$$= 2\sqrt{\frac{4}{36}} = 2\cdot\frac{2}{6} = \frac{4}{6} = \frac{2}{3},$$

$$\cos AB = (1-\sin^2 AB)^{\frac{1}{2}} = (1-\frac{4}{9})^{\frac{1}{2}} = \sqrt{\frac{9-4}{9}} = \sqrt{\frac{5}{9}} = \frac{1}{3}\sqrt{5},$$

$$\text{tang } AB = \frac{2}{3}\,\frac{3}{\sqrt{5}} = \frac{2}{\sqrt{5}} = 2\sqrt{\frac{1}{5}} = \sqrt{\frac{4}{5}},$$

$$\sin^2 \tfrac{1}{2} AB = \sin^2 Am = \frac{1}{2}-\frac{1}{6}\sqrt{5},$$

$$h = \cos AP = \cot\left(\frac{180^\circ}{m}\right)\cot\left(\frac{180^\circ}{a}\right) = \cot 60^\circ \cot 36^\circ$$

$$= \text{tang } 30^\circ \text{ tang } 54^\circ = \sqrt{\frac{1}{3}}\sqrt{1+2\sqrt{\frac{1}{5}}} = \sqrt{\frac{1}{3}+\frac{2}{3}\sqrt{\frac{1}{5}}},$$

$$\tfrac{1}{3}h = \tfrac{1}{3}\sqrt{\tfrac{1}{3}+\tfrac{2}{3}\sqrt{\tfrac{1}{5}}} = \sqrt{\tfrac{1}{27}+\tfrac{2}{27}\sqrt{\tfrac{1}{5}}},$$

$$\sin AP = \sqrt{\tfrac{2}{3}-\tfrac{2}{3}\sqrt{\tfrac{1}{5}}} = \text{rayon du petit cercle},$$

$$2\sin^2\tfrac{1}{2}AP = 1 - \cos AP = 1 - \sqrt{\tfrac{1}{3}+\tfrac{2}{3}\sqrt{\tfrac{1}{5}}},$$

$$\sin^2\tfrac{1}{2}AP = \tfrac{1}{2} - \tfrac{1}{2}\sqrt{\tfrac{1}{3}+\tfrac{2}{3}\sqrt{\tfrac{1}{5}}},$$

$$\sin\tfrac{1}{2}AP = \sqrt{\tfrac{1}{2}-\tfrac{1}{2}\sqrt{\tfrac{1}{3}+\tfrac{2}{3}\sqrt{\tfrac{1}{5}}}},\quad 2\sin\tfrac{1}{2}AP = \sqrt{2-2\sqrt{\tfrac{1}{3}+\tfrac{2}{3}\sqrt{\tfrac{1}{5}}}},$$

$$\sin\tfrac{1}{2}I = \cos mP = \frac{\cos\left(\frac{180^\circ}{m}\right)}{\sin\left(\frac{180^\circ}{a}\right)} = \frac{\cos 60^\circ}{\sin 36} = \frac{\sin 30^\circ}{\sin 36} = \frac{\frac{1}{2}}{\frac{1}{4}(10-2\sqrt{5})^{\frac{1}{2}}}$$

$$= \frac{2}{(10-2\sqrt{5})^{\frac{1}{2}}} = \sqrt{\frac{4}{10-2\sqrt{5}}}$$

$$= \sqrt{\frac{4(10+2\sqrt{5})}{(10-2\sqrt{5})(10+2\sqrt{5})}} = \sqrt{\frac{4(10+2\sqrt{5})}{100-4.5}}$$

$$= \sqrt{\frac{4(10+2\sqrt{5})}{80}} = \sqrt{\tfrac{4}{80}(10+2\sqrt{5})}$$

$$= \sqrt{\tfrac{1}{20}(10+2\sqrt{5})} = \sqrt{\tfrac{1}{2}+\tfrac{1}{10}\sqrt{5}},$$

$$\cos\tfrac{1}{2}I = \sqrt{\tfrac{1}{2}-\tfrac{1}{10}\sqrt{5}},$$

$$\sin I = 2\sqrt{\tfrac{1}{4}-\tfrac{1}{20}} = \sqrt{1-\tfrac{1}{5}} = \sqrt{\tfrac{4}{5}} = \sqrt{\tfrac{8}{10}},$$

$$\operatorname{tang}\tfrac{1}{2}I = \sqrt{\frac{\frac{1}{2}+\frac{1}{10}\sqrt{5}}{\frac{1}{2}-\frac{1}{10}\sqrt{5}}} = \sqrt{\frac{(\frac{1}{2}+\frac{1}{10}\sqrt{5})^2}{(\frac{1}{2}-\frac{1}{10}\sqrt{5})(\frac{1}{2}+\frac{1}{10}\sqrt{5})}}$$

$$= \frac{\frac{1}{2}+\frac{1}{10}\sqrt{5}}{\left(\frac{1}{4}-\frac{5}{100}\right)^{\frac{1}{2}} = \left(\frac{25-5}{100}\right)^{\frac{1}{2}}} = \frac{\frac{1}{2}+\frac{1}{10}\sqrt{5}}{(\frac{1}{5})^{\frac{1}{2}}} = \tfrac{1}{2}\sqrt{5}+\tfrac{1}{2},$$

$$\cot\tfrac{1}{2}I = \left(\frac{\frac{1}{2}-\frac{1}{10}\sqrt{5}}{\frac{1}{2}+\frac{1}{10}\sqrt{5}}\right)^{\frac{1}{2}} = \frac{\frac{1}{2}-\frac{1}{10}\sqrt{5}}{(\frac{1}{4}-\frac{5}{100})^{\frac{1}{2}}} = \frac{\frac{1}{2}-\frac{1}{10}\sqrt{5}}{(\frac{20}{100}=\frac{1}{5})^{\frac{1}{2}}} = \frac{\frac{1}{2}-\frac{1}{10}\sqrt{5}}{\sqrt{\frac{1}{5}}}$$

$$= \sqrt{5}\left(\tfrac{1}{2}-\tfrac{1}{10}\sqrt{5}\right) = \tfrac{1}{2}\sqrt{5}-\tfrac{5}{10} = \tfrac{1}{2}\sqrt{5}-\tfrac{1}{2},$$

$$\sin I = 2\sin\tfrac{1}{2}I\cos\tfrac{1}{2}I = 2\sqrt{\tfrac{1}{4}-\tfrac{5}{100}} = 2\sqrt{\tfrac{20}{100}} = \sqrt{\tfrac{80}{100}} = \sqrt{\tfrac{8}{10}},$$

$$\cos I = -\sqrt{\tfrac{2}{10}},\quad \operatorname{tang} I = -\sqrt{\tfrac{8}{2}} = -\sqrt{4} = -2,$$

$$\text{facette} = a \sin^2 Am \cot 36^\circ = 5(\tfrac{1}{2} - \tfrac{1}{6}\sqrt{5})(1 + 2\sqrt{\tfrac{1}{5}})^{\frac{1}{2}}$$
$$= (\tfrac{5}{2} - \tfrac{5}{6}\sqrt{5})(1 + 2\sqrt{\tfrac{1}{5}})^{\frac{1}{2}} = \sqrt{\left(\tfrac{25}{4} - \tfrac{50}{12}\sqrt{5} + \tfrac{125}{36}\right)(1+2\sqrt{\tfrac{1}{5}})}$$
$$= \sqrt{\left(\tfrac{350}{36} - \tfrac{150}{36}\sqrt{5}\right)(1+2\sqrt{\tfrac{1}{5}})} = \tfrac{1}{6}\sqrt{(350 - 150\sqrt{5})(1+2\sqrt{\tfrac{1}{5}})}$$
$$= \tfrac{1}{6}\sqrt{350 - 150\sqrt{5} + 700\sqrt{\tfrac{1}{5}} - 300\sqrt{\tfrac{5}{5}}}$$
$$= \tfrac{1}{6}\sqrt{50 - 150\sqrt{5} + 140\sqrt{\tfrac{25}{5}}} = \tfrac{1}{6}\sqrt{50 - (150 - 140)\sqrt{5}}$$
$$= \tfrac{1}{6}\sqrt{(50 - 10\sqrt{5})},$$

$$\text{surface} = \tfrac{12}{6}\sqrt{50 - 10\sqrt{5}} = 2\sqrt{50 - 10\sqrt{5}} = \sqrt{200 - 40\sqrt{5}},$$

$$\text{solidité} = \sqrt{(200 - 40\sqrt{5})(\tfrac{1}{27} + \tfrac{2}{27}\sqrt{\tfrac{1}{5}})} = \tfrac{1}{3}\sqrt{(200 - 40\sqrt{5})(\tfrac{1}{3} + \tfrac{2}{3}\sqrt{\tfrac{1}{5}})}$$
$$= \tfrac{1}{3}\sqrt{\tfrac{200}{3} - \tfrac{40}{3}\sqrt{5} + \tfrac{400}{3}\sqrt{\tfrac{1}{5}} - \tfrac{80}{3}} = \tfrac{1}{3}\sqrt{\tfrac{120}{3} - \tfrac{40}{3} + \tfrac{80}{3}\sqrt{\tfrac{25}{5}}}$$
$$= \tfrac{1}{3}\sqrt{40 + \tfrac{40}{3}\sqrt{5}}.$$

Icosaèdre. $n = 20, \quad a = 3, \quad m = 5;$

$$\cos Am = \frac{\cos\left(\frac{180^\circ}{a}\right)}{\sin\left(\frac{180^\circ}{m}\right)} = \frac{\cos 60^\circ}{\sin 36} = \frac{\sin 30^\circ}{\sin 36} = \frac{\frac{1}{2}}{\frac{1}{4}(10 - 2\sqrt{5})^{\frac{1}{2}}} = \frac{2}{(10 - 2\sqrt{5})^{\frac{1}{2}}}$$
$$= \frac{2}{\sqrt{10 - 2\sqrt{5}}} = \sqrt{\frac{4(10 + 2\sqrt{5})}{100 - 20}} = \sqrt{\tfrac{4}{80}\sqrt{10 + 4\sqrt{5}}} = \sqrt{\tfrac{1}{2} + \tfrac{1}{10}\sqrt{5}}$$
$$= \sqrt{\tfrac{1}{2} + \sqrt{\tfrac{5}{100}}} = \sqrt{\tfrac{1}{2} + \sqrt{\tfrac{1}{20}}},$$

$$\sin Am = \sqrt{\tfrac{1}{2} - \sqrt{\tfrac{1}{20}}}, \quad \operatorname{tang} Am = \sqrt{\frac{\frac{1}{2} - \sqrt{\frac{1}{20}}}{\frac{1}{2} + \sqrt{\frac{1}{20}}}}$$
$$= \sqrt{\frac{(\frac{1}{2} - \sqrt{\frac{1}{20}})^2}{\frac{1}{4} - \frac{1}{20} = \frac{1}{20}}} = (\tfrac{1}{2} - \sqrt{\tfrac{1}{20}})\sqrt{5},$$

$$\operatorname{tang} Am = \tfrac{1}{2}\sqrt{5} - \sqrt{\tfrac{5}{20}} = \tfrac{1}{2}\sqrt{5} - \tfrac{1}{2},$$

$$2\sin Am = 2\sqrt{\tfrac{1}{2} - \sqrt{\tfrac{1}{20}}} = \sqrt{2 - 4\sqrt{\tfrac{1}{20}}} = \sqrt{2 - \sqrt{\tfrac{16}{20}}} = \sqrt{2 - \sqrt{\tfrac{4}{5}}}$$
$$= \text{arête},$$

$$2\sin Am \cos Am = \sin AB = 2\sqrt{\tfrac{1}{2} - \sqrt{\tfrac{1}{10}}}\sqrt{\tfrac{1}{4} + \sqrt{\tfrac{1}{10}}} = \sqrt{\tfrac{1}{4} - \tfrac{1}{20}}$$
$$= 2\sqrt{\tfrac{4}{20}} = 2\sqrt{\tfrac{1}{5}} = \sqrt{\tfrac{4}{5}},$$

$$\cos AB = (1 - \sin AB)^{\frac{1}{2}} = (1 - \tfrac{4}{5})^{\frac{1}{2}} = \left(\frac{5-4}{5}\right)^{\frac{1}{2}} = \sqrt{\tfrac{1}{5}},$$

$$\operatorname{tang} AB = \sqrt{\tfrac{4}{5} \cdot \tfrac{5}{1}} = \sqrt{4} = 2,$$

$$h = \cos AP = \cot\left(\frac{180}{a}\right)\cot\left(\frac{180}{m}\right) = \cot 60^\circ . \cot 36^\circ = \operatorname{tang} 30 \operatorname{tang} 54^\circ$$
$$= \sqrt{\tfrac{1}{3}(1 + 2\sqrt{\tfrac{1}{5}})} = \sqrt{\tfrac{1}{3} + \tfrac{2}{3}\sqrt{\tfrac{1}{5}}}, \quad \tfrac{1}{3}h = \sqrt{\tfrac{1}{27} + \tfrac{2}{27}\sqrt{\tfrac{1}{5}}},$$

$$\text{rayon} = \sin AP = \sqrt{\tfrac{2}{3} - \tfrac{2}{3}\sqrt{\tfrac{1}{5}}},$$

$$\text{tang AP} = \sqrt{\frac{\frac{2}{3}-\frac{2}{3}\sqrt{\frac{1}{5}}}{\frac{1}{3}+\frac{2}{3}\sqrt{\frac{1}{5}}}} = \sqrt{\frac{2-2\sqrt{\frac{1}{5}}}{1+2\sqrt{\frac{1}{5}}}} = \sqrt{\frac{(2-2\sqrt{\frac{1}{5}})(1-2\sqrt{\frac{1}{5}})}{1-\frac{4}{5}=\frac{1}{5}}},$$

$$\text{tang AP} = \sqrt{5(2-2\sqrt{\tfrac{1}{5}})(1-2\sqrt{\tfrac{1}{5}})} = \sqrt{5(2-2\sqrt{\tfrac{1}{5}}-4\sqrt{\tfrac{1}{5}}+\tfrac{4}{5})}$$

$$= \sqrt{14-30\sqrt{\tfrac{1}{5}}} = \sqrt{14-6\sqrt{\tfrac{25}{5}}} = \sqrt{14-6\sqrt{5}},$$

$$2\sin^2\tfrac{1}{2}\text{AP} = 1-\cos\text{AP} = 1-\sqrt{\tfrac{1}{3}+\tfrac{2}{3}\sqrt{5}},\quad \sin^2\tfrac{1}{2}\text{AP} = \tfrac{1}{2}-\tfrac{1}{2}\sqrt{\tfrac{1}{3}+\tfrac{2}{3}\sqrt{5}},$$

$$\sin\tfrac{1}{2}\text{AP} = \sqrt{\tfrac{1}{2}-\tfrac{1}{2}\sqrt{\tfrac{1}{3}+\tfrac{2}{3}\sqrt{5}}},\quad 2\sin\tfrac{1}{2}\text{AP} = \sqrt{2-2\sqrt{\tfrac{1}{3}+\tfrac{2}{3}\sqrt{5}}},$$

$$\sin\tfrac{1}{2}\text{I} = \cos m\text{P} = \frac{\cos\left(\frac{180}{m}\right)}{\sin\left(\frac{180}{a}\right)} = \frac{\cos 36^\circ}{\sin 60^\circ} = \frac{\sin 54^\circ}{\sin 60^\circ} = \frac{\frac{1}{4}+\frac{1}{4}\sqrt{5}}{\sqrt{\frac{3}{4}}} = \sqrt{\tfrac{4}{3}}(\tfrac{1}{4}+\tfrac{1}{4}\sqrt{5})$$

$$= \tfrac{1}{4}\sqrt{\tfrac{4}{3}}(1+\sqrt{5}) = \tfrac{1}{4}\sqrt{\tfrac{4}{3}(6+2\sqrt{5})} = \tfrac{1}{4}\sqrt{8+\tfrac{8}{3}\sqrt{5}} = \sqrt{\tfrac{1}{2}+\tfrac{1}{6}\sqrt{5}},$$

$$\cos\tfrac{1}{2}\text{I} = \sqrt{\tfrac{1}{2}-\tfrac{1}{6}\sqrt{5}},$$

$$\cot\tfrac{1}{2}\text{I} = \sqrt{\frac{\frac{1}{2}-\frac{1}{6}\sqrt{5}}{\frac{1}{2}+\frac{1}{6}\sqrt{5}}} = \sqrt{\frac{1-\frac{1}{3}\sqrt{5}}{1+\frac{1}{3}\sqrt{5}}} = \sqrt{\frac{(1-\frac{1}{3}\sqrt{5})^2}{1-\frac{5}{9}=\frac{9-5}{9}=\frac{4}{9}}}$$

$$= \sqrt{\tfrac{9}{4}(1-\tfrac{1}{3}\sqrt{5})^2} = \tfrac{3}{2}(1-\tfrac{1}{3}\sqrt{5}) = \tfrac{3}{2}-\tfrac{1}{2}\sqrt{5},$$

$$\sin\text{I} = 2\sin\tfrac{1}{2}\text{I}\cos\tfrac{1}{2}\text{I} = 2\sqrt{(\tfrac{1}{2}+\tfrac{1}{6}\sqrt{5})(\tfrac{1}{2}-\tfrac{1}{6}\sqrt{5})} = 2\sqrt{\tfrac{1}{4}-\tfrac{5}{36}}$$

$$= 2\sqrt{\tfrac{9}{36}-\tfrac{5}{36}} = 2\sqrt{\tfrac{4}{36}} = \tfrac{2\cdot 2}{6} = \tfrac{4}{6} = \tfrac{2}{3},$$

$$\cos\text{I} = (1-\tfrac{4}{9})^{\frac{1}{2}} = \left(\frac{9-4}{9}\right)^{\frac{1}{2}} = \sqrt{\tfrac{5}{9}} = -\tfrac{1}{3}\sqrt{5},$$

$$\text{tang I} = \frac{\frac{2}{3}}{\frac{1}{3}\sqrt{5}} = \frac{2}{\sqrt{5}} = 2\sqrt{\tfrac{1}{5}} = \sqrt{\tfrac{1}{5}},$$

$$\text{facette} = a\sin^2\text{A}m\cot\frac{180}{a} = 3(\tfrac{1}{2}-\sqrt{\tfrac{1}{20}})\cot 60^\circ = 3(\tfrac{1}{2}-\sqrt{\tfrac{1}{20}})\sqrt{\tfrac{1}{3}}$$

$$= \sqrt{3}(\tfrac{1}{2}-\sqrt{\tfrac{1}{20}}) = \sqrt{3(\tfrac{1}{4}-\sqrt{\tfrac{1}{20}}+\tfrac{1}{20})} = \sqrt{3(\tfrac{6}{20}-\sqrt{\tfrac{1}{20}})}$$

$$= \sqrt{\tfrac{18}{20}-3\sqrt{\tfrac{1}{20}}} = \sqrt{\tfrac{9}{10}-\sqrt{\tfrac{9}{20}}},$$

$$\text{surface} = 20\sqrt{\tfrac{9}{10}-\sqrt{\tfrac{9}{20}}} = \sqrt{\tfrac{400\cdot 9}{10}-400\sqrt{\tfrac{9}{20}}} = \sqrt{360-\frac{1200}{\sqrt{20}}}$$

$$= \sqrt{360-\frac{600}{\sqrt{5}}} = \sqrt{360-120\sqrt{5}} = \sqrt{360-\frac{360}{3}\sqrt{5}}$$

$$= \sqrt{9\cdot 40-\tfrac{9\cdot 40}{3}\sqrt{5}} = 3\sqrt{40-\tfrac{40}{3}\sqrt{5}},$$

$$\text{solidité} = 3\sqrt{\tfrac{1}{27}+\tfrac{2}{27}\sqrt{\tfrac{1}{5}}}\sqrt{40-\tfrac{40}{3}\sqrt{5}} = \sqrt{(\tfrac{1}{3}+\tfrac{2}{3}\sqrt{\tfrac{1}{5}})(40-\tfrac{40}{3}\sqrt{5})}$$

$$= \sqrt{\tfrac{40}{3}+\tfrac{80}{3}\sqrt{\tfrac{1}{5}}-\tfrac{40}{9}\sqrt{5}-\tfrac{80}{9}\sqrt{\tfrac{5}{5}}} = \sqrt{\tfrac{120}{9}-\tfrac{80}{9}+\tfrac{16}{3}\sqrt{\tfrac{25}{5}}-\tfrac{40}{9}\sqrt{5}}$$

$$= \sqrt{\tfrac{40}{9}+\tfrac{48}{9}\sqrt{5}-\tfrac{40}{9}\sqrt{5}} = \sqrt{\tfrac{40}{9}+\tfrac{8}{9}\sqrt{5}} = \tfrac{1}{3}\sqrt{40+8\sqrt{5}}.$$

Toutes ces formules sont réunies dans la Table suivante.

AB = 2Am est l'arc de grand cercle dont le côté est la corde.

AP est la distance de chaque facette à son pôle.

I est l'inclinaison de deux facettes contiguës.

Sin AP est le rayon du petit cercle circonscrit à chaque facette.

$2\sin\frac{1}{2}$AP est la distance de l'extrémité de chaque arête à son pôle en ligne droite.

h est la distance de chaque facette au centre de la sphère.

Dans l'évaluation des facettes, des surfaces totales et des solidités, on a pris pour unité le rayon de la sphère.

Les facettes et les surfaces sont en mesures carrées, par exemple en mètres carrés; les solidités en mesures cubes, par exemple en mètres cubes.

Cette Table donne la théorie complète des corps inscriptibles à la sphère; elle renferme tous les théorèmes d'Euclide, d'Hypsicle et d'Isidore; elle conduit à toutes leurs constructions et en fournit de plus simples; enfin, elle donne des expressions variées de toutes les quantités qu'on peut avoir quelque intérêt de calculer. On y voit souvent reparaître les mêmes angles et les mêmes radicaux; en sorte que le nombre des inconnues du problème général n'est pas à beaucoup près aussi considérable qu'on l'aurait pensé à la première vue.

Cette Table enfin nous mettra à portée d'apprécier les idées de Képler, et de juger s'il avait raison de dire (ci-dessus, page 318), que sans rien faire qu'*un peu de violence* aux corps connus, il avait *su les enchaîner les uns aux autres.*

	Tétraèdre.	Hexaèdre.	Octaèdre.	Dodécaèdre.	Icosaèdre.
Cos Am	$\sqrt{\frac{1}{3}}$	$\sqrt{\frac{2}{3}}$	$\sqrt{\frac{1}{2}}$	$\sqrt{\frac{1}{2}+\frac{1}{6}\sqrt{5}}$	$\sqrt{\frac{1}{2}+\sqrt{\frac{1}{20}}}$
Sin AM	$\sqrt{\frac{2}{3}}$	$\sqrt{\frac{1}{3}}$	$\sqrt{\frac{1}{2}}$	$\sqrt{\frac{1}{2}-\frac{1}{6}\sqrt{5}}$	$\sqrt{\frac{1}{2}-\frac{1}{6}\sqrt{\frac{1}{20}}}$
Tang Am	$\sqrt{2}$	$\sqrt{\frac{1}{2}}$	1	$\frac{3}{2}-\frac{1}{2}\sqrt{5}$	$\frac{1}{2}\sqrt{5}-\frac{1}{2}$
Arête	$\sqrt{\frac{8}{3}}$	$\sqrt{\frac{4}{3}}$	$\sqrt{2}$	$\sqrt{2-\frac{2}{3}\sqrt{5}}$	$\sqrt{2-\sqrt{\frac{4}{5}}}=\sqrt{2-2\sqrt{\frac{1}{5}}}$
Sin AB	$\sqrt{\frac{8}{9}}$	$\sqrt{\frac{8}{9}}$	1	$\frac{2}{3}$	$\sqrt{\frac{4}{5}}$
Cos AB	$-\sqrt{\frac{1}{9}}=-\frac{1}{3}$	$+\sqrt{\frac{1}{9}}=+\frac{1}{3}$	0	$\sqrt{\frac{5}{9}}=\frac{1}{3}\sqrt{5}$	$\sqrt{\frac{1}{5}}$
Tang AB	$-\sqrt{8}$	$+\sqrt{8}$	∞	$\sqrt{\frac{4}{5}}$	2
h = cos AP	$-\frac{1}{3}$	$\sqrt{\frac{1}{3}}$	$\sqrt{\frac{1}{3}}$	$\sqrt{\frac{1}{3}+\frac{2}{3}\sqrt{\frac{1}{5}}}$	$\sqrt{\frac{1}{3}+\frac{2}{3}\sqrt{\frac{1}{5}}}$
r = sin AP	$\sqrt{\frac{8}{9}}$	$\sqrt{\frac{2}{3}}$	$\sqrt{\frac{2}{3}}$	$\sqrt{\frac{2}{3}-\frac{2}{3}\sqrt{\frac{1}{5}}}$	$\sqrt{\frac{2}{3}-\frac{2}{3}\sqrt{\frac{1}{5}}}$
Tang AP	$-\sqrt{8}$	$\sqrt{2}$	$\sqrt{2}$	$\sqrt{14-30\sqrt{\frac{1}{5}}}$	$\sqrt{14-6\sqrt{5}}$
2sin $\frac{1}{2}$ AP	$\sqrt{\frac{8}{3}}$	$\sqrt{2-2\sqrt{\frac{1}{3}}}$	$\sqrt{2-2\sqrt{\frac{1}{3}}}$	$\sqrt{2-2\sqrt{\frac{1}{3}+\frac{2}{3}\sqrt{\frac{1}{5}}}}$	$\sqrt{2-2\sqrt{\frac{1}{3}+\frac{2}{3}\sqrt{\frac{1}{5}}}}$
$\frac{1}{3}h$	$-\frac{1}{9}$	$\frac{1}{3}\sqrt{\frac{1}{3}}=\sqrt{\frac{1}{27}}$	$\frac{1}{3}\sqrt{\frac{1}{3}}=\sqrt{\frac{1}{27}}$	$\sqrt{\frac{1}{27}+\frac{2}{27}\sqrt{\frac{1}{5}}}$	$\sqrt{\frac{1}{27}+\frac{2}{27}\sqrt{\frac{1}{5}}}$
Sin $\frac{1}{2}$ I	$\sqrt{\frac{1}{3}}$	$\sqrt{\frac{1}{2}}$	$\sqrt{\frac{2}{3}}$	$\sqrt{\frac{1}{2}+\frac{1}{10}\sqrt{5}}$	$\sqrt{\frac{1}{2}+\frac{1}{6}\sqrt{5}}$
Cos $\frac{1}{2}$ I	$\sqrt{\frac{2}{3}}$	$\sqrt{\frac{1}{2}}$	$\sqrt{\frac{1}{3}}$	$\sqrt{\frac{1}{2}-\frac{1}{10}\sqrt{5}}$	$\sqrt{\frac{1}{2}-\frac{1}{6}\sqrt{5}}$
Cot $\frac{1}{2}$ I	$\sqrt{2}$	1	$\sqrt{\frac{1}{2}}$	$\frac{1}{2}\sqrt{5}-\frac{1}{2}$	$\frac{3}{2}-\frac{1}{2}\sqrt{5}$
Sin I	$\sqrt{\frac{8}{9}}$	1	$\sqrt{\frac{8}{9}}$	$\sqrt{\frac{8}{10}}=\sqrt{0.8}$	$\frac{2}{3}$
Cos I	$\sqrt{\frac{1}{9}}$	0	$-\sqrt{\frac{1}{9}}$	$-\sqrt{\frac{2}{10}}=-\sqrt{0.2}$	$-\frac{1}{3}\sqrt{5}$
Tang I	$\sqrt{8}$	∞	$-\sqrt{8}$	$-\sqrt{4}=-2$	$-\sqrt{\frac{4}{5}}$
Facette	$\sqrt{\frac{4}{3}}=2\sqrt{\frac{1}{3}}$	$\frac{4}{3}$	$\sqrt{\frac{3}{4}}$	$\frac{1}{6}\sqrt{50-10\sqrt{5}}$	$\sqrt{\frac{9}{10}-\sqrt{\frac{9}{20}}}$
Surface	$8\sqrt{\frac{1}{3}}$	8	$\sqrt{48}=4\sqrt{3}$	$\sqrt{200-40\sqrt{5}}$	$3\sqrt{40-\frac{40}{3}\sqrt{5}}$
Solidité	$\frac{8}{9}\sqrt{\frac{1}{3}}$	$\frac{8}{3}\sqrt{\frac{1}{3}}=\sqrt{\frac{64}{27}}$	$\sqrt{\frac{4}{3}}$	$\frac{1}{3}\sqrt{40+\frac{40}{3}\sqrt{5}}$	$\frac{1}{3}\sqrt{40+8\sqrt{5}}$
Arête	1,6329	1,1547	1,4142	0,7136	1,0515
Rayon	0,9428	0,8165	0,8165	0,5071	0,6071
2sin $\frac{1}{2}$ AP	1,6329	0,9194	0,9194	0,6408	0,6408
AB	109°28′16″	70°31′44″	90° 0′ 0″	41°48′26″	63°26′ 6″
AP	109 28.16	54.44. 8	54.44. 8	37.22.38	37.22.38
I	70.31.44	90. 0. 0	109.28.16	116.33.54	138.11.23
Facette	1,1547	1,3333	0,8660	0,8762	0,4787
Surface	4,6188	8,0000	6,9282	10,5145	9,5745
Solidité	0,5132	1,5396	1,3733	2,7851	2,5361
Cos Am	tang 30°	cos45° sin 60°	cos60° sin45°	$\frac{\sin 54°}{\sin 60°}$	$\frac{\sin 30°}{\sin 36°}$
Cos AP	− tang² 30°	+ tang 30°	+ tang 30°	tang 30° tang 54°	tang 30° tang 54°
Sin $\frac{1}{2}$ I	tang 30°	$\frac{\sin 30°}{\sin 45°}$	$\frac{\cos 45°}{\sin 30°}$	$\frac{\sin 30°}{\sin 36°}$	$\frac{\sin 54°}{\sin 60°}$

Pour construire ces formules et trouver les arêtes, soit $AG = GB = 1$; décrivez le demi-cercle AEB et menez le rayon perpendiculaire GE, vous aurez d'abord $\overline{BE}^2 = \overline{GB}^2 + \overline{EG}^2 = 1 + 1$ et $BE = \sqrt{2}$ = *arête de l'octaèdre* (fig. 55).

Prenez $DB = \frac{1}{3}AB = \frac{2}{3}$, vous aurez $AD = \frac{4}{3}$.

$\overline{DZ}^2 = AD.DB = \frac{4}{3}.\frac{2}{3} = \frac{8}{9}$, et

$\overline{BZ}^2 = \overline{DZ}^2 + \overline{DB}^2 = \frac{8}{9} + \frac{4}{9} = \frac{12}{9} = \frac{4}{3}$, $BZ = \sqrt{\frac{4}{3}}$ = *arête de l'hexaèdre*,

$\overline{AZ}^2 = \overline{AD}^2 + \overline{DZ}^2 = \frac{16}{9} + \frac{8}{9} = \frac{24}{9} = \frac{8}{3}$, $AZ = \sqrt{\frac{8}{3}}$ = *arête du tétraèdre.*

Soit la tangente $AH = AB = 2$;

$$\overline{GH}^2 = \overline{AH}^2 + \overline{AG}^2 = 4 + 1 = 5,$$
$$GH = \sqrt{5}, \quad HT = (\sqrt{5} - 1),$$
$$GH : AH :: GT : TK = \frac{GT.AH}{GH} = \frac{1.2}{\sqrt{5}} = 2\sqrt{\tfrac{1}{5}},$$
$$\overline{GK}^2 = \overline{GT}^2 - \overline{TK}^2 = 1 - \tfrac{4}{5} = \frac{5-4}{5} = \tfrac{1}{5},$$
$$GK = \sqrt{\tfrac{1}{5}}, \quad AK = 1 - \sqrt{\tfrac{1}{5}},$$
$$\overline{AT}^2 = \overline{TK}^2 + \overline{AK}^2 = \tfrac{4}{5} + 1 - 2\sqrt{\tfrac{1}{5}} + \tfrac{1}{5} = \tfrac{4}{5} + \tfrac{1}{5} + 1 - 2\sqrt{\tfrac{1}{5}} = 2 - 2\sqrt{\tfrac{1}{5}}$$
$$= (\textit{arête de l'icosaèdre})^2.$$

AT sera donc l'*arête de l'icosaèdre.*

$$GK = \sqrt{\tfrac{1}{5}}, \quad (\textit{arête dodécaèdre})^2 = 2 - \tfrac{2}{3}\sqrt{5} = 2(1 - \tfrac{1}{3}\sqrt{5}).$$

Prenez $GL = \frac{1}{5}\sqrt{5}$; TL sera $= 1 - \frac{1}{3}\sqrt{5}$; sur le prolongement de AB prenez $BF = TL$; sur le diamètre AF, décrivez le demi-cercle AIF et menez l'ordonnée BI;

$$\overline{BI}^2 = AB.BF = 2(1 - \tfrac{1}{3}\sqrt{5}) = 2 - \tfrac{2}{3}\sqrt{5},$$
$$BI = \sqrt{2 - 1\tfrac{2}{3}\sqrt{5}} = \text{arête du dodécaèdre.}$$

La construction des quatre premières formules est celle d'Euclide; nous avons supprimé quelques lignes inutiles; pour trouver BI, il nous dit de diviser BZ en moyenne et extrême raison. Nous avons préféré la recherche d'une moyenne proportionnelle.

Pour trouver $GL = \frac{1}{3}\sqrt{5}$, il suffisait de prendre $Gd = GD = \frac{1}{3}$ et d'élever la perpendiculaire dL, car

$$GA : GH :: Gd : GL = \frac{Gd.GH}{GA} = \frac{\frac{1}{3}.\sqrt{5}}{1} = \tfrac{1}{3}\sqrt{5}, \text{ et } TL = 1 - \tfrac{1}{3}\sqrt{5}.$$

Pour trouver I par la cotangente $\frac{1}{2}$I (fig. 56), prenez GE $=$ GB $=1$, BE $=\sqrt{2}$; faites GI $=$ BE, menez AI et IB, AIB sera l'inclinaison du *tétraèdre* AIG $=\frac{1}{2}$I, GI $=\cot\frac{1}{2}\text{I}=\sqrt{2}$.

AEB $=$ inclinaison de l'*hexaèdre*, AEG $=\frac{1}{2}$I; et GE $=\cot\frac{1}{2}\text{I}=1$, AEB $=90°$.

Pour l'*octaèdre*, $\cot\frac{1}{2}\text{I}=\sqrt{\frac{1}{2}}=\sin 45°$, prenez GD $=\sin 45°=\sin$ AM, c'est-à-dire tracez la corde occulte MM′ qui coupera GI en D; ADB sera l'inclinaison et DG $=\cot\frac{1}{2}\text{I}=\sqrt{\frac{1}{2}}$.

Prolongez IG en H, de sorte que GH $=2$, AH $=\sqrt{5}$ et A$m=\frac{1}{2}\sqrt{5}$.

Prenez A$n=\frac{1}{2}$, B$n=\frac{3}{2}$, A$n'=\frac{1}{2}$, $n'm=\frac{1}{2}\sqrt{5}-\frac{1}{2}=\cot\frac{1}{2}\text{I}=$ GF, AFB sera l'inclinaison pour le *dodécaèdre*.

Prenez Hb $=$ B$n=\frac{3}{2}$, $mb=\frac{3}{2}-\frac{1}{2}\sqrt{5}=\cot\frac{1}{2}\text{I}=$ GL, ALB sera l'inclinaison pour l'*icosaèdre*.

IAG $=90°-\frac{1}{2}$I, arc BN $=2$IAG $=180°-$I; donc AN $=$ I pour le *tétraèdre*.

EAG $=90°-\frac{1}{2}$I; BE $=180°-$I $=90°$; donc AE $=$ inclinaison pour l'*hexaèdre*.

DAG $=90°-\frac{1}{2}$I; prolongez AD en O, BO $=180°-$I; donc arc AO $=$ inclinaison pour l'*octaèdre*.

FAG $=90°-\frac{1}{2}$I; prolongez AF en P, AP $=180°-$I; donc AP $=$ inclinaison pour le *dodécaèdre*.

LAG $=90°-\frac{1}{2}$I; prolongez AL en R, BR $=180°-$I; donc AR $=$ inclinaison pour l'*icosaèdre*.

Voilà donc les angles d'inclinaison et les arcs qui les mesurent dans un même cercle.

Dans le tétraèdre, l'apothême de la facette $=$ arête $\sin 60°=\sqrt{\frac{8}{3}\cdot\frac{3}{4}}=\sqrt{\frac{8}{4}}=\sqrt{2}$; la hauteur totale $=\frac{4}{3}=$ Aa si l'on fait G$a=\frac{1}{3}$,

$$\sin \text{I}=\frac{\text{hauteur totale}}{\text{apothême}}=\frac{\sqrt{\left(\frac{16}{9}\right)}}{\sqrt{2}}=\sqrt{\frac{8}{9}}=\frac{2}{3}\sqrt{2}=\frac{2}{3}\,\text{BE}.$$

Dans l'hexaèdre, GE $=1=\sin$ I.

Dans l'octaèdre, $\sin \text{I}=\sqrt{\frac{8}{9}}=\sin$ AO $=\sin$ AN.

Dans le dodécaèdre, $\sin \text{I}=\sqrt{\frac{8}{10}}=\sqrt{\frac{4}{5}}=\sin$ arc AP.

Dans l'icosaèdre, $\sin \text{I}=\frac{2}{3}=\sin$ arc AR.

Pour les trouver à la manière d'Hypsicle, dans deux faces contiguës quelconques élevons des perpendiculaires sur le milieu de l'arête commune; il est clair que ces perpendiculaires feront un angle égal à l'inclinaison.

Or, dans le tétraèdre, ces deux perpendiculaires seront les apothêmes des deux facettes, la ligne qui joindra les sommets des apothêmes sera une arête; prenez donc une ouverture de compas égale à l'apothême, et des deux extrémités d'une arête, comme centre, décrivez deux arcs de cercle; le point d'intersection sera le sommet de l'angle d'inclinaison, les droites menées de ce point aux deux extrémités de l'arête formeront l'angle d'inclinaison.

Pour l'hexaèdre, on sait que l'angle est droit, il n'y a rien à faire. Les deux perpendiculaires sur le milieu de l'arête seraient égales à l'arête, et la droite qui les joindrait par leur extrémité serait la diagonale; les deux cercles se couperaient à l'un des angles du carré, en s'appuyant sur la diagonale. Les rayons feraient un angle droit.

Pour l'octaèdre, dont quatre faces sont dans l'hémisphère supérieur et quatre dans l'hémisphère inférieur, retranchez l'une des moitiés, il vous restera une pyramide à base carrée; les quatre faces latérales seront des triangles équilatéraux dont le côté est égal au côté du carré de la base.

Menez les apothèmes de deux triangles sur une même base, la ligne qui les joindra sera la diagonale du carré; un triangle isoscèle construit sur cette diagonale avec les deux apothèmes, fera à son sommet l'angle d'inclinaison.

Pour le dodécaèdre, considérez deux pentagones ayant même base; parallèlement à cette base, menez une diagonale qui retranche deux côtés du pentagone; cette parallèle sera le côté d'un carré qui sera la base de vos deux pentagones ainsi tronqués.

Sur le milieu des deux bases, élevez des perpendiculaires qui aillent aboutir aux parallèles.

Ces deux perpendiculaires et le côté du carré formeront un triangle dont l'angle au sommet sera l'inclinaison.

Enfin, pour l'icosaèdre, retranchez-en cinq triangles par un plan qui sera un pentagone dont le côté sera le même que ceux des triangles; dans le pentagone menez une diagonale qui joindra les sommets de deux triangles qui auront même base; cette diagonale, avec les apothêmes des deux triangles, formera un triangle dont l'angle au sommet sera l'inclinaison.

Comme procédé graphique, cette méthode est fort bonne.

Pour l'icosaèdre, elle donne en prenant l'arête pour unité

$$2(\text{arête})^2-2(\text{arête})^2\cos 72^\circ = 2(\text{arête}\sin 60)^2 - 2(\text{arête}\sin 60)^2\cos I,$$

$$2 + 2\cos 72 = 2\sin^2 60 - 2\sin^2 60\cos I,$$

$$-\cos I = \frac{1+\cos 72-\sin^2 60}{\sin^2 60} = \frac{1+\cos 72}{\frac{3}{4}} - 1, \quad 1-\cos I = \tfrac{4}{3}+\tfrac{4}{3}\cos 72,$$

$$2\sin^2\tfrac{1}{2}I = \tfrac{4}{3}(1+\cos 72) = \tfrac{4}{3}\,2\cos^2 36, \quad \sin^2\tfrac{1}{2}I = \tfrac{4}{3}\cos^2 36,$$

$$\sin\tfrac{1}{2}I = \sqrt{\tfrac{4}{3}}\sin 54 = \sqrt{\tfrac{4}{3}}\left(\tfrac{1}{4}+\tfrac{1}{4}\sqrt{5}\right),$$

$$\sin\tfrac{1}{2}I = \sqrt{\tfrac{4}{3}}\left(\tfrac{1}{16}+\tfrac{2}{16}\sqrt{5}+\tfrac{5}{16}\right) = \sqrt{\tfrac{4}{3}\left(\tfrac{6}{16}+\tfrac{2}{16}\sqrt{5}\right)} = \sqrt{\tfrac{1}{2}+\tfrac{1}{6}\sqrt{5}}.$$

Pour le dodécaèdre, soit 1 l'arête;

$$2+2\cos 72^\circ = 2\sin^2 72 - 2\sin^2 72\cos I,$$

$$1+\cos 72 - \sin^2 72 = -\sin^2 72\cos I,$$

$$\frac{1+\cos 72^\circ}{\sin^2 72^\circ} - 1 = -\cos I; \quad \frac{2\cos^2 36^\circ}{4\sin^2 36^\circ\cos^2 36^\circ} = 2\sin^2\tfrac{1}{2}I; \quad \sin^2\tfrac{1}{2}I = \frac{1}{4\sin^2 36^\circ},$$

$$\sin^2\tfrac{1}{2}I = \tfrac{1}{4}\operatorname{coséc}^2 36^\circ = \tfrac{1}{4}(1+\cot^2 36^\circ) = \tfrac{1}{4}(1+\operatorname{tang}^2 54^\circ) = \tfrac{1}{4}+\tfrac{1}{4}(1+2)\sqrt{\tfrac{1}{5}})$$

$$= \tfrac{1}{2}+\tfrac{1}{2}\sqrt{\tfrac{1}{5}} = \tfrac{1}{2}+\tfrac{1}{2}\sqrt{\tfrac{5}{25}} = \tfrac{1}{2}+\tfrac{1}{10}\sqrt{5}.$$

C'est encore notre formule.

Pour l'octaèdre, soit 1 l'arête; $\sqrt{2}$ sera la diagonale du carré.

$$2 = 2(\text{apothème})^2 - 2(\text{apoth.})^2\cos I = 2\sin^2 60 - 2\sin^2 60\cos I,$$

$$\frac{1-\sin^2 60}{\sin^2 60} = -\cos I = \operatorname{coséc}^2 60^\circ - 1, \quad 1-\cos I = 1+\cot^2 60,$$

$$2\sin^2\tfrac{1}{2}I = 1+\operatorname{tang}^2 30 = 1+\tfrac{1}{3} = \tfrac{4}{3},$$

$$\sin^2\tfrac{1}{2}I = \tfrac{2}{3}, \quad \cos^2\tfrac{1}{2}I = \tfrac{1}{3}, \quad \cos\tfrac{1}{2}I = \sqrt{\tfrac{1}{3}}.$$

Ce sont encore nos formules.

Pour le tétraèdre, apoth. $= \sin 60^\circ$, $2\sin^2 60 - 2\sin^2 60\cos I = 1$,

$$2\sin^2 60 - 1 = 2\sin^2 60\cos I,$$

$$\cos I = \frac{2\sin^2 60}{2\sin^2 60} - \frac{1}{2\sin^2 60} = 1 - \tfrac{1}{2}\operatorname{coséc}^2 60 = 1 - \tfrac{1}{2} - \tfrac{1}{2}\cot^2 60,$$

$$1-\cos I = 2\sin^2\tfrac{1}{2}I = \tfrac{1}{2}+\tfrac{1}{2}\operatorname{tang}^2 30 = \tfrac{1}{2}+\tfrac{1}{2}\cdot\tfrac{1}{3},$$

$$\sin^2\tfrac{1}{2}I = \tfrac{1}{4}+\tfrac{1}{12} = \frac{12+4}{48} = \tfrac{16}{48} = \tfrac{1}{3}.$$

C'est encore notre formule.

Ainsi les constructions d'Isidore mènent à nos formules. Isidore les donnait sans démonstration, parce qu'il supposait qu'on eût des figures solides, qu'on pouvait couper par des plans. Hypsicle les a démontrées d'une manière un peu longue et qu'il aurait pu abréger; mais une partie de ces longueurs tient à la nécessité de chercher chaque fois si l'angle est obtus ou aigu, pour en prendre le supplément quand il est obtus, ce qui arrive le plus souvent. Mais le second livre d'Hypsicle n'en est pas moins curieux; il est le seul où l'on trouve au moins les surfaces du dodécaèdre et de l'icosaèdre. Quant aux solidités, on n'en fait pas la moindre mention, on ne donne que le rapport entre les deux dernières; ce livre est absolument le seul où l'on donne les inclinaisons, et les méthodes d'Isidore sont curieuses par leur simplicité.

Le rapport des surfaces de l'icosaèdre et du dodécaèdre est le même que celui des solidités, parce que les bases sont dans le même petit cercle. Le rapport donné par Hypsicle s'accorde également avec nos formules. Je l'ai vérifié algébriquement et numériquement.

Corps réguliers circonscrits à la sphère.

Ces solides sont semblables aux solides inscrits, leurs dimensions sont comme leurs côtés homologues, c'est-à-dire comme $h : 1$; leurs surfaces sont comme $h^2 : 1$; leurs solidités :: $h^3 : 1$. Ainsi pour avoir une ligne quelconque du corps circonscrit, il suffit de diviser la ligne correspondante du solide inscrit par $h = \cos AP$, ou de la multiplier par séc AP.

Pour avoir la surface, il suffit de diviser celle du solide inscrit par $h^2 = \cos AP$, et quand on a la surface totale du polyèdre circonscrit, il suffit d'en prendre le tiers pour avoir la solidité, puisque $h' = 1$, h' étant la distance de la facette au centre de la sphère, on a successivement

$$\text{séc AP} = 3, \quad \sqrt{3}, \quad \sqrt{3}, \quad \frac{1}{\sqrt{\frac{1}{3}+\frac{2}{3}\sqrt{\frac{1}{5}}}}, \quad \frac{1}{\sqrt{\frac{1}{3}+\frac{2}{3}\sqrt{\frac{1}{5}}}},$$

$$\text{séc}^2\text{AP} = 9, \quad 3, \quad 3, \quad \frac{1}{\frac{1}{3}+\frac{2}{3}\sqrt{\frac{1}{5}}}, \quad \frac{1}{\frac{1}{3}+\frac{2}{3}\sqrt{\frac{1}{5}}}.$$

D'après cette théorie et les idées de Képler :

La distance de Jupiter en parties de la distance de Saturne, devrait être, par l'hexaèdre, $\cos AP = \tang 30° = 0,57735$ distance de Saturne $= 0,57735 \times 9,53877 = 5,5072$; elle est de 5,20279.

La distance de Mars en parties de celle de Jupiter serait, par le tétraèdre, $\tang^2 30° = \frac{1}{3} = \frac{1}{3}$ distance Jupiter $= 1,73426$; elle est de 1,52369.

La distance de la Terre en parties de celle de Mars serait, par le dodécaèdre, $= \tang 30° \tang 54° = 0,79465$ distance de Mars $= 1,2108$; elle est 1,0.

La distance de Vénus en parties de celle de la Terre serait, par l'icosaèdre, $= \tang 30° . \tang 54° = 0,79465$; elle est 0,72333.

La distance de Mercure en parties de celle de Vénus serait, par l'octaèdre, = tang 30° = 0,57735 dist. ♀ = 0,41761 ; elle est de 0,38710.

On verra, chapitre suivant, les raisons que Képler imagine pour expliquer ces différences, qui auraient dû lui faire abandonner son système.

D'abord, au lieu de la distance moyenne de la planète supérieure, il prend la distance périgée pour unité, et la distance qu'il en conclut pour la planète inférieure est la distance apogée, et pour Mercure en particulier, au lieu de 0,57735 ou 0,577, en se bornant à trois décimales, il prend sin 45° = 0,7071068, ou simplement 0,707 = *quadrato octaedri inscripti circuli. Quod nota.* Il n'en dit pas davantage. Il paraît que son dessein était de se rapprocher du nombre 0,723, pour lequel il renvoie au chapitre XXVII de Copernic ; quoi qu'il en soit, continuons d'analyser le livre de Képler. Nous allons y retrouver nos h ou nos $\overline{\cos} AP$.

Le chapitre XIII est tout géométrique. C'est le calcul des corps inscrits et circonscrits. (On vient de voir des calculs plus exacts.)

Au chapitre XIV il vient au point principal, qui est de prouver astronomiquement que ces cinq corps se placent entre les cinq orbes. Voici les résultats de ces calculs.

			Copernic.
Si la distance périgée est, pour ♄	1000		
la distance apogée de ♃ sera......	577 ;	elle est 635	ch. 9.
La distance périgée de ♃ étant....	1000		
la distance apogée de ♂ sera.....	333	 333	ch. 14.
La distance périgée de ♂ étant.....	1000		
la distance apogée de ♁ sera.....	795	 757	ch. 19.
La distance périgée de ♁ étant.....	1000		
la distance apogée de ♀ sera.....	795	 794	ch. 21 et 22.
La distance périgée de ♀ étant.....	1000		
la distance apogée de ☿ sera.....	577	 723	ch. 27.
ou	707.		

« Mars et Vénus vont bien ; la Terre et Mercure, pas mal ; Jupiter seul s'écarte de la loi ; mais à une si grande distance, on doit peu s'en étonner. Un pareil accord ne peut être un effet du hasard. Il faut songer, d'ailleurs, que les nombres de Copernic ne sont pas rigoureusement exacts, et qu'on peut corriger ses prostaphérèses de manière à tout concilier. » Képler nous apprend qu'ayant lu ce chapitre à son maître, Mæstlin, celui-ci chercha ces intervalles par les Tables pruténiques. Les distances de Copernic étaient comptées du centre du grand orbe,

Képler pense qu'*il faut mettre l'origine au centre du Soleil*, et qu'ainsi on ne doit plus dire ni *apogée*, ni *périgée*, mais *aphélie* et *périhélie*. Voilà du moins un trait de lumière qui sort du nuage, et une idée saine dont Képler saura tirer un meilleur parti. Malgré les calculs de Mæstlin, cette *luxation* des orbes planétaires inquiète un peu l'auteur, qui promet de revenir sur cet objet, dans la théorie de Mars.

Le chapitre XVII n'est pas plus utile que le précédent; Képler s'y justifie de n'avoir pas inscrit Mars dans l'octaèdre.

Dans le chapitre XVIII, il veut prouver que les différences entre son idée et les tables, sont en grande partie dues aux erreurs de ces tables. « En effet, on voit qu'elles s'écartent quelquefois de deux degrés des observations. Copernic ne se montre pas si difficile dans les observations qu'il apporte en preuve de sa théorie. Il ne se fait aucun scrupule de négliger les heures, d'omettre ou de changer un quart de degré. Il a pris dans Ptolémée des choses qu'il savait être inexactes. Il aimait mieux donner une Astronomie qu'il savait imparfaite à quelques égards, que de n'en donner aucune. Sans cette licence, nous n'aurions ni la Syntaxe de Ptolémée, ni le livre des Révolutions, ni les Tables Pruténiques.» Il cite à l'appui de cette excuse un passage d'une lettre de Rheticus (Éphém. de 1551). Copernic lui disait : *Si je parviens à représenter les observations à 10′ près, je me réjouirai autant que Pythagore, quand il trouva le carré de l'hypoténuse.* Il pensait que *les observations des anciens ne nous sont pas données telles qu'elles ont été faites*, mais que chaque auteur les a *accommodées à ses hypothèses;* d'ailleurs on n'avait pas alors, et l'on n'a pas encore un catalogue assez exact des positions des étoiles. Il exhortait Rhéticus à en entreprendre un nouveau. C'est ce que Tycho a fait.

Képler ajoute, dans une note, que les erreurs allaient à 3° pour Mars, à 5° pour Vénus, à 10 ou 11° pour Mercure.

Dans le chapitre XIX, il avait dit que Mercure trompait les météorologues autant que les astronomes, et rendait vicieuses toutes leurs prédictions sur les vents. Dans une note, il dit qu'il suivait alors les idés reçues, mais qu'une longue expérience lui a prouvé que les changemens de vents ne sont pas distribués entre les planètes, *que la nature sublunaire est incitée par les aspects de deux planètes, ou par les stations de chacune en particulier*, et qu'il en résultait des vapeurs, des fumées qui sortaient des montagnes ou des cavernes souterraines; ces fumées se résolvaient en pluies ou neige, en foudre ou vents, ou en grêle, ou enfin en χάσματα. Ce n'était pas trop la peine de changer les idées reçues.

Chapitre **XX.** *De la proportion des mouvemens aux orbes.* Il montre d'abord que les révolutions ne sont pas comme les simples distances. Quelle peut être la cause de ces différences? Les *âmes motrices* sont-elles plus faibles à une plus grande distance du Soleil? ou bien n'y aurait-il qu'*une seule âme motrice placée dans le Soleil, qui agirait avec plus de force sur les corps voisins, avec moins de force sur les corps éloignés?* Ainsi à la distance se mêle un affaiblissement dont il faut tenir compte. Supposons, ce qui est très vraisemblable, que le mouvement est dispensé par le Soleil, comme la lumière; la diminution de la lumière est en raison de la grandeur des cercles; il en est de même de la diminution du mouvement. Le cercle augmente *comme la distance*, et la force s'affaiblit en même proportion; ainsi un éloignement de la planète agit deux fois sur la longueur de la période, et l'accroissement de la période double la différence de la distance.

« La moitié de l'accroissement de la période, ajoutée à la moindre période, doit donner la vraie proportion des distances; par exemple, le mouvement de Mercure est de 88 jours, celui de Vénus, de $224\frac{1}{3}$; la différence est $136\frac{2}{3}$, dont la moitié, $68\frac{1}{3}$, ajoutée à 88, donnera $156\frac{1}{3}$; vous aurez donc 86 : $156\frac{1}{3}$ :: distance de Mercure : distance de Vénus.

Faites cette opération sur toutes les planètes, et si vous prenez pour rayon la distance de la planète supérieure pour calculer celle de la planète immédiatement inférieure, vous trouverez les nombres de la table ci-jointe.

		Copernic.
♃	574	572
♂	274	290
♁	694	658
♀	762	719
☿	563	560

Nous approchons déjà beaucoup de la vérité, dit Képler. Il doute un peu lui-même de sa démonstration; une autre manière de calculer lui fait croire que son théorème n'est pas dépourvu tout-à-fait de fondement. Il sera probable qu'autant une planète en surpassera une autre en mouvement, autant elle en sera surpassée en distance. Prenons pour unité la force et la distance de Mars; autant la Terre surpasse Mars en force, autant elle perdra en distance, ce qui se trouvera par la règle de fausse position.

Soit rayon de la Terre : rayon de Mars :: 694 : 1000.

Si Mars parcourt 1000 en 87 jours, 694 seront parcourus en 477 jours; mais la révolution de la Terre est de 365, et non 477. Continuons par la règle inverse.

477 jours seraient consumés par la force de Mars; il faudrait une force plus grande pour ne consommer que 365 $\frac{1}{4}$; il faut donc ajouter $\frac{306}{1000}$ de cette force : c'est ce qu'il faut retrancher de la distance. $1000 - 306 = 694$, ainsi que nous avons supposé. Si nous ne retrouvions pas notre supposition, nous en ferions une autre.

« Cette manière de calculer, nous dit Képler, nous rend les nombres trouvés par la première méthode; les deux manières donnent les mêmes résultats : elles ont donc un même fondement; mais je n'ai pu le trouver jusqu'ici. »

Dans une note il commente ce calcul, et le termine par ces mots:

En voilà trop. *Sepeliendus enim est non errans tantùm, sed si etiam plane legitime procedat; quia proportio periodorum non est dupla proportionis distantiarum mediarum, sed perfectissimè et absolutissimè ejusdem sesqui-altera, hoc est si quærantur radices cubicæ ex planetarum temporibus periodicis ut* 689 *et* 365 $\frac{1}{4}$, *et hæ radices multiplicentur quadrate, tunc in quadratis his numeris inest certissima proportio semi-diametrorum orbium. Perfici verò possunt operationes istæ facile, vel per tabulam cuborum Clavii, vel longè faciliùs per logarithmos Neperi.*

Il ajoute ce secret important à ses mystères cosmographiques; mais ce secret étant trouvé, il semble qu'il aurait pu supprimer tous ces mystères. Il interpelle tous les théologiens et tous les philosophes à haute voix :

« Ecoutez, hommes très religieux, très doctes et très profonds.

» Si Ptolémée dit vrai, il n'y a aucune proportion constante entre les » mouvemens et les distances des planètes.

» Si Tycho a raison, notre prophétie se trouve vraie pour tous les » corps qui circulent autour du Soleil; elle le serait pour le Soleil et » Mars : ainsi nous aurions deux centres au lieu d'un; le Soleil dispen» serait le mouvement aux planètes et la Terre au Soleil. Si enfin Aris» tarque a raison de faire du Soleil le centre unique, la règle est vraie » de toutes les planètes, et tous les phénomènes sont dispensés par le » Soleil. Il n'y a nulle exception; elle est démontrée par toutes les » observations; on peut assigner des causes évidentes pour que la pro» portion ne soit ni simple ni double, mais sesqui-altère. »

Ce peu de lignes est un ample dédommagement pour tout le fatras par lequel Képler nous a fait passer, et pour tout ce qui nous reste à extraire. Les derniers mots sont une véritable prophétie; Newton a donné les causes évidentes de la proportion sesqui-altère. Képler revient à ses premiers calculs; il en conclut que ses nombres, sans être parfaitement vrais, approchent du moins beaucoup de la vérité. *On peut limer ce théorème, mais il est bon. Quid si namque aliquandò diem illam videamus, quo ambo hæc inventa conciliata erunt?*

		differ.	
574	574	+ 2	cube.
290	274	— 16	tétraèdre.
658	690	+ 26	dodécaèdre.
719	762	+ 43	icosaèdre.
500	563	+ 63	octaèdre.
ou 559	563	+ 4	

Ce qui le fait tenir à ce théorème avec opiniâtreté, c'est que nulle part il n'est en erreur de l'orbe tout entier, et qu'il indique toujours *quelque chose qui tient à l'épaisseur de cet orbe.*

« Nous avons vu ce jour 22 ans après; nous nous en sommes réjouis, » du moins Mæstlinus et moi; et bien d'autres, en lisant le livre V de » l'*Harmonique*, partageront cette joie.

» Les nombres étaient inexacts; mais ils appprochaient beaucoup de la » vérité : c'était un effet du hasard; mais j'ai du plaisir à les rappeler. Ils » me montrent par quels détours en palpant tous les murs au milieu des » ténèbres de l'ignorance, je suis enfin parvenu à la porte brillante de » la vérité. »

Chap. XXII. *Pourquoi la planète se meut-elle également sur le centre de son équant?* La voie excentrique de la planète est lente dans la partie supérieure, plus rapide dans la partie inférieure. Il déduit cette conséquence de ses premières idées; et dans une note : « Vous voyez, lecteur attentif, que j'avais jeté dans ce livre les semences de tout ce que j'ai découvert de nouveau et d'absurde pour le vulgaire. » Il faut en convenir; mais de quelle enveloppe avait-il couvert ces semences!

Chap. XXIII. *Du commencement et de la fin du monde, et de l'année platonique.* « Après le repas venons au dessert. Je propose deux nobles » problèmes.

» Dieu a sans doute fait commencer le mouvement par une conjonction

» de toutes les planètes au commencement du zodiaque. » (C'est la supposition des Indiens.)

» Pour le moment de la création, 5572 ans avant 1595, le 27 avril, » à 11^h du mérien de Prusse, les Tables pruténiques donnent les quantités » ci-jointes :

☉	$0^s\ 3^\circ$	$0^s 0^\circ$
☾	6. 3	6.0
♄	0.15	0.0
♃	0. 0	0.0
♂	2.24	0.0
♀	1.10	0.0
☿	0. 3	0.0
☊	5.18	0.0 ☋

» Si elles ne sont pas toutes ce qu'elles doivent être, c'est une erreur » des moyens mouvemens. *La Lune devait être en opposition, puisqu'elle » a brillé.* Il n'y aura pas de fin; les mouvemens sont incommensurables; » jamais les planètes ne se trouvèrent en conjonction au point de départ. »

Mais s'y sont-elles jamais trouvées? c'est ce dont il est permis de douter. Le mouvement de Mars pour 5572 ans ou pour 6000 ans serait en erreur de 84°; ce serait 14° ou 840′ pour 1000 ans, 0′,84 ou 50″,4 pour un an. Les Indiens procèdent ainsi pour la construction de leurs tables; mais ils reculent l'époque de la création, et peuvent négliger les signes et les degrés qu'ils trouvent de trop.

Képler, en réimprimant cet ouvrage 25 ans après la première édition, n'a voulu y rien changer. Il a mis dans des notes ses idées nouvelles. Il dit que jamais novice n'avait fait un début si brillant, et, à quelques égards, il peut avoir raison; mais que de choses à retrancher, si l'on ne veut conserver que le fil de ses idées, et qu'on écarte tout ce qu'il a ajouté pour replâtrer ce dont il n'était ni bien sûr ni bien satisfait lui-même! Tycho, à qui il avait confié son livre, lui conseilla de laisser ces vaines recherches pour se livrer au calcul des observations. Qui n'eût pensé que Tycho lui donnait un bon conseil? Quel dommage pourtant que Képler l'eût suivi! Sachons-lui gré de cette opiniâtreté, qui ne lui permettant pas d'abandonner tout-à-fait une idée qui lui avait souri, a fait au moins qu'il l'a retournée et modifiée de tant de manières, qu'enfin il a trouvé ce rapport $\frac{3}{2}$, qui est le milieu arithmétique entre 1 et 2. S'il eût été moins simple, il serait peut-être inconnu; cependant la découverte des logarithmes offrait un moyen facile pour déterminer ce rapport, quel qu'il fût, s'il était réel et constant.

Nous avons vu que Tycho n'aimait pas qu'on élevât le moindre doute sr son système; il voyait dans Képler un partisan de Copernic très zélé, e qui plus est, très redoutable; mais il voyait un calculateur infati-ble, qui aimait les rapprochemens et les comparaisons; c'était l'homme dat il avait besoin pour mettre en œuvre ses nombreuses observations. Ḱ oler en effet lui rendit ce service; mais il est probable que Tycho a été peu satisfait du résultat.

. la suite de cet ouvrage, on lit un avertissement que Mæstlin avait nt à la première édition. Il avoue qu'on a eu de grandes obligations . astronomes, qu'ils ont fait des découvertes importantes; mais jamais 'ont attaqué l'Astronomie que par derrière : *à tergo adorti sunt.* « On a ı que la Terre était au milieu du monde, et qu'elle en était le centre, ce qu'on voit les pierres tomber et la fumée s'élever; Mais où est e expérience sur ce qui est pesant ou léger? En avons-nous une naissance assez parfaite pour décider où se trouve le centre du nde? Qu'est-ce que la Terre en comparaison de l'univers? un point, tome. » Plus loin, le système de Tycho est indiqué d'une manière ne l'aura guère satisfait. « Cela est grand; il ne faut pas refuser à uteur la louange qu'il mérite; mais, par cette correction, on ne t que coudre un morceau neuf à un vieux manteau déchiré, et la hirure deviendra plus grande. Dans cette supposition, on dissémine centres et les forces motrices, on complique le système, et on fait perdre l'ordre et la précision. Je ne veux leur opposer que te nouvelle découverte de Képler. A qui devons-nous avoir con-nce, de ceux qui, pour éviter quelques absurdités, tombent dans plus grandes, qu'ils appuient d'étais chancelans, de ceux qui ne dent raison de rien, ou de celui qui n'affirme rien sans preuve, réfute solidement les absurdités des autres. »

estlinus fit réimprimer en même temps la *Narration* de Rhéticus sur re de Copernic, et il y ajouta les dimensions des orbes et des sphères es, selon les Tables pruténiques, calculées d'après les idées de nic. Il paraît donc que Reinhold était décidé en faveur de Coper-. uoique Bailly ait dit le contraire. Reinhold avait annoncé un nentaire sur le livre des *Révolutions;* mais il ne l'avait pas encore . Nous n'avons pu décider si Reinhold était véritablement l'auteur héoriques que nous avons ci-dessus analysées.

Kepleri, Harmonices mundi de figurarum regularium, quæ propor-

tiones harmonicas pariunt, ortu, classibus, ordine et differentiis causâ scientiæ et demonstrationis. Lincii Austriæ, 1619.

Quoique cet ouvrage n'ait paru que 23 ans après le Prodrome, et que Képler ait publié, dans l'intervalle, un grand nombre d'ouvrages, cependant l'ordre des matières nous a paru plus important que celui des dates, et nous ne séparerons pas deux traités qui ont tant d'analogie.

Képler prend pour épigraphe un passage du Commentaire de Proclus sur le premier livre d'Euclide : « La science mathématique est le premier fondement de toute Physique, en ce qu'elle nous enseigne le bel ordre des proportions suivant lesquelles l'univers (τὸ ΠΑΝ) a été construit. Elle nous montre les élémens simples et primordiaux liés entre eux par la symétrie et l'égalité; tout le ciel est formé de ces élémens, et dans ses diverses parties, il nous offre toutes les figures qui lui convenaient ou qu'il a pu recevoir. »

Ce passage un peu vague ne signifie pas que Képler ait trouvé son système harmonique établi déjà chez les Grecs ; au contraire, il réclame pour lui-même le mérite de l'invention. Avant Euclide, personne n'avait écrit sur les corps réguliers ; si Proclus eût étendu ses Commentaires jusqu'au dixième livre des Élémens, il eût peut-être épargné à Képler le soin d'exposer toute cette théorie de l'univers ; mais on n'en trouve aucun vestige chez les anciens. Ramus ayant lu dans Aristote la réfutation de la doctrine pythagoricienne sur les propriétés des élémens, déduites de celles des cinq corps réguliers, conçut aussitôt un grand mépris pour cette philosophie ; il voulut retrancher de l'ouvrage d'Euclide le livre qui traite de ces corps. Schoner, d'après son maître Ramus, crut qu'il n'était d'aucune utilité. Képler se flatte que Ramus eût bien changé d'opinion s'il avait pu lire ses *Harmoniques;* il croit même que les Pythagoriciens ont jadis enseigné sa doctrine, mais déguisée sous des allégories dont personne n'a démêlé le véritable sens. Il est donc persuadé que les Pythagoriciens ont enseigné le système de Copernic, et qu'Aristote ne les a pas compris. Pour réparer le tort que des professeurs, d'ailleurs habiles, ont fait à la science, Képler se croit obligé à extraire du livre X d'Euclide tout ce qui sera nécessaire pour ce plan. Il va traiter de Géométrie d'une manière populaire et en philosophe plus qu'en mathématicien.

Dans son premier livre, il passe en revue tous les polygones que l'on peut géométriquement inscrire au cercle.

Dans le second, il traite de la congruence des figures; il explique la formation des cinq corps réguliers par des combinaisons de triangles, de carrés ou de pentagones. Les pythagoriciens, Platon, Euclide et son commentateur, appellent ces corps les *figures mondaines*. Ils les avaient attribuées aux élémens; il fallait les placer dans les intervalles des sphères célestes. « Cette idée a été trouvée si heureuse, que non-seulement pendant 22 ans elle n'a trouvé aucun contradicteur, et qu'elle a même converti plusieurs disciples de Ramus, au point qu'on a demandé une seconde édition du livre qui contenait cette découverte. »

Le troisième traite de la naissance des proportions harmoniques; il n'y a pas un mot d'Astronomie dans tout ce qu'il contient.

Le livre IV traite des configurations harmoniques, des rayons sidéraux de la Terre, et de leurs effets sur la naissance des météores et autres choses naturelles. Il commence de même par des théories purement musicales; mais au chapitre V, il définit les configurations ou les aspects. Il y a des configurations efficaces; ce sont l'opposition ou la distance angulaire de 180°, le quadrat ou l'angle de 90°, le trine ou l'angle de 120°, le sextile ou l'angle de 60°. Tout cela était universellement reçu; Képler y ajoute l'octile ou l'angle de 45°, le trioctile ou de 135°, enfin les aspects de 30° et de 150°, de 72° et de 108°, de 144° et de 36°.

Le chapitre VII est un épilogue de la nature sublunaire et des facultés intérieures de l'âme, sur lesquelles est fondée l'Astrologie. On y lit que Képler a vu constamment l'état de l'air troublé toutes les fois que les planètes étaient en conjonction, ou dans les aspects connus; il a vu l'air tranquille, s'il y avait peu d'aspects, ou s'ils étaient peu durables. Les pluies tombent quand les rayons des planètes font un angle de 60° bien juste. Ce que Pic-la-Mirandole a écrit contre l'Astrologie l'a engagé à examiner la chose, et alors il a été obligé d'adopter comme vraies des règles dont il doutait, après avoir lu les écrits des Astrologues et avant d'avoir vu les objections de Pic. Il croit, comme Ptolémée, à l'analogie qu'il y a entre les aspects et les consonnances musicales, et Pic lui paraît les réfuter trop légèrement. Tout ce qu'objecte la Mirandole peut s'objecter de même à l'union de deux sons consonnans; il ne niera pas le plaisir qu'on prend à un duo chanté par des voix justes. Pourquoi refuser de croire ce qu'attestent tous les habitans de la campagne, que les montagnes vomissent des nuages qui se résolvent en pluie? Képler avoue qu'il a été confirmé dans ses idées par ce qui aurait porté tout autre à les modifier. Après de longues conjonctions la Terre, qui paraissait n'en avoir rien senti, a produit des tempêtes, qui ont duré long-temps après les aspects; c'est que la Terre n'est point comme un chien qui obéit au moindre signe, mais comme un bœuf ou un éléphant, qui est lent, mais calme, et qui est d'autant plus violent quand il est échauffé.

Je passe bien des raisonnemens de même force, dont le but est de prouver que la Terre a une âme. Cette âme connaît le zodiaque; elle sent quel point du zodiaque occupe chaque planète, les angles que forment leurs rayons; et comme elle a le sentiment des raisons géométriques et des harmonies archétypes, elle juge si ces mesures d'angles sont harmoniques ou incongrues, et les admet ou les rejette.

Le livre V a pour titre : *De l'harmonie parfaite des mouvemens célestes.*

Vingt-deux ans auparavant, il avait trouvé, dans les corps réguliers, la raison des distances et du nombre des planètes; il s'était attaché fortement à cette idée avant d'avoir lu les Harmoniques de Ptolémée. L'envie de la vérifier avait fait qu'il avait consacré une partie de sa vie à l'Astronomie, qu'il avait été voir Tycho, qu'il s'était fixé auprès de lui à Prague. Il a réussi bien au-delà de ses espérances; il a reconnu que l'harmonie se trouvait dans les mouvemens célestes, non de la manière dont il l'avait conçue, et ce n'est pas le moindre sujet de sa joie, mais d'une manière toute différente et bien plus parfaite. Pendant qu'il était distrait de cette idée par le travail des Tables rudolphines, un de ses amis lui avait parlé des Harmoniques de Ptolémée; il y vit avec ravissement que le livre III tout entier est employé à la contemplation de l'harmonie des corps célestes. Ptolémée n'avait pas tout ce qui était nécessaire pour tirer un grand fruit de ses recherches; son peu de succès pouvait détourner tout autre d'entrer dans cette route; mais cette idée, venue à 1500 ans de distance à deux auteurs, sans aucune communication, l'a confirmé dans son projet. *Depuis huit mois*, ajoute-t-il, *j'ai vu le premier rayon de lumière; depuis trois mois j'ai vu le jour; enfin, depuis peu de jours, j'ai vu le soleil de la plus admirable contemplation. Rien ne me retient, je me livre à mon enthousiasme; je veux insulter aux mortels par l'aveu ingénu que j'ai dérobé les vases d'or des Égyptiens, pour en former à mon Dieu un tabernacle loin des confins de l'Égypte. Si vous me pardonnez, je m'en réjouirai; si vous m'en faites un reproche, je le supporterai. Le sort en est jeté : j'écris mon livre; il sera lu par l'âge présent ou la postérité, peu m'importe; il pourra attendre son lecteur : Dieu n'a-t-il pas attendu six mille ans un contemplateur de ses œuvres?* Il avait raison; il attendit long-tems un digne lecteur; ses découvertes n'ont été senties et appréciées que depuis le tems ou Newton, en les démontrant, en a fait sentir la liaison et l'importance.

Chap. III. Il faut savoir que les hypothèses des anciens, expliquées par Purbach et autres abréviateurs, doivent être rejetées, parce qu'elles ne présentent pas la véritable situation des corps célestes. Il faut y substituer le système de Copernic; celui de Tycho fera le même effet. Quand vous décrivez un cercle, vous faites tourner le compas; tenez le compas immobile, et faites tourner le papier en sens contraire, et vous aurez le même cercle.

» Je rappellerai en outre à mes lecteurs, que j'ai prouvé par les ob- » servations, que les mouvemens dans l'excentrique ne sont pas égaux, » mais qu'ils varient suivant les distances au Soleil, source de tout mou- » vement; que les mouvemens diurnes vrais d'une orbite excentrique » sont en raison inverse des deux distances au Soleil; j'ai démontré que » l'orbite est elliptique, que le Soleil est à l'un des foyers; que la » planète, à 90° de son aphélie, est à une distance moyenne entre les » distances aphélie et périhélie. De ces deux axiomes, il résulte que le » moyen mouvement dans l'excentrique est le mouvement vrai pour les » momens où la planète est dans ses moyennes distances. C'est donc à » 90° de son aphélie, quoiqu'alors la distance angulaire apparente soit » un peu moindre, que deux arcs quelconques de l'excentrique, égale- » ment distans l'un du périhélie et l'autre de l'aphélie, joints ensemble, » équivalent à deux arcs diurnes moyens; qu'enfin il en est de même » de tant d'arcs réunis qu'on voudra, s'ils sont placés ainsi qu'il vient » d'être dit. J'ai démontré que, pour Mars, les mouvemens dans l'ex- » centrique sont assez précisément en proportion doublée et inverse » des distances au Soleil. Cela est vrai des arcs qui ne sont pas trop » grands, et quand les distances ne sont pas trop différentes. Dans les » distances moyennes, les arcs de l'excentrique sont vus un peu obli- » quement, ce qui les diminue un peu; au lieu que, dans les apsides, » ils sont vus plus perpendiculairement. »

Il n'en est pas de même pour les mouvemens vus de la Terre, qui n'est pas le centre des mouvemens.

Nous n'avons jusqu'ici considéré que les arcs différens d'une même planète; comparons les mouvemens de deux planètes différentes; appelons *apsides prochaines* le périhélie de la planète supérieure et l'aphélie de l'inférieure; *mouvemens extrêmes*, le plus lent et le plus rapide;

convergens extrêmes ou *converses*, ceux qui sont dans les apsides prochaines; *divergens* ou *divers*, ceux qui sont dans les apsides opposées.

« Achevons la découverte commencée il y a vingt-deux ans :

» *Sera quidem respexit inertem,*
» *Respexit tamen, et longo post tempore venit.*

» Si vous en voulez connaître l'instant, c'est le 18 mars 1618. Conçue, » mais mal calculée, rejetée comme fausse, revenue le 15 mai avec une » nouvelle vivacité, elle a dissipé les ténèbres de mon esprit. Elle est » si pleinement confirmée par les observations de Tycho, que je croyais » rêver et faire quelque pétition de principe. Mais c'est une chose très » certaine et très exacte, que la proportion entre les tems périodiques de » deux planètes est précisément sesqui-altère de la propôrtion des » moyennes distances. »

Cette loi, qui a coûté tant de tems et de calculs à Képler se trouverait aujourd'hui avec une extrême facilité. Il se proposait de trouver le rapport des mouvemens avec les distances ou $\frac{T}{t} : \frac{R}{r}$; soit $\left(\frac{T}{t}\right) = \left(\frac{R}{r}\right)^x$.

Képler essaya $x = 1, 2, 3$, etc.; il essaya des nombres fractionnaires.

Nous ferions

$$\log\left(\frac{T}{t}\right) = \log\left(\frac{R}{r}\right)^x = x\log\left(\frac{R}{r}\right) \text{ et } x = \frac{\log\left(\frac{T}{t}\right)}{\log\left(\frac{R}{r}\right)} = \frac{\log T - \log t}{\log R - \log r};$$

ainsi pour la Terre et Vénus,

log T = 365,26....	2,5625978	log R = 1......	0,0000000
log t = 224,7	2,3516031	log r = 0,72333	9,8593365
log T — log t =	0,2109947	log R — log r...	0,1406635
		moitié.....	0,0703318
			0,2109953

$$x = \frac{0,2109990}{0,1406635} = 1\tfrac{1}{2} = \tfrac{3}{2}.$$

En effet, à (log R — log r) ajoutez sa moitié, vous aurez (log T — log t).

Ainsi, pour Mars et la Terre,

log T = 686,9796...	2,8369439	log R = 1,52369	0,1828966
log t = 365,2564...	2,5625978	log r = 1......	0,0000000
log T — log t.............	0,2743461	log R — log r....	0,1828966
		moitié.....	0,0914483
$x = \frac{0,2743461}{0,1828966} = 1\frac{1}{2} = \frac{3}{2}$		log T — log t...	0,2743449

La règle est bien simple; il faut toujours soustraire le logarithme le plus faible du plus fort, et diviser le reste le plus fort par le reste le plus faible; mais au tems de la découverte de Képler, les logarithmes n'étaient point inventés.

» Voulez-vous mesurer à la même toise le chemin diurne de chaque » planète, multipliez la vitesse par le demi-diamètre de son orbe, et » vous aurez des nombres propres à chercher si les chemins sont en pro- » portion harmonique. »

C'est-à-dire, faites $rdu = \mathrm{R}d\mathrm{V}$ et $\left(\frac{\mathrm{R}d\mathrm{V}}{rdu}\right)$.

« Multipliez le chemin de la planète supérieure par la distance de la » planète inférieure, et réciproquement le chemin de la planète inférieure » par la distance de la planète supérieure. »

Ou faites $\frac{a\mathrm{R}d\mathrm{V}}{\mathrm{A}rdu} = \frac{\left(\frac{a}{r}\right)d\mathrm{V}}{\left(\frac{\mathrm{A}}{\mathrm{R}}\right)du}$ ou $\left(\frac{d\mathrm{V}}{du}\right)$, en omettant l'ellipticité des orbites.

« Soient deux planètes dont les révolutions soient 27 et 8; les moyens » mouvemens seront :: 8 : 27, les distances $\left(\frac{\mathrm{R}}{r}\right)^3 = \left(\frac{27}{8}\right)^2$;

$\frac{\mathrm{R}}{r} = \left(\frac{27}{8}\right)^{\frac{2}{3}} = \left(\frac{3}{2}\right)^2 = \frac{9}{4}$.

» Soient maintenant les mouv. apparens pour l'un dans l'aphélie... 2,
» pour l'autre dans le périhélie..... $33\frac{1}{3}$;

» La moyenne proportionnelle entre 2 et 8 est 4; entre 27 et $33\frac{1}{3}$, » elle est 30.

» Si la moyenne 4 donne la distance 9; 8 donnera 18, distance aphé- » lie répondant au mouvement 2.

» La moyenne 30 : 4 :: 27 : $\frac{4.27}{30} = \frac{4.9}{10} = 3.6$. »

Képler ajoute quelques exemples numériques; les règles qu'il suit ne paraissent pas bien rigoureuses, mais des approximations sur lesquelles il va fonder ses harmonies imaginaires.

Il ne trouve aucune harmonie dans les tems périodiques.

Mais c'est une conjecture très probable que les masses des planètes ou leurs volumes sont en proportion des tems (ce qui n'est pas exact). Il dit, par exemple, que Saturne est 30 fois gros comme la Terre, et Jupiter 12 fois. Le reste est de cette vérité.

Dans la musique des corps célestes, Saturne et Jupiter font la basse ; Mars le ténor, la Terre et Vénus la haute-contre, et Mercure le fausset (*discanti*).

Nous avons voulu juger par nous-même du reste de l'ouvrage ; la patience nous a manqué souvent; on n'y voit qu'idées bizarres, tirées de calculs approximatifs, dont Képler lui-même avoue plus d'une fois le peu de précision, en sorte que nous souscrivons au jugement de Bailly.

« Après cet élan sublime, Képler se replonge dans les rapports de » la Musique avec les mouvemens, la distance et l'excentricité des pla- » nètes. Dans tous ces rapports harmoniques, il n'y a pas un rapport » vrai; dans une foule d'idées, il n'y a pas une vérité : il redevient » homme après s'être montré esprit de lumière. »

A considérer les choses sous un autre point de vue, il ne serait pas impossible de trouver que Képler a été toujours le même. Ardent, inquiet, brûlant de se signaler par des découvertes, il les essayait toutes, et quand il les avait entrevues, rien ne lui coûtait pour les suivre ou les vérifier. Toutes ses tentatives n'eurent pas le même succès, et cela était vraiment impossible. Celles qui n'ont pas réussi ne nous paraissent que bizarres ; celles qui ont été plus heureuses nous paraissent sublimes. Quand il a cherché ce qui existait réellement, il l'a trouvé quelquefois; quand il s'attachait à la recherche d'une chimère, il fallait bien qu'il échouât; mais il y développait les mêmes qualités, et cette constance opiniâtre qui triomphe des difficultés quand elles ne sont pas insurmontables.

Dans un appendice, Képler compare son ouvrage à celui de Ptolémée, sur la Musique, et principalement au 3e livre, où il trouve quelques idées vagues sur l'harmonie des corps célestes; il emploie trois pages à l'examen du livre de Robert Fludd (*de fluctibus*), médecin d'Oxfort, qui, sous le titre de *Microcosme* et *Macrocosme*, s'est livré à beaucoup de contemplations harmoniques, sur ce qu'il appelle la *musique du monde*. Képler lui reproche beaucoup d'obscurités; ils s'étaient rencontrés dans l'idée de faire de la Terre un animal : du reste, il n'y avait aucune ressemblance entre les deux ouvrages. Robert se fâcha et répondit; Képler répliqua. Dans cette longue dissertation, je n'ai remarqué que cette parodie d'un vers d'Homère :

Ἥφαιστε πρόμολ' ὧδε Κεπληρος σεῖο χατίζει.

Vulcain viens ici, Képler a besoin de toi.

Si c'était pour brûler sa dissertation et celle de Robert qu'il implorait le secours de Vulcain, on pourrait regretter que ce dieu ne l'eût pas exaucé.

Et puisque nous avons rappelé l'idée de donner un âme à la Terre, nous citerons le passage de la page 158, où il commente ce vers de Virgile :

Conjugis in gremium lœtæ descendit...

Lœtæ hoc est percipientis quid sibi fiat, cum voluptate, motuque idoneo maritum adjuvantis. Quæ omnia VITÆ sunt indicia, animamque supponunt in corpore patienti.

Pour avoir une idée du style et des sentimens de Képler, lisez les lignes qui sont les dernières de ses Harmonies.

Magnus Dominus noster... laudate eum cœli, Sol, Luna et planetæ, quocumque sensu ad percipiendum, quâcunque linguâ ad eloquendum Creatorem vostrum utamini; laudate eum harmoniæ cœlestes. Laudate eum vos harmoniarum detectarum arbitri, tu que ante omnes Mæstline felici senectâ, namque tu solebas has dictis animare speque curas. Lauda et tu anima mea dominum Creatorem tuum, quamdiù fuero. Namque ex ipso et per ipsum et in ipso sunt omnia καὶ τὰ αἰσθητὰ καὶ τὰ νοερὰ, *tam ea quæ ignoramus penitus, quam ea quæ scimus, minima illorum pars, quia adhuc plus ultrà est. Ipsi laus honor et gloria in sæcula sæculorum, amen. Absolutum est hoc opus die,* $\frac{17}{27}$ *maj., anno* 1618.

Et plus haut, page 243. *Gratias ago tibi Creator domine, quia delectasti me, in facturâ tuâ et in operibus manuum tuarum exultavi. En nunc opus consummavi professionis meæ, tantis usus ingenii viribus quantas mihi dedisti; manifestavi gloriam operum tuorum hominibus istas demonstrationes lecturis, quantum in illius infinitate capere potuerunt angustiæ mentis meæ; promtus mihi fuit animus ad emendatissimè philosophandum; si quid indignum tuis consiliis prolatum à me, vermiculo in volutabro peccatorum nato et innutrito, quod scire velis homines; id quoque inspires ut emendem : si tuorum operum admirabili pulchritudine in temeritatem prolectus sum, aut si gloriam propriam apud homines amavi. Dum progredior in opere tuæ gloriæ destinato, mitis et misericors condona; denique ut demonstrationes istæ tuæ gloriæ et animarum salati cedant, nec ei ullâ tenus obsint propitius efficere digneris.*

A la page 241, il défie tous les astronomes et tous les mathématiciens. *Agite strenui, vel unam ex harmoniis passim applicatis convellite, cum aliâ aliquâ commutate et experimini nùm tam prope Astronomiam, cap. IV, præscriptam accessuri sitis : vel contendite rationibus, nùm meliùs et convenientius aliquid motibus cœlestibus astruere, dispositionem vero à me adhibitam in parte vel toto destruere possitis.*

On ne voit pas ce que les astronomes ont répondu à ces bravades, excusables tout au plus s'il n'avait parlé que de la belle loi qu'observent les mouvemens et les distances; mais il y avait un peu trop de présomption de lui-même, dans l'assurance avec laquelle il les défie de supprimer ou de modifier une de ses harmonies. Rien ne nous apprend qu'elles aient été combattues, Képler n'eût pas manqué de répondre; mais on ne voit pas même que de son vivant, personne ait fait la moindre attention à ces belles lois, qui sont aujourd'hui le fondement de toute science astronomique. Personne, pas même Galilée, qui plus que tout autre devait être en état de les apprécier, et qui n'en dit pas un mot dans les fameux Dialogues composés pour démontrer l'excellence du système de Copernic : n'avait-il pas vu ou dissimulait-il tout ce que ce système avait gagné entre les mains de Képler?

Je trouve dans le même volume, l'opuscule du jaugeage des pièces de vin.

Nova Stereometria doliorum vinariorum, imprimis Austriaci, figuræ omnium aptissimæ et usus in eo virgæ cubicæ compendiosissimus et plane singularis. Accessit Stereometriæ Archimedeæ supplementum. Lincii, 1615.

Ce livre commence par la démonstration des principaux théorèmes d'Archimède. L'auteur s'occupe ensuite des solides de révolution engendrés par les diverses sections coniques; il fait tourner une ellipse autour d'un diamètre quelconque; il s'occupe de la cubature du mât, du citron, de l'olive, de la prune et des fuseaux; enfin, il vient aux tonneaux d'Autriche, à la jauge et ses divisions, à la manière de calculer la partie vide d'un tonneau. Il éprouva beaucoup de difficultés pour l'impression de cet ouvrage, qu'il fut obligé de retirer des mains d'un imprimeur qui l'avait gardé 16 mois. Il aurait voulu lui donner plus d'étendue, *at cum una veritas sufficiat vel tacens, contra omnes errorum strepitus... habeant igitur sibi suos errores, quicumque iis delectantur, fruamur nos nostris commodis; et ut fruendi materia, salvis corporis animique bonis, affatim suppetat, precabimur :*

Et cum pocula mille mensi erimus,
Conturbabimus illa ne sciamus.

On voit qu'il parodie ici deux vers de Catulle.

Le volume renferme encore l'Éphéméride de 1618; il y emploie pour la Lune une excentricité variable.

Ad Vitellionem Paralipomena quibus Astronomiæ pars Optica traditur, potissimum de artificiosâ observatione et æstimatione diametrorum, deliquiorumque Solis et Lunæ, cum exemplis insignium eclipsium. Francfort, 1604.

Ce livre est dédié à l'empereur Rodolphe, qui lui faisait une pension pour achever les Tables commencées par Tycho. On pourrait induire des dernières lignes de la dédicace, que cette pension n'était pas exactement payée, et qu'il était à craindre qu'elle ne fût retranchée. La guerre avec les Turcs occasionnait ces retards.

Tycho avait jeté les fondemens de l'Astronomie dans ses observations encore inédites et dans son Catalogue d'étoiles, qui, suivant l'expression de Képler, est comme le ciment de l'édifice; ses Tables du Soleil en sont la colonne principale. Dans sa Théorie de la Lune, il bâtit le portique ou le premier palais. Képler, dans son Optique, se propose d'y ajouter les fenêtres et les escaliers; il a déjà fait l'armoire ou l'arsenal, dans sa Théorie de Mars; il reste à construire la cuisine, la salle à manger, la chambre à coucher et le cabinet; sur lesquels il bâtira un étage supérieur, en guise d'observatoire, d'où l'on découvrira toute la suite des siècles. Ce sera la huitième théorie, qui contiendra aussi les aphélies des planètes. Enfin, les Tables rudolphines formeront le toit et le faîte. Voilà encore un échantillon du style de Képler.

On voit d'abord dans son livre, que le monde sphérique est l'image de la Trinité; que le Père est le centre, le Fils la surface, le Saint-Esprit tout ce qui est entre le centre et la surface; en sorte que les trois ne font qu'un. Les corps sont doués de vertus qui y sont comme dans leurs nids, d'où elles sortent pour se répandre de tout côté : on en a un exemple dans l'aimant. Le Soleil a la lumière pour communiquer avec tous les corps. La lumière est un écoulement ou éjaculation, qui part du corps lumineux et se prolonge à l'infini, suivant des lignes droites qui sont autant de rayons d'une sphère infinie. Son mouvement se fait *non dans le tems, mais dans un instant.* (On sait aujourd'hui le contraire, d'après les découvertes de Roëmer et de Bradley; mais ce tems est si court, que Képler a dû le croire nul; les effets du mouvement non instantané de la lumière étaient vraiment imperceptibles, et les observations de Tycho n'en pouvaient offrir aucune trace.) La force qui meut la lumière est infinie, son poids est nul et sa vitesse infinie; elle se disperse en s'éloignant, puisqu'elle va par des lignes divergentes; les rayons n'éprouvent aucun affaiblissement, mais il y en a moins dans un espace donné. La force ou la densité de la lumière est en raison des surfaces sphériques; elle n'est pas arrêtée par les corps solides, en tant que solides; elle peut les traverser, mais avec plus de difficulté, en tant qu'ils sont denses; elle est affectée par les surfaces qu'elle rencontre. La couleur est la lumière en puissance, la lumière ensevelie dans la matière du diaphane. Un corps opaque est un composé de diverses surfaces qui n'offrent aucun passage en ligne droite.

La lumière tombant sur une surface, est répercutée et revient sur ses pas; si elle tombe obliquement, elle se réfléchit à angle égal; si elle entre dans un milieu plûs dense, elle se brise en s'approchant de la perpendiculaire. Le mouvement oblique se décompose selon la ligne horizontale et la perpendiculaire; elle n'entre donc pas perpendiculairement, *elle est dérangée dans le sens horizontal seulement.*

Ici l'auteur fait de vains efforts pour prouver que la lumière doit s'approcher de la perpendiculaire, dont il paraîtrait au contraire qu'elle devrait s'écarter.

Les rayons réfléchis et réfractés sont droits comme auparavant.

La chaleur est une propriété de la lumière; cette chaleur n'est pas matérielle; la lumière détruit et brûle, avec le tems elle blanchit les couleurs; la lumière noire enflamme plus aisément que la lumière blanche.

Ces diverses propositions, les unes vraies les autres fausses, sont recueillies par Képler des auteurs qui l'ont précédé : il les développe et les démontre à sa manière.

La lumière du Soleil qui est reçue sur un plan, après avoir passé par un petit trou de forme quelconque, est toujours ronde : c'est ce qu'on a remarqué de tout tems, et n'est pas encore expliqué, dit Képler. On a dit que cela venait de la rondeur du Soleil; et en effet, dans les éclipses, l'image du Soleil paraît échancrée sur le plan qui la reçoit; ce qui a fourni à Gemma, Reinhold et Mæstlin un moyen bien simple pour mesurer les diamètres du Soleil, de la Lune et les parties éclipsées. Mais toutes les éclipses observées de cette manière ont donné à la Lune un diamètre trop grand, si bien que Tycho, le phénix des astronomes, a été réduit à dire que le diamètre de la Lune est plus petit dans les conjonctions que dans les oppositions, quoique la distance soit la même.

Si l'objet lumineux n'avait qu'un point, l'image serait de même forme que l'ouverture.

L'image est toujours plus grande que le trou; elle se compose de la figure renversée du corps lumineux, et de la figure droite de la fenêtre.

J. B. Porta venait d'imaginer la chambre obscure; Képler en donne la description, et conclut de ses raisonnemens et de l'expérience, que si l'ouverture est circulaire, le rayon lumineux sera rond; si elle est quadrangulaire et ample, l'image sera terminée par une multitude d'angles obtus qui formeront un cercle. Dans les éclipses, l'image sera en croissant, mais les cornes seront moins aiguës que dans la réalité. Il dit bien que l'erreur sera plus grande ou plus petite, suivant le plus ou moins d'ouverture; il ne donne pas expressément la règle pour la corriger.

Dans le chapitre III, qui traite de la Catoptrique et du lieu de l'image, il réfute Euclide, Vitellion et Alhazen, et il s'excuse de s'être autant étendu sur un point qui n'intéresse nullement l'Astronomie. Le chapitre suivant s'y rapporte directement; il s'agit des réfractions.

Alhazen et Vitellion en avaient expliqué la théorie avec plus de soin qu'on n'en rencontre ordinairement dans les anciens (il ignorait que Ptolémée les avait prévenus). Tycho chercha le premier à les déterminer par observation. Nous avons vu la dispute entre Tycho et Rothman; Képler trouve qu'ils étaient tous deux dans l'erreur; Tycho en supposant à l'air une diminution successive de densité jusqu'à ne plus différer de l'éther. (Képler ignorait que l'air est élastique, et que les couches les plus bases sont nécessairement plus denses); Rothman se trompait en avançant que la lumière entrait dans un milieu plus dense, sans éprouver de réfraction (Rothman n'avait donc pas lu Vitellion. Képler se trompe aussi en disant que la cause de la réfraction est dans la surface et non dans la *corpulence* du milieu plus dense; ou du moins, cette assertion devait être autrement énoncée : il a raison quand il dit que la profondeur du milieu n'est pour rien dans la réfraction.)

Képler avait songé à faire la réfraction proportionnelle au sinus de la distance au zénit; il essaya bien d'autres règles. Il se démontra que les réfractions croissent plus rapidement que les arcs d'incidence; il avait vu qu'elles croissent bien plus rapidement que les sinus; il n'imagina pas d'essayer les tangentes. Le plus ou moins d'intensité de la lumière n'influe pas sur la réfraction; les réfractions croissent rapidement près de l'horizon. Il songea aux sécantes; il rejeta cette idée, parce que la sécante de 90° est infinie; la même raison lui aurait fait rejeter les tangentes; il ne vit pas que jamais la distance n'est de 90° pour le zénit du point de l'atmosphère par lequel entre le rayon. Il essaya de combiner l'inclinaison et la sécante; il ne songea point à comparer les sinus des angles brisés aux sinus des angles d'incidence, quoiqu'il eût sous les yeux la Table de Vitellion. Ptolémée avait eu la même inadvertance.

Il se propose ce problème, résolu depuis par Cassini : *Les réfractions étant observées à deux hauteurs connues, en déduire la règle générale.* Il n'avait pas pour le résoudre le théorème de Snellius ou de Descartes; il voit qu'il faudrait connaître la hauteur de l'atmosphère. On ne peut la déterminer par les crépuscules, parce qu'il n'est pas bien démontré que la matière qui produit les crépuscules soit aussi celle qui cause les réfractions.

Il dit, page 120, que la surface qui produit la réfraction est peu élevée au-dessus de la Terre; il cherche par tâtonnement l'angle que j'ai nommé u, dans mon exposition de la Théorie de Cassini, et que j'ai trouvé de $2°0'12''$; il fait des suppositions au-dessus et au-dessous de ce nombre.

Soient N et N′ les deux distances au zénit, r et r' les deux réfractions observées;

$$N = 86°10', \quad N' = 89°25', \quad r = 14'22'', \quad r' = 31'10''.$$

D'après ces deux observations de Tycho, il cherche la règle générale pour calculer la Table entière.

On connaît $GEF = r' = 31'10''$ (fig. 57); c'est la réfraction pour la distance N′.

On connaît AB rayon de la Terre; il faudrait connaître BEA = LEG inclinaison apparente à l'entrée dans l'atmosphère, on y ajouterait la réfraction GEF, et l'on aurait l'inclinaison vraie $LEF = E + r'$; on est donc réduit à supposer une valeur à LEG = E. Soit.. $E = 87°30'$

$$r' = \quad 31,10$$

$$E + r' = 88.\ 1,10.$$

$$\frac{r'}{\text{séc}\,E} = r' \cos E = r' \cos 88°1'10'' = 81'',568\text{; Képler dit } 82'',5.$$

$$\text{Calculez} \quad \frac{r' \cos E}{E + r'} = \frac{81'',568}{88'',019444} = 0'',92672 = 55''',6032.$$

r'	3,2718416
cos E.....................	8,6396796
$r' \cos E = 81'',568$............	1,9115212

$r \cos E = 81'',568$..........	1,9115212
C.88,01944..........	8,0554286
0'',92672..........	9,9669498
AB = 1..................	0
C.sin BEA = 87° 30'..............	0,0004135
sin N' = sin B = 89.25..............	9,9999775
AE = 1,0009007..........	0,0003910
CAE	9,9996090
sin N = 86° 10'..............	9,9990273
sin E = 85° 27' 43''..........	9,9986363
r = 14.22	
E + r = 85.42. 5	
= 85.42,0833	
= 85,7014	
r....................	2,9355073
cos E....................	8,8982930
$r \cos E = 58'',203$..........	1,8338003
C.(E + r)....................	8,0670121
0'',7958154..........	9,9008124
ou 47''',748924.	

Képler trouve 56''' ½; c'est la réfraction simple pour 1° : cette partie est proportionnelle à l'arc.

Dans le triangle ABE, nous connaissons tous les angles et le côté AB = 1; nous aurons

$$AE = \frac{\sin N'}{\sin E} = 1{,}0009007;$$

Képler trouve 1,0009000.

Remarquez que, pour trouver AE, il fait la proportion

BEA : B :: AB : AE;

mettant ainsi les arcs pour les sinus. Mais on trouverait ainsi AE=1,02190; ainsi c'est une expression abrégée, mais elle pourrait induire en erreur.

Il passe à la seconde observation :

AE : AB :: sin ABE : sin BEA :: sin 86° 10' : sin 85° 27' 43'';

Képler dit 86.59;

ce qui est une erreur manifeste, car il est évident que $E < N$, et Képler le fait plus grand.

Nous aurons $r\cos E = 68{,}203$ et $\frac{r\cos E}{(E+r)} = 0{,}7958154$,

Réfraction pour 1°............. $= 47'',75$,

Ci-dessus nous avions trouvé.... $55'',60$.

Le peu d'accord de ces quantités prouve que la supposition n'est pas exacte;

$$r = \frac{47'',75\,(E+r)}{\cos(E+r)} = 15'9'',9 \quad \text{au lieu de } 14'22'',$$

$$r' = \frac{55'',60\,(E'+r')}{\cos(E'+r')} = 39'20'',2 \quad \text{au lieu de } 31'10;$$

la supposition donnerait donc deux réfractions trop fortes.

On voit que la formule est

$$r = \frac{\text{constante }(E+r)}{\cos(E+r)};$$

Mettez $\sin(E+r)$ au lieu de l'arc, vous aurez

$$r = \text{constante tang}\,(E+r).$$

Képler passe à d'autres suppositions : au lieu de 87° 30′, il pose 89° et trouve que cet angle est trop grand; il suppose 88° et trouve

$$AE = 1{,}0005778;\quad \text{je trouve } 1{,}0005777.$$

La réfract. pour 1°,	0,73726	par la 1re réfract., c'est-à-dire	44‴24
	0,74901	par la 2e..................	44,94
	627	Milieu...........	44,59.
	0,74317		

Il trouve cet accord suffisant; ainsi la réfraction sera

$$r = \frac{0'',74313\,(E+r)}{\cos(E+r)} \quad \text{ou} \quad r = \frac{0'',74313\,E}{\cos E},$$

quand on a fait $\sin E = \frac{\sin r}{1{,}000577}$; mais cette supposition représente assez mal les deux réfractions observées, quand on fait $r = \frac{0'',7431\,(E+r)}{\cos(E+r)}$; mais quand on fait $r = \frac{0'',7431\,E}{\cos E}$, on trouve

$$r' = 31'28'' \text{ au lieu de } 31'10'', \quad \text{et} \quad 14'19'',6 \text{ au lieu de } 14'22''.$$

Il pouvait en effet se contenter de cette approximation.

Mais puisque la formule $r = \frac{a(E+r)}{\cos(E+r)}$ n'est pas plus démontrée que $r = \frac{aE}{\cos E}$, il était inutile de déterminer les deux constantes par la première de ces deux formules, pour n'employer ensuite que l'autre. En prenant le parti le plus commode, et en faisant le calcul avec plus de soin que Képler, j'ai trouvé

$$a = 0{,}7540 \quad \text{et} \quad AE = 1{,}0005770\,;$$

avec ces deux constantes, j'ai retrouvé $r' = 31'\,11''$ et $r = 14'\,22''$.

Le calcul est extrêmement simple, prenons par exemple $N = 90°$;

C.log AE....	9,9997495	a........	9,8773713
sin 90°.......	0,0000000	C.cos E...	1,4691005
sin E = 88° 3′ 15″	9,9997495	88,055	1,9447491
= 88° 3′,25		r' = 32′35″....	3,2912209.
= 88,054.			

Dans le cas de $N = 90°$, E est le complément de l'angle que j'ai nommé u dans la Théorie de Cassini. En général, l'angle E est celui que j'ai nommé y dans cette même théorie, et dont j'ai montré l'analogie avec celui de Bradley $(N - nr)$. C'est ainsi que j'ai formé la table suivante : à côté des nombres que donne ma formule, j'ai mis ceux de Képler et ceux de Bradley.

Dist. Z.	Réfract.	Képler.	Bradley.
90° 0′	32′ 35″	61′ 30″	32′ 53″
89.25	31.11	48. 0	27.35
86.10	14.22	15.27	12.11
80. 0	5.40	5.36	5.14
70. 0	2.33	2.31	2.35
60. 0	1.30	1.28	1.38
50. 0	1.59	0.00	1. 8
40. 0	0.39	0.37	0.47
30. 0	0.26	0.26	0.33
20. 0	0.16	0.15	0.20
10. 0	0. 8	0. 7	0.10

Il est assez remarquable que, par une formule purement empirique, Képler ait fait une table de réfraction, dont les erreurs du zénit jusqu'à 70°, ne passent jamais 9″; à 80° l'erreur n'est que de 26″. Il ne faut pas compter les erreurs à 86° 10′ et 89° 25′; ces erreurs appartiennent aux observations que la formule représente parfaitement. A 90° on ne peut pas dire qu'il y ait erreur, car beaucoup d'observations modernes ne donnent pas davantage.

Képler avait fait son calcul avec trop de négligence; il représente assez mal les observations qu'il a prises pour données, mais ce n'est pas la faute de la méthode.

D'après ces réfractions, il cherche le rapport des densités de l'atmosphère et de l'eau, mais il avertit que le rapport, tel qu'il le donne, n'a lieu que pour le haut de l'atmosphère; il trouve $\frac{1}{1178}$.

En faisant l'air pesant, il ajoute qu'il va soulever contre lui tous les physiciens qui le font léger. Mais *la contemplation de la nature lui a fait connaître que l'air est pesant et froid.*

Il a donc conjecturé fort heureusement une chose que Torricelli et Pascal prouvèrent quelques années plus tard.

Il cherche ensuite la hauteur de l'atmosphère; mais il aurait fallu connaître le rayon de la Terre. D'après nos mesures, il aurait eu 15000 toises : Cassini en a trouvé depuis, 20000.

L'angle u que j'ai trouvé de 2°0′12″, dans l'hypothèse de Cassini, n'est que de 1°56′45″ dans celle de Képler. Cassini a supposé le théorème de Snellius ou de Descartes, ce qui détermine tout dans son hypothèse; Képler, qui n'avait pas ce secours, a fait, pour en tenir lieu, une supposition tout-à-fait arbitraire. La Table de Képler valait déjà mieux que celle de Tycho; on peut même dire qu'elle était excellente pour le tems.

La réfraction accourcit les distances. Képler trouve par le calcul, que la différence est légère et qu'on peut la négliger; cependant, si les deux astres sont dans un même vertical ou à peu près, l'erreur pourrait être sensible.

Vitellion avait dit que les diamètres sont diminués par la réfraction, et la chose est vraie; mais il ajoutait, que les disques étaient toujours ronds : Képler prouve qu'ils sont ovales.

Le landgrave de Hesse a dit avoir vu pendant un quart d'heure Vénus attachée à l'horizon, comme si elle n'eût point participé au mouvement diurne, et elle devait être de 2° au-dessous. Mæstlinus dit que le 7 juillet 1590, à Tubingen, le centre du Soleil étant à l'horizon, la Lune parut éclipsée de quelques doigts dans la partie australe; et elle était de 2° environ au-dessus de l'horizon; ensuite, quand la Lune fut descendue à l'horizon, le Soleil parut élevé de 2° : Képler en conclut une réfraction de 2° au moins. Aujourd'hui, l'on doute un peu de ces réfractions extraordinaires; il est vrai qu'on n'observe plus guère à l'horizon.

On connaît l'observation des Hollandais, qui, dans un voyage à la Nouvelle-Zemble, se trouvèrent pris dans les glaces et surpris par la nuit, le 3 novembre 1596, style nouveau, par la latitude de 76°; en conséquence, ils s'attendaient à ne revoir le Soleil que le 11 février 1597; cependant le 24 janvier, 17 jours avant l'époque, ils aperçurent à midi le bord supérieur du Soleil; quelques heures après, ils observèrent une conjonction de Jupiter et de la Lune, dans le 2e degré du Taureau, pour prouver qu'ils n'avaient pas négligé de compter les jours en l'absence du Soleil. Enfin le 27 janvier, ils virent le soleil tout entier : le centre avait donc été à l'horizon le 25. Frappés d'étonnement, ils consultèrent divers mathématiciens à leur retour; ils en reçurent diverses réponses. Il n'est pas possible que les Hollandais se soient trompés de 5° sur leur latitude; leur récit d'ailleurs paraît sincère et digne de foi. Le lever du Soleil du 24 janvier ne s'accorde nullement avec le coucher du 2 ou 3 novembre; l'erreur n'est donc pas dans la latitude. Le 2 novembre, le Soleil était en $7^s\,11°37'$, le 3 en $7^s\,12°38'$, à peine virent-ils le bord supérieur; le centre s'est donc couché en $7^s\,12°7'$, et la déclinaison était de 15° 27' : c'est celle qu'il a le 6 février en $10^s\,17°53'$, et non le 25 janvier, quand il est en $10^s\,5°28'$. Le vaisseau n'avait pas changé de place, puisqu'il était pris dans les glaces; les hauteurs du Soleil prises les jours suivans, confirmèrent leur latitude; et, revenant sur leurs pas, ils retrouvèrent tout ce qu'ils avaient vu en allant : ce doit donc être un effet de réfraction. Képler calcule qu'elle a dû être de 4° 14'; il dit qu'on peut expliquer cette observation de deux manières indiquées par Cléomède, par des vapeurs ou par un nuage qui renvoie une image du Soleil; il s'en rapporte au jugement des savans. Mais, puisque les Hollandais après avoir revu le Soleil ne l'ont pas perdu depuis, il faudrait donc que ce nuage eût été constamment à la même place pendant plusieurs jours; ce qui est aussi difficile à croire que cette énorme réfraction. Le Gentil a discuté ces observations dans son Voyage dans les mers de l'Inde, tome I, page 416, et tome II, page 832; il ne croit ni à la véracité des observateurs, ni à une réfraction de 4°.

Képler se demande si les réfractions, qui changent les déclinaisons, n'ont point affecté les équinoxes d'Hipparque et de Ptolémée, et ne leur ont pas fait trouver l'excentricité trop grande? A cette question, la réponse ne saurait être douteuse; mais quel a été précisément l'effet de la réfraction? c'est ce qu'il est impossible de calculer. Il soupçonne qu'Hipparque aura déterminé les équinoxes par le jour où le Soleil se lève et se couche en deux points diamétralement opposés, et que les points, une fois déterminés, ont été regardés comme les indices des équinoxes. Si ma conjecture est vraie, dit Képler, je n'aurai pas de peine à prouver le reste. Mais cette conjecture est formellement contraire à tout ce que Ptolémée rapporte de ces équinoxes; elle est d'ailleurs tellement précaire, qu'elle ne mérite pas d'être discutée. Pour l'excentricité, nous avons fait voir qu'il suffit qu'on se soit trompé d'un demi-jour sur le solstice; ce qui est très possible.

A la page 148, il a l'occasion de citer l'Ouvrage de Gilbert, sur l'aimant, et voici comme il en parle : *Vir equidem talis, cujus divinis inventis omnes naturæ studiosos plurimum delectari convenit, cujus familiaritatem, nisi mihi pomposa illa Tethys inviderit, discendi ardore me demereri sine magnâ difficultate posse, ut non est superba philosophia, speraverim.*

Il explique par une réfraction extraordinaire les observations de Posidonius, qui a trouvé 7° $\frac{1}{5}$ entre les parallèles de Rodes et d'Alexandrie, qui ne diffèrent réellement que de 5°; c'est pousser la complaisance un peu trop loin.

Il rappelle ce passage où Walthérus dit qu'il s'était servi de Vénus au lieu de la Lune pour déterminer le lieu des étoiles; méthode employée depuis par Tycho, qui s'en disait le premier inventeur. Il cite avec éloge la manière dont Walthérus éludait l'effet des réfractions; il pense qu'on pourrait l'employer de même pour éluder celui des parallaxes.

Dans le chapitre V, il discute les difficultés d'observations auxquelles Tycho a voulu remédier par ses nouvelles pinnules; et ce qu'il y a de plus certain dans ses raisonnemens, c'est qu'il était bien difficile avec toutes ces précautions ou avec celles du landgrave, de répondre de la minute.

On a remarqué souvent que la partie lumineuse de la Lune paraît d'un rayon plus grand que la partie obscure. On a fait une remarque semblable dans les éclipses de Lune.

Présentez une règle à la Lune, la règle vous paraîtra plus étroite; la lumière de la Lune empiétera sur la règle : *tout cela est produit sur la rétine.* Ainsi, voilà l'irradiation dont on a tant parlé du tems de Duséjour. *Corpora cœlestia radiationes ab uno puncto cogunt in unum punctum antequam attingant retiformem seque mutuo secantes in eo puncto jam dilatati in retinam impingunt.*

Nous passons beaucoup de dissertations et de théorèmes sur la vision, pour arriver au chapitre VI, où le titre de l'ouvrage change : on lit alors au haut des pages, *Astronomiæ pars Optica.*

La première chose est une conjecture peu heureuse sur *le Soleil, qu'il regarde comme le corps le plus dense de la nature.* Képler n'avait aucun moyen d'en estimer la densité, et voulant faire de cet astre le moteur universel, il devait le croire en effet très dense, d'autant plus qu'à la distance où on le plaçait alors, on ne pouvait lui donner le volume qu'il avait réellement, il fallait donc augmenter la densité. Képler pensait que le Soleil renfermait à lui seul autant de matière qu'il y en a dans toute la sphère du monde. Nous savons en effet, que la masse du Soleil surpasse de beaucoup les masses réunies de toutes les planètes, et probablement de toutes les comètes. « Le corps du Soleil doit être homogène, » mais malgré son extrême densité, il doit être diaphane; vous croyez » ne voir que la superficie; vous voyez en même tems tout l'intérieur. » La découverte des taches du Soleil a dû lui faire modifier ces assertions quelques années plus tard.

Il prouve que Reinhold, dans ses Commentaires sur Purbach, s'est trompé dans son calcul de la partie éclairée de la Lune; il démontre que jamais on n'a vu une Lune véritablement, c'est-à-dire toute la partie éclairée. Si la latitude est nulle, la Lune est dans l'ombre de la Terre; si la latitude n'est pas nulle, la partie visible n'est pas un hémisphère entier; elle n'est pas l'hémisphère éclairé par le Soleil. (Il resterait pourtant à examiner si la calotte visible n'est pas toute comprise dans la partie éclairée par le Soleil, quoique ces deux calottes n'aient pas le même pôle. On sait que la partie éclairée est plus qu'un hémisphère, la partie visible est moins qu'un hémisphère; il serait donc possible que, sans voir jamais tout ce qui est éclairé, nous vissions cependant un disque parfaitement rond.) Képler avoue qu'on peut lui reprocher de chercher chicanne ἀκριβολογεῖν; mais s'il s'occupe de ces subtilités, c'est en réponse à ceux qui, par une subtilité semblable, avaient dit que la nouvelle Lune, c'est-à-dire l'obscurité totale, durait un certain tems. Il convient que dans les pleines Lunes la différence est fort petite, et qu'on peut avoir la distance zénitale du centre par celles des deux bords; mais il ne répondrait pas qu'il n'en résultât une incertitude sur le commencement et la fin d'une éclipse, parce que la Lune entre dans l'ombre par une partie qui est encore dans l'obscurité, et que le bord éclairé ne peut l'être que faiblement. Avant le véritable commencement de l'éclipse, la Lune est déjà tout entière dans la pénombre, ce qui lui donne une lumière pâle et moins vive que celles des pleines Lunes ordinaires. (Il est au moins douteux que ces considérations un peu subtiles puissent expliquer l'incertitude de ces observations de commencement et de fin, dans les éclipses de Lune.)

Reinhold avait dit que la Lune était plus brillante vers le centre que sur les bords; il pense au contraire que ce sont les bords qui sont plus brillans, parce que la lumière y est plus serrée; ce qui est aisé à connaître dans la chambre-obscure. La différence est sur-tout remarquable dans les croissans où le bord elliptique est sensiblement plus pâle que le bord circulaire. Képler démontre qu'en effet, l'une des courbes qui termine la partie lumineuse de la Lune hors des oppositions est toujours elliptique, et que la partie éclairée tout entière, si l'on pouvait la voir, serait une ellipse.

Il rapporte ensuite une expérience qu'il avait faite sur la Lune qui n'était pas tout-à-fait pleine. Il l'examinait dans la chambre-obscure; le milieu lui paraissait comme une grande tache, quoique les bords fussent brillans.

Dans les éclipses totales de Soleil, on voit encore la Lune; Reinhold, d'après Vitellion, pensait que la Lune était un peu diaphane, et laissait apercevoir le Soleil qui était derrière elle. Plutarque pensait au contraire, que la Lune devait être fort opaque, puisqu'elle réfléchit si puissamment les rayons du Soleil. Il croit, comme cet auteur, que la Lune est une terre comme celle que nous habitons, et il n'est pas éloigné de la croire habitée. Suivant Plutarque, les taches sont des mers ou des profondeurs dans lesquelles la lumière du Soleil ne pénètre pas en aussi grande quantité. Képler pense au contraire, que ce sont les parties les plus brillantes qui pourraient bien être des mers; il l'induit d'une expérience qu'il avait faite étant un jour monté sur le haut du Schekel, dans la Styrie; tout le pays qu'il découvrait lui paraissait lumineux; un nuage vint lui dérober la vue du ciel, alors un papier qu'il tenait horizontalement lui parut éclairé plus vivement en dessous par la Terre, qu'à la face supérieure par le ciel; le fleuve Mura, qui était alors grossi et trouble, lui parut briller d'une lumière plus vive que la Terre (page 251).

Sur la lumière cendrée, il adopte l'idée que Mæstlin a exposée dans des thèses soutenues en 1596; et cette idée, dont le premier auteur paraît être Léonard de Vinci, mort en 1521, est aujourd'hui universellement reçue. Cette lumière vient de la Terre, et voilà pourquoi elle est beaucoup plus faible dans les quadratures que dans les croissans.

Il raisonne ensuite sur la lumière, la couleur et la scintillation des étoiles et de Vénus, et sur le défaut de scintillation de la Lune, sur la lumière des comètes, sur la courbure de leurs queues; il paraît assez disposé à croire que la matière des comètes est l'eau, que la lumière du Soleil peut les traverser; enfin, il cite en peu de mots l'expérience qui imite la figure d'une comète, en recevant dans une chambre obscure la lumière du Soleil auquel on oppose à moitié un globe rempli d'eau, en sorte qu'une partie de la lumière tombe sur le globe et une partie directement sur le mur.

La lumière du Soleil, réfractée par l'atmosphère terrestre, doit accourcir singulièrement le cône d'ombre que la Terre projette. Képler calcule qu'il n'est plus que de 43 demi-diamètres au lieu de 268. La Lune est toujours à 54 demi-diamètres au moins; elle ne passe donc pas par l'ombre pure. Les idées sont justes, le calcul n'est pas rigoureux, les axes vrais des cônes dépendent trop des parallaxes, qui n'étaient pas bien connues; mais il explique par là la lumière de la Lune éclipsée, et les diverses couleurs qu'elle présente. La figure qu'il donne (page 279) du cône d'ombre et des parties que la réfraction éclaire, est très curieuse; on peut la comparer à celle de Duséjour, qui, dans son Traité analytique, a refait ces calculs sur des élémens plus précis. On y voit le cône d'ombre pure traversé par deux cônes de lumière réfractée, qui s'entrecoupent dans l'axe, et dont les sommets sont à peu de distance de la Terre; il en résulte que, suivant sa distance à la Terre, la Lune peut être plus ou moins fortement éclairée au milieu de l'éclipse; elle peut être éclairée vers le commencement et vers la fin, et perdre sa lumière dans le milieu. Képler croit même qu'on pourrait déterminer les réfractions par la lumière de la Lune eclipsée; mais il termine prudemment par ces mots :

Quantum in hâc nulli priorum tritâ semitâ proficere potui, præstiti; nihil impedit quin hæc doctrina ad nonnullam utilitatem excrescat ab his vilibus orta seminibus.

Il recueille ensuite dans les auteurs anciens tout ce qu'il a pu découvrir sur les éclipses totales de Soleil, et sur l'obscurité plus ou moins grande qu'elles ont produite; il discute ensuite la possibilité des éclipses annulaires. La première dont il soit fait mention, est de 1567, 9 avril; elle est rapportée par Clavius, dans son Commentaire sur Sacrobosco. Sosigène, au rapport de Proclus, avait cru à la possibilité de ces éclipses. Quoique le Soleil soit caché tout entier, dit Képler, cependant l'air voisin est d'autant plus éclairé qu'il est plus près du Soleil; et si cet air est un peu épais, il peut former une couronne autour de la Lune; enfin, le phénomène peut s'expliquer par l'*atmosphère de la Lune.* (Il était plus simple encore de supposer que le diamètre apparent de la Lune peut quelquefois être plus petit que celui du Soleil; et que les tables avaient à cet égard besoin de correction.)

Les recherches suivantes ont pour objet les occultations des étoiles et des planètes; il soupçonne que Mars pourrait bien tomber dans l'ombre de la Terre; la Lune dans l'ombre de Vénus, et Vénus dans l'ombre de Mercure; Jupiter dans celle de Mars, ou Saturne dans celle de Jupiter : on ignorait alors la véritable proportion des diamètres.

Mæstlinus, le 16 septembre 1574, a vu Régulus occulté par Vénus. Képler fit une observation semblable le $\frac{15}{25}$ septembre 1598, à 3^h du matin, Vénus étant encore près de l'horizon, à 4^h la distance était d'un diamètre de Vénus et plus.

Saturne a été occulté par Jupiter, en 1464; ce qui n'arrive qu'une fois dans plusieurs siècles. L'observation n'en a pas été faite, mais les *événemens qui ont suivi paraissent à Képler une preuve suffisante que l'occultation a eu lieu.*

On induit d'un passage de Proclus, qu'*une comète avait été occultée par Jupiter.*

Mæstlin, à Tubingue, vit Jupiter occulté par Mars, le 9 janvier 1591.

Proclus dit qu'on avait observé Vénus passant au-dessous de Mars, et Mercure au-dessous de Vénus.

Le 3 octobre 1590, Mæstlinus vit Mars entièrement occulté par Vénus.

Képler croit avoir observé une occultation de Vénus par Mercure.

Remarquez que toutes ces observations ont précédé l'invention des lunettes.

Vénus ne pourra pas éclipser le Soleil en ce siècle (le 17e); elle l'a pu 200 ans auparavant, elle le pourra plus tard.

On crut voir Mercure sur le Soleil en 807, le 1er des calendes d'avril, pendant 8 jours ou bien *octo dies,* ce qui est impossible; Képler lit *octo ties,* huit fois (dans un latin barbare); il croit aussi qu'il faut lire 808.

Averroès n'est donc pas le seul qui ait attesté ces passages de Mercure sur le Soleil. Il est bien certain que jamais Mercure ne peut être vu sur le Soleil sans l'aide des lunettes; ainsi ces deux témoignages restent sans force. On a pu voir quelque grande tache, quoique ce soit un phénomène assez rare qu'une tache visible à l'œil nu : une tache en effet pourrait être vue huit jours de suite et même plus.

Des parallaxes. Quand on ne sait pas décrire une courbe par un mouvement continu, on la décrit par points, et l'on en peut connaître la figure fort exactement : il en est de même en Astronomie; on ne peut suivre les planètes dans toute leur révolution, on en détermine quelques points, et l'on cherche la courbe qui passe par tous ces points; mais, pour les bien déterminer, il faut connaître les parallaxes.

Ptolémée en a donné le calcul, Reinhold en a fait des tables pour divers climats; mais l'incommodité des parties proportionnelles a fait que Tycho est revenu aux triangles, comme Ptolémée.

Képler entreprend de simplifier le problème; il trouve que toutes les parallaxes de latitudes sont égales, quelle que soit la longitude de l'astre, pourvu que la hauteur du pôle soit la même, ainsi que la parallaxe horizontale et le point orient de l'écliptique; ce qui est vrai quand on néglige les termes du second ordre : car j'ai montré que l'expression exacte de cette parallaxe est

$$\sin \pi = \sin \varpi \sin H \sin (\Delta + \pi) - \sin \varpi \cos H \cos (\Delta + \pi) \frac{\cos (P + \frac{1}{2} \Pi)}{\cos \frac{1}{2} \Pi};$$

H est la hauteur du pôle de l'écliptique, qui sera la même si la hauteur du pôle de l'équateur est la même, ainsi que le point orient; il n'y a donc dans la formule rien qui dépende de la longitude, que P angle au pôle de l'écliptique, entre le nonagésime et l'astre, et Π parallaxe de longitude; et si $(\Delta + \pi) = 90°$, le second terme s'évanouit : alors, le théorème est vrai, mais il est plus curieux qu'utile. En négligeant ce terme, toujours petit, la parallaxe se réduit à

$$\pi = \varpi \sin H = \text{parall. horiz. sin hauteur du pôle de l'écliptique.}$$

On voit par là comment les Indiens ont pu calculer à peu près les éclipses de Soleil, en faisant à la latitude de la Lune en conjonction, une correction qui ne dépendait que d'une variable, puisqu'ils supposaient constante la parallaxe horizontale.

Dans une note sur le mouvement des comètes, il trouve que ceux qui ont entrepris de les représenter par des cercles, se sont donné une tâche difficile; il ne paraît pas nier les mouvemens rectilignes, mais ses expressions ne sont pas bien claires.

Il décrit ensuite une espèce de machine parallactique destinée à l'observation des éclipses, au moyen de laquelle on recevait l'image du Soleil sur un carton. Il montre comment on pourra d'abord mesurer le vrai diamètre du Soleil; du demi-diamètre apparent, on retranchera le demi-diamètre du trou; le reste, divisé par la distance du trou au carton, sera la tangente du demi-diamètre. De cette manière, ayant mesuré les diamètres apogée et périgée du Soleil, il n'y trouva qu'une minute de différence, d'où il conclut l'excentricité 0,018, c'est-à-dire moitié de ce que l'on croyait communément : ce résultat est remarquable. Les anciens, d'après leur excentricité double, auraient dû conclure une variation totale de 1', qu'ils ne pouvaient pas mesurer, mais qu'ils pouvaient introduire dans leurs calculs. Ils ont toujours supposé le diamètre constant, sans doute parce qu'ils ne se sont jamais flattés de le connaître à la minute.

Képler avait trouvé dans les papiers de Tycho des observations où l'on avait reçu l'image du Soleil sur le plancher; elle avait été transmise par une fente verticale. On avait sur le plancher les tangentes des distances zénitales des deux bords du Soleil.

$$\text{Le calcul lui donne, le 15 mars,}\quad \left.\begin{array}{r} 30^\circ 40' \\ 6 \\ 44 \\ 50 \end{array}\right\} 30'\,35'';$$

$$\text{le 14 juin,}\quad \left.\begin{array}{r} 30^\circ 4' \\ 30.4 \\ 29.30 \end{array}\right\} 29'\,53''; \qquad \text{différence } 42''.$$

Aucun des moyens précédens ne réussit pour la Lune, dont la lumière est beaucoup plus faible. Képler essaya plusieurs autres moyens sans beaucoup plus de succès : il se propose ensuite de mesurer la quantité d'une éclipse. Cornélius Gemma prescrivait de mesurer le diamètre avant l'éclipse; et la partie restée lumineuse, au milieu de l'éclipse. Tycho faisait de même. Képler tâchait d'estimer l'arc obscur. Mæstlinus trouvait le rapport des deux diamètres du Soleil et de la Lune, par la figure d'une éclipse solaire reçue sur un carton. Képler corrigeait cette figure du demi-diamètre de l'ouverture; il tenait compte, comme il pouvait, de la partie invisible de la corne, qui est toujours un peu obscure; mais peu satisfait encore de ce moyen, il en imagina un autre, qu'il recommande aux astronomes, pour l'éclipse de Soleil qui devait arriver en 1605. L'essai qu'il en avait fait lui avait prouvé que la Lune apogée est un peu moindre que le Soleil périgée, et qu'ainsi les éclipses annulaires sont possibles.

L'angle que la ligne des cornes fait avec le vertical lui paraît important à mesurer : il donne la méthode de Mæstlin. Képler le mesure plus commodément et plus sûrement avec sa machine écliptique. Si la figure est reçue sur le plancher, les cercles se changeront en ellipses. Il cherche à déterminer l'inclinaison par les ellipses; il la trouve directement au moyen de sa machine.

Nous n'en dirons pas davantage sur ces méthodes abandonnées.

Albatégnius et Régiomontan trouvaient les tems des éclipses par la hauteur d'un astre connu. Tycho se servait de ses horloges, qu'il vérifiait soigneusement pendant plusieurs jours.

Le problème 27 est d'un grand intérêt; il s'agit de déterminer la différence des méridiens par une éclipse de Soleil. Il prend pour exemple, une éclipse observée à Uranibourg et à Gratz.

Latitude d'Uranibourg, 55° 54' 45"; mouvement horaire de la ☾, 32' 50"; somme des demi-diamètres, 31' 40"; la latitude est boréale croissante; la parallaxe horizontale relative, 59' 30".

Au commencement, à $10^h 3'$ le Soleil était en $11^s\ 16^\circ\ 43'\ 27''$,
A la fin, 12.32............. 11.16.49.42.

ascension droite ☉	=	347° 42'
angle horaire	=	29.15
milieu du ciel	=	318.27
point culminant	=	316. 5
sa déclinaison	=	16. 5
latitude	=	55.54.45
distance Z. point culminant	=	71.59.45
nonagésime	=	348.24
nonagésime — point culminant	=	32.19
hauteur nonagésime	=	21.27
parallaxe latitude	=	56.22
de longitude	=	21.45.

Rien dans ces calculs qui ne fût assez bien connu, pour que les résultats fussent de la plus grande exactitude. Képler y commet quelques erreurs purement numériques. Lalande en a fait la remarque dans la *Connais-*

sance des Tems de l'an 6. Nous avons refait une partie des calculs de Lalande; les fautes qu'il a relevées sont réelles; la distance du nonagésime au point culminant, que Képler fait de 32°19′, doit être de 42°19′ suivant Lalande, et de 42°36′ suivant nous. La longitude du point orient, que Képler fait de 2^s 18°24′ doit être de 2^s 28°40′; cette erreur est une conséquence de la première; il en résulte encore que la hauteur du nonagésime, que Képler fait de 21°27′, était de 31°28′; et que la parallaxe de latitude, qu'il fait de 56′22″, ne devait être que de 54′0″: Lalande la diminue seulement de 2′. Ces résultats fautifs ont beaucoup tourmenté Képler, qui probablement négligea de revoir avec soin ses calculs trigonométriques. Il trouvait à la route apparente de la Lune une courbure dont la flèche était de 3′ et quelques secondes; cette courbure invraisemblable éveilla les soupçons de Lalande, qui, par des calculs plus soignés, réduit la flèche à 16″. Ces fautes de calcul devaient être assez fréquentes avant l'invention des logarithmes; les opérations trigonométriques étaient alors si longues et si fastidieuses qu'il était facile de s'y tromper, et qu'on n'avait guère le courage de les recommencer; on s'aidait de tables qui n'avaient pas l'étendue nécessaire, et qui exigeaient de doubles et de triples parties proportionnelles : au reste, ces erreurs n'ont eu aucune suite bien fâcheuse. Les observations que Képler calculait étaient assez incertaines; on ne se donnerait pas aujourd'hui la peine de les discuter; elles ont servi d'occasion à Képler, pour exposer une méthode de la plus grande importance pour la Géographie et la perfection des tables astronomiques. La méthode est restée, les fautes de chiffres que Képler y a commises sont aujourd'hui comme non avenues.

Il fait pour la fin un calcul tout semblable; il détermine le mouvement de la Lune pour la durée de l'éclipse; il le trouve de 1°21′32″. Ce mouvement, dans le voisinage du nœud, répond à un changement de latitude.. 6′ 57″

La différence des parallaxes ajoutait............ 10.19

Mouvement apparent en latitude = BC = 17.16.

La différence des deux parallaxes de longitude.... 23′38″

Mouvement apparent en longitude = AB = 57.54.

Menez AC (fig. 58), qui sera le mouvement apparent; sur AC élevez le triangle *isoscèle* AFC, dont le côté AF = FC = 31′40″; EFD parallèle à AB, sera l'écliptique sur laquelle F sera le lieu du Soleil.

Il ne parle pas de l'augmentation du diamètre de la ☾, non plus que du mouvement du Soleil, compris apparemment dans celui de la Lune.

$$\text{tang CAB} = \frac{BC}{AB} = \text{tang } 16°36'\tfrac{1}{2}, \quad AC = \frac{AB}{\cos 16°36'\tfrac{1}{2}}, \quad AG = \tfrac{1}{2}AC,$$

$$\frac{AG}{AF} = \sin FAG = \sin FCG, \quad FAB = FAG - CAB = AFE$$
$$= 0°\,50'\,\tfrac{1}{2};$$

latitude apparente au commencement $= AE = AF \sin FAE = 0'28''$
mouvement $BC = 17.16$
latitude à la fin $= 17.44$.

A ces deux latitudes, ajoutez les deux parallaxes; vous aurez les latitudes vraies,

$$FE = AF \cos FAE, \quad FG = AF \sin FAG, \quad GH = FG.\text{tang } GFH;$$

calculez la parallaxe de longitude, vous aurez le lieu vrai de la conjonction et sa distance aux points E et D, et par conséquent le tems de la conjonction vraie.

Un calcul semblable, pour Gratz, donne 18′ ou 4ˢ ½ pour la différence des méridiens. Cette méthode de Képler a été adoptée par Lalande, avec de légères modifications qui n'ont rien d'essentiel; elle est tellement simple, qu'il est singulier qu'aucun astronome ne l'ait encore proposée. Mais avant l'invention des lunettes, l'observation pouvait paraître aussi peu sûre que celles des éclipses de Lune, et l'on craignait sans doute la longueur des calculs; c'est ce qui a fait que la méthode était presque oubliée quand Lalande en rappela le souvenir et lui donna la vogue qu'elle méritait.

Dans le problème suivant, Képler présente sous une forme particulière le calcul de l'heure par la hauteur. Soit h la hauteur observée, E celle de l'équateur, D la déclinaison, P l'angle horaire;

$$\sin h = \cos P \sin E \cos D + \cos E \sin D,$$
$$\cos P = \frac{\sin h - \frac{1}{2}[\sin(E+D) - \sin(E-D)]}{\frac{1}{2}\sin(E+D) + \sin(E-D)}.$$

De cette manière, on n'avait à faire qu'une division au lieu de trois multiplications; il y fait usage de ce qu'on appelait prostaphérèse. L'exposition qu'il fait de cette méthode est un peu obscure, parce qu'il ne connaissait pas la formule de sin h; elle est cependant dans Albatégnius: Ebn-Jounis a décomposé les produits des sinus.

L'angle horaire étant ainsi trouvé, l'ascension droite donne le milieu du ciel, le point culminant et sa déclinaison, le point orient de l'équateur ou l'ascension oblique de l'ascendant; on en peut déduire l'ascendant, et l'angle de l'orient; d'où, le nonagésime et sa hauteur.

Dans le triangle rectangle entre le zénit, le nonagésime et le Soleil, on connaît les deux côtés, on en conclut l'angle au Soleil, ou l'angle entre l'écliptique et le vertical : on a tout ce qui est nécessaire au calcul des parallaxes.

Il cacule des observations où l'on avait mesuré l'inclinaison de la ligne des cornes. C'est un problème purement trigonométrique, qui n'est plus d'aucun usage; il serait inutile de nous y arrêter.

Il explique ensuite une espèce de paradoxe rapporté par Pline. A l'ordinaire, la Lune entre dans l'ombre par sa partie orientale, la partie occidentale en sort la dernière.

Le Soleil au contraire, est éclipsé d'abord dans sa partie occidentale, et l'éclipse finit dans sa partie orientale. Pline dit qu'on a vu quelquefois le contraire : Pline ne s'explique pas plus clairement. On voit par la solution de Képler, que les parties orientale et occidentale sont rapportées au cercle vertical, et non au cercle de latitude; ce qui rend la chose moins difficile; elle est encore plus facile pour le Soleil, dont les parallaxes sont moindres.

Ces questions sont de pure curiosité, le calcul les résout sans qu'on y songe.

Képler examine ensuite si la Lune paraît décrire un arc de grand cercle pendant la durée de l'éclipse. Cela serait vrai sensiblement sans les parallaxes; mais les parallaxes ne peuvent causer une bien grande déviation dans les cas les plus ordinaires. Au reste, on peut toujours éluder cette courbure en multipliant les calculs, et en divisant la durée en plusieurs parties. Képler fait de très longs calculs sur plusieurs éclipses, où il avait mesuré la ligne des cornes et son inclinaison; il trouve qu'on y risque des erreurs sensibles, et nous n'avons pas de peine à le croire.

L'Astronomie optique est de 1604; l'ouvrage qui suit a pour objet la nouvelle étoile du Serpentaire; il a pour titre :

J. Kepleri, de Stellâ novâ in pede Serpentarii, et qui sub ejus exortum de novo iniit Trigono igneo, Libellus astronomicis, physicis, metaphysicis, meteorologicis et astrologicis disputationibus ἐνδόξοις *et* παραδόξοις *plenus. Accesserunt, de Stellâ incognitâ Cygni narratio astronomica, De Jesu-Christi servatoris vero anno natalitio, etc.*, 1606.

Le livre que nous venons d'extraire était presque en totalité mathématique, le style en est plus sage de beaucoup que celui du *Prodrome* ou de l'*Harmonique;* nous y avons trouvé moins d'erreurs, aucune découverte véritablement frappante, mais de bonnes vues, quelques moyens qui sont aujourd'hui plus ou moins répandus, des idées, des aperçus, des questions qui ne sont pas sans utilité, même quand elles ne sont pas pleinement résolues. Le titre que nous venons de transcrire doit nous préparer à quelques écarts, Képler lui-même nous annonce des choses les unes conformes, les autres opposées aux idées reçues, ἐνδόξοις καὶ παραδόξοις.

L'étoile dont il va être question fut annoncée à Képler le 10 oct. 1604, par J. Brunowckius, amateur de Météorologie; il ne l'avait vue qu'un instant, mais il était bien persuadé qu'elle était nouvelle; Képler lui conseilla de n'en point parler avant d'avoir bien vérifié la chose. Magini l'aperçut le 10, Roeslin le même jour; le 13, Fabricius de Frise commença à l'observer; Juste Byrge l'observait en même tems, Mæstlin l'aperçut le 14; le 16, les nuages s'étant dissipés, Brunoski, et Schulerus calculateur de Képler, la virent chacun de leur côté; Képler l'observa le 17.

L'étoile était parfaitement ronde, elle n'avait ni cheveux, ni barbe, ni queue; elle avait une lumière et une scintillation plus fortes que celles d'aucune étoile. Képler la compare à un diamant; sa lumière était d'abord jaune, puis safran, pourprée et rouge. Mais hors des vapeurs de l'horizon, elle paraissait blanche; elle surpassait les étoiles de première grandeur, Mars, Saturne et Jupiter dont elle était voisine, comme celle de 1572. Quelques-uns la comparaient à Vénus; Képler n'est pas tout-à-fait de cet avis. Ceux qui avaient vu l'étoile de 1572, trouvaient la nouvelle plus grosse et plus brillante; Vénus se trouvait dans les mêmes circonstance, puisque l'intervalle était de 32 ans : voilà bien des traits de ressemblance. On attribua donc tout aussitôt à la nouvelle étoile, tout ce qu'on avait dit de la précédente: c'est-à-dire qu'elle n'avait aucun mouvement, ni aucune parallaxe sensible; et l'expérience le confirma bientôt. Un certain Crabbus fut le seul qui, d'après des observations, que Képler juge très mauvaises, lui donna un mouvement très lent.

Pendant tout le mois d'octobre, elle parut toujours aussi belle à peu près, si ce n'est que le Soleil s'approchait d'elle; le 9 novembre, elle se voyait dans le crépuscule, qui empêchait d'apercevoir Jupiter; le 16, Képler la vit pour la dernière fois; elle se perdit alors dans les rayons du Soleil. A Turin, on la vit jusqu'au 23. L'étoile reparut le 24 décembre vers l'orient. Le tems fut couvert tous les jours suivans; elle reparut avec une scintillation très vive. Elle était cependant bien diminuée; elle surpassait encore Antarès; mais Arcturus, dégagé des rayons solaires, paraissait plus beau : elle continua de diminuer. Le 20 mars, elle parut plus petite que Saturne, mais elle surpassait de beaucoup les étoiles de troisième grandeur d'Ophiuchus; le 21 avril, elle parut égale à la luisante du genou; le 12 et le 14 août, elles égalait l'étoile de la jambe, qui est aussi de troisième grandeur; le 13 septembre, elle parut plus petite, et le 8 octobre on la voyait difficilement; elle disparut dans les rayons solaires, 40 jours plutôt que l'année précédente. En janvier et février on crut la voir quelquefois sans pouvoir en être bien sûr; les circonstances étaient peu favorables. Au mois de mars, le Soleil s'étant éloigné il fut impossible de la revoir : ainsi, elle a disparu entre octobre 1605 et février 1606.

Il est à remarquer que toutes les planètes l'on visitée tour à tour. Elle était d'abord près de Jupiter et de Mars; le 25 octobre, la Lune passa un peu au-dessus; elle fut en conjonction avec le Soleil le 10 décembre; Saturne passa très près le 11, un peu au-dessous; Mercure le 13 décembre; enfin, Vénus le 31 janvier : telle est l'histoire de cette étoile remarquable.

Dans ce même tems, on parlait beaucoup du *Trigone igné*.

Trigone est un mot grec qui signifie *triangle*. Quand deux planètes sont vues de la Terre, de sorte que les deux rayons visuels forment un angle de 120°, on dit qu'elles sont en trigone ou en *trine aspect*. Si une troisième planète se trouvait de l'autre côté à même distance angulaire, les trois formeraient un triangle équilatéral, en les suposant toutes dans une même surface sphérique.

Ces notions sont ce que Képler consent à conserver de l'Astrologie; il est d'avis de bannir presque tout le reste, et il soutient cette assertion dans tous ses écrits astrologiques.

Le zodiaque forme quatre trigones.

♈ ♌ ♐,	♉ ♍ ♑,	♊ ♎ ♒,	♋ ♏ ♓.
0, 4, 8,	1, 5, 9,	2, 6, 10,	3, 7, 11.
Feu,	Terre,	Air,	Eau.

Quand on n'avait point d'almanachs, on était obligé d'observer les levers des étoiles; on inventa le zodiaque; le Soleil le partage en quatre parties : ces parties, divisées chacune en trois autres, ont donné les 12 signes.

Les astrologues appellent *trigone igné* un intervalle de deux cents ans, pendant lequel les conjonctions de Jupiter et de Saturne se font dans le trigone ♈♌♐ ou $0^s\,4^s\,8^s$.

Saturne parcourt le zodiaque en 30 ans, Jupiter en 12; le chemin annuel de Jupiter est $\frac{1}{12}$, celui de Saturne $\frac{1}{30}$;

$$\frac{1}{12}-\frac{1}{30}=\frac{30-12}{360}=\frac{18}{360}=\frac{1}{20}.$$

En 20 ans Jupiter fait 20^s ou 8^s, Saturne fait $\frac{2}{3}(12^s)$ ou 8^s.

Tout cela n'est vrai qu'à peu près; il s'en faut à peu près de 3°, qui, multipliés par 10, font un signe. Multipliez 20 par 10, vous aurez 200 ans, pendant lesquels les conjonctions se feront dans le même signe; après cela, elles entreront dans un autre signe et un autre trigone; en 12 périodes tous les changemens auront lieu.

Ce sont ces trigones qui ont conduit Képler à la division qui commence son Prodrome. Quoiqu'il affecte de mépriser l'Astrologie, il dispute en sa faveur contre Pic-de-la-Mirandole sur l'efficacité des aspects; c'est qu'il les a pris pour base de ses Harmonies.

Il discute ensuite les conjonctions de Jupiter, Saturne et Mercure dans le 8e signe, qu'il avait observées le 25 décembre 1604, dans le trigone de feu. Mercure, venant se joindre aux deux autres planètes, *fut la cause d'une grande pluie*, qui cessa quand Mercure vint à s'éloigner; car *Mercure a beaucoup de pouvoir pour amener les tempêtes;* il parle ensuite de la conjonction de Mars avec Jupiter et Saturne.

« Telle a été, dit Képler cette célèbre conjonction de trois planètes supérieures, qui, après sept périodes de 600 ans, est arrivée dans le signe du Sagittaire, qui est le troisième de la *triplicité ignée.* Je l'ai rédigée avec le plus grand soin, pour la transmettre à ceux qui seront nés après 800 ans, si elle le mérite, s'ils sont capables d'en juger, *si le monde n'a pas fini auparavant,* et si une inondation de barbares n'a pas renvoyé les hommes à la charrue. Il faut voir maintenant quel *clou* le Dieu très bon et très grand a fiché au lieu et au jour de cette dernière conjonction, et par quel monument il l'a recommandée au souvenir de la postérité. Il faut remarquer d'abord, que par cette conjonction et la naissance de la nouvelle étoile, le tems est devenu pluvieux pendant quelques jours à commencer de celui où elle me fut annoncée. »

Avec ses observations, il rappelle celles de Fabricius d'Ost-Frise, celui de tous les astronomes qui mérite le plus de confiance, depuis que l'exactitude astronomique a péri avec Tycho, son auteur. « Ma mauvaise vue

» fait que je lui cède la palme, de bon cœur; ajoutez qu'à son assiduité » infatigable il joint une sagacité merveilleuse. Quant à l'Astrologie, » j'avoue qu'il cède un peu facilement à l'autorité des anciens et à l'envie » de faire des prédictions, et que son enthousiasme l'entraîne souvent » hors des bornes de la raison; mais il a cela de commun avec une foule » de savans. De quoi vous plaignez-vous philosophe trop délicat, si » une fille que vous jugez folle soutient et nourrit une mère sage mais » pauvre? si cette mère n'est soufferte parmi les hommes, plus fous » encore, qu'en considération de ces mêmes folies? Si l'on n'avait eu le » crédule espoir de lire l'avenir dans le ciel, auriez-vous jamais été » assez sage pour étudier l'Astronomie pour elle-même? Si nous atten- » dons que la sagesse nous mène à la Philosophie, jamais nous n'y » parviendrons. »

L'étoile a dû être vue de tout l'univers excepté la zone glaciale du nord; elle rasait l'horizon de Laponie, elle était au zénit du Brésil, du Pérou et autres régions barbares. *Populus sedens in tenebris vidit lucem magnam.*

Képler donne ici ses réflexions sur la manière dont on a pu former la constellation du Serpentaire, en commençant par le Serpent; il remarque que dans le texte grec de Ptolémée les cinq étoiles du pied droit ont été mal à propos marquées *boréales,* il faut lire *australes.* L'édition d'Oxfort les fait australes; mais on ne voit que quatre étoiles à ce pied.

Il donne un nouveau Catalogue et une Carte des étoiles d'Ophiuchus, qui manquent dans les Catalogues de Ptolémée et de Tycho. Il a fait ce qu'il a pu, car il a la vue faible, il n'a pas les instrumens de Tycho, il est presque seul, et le ciel de Prague est peu favorable; il a été forcé quelquefois de se contenter d'alignemens; il parle de la projection de sa Carte sur un plan tangent à la sphère au 18e degré du Sagittaire : les cercles de latitude sont des droites parallèles, les cercles de déclinaison se couperont en un même point, les petits cercles seront des sections coniques.

Sur cette Carte, on voit la nouvelle étoile un peu au-dessus du talon du pied droit. En 1600, sa longitude était $8^s\ 17°43'$ avec une latitude de $1°55'$, $56'$ ou $57'$.

Il prouve, par la comparaison des observations du matin et du soir, que l'étoile n'avait aucune parallaxe; il saisit cette occasion pour défendre le système de Copernic, qui avait encore beaucoup d'adversaires qui s'appuyaient des objections de Tycho.

Ce grand astronome était principalement choqué du grand espace qu'on était obligé de laisser entre Saturne et les fixes : c'est, disait-il, *comme si dans le corps humain le doigt ou le nez était plus grand que le reste du corps.* Képler entreprend de prouver que l'hypothèse de Ptolémée présentait des choses plus incroyables, que la disproportion des sphères n'est pas sans exemple, et qu'enfin il y a une compensation entre les grandes et les petites distances. Le mouvement diurne des étoiles est bien plus incroyable que la distance entre Saturne et les fixes, puisqu'il est quatre fois plus fort. Comment les philosophes ne voient-ils pas qu'ils veulent ôter un fétu de l'œil de Copernic, et n'aperçoivent-ils pas une poutre dans celui de Ptolémée? (Rien n'empêchait d'ajouter et de Tycho.)

Pour montrer qu'il y a dans la nature des exemples de ces disproportions, comparons l'homme à la Terre, dont le rayon est de 860 mille germaniques; il faudra 300,000 hommes au bout les uns des autres pour atteindre du centre à la circonférence. Le monde n'est pas plus grand pour Dieu, que nous sommes petits pour le monde; la sphère des fixes est grande chez Copernic, oui sans doute, mais elle n'a aucun mouvement; le monde est petit en comparaison, mais il est mobile; l'homme est beaucoup plus petit, mais il pense. Qui de nous voudrait échanger son âme pour un corps aussi grand que le monde? Par les intervalles de la Terre au Soleil, du Soleil à Saturne, de Saturne aux fixes, apprenons à monter jusqu'à l'immensité de la puissance divine.

Il passe à la lumière de la nouvelle étoile.

J. C. Scaliger indique cinq causes de la scintillation : la grandeur, la clarté, le mouvement de l'astre, le milieu ou l'air et le mouvement de la lumière de l'astre : la troisième et la cinquième doivent être les principales, les trois autres ne sont qu'accessoires. Képler compare la scintillation au battement du pouls. Les étoiles qui scintillent sont-elles des flammes? je ne sais, dit-il; mais cela serait plus probable d'une étoile qui n'a duré qu'un an, que des fixes qui durent depuis si long-tems. Les étoiles peuvent scintiller comme les diamans qu'on fait tourner. Cette rotation des fixes est appuyée par de grands exemples : la Terre tourne en un jour autour du Soleil et se rôtit au feu de cet astre; *il est donc croyable que toutes les planètes et les fixes tournent autour de leurs axes.* La Lune montre toujours la même face à la Terre; mais par là même, elle tourne successivement toutes ses parties vers le Soleil. (On n'avait pas encore découvert la rotation du Soleil, qui aurait bien fortifié ce raisonnement de Képler; il se fait cependant des objections.) Les étoiles ne paraissent pas appartenir au système solaire, le Soleil s'évanouirait pour elles à raison de la distance. Les scintillations sont si rapides, qu'elles supposeraient dans la rotation une vitesse inconcevable d'aussi grands corps; il répond qu'une scintillation ne suppose pas une révolution, mais un changement dans la face tournée vers nous.

Si l'étoile nouvelle était un corps, ou si ce corps était vivant, il avait un mouvement de palpitation qui le faisait scintiller; ou il était diaphane avec un mouvement de rotation. Képler aime mieux croire qu'elle était une flamme qui s'est éteinte. La matière de cette étoile a-t-elle toujours existé? Les théologiens du tems refusaient à Dieu la faculté de créer de nouveaux corps; Képler répond qu'il crée à chaque instant de nouvelles âmes. On avait dit que l'étoile de 1572 avait diminué et disparu, parce qu'elle s'était éloignée en ligne droite; mais pour devenir visible elle avait dû s'approcher de même; elle aurait donc été successivement en deux sens contraires.

Aristote prétendait que le monde était fini, parce qu'il était en mouvement; Copernic, en lui ôtant ce mouvement, permet de le supposer infini. C'était le sentiment du malheureux Jordanus Bruno; Képler le combat. La seule idée que l'étoile puisse être un nouveau monde *le fait frissonner d'horreur;* il veut prouver que le monde n'est pas infini; s'il l'était, que signifierait ce vide dans lequel circulent les planètes, et pourquoi ne serait-il pas rempli d'étoiles comme le reste? Prenons pour exemple les trois étoiles de la ceinture d'Orion, qui sont à 81′ de distance. Si vous les placez dans la sphère dont nous occupons le centre, elles se verront réciproquement sous un angle de $2° \frac{3}{4}$.

Supposons un observateur dans l'une de ces étoiles; ayant notre Soleil à son zénit, il verrait à l'horizon une multitude d'étoiles près les unes des autres; plus il élèverait les yeux, moins il en apercevrait, et au zénit il verrait le ciel comme nous. Il est certain que vers le Soleil et les planètes, le monde est creux et fini. Laissons aux métaphysiciens à le faire infini par l'autre extrémité, s'ils le jugent à propos.

Les étoiles ne sont pas autant de Soleils accompagnés, comme le nôtre, d'un cortége de planètes.

Tycho pensait que l'étoile de 1572 *avait été formée de la matière de la voie lactée,* et qu'à la place qu'elle occupait on remarquait un vide. L'étoile de 1600 avait paru dans la voie lactée, l'étoile du Serpentaire en était très voisine; on pourrait donc lui assigner la même origine. Képler ne fait que deux objections, la principale est que pour fournir la matière à ces étoiles, il faudrait prendre sur la voie lactée, qui ne paraît pas avoir diminué depuis Ptolémée.

Aristote croyait le ciel incorruptible, parce qu'on n'y apercevait rien de nouveau. La preuve est devenue inexacte, il faut donc admettre que des corps peuvent se former et se dissiper dans le ciel.

A Naples, dans l'éclipse de 1605, le Soleil fut quelques instans entièrement couvert; on distinguait la Lune comme un nuage noir, entourée d'une auréole resplendissante qui occupait une grande partie du ciel; vers le nord, le ciel était obscur comme dans une nuit profonde: on ne voyait cependant aucune étoile. En Flandre, le Soleil n'était pas entièrement couvert, il s'en fallait d'un doigt; on voyait la Lune roussâtre et noirâtre, tandis que sa partie supérieure était blanche et comme du feu.

A Torgau, dans l'éclipse de 1598, la Lune avait une auréole. Képler veut prouver que la matière de cette auréole était dans la région de la Lune, et non dans notre atmosphère. Cette matière n'y est pas toujours, car elle produirait toujours les mêmes effets; il y a donc des changemens dans le ciel. A Hipsalis, en plein midi, on vit la nouvelle Lune au-dessus du Soleil dans les Poissons; et cependant la Lune n'est ordinairement visible qu'un jour ou deux après la conjonction.

On a vu des auteurs qui pensent qu'un monde en peut enfanter un autre.

Il examine si c'est par hasard que l'étoile a paru au tems et dans le lieu même de la grande conjonction, dans un tems où les astrologues annonçaient quelque chose d'extraordinaire. Rien de tout cela n'empêche que ce soit un effet du hasard; mais il est croyable que Dieu qui se plaît à donner aux hommes des preuves de ses soins constans, a pu ordonner l'apparition de l'étoile dans un lieu et dans un tems où elle ne pouvait échapper aux recherches des astronomes. C'est ainsi qu'il résout une question qui lui paraît d'une extrême difficulté, et qu'il aurait dû laisser aux métaphysiciens.

Comment les conjonctions produiraient-elles quelque effet réel? ces conjonctions apparentes sont des effets de la parallaxe annuelle; vues du Soleil, les planètes répondraient à des lieux différens; les conjonctions arriveraient, mais dans d'autres tems. Pour procréer cette nouvelle étoile, Mars s'est-il joint à Saturne ou à Jupiter, comme un homme à une femme?

Képler avait cherché l'anagramme de son nom, en grec et en latin :

Ιωάννης Κεπλῆρος σειρήνων κάπηλος, *Sirenum caupo.*
Joannes Keplerus, Serpens in akuleo.

Pour éprouver le pouvoir du hasard, il avait écrit séparément toutes ces lettres, et les mêlant de bien des manières, il ne put jamais en rien tirer qui fît un sens. Il n'y en a pas beaucoup plus dans les deux anagrammes qu'il a composées; elles n'ont rien d'heureux ni d'astronomique; nous ne les rapportons que pour montrer le goût du tems et celui de l'auteur.

J. Kepleri, de Stellâ tertii honoris in Cygno, quæ usque ad annum 1600 *fuit incognita nec dum extinguitur, narratio astronomica. Pragæ,* 1606.

A la mort de Tycho, ses instrumens furent renfermés et Képler n'en avait pas l'usage; il n'avait, pour observer cette étoile, qu'un quadrant azimutal et qu'un sextant, l'un de fer et l'autre de cuivre que lui avait confiés J. Frédéric Hoffmann, à qui, par reconnaissance, il dédia son livre. Képler avait aperçu cette étoile en 1601; il considérait le Cygne, et pensait, que si quelque chrétien s'amusait à refaire les constellations, il pouvait trouver dans celle-ci de quoi former un crucifix, ou un homme crucifié dont la tête pencherait; et cette tête, il la formait précisément de cette étoile, qu'il ne savait pas nouvelle; elle ne l'était peut-être pas; elle paraît changeante (*voyez* Élémens de Cassini, page 69). Mæstlinus croyait l'avoir déjà vue, mais il ne pouv[illegible] répondre. Parmi les élèves qui, pendant 20 ans, ont observé le ciel avec Tycho, pendant les nuits les plus froides, au point que plusieurs en sont morts, aucun n'en a parlé; elle n'est point dans le Catalogue de Tycho; et Bayer dit que d'un consentement tacite, on s'est accordé à la regarder comme nouvelle. Elle n'est pas dans le Catalogue d'Hipparque, ni dans ses Notes sur Aratus; il n'en est pas fait mention dans Aratus : Ptolémée ne l'a point comprise dans son Catalogue, quoiqu'elle soit de troisième grandeur, quoique dans son chapitre de la voie lactée il ait décrit cet endroit du ciel avec beaucoup de soin. Tycho s'est souvent servi de l'étoile (γ) de la poitrine du Cygne, jamais il n'a dit qu'il y en eût deux. Képler prouve par un extrait de ses observations, qu'il a eu des occasions fréquentes pour la déterminer, et qu'il en a observé de plus petites dans le voisinage. Guillaume Janson est le premier qui l'ait aperçue en 1600. Byrgius, qui avait fait des globes et qui les comparait toujours avec le ciel, n'a mis cette étoile dans aucun. Sa longitude à la fin de 1600 était de $10^s\ 16^\circ\ 18'$; sa latitude, $55^\circ\ 30'$ B.

Képler revient ensuite à l'étoile du Serpentaire, et traite de ses effets naturels; il n'ose assurer que ces effets soient réels; mais s'ils le sont, ils ne viennent pas d'une influence céleste; ils résident dans la disposition de la nature sublunaire. L'étoile, par elle-même, n'a pu que darder sa lumière sur la Terre; quand elle a été vue et reconnue pour nouvelle, on a raisonné, écrit et imprimé; voilà des effets dont l'étoile n'est que la cause occasionnelle; ils viennent plus véritablement des sentimens qu'elle a excités parmi les hommes.

Nouvelle étoile, nouveau roi. C'était une locution proverbiale en Allemagne : il est étonnant qu'aucun ambitieux ne se soit présenté pour profiter du préjugé commun.

Pour se livrer aux conjectures, il faudrait avoir prouvé que la nature intelligente a vraiment la volonté de nous parler par ces signes. Nous ne suivrons pas Képler dans tous ses raisonnemens sur le Trigone igné et les effets de l'étoile. On n'a pas de preuve qu'il ajoutât la moindre confiance à ce qu'il débite; il a l'air d'écrire pour imprimer; et pour vendre, il est obligé de se plier aux idées de la multitude; mais il le fait d'un air contraint, et quand il parle d'Astrologie, il ressemble à ces esprits forts qui n'osent pas tout nier, et donnent à entendre que leur incrédulité va plus loin encore qu'ils ne disent.

A la suite de ce traité, on en trouve un autre qui a pour titre :

Jo. Kepleri de Jesu-Christi servatoris nostri vero anno natalitio 1606.

Un polonais, nommé Laurent Suslyga, avait imprimé un livre sur ce sujet; il faisait naître J.-C. en l'année julienne 41, sous le consulat d'Auguste et de Sylla. On convient généralement que la première année de notre ère n'est pas bien sûre; les uns disent qu'il y manque un an, d'autres deux, Suslyga va jusqu'à quatre. Képler conclut de beaucoup de recherches, que J.-C. n'est pas né plus tard que l'an 41 ; qu'il avait environ 32 ans quand il fut baptisé, quoique saint Luc ait dit, 30 ans environ; ainsi, il manque à notre ère environ 4 ans et peut-être 5. 1606, où j'écris, devrait être 1610 ou 1611 ; cependant personne de sensé ne proposera de changer une ère adoptée depuis si long-tems et si généralement; il nous suffit de savoir qu'elle a commencé à la 5e ou 6e année de J.-C.

L'ordre des tems nous amène à l'ouvrage le plus beau, le plus important de Képler, à cette composition dont Lalande et Bailly ont donné des extraits fort amples, mais qui sont loin d'être complets; et dont

Lalande a dit que tout astronome la devait lire au moins une fois dans son entier.

Astronomia nova ΑΙΤΙΟΛΟΓΗΤΟΣ, *seu Physica cœlestis tradita commentariis de motibus stellæ Martis ex observationibus G. V. Tychonis-Brahe jussu et sumptibus Rudolphi II, Romanorum imperatoris.... plurium annorum pertinaci studio elaborata Pragæ à S*[æ] *C*[æ]*. majestatis mathematico Joanne Keplero, anno æræ Dionysianæ* 1609. La dédicace est du 11 des calendes d'avril; Képler y signe son nom avec deux P; on n'en voit qu'un au frontispice.

Mon exemplaire commence par une note manuscrite sur Képler, par Samuel Kœnig, professeur de Philosophie à Franecker; elle débute ainsi :

En tibi, benevole lector, monumentum venerandum summi jugenii J. K. quod hac tenus pro meritis nondum laudatum fuit... Mortalium primus secretissima cœli mysteria sagacitate mirabili et labore plusquam Herculeo hominibus aperuit. Deprendit quippè planetas moveri circa Solem, non in orbitis circularibus, uti omnes astronomi antè eum opinati fuerant, sed in viis ovalibus perfectè ellipticis. Sole alterum focorum occupante; hancque suam theoriam in stellâ Martis primum tentavit, in cujus motibus computo indagandis Longomontanus alter Tychonis socius vehementissime eo ipso tempore desudabat, quo Keplerus ad Pragam accessit... Nugæ sunt Voltarii poetæ in epistolis scribentis, pyrum forte ex arbore decidentem Newtonum in horto deambulantem, ad contemplationem gravitatis pyrum ad casum concitantis, invitasse... Portenta hæc sunt, atque prodigia hominis ex ingenio quidvis scribentis et historiam inventorum ignorantis. Nunquam Newtonus principia Philosophiæ naturalis scripsisset, nisi Keplerianos maximos conatus circa clarissimos sui libri locos, multum diuque considerasset.

Voltaire, qui a pris si chaudement le parti de Kœnig, aurait été sans doute fort peu content de ce passage, écrit le 20 octobre 1746. Pemberton, à la vérité, ne parle pas de la chute du fruit, il dit seulement que Newton était seul dans un jardin. La chute de la poire ne fait rien d'ailleurs aux obligations que Newton pouvait avoir à Képler, ni à Picard pour sa mesure de la Terre; la phrase de Kœnig décèle une humeur dont on ne voit pas la cause. Il continue avec plus de justice :

Quidquid enim pro suorum temporum statu magni atque præclari excogitari poterat ab ipso hoc opere præstitum esse nemo harum rerum intelligens diffitebitur.

Suscipiant itaque mirificum hoc sagacitatis humanæ monumentum, quotquot mente valentes cœlestium veritatum amore et curâ tenentur et quoscumque futurorum temporum fortuna hujus exemplaris possessores fecerit, quæso, diligenter illi opus hoc jam ætate rarissimum à tinearum injuriâ sancte custoditum cum libris magni Newtoni posteritati relinquant. Quantum enim valeat humanum ingenium observationibus et Geometriâ corroboratum nulla specimina illustriùs, horum virorum conjunctis scriptis, futuris sæculis testabuntur.

Cet exemplaire avait été acheté par Kœnig 23 florins, à la vente de la Bibliothèque Muisienne, pour son ami Henri de Lassaraz : il ne m'a coûté que 10 florins en Hollande.

L'épître dédicatoire à l'empereur Rodolphe est une allégorie continuelle, qui serait aujourd'hui moins que jamais du goût des géomètres et des astronomes.

Dans un court avertissement, Gansnes Teng-Nagel, gendre de Tycho, recommande au lecteur de n'être pas inquiet de la liberté que prend Képler d'être d'un avis différent de celui de Tycho, sur-tout dans les raisonnemens physiques. Cette habitude est familière aux philosophes de tout tems, et elle ne nuira en rien aux Tables rudolphines. On verra par l'ouvrage même, que tout est fondé sur les observations de Tycho.

On voit dans l'introduction, qu'au mois d'août 1608, les Tables pruténiques s'éloignaient de 4° de l'observation; en 1593, l'erreur était de 5°: ces erreurs ont disparu dans la nouvelle théorie.

Plus loin Képler expose ses principes sur la pesanteur.

Toute substance corporelle, en tant que corporelle, est propre à rester en repos en tout lieu où elle serait solitaire, et hors de la sphère de vertu d'un autre corps (*extra orbem virtutis*).

La gravité est une affection corporelle, réciproque entre deux corps de même espèce, qui les porte à se réunir (ainsi qu'on l'observe dans l'aimant); en sorte que la Terre attire une pierre, beaucoup plus que la pierre n'attire la Terre.

Les graves (sur-tout si nous plaçons la Terre au centre du monde) ne sont pas portés vers le centre du monde, comme centre du monde, mais comme au centre d'un corps rond et de même nature, c'est-à-dire de la Terre. Ainsi, quelque part que nous placions la Terre, ou que nous la transportions, elle jouira toujours de la même faculté *animale;* partout les graves se porteront sur elle.

Si la Terre n'était pas ronde, les graves ne se dirigeraient pas droit vers le centre, mais ils se dirigeraient vers des points divers.

Si deux pierres étaient placées en un lieu du monde, voisines l'une de l'autre, et hors de la sphère de vertu d'un troisième corps de même nature, ces deux pierres, comme deux corps magnétiques, se réuniraient au milieu de l'intervalle qui les sépare, l'un s'approchant vers l'autre en proportion de la masse de cet autre.

Si la Lune et la Terre n'étaient pas retenues par une force *animale* ou autre force équipollente, chacune dans son propre circuit, la Terre monterait vers la Lune de $\frac{1}{54}$ de l'intervalle, la Lune descendrait vers la Terre des 53 parties restantes; et là elles se réuniraient, en les supposant toutes deux de même densité.

Si la Terre cessait d'*attirer* ses eaux, toute la mer s'élèverait et se réunirait à la Lune. La sphère de force tractoire de la Lune s'étend jusqu'à la Terre et entraîne les eaux vers la zone torride; en sorte qu'elles viennent à la rencontre de la Lune, au point qui a la Lune à son zénit. L'effet est peu sensible dans les mers fermées; il l'est beaucoup plus dans les mers d'une grande étendue, où le mouvement alternatif des eaux a plus de liberté. Il arrive de là, que les rivages des zones latérales restent à découvert; la même chose a lieu dans les golfes qui communiquent avec l'Océan; quand les eaux de l'Océan s'élèvent, il est possible que dans des golfes étroits, pourvu qu'ils ne soient pas trop étroitement fermés, les eaux paraissent fuir en présence de la Lune, elles s'abaissent à cause de la quantité d'eau qui en a été soustraite.

La Lune passe rapidement au zénit, les eaux ne peuvent la suivre aussi vite. Le flux se fait dans la zone torride vers l'occident, jusqu'à ce qu'il frappe contre le rivage opposé; là, il est courbé, la réunion des eaux se dissipe, quand la Lune s'éloigne, parce qu'elles se trouvent délaissées par la force qui les mettait en mouvement; et la vitesse que les eaux gagnent fait qu'elles sautent sur leurs rives et qu'elles les couvrent; cette vitesse, acquise en l'absence de la Lune en fait naître une autre, jusqu'à ce que la Lune de retour reprenne les rênes. Ainsi, les rivages également ouverts sont remplis au même moment; ceux qui sont enfoncés sont remplis plus tard et d'une manière variée suivant les circonstances locales.

C'est là, pour le dire en passant, ce qui accumule les syrtes et les amas de sable; des îles naissent ou sont rongées; la terre molle et friable de l'Inde paraît avoir été rompue et creusée par le cours des eaux, aidé encore par un mouvement général de la Terre; elle était une et continue depuis la Chersonèse d'or, vers l'orient et le midi; l'Océan, qui était derrière, entre la Chine et l'Amérique, s'est fait un passage; et les côtes des Moluques et des autres îles qui s'étendent dans la haute mer, nous déguisent un peu la vérité de ce fait, parce que le niveau des mers est baissé par cette invasion.

» Ces détails étaient étrangers à mon sujet; j'ai voulu les exposer de suite, pour appuyer mon assertion de la force tractoire de la Lune.

» Il suit de là, que si la force de la Lune s'étend jusqu'à la Terre, à plus forte raison celle de la Terre doit s'étendre jusqu'à la Lune et beaucoup plus loin; et que rien de ce qui est analogue à la nature de la Terre, ne peut échapper à cette force tractoire.

» Rien n'est léger absolument s'il est matériel, il ne peut être léger que comparativement, parce qu'il est plus rare, soit de sa nature, soit que la chaleur l'ait dilaté. Je n'appelle pas rare ce qui est poreux ou creux, mais en général ce qui, sous un volume donné, renferme moins de matière.

Le mouvement suit la définition de la légèreté; » il ne faut pas s'imaginer que les corps légers montent et ne sont point attirés; ils sont moins attirés que les graves, et les graves les expulsent; mais quand cet effet a lieu, ils s'arrêtent à la place qu'ils occupent, et y sont retenus par la Terre. Mais quoique la vertu tractoire de la Terre s'étende fort loin, cependant, si une pierre était lancée à une distance comparable au diamètre de la Terre, il est vrai que la Terre se mouvant, la pierre ne la suivrait pas si exactement, et que sa force de résistance se combinerait avec la force tractoire de la Terre, et qu'ainsi elle se dégagerait en partie de la force de la Terre; ainsi que nous voyons dans les projectiles qui s'écartent du lieu où ils ont été lancés, sans que le mouvement de la Terre puisse empêcher ce mouvement, quand il est dans toute sa force.

» Mais, parce qu'aucun projectile ne peut être lancé à la cent-millième partie du diamètre de la Terre, il s'ensuit que la fumée et les nuages ne peuvent résister au mouvement général; ainsi, ce qui sera projeté perpendiculairement retombera au même lieu, nonobstant le mouvement de la Terre, qui entraîne avec elle tous les corps qui sont dans l'atmosphère, comme si ces corps la touchaient.

» Ces vérités bien comprises et soigneusement examinées, on verra s'évanouir cette absurdité et cette impossibilité imaginaire qu'on objectait au mouvement de la Terre. »

Voilà qui était neuf, vraiment beau, et qui n'avait besoin que de quelques développemens et de quelques explications. Voilà les fondemens de la Physique moderne, céleste et terrestre.

Képler discute avec beaucoup de raison et de sagesse les objections qui se tirent des passages de l'Écriture; et cette dissertation finit par une concession obligeante pour Tycho, dont il n'admet pas les idées.

On voit ensuite un tableau synoptique de tout l'ouvrage, une liste des titres de tous les chapitres, et une table des termes employés dans l'ouvrage.

Livre Ier. L'expérience prouve que les orbites des planètes sont des courbes rentrantes; on les a crues des cercles parfaits; on a été tout surpris de trouver que les mouvemens étaient inégaux. Képler expose rapidement les premiers pas faits par les anciens dans la Science astronomique; il trace la figure de la route de Mars autour de la Terre; figure que Cassini a calculée de nouveau pour chaque planète en particulier, et que différens auteurs ont reproduite.

Quand on eut reconnu les deux inégalités qui affectent les mouvemens des planètes, on sentit la nécessité de les considérer chacune séparément pour les mieux connaître; on s'attacha aux oppositions, parce que les conjonctions sont invisibles. Mais était-ce l'opposition au lieu vrai du Soleil ou au lieu moyen qui rendait nulle la seconde inégalité? Ptolémée crut devoir employer le lieu moyen, sans doute pour la facilité du calcul, et parce qu'il imagina que l'erreur serait peu sensible. Copernic et Tycho ont suivi cet exemple; il aurait pu ajouter et *tous les astronomes*. Pour moi, dit Képler, je rapporte tout au lieu vrai, ainsi que je l'ai annoncé dans mon *Mystère cosmographique*, chap. XV : il va démontrer que le choix n'est pas indifférent.

Le parti que prend Képler, était une conséquence nécessaire de son système, qui fait du centre du Soleil le centre du monde. C'est de ce centre que, dans son *Mystère*, il compte en effet les distances; mais il ne dit rien de la manière de calculer l'inégalité, ni de la rapporter au Soleil vrai plutôt qu'au Soleil moyen; il se peut que ce fût dès-lors son idée, mais il ne l'avait pas assez clairement indiquée. L'usage des astronomes était peu raisonné; mais il était général, et ils avaient besoin d'être mieux avertis.

On a démontré de tout tems qu'une inégalité simple pouvait également s'expliquer par un excentrique et par un épicycle. Si c'est une chose indifférente pour l'astronome, elle ne l'est pas pour le physicien. Il n'y a qu'un mouvement dans l'excentrique, il y en a deux dans l'épicycle; si une *âme* suffit pour la première hypothèse, il en faut deux pour la seconde.

(Ce mot *âme* paraît un peu étrange, mais substituez-y le mot *force* et le raisonnement subsistera.)

Ptolémée n'avait considéré les cercles que comme des lignes mathématiques. Purbach avait rétabli les cieux solides d'Aristote, et faisait avancer les planètes comme entre deux murs, qui ne leur permettaient pas de s'égarer. Tycho avait détruit ces sphères solides, que les comètes traversent librement en tous sens ; il rétablissait la difficulté qui consiste en ce que la planète que rien ne guide ne pouvait plus trouver son chemin dans l'espace libre. On avait supposé comme un axiome, que le mouvement naturel aux corps célestes est le mouvement circulaire ; Képler pose en principe qu'il n'y a de mouvement naturel que le mouvement rectiligne ; il le prouve par les muscles du corps humain ; mais son principe n'a pas grand besoin de preuve.

Il démontre qu'on peut remplacer l'épicycle de la planète, en donnant à l'œil un mouvement égal en sens contraire : sa démonstration est longue, indirecte, embarrassée, mais le théorème est sûr.

Tout ceci est pour une planète qui n'a qu'une inégalité simple. Pour la première inégalité des planètes, Ptolémée emploie une construction plus compliquée. Il met en un point le centre des mouvemens inégaux, et sur un autre celui des mouvemens égaux, et en un point intermédiaire celui des *distances constantes*. Cette dénomination du centre intermédiaire, que j'ai introduite, nous épargnera des circonlocutions et des figures.

Copernic en adoptant cette disposition avoue qu'elle pèche contre les principes de la Physique, parce qu'elle introduit l'inégalité dans les mouvemens célestes. On ne conçoit guère comment la planète pourra tourner toujours à une même distance d'un point, en formant toujours des angles croissant uniformément autour d'un autre point; et tout cela dans un espace libre, où rien ne la retient ni ne la dirige. Il faut donc une intelligence qui soit attentive à satisfaire à chaque instant à deux conditions tout-à-fait différentes. Au reste, cette objection eût peu embarrassé Ptolémée, qui ne cherchait pas les principes physiques et qui se contentait d'une méthode de calcul.

Pour sauver cette absurdité, Copernic place un second épicycle sur le premier. Tycho adopte cette construction, qui pourrait se comprendre si les orbes étaient solides; mais sans cela elle est impossible. Suivant Képler, il faudrait trois âmes ou trois intelligences au lieu d'une. D'ailleurs, deux des trois mouvemens se font autour de points imaginaires; et, de plus, la planète ne décrit pas un cercle exact, mais une courbe un peu alongée par ses côtés, tandis que dans la réalité elle devrait être un peu aplatie. Il peut arriver aussi, dans cette construction, que la planète s'éloigne de la Terre un peu plus que dans l'apogée même, et un peu moins que dans le périgée. Képler démontre, par le calcul, que les deux hypothèses ne donnent pas exactement le même résultat; il trouve 1′33″ de différence pour Mars, mais il s'était trompé d'une minute sur un angle; cette différence n'est en effet que de 35″, qui n'eussent guère effrayé ni Tycho, ni Copernic, et dont nous devons nous embarrasser moins encore, puisque les deux hypothèses sont fausses et également insuffisantes.

Après ces préliminaires, Képler va prouver qu'il n'est pas indifférent de rapporter les oppositions au Soleil vrai ou au Soleil moyen; il assure que Ptolémée n'avait eu pour raison que la plus grande facilité du calcul; cela se peut, mais Ptolémée n'en dit rien. C'est une de ces suppositions arbitraires qu'il s'est permises et qu'il n'a prétendu justifier que par leur accord avec les observations. Géber, qui l'a chicanné sur tant d'autres points et notamment sur la bissection des excentricités, qui est une de ses idées les plus heureuses, n'a pas songé à l'attaquer sur cette supposition; elle a été généralement adoptée par tous les astronomes, comme une donnée fondamentale qui n'a excité aucune réclamation jusqu'à Képler. Tycho, dont les habitudes étaient formées depuis long-tems, soutenait qu'il fallait tout rapporter au Soleil moyen, parce qu'il était ainsi parvenu à représenter l'inégalité. Képler répliquait qu'il la sauverait avec le lieu vrai, et qu'on verrait qui réussirait le mieux. C'était la réponse la plus raisonnable, mais elle exige une immensité de calculs. Les raisonnemens de Képler sont ici fort obscurs, ses calculs ne sont guère plus clairs ou plus concluans; après les avoir refaits avec plus d'exactitude, je ne vois pas quelle conséquence on en peut tirer. Képler aurait pu ajouter que Tycho lui-même employait les lieux vrais du Soleil dans les mouvemens de la Lune, et qu'il faisait en effet tourner la Lune autour du centre vrai de la Terre; il aurait bien dû étendre à toutes les planètes qu'il faisait tourner autour du Soleil, ce que l'observation lui avait appris pour la Lune; *voyez* ci-dessus, page 162.

Les Grecs ont établi leurs théories; Ptolémée a calculé ses tables dans un système imparfait et d'après de fausses suppositions. Comment concevoir que Vénus et Mercure tournent autour de deux points différens, également vides, et que ces deux points eux-mêmes suivent les mouvemens moyens du Soleil? puisque les digressions bornées de ces planètes prouvent que leur marche dépend du Soleil, n'était-il pas plus naturel de rapporter leur cours à celui du Soleil vrai? n'était-ce pas dénaturer les mouvemens que de les rapporter à un centre qui ne pouvait être le véritable? Conçues d'après un pareil système, les tables ne pouvaient être bonnes, voilà un fait sûr; les observations l'ont prouvé. Rendrez-vous ces tables meilleures en substituant le lieu vrai du Soleil au lieu du Soleil moyen, sans faire à la théorie d'autre changement? voilà qui est au moins douteux. Pour le décider, il faudrait calculer, suivant les deux manières, une longue suite de bonnes observations, et voir de quel côté serait l'avantage; mais il n'en resterait pas moins constant que les tables seraient à refaire; c'est donc par là qu'il faut commencer. Au lieu de cela, Képler se jette dans un labyrinthe de calculs, qui ne sont pas de la dernière exactitude; il travaille sur des observations qui ne sont pas d'une grande précision; ses raisonnemens sont obscurs et ses conséquences incertaines; sa dernière conclusion est qu'on peut se tromper au moins d'un degré en employant la longitude moyenne du Soleil au lieu de la longitude vraie; et si l'on songe que l'inégalité du Soleil est de près de deux degrés, on lui accordera facilement ce point. Mais, toute cette discussion est inutile, je n'y vois que cinq lignes qui soient claires et méritent d'être conservées. « Quand les trois lieux vrais du Soleil, de la » Terre et de la planète, sont dans une ligne droite, il n'y a pas d'élon- » gation, la planète est dépouillée de sa seconde inégalité. Si la con- » jonction se fait sur la ligne de l'apogée du Soleil, alors les deux mé- » thodes n'en font qu'une, puisque le lieu moyen coïncide avec le lieu » vrai; partout ailleurs il y a de la différence. » Voilà qui est incontestable; mais cette différence, quand elle n'est pas nulle, est-elle à l'avantage de Tycho ou de Képler? voilà ce qu'il faut examiner, et c'est ce qui est difficile. On ne peut déterminer l'inégalité propre de la planète par des observations faites dans l'apogée et le périgée; il en faudrait une à 90° de là, mais alors l'inégalité du Soleil, qui sera d'environ 2°, ne pourra manquer d'influer sensiblement sur celle qu'on déduirait de l'observation pour la planète.

Nous pouvons résumer en ces termes cette question qui n'en est plus une aujourd'hui. Les tables modernes sont fondées sur les idées de Képler, et leur accord étonnant avec les observations peut passer pour une démonstration de ces idées, puisque l'erreur de ces tables n'est jamais que de quelques secondes. Ptolémée avait fondé les siennes sur des suppositions purement arbitraires et qu'il serait impossible de démontrer; mais ces suppositions une fois admises, la méthode est rigoureusement géométrique. Si ces tables ne représentent que très imparfaitement ses observations, on ne peut en accuser que les hypothèses fondamentales, c'est-à-dire, les orbites circulaires, la ligne des nœuds qu'on fait passer par la Terre, au lieu qu'elle doit passer par le centre du Soleil, les inclinaisons des épicycles et leurs balancemens, et ces épicycles eux-mêmes, qui ne doivent leur existence qu'à la nécessité où l'on s'est mis de transporter aux planètes les mouvemens qu'on refusait obstinément à la Terre. Le système de Képler est simple, parfaitement cohérent, et fondé sur des raisons physiques; celui de Ptolémée est précaire, incohérent, et ses tables ont été trouvées en erreur de plusieurs degrés, dès qu'on a pris la peine de les comparer aux observations. Il en a été de même des Tables d'Alphonse, de Copernic, de Reinhold, et de tous ceux qui sont partis des mêmes suppositions. Mais il est difficile de démontrer géométriquement l'erreur des anciennes hypothèses; elles n'ont rien de commun avec le système moderne, qui a changé les centres, les mouvemens, les distances et la figure des orbites. Si les formules du lieu géocentrique, selon les deux systèmes, avaient quelques quantités communes que l'on pût considérer comme des constantes, on pourrait, par la différentiation, déterminer les erreurs qui résulteraient d'un changement dans l'une des données; mais rien n'est commun, il n'existe point de constante identique; il ne reste donc plus d'autre moyen, que de choisir un grand nombre de bonnes observations; d'en déduire les élémens des planètes, en suivant les idées de Ptolémée, Copernic et Tycho, de faire ensuite un travail tout semblable d'après les idées de Képler, et de voir quelles tables s'accorderont mieux avec la totalité des observations. Mais l'épreuve est faite pour ce qui concerne Képler, ses idées ne laissent rien à désirer; on peut dire qu'elle est faite aussi, à fort peu près, pour l'ancien système; les plus habiles astronomes y ont échoué complètement; jamais ils n'ont pu représenter leurs observations qu'avec des différences qui surpassaient de beaucoup les erreurs des observations. Il y a toute apparence qu'on ne serait pas plus heureux aujourd'hui, et ce serait une peine bien inutile. S'il est physiquement démontré que le Soleil est au foyer commun de toutes les ellipses planétaires, que la Terre elle-même est une planète, il sera prouvé par là même que tous les angles et tous les rayons vecteurs qui servent à déterminer le lieu géocentrique ont leur sommet ou leur origine au centre du Soleil vrai, les épicycles dont le rayon est invariable ne pourront que très imparfaitement tenir lieu du mouvement de la Terre sur son ellipse. Tycho pouvait approcher plus près de la vérité; il pouvait du moins mieux satisfaire aux apparences; il pouvait donner aux planètes leurs mouvemens et leurs rayons vecteurs véritables; en faisant tourner le Soleil autour de la Terre, il pouvait lui donner le mouvement vrai de la Terre et son rayon vecteur véritable; toutes les orbites auraient eu leurs intersections avec l'écliptique au centre même du Soleil; il aurait donné aux planètes leurs mouvemens angulaires et leurs rayons vecteurs moins inexacts; il aurait eu des longitudes et des latitudes géocentriques presque aussi bonnes que celles de Képler; il ne serait resté que l'absurdité physique de faire tourner autour de la Terre, qui n'est qu'un atome, le Soleil et tout son cortège de planètes pour la plupart plus grosses que la Terre. Mais il ignorait la forme elliptique des orbites, il était obligé de conserver les excentriques; il en résultait des erreurs sur les équations du centre et sur les rayons vecteurs; mais ces erreurs n'étaient pas énormes. Il devait déterminer les oppositions d'après les mouvemens vrais du Soleil; en employant le lieu moyen, il montrait une inconséquence qu'on ne pouvait reprocher à Ptolémée. Celui-ci, en imaginant ses épicycles et leur donnant des rayons constans, était conduit assez naturellement à donner des mouvemens moyens au centre de ces épicycles et à ses planètes sur leurs épicycles; mais il corrigeait ensuite ces mouvemens de l'équation due à l'excentricité de la planète; il faisait varier les rayons vecteurs; il ne négligeait entièrement que l'excentricité du Soleil, et cette erreur était une suite inévitable de ses suppositions. Il n'était point averti, il a fait tout ce qui paraît avoir été possible dans le tems où il écrivait, du moins tant qu'on rejetait le mouvement de la Terre. Mais, Tycho venant après Copernic, et voyant que le nouveau système, sans être admis généralement à beaucoup près, avait au moins des sectateurs d'un grand poids, tels que Rothman, Mæstlinus et Képler; averti formellement par ce dernier qu'il suivait une fausse route, voyant d'ailleurs la difficulté de satisfaire aux latitudes, paraît inexcusable d'avoir fermé les yeux à la vérité; son amour-propre l'a rendu sourd à toutes les remontrances. Croyant ou feignant de croire que le système de Copernic était contraire à l'Écriture, il était tout glorieux des changemens faciles qu'il avait proposés; il visait à la gloire d'être législateur en Astronomie; il ne voulait pas admettre une idée qui lui était suggérée par un jeune Copernicien; il ne voyait pas que tout ce qu'il y a de bon dans son système était réellement emprunté à Copernic, que le seul changement qu'il y avait fait était une absurdité plus palpable que celle de l'ancien système; car il est très simple qu'on ait cru que la Terre était immobile, et qu'elle était le centre des mouvemens planétaires. Après les découvertes et les explications de Copernic, il n'y avait d'améliorations possibles et réelles que celles qui étaient proposées par Képler. Tant qu'on croira à l'ellipticité des orbites, aux lois découvertes par Képler et démontrées par Newton, le calcul de Képler sera un corollaire mathématique de ces principes. Il faut tout admettre ou tout rejeter. La dissertation de Képler est donc aujourd'hui bien superflue; mais il n'en était pas tout-à-fait ainsi au tems où il écrivait son commentaire. Tous les astronomes, à peu près, partageaient l'erreur de Tycho; les choses aujourd'hui sont tout-à-fait changées. Il paraît donc que cette première partie de l'ouvrage est sans objet; Képler avoue qu'elle est la plus difficile de toutes : *ob labyrinthos opinionum pene inextricabiles et vocum æquivocationes perpetuas aut circumscriptiones tædiosissimas.* Il nous dit qu'on trouvera, chap. VII, ce qui a rendu cette comparaison nécessaire; il conseille à ceux qui trouveraient ce chapitre trop difficile, d'en remettre la lecture au tems où ils auront compris ce qui est plus aisé. Cet avis, placé à la dernière ligne du livre, vient un peu tard. Il a dit, page 28, que Tycho, qui le savait copernicien, l'avait prié, en mourant, de tout démontrer dans son hypothèse. C'est apparemment par respect pour cette volonté dernière, que Képler a voulu montrer que s'il s'écartait des opinions de Tycho, il en avait des raisons suffisantes; mais ces raisons sont les découvertes de Copernic et de Képler, c'est le Soleil au foyer commun de toutes les ellipses. Tout ce premier livre ne sert qu'à obscurcir ce qui est clair. Plaignons Képler et son lecteur. Gassendi nous a conservé la recommandation que Tycho faisait à Képler : *Planetis ultrò affectantibus et quasi adulantibus quæso, mi Joannes, ut quando, quod tu Soli pellicienti, ego ipsis tribuo, velis eadem omnia in meâ demonstrare hypothesi quæ in Copernicanâ declarare tibi est cordi.*

Dans le chap. VII, qui est le premier de la seconde partie, Képler raconte à quelle occasion il s'était occupé de Mars.

Tycho venait d'arriver en Bohême. Képler alla le joindre au commencement de l'an 1600, dans l'espérance de connaître les excentricités corrigées des planètes. Il apprit de lui qu'à l'imitation de Ptolémée et de Copernic, il employait dans ses calculs de planètes les mouvemens moyens du Soleil. Képler pensait dès-lors qu'il fallait employer le lieu vrai ; il demanda la permission de calculer à sa guise. Longomontanus travaillait à la théorie de Mars, qu'on observait acronyque en 9° du Lion.

On retravaillait la table des oppositions moyennes depuis 1580 ; on avait imaginé une hypothèse qui les représentait à 2′ près, disait-on ; on mettait l'apogée pour 1585 en $4^s\,23°45'$; la plus grande excentricité, composée des rayons de deux épicycles, était 0,20160 ; le rayon du plus grand était 0,1638 ; il restait pour l'autre 0,0378. Ainsi dans le système de Ptolémée, l'excentricité de l'équant était 0,2016, ou un peu moins. Sur cette hypothèse on avait calculé une table d'équations pour tous les degrés ; on avait ajouté 1′ 45″ au mouvement des Tables pruténiques, et de ces mouvemens on avait fait une table pour 40 ans. Longomontanus était encore embarrassé pour les latitudes et les parallaxes. La table des latitudes qu'on s'était faite ne s'accordait pas avec les observations.

Képler soupçonna que l'hypothèse n'était pas bonne ; il entreprit de nouvelles recherches suivant ses propres idées. Il s'élevait de fréquens débats sur la possibilité de trouver une autre hypothèse qui représentât les *lieux excentriques*, et sur les doutes qui pouvaient rester sur la bonté d'une théorie qui allait si bien dans toute l'étendue du zodiaque.

Il montra que l'excentrique pouvait être faux, et représenter les observations à 5′ près. Quant aux parallaxes de l'orbe annuel et aux latitudes, c'était une palme qui n'avait pas encore été remportée. Il restait à chercher si leurs calculs ne se trouvaient pas quelque part en erreur de 5′. Il serait trop fastidieux, dit Képler, d'entrer dans tous ces détails. Je ne rapporterai que ce qui sera nécessaire pour l'intelligence de ma méthode.

Il commence par donner la table que voici pour toutes ces oppositions :

	Long. ♂ dans son cercle.	Latitude.	Longitude sur l'écliptiq.	Différ.	Simple longit.	Précession.	Préc. calculée.
1580. Nov. 17° 9′ 40″	2^s 6° 50′ 10″	1° 40′ B	2^s 6° 46′ 10″	+ 4′ 10″	0^s 27° 29′ 46″	27° 28′ 50″	2^s 6° 50′ 40″
1582. Déc. 28.12.16	3.16.51.30	4. 6. 0	3.16.46.10	+ 5.20	2.11.34.56	28. 0.38	3.16.51.26
1585. Janv. 31.19.35	4.21. 9.50	4.32.10	4.21.10.26	− 0.36	3.22.37.46	28. 2.25	4.21. 9.41
1587. Mars. 7.17.22	5.25. 5.10	3.38.12	5.25.10.20	− 5.10	5. 3.27.46	28. 4.10	5.25. 4.50
1589. Avril. 15.13.34	7. 3.54.35	1. 6.45 B	7. 3.58.10	− 3.35	6.16.53. 7	28. 5.55	7. 3.54.33
1591. Juin. 8.16.25	8.26.42. 0 / 40.30	3.59. 0 A	8.26.32. 0	+10.20	8. 7.47.30	28. 7.47	8.26.40.23
1593. Août. 24. 2.13	11.12.35. 0	6. 3. 0 A	11.12.43.45	− 8.45	10.10.53.50	28. 9.40	11.12.34.36
1595. Oct. 29.21.22	1.17.56. 5	0. 5 15 B	1.17.56.15	+ 0.12	0. 8.26.47	28.11.27	1.17.57.14
1597. Déc. 13.13.35	3. 2.34. 0	3.33. 0	3. 2 28. 0	+ 6. 0	1.24.55.47	28.13.20	3. 2.32.20
1600. Janv. 19. 9.40	4. 8.18.45	4.30.50	4. 8.18. 0	− 0.45	3. 6.46.16	28.15. 5	4. 8.19.27
	C		A				

	☉ moyen.	♂ différ.	♂ différ.	♂ moyen.	Tycho.				
1580	8^s 6° 48′ 32″	− 2′ 22″	+ 1′ 38″	29′ 9″	29′ 46″	+ 0′ 37″	49′ 37″	50′ 40″	+ 1′ 3″
1582	9.16.50.58	− 4.48	+ 1.28	35.26	34.56	− 0.30	52.59	51.26	− 1.33
1585	10.21.10.13	+ 0.13	− 0.23	37. 4	37.46	+ 0.42	9.47	9.41	− 0. 6
1587	11.25. 5 57	+ 4.23	− 0.47	27.16	27.46	+ 0.30	4.49	4.50	+ 0. 1
1589	1. 3.53.32	+ 4.38	+ 1. 3	52.33	53. 7	+ 0.34	54.46	54.33	+ 0.13
1591	2.26.45.24	− 13.24	− 3.24	46.45	47.30	+ 0.45	34.45	40.23	+ 5.38
1593	5.12.34.36	+ 9. 9	+ 0.24	53.18	53.50	+ 0.32	33.59	34.36	+ 0.37
1595	7.17.56.17	− 0. 2	− 0.12	26. 5	26.47	+ 0.42	57.37	57.14	− 0.23
1597	9. 2.28.51	− 0.51	+ 5. 9	54.48	55.47	+ 0.59	31.48	32.20	+ 0.32
1600	10. 8.18.43	− 0.43	+ 0. 2	45.39	46.16	+ 0.37	45.39	46.16	+ 0.37
	B	B − A	C − B	K	T	T − K	K′	T′	T′ − K′

La colonne A des longitudes sur l'écliptique, comparée à la colonne B des longitudes moyennes du Soleil, donne la colonne (B — A) des différences. Tycho dit qu'il a observé la planète en opposition avec ce lieu moyen. On voit que la différence va jusqu'à 13′ 24″. Képler tâche d'imaginer la cause de cette différence. Il pense qu'il ne croyait la planète totalement affranchie de la seconde inégalité que quand le Soleil et la planète sur son orbite étaient à même distance du nœud. Mais cette supposition n'accorde pas tout.

Képler prend donc la différence (C — B) du lieu dans l'orbite au lieu du Soleil : il en résulte une seconde colonne de différences.

Il calcule les lieux moyens, dont il ne donne que les minutes et les secondes; c'est la colonne K; il les compare aux lieux calculés par Tycho, colonne T; ce qui lui donne la colonne T — K.

Il calcule de même les lieux excentriques K′; il les compare à ceux de Tycho T′, et il forme les colonnes (T′ — K′).

Après ces comparaisons, il examine les latitudes; et nous remarquerons d'abord que les latitudes sont géocentriques, puisqu'elles passent 6°. Elles suffisent pour montrer que les nœuds ne sont pas loin de 1^s 17° et de 7^s 17°; que les limites ne sont pas loin de 4^s 17° et de 10^s 17°; que la plus grande latitude étant de 6° pour la Terre, ne devait guère être que de 2° pour le Soleil : elle n'est véritablement que de 1° 51'.

Il prouve d'abord que Tycho ou ses calculateurs ont eu tort de placer l'opposition au point ou la distance au nœud est la même pour l'orbite et pour l'écliptique. Les astronomes anciens, aussi bien que les modernes, placent l'opposition à l'instant où la planète et le lieu opposé au Soleil sont dans le même cercle de latitude ; c'est alors seulement que l'élongation est nulle ainsi que la commutation. Ils ont employé la latitude géocentrique, et il fallait employer la latitude héliocentrique. Ils paraissent avoir supposé la plus grande latitude 4° 33' boréale et 6° 26' australe. Toutes ces suppositions sont contraires à la simplicité et à l'expérience. Képler promet de prouver que l'inclinaison n'est que de 1° 50', et que la plus grande réduction ne passe pas 1'; et en effet, la plus grande réduction

$$\left(\frac{\text{tang}^2 \frac{1}{2} I}{\sin 1''}\right) = 52'',8.$$

Mais dans une recherche si délicate et si importante (il pouvait ajouter si nouvelle par la forme), il se croit obligé de remonter aux sources, c'est-à-dire, aux observations mêmes, pour corriger les fautes de calcul.

La première opposition a été conclue d'une observation qui en était éloignée de cinq jours, pendant lesquels les tables laissent une incertitude de trois minutes. On commence à avoir un soupçon de réfraction à la seconde observation ; mais on conserve l'observation brute. A la troisième, on ne parle ni de réfraction, ni de parallaxe ; Mars était assez haut pour cela. A la quatrième, il ne trouve à corriger que 1' 48", qu'il regarde comme de nulle importance. Dans la cinquième, on a supposé 1' 20" de parallaxe. A la dixième, il rapporte quatre ascensions droites de Mars, conclues de différentes étoiles ; les extrêmes diffèrent de 6' 10". Tycho, qui venait d'arriver en Bohême, n'avait pu placer ses meilleurs instrumens ; mais dans les observations d'Uranibourg même, au rapport de Longomontanus, les différences de 2' ne sont pas rares, et j'ai reconnu, il y a long-tems, qu'on pouvait rarement répondre de 2 à 3' dans un lieu tiré de l'observation.

Képler cherche la parallaxe de Mars. Tycho s'était aussi proposé de la déterminer : il l'avait trouvée *notablement plus grande que celle du Soleil.* Mais Képler ayant examiné les calculs des élèves de Tycho, vit, à sa grande surprise, qu'ils avaient fait tous leurs calculs dans l'hypothèse de Copernic. Tycho voulait qu'on tirât la parallaxe des observations ; ses calculateurs cherchaient quelle en devait être la quantité dans le système de Copernic, et il n'est pas douteux qu'il n'aient dû la trouver plus grande que celle du Soleil. Tycho se fondait-il sur ces calculs? les a-t-il refaits lui-même? on n'en sait rien; mais on en peut douter.

Képler recommence donc les calculs, et il prouve le pour et le contre. La parallaxe est en effet trop faible pour la conclure d'observations qui ne sont jamais sûres à la minute. Képler cite une note de Tycho conçue en ces termes : *Cette observation indiquerait une parallaxe.* Il la rapporte pour en faire honneur à Tycho; il indique ensuite un moyen qui lui est propre; mais il est forcé à employer les observations qu'il avait faites avec le sextant de fer de 2 ½ pieds et l'azimutal de cuivre de 3 ½ pieds. Il observa Mars stationnaire. Les distances aux étoiles ne pouvaient varier que par la parallaxe. Il résulte de ces observations que la parallaxe de Mars ne surpasse pas 4′, et qu'elle est probablement plus petite. (On sait maintenant qu'elle n'est pas d'un tiers de minute.) Il en conclut que celle du Soleil est encore moindre; mais il n'ose pourtant répondre de rien. (Il pouvait se défier de ses observations et de la parallaxe qu'il attribuait à Mars; mais d'après la loi des révolutions et des moyennes distances, il pouvait répondre que la parallaxe de Mars en opposition est à fort peu près double de celle du Soleil.)

Il passe à la recherche du nœud. Il montre très bien que Tycho avait tort d'y employer les latitudes géocentriques. Il cherche les observations dans le nœud; il en trouve quelques-unes, mais il les gâte par la parallaxe, qu'il fait de 3′, comme celle du Soleil, parce que les distances étaient égales. Le raisonnement était bon; mais la supposition était fausse. Il cherche donc à déterminer le tems des passages par les nœuds; il cherche alors le lieu de Mars dans son excentrique, et il en conclut que l'un des nœuds est en $1^s\,5°\,31'$, et l'autre en $7^s\,14°\frac{1}{2}$; le milieu sera $1^s\,10°$ et $7^s\,10°$: d'où il suit que la ligne des nœuds ne passe pas par le centre d'égalité, mais beaucoup au-dessous. On verra plus loin ce qu'il faut changer à cette détermination; le procédé était aussi bon qu'il pouvait être alors; il ne trouve pas le même accord en calculant dans l'hypothèse de Tycho : ainsi, chaque pas qu'il fait est une amélioration et un argument pour le système de Copernic.

L'inclinaison ne lui paraît pas si facile à trouver; heureusement l'extrême précision n'est pas nécessaire. Il cherche une observation dans laquelle Mars était à égale distance de la Terre et du Soleil. Alors, en effet, les latitudes héliocentrique et géocentrique sont égales; et puisqu'on sait à très peu près le lieu du nœud, on aura aussi l'inclinaison à peu près, pourvu que la latitude soit observée assez près de la limite.

Dans une observation où Mars était plus éloigné de la Terre que du Soleil, on a observé la latitude 1° 36′ 45″; la latitude héliocentrique devait être plus grande.

Dans une autre où Mars était plus près de la Terre, la latitude était 1° 53′ ½ un peu plus forte que la latitude héliocentrique; Mars était à quelque distance de la limite. Il estime que l'inclinaison doit être de 1° 50′ à peu près. Il trouve la même chose par plusieurs comparaisons de ce genre vers l'une et l'autre limite.

Cette méthode suppose qu'on soit en état de calculer à peu près les distances de Mars à la Terre et au Soleil. Il en propose une autre; c'est celle de l'observation où la Terre est dans la ligne des nœuds. La latitude géocentrique donne alors l'inclinaison par un calcul où il n'entre d'autre donnée que l'observation même. Si la planète est en quadrature, la latitude observée sera l'inclinaison même. Il trouve une observation de ce genre et l'inclinaison 1° 50′ 40″.

Il est difficile que la Terre soit dans le nœud et Mars en quadrature.

Il étend sa remarque à une élongation quelconque. Voici son théorème: Quand la Terre est dans les nœuds, la latitude observée est égale à la latitude héliocentrique qui répond à un argument de latitude égal à l'élongation. L'expression est un peu entortillée; mais le théorème est simple et curieux. Soit I l'inclinaison, G la latitude géocentrique observée, T l'élongation de la planète au moment de l'observation; on aura

$$\text{tang I} = \frac{\text{tang G}}{\sin \text{T}}.$$

On sait que $\text{tang I} = \frac{\text{tang latit. héliocent.}}{\text{sin dist. planét. au nœud}}$. L'élongation est la distance au nœud, puisque, par la supposition, le Soleil et la Terre sont sur la ligne des nœuds, il est donc évident que les deux expressions sont égales; on a donc les deux quantités qui donnent l'inclinaison. Si l'élongation était de 90°, la latitude observée serait l'inclinaison même de l'orbite. Toute cette théorie est simple, la remarque ingénieuse; le tout appartient à Képler qui, le premier, a fait passer les lignes des nœuds par le Soleil, et rectifié les idées inexactes et incommodes des anciens sur la latitude des planètes. Il trouve de cette manière 1° 50′ et un peu plus.

Troisième méthode. Elle a besoin que l'on connaisse le rapport des orbites, et alors même, toute observation, toute opposition où la latitude a été un peu considérable, donnera l'inclinaison.

Ainsi, le problème de l'inclinaison des orbites et de ses effets, est entièrement résolu. Képler est le premier qui l'ait bien conçu, et il n'a rien laissé à faire à ses successeurs.

Il n'y a aucun balancement dans les plans des orbites, ils sont ἀτάλαντα.

Ptolémée avait singulièrement compliqué ses hypothèses, qui portaient sur de fausses bases.

Copernic ne sentant pas assez ses avantages, ne s'attacha qu'à trouver les moyens d'expliquer dans son système toutes les variations de latitude introduites par Ptolémée; il avait remarqué avec satisfaction que les latitudes devaient varier selon que la planète et la Terre s'éloignaient ou se rapprochaient; mais n'osant pas rejeter les librations des plans, il rendit variable l'inclinaison que Ptolémée faisait constante; les moyens qu'il emploie paraissent à Képler autant de monstruosités, en ce qu'ils dépendent du plan de l'orbite de la Terre, qui n'est pas le même que le plan de l'excentrique.

« Armé de mon incrédulité, dit Képler, j'ai toujours combattu contre » cet impertinent enchaînement de divers orbes, même avant d'avoir vu » les observations de Tycho. Combien ne dois-je pas me féliciter de » voir qu'elles ont déposé en faveur de mes opinions. Qu'on ne dise pas » que j'use de ces observations suivant mes préjugés; j'ai cherché l'incli- » naison par trois méthodes différentes; elles ont conduit au même ré- » sultat, malgré la diversité des circonstances; il n'y a donc pas de libra- » tion, l'inclinaison est constante. »

C'est un service signalé que Képler a rendu à l'Astronomie, on n'y fait pas assez d'attention; il en a rendu bien d'autres au système de Copernic, qui n'a été complété que par lui. Ce qu'il a démontré pour Mars, il l'a vérifié sur Mercure et Vénus; et revenant à cette multiplicité de cercles imaginés pour expliquer les diverses inégalités de la longitude et de la latitude, il s'écrie :

« *Qui changera mes yeux en deux sources de larmes, pour pleurer* » la misérable industrie d'Apian, qui, dans son *Œuvre Césarienne,* en » s'attachant trop scrupuleusement à Ptolémée, a perdu tant d'heures » précieuses, tant de méditations ingénieuses à représenter par des spires, » des hélices et des volutes, des fictions que la nature ne reconnaît pas. » Il s'est du moins acquis par ces prestiges une réputation qui ne périra » pas, quoiqu'elle doive perdre beaucoup; mais que dirons-nous de la

» κενοτεχνία (vaine industrie) de ces machinistes qui ont employé
» 1200 roues pour représenter ces mêmes fictions. »

Dans le chapitre XV, il réduit les observations acronyques de Mars au lieu vrai du Soleil. Plaçons ici d'abord la table qui termine le chapitre.

						Longit. moy.
1580	18 Novembre .	1h31′	2s 6°28′35″	1.40	B	1s25°49′31″
1582	28 Décembre..	3.58	3.16.55.30	4. 6		3. 9.24.55
1585	30 Janvier....	19.14	4.21.36.10	4.32 1/6		4.20. 8.19
1587	6 Mars......	7.23	5.25.43. 0	3.41		6. 0.47.40
1589	14 Avril.....	6.23	7. 4.23. 0	1.12 3/4	B	7.14.18.26
1591	8 Juin......	7.43	8.26.43. 0	4. 0	A	9. 5.43.55
1593	25 Août......	17.27	11.12.16. 0	6. 2	A	11. 9.55. 4
1595	31 Octobre. ..	0.39	1.17.31.40	0. 8	B	1. 7.14. 9
1597	13 Septembre .	15.54	3. 2.28. 0	3.33	B	2.23.11.56
1600	18 Janvier....	14. 2	4. 8.38. 0	4.30 5/6	B	4. 4.35.50
1602	20 Février....	14.13	5.12.27. 0	4.10		5.14.59.39
1604	28 Mars......	16.23	6.18.37.10	2.26	B	6.27. 0.12

Il calcule le lieu de l'opposition au Soleil vrai, comme on le fait encore aujourd'hui. Il calcule l'argument de latitude dans l'orbite, en multipliant la tangente de l'argument de latitude sur l'écliptique, par la sécante de l'inclinaison, et rend hommage en passant à Philippe Lansberge, dont la Trigonométrie lui a été d'un grand secours (elle est de 1591). Il emploie toujours la mauvaise parallaxe du Soleil, de laquelle il conclut celle de Mars, par le rapport des distances; il aurait bien dû la diminuer, ne fût-ce que de moitié. Il ajoute, comme on voit, deux oppositions à celles de Tycho; l'une est de Fabricius Frison, l'autre a été observée par lui-même et par son élève Schulerus.

La longitude moyenne de Mars est calculée d'après Tycho. Ces longitudes peuvent avoir besoin de corrections qui résulteront des calculs.

Il cherche alors une hypothèse qui sauve la première inégalité, puisque les observations sont affranchies de la seconde. Il expose la méthode de Ptolémée, et s'étonne que Copernic se soit borné à traduire, dans son hypothèse, les idées de son modèle. Ptolémée supposait une proportion entre les deux excentricités, dont l'une était double de l'autre; avec ce rapport, il suffisait de trois oppositions; en laissant le rapport indéterminé, il en fallait quatre.

Après s'être fait cette méthode, il apprit avec joie de Tycho qu'il n'avait point supposé ce rapport connu. Képler se serait cru permis d'adopter ce rapport, dont il avait donné une raison physique dans son *Mystère*, chap. XII. Mais, ce qui l'avait déterminé à chercher Tycho, c'était le désir d'en obtenir des observations sur lesquelles il pût essayer son idée.

Du centre B (fig. 59), décrivez l'excentrique FEDG. Soit HBI la ligne des apsides. Cette ligne est immobile sensiblement pendant quelques années; on remédierait à cette supposition si cela était nécessaire. Au-dessous de B soit A le lieu de l'œil, et au-dessus C le centre d'égalité des angles. F, G, D, E, quatre observations acronyques ou dépouillées de la seconde inégalité. Dans Ptolémée, A serait le lieu de la Terre; chez Copernic et Tycho, le lieu de l'œil est sur les lignes FA, GA, DA, EA; A est le Soleil; joignez tous ces points, ils seront ainsi placés :

AF...	$5^s 25° 43' 0''$	$3^s 1° 0'$	= FAG	
AG...	8.26.43. 0	2.15.33	= GAD	Ces angles doivent être
AD...	11.12.16. 0	2. 5.15.40″	= DAE	corrigés de la précession.
AE...	1.17.31.40	4. 8.11.20	= EAF	
		12. 0. 0. 0		

Il faut maintenant trouver les angles FAH et FCH de la quantité nécessaire pour que F, G, D, E, soient dans la circonférence d'un même cercle. La Géométrie et l'Algèbre nous abandonnent ici, nous n'avons de ressource qu'une double fausse position.

Supposons une valeur à l'angle FAH, nous déterminerons la longitude du point H et la position de la ligne ACH; mais c'est supposer ce que nous cherchons. Ce n'est pas tout, nous sommes obligés de donner une valeur à FCH, ce qui nous donnera la position de CF; FCH sera la longitude moyenne; nous supposons cette longitude aussi bien que celle de l'apogée.

Mais on a la réduction à l'absurde; nous examinerons les conséquences de nos suppositions, et cet examen pourra nous conduire à la vérité.

Prenons AC pour unité, avec les deux angles sur ce côté, nous connaîtrons tout le triangle FAC. Par les triangles AGC, ADC, AEC, dont tous les angles sont donnés, nous aurons AF, AG, AD, AE.

Dans FAG, nous aurons deux côtés et l'angle compris, nous aurons tout le reste. Il en sera de même dans les triangles GAD, DAE, EAF; on connaîtra les angles du quadrilatère GDEF inscrit au cercle; les deux angles opposés GDE, GFE qui doivent égaler deux droits.

Si les angles résultans du calcul ne satisfont pas à cette condition, on verra que la supposition n'est pas bonne; on retiendra l'un de ces angles

FCH, et changeant l'autre, on recommencera le calcul; on verra, par le résultat définitif, s'il faut diminuer ou augmenter FAH. On pourra, par une règle de trois, estimer le changement à faire; mais il faudra qu'il soit confirmé par le calcul direct. Il n'est pas indispensable que les deux angles opposés fassent 180° bien juste, on peut négliger quelques petites quantités.

Dès que vous serez arrivé à F+D=180°, d'où résulte G+E=180°, il faudra voir si le centre B est entre C et A dans la même ligne.

Pour cette vérification, joignez GAD et DAE qui sont connus pour avoir GAE; avec cet angle et les deux côtés qui l'enferment, cherchez GE. Dans le triangle GFE, l'angle F est à la circonférence; GBE qui est au centre, en doit être le double; le triangle GBE est isoscèle; on connaît l'angle au sommet et la base, on aura les deux côtés qui sont les rayons du cercle; on les aura en parties de AC; on a BG et BGE; on avait déjà AG et AGE; qu'on prenne la différence des deux angles, on aura AGB et les côtés qui l'embrassent; on aura ABG. Si cet angle diffère de ce qui a été trouvé d'abord, on sera sûr que la supposition n'est pas bonne.

Vous avez conservé FCH, et fait varier HAF; changez FCH, et donnant à HAF cinq ou six valeurs successivement, jusqu'à ce que vous ayez F+D=180°, alors procédez à l'autre vérification par la comparaison de BAD à CAD; voyez si vous vous êtes éloigné ou rapproché de la vérité; par une règle de trois, cherchez la correction à faire, et recommencez les calculs jusqu'à ce que CAD ou HAD s'accordent avec la supposition.

Quand vous y serez parvenu, vous donnerez à BD un nombre rond (ou vous le prendrez pour unité), et moyennant les angles, vous chercherez BA et CA, dont la différence sera CB; alors vous serez sûr du lieu de l'apogée et de la correction du moyen mouvement, au moins dans cette hypothèse.

« Si cette méthode vous paraît pénible et ennuyeuse, prenez donc » pitié de moi qui ai fait ces calculs 70 fois, et ne vous étonnez pas que » j'aie passé cinq ans sur cette théorie de Mars. Il se trouvera quelques » géomètres subtils, tels que Viète, qui s'écrieront que la méthode n'est » pas géométrique. Qu'il aille donc et qu'il résolve le problème, *et erit* » *mihi magnus Apollo*. Il me suffit d'avoir donné un fil pour sortir de ce » labyrinthe. Si la méthode est difficile, il serait bien plus difficile encore » de faire cette recherche sans méthode. » (Viète avait réellement fait ce reproche à Ptolémée, Regiomontanus et Copernic).

Exemple de ces calculs.

Képler commence par réduire toutes les longitudes à la même époque, en tenant compte de la précession pour les divers intervalles; il trouve ainsi,

					Longit. moyenn. calculées
Longit. AF =	5ˢ25°43′ 0″				
AG =	8.26.39.23	90°56′23″ = FAG			
AD =	11.12.10.30	75.31. 7 = GAD		1	6ˢ0°47′40″
AE =	1.17.24.22	65.13.52 = DAE		2	9.5.40.18
				3	11.9.49.34
		128.18.38		4	1.7. 6.51
Tour du ciel......		360. 0. 0.			

Il suppose l'apogée ou l'aphélie en 4ˢ28°44′0″ pour l'an 1587; il augmente les longitudes moyennes de 3′ 16″, en sorte qu'elles deviennent

	6ˢ 0° 50′ 56″		9ˢ 5° 43′ 34″
	4.28.44. 0		4.28.44
FCH =	32. 6.56	HCG =	126.59.34
		GCI =	53. 0.26
Képler...	32. 0.56.........		53. 3.42
Différence...	0. 0..........		3.16
	11. 9.52.50		1. 7.10. 7
	4.28.44. 0		4.28.44. 0
HED =	6.11. 8.50	HCE =	3.21.33.53
DCI =	11. 8.50	ECI =	68.26. 7
Képler...	11. 5.34.........		68.22.51
Différence...	3.16.........		3.16.

La différence vient de ce que Képler, après avoir dit qu'il fallait ajouter 3′ 16″ à toutes les longitudes, après avoir donné ces longitudes corrigées, après s'être servi de la longitude corrigée pour trouver FCH, reprend, sans en avertir, les longitudes non corrigées pour former les trois autres angles. Il paraît que c'est par inadvertance, car immédiatement après il emploie les longitudes corrigées pour déterminer le quatre équations

	6ˢ 0°50′ 56″		9ˢ 5° 43′ 34″
	5.25.43. 0		8.26.39.23
CFA =	5. 7.56	CGA =	9. 4.11
	11. 9.52.50		1. 7.10. 7
	11.12.10.30		1.17.24.22
CDA =	2.17.40	CEA =	10.14.15.

$$\sin CFA : \sin FCH :: AC : AF = \frac{AC . \sin FCH}{\sin CFA} = \frac{AC . \sin \text{ angle en } C}{\sin \text{ équation}} = \frac{\sin \text{ angle en } C}{\sin \text{ équation}}.$$

Képler fait AC = 1000, parce qu'il ne connaissait pas les fractions décimales; nous ferons AC = 1.

C. sin CFA..	1,0483981	C. sin CGA..	0,8023439
sin FCH..	9,7256083	sin GCI..	9,9023899
AF = 5,94301	0,7740064	AG = 5,06680	0,7047338
Képler... 5,9433		5,0703	
C. sin CDA..	1,3975612	C. sin CEA..	0,7502420
sin DCI..	9,2863007	sin ECI..	9,9684843
AD = 4,829052	0,6838619	AE = 5,232706	0,7187263
Képler... 4,8052		5,2302	(12 log.)

Il n'est pas étonnant que nous différions sur AG, AD et AE, puisque nous différons de 3′ 16″ sur chacun des angles en C; mais il est inconcevable que Képler, pour former les angles en C et les angles à la circonférence, ou les équations, emploie différentes longitudes moyennes :

l'anomalie = longitude moyenne — aphélie,
l'équation = longitude moyenne — longitude vraie.

Il est clair que dans ces deux calculs, la longitude moyenne doit être la même; ce ne peut être qu'une faute de calcul.

Anomalie — équation = longitude vraie — aphélie = anomalie vraie.

Il faut que la longitude moyenne soit la même, pour que la soustraction donne l'anomalie vraie.

AF =	5,94301	C. 11,00981	8,9582199
AG =	5,06680	l. 0,87621	9,9426082
somme =	11,00981	tang 44° 31′ 48″,5	9,9928767
différence =	0,87621	tang 4.28.35,5	8,8937048
FAG =	90° 56′ 23″	49. 0.24,0	= AGF
2S =	89. 3.37	40. 3.13,0	= AFG.
S =	44.31.48,5		

AG = 5,06680
AD = 4,82905
somme = 9,89585
différence = 0,23775
GAD = 75° 31′ 7″
2S = 104.28.53
S = 52.14.26,5

C. 9,89585 9,0045469
l. 0,23775 9,3761205
tang 52° 14′ 26″,5 0,1109546
tang 1.46.36,0 8,4916220
54. 1. 2,5 = ADG
50.27.50,5 = AGD.

AD = 4,82905
AE = 5,23271
somme = 10,06176
différence = 0,40366
DAE = 65° 13′ 52″
2S = 114.46. 8
S = 57.23. 4

C. 10,06176 8,9973261
l. 0,40366 9,6060157
tang 57° 23′ 4″ 0,1938816
tang 3.35.15 8,7972234
60.58.19 = ADE
53.47.49 = AED.

AF = 5,94301
AE = 5,23271
somme = 11,17572
différence = 0,71030
EAF = 128° 18′ 38″
2S = 51.41.22
S = 25.50.41

C. 11,17572 8,9517243
l. 0,71030 9,8514418
tang 25° 50′ 41″ 9,6851882
tang 1.45.48 8,4883543
27.36.29 = AEF
24. 4.53 = AFE.

(Total, 28 logarithmes.)

AGF = 49° 0′ 24″
AGD = 50.27.50,5
FGD = 99.28.14,5

AFG = 40° 3′ 13″
AFE = 24. 4.53
GFE = 64. 8. 6

ADG = 54° 1′ 2″5
ADE = 60.58.19
GDE = 114.59.21,5
GFE = 64. 8. 6
F + D = 179. 7.27,5

AED = 53° 47′ 49″
AEF = 27.36.29
DEF = 81.24.18
FGD = 99.28.14,5
G + E = 180.52.32,5.

Les angles opposés des quadrilatères ne forment donc pas deux à deux la somme de 180°; il y a 52′ 32″,5 de trop à l'une des sommes, et l'autre est trop faible de la même quantité. Les quatre forment au moins 360°;

la différence est beaucoup moindre dans les calculs de Képler, qui s'est trompé de 3′16″ sur trois angles, et qui ne met pas la même précision dans ses calculs, parce qu'il n'avait pas encore de logarithmes.

Képler ne se donne pas la peine de former les huit angles, il compare les demi-différences qui doivent s'accorder deux à deux; et en effet, les quatre sommes sont les supplémens de quatre angles au centre qui font 360°; les quatre sommes font nécessairement

$$720 - A - A' - A'' - A''' = 720° - 360° = 360°;$$

l'erreur ne peut venir que des différences qui ne sont pas exactes, et qui auront vicié les huit angles; mais comme les demi-différences s'ajoutent et se retranchent, elles auront mis de trop d'un côté ce qui manque de l'autre

4° 28′ 35″,5	1° 46′ 36″
1.45.48,0	3.35.16
6.14.23,5	5.21.54
	6.14.23,5
	52.29,5.

Si l'on nomme A, A′, A″, A‴ les quatre angles en A; d, d', d'', d''' leurs différences respectives, on aura

$$\begin{aligned} \text{angle total } D+F &= 360° - \tfrac{1}{2}A - \tfrac{1}{2}A' - \tfrac{1}{2}A'' - \tfrac{1}{2}A''' - \tfrac{1}{2}d + \tfrac{1}{2}d' + \tfrac{1}{2}d'' - \tfrac{1}{2}d''' \\ G+E &= 360 - \tfrac{1}{2}A - \tfrac{1}{2}A' - \tfrac{1}{2}A'' - \tfrac{1}{2}A''' + \tfrac{1}{2}d - \tfrac{1}{2}d' - \tfrac{1}{2}d'' + \tfrac{1}{2}d''' \\ \text{somme } &= 720 - 1(A+A'+A''+A''') = 720 - 360 = 360° \\ \text{différence } &= d - d' - d'' + d'''. \end{aligned}$$

(Les d et leurs erreurs s'effacent.)

D + F aura de trop ce qui manquera à G + E, ou réciproquement.

Képler nous dit qu'en recommençant plusieurs fois ces calculs il a trouvé qu'il fallait ajouter 3′ 20″ à l'aphélie; nos erreurs sont le double, il nous faudra donc ajouter 6′. Les équations ne changeront pas, mais les anomalies moyennes changeront de 6′; elles deviendront

FCH = 32° 0′ 56″
GCI = 53. 6.26
DCI = 11. 2.50
ECI = 68.20. 7.

Les côtés changeront, puisqu'un angle change dans chaque triangle. Les angles en A ne changent pas, les autres changent avec les côtés.

C.sinCFA..	1,0483981	C sin CGA..	0,8023439	C.sin CDA..	1,3975612	C.sin CEA..	0,75024
sin FCH...	9,7243983	sin GCI..	9,9029599	sin DCI..	9,2824362	sin ECI...	9,96818
AF...	0,7727964	AG..	0,7053038	AD..	0,6799974	AE...	0,71842

AF = 5,92647 AG = 5,07345 AD = 4,78627 AE = 5,229
AG = 5,07345 AD = 4,78627 8 nouveaux log. 36 en tout.... 3

som. = 10,99992.... 8,9586103 som. = 9,85972.... 9.0061354 pour les *d*.. 1
diff. = 0,85302.... 9,9309592 diff. = 0,28718.... 9,4581542 4
tang 44° 31′ 48″ 5... 9,9928767 tang 52° 14′ 26″5 ... 0,1109546

4.21.44,7.... 8,8824462 tang 2.91. 3 8,5752442

48.53.33 = AGF 54.23.39,5 = ADG
40.10. 4 = AFG 50. 5.13,5 = AGD.

AD = 4,78627 AF = 5,92647
AE = 5,22909 AE = 5,22909

somme = 10,01536.. 8,9993334 somme = 11,15556.. 8,9525084
différ. = 0,44282.. 9,6462272 différ. = 0,69738.. 9,8434695
tang = 57° 23′ 4″.. 0,1938816 tang = 25° 50′ 41″.. 9,6851882

tang = 3.57. 9.. 8,8394422 tang 1.44. 4.. 8,4811661
61.20.13 = ADE 27.34.45 = AEF
53.25.55 = AED. 24. 6.37 = AFE.

AGF = 48° 53′ 33″ AFG = 40° 10′ 4″
AGD = 50. 5.13,5 AFE = 24. 6.37

FGD = 98.58.46,5 GFE = 64.16.41
ADG = 54° 23′ 39″5 AED = 53.25.55
ADE = 61.20.13,0 AEF = 27.34.45

GDE = 115.45.52,5 DEF = 81. 0.40
GFE = 64.16.41 FGD = 98.58.46,5

180. 0.33,5 179.59.26,5.

l'erreur était de	— 52′ 32″5	aphélie..........	4° 28′ 44″0
6′ l'ont changé en	+ 33,5	correction.......	6
6′ font une variation de...	53.06,0	aphélie corrigée...	4.28.50, 0
6″ en feront une de......	53,1	2e correction.....	— 4
5″ en feront une de......	26,5.	aphélie corrigée...	4.28.49.54.

Nous avons donc ajouté de 3 à 4″ plus qu'il ne fallait; mais 4″ de plus ou de moins sur l'aphélie ne sont d'aucune importance; on peut donc s'en tenir à ce calcul. Ce n'est guère la peine de recommencer pour si peu de chose; chaque hypothèse nouvelle pour l'aphélie demanderait 20 logarithmes nouveaux.

Notre quadrilatère est donc inscrit au cercle; il faut voir si B et C sont en ligne droite; et pour cela, chercher les angles GAB et GAC qui doivent être égaux.

Nous avons GFE.... 64° 16′ 51″
GBE = 2GFE.... 128.33.42
BGE + BEG.... 51.26.18
BGE = BEG.... 25.43. 9
les observations ont donné GAD = 75.31. 7 AE = 5,22909
DAE = 65.13.52 AG = 5,07345
GAE = 140.44.59 somme = 10,30254
somme des angles inconnus = 39.15. 1 différ. = 0,15564
demi-somme = 19.37.30,5.

C. 10,30254......8,9870556
0,15564......9,1921212
tang 19° 37′ 30″5....9,5521551
0.18.31 7,7313319
19.56. 1 = AGE
19.19. 0 = AEG.

BGE = 25° 43′ 9″
AGE = 19.56. 1
BGA = 5.47. 8
GAB + GBA = 174.12.52
87. 6.26 (52 log).

Ayant ainsi trouvé ces angles, nous ferons les deux analogies suivantes:

C.sin AGE = 19° 56′ 1″.... 0,4673334
sin GAE = 140.54.59..... 9,8012041
AE = 5,22909....... 0,7184260
GE = 9,7043........ 0,9869635
C.sin GBE = 128° 33′ 10″..... 0,1067741
sin BGE = 25.43. 9..... 9,6374502
BG = BE = 5,38503 0,7311878
AG = 5,07348 9,2688122 ... log 0,185700
BG + AG = 10,45851...... 8,9805301
BG — AG = 0,31155...... 9,4935278
tang 87° 6′ 26″.... 1,2964383
tang 30.51.12 9,7704962 (59 log).
GAB = 117.37.38.

Longitude de l'aphélie AH	=	$4^s 28^\circ 50'$
AG	=	8.26.39.23″
GAC	=	3.27.49.23
GAB	=	3.27.37.38
différence	=	11.45.

Donc B est un peu à droite de AC, mais la différence est peu de chose; car la distance sera AB sin 11′ 45″ = 0,000389. Mais il est presque impossible d'arriver juste; les moindres erreurs dans les petits angles influent sensiblement sur le résultat. Képler dit qu'après plusieurs essais, il est arrivé à n'avoir plus qu'une différence de 7′ 20″, qui ne l'empêche pas de calculer AB, BC et AC. Soit par un milieu GAB = 117° 43′,

$$BG = 5{,}38503\,AC,\ AC = \frac{BG}{5{,}38503} = \frac{1}{5{,}38503} = 0{,}18570;$$

C.sin BAG =	117° 43′ 0″....	0,0529309		
sin BGA =	5.47.8	9,0034841		
AB =	0,11387......	9,0564141		9,0564141
AC =	0,18570		sin 11′ 45″...	7,5337631
BG =	0,07183......	8,8563059	0,00038 92	6,5901772.
=	sin 4° 7′ 9″.			

Soit GCB =	90°,		
CG =	cos 4° 7′ 9″	C.cos	0,0011234
log AC....................			9,2688122
tang CGA =	10° 32′ 48″.......		9,2699356.

Aujourd'hui à 90° d'anomalie moyenne, nous avons dans l'ellipse... 10° 36′ 22″, différence 3′ 34″.

On voit par ce calcul, où nous n'avons rien supprimé, qu'il n'exige pas 50 logarithmes pour l'opération complète, et 20 de plus pour chaque hypothèse qu'on veut former pour l'aphélie; que les Tables de Ptolémée, de Copernic ou de Tycho, fournissent les premières approximations; qu'il ne s'agit que de corrections légères, soit dans le lieu de l'aphélie, soit dans les longitudes; que la solution est aussi exacte que le permettent les observations du tems, qui ne sont pas sûres à 2′ près, et l'hypothèse qui n'est pas la véritable, puisque nous supposons que l'orbite est un cercle, et Képler va bientôt prouver qu'elle est elliptique.

Le dernier résultat de Képler est

0,18564, AB = 0,11332, BC = 0,07232.

Par ce premier essai je trouve,

0,18570, 0,11387, 0,07182.

Bailly nous dit que cette opération exige dix pages in-folio, mais c'est avec les explications et les figures; même sans le secours des logarithmes, on la mettrait aisément en trois pages. 70 calculs ne feraient guère plus de 200 pages; mais tant de calculs ne sont pas nécessaires. Ajoutez qu'après le premier calcul, on a le type, et d'un calcul au suivant, il reste beaucoup de quantités connues. On a plus de calculs à faire aujourd'hui pour déterminer l'orbite elliptique d'une comète. L'opération n'est donc pas si terrible, et Képler était soutenu par le désir d'avoir raison contre Tycho, Copernic, Ptolémée et tous les astronomes de l'univers; il a goûté cette satisfaction, et je ne crois pas qu'il fût si digne de pitié quand il a fait tous ces calculs.

Il suppose encore que la route de la planète est un cercle; il ne s'est pas imposé la loi arbitraire de placer ses trois centres à des intervalles égaux, il a cherché le rapport de ces intervalles, que Ptolémée supposait égaux; sans en donner d'autres preuves qu'un petit nombre d'observations, qu'on peut soupçonner d'avoir été arrangées dans cette vue. Képler nous annonce qu'on verra par la suite si tout cela est assez juste; mais nous pouvons dire que sa méthode est plus générale et moins minutieuse que celle de Ptolémée. Cependant, il faut avouer que celle de Ptolémée ne manque pas d'adresse, et nous lui avons donné de justes éloges en la développant.

Avant d'examiner comment ses derniers résultats satisfont aux huit autres observations, il va faire une recherche préliminaire sur les mouvemens de l'apogée et du nœud.

Il la commence par rendre ce témoignage à Ptolémée, que sans lui nous ne pourrions rien savoir de ces mouvemens si lents; mais il ne croit pas que les données que nous pouvons tirer de ses ouvrages soient à l'abri de tout soupçon. Il y a sans doute quelque chose à corriger dans les lieux de ses étoiles; dans l'excentricité 0,04153, qu'il suppose au Soleil; dans son apogée, qu'il place au $65^\circ \frac{1}{2}$; dans celui de Mars, qu'il place en $3^s\, 25^\circ \frac{1}{2}$; dans l'excentricité de Mars, qu'il fait de 0,2; enfin, dans la proportion de l'épicycle, c'est-à-dire dans le rayon de l'orbe de Mars, qu'il fait 1,519; de sorte, qu'en supposant 1 pour la distance moyenne de Mars au Soleil, l'excentricité de Mars serait 0,3038. Ces réflexions sont justes; aujourd'hui nous nous garderions bien de rien tirer de Ptolémée, pour une recherche aussi délicate, à peine oserions-nous donner quelque confiance à Tycho et à Képler; mais alors Képler n'avait pas le choix. Voici comme il procède :

Soit A le centre de l'orbe annuel (fig. 60), C le centre d'égalité de Mars, B le centre de l'orbite du Soleil;

AB se dirige en $2^s\ 5°30'$ }
AC........ en 3.25.30 } ; donc CAB = 50°.

On suppose AB = 0,04153, AC = 0,3038, d'où CBA = 123°27';

BA se dirige en..........	$8^s 5° 30'$	en sens contraire de AB.
Retranchez CBA........	4.3.27	
Il reste...	4.2. 3	apogée de Mars au tems de Ptolémée.
Régulus était alors en...	4.2.30	
L'apog. précédait Régul. de	27'	140 ans après J.-C.
En 1587, il suivait de....	4.44	
Mouvement en 1447....	5. 1 = 301' = 18060''.	

Képler en déduit un mouvement annuel de 13'', il y ajoute 51'' pour la précession, suivant Tycho; le mouvement tropique annuel sera donc de 64''. Lalande le fait de 67''.

Képler fait une table de ce mouvement, pour les tems qui embrassent ses oppositions.

Ptolémée plaçait la limite boréale en........	3° 30' avant Régulus.
Il la trouve moins avancée que Régulus de..	7.45
Rétrogradation....	4.15 = 255' = 15300'';

Mouvement annuel, 10''34'''; mouvement tropique, 40''26'''.

Lalande ne trouve que 28''.

Ainsi, l'apogée est direct, le nœud rétrograde; c'est aussi ce qu'on remarque dans la Lune.

Képler calcule toutes ses oppositions sur les élémens qu'il vient de déterminer.

Nous ne donnerons que le premier de ses calculs; tous les autres lui ressemblent.

Aphélie de 1587.....	$4^s 28° 48' 55''$
mouvement pour 7 ans	6.42
aphélie en 1580.....	4.28.42.13
longitude moyenne..	1.25.53.26
HCF = anomal. moy.	8.27.11.13
CFB	4. 8.32
HBF	9. 1.19.45
ou	2.28.40.15
$\frac{1}{2}$(BAF + BFA) =	44.20. 7,5
dist. à l'aphél. BAF =	2.22.13.27
aphélie =	4.28.42.13
longitude en oppos. =	2. 6.28.46
observée	2. 6.28.35
excès du calcul...	+ 11''.

BC 0,07232 — 8,8592584
sin anomalie — 9,9994763
sin CFB = 4° 8' 32''... + 8,8587347
BF = 1 (fig. 61)
BA = 0,11332
C. 1,11332 ... 9,9533800
0,88668 ... 9,9477668
tang 44° 20' 7''5 ... 9,9899242
37.53.19,5 9,8910711
82.13.27,0 = BAF.

Képler n'en trouve que 9; il ne parle ni de latitude ni de réduction à l'écliptique; c'est ainsi qu'il a formé la table suivante :

1580	+ 9''	— 16''
1582	+ 94	+ 69
1585	+ 96	+ 71
1587	+ 16	— 9
1589	+ 132	+ 107
1591	+ 51	+ 26
1593	+ 41	+ 16
1595	+ 14	— 11
1597	+ 3	— 22
1600	+ 18	— 7
1602	— 107	+ 132
1604	— 27	— 52

A la réserve des deux dernières, qui ne sont pas de Tycho, toutes les observations donnent un excès, et par un milieu on pourrait retrancher 47'', et aucune erreur n'irait à 1' $\frac{1}{2}$; par un milieu entre les 12, il faudrait retrancher seulement 25 et l'on aurait les erreurs de la seconde colonne.

Képler remarque qu'aucune ne surpasse le diamètre apparent de la planète; il supposait ce diamètre beaucoup trop grand; il était mieux de dire que les erreurs ne passaient pas celles qu'on peut attribuer aux observations : et c'est ce qu'il dit quelques lignes plus loin.

Il conclut qu'en rapportant les oppositions au lieu vrai, il a augmenté la précision obtenue par les élèves de Tycho, et l'on ne peut nier qu'il n'ait raison; il va maintenant prouver par les latitudes, que cette hypothèse n'est pas la véritable. Tycho s'était bien aperçu que son hypothèse, qu'il trouvait si parfaite pour les longitudes, représentait assez mal les latitudes; mais il n'y trouva pas de remède, et il abandonna cette théorie pour s'occuper de la Lune.

Soit DE (fig. 62) le plan de l'excentrique de Mars, D la limite boréale, E la limite australe; par le point A menez HL, qui représente l'excentrique de la Terre; que HAD et EAL soient dans le plan d'un cercle de latitude.

En 1585, la Terre était dans la ligne AH, c'est-à-dire en B; en 1593, elle était sur AL en C; AB et AD se dirigent vers $4^s\,21°$, et le Soleil A paraît en $10^s\,21°$ vu de B.

CL se dirige vers $11^s\,12°$, et le Soleil A vu de C paraît en $5^s\,12°$; mais $5^s\,12°$ sont plus voisins de l'apogée du Soleil; BA est donc plus petit que AC.

Prenons ces distances à la page 98 des Progymnasmes, tome I, et supposons-les pour un instant bonnes; AB = 0,975 et AC = 1,01400; les corrections de Képler feraient BA plus grand et AC plus petit; mais ces distances seraient encore inégales.

L'inclinaison a été trouvée moindre que de 1° 50′ = BAD, et comme on était à quelques degrés de la limite, la latitude ne devait être que de 1° 49′ ½; mais HBD latitude géocentrique était de....... 4° 32′ 10″

La latitude héliocentrique............................ 1.49.30

BDA ou la différence est de.......................... 2.42.40.

$$\sin BDA : BA :: \sin DBA : DA = \frac{BA \sin DBA}{\sin DBA} = \frac{0{,}975 \sin 4°32'10''}{\sin 2°42'40''} = 1{,}632.$$

En 1593, Saturne était à 64° du nœud; sa latitude, en supposant 1° 51′ d'inclinaison, serait.................................. 1° 39′

Sa latitude géocentrique était de....................... 6. 3

La différence était CEA..... 4.24.

$$\sin CEA : AC :: \sin C : AE = \frac{AC \sin C}{\sin CEA} = \frac{1{,}014 \sin 6°3'}{\sin 4°24'} = 1{,}3930$$

ci-dessus DA = 1,6302

Somme.....	3,0232
Moitié......	1,5116
Différence...	0,2392
Excentricité..	0,1186.

Si l'on veut que la distance moyenne de Mars soit 1, l'excentricité en parties de cette distance sera 0,08; mais en faisant quelques corrections aux distances qui n'étaient pas apogées, on aura 0,09943.

Ainsi, l'excentricité de l'excentrique doit être entre les nombres 0,08 et 0,099.

Mais d'après les hypothèses ci-dessus, l'excentricité a été trouvée 0,11332, beaucoup plus forte qu'il ne convient aux latitudes.

« Il faut donc qu'il y ait quelques vices dans nos suppositions; or, ces » suppositions étaient que l'orbite était un cercle, et que sur la ligne des » apsides il y a un point où les mouvemens sont proportionnels aux » tems. L'une ou l'autre de ces suppositions est fausse; peut-être toutes » les deux; car les observations sont sûres. »

On arriverait à une conséquence pareille, en rapportant les oppositions au lieu moyen du Soleil.

Képler fait des calculs semblables dans les hypothèses de Tycho et de Ptolémée. Les latitudes le forcent pareillement à couper l'excentricité en deux parties égales; au chapitre 16, il a trouvé l'excentricité 0,18564, la moitié est 0,09282, et ce nombre tombe entre 0,08 et 0,09943. Or, Ptolémée nous avait montré que l'excentricité n'était que moitié de ce qui est indiqué par les oppositions; ce n'est pas sans raison qu'il a pris ce parti; nous ne devons pas rejeter légèrement cette bissection qui nous est indiquée par les latitudes.

Mais si nous coupons en deux l'excentricité 0,18564, nous représenterons assez bien les lieux à 90° des apsides; mais nous aurons des erreurs dans les apsides et dans les octans; ces erreurs iront à 8′ et même à 9′.

C'est donc pour 8 ou 9′ que Ptolémée a coupé l'excentricité en deux également; mais il avoue lui-même qu'il ne répond pas des observations à 10′ près. Ptolémée n'avait donc aucune raison bien solide pour prendre ce parti.

« Mais la bonté divine nous a donné en Tycho un observateur si » exact, que cette erreur de 8′ est impossible; il faut remercier Dieu et » tirer parti de cet avantage; il faut découvrir le vice de nos suppositions. » Ces 8′, qu'il n'est pas permis de négliger, vont nous donner les moyens » de réformer toute l'Astronomie. »

Ces erreurs des latitudes, qu'il vient de démontrer dans les oppositions, il les démontre de même dans les autres positions : il en tire les mêmes conséquences pour l'excentricité.

Pour ces calculs, il donne avec un certain appareil un théorème fort simple, qui consiste à diviser par le cosinus de la latitude héliocentrique la distance dans le plan de l'écliptique, pour avoir la distance dans le plan de l'orbite.

Avec cette attention, il continue ses calculs, qui ne peuvent encore être d'une bien grande précision, puisqu'il suit encore en partie les idées communes; il en avertit, et nous annonce, page 118, « que les deux » suppositions sont également fausses; que l'orbite est ovale et non cir- » culaire; que son grand axe est la ligne des apsides; son petit axe, la » ligne qui joint les deux distances moyennes, en passant par le centre » de la figure. » Il venait d'affirmer qu'il n'y avait pas de point autour duquel le mouvement fût uniforme; il n'en donne pas les preuves, mais on peut le croire sur ce dernier article; et dans le fait, c'était aux autres à prouver l'existence d'un tel point. Cette supposition fondamentale n'aurait pu être justifiée que par son accord constant avec les observations. Cet accord n'existe pas, la supposition n'est donc pas admissible.

Mais comment une fausse hypothèse peut-elle rencontrer juste quelquefois, et à quel point peut-elle paraître exacte? Képler répond, que l'hypothèse qui va passablement pour les longitudes, ne satisfait nullement aux latitudes; elle n'a donc pas rencontré juste.

L'hypothèse des anciens partageait la route en deux parties semblables et décrite en des tems égaux; ce point est commun aux deux systèmes. La fausse orbite devait paraître vraie dans les deux points extrêmes; mais des deux côtés elle devait s'écarter; on a vu et mesuré cet écart; on en a déduit une excentricité; on a donc obtenu quatre points assez exacts de la route de la planète. Après avoir satisfait aux longitudes o, 90, 180 et 270°, on a essayé les octans, on a trouvé le moyen de les représenter à fort peu près, et enfin on a réduit l'erreur à fort peu de chose; mais elle n'en subsistait pas moins, quoique peu sensible; on était venu à bout de la répartir en divers points; « mais cette rusée » courtisanne n'avait pas cependant de raison pour se vanter d'avoir » attiré dans son LUPANAR, la vérité, cette vierge pudique. Une femme » honnête dans une rue étroite suivait de près une femme de mauvaise » vie; des professeurs d'arguties logiques, sots et chassieux (*stulti et* » *lippi*), qui ne savaient pas distinguer l'air ingénu de l'une de l'impu- » dence de l'autre, se sont persuadés que la femme honnête était la » suivante de la courtisanne; pag. 121 et 122. »

Voilà encore un échantillon du style de Képler. Il résume ensuite ses recherches; il a trouvé le moyen d'établir une hypothèse sur les observations de Tycho; il l'a détruite par ces mêmes observations; il a suivi les pas de ses prédécesseurs; il termine ici cette seconde partie, pour marcher d'apres ses propres idées. Voici le titre de la troisième partie :

Commentariorum de motibus stellæ Martis pars, tertia.

Investigatio secundæ inæqualitatis idest motuum Solis vel Telluris; seu Clavis Astronomiæ penitioris, ubi multa de causis motuum physicis.

En cherchant la cause de l'équant de Ptolémée, ou du second épicycle de Copernic (*Myster. cosm.*, ch. 22), il avait dit que si cette cause était la véritable, elle doit être générale pour toutes les planètes. La Terre cependant n'avait pas d'équant. Il n'osa rien prononcer, mais il commença à soupçonner que la Terre pourrait avoir son équant comme les planètes. (La vérité est que les planètes n'en ont pas plus que la Terre; il vient de prononcer que Mars n'en a pas, mais il n'avait pas encore fait cette découverte.) Tycho lui écrivait que *l'orbe annuel de Copernic, ou l'épicycle de Ptolémée, n'était pas toujours de la même grandeur, relativement à l'excentrique, mais qu'il produisait une altération sensible dans les trois planètes supérieures, et que pour Mars il en résultait une différence de* 1° 45′ (L'excentricité 0,0168, vue de Mars, ne peut soutendre qu'un angle de 38′. Mais si Tycho trouvait 1° 45′, comment pouvait-il négliger une pareille différence, ou ne devait-elle pas lui donner quelques doutes sur la bonté de ses hypothèses?) Page 209 de ses Lettres, il paraît croire que l'excentricité du Soleil produit une inégalité dans les équations de l'excentrique; que cette inégalité n'était que peu ou point sensible dans les oppositions, mais qu'il en fallait tenir compte dans les quadratures. (Tycho dit en effet que cette inégalité provient *peut-être de l'excentricité du Soleil*, et peut-être d'une autre cause, et qu'elle est plus sensible dans l'orbite de Mars, qui n'est pas à l'orbite du Soleil dans un aussi grand rapport que celles de Jupiter et de Saturne. En transportant aux planètes le mouvement de la Terre, on avait tacitement supposé ce mouvement circulaire; c'était le mouvement elliptique et vrai qu'il eût fallu transporter; de là cette inégalité soupçonnée par Tycho, et qui aurait dû le désabuser de l'idée de rapporter les mouvemens des planètes au Soleil moyen, ou même lui faire abandonner son système pour celui de Copernic.)

Képler imagina que cette inégalité provenait de ce que l'orbe annuel n'était pas partout également éloignée du centre; car on ne peut imaginer de cause physique qui augmente ou diminue cet épicycle. Au lieu de cette absurdité, n'était-il pas plus naturel de penser que le Soleil n'est pas toujours à égale distance du centre? Il songea donc à introduire un équant dans la théorie du Soleil. Soit F Mars sur la droite FC perpendiculaire à ED (fig. 63); que la Terre soit en D, et ensuite, Mars étant revenu en F, que la Terre soit en E. Si CD = CE, les deux angles en F seront égaux; mais CE > CD, CFE sera plus grand que CFD, et celui qui ne considérerait que ces deux positions opposées, penserait que l'orbe terrestre serait tantôt plus grand et tantôt plus petit.

Képler applique le même raisonnement aux hypothèses de Ptolémée et de Tycho.

Il fut impossible de trouver deux observations aussi exactement correspondantes, parce que les révolutions de Mars et de la Terre ne sont pas exactement commensurables; il fallut donc se contenter de ce qui approchait le plus des positions qui ne se rencontrent jamais exactement. Képler chercha par les tables les tems où l'anomalie égalée C était de 90° ou de 270°; il en fit une table et chercha si ces jours-là Mars avait été observé.

Une révolution de Mars est de 687 jours, deux révolutions du Soleil font $730^j \frac{1}{2}$, la différence est de $43^j \frac{1}{2}$; le mouvement du Soleil est de 42° 54′ 23″; c'est le changement de commutation à la fin de chaque révolution de Mars. On veut deux observations opposées, le changement sera de 21° 27′ par an, 42° 54′ en deux ans, ou de 85° 49′ en huit ans. On aurait voulu 90°, mais on ne trouva aucun couple d'observations ainsi espacé.

Képler songea à tirer parti des observations à $64° \frac{1}{3}$ d'anomalie égalée, qui reviennent, à quelques minutes près, au bout de six ans.

Ainsi, en 1585,
l'anom. égalée était de $8^s\ 4°\ 23'$ de l'apogée, ou de $2^s 4°\ 23'\ 30''$ du périg.
En 1591, l'anom. était 3.25.36.30″, ou.......... 0.4.23.30 av. le pér.

On avait FCD = FCE (fig. 64); les deux angles en F auraient dû être égaux.

Mais par les observations, longitude CF = $6^s 13° 28'$ et $6^s 13° 28'$
longitude DF = 5. 6.37.... 7.21.33.30″
DFC = 1. 6.51
et.... 1. 8. 5.30″
Différence...... 1.14.30.

Voilà donc une différence entre deux prostaphérèses ou deux parallaxes annuelles, quoique la commutation fût la même; CD et CE ne sont donc pas égales. De là ce problème :

Connaissant deux distances CE et CD du Soleil à la Terre, et les lieux de l'apogée du Soleil dans le zodiaque, trouver l'excentricité du Soleil ou de la Terre.

Dans le triangle FCD, nous avons la commutation calculée FCD, la parallaxe CFD, d'où l'angle en D;

$$\sin D : \sin F :: FC : CD = \frac{FC \sin F}{\sin D} = \frac{FC \sin 36^\circ 51'}{\sin 78\ 45.30} = 0{,}61148\, FC,$$

$$CE = \frac{FC \sin 38^\circ 5' 30''}{\sin 77.31.0} = 0{,}63186\, FC.$$

Soit NR (fig. 65) la ligne des apsides de la Terre, N le périhélie, R l'aphélie, B le centre, C le point d'égalité du mouvement, E et D les deux lieux. Nous avons l'angle $C = 128^\circ\, 47'\, 19''$, nous avons CD et CE; prolongez EC, abaissez la perpendiculaire DO, puis CP et BQ sur DE;

$$DCO = 51^\circ\, 12'\, 41'' = 180^\circ - C,$$
$$CDO = 38.47.19 = 90^\circ - DCO.$$

$DO = CD \sin DCO = 0{,}61148 \sin DCO = 0{,}47660$, $\text{tang}\, DEO = \frac{DO}{EO} = 25^\circ 9' 20''$,

$CO = CD \cos DCO = 0{,}38305$ $\quad ED = \frac{EO}{\cos DEO} = 1{,}12125$,

$CE = 0{,}63186$ $\quad DQ = \frac{1}{2} ED = 0{,}560625$,

$EO = 1{,}01491$, $DEC = DEO = 23^\circ\, 6'\, 20''$

$EDC = DCO - DEC = 26^\circ 3' 21''$, $CP = CD \sin CDP = CE \sin CDE = 0{,}26858$,

$PD = CD \cos CDP = 0{,}54932$

$QD = 0{,}560625$

$PQ = 0\ 011305.$

CR, ligne de l'aphélie, se dirige vers $9^s\ 5^\circ\ 30'$

CD, lieu du ☉ en................ 8.17.52

DCR = 17.38

EDC = 26. 3.21″

DXC = 8.25.21.

Menez PS parallèle à NRX, et faites QPS = X.

$$CB = PS = PQ \,\text{séc}\, QPS = \frac{0{,}011305}{\cos QPS} = 0{,}01143,$$

$QS = PQ \,\text{tang}\, QPS = 0{,}00167$, $PC = CD \sin CDP = SB = 0{,}25589$

$QS = 0{,}00167$

$SB + QS = BQ = 0{,}25756.$

Le triangle rectangle DQB donne BD = 0,62237;

$$\frac{BC}{BD} = \frac{0,01143}{0,62237} = 0,01837 = \text{excentricité de la Terre.}$$

La solution de Képler se réduit aux formules suivantes :

$$\tang E = \frac{\left(\frac{CD}{CE}\right)\sin DCE}{1 - \frac{CD}{CE}\cos DCE},$$

$$DE = \frac{CE\left(1 - \frac{CD}{CE}\cos DCE\right)}{\cos E}, \quad DQ = \tfrac{1}{2}DE,$$

$$CDE = 180^\circ - CDE - E,$$

$$CP = DC\sin D, \quad DP = DC\cos D,$$

$$PQ = \tfrac{1}{2}DE - DP, \quad X = D - DCR,$$

$$QS = PQ\tang X, \quad PS = \frac{PQ}{\cos X} = CB,$$

$$BQ = (BS + QS) = (CP + QS)$$

$$\tang QDB = \frac{BQ}{DQ}, \quad DB = \frac{DQ}{\cos QDB}, \quad \text{excentricité} = \frac{CB}{DB}.$$

En voici le calcul : en commençant par CD et CE, p. 425, lig. 8 et 9.

(fig. 64) DFC =	36° 51′ 0″	EFC =	38° 5′ 30″
FCD =	64.23.30	FCE =	64.23.30
somme =	101.14.30	somme =	102.29. 0
FDC =	78.45.30	FEC =	77.31. 0
sin 36.51. 0...	9,7779501	sin 38. 5.30...	9,7902298
C. sin 78.45.30...	0,0084135	C. sin 77.31. 0...	0,0103905
CD = 0,6114537...	9,7863636	CE = 0,631859...	9,8006203
CE compl.......	0,1993797	FC est pris pour unité.	
CD : CE............ —	9,9857433	....	9,9857433
cos 128.47.19... —	9.7968857	.............sin...	9,8917952
+ 0,6062181... +	9,7826290	C. 1.6062181..	9,7941955
1,6062181......	0,2058045	tangE = 25° 9′ 18″..	9,6717340
C. cos E...	0,0432741	C =	128.47.19
CE...	0,8006203		153.56.37
DE = 1,12124...	0,0496989	D =	26. 3.23

DQ = ½ DE = 0,56052	sin D... 9,6427192
DP = 0,549307	CD... 9,7863636
PQ = 0,011313	cos D... 9,9534514
D = 26° 5′ 23″	DP = 0,549307... 9,7398150
RCD = 17.38	CP = 0,2685856.. 9,4290828.
X = 8.25.23	
	PQ... 8,0535778
	tang X... 9,1704916
PQ... 8,0535778	QS = 0,0016752... 7,2240694.
C. cos X... 0,0047100	CP = 0,2685856
CB = PS = 0,0114364... 8,0582878	BQ = 0,2702608... 9,4317831
C. DB... 0,2059572	C. DQ... 0,2513311
excentricité = 0,0183757... 8,2642450	tang BDQ = 25° 44′ 14″.. 9,6831142.
Képler...0,01837.	
Tycho la supposait 0,03584	C. BDQ... 0,0453739
moitié....... 0,01792	DQ... 9,7486689
différence.... 0,00045.	DB = 0,6223616... 9,7940428.

Ainsi entre le centre des distances égales et le centre des mouvemens égaux, il n'y a que la moitié de l'excentricité; donc l'excentricité du Soleil est coupée en deux également, comme celle des planètes, par le centre des distances égales. La petite différence 0,000045, tient à l'erreur des tables et aux erreurs de l'observation, et à la précession dans l'intervalle, que Képler dit avoir négligée; elle n'empêche pas la légitimité de la conséquence. (On établirait aujourd'hui cette conséquence d'après les diamètres apogée et périgée, qui ne varient que d'un soixantième, au lieu que suivant Tycho et les anciens, ils auraient dû différer d'un trentième; Tycho avait entrevu que cette variation n'était que d'un soixantième, mais le préjugé était si fort qu'il avait fermé les yeux à la lumière, et comme il trouvait quelque incertitude dans ses mesures, et qu'elles contrariaient sa théorie, il ne donna pas à ses observations toute l'attention qu'elles méritaient.)

« Tels ont été, dit Képler, les commencemens encore timides d'une » recherche où l'on était obligé à de petites réductions, pour obtenir » deux commutations parfaitement égales. Enhardi par ce premier succès, » je prendrai trois points quelconques; où Mars étant toujours au même

» lieu de l'excentrique, je calculerai autant de distances de la Terre au » centre des mouvemens égaux; et comme trois points suffisent pour » décrire un cercle, nous aurons la position de ce cercle, la ligne des » angles et l'excentricité. Si l'on peut y joindre une quatrième observa» tion, elle servira de confirmation. »

Il est fâcheux qu'il nous ait annoncé d'avance qu'il n'existait aucun point d'égalité; il en résulte un petit doute qui n'empêche pas que cette méthode ne soit très ingénieuse et très originale. D'ailleurs, pour une planète aussi peu excentrique que la Terre, l'erreur est à peu près insensible. En effet, j'ai prouvé que l'anomalie moyenne étant z, et l'angle au foyer supérieur de l'ellipse étant z', on a

$$z = z' - \tfrac{1}{4} e^2 \sin 2u - \tfrac{1}{2} \frac{e^3 \sin 3u}{\sin 1''},$$

ou $$z' = z + \tfrac{1}{4} e^2 \sin 2u + \tfrac{1}{3} e^3 \sin 3u = z + 14'',5 \sin 2u.$$

On peut négliger cette différence avec des obervations données en minutes.

En 1590, le 5 mars, $7^h\ 10'$ du soir, Mars était sans latitude : ainsi la démonstration ne sera pas embarrassée de l'inclinaison.

Mars était revenu au même point en 1592, le 21 janvier, à $6^h\ 41'$ du soir, et en 1593, le 8 décembre, à $6^h\ 12'$; enfin, en 1595, le 26 octobre, à $5^h\ 44''$ du soir.

La longit. de Mars, dans la 1re observation, était...	$1^s\ 4°\ 38'\ 50''$
Le mouvement de précession de l'un à l'autre.....	1.36
ainsi dans la 2e ...	1. 4.40.26
la 3e ...	1. 4.42. 2
la 4e ...	1. 4.43.38
L'apogée, selon Tycho, est $4^s\ 23°\ \frac{1}{2}$, l'équation est donc.....	11.14.55
Première longitude égalée......	1.15.53 45
Pour la même observation, la commutation était...	10.18.19.56
Commutation égalée.....	10. 7. 5. 1.

Képler calcule ici suivant le système de Copernic, qui est le plus simple et le plus commode.

A (fig. 66) est le point d'égalité du mouvement de la Terre, B le Soleil, T la Terre en 1590, H en 1592, E en 1593, et Z en 1595.

Les angles TAH, HAE, EAZ sont égaux, puisque A est le centre des mouvemens uniformes, et que les intervalles sont égaux.

Que M soit le lieu de Mars pour les quatre observations, AL la ligne des apsides, TAM la commutation égalée, diminuée de 6^s ou.....

$$4^s 7^\circ 5' 1'' = 127^\circ 5' 1''.$$

La longitude observée de Mars ... 0^s 25° $6'$, c'est la direction de TM.

Mais AM se dirige en.......... 1. 15.53.45

Donc TMA = 20.47.45 Parallaxe.

MAT = 127. 5. 1 Commutation.

Donc ATM = 32. 7.14 Élongation.

180. 0. 0.

$$\sin ATM : \sin TMA :: AM : AT = \frac{AM \sin TMA}{\sin ATM} = \frac{\sin 20^\circ 47' 45''}{\sin 32.\ 7.14} = 0{,}66774\,AM.$$

Il faut établir que AH, AE, AZ, sont différens de AT.

Seconde observat. HM se dirige en 0^s 10° $9'$ $0''$

Le lieu héliocent. AM en........ 1.15.55.23

Parallaxe... = AMH = 35.46.23

Commutat. = MAH = 84.10.34

Élongat.... = AHM = 60. 3. 3

$$\sin AHM : \sin HMA :: AM : AH = \frac{AM \sin HMA}{\sin AHM} = \frac{\sin 35^\circ 46' 23''}{\sin 60.\ 3.\ 3} = 0{,}67467.$$

3e observat. Longit. égalée..... $1^s 15^\circ 57'$ $0''$

observée... 0. 3.35.30

EMA = 42.21.30

MAE = 41.16.16

MEA = 96.22.14

180. 0. 0

$$\sin AEM : EMA :: AM : AE = \frac{AM \sin EMA}{\sin AEM} = \frac{\sin 42^\circ 21' 30''}{\sin 96.22.14} = 0{,}67794.$$

4e observat. Longit. observée... $1^s 19^\circ 21' 35''$

hélioc..... 1.15.58.30

Parallaxe... ZMA = 3.23. 5

Commutat... 5.28.21.55

ou 1.38. 5

MZA = 5. 1.10

$$AZ = \frac{AM \sin 3^\circ 23' 5''}{\sin 5.1.10} = 0{,}67478.$$

Képler avertit que la petitesse des angles rend cette dernière observation moins sûre.

		☉ moyen.	
On aura donc	AT = 0,66774	11° 22′ 59	5 Mars.
	AH = 0,67467	10.10.16	21 Janv.
	AE = 0,67794	8.27.13	8 Déc.
	AZ = 0,67478	7.14.20	26 Oct.

La plus longue distance est AE du 8 décembre. C'est la plus voisine du périgée, et cela doit être dans l'idée de Képler; car, dans l'ellipse, si vous mettez le centre des moyens mouvemens au foyer supérieur, la plus grande distance à ce foyer aura lieu au périgée, et la plus courte à l'apogée. Ici, la plus courte est AT, qui est la plus éloignée du périgée; les deux autres sont presque égales, parce qu'elles sont à égales distances du périgée.

Le cercle décrit autour de A par Copernic, c'est-à-dire DLG, n'est donc pas celui sur lequel se meut la Terre; ce doit être un autre cercle δLE, intérieur du côté de δ, extérieur du côté de E, et dont le centre doit être quelque part vers B et sur AE, si en effet le Soleil en E était périgée bien exactement.

Képler montre qu'on aurait des résultats analogues dans les systèmes de Copernic et de Ptolémée.

Il résout ensuite ce problème : Trois distances du Soleil au centre du monde étant données avec les trois longitudes, déterminer l'apogée et l'excentricité.

Soient donnés AT, AH, AE, AZ, et les trois angles en A, tous trois de 42° 52′ 47″.

(Les trois ensemble donneront	TAZ...	128° 38′ 21″
Mais ci-dessus nous avions	TAM...	127. 5. 1
Il resterait...	MAZ...	1.33.20

Commutation de Mars dans la quatrième observation; mais, dans notre calcul ci-dessus, nous avions la commutation conclue des deux autres angles................................ 1° 38′ 5″

différence... 4.45

Cette différence peut venir de la somme des erreurs de l'observation et du calcul.)

Dans TAH, nous connaissons deux côtés et l'angle compris ; nous chercherons............. TH = 0,49169

et... ATH = 69° 18′ 46″

Dans le triangle........ AEH = 68.12.26

Dans le triangle ATE... AET = 46.39.10

Il restera... TEH = 21.33.16

TBK = 2TEH = 43. 6.32

BTH + BHT = 136.53.28

BTH = BHT = 68.26.44

ATH = 69.18.46

ATB = 0.52. 1.

Avec TB, TA, et ATB, on trouve

TAB = 97° 50′ 30″

Longit. T = 172.59

Longit. B = 75. 8.30

et AB = 0.01023 AM = 0,1530 BT.

Cette détermination de l'apogée est en erreur de 20°. Képler dit que la méthode est *très libre*. En effet, c'est par un angle de 52′, sûrement inexact, qu'il détermine un angle de 97° 50′ 30″. On ne peut donc raisonnablement compter sur ce grand angle ; mais ce n'est pas là son objet principal ; c'est la valeur de AB, qui doit être la valeur au moins approchée de l'excentricité. Il trouve 0,01530, qui est même plus petite que 0,01800, et qui prouve que l'excentricité n'est pas 0,036, comme les astronomes le prétendaient ; quelque erreur qu'on suppose sur ATB, le côté opposé BA ne peut être réduit à moitié.

Essayez d'autres combinaisons ternaires des observations, vous trouverez, à chaque fois, AB un peu différent, et le lieu du périgée tombera tantôt en dessus, tantôt en dessous de 3ˢ 5° ½, ou 9ˢ 5° 2′, ce qui prouve qu'il y a dans les tables et dans les observation bien des incohérences.

Il rassemble ensuite, après les avoir discutées, quatre observations qui lui fournissent les quantités suivantes :

	♂	☉	♂ héliocent.	differ.
1590	0ˢ 24° 20′	11ˢ 24° 0′ 25″	1ˢ 14° 15′ 4″	
1592	0. 9.24	10.10.17. 8	1.14 16.40	1′ 36″
1593	0. 3. 4½	8.25.53.24	1.14.18.16	1.36
1595	1.19.42	7.11.41.34	1.14.19.52	1.36

On voit que les longitudes héliocentriques sont déduites de l'une d'elles, au moyen de la différence constante 1′ 36″.

Soit S (fig. 67) le centre du Soleil, G le centre de l'excentrique de la Terre, D, E, Z, H, quatre lieux de la Terre opposés aux lieux apparens du Soleil, M le lieu de Mars dans son excentrique. Joignez mutuellement tous ces points.

Triangle DSM.	DS en	11ˢ 24° 0′ 25″		
	DM...	0.24.20		
	SDM =	1., 0.19.35		
	DM en	0.24.20. 0	C. sin SDM.....	0,2967729
	SM...	1.14.15. 4	C. sin SMD.....	9,5323355
	MDS =	19.55. 4	SD = 0,6746963	9,8291084
	SDM =	30.19.35	0,67467.	Képler.
	DSM =	129.45.21		
		180. 0. 0.		

Triangle ESM.	ES en	10ˢ 10° 17′ 8″		
	ED en	0. 9.24. 0		
	SEM...	59. 6.52		
	EM en	0. 9.24. 0	sin SME.....	9,7572652
	SM...	1.14.16.40	C. sin SEM.....	0,0664144
	EMS =	34.52.40	SE = 0,666315	9,8236796
	SEM =	59. 6.52	0,66632.	Képler.
	ESM =	86. 0.28		
		180. 0. 0.		

Triangle ZSM.	ZS en	8ˢ 25° 53′ 24″		
	ZM en	0. 3. 4.30		
	SZM =	8.22.48.54	ou 82.48.54	
	ZM en	0. 3. 4.30	C. sin SZM.....	0,0034232
	SM en	1.14.18.16	sin ZMS.....	9,8189355
	ZMS	41.13.46		9,8223587
	SZM =	82.48.56	SZ = 0,6642915	
	MSZ =	55.57.18.	0,664292.	Képler.

Triangle HMS.	HS en	$7^s\ 11°\ 41'\ 34''$		
	HM en	1. 19.42. 0		
	SHM =	8. 0.26		
	SHM...	5. 21.59.34		
	HM en	1. 19.42	C. sin SHM......	0,8560554
	SM en	1. 14.19.52	sin HMS.....	8,9711260
	HMS =	5.22. 8	HS = 6,6717068	9,8271814
	SHM =	171.59.34	0,67220.	Képler.
	MHS =	2.38.18		
		180. 0. 0.		

Résumé. DS = 0,674696
ES = 0,666315
ZS = 0,664292
HS = 0,671708.

Il faut en déduire l'excentricité. On voit d'abord que ZS est la plus courte de ces distances, et que la Terre est périhélie à peu près; que ES est un peu plus longue, parce qu'elle est à 34° du périhélie. DS est la plus longue de toutes, parce qu'elle est à 80° du périhélie; elle doit donc différer fort peu de la distance moyenne. DS — ZS = 0,010404 sera donc à peu près l'excentricité, mais en parties de SM; elle deviendra 0,01539, et un peu plus si on la multiplie par SM. Cette quantité doit être un peu trop faible; mais on voit qu'elle n'est pas moitié de l'excentricité de Tycho.

On dira même que ZS étant la plus courte de ces distances, le périhélie de Z, qui est en $8^s\ 25°\ 53'$, doit être entre E et Z; puisque EL < HS, le périhélie est donc entre $8^s\ 25°\ 23'$ et $10^s\ 10°\ 17'$.

Toutes ces conséquences se déduisent sans aucune peine; Képler nous les fait envisager pour nous encourager aux calculs qui vont suivre, et n'offriront pas la même certitude. Trois points suffisent pour le problème, en supposant l'orbite circulaire autour du centre G. Képler prend D, Z et H (quoique HS soit la moins sûre de ces distances, à cause de la petitesse des angles).

Triangle DSZ.				
SD en	$11^s 24^\circ\ 0'\ 25''$	SD =	8,674696	
SZ en	8.25.53.24	SZ =	0,664292	
DSZ =	88. 7. 1	somme =	1,338988	9,8732195
précession... =	3.12	différ. =	0,010404	8,0172003
DSZ =	88.10.13	tang.	$45^\circ 54'\ 53''5$	0,0138712
somme des inconnues....	91.49.47		0.27.34,5	7,9042910
demi-somme....	45.54.53,5		46.22.28,0=SZD	
			45.27.19,0=SDZ.	

C. sin SDZ.....	0,1470914
sin DSZ.....	9,9997785
SZ.....	9,8223587
DZ = 0,931598...........	9,9692286
Képler... 0,93159............	9,6989700
$\frac{1}{2}$ DZ = 0,4657799..........	9,6681986.

Triangle DSH.

SD en	$11^s 24^\circ\ 0'\ 25''$	SD =	0,674696	
SH....	7.11.41.34	SH =	0,671708	
	4.12.18.51	somme =	1,346404 C...	9,8708246
	4.48	différ. =	0,002988	7,4753806
DSH =	4.12.23.39	tang	$23^\circ 48'\ 10''5$	9,6445502
somme =	1.17.36.21	tang	3.21,5	6,9907554
demi-somme =	23.48.10,5		23.51.32,0 = SHD	
			23.44.49,0 = SDH.	

C. sin SHD...	0,3930974
sin DSH...	9,8683646
SD...	9,8291084
DH = 1,231884...	0,0905701.

Triangle ZSH.

SZ en	8ˢ 25° 53′ 24″	SZ...	0,664292		
SH en	7.11.41.34	SH...	0,671708		
	1.14.11.50	somme...	1,336000	....	9,8741935
précession..	1.36	différ....	0,007416	....	7,8701697
ZSH...	1.14.13.26	tang...	67° 53′ 17″	....	0,3911525
somme...	4.15.46.34		0.46.59,3	...	8,1355157
moitié...	2. 7.53.17		68.40.16,3	= SZH	
			67. 6.17,7	= SHZ	
		Képler...	67. 3.12,		

ce qui vient de l'erreur sur SH.

C. sin SHZ...	0,0356370
sin ZSH...	9,8435218
SZ...	9,8223587
ZH = 0,5029415...	9,7015175.

Or,

SHD =	23° 51′ 32″	SDZ =	45° 27′ 19″
SHZ =	67. 6.18	GDZ =	46.45.14
DHZ =	43.14.46	GDS =	1.17.55
DGZ = 2DHZ =	86.29.32	somme =	178.42. 5
GDZ + GZD =	93.30.28	moitié....	89.21. 2,5
GDZ = GZD =	46.45.14		
Képler.....	46.47.48.		

½ DZ...	9,6681986
C. cos GDZ...	0,1642248
DG = 0,6798662...	9,8324234
Képler.....	0,68141.

DG =	0,679866	
DS =	0,674696	
DG + DS =	1,354562 ....C.	9,8682011
DG − DS =	0,005170	7,7134905
tang	89° 21′ 2″5	1,9456549
tang	18.36.45	9,5273465
DGS =	107.57.47,5	

sin GDS 8,3553193

DSG = 70° 44′ 17″5 C. sin DSG 0,0250183

Ici l'excentricité est beaucoup trop forte. GS = 0,024007 8,3803376

Képler... 0,02516, ce qui est pis encore.

DS se dirige en 11^s 24° 0′ 25″
DGS........... 3.17.57.48

8. 6. 2.37.

DS........... 11.24. 0.25
SD........... 5.24. 0.25
DSG = 2.10.44.18

apogée........ 3.13.16. 7
mais il est véritablement en....... 3. 6

erreur....... 7.16.

Il est donc clair que cette méthode ne peut donner aucune précision ; elle ne peut déterminer ni l'excentricité, ni le lieu de l'apogée ; mais elle a toujours donné l'excentricité beaucoup moins grande que celle de Tycho. Nous avons eu successivement 0,01530

et 0,02407

la somme....... 0,03937
la moitié........ 0,018685
Nous avons encore trouvé........ 0,01837.

Tout nous porte donc à conclure, avec Képler, qu'elle diffère peu de 0,018, et plus sûrement encore, qu'elle n'est que la moitié de l'excentricité ordinaire des astronomes de ce tems. Dans le fait, l'excentricité, pour le tems de Képler, n'était guère que 0,0168, et bientôt il va trouver 0,01653, qui est un peu trop faible.

L'analogie avait conduit Képler à la bissection de l'excentricité de la Terre, qui faisait seule exception à la règle générale ; n'ayant aucune mesure sur laquelle il pût compter des diamètres du Soleil, il a cherché à démontrer la vérité de sa conjecture par une méthode assurément fort ingénieuse, mais qui exigerait des observations parfaites, des tables déjà fort approchées, des observations difficiles à rassembler et auxquelles il faut, quoi qu'on fasse, appliquer des réductions un peu incertaines ; mais après avoir suffisamment prouvé sa bissection, il a voulu que sa même méthode lui donnât la quantité précise et l'apogée; c'était vouloir l'impossible.

Il est à remarquer que Képler, qui a fait SH trop grand par une erreur de calcul, soupçonne qu'il est trop grand, et qu'il le diminue arbitrairement; par là il diminue un peu l'erreur de son apogée et celle de son excentricité, sans parvenir pourtant à rien de précis. Après plusieurs tentatives, il conclut que l'excentricité est de 0,0180, *que la route de la Terre est ovale*, comme on le verra plus clairement aux chapitres XXX et XLIV.

Il montre comment on ferait le calcul, dans les hypothèses de Ptolémée et de Tycho; mais dans celle de Ptolémée, le calcul pèchera par les fondemens, comme l'hypothèse même. De la théorie de la Terre on en pourrait déduire jusqu'à six différentes pour le Soleil; *mais le soleil brillant de la vérité fera fondre comme du beurre tout cet appareil de Ptolémée, et chassera tous les partisans de l'ancien système, qui seront forcés d'entrer dans le camp de Copernic, ou dans celui de Tycho.*

Il recommence tous ses calculs, en n'empruntant aux tables que le mouvement moyen de Mars, sur lequel il ne peut exister aucun doute, et les lieux du Soleil; et pour faire accorder les différens angles de sa figure, il fait des changemens de 2 ½ en plus au lieu de Mars, et il trouve l'aphélie en $9^s\ 10^\circ\ 19'$, et l'excentricité 0,01653.

Si l'on suppose l'orbite de la Terre un peu aplatie par les côtés, on représentera fort bien son observation de Mars en 1604. Mais nous avons déjà vu que la longitude seule ne prouve rien en faveur d'une hypothèse.

Il suppose ensuite l'excentricité 0,018 et s'en sert pour calculer les distances au Soleil; il prend de même les longitudes du Soleil dans les Tables de Tycho, et il cherche si ces suppositions lui donneront la même quantité pour la distance de Mars au Soleil, et le même lieu pour cette planète dans son excentrique; il emploie jusqu'à cinq observations de Mars, et trouve tout l'accord possible et désirable.

Il regarde comme démontré, que l'excentricité est de 0,018, et assurément ce point ne lui sera plus contesté par personne. Il rappelle d'ailleurs que cette bissection est démontrée par les diamètres du Soleil; il explique sa méthode pour calculer le rayon vecteur de la Terre dans son hypothèse de bissection; il montre comment le calcul d'un seul triangle donnera quatre rayons vecteurs pour une table calculée de degré en degré; malgré cet avantage, le précepte est peu commode; il vaudrait mieux réduire le rayon vecteur en série; il donne cette table. Sa méthode pour calculer l'équation du centre n'a rien qui mérite d'être rapporté.

Dans le chapitre XXXII, il s'attache à prouver que la force qui fait mouvoir circulairement une planète, perd de son intensité à mesure qu'elle s'éloigne de sa source.

Il remarque que dans le système de Ptolémée les vitesses périhélie et aphélie sont à très peu près en proportion (inverse) des distances.

Il établit, dans le chapitre suivant, que la vertu motrice réside dans le Soleil. « La cause de l'accélération ou du retard n'est pas dans le corps de la planète, dont on ne peut pas dire qu'elle vieillit ou se fatigue, car les vitesses les plus grandes et les moindres reviennent à des intervalles réglés; il est visible que cette alternative dépend de celle des distances. La force motrice est donc au centre. *Ferons-nous comme Copernic, qui n'y place aucun corps, du moins quand il calcule? y mettrons-nous la Terre, comme Ptolémée et Tycho? enfin y placerons-nous le Soleil, à l'exemple de Copernic, quand il se borne à la contemplation?* C'est ce que j'ai commencé à discuter, suivant des principes physiques, dans la première partie de cet Ouvrage. Il est démontré, par le fait, que le Soleil est le centre commun; si j'avais voulu le prouver *à priori*, aurait-on refusé de m'entendre, quand j'aurais dit que le Soleil est la vie du monde, puisque la vie des planètes consiste dans le mouvement; qu'il est la source de la lumière comme de la chaleur et de la végétation, qui sont l'ornement du monde. Que Tycho juge lui-même s'il ne convient pas mieux placer dans le Soleil la force qui met en mouvement la Terre comme les autres planètes, que de faire mouvoir les planètes par le Soleil, et par la Terre le Soleil accompagné de toutes les planètes? Il n'y a pas un troisième parti à choisir. Tycho a détruit les orbes solides, et moi j'ai démontré invinciblement que la Terre a un équant comme toutes les planètes. Je me range donc du côté de Copernic, et je dis que la Terre est une planète.

» Continuons donc à méditer sur cette force qui réside dans le Soleil, et montrons l'étroite connexion qui existe entre cette force et la lumière.

» La lumière ne peut être la force motice, en serait-elle seulement le véhicule?

» La force motrice ne se perd pas en s'éloignant de sa source, elle ne fait que se disperser sur un espace plus grand. (Ne devait-il pas en conclure la raison inverse du carré de la distance? Est-il croyable qu'il disperse la force tractoire sur une circonférence, au lieu de l'étendre sur toute la surface? Il conçoit que la force entoure les planètes et ne les saisit que sur un de leurs cercles.) La force s'écoule du corps central, sans l'épuiser; elle ne ressemble pas aux odeurs, qui sont une déperdition de substance; elle est immatérielle *comme la lumière.* » Et peu de lignes après, par une contradiction inexplicable, il se figure la force motrice et la lumière comme des surfaces qui enveloppent les corps.

« Le corps du Soleil est magnétique, *il tourne autour de lui-même.* En effet, la force émanée du Soleil fait tourner les planètes; le Soleil doit donc aussi tourner sur lui-même et *dans le même sens que les planètes.* » A cette conjecture, à laquelle il est arrivé par des argumens sujets à plus d'une difficulté, et qu'il appuie de raisonnemens plus faibles encore, il ajoute une circonstance qui n'est pas exacte. Il veut que l'équateur du Soleil soit notre écliptique. Et pourquoi celle de la nôtre plutôt que celle de Mercure ou de toute autre planète? N'est-ce pas un reste de ce préjugé qui lui a fait ailleurs regarder la Terre comme la plus noble des planètes? Les planètes n'ont pas toutes la même aptitude à suivre le mouvement qui leur est communiqué par la rotation du Soleil. Plus elles sont éloignées du centre, plus leur mouvement est lent. La giration du Soleil doit être plus rapide que la révolution d'aucune planète. Il estime qu'elle peut être de trois mois au plus (elle n'est que de 25 jours).

Il se demande si le mouvement diurne de la Terre ne viendrait pas de la rotation du Soleil, et si ces deux révolutions ne seraient pas de même durée; il n'aurait aucune répugnance pour cette opinion, qui lui paraît appuyée par le mouvement de la Lune. Cependant il s'étonne que la Lune décrive en 30 jours un cercle 60 fois plus grand que l'équateur terrestre; il explique ce fait par le peu de densité de la Lune, qui donne peu de prise à l'action de la Terre.

De ce que la force mouvante est plus forte dans le Soleil que dans tout autre corps, il conclut que le Soleil les surpasse tous en densité. Cette conjecture ne s'est pas trouvée juste. *Voyez* ci-dessus, p. 371.

« Il y a dans l'aimant une vertu attractive qui se répand à la ronde, suivant les rayons d'une sphère d'une certaine étendue. Si vous placez un morceau de fer dans cette sphère, il sera attiré, et le sera d'autant plus qu'il sera plus près; ainsi il émane du Soleil une force qui se répand tout autour.

» L'aimant n'attire pas en tout sens, mais suivant des filamens ou des fibres droites; ainsi il n'est pas croyable qu'il existe dans le Soleil une vertu tout-à-fait semblable à celle de l'aimant, car toutes les planètes tomberaient sur le Soleil; cette force ne doit être que directrice, le Soleil doit avoir des fibres circulaires.

» C'est un bel exemple que celui qui est fourni par l'aimant. L'anglais Gilbert a dit que la Terre est un gros aimant. La Terre est le pôle que la Lune observe exactement, comme le Soleil est le pôle qu'observent les planètes. Le Soleil est donc une espèce d'aimant. »

Il tâche d'expliquer comment un corps interposé qui arrête la lumière n'arrête pas la vertu mouvante. Il cite encore l'exemple de l'aimant; il se demande si cet obstacle ne suffirait pas pour produire les mouvemens des apogées et celui des nœuds; il n'y trouve pas d'apparence, car les apogées sont directs et les nœuds rétrogrades; la même cause ne saurait produire des effets opposés.

Il croit avoir prouvé que l'accélération et le retard suit la simple proportion des distances; *mais la vertu émanée du Soleil devrait suivre la raison doublée* ou *triplée* des distances; elle ne dépend donc pas du Soleil.

A cette objection, qui n'est pas trop bien posée, il répond par des subtilités qui ne sont pas dignes de lui; et après avoir ainsi déraisonné, il se rit de lui-même, pour s'être trouvé embarrassé par de misérables chicanes. Nous abrégeons; nous craignons même de n'avoir pas assez supprimé.

Il explique ensuite, par occasion, les inégalités de la Lune. Il attribue à la Terre une vertu qui retient la Lune et l'empêcherait de s'écarter, quand même elle ne tournerait pas autour de la Terre, avec laquelle elle serait portée comme dans un même vaisseau.

La vertu mouvante du Soleil est telle, que si la planète était toujours à la même distance, le mouvement serait uniforme. Mais d'où vient que la planète s'approche et s'éloigne alternativement du Soleil? Cela ne peut venir que d'une cause étrangère. *Il faut que les planètes aient des forces motrices particulières, qui, se combinant avec la force solaire, produisent ces déviations, comme elles produisent les mouvemens en latitude.*

Il était ici tout près de la vérité, et il ne l'a pas saisie.

Il pose comme axiomes que le corps d'une planète est enclin au repos, et qu'il y persisterait s'il était seul; que la vertu motrice du Soleil lui ferait décrire l'écliptique; que le mouvement serait uniforme et circulaire, si la distance n'était variable; que si la planète, dans tout son cours, avait alternativement deux distances différentes, les tems périodiques seraient en raison doublée des distances; que la vertu propre de la planète est insuffisante à la transporter d'un lieu dans un autre; qu'elle n'a ni pieds, ni ailes, ni nageoires; mais cette vertu suffit au moins pour donner naissance à ce qui fait qu'elle s'approche ou s'éloigne. Il croit avoir démontré tout cela; mais il ne l'a point calculé; il n'en avait pas les moyens. Nous voyons qu'ils se laisse entraîner à son imagination. Il a le désir très louable de tout comprendre et de tout expliquer, et d'assigner des raisons physiques à tous les phénomènes. Parmi tant de conjectures, il devait s'en trouver de vraies, d'autres un peu hasardées, d'autres tout-à-fait fausses. Celles qui pouvaient se vérifier par la Géométrie du tems et par des calculs, quelque longs et pénibles qu'ils fussent, il a eu le courage d'en chercher la démonstration, et il a réussi. C'est ainsi qu'il s'est assuré de ses trois fameuses lois, qu'il a même rectifié ses premières conjectures; mais quand ses méthodes l'abandonnaient, il errait au hasard, et c'est ainsi qu'il n'a pu bien concevoir la manière d'agir de la pesanteur universelle, dont il avait aperçu quelques théorèmes importans.

Il fallait tous ces essais, tous ces calculs, ces opérations si pénibles et si détournées, pour arriver à la seule voie naturelle, dit ensuite Képler : *Ma première erreur fut de croire que le chemin de la planète était un cercle parfait, erreur d'autant plus nuisible, qu'elle est appuyée du consentement de tous les philosophes, et qu'elle paraissait plus conforme à la Métaphysique.* C'est ce principe métaphysique qui a causé tous les embarras de Képler et de tous les astronomes qui l'avaient précédé. Il est vrai qu'il leur était impossible d'apercevoir des phénomènes qui aujourd'hui seraient des préservatifs infaillibles contre cette erreur, comme les diamètres et les phases des planètes; mais, dans leurs observations mêmes, ils se bouchaient les yeux pour ne point apercevoir des phénomènes qui les auraient mis dans la bonne route. Les digressions de Vénus, et sur-tout celles de Mercure, indiquaient clairement que les orbes de ces planètes ne pouvaient être circulaires. Pour éluder ces preuves, ils combinaient les cercles et les épicycles de la manière la plus embarrassante et la moins naturelle. Par ces moyens, ils étaient parvenus à représenter à peu près les observations de la Lune dans les syzygies et les quadratures; ils négligèrent les octans pour ne pas se créer de nouvelles difficultés. Leurs hypothèses pour les longitudes leur donnaient, pour des distances, et les parallaxes et les diamètres des variations, qui n'auraient pu échapper à leurs instrumens, quelque grossiers qu'on les suppose et qu'ils fussent en effet. Ils ont fait semblant de ne pas voir les défauts de leurs hypothèses. Quelques philosophes hardis avaient mis en avant le mouvement de la Terre. Les Égyptiens, dit-on, ou plutôt quelques Grecs, avaient fait tourner Vénus et Mercure autour du Soleil. Aucun astronome ne daigna examiner ces idées. Copernic fut le seul qui les ait prises pour le sujet de méditations sérieuses; mais il n'eut lui-même qu'une idée imparfaite de son système. Il conserva les épicycles; il n'osa pas mettre véritablement le Soleil au centre; il se contenta de montrer que, dans son système, on pouvait représenter les principaux phénomènes aussi bien, et peut-être mieux, que dans celui de Ptolémée. Doué d'une force d'esprit assez grande pour secouer un préjugé nuisible et invétéré, il n'eut ni la patience, ni peut-être le génie des calculs, ou du moins il manqua des secours nécessaires. On dut à Tycho des observations nombreuses et beaucoup moins inexactes, qui étaient des matériaux indispensables au perfectionnement des théories; Képler sut les mettre en œuvre. Il eut de la patience et du génie; mais, malgré sa hardiesse et sa philosophie, il se laissa lui-même influencer par quelques-uns des préjugés qu'il combattait. A l'exception de ses recherches sur l'inclinaison des planètes, on n'a vu jusqu'ici que des calculs fondés sur la circularité des orbites, et par conséquent incertains; mais c'était un préliminaire indispensable. Il fallait bien soumettre ces hypothèses aux calculs pour en montrer l'insuffisance. S'il n'eût pris ce détour, personne ne l'eût écouté; et, malgré tant de soins, on ne l'écouta guère encore. Il a fallu que Képler complétât les découvertes de Copernic, et que Newton démontrât les découvertes de Képler. Aujourd'hui qu'il a triomphé, on lui saurait gré d'avoir été plus hardi, et d'avoir supprimé tous ces essais pénibles pour démontrer la bissection de l'excentricité, qui n'est pas même un chose rigoureusement exacte, puisque Képler nous avertit lui-même qu'il n'y a véritablement point d'équant dans les mouvemens célestes. Il aurait supprimé la grande moitié de son immortel ouvrage; il aurait pu même comprendre dans la suppression quelques-uns des chapitres qui nous restent à extraire; il aurait pu du moins les réduire à quelques lignes. Il aurait conservé cette proposition, que l'action du

Soleil ne suffit pas pour expliquer les mouvemens des planètes, que ce mouvement se compose de deux causes; vérité qui avait besoin de développemens différens, que Képler n'a pu donner. Il compare une planète à une barque dont le mouvement se compose du mouvement du fleuve et du mouvement qui lui est imprimé par les rames, ou par cette corde, tendue d'une rive à l'autre, qui dirige les bacs.

Il va prouver comment, avec un excentrique, on peut donner une théorie passable du Soleil, dont l'ellipse est trop peu aplatie pour rendre les erreurs bien sensibles.

Il pose un principe dont il a fait depuis usage pour l'ellipse :

La somme de distances dans l'excentrique est au tems périodique comme une partie quelconque de cette somme est au tems correspondant. En conséquence de ce principe peu commode, peu connu, et qui n'est qu'approximatif, il se contente d'abord de partager l'excentrique en 360 parties, en supposant que la distance ne change qu'à chaque degré; il partage de même les $365^j \frac{1}{4}$ de la révolution, et chacune de ces parties fait au vrai un degré d'anomalie moyenne. Additionnant tous ces tems, et comparant ces sommes de tems ou degrés d'anomalie avec les degrés de l'excentrique, ou avec le nombre des parties pour lesquelles il voulait avoir la somme des distances, il obtient ce qu'il appelle l'*équation physique*, ou l'une des deux parties dont il compose son équation du centre; l'autre est ce qu'il appelle l'*équation optique*.

Mais ce moyen mécanique et fastidieux avait cet inconvénient, qu'on ne pouvait trouver aucune équation isolément sans passer par les précédentes; il chercha une autre voie. Les points de l'excentrique sont en nombre infini. A la somme des distances il imagine de substituer les aires des secteurs. Il se souvenait qu'Archimède, pour trouver la surface du cercle, l'avait divisé en un nombre infini de triangles; au lieu de diviser la circonférence en 360°, il divisa l'aire en 360 secteurs, par des lignes menées du point d'où se compte l'excentricité.

Si cette méthode de calculer est aujourd'hui inutile à la science, elle ne l'est pas à l'histoire de l'esprit humain, et il est curieux de voir par quels pas, quelle suite d'idées Képler est arrivé à l'idée des aires proportionnelles aux tems.

Soit A le Soleil (fig. 68), AB l'excentricité, B le centre de l'excentrique et le demi-cercle CD, divisé en un grand nombre de parties égales par les rayons vecteurs AG, AH, etc.; le plus grand sera AC, le plus petit AD; tous les secteurs CBG, CBH, etc., seront égaux. Ces secteurs composent la surface, comme leurs arcs partagent la circonférence; on a cette analogie :

aire totale : aire partielle :: arc total : arc partiel.

On peut donc substituer les aires aux arcs, ou les aires aux degrés d'anomalie excentrique.

Mais cette même surface, qui est la somme de tous ces rayons égaux BC, BG, BH, est aussi la somme de toutes les distances AC, AG, AH, etc. Il en conclut que la somme des rayons vecteurs AC, AG, pouvait remplacer celles des rayons circulaires, laquelle pouvait être remplacée par les aires. On dira donc

l'aire CED : demi-rév.$=180°$ :: aire quelconque CAH est au tems de CAH.

Ainsi l'aire CAH donnera la mesure du tems ou de l'anomalie moyenne, qui répond à l'aire excentrique CH ; mais la partie CHB était la mesure de l'anomalie excentrique, dont l'équation optique est l'angle BHA. Donc l'aire du triangle BHA est en ce lieu l'excès de l'anomalie moyenne sur l'anomalie de l'excentrique, et l'angle BHA du triangle est l'excès de l'anomalie moyenne sur CAH, qui est égal à l'anomalie vraie.

Si l'excentricité est grande comme celle de Mars, il ne suffit plus du secteur ou de l'angle; il faut calculer le petit triangle, ce qui peut se faire de plusieurs manières.

Tous ces triangles ont même base AB ; ils ont pour hauteur le sinus de l'anomalie excentrique; ils sont donc entre eux comme les sinus; l'expression générale est $e \sin x$; $x + e \sin x =$ anomalie moyenne.

Il avoue qu'il y a quelque paralogisme dans son raisonnement; car, dans les triangles d'Archimède, tous les rayons sont perpendiculaires à la circonférence du cercle; dans les triangles de Képler, les angles sont obliques. Il a donné ci-dessus les distances de la Terre au Soleil pour tous les degrés de l'angle A. Additionnez ces distances pour chaque degré de B; le nombre des distances plus grandes que la moyenne, serait plus considérable que celui des distances plus petites que la moyenne; il démontre que les distances par tous les degrés de A, prises immédiatement dans sa Table, doivent faire une somme moindre que 36000000, parce que ces distances, prises deux à deux en ligne droite, formeront une somme de 180 cordes, qui sera nécessairement plus petite que celle de 180 diamètres.

Pour corriger les suppositions qu'il s'est permises, il a tenté des moyens qui ne lui paraissaient pas suffisans ; mais, *comme l'âge présent compte des Géomètres très distingués, qui se donnent souvent beaucoup de peine pour des questions dont l'utilité n'est pas bien évidente*, il les invite à carrer la courbe formée sur la circonférence développée en ligne droite, et partagée comme ci-dessus en rayons vecteurs correspondans au point de division, c'est-à-dire, la courbe qui aura pour abscisses les arcs de cercle, et pour ordonnées les rayons vecteurs qui répondent à ces arcs.

Pour son angle H, nous ferions $\tang H = \frac{e \sin x}{1 + e \cos x}$,

et $$H = e \sin x - \tfrac{1}{2} e^2 \sin 2x + \tfrac{1}{3} e^3 \sin 3x - \text{etc.}$$

La correction que fait Képler est $e \sin x$; l'erreur est donc

$$\tfrac{1}{2} e^2 \sin 2x - \tfrac{1}{3} e^3 \sin 3x + \text{etc.}$$

Le premier de ces termes est $\frac{(0.018)^2}{\sin 2''} \sin 2x = 33'',4 \sin 2x$; Képler dit 33″ pour le Soleil.

On voit avec quel soin il examine, et par combien de calculs il vérifie les suppositions qu'il hasarde, ou les vérités dont il ne peut avoir la démonstration rigoureuse. Il trouve lui-même deux défauts à sa méthode. Elle suppose l'orbite circulaire, et il démontrera, chap XLIV, qu'elle est elliptique ; ensuite elle emploie un plan qui ne mesure pas exactement les distances ; mais, *par une espèce de miracle, les deux erreurs se compensent*, comme il le démontre chap. LIX. Il va mettre fin à cette partie ; tout ce qui précède, il le regarde comme une tâche du matin, qu'*il va quitter pour dîner*.

Pars superat capti, pars est exhausta laboris,
Hîc, teneat nostra anchora jacta rates.

Képler va secouer enfin tous les préjugés, il va voler de ses propres ailes et donner la vraie mesure de la première inégalité, d'après les causes physiques et *ses propres idées* (*ex propriâ sententiâ*).

Il a trouvé ci-dessus la distance de Mars au Soleil, 1,47750 en $1^s 14°21'7''$ fort près du nœud, la distance 1,63100 en $6^s 5°25'20''$; la distance au nœud était de 41°. Il calcule la latitude géocentrique ; il ajoute 34 à la distance qui devient 1,63134 ; mais comme elle doit être un peu moindre, il garde 1,63100 ; il retranche 50″ à la longitude qui devient $6^s 5° 14' 30''$; il fait encore un calcul de ce genre, et il pose les trois lieux suivans, corrigés de la précession, et il en conclut à vue que l'aphélie est en $5^s 8°$ environ.

1,47750	$1^s 14° 16' 52''$
1,63100	6. 5.24.21
1,66255	5. 8.19. 4

Avec ces lieux, on pourrait trouver un cercle qui les renfermerait; on aurait l'excentricité et l'aphélie. Mais, combinez trois à trois, de cette manière, un certain nombre d'observations, vous aurez des cercles différens, l'excentricité variera, ainsi que l'aphélie. Il y a quelque chose de vicieux dans la méthode, c'est qu'elle suppose que l'orbite est un cercle; ainsi, trois distances ne suffiront plus, il en rassemble cinq; et voici les données qu'il adopte (fig. 69).

	♂ en I	☉	Distance ☉ ♁
1585	$4^s 15° 12' 30''$	$11^s 9° 22' 37''$	0,99170
1587	6. 2. 8.30	9.25.21.16	0,98300
1588	6. 2.35.40	8.10.55. 8	0,98355
1590	5.20.13.30	6 26.58.46	0,99300
1600	3.29.18.30	11.26.31.36	0,99667

		Longitude I.
AG = 0,99667	AGI = 122° 46′ 54″	$4^s 29° 29' 27''$
AD = 0,99170	ADI = 155.49.53	4.29.18.35
AE = 0,98300	AEI = 113.12.46	4.29.19. 5
AH = 0,98355	AHI = 68.19.28	4.29.20.16
AL = 0,99300	ALI = 36.46.16	4.29.20.20
	Milieu.......	4.29.21.33
	Otez pour la précession....	1.21
	Longitude corrigée de.......	4.29.20.12.

C'est le lieu de l'aphélie, qui ne peut se déterminer avec la dernière précision. On trouvera donc ces erreurs légères.

Il connaît assez les élémens de Mars pour savoir entre quelles observations tombe l'aphélie et le périhélie; il en trace la ligne qui passe par le centre du Soleil et par celui de l'excentrique. Deux observations sont à gauche de cette ligne, trois sont à droite; dans la figure 69, il a les droites données de longueur et de position. S'il connaissait l'aphélie I, les lignes GI, DI, EI seraient données de position et non de longueur. Mais, en donnant à AI la longueur trouvée ci-dessus, 1,6667, on aurait AI : AG :: sin AGI : sin AIG = parallaxe du point I; on aurait donc la longitude héliocentrique du point I; la même pour tous les triangles, ou du moins on n'y trouverait d'autre différence que celle qui viendrait de la précession des équinoxes.

DA =	$11^s\ 9°\ 22'\ 37''$	AG =	$11^s\ 26°\ 31'\ 36''$	AE =	$9^s\ 25°\ 21'\ 16''$
DI =	4.15.12.30	GI =	3.29.18.30	EI =	6. 2. 8.30
ADI =	5. 5.49.53	AGI =	4. 2.46.54	AEI =	3.23.12.46
AH =	$8^s\ 10°\ 54'\ 8''$	AL =	$6^s\ 26°\ 58'\ 46''$		
HI =	6. 2.35.40	LI =	5.20.13.30		
AHI =	2. 8.19.28	ALI =	1. 6.45.16.		

Avec ces angles, il calcule la parallaxe annuelle de Mars, et trouve, pour la longitude du point I, les valeurs qui sont à la dernière colonne du tableau; il en prend le milieu, le corrige de la précession, et trouve I en $4^s\ 29°\ 20'\ 12''$.

Il a fait, d'après ce qui précède, $AI = 1,64666 = 1\frac{2}{3} = \frac{5}{3}$. On voit que c'est à peu près la distance apogée de Mars.

Mars avait 1° 48' de latitude $\frac{1,656667}{\cos \text{lat.}}$ = ...	1,66780
Par des calculs semblables pour le périhélie............	1,38500
somme.......	3,05280
demi-somme ou distance moyenne....	1,52640
différence....	0,28280
demi-différence ou excentricité......	0,14140
ou en parties de la distance moyenne..	0,09264
Page 104 il avait trouvé, par l'excentrique, 0,18364; moitié,	0,09282
différence....	0,00018

Il a trouvé l'apogée en...............	$4^s\ 29°\ 20'\ 12''$
Le périgée en	10.29.54.53
différence...............	6. 0.34.41
ôtez pour la précession...	48
différence...............	6. 0.33.53.

Mais l'intervalle des tems est de $10°\ 6'\frac{1}{2}$ plus long que la demi-révolution, et si le mouvement périgée, pour cet intervalle, était de 33′53″, on pourrait dire que l'apogée est en $4^s 29° 20' 12''$.

On connaît les mouvemens apogée et périgée qui sont à peu près dans la proportion des carrés des distances, c'est-à-dire, 26′13″ dans l'apogée, et 38′12″ dans le périgée, 31′27″ dans les distances moyennes.

Si Mars part de l'apogée, au bout d'une demi-révolution, il sera au périgée; mais si le point du départ est à 0°26′13″ de l'apogée, il arrivera en 180°38′2″; après une demi-révolution, il aura gagné 38′2″ — 26′13″ = 11′49″.

Ce serait le contraire si le départ était d'un jour avant l'apogée.

Képler suppose que les $10^h 6' \frac{1}{2}$ qui sont de trop sont moitié avant l'apogée et moitié après le périgée.

En $5^h 3' 15''$, Mars apogée aura décrit suivant Képler....		5′ 16″
Mars périgée aura décrit..................		8. 1
		13.17
Mouvement dans l'intervalle entier....	6.0	33.53
Il y aura 20′36″ de trop........................	6.0	20.36.

Si 11′49″ répondent à un jour, 20′36″ répondront à $1^j 17^h 46'$. Képler dit $1^j 17^h 54'$ qui font 45′42″ de mouvement aphélie.

L'aphélie avait été supposé, en I, à.............	$4^s 29° 20' 12''$
Pour les $5^h 3' 15''$ on avait ajouté................	5.16
c'était le placer en........	4.29.25.28
on en retranche...........	45.42
il sera donc en...........	4.28.39.46
ci-dessus on avait trouvé...	4.28.50.44
différence....	10.58.

Képler se demande laquelle de ces valeurs est la plus vraisemblable. On n'en sait rien; mais il croit convenable de s'en tenir au nouveau calcul : 10′ d'erreur sur l'aphélie ne changent l'équation que de 1′40″. Comment déterminer l'aphélie à 10′ près, si les observations ne sont pas sûres à 2′?

Cette méthode, pour déterminer l'aphélie par la demi-révolution anomalistique, est due à Képler, elle avait été oubliée; Lacaille l'a depuis employée pour l'apogée du Soleil; je l'ai mise en formules (Astronomie, tome II, p. 158), ce qui me dispensera de la commenter. Képler néglige le mouvement de l'apogée dans l'intervalle; mais le mal n'est pas grand, et nous avons bien d'autres causes d'erreur.

Du calcul de Képler il résulte une correction de 4′ pour la longitude moyenne, car l'équation du centre n'était pas nulle, ainsi qu'il l'avait supposé.

Il peut donc se flatter de connaître, avec une grande certitude, la distance moyenne, l'excentricité et le lieu de l'apogée.

L'excentricité 0,09264 est la tangente de l'angle 5°17′34″; c'est l'angle AEB (fig. 68) du triangle qui fait partie du secteur quand l'anomalie de l'excentrique est de 90°; c'est ce que Képler appelle la partie *optique* de l'équation du centre; elle vient de ce que l'œil est au foyer A et non au centre de l'excentrique; l'aire du triangle $=\frac{1}{2}$base$=$0,04632.

L'aire du demi-cercle est à l'aire du triangle comme 180° ou 648000″ sont à 5°18′28″.

C'est ce que Képler appelle la partie *physique*. Les deux ensemble forment l'équation pour 90°.

L'anomalie de l'excentrique est..........	90°
Le triangle y ajoute....................	5.18′28″
L'anomalie moyenne est donc..........	95.18.28
Otez de l'anomalie excentr. l'angle en E...	5.17.34
Il restera pour l'anomalie égalée........	84.42.26
Équation totale.........................	10.36. 2
Si l'anomalie est de....................	45. 0
Le triangle 5°18′28″ sin 45° sera.........	3.45.12
L'anomalie moyenne....................	48.45.12
Otez l'angle du triangle oblique.........	3.31. 5
L'anomalie égalée sera de...............	41.28.55
Mais, par l'hypothèse du chap. 18.......	41.20.33
Différence.........	+ 8 22
A 135° au contraire la différence est......	— 8. 1.

Képler ne peut se persuader que sa première hypothèse soit susceptible de pareilles erreurs; elle représentait bien les observations, elle devait donc approcher beaucoup de la vérité. Mais, depuis, il a démontré qu'il fallait couper l'excentricité en deux, ce qu'il n'avait pas observé dans la première hypothèse; cette nouvelle excentricité ne s'accordera donc plus avec les observations, puisque la différence entre les deux hypothèses va jusqu'à 8'. Il cherche et évalue les inexactitudes qu'on pourrait lui reprocher, il n'en trouve aucune qui puisse expliquer la différence.

Comment se fait-il qu'avec une excentricité bien connue, avec un rapport des orbes également certain, on trouve encore quelque difficulté, et que le triomphe ne soit pas complet? Képler assure que pendant deux ans il avait triomphé; mais les recherches des chapitres précédens lui montrent qu'il manque encore quelque chose à son hypothèse.

Il calcule trois distances, l'une vers l'aphélie qui se trouve trop forte de 350; deux vers les moyennes distances, et elles se trouvent trop fortes, l'une de 783, l'autre de 789.

Il est évident que la courbe n'est pas un cercle, et qu'elle est plus étroite par les deux côtés.

Itaque plane hoc est : orbita planetæ non est circulus, sed ingrediens ad latera utraque paulatim, iterumque ad circuli amplitudinem in perigæo exiens, cujus modi figuram itineris ovalem appellitant.

L'orbite n'est pas un cercle, c'est un *ovale*.

Voilà donc une découverte de la plus grande importance, et qui n'est due qu'à Képler et à l'espèce d'opiniâtreté qu'il a mise à considérer son sujet sous toutes les faces. On a dit que d'autres avaient eu cette idée; on cite particulièrement Reinhold, qui même avait étendu la remarque à Mercure. Mais Reinhold était loin de penser que les orbites réelles eussent cette figure; il remarque seulement que l'orbite de la Lune, d'après les suppositions de Ptolémée, était moins large que longue; et en effet, Ptolémée fait tourner le centre de l'excentrique de manière à approcher l'épicycle dans les quadratures, et à l'éloigner dans les syzygies, pour avoir une équation de 7°40' au lieu de 5°. Il est bien évident que l'orbite devait être plus longue dans la ligne des syzygies que dans celle des quadratures : c'est la remarque que j'ai faite en commentant Ptolémée, avant d'avoir lu Reinhold; il est impossible qu'elle échappe à qui construira la figure; on verra même que, vers les quadratures, la courbe tourne sa convexité vers le centre. En calculant cette courbe, j'ai montré qu'elle n'était point une ellipse, elle n'est pas même un ovale, puisque sa courbure s'est retournée. Bien d'autres sans doute ont dû faire la même remarque que Reinhold, mais personne n'avait songé à en faire une loi pour toutes les planètes, d'autant plus qu'on avait justement remarqué que le rétrécissement de l'orbite de la Lune donnait des variations beaucoup trop grandes pour les parallaxes : c'était donc une remarque sans aucune espèce d'importance (*voyez* Bailly, tome I, p. 367, et tome II, p. 71).

Képler prononce donc que la courbe est *ovale;* il adopte cette idée d'autant plus volontiers, qu'il s'était plus long-tems fatigué à trouver comment la planète aurait pu décrire un cercle parfait, au lieu qu'il entrevoyait des raisons pour que la courbe fût ovale. Nous supprimons ces raisons qui sont très peu satisfaisantes, quoique l'auteur en paraisse fort content (page 217); seulement il éprouve quelque difficulté à représenter son idée par une figure; il ne peut trouver aucun secours dans la Géométrie; il essaie plusieurs moyens approximatifs pour décrire cette courbe qui sera véritablement ovale et non elliptique. « C'est par abus que » l'on confond ces deux dénominations, car un œuf a les deux bouts » inégaux, l'un plus obtus, l'autre plus aigu; or, telle est la figure que » nous avons créée; la partie que nous retranchons à notre excentrique » est beaucoup plus large par le bas que par le haut, à égales distances » des apsides » (page 222).

Mais, comment diviser cette surface ovale en parties proportionnelles au tems?

« Si notre figure était une ellipse parfaite, la difficulté serait moins » grande; car Archimède a démontré que la surface de l'ellipse est à » celle du cercle comme le rectangle des diamètres est au carré du » diamètre du cercle. Supposons donc, pour un moment, qu'elle soit » une ellipse parfaite, car elle en diffère peu; voyons ce qui en résul- » tera. La lunule retranchée du cercle, pour le réduire à l'ellipse, ne » surpassera guère le cercle décrit d'un rayon égal à l'excentricité. »

La démonstration qu'il en donne est longue et pénible. Soit C le cercle, E l'ellipse, 1 et b les deux demi-axes ;

$$C:E::1:b,\quad C-E:C::1-b:1,$$

$$C-E=C(1-b)=C(1-\cos\varepsilon)=2C\sin^2\tfrac{1}{2}\varepsilon=\frac{2C.\sin^2\frac{1}{2}\varepsilon\cos^2\frac{1}{2}\varepsilon}{\cos^2\frac{1}{2}\varepsilon}$$

$$=\frac{2C.\frac{1}{4}\sin^2\varepsilon}{\cos^2\frac{1}{2}\varepsilon}=\frac{\frac{1}{2}C\sin^2\varepsilon}{\cos^2\frac{1}{2}\varepsilon}=\frac{\frac{1}{2}C.e^2}{\cos^2\frac{1}{2}\varepsilon}=\tfrac{1}{2}e^2C(1+\tang^2\tfrac{1}{2}\varepsilon).$$

Les cercles sont comme les carrés de leurs rayons; $\frac{1}{2}C$ est le demi-cercle dont le rayon est 1; $\frac{1}{2}Ce^2$ est le demi-cercle dont le rayon est e.

Il avait donc (à peu près) la surface de son ovoïde (car dans l'ellipse même il négligeait $\tang^2\frac{1}{2}\varepsilon$, et il dit que son ovale n'est pas une ellipse);

mais la surface ne suffisait pas; il fallait la diviser en raison du tems, soit du centre, soit d'un point quelconque pris sur l'axe. Il en revient à sa conchoïde qu'il avait employée pour carrer sa courbe, dont les rayons vecteurs étaient les ordonnées, et pour laquelle il avait imploré le secours des Géomètres. Il échoue malgré tous ses efforts; il se livre à de nouvelles recherches; il craint que ses lecteurs n'en soient ennuyés; il demande qu'on juge de son ennui et de celui de son calculateur, puisqu'ils ont fait de cette manière trois tables tout entières d'équations avec trois différentes excentricités. Il expose six autres manières, qu'il a également employées pour l'équation du centre; mais elle ne réussissent point et ne sont point démontrées.

« Tandis que je triomphe de Mars, que je lui prépare la prison des » tables, et les chaînes des équations de l'excentrique, on m'annonce de » divers endroits que ma victoire est inutile, que la guerre recommence, » que l'ennemi a rompu ses chaînes et brisé les portes de sa prison. »

Il entreprend donc de nouveaux calculs, détermine des distances; il les trouve égales à pareil éloignement des deux côtés de l'aphélie qu'il a déterminé; cet aphélie est donc exact. Il prouve que l'excentricité passe par le Soleil, et qu'elle a son origine au centre du Soleil.

Il résume en ces termes sa méthode : Prenez un point quelconque dans le plan de l'écliptique, dont la distance au Soleil soit donnée de longueur et de position; vous pourrez, d'après quelques observations, en déduire la distance à la Terre et à Mars, sans avoir besoin de connaître l'anomalie égalée de l'excentrique. S'il a employé cet élément tiré des tables, au chap. 26, c'était uniquement pour simplifier les calculs.

Enfin, dans le chap. 53, il expose une nouvelle méthode pour trouver les distances de Mars au Soleil par des observations peu distantes les unes des autres, avant et après l'opposition, et de vérifier en même tems les lieux sur l'excentrique.

Soit A le lieu du Soleil (fig. 70), B celui de la Terre avant l'opposition, T celui de Mars, en sorte que l'élongation sera ABT. Dans la seconde observation, que la Terre soit en C, Mars en A, l'élongation ACH; le chemin véritable de Mars sera TH, celui de la Terre BC.

Vous connaîtrez l'angle TAH par les tables; car vous aurez passablement les deux longitudes héliocentriques T, H, et beaucoup mieux leur différence TAH; il ne peut y avoir aucun doute sur cet élément.

Vous connaissez AB et AC; supposez une valeur à AT, vous aurez deux côtés et un angle opposé; vous aurez donc tout le triangle ABT, et par conséquent l'angle BAT.

AH différera très peu de AT; vous connaissez AC, vous aurez de même CAH.

Vous connaissez CAB; CAB — BAT — CAH = TAH.

Si vous avez bien supposé AT, vous retrouverez TAH comme le donnent les tables.

Si vous avez supposé AT trop grand, par exemple AK = AI, vous trouverez IAK trop petit.

Si vous avez supposé AT trop petit, par exemple AZ = AE, vous trouverez ZAE trop grand.

Il vous sera donc facile, par quelques essais, d'arriver à la valeur véritable de AT.

Vous déterminerez en même tems l'erreur qui peut rester sur le lieu de l'excentrique. Supposons que par erreur vous ayez transporté AT en AD de l'angle TAD; AH sera transporté en avant de l'angle HAE; AD sera trop longue, et AE trop courte.

Il ne faut pas que l'angle BAC soit trop petit, de peur que l'erreur des observations ne nuise à la justesse des conséquences.

Soit M le point de l'opposition (fig. 71), A le Soleil, NX l'orbite de la Terre, NT un cercle décrit du rayon MN, et qui touche en N l'orbite de la Terre, AT la tangente à ce cercle; menez NO perpendiculaire sur AT;

$$MN : AM :: TO : TA, \quad \sin A = \frac{NO}{AN} = \frac{TO}{TA} = \frac{NM}{AM}.$$

L'angle A variera donc suivant que les distances de Mars entre la Terre changeront avec le lieu de l'opposition. Képler trouve A = 22° 15′ dans les distances moyennes, 28° dans l'aphélie et 18 ½ au périhélie.

Cet angle déterminera le lieu où l'erreur sur la distance AT aura son effet le plus sensible, et qui par conséquent sera le plus favorable à la détermination de la distance de Mars et du Soleil. La solution revient à chercher la plus grande parallaxe annuelle de Mars, qui sera le complément de la commutation.

On n'a pas besoin de déterminer avec une grande précision cet angle, qui d'ailleurs varie suivant la position de Mars dans son orbite; on ne trouvera d'ailleurs que par le plus grand des hasards, une observation qui réponde précisément à cette valeur.

Képler calcule de cette manière un grand nombre de distances de Mars au Soleil. Il en déduit les corrections aux lieux calculés dans l'excentrique; il cherche ensuite les lieux géocentriques par ses élémens corrigés; il trouve encore des erreurs dont les extrêmes sont + 5′ 50″ et — 5′ 39″, qui proviennent sans doute des observations. Ainsi, après ce travail si long, si opiniâtre, si ingénieux, il n'a point amélioré les longitudes; ses erreurs sont aussi fortes qu'auparavant; mais les latitudes vont beaucoup mieux.

Il se réserve de diminuer ces erreurs quand il travaillera aux tables. Toutes les quantités trouvées ne sont encore qu'approximatives; il démontre lui-même un vice de sa méthode.

Le cercle donnait des distances trop grandes; l'ovale qu'il vient d'employer les donne trop faibles. David Fabricius, à qui il avait communiqué ses résultats, s'était aperçu du défaut des distances; Képler, de son côté, travaillait à les corriger. Il s'en fallut donc très peu, dit Képler, qu'il ne m'ait prévenu en découvrant la vérité. Il résultait de là que l'ovale était trop étroit; mais il était visible que la vérité se trouvait entre cet ovale et le cercle.

Ainsi toute notre théorie s'en est allée en fumée, s'écrie-t-il avec amertume : *Et ecce omnis theoria in fumos abiit!* Képler entend sans doute la théorie physique qui lui avait donné l'idée de cet ovale; mais il va bientôt en chercher d'autres. Tandis qu'il méditait avec anxiété sur ces difficultés toujours renaissantes, il tomba, par hasard, sur la sécante 1,00429 de la plus grande équation optique. Elle surpasse le rayon de 0,00429 parties; ce qui était précisément l'erreur de la distance circulaire. Projetez orthographiquement ce cercle sur un plan incliné de 5° 18′, vous aurez une ellipse; et en effet, l'ellipse de Mars est la projection d'un cercle incliné de 5° 18′, en supposant l'excentricité 0,09257. L'excentricité sera le sinus de cette inclinaison; le demi-petit axe en sera le cosinus; l'ordonnée au foyer, le carré de ce cosinus. Le rayon vecteur, calculé dans l'excentrique est $\frac{1 + e \cos x}{\cos \text{équat. optique}}$; multipliez-le par ce cosinus, ce qui revient à suprimer le dénominateur; il restera...... $1 + e$ cos anomal. excentrique, ce qui est en effet le rayon vecteur elliptique.

Képler raconte ainsi cet heureux hasard : *Quâ in cogitatione dùm versor anxie, fortè fortuito incido in secantem anguli* 5° 18′, *quæ est mensura æquationis opticæ maximæ; quam cum viderem esse* 1,00429, *hîc quasi ex somno experrectus et novam lucem intuitus sic cœpi ratiocinari. In longitudinibus mediis lunula seu curtatio distantiarum est maxima, est que tanta quanta est excessus secantis æquationis opticæ maximæ* 1,00429 *suprà radium* 1. *Ergo si pro secante usurpatur radius in longitudine mediâ efficitur id quod suadent observationes et in schemate capitis XL conclusi generaliter : si pro* HA *usurpes* AR *et pro* VA, VR, *et sic in omnibus; fiet idem in locis cæteris excentrici, quòd hîc factum in longitudinibus mediis.* Il reproduit ici à cette occasion la figure du chap. 39 (fig. 72), où il parle de la différence de l'hypoténuse à la base du triangle rectangle, et dans laquelle il réduit la distance $\alpha\delta$ dans l'excentrique à la distance $\alpha x = \alpha\beta + \beta x = 1 + e\cos x$, puisque $\beta\delta = e$ et $\gamma\beta\delta = x$. Cette figure est accompagnée de deux génies, l'un celui de la Trigonométrie, l'autre celui de l'Arithmétique. Cette figure est répétée en huit endroits de son ouvrage, et toujours accompagnée des deux génies; cette figure est presque la seule qui soit ainsi accompagnée; nous n'en trouverons qu'une seconde qui ait un ornement à peu près du même genre. Képler a voulu sans doute montrer l'importance qu'il attachait à cette remarque heureuse; et cependant cette figure, non plus que la découverte qu'elle exprime, n'a été remarquée par personne que je sache. Lalande nous dit que Képler voyant que la courbe était ovale, se détermina tout aussitôt pour l'ellipse, qui est l'ovale le plus régulier et le plus facile à calculer. Le fait est que Képler rejetait formellement l'ellipse; qu'*il voulait que son ovale fût plus large par un bout que par l'autre;* qu'il s'est fatigué long-tems à calculer cet ovale; qu'il regrettait de n'avoir pour sa courbe aucune méthode géométrique, et s'adressait à tous les Géomètres pour obtenir d'eux la solution de son problème; qu'il nous dit que ce problème serait bien plus facile dans l'ellipse, et il en a donné lui-même la seule solution qui fût possible, dès qu'enfin il eût consenti à se servir de cette ellipse qu'il avait si long-tems rejetée. Bailly n'en dit pas un seul mot.

Ita quod diu nos torserat, jam cedit nobis in argumentum deprehensæ veritatis. On explique tout en Physique, quand on se borne à des considérations vagues. Après s'être long-tems égaré en suivant de faux principes qu'il croyait excellens, il va trouver des raisons tout aussi bonnes pour démontrer sa nouvelle hypothèse et pour prouver que la chose ne peut être autrement. Sa théorie vague se prête à tout. Nos faiseurs de systèmes n'ont pas imaginé plus de folies que Képler; mais ils ne calculent rien, et Képler soumettait tout au calcul; il n'abandonnait pas une idée avant d'en avoir bien démontré l'exactitude ou la fausseté. C'est ainsi qu'il est parvenu à ses immortelles découvertes, et qu'il s'est distingué parmi tant d'autres rêveurs qui n'ont pas eu le même courage, la même bonne foi, ou qui n'avaient pas ses connaissances mathématiques. Nous ne le suivrons pas dans ses conjectures, qui ne nous semblent pas heureuses. *Maximus erat scrupulus quòd ad insaniam considerans et circumspiciens invenire non poteram cur planeta cui tantâ probabilitate, tanto consensu observatarum distantiarum libratio in diametro tribuebatur, potiùs ire vellet ellipticam viam æquationibus indicibus. O me ridiculum! perindè quasi libratio in diametro non possit esse via ad ellipsim. Itaque non parvo mihi constitit ista notitia juxtà librationem consistere ellipsim, ut sequenti capite patescet ubi etiam demonstrabitur nullam planetæ relinqui figuram orbitæ prœterquam perfectè ellipticam*, p. 225. Le tems n'était pas venu de démontrer mathématiquement la véritable figure des orbites planétaires. Honneur à l'astronome plein de courage et de sagacité, qui a su trouver les lois des mouvemens célestes par la force des calculs, quand il n'existait encore aucune autre voie pour y arriver!

On peut trouver quelque obscurité dans le raisonnement duquel Képler conclut l'ellipticité de la courbe et dans cette substitution du rayon à la sécante. La chose est assez curieuse pour mériter d'être éclaircie (fig. 73).

Dans l'hypothèse excentrique on a le rayon vecteur

$$NK = \frac{1+e\cos x}{\cos HKN} = (1+e\cos x)\,\text{séc}\,HKN = (1+e\cos x)(1+\text{tang}^2 HKN)^{\frac{1}{2}}$$

$$\overline{NK}^2 = (1+e\cos x)^2\left(1+\frac{e^2\sin^2 x}{(1+e\cos x^2)^2}\right) = (1+e\cos x)^2 + e^2\sin^2 x$$
$$= 1+2e\cos x+e^2\cos^2 x+e^2\sin^2 x = 1+2e\cos x+e^2$$
$$= 1+2\sin\varepsilon\cos x+\sin^2\varepsilon.$$

Supposez maintenant que le cercle excentrique AKC vienne à tourner autour de son axe AC, jusqu'à ce qu'il arrive à l'inclinaison qui produit l'ellipse AMC; M sera la projection de K, NM sera la projection de NK; la droite MK sera perpendiculaire sur le plan de projection; MNK sera la latitude λ du point K, vue du foyer N; et l'on aura

$$NM = NK \cos MNK = NK \cos\lambda;\ \text{d'où}$$

$$\overline{NM}^2 = \overline{NK}^2\cos^2\lambda = \frac{\overline{NK}^2}{\text{séc}^2\lambda} = \frac{\overline{NK}^2}{1+\text{tang}^2\lambda} = \frac{\overline{NK}^2}{1+\text{tang}^2\varepsilon\sin^2 ANM} = \frac{\overline{NK}^2}{1+\text{tang}^2\varepsilon\sin^2 u};$$

car, $\text{tang}\,\lambda = \text{tang inclinais.}\sin ANM = \text{tang}\,\varepsilon\sin u.$

$$\overline{NM}^2 = \frac{1 + 2\sin\varepsilon\cos x + \sin^2\varepsilon}{1 + \tang^2\varepsilon \cdot \frac{\cos^2\varepsilon\sin^2 x}{(1+\sin\varepsilon\cos x)^2}} = \frac{(1+2\sin\varepsilon\cos x + \sin^2\varepsilon)\ (1+\sin\varepsilon\cos x)^2}{(1+\sin\varepsilon\cos x)^2 + \sin^2\varepsilon\sin^2 x}$$

$$= \frac{(1+2\sin\varepsilon\cos x + \sin^2\varepsilon)\ (1+\sin\varepsilon\cos x)^2}{1+2\sin\varepsilon\cos x + \sin^2\varepsilon\cos^2 x + \sin^2\varepsilon\sin^2 x}$$

$$= \frac{(1+2\sin\varepsilon\cos x + \sin^2\varepsilon)\ (1+\sin\varepsilon\cos x)^2}{1+2\sin\varepsilon\cos x + \sin^2\varepsilon}$$

$$= (1+\sin\varepsilon\cos x)^2 \quad \text{et} \quad NM = 1 + \sin^\varepsilon \cos x = KT.$$

L'observation a prouvé que le rayon vecteur excentrique est trop grand; que le véritable rayon vecteur est $NM = NK \cos\lambda$, c'est-à-dire, que le rayon vecteur véritable est la projection orthographique de NK; que la multiplication par $\cos\lambda$ détruit l'effet de la division par cos HKN, ou que HKN = MNK = latitude du point K vue du foyer N = inclinaison du rayon vecteur excentrique sur le plan de l'ellipse, égalité qui n'a été remarquée de personne, que je sache, depuis Képler, qui même ne le dit pas expressément. La même projection orthographique qui change NK en NM, change le cercle en une ellipse, dont l'excentricité $e = \sin\varepsilon$ = sin inclinaison.

Ainsi, puisque le rayon vecteur doit être $\frac{(1+e\cos x)\cos\lambda}{\cos MNC} = (1+e\cos x)$, il faut que la courbe soit une ellipse. Cette ellipse donne

$$\sin u = \frac{\cos\varepsilon\sin x}{1+\sin\varepsilon\cos x} = \frac{\cot\varepsilon\sin\varepsilon\sin x}{1+\sin\varepsilon\cos x};\ \text{d'où}\ \tang\varepsilon\sin u = \frac{\sin\varepsilon\sin x}{1+\sin\varepsilon\cos x}$$
$$= \tang\lambda = \tang HKN = \text{tang équat. du centre dans l'excentr.};$$

donc λ = HKN; ce qui est vrai pour un point quelconque de l'ellipse. Toujours l'angle HKN est égal à la latitude MNK, ou à l'inclinaison du rayon excentrique sur le plan de l'ellipse.

HKN est le même, soit dans le plan de l'excentrique et de l'ellipse, soit dans le plan incliné dont la projection est l'ellipse.

Les points H et N sont immobiles; HK et NK n'ont pas changé dans le mouvement qui a produit l'inclinaison; pour un même point K de l'excentrique, les trois côtés HN, NK, HK sont constans; mais MK, dans le plan, diffère de MK perpendiculaire.

$$KR = \sin x, \quad MR = \cos\varepsilon\sin x,$$
$$MK = KR - MR = \sin x(1-\cos\varepsilon) = 2\sin^2\tfrac{1}{2}\varepsilon\sin x,$$
$$\text{MK perpendiculaire } \sin\varepsilon\sin x = 2\sin\tfrac{1}{2}\varepsilon\cos\tfrac{1}{2}\varepsilon\sin x,$$

$$\frac{\text{MK différ. des deux ordonnées}}{\text{MK perpendiculaire}} = \frac{2\sin^2\frac{1}{2}\epsilon\sin x}{2\sin\frac{1}{2}\epsilon\cos\frac{1}{2}\epsilon\sin x} = \text{tang}\,\tfrac{1}{2}\epsilon, \text{ valeur constante.}$$

$$\text{KR} - \text{MR} = (\text{MK perpendiculaire})\,\text{tang}\,\tfrac{1}{2}\epsilon.$$

Si $u = \text{ANM} = 0$, il est évident que x et λ sont tous deux $= 0$.

Si $u = 90° - \epsilon$, ce qui arrive au sommet du petit axe,

$$\text{tang}\,\epsilon\sin u = \text{tang}\,\epsilon\cos\epsilon = \sin\epsilon.$$

Ainsi, $\text{tang}\,\lambda = \sin\epsilon$, la latitude du point B, vue du foyer, aura sa tangente égale au sinus de l'inclinaison.

Si $u = 90°$, $\text{tang}\,\lambda = \text{tang}\,\epsilon = \dfrac{\sin\epsilon\sin x}{1+\sin\epsilon\cos x};\ \dfrac{\text{tang}\,\epsilon}{\sin\epsilon} = \dfrac{\sin x}{1+\sin\epsilon\cos x}$,

$$\text{et}\cos\epsilon = \frac{1+\sin\epsilon\cos x}{\sin x},$$

$$\cos\epsilon\sin x = 1+\sin\epsilon\cos x,\quad \cos\epsilon\sin x - \sin\epsilon\cos x = 1 = \sin(x-\epsilon) = \sin 90°,$$

$$x - \epsilon = 90°,\quad x = 90° + \epsilon,\quad \cos x = -\sin\epsilon,$$

$$\text{si } u = 180°,\ x = 180° \quad \text{et} \quad \lambda = 0.$$

Le triangle rectangle TNK est donc toujours parfaitement égal au triangle perpendiculaire MNK; la perpendiculaire $\text{MK} = \sin\epsilon\sin x$ $=$ perpendiculaire NT.

Le côté NK est commun, $\text{TK} = 1 + \sin\epsilon\cos x = \text{NM} =$ rayon vecteur elliptique.

L'angle TKN $=$ MNK $=$ latitude fococentrique du point K $=$ équation du centre dans l'excentrique.

L'angle T est droit comme KMN; l'angle $\text{KNT} = 90° - \text{TKN} = 90° - \lambda$.

Il est donc évident qu'en projetant l'excentrique orthographiquement, c'est-à-dire, en multipliant le rayon vecteur par le cosinus de la latitude λ, Képler détruisait infailliblement le mauvais effet de la sécante de l'équation du centre dans l'excentrique, puisque partout les deux cosinus sont égaux, et que séc. cos $= 1$.

Soit (fig. 74) KMR $= \sin x$ dans le plan de projection,
K'R $= \sin x$ dans le plan incliné,
K'M $= \sin\epsilon\sin x$, perpend. à la projection,
RM $= \cos\epsilon\sin x$, ordonnée elliptique,
$\text{RKK'} = \text{RK'K} = 90° - \frac{1}{2}\epsilon$,
$\text{RK'M} = 90 - \epsilon$,
$\text{KK'M} = (90° - \frac{1}{2}\epsilon) - (90° - \epsilon) = \frac{1}{2}\epsilon$,

$$KM = K'M \tan KK'M = \sin \varepsilon \sin x \tan \tfrac{1}{2}\varepsilon$$
$$= 2\sin\tfrac{1}{2}\varepsilon\cos\tfrac{1}{2}\varepsilon\tan\tfrac{1}{2}\varepsilon\sin x = 2\sin^2\tfrac{1}{2}\varepsilon\sin x,$$
$$90° - \tfrac{1}{2}\varepsilon - (90 - \varepsilon) = 90° - \tfrac{1}{2}\varepsilon - 90° + \varepsilon = \tfrac{1}{2}\varepsilon,$$
$$KK' = 2\sin\tfrac{1}{2}\varepsilon\sin x = \frac{K'M}{\cos\tfrac{1}{2}\varepsilon} = \frac{2\sin\tfrac{1}{2}\varepsilon\cos\tfrac{1}{2}\varepsilon\sin x}{\cos\tfrac{1}{2}\varepsilon} = 2\sin\tfrac{1}{2}\varepsilon\sin x.$$

C'est dans le chap. LIX qu'il donne ses idées sur le calcul elliptique; c'est encore un chapitre qui est peu cité, quoiqu'il renferme toutes les méthodes qu'on suit encore aujourd'hui sans s'informer à qui l'on en est redevable.

Il établit quelques *prothéorèmes*.

I. Les ordonnées de l'ellipse sont les ordonnées d'un cercle, diminuées dans une raison constante. Il renvoie à Apollonius et au Commentaire de Commandin sur Archimède.

Soit y l'ordonnée du cercle incliné, y' l'ordonnée correspondante de l'ellipse;

$$y' = y\cos\varepsilon = y - 2y\sin^2\tfrac{1}{2}\varepsilon, \text{ d'où } y - y' = 2y\sin^2\tfrac{1}{2}\varepsilon, \ \sin\varepsilon = \text{excentricité}.$$

Ces expressions simples se tirent immédiatement de ce premier théorème.

II. L'aire de l'ellipse est à celle du cercle :: y' : y. C'est un théorème d'Archimède.

III. Les parties retranchées des ordonnées sont comme les y. C'est notre expression $2y\sin^2\frac{1}{2}\varepsilon$.

IV. Si l'on divise le cercle en arcs égaux par des ordonnées, l'ellipse sera divisée en arcs inégaux, et les arcs elliptiques seront en plus grande proportion vers les extrémités du grand axe; vers les extrémités du petit axe la proportion sera moindre; les arcs voisins seront presque égaux; l'arc elliptique sera moindre cependant que l'arc circulaire correspondant, parce qu'il a moins de courbure.

V. La circonférence elliptique est à peu près moyenne arithmétique entre celle du cercle inscrit et celle du cercle circonscrit.

VI. Si deux carrés sont divisés proportionnellement, leurs gnomons seront comme les carrés; les gnomons seront

$$\frac{2ab + bb}{2AB + BB} = \frac{\frac{ab}{AB} + \frac{b^2}{2AB}}{1 + \frac{B^2}{2AB}} = \frac{\frac{a}{A}\cdot\frac{a}{A} + \frac{\frac{a^2}{A^2}B^2}{2AB}}{1 + \frac{B}{2A}} = \frac{\frac{a^2}{A^2}\left(1 + \frac{B}{2A}\right)}{1 + \frac{B}{2A}} = \frac{a^2}{A^2}.$$

Képler en donne une démonstration synthétique.

VII. Le carré de l'excentricité = gnomon fait de $a^2 - b^2$; nous disons plus simplement $e^2 = a^2 - b^2$, ou $\sin^2\varepsilon = 1 - \cos^2\varepsilon$.

Les théorèmes suivans sont longs et obscurs, et nous n'en avons aucun besoin pour nous démontrer les lois et les calculs de Képler.

C'est au chapitre suivant qu'il va nous donner sa solution du problème qui porte son nom, ce qui est de toute justice, puisqu'il en a fait la base du calcul astronomique, qu'il l'a proposé le premier aux géomètres, et qu'il en a donné une solution qui ne vieillira jamais.

La figure sur laquelle il établit ses calculs est une de celles sur lesquelles il veut attirer les regards de ses lecteurs; car à la droite de son ellipse, vers l'aphélie, il a représenté l'Astronomie portée sur un char de triomphe, tenant une couronne de la main gauche, et de la droite cette même courbe elliptique (fig. 75).

Il n'a pu se démontrer le point fondamental, ou l'égalité des aires en tems égaux; il disait, page 294 : Nous continuons toujours la même fiction; si quelqu'un avait assez de loisir pour calculer l'aire de l'ellipse, et qu'il employât cette aire au lieu de la somme des rayons vecteurs qui partagent l'arc elliptique en autant de parties qu'il y en a dans l'arc de l'excentrique, il verrait qu'il ne s'éloignerait pas du but. Prenons cette proposition comme une chose démontrée; et quelques lignes auparavant : Cette démonstration, bien qu'elle soit certaine, est cependant ἄτεχνος et ἀγεωμέτρητος, *peu suivant l'art et suivant la Géométrie*, si ce n'est pour les extrémités des deux axes. Je voudrais bien qu'on en trouvât une démonstration rigoureuse et qui pût satisfaire les *Apollonius;* mais en attendant que quelqu'un la trouve, il est bien force que nous nous contentions de celle-ci.

Cette démonstration a été donnée depuis par Képler, et ensuite par Newton; elle ne suppose que les premiers élémens de Géométrie, et l'uniformité du mouvement de projection en ligne droite. Il est bien singulier que Képler, qui a déclaré que le mouvement en ligne droite était le seul possible et le seul naturel, n'ait jamais songé à combiner ce mouvement en ligne droite avec la force *tractoire* qu'il donne au Soleil. Au lieu de cette impulsion primitive, au moyen de laquelle la planète avancerait uniformément en ligne droite, il a cherché une âme, une force résidant dans la planète elle-même. Les choses les plus faciles sont assez souvent celles auxquelles on songe le moins. Un homme moins religieux que Képler, et qui n'aurait pas voulu admettre de Créateur, aurait eu quelque peine à imaginer la cause du mouvement de projection; mais comment Képler n'a-t-il pas fait intervenir le Créateur pour lancer les planètes dans l'espace, au moment de la création?

Mais pour que la difficulté de son argumentation *subtile et perplexe* ne fasse pas douter de la vérité, il nous dit encore que c'est par expérience qu'il y est arrivé.

Pour chaque degré de l'anomalie excentrique x, il a calculé $(1+e\cos x)$; il a prouvé auparavant que cette expression est celle du rayon vecteur, et la somme de ces angles se trouvait toujours proportionnelle au tems; à cette somme trop pénible à calculer, il substituait, comme équivalent, l'aire du secteur. Il était persuadé que le mouvement se ralentissait en raison de la longueur des rayons; ainsi la somme des rayons devait être proportionnelle au tems, lorsqu'on exprimait le tems de la révolution par 360°.

Il résultait de ce calcul deux conséquences, la loi des aires et l'expression du rayon vecteur.

Il ajoute que si quelqu'un attribue la difficulté et l'obscurité de sa démonstration à son peu de génie, il en conviendra; cependant il renvoie celui qui lui ferait ce reproche aux Coniques d'Apollonius, bien sûr qu'il y verra des propositions qu'aucune force de génie ne parvient à rendre assez claires pour être entendues en courant; il faut long-tems méditer et ruminer ce qu'on a lu. Au reste, nous verrons plus loin que Képler a trouvé cette démonstration, qu'il croyait si difficile.

Soit AM (fig. 75) un arc elliptique, et l'ordonnée KML; on a l'aire AHK du secteur circulaire, et comme on connaît AK, on connaît aussi son sinus $KL = \sin x$.

Or,

$$\sin x : 1 :: \text{aire HKN} : \text{aire HEN} = \tfrac{1}{2}\,\text{HN};$$

ainsi

$$\text{HKN} = \tfrac{1}{2}\,\text{HN} \sin x = \tfrac{1}{2}\, e \sin x;$$

donc le secteur

$$\text{ANK} = \text{AHK} + \text{HKN} = \tfrac{1}{2}\, x + \tfrac{1}{2}\, e \sin x;$$

cette quantité est proportionnelle au tems, HKN est ce que Képler appelle l'*équation physique*, qui s'ajoute à l'anomalie excentrique x, correspondant à l'anomalie moyenne. L'anomalie moyenne représentera le tems, l'arc AK sera l'anomalie de l'excentrique; et l'angle ANK, il l'appelle *anomalie égalée*. AK est aussi nommé par Képler *celui qui donne le nom à l'anomalie* AM, *ejus denominator*.

Ces dénominations indiquent la route qu'a suivie Képler. C'est l'excentrique des anciens, et l'excentricité coupée en deux, qui l'ont conduit à son ellipse; il conserve l'excentrique pour faciliter le calcul elliptique.

La démonstration de $z=x+e\sin x$ est un peu obscure, mais exacte, et ne laisse rien à désirer, si ce n'est une rédaction plus simple. L'autre équation $1+e\cos x$ est démontrée à la manière d'Euclide, page 290, par les carrés et les gnomons, ce qui revient à notre démonstration actuelle

$$r^2=(e+\cos x)^2+(1-e^2)\sin^2 x=e^2+2e\cos x+\cos^2 x+\sin^2 x-e^2\sin^2 x$$
$$=1+2e\cos x+e^2\cos^2 x=(1+e\cos x)^2.$$

Ainsi voilà les deux équations fondamentales du problème; voilà ce qu'on a donné jusqu'ici de plus simple et de plus généralement utile, et c'est à Képler qu'on le doit.

Il reste à déterminer l'anomalie vraie; Képler montre qu'on a

$$\cos u=\frac{e+\cos x}{1+e\cos x}=\frac{\cos x+e}{1+e\cos x};$$

on connaîtra donc ANM = anomalie vraie égalée. Voilà tout ce qu'il en dit.

Réciproquement, étant donnée l'anomalie vraie, on en conclura x, quoique avec un peu plus de peine; la chose était pourtant bien égale. L'équation précédente donne

$$\cos u+e\cos u\cos x=e+\cos x,\quad \cos u=e+\cos x-e\cos u\cos x,$$
$$\cos u-e=\cos x-e\cos u\cos x,\quad \text{et}\quad \cos x=\frac{\cos u-e}{1-e\cos u};$$

mais Képler ne connaissait pas l'usage des équations; il fait

$$(e\cos x)=\frac{\cos u-e}{\frac{1}{e}-\cos u},\quad \text{et}\quad \cos x=\left(\frac{e\cos x}{e}\right).$$

Il donne encore une autre méthode plus singulière et qui ne mérite pas l'oubli dans lequel elle est tombée. Képler la démontre d'une manière longue et détournée; on peut y arriver directement de plusieurs manières.

Soit M le lieu de la planète sur son ellipse, AK l'anomalie excentrique; menez KN et MN; $\mathrm{MNL}=u$; $\mathrm{KMN}=\varphi$; $\mathrm{KNL}=u+\varphi$.

$$\operatorname{tang}\mathrm{KNM}=\frac{\mathrm{KM}.\sin\mathrm{M}}{\mathrm{NM}+\mathrm{KM}\cos\mathrm{M}}=\frac{2\sin^2\tfrac{1}{2}\varepsilon\sin x\cos u}{\frac{e+\cos x}{\cos u}+2\sin^2\tfrac{1}{2}\varepsilon\sin x\sin u}$$
$$=\frac{2\sin^2\tfrac{1}{2}\varepsilon\sin x\cos^2 u}{\sin\varepsilon+\cos x+2\sin^2\tfrac{1}{2}\varepsilon\sin x\sin u},$$

$$\tang\varphi = \frac{2\sin^2\frac{1}{2}\varepsilon\cos^2 u\left(\frac{\sin x}{\sin\varepsilon+\cos x}\right)}{1+2\sin^2\frac{1}{2}\varepsilon\sin u\cos u\left(\frac{\sin x}{\sin\varepsilon+\cos x}\right)} = \frac{2\sin^2\frac{1}{2}\varepsilon\cos^2 u\tang KNL}{1+2\sin^2\frac{1}{2}\varepsilon\sin u\cos u\tang KNL}$$

$$= \frac{2\sin^2\frac{1}{2}\varepsilon\cos^2 u\left(\frac{\tang u}{\cos\varepsilon}\right)}{1+2\sin^2\frac{1}{2}\varepsilon\sin u\cos u\left(\frac{\tang u}{\cos\varepsilon}\right)} = \frac{2\sin^2\frac{1}{2}\varepsilon\sin u\cos u}{\cos\varepsilon+2\sin^2\frac{1}{2}\varepsilon\sin^2 u}$$

$$= \frac{\sin^2\frac{1}{2}\varepsilon\sin 2u}{1-2\sin^2\frac{1}{2}\varepsilon+2\sin^2\frac{1}{2}\varepsilon\sin^2 u} = \frac{\sin^2\frac{1}{2}\varepsilon\sin 2u}{1-2\sin^2\frac{1}{2}\varepsilon+\sin^2\frac{1}{2}\varepsilon-\sin^2\frac{1}{2}\varepsilon\cos 2u}$$

$$= \frac{\sin^2\frac{1}{2}\varepsilon\sin 2u}{\cos^2\frac{1}{2}\varepsilon-\sin^2\frac{1}{2}\varepsilon\cos 2u} = \frac{\tang^2\frac{1}{2}\varepsilon\sin 2u}{1-\tang^2\frac{1}{2}\varepsilon\cos 2u},$$

$$KNM = \varphi = \frac{\tang^2\frac{1}{2}\varepsilon\sin 2u}{\sin 1''} + \frac{\tang^4\frac{1}{2}\varepsilon\sin 4u}{\sin 2''} + \frac{\tang^6\frac{1}{2}\varepsilon\sin 6u}{\sin 3''} + \text{etc.}$$

φ est la réduction d'un cercle décrit autour du foyer dans le plan de l'ellipse, à un cercle incliné d'un angle ε sur le plan de l'ellipse.

$\varphi+u$ sera donc l'arc de cercle qui répondra à l'angle u du cercle autour du foyer; la réduction de cet arc au plan de l'ellipse sera donc

$$\varphi = \tang^2\tfrac{1}{2}\varepsilon\sin 2(u+\varphi) - \tfrac{1}{2}\tang^4\tfrac{1}{2}\varepsilon\sin 4(u+\varphi) + \tfrac{1}{3}\tang^6\tfrac{1}{2}\varepsilon\sin 6(u+\varphi) + \text{etc.}$$
$$= \tang^2\tfrac{1}{2}\varepsilon\sin 2u + \tfrac{1}{2}\tang^4\tfrac{1}{2}\varepsilon\sin 4u + \tfrac{1}{3}\tang^6\tfrac{1}{2}\varepsilon\sin 6u + \text{etc.}$$

u étant donné, vous aurez φ par cette série ou par sa tangente.

Mais

$$HK : \sin KNL :: NH : \sin HKN,$$
$$1 : \sin(u+\varphi) :: e : \sin HKN = e\sin(u+\varphi),$$
$$x = KHA = KNA + HKN = (u+\varphi) + \text{arc}\sin = e\sin(u+\varphi).$$

Képler ne résout ce problème qu'approximativement; il fait

$$\varphi = \frac{\tang^2\frac{1}{2}\varepsilon\sin 2u}{\sin 1''};$$

il a donc φ, aux termes près $\tang^4\frac{1}{2}\varepsilon$, $\tang^6\frac{1}{2}\varepsilon$, etc.

A vrai dire, il est plus court de faire $\cos x = \frac{\cos u - \sin\varepsilon}{1-\sin\varepsilon\cos u}$, ou de chercher x par son sinus, par sa tangente et sur-tout par la tangente de sa moitié.

La solution de Képler a le mérite de ramener le problème de x à la même forme que celui de z, à peu près. Une table de $e\sin x$ servirait à trouver $e\sin(u+\varphi)$. Au fond, cet avantage est bien médiocre, et nous avons une série plus expéditive, qui donne $(x-u)$, d'où x par u ou u

par x. Cependant, à cause de la singularité de la solution, donnons un exemple du calcul.

Soit $e = 0{,}09265$ et $x = 45°$. z = anomalie moyenne.

$e = 0{,}09265\ldots$	8,9668454	....	8,9668454
$\sin 45°\ldots$	9,8494850	$\cos 45°\ldots$	9,8494850
C. $\sin 1''\ldots$	5,3144251	0,0655134...	8,8163304
$e \sin x = 3°45'13''1$	4,1307555	1	
$x = 45$		1,0655134	$= 1 + e\cos x$
$z = 48.45.13{,}1$			= rayon vecteur,

$1 - e = 0{,}90735\ldots$ 9,9577748

C. $1 - e = 1{,}09265\ldots$ 9,9615188

$(1 - e) : (1 + e)\ldots$ 9,9192936

moitié... 9,9596468

$\tang \frac{1}{2} x = 22°30'$ 9,6172243

$\tang \frac{1}{2} u = 20.40.46''3$.... 9,5768711

$u = 41.21.32{,}6$

$z = 48.45.13{,}1$

$z - u = 7.23.40{,}5$ = équation du centre.

Voilà donc, par les formules actuellement en usage, l'anomalie moyenne, le rayon vecteur, l'anomalie vraie et l'équation du centre, d'après l'anomalie excentrique x.

Par les formules de Képler nous aurions, comme ci-dessus, z et $1 + e\cos x$, et nous ferions

$e = 0{,}092650$

$\cos x = 0{,}707107$

$e + \cos x = 0{,}799757\ldots$. log... 9,9029580

C. $\log(1 + e\cos x) = 1{,}0655134$.......... 9,9724410

$\cos u = 41°21'32''6$ 9,8753990

$z = 48.45.13{,}1$

$z - u = 7.23.40{,}5$ = équation du centre, comme ci-dessus.

Voilà donc le problème résolu en prenant x pour donnée, à l'exemple de Képler. Renversons le problème, en partant de l'anomalie vraie $41° 21' 32'',6$.

$e = \sin \varepsilon =$ 5° 18′ 58″ 8,9668454.

$\tang^2 \frac{1}{2}\varepsilon =$ 2.39.29....	7,3335062	$\tang^4 \frac{1}{2}\varepsilon$...	4,6670124
C. sin 1″....	5,3144251	C. sin 2″...	5,0133951
$\sin 2u =$ 82° 43′ 4″...	9,9964827	$\sin 4u =$ 165° 26′ 8″..	9,4004851
7′ 20″98....	2,6444140	0″12...	9,0808926
maximum... 7.24,56....	2,6479313	7′ 20,98.	Le *maximum*
pour Mars.			

$\varphi =$ 7.21,10 de ce terme

$u =$ 41° 21.32,6 est 0″,48.

$\sin(u+\varphi) =$ 41.28.53,7 ... 9,8211067

e... 8,9668454

$\text{arc} \sin = e \sin(u+\varphi) =$ 3.31. 6,3 ... 8,7879521

$u+\varphi+\text{arc}\sin = e\sin(u+\varphi) = x =$ 45. 0. 0,0.

On voit qu'en prenant l'arc lui-même, on retrouve l'anomalie excentrique supposée ci-dessus.

Nous aurions bien plus promptement

$$\tang \tfrac{1}{2}x = \tang(45° + \tfrac{1}{2}\varepsilon) \tang \tfrac{1}{2}u.$$

$\text{Tang}(45° + \frac{1}{2}\varepsilon) =$	tang 47° 39′ 29″ ...	0,0403534
$\tang \frac{1}{2}u =$	tang 20.40.46,3..	9,5768711
$\tang \frac{1}{2}x =$	22.30.......	9,6172245
$x =$	45.	

Nous ferions encore

$$\tfrac{1}{2}(x-u) = \tang \tfrac{1}{2}\varepsilon \sin u + \tfrac{1}{2}\tang^2 \tfrac{1}{2}\varepsilon \sin 2u + \tfrac{1}{3}\tang^3 \tfrac{1}{2}\varepsilon \sin 3u.$$

	$\text{Tang}\frac{1}{2}\varepsilon$...	8,6667531	$\tang^2\frac{1}{2}\varepsilon$...	7,3335062	$\tang^3\frac{1}{2}\varepsilon$...	6,0002593
	$\sin u$...	9,8200538	$\sin 2u$...	9,9964827	$\sin 3u$...	9,9181789
	C. sin 1″...	5,3144251	C. sin 2″...	5,0133951	C. sin 3″...	4,8373039
1er terme	1° 45′ 27″5	3,8012320	3′ 40″48	2,3433840	5″7..	0,7557421
2e.........	+ 3.40,48		$\tang^4\frac{1}{2}\varepsilon$...	4,6670124		
3e.........	+ 5,7		$\sin 4u$...	9,4004851		
4e.........	+ 0,06		C. sin 4″...	4,7123651		
$\frac{1}{2}(x-u)$	1.49.13,74;	$x-u =$ 3° 38′ 27″48;		8,7798626.	log. 0″06	

L'angle que nous avons nommé φ, Képler l'appelle angle d'entrée ou de rapprochement vers l'axe ; la différence des ordonnées du cercle de l'ellipse, il l'appelle petite ligne d'entrée, *lineola ingressûs ad diametrum apsidum.* C'est la quantité dont la planète s'est rapprochée de l'axe.

L'angle MHL au centre de l'ellipse se trouvera par la formule

$$\text{tang}\, C = \text{tang}\, MHL = \frac{ML}{HL} = \frac{KL - KM}{HL} = \frac{\sin x - 2\sin \frac{1}{2}\varepsilon \sin x}{\cos x}$$
$$= (1 - 2\sin^2 \tfrac{1}{2}\varepsilon)\frac{\sin x}{\cos x} = \cos\varepsilon \,\text{tang}\, x,$$

d'où

$$\text{tang}\, x - \text{tang}\, C = \frac{\sin(x - C)}{\cos x \cos C} = (1 - \cos\varepsilon)\,\text{tang}\, x = 2\sin^2 \tfrac{1}{2}\,\text{tang}\, x,$$
$$\sin(x - C) = 2\sin^2 \tfrac{1}{2}\varepsilon \sin x \cos C.$$

Képler dit que $(x - C)$ croît en raison composée de $\sin x$ et $\cos x$; il était plus simple de dire en raison de $\sin 2x$, ce qui n'est vrai qu'à peu près.

Soit $x - C = y$.

$$\sin y = 2\sin^2 \tfrac{1}{2}\varepsilon \sin x \cos(x - y) = 2\sin^2 \tfrac{1}{2}\varepsilon \sin x \cos x \cos y + 2\sin^2 \tfrac{1}{2}\varepsilon \sin^2 x \sin y,$$
$$\text{tang}\, y = 2\sin^2 \tfrac{1}{2}\varepsilon \sin x \cos x + 2\sin^2 \tfrac{1}{2}\varepsilon \sin^2 x\, \text{tang}\, y,$$
$$\text{tang}\, y\,(1 - 2\sin^2 \tfrac{1}{2}\varepsilon \sin^2 x) = \sin^2 \tfrac{1}{2}\varepsilon \sin 2x,$$
$$\text{tang}\, y = \frac{\sin^2 \frac{1}{2}\varepsilon \sin 2x}{1 - 2\sin^2 \frac{1}{2}\varepsilon \sin^2 x} = \frac{\sin^2 \frac{1}{2}\varepsilon \sin 2x}{1 - \sin^2 \frac{1}{2}\varepsilon (1 - \cos 2x)} = \frac{\sin^2 \frac{1}{2}\varepsilon \sin 2x}{1 - \sin^2 \frac{1}{2}\varepsilon + \sin^2 \frac{1}{2}\varepsilon \cos 2x}$$
$$= \frac{\text{tang}^2 \frac{1}{2}\varepsilon \sin 2x}{1 + \text{tang}^2 \frac{1}{2}\varepsilon \cos 2x},$$
$$KHM = y = \text{tang}^2 \tfrac{1}{2}\varepsilon \sin 2x - \tfrac{1}{2}\text{tang}^4 \tfrac{1}{2}\varepsilon \sin 4x + \tfrac{1}{3}\text{tang}^6 \tfrac{1}{2}\varepsilon \sin 6x + \text{etc.}$$
$$= \text{tang}^2 \tfrac{1}{2}\varepsilon \sin 2C + \tfrac{1}{2}\text{tang}^4 \tfrac{1}{2}\varepsilon \sin 4C + \tfrac{1}{3}\text{tang}^6 \tfrac{1}{2}\varepsilon \sin 6C.$$

Voilà à fort peu près ce que Képler a pu faire pour la solution de son problème. S'il n'a pas donné précisément ces formules, il en employait l'équivalent ; il ne connaissait pas les séries ci-dessus, il n'en prenait que le premier terme, dont il déterminait la constante par des moyens moins directs. Mais moins il trouvait de secours dans la Trigonométrie de son tems, plus il avait de mérite à apercevoir et à démontrer les formules. Il a reconnu qu'il n'y avait aucun moyen géométrique pour passer de l'anomalie moyenne à l'anomalie vraie, ni même à l'anomalie excentrique. Il termine en disant : *Tel est mon avis; ma méthode, je le sais, est peu géométrique; j'exhorte donc les géomètres à résoudre ce problème :*

« Étant donnée l'aire d'une partie du demi-cercle et un point sur un

» diamètre, trouver un arc et un angle dont le sommet soit au point » donné, l'aire étant enfermée entre cet arc et les deux côtés de l'angle, » ou bien partager l'aire du demi-cercle en raison donnée, par une ligne » qui passe par un point du diamètre. Je crois qu'il est impossible de » donner une solution directe de ce problème, puisque l'arc et le sinus » sont hétérogènes. Si je me trompe, et qu'on me montre la véritable » route, celui qui me rendra ce service sera pour moi le grand Apollo- » nius, *erit mihi magnus Apollonius.* » Apollonius y aurait échoué. Les plus grands géomètres se sont occupés de ce problème; ils ont donné des méthodes savantes et ingénieuses, mais qui sont bien pénibles quand on les compare aux deux règles de Képler.

Dans la cinquième partie, il se sert des élémens corrigés de Mars, pour mieux déterminer le nœud et l'inclinaison. Mais malgré tous ses soins, il ne représente les latitudes qu'à 4 ou 5′ près. Ces erreurs provenaient des observations, des réfractions et sur-tout des parallaxes, qu'il supposait beaucoup trop fortes.

Il cherche la cause physique des inclinaisons; il la trouve dans la vertu magnétique qui réside dans le Soleil et qui fait que dans toute sa révolution la planète conserve le parallélisme de son axe. La planète a une partie qui recherche le Soleil, et une autre qui le fuit; elle ressemble en cela à l'aimant, qui a un pôle ami et un pôle ennemi. Nous ne le suivrons pas dans l'exposition qu'il fait de cette théorie; nous ne citerons que quelques idées singulières ou bizarres, telles que celles de la page 309, où il se demande s'il n'y aurait pas au sein de la Terre un globe fixe qui ne participerait pas au mouvement diurne et qui serait invariablement dirigé vers la même partie du ciel.

Il cherche la parallaxe, et il n'en trouve pas dont il puisse répondre, car il ne peut répondre de 2′. Il est vrai que si la parallaxe du Soleil est de 3′, celle de Mars pourrait aller à 6′. Le fait est qu'elle n'est pas de $\frac{1}{3}$ de minute. Les observations de Tycho pouvaient s'expliquer avec une parallaxe de 2′ ou de 2′ $\frac{1}{2}$; pourquoi n'a-t-il donc pas diminué ces parallaxes?

Tycho avait remarqué avec étonnement que les plus grandes latitudes n'arrivaient pas exactement à l'opposition. On a généralement

$$\text{tang}\, G = \frac{r}{D}\,\text{tang}\, H = \frac{\sin T \,\text{tang}\, I \sin(\Pi - \Omega)}{\sin(\odot - \Pi)},$$

$$\text{tang}\, G \cot I = \frac{\sin T \sin(\Pi - \Omega)}{\sin(\odot - \Pi)}.$$

Pour Mars, le mouvement $(\Pi - \Omega) = 31' 27''$ par jour,

$$\odot - \Pi = 31' 27'' - 59' 8'' = 27' 41''.$$

Le mouvement de $(\Pi - \Omega)$ est donc plus grand que celui de $\odot - \Pi$; $\frac{\sin(\Pi - \Omega)}{\sin(\odot - \Pi)}$ peut donc très bien être une quantité croissante. Sin T augmente à mesure que la planète s'éloigne de l'opposition; ainsi...... $\tang G = \frac{\tang I \sin T \sin(\Pi - \Omega)}{\sin(\odot - \Pi)}$ peut très bien croître avec T. Il n'y a donc rien que de très simple dans ce qui causait l'étonnement de Tycho; mais Tycho n'avait aucune idée du véritable système des latitudes. Si les hypothèses de Ptolémée et de Tycho ne pouvaient rendre raison de ce fait, si naturel dans le système de Képler, c'est que ces hypothèses étaient fausses.

Képler se fait cette question: Les inclinaisons des planètes ne doivent-elles pas varier avec l'obliquité? Le tems n'était pas encore venu d'éclaircir ce point. Il se demande encore si l'on peut déterminer les élémens de Mars au tems de Ptolémée, par les observations rapportées dans la Syntaxe.

Les équinoxes de Ptolémée ne s'accordent ni avec ceux d'Hipparque, ni avec ceux d'Albategni, ni avec ceux qu'on observe aujourd'hui. C'est ce qui a fait imaginer le mouvement de trépidation et de libration qui est détruit par la remarque, que toutes les observations un peu sûres s'accordent entre elles quand on suppose un mouvement égal et toujours direct. Ptolémée se défend par l'accord de ses observations de printems et d'automne.

On voit que Képler a quelque doute sur la véracité de Ptolémée; quant à nous, nous serions bien tenté de croire que Ptolémée n'a rien observé, qu'il s'est créé des exemples de calcul d'après ses tables.

Képler discute longuement des observations qui n'en valent guère la peine, et son résultat est que le mouvement du Soleil, en 1460 ans, est de 17′ 42″ moindre que celui des Tables pruténiques; l'époque, en l'an 0, devait être $5^s\ 7^\circ\ 16'\ 8''$, comptée de Régulus; le mouvement de l'apogée de $8^\circ\ 23'$, et en l'an 0 il devait précéder Régulus de $1^s\ 27^\circ\ 8'$.

Il croit que Ptolémée a employé réellement beaucoup plus d'observations qu'il n'en a rapporté. Il le prouve par cette observation unique faite à trois jours de l'opposition, par laquelle il a déterminé la proportion des orbes. Ce choix d'une observation si peu convenable à cette recherche, m'a fait penser au contraire que Ptolémée devait être bien dépourvu d'observations, pour être réduit à un pareil choix. Ainsi du même fait nous tirons des conséquences tout à fait contraires. Le témoignage de Képler ne change rien à l'état de la question ; il ne veut pas convenir que Ptolémée ait eu le moindre tort ; c'est être beaucoup trop bon ; cette confiance a mené à l'hypothèse absurde de la trépidation. Au reste, la question n'a plus aucun intérêt. Supposez Ptolémée de bonne foi, il en résultera toujours que ses observations sont trop inexactes pour être employées aujourd'hui. A la page 335, Képler revient encore à cette observation trois jours après l'opposition, et il avoue qu'il était absurde de s'en servir pour trouver le rayon de l'épicycle, qu'il a prétendu démontrer par cette observation. Képler discute celle où Mars a paru collé au front du Scorpion. Il soupçonne une erreur sur l'étoile, qui doit être la cinquième et non la plus belle. Il ne croit pas qu'il y ait eu d'occultation réelle, mais seulement une distance assez petite pour que l'étoile et la planète aient paru se confondre ; et c'est aussi l'idée que j'ai eu en commentant ce passage. Il croit, d'après les expressions grecques, que Mars était placé en ligne droite avec les étoiles du front, et en effet, le grec dit *attaché au front*, et non *à l'étoile du front*. Cette explication paraît juste, la conclusion ne l'est pas moins quand il prononce qu'on ne peut rien tirer de ces deux observations anciennes. Il termine en disant que rien ne prouve aucun changement dans la proportion des orbes, mais qu'il n'est pas impossible qu'autrefois les plus grandes latitudes aient été un peu différentes de celles que nous observons, et en effet les inclinaisons des orbites ont des équations séculaires qu'on ne pouvait alors prouver ni par l'observation, ni par le calcul.

L'ordre des dates amène la dissertation *Cum nuncio sidereo nuper apud mortales misso* 1610. Képler venait de terminer l'ouvrage sur Mars : le bruit se répandit que Galilée venait de découvrir quatre planètes ; on ne disait pas si c'étaient des planètes ou simplement des satellites. Cette relation peu circonstanciée devait inquiéter Képler, qui croyait avoir trouvé la raison mathématique qui avait déterminé le nombre et les distances des planètes. Il avait eu quelques discussions avec Wackerius, un de ses amis, au sujet de son système cosmographique ; la nouvelle découverte semblait donner gain de cause à son adversaire : il était donc porté naturellement à douter. Si ces planètes sont réelles, qui nous empêche de supposer qu'il y en a une infinité d'autres ? Pendant que Képler était livré à ces réflexions, Galilée lui fit remettre un exemplaire de son ouvrage, et c'est ce qui donna lieu à cette dissertation adressée à Galilée lui-même. Loin de révoquer en doute l'existence des quatre satellites de Jupiter, il désire bien plutôt avoir une lunette pour découvrir les deux que Mars doit avoir, et les cinq ou huit de Saturne, et peut-être le satellite unique de Vénus et celui de Mercure; on voit que ses idées d'analogie ne l'abandonnent pas.

La construction de la lunette ne lui paraît pas une chose aussi nouvelle qu'on croyait; elle a été assez clairement indiquée par Porta, l'inventeur de la chambre obscure; il en rapporte les passages suivans : éloignez de l'œil une lentille, vous verrez les objets éloignés tellement près de vous, que vous croirez pouvoir les prendre avec la main; vous reconnaîtrez de loin vos amis, vous lirez une lettre placée à une grande distance; inclinez la lentille et vous verrez les lettres s'alonger; vous pourrez lire à vingt pas, et, *si vous savez multiplier les lentilles, je ne doute pas que vous ne puissiez lire à cent pas les plus petits caractères. Les lentilles concaves font voir clairement les objets éloignés, mais elles les rendent plus petits. Les lentilles convexes grossissent les objets voisins, mais ils sont mal terminés; si vous savez les combiner convenablement, vous verrez les objets grossis, et cependant bien distincts*, Porta, chap. 10. Cet auteur avait bien vu ce qu'il fallait faire, mais il ne l'avait exécuté que fort imparfaitement. Il ajoute : *nous avons ainsi rendu service à quelques amis, à qui nous avons donné les moyens de voir distinctement les choses éloignées qui se dérobaient à leurs regards et les objets voisins qui leur paraissaient troubles.* Ceci peut s'entendre des verres simples dont se servent les presbytes ou les myopes. Képler avait expliqué les effets des diverses lentilles, à la page 202 de ses Paralipomènes. On y voit même une lentille concave et une convexe sur le même axe, mais il ne dit rien de l'effet combiné des deux lentilles : cette figure comparée au texte de Porta, pouvait conduire à l'invention des lunettes, mais Képler avoue qu'il doit y avoir une grande différence entre les lunettes bataves qu'on rencontrait déjà, et celle avec laquelle Galilée *avait percé la profondeur du ciel;* il avoue même qu'il avait un peu douté des promesses trop magnifiques de Porta; il pensait que plus il y avait d'air interposé, plus la vision devait être imparfaite, et que si l'on pouvait grossir la Lune considérablement, on cesserait de voir les petits détails d'une manière assez distincte. Ces considérations et beaucoup d'autres, le détournèrent de construire lui même une lunette; cependant il paraît disposé à le tenter : il donne même quelques-unes de ses idées sur la figure des verres qu'on pourra combiner, pour éviter que les images soient ou confuses ou défigurées.

Il rapporte qu'un de ses amis, J. Pistorius, lui avait demandé plusieurs fois, si les observations avaient toute la précision à laquelle il fût permis d'aspirer. Képler soutenait qu'il était impossible de faire mieux, et il donnait en preuve les bornes de la vue et l'erreur des réfractions. Pistorius au contraire, soutenait vivement qu'il viendrait un astronome qui, par le moyen des lunettes, donnerait aux observations un tout autre degré de précision. Képler objectait les réfractions du verre; mais le succès de Galilée (et ce qu'on a vu depuis), prouve que Pistorius était bon prophète.

Képler croit qu'au moyen des lunettes on pourrait mettre dans l'observation des éclipses une telle exactitude, qu'il serait possible de réformer Hipparque en ce qu'il a dit des distances et des diamètres; avec les lunettes, on pourra voir Mercure sur le Soleil, on pourra mieux déterminer la parallaxe des comètes.

A l'occasion de la Lune, il demande pourquoi tant de taches sont rondes; il la compare à une pierre ponce toute pleine de pores, et il la croit de peu de densité, ce qui fait qu'elle se laisse entraîner par la Terre. Il reproduit son idée, que les parties les plus brillantes de la Lune pourraient bien être des mers, mais il cède aux raisons de Galilée; il croit que les habitans de la Lune, qui ont des jours quinze fois aussi longs que les nôtres, qui n'ont pas de pierres avec lesquelles ils puissent se construire des habitations pour se garantir des ardeurs du Soleil, ont pu creuser leur terre, s'y faire des habitations souterraines et des remparts contre le Soleil, sans trop s'éloigner des champs qu'ils cultivent et de leurs pâturages; il croit donc qu'une partie des cavités est de main d'homme : il ne conçoit pas comment ils peuvent résister à la chaleur, s'ils n'ont pas des nuages épais pour couvrir le Soleil, et des pluies qui rafraîchissent l'air. Il ne fait pas attention que ces nuages qui cacheraient le Soleil, devraient nous cacher les parties de la Lune, à moins que ces nuages ne soient eux-mêmes des parties brillantes que nous apercevons; mais en ce cas, comment seraient-elles constamment les mêmes?

Mæstlinus dit avoir vu un nuage obscur pendant l'éclipse du dimanche des Rameaux, année 1605; que ce nuage devait renfermer de la pluie; cette tache ou ce nuage différait, par la forme, de toutes les taches connues. Mæstlinus avait également remarqué que le bord est plus brillant que le centre, où l'on voit çà et là des taches noirâtres; il trouvait aussi que la partie lumineuse paraît d'un rayon plus grand que la partie cendrée.

Képler avait reconnu que les montagnes de la Lune devaient être réellement plus grandes que celles de la Terre, et non pas seulement proportion gardée des deux diamètres.

Il raisonne sur la cause de la diminution des étoiles dans les lunettes; il dit qu'il a la vue faible et que Sirius lui paraît égaler à peu près la Lune, à cause des rayons lumineux dont il est entouré. Si les étoiles sont des Soleils, ainsi qu'il le croit, pourquoi donnent-elles si peu de lumière? Il semble qu'il aurait pu en assigner pour raison leurs distances; il aime mieux dire que notre soleil est incomparablement plus lumineux qu'elles, et que notre monde se distingue de tous les autres mondes qui sont en nombre infini.

Galilée pensait que la voie lactée et les nébuleuses, ne sont que des amas d'étoiles; il s'en réjouit; elle ne pourront plus former les comètes suivant l'idée de Tycho; on introduisait par là l'idée absurde que des astres peuvent périr.

Il voit avec grand plaisir que les quatre nouvelles planètes ne sont que des Lunes, ainsi ses craintes pour son système sont dissipées; elle suivent Jupiter de trop près pour rien changer à l'arrangement de Képler.

Wackerius pensait que Jupiter tournait sur son axe comme la Terre; Tycho le croyait habité. « Quel que soit le système qu'on suive, Jupiter tourne; ses quatre lunes tournent autour de lui, comme il tourne autour du Soleil, ce qui démontre la possibilité du mouvement de notre Lune.

» Jupiter prouve qu'il y a des globes plus importans que celui de la Terre; il est plus gros, il a quatre lunes et nous n'en avons qu'une; nous ne sommes donc pas les créatures les plus nobles? Pouvons-nous encore penser que tout ait été créé pour nous? comment nous croirons-nous les maîtres des ouvrages de Dieu? Mais nous sommes plus voisins du Soleil, nous pouvons apercevoir toutes les planètes, nous sommes plus favorablement placés pour étudier l'Astronomie. »

Dans cette dissertation, Képler parle d'un opuscule qu'il avait fait paraître l'année précédente (1609), à l'occasion de Mercure vu sur le Soleil; il s'agit de l'observation du tems de Charlemagne, que Képler avait discutée dans son Optique : Mæstlinus avait attaqué son commentaire et la substitution du mot barbare *octoties,* pour *octo dies;* on n'y voit que des conjectures opposées à d'autres conjectures.

Mais ce qui était révoqué en doute par Mæstlin, il crut peu de tems après, l'observer lui-même; les Éphémérides annonçaient une conjonction de Mercure le $\frac{19}{29}$ novembre 1606. Mercure était voisin de son nœud; Képler recommanda à Sciffard, qui avait travaillé avec Tycho, d'observer attentivement le Soleil pendant quatre jours. Képler l'observa lui-même à sa manière, qui était de recevoir sur un carton l'image du Soleil; il aperçut sur le disque une petite tache ronde, de la grandeur *d'une mouche;* pour éviter toute illusion, il tourna le carton, changea le lieu de l'observation et l'ouverture qui laissait passer l'image. Sciffard n'avait rien remarqué d'extraordinaire, si ce n'est qu'à 3 heures, il avait cru voir le Soleil échancré, et qu'ayant voulu répéter cette observation avec plus de soin, il avait été comme aveuglé par la lumière du Soleil. Cette échancrure avait paru au bord supérieur, ce qui convenait à Mercure; Képler demanda si c'était au bord droit ou au bord gauche; Sciffard hésita, et ce qu'il dit, après avoir cherché à se rappeler ce qu'il avait vu, ne convenait plus. Képler trouvait que la tache était bien petite, il croyait Mercure plus gros, et s'il le vit comme une *mouche,* on pourrait croire que ce n'était pas Mercure, qui devait être plus petit. Il tâche de se persuader que c'était Mercure, mais il ne fait aucune mention du mouvement; il donne une figure où la tache noire paraît à égale distance du centre et du bord voisin; il se félicite, il chante *Ite triumphales circum mea tempora lauri.* Il s'écrie comme Archimède, εὕρηκα ou plutôt τετήρηκα, *je l'ai observé.*

Le premier ouvrage publié par Képler, après sa dissertation, est sa Dioptrique, où il démontre la construction de la lunette astronomique. Dans la préface de cet ouvrage, il s'attache à réfuter quelques erreurs du traducteur de l'Optique d'Euclide, et celles d'un français nommé Péna, sur les réfractions et la théorie de la Lune; mais Képler l'approuve, quand il assure que les comètes sont diaphanes, et que leur queue est produite par la lumière du Soleil qui a traversé le corps de la comète et en sort réfractée; « mais cette lumière réfractée a-t-elle la faculté de brûler? Si la queue peut avoir cette faculté, ce n'est qu'à la pointe du cône où les rayons sont réunis : le point de concours est assez près du corps de la comète, et à ce sommet commence un autre cône, qui est la queue visible de la comète, et qui est formée de rayons divergens. »

La brièveté des révolutions des quatre Lunes de Jupiter paraît, à Képler, une preuve que Jupiter doit tourner très rapidement sur son axe, et sans aucun doute, en moins de vingt-quatre heures.

Galilée, à qui on avait voulu dérober quelques-unes de ses découvertes, en avait annoncé une nouvelle par des lettres transposées, *S mais mrm il m epoe taleum idun enugttauiras.* Il invitait aussi ceux qui auraient quelques découvertes à les produire; la clef de son logogriphe était : *Altissimum planetam ter geminum observavi.* On voit qu'au lieu de *idun,* il faut lire *ibun.*

Galilée ajoute : *en seniculo decrepito duos servos qui incessum illius adjutent, nunquam à lateribus ejus discedentes.* Cette découverte n'était qu'ébauchée, elle n'a été complétée que par Hugens : en voici une autre qui ne laisse rien à désirer : *Hæc immatura à me frustra leguntur oy,* c'est-à-dire, *Cynthiæ figuras æmulatur mater amorum.*

Sciliter Venus cornuta non sit quæ tot cornutos quotidie efficit. N'est-il pas bien juste que Vénus ait des cornes, elle qui en distribue tant chaque jour!

Ecce igitur ut formosissima stellarum, perfecto circulo sui aspectus, veluti quodam modo quodam fœtu maturo deposito sese demittat ad imum epicycli sui, inanis et incornu attenuata, veluti novæ prolis concipiendæ causâ et post quam soli copulata fuerit, ipsa soli, veluti viro suo inferiori loco se subjiciens, ut fert mos et natura fœminarum, exinde paulatìm ex altero latere sese rursum tollat in altum et magis atque magis, veluti imprægnata intumescat. Nous serions aujourd'hui bien étonnés de trouver de pareilles comparaisons dans un livre d'Astronomie.

Il n'y a rien dans l'ouvrage même qui appartienne véritablement à l'Astronomie, que les différentes combinaisons des lentilles bi-convexes, plano-convexes et concaves; mais la combinaison de deux verres convexes autorise à regarder Képler comme le premier inventeur de la lunette astronomique qui renverse les objets, et qu'on a substituée avec avantage à celle de Galilée.

Nous ne dirons rien de son étrenne *de nive sexangulâ,* ni de la dissertation sur l'année de la naissance de J.-C.; mais nous devons une attention particulière aux trois livres sur les comètes (1619); ce n'est pas que la théorie de Képler ait rien de bien remarquable; il suppose que la trajectoire de la comète est une ligne droite, et il entasse dans son premier livre 30 théorèmes qui servent à calculer les mouvemens apparens dans cette hypothèse. Il semble qu'il n'en faudrait pas tant, et qu'ils doivent être faciles à trouver dans l'occasion; ainsi nous attendrons, pour en parler, qu'ils nous soient utiles.

La comète de 1607 parut vers les étoiles de l'Ourse; Képler l'aperçut en revenant de voir un feu d'artifice. Elle paraissait plus grande et aussi brillante que les étoiles voisines. Képler n'y voyait pas de queue, mais il en soupçonnait une. Ses observations, pour la plupart, sont faites à vue, sans aucun instrument, par des alignemens estimés; il entreprend cependant de chercher la parallaxe de la comète et de combien son mouvement en aurait été altéré dans l'intervalle de 6 heures, pendant lesquelles le mouvement avait été de 2° 50'. Les tems des observations ont été pris à l'horloge de la ville.

Képler donne la table des lieux observés; il conclut par interpolation les lieux des jours intermédiaires. On voit que le mouvement a presque toujours été en diminuant, et qu'à la fin il était rétrograde.

Une grande figure représente la partie de l'orbite que la Terre a parcourue pendant tout le tems de l'apparition. Les lieux de la Terre y sont marqués chaque jour; une ligne droite, menée de la Terre à la comète, est tracée, mais ne donnerait que les directions dans lesquelles a paru la comète; il s'agit seulement de couper toutes ces directions par une droite qui soit la route de la comète et qui soit partagée en espaces proportionnels aux tems. Pour trouver la position de cette ligne, Képler y applique les théorèmes de la première partie. Cette première comète, d'après l'espèce des observations, ne mériterait pas plus de détails, mais c'est la comète de Halley, et nous pouvons nous arrêter un peu sur la méthode que suit Képler, pour en représenter la marche observée.

Posons d'abord les données de l'observation.

	☉	C	E	♁	Mouv.	Moitié.	Latitudes.
26 Sept.	6^s 3°25'	4^s 18°30'	− 44°55'	0^s 3°25'	4°56'	2°28'	35°30' B
1 Oct.	6. 8.21	6.18.15	+ 9.54	0. 8.21	3.57	1.58.30	37. 0
5 Oct.	6.12.18	7.12.30	+ 30.12	0.12.18			27.20

On voit d'abord que la comète a été en conjonction dans l'intervalle de la première à la troisième observation, puisque sa longitude, qui était d'abord plus petite que celle du Soleil, est devenue plus forte. On voit que la latitude a d'abord augmenté et ensuite diminué, ce qui porterait à croire qu'elle s'est d'abord approchée de la Terre, dont ensuite elle s'est éloignée. La queue, qui était peu apparente le premier jour, s'est vue beaucoup mieux les jours suivans, ce qui donne à croire qu'elle marchait vers son périhélie, même dans les idées de Képler qui croyait la queue produite par les rayons du Soleil qui traversaient le corps de la comète.

Képler suppose l'orbite de la Terre circulaire, ou du moins les trois rayons vecteurs égaux, d'où (fig. 68)

$$AB = 2\sin 2^\circ 28' = 0{,}086076,\quad BE = 2\sin 1^\circ 58' 30'' = 0{,}068927,$$
$$SAB = SBA = 87.32,\qquad SBE = SEB = 88.\ 1.30.$$

AB, BE sont les deux cordes du chemin de la Terre; AS, BS′, ES″ les distances de la Terre au Soleil; ces trois lignes, qu'il faut imaginer prolongées, se réuniraient au centre du Soleil. Le premier jour, la comète a été vue dans la direction AC qui faisait un angle de 44° 55′
avec le rayon vecteur AS; ôtez cet angle de...... SAB = 87.32
il restera l'angle BAC = BAD...................... 42.37
Le second jour, la comète a été vue de B sur la direction
BC′ qui faisait l'angle............................ 9.54
avec le rayon BS′; ôtez cet angle de ABS′.......... 87.32
il restera l'angle ABD = ABC′................. ABD = 77.38
BAD = 42.37
donc BDA = 59.45
180. 0.

BDA = CDC′ = mouvement géocentrique de la comète; on peut voir ci-dessus qu'il est la différence des deux premières longitudes.

Nous connaissons les trois angles du triangle ABD, nous avons AB, nous en conclurons les autres côtés tels qu'on les voit ci-dessous.

AB = 0,068927
AD = 0,097331
BD = 0,067468

FDH = 59° 45′
DFH = 24.15
FHC = 84. 0
FHD = 96. 0.

Le troisième jour la comète a été vue de E sur la direction EC″.
Cette direction faisait avec le rayon vecteur ES″ l'angle 30° 12′
ôtez cet angle de........................ SEB = 88. 1.30″
il restera BEC″......................... BEF = 57. 4.30

$$\begin{array}{rl} \text{mais d'ailleurs } S'BE = & 88.\ 1.30 \\ C'BS = & \underline{\ \ 9.54} \\ \text{donc } EBC' = EBF = & 97.55.30 \\ \text{ci-dessus } BEF = & 57.49.30 \\ \text{donc } BFE = & \underline{24.15.\ 0} \\ & 180.\ 0.\ 0. \end{array}$$

BFE est encore le mouvement géocentrique de la comète, depuis la seconde jusqu'à la troisième observation.

L'angle extérieur FHC = C''HC = mouvement total de la comète en longitude; c'est la différence entre la troisième longitude et la première.

Dans le triangle BFE, nous connaissons BE et les trois angles; nous avons BE, nous aurons les deux autres côtés EF et BF, tels qu'on les voit ci-après.

$$\begin{array}{rl} BE = & 0{,}068927 \\ EF = & 0{,}16622 \\ BF = & 0{,}14205 \\ BD = & \underline{0{,}067468} \\ DF = & 0{,}07458 \\ DH = & 0{,}03080 = a \\ FH = & 0{,}06478 = b \\ FE = & \underline{0{,}16622} \\ EH = & 0{,}10144 = c. \end{array}$$

FD = FB — BD = 0,07458; avec ce côté et les trois angles F, D, H, nous aurons FH et DH, et enfin EH = EF — FH.

Ces calculs sont indépendans de toute hypothèse sur les comètes; ils n'emploient que les observations avec les longitudes de la Terre et ses rayons vecteurs. Ils peuvent servir encore aujourd'hui dans toutes les méthodes, et celle de M. Olbers commence ainsi.

Il ne s'agit plus que de mener une ligne PQ qui coupe les trois directions AC, BC' et EC'' de manière que PC'':PC' :: 9:5 dans le rapport et dans l'ordre des tems.

Pour résoudre ce problème, Képler donne différentes valeurs à l'angle P que la trajectoire rectiligne peut former avec la ligne AC. On peut renfermer la solution dans une formule générale qui simplifiera les calculs.

Soit DH = a, HP = x, DP = $(a+x)$, les triangles PC''H et PC'D donneront

$$\sin C'' : \sin H :: HP : PC'' = \frac{HP \sin H}{\sin C''} = \frac{x \sin H}{\sin (H+P)},$$

$$\sin C' : \sin D :: DP : PC' = \frac{DP . \sin D}{\sin C'} = \frac{(a+x) \sin D}{\sin (D+P)};$$

or,

$$PC' = \tfrac{5}{9} PC''; \quad \text{donc} \quad \frac{(a+x)\sin D}{\sin (D+P)} = \tfrac{5}{9} . \frac{x \sin H}{\sin (H+P)},$$

ou

$$9(a+x)\sin D \sin(H+P) = 5x \sin H \sin(D+P),$$

$$9(a+x)\sin D \sin H \cos P + 9(a+x)\sin D \cos H \sin P = 5x \sin H \sin D \cos P$$
$$5x \sin H \cos D \sin P,$$

$$9(a+x) + 9(a+x)\cot H \tang P = 5x + 5x \cot D \tang P,$$

$$9a + 9x + 9a \cot H \tang P + 9x \cot H \tang P = 5x + 5x \cot D \tang P,$$

$$9a(1 + \cot H \tang P) = -4x + 5x \cot D \tang P - 9x \cot H \tang P;$$

$$x = \frac{9a\,(1 + \cot H \tang P)}{5 \cot D \tang P - 9 \cot H \tang P - 4} = \frac{1.8\,a\,(1 + \cot H \tang P)}{\tang P\,(\cot D - 1.8 \cot H) - 4}$$

$$= \frac{1.8\,a\,(\cot P + \cot H)}{\cot D - 1.8 \cot H - 0.8 \cot P} = \frac{1.8\,a \cot H + 1.8\,a \cot P}{(\cot D - 1.8 \cot H) - 0.8 \cot P}$$

$$= \frac{A + 1.8\,a \cot P}{B - 0.8 \cot P};$$

en faisant pour abréger $A = 1.8\,a \cot H$, et $B = \cot D - 1.8 \cot H$.

On ne voit aucune autre équation à former entre les trois lieux de la comète, et le problème est indéterminé. Il ne reste donc qu'à former des suppositions, pour l'une des inconnues x ou P, pour en déduire l'autre et les distances de la comète à la terre. Képler les fait porter sur P qui est l'angle en C au premier lieu de la comète.

1.8	0,25527		
cot H	9,02162		
1.8 cot H	9,27689		0,189186
a	8,48855	cot D	0,583183
$A = 1.8\,a \cot H = 0{,}0058269$	7,76544		0,393997 = B
$1.8\,a =$	8,74382		

$$x = \frac{0{,}0058269 + 0{,}055440 \cot P}{0{,}393997 + 0.8 \cot P}.$$

Cette formule est bien simple; on peut la rendre encore plus commode.

$$x = \frac{A + 1.8\,a \cot P}{B - 0.8 \cot P} = \frac{A \sin P + 1.8\,a \cos P}{B \sin P - 0.8 \cos P} = \frac{A\left(\sin P + \frac{1.8\,a}{A} \cos P\right)}{B\left(\sin P - \frac{0.8}{B} \cos P\right)}$$

$$= \frac{A}{B}\left(\frac{\sin P \cos \varphi + \sin \varphi \cos P}{\sin P \cos \psi - \sin \psi \cos P}\right)\frac{\cos \psi}{\cos \varphi} = \left(\frac{A}{B}\right)\left(\frac{\cos \psi}{\cos \varphi}\right)\frac{\sin (P + \varphi)}{\sin (P - \psi)};$$

en faisant

$$\text{tang}\,\varphi = \frac{1.8\,a}{A} = \frac{1.8\,a}{1.8\,a\cot H} = \text{tang}\,H \quad \text{et} \quad \text{tang}\,\psi = \frac{0.8}{B},$$

alors

$$x = \left(\frac{A\cos\psi}{B\cos H}\right)\frac{\sin(P+H)}{\sin(P-\psi)} = \frac{\sin 3^\circ 55' 2'' \sin(P+H)}{\sin(P-63^\circ 46' 49'')} = \frac{0,0625111\sin(P+H)}{\sin(P-63^\circ 46' 49'')}.$$

A..........	7,76544	0.8...............	9,90309
C. B........	0,40451	C. B..............	0,40451
C. cos H....	0,98077	tang ψ = 63°46′49″	0,30760
cos ψ.......	9,64524		
0,062511....	8,79596.		

Nous voyons d'abord que P > 63°46′49″; car x serait ou infini ou négatif.

Soit			
P = 70°	P = 70°	P = 70°
H = 84	ψ = 63.46′49″	D = 59.45′
P + H = 154	P − ψ = 6.13.11	P + D = 129.45
C″ = 26		C′ = 50.15

0,062511........	8,79596	x...........	9,40301	$(a+x)$..........	9,45292
sin (P + H).....	9,64184	C. sin (P + H)	0,35816	C. sin (P + D)....	0,11416
C. sin (P − ψ)....	0,96521	sin H........	9,99834	sin D...........	9,93643
x = 0,25294	9,40301	PC″.........	9,75951	PC′..............	9,50351
a = 0,03080		C. PC′.......	0,49649		
$a+x$ = 0,28374		1.803.......	0,25600		
AD = 0,09733		x:sin (P + H)	9,76117	$(a+x)$:sin (P + D)	9,56708
AC = 0,38107		sin P........	9,94299	sin P.............	9,97299
		HC″ = 0,54220	9,73416	DC′ = 0,34679...	9,54007
		EH = 0,10144		BD = 0,06747	
		EC″ = 0,64364		BC′ = 0,41426.	

Par des calculs tout semblables, j'ai formé la table suivante ·

Tableau des Hypothèses.

P	AC	BC′	EC″	Limites.
70°	0,3811	0,4143	0,6436	P > 63° 46′ 49″
80	0,1898	0,2084	0,3218	P < 120.15. 0
90	0,1381	0,1580	0,2429	
96	0,1322	0,1420	0,2180	
100	0,1159	0,1341	0,2056	
110	0,1023	0,1195	0,1828	
120	0,0927	0,1091	0,1666	
120° 15′	0,0925	0,1089	0,1662	

La supposition P $=$ 96° $=$ FHD, fait que PQ se confond avec EC″, AD $+$ DH $=$ 0,13224.

BC′ $=$ BF $=$ 0,14205, EC″ $=$ EF $+\frac{4}{5}$FH $=$ EF $+$ 0.8 FH $=$ 0,21804, ce qui n'exige aucun calcul.

Les valeurs plus fortes de P donnent P $+$ H $>$ 180°, sin (P $+$ H) est négatif, ainsi que x. La formule se prête à toutes les suppositions, pourvu qu'on fasse attention à la règle des signes.

Il faut s'arrêter à 120°, car P $=$ 120° 15′ $=$ 180° $-$ D; P tomberait en D, $a+x=a-a=0$; le premier lieu de la comète serait en D, le deuxième en C′ et le troisième en F, EC″ $=$ EF $=$ 0,166222,

$$\begin{aligned} DC' = \tfrac{5}{9}\,DF = \tfrac{5}{9}\,0{,}07458 = \frac{0{,}37290}{9} &= 0{,}041433 \\ BD &= \underline{0{,}067470} \\ BC' &= 0{,}108903. \end{aligned}$$

Plus loin l'ordre de C′ et C″ serait interverti; ainsi les limites de P sont 63° 46′ 49″ et 180° $-$ D $=$ 120° 15′, ou ψ et 180° $-$ D.

En prenant quatre observations au lieu de trois, le problème serait déterminé, mais les formules seraient plus compliquées.

Soit, par exemple, le quatrième lieu de la Terre en G; nous aurons de même EG $= 2 \sin \frac{1}{2}$ mouvement. Nous déterminerons de même le triangle EGK; nous connaîtrons EK, GK, HK, LK, HL; l'angle KLC sera le mouvement total dans l'intervalle des observations. Cela posé;

Soit LC $=x$, DC $=b+x$, HC $=a+x$; l'angle en C sera la seconde inconnue.

Le triangle DC′C donne

$$\sin C' : DC :: \sin D : CC' = \frac{DC \sin D}{\sin C'} = \frac{(b+x)\sin D}{\sin (D+C)};$$

Le triangle HC″C donne

$$\sin C'' : HC :: \sin H : CC'' = \frac{HC \sin H}{\sin C''} = \frac{(a+x)\sin H}{\sin (H+C)} = \frac{m(b+x)\sin D}{\sin (D+C)};$$

Le triangle LC‴C donne

$$\sin C''' : LC :: \sin L : CC''' = \frac{LC \sin L}{\sin C'''} = \frac{x \sin L}{\sin (L+C)} = \frac{n(b+x)\sin D}{\sin (D+C)}.$$

La seconde équation donne

$$(a+x)\sin H \sin (D+C) = m(b+x)\sin D \sin (H+C).$$

La troisième équation donne

$$x \sin L \sin (D+C) = n(b+x)\sin D \sin (L+C),$$

$$a \sin H \sin (D+C) + x \sin H \sin (D+C) = mb \sin D \sin (H+C) + mx \sin D \sin (H+C),$$

$$x \sin L \sin D \cos C + x \sin L \cos D \sin C = + nb \sin D \sin (L+C) + nx \sin D \sin (L+C),$$

$$a \sin H \sin D \cos C + a \sin H \cos D \sin C + x \sin H \sin D \cos C + x \sin H \cos D \sin C = mb \sin D \sin H \cos C + mb \sin D \cos H \sin C + mx \sin D \sin H \cos C + mx \sin D \cos H \sin C,$$

$$x \sin L \sin D \cos C + x \sin L \cos D \sin C = nb \sin D \sin L \cos C + nb \sin D \cos L \sin C + nx \sin D \sin L \cos C + nx \sin D \cos L \sin C,$$

$$a + a \cot D \tan C + x + x \cot D \tan C = mb + mb \cot H \tan C + mx + mx \cot H \tan C,$$

$$x + x \cot D \tan C = nb + nb \cot L \tan C + nx + nx \cot L \tan C,$$

$$x + x \cot D \tan C - mx - mx \cot H \tan C = mb - a + mb \cot H \tan C - a \cot D \tan C,$$

$$x + x \cot D \tan C - nx - nx \cot L \tan C = nb + nb \cot L \tan C;$$

$$x = \frac{mb + mb \cot H \tan C - a - a \cot D \tan C}{1 + \cot D \tan C - m - m \cot H \tan C} = \frac{(mb-a) + (mb \cot H - a \cot D)\tan C}{(1-m) + (\cot D - m \cot H)\tan C} = \frac{M + N \tan C}{P + Q \tan C},$$

$$x = \frac{nb(1 + \cot L \tan C)}{1 + \cot D \tan C - n - n \cot L \tan C} = \frac{nb + nb \cot L \tan C}{(1-n) + (\cot D - n \cot L)\tan C} = \frac{R + S \tan C}{T + V \tan C}.$$

En faisant comme on voit

$$\begin{aligned} M &= mb - a, & R &= nb, \\ N &= mb\cot H - a\cot D, & S &= nb\cot L, \\ P &= 1 - m, & T &= 1 - n, \\ Q &= \cot D - m\cot H, & V &= \cot D - n\cot L; \end{aligned}$$

de ces deux valeurs de x, on tire

$$\begin{aligned} &MT + MV\tan C + NT\tan C + NV\tan^2 C = PR + PS\tan C + QR\tan C \\ &\qquad + QS\tan^2 C, \\ &MT - PR = QS\tan^2 C - NV\tan^2 C + (PS + QR - MV - NT)\tan C, \\ &\frac{MT - PR}{QS - NV} = \tan^2 C + \left(\frac{PS + QR - MV - NT}{QS - NV}\right)\tan C, \\ &\quad \alpha = \tan^2 C + 2\beta\tan C, \\ &\quad \alpha + \beta^2 = \tan^2 C + 2\beta\tan C + \beta^2 = (\tan C + \beta)^2, \\ &\quad \tan C = -\beta \pm \sqrt{\alpha + \beta^2} = -\beta \pm \beta\left(1 + \frac{\alpha}{\beta^2}\right)^{\frac{1}{2}} = -\beta \pm \beta(1 + \tan^2\varphi)^{\frac{1}{2}} \\ &\qquad = -\beta \pm \beta\,\text{séc}\,\varphi = +\beta(\text{séc}\,\varphi \mp 1) = \beta(1 + \tan\varphi\tan\tfrac{1}{2}\varphi \mp 1) \\ &\qquad = \beta\tan\varphi\tan\tfrac{1}{2}\varphi \quad \text{ou} \quad = -\beta\tan\varphi\tan\tfrac{1}{2}\varphi - 2\beta, \end{aligned}$$

quand on a fait

$$\alpha = \frac{MT - PR}{QS - NV}, \quad \beta = \frac{1}{2}\left(\frac{PS + QR - MV - NT}{QS - NV}\right), \quad \tan\varphi = \frac{\sqrt{\alpha}}{\beta}.$$

On voit que tang C aura deux valeurs; il en sera de même de x; les circonstances détermineront le choix. La solution est directe, mais elle est un peu longue. Il serait peut-être aussi court de calculer le triangle LC″C dans les différentes hypothèses, pour voir celle qui approcherait le plus de satisfaire à l'intervalle; on en conclurait ensuite la véritable valeur de C par une règle de trois.

Pour essayer ces formules, prenons quatre observations de Képler.

	♁	Comète.	Élongat.	Latitude.	d ⊙	$\frac{1}{2}d$ ⊙	d com.	M ⊙	M. Com.
26 Sept.	0ˢ 3°25′	4ˢ18°30′	− 44°55′	35°30′ B	4°56′	2°28′ 0″	59°45′	59°12′	11°57′ 0″
1 Oct.	0. 8.21	6.18.15	+ 9.54	37. 0	3.57	1.58.30	24.15	59.15	6. 3.45
5 Oct.	0.12.18	7.12.30	+ 30.12	27.20	4.58	2.29. 0	12.20	59.30	2.28. 0
10 Oct.	0.17.16	7.24.50	+ 37.34	19. 0					

Soient A, B, E, G les quatre positions de la Terre; AB $= 2\sin\frac{1}{2}$ ASB, et ainsi des autres. Nous supposerons avec Képler les rayons vecteurs constans.

AB = 0,086076	FH = 0,064781	DL = 0,075744
BE = 0,068927	EF = 0,166220	AD = 0,097331
EG = 0,086658	EH = 0,101439	AL = 0,173075
AD = 0,097331	GK = 0,359154	KL = 0,209252
BD = 0,067468	EK = 0,310563	KG = 0,359154
EF = 0,166220	EH = 0,101439	LG = 0,149902
BF = 0,142050	KH = 0,209124	
BD = 0,067468	HL = 0,044943 = a	LC = x
DF = 0,074582	DH = 0,030801	HC = $a + x$
DH = 0,030801	DL = 0,075744 = b	DC = $b + x$

$m = 1{,}8$; $n = 2{,}8$; $P = 1 - m = -0{,}8T$; $= 1 - n = -1{,}8$

SAB = SBA = 90° — 2° 28′ =	87° 32′	SBA = 87° 32′
SAC =	44.55	SBC′ = 9.54
BAC = BAD =	42.37	ABD = 77.38
ABD =	77.38	
ADB = D =	59.45.	

Triangle BFE. Triangle FDH.

SBE = 88° 1′ 30″	SEB = 88° 1′ 30″	DFH = BFE = 24° 15′
SBC′ = 9.54. 0	SEC″ = 30.12. 0	FDH = ADB = 59.45
EBF = 97.55.30	BEF = 57.49.30	FHL = 84. 0
BEF = 57.49.30		FHD = 96. 0

BFE = 24.15. 0 C″—C = FHL = AHE = H.

SEG = SGE =	87° 31′	SEG = 87° 31′
SEC″ =	30.12	SGC‴ = 37.34
GEK =	117.43	EGK = 49.57
EGK =	49.57	
EKG =	12.20 = C‴ — C″	
HKL =	12° 20′	HKL = 12° 20′
		KHL = 84. 0
	L =	KLM = 96.20
		KLH = 83.40

$CC' : CC'' :: 5:9;\quad \frac{CC''}{CC'} = \frac{9}{5} = 1{,}8$

$CC''' : CC' :: 14:5;\quad \frac{CC'''}{CC'} = \frac{14}{5} = 2{,}8$

$$mb = 0,136332 \qquad \cot D = 0,583183$$
$$a = 0,044943 \qquad -m \cot H = -0,189187$$
$$Q = +0,393996$$
$$mb - a = M = 0,091389 \qquad \cot D = 0,583183$$
$$R = nb = +0,212085 \qquad -n \cot L = +0,310770$$
$$V = +0,893953$$
$$S = nb \cot L = -0,023539 \qquad mb \cot H = +0,014330$$
$$-a \cot D = -0,026210$$
$$N = -0,011880$$

$$MT = -0,16450 \qquad QS = -0,0092743$$
$$-PR = +0,16967 \qquad -NV = +0,0106201$$
$$MT - PR = +0,00517 \qquad QS - NV = +0,0013458$$
$$\alpha = \frac{+0,00517}{+0,0013458} = 3,8416$$

$$PS = 0,0188313 \qquad -MV = -0,081696$$
$$QR = 0,0835610 \qquad -NT = -0,021384$$
$$0,1023923 \qquad -0,103080$$
$$+0,1023923$$
$$PS + QR - MV - NT = -0,0006877$$
$$\text{moitié} = -0,00034385$$
$$\beta = \frac{-0,00034385}{+0,0013458} = -0,25546$$

$$\beta^2 = +0,065280$$
$$\alpha = 3,8416$$
$$\alpha + \beta^2 = 3,906880$$
$$(\alpha + \beta^2)^{\frac{1}{2}} = \pm 1,9766$$
$$-\beta = +0,25546$$
$$(\alpha + \beta^2)^{\frac{1}{2}} - \beta = +2,23206 = \text{tang } C = 65^\circ\, 52'\, 0''$$
$$-(\alpha + \beta^2)^{\frac{1}{2}} - \beta = -1,72114 = \text{tang } C = 120.\ 9.27.$$

Ces deux valeurs s'éloignent peu des limites 63° 46′ 49″ et 120° 15′, que nous avions trouvées par la première solution qui n'emploie que trois observations.

Cherchons x, en employant la première valeur de C.

$$x=\frac{M+N\tang C}{P+Q\tang C}=\frac{+0,091389-0,026517}{-0,8+0,87942}=\frac{+0,064872}{+0,07942}=0,081683$$

$$AL=0,17307$$

$$AC=0,98990$$

$$x=\frac{R+S\tang C}{T+V\tang C}=\frac{+0,212085-0,052541}{-1,8+1,99538}=\frac{0,159544}{0,19538}=0,81660$$

$$\left.\begin{array}{l}x=0,85576\\ \quad 0,85238\end{array}\right\}=0,85407 \qquad \begin{array}{r}0,17307\\ AL=0,98967\end{array}$$

ci-dessus.... $AL=0,98990$

première distance par un milieu..... $=0,98978.$

Avec l'autre valeur de C nous aurons

$$x=\frac{+0,091389+0,0204475}{-0,8-0,67813}=\frac{0,1118365}{1,47813}=-0,075661,$$

$$x=\frac{R+S\tang C}{T+V\tang C}=\frac{+0,212085+0,040514}{-1,8-1,5386}=\frac{+0,252599}{-3,3386}=-0,075661$$

$$AL=+0,17307$$

1re distance de la comète... $AC=-0,097409.$

Cette distance n'est pas un dixième de celle que donnait C, angle aigu. Ce dernier calcul paraît aussi exact; cependant, comme il peut paraître peu probable que la comète soit si près de la Terre, nous allons calculer les autres distances dans la première hypothèse, avec $C=65°\,52'\,0''$.

$$\begin{array}{lll}x=0,816830 & C=65°\,52'\,0'' & CC'=\dfrac{(b+x)\sin D}{\sin(D+C)}=0,94846\\ b=0,075744 & D=59.45 & \\ b+x=0,892574 & D+C=125.37.\ 0. & \end{array}$$

CC' est le chemin de cinq jours; le chemin diurne sera 0,18969

$$DC'=\frac{(b+x)\sin C}{\sin(D+C)}=1,00201.$$

$$BD=0,06747$$

2^e^ distance $=BC'=1,06947$

$$\begin{array}{ll}x=0,81683 & C=65°\,52'\,0''\\ a=0,04494 & H=84\\ a+x=0,86177 & H+C=149.52.\ 0\end{array}$$

$$CC'' = \frac{(a+x)\sin H}{\sin(H+C)} = 1{,}70720 = \text{chemin de 9 jours},$$

$$0{,}18969 = \text{chemin d'un jour.}$$

$$HC'' = \frac{(a+x)\sin C}{\sin(H+C)} = 1{,}56657 \quad LC''' = \frac{x \sin C}{\sin(L+C)} = 2{,}43850$$

$$EH = 0{,}10144 \quad GL = \quad 0{,}14990$$

$$3^{e}\ \text{distance} = EC'' = 1{,}66801 \quad GC''' = 4^{e}\ \text{distance}\ 2{,}58840$$

$$C = 65^\circ 52' \ 0'' \quad CC''' = \frac{x \sin L}{\sin(L+C)} = 2{,}6557 = \text{chem. de 14 jours},$$

$$L = 96.20.\ 0 \qquad 1{,}3268 = \text{chem. de 7 jours},$$

$$L+C = 162.12.\ 0$$

chemin diurne = 0,18969
ci-dessus... 0,18969
... 0,18969
milieu.... 0,18969.

On voit donc que les trois triangles s'accordent à donner le même chemin diurne à la comète : ainsi, après un intervalle quelconque, on connaîtra le chemin $C'''C^{\text{IV}}$. Soit X le lieu de la Terre pour ce jour, XC^{IV} sera la direction à la comète, et elle coupera AC en un point M, et le C''' en un point V; vous pourrez calculer XC^{IV} et l'élongation SXC^{IV}.

Menez GC; dans le triangle GLC, vous aurez GL = 0,14990, ci-dessus; vous aurez l'angle compris GLC; vous en conclurez GC et GCL; vous avez LCZ, vous aurez GCZ. Abaissez la perpendiculaire GZ sur l'orbite QPZ,

$$CZ = GC \cos GCZ \text{ et } GZ = GC \sin GCZ.$$

Vous connaissez GX, vous aurez aussi l'angle ZGX; vous en déduirez

$$XZ,\ XZY,\ XY = XZ \sin XZY,\ ZY = XZ \cos XZY;$$

$$\text{tang}\, C^{\text{IV}}XY = \frac{YC^{\text{IV}}}{XY},\ \text{ou}\ \sin XC^{\text{IV}}Y = \frac{XY}{XC^{\text{IV}}} = \cos C^{\text{IV}}XY,$$

$$C^{\text{IV}}XY - SXY = \text{élongation de la comète.}$$

$$\frac{XY}{\cos C^{\text{IV}}XY} = \text{distance de la comète à la Terre.}$$

La droite ZPQ n'est que la projection de la route de la comète sur l'écliptique.

La hauteur de la comète au-dessus de l'écliptique = distance accourcie tang latit. géocentrique.

Deux hauteurs et la distance de leurs pieds vous donneront l'inclinaison de la route sur l'écliptique.

Soit I cette inclinaison; 0,18969 séc I sera le mouvement diurne sur la trajectoire vraie.

Vous pourrez déterminer l'instant où la route de la Terre coupera la droite PQ. Quand la Terre sera dans l'intersection, le mouvement apparent de la comète sera nul; il ne lui restera de mouvement que ce qui serait dû au mouvement de la Terre; la comète deviendra bientôt rétrograde. Elle le devient en effet vers le 21 octobre, 11 jours après la dernière des quatre observations calculées.

Plus de détails sur une hypothèse inexacte et abandonnée seraient bien inutiles; il n'y a que les commencemens qui peuvent donner une idée approximative des distances de la comète à la Terre, et pourraient être de quelque usage; mais il faudrait que les intervalles ne fussent pas si grands.

Képler aurait pu employer les rayons vecteurs elliptiques de la Terre, les cordes elliptiques AB, BE, etc., et les angles vrais de ces cordes avec les rayons vecteurs; sa manière de calculer les intersections et tous les angles eût été la même que celle de M. Olbers.

On ferait des calculs semblables pour l'autre valeur de C. D'abord elle donne x négatif et peu différent de DL; le point C tomberait sur DH; et très près de D, nous trouverions le chemin diurne de 0,009 environ; les quatre distances à la Terre seraient 0,0974, 0,1115, 0,16635, 0,21144; l'orbite P'Q' couperait l'orbite de la Terre vers le point B, ce qui ne paraît pas aller fort bien avec ce qu'on a observé; mais, avec des observations aussi grossières, nous ne pouvons répondre bien sûrement ni de C, ni de x. Supposons que x négatif surpasse DL, dont il diffère à peine, le point C tombera sur AD; formant l'angle $ACQ' = 120° 9' 24''$.

Avec les distances accourcies, les élongations et la distance de la Terre au Soleil, on aurait les commutations et les latitudes héliocentriques; mais ces angles seraient fort inutiles. Quand on donne une trajectoire rectiligne à la comète, on ne la fait circuler autour d'aucun centre. Or, Képler nous dit qu'il n'a jamais goûté l'idée des trajectoires circulaires tentées par Tycho et Mæstlinus; sa raison était que les comètes ne revenant jamais au point d'où elles sont parties, le mouvement devait être rectiligne et non circulaire. En exposant les méthodes de Tycho et de Mæstlin, nous leur avions objecté le peu de durée de la révolution qui aurait dû ramener la comète si souvent. Quant à la raison que les comètes ne revenaient pas, Képler avait mal pris son tems; car c'était déjà la troisième fois qu'on observait cette comète, qui depuis a reparu deux autres fois. Sans cette fausse raison, Képler aurait songé sans doute à lui donner une orbite elliptique. Il avait examiné si, en la supposant absolument immobile, on ne pourrait pas expliquer son mouvement apparent par le mouvement annuel de la Terre; mais cette tentative n'eut aucun succès. Si la comète immobile eût été dans l'écliptique, le mouvement de la Terre lui aurait donné pour orbite apparente l'écliptique même. Il dit ensuite que la comète, immobile hors du plan de l'écliptique, aurait pour orbite un petit cercle, ce qui n'est pas aussi clair; mais voyant que rien de tout cela ne s'observait, il conçut l'idée d'essayer les trajectoires rectilignes pour déterminer, sans le secours des parallaxes, les distances et la route de la comète.

Képler a du moins réussi à montrer la petitesse de la parallaxe. Quant aux distances véritables, on voit qu'elles sont indéterminées, mais dans certaines limites, que les observations suivantes, continuées de même trois à trois, auraient sans doute resserrées. Pendant un petit nombre de jours, la trajectoire véritable ne diffère pas considérablement d'une ligne droite, et le mouvement n'a pas d'irrégularités assez fortes pour être sensibles à de pareilles observations. Il est vrai que, dans le fait, la comète était voisine de son périhélie, où elle a passé le 26 octobre, suivant Halley et Bessel, qui en ont calculé l'ellipse; mais la comète venait de disparaître. La comète a passé entre le Soleil et la Terre; elle était directe pour la Terre, elle était donc rétrograde pour le Soleil.

Képler tira treize conclusions des données qu'il a rassemblées. Il avoue que sa trajectoire rectiligne satisfait médiocrement aux longitudes et surtout aux latitudes; *mais tout cela se corrigerait facilement, si l'on voulait abuser de son loisir, en se livrant à des calculs bien inutiles pour une comète qu'on ne reverra plus.*

Ce que nous avons fait de calculs est plus que suffisant pour donner une idée du parti que l'on pourrait tirer de cette méthode de Képler. Il ne lui a pas donné sûrement la simplicité qui résulte de nos formules; il n'entre dans aucun détail sur la manière dont il a conduit l'opération, il se contente d'en donner quelques résultats. Il indique un instant où la distance n'est pas moindre que 0,125 ou $\frac{1}{8}$ de la distance du Soleil. Après les premiers jours, les intersections des rayons visuels, tels que D, F et H, s'éloignent d'autant plus de la Terre. La comète est devenue rétrograde vers la fin de sa course; ses rayons visuels, au lieu de converger, ont divergé, ce qui prouve qu'ils ont passé par le parallélisme. Dans ce cas, la comète serait à une distance infinie, ce qui serait absurde; la distance était donc à peu près la même que celle des points de section, avant et après la station indiquée par ce parallélisme. La rétrogradation s'est opérée quand la Terre a dépassé le plan de l'orbite; la station a eu lieu au moment où la Terre était dans le plan. Le mouvement alors a dû paraître nul, et même assez petit pendant quelques heures ou quelques jours, pour qu'il échappât aux observations de ce tems-là.

Il parut trois autres comètes en 1618. La première, aperçue au mois d'août, fut très faible en septembre; à peine fut-elle remarquée par les astronomes.

La seconde et la troisième ne parurent qu'en novembre, et même on ne vit que la queue de la première; elle disparut avant la fin du mois.

Quelques personnes ont confondu ces deux dernières comètes, dont ils n'ont fait qu'une seule, et Képler n'est pas éloigné de croire qu'il est arrivé à cette comète la même chose qu'à celle dont parle Sénèque, d'après le témoignage d'Ephore, c'est-à-dire, qu'elle s'est partagée en deux comètes, qui ont suivi des routes différentes. Cette comète d'Ephore avait précédé la submersion de deux villes d'Achaïe, Hélia et Buris. Deux ans après, la bataille de Leuctres fit passer l'empire des mains des Lacédémoniens entre celles des Thébains. Sénèque attaque et révoque en doute l'assertion d'Ephore; Képler prend la défense de l'historien, et traite assez rudement Sénèque, qui pourrait bien avoir ici raison contre Képler; c'est à cette occasion que Pingré lui applique le vers d'Horace :

Quandoque bonus dormitat Homerus.

La troisième comète avait la queue la plus belle qu'on eût vue depuis 150 ans. Les observations comprennent un espace de 55 jours. Képler calcule le grand cercle qu'elle a paru décrire, mais il trouve que cette trajectoire ne représente pas les dernières observations; il renonce au mouvement uniforme sur sa tangente, il l'accélère vers la fin, et il s'attache à prouver que la trajectoire a été vraiment rectiligne. Nous faisons grace à nos lecteurs de ces prétendues démonstrations et de tous les raisonnemens contre Aristote et ses sectateurs. Mais nous citerons la dernière phrase.

Denique quot sunt in cœlo cometæ, tot sunt argumenta (præter ea quæ à planetarum motibus deducuntur) Terram moveri motu annuo circa Solem. Vale Ptolemæe, ad Aristarchum revertor, duce Copernico.

« Autant de comètes et de planètes, autant d'argumens du mouvement » annuel de la Terre autour du Soleil. Adieu, Ptolémée, je retourne vers » Aristarque, sous la conduite de Copernic. »

Le second livre a pour titre *Physiologie des planètes.* L'eau, et surtout l'eau salée, donne naissance aux poissons; l'éther la donne aux comètes. Le Créateur n'a pas voulu que l'immense étendue des mers fût dépourvue d'habitans; il a fait de même pour les espaces célestes. Le nombre des comètes doit être très considérable; si nous en voyons si peu, c'est qu'elles ne s'approchent pas assez de la Terre; elles se dissipent facilement; la lumière du Soleil, en les traversant, entraîne sans cesse des particules de leur substance, et enfin elles se réduisent à rien. Leur queue, ainsi formée, ne tient plus au corps de la comète qui la laisse derrière à une certaine distance; la queue ne suit donc plus le mouvement de la comète, et de là vient sa courbure. La lumière du Soleil peut être réfractée en passant par le corps de la comète; elle peut en sortir divergente, et former comme deux queues inclinées en sens contraire, car il est possible que les différentes parties du noyau ne soient pas de même densité.

Képler ne nie pas que la peste ne soit produite quelquefois par les comètes, sur-tout si la queue enveloppe la Terre; mais comme cette circonstance doit être rare, il faut trouver d'autres explications pour les effets produits par les comètes.

Le troisième livre a pour titre *des Significations de la comète.* Il se divise en deux parties : dans la première, il tâche de prédire les effets; dans la seconde, il cherche à faire cadrer les effets observés avec la nature et les circonstances de la comète et de son apparition. Ce qu'il y a de plus singulier dans ce livre et le précédent, c'est qu'ils aient été écrits par Képler, s'il ne les a pas cru nécessaires pour faire vendre le premier.

LIVRE V.

Néper, Képler et Briggs.

Avant de passer à l'ouvrage de Képler, qui a suivi son Traité des Comètes, c'est-à-dire, à son Traité des Logarithmes, il est juste de faire connaître l'ouvrage du premier inventeur, et d'exposer les moyens que Néper avait imaginés pour changer les multiplications en additions, les divisions en soustractions, et les extractions de racines en simples divisions. Cette invention admirable n'est point encore assez répandue, et la cause en est sans doute la division bizarre et arbitraire des systèmes métriques des différens peuples; mais on paraît s'acheminer vers l'uniformité et vers le système décimal, alors l'usage des logarithmes ne se bornera plus aux astronomes et aux géomètres. Bailly a dit que Néper leur a donné du tems, ce qui est très vrai; il leur a, de plus, épargné les dégoûts et les erreurs des opérations longues et compliquées sans lesquelles on ne pouvait faire alors les calculs les plus ordinaires.

On connaît peu de circonstances de la vie de Néper; il était écossais, baron de Merchiston; il inventa les baguettes arithmétiques, pour faciliter les multiplications; il est auteur de quelques formules remarquables de Trigonométrie, mais le principal de ses ouvrages est sa Table de Logarithmes. En voici le titre :

Logarithmorum canonis descriptio, seu arithmeticorum Supputationum mirabilis abbreviatio, ejusque usûs in utrâque Trigonometriâ, ut etiam in omni Logisticâ mathematicâ amplissimi, facillimi et expeditissimi, explicatio, authore ac inventore Joanne Nepero, barone Merchistonii, Scoto. La première édition de cet ouvrage important est de 1614; je n'ai que celle de Lyon, 1620. Voici les principes de l'auteur.

Une ligne croît uniformément, quand le point qui la décrit avance également en tems égaux.

Si les tems sont équidifférens, les incrémens le seront de même.

Une ligne décroît proportionnellement quand le point qui la parcourt en retranche des segmens égaux en tems égaux; les restes sont proportionnels entre eux, comme les parties retranchées.

Les quantités sourdes ou inexplicables en nombres, sont censées déterminées avec une approximation suffisante, si le dernier chiffre n'est pas en erreur d'une unité.

Le logarithme d'un sinus est le nombre qui approche le plus de la ligne qui a crû uniformément, tandis que le sinus total a diminué de manière à devenir le sinus en question, les deux mouvemens étant supposés synchrones ou exécutés dans le même tems.

Ainsi, le sinus total a o pour logarithme. Les logarithmes des nombres supérieurs au sinus total sont négatifs ou *moindres que rien.*

Il était possible d'attribuer le log. o à tout autre sinus, mais la facilité et la brièveté des opérations demandaient que log. o fût donné au rayon.

Et comme les sinus sont de tous les nombres (trigonométriques) ceux dont on fait l'usage le plus fréquent, on a fait leurs logarithmes positifs. On pouvait faire le contraire.

Quand des nombres sont en progression géométrique, leurs logarithmes sont équidifférens.

Si trois nombres sont en progression géométrique, le logarithme du troisième est égal à deux fois le logarithme du second, moins le logarithme du premier.

Si quatre nombres sont en proportion géométrique, la somme des logarithmes des deux extrêmes est égale à la somme des logarithmes des deux moyens.

Ici l'auteur annonce qu'il réserve pour une autre occasion l'explication de sa méthode; il la développera quand les savans auront prononcé sur l'utilité de sa Table. Il craint les attaques des envieux, et se borne à indiquer les facilités qu'elle offre pour les calculs.

La première colonne renferme les arcs de minute en minute, depuis 90° jusqu'à 45°.

La septième renferme les arcs de minute en minute, depuis 90° jusqu'à 45°.

Les arcs correspondans des deux colonnes sont complémens les uns des autres.

A côté de chacun de ces arcs on trouve les sinus en nombres naturels à 7 chiffres, colonnes 2 et 6.

A côté des sinus on trouve leurs logarithmes, dans les colonnes 3 et 5. Ils sont à 8 chiffres.

Dans la colonne 4 on trouve la différence du logarithme cosinus au logarithme sinus; c'est-à-dire, les logarithmes des tangentes ou des cotangentes, selon que la différence est prise positivement ou négativement.

Il nomme *anti-logarithme* le logarithme du cosinus qui se trouve toujours sur la même ligne que le logarithme sinus. Képler a depuis nommé *mesologarithme* le nombre de la colonne du milieu, où le logarithme tangente = — logarithme cotangente.

La table donnant toujours sur une même ligne un sinus et son logarithme, elle peut tenir lieu d'une table des logarithmes pour les nombres. On y trouve, ou l'on en pourra déduire le logarithme d'un nombre, ou le nombre d'un logarithme.

Il applique sa table à la résolution des triangles rectilignes rectangles et obliquangles.

Pour les triangles sphériques quadrantaux, c'est-à-dire, qui ont un angle ou un côté de 90°, il donne sa règle des parties adjacentes et des parties séparées, qui m'a toujours paru d'une utilité fort douteuse, pour ne rien dire de plus. (*Voy.* mon *Astronomie,* tom. I, pag. 204.)

Il partage les triangles obliquangles en deux rectangles, en abaissant un arc perpendiculaire; il démontre, par les propriétés de la projection stéréographique, l'analogie

$$\text{tang}\tfrac{1}{2}\text{base} : \text{tang}\tfrac{1}{2}\text{somme des côtés} :: \text{tang}\tfrac{1}{2}\text{différ. des côtés} : \text{tang}\tfrac{1}{2}\text{différ. des segmens de la base},$$

et, par là, cette formule devient un corollaire de l'analogie grecque

$$\tfrac{1}{2}\text{base} : \tfrac{1}{2}\text{somme des côtés} :: \tfrac{1}{2}\text{différ. des côtés} : \tfrac{1}{2}\text{différ. des segmens de la base},$$

à laquelle elle se réduit d'ailleurs, quand les trois arcs sont extrêmement petits.

Cette analogie, curieuse autant qu'utile, appartient donc véritablement à Néper; on en donne aujourd'hui une démonstration plus courte. Il dit, page 55, que l'on peut changer les côtés en angles, et réciproquement. C'est une espèce de triangle supplémentaire pour lequel il renvoie à Pitiscus et à Métius. Ce n'est pas le triangle supplémentaire, tel que nous le concevons aujourd'hui, et qui est dû à Snellius.

A la suite de sa Table, je trouve dans mon édition l'ouvrage annoncé par Néper, et qui ne fut publié qu'après sa mort, en 1619, par son fils.

Néper avait commencé par donner aux logarithmes la dénomination moins commode de *nombres artificiels.* Nous verrons plus loin l'explication et l'étymologie du mot logarithme.

Dans ses définitions et même dans ses calculs, il fait usage des fractions décimales, mais il n'en donne que la notation, sans aucune règle de calcul. C'est le premier exemple que j'en aie trouvé jusqu'ici; c'est un premier pas, il est de la plus grande importance.

Rien de si facile que de continuer une progression arithmétique; il n'en est pas de même d'une progression géométrique. Néper en trouve cependant un moyen fort aisé.

Soit $a = 1000000$;

$$n = \frac{999999}{1000000} = \frac{1000000 - 1}{1000000} = 1 - \frac{1}{1000000}.$$

Tous les termes de la progression géométrique qui commenceront par ces deux nombres, se trouveront en retranchant $\frac{1}{1000000}$ du précédent.

$$\begin{array}{rll}
a = & 10000000 \ldots\ldots\ldots\ldots & \log\ a = 0 \\
 & \underline{\quad - 1} & \\
na = & 9999999 \ldots\ldots\ldots\ldots & \log\ na = 1 \\
 & \underline{\quad 0.999999} & \\
n^2a = & 9999998.000001 \ldots & \log n^2a = 2 \\
 & \underline{\quad 999998.000001} & \\
n^3a = & 9999997.000002.999999. & \log n^3a = 3 = 3 \log na \\
 & \text{etc.,} \quad \text{etc.} &
\end{array}$$

Remarquez que les logarithmes 0, 1, 2, 3, etc., croissent uniformément, mais que les nombres décroissent d'une manière inégale, ou que les $d \log 1$ sont égaux et que les dn diminuent continuellement.

Retranchez donc l'unité du premier, vous aurez le second ou na; de celui-ci retranchez sa dix-millionième partie, vous aurez le troisième, ou n^2a; de n^2a retranchez encore sa dix-millionième partie, vous aurez le quatrième, et ainsi de suite. Chacun des termes successifs aura pour logarithme un des termes de la suite naturelle des nombres 1, 2, 3, 4, 5, etc. Si vous faites cent soustractions pareilles, le logarithme du centième reste sera 100.

2 sera le logarithme de 9999998.000001, et sans erreur sensible celui de 9999998.

3 sera le logarithme de 9999997.000002.999999 et de 9999997, sans erreur, et ainsi des autres jusqu'au centième reste, et 100 sera le logarithme de 9999900, en sorte que

$$n = \log(10000000 - n);$$

ce ne sera qu'une approximation, car suivant la formule moderne

$$\log(n-dn)=\log n-\frac{dn}{n}-\tfrac{1}{2}\left(\frac{dn}{n}\right)^2-\text{etc.},$$

ou

$$\log n-\log(n-dn)=\frac{dn}{n}+\tfrac{1}{2}\left(\frac{dn}{n}\right)^2+\tfrac{1}{3}\left(\frac{dn}{n}\right)^3+\text{etc.}$$

Soit $n=10000$, $n-dn=9999$, $dn=\frac{1}{10000}=0.0001$;

$$\log n-\log(n-dn)=0.0001+\tfrac{1}{2}(0000.0001)$$
$$=0.0001+0.0000.0000.5=0.00010000.5.$$

Soit $n=1000$, $dn=\frac{1}{1000}$;

$$\log n-\log(n-dn)=0.0010005.$$

On pouvait arbitrairement choisir le logarithme du second terme, celui du premier étant o; mais il n'y avait rien de plus simple que de faire la première différence logarithmique égale à la différence des deux premiers termes de la progression.

On voit clairement ici des exemples de la soustraction des fractions décimales.

(*) Le terme n^2a, supposé 9999998, est un peu trop faible pour avoir le logarithme 2. Ce logarithme appartient véritablement à 9999998.0000001; et comme les logarithmes augmentent quand les nombres diminuent, le vrai logarithme de 9999998 sera plus fort que 2; le logarithme de 9999997 un peu plus fort que 3; log (10000000—n) un peu plus fort que n, et l'excès ira en augmentant; mais il pourra se négliger dans les cent premiers termes.

On voit combien est simple cette première idée; $\log(10000000-n)=n$, et l'erreur est insensible quand n ne surpasse pas 100; elle serait même à peine sensible à $n=300$. Mais cette marche serait trop lente. Soit $dn=100$; Néper forme de même une seconde suite dont les différences sont cent, et les logarithmes o, 1, 2, 3, etc., mais avec un peu moins d'exactitude.

(*) C'est par anticipation que j'écris na, n^2a, n^3a, etc.; on n'avait encore aucune idée des exposans.

Nombres.	Log.
100000.00	0
99999.00	1
99998.00	2
99997.00	3
99996.00	4
....	..
99950.00	50

Le 51ᵉ terme sera un peu plus fort que 99950.00. Soit $99950.00 + dn$; le logarithme du 51ᵉ terme sera donc $50 + \frac{dn}{99950}$, puisque le logarithme augmente quand le nombre diminue.

Néper a donc une nouvelle série de 50 nombres fractionnaires accompagnés de leurs logarithmes, qui croissent en progression arithmétique. Pour en déduire le logarithme du nombre entier n, au dernier logarithme de la table on ajoutera $\frac{dn}{n}$, c'est-à-dire la petite fraction qu'on veut supprimer, divisée par le nombre dont on veut le logarithme. En effet, dn qui, dans l'origine, était égale à $d\log n$ diminue continuellement dans la proportion de n au premier nombre; dn est donc $< d\log n$, et pour avoir $d\log n$ on fait $\frac{dn}{n} = d\log n$.

Ces deux tables, l'une de 101 termes et l'autre de 51, ne sont encore que préparatoires. Nous avons, par la seconde, le logarithme de 1000000 et de 99950. Sur ces deux nombres, dont les logarithmes sont connus, établissons une nouvelle progression géométrique; nous aurons les logarithmes de la nouvelle progression, puisque nous avons les deux premiers.

$$\frac{100000}{99950} = \frac{100000}{10000 - 50} = \frac{1}{1 - \frac{50}{10000}} = \frac{1}{1 - \frac{1}{2000}}.$$

Ainsi pour former la nouvelle progression, il faudra retrancher de chaque terme $\frac{1}{2000}$ de ce même terme; le calcul est un peu moins simple et pourtant fort aisé.

Le 21ᵉ terme sera 9900473.5780, et vous aurez son logarithme.

Pour en conclure celui de 9900, vous y ajouterez $\frac{473.5780}{9900473.5780}$; vous aurez donc le logarithme de 9900000.

Voilà bien une division de fraction décimale.

Établissez sur 9900000 une progression continue dont la raison soit la même que celle de la série précédente ; vous aurez la différence des logarithmes de tous les termes nouveaux. Le calcul sera tout semblable ; en voici le commencement, le dernier terme sera 9801468.8423.

9900000
9895050
9890102.4750
9885157.4238
etc.
9801468.8423.

Vous aurez $\log 9801 = (\log 98014688423) + \frac{0.00004684 23}{9801.4688423}$.

L'erreur du calcul, ou $\frac{1}{2}\left(\frac{dn}{n}\right)^2$ sera 0.00000.0001144 ;

elle était, dans le calcul précédent... 0.00000.00011493.

Vous aurez donc le logarithme de 9801, avec lequel vous pourrez commencer une nouvelle série de 21 termes, toujours dans la même raison et suivant les mêmes procédés ; le 21e terme sera 9703.4541539 ;

$$\log 9703 = \log 9703.4541539 + \frac{4541539}{9703.4541539},$$

$$\frac{1}{2}\left(\frac{dn}{n}\right)^2 = 0.00000.0010953.$$

Vous formerez ainsi 69 colonnes de termes dans la même raison géométrique ; la 69e ou dernière sera

Nombres naturels.	Logarithmes.	Différence constante.
5.048.858.8900	6.834.225.8	
5.046.333.4606	6.839.227.1	5.001.3
5.043.811.2932	6.844.228.3	5.001.2
5.041.289.3879	6.849.229.6	5.001.3
5.038.766.7435	6.854.230.8	5.001.2
....	....	ou
4.998.609.4034	6.934.250.8	5.001.25

Ces différences sont les mêmes pour toutes les colonnes ; elles sont la différence (log 10000 — log 9995),

$$\frac{dn}{n} = \frac{5}{10000} = \frac{1}{2000} = 0.00050$$
$$\tfrac{1}{2}\left(\frac{dn}{n}\right)^2 = \frac{1:2}{4000.000} = 0.00000.0125$$
$$\tfrac{1}{3}\left(\frac{dn}{n}\right)^3 = \frac{1:3}{8000.000.000} = 0.00000.000027$$
$$0.00050.012527.$$

Néper, en faisant la différence 500125, ne se trompait donc que de 0.00000.000027.

Voilà donc 69 séries en proportion continue composées chacune de 21 termes; elles ne forment pas une progression unique, car le premier terme de chaque colonne diffère toujours un peu du dernier de la colonne précédente. Les logarithmes de chaque colonne forment une progression arithmétique.

Tout dépend de l'exactitude avec laquelle Néper aura calculé le logarithme de 9995, qui devait donner la différence constante. Il avait trouvé

log 10000000 — 49995000 = 5000.00 C'était la supposition arbitraire.
log 9995002.5 — 69999000 = 5002.50
moyenne arithmétique = 5001.25.

$\text{Log}\, n - \log(n - dn)$ est $\frac{dn}{n}$ ou $\frac{dn}{n-dn}$, et par un milieu,

$$\frac{dn}{n - \frac{1}{2}dn} = \frac{5000}{\frac{1}{2}(19995002.5)} = \frac{5000}{9997501.25} = \frac{5000}{10000002408.75} = \frac{\left(\frac{5}{1000}\right)}{1 - \frac{249875}{1000000}}$$
$$= 0.00050.01249375.$$

Tous ces moyens étaient connus de Néper, quoiqu'il n'eût pas ces expressions algébriques; ce calcul est la traduction de ses raisonnemens c'en est le fond, si ce n'est pas la forme tout à fait; il ne négligeait que des quantités reconnues insensibles; la construction de ses tables préparatoires est donc démontrée. Ces tables renferment une suite de nombres décroissans, depuis 1.0000000 jusqu'à 49986094034; tous ces nombres ont leurs logarithmes. Ces nombres diminuent assez lentement pour que l'on puisse, par interpolation, avoir les logarithmes de tous les nombres intermédiaires. Cette table, que Néper appelle *radicale*, lui fournir donc sans peine tous les logarithmes de sinus, depuis 90° jusqu'à celu de 30, qui est $\frac{1}{2}$ rayon; et de ces logarithmes il trouvera des moyens simples pour conclure tous les autres.

Remarquez que pour construire sa table radicale il n'a employé que la soustraction, et les additions des parties proportionnelles trouvées par une simple division.

On peut dire que la plus ancienne des tables de logarithmes a été construite par des moyens analogues, jusqu'à un certain point, à ceux que M. de Prony a mis en usage pour les grandes tables du Cadastre. Les formules modernes ont fourni des procédés plus sûrs, plus exacts, mais non plus commodes. C'est ce qu'on ne peut dire de Briggs, dont le système est d'un usage plus facile, mais qui donne une construction bien plus pénible, puisqu'il faut commencer par chercher laborieusement un nombre plus ou moins considérable de moyennes proportionnelles, c'est-à-dire extraire un nombre effrayant de racines carrées.

Néper démontre que $\log\sin A > (1 - \sin A)$ et $< (\text{coséc}\, A - 1)$. Il le prouve par ses Fluxions et ses Fluentes; mais la première partie est une conséquence de ce que les logarithmes croissent plus rapidement que les termes ne décroissent; la deuxième est un corollaire de la première, il suffit de concevoir la série prolongée de l'autre côté du zéro.

Soit 1 le rayon, A un arc quelconque, $1 - \sin A = x$, ou $\sin A = (1 - x)$. On sait aujourd'hui que $\log(n+dn) = \log n + \left(\frac{dn}{n}\right) - \frac{1}{2}\left(\frac{dn}{n}\right)^2 + \frac{1}{2}\left(\frac{dn}{n}\right)^3 - \text{etc.}$

Soit $n = 1$ et $dn = -x$,

$$\log(1 - x) = 0 - x - \tfrac{1}{2}x^2 - \tfrac{1}{3}x^3 - \tfrac{1}{4}x^4 - \text{etc.};$$

mais Néper nous avertit qu'il fait les logarithmes positifs et croissans, quand n diminue; ainsi

$$\log(1 - x) = x + \tfrac{1}{2}x^2 + \tfrac{1}{3}x^3 + \tfrac{1}{4}x^4 + \text{etc.} = \log\sin A\,;$$

telle serait donc la valeur exacte de $\log\sin A$.

Mais $1 - \sin A = x$; donc, $\log\sin A > x$, puisqu'il est $x + \frac{1}{2}x^2 + \text{etc.}$;

$$\text{coséc}\, A = \frac{1}{\sin A} = \frac{1}{1-x} = 1 + x + x^2 + x^3 + x^4,$$
$$\text{coséc}\, A - 1 = x + x^2 + x^3 + x^4;$$

donc $\text{coséc}\, A - 1$ surpasse $\log\sin A$.

L'erreur de la première expression est $\frac{1}{2}x^2 + \frac{1}{3}x^3 + \frac{1}{4}x^4$, dont $1 - \sin A$ est trop faible.

L'erreur de (cosée A — 1) est $\frac{1}{2}x^2 + \frac{2}{3}x^3 + \frac{3}{4}x^4 + \text{etc.}$, dont (cosée — A) est trop forte.

La véritable valeur est donc renfermée entre les limites (1 — sin A) et (coséc A — 1).

On voit même qu'elle n'est pas moyenne arithmétique entre ces deux valeurs, car la moyenne arithmétique serait la demi-somme des deux ou

$$\frac{(\text{coséc A}-1)+(1-\sin A)}{2} = \frac{\text{coséc A}-\sin A}{2} = x + \tfrac{1}{2}x^2 + \tfrac{1}{2}x^3 + \tfrac{1}{2}x^4 + \tfrac{1}{2}x^5,$$

tandis que $\log \sin A = x + \frac{1}{2}x^2 + \frac{1}{3}x^3 + \frac{1}{4}x^4 + \frac{1}{5}x^5$;

ainsi la moyenne arithmétique est en excès de

$$(\tfrac{1}{2} - \tfrac{1}{3})x^3 + (\tfrac{1}{2} - \tfrac{1}{4})x^4 + (\tfrac{1}{2} - \tfrac{1}{5})x^5 + \text{etc.},$$

ou de $\frac{1}{6}x^3 + \frac{1}{4}x^4 + \frac{3}{10}x^5 + \text{etc.}$;

elle n'est pas non plus moyenne géométrique, car la moyenne géométrique serait

$$\begin{aligned}
[(\text{coséc A}-1)(1-\sin A)]^{\frac{1}{2}} &= [(x+x^2+x^3+x^4+\text{etc.})(x)]^{\frac{1}{2}} \\
&= (x^2+x^3+x^4+x^5+x^6+\text{etc.})^{\frac{1}{2}} \\
&= x(1+x+x^2+x^3+x^4+\text{etc.})^{\frac{1}{2}} = x(1+y)^{\frac{1}{2}} \\
&= x(1+\tfrac{1}{2}y - \tfrac{1}{2}.\tfrac{1}{4}y^2 + \tfrac{1}{2}.\tfrac{1}{4}.\tfrac{3}{6}y^3 - \tfrac{1}{2}.\tfrac{1}{4}.\tfrac{3}{6}.\tfrac{5}{8}y^4 + \text{etc.}) \\
&= x[1 + \tfrac{1}{2}(x+x^2+x^3+x^4+\text{etc.}) \\
&\qquad - \tfrac{1}{8}(x^2+2x^3+3x^4+\text{etc.}) \\
&\qquad + \tfrac{1}{16}(x^3+3x^4+6x^5) - \tfrac{1}{128}(x^4+4x^5) + \text{etc.}] \\
&= x\left\{\begin{matrix} 1 + \tfrac{1}{2}x + \tfrac{1}{2}x^2 + \tfrac{1}{2}x^3 + \tfrac{1}{2}x^4 \\ \quad - \tfrac{1}{8}x^2 - \tfrac{2}{8}x^3 - \tfrac{3}{8}x^4 \\ \qquad + \tfrac{1}{16}x^3 + \tfrac{3}{16}x^4 \\ \qquad\qquad - \tfrac{5}{128}x^4 \end{matrix}\right\} \\
&= x(1+\tfrac{1}{2}x+\tfrac{3}{8}x^2+\tfrac{5}{16}x^3+\tfrac{35}{128}x^4) \\
&= x+\tfrac{1}{2}x^2+\tfrac{3}{8}x^3+\tfrac{5}{16}x^4+\tfrac{35}{128}x^5.
\end{aligned}$$

La moyenne géométrique est donc $x + \frac{1}{2}x^2 + \frac{3}{8}x^3 + \frac{5}{16}x^4 + \frac{35}{128}x^5$,

et $\log \sin A = x + \frac{1}{2}x^2 + \frac{1}{3}x^3 + \frac{1}{4}x^4 + \frac{1}{5}x^5$,

excès du moyen géométrique $= (\frac{3}{8} - \frac{3}{9})x^3 + (\frac{5}{16} - \frac{4}{16})x^4 + \frac{47}{640}x^5$,

excès du moyen géométrique $= \frac{1}{24}x^3 + \frac{1}{16}x^4 + \frac{47}{640}x^5$,

excès du moyen arithmétique $= \frac{1}{6}x^3 + \frac{1}{4}x^4 + \frac{3}{10}x^5$.

L'excès du moyen géométrique n'est donc pas tout à fait le quart de l'excès arithmétique; quand ils ne différeront pas sensiblement l'un de l'autre, ce sera une preuve que $(\frac{1}{6} - \frac{1}{24})x^3$, ou $\frac{4}{24} - \frac{1}{24} = \frac{3}{24} = \frac{1}{8}x^3$ est une quantité insensible; à plus forte raison $\frac{1}{24}x^3$ sera-t-il insensible; on pourra donc s'en tenir au moyen géométrique, et même au moyen arithmétique.

On a donc les deux limites (cosée A — 1) et (1 — sin A), entre lesquelles est la vraie valeur; c'est le théorème de Néper. On a donc dans la moyenne arithmétique une valeur approchée, et dans la moyenne géométrique une valeur encore plus approchée, et tant qu'elles différeront peu, on pourra s'en tenir à la moyenne géométrique; les deux approximations seront seulement un peu trop fortes.

La différence entre les deux moyennes $= \frac{1}{8}x^3$; on en prendra le tiers $\frac{1}{24}x^3$, on le retranchera de la moyenne géométrique, et l'erreur sera bien plus négligeable encore.

Néper n'emploie pas ces expressions, qui n'étaient pas connues; mais soit R le rayon; les limites seront $\frac{R^2}{\sin A} - R$ et $R - \sin A$; la moyenne arithmétique $\frac{R^2 - R\sin A}{2\sin A} + \frac{R - \sin A}{2} = \frac{R^2 - R\sin A + R\sin A - \sin^2 A}{2\sin A} = \frac{R^2 - \sin^2 A}{2\sin A}$ $= \frac{(R + \sin A)(R - \sin A)}{2\sin A}$.

Voici encore un autre théorème dont Néper a fait usage, et qu'il présente un peu différemment.

Log sin A — log sin A′ est entre $R\left(\frac{\sin A - \sin A'}{\sin A}\right)$ et $R\left(\frac{\sin A - \sin A'}{\sin A'}\right)$, ou entre $\left(\frac{R}{\sin A}\right)(\sin A - \sin A')$ et $\left(\frac{R}{\sin A'}\right)(\sin A - \sin A')$; la moyenne arithmétique serait $\left(\frac{R}{2\sin A}\right)(\sin A - \sin A') + \left(\frac{R}{2\sin A'}\right)(\sin A - \sin A')$, $\frac{1}{2}(\text{coséc}\,A + \text{coséc}\,A')(\sin A - \sin A')$.

La moyenne géométrique $\frac{R(\sin A - \sin A')}{\sqrt{\sin A \sin A'}} = \frac{R(\sin A - \sin A')}{\sqrt{\sin^2(A - \frac{1}{2}dA)}} = \frac{R(\sin A - \sin A')}{\sin(A - \frac{1}{2}dA)}$ à peu près, ou $d \log n = \frac{dn}{n - \frac{1}{2}dn}$.

Par ces moyens on aura les deux limites d'un logarithme et sa valeur à peu près; on aura aussi la différence de deux sinus connus, en sorte que si l'on a de plus le logarithme de l'un de ces sinus, on en conclura le logarithme de l'autre.

C'est ainsi que Néper a trouvé la différence constante des logarithmes pour les 69 colonnes de sa troisième table. D'une colonne à l'autre et sur la même ligne, la différence constante est 100503.5210291; ce logarithme est celui de $\frac{99}{100}$. Dans les Tables de Wolfram, calculées à 48 décimales, on trouve $\log(\frac{99}{100}) = 100503.358350$. De là viennent sans doute quelques erreurs assez peu importantes, sur les dernières figures des sinus logarithmiques de Néper.

Sa table III ne lui donne pas directement les log. des sinus pour toutes les minutes du quart de cercle; mais la différence sera peu considérable entre le nombre de la table et le sinus en question; on se sert alors de la formule $\frac{R(\sin A - \sin A')(\sin A + \sin A')}{\sin A \sin A'}$; on a tout dans cette formule, elle donne la différence du sinus logarithmique de A, qui est connu, au sinus logarithmique de A', que l'on cherche, et qui sera connu par ce moyen.

Pour 1' de différence, je me suis assuré que la formule est suffisamment exacte depuis $A = 90°$ jusqu'à $A = 30°$.

Le sinus de 90°, celui de 30° et tous ceux qui sont entre eux comme 2 : 1, ont pour la différence de leurs logarithmes le logarithme de 2;

suivant la Table de Néper, ce logarithme est 693.1469.22
suivant la Table de Wolfram, il serait..... 693.1471.81
l'erreur..... 2.59.

On voit que ces logarithmes ne sont pas de la dernière exactitude; mais ces erreurs étaient fort peu importantes, et la table n'en était pas moins utile.

Si un sinus était trop petit pour se trouver dans la table radicale, on pouvait le multiplier par 2, 4, 8, etc., en sorte qu'il rentrât dans les limites; on prenait alors le logarithme du multiple dans la table, on y ajoutait le logarithme de 2, de 4 et de 8, et l'on avait le logarithme cherché; car plus le sinus est petit, plus son logarithme est grand. C'est le contraire dans le système actuel.

Par les sinus qui sont entre eux comme 1 : 10, on voit que le logarithme de 10 doit être... 2.30258423.34
il est, suivant Wolfram.... 2.30258500.09
la différence est........... 0.0000007675.

Néper s'aide de quelques théorèmes connus de tout tems, comme $\sin A = 2\sin\frac{1}{2}A \cos\frac{1}{2}A$, ou $\sin\frac{1}{2}A = \frac{\sin A}{2\cos\frac{1}{2}A}$.

On aura donc ainsi tous les sinus des arcs au-dessous de 30°, car la Table donnera $\log\sin A > 30°$ et $< 60°$, $\sin\frac{1}{2}A > 15°$, $\cos\frac{1}{2}A < \sin 60°$.

Ayant tous les sinus au-dessus de 45°, on aura tout depuis 45° jusqu'à 22° 30', de là jusqu'à 11° 15', 5° 37' 30'', d'où celui de 5° 38', celui de 2° 49′, 2° 48′, 1° 24′, 42′, 21′, 20′, 10′, 1′; car ces petits sinus sont proportionnels à leurs arcs.

Au reste, Néper sentait lui-même qu'il n'avait pas mis dans l'exécution toute la précision dont sa méthode était susceptible. Il invitait les calculateurs exercés à refaire sa table avec plus de soin; il désirait qu'on augmentât le nombre des chiffres; qu'on fît la seconde table de 101 termes au lieu de 51; qu'on donnât à la table troisième 35 colonnes de 101 termes, au lieu de 69 colonnes de 21. Tous les nombres y seraient dans la raison de 100000000 : 99990000, et d'une colonne à l'autre dans la raison 100 : 99.

A cela près, il ne fait aucun changement à la méthode. Les calculs qu'il demandait ont été exécutés peu de tems après, par Benjaminus Ursinus.

Ces moyens, suffisans dans le système de logarithmes qu'il avait d'abord imaginé, ne s'adaptaient pas à un autre système dont il parle ensuite, et qui depuis a prévalu.

Le meilleur de tous les systèmes est, à son avis, celui qui donne 0 pour logarithme à l'unité, et 10.000.000.000 pour logarithme de 10. Ces deux logarithmes donnés, tous les autres s'en déduisent.

Divisez le logarithme de 10 par 5, vous aurez

2.000.000.000...$\log(10)^{\frac{1}{5}}$
400.000.000......$(10)^{\frac{1}{5^2}}$
80.000.000......$(10)^{\frac{1}{5^3}}$
16.000.000......etc.
3.200.000
640.000
128.000
25.600
5.120
1.024...$\log(10)^{\frac{1}{5^{10}}}$
512
256
128
64
32
16
8
4
2
1,

c'est-à-dire prenez $A = \sqrt[5]{10}$, ou prenez quatre moyennes proportionnelles entre 50 et 1; entre A et 1 cherchez la plus petite B de quatre moyennes proportionnelles; entre B et l'unité, prenez la plus petite de quatre moyennes proportionnelles; prenez ensuite sept moyennes proportionnelles, vous aurez tous les nombres répondans à tous vos logarithmes; la difficulté est dans toutes ces extractions de racines. Le procédé est plus facile à comprendre, mais il est effrayant à pratiquer; au lieu que le premier, dans sa simplicité, était tel, qu'on pouvait en confier l'exécution à des ouvriers qui n'eussent que les plus simples notions du calcul arithmétique. Si le nouveau système donne une table plus commode, il faut avouer qu'il était à désirer qu'on se créât de nouveaux moyens pour l'exécuter avec moins de peine. Les moyens sont venus quand la besogne était terminée.

Nous avons déjà remarqué que Néper a le premier donné l'idée du calcul des fractions décimales, un peu plus développé depuis par Briggs; enfin pour éviter les racines cinquièmes, il indique un moyen de tout faire par des extractions de racines carrées.

Dans un chapitre intitulé : *Habitudines logarithmorum et suorum naturalium invicem*, il réunit plusieurs notions déjà exposées, et d'autres plus obscures qu'utiles; il finit par donner le logarithme vulgaire de 2, qui est 301029995.

Briggs, en commentant ce chapitre, n'est pas beaucoup plus clair; ces subtilités n'ont ni le mérite des premières idées de Néper, ni celui des formules modernes.

On trouve quelques propositions très remarquables (*eminentissimæ*), pour faciliter la résolutions des triangles sphériques. Ce sont les méthodes de Viète pour les triangles obliquangles partagés en deux rectangles.

Dans un chapitre de l'excellence des sinus-verses, on retrouve quelques règles trouvées par les Arabes. Il donne les formules

$$\sin C'' = \sin C - \sin C' = 2\sin\tfrac{1}{2}(C-C')\cos\tfrac{1}{2}(C+C'),$$
$$\sin C''' = \sin C + \sin C = 2\sin\tfrac{1}{2}(C+C')\cos\tfrac{1}{2}(C-C'),$$

tout cela, présenté d'une manière obscure et calculé d'une manière tout aussi pénible.

Néper a le premier employé des arcs subsidiaires pour ramener au calcul logarithmique le calcul des formules binomes; ainsi

$$\begin{aligned}\sin^2\tfrac{1}{2}C'' &= \sin^2\tfrac{1}{2}(C-C') + \sin^2\tfrac{1}{2}A''\sin C\sin C'\\ &= \sin x + \sin y\\ &= 2\sin\tfrac{1}{2}(x+y)\cos\tfrac{1}{2}(x-y)\\ &= \sin^2\tfrac{1}{2}(C+C') - \cos^2\tfrac{1}{2}A''\sin C\sin C'\\ &= \sin\varphi - \sin\psi\\ &= 2\sin\tfrac{1}{2}(\varphi-\psi)\cos\tfrac{1}{2}(\varphi+\psi).\end{aligned}$$

Ces formules viennent des Arabes. La règle suivante lui appartient tout entière.

Des cinq parties d'un triangle dont les trois moyennes sont données, déterminer les deux extrêmes par une même opération. Les règles qu'il donne pour ce problème sont :

Faites

$$\tang x = \frac{\sin\frac{1}{2}(A+A')\sin(A-A')\tang\frac{1}{2}C''}{\sin(A+A')\sin\frac{1}{2}(A-A')}, \text{ et } \tang y = \frac{\sin\frac{1}{2}(A-A')\tang\frac{1}{2}C''}{\sin\frac{1}{2}(A+A')};$$

ensuite, $C+C' = x+y,\quad C-C' = x-y.$

On n'a rien changé à la formule y, qui a toute la simplicité qu'on peut désirer; mais Briggs a fait un changement heureux à la première,

$$\tang x = \frac{\sin\frac{1}{2}(A+A')2\sin\frac{1}{2}(A-A')\cos\frac{1}{2}(A'-A')\tang\frac{1}{2}C''}{2\sin\frac{1}{2}(A+A')\cos\frac{1}{2}(A+A')\sin\frac{1}{2}(A-A')} = \frac{\cos\frac{1}{2}(A-A')\tang\frac{1}{2}C''}{\cos\frac{1}{2}(A+A')}.$$

Cette formule a beaucoup gagné, tant du côté de la simplicité que de la symétrie, qui aide à la retenir. Ces deux formules sont célèbres et connues uniquement sous le nom Néper; mais il faut avouer que le premier inventeur a quelques obligations à Briggs. Celui-ci a, de plus, transporté ces formules au triangle supplémentaire.

Néper présente ces mêmes formules avec quelques modifications,

$$\tang x = \frac{\sin\frac{1}{2}(A+A')\cos\frac{1}{2}(A-A')\tang\frac{1}{2}C''}{\frac{1}{2}\sin(A+A')}, \tang y = \frac{\sin\frac{1}{2}(A-A')\cos\frac{1}{2}(A+A')\tang\frac{1}{2}C''}{\frac{1}{2}\sin(A+A')}.$$

Sous cette forme, du moins, le dénominateur est commun, la symétrie est plus marquée, mais le dénominateur commun alonge inutilement l'opération.

Troisième manière. Soit $\varphi = \text{coséc}(A+A')\tang\frac{1}{2}C''\sin A,$

$\chi = \text{coséc}(A+A')\tang\frac{1}{2}C''\sin A',$

$\tang\frac{1}{2}(C+C') = \varphi+\chi,\quad$ et $\quad\tang\frac{1}{2}(C-C') = \varphi-\chi;$

c'est un corollaire des deux formules précédentes, car

$$\text{tang}\, x = \frac{\text{tang}\,\frac{1}{2}C''}{\sin(A+A')}(\sin A+\sin A'),\ \ \text{tang}\, y = \frac{\text{tang}\,\frac{1}{2}C''}{\sin(A+A')}(\sin A-\sin A'),$$

ce qui est peu commode pour l'opération logarithmique. Enfin, le procédé auquel Néper paraît se fixer est celui-ci : Faites

$$\begin{aligned}
\sin\tfrac{1}{2}(A+A') &: \sin\tfrac{1}{2}(A+A') :: \sin(A-A') : \sin A+\sin A',\\
\sin(A+A') &: (\sin A+\sin A') :: \text{tang}\,\tfrac{1}{2}C'' : \text{tang}\,\tfrac{1}{2}(C+C'),\\
\sin\tfrac{1}{2}(A+A') &: \sin\tfrac{1}{2}(A-A') :: \text{tang}\,\tfrac{1}{2}C'' : \text{tang}\,\tfrac{1}{2}(C-C').
\end{aligned}$$

Briggs a réduit les deux premières analogies à une seule; il donne ensuite les deux formules analogues pour trouver les deux angles par les côtés et l'angle compris.

Des quatre analogies connues sous le nom de Néper, il y en a trois qui appartiendraient à Briggs. Il est vrai qu'elles se déduisent si naturellement des trois analogies de Néper, qu'on a pu sans injustice lui en faire honneur; on peut même s'étonner que Néper n'ait pas su leur donner cette forme. Mais les choses les plus simples échappent souvent à l'esprit préoccupé qui envisage son objet sous un autre point de vue. Cependant l'inadvertance est d'autant plus singulière, que Néper a retourné ses formules de plusieurs manières; il a justement omis la plus simple, la plus naturelle et la plus facile à trouver.

Nous ignorons quel effet produisit la découverte de Néper (*) sur l'esprit de ces envieux qu'il redoutait. Il paraît qu'ils gardèrent le silence; mais l'auteur eut la satisfaction de voir son invention adoptée par Briggs, professeur de mathématiques à Oxford, qui, l'ayant bien étudiée, fit exprès le voyage d'Édimbourg, pour en conférer avec lui et lui proposer ses idées pour un autre système de logarithmes. Nous en parlerons plus loin. Il paraît aussi que cette admirable découverte frappa vivement Képler, qui, cinq ans après la publication du *Mirificus canon*, fit imprimer à Marpurg l'ouvrage suivant, en 1624.

Joannis Kepleri Chilias logarithmorum, ad totidem numeros rotundos, præmissâ demonstratione legitimâ ortûs logarithmorum eorumque usûs,

---

(*) On a varié sur l'orthographe du nom de Néper, qu'on a écrit Napier et Nepair; on croit ce dernier mot l'équivalent de *Peerless, sans pair,* donné à l'un de ses ancêtres; mais il s'est appelé lui-même Neperus dans son Ouvrage. Nous avons suivi l'usage constant des écrivains français qui écrivent *Néper.*

quibus nova traditur Arithmetica, seu compendium, quo, post numerorum notitiam, nullum nec admirabilius nec utilius solvendi pleraque problemata calculatoria, præsertìm in doctrinâ triangulorum, citra multiplicationis, divisionis, radicum extractionis, in numeris prolixis, labores molestissimos. Ce titre un peu fastueux, suivant l'usage du tems, donne lieu à plusieurs réflexions; on est un peu étonné de n'y point voir le nom de Néper; cette citation était le seul moyen d'en justifier l'emphase. Képler y promet une *démonstration légitime;* il regarde donc comme insuffisante ou inexacte celle de Néper; il pouvait lui reprocher des longueurs, des inutilités; il lui reproche en effet cette idée de *fluxions* et de *fluentes*, qu'on a depuis reprochée à Newton. Mais nous verrons que les principaux théorèmes trouvés et démontrés par Néper n'ont pas été inutiles à la nouvelle démonstration.

L'ouvrage se compose de *demandes*, d'*axiômes*, de *corollaires* et de *propositions*, le tout démontré rigoureusement et *chastement* (chastely), comme dit Hutton, et à la manière des anciens.

Demande 1. Qu'il soit permis d'exprimer par une même quantité toutes les proportions égales entre elles, quels que soient les deux termes sous lesquels elles se présentent; ainsi $\frac{a}{b}=\frac{c}{d}=\frac{e}{f}=n$.

Axiôme 1. Dans une suite de quantités croissantes de même genre, la proportion des extrêmes se compose de toutes les proportions intermédiaires. Soit, par exemple, a, b, c, d, e, f, et

$$b=ma,\ c=nb=mna,\ d=pc=mnpa,\ e=qd=mnpqa,\ f=re=mnpqra;$$

la série se changera en a, ma, mna, $mnpa$, $mnpqa$, $mnpqra$, et $a:f::a:mnpqra::1:mnpqr$.

Ainsi plus on insérera de termes entre deux nombres donnés, plus les raisons seront petites, puisque le produit étant déterminé, les facteurs seront moindres s'ils sont plus nombreux.

Proposition 1. La moyenne proportionnelle entre deux nombres, partage la proportion en deux portions égales,

$$a:b::b:c,\ \text{ou}\ a:na::na:c=\frac{n^2a^2}{a}=n^2a,$$

$$\log a+\log c=2\log b,\quad \log b-\log a=\log c-\log b.$$

Axiôme 2. Dans toute série telle que celle de l'axiôme 1, le nombre des raisons partielles surpasse de l'unité le nombre des moyennes insérées; nous avions quatre moyennes b, c, d, e, nous avons cinq raisons partielles, m, n, p, q, r.

Demande 2. (Remarquons d'abord que Képler se sert partout du mot proportion, en avertissant qu'il traduit ainsi le mot λόγος, qu'on traduit ordinairement par le mot raison.)

Qu'il nous soit permis de diviser une proportion en un nombre de parties telles, que les parties soient moindres qu'une quantité donnée. En effet, supposons toutes les raisons égales, $mnpqr = n^5, f = n^5$, ou en général $f = an^x$, $\frac{f}{a} = n^x$. Soit m la quantité donnée $n = \left(\frac{f}{a}\right)^{\frac{1}{x}} < m$. On pourra toujours prendre x assez grand pour que $\left(\frac{f}{a}\right)^{\frac{1}{x}} < m$.

Pour exemple il prend 7 et 10; $7 = a$, $10 = b$,

$$a : an :: an : an^2,$$
$$a : an^2 :: an^2 : an^4 = an^{2^2},$$
$$a : an^4 :: an^4 : an^8 = an^{2^3},$$

et successivement jusqu'à $an^{2^{30}}$.

$$an^{2^{30}} = an^{1073741824} = 9.9999.99996.67820.56900;$$
$$\text{différence au 1}^{\text{er}} \text{ terme 10, } 0.0000.00003.32179.43100.$$

Il prend arbitrairement cette différence pour mesure du premier élément; l'intervalle ou la proportion totale est divisée en 1073741824 de ces élémens. La raison de 10 : 7 sera donc composée de

$$1073741824 \times 0.0000.00003.32179.43100 = 36567.49481.37222.14400.$$

Tel sera le logarithme de 7 dans le système qui donne 0 pour logarithme à 10 et qui fait augmenter les logarithmes à mesure que les nombres diminuent.

Ce système est celui de Néper; mais voilà une base mesurée avec beaucoup plus de soin, par un calcul plus pénible, puisqu'il a employé 30 extractions de racine carrée à 20 chiffres.

Cette origine rend raison de la dénomination logarithmique qui signifie *nombre des raisons;* mais cette dénomination est de Néper, ainsi que l'idée qui la lui a fournie : λόγων ἀριθμός.

Demande 3. Qu'il soit permis de prendre pour mesure du plus petit élément de la proportion l'excès du plus grand terme 10 sur la 30e des moyennes proportionnelles; c'est ce qu'il vient de faire avant d'en avoir demandé la permission.

Proposition 2. Soit la proportion continue $a : an :: an : an^2$;
on aura $a - an : an - an^2 :: 1 - n : n - n^2 :: 1 - n : n(1 - n) :: 1 : n :: a : an$.
Nous préférons ce calcul bien simple à la démonstration de Képler, qui a l'inconvénient d'être un peu obscure.

Cette proposition est le fondement de toutes les opérations de Néper.

Proposition 3. Si des quantités en proportion sont croissantes, les différences entre les termes consécutifs seront aussi croissantes.

$$
\begin{array}{l}
\div 1 : 2 : 4 : 8 : 16 : 32 : 64 \\
\quad 1, 2, 4, 8, 16, 32 \\
\quad\; 1, 2, 4, 8, 16 \\
\quad\;\; 1, 2, 4, 8 \\
\quad\;\;\; 1, 2, 4 \\
\quad\;\;\;\; 1, 2 \\
\quad\;\;\;\;\; 1
\end{array}
\qquad
\begin{array}{l}
\div\; a : an : an^2 : an^3 : an^4, \\
an - a,\; an^2 - an,\; an^3 - an^2,\; an^4 - an^3, \\
a(n-1),\; an(n-1),\; an^2(n-1),\; an^3(n-1).
\end{array}
$$

On voit par notre démonstration que les différences sont croissantes; on voit même qu'elles croissent dans la raison n, ce que ne dit pas la démonstration de Képler.

Nous omettons les propositions suivantes, non-seulement parce qu'elles sont longues et obscures, mais parce que Képler lui-même n'en a fait aucun usage pour calculer sa Table. Nous passerons à l'extrait de la proposition 17, qui se rapporte plus directement au procédé qu'il a suivi.

L'énoncé de cette proposition est d'une page, mais nous nous contenterons du commentaire donné par l'auteur.

Il se propose de calculer les logarithmes pour la série des nombres 1000, 999, 998, etc., jusqu'à l'unité. Il veut prouver que les logarithmes auront des différences croissantes, la raison qu'il en donne est que

$$\frac{1000}{999} > \frac{999}{998} \text{ et } \frac{999}{998} > \frac{998}{997}; \text{ ou, en général, } \frac{n+1}{n} = 1 + \frac{1}{n}.$$

Le rapport $1 + \frac{1}{n} = \frac{n+1}{n}$ sera donc d'autant plus fort, que n sera plus petit.

Les rapports entre deux nombres consécutifs iront toujours croissant; les différences des logarithmes seront donc croissantes; si les rapports étaient égaux, les différences logarithmiques seraient égales.

Si $\frac{a}{b} = \frac{b}{c}$, on aura $\log a - \log b = \log b - \log c$;

Si $\frac{a}{b} > \frac{b}{c}$, on aura $\log a - \log b > \log b - \log c$.

C'est ce que l'inspection de la table démontrait suffisamment; au reste, il est satisfaisant d'en voir la raison; mais nous avons cru devoir changer la démonstration pour abréger.

Si $n = 999$, le rapport est $1 + \frac{1}{999}$; si $n = 500$, le rapport est $1 + \frac{1}{500}$. La fraction $\frac{1}{500}$ est presque double de la fraction $\frac{1}{999}$.

$\frac{500}{499} = \frac{1000}{998}$; $\log 500 - \log 499 = 200.20$ dans la table de Képler, comme $\log 1000 - \log 998$.

Les propositions 18, 19, 20, sont des notions générales qui se trouvent partout.

La proposition 21 n'est rien autre chose que le théorème de Néper : $\log \sin A > 1 - \sin A$ et $< \text{cosée} A - 1$, dont il donne une nouvelle démonstration.

La proposition 22 prouve que la moyenne arithmétique, entre les deux limites, surpasse la vraie valeur.

Les propositions 23 et 24 le mènent, par une voie très pénible, à ce corollaire peu satisfaisant, que la vraie valeur du logarithme sinus est un peu au-dessous de la moyenne arithmétique. Nous avons donné mieux en démontrant les théorèmes de Néper.

Les propositions 25 et 26 sont du même genre, et ne mènent qu'à des à peu près, à des limites.

La proposition 27 lui sert à démontrer le théorème de Néper sur la différence des logarithmes de deux sinus consécutifs.

Il y ajoute que les différences secondes sont en proportion doublée des premières, et les différences troisièmes en raison doublée des secondes. Il n'en donne pas la démonstration, qui serait trop obscure, vu la difficulté de trouver des mots propres à rendre ses idées. Nous avons donné les expressions exactes des divers ordres de différences, dans notre Préface des tables de Borda. Képler se trompait sur les différences troisièmes, qui sont en raison triplée des premières, et non en quadruplée comme il le dit ou par inadvertance, ou par une faute d'impression.

Il prouve, propositions 28 et 29, qu'aucun de ses logarithmes n'est rationnel, et que tous sont nécessairement inexacts, mais il en évalue les erreurs.

Enfin, proposition 30, il prouve qu'un nombre plus grand que le rayon aura un logarithme négatif.

Képler est donc parvenu à faire 30 propositions; la plupart ne paraissent bonnes qu'à grossir le volume, mais il avait besoin de ce nombre pour justifier une espèce de jeu de mots qui est dans son épître dédicatoire. Le landgrave de Hesse, Philippe, lui avait fait don de 30 pièces d'argent; il lui en témoigna sa reconnaissance en lui dédiant son livre, qui renferme 30 propositions. L'épître est en vers latins farcis de mots grecs. Le livre et la dédicace sont dans le goût du tems.

Képler va maintenant construire sa table, mais il se gardera bien d'y employer ses 30 propositions; il ne fera véritablement usage d'aucun théorème qui ne soit dans Néper. Avant d'examiner ses moyens, comparons le système suivi par Néper et adopté par Képler, au système des logarithmes, vulgairement nommés *hyperboliques*, qu'on a proposé d'appeler *népériens*.

Néper et Képler font de 0 le logarithme 1000, qu'ils écrivent 1000.0000 ou 100000.00.

Dans la Table des logarithmes de Wolfram, le logarithme de 1000 est.................................. 6.90775.52790.

Chez Néper et Képler, ce logarithme est... 0.

Et généralement,

$$\text{log de Néper pour le nombre } n = \text{log hyperb. } 1000 - \text{log hyperb. } n.$$

Le logarithme népérien est donc $\log 1000 - \log n$, ou $\log\left(\frac{1000}{n}\right)$.

Soit $n = 1000 - r$;

$$\log\left(\frac{1000}{1000-r}\right) = \log\left(\frac{1}{1-\frac{r}{1000}}\right)$$

$$= \left(\frac{r}{1000}\right) + \tfrac{1}{2}\left(\frac{r}{1000}\right)^2 + \tfrac{1}{3}\left(\frac{r}{1000}\right)^3 + \tfrac{1}{4}\left(\frac{r}{1000}\right)^4 + \text{etc.}$$

Soit $n = 900$, $r = 1000 - 900 = 100$, $\frac{r}{1000} = \frac{100}{1000} = \frac{1}{10}$; nous aurons

$\left(\frac{1}{10}\right)$	0.10000
$\frac{1}{2}\left(\frac{1}{100}\right)$	0.00500
$\frac{1}{3}\left(\frac{1}{1000}\right)$	0.00033.33333.33
$\frac{1}{4}\left(\frac{1}{10000}\right)$	0.00002.500
$\frac{1}{5}\left(\frac{1}{100000}\right)$	0.00000.2
$\frac{1}{6}\left(\frac{1}{1000000}\right)$	0.00000.01666.66
$\frac{1}{7}\left(\frac{1}{10000000}\right)$	00142.851
$\frac{1}{8}\left(\frac{1}{100000000}\right)$	00012.500
$\frac{1}{9}\left(\frac{1}{1000000000}\right)$	1.111
$\left(\frac{1}{10}\right)\left(\frac{1}{10}\right)^n$	0.100
$\frac{1}{11}\left(\frac{1}{10}\right)^n$	0.0101
log 900	0.10536.05156.572
Képler donne	0.10536.05
Wolfram	6.80239.47633.243
log 900 de Képl. + log 900 de Wolf. =	6.90775.52789.815
	= log 1000 Wolfr.

On a donc généralement,

$$\text{log néper.} + \text{log hyperb.} = \text{log hyperb. de } 1000,$$

ou

$$\text{log néper. pour } n = (\log 1000 - \log n).$$

Les logarithmes népériens sont donc généralement le log hyp. de 1000 diminué du logarithme du nombre en question, comme nos logarithmes logistiques sont log 60′ — log n. Les logarithmes népériens sont donc de même nature que les logarithmes hyperboliques, mais non pas précisément les mêmes.

Ce n'est pas tout; au lieu d'écrire 1000, Képler écrit 100000.00, c'est-à-dire, qu'il ajoute partout quatre zéros. De là cette règle générale pour vérifier un logarithme de Képler.

Du nombre képlérien n, retranchez les quatre zéros qui sont à droite; cherchez le nombre ainsi réduit dans la Table de Wolfram; prenez dans cette Table le logarithme de ce nombre, que vous retrancherez du logarithme de 1000 pris dans la même Table; le reste sera le logarithme de Képler, si le logarithme de Képler est exact.

Soit $n = 50000.00$; effacez quatre zéros, il restera 500.

Log de Wolfram pour 1000..........................	6.90775.52790
Log de Wolfram pour 500..........................	6.21460.80984
Il restera l. $(\frac{1000}{500})$=l. de Wolfram=l. Képler 5000000..	0.69314.71806
En effet, Képler donne..........................	0.69314.72
Néper donne..........................	0.69314.69.

Au lieu de retrancher le log n de Wolfram, on peut en ajouter le complément arithmétique.

Soit $n=7410000$ ou 741,

log 1000..........................	6.90775.52790
C. log 741..........................	3.39199.93747
log $(\frac{1000}{741})$ Wolfram..................	0.29975.46537
Képler..................	0.29975.47
Néper..................	0.29975.45.

Il n'y a donc, entre la Table de Képler et celle de Néper, aucune différence, si ce n'est que Képler donne les logarithmes de 1000 nombres entiers, et que Néper donne les logarithmes de tous les sinus de minute en minute. Aujourd'hui, on réunirait ces deux tables dans le même volume. La Table de Néper est plus étendue et plus particulièrement adaptée aux usages de la Trigonométrie sphérique; celle de Képler est moins étendue, mais plus exacte; et elle ne donne, que d'une manière indirecte, les logarithmes des sinus; les sinus étant tous des nombres ronds, les arcs sont fractionnaires, et croissent inégalement.

Le logarithme hyperbolique de 2, trouvé ci-dessus, serait celui de la coséc de $30° = \frac{1}{\sin 30°} = \frac{1}{(\frac{1}{2})} = 2$.

Dans la Table de Néper et dans celle de Képler il est le sinus de $30° = \frac{1}{\text{coséc } 30} = \frac{1}{2}$.

Les Tables de Schulze renferment, outre les logarithmes vulgaires des sinus et tangentes, les logarithmes népériens des sinus, tangentes, cotangentes, et donnent à ces derniers, le nom de *logarithmes hyperboliques;* ils n'en sont que les réciproques. Les logarithmes réimprimés par Schulze sont ceux de B. Ursinus.

Cette équivoque pourrait occasionner plusieurs méprises. Il serait plus sûr d'appeler tout simplement *hyperboliques* les logarithmes de Wolfram;

Logarithmes népériens, ceux des Tables de Néper, d'Ursinus et de Schulze;

Logarithmes képlériens, les *logarithmes népériens* des 1000 premiers nombres de la série naturelle; Képler leur a donné le nom de *chilias logarithmorum*, *millier de logarithmes*;

Enfin, *logarithmes de Briggs*, ou *logarithmes vulgaires*, ou simplement *logarithmes*, pour désigner ceux dont on fait communément usage. Nous verrons plus loin que les logarithmes de Byrge méritaient plus que tous les autres le nom de *logarithmes naturels*.

Voyons maintenant la marche de Képler, dont nous sommes en état de vérifier tous les résultats.

En commençant son Traité, il nous a fait trouver le logarithme de 700.

Log 1000 de Wolfram......	6.90775.52789.82137.05205.4 etc.
C. log 700................	3.44891.96649.56595.32685.9 etc.
Log $(\frac{1000}{700})$ = log $(\frac{10}{7})$........	0.35667.49439.38732.37891.3
Képler.........	0.35667.49481.37222.14400.0
Différence......	0.00000.00041.98489.76508.7.

Le logarithme de Képler, calculé à 20 décimales, n'en a donc que 8 qui soient véritablement exactes. Képler a trouvé son logarithme en multipliant 0.00000.00003.32179.43100 par 2^{30} = 10737.41824.

Une unité d'erreur sur le dernier chiffre de la fraction en produit une de................................ 0.00000.00000.10737.41824

Cent unités d'erreur en produirait une de 0.00000.00010.73741.82400

Quatre cents...................... 0.00000.00042.94967.29600.

Il a donc fallu près de 400 unités d'erreur en moins sur la 30e moyenne proportionnelle, pour produire l'erreur de son logarithme; ce qui se conçoit après 30 extractions de racines carrées.

Képler ne voulait que 7 décimales exactes, et il les a obtenues le plus souvent; mais cet exemple nous montre, en passant, combien cette méthode est délicate et pénible.

Son erreur sur le log de 7 est....... 0.00000.00041.985 environ;

Sur le log de 49 = 7.7, elle sera.... 00083.970.

De son log de 700 il a fait celui de 70000.00, ou du sin de 44° 25′ 37″

Du log de 490 il a fait celui de 49000.00, ou du sin de 29.20.26; les erreurs étaient insensibles.

Du triple, il aurait dû faire naturellement $\log\left(\frac{1000}{343}\right)$ ou log 34300.00,

il aurait trouvé.....................	1.07002.48443
sa Table donne.....................	1.07002.94
il y a sans doute faute d'impression, *lisez*..........	49.

Les multiples suivans $\left(\frac{1000}{2401}\right)$, $\left(\frac{1000}{16807}\right)$, ne sont pas dans sa Table.

Il fait ensuite 1024 : 1000 :: 1000 : $\frac{1000.000}{1024}=\frac{500.000}{512}=\frac{250.000}{256}=\frac{125\ 000}{128}$ $=\frac{62.500}{64}=\frac{31.250}{32}=\frac{15.625}{16}=\frac{7.812.5}{8}=\frac{3.906.25}{4}=\frac{1.953.125}{2}=976.5625.$

Entre 976.5625 et 1000, ou 9765625 et 10000000, il cherche 24 moyennes proportionnelles; il prend la différence de la dernière à 100000.00, et la multipliant par $2^{10}=1024$, il a le log de 1024 qui est négatif. Pris positivement, il est celui de 976.5625. En effet, puisque 1024 : 1000 :: 1000 : 976.5625, il en résulte que

$$\log 1024+\log 976.5625=2\log 1000=0.$$

Log 1000 Wolfram................	6.90775.52789.82137
1024.........................	6.93147.18055.99453
$\text{Log}\left(\frac{1000}{1024}\right)$........................	— 0.02371.65266.17316
Képler...............	0.02371.6526

La 9ᵉ décimale est un peu faible.

Faites la même chose entre 1000 et 500, vous en tirerez le logarithme 500.

Képler trouve.......	0.69314.7193
Dans le système naturel, $\log\frac{1000}{500}=\log 2$...	0.69314.71805.59945.3
L'erreur n'est que de........	0.00000.00124.40054.7.

Képler nous dit que ce logarithme est celui de duplication, qu'il faudra retrancher de $\log n$ pour avoir $\log 2n$; c'est-à-dire qu'on aura généralement $\log 2n=\log n-\log$ duplication.

Dans le système actuel, on ferait, $\log 2n=\log n+\log 2$.

Dans celui de Képler ou de Néper,

$$\log n=\log 2n+\log\text{duplicat.},\ \text{ou}\ \log\tfrac{1}{2}n=\log n+\log\text{duplicat.}$$

Ainsi, log 1024	.... —	0.02371.65266	Notation
log duplicat. Képl.	....	0.69314.71930	de Képler.
log 512	....	0.66943.06664	log 51200.00
256	....	1.36257.78594...	25600.00
128	....	2.05572.50524...	12800.00
64	....	2.74887.22454...	6400.00
32	....	3.44201.94384...	3200.00
16	....	4.13516.66314...	1600.00
8	....	4.82831.38244...	800.00
4	....	5.52146.10174...	400.00
2	....	6.21460.82104...	200.00
1	....	6.90775.54034...	100.00
0.5	....	7.60090.25964...	50.00.

Képler ne va pas plus loin; tous ces logarithmes sont dans sa Table, mais réduits à 7 décimales.

Nous voyons que dans ce système, log 1 = 6.90775.54034; c'est celui de 1000 parmi les logarithmes naturels.

$\frac{1}{3}$ log 1000 = log 10............ 2.30258.51344 $\frac{2}{3}$

C'est le logarithme de décuplication de Képler; il sert à trouver les nombres de la série ascendante et descendante.

log 0.1 = log képlérien de 10.00 = log 1000 + log 10.		9.21034.05378 = log 10000	W.
log 0.01............	1.00...............	11.51292.55722 = log 100000	
log 0.001............	10...............	13.81551.08066 = log 1000000	
log 0.0001............	1...............	16.11809.59370 = log 10000000.	

Ce dernier logarithme est le premier de la Table de Képler. Nous y sommes arrivés par l'addition continuelle du logarithme naturel de 10, qui est son logarithme décuplant, mais qui, dans le fait, est sous-décuplant.

log 1, ou log 100.00 de Képler..	6.90775.54034
C. log décuplant..	7.69741.48656
log 10, ou log 1000.00 de Képler..	4.60517.02690
log 10000.00...........	2.30258.51345
log 100000.00...........	0.00000.00000.

C'est le dernier et le plus petit de la Table de Képler.

log10, ou log 1000.00 de Képler.. 2.30258.51345
log 2.... 0.69314.71930

log10+log2 = log20, ou log 50000.00 de Képler.. 2.99573.23275
log10—log2 = log 5, ou log 20000.00........... 1.60943.79415.

Ce logarithme 5, il le nomme logarithme quintuplant, ou qui sert à trouver le logarithme d'un nombre cinq fois plus petit ou cinq fois plus grand, suivant qu'on l'ajoute ou qu'on le soustrait.

2log2, ou log Képl. 25000.00... 1.38629.43860
3log2, ou log Képl. 12500.00... 2.07944.15790
log10+2log2=log10+log4=log40=logKépl.2500.00. 3.68887.95205
log 40 de Wolfram... 3.68887.94541

différence... 00664.

Log n = 49900.00 de Képler... 0.69514.92
— log 2, ou log doublant... 0.69314.72

log 99800.00 = log sin 86° 22′ 33″... 0.00200.20
log n + log 2 = 24950.00 Képler... 1.38829.64.

Log 9500.00 Képler sin 5° 27′ 3″... 2.35387.85
log quintuplant... 1.60943.79

log 1900.00 sin 1° 5′ 20″... 3.96331.64
log 47500.00 sin 28.21.55.... 0.74444.06.

On voit que ces logarithmes et ceux de tous les nombres premiers doivent jouer un grand rôle dans la construction de sa Table.

Après ces préparatifs, qui ont quelque obscurité dans l'ouvrage et ne sont que des applications des principes de Néper, Képler passe aux moyens qu'il a imaginés pour déterminer ses 1000 logarithmes.

L'obscurité que nous lui reprochons tient en partie à l'usage des quatre zéros ajoutés pour déguiser l'usage des fractions décimales, dont on n'avait pas encore une idée bien nette ou bien complète.

Pour les cent logarithmes de 10000.00 à 9900.00, il suit la méthode de Néper; mais comme avec ses sinus en nombres ronds, il n'a pas de cosécantes, il cherche d'abord les quotiens de $\frac{1000}{999}$, $\frac{1000}{998}$, etc.; les quotiens sont les cosécantes cherchées. Il prend les moyennes arithmétiques et géométriques entre deux cosécantes consécutives; il trouve qu'on peut négliger la différence dans les cent premiers logarithmes, et qu'on peut avoir les cent premiers logarithmes par l'accumulation de leurs différences, trouvées par les moyennes, c'est-à-dire par le théorème de Néper (page 497 et 498).

Il a donc les cent premiers logarithmes; il choisit d'abord ceux des nombres qui ont beaucoup de diviseurs, comme 960. A ce logarithme de 960 il ajoute son logarithme doublant, qui dédouble, et il a les logarithmes de 480, 240, 120, 60, 30 et 15, c'est-à-dire .... 48000.00...3000.00.

Il vient de trouver le logarithme de 30...........	3.50655.7965
il le retranche du log de 10, ou 1000.00 ci-dessus....	4.60517.0281
il a le logarithme triplant (ou sous-triplant)..........	1.09861.2316
il le retranche du logarithme de l'unité.............	6.90775.5422
il a le logarithme de 3, ou de 300.00 sin 0°.10′ 19″.....	5.80914.3106.

En effet, $\log\left(\frac{1000}{10}\right) - \log\left(\frac{1000}{30}\right) = \log 1000 - \log 10 - \log 10000 + \log 30$

$$= \log 30 - \log 10 = \log\left(\frac{30}{10}\right) = \log 3.$$

Il trouve encore son logarithme triplant d'une autre manière, en le déduisant du logarithme de 900, ou du logarithme de 90000.00, car

$$1000 : 900 :: 9000 : \frac{8100000}{1000} = 8100,$$

et

$$1000 : 8100 :: 8100 : \frac{8100.8100}{1000} = \frac{65610000}{1000} = 65610;$$

Log 900, ou 90000.00...	10536.0535
quadruple, ou log 65610000...	42144.2140
log képl. de 1000 ci-dessus...	9.21034.0563
log 1000 — log 65610000...	8.78889.8423
$6561 = 2187.3 = 729.3^2 = 81.3^4 = 27.3^5 = 3^8$...	1.09861.2303

ainsi le huitième du log 6561 sera le log 3.

Nous l'avons trouvé ci-dessus................. 1.09861.2316.

La raison de cette différence est que le logarithme 900 était un peu trop fort.

Troisième manière.

$$1000 : 960 :: 9600 : 9216 = 9.1024 = 9.2^{10} = 3^2.2^{10};$$

on aura donc le logarithme de 3, ou le logarithme triplant.

Au log. hyp. de 1024, ou au log. décuple du doublant...	6.93147.1928
ajoutez 2log 96000.00	8164.4002
ôtez la somme.......	7.01311.5930
de log 10.00...	9.21034.0563
2log 3, ou log 9 de Wolfr. $=\log 3^2$...	2.19722.4633
moitié, ou log triplant, comme ci-dessus...	1.09861.2316
log de Wolfram...	1.09861.2289
différence...	0.00000.0027.
Log 60.00 de Képler...	5.11599.59
log triplant...	1.09861.23
log 180.00 de Képler...	4.01738.36
540.00............	2.91877.13
1620.00............	1.82015.90
4860.00............	0.72154.67.

Le logarithme doublant de Képler est le logarithme de 2.

Le logarithme triplant est le logarithme de 3, et ainsi des autres.

Log keplérien de $n = \log\left(\frac{1000}{n}\right)$ de Wolfram, ou des Tables d'aujourd'hui.

$\log n$ — log multipliant par $n = \log\left(\frac{1000}{n}\right) - \log n = \log\left(\frac{1000}{n^2}\right)$.

$\log m$ — log multipliant par $n = \log\left(\frac{1000}{m}\right) - \log n = \log\left(\frac{1000}{mn}\right)$ = log keplérien de mn.

Log keplérien de $\left(\frac{m}{n}\right) = \log\left(\frac{1000}{m}\right) - \log\left(\frac{1000}{n}\right) = \log 1000 - \log m - \log 1000 + \log n = \log n - \log m$ de Wolfram.

Le logarithme décuplant est le logarithme hyperbolique de 2; le décuple sera le logarithme de 2^{10}.

Au log de 2^{10}....................	6.93147.1928
ajoutez $2\log\left(\frac{1000}{960}\right)$..............	8164.4002
vous aurez $\log\left(\frac{1024.1000.1000}{960.960}\right)$....	7.01311.5930
sa moitié.....	3.50655.7965

sera $\log\left(\frac{1000}{30}\right)$, ou log 30, ou log 3000.00 de Képler.

Cette moitié est le log. de $\left(\frac{2^5.1000}{960}\right)=\left(\frac{32.1000}{960}\right)=\left(\frac{3200}{96}\right)=\frac{400}{12}$

$$=\left(\frac{100}{3}\right)=\left(\frac{1000}{30}\right).$$

Log $\left(\frac{1000}{30}\right)$, ou log 30 de Képler.....	3.50655.795
log 1000.....	6.90775.540
log. hyperbolique de 30.....	3.40119.745
log. hyperbolique de 10.....	2.30258.513
log 3, ou log triplant.....	1.09861.232.

Ainsi nous arrivons au même résultat, par une voie toute différente, quoique nous commencions par les mêmes logarithmes.

Képler a donc les logarithmes doublant, triplant, quadruplant, quintuplant, octuplant, noncuplant, décuplant; il va chercher le logarithme multipliant par 11, c'est-à-dire le logarithme hyperbolique de 11.

Selon Képler, le log. de 990 est........	1005.0331
le log. décuplant est......................	2.30258.513
log $\left(\frac{1000}{990}\right)$, ou log 99, selon Képler, sera...	2.31263.5461
log 1000...	6.90775.54
log 99.....	4.59511.9939
log 9... —	2.19722.4633
log 11, ou log undécuplant...	2.39789.5306
log hyperb. 1000...	6.90775.540
log $\left(\frac{1000}{11}\right)$, ou log 1100.00 de Képler......	4.50986.0094.

Nous avons un peu modifié le calcul de Képler; il va chercher le logarithme 7, ou le logarithme septuplant,

$$1000 : 980 :: 9800 : 9604,$$

car, à la manière de Néper,

$$\left(\frac{980}{1000}\right)=\left(\frac{1000-20}{1000}\right)=1-\frac{20}{1000}=1-\frac{2}{100},$$

$$9800\left(1-\frac{2}{100}\right)=9800-196=9604=4.2401=4.7.343=4.7^2.49=4.7^4.$$

Log 9604 = log (4.7^4)...	0.04040.5422
log quadruplant...	1.38629.4361
$\log(7^4)$, ou $\log(\frac{10}{7})^4$...	1.42669.9785
$\log(\frac{10}{7})$...quart...	0.35667.4946
log 10...	2.30258.513
log 7, ou log septuplant...	1.94591.0184.

Ce logarithme $(\frac{10}{7})$, ou ce log de 700 est celui par lequel Képler avait commencé ses recherches; il avait trouvé 0.35667.4948, ici il ne trouve que 46; la valeur exacte serait 44.

Par des opérations entièrement semblables,

$$1000 : 950 :: 9500 : 9025 = 5.1805 = 5^2.361 = 5^2.19^2;$$

il aura donc le logarithme de 19, le logarithme novem-décuplant et $\log\left(\frac{1000}{19}\right)$, qui sera le logarithme de 1900.00, suivant la notation de Képler.

Au logarithme de 988, ou $\log\left(\frac{1000}{988}\right)$, ajoutez log 4, vous aurez $\log\left(\frac{1000.4}{988}\right) = \log\left(\frac{1000}{247}\right) = \log\left(\frac{1000}{19.13}\right)$; ajoutez log 19, il viendra $\log\left(\frac{1000}{13}\right)$, $\log 1000 - \log\left(\frac{1000}{13}\right) = \log 13$.

A $\log 969 = \log\left(\frac{1000}{969}\right)$, ajoutez log 3, vous aurez $\log\left(\frac{1000.3}{969}\right) = \log\left(\frac{1000}{323}\right) = \log\left(\frac{1000}{19.17}\right)$; ajoutez log 19, vous aurez $\log\left(\frac{1000}{17}\right)$, log képlérien de 17.

A $\log 986 = \log\left(\frac{1000}{986}\right)$, ajoutez log 2, vous aurez $\log\left(\frac{1000}{493}\right) = \log\left(\frac{1000}{29.17}\right)$; ajoutez log 17, vous aurez $\log\left(\frac{1000}{29}\right)$ et log 29.

A $\log 966 = \log\left(\frac{1000}{966}\right)$, ajoutez log 2, log 3 et log 7, vous aurez $\log\left(\frac{1000.2.3.7}{966}\right) = \log\left(\frac{1000.7}{161}\right) = \log\left(\frac{1000}{23}\right)$ et log 23.

A $\log(930) = \log\left(\frac{1000}{930}\right)$, ajoutez log 3 et log 10, vous aurez $\log\left(\frac{1000}{31}\right)$ et log 31.

A présent nous avons les logarithmes de tous les nombres premiers depuis 1 jusqu'à 31, dont le carré est 961.

Aucun nombre multiple de nombre premier, passé 31, ne se trouve dans les 900 premiers nombres de la table.

Avec tous les logarithmes trouvés, et avec tous les logarithmes multiplians, on remplira presque toute la table; il ne restera que quelques lacunes, que l'on remplira à vue par les différences ou par le calcul du théorème de Néper, qui sert à trouver la différence entre deux logarithmes consécutifs.

Ces moyens ne supposent donc rien que les idées générales qui naissent de la nature des logarithmes ou des théorèmes de Néper. Mais ces moyens sont un peu détournés, car avec les logarithmes de 1000 à 900, j'ai refait la Table de Képler en entier, en employant successivement chacun des 100 logarithmes connus, sauf ceux qui appartenaient à des nombres premiers. J'ai cependant eu besoin de quelques nombres qui passaient 1000 et dont les logarithmes étaient faciles à trouver; ce sont les suivans :

$$1002 = 2.501 = 2.3.167$$
$$1004 = 2.502 = 2^2.251$$
$$1006 = 2.503$$
$$1011 = 3.337$$
$$1016 = 2.508 = 2^2.254 = 2^3.127$$
$$1043 = 7.149$$
$$1038 = 2.519 = 2.3.173$$
$$1055 = 5.211$$
$$1074 = 2.537 = 2.3.179.$$

Le titre de *Chilias logarithmorum* ne promet que mille logarithmes et la Table en contient 36 de plus; mais cette partie est une espèce de hors-d'œuvre auquel Képler donne le nom de *vestibule*. La véritable chiliade ne commence qu'au nombre 100.00 et va jusqu'à 100000.00. Nous avons déjà vu que l'unité de cette série est 100.00, et que 100000.00 n'est veritablement que 1000, Képler ayant ajouté quatre zéros partout, pour éviter les fractions décimales. Mais avant 100.00 véritable unité, on trouve les nombres

90.00, 80.00, 70.00, 60.00, 50.00, 40.00, 30.00, 20.00 et 10.00

qui font

0,9 0,8 0,7 0,6 0,5 0,4 0,3 0,2 et 0,1,

c'est-à-dire des dixièmes de l'unité factice 100.00.

Avant cette série fractionnaire, on en trouve une autre qui descendue de quatre ordres, signifie véritablement 0.09, 0.08, 0.07, 0.06, 0.05, 0.04, 0.03, 0.02 et 0.01.

Cette série de centièmes est encore précédée de celles des millièmes et des dix-millièmes; en sorte que le nombre 1, qui est le premier sinus ou nombre de la Table, est véritablement 0.0001; ces 36 nombres forment quatre séries de 9 termes chacun, où l'on voit reparaître quatre fois dans le même ordre les différences des logarithmes, quoique les logarithmes soient bien différens.

La construction de cette partie de la Table est donc bien facile à comprendre; Képler n'en dit pas un mot, il s'est contenté de montrer par quelle voie il est arrivé au logarithme de 0.1 ou 10.00. On peut être étonné que sa Table ne soit accompagnée d'explication d'aucune espèce; cela est d'autant plus singulier, qu'à cette époque, la théorie des logarithmes était très peu répandue, et que le plus grand nombre de ses lecteurs étaient peu en état de deviner à quoi pouvait servir sa chiliade et les diverses colonnes dont elle se compose. Il va nous donner lui-même la raison de toutes ces singularités. On la trouve dans un opuscule qu'il publia peu de tems après sous le titre de

Joannis Kepleri supplementum Chiliadis logarithmorum, continens præcepta de eorum usu.

Il nous y apprend qu'en 1621, étant allé dans la Germanie supérieure, il y trouva de fréquentes occasions de s'entretenir avec plusieurs mathématiciens des logarithmes de Néper; il avait ainsi reconnu que tous ceux dont l'âge avait augmenté la prudence et diminué l'ardeur, balançaient à profiter de la nouvelle découverte; qu'ils trouvaient honteux pour un professeur de mathématiques de montrer une joie puérile, en voyant les calculs ainsi abrégés par une méthode qui, n'étant pas rigoureusement démontrée, pouvait les jeter dans des erreurs graves au moment où ils y penseraient le moins. Ils se plaignaient que Néper eût bâti sa doctrine sur une notion étrangère de mouvement sur laquelle on ne pouvait fonder aucune démonstration solide. Telle fut, dit Képler, la cause qui le porta à chercher si l'on ne pouvait trouver une démonstration qui pût passer pour légitime. C'est ce dont il s'occupa à son retour à Lintz. Que ces objections lui aient été suggérées par d'autres, ou qu'il les ait faites lui-même, il semble qu'il aurait pu facilement y répondre. Il est vrai que les considérations de fluentes, de fluxions, de lignes et de points en mouvement sont totalement étrangères au sujet; mais effacez le peu de lignes où il en est question, les calculs de Néper n'en subsisteront pas moins.

De deux nombres, en une certaine proportion, retranchez des nombres proportionnels, les restes seront proportionnels.

Des nombres 9 et 10 retranchez à chacun un dixième, il vous restera 8.1 et 9, et vous aurez 10:9::9:8.1, 9×9=10×8.1=81. Voilà le théorème fondamental de Néper; c'est ainsi qu'il a formé ses Tables préparatoires. Donnez à ces Tables une étendue suffisante, et vous y trouverez des nombres sensiblement égaux à tous les nombres naturels, aux sinus et à toutes les quantités numériques possibles. Le procédé ne sera qu'approximatif. Néper en convient; mais on connaît la limite de l'erreur, on sait qu'il sera toujours permis de la négliger; il est donc également permis d'adopter une pratique si éminemment commode; la joie avec laquelle on l'adopte n'a rien de puéril, et l'on peut dire au contraire qu'il y a une espèce de pédanterie à vouloir ramener cette conception aux lignes ou aux espaces hyperboliques. La théorie des logarithmes ne doit sa clarté, sa simplicité, sa généralité qu'à des procédés purement analytiques ou numériques; ce qu'elle a d'obscur est dû à des considérations très étrangères qu'on y a fait entrer péniblement. Je n'en veux pour preuve que le livre de Képler et celui de Mercator. Qui s'avise aujourd'hui d'aller étudier dans Euclide la théorie des nombres et celle des proportions? Ces subtilités sont plus nuisibles qu'utiles; on perd à les concevoir et à les démontrer un tems dont on pourrait faire un emploi plus profitable et plus judicieux.

Képler ne pensa pas ainsi; il s'occupa d'abord de la démonstration; il n'eut pas le tems de songer aux usages vulgaires. Il envoya son manuscrit au landgrave, auquel cet écrit ne parvint que long-tems après; le prince le fit imprimer, et Képler n'en fut informé que par le catalogue de la foire de Francfort; il s'était déjà aperçu de ce qui manquait à son manuscrit; il composa le supplément dont nous allons rendre compte, et dans sa préface, il se disculpe des reproches qu'on pouvait faire au titre de sa Chiliade. Il y annonce la *démonstration* d'une découverte, il reconnaît donc un inventeur. C'est à cet inventeur que s'adressent les éloges pompeux, mais si bien mérités, qui alongent le titre. Ces éloges n'ont été ajoutés que pour engager quelque libraire à se charger de l'impression. Tout cela peut être vrai, mais il n'aurait eu aucun besoin de s'excuser s'il eût nommé l'inventeur. A présent que le livre est imprimé, il va songer à le rendre utile à ceux qui en ont fait l'acquisition. Il va leur montrer comment ils doivent s'en servir.

Il parle d'abord du *vestibule*. Mais pour nous faire entendre, nous allons placer ici un échantillon de la Table de Képler. Nous donnons d'abord les commencemens des quatre séries de neuf termes qui forment le *vestibule*. De cinq colonnes, il n'y en a que deux qui soient remplies, l'une par les nombres et l'autre par leurs logarithmes. Képler dit que les autres sont restées vacantes, parce que cette partie de la Table, ne peut servir aux mêmes usages que le reste.

Dans la première colonne de la chiliade, on voit des arcs en degrés, minutes et secondes; ce sont ceux auxquels appartiennent les sinus en nombres ronds qui sont à la seconde colonne. On sent que ces arcs ne peuvent être exacts, à la réserve de celui de 30° et de celui de 90°, dont les sinus sont $\frac{1}{2}$ et 1.

Dans la quatrième, sont les logarithmes des sinus de la seconde. Ils sont ronds, car les quatre derniers zéros ne comptent pas. Ceux qui ont moins de quatre zéros sont fractionnaires. Voilà donc des fractions décimales, mais déguisées.

Ces sinus ne sont sinus que par rapport aux arcs de la première colonne; ils sont des nombres si on les rapporte aux quantités des colonnes troisième et cinquième.

La troisième colonne suppose l'unité partagée en $24^h 0' 00''$; 24^h répondent à 100000.00; $23^h 58' 34''$ et 99900.00 sont des expressions relatives et identiques.

La cinquième colonne suppose l'unité divisée en $60^p 0' 0''$, comme le rayon ou le jour des Grecs.

Si vous prenez zéro pour logarithme de $24^h.0$, les autres logarithmes seront ceux des heures, des minutes et secondes qui sont sur la même ligne dans la colonne troisième.

Si vous prenez 0 pour le logarithme de $60^p 0' 0''$, les autres seront les logarithmes des parties sexagésimales correspondantes.

Les deux derniers zéros des sinus sont séparés par des points; on les négligera si l'on veut se contenter d'un rayon de 100000. Néper avait suivi cet exemple donné déjà par les auteurs des Tables des sinus et suivi encore de nos jours. On peut de même négliger les deux derniers chiffres des logarithmes qui sont également séparés par des points.

Les nombres de la quatrième colonne ne sont pas nombres, mais logarithmes, *non ἀριθμοὶ, sed λογαριθμοὶ*. Aucun de ces logarithmes n'est rigoureusement exact.

ÉCHANTILLON DE LA TABLE DE KÉPLER.

ARCS et leurs différences.	Sinus ou nombres absolus.	Vingt-quatrième.	Logarithmes et leurs différences.	Parties sexagésimales.
	1		1611809.60	
Vestibule.		Vestibule.	69314.72	Vestibule.
	2		1542494.88	
	....		....	
	10		1381551.08	
			69314.72	
	20		1312236.05	
	....		....	
	1.00		1151292.57	
			69314.72	
	2.00		1081977.85	
	....		....	
	10.00		921034.06	
			69314.72	
	20.00		851719.34	
Chiliade.	....	....	....	Chiliade.
0° 3′ 26″	100.00	0. 1.26	690775.54	0. 4
3.27			69314.72	
0. 6.53	200.00	0. 2.53	621460.82	0. 7
3.26			40548.51	
10.19	300.00	0. 4.19	580914.31	0.11
....	....	....	....	....
29.56. 2	49900.00	11.58.34	69514.92	29.56
3.58			200.20	
30. 0. 0	50000.00	12. 0. 0	69314.72	30. 0
3.58			199.80	
30. 3.58	50100.00	12. 1.26	69114.92	30. 4
3.59			199.40	
30. 7.57	50200.00	12. 2.53	68915.52	30. 7
....	....	....	....	....
84.16. 0	99500.00	23.52.48	501.25 +	59.42
36.30			100.45	
84.52.30	99600.00	23.54.14	400.80	59.46
41. 9			100.35	
85.33.39	99700.00	23.55.41	300.45	59.49
48.54			100.25	
86.22.33	99800.00	23.57. 7	200.20	59.53
1. 3.42			100.15	
87.26.15	99900.00	23.58.34	100.05	59.56
2.33.45			100.05	
90. 0. 0	100000.00	24. 0. 0	000000.00	60. 0
Arcs.	Sinus ou nombres.	Heures, minutes et secondes.	Logarithmes et leurs différences.	Parties sexagésimales.

Il enseigne à trouver le logarithme d'un nombre ou d'un sinus et le nombre ou le sinus dont le logarithme est donné. Voici maintenant à quoi servent les colonnes troisième et cinquième qui distinguent particulièrement sa Table de toutes les autres.

Les éclipses se mesurent en doigts. Supposons que la partie éclipsée renferme $\frac{1}{6}$ de la circonférence, ou 60°; il restera 300°, dont la moitié, 150° = 90° + 60°; le sinus de 90° est 100000; celui de 60° est 86603; à côté de 100000 vous trouvez 24° 0′ 0″; à côté de 86603 vous avez 20° 47′ 2″, total, 44° 47′ 2″, dont le quart est 11° 11′ 45″. Ce sont, dit Képler, les doigts retranchés du diamètre, en supposant que l'ombre soit terminée par une droite perpendiculaire au diamètre. Ce premier exemple n'est pas présenté bien clairement.

Soit (fig. 77) AB = 60° l'arc éclipsé, le segment éclipsé AMBGA, on demande MG.

AB = 60°, donc AM = 30°, d'où AF = 60°, GC = sin 60° = 0.86603

$$\begin{array}{ll} CE = \text{rayon} = & 1 \\ \hline EG = & 1.86603 \\ EM = & 2 \\ \hline MG = & 0.13397, \end{array}$$

ou plus simplement, MG = CM — CG = 1 — 0.86603 = 0.13397;
multipliez par 6, nombre des doigts du diamètre 0^d.80382.

Avec nos tables modernes, nous dirions

$$MG = 2\sin^2 \tfrac{1}{2} MA = 2\sin^2 \tfrac{1}{4} AB = 2\sin^2 15°;$$

et comme le rayon vaut 6 doigts,

$$MG = 6.2.\sin^2 15° = 12\sin^2 15° = 0^d.80385.$$

Ainsi les simples tables de sinus, soit naturels, soit logarithmiques, résolvent le problème beaucoup plus simplement, et Képler prend un détour inutile. Selon lui, 12° — 11° 11′ 45″ = 0^d 48′ 15″, ce qui est bien plus long, moins exact et sur-tout bien moins clair.

Si l'éclipse est d'un doigt, ou de $\frac{1}{6}$ du rayon, $\frac{100000}{6} = 16666.666$: Képler trouve par sa Table 16675.00 environ.

Ptolémée et ses imitateurs expriment le rayon en parties sexagésimales; cherchez ces parties dans la Table de Képler, cinquième colonne, vous aurez dans la seconde, sur la même ligne, la valeur du sinus en décimales. Ceci est plus simple, mais la Table n'est pas assez étendue; l'opération sera longue et inexacte.

Dans l'usage de l'Astronomie de ce tems, on avait souvent à convertir les heures de 24 à la journée en heures dont il faut 60 pour un jour; la comparaison des colonnes troisième et quatrième vous donnera la conversion que vous cherchez, mais inexacte et incommode, à cause des parties proportionnelles.

La table peut servir encore à changer les heures en degrés, et réciproquement, mais avec la même inexactitude et la même peine.

On avait alors des tables étendues des mouvemens diurnes des planètes; le mouvement diurne étant donné, on trouvait à vue dans les tables le mouvement proportionnel pour les heures, les minutes et les secondes. La table de Képler aurait ici quelque avantage, si elle était plus étendue.

Soit le mouvement diurne de la Lune 14° 23'; on demande le mouvement pour $19^h\,42'$; la règle est de faire

$$24^h : 19^h\,42' :: 14^\circ\,23' : x;$$

cherchez dans la table 14° 23'; prenez le log	51200
19^h 42..............	19730
ôtez log 24^h................	00000
log 11° 48'............	70930.

Avec la somme des deux logarithmes pris dans la table, vous trouvez la quatrième proportionnelle que vous demandiez. Il est inutile de faire attention au logarithme de 24^h, comme à ceux de 60' ou de 10000, qui sont également zéro. La Table de Képler est donc le premier modèle de nos tables de logarithmes logistiques.

En effet, la table des logarithmes logistiques donne les $\log\left(\frac{60'}{n}\right)$, comme les tables de Néper et de Képler donnent $\log\left(\frac{1000}{n}\right)$ au lieu de $\log n$.

On pourrait dire que Néper est encore l'inventeur des logarithmes logistiques, mais Képler est le premier qui en ait fait et qui en ait indiqué l'usage.

Les Tables de Hexacontades, ou des parties sexagésimales, que nous avons donnée à la fin de notre Arithmétique des Grecs, était alors d'un usage continuel dans les calculs astronomiques. La Table de Képler peut la remplacer jusqu'à un certain point, quand on ne cherche pas une exactitude bien rigoureuse. C'est ce que Képler expose bien longuement, car l'opération par sa table est assez minutieuse. Nous ne le suivrons pas dans ces détails, qui n'ont aucun intérêt.

Il vient à l'usage de sa table pour le calcul des triangles sphériques; elle est en cela bien moins commode que celle de Néper, mais l'usage en est le même. Képler n'emploie ni tangentes, ni sécantes; il résout tous ses problèmes par les sinus. Toutes les règles de la Trigonométrie sont des règles de trois; c'est toujours $a : b :: c : x = \frac{bc}{a}$, ou $\log x = \log b + \log c - \log a$.

Au lieu de cela, Néper et Képler font $\log\left(\frac{1000}{b}\right) + \log\left(\frac{1000}{c}\right) - \log\left(\frac{1000}{a}\right)$, ce qui revient à

$$\log 1000 - \log b + \log 1000 - \log c - \log 1000 + \log a$$
$$= \log 1000 - \log b - \log c + \log a = \log x = \log\left(\frac{1000}{\left(\frac{bc}{a}\right)}\right) = \log\left(\frac{1000}{x}\right).$$

L'usage des Tables népériennes est donc le même que celui des tables modernes, ou plutôt, en substituant les logarithmes usuels ou vulgaires aux logarithmes de Néper, on n'a rien changé ni aux propriétés, ni aux usages des logarithmes primitifs, inventés par Néper précisément pour ces usages.

Il enseigne à trouver le logarithme d'un nombre $(n+dn)$ qui n'est pas dans sa table; il se sert du théorème de Néper, $\log(n+dn) = \log n + \frac{dn}{n}$; il traite du problème inverse $dn = n[\log(n+dn) - \log n]$.

En expliquant les moyens de remplacer la multiplication des nombres par l'addition, la division par la soustraction, etc., il choisit un exemple qu'il qualifie de noble (*et nobile quidem*), précepte 14e. Soit 687 la période de Mars, $365\frac{1}{4}$ celle de la Terre; il se propose de partager la proportion de ces deux nombres en deux autres, de sorte qu'on ait cette analogie:

la plus grande : la plus petite :: 2 : 1,

et que la plus grande soit du côté du petit terme, ou que la proportion totale soit sesqui-altère de la grande.

log 68700...	37542
log 365,25...	100740
quantité de la proportion...	63198
le tiers est...	21066
les deux tiers...	42132
ôtez les deux tiers de log 365,25...	100740
reste le log. de 55650...	58608;

en conséquence, 36525 : 55650 :: 100000 : 15254,
ou 1 : $\frac{55650}{36525}$ :: 100000 : 15254 : 1 : $\frac{3}{2}$ presque.

Cette manière de poser et de résoudre le problème, n'est pas ce qu'on pouvait imaginer de plus lumineux. Képler ne dit pas qu'avec trois logarithmes il aurait pu trouver le rapport des tems et des distances, qui lui a coûté tant de tems et de calculs. *Voyez* ce que nous avons dit dans l'extrait de l'*Harmonique du monde*, page 356.

On voit en général, à la longueur des explications et à la complication des préceptes, que Képler avait donné une forme très incommode à sa table; aussi la changea-t-il presque aussitôt pour les Tables rudolphines. Peu satisfait encore de son nouvel essai, il la retravailla, la fit retravailler par son gendre, Bartschius, qui la publia en 1630. Képler mourut peu de tems après, le $\frac{5}{15}$ novembre 1630. Bartschius, attaqué de la peste, le suivit de près. Il venait de terminer quelques autres tables dont les exemplaires sont très rares. Un de ces exemplaires tomba entre les mains d'Eisenschmid, qui le fit réimprimer à Strasbourg en 1700. Je ne connais que cette édition, dont voici le titre :

Joh. Kepleri et Jacobi Bartschii Tabulæ manuales logarithmicæ, ad calculum astronomicum, in specie Tabularum Rudolphinarum compendiose tractandum mire utiles, quibus accessit introductio nova curante Joh. Gasp. Eisenschmid. Argentorati, 1700, *in*-12.

On y trouve la Table népérienne des sinus de B. Ursinus, pour tous les arcs du quart de cercle de 10 en 10″, mais à cinq figures seulement, c'est-à-dire avec trois de moins que dans l'original. La table des tangentes vient ensuite; elle est de même pour toutes les dixaines de secondes. Képler avait calculé les logarithmes des cosinus des petits arcs, de 10 en 10″, depuis 0° jusqu'à 2° 7′. Bartschius les étendit aux secondes de 2 en 2.

Képler avait long-tems cherché des moyens commodes pour calculer l'élongation ou la parallaxe annuelle des planètes; c'est-à-dire à trouver le plus petit des deux angles d'un triangle rectiligne dont on connaît deux côtés et l'angle compris. Soient C et C′ les deux côtés; il faut connaître $\left(\frac{C+C'}{C-C'}\right)$; alors on en cherche le logarithme dans la Table de Bartschius. On y ajoute le logarithme de la tangente de la demi-commutation; on a le logarithme tangente de la demi-différence de la demi-commutation à l'angle cherché.

Tout cela est encore bien long, et l'embarras tient à la forme des Tables de Képler; on a beaucoup mieux aujourd'hui. Remarquez que Képler emploie $\left(\frac{C+C'}{C-C'}\right)\tang\frac{1}{2}A$, au lieu de $\left(\frac{C-C'}{C+C'}\right)\cot\frac{1}{2}A$, que nous emploierions aujourd'hui pour trouver la tangente de la demi-différence des angles inconnus. Képler trouve la cotangente de la demi-différence, ou $\tang(90^\circ-\frac{1}{2}d)$. Nous avons ensuite le plus petit des deux angles $= 90^\circ-\frac{1}{2}A-\frac{1}{2}d = P$

$$=(90^\circ-\tfrac{1}{2}d)-\tfrac{1}{2}A.$$

Képler trouve $P=(90^\circ-\frac{1}{2}d)-A$, ce qui revient au même. Par cette forme, il évite les fractions et les logarithmes négatifs.

Nous avons dit que la quatrième et la cinquième colonne de la Table de Képler étaient une table de logarithmes logistiques assez incommode et assez peu exacte. Bartschius la perfectionna en l'étendant à toutes les secondes de degré, et lui donna le titre de *Trichil-Hexacosias*, *canon manualis sexagesimorum et horariorum ad singula minuta secunda sexagesima exacte supputatus.*

Pour composer cette Table de Bartschius, du logarithme hyperbolique 3600, qui est........................ 8.188689.12
ôtez le log. de 1, qui est..... 0

vous aurez le log. logistique de 1″..... 8.188689.12
ôtez le log. de 2, qui est..... 0.693147.18

vous aurez le log. logistique de 2..... 7.495541.94
ôtez log 2 continuellement, vous aurez log logist. de 4... 6.802394.76
de 8... 6.109246.58
de 16... 5.416099.40.

Vous aurez ainsi tous les log. de
la progression................. 1, 2, 4, 8, 16, etc.;
vous auriez de même ceux de.... 1, 3, 9, 27, 81, etc., par le log de 3,
et ceux de la série............. 1, n, n^2, n^3, n^4, etc.

Ces logarithmes logistiques sont donc réellement les logarithmes hyperboliques de $\left(\frac{3600}{n}\right)$. Soit $n = 3600$, $\log\left(\frac{3600}{3600}\right) = \log 1 = 0$; mais $24^h = 24.3600''$, les logarithmes de la table seront ceux des secondes horaires, de 24 en 24''. La table peut donc servir pour les parties du jour comme pour celles du degré.

Voici le commencement de cette table.

Parties du degré.	Logarithmes.	Parties du jour.
0' 0''	Infini.	0^h 0' 0''
1	818869	24
2	749554	48
3	709008	0.1.12
4	680239	0.1.36
5	657925	0.2. 0

L'éditeur expose tout cela d'une manière un peu succincte. Cette dernière table pourrait encore servir aujourd'hui.

Soit 1° : 15' 49'' :: 18' 25'' : x.

$$\begin{array}{rll} \text{Cherchez} & \log 18'\,25'' \ldots & 118109 \\ & \log 15.49 \ldots. & 133328 \\ \hline \log x = & \log\ 4.51{,}29.. & 251437. \end{array}$$

Par la Table des logarithmes logistiques de Gardiner ou de Callet,

$$\begin{array}{rll} & 18'\,25'' \ldots & 5129 \\ & 15.49 \ldots. & 5790 \\ \hline \log x = & \log\ 4.51{,}3 \ldots & 10919. \end{array}$$

Logarithmes de Briggs.

Après avoir parlé du travail de Képler, il est juste de donner ici une idée des travaux plus importans et plus originaux de Briggs, premier auteur des logarithmes dont on se sert aujourd'hui.

Képler n'avait rien changé au système de Néper; il n'y a de vraiment nouveau dans son livre que sa table des logarithmes logistiques.

Briggs a changé le système; il est vrai que Néper paraîtrait en avoir eu l'idée et l'avoir indiquée dans un des derniers chapitres de son livre, où même il donne le logarithme de 2 suivant ce nouveau système. On croit communément que Briggs en est le premier auteur. Voici, à cet égard, ce que nous apprend le docteur Hutton, dans son Introduction aux Tables trigonométriques.

M. Henri Briggs, non moins estimé pour sa probité et ses éminentes vertus, que pour son habileté dans les sciences mathématiques, était professeur à Londres, au collége de Gresham, en 1614, lorsque la Table de Néper fut publiée. Il se mit à l'étudier et à la perfectionner. Jamais il n'avait rien vu qui lui eût causé *plus de plaisir et plus d'admiration.* Les logarithmes auxquels il travaillait n'étaient pas ceux de Néper, dans lesquels la raison de 10 à 1 est exprimée par 2.302585.1; dans son premier essai, Briggs exprimait cette même raison par l'unité. Il paraît donc avoir, le premier, eu l'idée de changer le système. Il fit part de son idée à ses auditeurs, il la communiqua même à Néper, qui répondit qu'il en avait lui-même eu la pensée; c'est ce qu'on voit par un passage de son Arithmétique logarithmique : « En expliquant cette » doctrine à mes élèves, j'ai remarqué qu'il serait plus convenable, » en conservant 0 pour le logarithme du sinus total, de faire de » 10000000 le logarithme du sinus, qui est un dixième du rayon, » c'est-à-dire le sinus de 5° 44′ 21″ environ. J'en écrivis même à l'au- » teur, et les vacances étant arrivées, je partis pour Edimbourg. Je » fus bien accueilli par Néper, je demeurai avec lui un mois entier; il » me dit qu'il avait eu l'idée de changer le système, mais qu'il avait » préféré de publier la table faite, en attendant qu'il eût trouvé le » loisir de calculer des logarithmes commodes. Quant à la manière d'opé- » rer le changement, il trouvait plus avantageux de faire de 0 le loga- » rithme de l'unité, et de 1 le logarithme de 100000. Je convins qu'en » effet cela valait beaucoup mieux. Rejetant donc ce que j'avais déjà pré- » paré, d'après ses exhortations, je commençai à calculer les logarithmes » que je publie; je retournai à Edimbourg l'été suivant, pour montrer » à Néper ce que j'avais calculé, et j'en aurais fait de même l'année » d'après, s'il eût encore été vivant. »

M. Hutton conclut de là que Briggs est l'inventeur de l'échelle actuelle qui fait de 1 le log de 10, et que toute la part que prit Néper à ce changement, fut de lui conseiller de commencer la table au nombre 1, et de faire croître les logarithmes avec les nombres; ce qui ne changeait rien aux chiffres de Briggs. Toute la différence était que les logarithmes négatifs devenaient positifs et réciproquement, suivant la petite table ci-après.

Ainsi, puisque Briggs nous dit avoir rejeté ce qu'il avait fait d'abord, c'est que probablement il avait cherché, comme Néper, les logarithmes des sinus, au lieu de chercher d'abord ceux des nombres naturels; sans quoi il n'y avait rien à rejeter, il eût suffi de changer les signes.

Briggs.	Nombres.	Néper.
n	0.1^n	$-n$
3	0.001	-3
2	0.01	-2
1	0.1	-1
0	1.	0
-1	10	$+1$
-2	100	$+2$
-3	1000	$+5$
$-n$	10^n	$+n$

Briggs, à son retour à Londres, y publia ses mille premiers logarithmes sous le titre de *Logarithmorum chilias prima;* ils sont à 8 chiffres, sans compter la caractéristique. Il est à croire que cet ouvrage ne parut qu'après la mort de Néper, arrivée le 3 avril 1618; car, dans la préface, l'auteur exprime le désir de voir bientôt paraître les *OEuvres posthumes* de Néper. Depuis son entrevue avec Briggs, Néper (dans sa *Rhabdologie,* imprimée en 1617, et dans une phrase qu'il avait ajoutée à la traduction anglaise de *Mirificus Canon*), avait fait part au public de l'idée qu'il avait de changer le système logarithmique, et cela sans faire aucune mention de Briggs. L'œuvre posthume publiée en 1619, par le fils de Néper, n'en disant rien non plus; Briggs se crut obligé de rétablir les faits dans le passage que nous avons extrait ci-dessus.

Mais ce passage même, de l'exactitude duquel nous n'avons d'autre garant que la véracité de Briggs, ne signifie pas que Briggs ait eu l'idée avant Néper; il prouve seulement qu'il l'a conçue de lui-même, sans aucun aide. Quand il la communique à Néper, celui-ci répond qu'il a eu la même idée, avec une différence pourtant qui la rend meilleure encore. Il se pourrait qu'en effet Néper en fût le premier auteur, ce qui n'ôterait rien au mérite de Briggs; et, dans ce cas, on conçoit sans beaucoup de peine que Néper, en publiant cette idée, la donne comme de lui tout simplement, sans associer personne à l'honneur de ce projet. Néper aurait eu cette pensée sans avoir ni le tems, ni peut-être la volonté de la mettre à exécution; Briggs l'a eue et l'a réalisée avec un soin, une exactitude que Néper probablement n'y eût pas mise.

En 1620, deux ans après la publication de la première Chiliade de Briggs, Edmond Gunter publia son *Canon des triangles*, qui contient les logarithmes à 7 figures, outre la caractéristique, des sinus et des tangentes pour toutes les minutes du quart de cercle. Ces logarithmes sont dans le système convenu entre Néper et Briggs, et les Tables sont les premières qui aient été publiées sous cette forme.

En 1623, Gunter porta les logarithmes des nombres, des sinus et des tangentes sur des lignes droites tracées sur une règle, et, par ce moyen, il résolvait les problèmes de Trigonométrie et d'Arithmétique; ces échelles portent encore le nom de Gunter; et Lemonnier en fait mention dans plusieurs de ses Opuscules, où il en conseille l'usage pour les calculs d'aberration et de nutation.

Gunter fut aussi le premier qui employa le mot cosinus; il employa aussi le premier les complémens arithmétiques, pour éviter les soustractions; il inventa enfin la courbe logarithmique, où les abscisses sont les logarithmes des ordonnées.

Les Tables trigonométriques de Gunter, et la première Chiliade de Briggs, furent réimprimés en France par Edmond Wingate, avec une explication succincte; l'exemplaire que je possède est de 1626, Paris, chez Melchior Mondière. Hutton dit que la première édition est de 1624. A la fin du volume, se trouvent les différences logarithmiques des sinus et des tangentes de 30′ en 30′ et de degré en degré; ces différences sont utiles pour la construction des tables; je ne les ai encore vues que dans cette édition de Wingate, et dans les Tables de Lacaille; j'en ai mis de ce genre à la suite des Tables de Borda.

Dans l'édition dont je viens de parler, les huit décimales et la caractéristique sont imprimées de suite et sans aucun point qui les sépare. Il n'y a point de différence d'un logarithme au suivant, du moins pour les sinus et les tangentes. Pour les nombres, les différences sont entre deux lignes, comme dans Képler et Néper.

L'Arithmétique logarithmique de Briggs est précédée d'un discours où il expose la construction de sa table; ce discours ou traité est partagé en 32 chapitres.

Dans le premier, il définit les logarithmes, qui ne sont autre chose que les termes d'une progression arithmétique quelconque, que l'on fait correspondre aux termes d'une progression géométrique; les plus simples de toutes les progressions qu'on puisse ainsi accoler, sont les suivantes.

Nombres........ ∺ 1 : 10 : 100 : 1000 : 10000 : etc.
Logarithmes..... ÷ 0 : 1 : 2 : 3 : 4 : etc.

Les logarithmes de cette progression seront les seuls rationnels; les logarithmes des nombres intermédiaires seront irrationnels, et composés d'un nombre entier et d'une fraction décimale qui ne pourra jamais être qu'approximative; mais, pour éviter les fractions, Briggs ajoute 14 zéros à tous les nombres. Ce choix arrêté, pour déterminer les intermédiaires, il cherche des moyennes proportionnelles; $\sqrt{1 \times 10} = 10^{\frac{1}{2}}$ aura pour log 0,5. Cette moyenne est 3,1622, etc.

$$\log 10^{\frac{1}{4}} = 0{,}25;\quad \log 10^{\frac{1}{8}} = 0{,}125;\quad \log 10^{\frac{1}{16}} = 0{,}0625, \text{ etc.}$$

Toutes ces moyennes proportionnelles seront l'unité suivie d'un nombre de chiffres dont les valeurs seront toujours décroissantes. Briggs remarque que ces valeurs approchent de plus en plus d'être moitié de celle de la moyenne précédente. Ainsi, à la 54e, l'unité est suivie de 15 zéros, et les 17 figures suivantes, en négligeant celles qui viendraient après, sont l'exacte moitié des figures de la 53e moyenne; et, en effet,

$$(1+b)^{\frac{1}{2}} = 1 + \tfrac{1}{2}b - \tfrac{1}{2}.\tfrac{1}{4}b^2 + \tfrac{1}{2}.\tfrac{1}{4}.\tfrac{3}{6}b^3 - \tfrac{1}{2}.\tfrac{1}{4}.\tfrac{3}{6}.\tfrac{5}{8}b^4 + \text{etc.}$$

Or, si b commence par 15 zéros, le terme suivant $\frac{1}{2}b.\frac{1}{4}b$ aura 30 zéros, le troisième en aura 45 et sera insensible; pour les logarithmes, on n'a qu'à écrire, car chacun de ces logarithmes est l'exacte moitié du précédent. Quand on sera parvenu à un point où les moyennes décroîtront de moitié comme les logarithmes, les diminutions des nombres seront proportionnelles comme celles des logarithmes. Ces nombres forment, ainsi que les logarithmes, une progression géométrique dont la raison est $\frac{1}{2}$.

De la 53e à la 54e moyenne proportionnelle la diminution sera

0.00000.00000.00000.01278.19149.32003.235;

la diminution correspondante du logarithme sera

0.00000.00000.00000.05551.11512.31257.82702.11815;

on aura donc cette analogie,

(53e — 54e) moy. : (53e — 54e) log.
:: 0.00000.00000.00000.01 : 0.00000.00000.00000.43429.44819.03251.804.

Ainsi, le log de 1.00000.00000.00000.01 sera

0.00000.00000.00000.04342.94481.90325.1804,

celui de 1.00000.00000.00000.02 sera

0.00000.00000.00000.08685.88963.80650.3608,

celui de 1.00000.00000.00000.03 sera

0.00000.00000.00000.13028.83445.70975.5412;

et ainsi des autres.

Le nombre 4342 etc., est le facteur par lequel il faudra multiplier les décimales précédées de 15 zéros, auxquelles on arrivera par les extractions continuelles de racines; le produit sera le logarithme de la dernière racine.

Pour trouver le logarithme d'un nombre premier, prenez entre ce nombre et l'unité un nombre de moyennes proportionnelles tel, que vous arriviez à un nombre qui diffère infiniment peu de l'unité, ou tel, que vous ayez l'unité suivie de 15 zéros au moins; alors les accroissemens du logarithme étant proportionnels à ceux du nombre, vous comparerez le nombre auquel vous serez arrivé, et qui aura 15 zéros après l'unité, à celui de l'opération précédente; ces deux nombres, si peu différens, auront des accroissemens de logarithmes proportionnels aux nombres qu'ils auront après les 15 zéros; vous aurez ainsi le logarithme de votre dernière proportionnelle moyenne; vous doublerez ce logarithme autant de fois que vous aurez fait de bissections, ou pris de moyennes pour arriver à ce terme; vous aurez ainsi le logarithme du nombre pour lequel vous aurez calculé.

Soit n un nombre quelconque; entre n et l'unité prenez une suite de moyennes proportionnelles telle, que la dernière

$$\omega = 1.00000.00000.00000. + \varphi,$$

φ représentant les figures qui viennent après les 15 zéros.

$$\log \omega = 0.00000.00000.00000. + M.\varphi,$$

M étant le nombre 0.43429.44819.03251.804, on l'appelle *module*.

$2^r \log \omega$ sera le log du nombre premier pour lequel vous aurez calculé, r étant le nombre de racines que vous avez extraites.

Cette théorie n'est pas difficile à comprendre, mais elle est épouvantable à pratiquer; on ne l'emploiera que pour quelques nombres premiers.

Briggs indique un moyen pour diminuer le nombre des racines à extraire : prenez les puissances consécutives du nombre en question ; supposons que ce soit 2; les puissances seront

$$2,\ 4,\ 8,\ 16,\ 32,\ 64,\ 128,\ 256,\ 512,\ 1024, \text{ etc.}$$

Parmi ces puissances, choisissez celle qui est l'unité suivie de la fraction décimale la plus petite. Ici, nous avons 128 et 1024; cette dernière sera la plus commode.

Extrayez les racines successives de 1024, $1024^{\frac{1}{2}}$, $1024^{\frac{1}{4}}$, $1024^{\frac{1}{8}}$, etc., jusqu'à ce que vous arriviez à avoir l'unité suivie de 15 zéros; vous aurez le logarithme de la dernière racine, d'où vous remonterez au log de 1024; ensuite $\log 1024 = \log 2^{10} = 10 \log 2$, et $\log 2 = \frac{1}{10} \log 2^{10}$.

Néper indique brièvement cette méthode des extractions; il donne même le logarithme de 2 trouvé de cette manière. Mais l'écrit où il en parle n'a paru qu'après sa mort; Néper la devait-il à Briggs, ou l'avait-il trouvée de son côté? on n'en peut rien savoir.

On se souvient que Képler, par des extractions continuelles, est parvenu au log de $\frac{1000}{500} = 2$, et qu'il a trouvé pour log 0.69314.72, parce que, dans son système, $M = 1$; mais, multipliez son logarithme par M ci-dessus, vous aurez 0.30102.995. Ni Néper, ni Képler, ni Briggs, ne songèrent à ce module. Ils furent conduits très naturellement à faire, les uns $M = 1$, ou du moins à le supposer tacitement, l'autre le trouva de 0.4342, etc. C'est ce qui résultait de leurs suppositions.

On voit que la méthode des moyennes proportionnelles avait été trouvée séparément par Képler et Briggs; rien n'empêche qu'elle n'ait été trouvée de même par Néper, dont la méthode repose tout entière sur des extractions de racines qu'il a fort adroitement remplacées par de simples soustractions.

Remarquons que les Tables de Néper, celles de Képler et celles de Briggs ont été construites par des raisonnemens et des calculs purement arithmétiques.

Ayant à faire des calculs si longs, il était tout naturel que Briggs examinât la marche que suivaient les décimales des racines successives, pour arriver à être exactement moitié de la précédente. Ayant trouvé, par exemple, les deux racines consécutives $1 + A$ et $1 + A'$ ci-après,

$1+A$	1.0004.83840.26884.66298.54925.35
$1+A'$	1.0002.41890.87882.46856.38087.27
$\frac{1}{2}A$	2.41920.13442.33149.27462.67
$\frac{1}{2}A-A'=B$	29.25559.86292.89375.40,

il voyait que les extractions n'étaient pas poussées assez loin, puisque $\frac{1}{2}A$ était encore plus grand que A', et que $\frac{1}{2}A-A'=B$ était trop fort pour être négligé; il continue donc les extractions, et la suivante donne

$1+A''$	1.00001.20938.12639.71345.94391 .94
$\frac{1}{2}A'$	1.20945.43941.23428.19043 .63
$\frac{1}{2}A'-A''=B'$	7.31301.52082.24651 .69
$\frac{1}{4}B$	7.31389.96573.23443 .85
$\frac{1}{4}B-B'=C$	88.44490.976692.16.

$\frac{1}{2}A'$ se rapproche de A'', l'excès ressemble beaucoup au quart du précédent; le nouvel excès ou la nouvelle différence B' n'est pas tout-à-fait le quart de la première différence B; il continue,

$1+A'''$	1.00000.60467.23505.53096.80160.05
$\frac{1}{2}A''$	60469.06319.85672.97195.97
$\frac{1}{2}A''-A'''=B''$ ...	1.82814.32576.17035.92
$\frac{1}{4}B'$	1.82825.38020.56162.92
$\frac{1}{4}B'-B''=C'$	11.05444.39127.00
$\frac{1}{8}C$	11.05561.37211.52
$\frac{1}{8}C-C'=D$	116.98084.52.

Les différences diminuent sensiblement, mais ne sont pas nulles encore; il va plus loin,

$1+A^{\text{iv}}$	1.00000.30233.16050.56577.59647.94
$\frac{1}{2}A'''$	30233.61752.76548.40080.02
$\frac{1}{2}A'''-A^{\text{iv}}$	45702.19970.80432.08
$\frac{1}{4}B''$	45703.58144.04258.98
$\frac{1}{4}B''-B'''=C''$	1.38173.23826.90
$\frac{1}{8}C'$	1.38180.54890.87
$\frac{1}{8}C'-C=D'$	7.31063.97
$\frac{1}{16}D$	7.31130.28
$\frac{1}{16}D''-D'=E$	66.31.

Les premières différences se réduisent à peu près à moitié, les secondes au quart, les troisièmes au huitième, les quatrièmes au seizième, le tout à peu près, il est à croire que les cinquièmes seront $\frac{1}{32}$.

$1 + A^{v}$	100000.15116.46599.90567.29504.88
$\frac{1}{2} A^{iv}$	15116.58025.28288.79823.97
$\frac{1}{2} A^{iv} - A^{v} = B^{iv}$ ...	11425.37721.50319.09
$\frac{1}{4} B'''$	11425.54991.70108.02
$\frac{1}{4} B''' - B^{iv}$	17271.19788.93
$\frac{1}{8} C''$	17271.65478.36
$\frac{1}{8} C'' - C''' = D''$	45689.43
$\frac{1}{16} D'$	45691.50
$\frac{1}{16} D' - D'' = E'$	2.07
$\frac{1}{32} E$	2.07.

Ici la cinquième différence est $\frac{1}{32}$ sans erreur sensible; à présent, on peut obtenir A^{vi}, sans nouvelle extraction et par la marche des différences :

$E'' = \frac{1}{32} E' = \frac{1}{32} 2.07$ 0.065

mais

$E'' = \frac{1}{16} D'' - D''', D''' = \frac{1}{16} D'' - E''$,

par le calcul précéd. $\frac{1}{16} D''$ 2855.589

donc D' 2855.524

$D''' = \frac{1}{8} C''' - C^{iv}, C^{iv} = \frac{1}{8} C''' - D'''$,

par le calcul précéd. $\frac{1}{8} C'''$ 2158.89973.616

donc C^{iv} 2158.87118.092

$C^{iv} = \frac{1}{4} B^{iv} - B^{v}, B^{v} = \frac{1}{4} B^{iv} - C^{iv}$;

or, $\frac{1}{4} B^{iv}$ 2856.34430.37579.772

donc B^{v} 2856.32271.50461.680

$B^{v} = \frac{1}{2} A^{v} - A^{vi}, A^{vi} = \frac{1}{2} A^{v} - B^{v}$; $\frac{1}{2} A^{v}$ 7558.25299.95283.64752.440

donc A^{vi} ... 00000.07558.20443.63012.14290.760.

Ajoutez 1, et vous aurez la moyenne proportionnelle sans nouvelle extraction. L'opération est longue et demande de l'attention; ce qui est inévitable quand on veut tant de chiffres; elle est du moins facile, et le devient davantage à mesure que l'on avance.

Ainsi, $E''' = \frac{1}{32} E''$, pour A^{VII} sera E'''

	0.002
$\frac{1}{16} D'''$	178.470
D^{IV}	178.468
$\frac{1}{8} C^{IV}$	269.85889.762
C^{V}	269.85711.294
$\frac{1}{4} B^{V}$	714.08067.87615.420
B^{VI}	714.07798.01904.126
$\frac{1}{2} A^{VI}$	3779.10221.81506.07145.380
A^{VII}	3779.09507.73708.05241.254.

Pour $A^{VIII} = E^{IV} = \frac{1}{32} E''' = 0$, on gagne deux lignes ; on aura $D^{V} = \frac{1}{16} D^{IV}$; et l'opération continuera comme celle de A^{VII}.

Briggs a mis ces différences en formules.

$$B^{IV} = \frac{1}{2}(A^{V})^{2},$$
$$C''' = \frac{1}{2}(A^{V})^{3} + \frac{1}{8}(A^{V})^{4},$$
$$D'' = \frac{7}{8}(A^{V})^{4} + \frac{7}{8}(A^{V})^{5} + \frac{1}{16}(A^{V})^{6} + \frac{1}{8}(A^{V})^{7} + \frac{1}{64}(A^{V})^{8},$$
$$E' = 2\tfrac{5}{8}(A^{V})^{5} + 7(A^{V})^{6} + 10\tfrac{15}{16}(A^{V})^{7} + 12\tfrac{69}{128}(A^{V})^{8} - 11\tfrac{11}{84}(A^{V})^{9} + 7\tfrac{105}{128}(A^{V})^{10}.$$

Le procédé précédent paraît bien préférable à ces formules. Briggs ne démontre rien, il paraît avoir trouvé le tout par le fait et d'après ses calculs ; cependant, pour donner ces formules si longues, il a dû se faire une espèce de théorie empirique, dont il ne parle pas.

Il enseigne ensuite à trouver le logarithme d'un nombre premier quelconque P, par celui de son quarré P^2, et celui-ci par $(P^2+1)(P^2-1) = P^4 - 1$, quand on connaît les facteurs $(P^2+1)(P^2-1)$. Mais pour le nombre 7, il faut encore 44 extractions de racines.

Ces recherches nous prouvent que Briggs avait éminemment l'esprit de calcul ; elles n'ont plus pour nous d'autre intérêt que celui de curiosité; cependant, ses Tables seront toujours précieuses. Mais on en a fait dernièrement de beaucoup plus étendues encore, avec bien moins de travail et par des formules démontrées *à priori* : ce sont celles du Cadastre. Malheureusement leur étendue même a fait qu'elles n'ont pu encore être publiées. La Bibliothèque de l'Observatoire en possède un manuscrit en 21 volumes in-folio.

Pour terminer ce qui concerne la construction des logarithmes, il donne en une page dix petites tables.

La 1re donne les logarithmes de 1 jusqu'à 9.

La 2e, ceux de 11 jusqu'à 19.

La 3e va de 101 à 109.

La 4e, de 1001 à 1009.

La 5e, de 10001 à 10009.

Et ainsi de suite, en augmentant le nombre des zéros entre les deux chiffres significatifs.

Un nombre A étant donné, on peut toujours le mettre sous la forme

$$A = B(1+a)(1+b)(1+c)(1+d), \text{ etc.}$$

Supposez d'abord $A = B(1+a) = B + aB$, et faites $a = \frac{A}{B} - 1$.

Vous choisirez pour B le nombre le plus approchant de A.

Faites ensuite $b = \frac{A}{B(1+a)} - 1$, $c = \frac{A}{B(1+a)(1+b)}$, et ainsi de suite.

Soit $A = 3041.851529$; je fais

$$B = 3041, \quad \frac{A}{B} = \frac{3041851529}{3041} = 1,0002800016113;$$

ainsi $A = B.10002800016113$, puis

$$\frac{A}{B.C} = \frac{10002800016113}{10002 = C} = 10000800001, \text{ et faites enfin}$$

$$\frac{10000800001}{1000080000} = 100000000000,$$

vous aurez $A = 3041000000\,(10002)\,(1000008)\,(1000.\ \text{etc.})$.

log B = 3041	....	3.48301.64201
log	10002........	8.68502.1
	100008.......	3.47421.7
	100000000000.	0
log	3041.851529	3.48313.80124.8.

Cette table est assez rare, nous allons la copier ici.

TABLES *de Briggs pour trouver les log. des nombres un peu considérables.*

Table	Nombre	Logarithme	Table	Nombre	Logarithme
1re	1	0.00	6e	100001	0.00000.43429.2
	2	0.30102.99956.6		100002	0.86858.0
	3	0.47712.12547.2		100003	1.30286.4
	4	0.60205.99903.3		100004	1.73714.3
	5	0.69897.00043.4		100005	2.17141.8
	6	0.77815.12503.8		100006	2.60568.9
	7	0.84509.80400.1		100007	3.03995.5
	8	0.90308 99869.9		100008	3.47421.7
	9	0.95424.25094.4		100009	0.00003.90847.4
2e	11	9.04139.26851.6	7e	1000001	0.00000.04342.9
	12	0.07918.12460.5		1000002	08685.9
	13	0.11394.33523.1		1000003	13028.8
	14	0.14612.80356.8		1000004	17371.7
	15	0.17609.12590.6		1000005	21714.7
	16	0.20411.99826.0		1000006	26057.5
	17	0.23044.89213.8		1000007	30400.5
	18	0.25527.25051.0		1000008	34743.4
	19	0.27875.36009.5		1000009	0.00000.39086.3
3e	101	0.00432.13737.8	8e	10000001	0.00000.00434.3
	102	0.00860.01717.6		10000002	00868.6
	103	0.01283.72247.1		10000003	01302.9
	104	0.01703.33393.0		10000004	01737.2
	105	0.02118.92990.7		10000005	02171.5
	106	0.02530.58652.6		10000006	02605.8
	107	0.02938.37776.9		10000007	03040.1
	108	0.03342.37554.9		10000008	03474.4
	109	0.03742.64979.4		10000009	0.00000.03908.6
4e	1001	0.00043.40774.8	9e	100000001	0.00000.00043.4
	1002	86.77215.3		100000002	00086.9
	1003	130.09330.2		100000003	00130.3
	1004	173.37128.1		100000004	00173.7
	1005	216.60617 6		100000005	00217.1
	1006	259.79807.2		100000006	00260.6
	1007	302.94705.5		100000007	00304.0
	1008	346.05321.1		100000008	00347.4
	1009	389.11662 4		100000009	0.00000.00390.9
5e	10001	0.00004.34272.8	10e	1000000001	0.00000.00004 3
	10002	0.00008.68502.1		1000000002	08.7
	10003	0.00013.02688.1		1000000003	13.0
	10004	0.00017.36830.6		1000000004	17.4
	10005	0.00021.70029.7		1000000005	21.7
	10006	0.00026.04985.5		1000000006	26.1
	10007	0.00030.38997.8		1000000007	30.4
	10008	0.00034.72966.9		1000000008	34.7
	10009	0.00039.06892.5		1000000009	0.00000.00039.1

On voit que la 10e table est la même que la 9e, à la réserve que tous les nombres significatifs en sont les dixièmes, ou sont reculés d'un rang vers la droite. On aurait la 11e, en reculant les nombres de la 10e d'un rang vers la droite; ainsi, log 1000000009 serait 0.00000.00003.91, et ainsi des autres.

Pour la 12e, log 10000000009 serait 0.00000.00000.391; à la 13e, on aurait toujours 11 ou 12 zéros après la caractéristique.

Ce que les géomètres ont fait depuis, pour simplifier et compléter la théorie des logarithmes, n'est pas de notre sujet; il nous suffit d'exposer l'histoire et les principes des tables dont se servent les astronomes; et, pour atteindre notre but, il nous reste à parler des Tables des sinus et tangentes logarithmiques de Briggs.

C'est au XVIe chap. de sa Trigonométrique, qu'il expose les moyens dont il s'est servi. Il parle de Néper, de Benjaminus Ursinus, et il ajoute : *Ego vero ipsius inventoris primi cohortatione adjutus, alios logarithmos applicandos censui, qui multo faciliorem usum habent et præstantiorem.*

Il suppose le rayon 100000.00000, et lui donne pour logarithme 10.00000.00000.0000; par ce moyen, tous les logarithmes sont positifs et sans fraction.

Il cherche d'abord directement les sinus des 72 arcs qui divisent le quart de cercle en parties égales, c'est-à-dire de tous les arcs de 1°15' en 1°15'; par son théorème de quintisection, il en déduit les sinus de tous les degrés, de tous les demi-degrés et de tous les centièmes de degrés. Le procédé qu'il suit dans cette interpolation, est le même qu'il avait employé pour les tangentes et les sécantes en nombres naturels, et dans lequel les différences moyennes se corrigent par la simple soustraction. Nous parlerons ailleurs de ces tables en nombres naturels.

Les mêmes moyens serviraient pour les sinus logarithmiques des millièmes de degré.

Vers le commencement de la table, les différences des sinus logarithmiques sont énormes, et la règle de quintisection ne serait pas assez exacte. Il y a suppléé par la formule

$$2\sin\tfrac{1}{2}A\cos\tfrac{1}{2}A = \sin A \quad \text{ou} \quad \sin\tfrac{1}{2}A = \frac{\tfrac{1}{2}\sin A}{\cos\tfrac{1}{2}A} = \frac{\sin 30\ \text{séc}\ A}{\cos\tfrac{1}{2}A},$$

qui donne les sinus depuis 0° jusqu'à 45°, quand on a les sinus depuis 45° jusqu'à 90°.

Il n'y a aucune difficulté pour

log tang = log sinus — log cosinus, log. cot = compl. arithm. log. tang,
log séc = compl. arithm. log cosin, log cosée = compl. arithm. log. sin.

Vlacq, en donnant une édition de son Arithmétique logarithmique, dans laquelle il avait rempli la lacune entre 20000 et 90000, avait supprimé le chapitre XIII, qui traitait de la construction de la table par les différences de plusieurs ordres. Briggs se plaignit de cette suppression, dans laquelle il vit peut-être l'intention de le dépouiller de l'invention de cette méthode des différences.

On ne voit pas quel intérêt aurait pu mouvoir Vlacq; il crut tout simplement que ce chapitre n'était pas d'une nécessité indispensable, et il a craint de grossir le volume. Cette méthode des différences était dans Viète, mais d'une manière obscure; Briggs l'a développée et améliorée, sans la porter cependant à sa perfection. Ses moyens sont pénibles, il ne les a pas démontrés, en sorte qu'il est assez difficile de déterminer ce qu'il avait découvert et ce qu'il a ignoré.

Vlacq avait ajouté à son édition 70000 logarithmes, réduits, à la vérité, à 10 décimales; il avait ajouté la table des sinus, tangentes et sécantes de Briggs, avec leurs logarithmes; mais pour les minutes et non pas pour les centièmes de degrés. Dans cette table, il n'a conservé de même que 10 décimales.

Vlacq a donné de plus, la table des sinus et des tangentes logarithmiques à 10 décimales, pour tous les arcs de 10 en 10''; et cette édition, plus commode pour les astronomes, a peut-être empêché la révolution commencée par Briggs, d'après l'idée de Viète, qui voulait tout ramener au calcul décimal, en ne conservant de l'ancienne méthode, que la division du cercle en 360°, ce qui devait contenter tout le monde.

Avant de retourner à Képler, disons un mot d'Ursinus.

Benjamini Ursini, mathematici electoralis Brandenburgici, Trigonometria, cum magno Logarithmorum canone. Coloniæ, 1624 *et* 1625.

L'auteur a supposé le rayon 100000.000; mais dans la construction de ses tables il a mis huit zéros de plus : les arcs y sont de 10 en 10'' pour tout le quart de cercle.

Connaissant les cordes de A, 2A, 3A, pour trouver les cordes de 5A, il emploie le quadrilatère inscrit; nous ferions

$$\sin 5A = \sin (3A + 2A) = \sin 3A \cos 2A + \cos 3A \sin 2A;$$

on aurait, par des moyens semblables, les sinus de 7A, 11A et tous ceux du quart de cercle. Ursinus avoue qu'il a pris dans les livres publiés avant le sien, tous les procédés qu'il indique pour les sinus naturels.

La construction de sa Table logarithmique est fondée sur les mêmes principes que celle de Néper. On y trouve plus d'exactitude, parce que les opérations fondamentales ont été faites avec plus de chiffres, et avec plus de soin.

Sa Trigonométrie est celle de Néper.

Ses Tables ont été réimprimées par Schulze, dans ses Tables trigonométriques. Berlin, 1778. Schulze leur a conservé toute leur étendue, pour les trois premiers degrés; mais pour le reste du quart de cercle, il ne les a données que de minute en minute. Il a de plus supprimé les différences qu'Ursinus avait placées entre les logarithmes.

Ursinus place le sinus naturel à côté de son logarithme; on y voit clairement que vers 90°, le logarithme du sinus est le complément arithmétique de ce même sinus : c'est ce dont on peut se convaincre par l'extrait ci-joint :

Arcs.	Sinus.	Logarithmes.
89° 59′ 60″	1.00000.000	0.00000.000
50	1.00000.000	000
40	1.00000.000	000
30	0.99999.999	1
20	0.99999.998	2
10	0.99999.997	3
89.59. 0	996	4
89.58.50	994	6
40	992	8
30	990	10
20	988	12
10	986	14
89.58. 0	983	17
89.57.50	980	20
40	977	23
30	974	26
20	970	30
10	966	34
89.57. 0	962	38
89.56.50	958	42
40	953	47
30	948	52
20	943	57
10	0.99999.938	62
89.56. 0	0.99999.932	68

Cette correspondance parfaite se soutient jusqu'à 89° 11′ 50″ où l'on aperçoit une différence d'une unité dont le logarithme surpasse le complément arithmétique. A 89° 7′ 50″, on voit pour la première fois une différence de deux parties :

à 88° 47′ 50″ on voit 3 parties de plus au logarithme.

88.43. 0 4
88.39.30 5
88.39. 0 6
88.31.40 7
88.24.30 .... 8.

On se rappelle que $\log \sin A > 1 - \sin A$,
et $\quad < \text{coséc}\, A - 1$.

On voit que les logarithmes augmentent quand les sinus diminuent ; ainsi, il ne faut pas prendre ces logarithmes népériens pour les logarithmes hyperboliques des sinus, comme le dit Schulze dans les titres de toutes ses colonnes. Et si l'on voulait faire un calcul trigonométrique au moyen de ces tables, il faudrait bien se garder de les combiner avec les logarithmes hyperboliques de Wolfram, qu'on trouve dans le même recueil.

Construction des Tables.

Encore quelques remarques sur les Tables logarithmiques, pour ne plus revenir sur ce sujet.

Nous avons dit par quelle voie longue et pénible Briggs est parvenu à sa constante M qui lui sert à trouver les logarithmes de tous les nombres premiers. Il n'avait pu donner à cette constante qu'une exactitude bornée ; sa dix-septième décimale était en erreur de $2\frac{1}{2}$. Voyons comment on peut déterminer *à priori* cette constante avec une exactitude indéfinie.

Les deux séries les plus simples que l'on puisse faire concourir à l'établissement d'un système de logarithmes, sont sans aucun doute celles qu'Archimède avait employées dans une recherche à peu près analogue,

$$\div 10^0 : 10' : 10^2 : 10^3 : 10^4 \text{ etc.},$$

qui donnent aux nombres 1, 10, 100, 1000, 10000, etc.,
les logarithmes......... 0. 1. 2. 3. 4. etc. ;
mais au lieu de cette progression arithmétique, rien n'empêche d'employer la suivante :

o a, 1a, 2a, 3a, 4a, etc.,

ou o. a. 2a. 3a. 4a. etc.;

on conservera à l'unité le logarithme o, le logarithme de 10 sera a, a étant un nombre tout-à-fait arbitraire. Tous les logarithmes de la série primitive se trouveraient multipliés par la constante a.

Néper a donné arbitrairement les logarithmes o et 1 aux deux premiers termes d'une suite de sinus décroissant en progression géométrique. Il a dû trouver pour le logarithme de 10 un autre nombre que 1. Soit a ce nombre.

Néper et Briggs de concert ont reconnu depuis, qu'il serait plus commode de donner les logarithmes o et 1 aux nombres 1 et 10, qui sont les premiers d'une autre progression. Ce nouveau système exigeait que le logarithme de 10 fût 1, au lieu de a; il fallait diviser a par a, pour avoir l'unité au quotient; il fallait diviser par a tous les logarithmes primitifs, pour avoir ceux du nouveau système.

Or, quel était ce nombre a ou le logarithme 10 dans le système de Néper; il ne se trouve pas dans sa Table de sinus, car aucun sinus n'est égal à 10. Mais ouvrons la Chiliade de Képler, nous y trouverons que 2.30258.52 est le logarithme de 10 00000, c'est-à-dire celui de 100, puisque Képler, pour éviter les fractions, a partout ajouté 4 zéros. Dans son système rétrograde, nous avons vu que le logarithme d'un nombre n est réellement log $\left(\frac{1000}{n}\right)$ du système direct; or, $\frac{1000}{100} = 10$; donc le logarithme 2.30258.52 de Képler, est réellement le logarithme de 10. De plus, nous avons vu ci-dessus, p. 516, que Képler avait déterminé directement le logarithme de 10 qu'il avait trouvé de 2.30258.51345. Voilà donc le nombre a suivant Képler.

$\frac{1}{a} = \frac{1}{2.30258.51345} = 0{,}4342951$ à peu près; c'est par ce nombre qu'il aurait fallu multiplier les logarithmes du système primitif pour avoir ceux du nouveau système.

Réciproquement, pour convertir les nouveaux logarithmes en logarithmes anciens, il aurait suffi de les multiplier par 2.30258.1345.

Voilà ce qu'on aurait pu faire, si les logarithmes de Néper eussent été calculés avec plus d'exactitude. Voilà ce qu'on pouvait faire sur les logarithmes de B. Ursinus; on aurait eu des sinus avec 8 ou 9 décimales exactes, ce qui suffit pour les usages ordinaires.

Briggs préféra de tout recommencer. Nous avons donc des tables calculées directement dans chacun des deux systèmes ; elles peuvent se vérifier les unes par les autres ; elles vont nous prouver par le fait l'exactitude du précepte qui sert à les convertir d'un système à l'autre, mais ces conversions exigent une attention de plus.

Dans la marche rétrograde qu'il avait adoptée, Néper aurait dû regarder comme négatifs ses logarithmes des sinus ; il les considéra comme positifs, ce qui était sans inconvénient, quand on ne sortait pas de son système. Ses logarithmes pris positivement, sont ceux des cosécantes. Donc en convertissant un sinus de Néper ou d'Ursinus, nous aurons le logarithme de la cosécante ; et pour avoir celui du sinus, il en faudra prendre le complément arithmétique.

On sait par exemple que sinus $30° = \frac{1}{2}$ et cosec $30° = 2$.

Suivant Ursinus, le log sin 30°... 0,69314718, ce doit être le log de 2.

La Table de Wolfram donne log 2. 0,69314718.05599.45309 etc. ; ce logarithme avait donc 8 décimales très exactes.

Voici le calcul de conversion.	0.6....	26057.66891.42
	9	3908.65033.71
	3	130.28834.46
	1	4.34294.48
	4	1.73717.79
	7	30400.61
	1	434.29
	8	347.43
log 2........................		0.30102.99954.19
il est véritablement..............		0.30102.99956.63981.19521 etc.
Néper le fait....................		0.30102.9995,

peut-être l'avait-il trouvé de cette manière. Le logarithme tiré d'Ursinus avait donc neuf bonnes décimales, la dixième était trop faible de 2.44981.19521.

Compl. arith. log 2 ou log sin 30° 9.69897.00045.81 d'après Ursinus ; il est selon Briggs.............. 9.69897.00043.3602.

La conversion par 0,434294 nous prouve que les erreurs d'Ursinus seront réduites à moins de moitié, et qu'ainsi ses huit décimales en donneront souvent 9.

Essayez la même épreuve sur sin 43°	0.38272.803
vous aurez coséc 43°...............	0.16621.66714.99
sin 43°...........................	9.83378.33285.01
suivant Briggs....................	9.83378.33303.5054
différence........................	0.00000.00018.4932.

Les log tangentes par cette multiplication deviendront ceux des cotangentes, et réciproquement

log tang 40° = 0.17542.553 deviendra log cot 40°	0.07618.64742.95
or, suivant Briggs, log cot 40°................	0.07618.64698
différence.................................	0.00000.00044.95.

Pour donner à ces conversions toute l'exactitude qu'elles peuvent avoir, il faut avoir K avec un plus grand nombre de décimales. Or, $K = \frac{1}{\text{log nat. de } 10}$; il faut donc chercher log 10 dans l'ancien système. Or, par la combinaison de plusieurs formules de Borda, j'ai trouvé

$$\log 10 = 2 + 2\left(\begin{array}{l} \frac{1}{9} + \frac{1}{3.9^3} + \frac{1}{5.9^5} + \frac{1}{7.9^7} + \frac{1}{9.9^9} + \frac{1}{11.9^{11}} + \text{etc.} \\ + \frac{1}{3.9} + \frac{1}{5.9^2} + \frac{1}{7.9^3} + \frac{1}{9.9^4} + \frac{1}{11.9^5} + \frac{1}{13.6^6} + \frac{1}{15.9^7} + \text{etc.} \end{array}\right),$$

expression dont la loi est évidente, et qu'on peut continuer à volonté. Elle ne dépend que des puissances de $\frac{1}{9}$, puissances qui se forment et se vérifient avec la plus grande facilité, puisque

$$\frac{1}{9^n} + \frac{1}{9^{n+1}} = \frac{9}{9^{n+1}} + \frac{1}{9^{n+1}} = \frac{10}{9^{n+1}};$$

ainsi la somme de deux puissances consécutives est égale à 10 fois la dernière de ces deux puissances. (*Voyez* la Préface que j'ai mise aux Tables de Borda, p. 68.)

En m'arrêtant à $\frac{1}{9^{10}}$, j'ai obtenu dix décimales exactes. Par des moyens équivalens, mais poussés beaucoup plus loin, Wolfram a trouvé

$a = \log 10 = 2.30258.50929.94045.68401.79914.54684.36424.76011$
01488.629,

d'où par la simple division

$K = 0.43429.44819.03251.82765.11289.18916.60508.22943.97005$
809;

le log vulgaire de K réduit à 20 décimales, est

$$\log K = 9.63778.43113.00536.77817.$$

En comparant ces valeurs de a et de K au logarithme 10, tiré de la Table deKépler et à la valeur M que Briggs a trouvée par les extractions de 54 racines, on verra que Képler se trompait de 0.00000.011 sur le log de 10, et Briggs de 0.00000.00000.00000.02365.11289 etc. sur la valeur de M; cette exactitude lui suffisait, puisqu'il ne voulait que 14 décimales, qui suffisent en effet.

Pour ce qui suit, il serait très utile de se former une table des multiples et des sous-multiples de K. Avec ces moyens, il sera facile de calculer le logarithme d'un nombre quelconque n par la formule

$$\log(n+dn)=\log n+K\left[\frac{dn}{n}-\frac{1}{2}\left(\frac{dn}{n}\right)^2+\frac{1}{3}\left(\frac{dn}{n}\right)^3-\frac{1}{4}\left(\frac{dn}{n}\right)^4+\text{etc.}\right].$$

Soit d'abord $n=1$, $dn=1$; cette formule deviendra

$$\log 2=0+K(1-\tfrac{1}{2}+\tfrac{1}{3}-\tfrac{1}{4}+\tfrac{1}{5}-\text{etc.})=K(\tfrac{1}{2}+\tfrac{1}{12}+\tfrac{1}{30}+\tfrac{1}{56}+\tfrac{1}{90}+\text{etc.}),$$

série bien facile, mais qui serait encore bien longue à calculer.

Mais faites alternativement

$$dn=+1 \text{ et } dn=-1,\ n=10,\ =100,\ =1000,\ =10000,\ =100000, \text{ etc.}$$

successivement, vous aurez, par les opérations les plus faciles et les plus courtes,

$\log 9=3^2$, $\log 11$, $\log 99=11.9$, $\log 101$, $\log 999=9.111=9.3.37=33.37$, $\log 1001=7.11.13$, $\log 9999=9.1111=9.11.101$, $\log 10001=73.37$, $\log 99999=9.11111=9.41.271$, et $\log 100001=11.9091$.

Soit $dn=\pm 1$; vous aurez généralement

$$\log(n+1)=\log n+\frac{K}{n}-\frac{K}{2n^2}+\frac{K}{3n^3}-\frac{K}{4n^4}+\text{etc.},$$

$$\log(n-1)=\log n-\frac{K}{n}-\frac{K}{2n^2}-\frac{K}{3n^3}-\frac{K}{4n^4}-\text{etc.},$$

$$\log(n+1)+\log(n-1)=2\log n-\frac{2K}{2n^2}-\frac{2K}{4n^4}-\frac{2K}{6.n^6}$$

$$=2\log n-\frac{K}{n^2}-\frac{K}{2n^4}-\frac{K}{3n^6}-\text{etc.};$$

$$\frac{\log(n+1)+\log(n-1)}{2}=\log n-K\left(\frac{1}{2}+\frac{1}{3.4}+\frac{1}{5.6}+\frac{1}{7.8}+\text{etc.}\right),$$

$$\log(n+1)-\log(n-1)=\left(\frac{2K}{n}+\frac{2K}{3n^3}+\frac{2K}{5n^5}+\frac{2K}{7n^7}+\text{etc.}\right);$$

$$\frac{\log(n+1)-\log(n-1)}{2}=K\left(\frac{1}{n}+\frac{1}{3n^3}+\frac{1}{5n^5}+\frac{1}{7n^7}+\text{etc.}\right);$$

toutes ces formules ont leur utilité, on peut sur-tout tirer un grand parti de la formule

$$2\log n-\log(n+1)-\log(n-1)=K\left(\frac{1}{n^2}+\frac{1}{2n^4}+\frac{1}{3n^6}+\frac{1}{4n^8}+\text{etc.}\right).$$

Soit par exemple $n=9$, $(n+1)=10$, $(n-1)=8$, et vous aurez

$$\log 8=3\log 2=2\log 9-\log 10-K\left(\frac{1}{9^2}+\frac{1}{2.9^4}+\frac{1}{3.9^6}+\frac{1}{4.9^8}+\text{etc.}\right),$$

formule dont le calcul à 20 décimales occupe à peine une demi-page.

Vous auriez de même log 7 par la formule un peu moins convergente

$$\log 7=2\log 8-\log 9-K\left(\frac{1}{8^2}+\frac{1}{2.8^4}+\frac{1}{3.8^6}+\frac{1}{4.8^8}+\text{etc.}\right),$$

mais on aura moins de travail par la formule plus convergente

$$\log 98=\log(2.49)=\log(2.7^2)$$
$$=2\log 99-\log 100-K\left(\frac{1}{99^2}+\frac{1}{2.99^4}+\frac{1}{3.99^6}+\text{etc.}\right);$$

nous avons déjà $\log 3=\frac{1}{2}\log 9$, nous aurons les logarith. de 2, 3, $4=2^2$, $5=\frac{10}{2}$, $6=3.2$, 7, $8=2^3$, 9 et 11; le nombre premier qui vient après 11 est 13, mais $\log 13=\log 1001-\log 7.11=\log 1001-\log 77$,

$$2\log 17=\log 18+\log 16-K\left(\frac{1}{17^2}+\frac{1}{2.17^4}+\frac{1}{3.17^6}+\text{etc.}\right),$$

$$2\log 34=2\log(2.17)=\log 35+\log 33+K\left(\frac{1}{34^2}+\frac{1}{2.34^4}+\frac{1}{3.34^6}+\text{etc.}\right),$$

$$2\log 51=2\log(3.17)=\log 52+\log 50+K\left(\frac{1}{51^2}+\frac{1}{2.51^4}+\frac{1}{3.51^6}+\text{etc.}\right),$$

$$\log 102=\log(2.51)=2\log(2.3.17)$$
$$=2\log 101-\log 100-K\left(\frac{1}{101^2}+\frac{1}{2.101^4}+\frac{1}{3.101^6}+\text{etc.}\right),$$

$$\log 19=2\log 20-\log 21-K\left(\frac{1}{20^2}+\frac{1}{2.20^4}+\frac{1}{3.20^6}+\text{etc.}\right).$$

Nous aurions les logarithmes de chacun des nombres premiers de plusieurs manières au moyen des logarithmes des deux nombres voisins; on calculerait de cette manière les logarithmes de tous les nombres premiers jusqu'à cent.

Si la première centaine nous offre tant de ressources et de vérifications, on conçoit que la suite nous offrira plus de moyens encore. Les nombres premiers deviendront plus rares et les opérations plus convergentes par l'augmentation progressive des diviseurs.

Jusqu'ici, nous n'avons employé que deux logarithmes connus pour en déterminer un troisième; il est des formules pour en avoir un quatrième par trois autres, un cinquième par 4, un sixième par 5, etc. *Voyez* les préfaces des Tables de Borda.

On pourrait commencer la table à 10000, dont le logarithme est 4; on aurait tous les logarithmes suivans, en calculant d'avance les différences de plusieurs ordres. Ainsi, pour 10000 j'ai trouvé

$$\Delta' = \quad 0.00004.34272.76862.66963.8,$$
$$\Delta^2 = -\ 0.00000.00043.42944.81603.2,$$

ou généralement

$$\Delta' = \quad K\left(\frac{1}{n} - \frac{1}{2n^2} + \frac{1}{3.n^3} - \frac{1}{4n^4} + \text{etc.}\right),$$
$$\Delta^2 = -\ K\left(\frac{1}{n^2} + \frac{1}{2n^4} + \frac{1}{3n^6} + \frac{1}{4.n^8}\right);$$

il suffit de ces deux ordres. Voici un exemple :

Je calcule à 18 décimales pour en avoir 15 ou au moins 14.

On ne place le Δ^2 qu'après avoir fait l'addition du Δ'; le Δ^2 ne sert qu'à calculer le Δ' suivant.

En comparant notre 14e décimale à celle de Briggs, on voit que ses logarithmes n'ont guère que 13 décimales qui soient sûres; on en a des preuves nombreuses dans les tables à 20 décimales, qu'on trouve dans plusieurs ouvrages modernes, notamment dans Callet.

Nota. Disons en passant que les formules si commodes et si élégantes, de log $(n+1)$ et log$(n-1)$, ou plus généralement log $(n+dn)$ et log $(n-dn)$ sont, l'une de Mercator et l'autre de Wallis, toutes les autres en sont de simples corollaires.

10000	4.00000.00000.00000.000		14e décim. de Briggs.
Δ^1	4.34272.76862.669	pour 10000	
Δ^2	— 43.43076.400	pour 10001	
10001	4.00004.34272.76862.669		7
Δ^1	4.34229.34786.269	pour 10001	
Δ^2	— 43.41208.188	pour 10002	
10002	4.00008.68502.11648.938		6
Δ^1	4.34185.93578.081	pour 10002	
Δ^2	— 43.40340.271	pour 10003	
10003	4.00013.02688.05227.019		2
Δ^1	4.34142.53237.810	pour 10003	
Δ^1	— 43.39472.627	pour 10004	
10004	4.00017.36810.58464.829		7
Δ^1	4.34099.13765.183	pour 10004	
Δ^2	— 43.38605.156	pour 10005	
10005	4.00021.70929.72230.012		3
Δ^1	4.34055.75160.027	pour 10005	
Δ^2	— 43.37738.040	pour 10006	
10006	4.00026.04985.47390.039		9
Δ^1	4.34012.37421.987	pour 10006	
Δ^2	— 43.36871.175	pour 10007	
10007	4.00030.38997.84812.026		2
Δ^1	4.33969.00550.812	pour 10007	
Δ^2	— 43.36004.456	pour 10008	
10008	4.00034.72966.85362.838		7
Δ^1	4.33925.64546.356	pour 10008	
Δ^2	— 43.35138.146	pour 10009	
10009	4.00039.06892.49909.194		2
Δ^1	4.33882.29408.210	pour 10009	
Δ^2	....	pour 10010	
10010	4.00043.40774.79317.404		2

Par cette méthode, le calcul d'une table de 10000 à 100000 se réduirait au calcul de la formule

$$\Delta^2 = -\left(\frac{1}{n^2} + \frac{1}{2n^3} + \text{etc.}\right) = -\frac{K}{n^2}\left(1 + \frac{1}{2n^2}\right);$$

car le terme $\frac{K}{3n^6}$ commencerait par 24 zéros après le point. On trouvera chemin faisant bien des vérifications dans les multiples des nombres de la première centaine, dont nous supposons les logarithmes calculés d'avance; mais, pour plus de sûreté, il convient de calculer un Δ' de distance en distance, comme de 100 en 100 termes.

Nous n'en dirons pas davantage; il nous suffit d'avoir montré comment les formules modernes ont simplifié le travail.

Pour les grandes tables du Cadastre, M. de Prony a préféré de pousser le calcul des différences jusqu'à l'ordre où elles sont sensiblement constantes pour 100 ou 200 termes. Briggs en avait donné l'exemple, mais ses formules étaient peu exactes, et il y faisait des corrections empiriques. Il fallait en outre calculer de distance en distance les Δ des ordres précédens; alors toute la besogne se réduisait à des soustractions et des additions. Ce plan convenait mieux à un établissement composé d'un grand nombre de calculateurs; les plus habiles calculaient les têtes de chaque colonne, il ne restait aux autres coopérateurs que des additions ou des soustractions. Ce moyen était presque aussi simple et bien plus exact que celui de Néper.

L'impression des Tables du Cadastre était commencée; les orages de la révolution l'ont fait suspendre, sera-t-elle jamais reprise? au reste, nous avons les Tables de Briggs à 14 décimales, ce qui suffit de reste. Vlacq, en réimprimant les Tables de Briggs, les a réduites à 10 décimales; mais il a donné sans interruption les cent mille logarithmes des nombres; il a étendu aux dixaines de seconde les logarithmes des sinus et des tangentes.

Les Tables de Vlacq ont été réimprimées par Véga, sous le titre :

Thesaurus logarithmorum completus. Leipsiæ, 1794, un vol. in-folio, avec une introduction où l'on trouve nombre de formules utiles; il y a joint les logarithmes naturels de Wolfram, de 1 à 10000 à 48 décimales, avec des tables des multiples de K, pour les convertir en logarithmes vulgaires : c'est un recueil précieux, dont on fait cependant peu d'usage.

Gardiner a réduit les logarithmes de Vlacq à sept décimales; il y a joint les sinus de seconde en seconde pour les 72 premières minutes. Londres, 1742, un vol. in-4°. Ces Tables, plus portatives, ont fait négliger toutes celles qui les avaient précédées.

Elles ont été réimprimées à Avignon en 1770, par les soins de Pézénas, qui a donné les sinus et les tangentes de seconde en seconde pour les quatre premiers degrés. Mouton les avait calculées à 10 décimales, et Lalande en avait envoyé une copie à Pézénas.

Michel Taylor a donné les logarithmes sinus et tangentes à 7 décimales pour toutes les secondes du quart de cercle. Ces tables ont paru à Londres en 1792, avec une préface de Maskelyne; elles ont été trouvées peu commodes, soit à cause du format, qui est un petit et large in-folio, soit à cause des différences, qu'on a négligé de joindre aux logarithmes, soit enfin par un arrangement qui, pour ménager la place, a partagé chaque logarithme en deux parties, qu'on est obligé de prendre séparément.

En 1783, Callet avait donné une édition portative des Tables de Gardiner. On y trouvait les sinus et les tangentes, de seconde en seconde, pour les deux premiers degrés. Ces tables étaient stéréotypes; elles eurent beaucoup de succès, quoiqu'on en trouvât le caractère un peu fin. En 1795 il en donna une nouvelle édition, qui n'avait pas ce défaut; les sinus et les tangentes y sont de seconde en seconde, pour les cinq premiers degrés. Ces tables me paraissent les plus commodes qui existent; et comme on en conserve les planches, on peut y corriger les fautes à mesure qu'on les découvre, et elles finiront par être parfaites.

L'auteur y a joint une table de sinus et de tangentes, pour la division centésimale du cercle; il aurait dû la mettre à la fin du volume, où elle eût été moins gênante; mais comme elle en occupe le milieu, c'est toujours ce qu'on rencontre d'abord à l'ouverture du livre, quand on cherche autre chose. Cette table est d'ailleurs trop peu étendue et d'une disposition peu commode.

Les Tables de Borda, pour cette nouvelle division du cercle, sont infiniment préférables; le titre est :

Tables trigonométriques décimales...., précédées de plusieurs tables subsidiaires calculées par Charles Borda, revues, augmentées et publiées par J.-B.-J. Delambre. Paris, an IX. On y trouve les logarithmes des nombres de 10000 à 100000; les sinus, les tangentes, et les sécantes logarithmiques, de 10″ en 10″ centésimales, pour les trois premiers et les trois derniers degrés, et de minute en minute pour le reste du quart de cercle; elles sont donc moins étendues que celles de Callet; c'était un inconvénient inévitable. La minute centésimale vaut 32″,24 de l'ancienne division; il aurait fallu tripler le volume pour les avoir de 10″ en 10″; ce défaut est plus grand encore dans les Tables de Briggs, puisque le centième du degré est de 36″,0.

L'auteur étant mort avant que l'impression fût achevée, j'ai complété la préface, qui était restée imparfaite; j'en ai ajouté une seconde, où je donne plus de détails sur la construction des tables; j'ai multiplié les tables subsidiaires et donné tous les moyens pour calculer des tables centésimales à 10 bonnes décimales, pour toutes les dixaines de seconde du quart de cercle.

Les Tables de M. de Prony sont de 10″ en 10″, à 12 décimales, avec trois ordres de différences pour l'interpolation; les logarithmes des nombres y vont jusqu'à 200000; les dix premiers mille ont un plus grand nombre de décimales. *Voyez*, au reste, le Rapport fait à la classe des Sciences, tom. V des Mémoires de l'Institut.

Les Tables de MM. Hobert et Ideler, qui ont paru à Berlin, en 1799, ont la même étendue que celle de Borda; elles sont même plus commodes à plusieurs égards; elles m'ont paru d'une correction et d'une exactitude rare; le caractère est net et bien lisible; mais on a omis les logarithmes des nombres, ainsi que les logarithmes des sécantes et les tables des parties proportionnelles dans lesquelles Borda tenait compte des différences secondes; en revanche, on y trouve les sinus et les tangentes en nombres naturels : le format est in-8°.

Les Tables de Gardiner ont été réimprimées deux fois à Florence, par MM. Canovai et Del. Ricco, avec les sinus et les tangentes en nombres naturels, mais pour les minutes seulement.

Telles sont les tables les plus connues. On a souvent réimprimé les Tables de Sherwin, en Angleterre, et celles de La Caille, en France. Lalande a donné une jolie édition stéréotype des tables trigonométriques avec cinq décimales, et pour les minutes seulement.

Retournons à Képler, et parlons de ses Tables Rudolphines.

Tabulæ Rudolphinæ quibus Astronomicæ scientiæ temporum longinquitate collapsæ, restauratio continetur. A Phenice illo astronomorum Tychone, ex illustri et generosâ Braheorum in regno Daniæ familiâ oriundo equite, primum animo concepta et destinata anno Christi 1564; *exindè observationibus siderum accuratissimis, post annum præcipue* 1572, *quo sidus in Cassiopeiæ constellatione novum effulsit, seriò affectata; variisque operibus, cum mechanicis, tum librariis, impenso patrimonio amplissimo, accedentibus etiam subsidiis Friderici II, Daniæ regis, regali magnificentiâ dignis, tracta per annos XXV potissimum in insula freti Sundici Huennâ et arce Uraniburgo, in hos usus à fundamentis extructâ; tandem traducta in germaniam inque aulam et nomen Rudolphi imperatoris anno* 1598. *Tabulas ipsas jam et nuncupatas et affectas, sed morte authoris sui anno* 1601 *desertas, jussu et stipendiis fretus trium imperatorum, Rudolphi, Mathiæ, Ferdinandi, annitentibus hæredibus Braheanis, ex fundamentis observationum relictarum, ad exemplum fere partium jam exstructarum, continuis multorum annorum speculationibus et computationibus, primum Pragæ Bohemorum continuavit, deinde Lincii superioris Austriæ metropoli, subsidiis etiam illustr. provincialium adjutus, perfecit, absolvit atque ad causarum et calculi perennis formulam traduxit Joannes Keplerus, Tychoni primum à Rudolpho II, imp. adjunctus calculi minister, indeque trium ordine imp. Mathematicus ; qui idem speciali mandato Ferdinandi II, imp. petentibus instantibusque hæredibus, opus hoc ad usus præsentium et posteritatis, typis numericis propriis, cæteris et prælo Jonæ Saurii, reipub. Ulmanæ typographi, in publicum extulit et typographicis operis Ulmæ curator affuit. Cum privilegiis Imperatorum et Regum rerumque publicarum vivo Tychoni ejusque hæredibus et speciali imperatorio ipsi Keplero concesso ad annos XXX, anno* 1527.

Ce titre est une notice historique où Képler s'efforce de rendre à chacun ce qui lui appartient, et à satisfaire tous les amours-propres; et c'est pour cette raison que, malgré ses longueurs, nous l'avons rapporté en entier.

Dans l'épître dédicatoire des enfans de Tycho, on voit qu'ils étaient au nombre de 6, qui, avec la veuve, leur mère, n'avaient guère d'autre héritage que ces tables et les observations d'où Képler les avait tirées. Dans leur infortune, ces héritiers avaient été bien heureux de rencontrer un pareil rédacteur; et même, à ne considérer que les tables, on peut dire qu'il est avantageux que Tycho lui-même ne les ait pas conduites à leur fin, car il aurait fallu les recommencer presque aussitôt, au lieu qu'elles ont servi long-tems à tous les calculs astronomiques.

Dans une autre épître dédicatoire signée de Képler, on voit qu'il y avait travaillé pendant 26 ans; parmi tous ses remercîmens, on aperçoit avec quelle inexactitude on lui avait payé le traitement promis. Parmi les obstacles de tout genre qui avaient retardé la confection de ces tables, il compte aussi l'invention inespérée des logarithmes, qui l'obligea d'en changer la forme, pour la facilité des calculs.

Une longue épître en vers assez médiocres, explique le frontispice du livre, où l'on remarque, parmi les portraits des astronomes les plus célèbres, celui de Képler, dans un étage inférieur. Il est à une table où il travaille. Dans la partie supérieure, on voit figurées les inventions qui avaient été les plus utiles à l'Astronomie; le télescope de Galilée, les logarithmes de Néper, et l'ellipse de Képler. La figure qui représente les logarithmes a pour couronne le logarithme 6931492, qui est celui du sinus de 30°, ou le logarithme $\frac{1}{2}$ dans le système de Néper, et celui de 2 dans le système hyperbolique ou naturel. Cette figure tient en main deux bâtons de longueur inégale. On voit aussi parmi ces emblèmes l'aimant dont Képler a tiré tous ses exemples dans ses théories métaphysiques. Enfin, une figure allégorique y désigne le système de Copernic.

Dans une longue préface, on ne trouve rien de remarquable que le soupçon de quelques équations séculaires dans la théorie de toutes les planètes, et qu'une longue suite d'années peut seule révéler aux astronomes.

Képler avertit qu'il a rejeté de ses tables celle des hexacostades ou soixantaines de jour et de degré. Cette table, introduite par les Alphonsins et conservée par leurs successeurs, n'avait d'autre avantage que de réduire les tables à un moindre volume; elle ajoutait à la longueur et à l'embarras des opérations.

A l'exemple de Tycho, il exprime les distances des planètes en parties de la distance moyenne de la Terre au Soleil, qu'il suppose de 100000. Les longitudes, les latitudes, les moyens mouvemens et les prostaphérèses sont en signes, degrés, minutes et secondes. Les heures sont les heures équinoxiales.

Dans les tables de logarithmes, ceux qui ne sont marqués d'aucun signe sont positifs; les négatifs sont distingués par le signe —. Quand des logarithmes se trouvent dans une même colonne avec des nombres naturels ou *absolus*, ils sont en petits caractères.

La première table a pour titre : *Heptacosias, logarithmorum logisticorum;* elle est du même genre que sa Chiliade; les divisions sont un peu moins serrées. A 90° on voit également répondre 60′ et 24^h; les sexagésimales y sont de 5 en 5″; les parties horaires y sont de 2 en 2′; $\frac{5''}{60'} = \frac{2'}{24^h} = \frac{1}{720} = 0.00138.8888$: c'est la différence constante entre les sinus consécutifs dans toute l'étendue de la table. Les arcs doivent donc diminuer inégalement; $\frac{1}{720}$ est le sinus-verse de l'arc de 3° 1′ 12″; c'est la différence de l'arc de 90° à celui qui le précède immédiatement et qui sera 86° 58′ 48″.

$\frac{2}{720}$ répondent à 4° 16′ 18″; l'arc précédent sera 85°43′ 42″. Képler met 43″.

$\frac{3}{720}$ nous donnent le quatrième arc, 84° 46′ 4″.

$\frac{4}{720}$, l'arc de 83° 57′ 28″. Képler met 29″.

$\frac{5}{720}$, l'arc de 83.14.37,4, et ainsi des autres.

On voit avec quelle inégalité ces arcs diminuent. Les sinus naturels ne sont pas à côté de leurs logarithmes, comme dans la Chiliade. Képler les a supprimés, comme peu utiles.

Ces logarithmes, pris négativement, seront ceux des arc trouvés par cette analogie $x : 60' :: 60' : x'$; ainsi $51' : 60' :: 60' : 1° \, 10' \, 35'',3$. Képler met $36''$; $4' : 60' :: 60' : 15°$, et ainsi des autres.

La colonne des heures ressemble tout-à-fait à celle de la Chiliade.

Cette table n'est donc que la Chiliade refondue, augmentée de la colonne des *privatifs* ou *négatifs*, et diminuée de la colonne des nombres naturels; elle est composée de 720 lignes, et c'est par abréviation qu'il la désigne par le mot *heptacosias*, qui n'annonce que 700 logarithm.

A l'occasion de son Heptacosiade, il cite en passant les logarithmes de Briggs et ceux de Juste Byrge, *qui, bien des années avant la publication de Néper, avait été conduit précisément aux mêmes logarithmes*. Malheureusement ce court passage aurait grand besoin d'un commentaire, impossible peut-être à bien faire aujourd'hui.

Képler veut s'excuser de ce que ses logarithmes sont tous irrationnels et ne sont par conséquent qu'approximatifs; il sait qu'il aurait pu facilement donner à la minute un logarithme rationnel, tel que l'unité suivie de plus ou moins de zéros; mais ce logarithme rationnel eût été le seul dans sa table, aucun de ses nombres n'aurait eu ni 2, ni 3, etc. pour logarithme. Il aurait pu, en prenant la minute pour unité, lui donner pour logarithme 10000; alors 20000 eût été celui de $1''$; 3000 celui de $1'''$, et ainsi de suite. On aurait eu l'avantage de reconnaître, à la caractéristique, à quel ordre de sexagésimales eût appartenu le nombre d'un logarithme donné, ce qui, au reste, se voit avec plus de facilité encore aux *apices* de l'ancienne logistique. *Hoc inquam si expetis : ecce tibi apices logistices antiquæ, qui præstant hoc longè commodiùs. Qui etiam apices logistici Justo Byrgio, multis annis ante editionem Neperianam, viam præiverunt ad hos ipsissimos logarithmos. Etsi homo cunctator et secretorum suorum custos, fœtum in partu destituit, non ad usus publicos educavit.* (Introd. aux Tabl. Rudolph., p. 11.)

Ces *apices* sont les indices °, ′, ″, ‴, ⁗, etc., qui dénotent les divers ordres de fractions sexagésimales. Ce sont donc ces indices qui ont donné à Juste Byrge l'idée de ses logarithmes, c'est-à-dire qu'un nombre tel que $1°.1'.1''.1'''.1^{iv}$, etc. lui aura présenté deux progressions qui se correspondaient, l'une géométrique, dont tous les termes décroissent dans la raison $\frac{1}{60}$, et les autres croissent selon la suite des nombres naturels.

Cette remarque est encore bien vague. Archimède avait été plus loin dans son Arénaire; cependant nous sommes bien persuadé que jamais Archimède n'a eu l'idée des logarithmes; il a eu celle de déterminer à quel ordre montait le produit de deux termes quelconques de sa progression géométrique, sans en faire expressément le calcul. Théon, Barlaam, Reinhold et quelques autres, ont donné des règles pour ce problème. Ce n'est pas en lisant ces auteurs que Byrge a conçu l'idée de tirer un parti plus avantageux de cette idée d'Archimède, car son disciple et son admirateur, Ursus Dithmarsus, nous assure que Byrge n'avait étudié ni le grec, ni le latin; mais il a pu très bien voir cette doctrine exposée dans quelque Traité élémentaire d'Astronomie écrit en allemand. On pourrait donc inférer que Byrge donnant pour indice 0 à un nombre très grand, tel que 10000000, et l'indice 1 au nombre immédiatement inférieur 9999999, et les indices 2, 3, 4, etc., aux termes successifs de la progression géométrique, dont les deux nombres sont les premiers termes, aura conçu le plan d'une table de ces deux progressions, continuées jusqu'au terme le plus voisin de l'unité, dans la progression géométrique, et à son indice dans la progression arithmétique. De cette manière, Byrge aurait eu deux progressions, l'une décroissante et l'autre croissante, comme dans le modèle qui lui en avait fait concevoir le plan, et au moyen de cette table il aurait converti les multiplications en simples additions. Sin A et sin B, cherchés dans cette table, lui auraient donné, par l'addition de deux indices, celui du produit sin A sin B = sin C. Alors on concevrait que malgré l'utilité évidente de cette table, un homme paresseux et peu communicatif, *cunctator et secretorum suorum custos*, aurait pu se décourager, renoncer à son projet, ou bien l'ajourner. Les logarithmes de Byrge seraient précisément ceux de Néper; il aurait été conduit *ad hos ipsissimos logarithmos;* il aurait eu la première idée, il en aurait parlé vaguement à son disciple Dithmarsus, mais il n'aurait rien terminé, parce qu'il n'aurait pas imaginé, comme a fait Néper, des moyens, pour abréger un si long travail. Les révélations incomplètes de Dithmarsus auraient pu mettre Néper sur la voie; car il parle de nombres logistiques qui remplacent les nombres naturels; de la facilité qu'ils offriraient pour construire en quelques jours une table de ces sinus artificiels pour tout le quart de cercle; en effet, supposons achevée la table des deux progressions; Byrge pouvait y prendre à vue les indices ou les logarithmes de tous les sinus, et en achever la table, sans autre peine que de copier, ou tout au plus d'ajouter quelques parties proportionnelles, aux nombres qu'il prenait à vue dans sa table. Cette table cependant en supposait une calculée par les moyens ordinaires, c'est-à-dire celle des sinus naturels, ce qui paraîtrait encore expliquer l'une des énigmes de Dithmarsus.

Tout cela est absolument possible; mais il est tout aussi naturel de penser que l'ouvrage d'un auteur dont la réputation n'était pas mieux établie que celle de Dithmarsus, n'avait pas franchi les bornes de l'Allemagne et n'avait pas pénétré en Ecosse; que Néper a pu faire de lui-même tous les raisonnemens que nous prêtons à Byrge, sur le témoignage de Képler. Ce qu'il y a de certain, c'est que Néper est le premier auteur d'une table de logarithmes; que Képler lui-même, quand il a composé sa chiliade, paraît avoir ignoré l'invention de Byrge, et qu'en donnant de justes éloges à celle de Néper, en la proclamant la *plus admirable et la plus utile qu'on ait jamais faite depuis qu'on a la connaissance des nombres*, il ne dit pas qu'elle eût été faite en Allemagne; ainsi le secret de Byrge n'avait guère transpiré. Quand Képler se disculpe, dans son Supplément, de n'avoir pas nommé l'inventeur, ce n'est pas Byrge qu'il cite, mais Néper. *A primo authore Nepero traditus... Illud elogium inventi Neperiani.* C'est en 1625 que Képler s'exprimait ainsi; c'est en 1627 que, pour la première fois, il parle de Byrge. Si Képler a reçu des informations si tardives, il est permis de croire que Néper n'en avait reçu aucune; que la gloire lui appartient tout entière; et ses droits, en effet, ne sont nullement contestés. Voilà quelle était notre opinion, après avoir examiné tout ce qu'on pouvait conclure du passage de Képler. Montucla, dans son Histoire des Mathématiques (tom. II, p. 10 et suiv.), a traité cette même question, et nous fournit des renseignemens très curieux. Voici comme il s'exprime :

« Ce qui le rend principalement recommandable (Byrge) est d'avoir concouru, avec Néper, dans l'invention et la construction des tables logarithmiques. Képler nous le représente comme un homme doué de beaucoup de génie, mais pensant si modestement de ses inventions, et si indifférent pour elles, qu'il les laissait enfouies dans la poussière de son cabinet. (Képler dit simplement qu'il était temporiseur et réservé.) C'est par cette raison, dit-il, que quoique fort laborieux, il ne donna jamais rien au public par la voie de l'impression; mais Képler *était dans l'erreur en cela*, et nous allons développer ici une anecdote assez curieuse sur ce sujet.

» Malgré ce que Képler avait dit sur Juste Byrge, on savait néanmoins par le témoignage de Benjamin Bramer, qu'il avait publié quelque chose de relatif aux logarithmes. En effet, B. Bramer, auteur d'un ouvrage allemand, dont le titre rendu en français est : *Description d'un instrument fort commode pour la perspective et pour lever les plans* (Cassel, 1630, in-4°), y dit formellement : C'est sur ces principes que mon cher beau-frère et maître, J. Byrge, a calculé, il y a 20 ans et davantage, une belle table des progressions, avec leurs différences de 10 en 10, calculées à neuf chiffres, qu'il a aussi fait imprimer, sans texte, à Prague en 1620; de sorte que l'invention des logarithmes n'est pas de Néper, mais a été faite par J. Byrge, long-tems auparavant.

» Néanmoins, l'ouvrage de ce géomètre ne se trouvait nulle part et peut-être ne se serait jamais retrouvé, si M. Kœstner n'eût pas été conduit par ce passage à le reconnaître dans des Tables qu'il avait achetées parmi d'autres ouvrages mathématiques, et qu'il avait négligées jusqu'alors; elles sont intitulées *J. B. arithmetische und geometrische progress Tabulen*, etc., c'est-à-dire, *Tables des progressions arithmétiques et géométriques, avec une instruction sur la manière de les comprendre et de les employer dans toute sorte de calculs; par J. B., imprimées dans la vieille Prague*, 1620.

» Ces Tables sont sur sept feuilles et demie in-folio d'impression; mais l'instruction annoncée par le titre y manque, ce qui donne lieu de conjecturer que quelques circonstances particulières empêchèrent la continuation de cet ouvrage. Et en effet on lit dans un autre ouvrage de Brammer, que Juste Byrge avait projeté de publier ensemble plusieurs de ses inventions, et que dans cette vue il avait fait graver son portrait, en 1619; mais que la malheureuse guerre de 30 ans, qui désola, comme on sait, l'Allemagne, mit obstacle à ce dessein. Cet ouvrage devait probablement faire partie d'un autre qu'il avait tout prêt, savoir, des Tables de sinus calculés de 2 en 2″. Mais revenons aux Tables de logarithmes de J. Byrge.

» M. Kœstner nous apprend qu'elles n'étaient pas dans la forme des nôtres. Dans celles-ci, les nombres croissent arithmétiquement, pour avoir les nombres naturels, auxquels sont accolés leurs logarithmes correspondans; dans celles de Byrge, ce sont les logarithmes qui croissent arithmétiquement de 10 en 10. Ils sont imprimés en rouge, et à côté sont imprimés en noir les nombres naturels exprimés en 9 chiffres. Voici une esquisse de cette table, qui en comprend le commencement et la fin, avec quelques parties moyennes.

Logarithmes.	Nombres.
0	1.00000.000
10	1.00010.000
20	1.00020.001
30	1.00030.003
....	
990	1.00994.967
....	
223040	9.30254.936
....	
224000	9.39227.936
23c0000	9.97303.537
230270020	
230‿70021	
230270022	9.99999.999

» Ainsi la Table de Byrge contenait une série d'environ 33000 logarithmes, depuis le logarithme 0, qui correspond au nombre 1.00000.000 ou à l'unité suivie de huit zéros, jusqu'à celui qui répondait à 9.99999.999, qui ne diffère qu'insensiblement de celui de 10.00000.000.

» On voit par là que le géomètre allemand avait, comme Néper, rencontré d'abord les logarithmes que donne l'hyperbole équilatère, si ce n'est qu'il paraît y avoir eu quelque erreur dans son calcul, car il aurait dû rencontrer pour le logarithme de 9.99999.999 ou de 10 un nombre moindre que 230270022, car le logarithme de 10, dans ce système, est 230258509.

» Remarquons toutefois que c'est à tort que de l'existence de cet ouvrage, donné en 1620, on conclurait que Byrge aurait inventé les logarithmes antérieurement à Néper, car l'ouvrage de Néper avait paru dès 1614, et c'est l'antériorité des dates des ouvrages qui, au tribunal de l'opinion publique, décide de l'antériorité de l'invention. Comment donc Bramer peut-il conclure de cette date de 1620, que son beau-frère avait fait cette découverte long-tems avant Néper? On sait bien que la date d'une invention qui a exigé beaucoup de calculs, est nécessairement antérieure à celle de sa publication; mais on peut dire également que l'invention de Néper existait dans sa tête plusieurs années avant celle où il la publia, et même, en justice réglée, Byrge perdrait son procès; car, à la rigueur, une date antérieure de 6 ans a pu donner le moyen de connaître une découverte et de la déguiser sous une autre forme. Contentons-nous donc d'associer, de loin, à certains égards, Juste Byrge à l'honneur de cette ingénieuse invention. Mais la gloire en appartiendra toujours à Néper. »

Nous adoptons bien volontiers cette dernière conclusion de Montucla; mais il n'en est pas tout-à-fait de même des raisonnemens qui la précèdent. Nous avons vu que dans un ouvrage de Dithmarsus, publié en 1588, l'auteur attribuait à Byrge une invention qui ressemble bien fort à celle des logarithmes.

Képler dit que les logarithmes de Byrge sont exactement les mêmes que ceux de Néper. Ne pourrait-on pas rétorquer l'argument et dire que l'ouvrage de Dithmarsus a pu conduire Néper à sa découverte.

Le passage de Dithmarsus est obscur, mais il indique expressément des sinus représentés par des nombres logistiques. Juste Byrge s'occupait donc de ce problème et l'avait résolu 26 ans avant la publication de Néper. Byrge avait composé des Tables logarithmiques pour les sinus de 2 en 2″; sa Table des logarithmes et des nombres correspondans peut être plus nouvelle. Dithmarsus n'en fait aucune mention. La forme en paraît différente, les logarithmes et les nombres croissent dans le même sens; c'est le contraire chez Néper, ainsi que chez Képler, qui n'aurait pas dit *hos ipsissimos*. Ces logarithmes, cherchés dans la Table de B. Ursinus ou dans celle de Schulze, dans la colonne des cosinus, font trouver sur la même ligne, dans la colonne des sécantes naturelles, des nombres fort approchans des nombres de Byrge.

```
1.0000
        1.0000
--------------
1.0001.0000
        1.0001.0000
-------------------
1.0002.0001.0000
        1.0002.0001
-------------------
1.0003.0003.0001
        1.0003.0003.0001
------------------------
1.0004.0006.0004.0001
        1.0004.0006.0004.0001
-----------------------------
1.0005.0010.0010.0005.0001
        1.0005.0010.0010.0005.0001
----------------------------------
1.0006.0015.0020.0015.0006.0001.
```

On voit que chacun de ces nombres a été formé en ajoutant au précédent sa dix-millième partie, comme ceux de Néper en retranchant le dix-millième, et cette marche paraît encore plus naturelle; l'embarras est qu'à chaque addition le nombre acquiert quatre décimales de plus. On voit du moins que la quatrième est la suite des nombres naturels 0, 1, 2, 3, 4, etc.; la huitième 0, 1, 3, 6, 10, est formée de nombres triangulaires; la douzième, 0, 1, 4, 10, 20; la vingtième, 0, 1, 5, 15, etc.

La formation est évidente; la difficulté la plus réelle était de déterminer ce que pouvaient valoir les fractions négligées, et il paraîtrait que Byrge les a évaluées trop bas, puisque ses derniers logarithmes sont trop forts et appartiennent à des nombres plus considérables qu'il ne dit. Comme Néper, il n'a en aucune manière songé à l'hyperbole; il a pris arbitrairement et tout naturellement 0 et 1 pour les logarithmes des deux premiers termes de sa progression géométrique. Ces deux suppositions prises pour base, tout le reste en découle, et les logarithmes de Byrge seraient véritablement les logarithmes naturels. Ces suppositions ressemblent beaucoup à celles de Néper; mais il nous paraît plus naturel que les deux progressions soient croissantes, comme celles de Byrge.

Dodson a nommé *Table antilogarithmique* celle où il a pris pour argument la suite arithmétique des logarithmes de Briggs, depuis 0.00000, 0.00001, 0.00002, etc. jusqu'à 1.00000, à côté desquels il a placé les nombres depuis 1.00000.00000 jusqu'à 10.00000.00000. Ces Tables ont paru à Londres en 1742; on en fait très peu d'usage, parce que, dans le fait, une même table sert à trouver le logarithme d'un nombre et le nombre d'un logarithme, et qu'on n'a pas voulu augmenter, sans nécessité bien évidente des tables qui, pour être vraiment usuelles, ne doivent pas être trop volumineuses.

Képler a cru devoir conserver la mesure des logarithmes, telle qu'elle est fournie directement par le cercle, plutôt que de la faire dépendre d'une supposition arbitraire. Ainsi il a pris pour mesure logarithmique la différence entre le sinus total et le sinus qui en approche le plus, ou la flèche de l'arc le plus approchant de 90°.

Du reste, les explications qu'il donne de l'heptacosiade et de ses usages, ressemblent beaucoup à ce qu'il a mis dans son supplément à la Chiliade. En finissant, il rend d'une manière franche et claire ce témoignage à la Table de Briggs, qu'elle lui paraît plus expéditive et plus exacte, quand on a à opérer sur de grands nombres.

La table suivante est celle des logarithmes et des antilogarithmes, c'est-à-dire des sinus et des cosinus, de minute en minute, pour tout le quart de cercle. Les différences y sont pour 10″, et non pour 1′, et cela est en effet plus commode. Cet exemple a été suivi dans plusieurs tables modernes.

Les sinus logarithmiques de Képler sont assez exacts; quelquefois la dernière figure n'est pas la plus juste qu'on pût choisir, mais l'erreur n'est pas tout-à-fait d'une unité. Ils n'ont généralement que cinq figures, les petits sinus en ont six; mais comme les logarithmes népériens sont plus grands que les logarithmes de Briggs, cinq figures de Néper donnent plus d'exactitude que cinq figures de Briggs. Ainsi à 5° la variation du logarithme pour 10″ est de 55.32; dans les Tables de Briggs, elle n'est que de 4.83; à 10° on aurait 27.5 et 4.78; à 20°, 13.3 et 4.53; à 30°, 8.39 et 4.20; à 40°, —5.78 et 3.71; à 60°, 2.8 et 1.21; à 70°, 1.76 et 0.77; à 80°, 0.85 et 0.37; à 89°, 0.084 et 0.04. Ainsi partout les Tables népériennes auraient l'avantage de la précision.

La Table de Képler est étendue au cercle entier, pour la facilité du calculateur; mais il en résulte cet inconvénient, que le sinus et le cosinus ne sont pas en regard dans la même page, et il a fallu renoncer aux tangentes.

Pour calculer le plus petit des deux angles inconnus dans un triangle rectiligne, à défaut des tangentes, il donne ce précepte assez singulier.

Soit A″ l'angle compris, C et C′ les deux côtés;

$$C : C' :: \sin A : \sin A' = \left(\frac{C'}{C}\right) \sin A\,;$$

mais $A + A' = 180° - A'$, et $A' = 180° - A'' - A$; donc,

$$\sin A' = \left(\frac{C'}{C}\right) \sin(180° - A'' - A).$$

Faites une supposition pour A et calculez A′; si vous trouvez A + angle supposé = 180° — A″, la supposition est bonne, sinon recommencez avec une autre valeur de A, jusqu'à ce que vous arriviez à l'égalité. Il donne quelques règles pour abréger les tâtonnemens, ce qui n'empêche pas le précepte d'être un peu bizarre.

La table suivante est celle des prostaphérèses de l'orbe, c'est-à-dire celle de l'élongation pour une planète inférieure, et de la parallaxe annuelle pour une planète supérieure.

On a tenté plus d'une fois de donner de ces tables, mais jamais on n'a pu trouver rien d'aussi commode que le calcul direct. Képler en convient lui-même, et il ne donne sa table que pour faciliter le procédé indirect qu'il vient de proposer. On a la valeur de l'angle, à quelques minutes près; on le corrige par un calcul qui ne saurait être bien long, mais auquel je préfère de beaucoup le calcul direct. L'argument de sa table est le rapport des deux côtés $\frac{C'}{C}$.

Les latitudes géocentriques se trouvent par les tangentes; mais ces latitudes n'allaient jamais à 10°. Képler donne à part la table des tangentes pour les dix premiers degrés.

Képler explique ensuite quelques autres usages de sa table des sinus, et se propose un problème assez compliqué qui lui sera utile pour les stations et les rétrogradations.

On connaît CAD et EAB angles un peu obtus (fig. 78); on connaît $\left(\frac{AE}{AC}\right)$, $\left(\frac{AD}{AB}\right)$. On demande C, E, D, B; on a

$$CAD - EAB = (CAE + EAD) - (EAD + DAB) = CAE - DAB = M;$$

on a donc la différence des deux angles extrêmes; il reste donc à trouver leur somme.

Ce problème est indéterminé, Képler le résout par tâtonnement; on n'en peut rien tirer d'utile.

Le chap. XII traite des ascensions droites, des médiations, des déclinaisons et des angles de l'écliptique avec le méridien. Il suppose l'obliquité constante; il doute beaucoup qu'elle ait jamais été plus grande qu'on ne l'observait de son tems; il ne sait si elle variera; c'est aux astronomes de différens âges à la constater pour leur tems. Il corrige un peu celle que Tycho avait déterminée dans la supposition d'une parallaxe de 3'; en réduisant cette parallaxe à 1', il n'aurait que 23°30'30" à peu près, comme Regiomontanus; mais, comme les observations ne sont pas sûres à la minute, par respect pour Tycho, il conserve ses tables de l'écliptique.

Il enseigne à trouver les différences ascensionnelles, les amplitudes, les arcs semi-diurnes; il donne la table de l'angle de l'orient, ou la hauteur du nonagésime, qui n'a été calculée ni par Regiomontanus, ni par Reinhold. Pour épargner la place, il indique les douzièmes de degré par les lettres de l'alphabet italique.

Au moyen de cette table, il montre à trouver le nonagésime. Connaissant la déclinaison du Soleil, et son abaissement au-dessous de l'horizon, il enseigne à trouver la distance au point orient; il passe à l'équation du tems.

On avait toujours considéré le mouvement du premier mobile comme parfaitement uniforme. Depuis les recherches de Tycho, cette supposition avait paru moins sûre; on avait soupçonné que la rotation de la Terre pouvait avoir quelque inégalité. Képler considérant la question à sa manière métaphysique et pythagoricienne, trouvait, pour la partie qui dépend de l'excentricité, une équation de 21′40″; mais il ne la trouvait pas assez conforme aux observations. Tycho et Longomontanus son élève, rejetaient cette première partie. Tycho, sans en apporter aucune raison, employait, pour le Soleil, une équation, et une autre pour la Lune. Plusieurs astronomes s'étaient élevés contre cette innovation vraiment singulière. Képler était fort indécis, ne sachant s'il fallait prendre l'équation de Ptolémée, ou bien l'équation empirique de Tycho, ou enfin sa propre équation; il trouvait dans l'observation, des choses qui militaient tantôt pour l'une et tantôt pour l'autre. Malgré ses doutes, il conclut pour l'équation de Ptolémée, la seule qui lui paraisse démontrée.

Il commence par la partie de l'équation qui dépend de la réduction à l'équateur, parce qu'elle est commune à toutes les méthodes; il la donne en degrés et non en tems, pour qu'elle puisse s'appliquer directement à l'ascension droite du milieu du ciel, dans tous les calculs qui dépendent de cet argument.

L'autre partie a pour argument la distance à l'apogée qui n'est égale à la longitude que dans deux années; l'une est la 3993ᵉ avant J.-C., le 24 avril, lorsque le Soleil et l'apogée étaient en $0^s 0°$, et l'an 1446, le 14 juin, où le Soleil et l'apogée étaient en $3^s 0°$.

La précession des équinoxes et la diminution de l'obliquité exigeraient une troisième correction; mais il la juge trop faible et trop incertaine. Il rejette toute idée de trépidation.

Il faut encore égaler le tems par la différence des méridiens; il en donne une table. Mais, pour montrer l'incertitude des longitudes géographiques, il rapporte celle de Rome et celle de Nuremberg, d'après divers auteurs. Pour lui, il supposait Rome et Uranibourg sous le même méridien, et à 4′ de Nuremberg.

Regiomontanus.........	36′
Werner...............	32

Par une éclipse de ⊙...	28
Apian..................	34
et...	39
Mæstlinus..............	33
Stoffler...............	18
Maginus................	26
Schoner................	12
Stadius................	13
Janson.................	10
Képler.................	21.

On suppose aujourd'hui Rome à...	10° 8′	E. de Paris, ou	0ʰ 40′ 32″
Uranibourg...	10.22.44		0.41.31
Nuremberg...	8.44. 0		0.33.56.

Quant aux latitudes, on en jugera d'après celle de Paris.

Tycho supposait.........	48° 10′
Fernel et Oronce-Finée...	48.40
Viète..................	48.49
Képler prend............	48.39.

Les différences des méridiens se déterminent plus exactement par les éclipses de Soleil que par celles de Lune. Un mille d'Allemagne est le chemin qu'on fait à pied en deux heures; il y en a 15 dans un degré du grand cercle de la Terre.

Il décrit une carte géographique qu'il espérait publier avec ses tables. Pour trouver en mer les longitudes, il recommande de prendre la distance de la Lune à une étoile, au moment où la ligne des cornes est perpendiculaire à l'horizon, parce que, dans ce cas, la parallaxe de la Lune est nulle en longitude. Il conseille encore les conjonctions de la Lune avec les étoiles ou les planètes. On calcule ensuite par les tables le phénomène observé; on aura l'heure d'Uranibourg, et la comparaison avec l'heure du vaisseau, fera connaître la longitude. Il ne dissimule pas les inégalités du mouvement de la Lune et l'imperfection des tables; mais ce qu'il propose était encore ce qu'on pouvait faire de moins inexact. Il est vrai qu'il néglige l'effet des réfractions et celui de la parallaxe de latitude.

Le chap. XVII traite de la réduction des années, des mois et des jours des différens calendriers; il donne une table synoptique des différentes ères, une table de réduction et de conversion des tems grégoriens, juliens, égyptiens, perses, arabes et juifs; le type de l'année de confusion; enfin, une table pour trouver les jours de la semaine.

Dans les tables, les années bissextiles sont toutes pairement paires après J.-C., mais avant elles sont impaires, 1, 5, 9, 13, etc. On n'avait pas encore imaginé l'année 0, dont l'usage est aujourd'hui généralement adopté par les astronomes. L'année julienne est à peu près moyenne arithmétique entre l'année tropique et l'année sidérale; il en fait usage uniquement, sans égard pour la réformation grégorienne, qui peut être préférable pour les usages civils, mais plus incommode pour les astronomes.

C'est ici que se termine la première partie des tables, qu'il appelle *commune*, parce qu'elle sert également pour toutes les planètes.

Au commencement de la seconde partie, il donne la véritable étymologie du mot *époque* qu'il traduit par *lieu*. Il aurait désiré prendre pour point de départ un instant où toutes les planètes auraient eu 0 de longitude, mais la chose était impraticable. Il fait la précession 51″ comme Tycho; le mouvement de l'apogée 61″,7 environ; le mouvement du Soleil en 36525 jours, $0^s0°45'20''$.

Dans sa table d'équation du centre, il suppose l'obliquité 0.018, et non 0.036. Au lieu de donner l'anomalie moyenne z pour argument à sa table, il la fait dépendre de l'anomalie de l'excentrique x, au-dessous de laquelle il place entre lignes ce qu'il appelle l'*équation physique*, c'est-à-dire, $e \sin x$, en sorte qu'en faisant mentalement l'addition des deux nombres x et $e \sin x$, on a l'anomalie moyenne z.

Voici un échantillon de sa table :

Équation du Centre.			
anomalie avec $e \sin x$.	*intercolumnium cum logarithmo.*	*anomalia coæquata.*	*intervallum cum logarithmo.*
0° 0′ 0″ 0.0. 0		0° 0′ 0″	1.01800 1784
1.0. 0 1. 5	3570 0.57.53	0.58.56 0.58.56	1.01800 1784
2.0. 0 2.10	3574 0.57.53	0.58.55 1.57.51	1.01799 1783
3.0. 0 3.14	3560 0.57.54	0.58.56 2.56.47	1.01798 1782
etc. 90.0. 0 1.1.53	 0 0.59.59	0.58.56 0.59.59 88.58. 7	 + 1.00000 0
91.0. 0 1.1.52	60 1. 0. 1	1. 0. 0 89.58. 7	0.99969 31
92.0. 0 1.1.50 etc.	120 1. 0. 4 etc.	1. 0. 1 90.58. 8 etc.	0.99938 62
177.0. 0 3.14	3630 1.2. 12	1. 1. 5 176.56.43	0.98203 1813
178.0. 0 2.10	3630 1.2. 12	1. 1. 6 177.57.49	0.98201 1815
179.0. 0 1. 5	3630 1.2. 12	1. 1. 5 178.58.54	0.98200 1816
180.0. 0 0	3630 1.2. 12	1. 1. 6 180. 0. 0	0.98200 1816

La première colonne est expliquée.

La dernière, qui contient le rayon vecteur avec son logarithme, n'a pas besoin d'autre explication : rayon vecteur $= 1 + e \cos x$.

La colonne d'anomalie égalée donne cette anomalie et la différence première, qui est au-dessus de l'anomalie égalée.

L'*intercolumnium* sert pour les parties proportionnelles à prendre.

La fraction sexagésimale qu'on y trouve est le rapport $\left(\frac{du}{dz}\right) 60'$ des variations d'anomalies vraie et moyenne. Ainsi, de 0° à 1° d'anomalie excentrique, $dz = 1^\circ\, 1'\, 5''$,

$$du = 0^\circ\, 58'\, 56'', \quad \left(\frac{du}{dz}\right) 60' = \left(\frac{58.56}{61.5}\right) 60' = 57'\, 52'',5.$$

Képler dit 57′3″. Au logarithme de ce rapport on ajoute le logarithme logistique de l'excès de l'anomalie donnée sur l'anomalie la plus voisine, qui se trouve dans la table, et l'on a le logarithme logistique de la partie proportionnelle de l'anomalie vraie.

On se rappelle que Képler appelle *équation physique* $z-x=e\sin x$, et qu'il appelle *équation optique* la partie $(x-u)$.

A la suite de l'anomalie, Képler donne les mouvemens moyens du Soleil, dans la forme sexagénaire des Tables Alphonsines.

Dans l'explication des anomalies, Képler enseigne à décrire par points l'ellipse inscrite à l'excentrique. Du centre de l'ellipse et de l'excentrique, il décrit un petit cercle du rayon e, et un cercle plus grand du rayon 1; il abaisse dans ces deux cercles les ordonnées $\sin x$ et $e\sin x$, qui lui donnent $e\cos x$; avec une ouverture de compas $1\pm e\cos x$ et du foyer comme centre, il fait une section sur l'ordonnée $\sin x$ du grand cercle. Ce point de section appartient évidemment à l'ellipse; mais on n'a aucun besoin de ce petit cercle. Soit AX l'anomalie de l'excentrique (fig. 79). Menez l'ordonnée XM, et sur le rayon prolongé XCP abaissez la perpendiculaire SP, $XCP=1+e\cos x=SN$.

D'une ouverture de compas $=XP$ et du foyer S, marquez le point N sur MX; il appartiendra à l'ellipse. Cette construction est fort simple, et cependant je ne l'ai vue indiquée nulle part.

Rien de remarquable dans l'explication des tables.

Képler paraît mettre quelque importance au calcul des stations. Une planète paraît stationnaire quand elle est vue deux instans de suite sur des rayons parallèles, d'où résulte cette équation $vd\pi\cos P=VdT\cos T$, ou $\frac{vd\pi}{VdT}=\frac{\cos T}{\cos P}$; c'est l'équation à laquelle nous parvenons par la différentiation, quand nous négligeons, comme Képler, l'excentricité et l'inclinaison. Pour tirer quelque lumière de ce parallélisme, Képler fait une figure assez compliquée; il mène des parallèles et parvient péniblement à l'équation qu'il a résolue ci-dessus par tâtonnement. La solution moderne, qui part du même principe, est directe et aussi courte à calculer que la méthode indirecte de Képler est longue et pénible. Ainsi, nous passerons cet article.

Képler ensuite considère la station en latitude, dont je crois que personne n'a parlé, ni avant ni après lui. On sait que $\tang G=\frac{\sin T}{\sin S}\tang H$. Si le rapport $\frac{\sin T}{\sin S}$ varie en sens contraire de $\tang H$, et de la même quantité, il est clair que G ne changera pas. Ainsi, $d\left(\frac{\sin T}{\sin S}\right) = - d$ tang H. Rien de plus simple à trouver que d tang H; il n'y a de difficulté que pour le rapport $\left(\frac{\sin T}{\sin S}\right)$. Képler trouve qu'il n'y pas d'autre moyen pour voir si la latitude est stationnaire, que de faire le calcul pour deux jours consécutifs. Quand même ce calcul aurait quelque utilité, rien n'obligerait à le faire, on n'aurait qu'à ouvrir une éphéméride; ou bien, calculez l'aberration en longitude et en latitude par mes tables, vous verrez si l'aberration est nulle, positive ou négative, c'est-à-dire, si la station a lieu, si elle est passée, ou si elle n'est point encore arrivée.

Dans l'explication des hypothèses lunaires, on voit qu'Albert Curtius, ami de Képler, a le premier imaginé de placer au foyer supérieur le centre des mouvemens égaux; Cette idée était une suite naturelle des anciennes idées d'équant et de bissection d'excentricité. (*Focorum ellipsis alterum, circa quod anomalia media æqualibus ordinatur angulis*). La différence des trois hypothèses ne peut surpasser 2'; ainsi, dit Képler, il est impossible que l'observation nous éclaire sur le choix qu'on doit faire. J'ai prouvé que l'erreur de l'hypothèse de Curtius est $\frac{1}{4}e^2 \sin 2u + \frac{1}{3}e^3 \sin 3u$, ce qui, pour une excentricité qui donne 5° d'équation, ne ferait que $6'\frac{1}{2}$, et ne changerait pas l'équation de 40''. L'erreur ne serait donc pas de 1', et Képler avait raison de dire que les observations de ce tems ne pouvaient décider la question. Aujourd'hui, les observations ne laisseraient aucun doute. On pourrait demander s'il n'existe pas un point d'égalité soit au-dessus, soit au-dessous de ce foyer? on peut répondre que non; il faudrait pour cela que $\frac{1}{4}e^2 \sin 2u + \frac{1}{3}e^3 \sin 3u$ eût la forme de l'équation dans l'excentrique, ce qui n'est pas.

Cette première anomalie, reconnue par Hipparque, est modifiée par une seconde équation découverte et assez exactement déterminée par Ptolémée; mais l'hypothèse sur laquelle il calculait cette équation, ne représentait ni les distances, ni les parallaxes, ni les diamètres. Copernic la corrigea. Régiomontan avoit déjà montré que, d'après l'épicycle de Ptolémée, le diamètre de la Lune en quadrature devait être augmenté de moitié en sus de ce qu'il paraît dans les conjonctions, conséquence que n'admettent pas les observations.

Tycho découvrit une autre grande inégalité, qu'il appelle variation. Copernic, pour corriger Ptolémée, employait déjà deux épicycles; il en fallait un troisième pour la variation, il n'osa pas le donner à la Lune;

il l'attribua au zodiaque. *Cette inégalité lui ouvrit les yeux, et lui fit voir que toutes ces diversités ne dépendaient pas des cercles réels, mais de causes naturelles. Que me restait-il à faire après Tycho? Ne voyant aucun moyen de dénouer le nœud gordien, je l'ai coupé.* Après beaucoup de méditations, après plusieurs transformations, il me parut que l'anomalie mensuelle ne changeait rien à la figure de l'orbe lunaire, ni aux distances, et qu'elle suivait la raison des phases; que les mouvemens étaient accélérés ou retardés, soit par la force de la lumière, soit par une faculté animale.

Comme l'explication serait longue, il renvoie à son Épitome de l'Astronomie copernicienne, qu'il avait publiée sept ans auparavant, et que nous gardons pour la fin, parce que c'est un résumé de ses idées et de ses systèmes. Mais nous y prendrons dès à présent ce qui pourra nous faciliter l'intelligence de ses tables lunaires.

Il distingue, page 790, deux inégalités mensuelles, l'une temporaire (*temporanea*), l'autre perpétuelle. La première est mensuelle, en ce qu'elle dépend de l'illumination de la Lune; mais elle n'est pas la même dans toutes les saisons, car elle va sans cesse diminuant jusqu'à disparaître. L'autre est constante, et revient la même à chaque lunaison; ainsi elle est doublement mensuelle. Et, page 561, ces équations dépendent des phases, les phases dépendent du Soleil; le Soleil aide donc au mouvement de la Lune autour de la Terre; en accélérant le mouvement de la Terre, la lumière du Soleil accélère aussi celui de la Lune. Mais l'illumination de la Terre étant toujours la même, d'où vient que son effet sur la Lune est si différent? *rien dans la Physique céleste n'est si difficile à expliquer.* C'est peut-être que dans les syzygies, la lumière enfile directement les pores de la Lune; et que dans les autres positions, où la Lune est obliquement éclairée, la lumière rencontre des aspérités qui l'empêchent de pénétrer aussi facilement et en même quantité. D'après ces conjectures, et d'autres de même genre que Képler expose cependant avec quelque défiance, il s'imagine que l'équation découverte par Tycho pourrait bien être de 51′ au lieu de 40′; elle n'est guère que de 36′.

L'équation temporaire se montre partout hors des syzygies, mais sur-tout dans les quadratures et les octans: car lorsque l'apogée et le nœud sont dans les quadratures, on a pendant tout le mois des équations simples. En effet, l'argument de l'évection est

$$2☾ - 2\odot - ☾ + \text{apog.} = ☾ - 2\odot + \text{apog.} = (☾ - \odot) - (\odot - \text{apog.});$$

si le Soleil est apogée, il ne reste que $☾ - \odot = ☾$ apogée; la variation dépend de 2(☾ — ☉); et l'équation du centre, de (☾ — apogée) : les deux équations dépendent du même argument.

On applique le même raisonnement à la grande inégalité de la latitude et en mettant le nœud à la place de l'apogée ; on pourra donc sans erreur sensible, dans ce cas, n'employer qu'une table simple, qui n'aura qu'un argument; mais le mois suivant, l'apogée ne coïncidera plus avec le Soleil, l'autre inégalité commencera à se faire sentir; et cela d'autant plus que l'intervalle aura augmenté; de sorte qu'en supposant même la Lune apogée, ou ☾ — apogée = o, ou ☾ = ☊, il restera encore une inégalité, puisque ☾ — ☉ ne sera pas o.

Si l'apogée ou le nœud coïncide avec la syzygie dans la quadrature, la Lune serait à 90° de l'apogée ou du nœud, la variation disparaîtra, les deux autres équations se réuniront et l'équation du centre sera la plus grande; ce qui aura lieu sensiblement tout le mois. Képler distingue ce mois par le nom de *plein;* l'autre, il le nomme *vide,* parce que les équations seront moindres. Dans les mois suivans, les équations diminueront en ordre inverse de celui selon lequel elles auront augmenté.

Képler développe longuement ces explications de causes physiques et de leurs effets; mais tout cela est un rêve de son imagination, qu'il serait assez inutile de suivre dans tous ses détails. Voyons seulement ses constructions et ses méthodes de calcul.

Il emploie huit figures différentes à démontrer ce qui doit arriver dans les circonstances principales. En simplifiant les démonstrations de Képler, nous avons pu réunir les huit figures en une seule; c'est la figure 80.

D est l'apogée de l'équation elliptique, HAG la ligne des syzygies; HAD = (☉ — apogée ☾) = argument annuel, car H est le lieu du ☉ ; A la Terre, REB le cercle que décrit autour de la Terre le centre de l'excentrique; le demi-cercle supérieur représente l'hémisphère éclairé, YAZ le plan terminateur.

Képler place la Terre en A et dans la droite IAK, qui est dans le plan, l'excentricité AB produit l'équation elliptique; BZ=CA=cos HAD = cos (☉ — apogée ☾) est une autre espèce d'excentricité qui varie d'un instant à l'autre, peu sensiblement pourtant pour un espace d'un mois; c'est l'excentricité temporaire ou du moment.

Si le point B tombe en E sur la ligne des syzygies, le point E fait l'office de B et de C ; AE servira à calculer les deux équations.

Si le point B tombe en Y, AC = cos (☉ — apogée ☾) = o; il n'y a point d'équation temporaire.

Imaginez les droites ZO, ZN;

$\frac{1}{2}$BZ.BO = aire du triangle BZO = $\frac{1}{2}$BO cos (☉ — apogée ☾).

Supposez $\frac{1}{2}$BO = 60', aire BZO = 60' cos (☉ — apogée ☾); c'est ce que Képler appelle *scrupula menstrua*. Soit L la Lune, l'arc LD sera l'anomalie = (☾ — apogée ☾); retranchez-en DH = (☉ — apogée ☾), il restera ☾.ap. ☾ — ☉ + ap. ☾ = ☾ — ☉ = argument mensuel.

L'aire du triangle CLA = $\frac{1}{2}$CA.LV = $\frac{1}{2}$AE cos (☉—ap. ☾).LV,
aire du triangle BAN = $\frac{1}{2}$CA (CN+BC) = $\frac{1}{2}$ AC.rayon = $\frac{1}{2}$BZ.rayon,
aire du triangle BAO = $\frac{1}{2}$AC (CO—BC) = $\frac{1}{2}$ AC.rayon = $\frac{1}{2}$BZ.rayon,
aire du triangle CLA = $\frac{1}{2}$AC.LV = $\frac{1}{2}$AC(LT—VT)
= $\frac{1}{2}$AC (sin PL — sin PH)
= $\frac{1}{2}$AC sin PL — $\frac{1}{2}$ AC.AE sin BE
= $\frac{1}{2}$AC sin PL — $\frac{1}{2}$ AE.AE cos(☉—ap. ☾) × sin(☉—ap. ☾)
= $\frac{1}{2}$AC sin PL — $\frac{1}{4}$(AE)² sin 2(☉—ap. ☾)
= $\frac{1}{2}$AC sin(DL—PL) — $\frac{1}{4}$(AE)² sin 2(☉—ap. ☾)
= $\frac{1}{2}$AC sin $(\overline{☾—\text{ap.}} — \overline{☉—\text{ap.}})$ — ($\frac{1}{2}$AE)² sin 2(☉—ap. ☾)
= $\frac{1}{2}$AC sin (☾—☉) — $\frac{1}{2}$(AE)² sin 2(☉—ap. ☾)
= $\frac{1}{2}$AE cos (☉—ap. ☾) sin(☾—☉) — $\frac{1}{2}$(AE)² sin 2(☉—ap. ☾)
= 2°30' cos (☉—ap. ☾) sin(☾—☉) — 2' 35" sin 2(☉—ap. ☾);

ce dernier terme a été introduit par Képler, d'après ses considérations physiques; il dit lui-même qu'on peut le négliger : c'est ce qu'il appelle *la particule hors part*.

En établissant la formule générale pour le premier quart, nous nous dispensons de suivre les huit figures dans lesquelles Képler expose toutes les variétés qui peuvent se présenter.

Képler démontre ensuite que son procédé pour calculer la variation, équivaut à celui de Tycho. Tycho fait la variation proportionnelle au sinus de 2HAL; Képler la tire du quadrilatère rectangle

CRXA = CR.AC = sin RE cos RE = $\frac{1}{2}$ sin 2RE = $\frac{1}{2}$ sin 2HAL.

Képler, au lieu de $\frac{1}{2}$, met 40' $\frac{1}{2}$ comme Tycho, et la variation est la même; il a renfermé toutes ces équations dans une même table, dont la formule doit être

$$2°30' \cos(\odot - \text{ap.}☾) \sin(☾ - \odot) - 2'55'' \sin 2(\odot - \text{ap.}☾) + 40'30'' \sin 2(☾ - \odot).$$

En calculant par cette formule différentes parties de la Table de Képler, il m'a semblé qu'elle n'était exacte qu'à deux minutes près.

Képler dit qu'il a vingt fois changé la forme de cette table pour la rendre plus commode; il dit qu'il a suivi l'exemple des calculateurs hébreux, celui de Maginus, mais qu'il a renfermé en deux pages ce qui en remplit 52 dans Maginus. Origan avait déjà réuni les équations de Ptolémée et d'Hipparque en une seule table, qu'il avait rendue toujours additive par l'addition d'une constante qu'il avait retranchée des époques; artifice déjà fort ancien, et dont nous avons vu un exemple dans la Table d'équation du tems des Tables manuelles de Ptolémée. Képler ne dit pas qu'en resserrant ainsi sa table il a laissé au calculateur l'embarras des doubles ou triples parties proportionnelles, sur lesquelles il est vrai qu'on pouvait n'être pas très scrupuleux.

Cette table est précédée d'une autre où il donne séparément les deux équations de Tycho et sa *particule hors part*. La variation et cette particule s'y prennent très facilement; pour l'évection, elle y paraît moins clairement : on la trouve par l'addition de deux lignes. Cette table est en cette partie une table de logarithmes logistiques; mais l'équation ainsi trouvée par logarithmes, doit encore être multipliée par $2\frac{1}{2}$; la table donne au plus 60', mais $60' \times 2\frac{1}{2} = 2°30'$.

Il y a de l'adresse dans tous ces moyens; mais le tout présente une complication à laquelle il faut s'accoutumer. Il paraît qu'elle n'a pas été du goût des astronomes; car Mercator, en réimprimant les Tables planétaires de Képler, a préféré pour la Lune les Tables de Tycho. Et en effet, puisque Képler n'a fait à la théorie lunaire de Tycho aucun changement, si ce n'est l'équation du centre calculée dans l'ellipse, et la petite équation de $3'25'' \sin 2(\odot - \text{ap.})$, qu'il avoue lui-même n'être fondée sur aucune observation, je crois qu'il valait presque autant s'en tenir aux tables primitives. Au reste, il est à remarquer qu'il n'est ici fait aucune mention de l'équation annuelle qui avait été soupçonnée par Tycho, par Képler lui-même, et dont ni l'un ni l'autre n'avait trouvé la véritable valeur. Horoccius est le premier qui en ait donné un équivalent à peu près exact.

Képler passe à la latitude; il avertit d'abord, qu'il a ajouté 25' au lieu du nœud. Tycho trouvait la latitude par la formule

$$\sin\lambda = \sin 4^\circ 58' 30'' \sin(☾ - ☊),$$

qu'il corrigeait ensuite d'une équation dont le coefficient était 19'. Képler suppose 5° et 18'; il ramène encore à ses hypothèses le calcul de cette correction, et prouve que les résultats sont en effet les mêmes quand on tient compte de la différence de 25' sur la longitude du nœud.

Pour trouver la parallaxe, il indique un moyen peu connu, et qui ne peut être qu'approximatif. Dans les colonnes de l'anomalie égalée, prenez la différence de deux lignes voisines, ajoutez-y $\frac{1}{60}$, vous aurez la parallaxe; la demi-parallaxe augmentée de ce même soixantième, sera le diamètre.

J'ai démontré que

$$\tfrac{1}{2}(x-u)=\text{tang}\tfrac{1}{2}\varepsilon\sin x-\tfrac{1}{2}\text{tang}^2\tfrac{1}{2}\varepsilon\sin 2x+\text{etc.},$$

$$\tfrac{1}{2}(x'-u')=\text{tang}\tfrac{1}{2}\varepsilon\sin x'-\tfrac{1}{2}\text{tang}^2\tfrac{1}{2}\varepsilon\sin 2x',$$

$$\tfrac{1}{2}(x'-x)-\tfrac{1}{2}(u'-u)=\text{tang}\tfrac{1}{2}\varepsilon(\sin x'-\sin x)-\tfrac{1}{2}\text{tang}^2\tfrac{1}{2}(\sin 2x'-\sin 2x),$$

$$\tfrac{1}{2}[60'-(u'-u)]=2\,\text{tang}\tfrac{1}{2}\varepsilon\sin\tfrac{1}{2}(x'-x)\cos\tfrac{1}{2}(x'+x)$$
$$-\text{tang}^2\tfrac{1}{2}\varepsilon\sin(x'-x)\cos(x'+x)+\text{etc.}$$

$$\text{Parallaxe}=\frac{\text{C}}{1+e\cos x}=\text{C}(1-e\cos x+e^2\cos^2 x)=\text{C}(1-\sin\varepsilon\cos x+\sin^2\varepsilon\cos^2 x),$$

Soit $e = \sin 5^\circ 14'$, $\frac{1}{2}\varepsilon = 2^\circ 37'$; vous aurez

$$60'-(u'-u)=4\,\text{tang}\tfrac{1}{2}\varepsilon\sin\tfrac{1}{2}(x'-x)\cos\tfrac{1}{2}(x'+x)-\text{etc.},$$

$$u'-u=60-4\,\text{tang}\tfrac{1}{2}\varepsilon\sin 30'\cos(x+30)+\text{etc.},$$

$$\tfrac{61}{60}(u'-u)=61\,(1-0{,}0914\cos x+0{,}0020866\cos 2x),$$

et

$$\varpi=\text{C}\,(1-0{,}09131\cos x+0{,}0028319\cos^2 x);$$

supposez $\text{C} = 61$, le premier terme de correction sera sensiblement le même. Ce moyen au reste, quand il serait plus exact, ne conviendrait qu'aux Tables de Képler qui dépendent de l'anomalie excentrique. Il n'est qu'une remarque empirique dont la précision est subordonnée aux suppositions qu'on fait sur la parallaxe et le diamètre.

Dans les préceptes pour les parallaxes de longitude et de latitude, il rapporte l'observation suivante. Le 30 janvier 1625, ou le 9 février nouveau style, le soir, à Erbach, Ulm, Thuringe et autres lieux, on vit Vénus qui touchait à la Lune en croissant, ou selon d'autres comme attachée à la corne gauche, et de ce moment on la vit tourner le long de la partie convexe éclairée inférieure, d'où il paraît, dit Képler, qu'entre le coucher du Soleil et celui de Vénus, la Lune a dû être en conjonction avec la planète. Vénus était un peu plus boréale. Il trouve par le calcul, qu'à l'instant de l'observation, Vénus était de 21′ plus avancée en longitude et de 5′ plus boréale que le bord obscur; que la corne avait 0° 47′ de latitude et Vénus 0° 53′ plus forte de 6′; ainsi la Lune a toujours été au-dessous de Vénus. Si l'on a cru que la planète tournait le long du disque éclairé, la cause en est, suivant Képler, qu'à mesure que le jour diminuait, la lumière de la Lune devenant plus forte, son diamètre devait paraître augmenté et l'espace entre la Lune et Vénus diminué d'autant. Vénus ne fut point occultée.

Il est plus croyable que la corne paraissait d'abord plus courte, et que la lumière du jour ayant diminué, on vit mieux la pointe; que la corne augmentant de longueur, Vénus a semblé descendre le long du disque.

La troisième partie traite des éclipses. Pour trouver la conjonction écliptique, Képler emploie une Table qui lui donne toutes les conjonctions moyennes de l'année, en supposant que la première arrive à l'un des 30 premiers jours successivement. En marge est un nombre d'or qui n'est pas placé exactement aux mêmes jours que dans le Calendrier grégorien, il s'en faut souvent d'un jour. Képler nous avertit que son type n'est ni civil ni ecclésiastique, et par là plus exact, puisqu'il est formé par l'addition continuelle du véritable mois lunaire. Il y joint les multiples de la grande période 76 ans $5^h 50'$; une Table des retours du Soleil au nœud dont la période est de 2828 années juliennes. Avec ces secours, il enseigne à trouver les deux mois de l'année où il peut y avoir des éclipses de Soleil et de Lune, le jour à peu près et les pays où le Soleil peut être éclipsé. Il enseigne enfin, par les mouvemens vrais, à changer une syzygie moyenne en une syzygie vraie.

Je ne vois rien de particulier dans le calcul de l'éclipse de Lune. Pour les éclipses du Soleil, il calcule de même l'éclipse générale; mais les problèmes suivans n'avaient été ni résolus, ni même proposés avant Képler.

Il enseigne d'abord à réduire en arc de grand cercle de la Terre les portions du disque de la Terre comptées du centre de ce disque. Le disque de la Terre est la différence des deux parallaxes horizontales. Il suppose d'abord que l'arc à transformer est la plus courte distance 33′ 49″, et que le disque ou son demi-diamètre est de 60′ 21″; nous dirions $\frac{33' 49''}{60' 21''} = \sin 34° 5' 18''$; Képler par sa Table aurait dû trouver 34° 4′ 40″: il dit 34° 5′.

Il cherche ensuite la partie de la Terre que couvre l'ombre de la Lune. Il faut pour qu'il y ait ombre que le diamètre de la Lune surpasse celui du Soleil. Prenez la différence des demi-diamètres; Képler la suppose de 54″, la plus courte distance est 33′ 49″

		± 54
somme................		34.43
différence..............		32.55
somme convertie en arc...	=	35° 7′ 3″
différence...............	=	32.58.36
ombre de la Lune........	=	2. 8.27.

Képler trouve 2° 5′ ou 31 milles d'Allemagne, et il ajoute que si l'atmosphère au-dessus de nos têtes est privée de la lumière dans un rayon de 31 milles, on pourra voir des étoiles, parce que ces 31 milles sont plus que la partie visible de l'atmosphère.

La largeur du cône d'ombre couvrira donc 2°8′27″, en supposant que l'éclipse soit centrale, pour le lieu qui a le Soleil au zénit; partout ailleurs la section du cône par la sphère sera moins régulière.

Supposons le Soleil éclipsé centralement au nonagésime; l'arc trouvé ci-dessus 34° 5′ sera la distance zénitale du Soleil et du nonagésime, et par conséquent le complément de la hauteur du nonagésime.

Mais supposons que le Soleil au nonagésime soit en simple contact ou éclipsé d'une quantité donnée; la quantité de l'éclipse donnera la distance des centres; cette distance combinée avec la plus courte distance des centres, donnera la distance du Soleil au centre du disque; vous aurez de même la hauteur du nonagésime égal au complément de l'arc de distance réduit en arc de grand cercle de la Terre.

Les problèmes suivans ont pour objet de trouver la hauteur du nonagésime.

1°. Dans le lieu où l'éclipse centrale a lieu au nonagésime.

Ici Képler paraît confondre l'instant de la conjonction avec le milieu de l'éclipse générale. A l'instant de la conjonction, il faut que la parallaxe de hauteur soit égale à la latitude de la Lune; alors en effet le centre de la Lune sera sur le Soleil, la verticale se confondra avec le cercle de latitude, la parallaxe de hauteur $= (\varpi - \pi)$ sin dist. zénit. $=$ latit. ☾;
sin dist. zén. $= \dfrac{\text{latitude ☾}}{(\varpi - \pi)} =$ cos hauteur du nonagésime.

Mais au milieu de la durée, pour que le centre de la Lune arrive sur celui du Soleil, il faut que la parallaxe de hauteur soit égale à la plus courte distance des centres $\lambda \cos I = p = (\varpi - \pi)$ sin dist. zénit. du ☉, et sin dist. Z. ☉ $= \frac{\lambda \cos I}{\varpi - \pi} =$ compl. hauteur du Soleil. Mais la hauteur du Soleil n'est pas celle du nonagésime, car la parallaxe de hauteur, qui est la plus courte distance des centres, fait alors avec le cercle de latitude un angle égal à l'inclinaison de l'orbite relative; le cercle de latitude fait avec le vertical du Soleil un angle égal à cette inclinaison; le Soleil n'est donc pas au nonagésime. Voulez-vous avoir sa distance au nonagésime, faites

tang dist. au nonag. = tang dist. ☉ au zénit sin inclin. de l'orbite relative.

Képler trouve la dist. du Soleil au zénit	34° 4′	tang 9,83008
sin inclinaison	5.18..........	8,96553
tang distance ☉ au nonagésime =	3.34.27″......	8,79561
C.sinus dist. ☉ au point orient =	86.25.33.......	0,00084
sin hauteur ☉ =	55.56. 0.......	9,91823
sin hauteur nonagésime =	56. 5.50.......	9,91907
différ. entre la haut. ☉ et la haut. du nonag.	9.50	

Képler a pu négliger ces 10′ de différence entre les deux hauteurs.

Si la distance du Soleil au zénit était de 80°, la distance du Soleil au nonagésime serait de 27°38′52″, et la différence des deux hauteurs serait 1°15′19″.

Pour avoir la distance du Soleil au nonagésime (fig. 81), il est évident qu'il faut abaisser du zénit un arc perpendiculaire ZN sur l'écliptique; dans le triangle SZN rectangle, formé par l'écliptique, la distance du Soleil au zénit et l'arc perpendiculaire, on aura, outre la distance zénitale du Soleil, l'angle ZSN que cette distance fait avec l'écliptique, d'où tang dist. au nonag. = tang dist. zén. ☉ sin inclin. = cot haut. ☉ sin inclin., ensuite dans le triangle rectangle formé par la hauteur du Soleil et la distance du Soleil au point orient de l'écliptique, on aura.......... l'hypoténuse = 90° — dist. nonagés. et la hauteur du Soleil, d'où

$$\text{sin haut. nonag.} = \frac{\text{sin haut. ☉}}{\text{sin dist. ☉ au point orient}} = \frac{\text{cos dist. zén. ☉}}{\text{cos dist. au nonagésime}}.$$

2°. Dans le lieu où l'éclipse au nonagésime est d'un nombre donné de doigts, ou même n'est qu'un simple contact, le précepte est le même, la distance des centres est seule changée selon la quantité de l'éclipse.

3°. Dans le lieu qui voit l'éclipse centrale à l'horizon le soir ou le matin, c'est-à-dire au commencement ou à la fin de l'éclipse centrale.

Cherchez la hauteur du nonagésime pour le *milieu de la durée;* voyez si la Lune s'approche ou s'éloigne de son nœud; si elle s'approche, de la hauteur pour le milieu, retranchez 5° 18′ pour le commencement, ajoutez-les pour la fin; si elle s'éloigne, ajoutez 5° 18′ pour le commencement, retranchez-les pour la fin.

Pour sentir la raison de ce précepte que Képler ne démontre pas, soit (fig. 81) EC l'écliptique, LV l'orbite apparente de la Lune, SM la plus courte distance, Sl la latitude en conjonction; pour que le centre L de la Lune arrive sur le centre S du Soleil à l'horizon, il faut que la parallaxe de hauteur qui sera la parallaxe horizontale, soit égale à SL ou plutôt SL à la parallaxe horizontale. Prolongez SL jusqu'à 90°, en Z′, Z′S sera le vertical du Soleil; ce vertical fait avec l'écliptique l'angle Z′SE; l'horizon est perpendiculaire à Z′S; l'écliptique fera avec l'horizon un angle $= 90° - Z'SE = Z'Sl = Z'SM + MSl = LSM + MSl = LSM + I$; il s'agit donc de trouver LSM; or, $LSM = 90° - SLM$,

$$\cos LSM = \sin SLM = \frac{SM}{SL} = \frac{SM}{\varpi - \pi} = \frac{\lambda \cos I}{\varpi - \pi};$$

mais

$$\frac{SM}{\varpi - \pi} = \sin SZ = \sin \text{dist. } \odot \text{ au zénit au milieu de l'éclipse}$$
$$= \cos \text{haut. } \odot \text{ au milieu de l'éclipse};$$

donc

$$\sin SLM = \cos \text{haut. } \odot \text{ au milieu de l'éclipse} = \cos LSM;$$

donc

$$LSM = \text{haut. du } \odot \text{ au milieu de l'éclipse pour le lieu qui la voit centrale.}$$

A cet angle LSM, ajoutez l'inclinaison I, vous aurez l'angle de l'écliptique avec l'horizon pour le lieu qui voit l'éclipse centrale à l'horizon. Cet angle est la hauteur du nonagésime.

Pour la fin, le vertical fera avec l'écliptique l'angle Z″SC.

L'écliptique fera avec l'horizon l'angle

$$90° - Z''SC = Z''Sl = VSl = VSM - MSl = LSM - I;$$

tels sont les deux préceptes de Képler pour le cas où la Lune s'éloigne du nœud comme dans la fig. 81. Si la Lune approchait du nœud, V serait le commencement, L la fin, et le précepte serait encore celui de Képler qui est ainsi démontré. Seulement on pourrait lui reprocher d'appeler hauteur du nonagésime pour l'instant du milieu, ce qui n'est que la hauteur du Soleil. Il est vrai que la différence est légère et que Képler, dans l'explication de sa méthode, dit lui-même, p. 104 (*ut simpliciùs agamus quam accuratiùs*), *si nous préférons la simplicité à l'exactitude;* on voit qu'en effet il suppose l'inclinaison de l'orbite relative de 5°18′.

4°. Pour les lieux qui voient un simple contact au lever ou au coucher du Soleil.

Soient L et V les points de commencement et de fin de l'éclipse générale; l'angle cherché sera LSM ± I, comme dans le problème précédent; mais LSM aura changé de valeur,

$$\sin LSM = \frac{LM}{SL} = \frac{\text{corde de la demi-durée générale}}{\varpi - \pi + \delta + d}$$

$$= \frac{\text{corde de la demi-durée générale}}{\text{différ. des parallaxes} + \text{somme des demi-diamètres}};$$

c'est le précepte de Képler.

5°. Pour le lieu dans lequel l'éclipse finit par le bord inférieur et oriental au lever du Soleil, ou commence par le bord inférieur et occidental, quand le Soleil se couche, en sorte que ce lieu soit le plus occidental de tous les lieux de la Terre qui ont vu une petite éclipse au lever, et plus oriental que tous ceux qui ont vu le Soleil coucher avant la fin de l'éclipse.

Ce problème ne concerne que les éclipses dans lesquelles *au milieu, l'arc de latitude* est moindre que la différence des demi-diamètres du disque et de la pénombre; c'est-à-dire dans les éclipses qui peuvent être totales pour des latitudes terrestres de dénominations contraires, ou australes pour les latitudes septentrionales, et septentrionales pour les latitudes australes.

Le précepte est le même et la démonstration pareillement.

On voit que Képler ne considère que le commencement et la fin de l'éclipse, soit générale, soit centrale, et l'instant du milieu qu'il paraît confondre avec la conjonction. Il nous dit, par exemple, l'*arc de latitude au milieu de l'éclipse;* la plus courte distance n'est pas un arc de latitude, cela n'est vrai que de la distance des centres, à l'instant de la conjonction. Sa méthode n'est donc pas absolument rigoureuse en un point; elle est encore incomplète, puisqu'il ne parle pas des instans intermédiaires.

Le nonagésime est inutile pour ces problèmes, et il ne fait qu'obscurcir la question et allonger les calculs; mais Képler a pris ce détour pour avoir la facilité de mettre une partie de la solution en tables. Du moins je le suppose, car il n'explique et ne démontre rien. J'ai résolu tous ces problèmes de la manière la plus simple et la plus directe, sans y faire entrer ni le nonagésime, ni aucune considération étrangère; il y a cependant quelque ressemblance dans le fond de notre idée principale (*voyez* mon Astronomie, chap. XXIV, p. 117). Suivons Képler, et voyons ce qu'il va faire de la hauteur du nonagésime.

Quand on a la hauteur NO du nonagésime (fig. 82), on a $Zp =$ dist. zénit. du pôle p de l'écliptique, car $Zp = NO$; on a Pp qui est l'obliquité de l'écliptique; on a $ZpP = N♋ =$ dist. du Soleil au tropique du Cancer; car on suppose le Soleil au nonagésime, du moins à l'instant de la conjonction, ou, si l'on veut, du milieu de la durée, le triangle ZpP donne
$\sin \text{lat.} = \cos PZ = \cos p \sin Pp \sin Zp + \cos Pp \cos Zp$

$$= \cos(90° - \odot) \sin \omega \sin h + \cos \omega \cos h = \sin \odot \sin \omega \sin h + \cos \omega \cos h;$$

on a donc la hauteur du pôle du lieu qui voit le phénomène.

$$\sin PZ : \sin p :: \sin Pp : \sin ZPp = \frac{\sin p \sin Pp}{\sin PZ} = \frac{\sin(90° - \odot) \sin \omega}{\cos H} = \frac{\cos \odot \sin \omega}{\cos H}$$
$$= \sin(180° - MP♋) = \sin(180° - M♋);$$

on a donc l'ascension droite du milieu du ciel, pour le lieu du phénomène; on la compare à celle qui a lieu sous le méridien des tables, et l'on a la différence des méridiens.

Ou bien, pour le milieu, on a nonagésime $= \odot$; point orient $= \odot + 90°$; on cherche dans les tables sa différence ascensionnelle, son ascension droite, son ascension oblique, le point de l'équateur au méridien, ou l'ascension droite du milieu du ciel, et la différence des méridiens.

Cette méthode de Képler a donc les mêmes fondemens que la mienne, mais elle est beaucoup moins claire, d'autant plus qu'il ne démontre rien; en sorte qu'ayant voulu la lire, il y a long-tems, je n'y avais presque rien compris, et c'est seulement depuis que j'ai trouvé ma méthode trigonométrique pour les éclipses, que j'ai pu trouver la démonstration de ses préceptes. Remarquez qu'il fait l'inclinaison de l'orbite relative à une quantité constante $5° 18'$. Ainsi, la méthode n'était qu'approximative, mais bien suffisante alors sur-tout, vu le peu de certitude dont ces annonces étaient et sont encore susceptibles. En effet, le rayon du disque, ou la différence des parallaxes, n'est guère que de 57′ environ, et elle répond sur la Terre à un arc de 90°.

Au commencement et à la fin, le Soleil n'est point au nonagésime, mais il est à l'orient; on a donc le point oriental de l'écliptique, et, par conséquent, le nonagésime dont on a aussi la hauteur; le reste du calcul est le même. Nous avons supposé la latitude en conjonction boréale; si elle était australe, on aurait les mêmes préceptes, sauf quelques changemens de signe.

Il rassemble ensuite, en une demi-page, quelques remarques générales sur l'ordre des phénomènes, et la marche de l'ombre sur la Terre; il n'en démontre aucune. Ce chapitre aurait besoin de développemens assez longs. *Voyez* mon Astronomie ou celle de Lalande, le Traité de Duséjour, et le Mémoire de M. Monteiro, sur le calcul des éclipses.

Il donne très brièvement les règles et deux exemples de calculs d'éclipses solaires pour un lieu déterminé; je n'y vois rien de neuf.

Pour terminer ce chapitre, il parle d'une dernière et *mensuelle* équation du tems dans les éclipses. « Malgré tous les soins qu'on a pris pour déterminer les inégalités de la Lune, cet astre rebelle rejetant toutes les lois qu'on lui veut imposer, s'écarte encore des calculs. On a reconnu que vers l'équinoxe du printems, il entre plus tard dans l'ombre, et qu'à l'équinoxe d'automne il y entre plus tôt. Cette inégalité n'a été remarquée que dans les éclipses. Qu'arrive-t-il à la Lune quand elle passe par les points équinoxiaux hors des syzygies? personne n'y a fait attention, que je sache; ce n'est ici ni le tems ni le lieu d'en chercher les causes. En attendant qu'elles soient connues, tout ce que nous pouvons faire est d'établir une règle tirée de l'expérience. »

Ces causes étaient sans doute le nombre des équations négligées dans la théorie de la Lune; mais voici la règle empirique de Képler.

Prenez dans les tables de la Lune l'équation physique ($e \sin x$), multipliez-la par 8, et vous aurez des minutes qu'il faudra retrancher du tems apparent de la syzygie; si l'argument (☉—ap.☾) surpasse 180°, vous ajouterez ces minutes au lieu de les retrancher.

Vous changerez les signes, si vous voulez corriger les tems observés d'une éclipse; cette équation est importante, sur-tout pour les éclipses de Soleil; il en donne pour exemple une éclipse dont les tems avaient été marqués d'après *l'horloge de la ville*. L'équation $e \sin x$ peut aller à $2° \frac{1}{2}$, qui feront 20′ de tems. En 20′ la Lune avance de 11′ environ. Ce serait une équation de $11' \sin(\odot - \text{ap.}☾)$, ce qui ressemblerait fort, pour la quantité, à l'équation annuelle qui est $11' \sin(\odot - \text{ap.}\odot)$.

Képler cherche ensuite le point du disque où l'éclipse doit commencer; il calcule l'angle que le cercle de latitude fait avec le vertical, au moyen de l'équation $\frac{\cos \text{haut.nonagésime}}{\cos \text{hauteur}} = \sin$ angle de l'écliptique avec le vertical $= \cos$ angle du cercle de latitude avec le vertical.

Il cherche le lieu vrai de la Lune par l'observation de la fin ou du commencement de l'éclipse. La distance des centres est donnée, c'est la demi-somme des diamètres; il calcule la latitude apparente $(\lambda - \pi)$; $\frac{\cos(\delta + \lambda)}{\cos(\lambda - \pi)} = \cos$ différ. appar. de longitude; différ. appar. — parall. longit. $=$ différ. vraie de longitude. Il en conclut la longitude vraie, le tems de la conjonction vraie, et la différence des méridiens.

C'est, dit Képler, le meilleur et le plus beau moyen pour connaître la différence des méridiens. Voilà encore un service important rendu par Képler, qu'on peut regarder avec justice comme le fondateur du Calcul astronomique moderne.

On pourrait dire que ces trois cosinus ne donnent pas la différence apparente de longitude avec une grande précision; mais ce n'est là qu'une difficulté trigonométrique à laquelle on peut remédier en faisant

$$1 - \cos dL = 2 \sin \tfrac{1}{2} dL = 1 - \frac{\cos(\delta + d)}{\cos(\lambda - \pi)} = \frac{\cos(\lambda - \pi) - \cos(\delta + d)}{\cos(\lambda - \pi)}$$

$$= \frac{2 \sin \frac{1}{2}(\delta + d - \lambda + \pi) \sin \frac{1}{2}(\delta + d + \lambda - \pi)}{\cos(\lambda - \pi)},$$

$$\sin \tfrac{1}{2} dL = \left(\frac{\sin \frac{1}{2}(\delta + d - \lambda + \pi) \sin \frac{1}{2}(\delta + d + \lambda - \pi)}{\cos(\lambda - \pi)}\right)^{\frac{1}{2}}.$$

Il cherche, comme Ptolémée, les points de l'horizon vers lesquels se dirige la ligne des cornes.

Il enseigne à trouver, par ses Tables, les conjonctions des différentes planètes, les apocatastases ou les restitutions, l'exéligme qu'il traduit par *evolutio*, et qui n'est qu'une période dégagée de fractions par la multiplication qu'on en fait par le dénominateur de la fraction. Il calcule la proemptose des étoiles (la précession en longitude) et la métemptose des levers des étoiles (le retard ou saut en arrière; proemptose signifie saut ou chute en avant).

Dans la quatrième partie, il traite de la variation de l'obliquité, qu'il regarde comme nulle, ou du moins trop incertaine. Son avis est de la négliger; mais si l'on veut en tenir compte, il y a cinq systèmes différens; c'est au calculateur à choisir, mais le choix fait, il ne reste plus rien d'arbitraire. Tous les systèmes ont cela de commun, qu'ils supposent autour du pôle de l'écliptique moyenne (qu'il appelle *route royale*), un petit cercle dans lequel se meut le pôle de l'écliptique vrai, d'un mouvement rétrograde et uniforme. Ce mouvement se rapporte au diamètre du petit cercle, et ce diamètre fait partie du colure des solstices. L'origine du mouvement est au point le plus éloigné du pôle de l'équateur en a (fig. 83.)

L'arc parcouru est ab, c'est l'argument de la correction d'obliquité.

Si vous rapportez le mouvement au diamètre, la diminution d'obliquité sera $ac = 2 \sin^2 \frac{1}{2} ab$.

Si vous faites réellement tourner le pôle sur son petit cercle, pour avoir l'obliquité actuelle Pb, il y aura un petit calcul à faire.

Quelque parti qu'on prenne sur le calcul de la précession, *nous ne devons pas nous laisser séduire par l'autorité de Ptolémée qui, de toute manière, paraît s'être trompé d'un jour sur le tems de ses équinoxes.* Soit que l'erreur provienne du mouvement solaire d'Hipparque (nous avons répondu à cette interprétation), soit qu'elle vienne du calendrier et de l'intercalation romaine. Cette dernière conjecture, dit Képler, paraît appuyée par un passage de Censorin. En effet, à l'année même où Ptolémée observa la Lune pour la dernière fois, après que l'intercalation romaine eut pénétré en Égypte, au tems où Ptolémée a déterminé ses équinoxes, Censorin rapporte au 12 des calendes d'août une date qu'il aurait dû rapporter au 13, si l'intercalation julienne avait été faite comme elle l'a été depuis, et si les pontifes ne s'étaient pas écartés de la loi. (*Voyez* p. 118, où Képler cite les Lettres de Tycho; les Progymnasmes, tom. I, pag. 32 et 254; le livre *De stellâ Martis*, chap. 69). Longomontanus a dit expressément que Ptolémée avait supposé ces équinoxes, qui n'étaient que des calculs faits sur les Tables d'Hipparque, d'où il résulterait que Ptolémée n'a point observé le Soleil, et qu'il n'a fait que copier les Tables d'Hipparque, comme il a copié son Catalogue, et nous sommes entièrement de l'avis de Longomontanus; mais Képler est plus circonspect: pour ne point accuser Ptolémée, il aimerait mieux croire *que vers le tems de Ptolémée les équinoxes ont fait un saut, et que ce mouvement extraordinaire a été ensuite compensé avant le tems de Proclus.* Képler va même jusqu'à donner la cause physique de ces *fluctuations* dans les mouvemens du Soleil. Il promet de prouver, par des observations très certaines, que le mouvement du Soleil, rapporté aux fixes, a de légères inégalités, et de publier un livre à ce sujet, *si Deus voluerit*. Le livre n'a point paru.

Voilà tout ce que nous avons cru devoir extraire de cette introduction.

Les Tables Rudolphines étaient encore bien imparfaites sans doute, mais elles avaient, sur toutes celles qui les avaient précédées, et même sur celles que d'autres auteurs ont publiées quelques années après, des avantages certains. Les équations du centre y sont rigoureusement calculées dans l'ellipse, ainsi que les rayons vecteurs. On y a vu, pour la première fois, les calculs des longitudes, et sur-tout des latitudes géocentriques, faits sur des principes vrais et tels qu'on les pratique encore aujourd'hui; c'est véritablement de cette époque que datent les tables modernes. Enfin, la théorie des éclipses de Soleil, et le calcul des différences des méridiens par les éclipses sujettes à la parallaxe, date également de ces tables.

A la suite de son introduction il a joint un chapitre qui n'avait d'autre objet sans doute que de procurer plus de débit à ses nouvelles tables; en voici le titre :

J. Kepleri Sportula Genethliacis missa de Tabularum Rudolphinarum usu in computationibus astrologicis, cum modo dirigendi novo et naturali.

Il y résout d'abord plusieurs problèmes d'Astronomie sphérique, qui n'offrent rien de neuf; il parle de la méthode de calculer les directions suivant Regiomontanus; il rapporte les méthodes des Chaldéens et de Ptolémée, après quoi il donne sa propre méthode : elle consiste à conduire le *significateur,* selon l'ordre des signes, vers le *promisseur,* en suivant la proportion naturelle du jour à l'année, en ajoutant, pour chaque année, au lieu du Soleil, le mouvement diurne de la Lune et du Soleil pour tous les jours écoulés depuis la naissance. Ces jours représentent des années. Nous omettrons le reste du précepte, et les motifs sur lesquels il le fonde. Nous remarquerons seulement, d'après lui, que par cette manière on a, pour ainsi dire, un mélange de toutes les méthodes publiées. Il termine en ces termes : *Hæc hactenus, in gratiam gentis astrologicæ ne mater vetula (quâ similitudine sum usus in præfatione ad lectorem) se destitutam ac despectam à filiâ ingratâ et superbâ queratur.*

Il nous resterait à donner les élémens des planètes, d'après les restitutions de Képler; mais on en trouve le tableau complet dans les Tables de Berlin, tom. I, pag. 2 et suiv. On le trouvera à la fin de ce livre.

J. Kepleri admonitio ad curiosos rerum cœlestium, de raris mirisque anni 1631 *phænomenis, Veneris puta et Mercurii in Solem incursu excerpta ex Ephemeride anni* 1631 *à Jacobo Bartschio Kepleri genero.*

Képler avait nié que Vénus pût passer sous le Soleil dans le XVIIe siècle; il avait déclaré qu'on ne jouirait de ce phénomène qu'en mai 1761. Le calcul des Éphémérides lui prouve qu'il s'était trompé dans son assertion. Il fait donc des vœux pour que le ciel soit favorable à une observation si rare, *qui ne revient au même point que tous les* 235 *ans, et qui peut apprendre aux astronomes des choses qu'ils ne pourront peut-être jamais connaître autrement.* Il songeait sans doute à la parallaxe, mais il paraît avoir aussi en vue le diamètre, du moins principalement, sans quoi il n'eût pas dit *des choses* au pluriel. La lunette avait prouvé que Mars, en opposition, était loin d'avoir 6′ de diamètre, comme il résultait des suppositions admises. Ces passages mettront à portée de juger si le diamètre de Vénus est en effet de 7′6″.

Le calcul indiquait le passage 6[h] après le coucher du Soleil; en conséquence, il exhorte tous les navigateurs, tous les savans de l'autre hémisphère, tous les professeurs de Mathématique, tous les princes qui peuvent se faire un plaisir des phénomènes célestes, enfin, tous les amateurs de l'Astronomie, à se procurer des lunettes avec lesquelles on puisse observer les taches du Soleil.

Vénus ne passera pas seule, Mercure la précédera de 30 jours.

La parallaxe diurne, *s'il y en a une,* doit être pour Vénus quadruple de celle du Soleil, et pour Mercure une fois et demie celle du Soleil. Et *cette parallaxe augmentera la durée de l'un à l'autre phénomène, car l'une et l'autre planète étant boréales, la parallaxe qui les porte au sud, les rapprochera du centre du Soleil.*

Il résulte de ce passage, que Képler doutait que la parallaxe fût sensible; mais si elle existait, et si elle était d'environ 12′, elle devait allonger bien considérablement la durée. Il était impossible, vu la lenteur du mouvement de Vénus, qu'un effet si considérable échappât à l'observation; ce qui me fait croire que la parallaxe de Vénus, et par conséquent celles du Soleil et de toutes les planètes, étaient une de ces choses que les passages seuls pouvaient révéler aux astronomes. Képler recommande ce phénomène aux navigateurs, aux princes, il a l'air de recommander tout ce qu'on a fait en 1761 et 1769; il indique la plus parfaite des périodes qui ramènent ces passages. Halley a depuis étendu ces prédictions et ces recommandations; il n'a fait que développer les idées de Képler, mais il se peut qu'il l'ait fait sans se rappeler et peut-être sans avoir lu le petit écrit de Képler.

Commentaire sur une lettre du P. Terrentius, missionnaire à la Chine.

Cette lettre était adressée aux mathématiciens d'Ingolstadt, en 1623; elle fut transmise à Albertus Curtius, en 1627. On y voyait que les Chinois voulaient réformer leur Calendrier; et que les points principaux de la réforme regardaient les éclipses et la précession des équinoxes. Terrentius demandait les ouvrages nouveaux qui avaient pu paraître, et en particulier ceux de Galilée, ou l'*Hipparque* de Képler. Il dit que l'Arithmétique des Chinois est semblable à la nôtre; et que depuis Yao, ils ont toujours donné une fraction de jour à la durée de l'année. (Si on les en croit), ils ont des problèmes géométriques qui ont plus de 3000 ans d'antiquité; ils divisent le zodiaque en 28 maisons, le cœur du Scorpion est pour eux le cœur du Dragon, la queue du Scorpion est la queue du Dragon; ils nomment *Loup*, la Canicule; *Bœuf*, le Capricorne; et *Roi*, la dernière de la grande Ourse, parce qu'autrefois elle était immobile au près du pôle. Terrentius ajoute qu'on vient de lui remettre un Traité du calcul des Eclipses; il va le faire transcrire, l'étudier, et quand il l'aura bien compris, il le communiquera à l'Europe. Enfin, il annonce que quand il aura terminé son cours de grammaire chinoise, il pourra en apprendre et en écrire davantage.

Képler, dans ses remarques, nous dit qu'il y a environ 14 ans, c'est-à-dire vers 1610, il avait lu le voyage d'un religieux qui avait été dans le royaume du Cathay par la Tartarie et le royaume Mongul; il y était question de deux principaux tribunaux de Mathématiques, qui sont chargés d'indiquer les fêtes et les éclipses : l'auteur pense qu'ils suivent la doctrine d'Hipparque. Képler se livre à quelques conjectures sur les méthodes chinoises; il leur propose quelques idées sur le Calendrier. Il est impossible de trouver un cycle exact; il ne reste qu'à se servir des Tables astronomiques, c'est-à-dire sans doute, à se borner à l'année solaire.

Si les Chinois veulent avoir une explication des inégalités de la Lune, ils n'ont qu'à consulter le livre de *Stella Martis* et l'Épitome de l'Astronomie copernicienne; ils y verront qu'*il n'y a point de cercles dans l'intention du moteur céleste; mais que le concours de deux causes mouvantes fait décrire à la Lune son ellipse; l'une de ces causes la fait avancer de l'occident à l'orient; l'autre fait approcher la Lune suivant des lignes droites vers la Terre, ou l'en éloigne.*

L'*Hipparque* de Képler se trouve dans les Tables Rudolphines, il n'y manque que les démonstrations; il compte les donner dans un livre où il traitera principalement de la Sciamétrie (mesure des ombres), c'est-à-dire des diamètres du Soleil, de la Lune, et de l'ombre dans les éclipses. On voit ailleurs que l'intention de Képler, en composant son *Hipparque*, était de donner une espèce d'extrait de la Syntaxe mathématique, pour rendre au véritable auteur tout ce que Ptolémée avait emprunté de lui.

Il remarque que l'âge d'Yao se rapproche beaucoup du déluge, et que cet Yao pourrait bien être le fils de Japet.

La période de 60 ans des Chinois, lui rappelle le sosses des Chaldéens, qu'il dit être de 60 ans; le saros était de 3600, le néros 600; à moins que les années ne soient des jours.

Peu après le tems d'Yao, les Chinois font mention d'une éclipse. Képler croit que cette éclipse est une fiction, et qu'elle n'est rien qu'un calcul. Il pense que toute l'Astronomie chinoise vient des Arabes; leur idée sur la dernière étoile de l'Ourse est fausse; jamais cette étoile n'a été voisine du pôle. Il se défie un peu de leur antiquité; en même tems qu'ils recevront notre Astronomie, il souhaite ardemment qu'ils reçoivent aussi le doux joug du Christianisme.

Dans un appendice, il parle d'un moyen graphique qui n'emploie que la règle et le cercle pour déterminer les lieux qui verront l'éclipse de Soleil et toutes ses circonstances. Mais hélas! ajoute-t-il dévotement, que la raison vous serve de cercle, la loi de Dieu de règle; que la grâce de Dieu remplace le disque éclairé par le Soleil, vos péchés représenteront l'ombre de la Lune, la pénombre sera la participation aux péchés des autres.

Il ne nous reste à analyser que l'Épitome et deux écrits posthumes.

Epitome Astronomiæ copernicanæ, usitatâ formâ quæstionum et responsionum conscripta, inque VII libros digesta.

Cet ouvrage se compose de 2 vol. in-12, qui ont paru à des époques très différentes, 1618, 1621 et 1622.

Dans l'épître dédicatoire, pour se disculper des innovations qu'il propose, il dit avec beaucoup de raison : *que la Philosophie entière n'est rien autre chose qu'une innovation et un combat avec la vielle ignorance.* On y lit que Clavius mourant, à la nouvelle des découvertes de Galilée avait pressenti ces changemens, quand il s'était écrié : *C'est aux astro-*

nomes à voir quelles dispositions ils pourront donner aux orbes célestes pour sauver les phénomènes.

Le mot Astronomie vient de *ab astrorum regimine ut œconomia à regendâ re domesticâ, pœdonomus à regendis pueris.* Je n'ai pas songé à ce dernier exemple, en rassemblant ceux qui me paraissent appuyer cette étymologie. (*Astronomie*, tome I, page 1.)

A la page 8, il paraît croire à l'influence des planètes (*in quibus efficacia consistit planetarum in hæc inferiora*); il est un peu moins crédule que Tycho, mais bien loin encore d'être tout-à-fait dégagé des vieux préjugés.

« Nous croyons la Terre le centre des mouvemens célestes, comme les peuples ignorans croient leur ville au centre d'un cercle qu'ils prennent pour la Terre entière, et qui n'est que leur horizon. Les Grecs ont cru Delphes le nombril de la Terre; les Juifs en croyaient autant de Jérusalem. »

En parlant de la rondeur de la Terre, il explique (page 27) comment du rivage on croit voir la surface de la mer concave, quoiqu'elle soit convexe. Rien de nouveau sur la manière de mesurer la Terre.

Le Soleil est une étoile fixe comme les autres; il ne nous paraît plus grand qu'à raison de sa distance qui est beaucoup moindre. Entre le Soleil, la Terre et les fixes, il doit y avoir un grand espace vide, entouré de toute part comme d'un mur par le ciel, où les étoiles sont placées à des distances différentes.

Les Hébreux comptaient 15000 étoiles; elles ne diffèrent pas tellement de grandeur, qu'on soit obligé de leur supposer des distancss fort inégales. Dans le baudrier d'Orion, on remarque trois belles étoiles à 83′ de distance l'une de l'autre. Supposons que leur diamètre soit pour nous d'une minute, celle du milieu doit voir les deux autres sous un angle de 83′, et bien autrement grandes que ne nous paraît le Soleil.

Cela est vrai; mais si elles n'ont pas pour nous 1″ de diamètre, elles paraîtront bien plus petites que le Soleil.

On sait que le Soleil tourne autour de lui-même, comme la Terre; il est croyable, par analogie, qu'il en est de même de toutes les planètes.

Les comètes sont des corps qui traversent l'éther en lignes directes; elles sont composées d'une matière condensable et dilatable, qui peut se dissiper; ce qui est prouvé par leur queue, qui est un écoulement de leur substance; cet écoulement se fait dans la partie opposée au Soleil, et il est causé par les rayons du Soleil qui traversent le corps de la comète.

La densité de l'air est plus grande que celle de l'éther; les réfractions le prouvent. Les réfractions ont été déterminées par Tycho; voici l'un de ses moyens : la queue du Lion et l'épi de la Vierge sont deux belles étoiles dont la distance est de 35°2′; ce qu'on peut mesurer dans diverses positions; mais dans la partie orientale du ciel, quand la queue du Lion est à 34° ½ de hauteur, on voit l'épi qui se lève dans le même vertical; elles sont donc rapprochées de 32′ ½ environ par la réfraction, qui est presque nulle pour la queue du Lion, et la plus grande possible pour l'Épi. (La réfraction de l'étoile est de 1′ 20″; la réfraction horizontale sera donc de 34′50″, ce qui diffère très peu de la vérité.)

Képler donne les moyens de mesurer la hauteur de l'atmosphère, celles des nuages et des crépuscules. Il rapporte, d'après Joseph Acosta, que dans le Chili, le crépuscule ne dure pas plus d'un quart-d'heure, et qu'en peu de tems on passe de la nuit profonde à la lumière du jour. On sait aujourd'hui ce qu'on doit penser de ce récit.

L'estimation des angles diffère beaucoup de ce que donne la mesure effective. L'estime se compose de l'angle réel et de la distance supposée. La Lune et le Soleil près du zénit paraissent beaucoup plus petits qu'à l'horizon, parce qu'on les juge plus éloignés.

Le mouvement de la Terre doit se communiquer aux corps graves près de sa surface. De ce que les graves tombent sur la Terre, il ne s'ensuit pas qu'elle soit le centre du monde; les graves tombent à la surface de la Lune, il ne s'ensuit pas qu'elle soit le centre du monde. Képler aurait ici l'air de donner comme un fait observé ce qui n'est qu'une conséquence du système de pesanteur qu'il s'était composé. Sa conséquence est vraie, mais il ne devait pas la présenter ainsi.

La nature opère toujours par les voies les plus simples et les plus directes. Le mouvement de rotation de la Terre épargne des millions de mouvemens : c'est une raison de croire que la Terre tourne. Mæstlinus demandait comment la Terre pourrait seule rester en repos et ne pas suivre le mouvement du monde.

Le landgrave et Tycho ont mesuré le tems qu'une bombe emploie à traverser l'air et retomber; ils trouvèrent 2 minutes, et le trajet un grand mille d'Allemagne. Le mouvement d'un point de l'équateur n'est que 7 ou 8 fois plus rapide; il ne l'est pas beaucoup plus que le mouvement du projectile à l'instant où il sort de la pièce.

Képler se demande s'il n'y aurait pas dans le Soleil une certaine vertu magnétique qui attirerait le pôle de la Terre; il répond négativement.

L'*âme* de la Terre est d'une nature à part; elle n'est pas comme la vie ordinaire qui fait croître, donne la faculté de sentir, de raisonner; mais elle produit le mouvement et n'agit que par instinct.

Il se fait cette objection : qu'on lance deux boulets, l'un à l'orient, l'autre à l'occident, l'un ne doit-il pas aller plus loin que l'autre ? il répond que non, du moins sur la Terre; mais si on les voyait de dehors, il en serait autrement; ce serait comme si deux personnes aux deux bouts d'un vaisseau se jettaient et se renvoyaient une balle ; vue du vaisseau, la vitesse sera la même; vue du rivage, elle sera différente.

Nous omettons toutes les notions communes qui entrent nécessairement dans un ouvrage élémentaire, et tout ce que Képler reproduit de ces systèmes, de ces idées archétypiques que nous avons déjà vus dans ses divers ouvrages.

A la page 373, il donne une figure mnémonique de l'ordre dans lequel se succèdent les levers et les couchers cosmiques et héliaques.

Les jours caniculaires commencent au lever héliaque de Sirius. Pline fixe ce lever au 15e des calendes d'août; jour auquel il marque aussi l'entrée du Soleil dans le Lion, quoiqu'il ne fût encore qu'en $3^s\ 22°$.

Depuis Hipparque jusqu'à nous, dit Képler, cette situation du Soleil a dû rétrograder du 17 au 2 juillet; les auteurs du Calendrier la fixèrent au 19 juillet, et conservent encore cette date, comme si le Soleil revenait à la même étoile en une année julienne; d'autres la placent au 16 ou 17, et depuis la réformation, au 6 ou au 7. Mais dans nos climats, la canicule se lève au $\frac{4}{14}$ juillet. On ne varie pas moins sur le nombre des jours caniculaires, que les auteurs font de 30, 34, 40 et 41 jours; autrefois on n'en comptait pas moins de 45.

Képler calcule aussi le lever d'Arcturus, pour son siècle et pour celui d'Hésiode.

Il ne reconnaît encore, page 144, que deux moyens pour trouver la différence des méridiens, les éclipses de Lune et l'observation de la Lune au nonagésime; il dit que les physiciens cherchent à la déterminer par un *aimant rond;* il croit ce moyen très incertain.

A la page 451, il croit que Saturne a deux satellites qu'on aperçoit quelquefois dans les lunettes; on ne sait rien à cet égard, de Mercure, de Vénus et de Mars.

Les anciens donnaient au Soleil une parallaxe de 3'; Képler réduit cette parallaxe à une minute; il tripla donc la distance du Soleil. Képler dit qu'il n'a trouvé aucune parallaxe sensible à Mars en opposition, quoiqu'il doive, en cette position, avoir une parallaxe presque double de celle du Soleil. En diminuant ainsi la parallaxe du Soleil, il a vu que les éclipses étaient mieux représentées.

Il trouve raisonnable de supposer que les volumes croissent avec les distances; ainsi Mercure est la plus petite des planètes, Vénus est plus petite que la Terre, Mars plus grand, Jupiter davantage et Saturne le plus gros de tous. D'après ses raisons archétypiques, Saturne doit être dix fois gros comme la Terre; Jupiter, plus que quintuple; Mars, sesquialtère; Vénus, $\frac{3}{4}$, et Mercure un peu plus qu'un tiers. On voit qu'il fait les volumes proportionnels aux distances.

Le Soleil est le plus *dense* de tous les corps célestes; Mercure vient ensuite, et la densité décroît quand la distance augmente.

Le rayon de la sphère des étoiles est 2000 fois la distance de Saturne.

Les anciens attribuaient aux différentes sphères des intelligences qui les conduisaient; Képler réfute cette doctrine, par la raison que des intelligences auraient préféré le cercle à l'ellipse (p. 509), et cette dernière figure semble plus conforme aux lois de la balance, et à une nécessité matérielle qu'à une intelligence.

La chaleur et la lumière sont les instrumens avec lesquels le Soleil communique le mouvement à toutes les planètes. Le Soleil, en tournant autour de lui-même, les détermine à tourner dans le même sens. Képler avait tiré cette conséquence de ses idées archétypiques, avant qu'on eût découvert les taches du Soleil.

Tout mouvement dérive donc du Soleil, à qui la rotation a été donnée dans l'origine, par le Créateur tout-puissant. Ce mouvement pourrait se continuer par le moyen expliqué précédemment; mais on obtient ce résultat d'une manière plus certaine, en donnant une âme au Soleil. Les taches du Soleil sont ou des nuages, ou d'épaisses fumées qui s'élèvent de ses entrailles et se consument à sa surface. Il est plus naturel d'y voir l'effet d'une âme, que celui d'une simple forme. La lumière elle-même, ainsi que la chaleur, ont avec une âme quelque affinité.

Le Soleil tourne, et dans ce mouvement sa faculté attractive se dirige vers les différentes régions du ciel, comme ferait celle d'un aimant qui tournerait. Lorsqu'au moyen de cette force le Soleil a saisi une planète pour l'attirer ou la repousser, il la fait tourner avec lui, et avec elle aussi tout la matière éthérée. La lumière s'affaiblit en raison doublée de la distance; pourquoi l'attraction diminue-t-elle en raison simple de cette même distance? L'objection était embarrassante. Képler répond que cette diminution n'affaiblit la vertu motrice que dans le sens de la longitude, parce que le mouvement local que le Soleil communique aux planètes ne se fait qu'en longitude et non en latitude, ou vers les pôles des planètes, par rapport auquel le Soleil est immobile.

Tycho enseignait les orbes des cinq planètes retenues par un point commun peu éloigné du centre de chaque orbe, et que ce nœud commun tournait annuellement avec le Soleil, dans un petit cercle qui portait ainsi tous ces orbes. Copernic laissait le centre immobile; il plaçait le centre immobile du Soleil à peu de distance du centre commun, et il donnait à la Terre le mouvement apparent du Soleil. Képler prouve que le centre commun n'est pas dans le voisinage du Soleil, mais dans le Soleil même; ainsi il est le premier qui ait fait tourner les planètes autour d'un centre réel et physique. Newton fait tout tourner autour du centre commun de gravité de tout le système. La différence n'est pas grande, puisque ce centre est dans le Soleil même. Képler prouve son assertion par le mouvement des planètes, dont tous les rayons vecteurs ont leur origine au Soleil; par le grand axe des orbites, qui passe par le centre du Soleil; par le mouvement en latitude, où l'on remarque que l'intersection des plans, ou les lignes des nœuds, passent toutes par le Soleil.

La raison qui a porté Copernic et Tycho à mettre le centre hors du Soleil, n'est ni suffisante, ni assez astronomique; ils n'y ont été conduits qu'en voulant se traîner sur les pas de Ptolémée; mais rien ne les forçait à le suivre et à tout rapporter au mouvement circulaire.

Dans le système de Tycho, la distance de Mars étant $1\frac{1}{2}$ fois celle du Soleil, il arrivera que Mars occupera quelquefois un point où le Soleil se sera trouvé quelque tems auparavant; il est peu naturel de supposer que deux orbites primaires puissent s'entrecouper ainsi; il est bien plus naturel de faire circuler les planètes autour d'un corps beaucoup plus gros, tel que le Soleil; nous voyons que la Lune est plus petite que la Terre, et les satellites de Jupiter moindres que leur planète principale. Enfin, une preuve remarquable, c'est le rapport des révolutions et des distances, rapport qui est mutilé dans le système de Tycho, et tout-à-fait détruit dans celui de Ptolémée.

Enfin la Terre doit être en mouvement, parce qu'elle est le séjour de l'observateur, à qui ce mouvement donne les moyens de mesurer les espaces célestes, au lieu que s'il était au centre il n'aurait aucun moyen de mesurer les distances; l'astronome, à la manière des géographes, peut choisir différentes stations pour déterminer un point éloigné.

Le Soleil et les planètes sont comme des aimans, qui ont des côtés amis et des côtés ennemis (p. 582). C'est toujours la même vertu qui agit en sens différens, quand la position est changée. C'est par la disposition des fibres magnétiques et le changement de position, qu'il explique les accroissemens et les diminutions successives des rayons vecteurs. C'est encore aux fibres qu'il attribue les excentricités plus ou moins grandes des planètes, et leurs diverses inclinaisons.

Otez les quatre dernières lignes, le reste est ce qu'on a écrit de plus fort en faveur du mouvement de la Terre. Les preuves qui ne sont pas tout-à-fait rigoureuses sont ou spécieuses ou du moins ingénieuses et ne déparent pas trop le reste.

Il cherche à montrer, dans le livre V, comment l'action du Soleil sur les fibres de la planète change en ellipse le cercle qu'elle tendait à décrire. Il ne fait plus aucune mention de l'ovale qu'il avait d'abord trouvée par d'autres raisonnemens.

Il expose, sans en donner des raisons physiques bien claires, la loi des aires elliptiques proportionnelles au tems; mais sa démonstration géométrique est au fond celle qu'on en donne aujourd'hui d'une manière plus sensible.

Du mot grec *apside*, les Arabes, ou leurs traducteurs latins, ont fait *aux*, en changeant le ψ en ξ. Un homme fort versé dans l'arabe assurait à Képler que le mot *augh* signifie *hauteur*. Il appelle *diacentre* le petit diamètre qui passe par le centre, et *dihélie* le paramètre qui passe par le Soleil.

Le rayon vecteur $= 1 + e\cos x$; le terme $e\cos x$ est ce que Képler appelle *libration*.

Si $x' = 180^\circ e' - x$, les deux rayons vecteurs seront $1 + e\cos x$ et $1 - e\cos x$, dont la somme $= 2$.

$e\sin x =$ anomal. moy. — anom. excentr. Le *maximum* a lieu quand $x = 90^\circ$.

Alors $e\sin x = e$; Képler détermine e en secondes ou $\left(\frac{e}{\sin 1''}\right)$; il ne reste plus pour chaque anomalie qu'à multiplier $\left(\frac{e}{\sin 1''}\right)$ par $\sin x$.

Il considère $e\sin x$ comme l'aire d'un triangle qui est rectangle quand $e = 90^\circ$.

Il calcule l'anomalie vraie par une analogie qui donne $\cos u = \frac{e+\cos x}{1+e\cos x}$.

Si l'anomalie moyenne est donnée, on n'a que la fausse position et le tâtonnement; il explique ensuite le calcul de la latitude, dont il est l'auteur, et qu'il a rendu plus exact et plus simple, en faisant passer les lignes des nœuds par le Soleil.

Il suppose uniformes les mouvemens des apsides et des nœuds, l'excentricité constante, ainsi que les inclinaisons. Les anciens ont trouvé l'excentricité plus grande que Tycho ne l'avait trouvée de son tems; mais les équinoxes et sur-tout les solstices, dont Hipparque et Ptolémée ont fait usage, étaient incertains, à 6^h ou 12^h près, *et cette erreur est plus que suffisante pour expliquer la différence d'excentricité.* C'est ce que nous avons démontré par un calcul exact.

Quand il arrive aux stations et aux rétrogradations, il commence par ces mots :

Præcipua hîc virtus enitescit Astronomiæ copernicanæ, quod veteri Astronomiâ tacente et tantum admirante, ipsa loquitur et causas rerum explicat. Cumque vetus Astronomia epicyclos multiplicat, copernicana simpliciter omnia ista salvat solo et unico motu Telluris circa Solem. C'est ici le triomphe de l'Astronomie copernicienne. L'Astronomie ancienne ne peut que se taire et admirer; la nouvelle parle et rend raison de tout; l'ancienne multiplie les épicycles; la nouvelle, beaucoup plus simple, sauve tout par le seul mouvement de la Terre autour du Soleil. Et plus loin, en donnant les causes mathématiques des stations, il dit : *Hîc vetus Astronomia est muta. Ici la vieille Astronomie est muette.*

Il fait ensuite cette remarque, plus singulière qu'importante :

Saturne étant direct, nulle planète ne peut être en conjonction avec lui, si elle n'est directe.

Pour se démontrer cette remarque et l'étendre, il suffit de placer ici les élongations des diverses planètes à l'instant de la station.

	Élongations.
☿	18° 12′
♀	28.51
♂	136.12
⚳	126. 7
♃	115.35
♄	108.47
♅	103.15

Si Uranus est direct, son élongation est moindre que 103° 15'; toutes les planètes qui lui sont inférieures et qui seraient en conjonction avec lui, seraient directes, car leur élongation serait beaucoup moindre que celle qui produit la station; ces planètes seraient donc directes.

On en dira autant de Saturne relativement à Jupiter et aux planètes qui lui sont inférieures.

On en dira autant de Jupiter, par rapport aux nouvelles planètes et à Mars; enfin, ce sera la même chose pour les nouvelles planètes, relativement à Mars.

Pour Vénus et Mercure, quand ils peuvent être en conjonction avec les planètes supérieures, l'élongation de ces planètes est bien loin d'être ce qu'il faut pour la station; les planètes supérieures ne sont pas loin de la conjonction.

Il prouve, par les phases de Vénus, que cette planète tourne autour du Soleil.

Nous avons extrait ce qui concerne les inégalités de la Lune, en commentant les Tables Rudolphines.

Page 832, il donne la véritable explication de la lumière cendrée, sans citer personne.

On appelle *grande conjonction* celle de Saturne et de Jupiter, lorsque la lenteur des mouvemens la fait durer assez long-tems pour que Mars vienne s'y joindre; on voit alors trois belles étoiles sans aucune scintillation, vers la même région du ciel. Cette conjonction prend le nom de *très grande,* quand les trois planètes se réunissent vers le commencement du Bélier.

Les conjonctions de Saturne et d'Uranus dureraient bien plus longtems, mais Uranus n'est pas assez brillant pour qu'on le remarque. Ces grandes conjonctions sont aujourd'hui tombées dans un grand discrédit.

A l'article des éclipses, il projette la partie de la Terre qui est tournée vers le Soleil sur un plan dans la région de la Lune; les points représentés changent de place à chaque instant sur cette projection. Voilà la première mention que je trouve de cette méthode; mais Képler se borne à des considérations générales sur la marche de l'ombre sur la Terre. Il est vrai que l'idée une fois conçue, le reste n'est plus qu'une opération trigonométrique qu'on peut seulement rendre plus ou moins simple, plus ou moins adroite.

A la page 893, il parle d'une éclipse annulaire observée à Naples, le 20 oct. nouveau style. Le Soleil et la Lune étaient vers les moyennes distances; ainsi le diamètre de la Lune surpassait celui du Soleil. L'éclipse devait donc être totale. Képler explique l'anneau lumineux par la lumière du Soleil réfractée dans l'atmosphère de la Lune.

Il se demande pourquoi les éclipses totales de Soleil ne sont pas toujours accompagnées d'une obscurité profonde. Il en donne pour raison l'atmosphère brillante du Soleil. Cette atmosphère est quelquefois visible après le coucher du Soleil, et elle donne assez de lumière pour empêcher que la nuit ne soit obscure. Mais cette atmosphère n'environne pas toujours le Soleil, et quand l'air autour du Soleil est pur, cet éclat étranger n'existant pas, l'éclipse totale amène une grande obscurité.

Quoi qu'il en soit de cette explication, voici l'atmosphère du Soleil et la lumière zodiacale, dont on attribue ordinairement la première découverte à D. Cassini.

Il attribue à la lumière réfractée par l'atmosphère de la Terre, la lumière rougeâtre qu'on voit à la Lune dans quelques éclipses.

Les éclipses d'étoiles, de Soleil et de planètes par la Lune, sont le meilleur moyen qu'on ait pour déterminer les différences des méridiens.

A propos des taches du Soleil, qu'il compare aux nuages de notre atmosphère, il rapporte, pour la réfuter une hypothèse qui donnait au Soleil une enveloppe transparente, parsemée de particules opaques qui tournerait autour de cet astre d'un mouvement très lent.

Au livre VII, il traite des mouvemens de la huitième, de la neuvième et de la dixième sphère. Quelques astronomes plus modernes en ont ajouté une onzième et même une douzième. La neuvième et la dixième sont sans astres *ἄναστροι*.

Pour expliquer la précession, on avait donné un mouvement lent à la huitième sphère qui est celle des étoiles. On crut apercevoir une inégalité dans ce mouvement; on créa une neuvième sphère à laquelle on donna le mouvement diurne; on y plaça l'équateur, l'écliptique, et sous les pôles de l'écliptique, on avait attaché les pôles de la huitième sphère, qui avait son zodiaque particulier, lequel avait un mouvement de nutation de quelques degrés sous le zodiaque de la neuvième. Ce mouvement d'accès et de recès s'est appelé *trépidation*. Mais l'expérience a montré que le mouvement des fixes est continu et ne revient jamais en arrière. On jugea nécessaire de donner un mouvement propre à la neuvième sphère et de l'entourer d'une dixième. La dixième tournait d'orient en occident en 24 heures autour des pôles immobiles du monde, entraînant toute la machine. L'écliptique de la neuvième rampait sous l'écliptique de la dixième d'un mouvement contraire, c'est-à-dire d'occident en orient autour de ses propres pôles, en 49000 ans, selon les Alphonsins. L'écliptique de la huitième trépidait sous l'écliptique de la neuvième d'un mouvement réciproque, de manière à retarder ou accélérer le mouvement de la neuvième.

Ces trois écliptiques étaient plus favorables aux calculs. Ceux qui imaginèrent de faire tourner les têtes d'*Aries* et de *Libra* dans de petits cercles, se donnèrent un embarras inutile, et ne rendirent pas les idées des premiers auteurs. Ils faisaient mouvoir le commencement des deux signes le long du diamètre; leurs hypothèses ne satisfaisaient pas au décroissement observé de l'obliquité, et personne avant Copernic n'avait fait attention à ce point.

Képler n'est pas ici bien exact; Nonius a fait voir comment ces deux petits cercles rendaient raison de la diminution d'obliquité; *voyez* notre Commentaire sur Nonius (tome III, page 281).

Copernic a rejeté toutes les sphères superflues; un mouvement conique dans l'axe de la Terre produit la rétrogradation des points équinoxiaux, et pour expliquer le changement d'obliquité, il a fait osciller le pôle de l'équateur dans le diamètre d'un petit cercle. Tycho donna ce dernier mouvement aux pôles de l'écliptique, mais il ne s'est pas expliqué davantage sur ce mouvement. Képler imagine une écliptique fixe ou moyenne qu'il appelle *Viam Regiam*, sur laquelle l'écliptique vraie s'incline plus ou moins. Cette route royale est un grand cercle qui a pour pôles les pôles de la rotation du Soleil. Le pôle de l'écliptique vraie tourne dans un petit cercle autour du pôle de rotation; l'écliptique s'éloigne de certaines fixes, et s'approche de celles qui sont diamétralement opposées. L'axe de l'écliptique vraie conserve la même inclinaison avec l'axe de rotation du Soleil, ainsi il s'incline par rapport à l'axe de l'équateur, et l'obliquité varie. Il fait la plus petite obliquité de 22° 20′ et la plus grande 26° 5′ 20″, l'intervalle de tems d'une limite à l'autre est de plus de 36000 ans.

La précession des équinoxes est l'arc de la route royale, compris entre le cercle de latitude mené par le pôle de rotation et la première étoile d'Ariès et l'intersection équinoxiale.

Le mouvement du pôle de l'écliptique est au mouvement du pôle du monde comme 4:3 assez exactement.

On peut être étonné que Képler, qui cherche partout des causes physiques et qui nous présente si souvent avec tant de confiance les rêves de son imagination, témoigne ici tant d'incertitude sur la cause du mouvement qu'il assigne aux pôles de l'équateur et de l'écliptique. Ailleurs il a parlé avec éloge de la simplicité avec laquelle Copernic a su expliquer la précession; mais il n'a pas osé hazarder la moindre conjecture sur la cause d'un phénomène si remarquable. Ce qui a pu l'arrêter et lui faire perdre tout espoir, c'est peut-être la lenteur et surtout la continuité de ce mouvement qui, avec le tems, sera d'un cercle entier. Ses pôles amis et ennemis, ses fibres longitudinales selon lesquelles s'exerce la force magnétique du Soleil, ne lui étaient ici d'aucun secours; il est vrai qu'il avait aussi conçu des fibres circulaires qui produisaient le mouvement des planètes en longitude; mais ce mouvement est direct, celui du pôle et des points équinoxiaux est rétrograde; la même cause ne peut produire deux effets contraires. Il fallait donc une autre explication qui n'était pas aisée à trouver. Aujourd'hui même que nous connaissons la cause véritable, nous voyons qu'il était impossible à Képler de la soupçonner, puisqu'il ignorait que la Terre est un sphéroïde; il est assez difficile d'imaginer ce qu'il aurait pu mettre à la place, aussi se voit-il réduit à donner à la Terre une espèce d'âme ou d'instinct, *nunc mente utatur insuper*, mais il ne s'explique qu'avec réserve. *Il est possible. Potest esse illa facultas animalis... talem etiam concessimus motui apsidum, talem motui latitudinis administrando.* Page 911, et plus haut p. 598. *Nous ignorons encore les véritables quantités, ce n'est donc pas le tems d'exposer la cause finale.* Il se borne donc, bien malgré lui sans doute, à imaginer des hypothèses purement arbitraires, mais qui lui paraissent nécessaires pour calculer les phénomènes. Nous voyons cependant qu'il est toujours le même; sa tête travaille; ne pouvant rendre raison ni de la précession, ni de la variation d'obliquité, il cherche cependant à lier ces deux effets, à établir entre eux un rapport numérique; en adoptant les idées de Copernic, il donne aux oscillations du pôle de l'écliptique une amplitude beaucoup plus considérable, une période beaucoup plus longue. Au lieu de 24', il porte l'amplitude à 3° 45' 20"; au lieu de 17 ou 1800 ans, l'intervalle entre les deux limites est de 36000 ans; il en conclut que cette période est à celle de la précession, comme 4 est à 3 assez exactement, ce qui supposerait ou que celle de la précession est de 27000 ans, ou que le nombre 36000 n'est qu'approximatif, et en effet nous ne voyons pas bien clairement sur quoi il est fondé. Képler est toujours inépuisable en conjectures et en hypothèses; mais il n'eut ni le tems ni les moyens de soumettre cette dernière au calcul; cette nécessité de donner une âme à la Terre, ou de recourir à Dieu même, *ipso Deo,* comme il a fait page 124, est un aveu formel qu'il n'a pu imaginer de cause physique. En général, ce septième et dernier livre de l'Epitome, mérite peu d'être analysé, et nous n'en avons peut-être que trop dit. Au roman qu'il nous débite sérieusement, nous en ferons succéder un qu'il nous donne au moins pour ce qu'il est, et qui cependant est beaucoup moins chimérique, à l'introduction près.

Le songe de Képler où l'on trouve des idées générales de l'Astronomie des habitans de la Lune, est un roman philosophique auquel son auteur avait, en différens tems, ajouté des notes explicatives. Il mourut pendant l'impression. Son gendre Bartschius, qui s'était chargé de la continuer, fut presque aussitôt attaqué d'une maladie contagieuse à laquelle il succomba. Louis Képler qui revenait d'un voyage pendant lequel il avait été deux ans sans recevoir aucune nouvelle de sa famille, vit arriver la veuve avec quatre enfans, sans argent et sans autre ressource que les feuilles de cet ouvrage qu'il s'agissait de terminer et dont l'impression commencée à Sagan, en Silésie, fut achevée à Francfort, en 1634.

Képler feint que le fils d'un vieux pêcheur islandais, vendu par sa mère à un capitaine de vaisseau, avait été déposé par lui à l'île d'Huenne; qu'il avait été admis parmi les élèves de Tycho qui étaient souvent au nombre de 20 ou 30; Tycho les exerçait aux observations et aux calculs, et se faisait un jeu de refuser le congé à ceux à qui il l'avait promis, bien sûr de les garder tant qu'il voudrait, à moins, dit Képler, *qu'ils n'apprissent à voler.* Notre islandais, après quelques années de séjour auprès de Tycho, voulut revoir son pays où il espérait se montrer avec avantage. Il y retrouva sa mère qui était une sorte de magicienne qui consultait souvent la Lune, et qui le mit en relation avec un sage du pays qui possédait le secret de se transporter et de transporter les autres partout où il voulait. Ce magicien est évoqué par la mère qui s'est voilée ainsi que son fils. Le magicien arrive et fait à l'astronome islandais le récit qui va suivre, et qui contient une idée de l'Astronomie de *Lévanie,* c'est-à-dire de la Lune que les hébreux appellent *Lbana* ou *Levana.*

A cinquante mille milles germaniques, dans la profondeur de l'air, est située l'île Lévanie. La route qui y conduit n'est pas facile pour les hommes, elle n'est cependant que de quatre heures (c'est la plus grande durée d'une éclipse de Lune). Le moment de s'embarquer est celui du commencement de l'éclipse, il faut arriver avant la fin, sans quoi on aurait perdu sa peine.

Lévanie a deux hémisphères, l'un qui voit toujours la *Volve* (la Terre), l'autre qui en est toujours privé. Ceux qui la voient toujours s'appellent *subvolves*, les autres *privolves*. La *Volve* ou l'astre tournant est pour eux une espèce de Lune. Le cercle qui sépare les deux hémisphères s'appelle le *diviseur*, il passe par les pôles du monde (de l'écliptique de l'orbe lunaire). Les jours y sont toujours égaux aux nuits ou peu s'en faut; *car l'orbite de la Lune est très peu incliné à son équateur.* Les *privolves* ont leur jour un peu plus court que la nuit, les *subvolves* ont les nuits un peu plus courtes que leurs jours.

(Les privolves ont leur jour pendant tout le tems que le Soleil emploie à parcourir l'arc ABC, leur nuit est mesurée par l'arc CEA (fig. 84).

Ceux qui habitent sous le pôle voient la moitié du Soleil qui tourne autour de l'horizon. (Képler suppose ici que la réfraction horizontale y est nulle ou fort petite, ce qui est assez vrai.)

Les habitans de Lévanie se croient immobiles au centre du monde; ils ont le même préjugé que tous les habitans de la Terre. La nuit et le jour font ensemble un de nos mois. Le Soleil avance d'un signe par jour (lunaire) dans le zodiaque. Leur année vulgaire est de 19 de nos années. Pendant cette année le Soleil se lève 235 fois, les fixes 254. (Leur année est un de nos cycles lunaires ou cycles du nombre d'or, $254 = 235 + 19$).

Pour les subvolves, le Soleil se lève quand la Lune nous paraît en l'une de ses quadratures; pour les privolves, quand il est dans l'autre. Ils ont aussi un équateur qui coupe leur écliptique et le *médivolve*, ou le méridien qui passe par la Volve, en deux points opposés. Les variétés des saisons sont moins grandes que sur la Terre; *leurs zones torride et glaciale sont moins larges de beaucoup que les nôtres. Le mouvement des points équinoxiaux y est bien plus rapide, puisqu'il fait le tour du ciel en 18 ans. Le mouvement des points équinoxiaux est égal au mouvement des nœuds.* (Ces passages sont remarquables, ils auraient eu besoin de quelques développemens; nous les comparerons avec ceux d'Hévélius et de Dominique Cassini sur l'équateur lunaire.)

Les mouvemens planétaires y sont bien plus compliqués. Outre les inégalités que nous observons, ils en observent deux en longitude, l'une dont la période est d'un jour, c'est-à-dire un mois lunaire, l'autre tient à l'apogée qui fait le tour du ciel en une période de $8\frac{1}{2}$ ans.

L'inégalité de la latitude a une période de 19 ans, c'est celle du nœud.

La nuit des privolves est bien plus profonde, elle doit être plus rigoureuse; celle des subvolves au contraire est toujours éclairée par la Volve qui s'y montre au moins en croissant, et la Volve est pour eux environ quinze fois plus lumineuse que la Lune pour nous.

C'est par la hauteur du pôle que nous distinguons les climats, ils les distinguent par la hauteur de la Volve.

La Volve est pour eux un point fixé *comme par un clou,* et ils voient les étoiles zodiacales et le Soleil passer derrière cet astre immobile. La Volve a des phases analogues à celles que nous offre la Lune; elles en sont les complémens. Ces phases indiquent les quatre parties du jour, et la succession des taches différentes de la Volve leur donne des moyens nombreux de subdiviser les quatre parties principales.

La rotation de la Volve leur donne aussi les moyens de partager l'année en saisons; elle leur présente alternativement ses deux pôles et les taches qui les avoisinent. Le diamètre de la Volve a aussi des variations très sensibles. Quand nous voyons sur la Terre une éclipse de Soleil, même totale, ils voient une éclipse partielle de Volve; quand nous voyons une éclipse de Lune, ils voient une éclipse de Soleil. Aucune de ces éclipses ne leur échappe, au lieu que sur la Terre la moitié des éclipses est pour nos antipodes.

Quoique Lévanie ne soit guère que le quart de la Terre, elle a cependant des montagnes très hautes et des vallées profondes.

A ces notions certaines, parce qu'elles sont géométriques et astronomiques, l'auteur du roman joint des conjectures sur les productions et les habitans de Lévanie.

Alors l'auteur se réveille, et trouve qu'il a la tête couverte de son oreiller, comme l'islandais et sa mère l'avaient de leur voile pour écouter le récit du magicien.

Son but, en composant cette fiction, a été de faire sentir la futilité des objections qu'on faisait encore contre le système de Copernic, en montrant que les habitans de la Lune pourraient en faire de toutes pareilles pour prouver leur immobilité, quoique nous soyons bien certains du mouvement de leur planète. Rien n'empêche de concevoir des habitans dans toutes les planètes et dans tous les satellites; tous auront les mêmes raisons à faire valoir pour leur immobilité, tous se tromperont également. Sur quelles raisons pourrait-on motiver une exception pour la Terre? En quoi la Terre l'emporte-t-elle sur Jupiter et Saturne?

A la suite de ce songe, on trouve quelques remarques sur les taches, les montagnes et les cavités de la Lune ; elles sont adressées au jésuite Guldin. On y voit aussi une traduction du Traité de Plutarque sur le visage qu'on voit dans le disque de la Lune. Περὶ τοῦ ἐμφαινομένου προσώπου τῷ κύκλῳ τῆς Σελήνης.

Ce traité, qui ne dit presque rien de ce qu'annonce le titre, est une longue dissertation sur la nature de la Lune, sur la manière dont elle peut être éclairée et nous renvoyer la lumière du Soleil, sur ses habitans et ses productions ; il n'est donc que conjectural, et d'ailleurs peu méthodique. Je n'y ai vu de remarquable que quelques phrases en petit nombre, telles que les suivantes :

La rapidité du mouvement empêcherait la Lune de tomber sur la Terre; d'ailleurs est-il bien prouvé que la Terre soit le centre de l'univers ?

La lumière ne pénètre pas le corps de la Lune, elle est arrêtée et réfléchie à la surface, qui ne peut nous renvoyer la figure, mais seulement les rayons du Soleil.

Si la Lune a des habitans, quelle idée doivent-ils avoir de la Terre, de cet amas de boue et de nuages, dépourvu de lumière et de mouvement ? ne seraient-ils pas autorisés à douter si elle peut produire et nourrir des animaux doués de mouvement, de chaleur et de respiration ?

On voit que Plutarque a considéré la chose sous un point de vue tout différent, et qu'il n'a pas soupçonné les apparences singulières de la Volve. On voit par cet opuscule, que Plutarque n'était pas mathématicien, et Képler le réforme en plusieurs points, qui appartiennent à l'Optique et à la Catoptrique en particulier.

C'est à peu près là tout ce qu'on peut citer de ce traité ; on peut encore ajouter, qu'en deux endroits, il dit que Mercure et Vénus ont les mêmes mouvemens que le Soleil.

Mais un passage plus curieux, du moins sous le rapport historique, est le suivant, que nous nous croyons obligé de rapporter textuellement :

Μόνον (εἶπεν) ὦ τᾶν μὴ κρίσιν ἡμῖν ἀσεβείας ἐπαγγείλῃς, ὥσπερ Ἀρίσταρχος ᾤετο δεῖν Κλεάνθη τὸν σάμιον ἀσεβείας προκαλεῖσθαι τοὺς Ἕλληνας, ὡς κινοῦντα τοῦ κόσμου τὴν ἑστίαν, ὅτι φαινόμενα σώζειν ἀνὴρ ἐπειρᾶτο, μένειν τὸν οὐρανὸν ὑποτιθέμενος, ἐξελίττεσθαι δὲ κατὰ λοξοῦ κύκλου τὴν γῆν, ἅμα καὶ περὶ τὸν αὐτῆς ἄξονα δινουμένην.

« O mon ami ! dit-il, n'intentez pas du moins contre nous l'accusation d'impiété, comme Aristarque croyait que les Grecs devaient l'intenter contre Cléanthe de Samos, pour avoir déplacé le foyer du monde, et pour avoir essayé d'expliquer les phénomènes, en supposant que le ciel demeurant immobile, la Terre circulait dans l'écliptique, et tournait en même tems autour de son axe. »

Cléanthe serait donc le premier auteur du système de Copernic; il aurait tâché d'expliquer les phénomènes (ἐπειρᾶτο), par le double mouvement de la Terre. Cette idée devait être nouvelle au moins chez les Grecs, puisqu'elle y fait une telle sensation, qu'Aristarque pense que les Grecs devraient faire le procès à l'auteur de cette supposition.

Cléanthe était de Samos; Aristarque, dont il nous reste un livre sur les grandeurs et les distances du Soleil et de la Lune, était également de Samos. Mais cet Aristarque est-il celui qui voulait que les Grecs fissent le procès à Cléanthe? En ce cas, que deviendrait le témoignage d'Archimède, qui nous dit qu'Aristarque de Samos a écrit en forme, pour prouver le mouvement annuel de la Terre. Archimède s'était-il trompé en nommant Aristarque au lieu de Cléanthe? Nous avons déjà remarqué qu'Aristarque, dans son livre des grandeurs et des distances, ne dit rien qui puisse faire croire qu'il admet le mouvement de la Terre. Aristarque, *le critique*, était de Samothrace; Plutarque a-t-il mis par inadvertance *Samos* au lieu de *Samothrace;* ou bien le passage de Plutarque serait-il altéré? faudrait-il lire, *comme Cléanthe croyait que les Grecs auraient dû mettre en jugement Aristarque de Samos, etc.* Enfin, y aurait-il un troisième Aristarque qui nous serait inconnu? c'est ce que nous abandonnons à la discussion des savans; mais il en résultera toujours qu'un philosophe de Samos (soit Cléanthe, soit Aristarque) a voulu expliquer les phénomènes par le mouvement de la Terre. Il est seulement à regretter qu'aucun grec ne nous ait transmis ces explications. Existait-il alors aucun phénomène qu'on ne parvînt à expliquer dans le système ancien? Apollonius avait donné le calcul des stations et des rétrogradations, l'aberration des étoiles n'était pas même soupçonnée, non plus que l'existence des satellites de Jupiter et l'équation de la lumière; on n'avait point de pendules, on ignorait la nécessité de les raccourcir à mesure qu'on approche de l'équateur; on n'avait donc rien qui prouvât invinciblement le mouvement de la Terre, et rien qu'on ne pût expliquer dans le système d'immobilité; on n'avait aucune idée de la loi de la pesanteur; on s'inquiétait peu des causes physiques, on n'en cherchait que de mécaniques, et l'on se contentait des sphères solides emboîtées les unes dans les autres, pour se communiquer le mouvement.

Ce passage au reste, ne nous dit pas que les anciens connussent des phénomènes incompatibles avec l'immobilité de la Terre, mais simplement, que Cléanthe avait tenté de les expliquer dans l'hypothèse contraire. On ne nous dit pas comment il y avait réussi, et c'est ce qui nous aurait plus particulièrement intéressés.

Képler a calculé des Éphémérides pour les années 1617—1636.

Dans la préface, datée de 1616, il se plaint du malheur des tems qui empêche les gardes du Trésor de lui payer exactement son traitement de mathématicien de l'empereur. Il rappelle la générosité de Rodolphe II, qui lui avait fait un jour payer tous ses arrérages, qui montaient à 2000 pièces d'argent, et qui y avait ajouté 2000 autres pièces, au grand soulagement de sa famille. Il se recommande à la munificence de l'empereur pour l'impression de ses Tables. Il rend compte ensuite des changemens qu'il a faits aux Tables solaires de Tycho, en calculant l'équation dans l'ellipse, en prenant pour excentricité le nombre rond ou 0,018, pour qu'il fût un trentième de la distance de la Lune à la Terre. Tycho n'avait donné aucune preuve de la parallaxe de 3′ qu'il attribuait au Soleil. (Hipparque avait dit qu'on pouvait réduire à volonté cette parallaxe et même la supposer nulle.) Képler s'est permis de la changer, en la diminuant des deux tiers. Mercure présentait plus de difficulté qu'aucune autre planète ; toutes les observations que Tycho a faites, se rencontrant dans le même quart.

Dans une réponse à Fabricius, dont le fils réclamait la découverte des taches du Soleil, il dit qu'il les a vues encore plutôt, puisqu'il en a pris une pour Mercure ; mais il réclame à son tour pour Virgile, qui a dit :

Sol ubi nascentem maculis variaverit ortum.

Si l'on veut interpréter ce vers, pour y voir de simples nuages, il opposera cet autre vers :

Sin maculæ incipient rapido immisceriar igni.

Dans la suite, il réfute ce Fabricius, et se moque un peu de la chemise aérienne qu'il donnait à la Lune. Il explique par la pénombre, ce qu'avait observé Fabricius, et rapporte une figure où Apian avait représenté le cercle de l'ombre entouré d'une pénombre dans laquelle on aperçoit la Lune et des étoiles. Cette pénombre d'Apian a de largeur environ un quart du diamètre de la Lune.

Dans l'annonce de l'éclipse de Soleil du 5 février 1617, il représente le disque de la Terre tel qu'il est vu du Soleil, et il indique les lieux où les différentes phases seront visibles, le lieu de la Terre qui occupe le centre de la projection; il trace les parallèles à l'orbite de la Lune, pour marquer les différens doigts éclipsés. Dans celle de 1619, il trace la ligne de centralité et les divers parallèles tant au nord qu'au sud; mais tout cela en lignes droites et non pas par des courbes, comme on fait aujourd'hui; il ne calcule que les lieux qui verront le commencement, la fin et le milieu de l'éclipse générale et centrale. Dans l'éclipse de Lune, il indique le lieu qui la voit au zénit, d'où l'on conclut aisément tous les lieux où l'éclipse sera visible.

L'Éphéméride de 1620 est dédiée à Néper, dont il n'avait pu encore se procurer l'Ouvrage; mais en 1618, il avait eu celui de B. Ursinus, qui avait long-tems travaillé avec lui (Képler), et qui avait donné un extrait de l'ouvrage original; il félicite Néper d'avoir exécuté pour tous les nombres, ce qu'il avait fait depuis long-tems en petit pour son usage, dans une table de parallaxe et de durée des éclipses. Il avoue que sa méthode n'était bonne que pour les arcs qui peuvent se prendre pour des lignes droites; il ignorait que les excès des sécantes pussent donner les logarithmes pour tout le quart de cercle. Il était curieux de voir si les logarithmes d'Ursinus étaient exacts; il ordonna à Gringalet, savoyard, son calculateur, de retrancher du sinus total sa millième partie, et puis le millième du restant et ainsi de suite plus de 200 fois, jusqu'à ce qu'il ne restât plus qu'un dixième du rayon; il détermine ensuite avec soin le logarithme de 999, en prenant pour unité la division la plus petite des sinus de Pitiscus, à 12 figures; et en appliquant ce logarithme également à tous les restes des fractions, il vit qu'à quelques légères erreurs près, soit de calcul, soit d'impression, tous les logarithmes étaient bons. Ces erreurs se remarquaient principalement vers le commencement, où les logarithmes sont les plus forts; ainsi je ne puis trop vous exhorter, dit-il à Néper, à publier vos méthodes, qui doivent être fort ingénieuses; vous ferez une chose qui me sera très agréable, et vous tiendrez la promesse que vous avez faite page 57.

Néper avait conseillé de substituer le calcul logarithmique aux tables d'équation du centre. Képler y trouve trop de difficulté; mais les logarithmes seront fort utiles pour les tables de parallaxe annuelle et de latitude; il faudra seulement recommencer les tables faites dans un autre système.

En 1623, dernière page, il parle d'un météore ou globe ardent qui vola de l'occident à l'orient, et fut vu dans toute l'Allemagne. En Autriche, on entendit un bruit semblable à celui du tonnerre; mais Képler ne croit pas à cette dernière circonstance, dont il n'est fait aucune mention dans les descriptions qui ont été données. Ces Ephémérides ayant été publiées après coup, c'est-à-dire en 1630, il a pu y joindre les observations des phénomènes qu'elles étaient destinées à annoncer. Il y joint encore les observations météorologiques; enfin, en 1525, il parle de la comète observée en janvier.

L'année 1624 offre des remarques plus importantes. La seconde éclipse de Lune semblerait prouver que l'équation du tems, à la manière de Ptolémée, est la meilleure; mais Képler croit que c'est un hazard, ou l'effet fortuit de plusieurs causes combinées. Mais ce qu'il y a de plus singulier, c'est que dans cette même éclipse (26 sept. 1624), l'éclipse totale avait paru courte et la durée entière s'écartait encore plus du calcul. Tycho avait fait une remarque pareille en 1588, dans une éclipse totale et presque centrale. Il faut, dit Képler, rechercher les causes physiques ou optiques qui peuvent déformer l'ombre de la Terre, de manière que le diamètre qui va d'un pôle à l'autre soit plus long que le diamètre équatorial. C'est à ce sujet qu'il cite Joseph Acosta, qui rapporte qu'à l'équateur, les crépuscules ne durent qu'un quart-d'heure (Lacaille a observé le contraire); il ne sait trop comment expliquer le fait; il observe seulement, que pendant toute la durée de l'éclipse totale, la Lune était singulièrement rouge, sur-tout vers les parties du disque qui étaient plus voisines des bords de l'ombre. Cette rougeur était d'un tel éclat, que quand les trois quarts du disque furent sortis de l'ombre, le quart qui y était encore plongé, se distinguait par là très exactement de la partie directement éclairée.

Il ne croit pas qu'il y ait d'erreur sur le mouvement horaire, ni sur la latitude qui était fort petite. Si l'on soupçonne une erreur dans le lieu du nœud, il faudrait que cette erreur fût de 4°. L'ombre ne fut donc pas formée cette fois par des rayons bien droits; il leur est arrivé une réfraction qui les a rapprochés de l'axe du cône. Si l'on nie cette réfraction, il faudra donc que la figure de la Terre soit alongée vers les pôles; ainsi, la zone torride sera inondée et les parties polaires seront à sec. L'air n'a rien fait ici, quoiqu'il soit peu dense et peu élevé dans la zone torride, plus dense et plus élevé dans les zones glaciales. Képler dit, en parenthèse, qu'on pourrait soutenir le contraire. Ce n'est pas cette hauteur de l'atmosphère qui nous donne la mesure de la parallaxe, c'est le rayon réel de la Terre; enfin, *ce phénomène est rare; et d'autres observations, en très grand nombre, prouvent que la Terre est ronde et le cône d'ombre régulier*

Ce passage est celui dont Bernardin de Saint-Pierre a voulu s'étayer pour son système de l'alongement de la Terre; mais il s'est gardé de citer les deux dernières lignes.

Pendant que cette note s'imprimait, Képler eut occasion de lire la préface que Martin Hortensius de Delft avait mise à la dissertation de Philippe Lansberge, sur le mouvement de la Terre. Je ne sais, dit-il, dans une petite addition, quel homme ce peut être que cet Hortensius; la confiance qu'il montre est sans doute fondée sur ce vers proverbial :

Et quandoque olitor fuit opportuna locatus;

(ou, comme dit Boileau : Un sot quelquefois ouvre un avis important). Par des chicannes sur des minuties controversées entre les astronomes, il prétend ébranler les fondemens de l'art et les plus beaux ouvrages qu'il a produits. Il croit que le diamètre du Soleil peut varier de 33' ½ à 36'; il croit avoir prouvé que j'ai eu tort de partager par moitié l'excentricité du Soleil; il avoue ingénuement qu'il n'est pas fort habile observateur; il dit qu'il s'est servi d'une lunette pour cette observation, ce qui explique son erreur. J'ai démontré que les lunettes dilatent les images, et le diamètre périgée devient plus grand qu'il n'est réellement. Je viens tout nouvellement de mesurer ce diamètre avec un tube fort long et sans verre; j'ai pris des témoins et leur ai fait voir que le diamètre du Soleil n'est que de 30', et que tout près de l'horizon le disque est elliptique, comme l'a représenté le P. Schalner.

Hortensius répondit avec modération à cette phrase : *Je ne sais quel homme est cet Hortensius.* Il réplique : Qu'y a-t-il en cela d'étonnant, nos deux noms ne sont pas également célèbres : vous êtes connu par de nombreux ouvrages, et je ne fais que débuter. Je vous connais par vos écrits, vous vous êtes peint au naturel dans votre *Hyperaspistes*, et je me suis douté que ma préface pourrait vous remuer la bile. Du reste, Hortensius paraît un peu entiché de forts préjugés en faveur des anciens et de son maître Lansberge. Enfin, il soutient que le diamètre périgée est de 36'; ce qui décide la question en faveur de Képler.

Réponse de Képler à Bartschius, sur le calcul et l'édition des Éphémérides. Nous y voyons que Képler fit le voyage de Francfort, pour y porter à la foire ses Tables Rudolphines, dont le prix fut fixé à 3 florins, monnaie de Francfort. De là il se rendit avec le landgrave Philippe, de Hesse à Putzbach, pour y voir les instrumens du prince; il y remarqua principalement un tube de 50 pieds, qu'on élevait à la hauteur du Soleil au moyen d'un mât de 30 pieds, d'une corde et d'un treuil, de manière à faire passer l'image du Soleil par une ouverture dont le diamètre n'était guère que celui d'un pois ou d'un grain de millet. Cette image était reçue sur un carton blanc; on y distinguait parfaitement les taches du Soleil, dont la route est une ligne droite perpendiculaire à la méridienne dans les solstices et inclinée de $66^\circ \frac{1}{2}$ dans les équinoxes.

L'imprimerie de Lintz ayant été incendiée, Képler cherchait une autre imprimerie pour les observations de Tycho. Le landgrave lui fit des offres dont il ne put profiter; il alla s'établir à Jagan.

La manière dont Hortensius dit que Képler s'était peint lui-même dans son *Hyperaspistes*, est faite pour inspirer de la curiosité. Cet Opuscule parut à Francfort en 1625, sous ce titre un peu long, comme tous ceux de Képler.

Tychonis-Brahei Dani, Hyperaspistes adversus Scipionis Claramontii, Cesennatis Itali, doctoris et equitis anti-Tychonem, in aciem productus à Joanne Keplero... quo libro doctrina præstantissima de parallaxibus deque novorum siderum in sublimi æthere excursionibus repetitur, confirmatur, illustratur. Malgré tout ce que promet ce titre, on n'y trouve rien de nouveau sur les parallaxes. Il paraît que le docteur italien avait mal à propos chicanné Tycho sur les preuves qu'il avait données de la grande distance de la comète. Képler le réfute avec acharnement; car pour le fond de la cause, il n'était pas nécessaire de s'étendre en tant de détails. Képler suit son adversaire pas à pas, et le traite souvent avec assez de hauteur, ce qui peut s'excuser; mais quand on a raison, on pourrait sans inconvénient montrer un peu de modération. Au reste, Képler ne nous donne ici aucune lumière nouvelle sur son caractère; il était un peu ardent dans la dispute. Cette production est un ouvrage de circonstance; ce Clermont est aujourd'hui assez ignoré; l'*Hyperaspistes*, c'est-à-dire le *défenseur de Tycho*, celui qui *le couvre de son bouclier*, ne peut plus inspirer aucun intérêt; on regrette sa peine quand on l'a parcouru, car il est difficile de le lire en entier.

Nous trouverons dans Riccioli tous les raisonnemens de ce Clermont, et nous nous confirmerons dans l'idée que Képler aurait pu accourcir de beaucoup sa réfutation.

On voit par divers passages des écrits de Képler, que jamais il n'avait été dans l'aisance. A ne considérer que lui seul, il avait d'amples dédommagemens; il disait lui-même qu'*il n'aurait pas cédé ses ouvrages pour le duché de Saxe*, et il avait raison; mais sa femme et ses enfans auraient gagné beaucoup au marché. Il mourut le 15 novembre 1630, à Ratisbonne, où il était allé solliciter le paiement de ce qui lui était dû. Il avait fait la route à cheval, il était arrivé malade, excédé de fatigue et dévoré d'inquiétudes; il mourut six jours après, et fut enterré sans pompe dans le cimetière de Saint-Pierre. On croit qu'on avait mis une pierre sur la tombe; mais trois ans après, la ville ayant été prise, les environs ravagés et particulièrement le cimetière, on ne trouva plus aucun vestige de monument. En 1786, Ostertag, recteur du Gymnase poétique de Ratisbonne, publia un Programme par lequel il invitait tous les amis des muses à se réunir pour élever un monument durable à Képler. Cette idée n'eut alors aucun succès; mais en 1803, le prince primat, Charles d'Alberg, évêque de Constance, ayant reçu la souveraineté de Ratisbonne, on s'occupa plus sérieusement de ce projet. *Gasparus comes de Sternberg; Leopold Hartwig, liber baro de Plessen; Francisc. Wilhelmus, liber baro de Reden; Henricus Joh. Thomas Boesner*, se réunirent pour faire des avances, ouvrirent une souscription. L'édifice fut commencé en 1807 et conduit jusqu'au faîte; il était terminé au milieu de 1808, mais on attendait la présence du prince. La cérémonie de l'inauguration eut lieu le 27 décembre, jour aniversaire de la naissance de Képler (il était né en 1571); son buste, en marbre de Carrare, fut placé sur un piédestal du même marbre, au concours de tous les ordres et de tous les talens de Ratisbonne. Le monument est placé dans le Jardin de Botanique, et n'est pas éloigné de 70 pas du lieu où fut enterré Képler. Le bâtiment est une rotonde entourée de cyprès et d'autres arbres; elle est toute en pierres de taille et construite sur les dessins de Grégoire, architecte du prince. Le rayon est de 20 pieds de Ratisbonne, ce pied est à celui de Paris comme 139 à 144; l'axe de la sphère qui est au haut du monument est parallèle à l'axe du monde; la voûte est portée sur huit colonnes d'ordre dorique; au pourtour, on voit gravés les 12 signes du zodiaque, alternant avec les symboles des dix planètes, de la Lune et du Soleil.

Le buste occupe le milieu du temple, le cippe est de cinq pieds, on y monte par cinq degrés; il est entouré par une grille à la distance de quelques pieds.

Le buste est un peu plus fort que nature; il est de Doell de Gotha. La figure ne ressemble pas trop mal à celle qu'on voit, dans des dimensions bien moindres, au frontispice des Tables Rudolphines. Képler avait donné son portrait à Gringalet, son secrétaire calculateur; Gringalet le céda au professeur Bernegger, qui le déposa à la bibliothèque de Strasbourg. Hanschius, éditeur des Lettres de Képler, en fit tirer une copie qu'il se proposait de faire graver; la mort l'en empêcha.

Le cippe représente en bas relief le génie de Képler, qui soulève le voile qui couvrait Uranie. On voit la tête de la déesse, qui, d'une main, présente à Képler la lunette astronomique, dont il eut la première idée; de l'autre, elle tient un rouleau sur lequel on aperçoit l'ellipse de Mars. *Voyez* l'ouvrage intitulé *Monumentum Keplero dicatum, die* 27 *décembris* 1808. Les planches en sont lithographiées et imprimées par Nieder Mayer, inventeur de ce nouvel art.

Le prince Primat a envoyé un exemplaire de cet ouvrage à l'Institut, dont il était l'un des associés étrangers, classe d'Histoire et de Littérature ancienne.

Les ouvrages de Képler dont nous n'avons pas donné d'extrait sont :

Nova Dissertatiuncula de fundamentis Astrologiæ certioribus. 1602. Elle est toute météorologique. — *De Cometâ anni* 1604. C'est l'étoile extraordinaire. — Réponse à Roslin, en allemand, sur la même étoile. 1609. —*Narratio de quatuor Jovis satellitibus à se observatis.* 1610 et 1611. —*Tertius interveniens.* 1610. Il s'agit uniquement d'Astrologie. —*Eclogæ chronicæ.* 1615. C'est un extrait de ses Lettres. —*Éclipses* 1620 et 1621.—*Apologia Harmonices mundi.* 1622. —*Discursus conjonctionis Saturni et Jovis in Leone.* 1623. —*Kepleri et Berneggeri Epistolæ mutuæ.* 1672. — Lettres de Képler, recueillies par Hanschius. 1718.—Pour ses manuscrits, *voyez* la Bibliographie de Lalande. Pour ses travaux et les services qu'il a rendus à l'Astronomie, voyez *An account of the Astronomical discoveries of Kepler, By Robert Small. London.* 1804, in-8° de 357 pages. Cet ouvrage, qui m'était inconnu quand j'ai rédigé ces deux livres, m'a été envoyé de Londres, par M. le docteur Gregory, avantageusement connu par son Traité de Mécanique, sa Trigonométrie et divers autres ouvrages.

Système solaire d'après les Tables de Képler. Tables de Berlin, tom. I, p. 2

	Mouvem. en 100 années julienes.	Époque de 1750.	Mouv. de l'apogée.	Époque.	Mouv. ☊	Lieu du ☊	Dist. moy.	Excentricité.	Inclinaison.
♄	3ˢ 4ˢ 23° 29′ 24″	7ˢ 21° 2′ 1″	2° 6′ 8″	8ˢ 29° 5′ 34″	1° 59′ 5″	3ˢ 23° 47′ 23″	9,51003	0,05700	2° 32′ 0″
♃	8.5. 6.18.26	0. 3.49.21	1.18.38	6. 8.49.11	0. 5.50	3. 5.34.39	5,20000	0,04822	1.19.20
♂	53.2. 1.40.10	0.22.54.48	1.51.35	5. 1.46. 9	0. 6.15	1.17.23.13	1,52350	0,09265	1.50.30
♁	100.0. 0.45.20	9. 9.58.24	1.42.43	3. 8.17. 9	0. 0. 0	....	1,00000	0,01800	....
♀	162.6.19.23.34	1.16.39. 9	2.10. 5	10. 3.28.11	1.18.20	2.14.57.27	0,72413	0,00692	3.22. 0
☿	415.2.14.23.32	8.13.28.52	2.54.42	8.25.10. 5	2.22. 4	1.15.57. 1	0,38806	0,02100	6.54. 0

LIVRE VI.

Galilée.

Galileo-Galilei, fils de Vincent Galilée, patricien florentin, naquit à Florence en 1564; il était donc de sept années plus âgé que Képler, mais il ne mourut qu'en 1642, onze ans plus tard que Képler. Ses ouvrages astronomiques sont d'une date postérieure au Prodromus et aux Commentaires sur Mars; ainsi nous avons dû commencer par Képler.

Galilée passa sa jeunesse à Venise, jusqu'au moment où il fut pourvu d'une chaire de mathématiques à Padoue. A ses appointemens, qui étaient de 800 pièces d'or, on en joignit 200 autres pour l'invention de sa lunette. Il occupa cette chaire pendant 18 ans. Cosme II l'appela à Pise pour y enseigner les Mathématiques, et lui donna le titre de son premier mathématicien, avec la faculté de se faire remplacer par un de ses élèves. Il était encore à Venise en 1609, lorsque le bruit se répandit qu'un opticien belge avait fait une lunette qui rapprochait les objets. Un français nommé Jacques Badovère, lui confirma cette nouvelle par une lettre écrite de Paris. Galilée chercha dans la Géométrie les moyens qui pouvaient servir à exécuter plus sûrement et mieux ce que le Belge avait trouvé par hasard. Il se fit un tube de plomb, qu'il garnit de verres aux deux extrémités, l'un plano-convexe, et l'autre plano-concave. Cette lunette ne grossissait que trois fois; il en fit une seconde, qui grossissait de sept à 8 fois. Enfin, après plusieurs essais, il parvint à obtenir un grossissement de trente fois, avec lequel il fit les découvertes astronomiques qu'il a exposées dans divers ouvrages.

Il inventa le compas de proportion, dont il exposa la théorie dans un ouvrage publié en 1606, réimprimé en 1612 et 1635. Le titre était: *Le operazioni del Compasso geometrico e militare di Galileo-Galilei, nobil Fiorentino.* Balthasar Capra le traduisit en latin, avec peu de changemens, et le donna comme sa propre découverte. Galilée le cita à Venise, devant les réformateurs du Collége de Padoue; une sentence du 7 mars 1607 confisqua l'édition contrefaite. Galilée nous a laissé l'histoire de ce procès; il y prouve que les choses ajoutées ou modifiées par Capra sont autant de bévues et de preuves d'ignorance. Cet écrit, beaucoup trop long, est à certains égards un supplément utile au livre du *Compas*.

Depuis Archimède, la théorie des corps qui nagent sur un fluide n'avait fait aucun progrès. Galilée, pour venger Archimède, attaqué par Buonamico, partisan d'Aristote, traita le même sujet sous le titre : *Discorso intorno alle cose che stanno in sù l'acqua e che in quella si muovono*. Ce nouveau Traité fut attaqué par *Lodovico delle Colombe* et par *Vincenzo di Grazia*. Galilée répliqua par une apologie plus longue que l'ouvrage critiqué. Ce Mémoire commence par des nouvelles astronomiques. Le public attendait l'ouvrage dans lequel il devait rendre compte de ses découvertes dans le ciel; il expose les motifs qui en avaient retardé la publication. Il venait d'apercevoir un triple corps à Saturne, *Saturno tricorporeo*, et les phases de Vénus toutes semblables à celles de la Lune; il s'était occupé à déterminer les révolutions des quatre satellites de Jupiter, à Rome, en avril 1611.

Il avait trouvé que le mouvement du premier sur son cercle, est de 8° 29′ environ par heure, et que sa révolution est de $1^j\ 18^h\ \frac{1}{2}$ presque; que le second fait par heure 4° 13′ et que sa révolution est de $3^j\ 13^h\ \frac{1}{3}$ presque; que le mouvement du troisième est de 2° 6′ par heure et sa révolution de $7^j\ 4^h$; enfin que le mouvement du quatrième est de 4° 54′ par heure et sa révolution $16^j\ 18^h$ environ.

Ces quantités n'étaient encore que de premiers aperçus qu'il se proposait de perfectionner plus à loisir; il n'estimait d'abord qu'à la simple vue les élongations des satellites en parties du disque de Jupiter, mais il venait de trouver un moyen pour les déterminer avec une précision de quelques secondes.

Il observait en même tems certaines taches obscures, *macchiette oscure*, sur le disque du Soleil; leurs changemens de position prouvaient, ou que le Soleil tournait autour de lui-même, ou bien qu'il était environné de petites planètes, que la petitesse de leurs élongations rendaient invisibles dans toute autre circonstance que leurs passages sur le Soleil. Il est possible encore, ajoutait-il, que l'une et l'autre explication soient également vraies, et c'est une chose dont il est utile de s'assurer.

Ses observations continuées lui avaient enfin prouvé que les taches sont adhérentes au corps du Soleil, qu'elles s'y produisent et s'y dissipent après avoir duré plus ou moins de temps. La période de leur révolution, ou plutôt de celle du Soleil, était presque d'un mois lunaire. *Accidente per se grandissimo e maggiore per le sue consequenze. Circonstance fort importante en elle-même et plus encore par ses conséquences.* Ce dernier passage fut ajouté dans la seconde édition. La première était donc de 1612, car il dit : *l'an passé,* 1611, en avril.

Le Traité *della Scienza mecanica e delle utilità che si traggono dagli instromenti di quella* est élémentaire et d'une grande clarté. La *Bilancetta nella quale s'insegna a trovare la proportione del misto di due metalli insieme, colla fabrica dell' istesso strumento* est une œuvre posthume fort courte; la Balance ne paraît pas susceptible d'une grande précision.

Siderens nuncius, magna longeque admirabilia spectacula prodens, suscipiendaque proponens unicuique præsertìm vero philosophis atque astronomis quæ à Galileo-Galileo perspicilli nuper à se reperti beneficio sunt observata in Lunæ facie, fixis innumeris, lacteo circulo, stellis nebulosis, apprime vero in quatuor planetis, circa Jovis stellam disparibus intervallis atque periodis celeritate mirabili circumvolutis; quos, nemini in hanc usque diem cognitos, novissime author deprehendit primus atque medicea sidera nuncupandos decrevit. Mars 1610.

On lit à la première page, que la lunette de Galilée grossissait 30 fois; qu'elle lui avait montré les inégalités de la surface lunaire; qu'elle lui avait appris des choses nouvelles sur les nébuleuses et la voie lactée; enfin, qu'elle lui avait fait découvrir les quatre Lunes de Jupiter. Il avertit que pour vérifier ses découvertes il faut une lunette qui grossisse au moins 20 fois; la sienne grossissait un peu plus que 30. Pour mesurer le grossissement d'une lunette, attachez sur un mur, à une certaine distance, un disque que vous puissiez observer dans la lunette. Sur le même mur placez un disque plus grand, que vous observerez à l'œil nu. Si les deux disques vous paraissent égaux, l'un en dedans et l'autre au dehors de la lunette, le rapport des deux diamètres sera le grossissement; vous changerez le disque extérieur jusqu'à ce que vous parveniez à l'égalité.

En changeant de diaphragme, vous pouvez changer le champ de la lunette; vous mesurez ce champ, et quand vous le connaissez, il vous sert à connaître dans le ciel les étoiles dont la distance est égale à ce champ. Il ne faut pas que ces distances soient grandes, car on ne peut faire varier ce champ qu'entre certaines limites. On pourra mesurer par ce moyen de petites distances sans commettre d'erreur qui passe une minute. Il n'en dit pas davantage, réservant pour une autre occasion la théorie de sa lunette.

La surface de la Lune offre des montagnes, des cavités, des taches plus ou moins lumineuses, que personne n'avait aperçues avant lui. La ligne qui sépare la partie éclairée, de la partie obscure, n'est pas une courbe régulière, comme elle devrait l'être, si la surface de la Lune était polie et parfaitement sphérique. Les inégalités de la surface sont lumineuses, du côté qui regarde le Soleil, obscures dans la partie opposée. Dans la partie non encore éclairée, on aperçoit des sommités qui déjà reçoivent les rayons du Soleil; le progrès de la lumière indique des cavités et des hauteurs. Galilée compare le disque de la Lune à la queue d'un paon, à raison de la quantité d'yeux qu'elle présente. Nous omettons nombre de détails qui exigeraient des figures, et qui n'ont plus le même intérêt aujourd'hui que ces descriptions ont été bien perfectionnées, et que les lunettes sont devenues si communes. Il se demande comment il se fait que le bord de la Lune soit si bien terminé, et qu'il n'offre aucune montagne ni aucune vallée; il en donne deux raisons : les montagnes peuvent se cacher les unes les autres, et de plus, le corps réel de la Lune peut être entouré d'une atmosphère lumineuse, qui la fait paraître plus grande et mieux terminée qu'elle ne l'est réellement.

Quand le sommet d'une montagne commence à être éclairé, il en mesure ou estime la distance à la limite de l'ombre et de la lumière. La hauteur de la montagne est l'excès de la sécante de l'arc de distance sur le rayon. Soit A cet arc, r le rayon du globe lunaire; la hauteur de la montagne est $r \tang A \tang \frac{1}{2} A$. Galilée ne dit pas quelle formule il emploie, mais il trouve que les montagnes de la Lune ont jusqu'à quatre milles italiques de hauteur; elles surpassent donc de beaucoup les montagnes de la Terre.

Il cherche ensuite la cause qui produit la lumière cendrée de la Lune; les anciens croyaient cette lumière propre à la Lune; Galilée objecte qu'en ce cas elle devrait être visible sur-tout dans les éclipses (et cela serait vrai si la Terre n'avait pas d'atmosphère). Or, dans les éclipses on trouve à la Lune une lumière rougeâtre qui doit venir d'une autre cause. D'autres ont pensé que la lumière cendrée était produite par Vénus ou par les étoiles. Il rejette ces explications pour en proposer une qui n'est pas meilleure; il la trouve dans l'atmosphère qui environne la Lune et qui produit une espèce de crépuscule; il explique enfin la véritable cause trouvée long-tems auparavant par le célèbre peintre Léonard de Vinci. Cette lumière est celle que la Terre envoie à la Lune, et que la Lune nous renvoie par une seconde réflexion. Il promet plus de détails et les réserve pour son livre du Système du monde. Ce livre n'a paru que longtems après.

Il remarque ensuite que le télescope ne grossit ni les planètes, ni sur-tout les étoiles. La cause en est cette irradiation ou cette chevelure de rayons dont les étoiles paraissent entourées quand on les voit à l'œil nu, et dont elles sont dépouillées par les lunettes. Les étoiles ne paraissent ainsi que des points lumineux, et les planètes offrent des disques bien terminés. Cependant il n'affirme pas que les étoiles échappent tout-à-fait au grossissement; celles de cinquième et sixième grandeur paraissent égaler Sirius, qui est de première. On ne voit à la simple vue que les étoiles qui sont au moins de sixième grandeur; la lunette en fait voir six autres ordres dont on ne soupçonnait pas l'existence, et qui paraissent telles que sont à la vue les étoiles de seconde grandeur. Il y a beaucoup d'arbitraire et beaucoup d'incertitude dans ces comparaisons, ou du moins nous voyons aujourd'hui tout autrement les étoiles. Pour preuve de ce qu'il avance, Galilée cite le baudrier et l'épée d'Orion, où l'on ne comptait que sept étoiles, il en marque 80 ; on ne comptait dans les Pléiades que six étoiles, ou sept tout au plus, il en donne plus de 40. La voie lactée lui paraît un assemblage d'une multitude de petites étoiles que l'œil ne peut distinguer. Il en est de même des nébuleuses, et pour exemple il offre les figures de la nébuleuse de la tête d'Orion et celle du Cancer.

Il passe à la découverte des satellites; il invite les astronomes à répéter ses observations, pour mieux déterminer les mouvemens et les révolutions.

Le 7 janvier 1610, il vit auprès de Jupiter trois étoiles petites mais très brillantes, qui étaient avec la planète sur une même ligne droite et parallèle à l'écliptique. Des trois étoiles, deux étaient à l'orient et l'autre à l'occident; les deux extrêmes semblaient un peu plus fortes que celle qui était plus voisine de Jupiter et à l'orient.

Le 8 janvier, il vit encore trois étoiles sur la même ligne droite avec Jupiter, mais elles étaient toutes à l'orient et devenues plus voisines les unes des autres. Ce changement de position lui parut difficile à comprendre et fixa son attention, car Jupiter était alors rétrograde.

Le 9, le ciel fut couvert; le 10, il ne vit que deux étoiles; elles étaient à l'orient de Jupiter; il soupçonna que la troisième pouvait être cachée derrière le disque; il en conclut dès-lors que ces étoiles pourraient bien tourner autour de Jupiter, et il résolut de les suivre exactement.

Le 11, il ne vit encore que deux étoiles à l'orient, mais les places paraissaient échangées, la plus petite paraissait éloignée de Jupiter trois fois autant que la plus grosse. Il ne douta plus que ces étoiles ne fussent des satellites de Jupiter; le 12, il en revit trois; le 13, enfin, il en aperçut quatre, une à l'orient et trois à l'occident.

Le 14, le ciel fut couvert; le 15, les quatre étoiles étaient à l'occident; la plus voisine de Jupiter paraissait la plus faible, la plus éloignée paraissait la plus forte et un peu plus boréale que les trois autres. Il continue ainsi, jusqu'au 12 mars, à donner les configurations des satellites, et à marquer les étoiles fixes qui pouvaient se trouver avec Jupiter dans le champ de la lunette.

Quoiqu'il ne puisse encore assigner exactement le tems de leurs révolutions, il nous apprend qu'elles décrivent, autour de Jupiter, des cercles de rayon différent; si le rayon est plus petit, le tems de la révolution est plus court. Ces quatre Lunes, qui tournent autour de Jupiter, et qui le suivent constamment dans sa révolution de 12 ans, doivent aider à concevoir comment notre Lune peut accompagner la Terre dans sa révolution annuelle. Il cherche ensuite comment, du jour au lendemain, les mêmes satellites ont pu lui paraître différer assez sensiblement de grandeur; il attribue ces apparences aux différens états de l'atmosphère, tant de Jupiter que de la Terre; car il croit que chaque planète a son atmosphère.

A la suite de cet ouvrage se trouvent quelques lettres où Galilée annonce de nouvelles découvertes; mais, comme elles avaient besoin d'être observées plus d'une fois, pour prendre date, sans cependant en donner connaissance, il les annonçait en transposant toutes les lettres de manière qu'il fût impossible d'en rétablir l'ordre, et que lui seul pût donner le mot du logogriphe. La première de ces découvertes était exprimée comme il suit :

SMAISMRMILMEPOETALEVMIBVNENVGTTAVIRAS.

Képler chercha vainement à en deviner le sens. Galilée rétablit ainsi l'ordre :

ALTISSIMVM PLANETAM TERGEMINVM OBSERVAVI.

On voit, dans l'une et l'autre phrase, 4 A, 1 B, 4 E, 1 G, 4 I, 2 L, 5 M, 2 N, 1 O, 1 P, 2 R, 3 S, 3 T, 4 V; total, 34 lettres. Outre la transposition des lettres, Galilée avait encore employé une périphrase pour désigner Saturne, afin de rendre son logogryphe absolument indéchiffrable.

Saturne était donc triple, cette apparence était produite par les deux anses de l'anneau mal vues dans un télescope qui ne grossissait pas suffisamment; Galilée prenait ces anses pour deux globes qui accompagnaient le globe de la planète; il avertissait que, dans des lunettes plus faibles, Saturne paraissait simplement oblong comme une *olive*, 13 novembre 1610.

Le 11 décembre suivant, Galilée publia ce nouveau logogryphe plus travaillé :

Hæc immatura à me jam frustra leguntur. O. Y.

Il annonçait que la nouvelle découverte décidait une grande question et contenait une preuve en faveur de la véritable constitution de l'univers. Le 1er janvier 1611, il donna l'explication suivante :

Cynthiæ figuras aemulatur mater amorum.

1 Æ, 5 A, 1 C, 2 E, 1 F, 1 G, 1 H, 2 I, 1 L, 4 M, 1 N, 1 O, 4 R, 1 S, 5 T, 4 V, 1 Y; total, 34 lettres. Vénus a donc des phases comme la Lune; elle tourne donc autour du Soleil, ce qui est un argument irréfragable contre Ptolémée, et une nouvelle probabilité pour Copernic. Vénus n'a donc qu'une lumière empruntée, qu'elle tire du Soleil. Galilée ajoute : Képler et les autres coperniciens auront donc sujet de se réjouir d'avoir bien cru et bien philosophé. Il dit enfin qu'il vient d'observer une éclipse de Lune avec sa lunette, et qu'il n'a vu rien d'extraordinaire, si ce n'est que l'ombre est mal terminée, parce que l'ombre de la Terre, qui tombe sur la Lune, arrive de très loin.

Dans une lettre du 11 mars, Galilée avance, comme une chose maintenant certaine, que toutes les planètes reçoivent leur lumière du Soleil, ce qui fait que les planètes plus voisines de la Terre paraissent les plus brillantes; c'est ce qui donne un tel éclat à Mars périgée, qu'on a peine à le dépouiller de son irradiation; c'est ce qui fait que Jupiter est mieux terminé, que Saturne brille si peu, et que *ses trois globes sont si tranchés.* La lumière des étoiles leur est donc propre, puisqu'elle est si vive malgré leur incroyable distance. Sirius ne paraît guère que la cinquantième partie de Jupiter, c'est-à-dire, $\frac{1}{7}$, si l'on parle du diamètre; et, cependant, sa lumière est si vive et si peu tranquille, qu'on ne peut distinguer le corps de l'étoile d'avec les rayons qui l'entourent; il en conclut que la scintillation provient des rayons que darde incessamment l'étoile; il charge son correspondant *di salutar caramente il signor Keplero.*

Le 30 décembre 1610, il écrivait au P. Benedetto Castelli; il lui faisait part de ses observations des phases de Vénus; il n'ose pas assurer qu'il puisse observer celles de Mars, mais s'il ne se trompe, il croit déjà voir qu'il n'est pas parfaitement rond. C'est, en effet, à peu près tout ce qu'on peut voir, vu la petitesse de la parallaxe annuelle. Pour Vénus, il en voit les cornes aussi bien que celles de la Lune, et Vénus est aussi grande que la Lune paraît à l'œil nu.

Pour Saturne, il dit que le globe du milieu est grand comme trois fois l'un des deux autres.

Dans une autre lettre, datée de sa prison d'Arcetri, le 20 février 1637, il rend compte de ses observations sur la *titubation* (libration de la Lune). Il donne cette nouvelle découverte comme très importante, quoiqu'il n'ait pu en déduire encore que très peu de conséquences; il a toujours pensé qu'il y avait de grandes ressemblances entre la Terre et la Lune; la Lune doit voir nos grandes mers comme des taches considérables à la surface de la Terre; la Lune a, comme la Terre, ses plaines, ses montagnes et ses vallées. Le centre des mouvemens de la Lune est *très voisin* de la Terre, au lieu que le centre des mouvemens des autres planètes est loin d'elle et *très près* du Soleil. Il s'était proposé, depuis long-tems, d'examiner si la Lune tourne toujours la même face à la Terre, et si la ligne qui joint les deux centres passe invariablement par le même point du globe lunaire, ce qui exclurait toute *titubation*.

Admettons d'abord cette hypothèse, nous dit Galilée, pour voir quelles en seraient les conséquences. Il s'ensuivrait qu'un œil placé au centre de la Terre verrait toujours la même face; les rayons qui parviendraient de la Lune à l'œil formeraient un cône dont la base serait un cercle de la Lune, auquel on pourrait donner le nom d'*horizon*, puisqu'il séparerait invariablement la partie visible de la partie invisible. Si la distance restait la même, jamais on ne verrait de changement dans le disque lunaire, on verrait toujours les mêmes taches, on les verrait toujours à la même place; mais si la distance venait à diminuer, cet horizon se resserrerait, les taches très voisines du bord viendraient à disparaître; ce serait le contraire si la distance devenait plus grande, l'horizon s'agrandirait, on apercevrait une zone auparavant invisible. Voilà toutes les variétés qui pourraient avoir lieu. Mais si l'œil est hors du centre et en un point de la surface de la Terre, on verra d'autres changemens; car si un œil était dans le plan d'un cercle passant par la ligne des centres, un autre œil, élevé au-dessus de cette ligne, apercevrait, dans la partie supérieure de la Lune, quelques parties invisibles pour le premier œil, il en perdrait d'autres dans la partie inférieure.

(Supposez trois observateurs qui observent au même instant la Lune au méridien; que l'un voie la Lune au zénit (fig. 85), et les deux autres la voient à une certaine distance du zénit, l'un au nord et l'autre au sud de son zénit : l'observateur qui voit la Lune au zénit la verra comme la verrait l'œil au centre, à la réserve que l'horizon serait rétréci de l'augmentation du demi-diamètre de la Lune; il verrait la même tache *a* au centre du disque. L'observateur B, qui verrait la Lune au sud de son zénit, verrait la tache *b* au centre du disque. L'observateur D, qui voit la Lune au nord de son zénit, verrait au centre du disque la tache *d*. Le premier gagnerait au nord un arc $=ab$, et en perdrait un pareil au sud. L'observateur en D gagnerait au sud un arc *ad*, et en perdrait un pareil au nord, sauf la petite différence qui tiendrait à la différence des distances *c*C, BC et DC pour l'étendue de l'horizon).

La Lune passant au couchant, les phénomènes seraient différens; et l'on pourrait dire que la Lune s'élevant, inclinerait sa face vers le couchant. (En effet, soit L la Lune (fig. 86), HOR l'horizon; si vous voyez la Lune du point H à la hauteur LHR, le cercle terminateur sera *hh*; si elle s'élève davantage, et que vous la voyez à la hauteur LOR, le cercle terminateur prendra la position oo. La face de la Lune se sera inclinée de l'angle *h*Lo vers l'occident qu'elle regarde quand elle s'élève; ce serait le contraire après le passage au méridien; la face se releverait comme elle s'est abaissée).

Les déclinaisons boréales et australes produiraient, en ce genre, des différences bien plus considérables (car le changement de déclinaison est bien plus considérable que le changement de la parallaxe); la déclinaison boréale nous découvrirait des taches australes; la déclinaison australe découvrirait des taches boréales. En se levant et se couchant, la Lune découvrirait et cacherait, pour ainsi dire, les cheveux de son front et la partie du menton qui est diamétralement opposée, ce qui peut s'appeler *baisser* et *relever la face*. Nous pourrons dire de même qu'elle tourne la tête à droite ou à gauche en nous découvrant et nous cachant alternativement l'une et l'autre oreille. Ainsi, la révolution diurne lui fait baisser ou lever la tête, et la période mensuelle lui fait tourner la tête à droite ou à gauche, en passant d'un tropique à l'autre. Cet effet sera plus sensible si elle est dans le ventre du Dragon (les limites), que si elle était dans l'un ou l'autre nœud. La période annuelle des déclinaisons du Soleil apportera aussi des variations analogues dans les limites de la partie éclairée.

D'après ces idées je me mis, dit Galilée, à observer si je remarquerais quelque changement dans les taches. La nature me fut en cela très favorable, car la Lune étant à l'orient, on y voit une tache séparée des autres, de figure ovale et très voisine du bord; elle est visible à l'œil nu. A l'opposite on en voit deux, placées comme des isles, dans un champ assez vaste et assez luisant, mais leur petitesse les dérobe à la vue simple, quoiqu'elles soient du genre de celles qu'on voit sans lunette. En les observant, j'y ai remarqué les changemens exposés ci-dessus, avec une telle évidence, que l'intervalle entre la tache et le bord, qui rivalise en largeur avec la tache (il paraît qu'il parle de la tache Grimaldi), se trouvait réduit à la dixième partie de la tache. Les taches opposées manifestaient des changemens analogues, c'est-à-dire, contraires; et comme le cercle qui passe par ces taches opposées est dans une position moyenne entre ceux qui vont du levant au couchant et du sud au nord, les mêmes taches sont propres à manifester les effets de la période diurne et ceux de la période menstruelle. Il est à remarquer que si le déplacement des taches voisines du bord est, par exemple, de deux ou trois parties, celui des taches placées vers le centre sera beaucoup plus sensible encore, c'est-à-dire de 20 à 25 parties; enfin, ces mouvemens sont si sensibles, qu'il n'y a pas de doute que, par des observations très exactes et très soignées, on n'en puisse déterminer les véritables quantités. Je voulais continuer ces observations, j'en ai été empêché par une fluxion sur les yeux qui m'a interdit l'usage de la lunette; et cette fluxion s'est terminée il y a deux mois par une cécité totale causée par des cataractes; j'en suis d'autant plus fâché qu'il est fort à craindre que d'autres s'emparent de ces premières idées et ne s'en déclarent les auteurs, comme il est arrivé pour les taches solaires, pour lesquelles Scheiner a eu l'impudence de s'attribuer la priorité; mais, comptant sur l'inadvertence de ses lecteurs, il s'est attribué certaines conjectures que le tems a depuis vérifiées, et qu'il ose dire bien plus justes que les miennes, comme s'il n'avait pas fait imprimer, sous le faux nom d'Apelle, trois lettres pleines d'ignorance et de bévues, après en avoir lu trois des miennes où se trouvaient les mêmes conjectures bien plus justes. A l'appui de ces assertions, il cite le témoignage du P. Adam Tanner, qui professait à Ingolstadt dans le même collège que Scheiner; il cite aussi, mais sans le nommer, un autre jésuite à qui il avait confié ces idées, et qui en avait fait part à Scheiner, en avril 1612, avant que Scheiner imprimât rien sur ce sujet.

Nous ne faisons aucune remarque sur ces inculpations, que nous discuterons quand nous aurons toutes les pièces du procès; on les trouve dans l'ouvrage intitulé *Storia e dimostrazioni intorno alle macchie solari et loro accidenti, dal signor Galileo Galilei : si aggiungono nel fine le lettere et disquizioni del finto Apelle. Roma,* 13 *gennaro* 1613. Dans l'avis au lecteur, dont l'auteur est *Angelo de filiis,* on voit que Galilée, ayant démontré à Rome ses nouvelles découvertes dans le ciel, avait, pour terminer ces conférences, fait dans le Jardin Quirinal du cardinal Bandini, en présence de plusieurs seigneurs italiens, l'observation des taches du Soleil, et qu'on attendait avec impatience qu'il expliquât l'idée qu'il s'était faite de ces taches, quand on apprit qu'il l'avait consignée dans ses lettres à Velseri. La première de ces lettres est du 6 janvier 1612, et la réponse, où Galilée expose ses observations et sa doctrine, n'est que du 4 mai suivant. Velseri annonce à Galilée que déjà plusieurs astronomes s'empressant de marcher sur ses traces, il lui demande son avis sur les lettres d'Apelle; ce qui prouve bien que l'on savait que Galilée s'était occupé de ces observations en 1611, mais ne suffit pas pour en donner la date précise. On trouve encore dans l'avertissement d'Angelo de Filiis, que les observations du Jardin Quirinal sont du mois d'avril 1611, tandis que la première lettre d'Apelle (Scheiner) ne mentionne que des observations du mois d'octobre suivant.

On peut se défier, jusqu'à un certain point, du témoignage d'un ami et d'un compatriote; il faut donc examiner les écrits des deux auteurs qui se disputent la découverte. Galilée s'excuse d'avoir si long-tems fait attendre sa réponse sur les taches du Soleil; il allègue des indipositions qui l'ont empêché de suivre ses observations; il aime mieux paraître le dernier et ne dire que des choses avérées, que de se hâter d'avancer des choses qu'il pourrait être obligé de rétracter. Il ne peut encore dire que des choses négatives; il croit savoir mieux ce que ne sont pas les taches du Soleil, que ce qu'elles sont en effet; il lui paraît plus difficile de trouver la vérité que de réfuter des conjectures inexactes. Mais pour complaire à Velseri, il va examiner les trois lettres de celui qui s'est caché sous le faux nom d'*Apelle.* Les observations qu'il a faites lui-même depuis 18 mois l'ont convaincu que les taches sont réelles; qu'elles ne paraissent pas fixes en un point du globe solaire; qu'elles paraissent avoir des mouvemens propres et des mouvemens réguliers, comme le prétend l'auteur des lettres; seulement, il croit que le mouvement est d'occident en orient et du sud vers le nord, et non d'orient en occident et du nord au sud, comme le dit *Apelle* : le mouvement de ces taches est tout pareil à ceux de Vénus et de Mercure vers leurs conjonctions inférieures. Le défaut de parallaxe prouve que ces taches ne sont pas placées entre la Terre et le Soleil, à une grande distance du Soleil; mais il ne voit aucune raison pour croire avec Scheiner qu'elles ne sont pas adhérentes au corps du Soleil. Scheiner disait encore que les taches du Soleil sont plus noires que celles de la Lune. Galilée croit qu'elles peuvent être plus brillantes que les parties les plus lumineuses de la Lune. La raison qu'il en donne pourrait n'être pas très bonne; c'est, dit-il, que la Lune et Vénus même sont invisibles auprès du Soleil, et que les taches se voient sur le disque même, malgré tout l'éclat du Soleil. (Mercure et Vénus, dans leurs passages, ne sont certainement pas lumineux; on les voit très bien cependant, ou plutôt on ne voit pas la partie du Soleil qu'ils couvrent; et c'est ainsi qu'on voit les taches, qui n'ont pas l'air d'être lumineuses.)

Scheiner croit que par le même moyen on pourra déterminer si Mercure et Vénus tournent autour du Soleil; il n'a donc aucune connaissance des phases de Vénus annoncées par Galilée depuis plus de deux ans, non plus que des variations du diamètre. Il croit encore que Vénus sur le Soleil paraîtrait comme une grande tache, parce qu'il lui suppose un diamètre de 3'. Galilée prétend au contraire, qu'à l'époque dont parle *Apelle*, le diamètre n'était pas de 10''.

Galilée donne ensuite les dessins de taches observées le 5 avril dernier, le 21, le 26, le 30 du même mois et le 3 mai. Il soutient que le nom d'étoiles ne peut convenir à ces taches; elles peuvent bien revenir dans les révolutions suivantes, mais elles ne reviennent pas exactement les mêmes.

Scheiner paraît croire que les satellites de Jupiter ne sont pas seulement au nombre de quatre. Galilée n'ose rien affirmer, sinon que jamais il n'en a vu davantage. Pour en revenir aux taches, il croit qu'elles se forment à la surface du Soleil, qu'elles se dissipent et peuvent reparaître. Sa théorie, quoique incertaine encore, paraît plus saine et mieux arrêtée que celle de Scheiner; mais jusqu'ici il ne rapporte aucune observation de l'année 1611, et l'on serait tenté de croire qu'il peut bien les avoir vues six mois avant Scheiner, sans les observer d'une manière un peu précise, et qu'avant de répondre à Velseri, il aura voulu faire les observations d'avril et de mai 1612, qui viennent d'être rapportées ci-dessus. Au reste, en finissant, il professe beaucoup d'estime pour Scheiner et promet de lui envoyer des observations plus précises des taches.

Dans la lettre suivante, qui est du 14 août 1612, il annonce que les observations subséquentes ont pleinement justifié ses conjectures; il affirme donc que les taches sont à la surface du Soleil, et que la distance à cette surface, s'il y en a une, est du moins imperceptible; qu'elles durent plus ou moins depuis 2 ou 3 jours jusqu'à 30 et 40; que les figures en sont irrégulières et changeantes; qu'on en voit qui se séparent et d'autres qui se réunissent au milieu même du disque; qu'outre ces variations et ces mouvemens particuliers, elles ont un mouvement commun qui leur fait décrire des lignes parallèles. Ce mouvement général prouve que le Soleil est sphérique, et qu'il tourne sur lui-même d'occident en orient comme les planètes; il ajoute, comme une remarque curieuse, que ces taches ont une zone particulière qui ne s'étend guères qu'à 28 ou 29° au sud et au nord de l'équateur solaire. Il démontre ces assertions par des figures et des raisonnemens géométriques, et par les dessins des taches observées en 34 jours différens, depuis le 2 juin jusqu'au 21 août.

Il finit par un moyen d'observer ces taches sans regarder directement le Soleil, en recevant sur un carton l'image de cet astre, qui sort de la lunette par l'oculaire. Le carton se place à 4 ou 5 palmes du verre concave; on décrit sur le carton un cercle d'un rayon arbitraire, et en éloignant ou rapprochant le carton on fait que le cercle décrit renferme exactement l'image du Soleil; si cette image est parfaitement ronde, on aura la preuve que le carton est bien perpendiculaire à l'axe de la lunette, sans quoi elle paraîtrait ovale; il faut faire en sorte que la lunette suive exactement le mouvement du Soleil, ce qui s'obtient en regardant le verre concave où l'on doit voir un petit cercle lumineux bien concentrique à l'ouverture; il faut que le carton suive de même le mouvement de la lunette; alors avec un peu d'adresse on peut dessiner les taches à leur véritable place sur le disque. Pour mieux voir, il est bon d'obscurcir la chambre. Il est à remarquer que la marche des taches est renversée, parce que les rayons se croisent dans le tube avant de sortir du verre concave; mais comme le dessin se fait sur un carton opposé au Soleil, quand on prend ce carton pour le considérer, qu'on renverse l'image de haut en bas et qu'on la regarde en transparent, on voit les taches telles qu'elles paraîtraient sur le Soleil. On pourrait les observer sans lunette et par un petit trou quelconque qui laissât passer l'image du Soleil qu'on recueillerait de même sur un carton. La nature n'a pas borné là les facilités qu'elle voulait nous donner pour les observations, elle produit de tems à autre des taches assez grandes pour être vues directement sur le Soleil; mais par un préjugé invétéré de l'incorruptibilité des corps célestes, on a négligé ces moyens; et à la honte des astronomes du tems, ces taches ont été prises pour Mercure qui passait sur le Soleil, sans songer que le mouvement de Mercure est beaucoup trop rapide pour que son passage puisse jamais durer autant de tems que la tache a été vue.

Il dit en finissant, qu'il avait reçu de Bruxelles et de Rome des dessins de taches observées aux mêmes jours et qui s'accordaient parfaitement avec les siens.

En *post-scriptum*, il nous apprend que le 19, le 20 et le 21 du même mois, une tache parut au milieu du disque solaire; qu'il put l'apercevoir à la vue simple, et qu'il la fit remarquer à plusieurs assistans.

La troisième lettre est du 1er décembre 1612. L'auteur y discute un nouvel écrit de Scheiner. Il ne croit pas que Vénus, obscure et débarrassée de son irradiation, doive paraître aussi grande qu'on pourrait le conclure de son disque apparent, quand il est lumineux. Nous ne le suivrons pas dans toutes les objections qu'il fait à Scheiner, et dans lesquelles il paraît avoir un grand avantage sur son adversaire, sans cependant avoir toujours raison. Nous remarquerons seulement qu'il y parle de facules ou points plus lumineux que le reste du disque, et qui ont la même marche que les taches.

Il pense que les planètes et la Lune pourraient être habitées comme la Terre; mais il croit que ce doit être par des êtres d'une nature tout-à-fait différente. Il réfute ensuite quelques bévues de Scheiner sur les satellites; puis passant à Saturne, il témoigne la surprise où il a été de le voir solitaire et parfaitement rond. Les deux étoiles qui l'accompagnaient se sont-elles dissipées, comme les taches solaires? Saturne a-t-il dévoré ses propres enfans? mes lunettes m'ont-elles trompé si long-tems? Il hasarde ensuite quelques prédictions, qu'il regarde lui-même comme très incertaines. Il pense donc que les deux étoiles pourront redevenir visibles pendant deux mois vers le solstice d'été de l'an 1613; qu'elles se cacheront de nouveau jusqu'au solstice d'hiver de 1614; qu'alors elles pourront encore se montrer pendant quelques mois; qu'elles se cacheront de nouveau l'hiver suivant; après quoi il croit pouvoir affirmer, avec plus de certitude, qu'elles ne se cacheront plus si ce n'est au solstice d'été de

1615, où elles auront l'air de vouloir disparaître; mais que bientôt après, se remontrant, elles seront plus brillantes que jamais, pendant plusieurs années sans la moindre interruption. Et comme je ne doute pas de leur retour, dit-il encore, je réserve pour ce tems plusieurs particularités qui ne sont à la vérité fondées que sur des conjectures; et je me persuade que ces phénomènes, comme les phases de Vénus, apporteront encore de nouvelles raisons en faveur du système de Copernic.

Cet écrit est suivi des configurations des quatre satellites, calculées d'avance pour les mois de mars et d'avril 1813. Dans un *post-scriptum*, il fait quelques remarques sur leurs éclipses; il dit d'abord que les satellites se voient difficilement quand ils sont tout près de Jupiter. La variété qui s'observe dans les éclipses l'avait fort tourmenté, tant qu'il n'en avait pas encore deviné la cause; elles durent tantôt plus tantôt moins, quelquefois elles sont invisibles pour nous, ce qui tient au mouvement de la Terre, aux diverses latitudes de Jupiter, aux distances plus ou moins grandes du satellite à Jupiter. Les éclipses de la présente année seront plus longues; il annonce que l'une de ces éclipses commencera quand le satellite sera caché derrière Jupiter, mais que l'émersion sera bien visible, parce que le satellite sera éloigné de la planète, de deux diamètres; dans une autre éclipse, l'émersion se verra à un diamètre. Il promet un plus grand nombre d'annonces pareilles; il s'excuse d'avance, si l'évènement ne répond pas toujours à la prédiction. Il est à remarquer, que parmi les causes des différences dans la durée des éclipses, il ne fait aucune mention de l'inclinaison des orbites; et cependant cette cause était celle qui se présentait la première.

De maculis solaribus tres epistolæ, de iisdem et stellis circa Jovem errantibus disquisitio, ad Marcum Velserum, Apellis post tabulam latentis.

La première de ces lettres est du 12 novembre 1611. Scheiner dit qu'avec une lunette qui grossit de 600 à 800 fois en surface, il avait, il y a sept mois, regardé le Soleil et la Lune, pour en comparer les diamètres qui lui parurent égaux, et qu'il aperçut alors sur le Soleil quelques taches noires auxquelles il fit alors peu d'attention, parce qu'il avait un autre objet en vue. « Nous y sommes revenus le mois d'oc-
» tobre dernier, et nous avons aperçu les taches dont vous voyez le
» dessin. Nous crûmes d'abord que ce pouvait être quelque ordure ou
» quelque défaut dans les verres. Nous employâmes plusieurs lunettes
» qui toutes nous montrèrent les mêmes apparences chacune sur son
» échelle propre. On avait beau tourner les lunettes sur leurs axes, les

» taches restaient immobiles, elles ne changeaient pas de position, si » ce n'est par le mouvement diurne du Soleil; il fallut reconnaître » qu'elles appartenaient au Soleil. Elles n'avaient point de parallaxe; » elles disparurent au bout de quelques jours; je crois qu'elles allaient » du levant au couchant, mais je sais qu'elles allaient du nord au sud. » Les observations suivantes éclairciront ce point. Elles doivent être » dans le Soleil ou dans un ciel autour du Soleil. Mais comment ima- » giner dans le Soleil des taches plus noires que dans la Lune? Si elles » étaient dans le Soleil, il faudrait que le Soleil eût un mouvement de » rotation; les taches reparaîtraient et elles n'ont pas reparu. *Elles ne » sont donc pas dans le Soleil;* nous croyons que ce sont des étoiles » qui éclipsent le Soleil. Ces observations ne sont pas très exactes; on » les a dessinées à vue, et sans prendre aucune mesure; on a fait les taches » plus grandes qu'elles ne sont. Quand le Soleil est près de l'horizon, » on peut le regarder impunément dans la lunette; quand il est plus » élevé, *on couvre l'objectif d'un verre plan vert.* »

Les deux auteurs prétendent avoir vu les taches en avril 1611. Galilée a des témoins, Scheiner n'en cite aucun, et d'ailleurs le long intervalle entre les observations d'avril et celles d'octobre, ses doutes en octobre, prouveraient qu'il avait mis bien peu d'importance à ce qu'il aurait vu en avril, et qu'alors, supposé qu'il eût remarqué quelques taches noires sur le Soleil, il a pu les attribuer de même à quelque ordure ou à quelque défaut dans les verres, et sa découverte ne daterait véritablement que d'octobre. Il suffit de cette remarque pour faire perdre le procès à Scheiner. Il est assez singulier qu'il ne se souvienne pas bien si les taches allaient à l'orient ou à l'occident, ce qui prouve qu'il n'aurait véritablement observé que la figure de ces taches. Il n'est pas aussi heureux dans ses conjectures que Galilée; il était moins bon géomètre, astronome moins exercé; mais il n'y a pas de raison suffisante pour le taxer de plagiat. S'il avait une lunette, il a pu voir les taches; il n'y a pas grand mérite à cela.

La deuxième lettre est du 19 décembre. Scheiner calcule que d'après les éphémérides de Magini, Vénus doit passer sur le Soleil, y produire une tache ronde de 3′ de diamètre et plus grande que les taches observées; que le mouvement de Vénus *doit être contraire à celui des taches.* Galilée lui répond avec grande raison que le mouvement *doit être le même.* Le jour était serein, Vénus ne s'est pas montrée, Scheiner en conclut qu'*elle est au-dessus du Soleil.* Il promet de se rendre attentif aux passages de Mercure comme à ceux de Vénus; il les croit tous deux au-dessus du Soleil.

La troisième lettre est du 26 décembre. L'auteur prend un ton plus affirmatif. *Les taches ne tiennent point au Soleil.* Elles n'emploient que 15 jours à le traverser; elles devraient revenir au bout de 15 jours $2^h 22'$, il n'en a vu revenir aucune. Elles n'ont pas de parallaxe, elles ne sont donc pas dans la région de la Lune; elles ne sont pas dans celle de Mercure, pas même dans celle de Vénus; elles tournent très près du Soleil. Ce ne sont ni des nuages ni des comètes. Ces taches doivent être grandes, opaques et profondes; elles doivent avoir des phases que l'éclat du Soleil empêche de distinguer.

Les satellites de Jupiter doivent être de même nature, leur nombre doit être de plus de quatre; ils doivent parcourir des cercles différens, *inclinés tantôt au nord, tantôt au sud;* voilà du moins une conjecture plus heureuse.

Il soupçonne quelque chose de semblable pour Saturne. Depuis le Soleil jusqu'à Mercure, il doit y avoir plusieurs planètes, et nous ne pouvons apercevoir que celles qui viendraient à passer sur le Soleil.

Accuratior disquisitio ejusdem Apellis, 16 janvier 1612.

Cet écrit commence par le calcul de la conjonction de Vénus qui n'a pu être observée. Maginus aurait-il commis une erreur de 7′ à 8′ sur la latitude? Scheiner ne peut se le persuader; il est bien sûr aujourd'hui que le passage de Vénus n'a pu avoir lieu.

Il croit avoir trouvé un cinquième satellite, il le dédie à son patron Velserus, le même auquel Galilée avait adressé ses trois lettres. Scheiner s'était un peu trop pressé.

Scheiner revient aux taches. On peut les observer en faisant passer par un trou les rayons du Soleil, et en recevant l'image sur un papier; on le peut par réflexion en recevant l'image du Soleil sur un miroir qui la renverra sur un mur, ce qui serait suffisant pour apercevoir les taches, mais non pour en déterminer exactement la position; il rapporte l'observation d'une éclipse de Soleil, dans laquelle la Lune était environnée d'un cercle lumineux qui se prolongeait au-delà du Soleil. Les taches du Soleil étaient plus noires que la Lune, la partie de la Lune qui couvrait le Soleil était blanchâtre *et transparente comme un cristal, elle laissait voir le Soleil;* mais cette partie de l'observation a été faite sans lunette. Scheiner en conclut que les taches du Soleil sont plus noires que la Lune.

L'éditeur rassemble ensuite plusieurs lettres pour prouver que c'est Galilée qui a le premier vu les taches du Soleil. Aguilon, dans son Optique, en attribuait la découverte à Scheiner. Le prince Frédéric Cési s'étonne de cette prétention, vu que les jésuites savent fort bien que c'est Galilée qui les a montrées le premier. Gucchia écrit le 16 juin 1612, qu'il y a plus d'un an que Galilée lui a montré les taches. L'archevêque Dini atteste qu'il était au jardin Quirinal en avril ou mai 1611, quand Galilée fit voir les taches. Une autre lettre d'un frère Fulgence prouverait beaucoup si elle indiquait le jour où Galilée a montré les taches; cependant cette date s'y trouve au moins implicitement, puisqu'on s'y moque du jésuite qui veut se faire honneur de la découverte. Enfin deux lettres de Jean Pieroni, ingénieur de l'empereur, attestent que le P. Guldin, jésuite, se souvient parfaitement que c'est lui qui a donné à Scheiner la connaissance de la découverte des taches par Galilée. Ce dernier témoignage qui confirme ce que Galilée dit dans l'une de ses lettres à Velseri, ne laisse plus aucun doute. Ce qui est incontestable, c'est que Galilée a trouvé la chose de son côté, et l'a trouvée le premier; la question est seulement de savoir si Scheiner est plagiaire. La chose paraît assez vraisemblable, il y a grande apparence au moins que le jésuite n'est pas de bonne foi. Il n'a jamais prétendu que Galilée lui dût la connaissance des taches, il ne paraît prétendre qu'à la gloire de les avoir trouvées aussi de lui-même et la question est peu importante. Nous verrons par la suite ce qu'il a fait pour cette théorie, dans son gros volume de la Rose ursine.

Disputatio astronomica de tribus Cometis anni 1618.

Cet écrit paraît d'un jésuite; on ignore si Galilée n'en avait pas fourni le fond. On y prouve que la comète était au-dessus de la région de la Lune, par deux raisons; elle n'avait pas de parallaxe sensible, et elle ne paraissait pas grossir dans la lunette, tandis que la Lune y paraît bien plus grande qu'à l'œil nu.

Discorso delle Comete di Mario Guiducci, 8 juin 1619.

L'auteur se propose de prouver que la parallaxe est un moyen peu sûr pour démontrer la distance d'une comète, et que le grossissement plus ou moins grand ne dépend pas de la distance; qu'il est le même pour tous les objets considérés dans la même lunette; que si, par l'irradiation, un objet paraît plus grand à l'œil nu que dans la lunette, c'est une preuve que l'irradiation a lieu dans notre œil et non autour de l'objet; ainsi la lunette ne peut le grossir. Enfin que si les queues des comètes paraissent courbes, c'est que nous ne les voyons pas tout entières dans le plan où se fait la réfraction; car, si elles y étaient tout entières, elles nous paraîtraient droites.

Il Saggiatore nel quale con bilancia esquisita e giusta si ponderano le cose contenute nella libra astronomica e filosofica di Lotario Sarsi Sigensano scritta in forma di littera a monsignor Cesarini dal signor Galileo Galilei.

Galilée se demande par quelle fatalité toutes ses découvertes ont été amèrement critiquées et tournées en ridicule, ou bien lui ont été dérobées par des plagiaires qui ont voulu s'en faire honneur. Son caractère le porterait à se taire et à dissimuler, mais il ne peut dissimuler le procédé de Simon Marius, le même qui autrefois a traduit en latin son Traité du Compas, et l'a fait imprimer par un de ses disciples qu'il a laissé dans l'embarras en s'évadant aussitôt. Ce même Marius, quatre ans après la publication du *Sidereus Nuntius,* n'a pas rougi de s'approprier l'invention d'un autre; en imprimant son *Mundus Jovialis,* il a témérairement affirmé qu'il avait le premier observé les satellites. Galilée outre un peu le reproche; Marius convient que Galilée est le premier qui les ait vus en Italie, et il se restreint à dire qu'il les a vus le premier en Allemagne; et dans son *Mundus Jovialis,* il convient qu'il a lu le *Nuntius Sidereus* de Galilée. Marius dit que les satellites ne sont en ligne droite parallèle à l'écliptique que dans leurs plus grandes digressions, parce que leurs orbites sont inclinées à l'écliptique. Galilée prétend qu'elles y sont parallèles; et les différences de latitude, il les attribue aux latitudes de Jupiter. Il paraît que sur ce point tous deux se trompaient à peu près également. Les orbites sont inclinées à l'équateur de Jupiter, lequel est incliné à son écliptique et à la nôtre; mais tous ces angles d'inclinaison sont faibles et les nœuds sont mobiles; on n'avait point alors assez d'observations pour se douter de la véritable position de ces orbites.

La première des observations de Marius est précisément la seconde de Galilée; il a déguisé l'identité en donnant la date suivant le Calendrier julien, au lieu que Galilée avait suivi le Calendrier grégorien; mais l'heure, le jour et la configuration sont identiques. Galilée lui reproche encore de lui avoir dérobé les mouvemens périodiques, et en effet il les a copiés avec très peu de changemens.

Dégoûté de ces attaques, de ces plagiats et de ces injustices, Galilée avait résolu de ne plus rien publier; ses amis tachaient d'ébranler sa résolution, et ses ennemis l'ont rendue vaine, en lui attribuant des écrits dont il n'est point l'auteur. Un Lotario Sarsi, personnage absolument inconnu, l'attaque comme l'auteur du discours de Mario Guiducci, dont il vient d'être question. Galilée ne cherche pas quel est l'écrivain qui a voulu se cacher sous le nom de Sarsi, il usera avec lui de la liberté que permet le masque, pour s'expliquer plus franchement. Tout ce que le *Saggiatore* offre de polémique est fort étranger à l'histoire de l'Astronomie. Nous ne ferons attention qu'à ce qu'il contient de mathématique ou d'astronomique, et d'abord on est étonné de voir qu'il prétende contre Tycho que le défaut de parallaxe n'est pas une bonne preuve que la distance de la comète soit plus grande que celle de la Lune. Il veut que Tycho se soit trompé dans son calcul. Il s'agit d'une observation d'Uranibourg, comparée à une observation faite à Prague.

Soit Z le zénit d'Uranibourg (fig. 87), V celui de Prague; ACB= (H—H') = différence des latitudes ou distance des deux zénits.

$$
\begin{aligned}
BAC = ABC &= 90^\circ - \tfrac{1}{2}ACB \\
ZAK &= N \\
BAC + ZAK &= 90^\circ + N - \tfrac{1}{2}ACB \\
BAK = 180^\circ - BAC - ZAK &= 90^\circ - N + \tfrac{1}{2}ACB \\
BAC + BAK + ZAK &= 180^\circ \\
VBA &= 90^\circ + \tfrac{1}{2}ACB \\
VBK &= N' \\
ABK = VBA + VBK &= 90^\circ + N' + \tfrac{1}{2}ACB \\
BAK &= 90^\circ - N + \tfrac{1}{2}ACB \\
ABK + BAK &= 180^\circ - N + N' + ACB \\
&= 180^\circ - (N - N' - ACB) \\
AKB &= (N - N' - ACB);
\end{aligned}
$$

$$
\begin{aligned}
\text{ainsi, dans le triangle ABK, l'angle } A &= 90^\circ - N + \tfrac{1}{2}ACB \\
\text{l'angle } B &= 90^\circ + N' + \tfrac{1}{2}ACB \\
K &= N - N' - ACB;
\end{aligned}
$$

$$
\begin{aligned}
\sin K : AB :: \sin A : BK = \frac{AB \sin A}{\sin A} &= \frac{2 \sin \frac{1}{2} ABC \sin(90^\circ - N + \frac{1}{2} ACB)}{\sin(N - N' - ACB)} \\
&= \frac{2 \sin \frac{1}{2}(ACB) \cos(N - \frac{1}{2} ACB)}{\sin(N - N' - ACB)}, \\
\sin K : AB :: \sin B : AK = \frac{AB \sin B}{\sin K} &= \frac{2 \sin \frac{1}{2} ACB \sin(90^\circ + N' + \frac{1}{2} ACB)}{\sin(N - N' - ACB)} \\
&= \frac{2 \sin \frac{1}{2}(H - H') \cos(N + \frac{1}{2} ACB)}{\sin(N - N' - ACB)};
\end{aligned}
$$

AK et BK connus, on aura deux moyens différens pour connaître CK.

Les distances AK, BK, CK de la comète seront exprimées en parties dont le rayon de la Terre AC=1. Toute la question est de savoir si AB, N et N′ peuvent être assez exactement connus par les observations, pour donner à peu près les distances AK, BK, si (N—N′) surpasse assez ACB. Mais on connaît au moins les limites des erreurs, et quand on se tromperait de quelques minutes, il suffit que le dénominateur soit petit en comparaison du numérateur pour en pouvoir conclure que CK est grand par rapport à CA, et que la parallaxe est petite quoiqu'on ne puisse déterminer avec sûreté la distance absolue.

Il n'y a donc aucune difficulté si les deux lieux sont sous le même méridien; s'ils diffèrent en longitude on corrigera l'une des deux distances au zénit du mouvement de la comète en déclinaison pendant l'intervalle des tems. Tycho peut avoir calculé d'une manière trop peu scrupuleuse, mais il n'est pas à croire qu'il ait pu commettre une erreur aussi considérable dans un problème aussi simple; il ne l'a pas résolu directement, ce qui peut-être était le meilleur parti à prendre. Il a supposé une parallaxe, et cherché l'effet qu'elle aurait dû produire; il n'a point trouvé que cet effet eût lieu, il en a conclu une parallaxe plus petite. L'objection de Galilée a l'air d'une chicane.

Sarsi en parlant de la lunette avait dit que si elle n'était pas *fille* de Galilée elle pouvait passer pour sa pupille ou son élève. Galilée, pour prouver qu'il en est le père, raconte de quelle manière il procéda pour arriver à cette invention, qui fut en Hollande un pur effet du hasard, au lieu que chez lui elle fut produite par le raisonnement.

Sans la nouvelle venue de Hollande, il avoue que peut être il n'y aurait jamais pensé; mais il n'est pas d'avis qu'un problème soit bien facilité quand il est proposé. Il a raison; mais il y a des problèmes auxquels on ne s'applique pas parce qu'on s'est trop légèrement persuadé qu'ils sont impossibles, ou même desquels on n'a aucune idée; mais si l'on vous annonce que le problème n'est pas une chimère puisqu'il est résolu, alors on l'examine et la solution se trouve puisqu'elle n'est pas impossible. Au reste l'invention n'a pas exigé de bien longs raisonnemens. Il vit aussitôt qu'il fallait combiner un verre convexe avec un verre concave; l'idée lui en vint la nuit, et le lendemain la lunette était faite. Il en donna avis à Venise; six jours après il en avait une plus parfaite, qu'il porta lui-même à Venise, où il la fit voir pendant un mois entier, et la présenta au doge; en récompense il vit augmenter son traitement, qui était déjà triple de celui de son prédécesseur.

Galilée explique ensuite que le grossissement varie beaucoup quand la distance est petite, mais toujours de moins en moins à mesure que l'objet s'éloigne; qu'on ne voit plus de différence du Soleil à la Lune, et qu'ainsi le grossissement ne peut faire connaître la distance. Le grossissement ne varie plus quand le foyer ne varie plus, et il ne varie plus dès que les rayons qui tombent sur l'objectif sont parallèles, ou du moins qu'il ne s'en faut plus que de quelques secondes.

Nous omettons de longues discussions très peu instructives sur la nature des comètes et nous passerons à une expérience faite, mais non publiée par Galilée, rapportée et inexactement expliquée par Sarsi, qui n'en avait pas été témoin. Cette expérience avait été imaginée par Galilée pour montrer l'inutilité du mouvement que Copernic avait supposé pour expliquer le parallélisme de l'axe de la Terre dans sa révolution annuelle autour du Soleil. Ce mouvement, qui altérait la simplicité du système, paraît d'ailleurs peu naturel et peu probable. Nous avons vu que Képler avait déjà montré, dans sa Théorie de Mars, et qu'il a répété depuis dans son Abrégé de l'Astronomie copernicienne, et enfin dans la seconde édition de son Prodromus, que ce mouvement est parfaitement inutile. Voyons cependant l'expérience et le raisonnement de Galilée, qui devait avoir connaissance au moins du premier de ces ouvrages que Képler lui avait envoyé, et qu'il ne cite pourtant jamais : ce qui est au moins singulier.

Selon Galilée, un corps quelconque, soutenu librement dans un milieu peu dense et liquide (s'il a un mouvement de translation dans la circonférence d'un grand cercle), acquerra spontanément une conversion sur lui-même et contraire au grand mouvement. Jusqu'ici Galilée aurait l'air de vouloir démontrer le mouvement imaginé par Copernic. Prenez en main un vase plein d'eau, placez-y une balle qui y surnage, étendez le bras, tournez rapidement sur un pied, et vous verrez la balle tourner sur elle-même en sens contraire, et sa conversion s'accomplira dans le même tems que celle de l'observateur. La Terre, qui est suspendue dans un milieu subtil et liquide, portée par son mouvement annuel sur la circonférence d'un grand cercle, dans l'espace d'une année, doit donc avoir acquis ce mouvement qui produit la diversité des saisons. Ce mouvement est annuel comme l'autre, seulement il s'opère en sens contraire. Ce qu'en disait Galilée était uniquement pour écarter l'objection faite à Copernic, et il ajoutait qu'en considérant mieux la chose on reconnaissait que ce mouvement, faussement attribué à la Terre, n'est pas véritablement un mouvement, mais une négation de mouvement et un repos. Galilée paraît ici traduire Képler, qui avait dit : *motus iste re verâ motus non est, quies potius dicenda.* Si Galilée a eu effet profité de l'idée de Képler, si ce passage lui a fait examiner plus attentivement son expérience, il aurait été mieux de citer le premier auteur, pour ne pas encourir le reproche qu'il fait si amèrement à Simon Marius et à plusieurs autres plagiaires, tant pour son compas et pour les taches du Soleil, que pour les Satellites. Il ajoute : Il est bien vrai que la balle *paraît* se mouvoir par rapport à l'observateur comme la Terre par rapport au Soleil, mais elle est immobile par rapport aux murs de la chambre (comme l'axe de la Terre par rapport à un point donné du ciel.)

Dans la suite il cherche à expliquer pourquoi la Lune nous paraît plus grande à l'horizon qu'au zénit; il dit que ce peut être un effet de réfraction; mais nulle part il ne s'explique sur la réfraction astronomique de manière à faire croire qu'il en eût la moindre idée, ou qu'il connût ce qu'en avait écrit Tycho ou Képler; il dit seulement que puisque les taches conservent invariablement leur distance au bord du disque, l'effet, quelle qu'en soit la cause, ne tient pas non plus à l'irradiation, c'est-à-dire à une couronne lumineuse qui entourerait la Lune, et qui n'existerait que dans notre œil ou dans l'atmosphère; il discute ensuite longuement la question de savoir si l'on pourrait voir les étoiles à travers une comète embrasée, ou en général si la flamme est ou n'est pas transparente. Cette question est assez étrangère à l'Astronomie, comme presque tout ce qui est contenu dans cette dissertation beaucoup trop longue, comme presque tous les écrits de Galilée, qui trop souvent perdait son tems à examiner des choses qui n'en valaient guère la peine. On voit assez qu'il préfère le système de Copernic à ceux de Ptolémée et de Tycho; mais toutes les fois que la question paraît tourner vers quelque point de ce système, il prend la précaution de dire que l'Église l'a condamné, et que c'est aux théologiens à décider; mais que si l'on s'en rapportait aux lumières naturelles il serait difficile de ne point l'admettre. Nous verrons plus loin la cause de cette réserve.

Lettera del signor Galileo Galilei, in proposito di quanto discorre Fortunio Liceti sopra il candor Lunare. Il s'agit de la lumière cendrée et de l'explication qu'en avait donnée Galilée, d'après Léonard de Vinci. Cette dissertation n'ajoute rien d'intéressant à ce qu'il avait dit précédemment. Nous extrairons ci-après la replique faite par Liceti; nous ne dirons rien de plus de la lettre, sinon que Galilée avait cru d'abord que le bord de la

Lune était plus lumineux que le milieu du disque; en y regardant mieux il n'y a trouvé aucune différence. Cette lettre n'a point de date, mais on y voit qu'il était aveugle, et qu'il ne pouvait ni lire ni écrire lui-même. La lettre est donc de ses dernières années.

La lettre qui suit, dans l'édition que je possède, est bien plus ancienne puisqu'elle est de 1611; elle a pour objet les montagnes de la Lune. On n'y voit rien de nouveau; il soutient ce qu'il avait avancé, que la Lune a des montagnes jusqu'à ses bords, et non pas seulement dans le milieu de la face qu'elle nous présente.

Discorsi e dimostrazioni matematiche intorno a due scienze attenenti alla Mecanica et i movimenti locali. La dédicace est datée d'Arcetri, le 6 mars 1638. Cet ouvrage est divisé en journées ou dialogues; les interlocuteurs sont les mêmes que ceux qu'il avait introduits dans son Système du Monde, dont nous parlerons plus loin, c'est-à-dire Salviati, Sagredo et Simplicio.

Nous passerons tout ce qui est de Mécanique pure; mais la question du mouvement de la lumière est liée trop intimement à l'Astronomie pour ne pas extraire ici ce qu'en dit Galilée; il vient de parler de la rapidité de la foudre, et il ajoute : « Quelle ne doit pas être la vitesse de la lumière? est-elle instantanée, ou, comme tous les autres mouvemens, exige-t-elle un certain tems? ne pourrait-on pas trouver ce tems par expérience? »

Ici Simplicius cite la lumière d'un canon, qui s'aperçoit long-tems avant que le son ne s'en fasse entendre. Sagredo remarque qu'il n'en résulte rien autre chose, sinon que la vitesse de la lumière surpasse de beaucoup celle du son. Cette expérience prouve bien que la vitesse de la lumière est très grande; mais nullement que la transmission en soit instantanée.

Salviati convient que l'expérience est peu concluante, et qu'il en est de même de quelques autres qui ont été proposées; ce qui nous prouve en passant que la question avait déjà plus d'une fois été agitée.

« C'est ce qui m'a fait chercher des moyens qui pussent nous faire connaître certainement si l'expansion de la lumière est véritablement instantanée, car il n'y a jusqu'ici qu'une chose certaine, c'est qu'elle est du moins très rapide. Je veux donc que deux personnes prennent chacune une lumière, qu'elles puissent couvrir et découvrir facilement; que se tenant d'abord à la distance de quelques pas, elles s'exercent à couvrir et découvrir leur lumière aux yeux de leur compagnon, de manière que l'un, dès qu'il voit la lumière de l'autre, découvre aussitôt la sienne; quand ils seront suffisamment exercés, ils s'éloigneront de deux ou trois milles, et répéteront l'expérience en notant l'intervalle écoulé entre l'instant où ils auront découvert leur lumière et celui où ils auront aperçu celle de leur compagnon. Si deux ou trois milles ne donnent pas d'intervalle sensible, ils s'éloigneront à la distance de huit ou dix milles, et ils se serviront du télescope. »

Sagredo trouve l'idée ingénieuse et demande quel en a été le succès. Galilée, sous la personne de Salviati, répond qu'il ne l'a tentée qu'à une distance qui n'était pas d'un mille, qu'il n'en peut rien conclure, sinon que la transmission est très rapide; mais il ne la croit pas instantanée.

A cet égard Galilée avait été plus loin que Descartes n'a fait depuis; il proposait des distances plus grandes et l'emploi du télescope; il arrivait aussi, quoique par hazard, à une conclusion plus vraie; mais Descartes avait un système duquel résultait la transmission instantanée; et nous verrons que Descartes fit à ce sujet une remarque qui a conduit à une conclusion toute opposée à celle qu'il tirait lui-même. Ainsi Descartes aurait contribué plus que Galilée à la découverte importante du tems que la lumière emploie à franchir un intervalle donné. (*Voyez* tome suivant, les articles de Descartes et de Cassini.)

Les lunettes et les pendules ont changé la face de l'Astronomie; ces deux inventions sont dues originairement à Galilée; il est vrai qu'entre ses mains elles étaient encore loin de ce qu'elles sont devenues pour être si éminemment utiles; mais les premiers inventeurs ont des droits que rien ne peut prescrire. La lunette de Galilée, malgré sa faiblesse, a rendu d'importans services à l'Astronomie; les phases de Vénus, la rotation du Soleil et les satellites de Jupiter, ont agrandi nos idées, ont fourni de puissans argumens en faveur de Copernic. Son pendule était une belle découverte en Mécanique; il était difficile de prévoir la révolution qu'il ferait en Astronomie; Galilée lui-même n'en avait qu'une idée imparfaite, on n'en voit rien dans ses ouvrages; on prétend néanmoins qu'il en espérait une mesure exacte du tems, qu'il l'avait appliqué à une horloge pour observer les éclipses des satellites et déterminer les longitudes; mais il faut l'avouer, ces prétentions sont loin d'être bien prouvées. Nous recueillerons ce qui pourrait les appuyer.

Galilée annonce ici, ce qu'il prouvera plus loin, que le même pendule fait toutes ses vibrations en tems égaux; que le mobile qui descend par une corde quelconque, la parcourt toujours dans le même tems, fût-ce le diamètre même, pourvu que toutes les cordes aboutissent à l'extrémité inférieure du diamètre perpendiculaire. La descente par les arcs qui ne sont pas de 90° se fait aussi en tems égaux et plus courts que ceux des cordes; proposition, dit-il, qui a l'air d'un paradoxe; il ajoute que les tems des vibrations sont en raison sous-doublée de la longueur des fils, ou que les longueurs sont comme les carrés des tems. Ces théorèmes importans, et les lois de la chute des corps, auraient suffi pour immortaliser le nom de Galilée; mais pour être directement applicables à l'Astronomie, ils avaient besoin de développemens et même de limitations auxquelles l'auteur n'a pas songé.

Il parle des résonnances de deux cordes à l'unisson, rapporte quelques expériences faites sur un verre rempli d'eau. On n'a qu'à frotter le bord du bout du doigt, on voit aussitôt frémir l'eau contenue dans le verre; et si le verre lui-même est plongé jusqu'au bord dans un vase aussi rempli d'eau, l'eau extérieure frémit comme celle du verre. S'il arrive que le son du verre monte jusqu'à l'octave, on voit au même instant les ondes se partager en deux; expérience qui montre le rapport d'un ton quelconque à son octave. Il donne de même les rapports connus de quelques autres tons.

Il y a trois manières pour rendre le ton d'une corde plus aigu; la première est de la raccourcir, la seconde est de la tendre davantage, et la troisième de l'amincir. Pour faire monter le ton à l'octave il suffit de retrancher la moitié de la corde; pour avoir le même effet par la tension il faut quadrupler le poids; enfin il faudrait réduire la corde au quart de sa grosseur. Les règles sont analogues pour les autres tons.

Les ondes également partagées par le milieu en ondes plus petites, quand le son passe à l'octave, nous prouvent que dans l'octave le nombre des vibrations est doublé. Ces ondes se communiquent à l'air, et par l'air à nos oreilles; mais il est bien difficile de mesurer ces ondes dans l'eau où elles durent trop peu; ne serait-ce pas une belle chose de les rendre permanentes? comme de les faire durer des mois et des années, afin de les pouvoir mesurer tout à son aise? Le moyen en est simple, il est dû au hasard; on ne me doit, dit Galilée, que l'attention que j'y ai donnée, et l'idée qui m'est venue que cette expérience pourrait conduire à quelques lumières nouvelles : en raclant, avec un ciseau de fer taillant, une lame de laiton, pour en ôter quelques taches, et faisant mouvoir avec rapidité le ciseau, j'entendis plusieurs fois un sifflement très clair et très fort, et regardant sur la lame j'y aperçus une longue suite de lignes subtiles et parallèles, et séparées par des intervalles égaux. Recommençant à racler de nouveau, je m'aperçus que les lignes parallèles ne se montraient que quand le frottement avait produit un son; si je raclais avec plus de vitesse, le sifflement devenait plus aigu, le nombre des parallèles augmentait et les intervalles diminuaient; et si en raclant je venais à accélérer le mouvement, j'entendais le son qui devenait plus aigu, les petites lignes se rapprochaient, mais elles étaient toujours exactement nettes et régulièrement espacées. Pendant le sifflement, je sentais le fer qui frémissait entre mes doigts, je sentais une certaine roideur qui me courrait par la main; j'ai observé, pendant le sifflement, que si deux cordes de clavecin frémissaient successivement, et que ces deux cordes fussent à la quinte, on voyait sur la plaque des distances de 45 et 30, ce qui est en effet le rapport qui donne la quinte. Mais avant d'aller plus loin, il faut vous avertir que des trois manières de rendre le son plus aigu, celle que vous rapportez au peu de diamètre de la corde, doit plus exactement se rapporter à son poids; en sorte que si l'on veut accorder deux cordes, l'une d'or et l'autre de laiton, si elles sont de même longueur, de même grosseur, et qu'elles aient la même tension, comme l'or est deux fois environ plus pesant, les deux cordes se trouveront accordées à la quinte ou à peu près.

Mais revenant à notre objet, je dis que la raison prochaine et immédiate des formes et des intervalles musicaux, ce n'est ni la longueur des cordes, ni la tension, ni la grosseur, mais bien la proportion du nombre de vibrations, et les battemens des ondes de l'air qui vont frapper le tympan de mon oreille auquel ces vibrations se communiquent; je n'ose ajouter qu'elle me paraît être la cause du plaisir que nous causent les consonnances, et du désagrément qui naît des dissonances; ce serait la simplicité des rapports qui ferait que les battemens reviendraient à coïncider avec plus de fréquence et de régularité. On peut imiter ces coïncidences avec des pendules de longueur convenable. C'est ici que se termine le premier dialogue; les autres ne sont pas plus de notre sujet, et nous n'avons rapporté ce qui précède que par l'analogie de ces expériences à celles de Chladny, à qui il est très possible et assez probable qu'elles aient fourni l'occasion et la première idée de ses belles recherches sur l'Acoustique.

Sytema cosmicum authore Galileo Galilæi Lynceo... in quo, quatuor dialogis, de duobus maximis mundi systematibus, Ptolemaïco et Copernicano, utriusque rationibus philosophicis ac naturalibus indefinite propositis disseritur. Ex italicâ linguâ latine conversum. Augustæ Traboccorum. Strabourg, 1635.

Cet ouvrage avait paru en italien, à Florence, en 1632, avec les approbations de l'inquisiteur général, et autres officiers ecclésiastiques. L'auteur avait mis en tête deux épigraphes pour justifier la liberté avec laquelle il se permettait de philosopher; il avait ajouté

Χωρὶς προκρίματος τὰ πάντα κρίνετε.

Dans tous vos jugemens défiez-vous de vos préjugés.

Son livre était dédié au grand duc de Toscane. Dans sa préface, il expose que, quelques années auparavant, on avait promulgué à Rome un édit *salutaire* qui, pour obvier aux scandales, imposait silence à l'opinion pythagoricienne du mouvement de la Terre; que quelques téméraires cependant avaient osé dire que ce décret n'avait pas été rendu en connaissance de cause, qu'il était l'ouvrage de la passion et non d'un examen judicieux. On disait que des consulteurs tout-à-fait ignorans en Astronomie, n'avaient pas dû couper ainsi les ailes au génie des philosophes qui s'occupent de ces méditations. Mon zèle, dit Galilée, ne put supporter ces plaintes téméraires. Bien instruit de ce décret si *prudent,* j'ai voulu rendre justice à la vérité. J'étais alors à Rome; les prélats les plus distingués m'avaient entendu et même applaudi, *et le décret n'avait pas été rendu sans qu'on m'en eût donné quelque connaissance.* J'ai donc voulu montrer aux nations étrangères, qu'en Italie, et même à Rome, on savait aussi bien que partout ailleurs tout ce qu'on peut avancer en faveur du système de Copernic, avant même qu'on y eût publié cette censure. Je me suis donc déclaré l'avocat de Copernic; et en procédant suivant une hypothèse mathématique, je me suis efforcé de prouver que cette hypothèse était préférable à celle qui met la Terre en repos, *non pas d'une manière absolue,* mais dans le sens où elle est attaquée par de prétendus péripatéticiens qui, dans leur philosophie, négligent de consulter les observations.

Je tâcherai de prouver que toutes les expériences qu'on peut faire sur la Terre sont également insuffisantes pour prouver son repos ou son mouvement, car elles s'expliquent également bien dans les deux hypothèses. J'examinerai ensuite les phénomènes célestes qui, fortifiant l'hypothèse copernicienne, conduisent à faciliter la science astronomique, si elles ne démontrent pas tout-à-fait la nécessité de ce système; je montrerai en troisième lieu que le mouvement de la Terre étant supposé, les phénomènes des marées deviennent beaucoup plus aisés à expliquer. J'ai la confiance que si les Italiens ont moins voyagé que d'autres nations, ils ont au moins médité tout autant, et que s'ils se sont abstenus de donner leur assentiment à l'opinion mathématique du mouvement de la Terre, ce n'est pas qu'ils aient ignoré tous, les raisons que d'autres ont imaginées pour l'appuyer; mais parce qu'ils ont eu d'autres raisons tirées de la piété, de la religion et de la connaissance qu'ils ont de la toute-puissance divine et de la faiblesse de l'esprit humain.

Il faut avouer que les inquisiteurs ne pouvaient pas être tout-à-fait dupes de ces protestations; mais s'ils eussent été moins ignorans et moins entêtés, Galilée en avait fait assez pour sauver les convenances; et ils auraient beaucoup mieux fait de parler dans le même sens.

Les interlocuteurs sont Salviati, noble florentin, qui soutient le système de Copernic; Sagredo, noble vénitien, homme d'esprit, au-dessus des préjugés, qui a des connaissances variées, mais homme du monde plutôt que savant. Ces deux personnages avaient été amis de Galilée, et ils étaient morts depuis plusieurs années; le troisième est un péripatéticien, grand admirateur d'Aristote. On lui a donné le nom de ce Simplicius dont il nous reste un commentaire sur le *ciel* d'Aristote. La scène est à Venise, dans le palais de Sagredo.

Après quelques discussions aristotéliciennes et pythagoriciennes, assez peu intéressantes, Galilée donne l'idée des trois dimensions d'un corps et des trois coordonnées rectangulaires, comme avait fait Ptolémée. Aristote avait dit que le mouvement circulaire était seul parfait, et que le mouvement rectiligne est imparfait. Nous avons vu que Képler ne reconnaît qu'un mouvement naturel, c'est le mouvement rectiligne; ce qui serait plus aisé à démontrer que la proposition d'Aristote.

Galilée fait quelques objections, ce qui amène quelques notions sur le mouvement, que l'auteur avait consignées dans sa Mécanique. La gravité qui a fait que la Terre et la mer ont une figure sphérique, a pu donner la même forme au Soleil, à la Lune et aux planètes. Cette idée est fort ancienne. Il se livre ensuite à la discussion de l'opinion d'Aristote sur la corruption dont la Terre est le siége, et l'incorruptibilité et l'immuabilité qu'il attribue au ciel. Il repousse avec *abomination* l'idée de regarder comme une imperfection la faculté reconnue à la Terre d'engendrer et de produire. C'est là, selon lui, ce qu'elle a de plus noble et de plus admirable. Si elle n'était sujette à aucune mutation, que serait-elle? qu'une solitude vaste et sablonneuse, une masse inerte et inutile, dont l'existence serait une chose tout-à-fait indifférente.

Il en dit autant de la Lune et des autres planètes. Le reste du dialogue traite de la manière dont la Lune est éclairée et réfléchit la lumière. On n'y voit rien de neuf ou de remarquable.

Le second commence à peu près de même, mais on y agite bientôt la question du mouvement de la Terre. Si ce mouvement existe, il doit nous être absolument insensible, et tout doit nous paraître tourner autour de nous. Nous pourrions nous croire en repos si un seul, ou plusieurs corps seulement, paraissaient tourner; mais s'ils tournent tous sans exception? Il est donc possible que la Terre tourne comme les autres; les phénomènes seront les mêmes dans l'une et l'autre supposition; mais la nature opère toujours par les moyens les plus simples; or, il est bien plus simple d'expliquer le mouvement diurne par la rotation de la Terre, qu'en faisant tourner autour d'elle, avec une vitesse inconcevable, tant de masses énormes, en comparaison desquelles elle n'est presque rien. Tout cela avait été dit; mais voici une idée plus neuve : Otez la Terre du monde, à quoi serviraient tous ces mouvemens? Ajoutez que le mouvement général de tous les corps est en sens contraire de tous les mouvemens propres. Faites tourner la Terre sur son axe, tous les mouvemens se feront du même côté. Je ne sais si cette raison est bien bonne, s'il est bien vrai que tous les mouvemens célestes soient dans le même sens, et si les comètes rétrogrades ne feraient pas une exception.

Ajoutons que l'ordre doit exiger que les révolutions soient d'autant plus lentes, que les cercles sont plus grands. Ainsi Saturne est la plus lente des planètes; Jupiter vient ensuite, puis Mars, et ainsi des autres. La même chose se remarque dans les satellites de Jupiter. C'était ici le lieu de faire valoir la troisième loi de Képler. Képler fait tous ces mêmes raisonnemens, et les rend bien plus forts; on ne conçoit pas comment Galilée peut négliger un si grand avantage.

Si nous supposons la Terre immobile, il faudra, après avoir remonté, par ordre, de la Lune à Saturne, passer d'un mouvemen de 30 ans à un mouvement de 24 heures.

Ce raisonnement n'est pas bien juste. Simplicius aurait pu répondre qu'on passait à un mouvement de 25 à 26000 ans, et cette réponse ne confondrait pas, comme fait Galilée, un mouvement diurne avec des révolutions annuelles, car ce mouvement de 24 heures n'est pas propre aux étoiles, il appartient aussi aux planètes.

Si la Terre se meut, de Saturne, qui est si lent, nous passerons aux étoiles qui sont immobiles, et ce passage sera plus naturel. Quelle serait la solidité qu'il faudrait donner au ciel, s'il fallait qu'il tournât ainsi avec tant de régularité? Mais si le ciel est fluide, comme il est probable, et si les étoiles sont toutes isolées et indépendantes, par quel moyen leur donnera-t-on ce mouvement commun? Mais si ce mouvement est si général, comment se fera-t-il que la Terre y échappe seule, et qu'elle ne tourne pas avec tout le reste? Ce raisonnement est rapporté par Képler comme de Mæstlinus.

Toutes ces raisons ne forment encore qu'une grande probabilité et non pas une démonstration; un seul fait qui y serait contraire et bien avéré les renverserait toutes; il faut donc voir ce qu'on peut nous objecter.

Le premier argument contre le mouvement de la Terre, se tire de la chûte des graves, qui tombent perpendiculairement à la surface. Une pierre qu'on laisse tomber du haut d'une tour, arrive au pied de la tour; un boulet qu'on laisse tomber du haut d'un mât, tombe au pied si le vaisseau est immobile; il *en tombe loin si le vaisseau s'est déplacé dans l'intervalle.* Un boulet lancé perpendiculairement, retombe fort près du canon duquel il est sorti. Lancez un boulet à l'orient et un autre à l'occident, si la terre tourne, ils doivent faire un chemin très inégal; l'un aura son mouvement plus celui de la Terre, l'autre n'aura que la différence de ces deux mouvemens. Si la Terre tourne, l'horizon s'élève ou s'abaisse sans cesse; si vous visez horizontalement, jamais vous ne pourrez atteindre le but. Voilà les objections présentées par un copernicien, avec toute l'énergie que pourrait y mettre un sectateur de Ptolémée. Sagredo fait ici une remarque : Parmi les adversaires de Copernic, il s'en trouve rarement un qui ait lu son livre; on peut citer un grand nombre de partisans de Ptolémée qui sont devenus coperniciens, on ne connaît aucun copernicien qui se soit converti à Ptolémée.

Galilée explique la chute de la pierre le long de la tour, par un mouvement composé d'un mouvement circulaire qui lui est imprimé par la rotation de la Terre et de la tour, et d'un mouvement rectiligne qui est l'effet de la pesanteur : ce raisonnement est de Copernic. Quant à l'expérience du mât, elle s'accorde avec celle de la tour; le boulet tombe le long du mât, soit que le vaisseau marche ou qu'il soit en repos. Elle ne prouve donc ni le repos ni le mouvement du vaisseau. Il en est de même de la chute de la pierre le long de la tour; elle ne fait rien ni pour ni contre. A ces expériences, il ajoute celle d'une pomme lancée perpendiculairement par un homme sur un cheval qui est au galop; la pomme lui retombe dans la main, comme s'il eût été en repos. Il ajoute sur le mouvement des toupies des remarques qui ne sont point de notre sujet. Il montre ensuite que la pierre en tombant du haut de la tour, décrit un cercle dont le rayon est $(R + \frac{1}{2}dR)$, R étant le rayon de la Terre et dR la hauteur de la tour; d'où il tire cette conséquence singulière, que le mouvement rectiligne n'a pas lieu dans la nature, puisque les graves tombent suivant un arc de cercle : au reste, il ne donne pas la chose comme parfaitement démontrée.

Quand un chasseur veut atteindre un oiseau qui vole, il en suit le mouvement pendant quelques instans; il donne au canon de son fusil un mouvement angulaire égal au mouvement angulaire de l'oiseau; le plomb en sortant du canon, est animé de deux mouvemens, et il atteint l'oiseau. C'est ainsi que le boulet lancé perpendiculairement retombera près de la pièce. Au reste, les expériences avec des canons ou des bombes sont impossibles à bien faire; elles ne peuvent rien prouver et elles n'ont jamais réussi.

Il vient à l'argument qu'on a voulu tirer du mouvement des oiseaux; tout se passe à leur égard dans l'air comme si la Terre était immobile, comme tout se passe dans la chambre d'un vaisseau, comme si le vaisseau n'avançait pas.

Il disserte ensuite sur la quantité dont un projectile se mouvant sur la tangente, doit s'éloigner de la Terre. Soit A l'arc, tang A la tangente parcourue, tang A tang $\frac{1}{2}$ A sera l'écart de la tangente. Il ne donne pas cette formule, alors inconnue, mais une méthode équivalente. Il démontre qu'un plan ne peut toucher qu'en un point une sphère même matérielle, pourvu qu'elle soit parfaite et le plan aussi.

Il expose ses théorèmes si connus sur la chute des corps et sur les pendules. Tous ces effets sont produits par la gravité. Mais qu'est-ce que la gravité ? Nous n'en savons rien, nous en ignorons la cause, comme nous ignorons la cause qui fait tourner la Lune autour de la Terre.

Il réfute l'anti-Tycho, qui prétendait que le mouvement de la Terre renverserait tous les fondemens de la philosophie, en ce que nous ne pourrions plus en rien nous fier au témoignage de nos sens. Il rappelle que le mouvement d'un bateau est souvent insensible à ceux qui y sont renfermés ; il en est de même du mouvement de la Terre qui ne peut être conclu que des mouvemens des étoiles.

Si on lui demande quelle est la nature de ce mouvement qui fait que la Terre tourne sur elle-même en 24^h, tandis qu'elle parcourt l'écliptique en un an ; il répondra que ce mouvement est de même nature que celui qui fait que Saturne décrit le zodiaque en 30 ans, et qui le fait *tourner sur lui-même en beaucoup moins de tems, comme on peut le conclure des disparitions et réapparitions des deux globes qu'il a à ses côtés.* Ceci nous explique un passage assez obscur où il se hasardait à prédire ces apparitions et ces disparitions. Il semble qu'il n'aurait pas dû employer un argument aussi incertain, et qui pouvait se trouver faux comme il est en effet. Saturne tourne sur lui-même beaucoup plus rapidement qu'il ne suppose, mais alors on n'en pouvait rien savoir. Il répond ensuite avec plus de raison que ce mouvement est de la nature de celui que Ptolémée attribue au Soleil, et qui de plus a autour de son axe un mouvement beaucoup plus rapide, puisqu'il n'est pas d'un mois lunaire, ainsi que vient de le prouver la découverte des taches, le même enfin que celui des satellites qui accompagnent Jupiter dans sa révolution de 12 ans, et qui tournent autour de Jupiter en quelques jours. Il semble qu'il aurait pu réserver ce dernier argument qu'il tire des satellites, pour le mouvement de la Lune. On pourrait lui répliquer que la parité n'est pas parfaite. Une réponse mauvaise ou simplement douteuse fait plus de mal que de bien à une bonne cause.

La Terre est un corps opaque et sphérique comme les planètes ; il est plus naturel de lui attribuer un mouvement semblable à celui des planètes, que de l'attribuer au Soleil qui diffère essentiellement de toutes les planètes. Le Soleil a été allumé par Dieu, pour distribuer la lumière dans le grand temple de la nature. Il est probable qu'il aura placé cette lumière au centre et non dans un des coins de l'édifice. Voilà en effet l'idée qu'on devrait se former du Soleil dans le système de Copernic ; mais, dans ce système amélioré par Képler, le Soleil joue un rôle bien plus important.

Nous voyons par les satellites de Jupiter que ceux dont la révolution est plus lente, tournent dans des cercles qui embrassent les cercles de ceux dont la révolution est plus rapide. Il doit en être de même dans le grand système de l'univers.

Il semble que ce raisonnement n'est pas encore assez juste ; ce que demande ici Galilée se trouve pareillement dans le système de Ptolémée.

Le troisième dialogue a pour objet le mouvement annuel. En le commençant, Galilée dit qu'il a vu des personnes qui s'étaient tellement attachées à des idées qui n'étaient pourtant en elles que des préjugés adoptés d'après le témoignage d'auteurs qui ont leur confiance, et qui, dans leur zèle, emploieraient tous les moyens pour opprimer, ou du moins pour réduire au silence ceux qui oseraient avoir des opinions contraires ; c'est, ajoute-t-il, ce dont j'ai eu l'expérience. Il ne savait pas qu'il en fournirait sitôt un exemple à jamais mémorable.

Les objections des adversaires de Copernic ne méritent d'autre réponse que le silence du dédain ; mais en les laissant tranquilles, on expose les nations italiennes au mépris et à la dérision des étrangers et sur-tout de ceux qui ne sont pas de notre religion.

Pour montrer la mauvaise foi d'un de ces adversaires, il fait de longs calculs en vue de prouver que l'étoile de 1572 n'avait point de parallaxe, contre l'assertion de cet auteur qui plaçait l'étoile bien au-dessous de la Lune. Ce que l'on voit de plus remarquable dans cette discussion, aujourd'hui bien superflue, c'est que Galilée, en 1632, ne fait aucun usage ni des logarithmes de Néper, ni de ceux de Képler, ni de ceux de B. Ursinus, ni de ceux de Briggs publiés depuis si long-tems.

Afin de démontrer la simplicité et la nécessité du système de Copernic, il en fait tracer la figure par le partisan même d'Aristote, par Simplicius. Il lui dit d'abord de placer la Terre et le Soleil à la distance qui lui paraîtra convenable. Les élongations et les phases de Vénus démontrent que cette planète doit décrire un cercle qui entoure le Soleil, et qui laisse la Terre en dehors. Des raisons analogues font que le cercle de Mercure doit être enfermé par celui de Vénus. Mars se voit en opposition fort près de la Terre, il n'a pas de phases sensibles. Il faut que son orbite embrasse celle de la Terre et le Soleil ; il en est de même successivement de Jupiter et de Saturne. Quatre Lunes circulent autour de Jupiter, une Lune unique circule autour de la Terre ; il ne reste à placer que les étoiles. Simplicius lui-même est d'avis qu'il ne faut pas les attacher toutes à une surface sphérique concave, mais à diverses distances du Soleil entre deux surfaces sphériques et concentriques.

Il reste à décider la question du mouvement. Fera-t-on tourner le Soleil accompagné de toutes ces orbites autour de la Terre, ou donnera-t-on le mouvement annuel à la Terre qui se trouve placée entre les deux planètes qui ont des *phases* et les trois qui n'en ont point de sensibles, entre celles dont les élongations sont bornées et celles qui se montrent à toute sorte d'élongations, depuis 0 jusqu'à 360° ? Il n'est pas douteux que ce dernier arrangement ne soit le plus simple. Si vous donnez le mouvement annuel à la Terre, vous ne pourrez vous empêcher de lui donner le mouvement diurne qui épargne tant d'autres mouvemens effrayans pour l'imagination ; car la Terre décrivant l'écliptique (avec son axe toujours parallèle à lui-même), notre jour serait d'un an et non de 24^h. Cet arrangement qui paraît d'abord si simple, offre pourtant de telles difficultés, qu'il y a lieu de s'étonner, non pas qu'il n'ait point été admis aussitôt que les pythagoriciens et Aristarque l'ont présenté, mais bien plutôt de ce qu'il s'est trouvé des philosophes qui aient osé concevoir une idée aussi hardie et si contraire au témoignage de nos sens. La position qu'ils ont donnée à Mars, exige que le disque en opposition, nous paraisse 60 fois aussi grand que vers les conjonctions (Galilée parle ici des surfaces et non des diamètres); il paraît à peine 4 ou 5 fois aussi grand. Vénus offre encore des objections plus fortes; son disque doit nous paraître quarante fois plus grand dans les conjonctions inférieures que dans les supérieures, et l'on n'y voit pas de différence sensible. Vénus devrait avoir des phases comme la Lune. Copernic a tenté de répondre à cette dernière objection, en disant qu'elle pouvait être d'une matière pénétrable aux rayons du Soleil, mais il n'a rien dit de la première objection, probablement parce qu'il n'y trouvait aucune réponse satisfaisante. La Lune, dans cette hypothèse, offrait (avant la découverte des satellites des Jupiter) un mouvement unique en son espèce, et qui s'accomplit autour d'un centre particulier. Comment se fait-il que d'aussi grandes difficultés n'aient point arrêté Aristarque et Copernic ? Il leur a fallu des raisons contraires et bien puissantes pour enseigner un système si contraire aux idées reçues.

(Plus ces raisons ont dû être puissantes, plus on doit être étonné du silence gardé par tous les auteurs anciens.)

L'invention des lunettes a dissipé tous ces embarras ; ce qui paraissait autant d'objections insolubles, est devenu la preuve la plus frappante de la vérité de leur système. Vénus a des phases (Copernic l'avait annoncé), les disques ont en effet les proportions qu'exigent les dimensions de leurs orbites. Mais comment l'œil était-il si singulièrement abusé sur les disques des planètes ? Galilée rappelle ici les idées d'irradiation qu'il a exposées dans le *Saggiatore*, alors Sagredo s'écrie :

O Nicolas Copernic ! quelle eût été ta satisfaction, s'il t'eût été donné de jouir de ces nouvelles expériences qui confirment si pleinement tes idées ? Oui, reprend Galilée, mais sa gloire en eût été moins grande, il eût perdu le mérite de cette constance, de cette intrépidité avec laquelle il a osé avancer et soutenir un arrangement qui offrait encore tant de difficultés. La découverte des satellites a dissipé celle qui naissait du mouvement particulier de la Lune. Il y a de l'adresse à charger ainsi Simplicius de présider lui-même à un arrangement si contraire aux principes qu'il professe ; il y en a trop peut-être dans la tournure de rhéteur avec laquelle Galilée expose ensuite des difficultés qui n'existent plus. Ce paragraphe est plus pour Galilée que pour Copernic ; on ne blâmera pas Galilée de se rendre une justice que ses contemporains lui refusaient. Mais encore un coup, pourquoi Képler n'est-il pas une fois nommé ? Pourquoi ne voit-on pas la moindre mention de cette loi si belle qui lie tout le système planétaire, qui en détermine les proportions, et qui fournit un argument si fort contre Ptolémée et même contre Tycho ?

Simplicius convient de la force de ces raisonnemens, il confesse qu'il faut supposer qu'Aristote et Ptolémée les ont ignorés, ou qu'ils avaient eu de bonnes raisons à opposer. Galilée répond que les astronomes ne se sont jamais embarrassés que de sauver les apparences, de trouver les moyens de calculer les mouvemens observés, sans s'inquiéter de l'arrangement des corps célestes. Copernic lui-même, après avoir exposé son système, s'est borné à montrer qu'on pouvait y adapter toutes les hypothèses de Ptolémée sur les mouvemens des planètes et des étoiles. N'était-ce pas encore le lieu de citer Képler dont la conduite a été si différente, qui, non content d'appuyer de tout son pouvoir l'arrangement de Copernic, avait voulu rendre raison de tout, et avait été conduit à changer la figure des orbites, à leur donner pour foyer commun le centre du Soleil, à trouver la loi des aires, la véritable position des nœuds et la vraie théorie des latitudes ?

Simplicius demande si les irrégularités qu'on aperçoit dans les hypothèses de Ptolémée, ne sont pas grossies dans celui de Copernic ? Salviator répond *que toutes les maladies sont dans le système de Ptolémée et les remèdes dans celui de Copernic*. Il montre en effet la supériorité des hypothèses de Copernic sur celles de Ptolémée ; mais quelle justesse et quelle force n'aurait-il pas données à son assertion hasardée, s'il eût dit que ces remèdes étaient en effet dans le système de Copernic, et qu'ils ont été mis au jour par Képler ! S'il eût fait pour les découvertes d'un contemporain ce qu'il a fait pour ses propres découvertes, qui ont bien levé quelques difficultés, en écartant quelques objections dont on aurait fini par se moquer, tandis que les idées de Képler ont amélioré l'essence du système, en faisant disparaître tous ces excentriques et tous ces épicycles, enfin en posant les véritables fondemens de l'Astronomie planétaire ! Il est vraiment inconcevable que Galilée en aucun endroit ne fasse la moindre mention de ces découvertes bien plus difficiles qui ont enfin conduit Newton à dévoiler la cause générale qui est l'âme de ce mécanisme établi pour la première fois par Képler. Galilée n'était-il pas assez riche pour rendre quelque justice à celui qu'il salue *si chèrement* dans une occasion où il lui annonçait une de ses découvertes qu'il croyait propre à le faire valoir lui-même auprès de tous les coperniciens?

Il explique par une figure les stations et les rétrogradations, comme a fait Copernic; la rotation de la Terre est devenue plus facile à comprendre, depuis qu'on a vu par les taches que le Soleil lui-même n'est pas exempt d'un mouvement semblable. Il ne perd pas cette occasion de revendiquer pour lui cette découverte. Il prétend les avoir aperçues pour la première fois en 1610, lorsqu'il était encore professeur à Padoue; qu'il en a parlé dans cette ville et à Venise, à plusieurs personnes encore vivantes; qu'en l'année 1611, il les a montrées à Rome à des magnats. Il a été le premier à soutenir et prouver contre Aristote, que les corps célestes ne jouissaient pas de cette inaltérabilité dont il les avait doués si gratuitement. Il affirme que ces taches se formaient et se dissipaient à la surface du Soleil; qu'elles tournaient avec lui autour de son axe, dans l'espace d'un mois environ. Il avait cru d'abord que l'axe de ce mouvement était l'axe de l'écliptique même, parce que la route des taches paraissait rectiligne et parallèle à ce plan; il les comparait à des nuages qui tourneraient dans des cercles parallèles à l'équateur du Soleil, et qui pourraient recevoir des vents quelques mouvemens irréguliers qui se combineraient avec le mouvement général qui en paraîtrait seulement un peu altéré. (On voit que malgré la suite d'observations dont il parle, il était assez peu avancé dans la théorie de cette rotation.) Il arriva que Velserus lui transmit les lettres d'un de ses amis (Scheiner) pour lui en demander son sentiment. S'il ne donna pas dans sa réponse à Velserus tous les renseignemens que pourrait désirer la curiosité humaine, et s'il fut obligé, par d'autres occupations, d'interrompre les observations suivies de ces taches, et s'il n'en a fait que quelques observations isolées de tems en tems, pour satisfaire la curiosité de ses amis, du moins quelques années après ayant remarqué sur le Soleil une tache isolée assez grande et assez dense, il l'avait suivie exactement pendant tout le tems de son passage, en marquant soigneusement sur un carton le lieu de la tache à l'instant du midi. Il vit alors que la route était curviligne, et forma la résolution de faire de tems à autre de semblables observations; il vit dès-lors que le mouvement devait s'opérer autour d'un axe incliné à l'écliptique et qui conservait invariablement la même position et sa direction aux deux mêmes points du ciel. Si la Terre, par son mouvement annuel, décrit l'écliptique dont le Soleil occupe le centre, alors la combinaison de ces mouvemens de la tache autour de son axe incliné et de la Terre autour de l'axe de l'écliptique, devait produire ces différences dans le mouvement apparent qui sera tantôt rectiligne, ce qui n'arrivera que deux fois dans l'année, tandis que le reste du tems il sera courbe. Pendant une moitié de l'année, cette inclinaison sera dans un sens, et ensuite dans un autre, pendant l'autre moitié, l'inclinaison la plus grande ayant lieu quand la route est rectiligne, au lieu qu'à 90° de la courbure elle sera sensible plus que jamais. Galilée démontrait tout cela sur une sphère, en y employant des compas d'un genre particulier (ce sont probablement de ces compas qu'on appelle *sphériques* et dont les pointes sont recourbées.) L'évènement répondit exactement aux prédictions faites d'après cette théorie.

On peut dire que tout cela peut être vrai, mais Galilée ne l'imprime que deux ans après la publication de la Rose Ursine de Scheiner, qui est cet *Apelle* dont il se plaint en divers endroits avec amertume. On peut dire enfin que même dans cette notice tardive, il ne donne pas même à peu près l'inclinaison de l'équateur solaire, ni la position de ses nœuds, ni le tems de la route rectiligne ou sphérique. Enfin il est peut-être étonnant qu'il n'ait pas donné une solution géométrique du problème de la rotation.

Simplicius objecte que ces mouvemens divers peuvent s'expliquer dans l'hypothèse de Copernic, mais qu'ils s'expliqueraient de même dans l'hypothèse contraire, et par conséquent ne prouvent rien, quoique infiniment curieux.

Galilée ne répond pas d'une manière bien nette à cet argument pour lequel les découvertes de Képler lui auraient été d'un grand secours. Il ajoute, si la Terre est immobile, il faudra que le Soleil tourne autour des pôles de son équateur en un mois presque; qu'il tourne autour de la Terre en un an, et *que son axe incliné tourne en un an autour des pôles de l'écliptique à une distance polaire presque égale à l'inclinaison de son équateur*. Il promet plus de détails, quand il en sera au mouvement de ce genre, attribué à l'axe de la Terre par Copernic, dont Galilée paraît encore partager l'inadvertance déjà relevée depuis 23 ans par Képler. Au reste, nous verrons plus loin la doctrine exacte de Galilée.

L'une des objections principales qu'on peut faire à Copernic, c'est la distance des étoiles en comparaison de laquelle le rayon de l'orbite terrestre ne sera qu'un point presque imperceptible. Galilée suppose avec Copernic que cette distance est de 1208 demi-diamètres de la Terre. Que le diamètre apparent du Soleil soit de 30′ ou de 1800″ ou 108000‴, enfin que le diamètre d'une étoile de 6ᵉ grandeur soit de 10‴, le diamètre du Soleil contiendra 2160 fois celui de l'étoile, et si l'on suppose les diamètres égaux, la distance de l'étoile à la Terre sera de 2160 demi-diamètres du grand orbe (ce qui donnerait la parallaxe énorme de 1′36″). Le demi-diamètre de la Terre sera plus grand (presque double) en comparaison du demi-diamètre du grand orbe, que celui-ci en comparaison de la distance des fixes, et la parallaxe annuelle des fixes ne sera guère plus grande que la parallaxe diurne du Soleil. Il n'y a rien là de bien incroyable. L'objection était plus forte quand on donnait aux étoiles des diamètres plus considérables. Il s'étonne que Tycho n'ait jamais entrepris la détermination plus exacte de ces diamètres; la chose, dit-il, n'était pas impraticable même sans lunette.

Suspendez un fil ou une ficelle dans le vertical d'une étoile, éloignez-vous jusqu'à ce que le fil vous cache l'étoile entière; mesurez la distance de l'œil au fil; divisez le diamètre du fil par cette distance, et vous aurez le sinus de l'angle que soutend l'étoile. Galilée dit avoir ainsi mesuré plusieurs fois le diamètre de la Lyre. Il en a conclu que le diamètre des étoiles de première grandeur n'est guère que de 5″; mais il faut ajouter quelque chose à la distance du fil, parce que les rayons n'arrivent au fond de l'œil que réfractés. Tycho croyait les diamètres de ces étoiles de 2 ou même de 3′. (Cette manière de mesurer était certainement fort inexacte; mais si elle a donné ce résultat, elle était meilleure de beaucoup que je n'aurais cru.)

La pupille se dilate dans l'obscurité, elle se réduit presque à un point, quand on regarde le Soleil. Dans l'état d'extrême dilatation, elle est dix fois au moins aussi large que dans son extrême contraction. Ainsi, quand on observe une étoile, le sommet de l'angle doit être loin derrière l'œil. Prenez deux feuilles de papier, l'une blanche, l'autre noircie, qui n'ait que la moitié de la largeur de la première; collez la blanche contre un mur, attachez l'autre à un support à une distance telle qu'elle couvre en entier la feuille blanche. Menez deux lignes droites tangentes aux bords des deux feuilles; le point où elles se réuniront serait le lieu où l'on verrait la blanche entièrement couverte, si la vision se faisait en un point. Si de ce point nous voyons une partie blanche, c'est que la vision ne se fait pas en un point. Il faudra que l'œil s'approche de la feuille noire. Notez l'espace dont il faudra vous approcher, et vous saurez de combien le point de concours est loin derrière l'œil; vous aurez le diamètre de la pupille, qui sera à la largeur de la feuille noire comme la distance du point de concours au lieu où l'œil voyait la feuille toute cachée, est à la distance des deux papiers. Soit AB le papier blanc (fig. 80), CD le papier noir; menez ACG, BDG, G sera le point de concours; vous aurez $\frac{EF}{CD}=\frac{GE}{GC}=\frac{GE}{AC}$; car $GC=AC=\frac{1}{2}GA$, puisque $CD=\frac{1}{2}AC$. EF sera l'ouverture de l'œil. Voilà comme on pouvait déterminer le diamètre d'une étoile. (C'est à peu près la méthode d'Archimède.)

Saturne est 30 ans à faire sa révolution, les étoiles sont 36000 ans. Suivant Ptolémée, il est 9 fois plus éloigné et il est 30 fois plus lent; nous dirons 30 : 9 :: 36000 : 10800; la distance des étoiles devrait donc être de 10800 demi-diamètre de l'orbite terrestre, c'est-à-dire cinq fois plus grand que nous n'avons trouvé, en supposant l'étoile de sixième grandeur aussi grosse que le Soleil.

C'était là encore une belle occasion de parler de la loi de Képler, qui lui aurait donné une distance dix fois moindre, en supposant que les étoiles tournent autour du Soleil; $(36000)^{\frac{2}{3}}=1090$, et la parallaxe annuelle sera de 3′9″. Mais pourquoi prend-il la précession de Ptolémée? il aurait eu une distance moindre avec la précession de Copernic.

Mais qui sommes-nous pour juger de la grandeur de l'univers? oserions-nous dire que nous pouvons concevoir des choses plus grandes que Dieu n'en pourrait exécuter? Pouvons-nous dire que l'espace entre Saturne et les fixes est inutile, parce que nous n'y voyons circuler aucune planète? ne peut-on le supposer peuplé de corps qui nous sont invisibles?

Qui de nous soupçonnait l'existence des satellites de Jupiter? Qui nous dit que les corps célestes aient été créés pour la Terre?

On a beaucoup parlé de la parallaxe des étoiles, et des changemens que le mouvement annuel de la Terre devrait apporter dans leurs positions apparentes; mais Galilée soupçonne que les adversaires de Copernic ne se sont pas fait une idée bien juste de ces effets. En conséquence, il explique d'abord la parallaxe de longitude, car celle de latitude serait nulle pour une étoile dans l'écliptique.

Il ne désespère pas qu'on ne fasse quelque jour la découverte de quelques mouvemens dans les étoiles, qui prouveront invinciblement le mouvement de la Terre. Ceci aurait l'air d'une prédiction que l'observation a réalisée; mais Galilée était bien loin d'en avoir l'idée; il ne parle seulement que de la parallaxe. Ce passage ne prouve rien, sinon le désir qu'il avait qu'on pût ajouter quelque preuve plus positive aux preuves conjecturales qu'on avait alors de ce mouvement. Il explique d'ailleurs sa pensée, qui était toute différente.

Les étoiles ne sont pas toutes à la même distance, elles n'auraient pas toutes la même parallaxe. La Terre en s'approchant de deux étoiles situées presque sur la même ligne, mais à des distances très différentes, il pourrait arriver que la différence des parallaxes fît varier la distance angulaire des deux étoiles; c'est l'idée qu'Herschel a renouvelée. Mais jusqu'ici elle ne nous a rien appris encore.

Il passe à la parallaxe de latitude dont il ne donne qu'une idée vague, comme il a fait pour celle de longitude. Ces deux parallaxes ont paru nulles jusqu'ici; mais est-il sûr qu'on les ait bien observées, et peut-on assurer qu'elles soient insensibles?

Étant à la campagne, près de Florence, il dit avoir observé le coucher du Soleil derrière une montagne éloignée de 60 milles. Le Soleil était presqu'entièrement caché par la montagne, il ne restait pas un centième de son diamètre; le lendemain il en restait sensiblement moins, preuve que le Soleil s'était déjà éloigné du tropique. Avec un instrument qui grossit 1000 fois (c'est-à dire 31 $\frac{1}{2}$ fois), l'observation est facile et agréable; on pourrait tenter une pareille expérience sur une belle étoile, comme la Lyre, et Galilée dit qu'il a déjà fait le choix du lieu. Il parle de planter une poutre derrière laquelle une étoile pourra se cacher ou du moins paraître coupée en deux également. En répétant l'observation de mois en mois, on verrait si le mouvement de la Terre a quelque effet sensible

Il ne dit rien du mouvement de précession, qui compliquerait le calcul, ni du changement de réfraction, qui le rendrait incertain.

Galilée expose les circonstances du mouvement annuel et de la succession des saisons; il trouve que rien n'est plus simple en soi, et que cependant la chose est assez difficile à comprendre; il trouve les deux démonstrations de Copernic trop obscures : la sienne est plus longue sans être plus aisée; c'est peut-être la faute de la figure, qui est très mal faite. Sa démonstration n'est au fond que l'une des deux de Copernic.

Simplicius n'y voit qu'une de ces subtilités géométriques qui déplaisaient si fort à Aristote, qu'il a recommandé expressément à ses sectateurs de s'abstenir de l'étude des Mathématiques, soit parce qu'il les ignorait, soit parce que Platon ne voulait pour disciples, que des mathématiciens. Galilée trouve ce précepte d'Aristote fort sage; car il n'y a rien de si pernicieux pour la doctrine d'Aristote, que la Géométrie, qui en découvre toutes les erreurs et les tromperies.

Simplicius ne se rend pas, il objecte ce double ou ce triple mouvement de la Terre.

Galilée répond que le mouvement de translation et le mouvement de rotation dans le même sens n'ont rien d'incompatible. Quant au troisième, qui ne sert qu'à maintenir l'axe parallèle à lui-même, il est si loin d'être incompatible avec les deux autres, qu'il en est une suite naturelle. Il reproduit alors son expérience de la balle nageant sur un fluide, et il ajoute qu'avec un peu plus d'attention, on découvre que ce n'est pas un mouvement véritable, mais bien plutôt *un repos*. Il ajoute que la chose pourrait s'expliquer par une vertu magnétique, qui ferait que le pôle de la Terre se dirigerait invariablement vers le même point du ciel; la Terre pourrait donc n'être qu'un aimant immense; il cite, à ce propos, le livre de l'anglais Gilbert, dont Képler nous a tant parlé. Il est difficile que Galilée n'ait pas lu Képler, qu'il paraît traduire ici, et sur-tout dans le *Saggiatore*.

Il croit que l'intérieur de la Terre doit être d'une matière très solide, et qu'ainsi elle pourrait bien être un gros aimant. Il fait le plus grand éloge de Gilbert, qu'il appelle grand *jusqu'à l'envie*. Il lui reproche seulement de n'être pas assez mathématicien. Il pense que la science magnétique qu'il a créée, pourra, par la suite, recevoir bien des accroissemens, qui n'ajouteront rien au mérite de l'inventeur. Il estime plus l'inventeur de la première lyre, qui devait être fort grossière, que tous les musiciens qui sont venus depuis, quelque habiles qu'on les suppose. (Il paraît ici plaider sa cause; mais pour être juste, il faudrait connaître exactement l'histoire de l'invention; on ne sait pas quel hasard a pu fournir la première idée. Supposez qu'on ait dans une vue quelconque tendu deux cordes sur un corps un peu sonore, que pour juger de leur degré de tension, on les ait pincées, qu'on ait remarqué qu'elles rendaient deux sons différens, en faut-il davantage pour arriver à l'idée d'une lyre grossière? Cette invention sera-t-elle si admirable? le hasard a fait découvrir la lunette, en Belgique; la nouvelle en vient à Galilée, et dès le lendemain, il a une lunette qui grossit trois fois; il la perfectionne un peu, il regarde le Soleil et il en voit les taches; il voit les phases de Vénus et les satellites de Jupiter. Voilà des travaux heureux, utiles et brillans; sont-ils bien difficiles? Comparez ces trois découvertes aux trois lois de Képler, dont rien n'avait donné l'idée, qui paraissent au contraire choquer les idées reçues, et auxquelles il n'a pu parvenir que par 20 ans de travaux opiniâtres et raisonnés. C'est de pareilles découvertes qu'on peut dire que l'inventeur est plus admirable en cela que tous les géomètres qui ont depuis retourné son problème de tant de manières, sans avoir rien trouvé qui vaille en effet mieux que les deux formules $z = x + e \sin x$ et $V = 1 + e \cos x$, qui sont le fondement de tout ce qu'on a fait depuis, et qui surpassent tout en simplicité comme en utilité. En écrivant cette assertion, qui a quelque chose de vrai sans être parfaitement juste, Galilée songeait à Scheiner, qui avait publié un gros livre sur les taches; il prévoyait qu'on pourrait perfectionner sa lunette; il a voulu assurer la part qui lui revenait dans les travaux déjà faits, et dans ceux qui pourraient se faire; on ne saurait l'en blâmer.)

L'aimant a, comme la Terre, ses trois mouvemens (il donne donc à la Terre trois mouvemens); le premier vers le centre de la Terre, comme tous les corps graves; le second est horizontal et produit la déclinaison; le troisième est celui qui produit l'inclinaison. Peut-être aurait-il un mouvement de rotation, s'il était en équilibre dans l'air ou dans un fluide peu résistant. Il avoue pourtant qu'il ne voit aucune raison qui détermine ce mouvement.

Cette comparaison est-elle assez juste; Galilée ne paraît-il pas chercher à accumuler les raisons au lieu de les choisir?

Il reproche à Sacrobosco d'avoir prouvé la sphéricité de la Terre, par celle qu'affectent les gouttes d'eau; car la même raison ferait qu'*une masse d'eau considérable devrait prendre la forme sphérique; ce qui est évidemment faux.* Il semble que le raisonnement de Sacrobosco valait au moins celui de Galilée.

Le quatrième dialogue a pour objet le flux et le reflux de la mer. Galilée prétend que *le flux est impossible si la Terre est immobile.* Il pourrait avoir raison, en ce sens que le flux est un effet de la pesanteur universelle ainsi que le mouvement elliptique des planètes, et que le système de la pesanteur universelle ne s'accorde guère avec l'immobilité de la Terre; la Terre serait inhabile à retenir le Soleil dans la courbe qu'on voudrait qu'il décrivît : ces raisons ne sont pas celles de Galilée.

Il affirme que les marées ont trois périodes; les Grecs l'avaient dit il y a long-tems. La période diurne est de 12^h environ; la seconde est d'un mois, elle paraît dépendre de la Lune et de ses phases; il a raison, en ce que les phases dépendent de l'élongation; la troisième période est annuelle, elle paraît dépendre du Soleil : les marées des solstices sont différentes de celles des équinoxes.

La période diurne offre trois diversités. En certains lieux, les eaux s'enflent et s'abaissent sans aucun mouvement progressif; dans d'autres lieux, les eaux vont tantôt vers l'orient et tantôt vers l'occident, sans aucune intumescence; dans d'autres enfin, comme à Venise, les eaux s'enflent en s'approchant et s'abaissent en se retirant : c'est ce qu'elles font dans les golfes dont la direction est de l'est à l'ouest; mais si leur cours est arrêté par des montagnes ou des jetées, elles s'élèvent et s'abaissent sans mouvement progressif; les eaux vont et viennent, comme on le voit par les courans alternatifs du détroit de Charybde et de Scylla : ces mouvemens paraissent dépendre du mouvement de la Terre.

Quelques-uns ont attribué les marées à la Lune. Un certain Antibes a composé un Traité dans lequel il assure que la Lune, dans son cours, attire les eaux vers elle, en sorte que le flot la suit, et se trouve le plus élevé dans le lieu où elle est au zénit; et comme le même phénomène a lieu quand la Lune est à l'horizon et sous l'horizon, *il faut que le point opposé diamétralement à la Lune ait la même vertu attractive.* D'autres ont prétendu que la chaleur tempérée de la Lune raréfie les eaux et les fait élever. Galilée dit qu'il ne perdra pas son tems à réfuter de pareilles explications; il ajoute qu'il y a des imaginations poétiques de deux espèces : les unes propres à inventer des fables, et les autres à les croire fermement. Simplicius trouve bien absurdes les explications qu'on vient de rapporter; mais l'explication qui emploie le mouvement de la Terre, est encore plus absurde que les autres. On voit, *quoi qu'on die*, que Simplicius n'a pas toujours tort; mais il n'a pas raison quand il dit que la marée est un miracle.

Galilée répond que le mouvement de la Terre serait un miracle moins étonnant. A Venise, la marée monte de cinq à six palmes; elle monte, non par dilatation, mais par une eau nouvelle qui arrive. Pourquoi ne s'élève-t-elle pas de même à Ancône, à Dyrrachium, à Corcyre, où elle est insensible? quel moyen pouvait introduire de nouvelle eau dans un vase immobile, sans qu'elle s'élevât par tout? si l'eau entre dans la Méditerranée par le détroit de Gibraltar, pourquoi va-t-elle en avant pendant six heures, pour rétrograder les six heures suivantes?

Un vase peut recevoir deux espèces de mouvement, qui donneront aux eaux contenues un mouvement alternatif vers les bords opposés, et ce mouvement produira des intumescences et des dépressions. Le premier serait si les parties opposées du vase étaient alternativement levées et baissées. Ce mouvement n'est pas celui de la Terre. L'autre espèce aurait lieu si le vase était transporté d'un mouvement tantôt plus rapide et tantôt plus lent. Ce mouvement des eaux a lieu dans les navires qui apportent de l'eau douce à Venise; c'est ce qui peut arriver à la Méditerranée, qu'on peut assimiler à un vase rempli d'eau.

La Terre a deux mouvemens, l'un annuel et l'autre diurne, qui se combinent, qui tantôt conspirent et tantôt se font en sens différens; la partie supérieure se meut dans le sens du mouvement annuel, et la partie inférieure dans le sens opposé, comme il arrive aux planètes inférieures dans leurs conjonctions périgées. Pour les unes le mouvement total se compose de la somme des deux mouvemens; pour les autres il en est la différence; pour les parties latérales, il ne reste que le mouvement annuel. Le mouvement est donc alternativement accéléré et retardé. L'eau de la Méditerranée doit alternativement s'enfoncer dans le grand golfe et en sortir. Telle est la cause principale; les effets peuvent être modifiés par des circonstances locales. Voilà pour la période diurne. Le mouvement annuel de la Terre est inégal; ainsi le mouvement combiné doit être sujet à quelques inégalités. Galilée les attribue aux différentes positions de la Lune sur le cercle qu'elle décrit autour de la Terre.

Seleucus avait imaginé que le mouvement de la Terre combiné avec celui de la Lune, pouvait produire les marées. Galilée rejette cette idée comme fausse; et parmi les grands hommes qui ont discuté ce point, rien ne l'étonne autant que Képler, esprit libre et pénétrant, qui connaissait bien les mouvemens de la Terre, et qui cependant avait prêté l'oreille et donné son assentiment à des *inepties pareilles,* c'est-à-dire à l'attraction de la Lune. Voilà le premier éloge qu'on trouve de Képler, qui venait de mourir.

En résumant, il trouve trois argumens de poids en faveur de Copernic : les stations, les rétrogradations des planètes; leur rapprochement et leur éloignement de la Terre ; les taches du Soleil et les marées. Il pouvait, sans scrupule, omettre ces deux dernières preuves. Il espère que les mouvemens des étoiles mieux observés en ajouteront bien d'autres, mais il est évident qu'il ne songe qu'à la parallaxe. Il parle d'une remarque nouvelle. Un César de Bologne avait cru trouver une variation dans la ligne méridienne.

Pour la forme, en terminant, il convient que tous les raisonnemens qu'il vient de hazarder en faveur de Copernic, pourraient bien être autant de chimères.

Ces fameux dialogues, qui ont causé tant de chagrins à leur auteur, ne sont pas d'une grande force; ce qu'ils offrent de raisonnemens solides est trop souvent perdu dans des conjectures moins heureuses et dans des raisonnemens subtils dirigés contre les péripatéticiens. En général, Galilée est prolixe et diffus. On ne peut bien juger aujourd'hui à quel point pouvaient être nécessaires toutes ces disputes qui sentent l'école. On ne voit ici aucune preuve, aucune explication véritable, qui ne se trouve bien mieux dans Képler, qui les a fortifiées de ses découvertes admirables, quoique d'un autre côté il leur ait nui trop souvent par sa physique et ses rêveries pythagoriciennes. Comment le géomètre Galilée n'a-t-il fait aucune attention à ces ellipses dont le Soleil occupe le foyer commun; à ces lignes des nœuds passant toutes par le Soleil, et sans lesquelles on n'avait que des idées très fausses des latitudes; à ces aires proportionnelles aux tems, et à cette loi entre les distances et les révolutions. Il paraît que Galilée, qui prisait tant ses propres découvertes, et qui les revendiquait avec tant de chaleur, faisait une attention très médiocre aux inventions des autres; mais ses découvertes astronomiques, quelque curieuses qu'elles soient, ne pouvaient manquer d'être bientôt faites par quelqu'autre. Les phases de Vénus et les apparences de Saturne triple, sont les seules qui ne lui sont pas disputées. Nous croyons fermement qu'il est le premier et peut-être le seul auteur des deux autres. Mais les lunettes s'étant promptement multipliées, il était impossible qu'on n'aperçût pas bientôt les taches et les satellites. Il est le premier qui ait fait une lunette, mais il n'a rien écrit sur ce sujet; ceux qui l'ont traité, ceux qui ont construit d'autres lunettes, lui doivent peu de chose; mais, comme il le dit lui-même, c'est beaucoup d'avoir été le premier. Son plus beau titre de gloire ce sont ses expériences du pendule et de la chûte des corps; sa lunette, cependant, et son procès, sa condamnation, l'obligation qu'on lui a imposée de se rétracter et d'abjurer, sont les causes qui ont le plus répandu sa réputation.

Les Italiens prisent son style, qui nous paraît un peu traînant. Il était littérateur; il a écrit une dissertation dans laquelle il pèse le mérite de l'Arioste et du Tasse; il se déclare ouvertement pour le premier, qu'il cite en plusieurs endroits de ses ouvrages.

On a de lui encore un Mémoire où il discute les passages de l'Écriture qu'on oppose aux partisans de Copernic. Nous avons, sur le même sujet, une préface de Képler, et une lettre de Foscarini, qui paraît fort raisonnable, et n'en fut pas moins condamnée, comme l'ont été les dialogues de Galilée. On y lit que Clavius apprenant les découvertes de Galilée, tout en rejetant le système de Copernic, disait cependant : c'est maintenant aux astronomes à chercher quelqu'autre système, puisque l'ancien ne peut plus se soutenir. Nous n'extrairons pas la lettre de Foscarini; c'est aux théologiens maintenant à faire valoir les raisons qu'ils ont autrefois rejetées et proscrites. Leur cause est perdue sans retour; et s'ils ne se rétractent pas, ils ont au moins senti la nécessité de se taire.

Procès de Galilée.

L'histoire de ce scandaleux procès se trouve au second volume de l'Almageste de Riccioli; elle y forme le 40e chapitre du livre IX *du mouvement de la Terre,* page 495.

L'auteur avait été long-tems sans obtenir de ses supérieurs la permission de lire les dialogues de Galilée. Il commence par rapporter les témoignages des écrivains qui se sont déclarés contre Copernic. Il cite d'abord Tycho, qui déclare cette hypothèse *absurde et contraire à l'Écriture.* Tycho est ici très récusable. Alexandre Tassoni dit qu'elle *est contre la nature, le sens et les principes physiques; contre l'Astronomie, les Mathématiques et la religion.* Simplicius en avait dit tout autant dans les dialogues. Mersenne la réprouve, mais ne croit pas qu'elle ait été condamnée par l'Église. Mersenne était moine. Gassendi la rejette, non que l'immobilité de la Terre soit un article de foi. Gassendi était chanoine et professeur royal, il avait quelques ménagemens à garder; s'il n'était pas entièrement persuadé, il devait parler ainsi. Nous avons vu le professeur Mæstlinus, dont les leçons orales avaient fait de Képler un copernicien enthousiaste, n'oser dans son livre abandonner Ptolémée. Scheiner, qui est ici suspect à plus d'un titre, dit que l'hypothèse est incroyable, qu'on n'en peut défendre les absurdités, qu'il est inutile de donner la torture à des passages de l'Écriture, qu'il est possible de défendre dans le sens naturel. Nous ne pousserons pas plus loin cette nomenclature de moines, qui tous répètent les mêmes assertions, qu'ils auraient sans doute été bien embarrassés de prouver. Riccioli donne ensuite une pièce plus ancienne que les dialogues.

Extrait du décret de la sacrée Congrégation des cardinaux, sous Paul V, 5 mars 1616. « Et parce qu'il est venu à la connaissance de ladite Congrégation, que cette fausse doctrine pythagoricienne, tout-à-fait contraire à la divine Écriture, de la mobilité de la Terre et de l'immobilité du Soleil, qu'ont enseignée Nicolas Copernic, dans son livre des Révolutions des orbes célestes, et Didacus Astunica, dans son Commentaire sur Job, commence à se répandre et à être adoptée par plusieurs, comme on le voit par une lettre imprimée, d'un carme, intitulée *Lettre de frère maître Paul-Antoine Foscarini, sur l'opinion des pythagoriciens et de Copernic, sur la mobilité de la Terre et la stabilité du Soleil, et le nouveau système*, 1615, dans laquelle ledit père s'efforce de montrer que cette doctrine de l'immobilité du Soleil au centre du monde, et de la mobilité de la Terre, est conforme à la vérité, et nullement contraire à l'Écriture sainte. En conséquence, pour que cette opinion ne se répande pas plus loin, au grand dommage de la vérité catholique, la Congrégation a été d'avis que lesdits Nicolas Copernic, des Révolutions célestes, et Didacus Astunica, sur Job, doivent être suspendus jusqu'à ce qu'ils soient corrigés, et que le livre du P. Foscarini doit être absolument défendu et condamné, ainsi que tous les livres qui enseigneraient la même doctrine; comme par le présent décret elle les probibe tous respectivement, les condamne et les suspend; en foi de quoi le présent décret a été signé de la main et revêtu du sceau de l'illustrissime et révérendissime seigneur cardinal de Sainte-Cécile, évêque d'Albe, le 5 mars 1616. Rome, de l'imprimerie de la Chambre apostolique, l'an 1616. *Signé* P., évêque d'Albe, cardinal de Sainte-Cécile, et frère François Magdelainc Têtede-fer (*Capiferreus*), secrétaire de l'ordre des Frères prêcheurs. »

Avis de la sacrée Congrégation au lecteur de Copernic, correction et permission de ce livre.

Quoique les écrits de Copernic, astronome illustre, sur les révolutions du monde, aient été tout-à-fait déclarés condamnables par les PP. de la sacrée Congrégation de l'*Index*, par la raison qu'il ne se contente pas de poser hypothétiquement des principes sur la situation et le mouvement du globe terrestre, entièrement contraires à la sainte Écriture et à son interprétation véritable et catholique (ce qu'on ne peut absolument tolérer dans un homme chrétien), mais qu'il ose les présenter comme très vrais; néanmoins, parce que ce livre contient des choses très utiles à la République, on est convenu d'un commun accord qu'il fallait permettre les œuvres de Copernic, imprimées jusqu'à ce jour, comme elles ont été permises, en corrigeant toutefois, d'après les notes suivantes, les passages où il ne s'exprime pas hypothétiquement, mais soutient affirmativement le mouvement de la Terre; mais ceux qui seront dorénavant imprimés ne le seront qu'avec les corrections suivantes, qui seront placées avant la préface de Copernic, 1620. Le livre de Copernic n'a pas été réimprimé depuis ce décret; mais la doctrine anathématisée a triomphé complètement.

Ces corrections sont peu de chose, et cet avis de la Congrégation n'est pas bien sévère; la lettre suivante est plus rigoureuse.

Au révérend P. Inquisiteur, à Venise.

« Quoique la Congrégation de l'Index ait suspendu le Traité de Nicolas Copernic, dans lequel il soutient que la Terre se meut et non le Soleil, qu'il dit immobile au centre du monde; opinion qui est contraire à la sainte Écriture, et *que depuis long-tems la sacrée Congrégation du Saint-Office ait défendu à Galileo Galilei, florentin, de croire, défendre ou enseigner en aucune manière, de bouche ou par ses écrits, ladite opinion;* néanmoins, le même Galilée a osé composer un livre, auquel il a mis son nom; *et sans faire mention de la défense qui lui a été faite, il a extorqué la permission de l'imprimer,* comme de fait il l'a imprimé et publié; en supposant au commencement, à la fin et au milieu, qu'il ne voulait traiter de cette opinion que comme d'une hypothèse. Cependant quoiqu'il ne dût la traiter d'aucune manière, il l'a présentée de façon à se rendre véhémentement suspect d'adhérer à une telle opinion. C'est pourquoi il a été enquis (*inquisitus*) et enfermé dans les prisons du Saint-

Office, par sentence de mes très éminens seigneurs, et condamné à abjurer ladite opinion, et à demeurer en prison formelle tant qu'il plaira à leurs Éminences, pour y accomplir d'autres pénitences salutaires, comme votre Révérence le verra par l'exemplaire ci-dessous de la sentence et de l'abjuration qui lui est envoyé pour le notifier à tous les vicaires, et pour que la connaissance en parvienne à eux et à tous les professeurs de Philosophie et de Mathématiques. Par quoi sachant de quelle manière il a été agi envers ledit Galilée, ils comprennent la gravité de la faute qu'il a commise et qu'ils l'évitent, ainsi que les peines qu'ils auraient à subir s'ils y tombaient. Pour fin, que le Seigneur Dieu conserve votre Révérence. Rome, 2 juillet 1633.

Votre frère, le cardinal SAINT-ONUFRE. »

Sentence contre Galilée et abjuration du même.

« Nous soussignés (les noms), par la miséricorde de Dieu, cardinaux de la sainte Église romaine, inquisiteurs généraux dans toute la *République chrétienne, députés par le Saint-Siége contre la perversité hérétique* (pravitatem).

» Comme ainsi soit, que toi Galilée, fils de feu Vincent Galilée, florentin, âgé de 70 ans, *tu as été dénoncé, en 1615, à ce Saint-Office,* pour avoir tenu comme vraie une fausse doctrine proposée par plusieurs auteurs; c'est-à-dire que le Soleil est immobile au centre du monde, et que la Terre a aussi un mouvement diurne; de plus, pour avoir eu certains disciples auxquels tu enseignais la même doctrine; pour avoir entretenu à ce sujet des correspondances avec certains mathématiciens d'Allemagne; pour avoir mis en lumière certaines lettres au sujet des taches du Soleil, dans lesquelles tu expliquais la même doctrine comme vraie; et comme aux objections qu'on te faisait, en te citant des passages de l'Écriture, tu répondais en glosant ladite Écriture selon ton sens; et comme on t'a présenté un exemplaire d'une lettre qu'on disait écrite par toi, à l'un de tes anciens disciples, et dans laquelle, tenant toujours pour les hypothèses de Copernic, tu interprètes quelques propositions contre le sens et l'autorité de la sainte Écriture.

» Le saint Tribunal voulant donc prévénir les inconvéniens et les dommages qui en provenaient et se multipliaient au grand détriment de la sainte Foi; de l'ordre de N. S. et des très éminens seigneurs cardinaux de cette *suprême et universelle Inquisition,* les deux propositions suivantes, sur la stabilité du Soleil et le mouvement de la Terre, ont été, par les *théologiens qualificateurs*, qualifiées ainsi qu'il suit :

» Dire que le Soleil est au centre du monde et immobile de mouvement local, est une proposition absurde et fausse en Philosophie, et formellement hérétique, parce qu'elle est expressément contraire à la sainte Écriture.

» Dire que la Terre n'est pas le centre du monde, ni immobile, mais qu'elle se meut même d'un mouvement diurne, est de même une proposition absurde et fausse en Philosophie, et considérée théologiquement, elle est *au moins erronée en foi.*

» Mais comme en même tems il nous plaisait de procéder envers toi *avec bénignité,* il a été arrêté dans la sainte Congrégation, tenue en présence de N. S., le 25 février 1616, que le très éminent seigneur cardinal Bellarmin t'enjoindrait de quitter entièrement ladite fausse doctrine, de ne l'enseigner à d'autres, ni de la défendre, ni d'en jamais traiter; et faute d'acquiescer à ce précepte, tu serais jeté en prison, et pour l'exécution de ce décret, le jour suivant, dans le Palais, en présence du susdit très éminent seigneur cardinal Bellarmin, après avoir été bénignement admonesté par lui, tu as reçu du commissaire du Saint-Office, en présence d'un notaire et de témoins, l'injonction de te désister entièrement de ladite opinion fausse, et pour l'avenir, il t'était interdit de la défendre ou enseigner d'une manière quelconque, ni de bouche, ni par écrit; et ayant promis obéissance, tu as été renvoyé.

(Ceci nous explique un passage où Galilée nous parle du décret rendu contre le livre de Copernic, pendant son séjour à Rome, *et dont on lui avait donné connaissance.* On aurait cru, d'après ses expressions, qu'il s'agissait d'une simple mesure de police, sur laquelle il aurait été consulté. On voit que la chose était plus sérieuse, et que si le Saint-Office était absurde et mal conseillé, Galilée avait de son côté quelque imprudence à se reprocher. Son livre pouvait lui paraître inutile après ceux de Képler, et en soi-même il ne valait pas que l'auteur compromît sa tranquillité et sa considération pour se rendre le champion d'une vérité qui ne pouvait manquer d'acquérir de jour en jour de nouveaux partisans, par l'effet naturel du progrès des lumières).

» Et pour faire disparaître entièrement une si fausse doctrine (ils y ont très bien réussi), et pour arrêter les progrès d'une erreur si préjudiciable à la vérité catholique, il émana un décret de la sacrée Congrégation de l'*Index*, qui prohiba les livres qui contiennent cette doctrine; elle fut déclarée fausse et tout-à-fait contraire à la sacrée et divine Écriture.

» Et comme en dernier lieu, il avait paru à Florence, l'année dernière, un livre dont le titre te nommait l'auteur, puisque le titre était *Dialogo di Galileo Galilei, delle due massime sisteme del mondo, Tolemaïco e Copernicano;* et la sacrée Congrégation ayant connu que l'impression dudit livre fortifiait de jour en jour la fausse opinion du mouvement de la Terre et de la stabilité du Soleil, ledit livre fut soigneusement pris en considération, et l'on y a trouvé *une transgression manifeste de la susdite ordonnance qui t'avait été intimée.* En ce que dans ce livre tu défendais *l'opinion condamnée et déclarée telle en ta présence,* quoique dans ce livre, par divers détours, tu t'efforces de persuader que tu la laisse indécise et expressément probable, ce qui est déjà une erreur très grave, puisqu'une opinion ne saurait être probable quand elle a été déclarée et définie contraire à la divine Écriture.

» C'est pourquoi, par notre ordre, tu as été appelé à ce Saint-Office, dans lequel, examiné avec serment, tu as reconnu ledit livre comme écrit et publié par toi; tu as confessé l'avoir commencé il y a environ douze ans, après avoir reçu l'injonction ci-dessus, et que tu as demandé la permission de le publier, sans faire connaître à ceux qui pouvaient te la donner, qu'il t'avait été enjoint de ne tenir, ni défendre, ni enseigner d'une manière quelconque une telle doctrine.

» Tu as confessé pareillement que ledit écrit, en plusieurs endroits, est composé de manière que les argumens, en faveur d'une fausse opinion, paraissent de nature à forcer l'assentiment plutôt qu'à être facilement réfutés; tu t'excuses d'être tombé dans une erreur étrangère à ton intention, sur la forme du dialogue, et sur le penchant naturel qu'on a de se montrer plus fin et plus subtil qu'on ne peut l'être communément, en soutenant une proposition fausse qu'on s'efforce de rendre probable.

» Et comme on t'avait accordé un délai pour rédiger ta défense, tu as produit une lettre de S. E. le cardinal Bellarmin, que tu avais obtenue de lui, pour te défendre des calomnies de tes ennemis, qui répandaient que tu avais abjuré et que tu avais été puni par le Saint-Office. Cette lettre dit que tu n'as ni abjuré, ni été puni, mais qu'on t'avait seulement signifié la déclaration faite par N. S., et promulguée par la Congrégation de l'Index, contenant que la doctrine du mouvement de la Terre et de la stabilité du Soleil est contraire aux saintes Écritures, et qu'elle ne peut être tenue ni défendue; et que comme il n'y est pas fait mention de la défense d'enseigner en aucune manière quelconque, il est à croire que dans le cours de quatorze ou seize ans, cette particularité était sortie de ta mémoire, et que c'est la raison qui a fait que tu n'en as rien dit en demandant la faculté d'imprimer; et qu'en parlant ainsi, ton but n'est pas d'excuser ton erreur, qu'il faut imputer à une vaine ambition plutôt qu'à malice. Mais ce certificat même, produit en ta défense, ne fait que rendre ta cause plus mauvaise, puisqu'il y est dit que ladite opinion est contraire à la sainte Écriture; et cependant tu as osé la traiter et la défendre, et la conseiller comme probable; et la permission que tu as obtenue par ruse ne peut te servir, puisque tu n'as pas manifesté la défense que tu avais reçue.

» Et comme il nous a paru que tu ne disais pas toute la vérité touchant tes intentions, nous avons jugé nécessaire d'en venir à un examen rigoureux de ta personne, dans lequel, sans préjudice de ce tu as confessé et de ce qui a été produit contre toi, relativement à ton intention, tu as répondu *catholiquement;* c'est pourquoi, vus et considérés les mérites de cette tienne cause, avec tes susdites confessions et excuses, et tout ce qui était à voir et considérer, nous en sommes venus contre toi à la sentence définitive, dont copie est ci-dessous.

» Ayant donc invoqué le très saint nom de N. S. J.-C. et de sa glorieuse Mère toujours vierge, par cette notre sentence définitive, qu'en séance sur notre Tribunal, de l'avis et jugement des révérens maîtres de la sacrée Théologie, et docteurs en l'un et l'autre droit, nous proférons en ces écrits, touchant la cause et les causes controversées devant nous entre magnifique Charles *Sincère*, docteur en l'un et l'autre droit, procureur fiscal du Saint-Office, d'une part; et de l'autre, toi Galilée, accusé, enquis sur le présent procès écrit, examiné et confès comme dessus, nous disons, prononçons, jugeons et déclarons, que toi *Galilée susdit,* pour les causes déduites au procès écrit, et que tu as confessées comme ci-dessus, tu t'es rendu véhémentement suspect au Saint-Office, d'hérésie, en ce que tu as cru et tenu la doctrine fausse et contraire aux divines Écritures, que le Soleil est le centre de l'orbite de la Terre; qu'il ne se meut pas d'orient en occident; que la Terre se meut, et qu'elle n'est pas le centre du monde; et qu'une opinion peut être tenue et défendue comme probable après qu'elle a été déclarée et définie contraire à la sainte Écriture; en conséquence, que tu as encouru toutes les censures et peines statuées et promulguées par les sacrés Canons, et autres constitutions générales et particulières, contre les délinquans de cette sorte; desquelles il nous plaît que tu sois absous, pourvu que préalablement, d'un cœur sincère et d'une foi non feinte, tu abjures devant nous, tu maudisses et détestes les susdites erreurs et hérésies, et toute autre erreur et hérésie contraire à l'Église catholique et apostolique romaine, suivant la formule qui te sera présentée par nous.

» Cependant, pour que cette grave et pernicieuse erreur et transgression de ta part ne reste pas tout-à-fait impunie, et pour que tu deviennes plus circonspect par la suite, et pour que tu sois en exemple aux autres, afin qu'ils s'abstiennent de pareils délits, nous décernons que le livre des dialogues de Galileo Galilei sera prohibé par un édit public, et nous te condamnons à la prison formelle de ce Saint-Office, pour un tems que nous limiterons à notre volonté; et, à titre de pénitence salutaire, nous ordonnons que pendant trois années à venir, tu récites une fois par semaine les sept pseaumes pénitentiaux; nous réservant le pouvoir de modérer, de changer ou de remettre en tout ou en partie les susdites peines et pénitences.

» Et ainsi nous disons et prononçons, et par sentence déclarons, statuons, condamnons et réservons en cette ou toute autre méthode meilleure et formule, ainsi que de droit nous pouvons et devons.

» Ainsi, nous prononçons nous, cardinaux soussignés, F. cardinal d'Ascoli, G. cardinal Bentivoglio, F. cardinal de Crémone, Fr. Ant., cardinal Saint-Onufre, B. cardinal Gypsius, F. cardinal de Varospi, M. cardinal Ginetti. »

Abjuration de Galilée.

» Moi Galileo Galilei, fils de feu Vincent Galilée, florentin, âgé de 70 ans, constitué personnellement en jugement, et agenouillé devant vous éminentissimes et révérendissimes cardinaux de *la République universelle chrétienne*, inquisiteurs généraux contre la malice hérétique, ayant devant les yeux les saints et sacrés Évangiles, que je touche de mes propres mains, je jure que j'ai toujours cru, que je crois maintenant et que, Dieu aidant, je croirai à l'avenir, tout ce que tient, prêche et enseigne la sainte Église catholique et apostolique romaine; mais parce que ce Saint-Office m'avait juridiquement enjoint d'abandonner entièrement la fausse opinion qui tient que le Soleil est le centre du monde, et qu'il est immobile; que la Terre n'est pas le centre et qu'elle se meut; et parce que je ne pouvais la tenir, ni la défendre, ni l'enseigner d'une manière quelconque, de voix ou par écrit, et après qu'il m'avait été déclaré que la susdite doctrine était contraire à la sainte Écriture, j'ai écrit et fait imprimer un livre dans lequel je traite cette doctrine condamnée, et j'apporte des *raisons d'une grande efficace* en faveur de cette doctrine, sans y joindre aucune solution, c'est pourquoi j'ai été jugé véhémentement suspect d'hérésie pour avoir tenu et cru que le Soleil était le centre du monde et immobile, et que la Terre n'était pas le centre et qu'elle se mouvait.

« C'est pourquoi voulant effacer des esprits de vos éminences et de tout chrétien catholique cette suspicion véhémente conçue contre moi avec raison, d'un cœur sincère et d'une foi non feinte, j'abjure, maudis et déteste les susdites erreurs et hérésies, et généralement toute autre erreur quelconque et secte contraire à la susdite sainte Église; et je jure qu'à l'avenir je ne dirai ou affirmerai de voix ou par écrit, rien qui puisse autoriser contre moi de semblables soupçons; et si je connais quelque hérétique ou suspect d'hérésie, je le dénoncerai à ce Saint-Office, ou à l'inquisiteur, ou à l'ordinaire du lieu dans lequel je serai; je jure en outre et je promets que je remplirai et observerai pleinement toutes les pénitences qui me sont imposées ou qui me seront imposées par ce Saint-Office; que s'il m'arrive d'aller contre quelques-unes de mes paroles, de mes promesses, protestations et sermens, ce que Dieu veuille bien détourner, je me soumets à toutes peines et *supplices*, qui, par les saints Canons et autres constitutions générales et particulières, ont été statués et promulgués contre de tels délinquans; ainsi, Dieu me soit en aide et ses saints Évangiles que je touche de mes propres mains.

» Moi, Galileo Galilei susdit, j'ai abjuré, juré, promis, et me suis obligé comme ci-dessus, en foi de quoi, de ma propre main, j'ai souscrit le présent chirographe de mon abjuration, et l'ai récité mot à mot à Rome, dans le couvent de *Minerve*, ce 22 juin 1633.

» Moi, Galileo Galilei, j'ai abjuré comme dessus; de ma propre main. »

On dit qu'en se relevant, Galilée, frappant du pied la terre, dit à demi-voix : *e pur si muove; elle se meut cependant.*

En terminant son récit, l'astronome jésuite dit que les censures contre les sectateurs de Copernic ont été *justement* et *prudemment* prononcées, qu'on n'y peut rien objecter, et qu'il rend grâces à Dieu d'avoir permis qu'il conduisît à la fin désirée cette apologie de la conduite de la sacrée Congrégation des cardinaux; non qu'elle eût besoin de cette apologie, mais il est ravi d'avoir pu montrer son zèle pour la sainte Église et les saintes Écritures.

Nous avons rapporté ces pièces si curieuses, dans leur entier, et avec tous les noms, afin qu'aucun ne perdît la part de gloire qui peut lui en revenir. Cette affaire a fait à la sainte Inquisition beaucoup plus de tort que le livre de Galilée n'en aurait jamais pu faire à l'autorité qu'on lui oppose.

Galilée garda la prison pendant quelques années; on ne sait s'il accomplit entièrement les autres pénitences. Nous avons extrait des lettres datées de cette prison d'Arcetri, en 1638. Il mourut, en 1642, à la campagne; car il n'eut jamais la permission de rentrer à Florence, si ce n'est quelquefois dit-on, quand ses infirmités l'exigeraient.

Nous ne savons pas si, par les mots *prison formelle* (*formalis carcer*) répétés plusieurs fois dans les pièces ci-dessus, l'on entend une *prison pour la forme;* le fait est que cette prison était un grand palais accompagné de vastes jardins où il avait la permission de se promener; il pouvait recevoir ses amis et les personnes qui venaient lui rendre les hommages dus au mérite persécuté. Il est à présumer qu'on lui épargna les humiliations mentionnées dans la sentence et dans l'acte d'abjuration, et qu'on se contenta de lui faire signer la formule où il s'accuse d'avoir exposé en faveur du système condamné *des raisons d'une grande efficace.* On ne put s'empêcher de le traiter avec une distinction que réclamaient ses talens et sa grande réputation; on ne voulait sans doute que faire un exemple qui contînt les astronomes et les professeurs qui seraient tentés d'abandonner Aristote. Je soupçonne que les péripatéticiens étaient animés contre lui pour le moins autant que les théologiens. Il n'avait rien écrit contre ceux-ci, mais il s'était élevé souvent et avec force contre les premiers, qui dominaient dans les écoles. Képler ne les avait pas mieux traités; mais bien peu de personnes lisaient Képler et le Saint-Office craignait l'effet que pouvait produire un livre écrit en langue vulgaire, par un auteur en crédit; en condamnant les ouvrages de Copernic, de Foscarini et de Galilée, on ne dit mot de ceux de Képler, pas même de son *Astronomie copernicienne,* peu répandue sans doute en Italie. Les ennemis de Galilée, en lui suscitant cette persécution ne purent empêcher que le duc de Florence n'obtînt pour lui ces ménagemens, malgré la fureur de tous les Simplicius qui s'étaient déchaînés contre lui.

Nous avons extrait tous les ouvrages de Galilée qui ont été publiés. On dit qu'il s'était long-tems occupé de la construction des Tables des satellites pour la solution des problèmes des longitudes. On dit que les États de Hollande lui avaient envoyé un commissaire pour l'encourager à ce travail; qu'à cette occasion, il avait appliqué son pendule à une horloge; mais il n'en parle lui-même en aucun endroit, et nous présumons qu'il en est de son horloge comme de ses Tables, qu'il n'en a rien dit parce qu'il n'a pu en tirer rien de satisfaisant.

On dit encore que son disciple Reneri, dépositaire de ses manuscrits, avait aussi travaillé long-tems à perfectionner les tables des satellites; mais à sa mort on ne put trouver le manuscrit qu'il était prêt à publier, nous dit-on.

Réfutation du système de Copernic, par Riccioli.

Non content d'avoir publié les pièces du procès de Galilée, et d'avoir loué hautement la justice et la prudence des saints inquisiteurs, Riccioli, en reconnaissance de la permission qu'on lui avait enfin donnée de lire les fameux Dialogues, voulut montrer son zèle pour la foi, en réfutant l'hérésie de Copernic; et c'est probablement à cette condition qu'on lui permit la lecture du dangereux ouvrage de Galilée. Son *Almageste* n'a paru que 17 ou 18 ans après le procès dont il s'est constitué l'historien; mais pour ne plus revenir sur un point décidé pour toujours, il est juste d'entendre les raisons des péripatéticiens, exposées par un homme à qui l'on ne peut refuser un grand savoir et une grande érudition astronomique. S'il n'eût été véritablement question que du mouvement de la Terre, il est à croire que les péripatéticiens et les théologiens mêmes auraient transigé en adoptant les explications de Képler, de Foscarini et de Galilée, relativement aux passages de l'Écriture; mais ils craignaient les conséquences d'une première concession; c'est du moins ce que paraît nous faire entendre Riccioli dès son début.

« Si la licence que se donnent les coperniciens, d'interpréter les textes » de l'Écriture et d'éluder les décrets ecclésiastiques, était soufferte, il » serait à craindre qu'elle ne se contînt pas dans les limites de l'Astro- » nomie ou de la Philosophie naturelle, elle pourrait s'étendre à des » dogmes plus saints; il est donc important de maintenir la règle d'en- » tendre tous les textes sacrés dans le sens littéral. Or, il n'y a nul besoin » de s'en écarter en ce qui concerne le mouvement de la Terre. »

Il commence par la liste des sectateurs les plus distingués de l'une et de l'autre hypothèse. Parmi les partisans du mouvement de la Terre, il met Copernic, Rheticus, Mæstlinus, Képler, Rothman, que Tycho se flatte pourtant d'avoir converti à son système ; Galilée, Gilbert, qui n'admet que le mouvement diurne ; Foscarini, Didacus de Stunica, l'auteur anonyme de l'Aristarque résuscité, Bouillaud, sous le nom de *Philolaüs;* Jacques Lansberge, Hérigonius, Gassendi, qui finit pourtant par protester de son respect pour les décisions de l'Église ; enfin, Descartes à qui nous attribuons en France l'honneur d'avoir détruit le culte d'Aristote, quoique Képler et Galilée se fussent montrés avant lui des antagonistes non moins ardens et non moins redoutables ; mais qui a peut-être réellement été plus nuisible au péripatétisme, parce qu'il a proposé des erreurs à la place de celles qu'il détruisait ; au lieu que les autres y substituaient des vérités mathématiques qui passaient la portée des professeurs ordinaires de Philosophie.

Pour l'opinion de l'immobilité de la Terre, il compte Aristote, Ptolémée, Théon, Alfragan, Macrobe, Cléomède, Régiomontanus, Buchanan, Maurolycus, Barocius, Néander, Telesius, Martinengus, Juste Lipse, Scheiner, Tycho, Tassoni, Claramontius, Incafer, Fromond, Acarisius, Lagalla, Tannerus, Amicus, Rocco, Mersenne, Polaccus, Kirker, Pinellus, Pineda, Lorinus, Mastrinus, Delphinus, Élephantatius, nous pouvons ajouter Riccioli ; mais si nous retranchons les auteurs plus anciens que Copernic, à l'exception, si l'on veut, de Ptolémée, et qui n'avaient aucune idée du système, que restera-t-il ? que des moines ou des noms tout-à-fait obscurs ; et d'ailleurs si l'on cite Macrobe et Cléomède, pourquoi ne pas citer d'autre part Pythagore et toute sa secte, Aristarque, Philolaus, Nicetas et quelques autres qui soutenaient le mouvement de la Terre ? Il n'y a donc que Tycho, que nous aurions peut-être droit de récuser, et la comparaison des deux listes serait déjà un préjugé très fort en faveur de Copernic.

Pèna donnait à la Terre un mouvement rectiligne qui, en l'approchant de certaines étoiles, pouvait en augmenter les diamètres apparens et le mouvement de précession ; mais les étoiles opposées devaient offrir des phénomènes contraires.

Avant de discuter la question du mouvement de la Terre, Riccioli expose avec étendue et bonne foi les idées de Copernic, et quand il arrive au troisième mouvement et au parallélisme de l'axe de la Terre, il avoue que plus on pénètre avant dans cette hypothèse, plus on a lieu d'admirer le génie et la précieuse subtilité de l'auteur. Jamais, dit-il encore plus loin, jamais on n'a assez admiré et jamais on n'admirera assez le génie, la profondeur, la sagacité de Copernic, qui, par trois mouvemens d'un globule comme la Terre, est parvenu à expliquer ce que les astronomes n'ont jamais pu représenter sans une folle complication de machines, et qui dispensant les fixes de ce mouvement diurne si rapide, qui s'accorde si difficilement avec leur mouvement général autour des pôles de l'écliptique, explique si heureusement les stations et les rétrogradations, la précession des étoiles, qui détruit trois sphères énormes; qui enfin, comme Hercule, a pu soutenir seul un poids qui avait écrasé tant d'Atlas. Heureux s'il avait su se contenir dans les bornes de l'hypothèse, c'est-à-dire sans doute s'il s'était contenté de présenter son système comme un moyen très simple de représenter les phénomènes, et s'il n'avait donné pour des réalités les fruits de sa brillante imagination.

Il semble, d'après ce début, qu'il aurait suffi d'ôter la robe au jésuite, pour le rendre copernicien zélé. Mais après ce magnifique éloge, il passe à la réfutation et propose ses objections.

1re objection. Copernic avait dit qu'il fallait attribuer le mouvement diurne de préférence au corps qui est décidément sphérique; or, telle est la Terre, et nous ignorons la figure du ciel. On peut accorder à Riccioli, que le raisonnement de Copernic n'est pas une démonstration; mais s'il ne fait rien pour le nouveau système, cet argument fait encore moins pour celui de Ptolémée.

2e. Si tout l'univers se meut, dit Copernic, comment la Terre seule peut-elle échapper à ce mouvement général? Riccioli répond que l'éther est si subtil, qu'il ne peut communiquer aucun mouvement à la Terre, et que la Terre est si massive qu'elle reste nécessairement en place. Mais Jupiter qui a quatre satellites est-il moins massif et moins pesant : tous les raisonnemens contraires sont également faibles.

3e. Lequel est le plus naturel du mouvement droit ou du mouvement circulaire. On pourrait demander à Riccioli, lequel il produirait plus aisément. Subtilités vaines.

4e. Immensité de la sphère des fixes, comparée à la petitesse de la Terre. Riccioli n'est pas heureux dans sa réponse à cet argument de Copernic; il le détourne de son vrai sens, en disant que l'homme est le roi de la nature, que c'est pour lui que Dieu a ordonné ce magnifique spectacle. Malgré cette explication, l'objection de Copernic reste dans toute sa force, quoiqu'elle ne fasse pas une démonstration.

5e. Le mouvement sera plus facile, si le mobile est plus petit. Encore de la mauvaise foi de la part de Riccioli, qui oppose la grandeur de Dieu.

6e. On sait que la Terre est propre à se mouvoir, en peut-on dire autant du ciel? Riccioli répond soit en niant le mouvement de la Terre, parce qu'il n'est pas démontré, soit en faisant une distinction. Jusqu'ici l'on peut dire que si Copernic ne donne aucune démonstration bien bonne et bien rigoureuse, toutes les probabilités sont du moins pour lui, contre ses adversaires.

7e. Le mouvement convient au contenant plutôt qu'au contenu. Si le Soleil est immobile, il sera le contenu. Cet argument de Riccioli ne signifie donc absolument rien.

8e. Argument tiré de l'incorruptibilité du ciel. A renvoyer à Aristote.

9e. Fluidité du ciel et distances invariables des étoiles peu compatibles avec le mouvement diurne. Riccioli se tire de cette difficulté, en plaçant dans les étoiles des intelligences célestes qui impriment et dirigent ces mouvemens. C'est en d'autres termes s'avouer complètement battu.

10e. Ce mouvement diurne n'est utile qu'à la Terre, il est juste qu'elle en prenne la peine. Riccioli répond encore que tout est créé pour l'homme. Que lui importe en ce cas qu'on fasse tourner autour de lui des millions d'étoiles dont il ne voit que la moindre partie?

11e. Comparaison du mouvement diurne d'une étoile et d'un point de l'équateur terrestre. Si le mouvement de l'étoile est plus difficile à concevoir, il donnera une plus grande idée du pouvoir de Dieu; oui, mais une bien mauvaise de son intelligence.

12e. Argument tiré de la proportion entre les distances et les mouvemens. Képler, auteur de cet argument, raisonne sur des principes, les autres ne se fondent sur rien; cet argument qui est d'une grande force pour Copernic, n'était alors senti d'aucun de ses sectateurs. Galilée même l'a tout-à-fait négligé.

13e. Incompatibilité du mouvement propre avec le mouvement diurne. Riccioli soutient qu'il n'y a qu'un mouvement plus lent dans les planètes, plus rapide dans les fixes. Ptolémée a réfuté, il y a long-tems, cette explication. Riccioli oublie que ce mouvement plus lent devient plus rapide, quand la planète est rétrograde.

14e. Simplicité des mouvemens, suivant Copernic. Il répond par l'Écriture sainte et par des subtilités.

15e. Inégalité des mouvemens des fixes, selon leur distance au pôle. Riccioli n'a pas tort de se moquer un peu de cet argument qui est de Galilée.

16e. La déclinaison des étoiles change. La rapidité de leur mouvement diurne serait donc variable. Il faudrait convenir de la cause qui produit ce mouvement : argument insignifiant.

17e. Inégalité des Nychthémères. Ce n'est qu'une subtilité imaginée par Képler.

18e. Argument tiré des comètes. Cet argument a été imaginé par Sénèque, qui a mis en question si les comètes participaient au mouvement diurne. Cet argument rentre dans celui qui naît de l'invraisemblance que tant de corps différens et isolés puissent tourner ensemble si exactement autour de la Terre. Riccioli a raison d'y faire la même réponse, mais il aurait fallu qu'elle fût meilleure.

19e. Vents constans entre les tropiques. Ce vent ne prouve pas plus le mouvement de la Terre que celui du Soleil. Il ne prouve rien ni pour ni contre.

20e. Magnétisme de la Terre et direction de son axe à un point fixe. Plusieurs auteurs, et entre autres Galilée, ont fait valoir cet argument; ce n'est rien qu'une hypothèse.

Aucun de ces argumens, pris isolément, ne forme une démonstration bien sûre en faveur de Copernic, mais les explications de Riccioli sont encore bien moins concluantes. Il n'a donc rien proposé qui ait la moindre force contre le mouvement diurne; il n'a fait tout au plus qu'affaiblir quelques argumens douteux dont on a voulu l'appuyer. Il passe au mouvement annuel.

21e. Le Soleil est plus noble que la Terre; il répond que les hommes sont plus nobles que le Soleil. Ce n'est pas là ce qu'il fallait dire, mais le Soleil est un million de fois gros comme la Terre, elle peut tourner autour de lui, il ne pourrait tourner autour d'elle.

22e. Le Soleil est le centre du système planétaire; il répond qu'il n'est pas le centre de la Lune. Mauvaise défaite; il est le centre de la Lune, puisqu'il est le centre de la Terre dont elle ne peut se séparer. Dans son système, le Soleil n'est le centre que de Mercure, de Vénus et de Mars. Système ridicule; il ne peut empêcher que la simplicité du système de Copernic ne soit une forte présomption en sa faveur.

23e. Le Soleil est la source de la lumière et de la chaleur. Copernic et Képler sur-tout, Galilée ensuite, ont fait valoir cette raison; il se tire de là par des distinctions, et en niant que le Soleil soit la source universelle de la lumière.

24e. Il est la source du mouvement. Cet argument proposé par Képler est devenu bien fort depuis Newton. Riccioli l'écarte par des subtilités.

25e. Masse du Soleil et de la Terre comparées. Riccioli fait encore revenir l'importance de l'homme, comme s'il n'était pas égal pour l'homme d'être sur une planète dont il ne sent pas le mouvement ou sur un globe immobile.

26e. Besoin et fin du mouvement. Képler avait fait valoir cet argument, en disant que la Terre est le séjour d'un être contemplatif qui a besoin de connaître. Il faut donc le faire voyager dans le monde pour qu'il puisse le mesurer; plus ingénieux que solide.

27e. Argument tiré du *microcosme* ou de l'homme qui est un petit univers. Argument ridicule.

28e. Proportion entre les orbes emboîtés les uns dans les autres. Grande probabilité à laquelle Riccioli fait cette réponse ridicule, que le Soleil n'aurait qu'un petit ciel, tandis que les planètes en auraient de plus grands.

29e. Distinction des cieux. Suite du précédent; l'auteur multiplie des réponses dont il sent la faiblesse.

30e. Intervalles et nombre des planètes. Rêveries de Képler.

31e. Le mouvement de la Terre supprime les épicycles des planètes supérieures. C'est ici ou jamais, dit Riccioli, que peuvent triompher les Coperniciens, et se vanter d'avoir battu en brèche et renversé le fort de Ptolémée. Pour répondre, il appelle à son secours Tycho et l'Écriture-sainte; invoquer de tels aides, c'est avouer sa défaite.

32e. Imperfections et irrégularités des mouvemens célestes, s'ils sont en effet ce qu'ils paraissent. Les rétrogradations gênent Riccioli; il dit pourtant qu'elles se calculent dans toutes les hypothèses. La secte copernicienne est trop délicate. Il rétorque l'argument pour les différens points de la surface de la Terre. On ne peut réduire un dialecticien au silence; à défaut de raisons, il vous paie avec des mots.

33e. Autres circonstances qui s'expliquent plus naturellement dans le système de Copernic. Elles s'expliquent aussi bien dans le système de Tycho. Si Ptolémée a mal placé Vénus et Mercure, cette erreur a été corrigée après la découverte des lunettes. On peut dire à Riccioli que les lois de Képler, la gravitation, le pendule et l'aberration, ont forcé de corriger le reste, en sorte qu'il n'en subsiste plus rien, et que le triomphe de Copernic est complet.

34e. Latitude des planètes et leurs inclinaisons. Excellent argument, pitoyables réponses.

35e. Le mouvement de la Terre supprime l'équant. Riccioli n'est pas plus heureux.

36e. Diamètres, mouvemens et distances des fixes. Rien de certain de part ni d'autre.

37e. Satellites de Jupiter. On ne savait pas encore qu'ils suivissent les lois de Képler.

38e. Variation et libration de la Lune. Ne prouve rien sans la loi alors inconnue de la pesanteur.

39e. Nouvelles étoiles. Ni pour ni contre.

40e. Trajectoires des comètes; on ignorait qu'elles eussent le Soleil à leur foyer.

41e. Changement de la méridienne. Chimère.

42e. Changement de la hauteur du pôle. Autre erreur.

43e. Taches du Soleil. Galilée avait dit que les phénomènes des taches s'expliquaient par le mouvement de la Terre et la rotation du Soleil autour de son axe. Tout cela est vrai; il ajoutait que si l'on faisait mouvoir le Soleil, il fallait donner à son axe un mouvement conique, et en cela il avait tort; il suffisait que l'axe conservât son parallélisme. Galilée tombe ici dans l'erreur de Copernic. Galilée oublie ici ce qu'il a dit d'après Képler, que ce *mouvement prétendu est un repos*. Riccioli adopte la même erreur; il confesse que le mouvement du Soleil rend inexplicables quelques phénomènes des taches; il est ici trop complaisant ou trop mal informé. Il oppose à cela que le mouvement de la Terre entraîne bien d'autres inconvéniens; qu'il les prouve donc. Argument mal posé, plus mal réfuté.

44e. Vents constans dans la zone torride.

45e. Filons et veines dans les mines.

46e. Lame de fer qui se dirigerait au pôle, si elle était suspendue.

47e. Le mouvement est nécessaire à la Terre pour qu'elle ne pourrisse pas.

Tous ces argumens sont ou faux ou incertains et tout-à-fait insignifians. Je ne me souvenais pas du dernier, j'ignore quel en est l'auteur.

48e. Flux et reflux. Le jésuite Causinus a dit que les marées sont le tombeau de la curiosité humaine. Il réfute Galilée, c'était une peine assez inutile. Il donne en passant l'idée de Baliani, patricien génois qui, pour expliquer les marées, place le Soleil au centre du monde, et fait tourner la Terre autour de la Lune.

49e. Chute des graves. Malgré l'envie qu'il a de trouver Galilée en défaut, il est obligé d'admettre sa loi principale sur l'accélération. Il le chicanne injustement sur d'autres points. Si Galilée n'a pas toujours raison, Riccioli se trompe encore plus souvent; mais rien de tout cela ne décide la question.

Riccioli croit avoir réfuté toutes les preuves qu'on peut apporter en faveur de Copernic; il va prouver directement que la Terre est immobile.

50e. Ses premières objections contre le mouvement de la Terre se tirent de la chute des graves; il y porte les mêmes erreurs que ci-dessus. Ces loix sont les mêmes dans les deux hypothèses.

51e. Il rappelle les objections de Ptolémée sur les oiseaux, sur les nuages, etc.

52e. Il répugne que la Terre ait deux mouvemens; conviennent-ils mieux au Soleil?

53e. Il ne faut pas multiplier les mouvemens sans nécessité; c'est ce que dit Copernic avec plus de justesse.

54e. Le mouvement détruit des mouvemens qui paraissent pour en substituer d'autres qui sont invisibles, et bien qu'importe?

55e. La Terre est de tous les corps le plus grave; qu'en sait-il et quelle raison pourrait-il en donner?

56e. Tassonus et Mastrius avaient fait ce singulier argument, que si l'on observe une étoile du fond d'un puits, elle devrait disparaître en 1"; car il n'en faut pas tant pour que la Terre avance de la largeur du puits. Riccioli a la bonne foi de ne pas se prévaloir de cet argument. Ce n'est pas la largeur du puits, mais le rapport de la largeur à la profondeur qui mesure le champ du puits comme celui d'une lunette.

57e. L'éclipse de Soleil, à la mort de J.-C., fut totale pendant trois heures, l'Évangile le dit; si la Terre tournait, elle aurait duré beaucoup moins. On ne conçoit pas trop le raisonnement de Riccioli, qui dit que la Lune a été tirée miraculeusement de sa place, et mise pendant trois heures au-devant du Soleil; que fait à cela le mouvement de la Terre ou celui du Soleil.

Nous passons une multitude d'argumens ou ridicules ou insignifians, pour transcrire les conclusions de Riccioli.

Si l'on ne considère que les phénomènes célestes, ils s'expliquent également dans les deux hypothèses, et cela était vrai du tems de Riccioli.

Si l'on considère les expériences physiques, elles s'expliquent dans les deux systèmes, à l'exception de la percussion et de la vitesse des corps lancés au nord ou au sud, à l'orient ou à l'occident, l'évidence physique est toute pour l'immobilité.

On pourrait pencher indifféremment pour l'une ou l'autre hypothèse, sans le témoignage de l'Écriture qui tranche la question; d'où l'on peut conclure que si Riccioli n'est pas copernicien, c'est qu'il est jésuite. Il dit ensuite qu'on a bien d'autres motifs que l'Écriture pour rejeter ce système, ce qui ne s'accorde pas trop avec la permission qu'il donne de pencher indifféremment pour l'un ou pour l'autre, à moins qu'il ne jugeât lui-même ces raisons mauvaises.

Il rapporte et commente les passages de l'Écriture qui paraissent contraires à Copernic. Ensuite il dit que la beauté et la simplicité de l'hypothèse a tellement fasciné les yeux de ses sectateurs, qu'ils ont cherché à détourner de leur véritable sens les passages qui les gênaient.

Cette longue dissertation ne prouve donc rien; la question n'était pas mûre. Les réflexions de Copernic, de Képler et de Galilée suffisaient pour qu'on fût copernicien de bonne foi, de persuasion et d'inclination; on voyoit une foule de probabilités; les adversaires mêmes conviennent que pour les tables astronomiques l'hypothèse est plus commode, et ils la permettent en ce sens. Galilée, par ses découvertes, a levé quelques difficultés; les phases de Vénus et la mesure plus exacte des diamètres, la rotation du Soleil, les satellites de Jupiter, ont augmenté des probabilités déjà si fortes. Les lois de Képler ont ajouté à la beauté et à la simplicité du système. Newton en montrant que les lois de Képler sont des corollaires mathématiques du principe de la pesanteur universelle, a lié plus intimement encore toutes les parties du système; il a prouvé l'impossibilité physique du mouvement du Soleil autour de la Terre; l'expérience de Richer prouve le mouvement diurne; l'aberration découverte par Bradley démontre le mouvement annuel. La question est irrévocablement décidée. Toutes les objections, assez futiles d'ailleurs, disparaissent devant des preuves si positives et si bien liées. Les théologiens sensés seront les premiers aujourd'hui à demander qu'on interprète l'Écriture comme le proposaient Képler, Galilée et Foscarini. Riccioli avoue que les inquisiteurs n'ont prononcé sur le sens des passages de l'Écriture que d'après le témoignage des astronomes d'alors, qui ne voyaient aucune démonstration valable du mouvement de la Terre. Enfin, quand on compare les éloges que Riccioli donne à l'hypothèse qu'il combat, à la foiblesse des raisons qu'il lui oppose, on croit voir un avocat chargé malgré lui de plaider une cause qu'il sait mauvaise, qui n'apporte que des argumens pitoyables, parce qu'il n'y en a pas d'autres, et qui sait lui-même que sa cause est perdue. Passons aux contemporains de Galilée, et principalement à ceux contre lesquels il a écrit, et commençons par Scheiner.

Scheiner.

Nous avons suffisamment fait connaître son *Apelles post Tabulam latens*, ou ses Lettres à Velser sur les taches solaires, en 1611, et sa Dissertation sur ces mêmes taches, imprimée en 1612, sous le titre :

De Maculis in Sole animadversis et tanquam ab Apelle in Tabulâ spectandum in publicâ luce expositis Batavi dissertatiuncula. Ex officinâ Raphalengii.

Nous n'en extrairons que quelques phrases dont Galilée n'a pas eu occasion de parler. Scheiner se demande si le Soleil aurait ses montagnes et ses vallées comme la Lune et la Terre; il indique un moyen pour observer impunément le Soleil; il consiste dans l'interposition d'un verre un peu épais et de couleur verte ou d'azur. *C'est le moyen employé pas les marins bataves quand ils prennent hauteur.* Ce moyen avait été indiqué par Apian, dans son *Astronomicum;* le devait-il aux Bataves? Scheiner ne dit pas depuis quel tems cette pratique s'était introduite dans la Marine. Il est possible qu'Apian en ait eu quelque connaissance, car nous avons remarqué que la manière dont il en parle nous laisse dans le doute s'il en a fait usage lui-même.

Il pense que les taches ne sont pas adhérentes au Soleil, quoique l'opinion contraire soit assez spécieuse.

Il n'est pas éloigné de croire que les planètes pourraient avoir une lumière et une couleur qui leur serait propre. Il ne nie ni n'affirme le mouvement de Vénus et de Mercure autour du Soleil; il n'ose pas nier la rotation du Soleil autour de son axe, ni *le mouvement de la Terre autour du Soleil.* Cependant, le Dictionnaire historique (Caen, 1793, article Galilée) dit expressément, j'ignore d'après quelle autorité, que *Scheiner, jésuite allemand, jaloux de l'astronome florentin, à qui il avait vainement disputé la découverte des taches du Soleil, se vengea de son rival en le déférant à l'Inquisition de Rome, en* 1615. Nous avons bien quelques raisons de douter de la bonne foi du jésuite; mais il faudrait des preuves plus claires pour lui imputer la lâcheté de déférer son rival à l'autorité, pour une opinion qu'il n'ose pas rejeter lui-même.

Nous avons du même auteur un autre ouvrage intitulé :

Refractiones cœlestes, sive Solis elliptici phœnomenon illustratum, in quo variæ atque antiquæ astronomorum circa hanc materiam difficultates enodantur, dubia multiplicia solvuntur, via ad multa recondita eruenda sternitur. Ingolstadii, 1617. L'ouvrage commence par un grand nombre de lemmes et de propositions qui n'offrent rien de nouveau. C'est au XXIIIe chapitre qu'il est enfin question de la contraction du diamètre solaire, qui ne peut être parfaitement rond qu'au zénit; à l'horizon, il est sensiblement elliptique; les réfractions élèvent les astres et alongent la durée du jour.

Il donne quelques observations du Soleil défiguré; il décrit l'instrument dont il s'est servi pour observer les phénomènes. C'est un carton qui reçoit l'image du Soleil transmise par une lunette portée sur un support assez grossier. Cet instrument lui a servi depuis pour les taches du Soleil.

Il rapporte une éclipse totale de Lune, observée à l'horizon par un effet de la réfraction.

Il indique plusieurs moyens pour déterminer la réfraction, mais aucun de ces moyens ne promet la moindre précision; il ne rapporte aucune observation réelle qu'il ait tentée dans cette vue; il ne donne que des idées vagues et qui ne sont pas trop exactes, pour trouver la réfraction par l'ellipticité observée du disque solaire : moyen fort imparfait, qui n'en a pas moins été reproduit de nos jours.

Scheiner est encore l'auteur d'un énorme volume sur les taches du Soleil; le titre est :

Rosa Ursina, sive Sol ex admirando facularum et macularum suarum phœnomeno varius, nec non, circa centrum suum et axem fixum ab occasu in ortum annuâ, circa que alium axem mobilem ab ortu in occasum conversione quasi menstruâ, super polos proprios, libris quatuor, mobilis ostensus. A Christophoro Scheiner Germano Suevo è Societate Jesu ad Ursinum Bracciani Ducem... Impressio cœpta 1626, *finita vero* 1630 *id. junii.*

On a vu par les Lettres de Galilée, que Scheiner s'était trompé d'abord en attribuant aux taches un mouvement d'orient en occident; il est à croire que ce n'est pas sans dessein, que, pour déguiser cette erreur, il insère dans son titre, que le Soleil a un double mouvement autour de deux axes différens. Le mouvement mensuel est le plus rapide et le plus sensible; l'autre n'est que le mouvement du Soleil ou de la Terre dans l'écliptique. Le plus rapide décide en quel sens vont les taches; le plus lent fait qu'elles paraissent décrire des ellipses plus ou moins étroites, suivant la position relative de la Terre et de l'axe de rotation.

Dans le premier livre, l'auteur repousse de toutes ses forces le soupçon du plagiat que lui avait reproché Galilée; il affirme toujours qu'il a vu les taches dès le mois d'avril 1611, mais il n'en cite aucune preuve, il ne nomme aucun témoin. En admettant qu'il dise vrai, il n'avait du moins fait aucune observation réelle; il s'était contenté de les suivre dans sa lunette; Galilée lui-même n'en avait pas fait beaucoup plus, si ce n'est qu'il les avait aussi montrées à d'autres, et que ses conjectures paraissent avoir été plus heureuses que celles de Scheiner. Averti par Velserus, que Scheiner avait continué ces observations, il les reprit lui-même, mais d'une manière passagère, au lieu que Scheiner en a fait son unique occupation pendant 18 ans. Alors il put se faire des idées plus justes, reconnaître l'inclinaison de l'équateur solaire, et donner une théorie plus complète et moins vague que celle de Galilée. Mais, en écrivant quinze ans après ses premiers essais, il confond à dessein les époques pour ne se montrer que sous un jour plus avantageux. Galilée, mécontent de se voir disputer sa découverte, tâche de dissimuler le peu de parti qu'il en a tiré; il traite son adversaire avec un peu trop d'humeur; le jésuite rusé profite des avantages que lui ont procurés quinze ans d'observations suivies; il glisse rapidement sur ses premières idées, se garde bien de reproduire ses Lettres; il n'en cite que les passages qui conviennent à son plan, et jusque-là peut-être il serait excusable, mais il cesse de l'être, quand il manque au respect qu'il devait à un homme d'un génie supérieur. Son plagiat n'est pas bien démontré, ses droits à la première découverte le sont moins encore. Il aurait pu s'honorer en reconnaissant ce qu'avait fait Galilée, en se bornant à dire qu'il avait aussi vu les taches à la même époque, et qu'il avait eu plus de loisir pour les suivre assidûment. La passion a égaré les deux concurrens : les titres de Galilée à la reconnaissance des savans sont d'un autre poids que ceux de Scheiner, dont l'ouvrage est même assez médiocre.

Le titre, la préface et toutes ces allégories et ces allusions, au nom et aux armoiries de son protecteur, indiquent d'abord un flatteur et ne rehaussent pas son caractère. Il est extrêmement prolixe; au reste son style est clair et facile à suivre, s'il n'abusait trop souvent de la patience de son lecteur. Son premier livre n'est qu'un *factum* contre Galilée; on n'y trouve en sa faveur aucune preuve autre que celles qui peuvent résulter de ses premières lettres.

Dans le second livre, il traite des difficultés qu'offre l'observation des taches. La première vient de l'éclat du Soleil; et il raconte que le premier inventeur de la lunette, par l'usage indiscret qu'il avait fait de son instrument, avait fini par devenir aveugle; tel fut aussi le sort de Galilée, mais ce malheur ne lui était pas encore arrivé : il ne perdit la vue que quelques années plus tard. Scheiner ne nous dit pas le nom de cet inventeur. Nous avons vu dans les ouvrages de Metius, que son père s'était fait une lunette avec laquelle il se faisait un plaisir de regarder le ciel et de le montrer aux curieux; il ne rapporte de lui aucune observation, aucune découverte, et ne dit pas qu'il soit devenu aveugle. Cette anecdote paraît glissée à dessein d'ôter à Galilée l'invention de la lunette; et dans le fait, si le récit de Metius est vrai, Galilée ne fut pas le premier mathématicien qui se fit une lunette; il ne fut pas long-tems le seul, car voilà Scheiner qui en possède une assez tôt pour disputer la découverte des taches. Simon Marius dispute de même la découverte des satellites; il avait éprouvé quelque difficulté à se procurer une lunette batave; elles étaient rares en Allemagne, elles l'étaient moins sans doute en Hollande, et aucun de ceux qui les construisirent n'eut d'obligation à Galilée qui n'a rien écrit.

Le moyen des pilotes hollandais pour observer le Soleil sans danger, n'était ici d'aucun usage; il fallait recevoir l'image sur un carton pour la dessiner exactement. Galilée en avait indiqué le moyen; Scheiner le décrit avec plus de détail. Nous tâcherons de fixer l'époque précise où il en fut en pleine possession.

Sa lunette est placée sur un support qu'on incline selon la hauteur du Soleil et qui porte un carton perpendiculaire à l'axe optique. L'objectif de la lunette est bi-convexe et l'oculaire bi-concave; une espèce d'astrolabe donne l'heure par la hauteur du Soleil. Les observations les plus sûres se feraient à midi, parce que la hauteur du Soleil varie peu; mais le Soleil est quelquefois si haut, qu'on éprouve de la difficulté à l'observer dans la chambre; en plein air on distingue moins bien les taches; il convient même d'obscurcir la chambre. Trop près de l'horizon le Soleil serait elliptique, il faut suivre le mouvement diurne. Il est utile que le carton qui reçoit l'image puisse se mouvoir autour de son propre centre; un fil-à-plomb, par son ombre, indiquera le vertical du Soleil, on peut déterminer l'angle de l'écliptique avec ce vertical et tourner le carton selon les variations de cet angle.

Le premier exemple de ces observations est de 1625.

On peut chercher à quel instant de la journée le Soleil sera au nonagésime, et alors le vertical sera un cercle de latitude, et le mouvement des taches autour du centre sera peu de chose.

Il détermine les plus grandes valeurs que peut avoir l'amplitude du nonagésime par la formule

$$\sin \text{ plus grande amplitude} = \frac{\sin \text{ obliquité}}{\cos \text{ haut. du pole}},$$
$$\sin \text{ angle hor. du nonagésime} = \text{tang}\,\omega \text{ tang H}.$$

On aura ainsi les limites de l'azimut et du tems.

En effet, soit C le point solsticial du Cancer à l'horizon (fig. 89);

$$\Upsilon C = 90^\circ,\quad BC = B\Upsilon C = \omega,\quad \sin\omega = \sin E \sin EC,$$
$$\text{et } \sin EC = \frac{\sin\omega}{\sin E} = \frac{\sin\omega}{\cos H},$$
$$EC = 90^\circ - EN = ME - EN = MN,\ \sin EB \text{ tang } E = \text{tang } BC,$$
$$\sin EB = \text{tang } BC \cot E = \text{tang}\,\omega \text{ tang } H = \sin \text{ différ. ascensionnelle la plus grande},$$
$$EPB = EB = 90^\circ - \Upsilon E = RE - \Upsilon E = R\Upsilon = RP\Upsilon = \text{angle hor. du nonag.}$$

Si le premier point du Capricorne était à l'horizon, l'amplitude et l'angle horaire changeraient de signe; EC serait sur EM et le nonagésime serait à l'occident du méridien; parce que dans ce cas, l'écliptique étant sous l'équateur, sin ω et tang ω changent de signe.

Ces expressions, qui ne sont pas neuves, ne sont bonnes que pour les limites en général.

Le triangle ΥEC (fig. 90) donne

$$\sin E : \sin \Upsilon :: \sin \Upsilon C : \sin EC = \sin MN = \frac{\sin\Upsilon \,.\, \sin\Upsilon C}{\sin E} = \frac{\sin\omega \sin(\odot + 90^\circ)}{\cos H}.$$

Supposez $\odot = 0$ et $\odot = 180^\circ$, vous aurez $\sin MN = \pm \frac{\sin\omega}{\cos H}$.

On aura donc chaque jour l'azimut MN du nonagésime; on y placera l'instrument, et l'on observera le Soleil quand il arrivera près du nonagésime. Il n'est nul besoin de l'angle horaire ZPn; en tout cas le triangle

ZPn donne

$$\sin Pn : \sin PZn :: \sin Zn : \sin ZPn = \frac{\sin PZn \sin Zn}{\sin Pn} = \frac{\sin MN}{\cos D} \cos \text{haut. nonag.}$$

$$\sin \text{angle horaire} = \frac{\sin \omega \sin(\odot + 90^\circ) \cos h}{\cos H \cos D}.$$

La table du nonagésime donne h pour chaque valeur de $\Upsilon n = \odot$. On pourrait mettre pour $\cos h$ sa valeur analytique ; mais l'expression se compliquerait.

Le triangle ΥBC donne $\cot \Upsilon CB = \operatorname{tang} \omega \cos(\odot + 90^\circ)$.

Le triangle ECB donne $\cot ECB = \cot H \cos EC = \cot H \cos MN$.

D'où ΥCE = haut. nonag. $= \Upsilon CB - ECB$, qui deviendrait $= \Upsilon CB + ECB$, si le nonagésime était à l'occident.

On pouvait se faire une table dépendante de la longitude du Soleil, où l'on aurait trouvé pour chaque jour l'azimut MN et l'angle horaire ; on n'aurait eu aucun besoin d'y mettre la hauteur du nonagésime ; mais cette hauteur était utile parce qu'elle est celle du Soleil et celle à laquelle il fallait élever l'instrument ; en tout cas le problème se réduisait aux formules suivantes :

$$\sin \text{az.} = \sin z = \left(\frac{\sin \omega}{\cos H}\right) \sin(\odot + 90^\circ), \quad \cot A = \operatorname{tang} \omega \cos(\odot + 90^\circ),$$

$$\cot B = \cot H \cos z, \quad h = A \mp B, \quad \sin P = \frac{\sin z \cos h}{\cos D}.$$

Le triangle Pzn donne encore

$$-\cot z = \frac{\operatorname{tang} D \cos H}{\sin P} + \sin H \cot P$$

$$-\cot z \sin P = \operatorname{tang} D \cos H + \sin H \cos P;$$

$$\sin H \cos P + \cot z \sin P = -\operatorname{tang} D \cos H.$$

$$\cos P + \frac{\cot Z}{\sin H} \sin P = -\frac{\operatorname{tang} D \cos H}{\sin H} = -\operatorname{tang} D \cot H,$$

$$\cos P + \operatorname{tang} \varphi \sin P = \frac{\cos P \cos \varphi + \sin \varphi \sin P}{\cos \varphi} = -\operatorname{tang} D \cot H,$$

et

$$\cos(\varphi - P) = -\operatorname{tang} D \cot H \cos \varphi, \quad \varphi - (\varphi - P) = P.$$

Au lieu de ces différentes formules, Scheiner calcule le triangle entre les trois pôles, mais pour le cas seulement où l'un des points solstitiaux est à l'horizon.

Il donne ensuite les règles qui doivent assurer la bonté de l'observation, et les moyens pour trouver l'écliptique sur la figure d'après l'angle qu'elle fait avec le vertical; il expose plusieurs moyens pour trouver cet angle. J'en ai donné la formule générale dans mon Astronomie, et plusieurs autres dans mon Astronomie des Grecs. L'auteur y emploie le globe, l'analemme, l'astrolabe. Nous aurions dix fois moins de peine avec la formule générale.

Tous les exemples donnés par Scheiner sont de 1625; rien ne prouve donc qu'il fût en possession de ces méthodes antérieurement à l'écrit de Galilée.

Dans le livre III on voit des observations de 1618, 21, 22, 23, 24, 25, 26 et 27; elles sont faites à Rome, ou envoyées d'ailleurs par quelques-uns de ces élèves à qui il dit avoir, en 1612 et années suivantes, enseigné à tracer le vertical et l'écliptique; quelques-unes viennent d'Ingolstadt, où il dit qu'il a laissé ses anciennes observations qu'il n'a pas osé faire venir pendant la guerre. L'excuse pouvait être valable en toute autre occasion; mais dans cette circonstance où il voulait s'assurer de la priorité, il fallait produire des observations propres à la démontrer. S'il craignait qu'elles se perdissent, il pouvait en faire venir des copies; il suffisait de rapporter deux ou trois observations de 1612. Il y a grande apparence qu'il n'avait rien laissé à Ingolstadt, et qu'il n'a fait que ce qu'il publie.

A la page 206 on voit le retour d'une tache.

A la page 215 on voit que le tems de la rotation est de 26 à 27 jours.

A la page 242 une facule se change en tache, elle est presque ronde et se voit pendant onze jours.

Après deux cents pages d'observations qui n'offrent rien de remarquable, il décrit une machine parallactique, construite par le jésuite Griemberger, pour l'observation des taches. La machine parallactique est décrite dans la Syntaxe de Ptolémée et dans la Mécanique de Tycho : il n'y a de plus à celle de Griemberger que le carton qui reçoit l'image du Soleil et la lunette qui remplace l'alidade.

Il donne ensuite le moyen de trouver par l'analemme l'angle de l'écliptique avec le cercle de déclinaison, il donne même la construction d'un instrument pour trouver cet angle. Ce même instrument donne les déclinaisons des points de l'écliptique. Les démonstrations sont extrêmement détaillées; elles tiennent 36 pages, après quoi viennent les tables.

Dans le quatrième livre il entreprend la théorie du mouvement des taches, et tout en disant qu'il veut être bref, il noie tout dans un déluge de mots et de propositions inutiles.

Il établit que ces taches n'ont pas de parallaxe sensible; d'où il conclut qu'elles sont plus éloignées de la Terre que Vénus et Mercure. La chose est vraie, mais il est bien douteux que ses observations aient pu lui en donner la preuve.

Les taches, par leur mouvement géocentrique, paraissent aller d'orient en occident, comme les planètes inférieures en conjonction. Il avait dit le contraire anciennement.

Aucune tache n'est visible hors du Soleil; elles sont donc à la surface du Soleil? (On dirait de même, Mercure et Vénus deviennent invisibles quand ils sont hors du Soleil; donc, ils sont adhérens au Soleil). Donc, le Soleil tourne sur lui-même; car les taches ont le même mouvement que les facules, et celles-ci appartiennent évidemment au Soleil. C'est ce qu'avait dit Galilée dans son histoire des taches. Scheiner cite ce passage pour y ajouter des notes qui ne paraissent pas de bonne foi.

On n'a vu aucune tache stationnaire ni rétrograde; elles ne sortent guère d'une zone bornée; toutes les routes des taches sont semblables dans les mêmes circonstances.

Les taches qui se meuvent sur les mêmes parallèles, ont des routes qui paraissent semblables et de même durée; à six mois de distance les routes sont les mêmes, mais renversées.

Les routes sont rectilignes à la fin de novembre et au commencement de décembre, à la fin de mai et au commencement de juin.

La sphère dans laquelle tourne les taches, n'est pas plus grande que le Soleil, et lui est concentrique.

Le mouvement des taches est uniforme, malgré les petites irrégularités de leur mouvement apparent vers les bords du disque.

Il croit voir des traces de parallaxe, mais la parallaxe relative est insensible. Cette dernière proposition est certaine; on ne voit pas trop ce qui a pu lui indiquer quelque parallaxe.

La réfraction, qui déforme si visiblement le Soleil, doit déplacer la tache sensiblement. Placez l'image du Soleil sur un carton, et remarquez la place d'une tache : le mouvement diurne ne permettra pas à l'image de rester immobile; si la tache est au centre elle suivra une ligne droite; si elle est loin du centre elle décrira une ligne oblique; ainsi, la réfraction opérée par les verres de la lunette déplace un peu la tache.

Cette inégalité de réfraction se manifeste encore par le changement, dans la distance des taches entre elles.

Les expériences, qu'il multiplie pour prouver son assertion, ne seraient aujourd'hui d'aucune utilité; on n'aurait plus aucune confiance dans les moyens qu'il emploie.

L'augmentation et la diminution des taches n'est pas purement optique, elle est réelle en partie; leur teinte varie comme leur figure; quelques-unes ont le noyau plus noir que les bords. On voit ensuite de longues dissertations sur la nature et la formation des facules et des taches.

A la page 546 on voit les recherches de diverses taches.

Une tache vue en mars 1625, a été revue le mois suivant; une autre vue en mai, est revenue en juin; une troisième vue en juin, est revenue en juillet; une quatrième vue en juillet, est revenue en août : il en conclut une révolution (synodique) de 26 à 27 jours.

Seconde partie du livre IV. Théorie un peu meilleure que celle du censeur d'Apelle.

Le pôle de rotation décrit un petit cercle autour du pôle fixe; la distance de ces pôles est de 6 à 8°, jamais au-dessus ni au-dessous. Il suppose 7°, nous trouvons aujourd'hui 7°20′; la révolution du pôle est d'un an; il partage l'erreur de Copernic sur le mouvement conique de l'axe; Galilée, qui l'a enfin rejetée pour la Terre, paraît l'avoir conservée pour le Soleil; les pôles sont sur les bords du disque, le 1er décembre environ, dans la région occidentale de l'horizon austral. Il se trompe d'environ dix jours.

La révolution des taches va de 25 à 28 jours. On voit par ses limites combien les observations sont grossières. Il appelle zone royale celle au-delà de laquelle on ne voit plus de taches; il l'assimile à la zone torride de la Terre, mais elle est de 60° au lieu de 47°.

Il rapporte ensuite de mauvaises observations du diamètre du Soleil. Quelques taches sont grandes comme l'Europe, d'autres comme l'Asie, d'autres comme la Terre entière.

Page 601. Il paraît n'avoir aucune idée de la révolution propre ou du tems réel de la rotation, mais seulement de la révolution apparente et synodique.

Il croit le diamètre, déterminé par Tycho, beaucoup trop petit.

Il explique, par une quantité extraordinaire de taches, l'éclipse miraculeuse de la mort de J.-C.

On ne voit dans le reste de l'ouvrage que des dissertations vagues et insignifiantes sur la couleur du Soleil. Point de théorie véritable de la rotation. Il n'a déterminé l'inclinaison, le nœud et la durée, que par les tems où la route est rectiligne. Il est peu d'ouvrages aussi diffus et aussi vides de choses. Il est de 784 pages, il n'y a pas matière pour 50.

Tarde.

Borbonia sidera, id est planetæ qui Solis lumina circum volitant motu proprio et regulari falso hactenus ab helioscopis maculæ Solis nuncupati ex novis observationibus Joannis Tarde, canonici theologi eccl. cathed. Sarlati. Paris, 1620.

Tarde commence par parler de la lunette batave, qu'il ne croit pas due au hazard. L'inventeur l'avait faite à l'usage de la guerre, pour reconnaître de loin les ennemis, leurs forces et leurs mouvemens. Les Italiens et les Allemands, qui avaient plus de loisir, les appliquèrent à la contemplation des astres. Il leur sait mauvais gré d'avoir mis des taches sur le Soleil, comme si l'œil du monde avait des ophtalmies. Il prie ses lecteurs de suspendre leur jugement jusqu'à ce qu'ils se soient munis d'une bonne lunette, alors ils verront que les taches prétendues sont des planètes.

Pour observer le Soleil il interpose un verre un peu épais, vert ou bleu, entre l'œil et l'oculaire; mais pour observer les taches il en reçoit l'image sur un carton, dans une chambre obscure.

Il n'est point de l'avis de Galilée sur les taches, mais il s'en rapporte à Galilée mieux instruit par une plus longue série d'observations; il souhaite qu'on puisse découvrir une tache permanente, elle nous mettrait en état de décider si le Soleil tourne ou si c'est la Terre. On voit que le bon chanoine ne croit pas la chose décidée par l'Écriture sainte. Voici son raisonnement : Si le Soleil nous montrait toujours la même face, on verrait alors que c'est lui qui tourne autour de la Terre, comme la Lune; mais si par le mouvement annuel nous découvrions successivement toutes les parties du Soleil, ce serait une marque que la Terre tourne autour de lui en un an (ou qu'il aurait une rotation dont la durée serait un an). Tarde a vu jusqu'à trente taches à la fois sur le Soleil; il en fait des planètes fort voisines de cet astre. En cherchant à réfuter Galilée, l'auteur dit, page 17, qu'on n'a pu encore trouver aucune loi, aucune proportion entre les mouvemens des planètes. On voit qu'il n'avait pas lu Képler. Il dit, page 19, que tous les corps ont une propension naturelle au mouvement, comme l'aimant vers le fer, les graves vers la Terre, la flamme vers le ciel. Il évite de prononcer entre Copernic et Ptolémée. Jupiter a quatre satellites, il était juste que le Soleil eût une garde plus nombreuse.

Si la Lune avait le poli spéculaire, elle ne nous éclairerait pas. Les parties brillantes de la Lune ne sont pas des mers, car ces mers auraient la surface polie et ne réfléchiraient pas la lumière. Képler a fait une expérience qui prouve le contraire. La Terre est plus brillante que la Lune. Recevez, dans une chambre obscure, l'image du Soleil sur un corps composé tel que la Terre, ce composé vous réfléchira une lumière à laquelle vous lirez plus facilement que vous ne feriez à celle de la Lune. *Il a vu les taches décrire toujours des lignes droites parallèles à l'écliptique.*

Il croit le Soleil beaucoup plus éloigné de la Terre que ne le supposent les astronomes; il penche ouvertement pour le système de Copernic; il rappelle l'intolérance des péripatéticiens, qui accusaient d'impiété ceux qui faisaient mouvoir la Terre.

Enfin, il expose les principes optiques de la construction de la lunette. Il ne peut croire que la découverte de la lunette soit un effet du hasard; elle est due bien plutôt à la réflexion et à l'art; il propose quelques conjectures, mais rien de plus.

Ce traité, qui n'est pas fort instructif, a été traduit en français par l'auteur lui-même et publié par le même libraire. Paris, 1622.

Malapertius.

Austriaca sidera heliocyclica astronomicis hypothesibus illigata, operâ R. P. Caroli Malapertii, Belgæ Montensis è Societate Jesu. 1633.

Le privilége et l'approbation sont de 1628. Voilà un Belge qui écrit à son tour sur les taches du Soleil et les nomme *astres autrichiens*, comme Tarde les avait nommées *astres de Bourbon.*

Dans son avant-propos, il nous apprend que Vendelinus faisait le Soleil trois fois plus grand que ne le faisait Ptolémée, et par conséquent 496 fois plus grand que la Terre. Pour lui, il est tout disposé à le faire encore plus grand. Il prouve que l'observation d'Aimoin, discutée déjà par Képler, ne pouvait être celle d'un passage de Mercure, mais bien d'une tache du Soleil.

Ses méthodes d'observation ressemblent à celles de Scheiner, à qui il reconnaît qu'il a des obligations. Au lieu de la machine de Gruemberger, il emploie une espèce de *torquetum* qui fait le même effet. Il se sert de même du fil à plomb, pour marquer le vertical du Soleil. Il détermine aussi l'angle de l'écliptique avec le vertical.

Pour trouver l'angle de l'écliptique avec le méridien, il emploie une opération graphique que je n'ai vue encore nulle part, au moins qu'il me souvienne; elle est assez simple, on peut la modifier de manière à simplifier encore la démonstration.

Soit le demi-cercle EBF (fig. 91), le rayon AB perpendiculaire à EF; prenez $BC=BD=\omega=23^\circ\frac{1}{2}$; menez la corde CD du centre G et du rayon GC=GD; décrivez le petit cercle DMCI; soit l'arc ♈M=DM la longitude du Soleil, la perpendiculaire MK sera = sin DM = sin ☉ ou $\sin\omega \sin ☉ = \sin D$; KG sera $\sin\omega \cos ☉$, $AG=\cos\omega$. Menez AK, vous aurez $\text{tang} KAG=\frac{KG}{AG}=\frac{\sin\omega\cos ☉}{\cos\omega}=\text{tang}\,\omega\cos ☉=\cot KAE=$ cot angle cherché. C'est en effet la formule que donne la Trigonométrie sphérique. Ainsi la même construction donne le sinus de déclinaison KM et l'angle KAF de l'écliptique avec le méridien. On voit que cet angle est obtus, parce que $DM > 90^\circ$, et que son cosinus est négatif. Pour la déclinaison, prenez $Am=Gn=MK$, menez mnr, et Br sera la déclinaison.

Si l'on demandait l'angle tout seul, au lieu de la corde $DC=2\sin\omega$ on mènerait au point B la perpendiculaire $=2\,\text{tang}\,\omega$, le point ♈ serait sur cette tangente et sur le prolongement de AD. Du point M, on abaisserait la perpendiculaire sur $\text{tang}\,\omega$, et l'on aurait $\text{tang}\,\omega\cos D$, et du pied de la perpendiculaire, on conduirait une droite au point A et l'on aurait le même angle FAK.

Quant à l'angle OST du vertical ZT avec l'écliptique ♈O (fig. 92), il le trouve par l'astrolabe.

Soit ♈Q=M= ascension droite du milieu du ciel, ♈S=S= longitude du Soleil. J'ai démontré (*Astron.*, ch. XVIII, p. 48 et 49) qu'on a toujours, en nommant H la hauteur du pôle

$$\cot OST=\frac{\cos M\sin S-\cos\omega\sin M\cos S-\sin\omega\,\text{tang}\,H\cos S}{\cos\omega\,\text{tang}\,H-\sin\omega\sin M},$$

et

$$\cos ZS=\sin ST=\cos M\cos H\cos S+\cos\omega\cos H\sin S\sin M+\sin\omega\sin H\sin S;$$

l'angle OTS est toujours opposé à l'arc de l'horizon OT, différence d'azimut entre le point orient de l'écliptique et celui qui marque l'azimut du Soleil.

L'auteur recommande d'observer toujours aux environs du premier vertical, ce qui n'est possible que dans l'été et offre d'ailleurs l'inconvénient des réfractions. La raison est que l'angle OST variera peu d'un jour à l'autre. En effet, au premier vertical l'angle sera OAE. Or,

$$\begin{aligned}-\cos OAE &= +\cos \Upsilon AE = \cos \Upsilon E \sin \Upsilon \sin \Upsilon EA - \cos \Upsilon \cos \Upsilon EA \\ &= \cos(90^\circ + M) \sin\omega \sin H - \cos\omega \cos H \\ &= -\sin M \sin\omega \sin H - \cos\omega \cos H;\end{aligned}$$

ainsi

$$\begin{aligned}\cos OAE &= \sin\omega \sin H \sin M + \cos\omega \cos H, \\ -d(OAE) \sin OAE &= dM \cos M \sin\omega \sin H, \\ -d(OAE) &= \frac{dM \sin\omega \sin H \cos M}{\sin \Upsilon AE} = \frac{dM \sin\omega \sin H \cos \Upsilon Q}{\sin \Upsilon AE} \\ &= \frac{dM \sin\omega \sin H \cos(\Upsilon E - 90)}{\sin \Upsilon AE} = + \frac{dM \sin\omega \sin H \sin \Upsilon E}{\sin \Upsilon AE} \\ &= dM \sin\omega \sin \Upsilon A = dM \sin\omega \sin \odot = dM \sin D;\end{aligned}$$

ainsi vers le solstice d'été cet angle variera très peu d'un jour à l'autre.

L'auteur donne ensuite les routes de vingt-six taches, observées toutes au moins trois fois depuis l'an 1618 jusqu'à l'an 1626; en sorte qu'on en pourrait déduire vingt-six fois les élémens de la rotation, si de pareilles observations pouvaient mériter quelque confiance. On pourrait y appliquer la méthode graphique du P. Boscovich. Quant à l'auteur qui soutient que les taches sont des planètes, on sent bien qu'il ne fait rien de semblable et même rien du tout pour la théorie. Voilà donc tout ce que j'ai trouvé à extraire dans son ouvrage.

Simon Marius.

Nous avons déjà parlé de cet auteur et de ses démêlés avec Galilée, à l'occasion des satellites de Jupiter. Nous avons extrait les plaintes de Galilée, il est juste d'analyser aussi la défense et les titres de son adversaire.

Simon Marius (en allemand Mayer) était né à Guntzenhausen en Franconie, l'an 1570; il commença à se faire connaître comme musicien, et gagna ainsi les bonnes grâces de George Frédéric, marquis d'Anspach, aux frais duquel il demeura quelque tems auprès de Tycho, pour s'exercer aux observations astronomiques. Il demeura ensuite pendant trois ans, soit à Padoue, soit à Venise, pour étudier la Médecine. A son retour il fut nommé mathématicien du marquis de Brandebourg, et composa des calendriers. En 1608, pendant la foire d'automne de Francfort-sur-le-Mein, Jean-Philippe Fuchs de Bienbach, général célèbre, amateur de Mathématiques, apprit d'un belge qui était pour le moment à la foire, qu'on avait imaginé un instrument qui grossissait et rapprochait les objets. Il voulut se procurer une de ces lunettes; le belge y mettant un trop haut prix, le marché ne fut pas conclu. Mais de retour à Onolzbach Fuchs en parla à Marius, et lui dit que l'instrument avait deux verres, l'un concave et l'autre convexe, dont il lui dessina même la figure. Marius ayant donc assemblé des verres de cette forme, s'assura jusqu'à un certain point de la possibilité de ce qu'on racontait, mais son oculaire était trop convexe; il en demanda un autre aux opticiens de Nuremberg qui, faute d'instrumens, ne purent lui fournir ce qu'il désirait. L'été suivant (1609), Fuchs reçut de la Belgique une lunette assez bonne, dont il se servit dès-lors avec Marius, pour examiner le ciel. Cette année 1609 est précisément celle où nous avons vu que Galilée avait, pour la première fois, entendu parler de la lunette belge; on ne nous a pas dit le mois; nous voyons ici que Fuchs reçut la sienne en été. On pourrait croire que dès l'an 1608 on en vendait à la foire de Francfort, mais en petit nombre probablement, puisque le prix en dégoûte le général, grand amateur des Mathématiques.

Vers la fin de novembre 1609, Marius considérant les astres à son ordinaire, aperçut pour la première fois auprès de Jupiter acronyque, de petites étoiles qui tantôt précédaient la planète et tantôt la suivaient. Il les prit d'abord pour des étoiles télescopiques telles qu'il en avait vues dans la voie lactée, dans les Hyades, les Pléiades et dans Orion. Mais Jupiter était rétrograde, et ces étoiles ne s'en séparaient pas; Marius les ayant suivies pendant le mois de décembre, en vint à croire que ces étoiles étaient de petites planètes qui circulaient autour de Jupiter, comme les planètes connues circulent autour du Soleil. Il commença donc à écrire ses observations, le 29 décembre 1609 vieux style (ou le 8 janvier 1610 nouveau style). Trois de ces étoiles étaient alors en ligne droite à l'occident de Jupiter. Il faut se souvenir que cette première observation de Marius est la seconde de celles de Galilée. Le hasard serait singulier, mais il n'est pas absolument impossible. Alors Fuchs reçut de Venise deux verres bien polis, l'un convexe et l'autre concave, travaillés par J. B. Leuccius, nouvellement revenu de Belgique où il avait vu de ces lunettes. Ces verres étaient placés dans un tube de bois. Fuchs confia cet instrument à Marius, pour qu'il continuât d'observer Jupiter. Marius s'en servit assidûment jusqu'au $(\frac{12}{22})$ janvier 1610; il reconnut que les satellites étaient au nombre quatre; vers la fin de février et le commencement de mars (c'est-à-dire vers le 10 mars), il ne lui resta plus aucun doute sur ce nombre.

Du 13 janvier au 8 février, Marius fut en voyage; il avait laissé chez lui sa lunette, de peur d'accident (il aurait pu emporter du moins celle avec laquelle il avait fait sa première observation). A son retour il continua ces observations avec beaucoup d'assiduité. Tel est le récit que fait Marius de sa découverte dans la préface de son livre; il en certifie la sincérité et en appelle au témoignage de son patron Fuchs, qui vivait encore. Pendant qu'il était occupé à rechercher plus exactement les mouvemens des satellites, Galilée fit paraître son *Nuncius Sidereus*, ce qui n'empêcha pas que Marius ne continuât ses recherches et la composition de ses Tables. Il les publia le $(\frac{18}{28})$ février 1614, deux ans plus tard que Galilée. Voici le titre :

Mundus Jovialis, anno 1609 detectus, ope perspicilli Belgici, hoc est quatuor Jovialium planetarum, cum theoria, tum tabulæ, propriis observationibus maxime fundatæ, ex quibus situs illorum ad Jovem, ad quodvis tempus datum, promtissimè et facillimè supputari potest. Norimbergæ, 4°. plagulis septem. C'est-à-dire que les Tables ne sont que de sept pages.

L'auteur s'y est fait graver avec sa lunette, qui est longue presque autant que le bras; l'objectif paraît avoir un doigt et demi d'ouverture; il n'en dit pas le grossissement. Au-dessous on lit ces deux vers :

Inventum proprium est mundus Jovialis et orbis,
Terræ secretum nobile dante Deo.

Sans les réclamations de Galilée, sans l'accusation d'un premier plagiat, qui donna naissance à un procès que Galilée gagna de la manière la plus complète, nous n'élèverions aucun doute sur un récit très circonstancié qui paraîtrait fait avec beaucoup de bonne foi. Nous pouvons même dire que dans le procès pour le compas de proportion, Marius n'est pas nommé. Le plagiaire qui fut condamné, était un Balthasar Capra; Galilée nous dit bien que ce Capra était l'élève de Marius; que Marius avait lui-même traduit et défiguré son ouvrage latin; mais Galilée lui-même est-il tout-à-fait croyable? N'a-t-il pas, dans ce procès même, donné des preuves de passion et d'irascibilité? Quoi qu'il en soit de la véracité de Marius, les droits de Galilée n'en sont pas moins certains; il a le premier réellement observé les satellites; il a dû, comme le dit Marius de lui-même, les suivre pendant un certain tems, avant de songer à consigner les configurations qu'il observait. Il a donc été le premier; il a fait sa lunette, et Marius qui en a eu deux successivement, ne les avait que d'emprunt et la seconde venait de Venise. Marius lui-même ne veut porter aucune atteinte aux droits de Galilée. Il le reconnait pour le premier inventeur en Italie, il ne prétend qu'à une gloire égale parmi les Germains. Galilée lui reproche d'abuser de la différence des styles, pour déguiser le plagiat de la première observation; Marius en effet ne dit rien de l'identité de date. *Tace di far cauto il lettore, come essendo egli separato della Chiesa nostra, ne avendo accettata l'emendation gregoriana, il giorno* 7 *di gennaio del* 1610 *di noi cattolici, e l'istesso che il dì* 28 *di decembre del* 1609 *di loro eretici e questa e tutta la precedenza delle sue finte osservationi.* Ce passage aurait dû prouver au Saint-Office que Galilée était bon catholique, et qu'il n'était pas porté à trop d'indulgence pour les hérétiques. On peut donc avoir quelque doute sur les assertions de Marius, surtout quand on considère qu'il a gardé le silence pendant deux ans après sa prétendue découverte. Fuchs son patron n'a rien dit, il nous est entièrement inconnu, nous ne pouvons être parfaitement sûr qu'il fût encore vivant à l'époque où Marius publia son *Monde*. D'un autre côté, il rapporte diverses remarques qu'il a faites sur la scintillation des étoiles et sur les nébuleuses. Il paraît difficile de révoquer en doute qu'il ait eu une lunette dont il a su tirer quelque parti. Il avoue que le *Nuncius Sidereus* lui a été utile, et même qu'il a fait usage des observations de Galilée, quoique peu précises; il faut convenir que son ouvrage est plus complet et plus méthodique que celui de Galilée. Il reste à examiner si réellement on y trouve quelque remarque qu'il n'ait pu emprunter, et qui soit bien certainement de lui.

Dans la suite de sa préface, il nous dit qu'il se préparait à parler des taches du Soleil, et de tout ce qu'il avait observé depuis le 3 août 1611; mais pour des causes déjà indiquées, il ne veut encore rien dire sur un sujet sur lequel les plus habiles sont encore peu d'accord, et sur lequel ses idées ne sont pas arrêtées : il va communiquer quelques remarques qu'il a faites nouvellement. Le 15 décembre de l'an 1612, il a trouvé une étoile fixe telle qu'il n'en avait jamais vue; elle est voisine de la troisième et de la plus boréale de la ceinture d'Andromède; à l'œil nu elle paraît comme un petit nuage, avec la lunette on n'y voit aucune étoile; en quoi elle ne ressemble ni à la nébuleuse du Cancer, ni aux autres nébuleuses; on n'y voit que des rayons blanchâtres qui sont plus brillans vers le centre, et dont la lumière s'affaiblit vers les bords; elle a un quart de degré de diamètre; elle ressemble à une chandelle vue de loin, de nuit dans une lanterne de corne. Cette étoile est-elle nouvelle? c'est ce qu'il ne peut assurer; il trouve étonnant que Tycho, qui a observé l'étoile de la ceinture, n'ait rien dit de cette nébuleuse qui en est si voisine.

Il passe à la cause de la scintillation. On a toujours cru qu'elle ne s'observait que dans les étoiles fixes et nullement dans les planètes : l'expérience a prouvé la fausseté de cette notion. Tous les astres scintillent dans la lunette et le Soleil lui-même, il n'en excepte que la Lune; il n'y a de différence que du plus au moins. Saturne est de toutes les planètes celle qui scintille le moins; ensuite viennent Jupiter, Mars, puis Vénus; Mercure est celle de toutes dont la scintillation est la plus forte, ce qui se voit même sans lunette.

« Des demi-savans vont m'accuser d'erreur et de folie; comme ils voudront; je n'en dirai pas moins ce que j'ai vu de mes yeux, et ce que j'ai observé soigneusement. Celui qui possède une bonne lunette peut s'en convaincre par sa propre expérience; *il n'a qu'à ôter de la lunette l'oculaire concave et mettre l'œil à l'ouverture de la lunette dirigée sur l'étoile dont il veut éprouver la scintillation; il verra avec admiration ce que je vais exposer, pourvu que le ciel soit clair et l'air très pur. Quoique les fixes et les planètes paraissent percées de trous nombreux, ce qui est produit par le verre convexe, les volumes de tous ces corps paraissent très amplifiés, et la scintillation paraîtra une espèce de fulmination, ou une ébullition de la matière des astres; cependant on y remarquera par ordre des couleurs diverses plus ou moins distinctes.* Dans les étoiles qu'on a crues de la nature de Mars, c'est la couleur rouge qui domine; telles sont Aldébaran et autres fixes. Dans le grand Chien, on voit toutes les couleurs; le verd, le bleu, la couleur d'or et de sang s'y montrent l'une après l'autre. Je ne dirai point ici mon sentiment sur la scintillation, ni ce qui la produit; je dis simplement ce que j'ai vu et je laisse à des esprits plus subtils le soin de discuter et d'expliquer ces phénomènes. Je crois seulement que de cette manière on concevra mieux qu'on ne l'a fait jusqu'ici la nature et la qualité des fixes. » C'est une idée assez bizarre que de supprimer l'oculaire pour observer la scintillation, et de placer l'œil à un endroit où les rayons ne sont pas réunis.

« Autre chose également remarquable que j'ai vue seulement depuis mon retour de Ratisbonne, où je m'étais procuré un instrumènt avec lequel je vois un disque rond, non-seulement aux planètes, mais aux étoiles les plus belles, sur-tout à Procyon, aux luisantes d'Orion, au Lion, aux étoiles de la grande Ourse; ce que jamais encore je n'avais aperçu. Je m'étonne que Galilée, dont la lunette était si bonne, n'ait jamais rien vu de pareil; il ne leur trouve aucune figure terminée, ce qu'il regarde comme un argument très fort en faveur du système de Copernic, dans lequel l'énorme distance des fixes empêche de reconnaître leur forme globuleuse. Mais cet argument tombe à présent qu'on trouve un disque aux étoiles, et l'on sera par là porté à donner la préférence au système de Tycho ; j'accorderai facilement à Galilée, que les étoiles brillent d'une lumière propre. »

Une quatrième remarque porte sur le Soleil. Si dans un temple ou dans un autre lieu obscur, l'image du Soleil, pénétrant par un trou, est reçue sur une muraille assez distante, le mouvement du rayon solaire ne paraîtra pas uniforme, mais tremblant, ondulant et sautillant. Marius essaya de placer une lentille à l'ouverture qui donnait entrée au Soleil dont il reçut l'image sur un carton fixe; alors il vit distinctement l'image du disque avec toutes ses taches. Le rayon solaire lui parut avoir son triple mouvement, l'un qui ressemble à la scintillation des fixes, et qu'il appelle *scintillation du Soleil;* il se persuade que cette scintillation serait beaucoup plus grande pour un habitant de Saturne, qui verrait le Soleil bien plus petit. Cet effet lui parut beaucoup plus sensible quand il regardait le Soleil par un cornet de papier, en plaçant l'œil à la petite ouverture ; de cette manière, il vit dans le disque solaire une agitation semblable à celle de l'or en fusion et tout-à-fait différente de l'ébullition de l'eau, puisque la surface reste toujours unie.

Le second mouvement s'observait à l'extrême circonférence; il l'appelle *ondulation* et l'attribue à l'air.

Ce qui lui paraît plus étonnant, c'est l'inégalité dans la marche du rayon, qui tantôt paraît s'arrêter et s'avance ensuite vers l'orient par sauts ou par saccades : on l'observe également dans les taches. Il estime que ce saut n'est pas la deux-centième partie du diamètre solaire; il n'est pas éloigné de croire que ce mouvement est dû à la rotation de la Terre. Cependant, si ce mouvement était celui de la Terre, il se remarquerait aussi dans le rayon lunaire, quoique l'observation en soit plus difficile; or, on ne remarque rien de pareil dans la Lune; il appartient donc au Soleil. Au reste, en rapportant ces observations, il n'a d'autre but que d'attirer l'attention des astronomes sur des phénomènes qui n'ont point encore été observés.

Nous avons rapporté ces expériences dans les propres termes de l'auteur, pour qu'on puisse se faire une idée plus exacte de la manière de voir et de raisonner de Marius. Passons à son *Monde jovial.*

Il a souvent observé de jour, que le diamètre de Jupiter ne surpasse pas *une minute*. Il en déduit, en milles germaniques, la grandeur du système de Jupiter, et le trouve de 88000 de ces milles environ.

Pour ne pas revenir trop souvent sur les mêmes objets, nous allons comparer les élongations qu'il attribue aux quatre satellites, et nous y joindrons celles que leur ont assigné les divers auteurs.

Les six premières évaluations sont en demi-diamètres de Jupiter; celles de Pond, en minutes, secondes et tierces; les dernières, en parties de la distance moyenne de la Terre au Soleil. Les symboles ☾′, ☾″, ☾‴, ☾ᴵⱽ désignent les quatre satellites.

Observateurs.	☾′	☾″	☾‴	☾ᴵⱽ
Galilée.....	6 demi-diam. de ♃	10	16	24
Marius.....	6	10	16	26
Schirlæus...	6	8	12	20
Hodiorna...	7	11	18	29
Cassini.....	5,67	9	14,38	25,300
Newton.....	5,965	9,494	15,141	26,630
Pond.......	1′ 51″ 6‴	2′ 56″ 47‴	4′ 42″ 0‴	8′ 16″
Parties de la dist. moy. ☉	0,00280245	0,00456295	0,00711312	0,01251245

Marius avait commencé par donner aux quatre satellites les noms de Mercure, Vénus, Jupiter et Saturne; mais pour n'être pas obligé d'ajouter à chacun de ces noms l'épithète de *jovialis*, il les nomme Io, Europe, Ganymède et Calisto. Il trouve que le troisième est évidemment plus gros qu'aucun des trois autres, qui lui paraissent à peu près égaux entre eux; il les désigne collectivement par le nom d'*astres de Brandebourg*, comme Galilée les avait nommés *astres de Médicis*. C'est dans une conversation qu'il eut avec Képler, et dans laquelle on avait plaisanté sur les amours de Jupiter, qu'avaient été imaginés les derniers noms, et il ajoute que Képler est le parrain de ces astres et son compère.

Dans la seconde partie, il expose sept phénomènes qu'il a constamment observés.

1°. Les satellites changent continuellement de place relativement à Jupiter; on les voit tantôt à l'orient et tantôt à l'occident.

2°. Chaque satellite a dans ses élongations des limites qu'il ne passe jamais.

3°. Leurs mouvemens sont plus sensibles quand ils approchent de Jupiter, plus lents et même nuls en apparence, quand ils sont dans leurs digressions.

4°. Les satellites qui s'éloignent le plus de Jupiter ont des révolutions plus longues.

5°. Le centre de leurs mouvemens égaux est Jupiter, et avec Jupiter ils tournent autour du Soleil et non autour de la Terre.

6°. La ligne qui passe par les points des deux digressions est parallèle à l'écliptique, mais dans le cours de leurs révolutions ils s'écartent au nord et au sud de cette ligne; ce qui est sur-tout sensible quand deux satellites sont en conjonction, et que l'un s'approche de Jupiter tandis que l'autre s'en éloigne. (Ceci n'est vrai que dans certaines circonstances, et c'est un des argumens dont se sert Galilée, pour prouver que Marius n'a pas réellement observé les satellites.)

7°. Les satellites ne paraissent pas toujours de la même grosseur.

Nous avons vu que Galilée avait fait la même remarque, qui n'est vraie que pour les instans des éclipses partielles, et cesse de l'être quand le satellite est éclairé tout entier. Les circonstances atmosphériques peuvent aussi influer sur les apparences.

Toutes ces remarques sont implicitement comprises dans ce qu'avait publié Galilée.

Marius expose ensuite les phénomènes sur lesquels sont appuyées les remarques précédentes. La première était facile, la seconde exigeait un grand nombre d'observations; il n'en rapporte aucune : ses élongations sont les mêmes que celles de Galilée, sauf la dernière, qui n'en diffère que de deux parties qu'il appelle des *minutes :* il dit avoir employé six mois à ces déterminations.

La troisième était une suite nécessaire et une preuve du mouvement circulaire.

La quatrième offrait alors beaucoup de difficultés, parce qu'il était aisé de prendre un satellite pour un autre, excepté cependant le troisième qu'on distinguait à la grosseur : il y employa le retour aux plus grandes digressions.

Pour se démontrer la cinquième, il fit des tables de mouvemens moyens, afin de les comparer aux observations. Il reconnut la nécessité de tenir compte de la parallaxe annuelle. A cette occasion, il assure qu'il avait trouvé le système de Tycho, dans un tems où il ignorait encore le nom de cet astronome, et que l'idée lui en était venue en lisant l'ouvrage de Copernic, de 1595 à 1596. Il en cite plusieurs témoins, qui malheureusement étaient tous morts à l'époque où il écrit, à la réserve d'un organiste de Heilsbronn.

La sixième remarque est facile, quand elle est vraie; le tort de Marius est de l'avoir crue générale. Elle le conduisit à faire des tables de latitude qui ne pouvaient être bonnes.

Pour la septième, il rappelle l'embarras qu'elle causait à Galilée, dont il réfute les explications; il en cherche la cause dans les phases des satellites. Mais la parallaxe annuelle n'étant jamais de 12°, la partie visible et éclairée du disque est toujours $2\delta \cos^2 6°$ au moins, ou 0,989 ou 99 centièmes du disque; cette explication est donc insuffisante. Il voudrait aussi leur donner une lumière cendrée qui leur serait réfléchie par Jupiter; mais il la croit plus faible que celle de la Lune, tant parce que Jupiter *est plus petit que la Terre*, que parce qu'il est plus éloigné du Soleil.

Il conjecture ensuite que les satellites doivent s'éclipser dans leurs conjonctions supérieures. D'après le calcul du cône d'ombre de Jupiter, il trouve que les quatre satellites doivent toujours s'éclipser, ce qui n'est vrai que pour les trois premiers. Galilée, dont la lunette était meilleure, avait pu voir ces éclipses; Képler le lui avait assuré quelquefois. Après avoir inutilement cherché un satellite pendant quelques heures, il l'a enfin aperçu à une distance notable du disque de Jupiter; et cette distance surpassait de beaucoup le mouvement du satellite pour l'intervalle. Après avoir vu le satellite pendant quelque tems, il a cessé de le voir lorsqu'il était encore trop éloigné de Jupiter pour en être occulté. Mais il n'a pas noté les tems de ces observations; on pourrait donc soupçonner qu'il ne les a pas faites; car il était aisé de conclure la nécessité de ces remarques de la longueur et de la position du cône d'ombre. Sa lunette est trop faible pour observer les éclipses; il promet cependant de faire tous ses efforts; il n'ose assurer que les satellites puissent s'éclipser mutuellement, mais il trouve la chose vraisemblable. Elle n'est certainement pas impossible; mais jusqu'ici on n'en connaît aucune observation.

Marius expose ensuite la construction de ses tables, qui n'offrent que des mouvemens moyens; mais il n'avait pas assez exactement déterminé les révolutions pour que ces tables s'accordassent long-tems avec les observations.

Voici ses révolutions comparées à celles de Galilée et aux nôtres.

	Suivant Galilée.	Suivant Marius.	Suivant nous.
☾′	$1^h 18' \frac{1}{2}$ presque.	$1^j 18^h 28' 30''$	$1^j 18^h 28' 35'' 945374812$
☾″	$3.13 \frac{1}{3}$ environ.	3.13.18. 0	3.13.17.53,73010602
☾‴	7. 4	7. 3.56.34	7. 3.59.35,825112810
☾IV	16.18 à peu près.	16.18. 9.15	16.18. 5. 7,020984400

Les nombres sont en effet très ressemblans, mais non assez pour démontrer le plagiat.

Mouvemens des satellites.				
	☾′	☾″	☾‴	☾IV
Époques de 1608.....	$10^s 20° 35'$	$7^s 22° 20'$	$1^s 26° 13'$	$7^s 3° 13'$
Mouvement diurne....	6.23.25	3.11.17	1.20.15	0.21.29
En 365 jours.........	2.27. 5	8.10.51	11.10.57	9.11.47

Les Tables sont calculées pour le méridien d'Onolzbach, $0^h 2'$ à l'ouest de Nuremberg; les époques sont pour les années complètes et pour le Calendrier julien.

Il résulte de cet examen que l'ouvrage de Marius ne renferme aucune observation absolument, à la réserve de celle qu'il peut avoir prise dans le livre de Galilée, et voici comme il nous la donne : *Prima fuit observatio,* 29 *decembris anni* 1609, *quo die vesperi, horam circiter quintam, tres à Jove occidentales in lineâ cum* ♃ *rectâ vidi, postea hanc observationem continuavi usque huc.*

Cassini, dans son mémoire sur les hypothèses des satellites, s'exprime ainsi :

« Les configurations tirées des Tables de Marius n'avaient aucune ressemblance aux configurations véritables, lorsque Galilée mit en doute, si Simon Marius avait jamais vu ces satellites. On n'en saurait néanmoins douter, si l'on examine la méthode dont il dit qu'il s'est servi pour les observer, qui apparemment ne serait pas tombée dans la pensée d'une personne qui ne l'eût pas pratiquée ; les difficultés qui se rencontraient dans la pratique de ces observations y étant fort bien représentées. »

Il nous paraît en effet bien difficile de soutenir que jamais Marius n'a vu les satellites; mais il n'est pas impossible qu'il ait commencé pour la première fois à s'en occuper, après la publication du livre de Galilée. Conçoit-on que Simon Marius ayant à prouver qu'il était inventeur, quand un autre était depuis deux ans en possession de la découverte, n'ait cité qu'une seule observation, et quelle observation; qu'il n'ait rapporté aucune de celles qui lui ont donné ses périodes, ses élongations et ses conjonctions.

Le fait est que la théorie de ces satellites ne doit rien à Marius; il a composé un traité dont il a trouvé presque tous les matériaux dans le *Nuncius Sidereus;* il a pu y ajouter quelques observations postérieures, encore la chose est-elle assez incertaine. La question est peu intéressante, mais nous avouerons que nous sommes peu frappé des raisons apportées par Cassini. Il nous semble que sans avoir jamais vu les satellites autre part que dans le livre de Galilée, on pouvait écrire tout ce que nous a donné Simon Marius.

Fortunius Licetus.

Fortunius Licetus (Liceti ou Liceto), né à apalo dans l'état de Gènes en 1577, était médecin, et professa la Philosophie à Pise et ensuite la Médecine à Padoue, où il mourut en 1656. Il est auteur d'un grand nombre de traités comme *de monstris, de his qui vivunt sine alimentis, mundi et hominis analogia, de annulis antiquis, de ortu spontaneo viventium, de animorum rationalium immortalitate, de fulminum naturâ, de ortu animæ humanæ, hydrologia, de lucernis antiquis.* Il soutient dans ce dernier traité que les anciens avaient des lampes sépulcrales qui ne s'éteignaient point. On sait aujourd'hui ce qu'on doit penser de ces lampes. Nous allons brièvement extraire ceux de ses ouvrages qui soient de notre sujet.

De novis astris et cometis libri sex. Author Fortunius Licetus Genuensis, in Patavino Lycæo philosophus ordinarius, 1623. L'épître dédicatoire est de 1622.

L'auteur pose ces deux principes : Que les astronomes n'ont pu se tromper, quand ils ont conclu du défaut de parallaxe que les comètes sont fort au-dessus de la Lune; mais que les péripatéticiens, qui ont si bien défini la nature des corps célestes et élémentaires, ne peuvent se tromper non plus sur la nature des corps superlunaires. Dans cette double persuasion, l'auteur va s'efforcer de tout expliquer, sans porter atteinte aux principes posés par Aristote.

Le premier livre est en grande partie historique, l'auteur y recueille tout ce qu'on a dit sur les comètes.

Dans le second il veut prouver qu'Aristote n'a pas dit qu'il ne pût se former ou se dissiper rien dans le ciel, mais seulement que les astres aussi anciens que le monde ne sont sujets à aucune corruption et ne peuvent périr. (En ce cas, il aurait pu en dire autant de la Terre.)

Les astres nouveaux se forment par *condensation* et non par une création proprement dite, qui les tirerait du néant (on commence à reproduire cette idée de Licétus). Aristote rapporte que deux parhélies vus au Soleil levant, ont duré jusqu'au coucher du Soleil dans le Bosphore.

Louis Colombus croyait les nouvelles étoiles aussi anciennes que le monde, et qu'elles devenaient visibles, quand une partie d'une sphère plus dense venait à passer au-dessous, et qu'elle en grossissait l'image.

Cornelius Frangipanus disait que l'étoile qu'on voyait autrefois près du pôle, s'était cachée à la prise de Constantinople, et n'avait plus reparue; voilà un digne pendant de l'anecdote sur la septième étoile des Pléiades.

Artémidore croyait que les étoiles nouvelles n'étaient visibles que dans le périgée de leur épicycle; en ce cas, elles auraient dû avoir un mouvement.

Puteanus croyait les comètes formées de la matière des taches du Soleil.

Tout le second livre est employé à réfuter ces idées et beaucoup d'autres de même genre, rapportées par Képler et Tycho.

Dans le troisième, il propose ses conjectures sur la formation des comètes et des étoiles nouvelles.

Dans le quatrième, il répond aux objections qu'on lui a faites. Longues discussions aujourd'hui sans intérêt.

Dans le cinquième, au chap. XII, il parle de trois étoiles nouvelles vues auprès de Cassiopée.

Au chap. XIX, il parle de Vénus qui, au rapport de Varron, avait changé son cours. C'est une chose qui est arrivé souvent, qu'on ait pris pour Vénus un astre nouveau ou une planète qui, dans quelque circonstance paraît plus belle qu'on ne la voit ordinairement.

Le reste du cinquième livre est une espèce de concordance entre Aristote et l'Astronomie. Si les principes de ce philosophe peuvent se concilier avec les démonstrations astronomiques, on peut en féliciter les partisans d'Aristote; mais ses opinions ne peuvent rien ajouter à la force des démonstrations.

Le sixième livre est une espèce de supplément aux cinq premiers. L'auteur y revient sur quelques points déjà traités. Nous n'en dirons pas davantage.

De Regulari motu minimâque parallaxi Cometarum disputationes Fortunii Liceti. Utini, 1640.

Cet ouvrage est un dialogue où l'on discute l'opinion de Tycho qui donnait une trajectoire circulaire aux comètes. On examine si les 3′ de parallaxe que Tycho donne aux comètes, ne seraient pas plutôt un effet des réfractions. Il est sûr qu'il connaissait mal les réfractions; que 3′ qu'il aurait données de moins à la réfraction, pouvaient se prendre pour 3′ de parallaxe. Tout cela est aujourd'hui sans intérêt.

Fortunii Liceti, de Terrâ unico centro motus singularum cœli partium. 1640. La Terre toute entière est le centre physique et non le centre mathématique du monde. On sait aujourd'hui qu'elle n'est ni l'un ni l'autre.

Fortunii Liceti, de Lunæ sub obscurâ luce prope conjonctiones et in eclipsibus, libri 13. *Utini*, 1642.

Ce livre doit traiter de deux points principaux, *de la lumière cendrée et de la lumière de la Lune éclipsée*. Le Soleil est plus grand que la Lune, il en éclaire plus qu'un hémisphère. Cette zone éclairée doit être visible, et entourer en partie la partie obscure tournée vers la Terre.

Cette zone est d'environ 16′ de hauteur; vue de la Terre, elle ne peut être que de 5″; elle doit être éclairée très obliquement et très faiblement, et ne nous renvoyer que peu de rayons; elle doit donc être difficilement aperçue, d'autant plus que nous ne voyons pas un hémisphère entier. Si nous pouvions voir la Lune réellement en conjonction, et on ne la voit ainsi que dans les éclipses totales de Soleil, nous n'apercevrions rien de cette zone; car nous ne verrions pas même toute la partie obscure. Licetus ne fait aucun de ces raisonnemens, il se borne à dire que la lumière qu'on voit dans les deux cas qu'il considère, est la lumière propre de la Lune.

Vitellon croyait que la lumière du Soleil pénètre tout le corps de la Lune, Alpétrage en disait autant de Vénus et de Mercure; il expliquait ainsi pourquoi ces planètes n'éclipsaient jamais le Soleil. On sait aujourd'hui ce que valent toutes ces explications.

D'autres veulent que cette lumière cendrée et celle des éclipses, soit la lumière propre de la Lune, et Licetus se range à cette opinion.

D'autres voulaient qu'elle vînt de Vénus ou des étoiles. On a dit que c'est la lumière du Soleil que l'éther réfléchit sur la Lune.

Mæstlinus et Galilée avaient dit comme Léonard de Vinci, que c'est la lumière du Soleil réfléchie par la Terre et renvoyée par la Lune. Licetus affirme, on ne sait pourquoi, que la Terre est peu propre à réfléchir la lumière. J'ai vu, pendant la mesure de la méridienne, des clochers couverts d'une ardoise neuve et de couleur très foncée qui, vus de six à sept lieues dans la lunette, paraissaient d'une blancheur éclatante, parce qu'ils étaient fortement éclairés du Soleil, et par conséquent en plein jour, à midi même, quand la Lune est à peine visible; qu'eût-ce été si je les eusse vus d'un lieu obscur?

Licetus ajoute que la lumière cendrée et d'une intensité très différente, quoique la distance de la Terre soit toujours à peu près la même : mais il ne prend pas garde que la phase de la Terre diminue, et que la lumière envoyée par la Terre doit diminuer en même proportion que la partie éclairée de la Terre qui est vue de la Lune; que la partie éclairée de la Lune augmente en proportion de ce que celle de la Terre diminue. Licetus répond à cela que c'est supposer à la Terre le pouvoir de réfléchir la lumière, ce qu'il nie positivement; qu'il le prouve donc. Il s'en tient à dire qu'il faudrait monter dans la Lune, pour vérifier si la Terre en effet a des phases ; et pourquoi n'en aurait-elle pas, puisque Vénus et Mercure en ont, puisque les clochers et l'ardoise presque noire paraissent d'une blancheur éclatante, quand la Lune s'aperçoit à peine?

Il attribue de même à l'éther réfléchissant les rayons du Soleil, la lumière que nous envoie encore la Lune éclipsée; mais la Terre n'est-elle pas plus propre à réfléchir la lumière que l'éther? On a calculé ce qui doit rester de lumière à la Lune éclipsée et qui lui vient des rayons solaires réfractés par l'atmosphère de la Terre. Sa cause est encore perdue en ce point. Il prétend que le centre de la Lune est plus brillant que les bords; Képler a trouvé précisément le contraire dans la chambre obscure, pour ne rien dire des raisons qui démontrent *à priori* ce que l'expérience atteste.

Le second livre est un procès qu'il soutient contre Galilée devenu aveugle.

Galilée avait autrefois observé une éclipse dans laquelle la Lune avait totalement disparu, ce qui est assez rare; il en avait conclu que la Lune n'avait pas de lumière propre; il ne voyait que la Terre qui pût produire la lumière cendrée. Licetus l'avait combattu, Galilée avait répliqué, et Licetus cherche de nouveau à le réfuter; mais si faiblement et si longuement, que l'on perd patience.

Dans le troisième livre, il examine les idées de Gassendi qui s'était déclaré pour Galilée; il disserte de nouveau sur son éther. Il veut prouver que la lumière du Soleil, réfractée par l'atmosphère terrestre, ne peut éclairer la Lune, parce que les rayons doivent sortir ou parallèles ou si peu convergens, qu'ils doivent se réunir bien au-delà de l'orbite de la Lune, ce qui n'a nul besoin de réfutation. Nous n'ajouterons qu'une ligne.

Cette dissertation n'a pas moins de 464 pages, et Aristote y est souvent cité comme une autorité presque irréfragable.

Antoine Nuñez.

Antonii Nuñez à Çamora, Salmanticensis doctoris medici, Artium et Philosophiæ professoris, olim Medicinæ et nunc primariam Astrologiæ cathedram Salmanticæ moderantis, liber de Cometis, in quo demonstratur Cometem anni 1604 *fuisse in firmamento;* et en langue romance, *le jugement de la grande conjonction de l'an* 1603 *et de la même comète, de la conjonction de Mars et de Jupiter qui l'incendia.* Salamanque, 1610 ou plutôt 1605, comme on le voit au dernier feuillet.

Sous le nom général de comètes, l'auteur comprend aussi les étoiles nouvelles, telles que celles de 1572 et de 1604. Il commence par raisonner sur la nature de tous ces astres, en homme qui avait beaucoup lu Aristote. Il cite, page 16, un passage du Traité des Comètes de son maître Jérôme Muñoz, dans lequel on lit que dans une nuit fort obscure, l'année que les Maures de Grenade se révoltèrent contre leur roi, on avait vu aux murs du château de Concentaina trois flambeaux de même nature à peu près que les feux connus sous le nom de *Castor et Pollux* ou d'*Hélène,* car c'est la même chose, avec cette différence que l'astre d'Hélène est sphérique et permanent, au lieu que Castor et Pollux, ou St.-Marc et Ste.-Hélène, comme disent les Espagnols, ne sont ni sphériques ni permanens, et que l'un succède à l'autre. L'astre d'Hélène succède au calme et annonce la tempête, mais Castor et Pollux paraissant à la fin de la tempête, présagent le calme. Muñoz ajoute que la sentinelle ayant frappé de son sabre le phénomène, l'avait fait disparaître, et que le lendemain son sabre était tout brillant et sentait le souffre. Nuñez nous apprend, d'après Albert-le-Grand, en quoi consistent les feux appelés *lances, chandelles, asub ou tison, chèvres sautantes, étoiles tombantes, dragons volans, fossés* ou *creux de couleur de sang;* enfin des armées et des combattans qu'on a vus dans le ciel.

Il parle ensuite de la matière des comètes, de leur cause efficiente et formelle, des circonstances où elles se forment, comme après les éclipses et les conjonctions de deux ou plusieurs planètes; il faut toujours que la Lune y coopère. Il passe à leurs causes finales et à ce qu'elles présagent. Il donne, p. 62, une liste des calamités qui ont suivi l'apparition des comètes. Ce récit tient cinq pages.

Dans son livre II, il traite des parallaxes. Il rapporte une méthode de Muñoz qu'on avait crue inintelligible et qui en effet n'est pas trop claire. Il en donne une qui lui paraît plus sûre et plus facile. Il l'applique à un cas très défavorable; car la comète n'était pas visible au méridien, et n'était pas circompolaire. On ne la voyait qu'environ deux heures près du couchant. Il faut donc résoudre le problème qui n'a été résolu par personne, au moins qu'il sache.

Il prend les distances de la comète à deux étoiles connues; il en déduit la longitude et la latitude. Il en déduit la déclinaison vraie. (Il semble pourtant que l'observation doit lui donner le lieu apparent de la comète et par conséquent la déclinaison apparente); alors si elle est visible au méridien, il y observe la hauteur, de laquelle il conclut la déclinaison apparente. Si elle se trouve la même que par le premier calcul, la parallaxe sera nulle. Si la déclinaison est plus petite, la différence sera la parallaxe en *latitude*. (Il semble encore qu'il devrait dire en *déclinaison*, à moins que la comète ne soit dans le colure des solstices. Au méridien, la parallaxe est toute en déclinaison, mais elle est la plus petite des parallaxes de hauteur. Il suppose apparemment qu'on aura pris les distances à deux étoiles, de manière que ces distances étant perpendiculaires au vertical, la parallaxe ne les ait pas sensiblement altérées. On voit que la méthode doit être fort incertaine.)

Il observe de la même manière la longitude de la comète par son lever; il compare cette longitude à celle qu'il a déduite des distances; s'il y a une différence entre ces deux longitudes, elle sera la parallaxe de longitude; car, au lever, la parallaxe de longitude est la plus grande; il suppose en outre que la parallaxe de latitude est nulle à l'horizon.

Comme tout cela n'est pas fort clair, suivons l'exemple qu'il nous calcule.

Il a comparé la comète à δ et γ du Sagittaire qui ont la même latitude

6° 30′ A. Soit ABD (fig. 93) un grand cercle passant par les deux étoiles, dont la distance n'est guère que de 3°, et qui sont à peu de distance du colure. HbG l'écliptique, HA et bB les deux latitudes égales; on aura AB qui ne différera de Hb que de 1′. Z est la comète, AZ, BZ les deux distances mesurées. Il calcule ZAB par les trois côtés; du point Z, il abaisse l'arc perpendiculaire ZD sur l'arc AB prolongé. Il en conclut sin ZD = sin A sin AZ = sin 8° 33′ 15″. Il en retranche GD, qu'il dit être la latitude des deux étoiles; le reste est ZG qu'il prend pour la latitude de la comète; ce qui n'est vrai qu'à peu près, et parce que l'arc AZ n'est que de 14° 20′. Si la latitude est 6° 30′, il devrait avoir ZG = 2° 3′ 15″; il donne 2° 9′ 49″.

Il croit avoir la latitude vraie, et que la parallaxe de latitude est nulle; elle doit être trop grande pour être négligée à d'aussi petites hauteurs que celles de ses deux étoiles et de la comète. La réfraction dont il ne fait aucune mention, peut être aussi forte et plus forte que la parallaxe.

Il semble que Nuñez aurait bien fait de se borner à commenter Aristote.

Un autre jour, il observe l'amplit. occase cos H sin ampl. = sin déclin.; mais cette déclinaison est affectée de la parallaxe et de la réfraction. De l'amplitude et de la hauteur du pôle, il conclut l'ascension droite de l'étoile; il n'a encore que l'ascension apparente. De l'ascension droite et de la déclinaison, il déduit la longitude et la latitude. Il retrouve les mêmes quantités qu'il a trouvées à différentes hauteurs; il en conclut avec quelque apparence que la parallaxe est insensible; mais, s'il eût trouvé des différences, il lui eût été impossible d'en déduire la véritable parallaxe.

Le livre III parle de la nature des comètes, selon le signe où elles se montrent; des personnes qu'elles menacent; des comètes qui sont de la nature des différentes planètes, de ce qu'elles présagent dans les différentes maisons; du tems nécessaire pour que la comète produise son effet, enfin des lieux où cet effet s'accomplira.

Le livre IV est écrit en langue castillane, pour être à portée d'un plus grand nombre de lecteurs. Il est destiné à exposer la nature et les effets de l'étoile de 1604, qu'il appelle toujours *comète*. Au total, le livre de Nuñez ne mérite pas la moindre attention. Le peu de géométrie qu'on y trouve, n'a rien de particulier que les fausses suppositions que se permet l'auteur, et qu'il prend pour bases de tous ses calculs.

Bartschius.

Jacobi Bartschii Lauba-Lusati Philiatri, Planispherium stellatum, seu vice-globus cœlestis in plano delineatus. 1624.

Bartschius était gendre de Képler et auteur de quelques volumes d'Éphémérides. Nous avons déjà parlé de lui à l'occasion de ses tables logarithmiques.

L'auteur, sans se décider en faveur d'aucun des trois systèmes, paraît pencher pour celui de Copernic. Dans son article des planètes on trouve ce vers technique assez bizarre.

Post. S. I. M. S. V. M. Luna est septima dicta vaga.

Le mot *simsuml* est formé des initiales des noms des sept planètes, Saturne, Jupiter, Mars, le Soleil, Vénus, Mercure et la Lune.

Saturne est ainsi nommé par anti-phrase, *à Saturando,* parce que rien ne le rassasie.

Mars à virilitate, mas, maris, mâle.

Rien que des notions très élémentaires sur les cercles de la sphère, les étoiles et les planètes; carte de l'hémisphère boréal; deux cartes pour le zodiaque et les constellations australes; vers techniques pour retenir les noms des constellations et des étoiles.

Éphémérides du Soleil, pour quatre années, qu'on peut étendre à cent années, moyennant certaines corrections.

Dans une seconde édition, donnée par Goldmayer, on trouve un catalogue de 1240 étoiles, d'après Tycho, Képler et Longomontanus.

Une table de longitudes et latitudes géographiques, d'après Képler, Origan et Longomontanus.

Des tables d'arcs semi-diurnes, de levers et de couchers, des maisons et des positions.

A la suite de ces tables, on trouve, de Bartschius, un traité des aspects et un instrument pour les déterminer avec facilité.

Gerhard Muti.

Horloge astronomico-géographique de Gerhard Muti. 1673.

L'auteur ne laisse en repos que les fixes, et fait tourner tout le reste d'occident en orient. C'était un horloger de Francfort sur le Mein. Presque tout le livre est employé à la description et aux usages de son instrument.

Isaac Habrecht.

Isaaci Habrechti, Planiglobium cœleste.

C'est une projection de la sphère céleste, et une projection du globe terrestre, sur le plan de l'équateur et sur divers horizons, en une quinzaine de planches. On ne peut s'en faire une idée un peu exacte qu'en comparant aux planètes le texte qui en explique les usages; quant aux principes mathématiques de la projection même, l'auteur n'en dit pas un mot. Ils m'ont paru ceux de la projection stéréographique.

Gallucci Paolo.

Gio. Paolo Gallucci Salodiano, della fabrica ed uso di diversi stromenti di Astronomia e Cosmographia. Venetia, 1597.

Il nous dit que l'astrolabe est d'une antiquité qui se perd dans la nuit des tems; ainsi, il ne fait aucune difficulté d'en attribuer l'invention à Adam. Il oublie ou il n'a pas lu les auteurs grecs, qui en font unanimement honneur à Hipparque. A la feuille 6 il donne la figure du compas à verge, et c'est la première mention que j'en trouve; au chapitre VIII, il décrit les heures temporaires par des arcs de grands cercles; ce qui est la même erreur que font ceux qui les supposent des lignes droites sur un plan; il place les étoiles sur l'Araignée, par longitudes et déclinaisons; ce qui est en effet le moyen le plus simple.

Pour trouver le sinus de la hauteur, il calcule

$$\sin p = \sin P \cos H = \sin.\text{perpendiculaire};$$

puis $\cos 1^{\text{er}}\ \text{segment} = \frac{\sin H}{\cos p}$, $2^{\text{e}}\ \text{segm.} = 90^\circ - D - 1^{\text{er}}\ \text{segment}$;

enfin, $\sin h = \cos 2^{\text{e}}\ \text{segment} \cos p$.

C'est une manière de se passer de tangentes; elle est due aux Arabes.

Pour trouver facilement les signes diamétralement opposés, il donne ce vers technique un peu bizarre.

Ar.Li., Scor.Tau., Sag.Gem., Cap.Can., Aqu.Le, Pis.Vir.

Du reste, nombre de pratiques et pas une ligne de théorie ni de démonstration.

A la feuille 64 on trouve la figure du planisphère de Rojas, qui est une projection orthographique de la sphère sur le plan du méridien; les parallèles, en conséquence, sont des lignes droites, et les cercles horaires des ellipses. Au reste, il restreint le mérite de Rojas à celui de propagateur de l'instrument auquel il a fait de légères additions.

Le livre V est consacré à l'astrolabe d'Oronce Finée, qui prétend l'avoir trouvé en ployant en quatre l'astrolable ordinaire tracé sur une feuille transparente; par ce moyen toutes les lignes se voyaient comme si elles eussent été décrites dans un même quart. Il eut l'idée de transporter, en effet, toutes ces lignes, ou du moins les principales, dans un seul quart. Au reste, Gallucci doute qu'il en soit l'inventeur, et nous dit en avoir vu un qui avait trois cents ans de date, ainsi que le prouvaient les longitudes des étoiles. Cet astrolabe avait été apporté par des Ragusains, et suivant toute apparence il était l'ouvrage des Arabes, car les noms des étoiles étaient arabes.

Livre VI. Planisphère géographique d'Oronce Finée. C'est la projection stéréographique sur un horizon donné.

Bâton astronomique de P. Apian. C'est avec cet instrument qu'Apian propose de mesurer les distances de la Lune aux étoiles, pour en conclure les différences des méridiens.

Bâton de Grégoire Reisch. Il diffère du précédent par la manière dont il est divisé.

Rayon de Gemma Frisius. Division et usage de ces divers instrumens.

Livre VII. Miroir géographique d'Appian. Mappemonde avec quelques cercles mobiles.

Cadrans de Stoflerinus, cadrans à curseur (*voyez* Sacrobosco); cadrans sans curseur, cadrans d'Apian; on y voit les sinus de degré en degré; cadrans de Santbec, variété du précédent.

Hémisphère uranique; espèce de sphère armillaire propre à montrer l'heure.

Livre VIII. Anneau astronomique de Gemma Frisius. C'est un équateur, un méridien et un colure.

Compas de proportion, moins complet que celui de Galilée; mais on peut dire que le principe était trouvé. Il reste à comparer les dates. Galilée publia son livre en 1606; mais il dit dans la préface, que dès 1598 il le démontrait dans ses leçons publiques et particulières, quoiqu'il n'en eût pas encore complété l'invention. Rien ne prouve qu'il n'en a pas pris l'idée dans l'ouvrage de Gallucci.

Sphère de Camille Agrippa, de Milan. C'est un planétaire renfermé dans un globe de verre, qui représente la sphère des étoiles, et sur laquelle sont tracés les cercles principaux : la machine va au moyen d'un mouvement d'horlogerie. C'était un essai grossier, comme il paraît par la description, et par les moyens dont l'auteur se servait pour arriver à rendre plus justes les mouvemens du Soleil et de la Lune.

Livre IX. Torquetum. Espèce d'équatorial.

Livre X. Sphère matérielle, *visorio*. Ce dernier instrument consiste en un cercle azimutal, dont l'axe porte un demi-cercle vertical.

Astrolabe des anciens. L'auteur dit en avoir vu un, parfaitement exécuté, entre les mains d'un français, qui prétendait l'avoir reçu du Pérou.

Règles parallactiques, armilles et quart de cercle de Ptolémée.

Quart de cercle nautique portugais. Ce quart de cercle n'a rien d'extraordinaire que son poids et un anneau qui servait à le suspendre.

Le Micromegas de Luccio Scarani. Gallucci trouve l'invention de cet instrument vraiment divine; car avec de petites dimensions, il fait mieux qu'un plus grand. C'est un secteur de 15°; le rayon est de trois ou quatre brasses; chaque degré est divisé de deux en deux ou de trois en trois minutes; mais quoique l'arc ne soit que de 15°, il peut mesurer des angles depuis 0° jusqu'à 90°. Pour cet usage, outre la pinnule oculaire B, on a six pinnules objectives M, N, O, P, Q, R (fig. 94), vol. II, pl. dernière.

Dirigez la dioptre BM à un objet horizontal, le fil-à-plomb couvrira AL; mais pour un objet élevé de 15° il tomberait sur AB; pour un objet élevé de 8° le fil-à-plomb tombera entre L et B, sur la division 8°.

Pour un objet dont la hauteur surpasse 15°, servez-vous de BN; quand le fil marquera $n°$, vous en conclurez la hauteur $(15+n)°$.

Servez-vous de BO vous aurez des hauteurs $h=(30+n)°$;
de BP. . . . . $h=(45+n)°$;
de BQ. . . . . $h=(60+n)°$;
de BR. . . . . $h=(75+n)°$.

On voit que $CD = DE = EF = FG = GH = HR = 15°$, et que l'instrument se réduit au secteur BAL. Le reste de la figure n'est que pour la démonstration.

La Caille a employé ce moyen pour mesurer avec son sextant les distances au zénit, depuis 60 jusqu'à 90°. Il n'avait d'instrument d'un grand rayon que le secteur, qui lui avait servi dans son travail de la méridienne. Il avait placé ce secteur dans le plan du méridien, et il pouvait observer jusqu'à 60° du zénit. La lunette était placée sur le rayon BA; il en ajouta une seconde suivant BG. Quand il avait amené la lunette BA à 60° du zénit, la lunette BG était à l'horizon. Une étoile à 45°, observée avec la lunette BA, paraissait à 45° degré du zénit; observée ensuite avec la lunette BG, elle ne devait paraître qu'à 15°, si la lunette BG faisait réellement un angle de 30° avec la première. En observant ainsi plusieurs étoiles successivement avec les deux lunettes, il détermina en degrés, minutes et secondes l'angle des deux lunettes, et la constante qu'il devait ajouter à ce que marquait le fil-à-plomb, quand il s'était servi de la lunette BG.

L'hémisphère nautique fut inventé par Loignet d'Anvers. Il est composé d'un méridien, et divisé en deux fois 90°. Le zéro est au zénit, où se trouve l'anneau de suspension; dans l'intérieur tourne un demi-cercle vertical, qui peut se diriger dans un azimut quelconque. On y voit de plus un équateur divisé en deux fois six heures, qu'on pourra incliner plus ou moins selon le climat; enfin, un arc de 23° 28′ divisé selon les déclinaisons du Soleil.

Cet instrument servait à trouver, à toute heure du jour, la hauteur du pôle par la hauteur du Soleil. Une boussole attachée à l'azimut, fait qu'en visant au Soleil on a la hauteur, l'azimut et la déclinaison; on élève alors convenablement l'équateur.

Gallucci vante beaucoup cette invention; mais on voit ce qu'on pouvait en attendre dans la pratique, pour avoir exactement l'heure et la hauteur du pôle.

Octave Pisani.

Octavii Pisani Astrologia, seu motus et loca siderum. Ad serenissimum dominum Cosmum Medicen. Antuerpiæ, ex officinâ Roberti Bruneau, 1613.

L'auteur, dans sa dédicace, compare le grand duc Cosme II, à une comète qui attire tous les yeux. Une comète ressemble à une étoile ou à une planète; ainsi Cosme ressemble à ses aïeux et présage de grandes choses. Cet ouvrage est destiné à représenter tous les mouvemens célestes, par des planisphères. On y verra les astres de Médicis rangés autour de Jupiter, comme les six boules qui composent les armoiries des Médicis, sont rangées autour de la septième, qui est ornée du lys royal. Il présente ce livre au grand duc comme on présente un cadran au Soleil afin qu'il l'éclaire, et lui dit : *aspice et aspiciar. Regardez-moi et l'on me regardera.*

On voit ensuite le portrait de l'auteur entouré de cette devise : *Nil facilius et vilius quam sine certo judice maledicere aut irridere aliorum labores, Octavius Pisani.*

Il a construit une *sphère matérielle et instrumentale*, à laquelle on peut réduire tous les instrumens inventés depuis Ptolémée jusqu'à Tycho. Cet instrument peut remplacer aussi tous les livres, toutes les tables de sinus et de tangentes. Son livre sera court; mais il n'aura besoin d'aucun commentaire, il n'y manquera pas un *iota;* c'est qu'il a rejeté de l'Astronomie toutes les choses inutiles dont on l'a surchargée. Il croit que la lumière existe hors des astres, qui ne font que la réfléchir ou la réfracter.

J'ai lu cet ouvrage jusqu'au bout, dans l'espérance d'y trouver quelque chose qui méritât d'être cité, et j'ai vu que je pouvais me borner à copier ce que Lalande en a dit dans sa Bibliographie.

» On y trouve, sur de grandes figures, avec des cercles mobiles et » des alidades, les théories des planètes, et l'usage de l'astrolabe, en » 40 pages grand in-folio d'explication. C'est un livre fort rare suivant » les bibliographes. D'après le titre, M. de Bure a cru que c'était un » livre d'Astrologie judiciaire; mais il ne parle que de ce que nous appe- » lons Astronomie, et qu'on a long-tems appelé Astrologie. » J'ajouterai seulement que cet ouvrage n'apprend rien; que l'auteur paraît s'être proposé le même but qu'Apian, de remplacer les tables par des figures découpées en carton, mais qu'il a mis beaucoup moins de recherches et d'invention dans la manière dont il a exécuté son plan, en sorte que si Képler l'a vu, il n'aura pas eu de raison pour exprimer les mêmes regrets qu'à l'occasion du livre de son compatriote. Celui de Pisani pourrait se réduire à moitié ou au tiers, si l'on en retranchait les répétitions inutiles; on pourrait le réduire aux figures, en y ajoutant dans les vides quelques lignes d'explication. Lalande dit que le format est in-folio; il est plutôt celui d'un atlas; les pages sont à deux colonnes, et elles ont cinq décimètres environ de large sur autant de hauteur.

FIN DU TOME PREMIER.

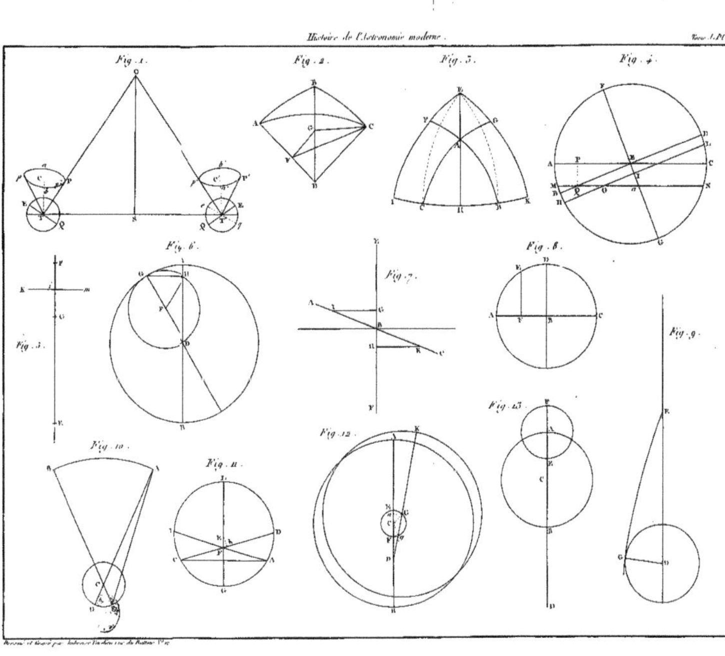
Histoire de l'Astronomie moderne.
Tome I. Pl. I.
Fig. 1.
Fig. 2.
Fig. 3.
Fig. 4.
Fig. 5.
Fig. 6.
Fig. 7.
Fig. 8.
Fig. 9.
Fig. 10.
Fig. 11.
Fig. 12.
Fig. 13.

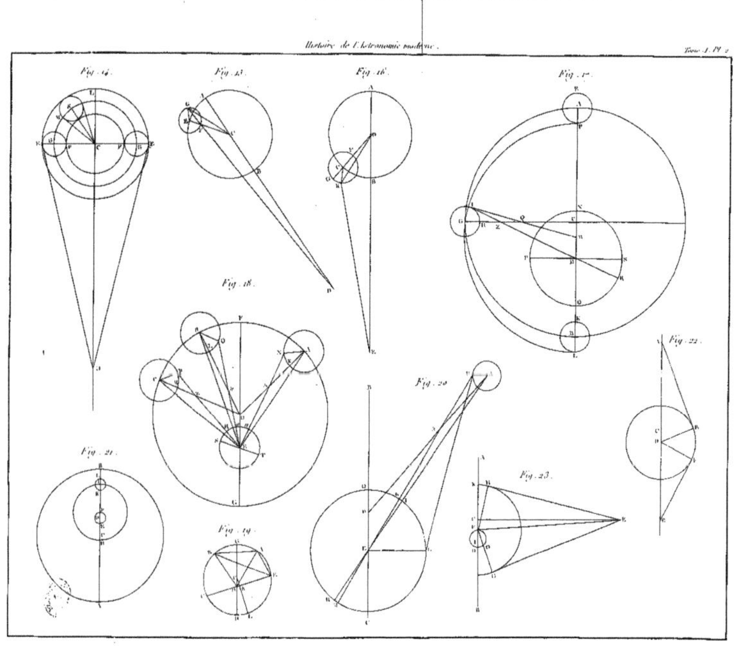
Fig. 14.
Fig. 15.
Fig. 16.
Fig. 17.
Fig. 18.
Fig. 19.
Fig. 20.
Fig. 21.
Fig. 22.
Fig. 23.

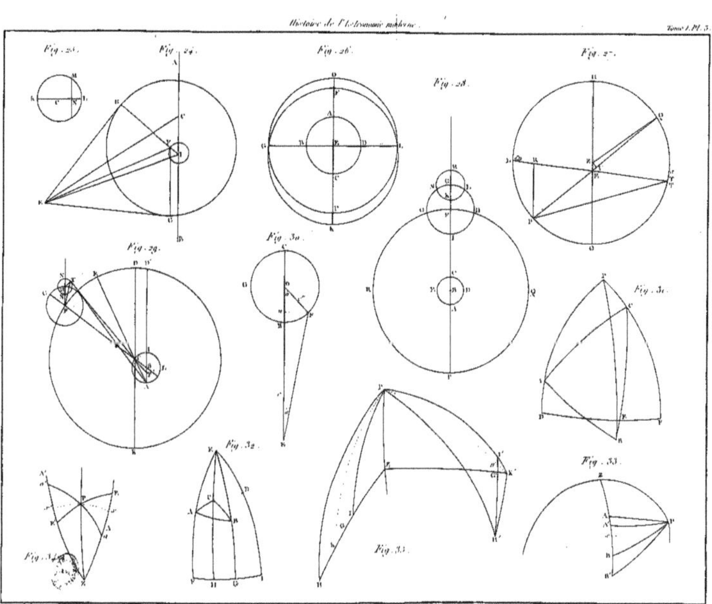
Fig. 25.
Fig. 24.
Fig. 26.
Fig. 27.
Fig. 28.
Fig. 29.
Fig. 30.
Fig. 31.
Fig. 32.
Fig. 33.
Fig. 34.
Fig. 35.

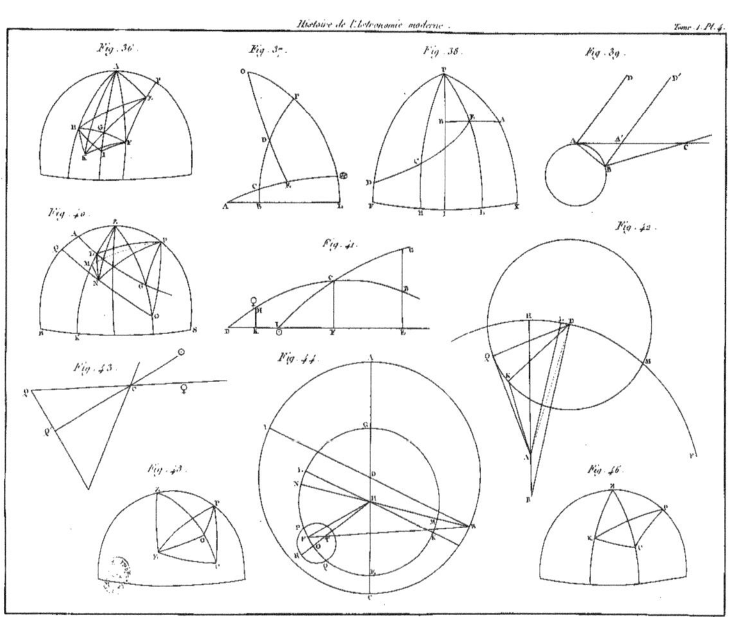
Fig. 36.
Fig. 37.
Fig. 38.
Fig. 39.
Fig. 40.
Fig. 41.
Fig. 42.
Fig. 43.
Fig. 44.
Fig. 45.
Fig. 46.

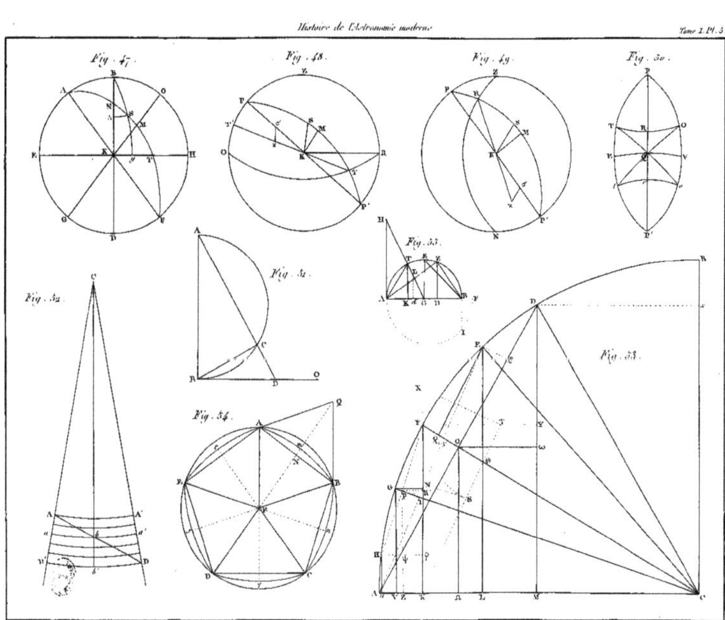
Fig. 47.
Fig. 48.
Fig. 49.
Fig. 50.
Fig. 51.
Fig. 52.
Fig. 55.
Fig. 53.
Fig. 54.

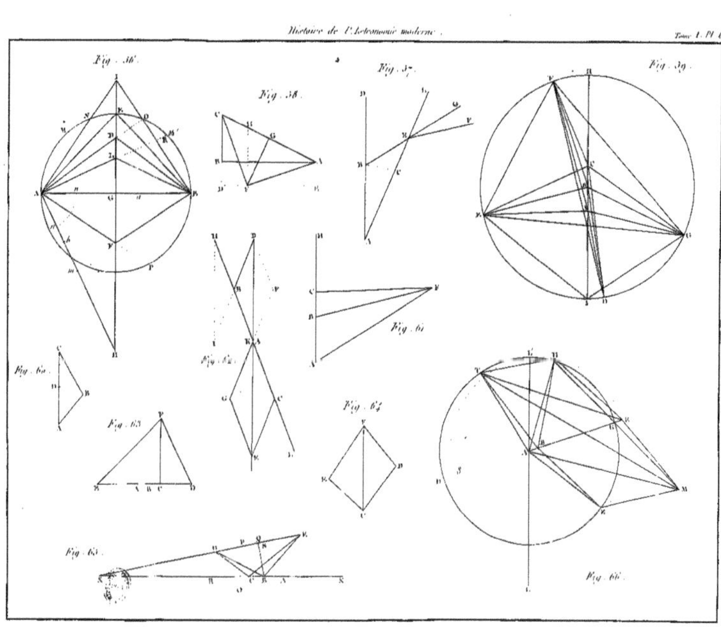
Fig. 36.
Fig. 37.
Fig. 38.
Fig. 39.
Fig. 60.
Fig. 61.
Fig. 62.
Fig. 63.
Fig. 64.
Fig. 65.
Fig. 66.

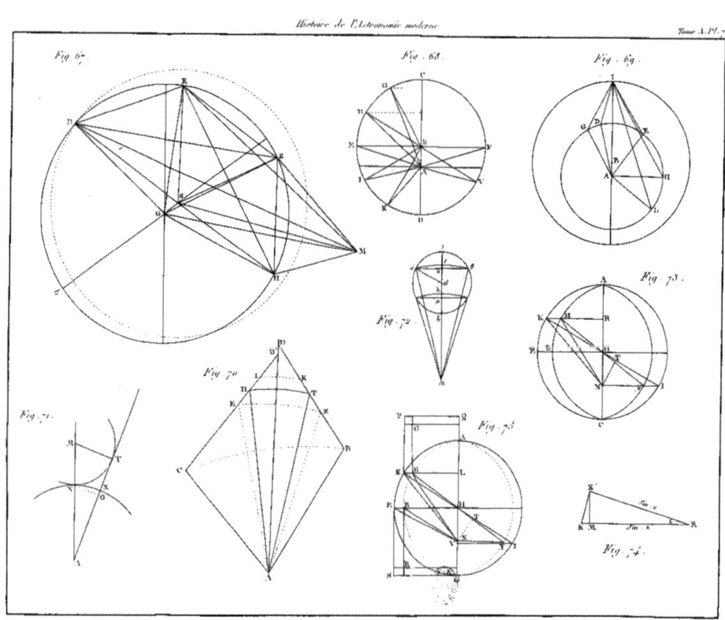
Fig. 67.
Fig. 68.
Fig. 69.
Fig. 70.
Fig. 71.
Fig. 72.
Fig. 73.
Fig. 74.
Fig. 75.

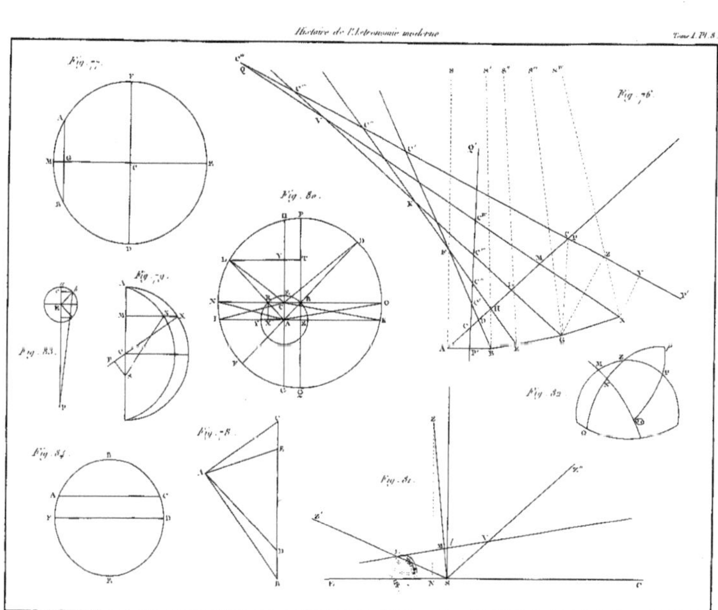
Fig. 77.
Fig. 76.
Fig. 80.
Fig. 79.
Fig. 83.
Fig. 82.
Fig. 84.
Fig. 78.
Fig. 81.

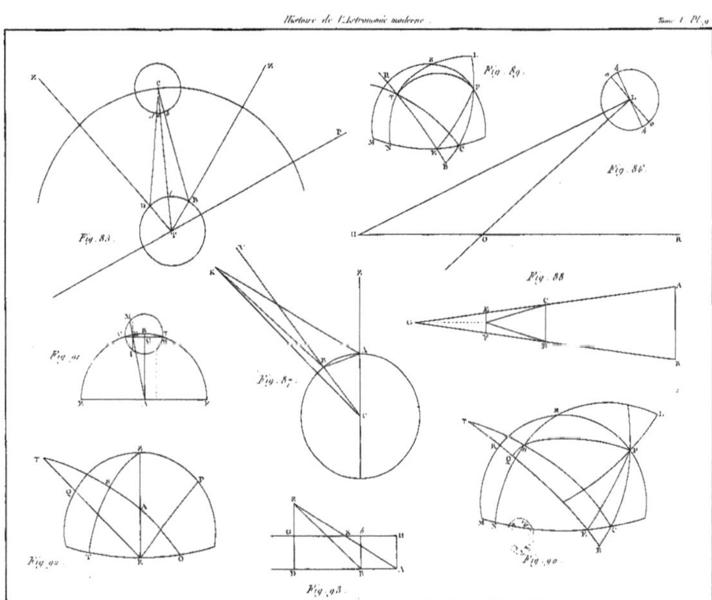
Fig. 83.
Fig. 89.
Fig. 86.
Fig. 88.
Fig. 91.
Fig. 87.
Fig. 92.
Fig. 93.
Fig. 90.

www.ingramcontent.com/pod-product-compliance
Ingram Content Group UK Ltd.
Pitfield, Milton Keynes, MK11 3LW, UK
UKHW020236180726
13839UKWH00001B/5